FRANCISCI VIETÆ
OPERA
MATHEMATICA,

In unum Volumen congefta,

ac recognita,

Operâ atque ftudio

FRANCISCI à SCHOOTEN Leydenfis,

Mathefeos Profefforis.

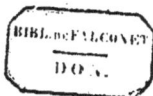

NON SOLU

LVGDVNI BATAVORVM,

Ex Officinâ Bonaventuræ & Abrahami Elzeviriorum.

cIↃ IↃ ↄ XLVI.

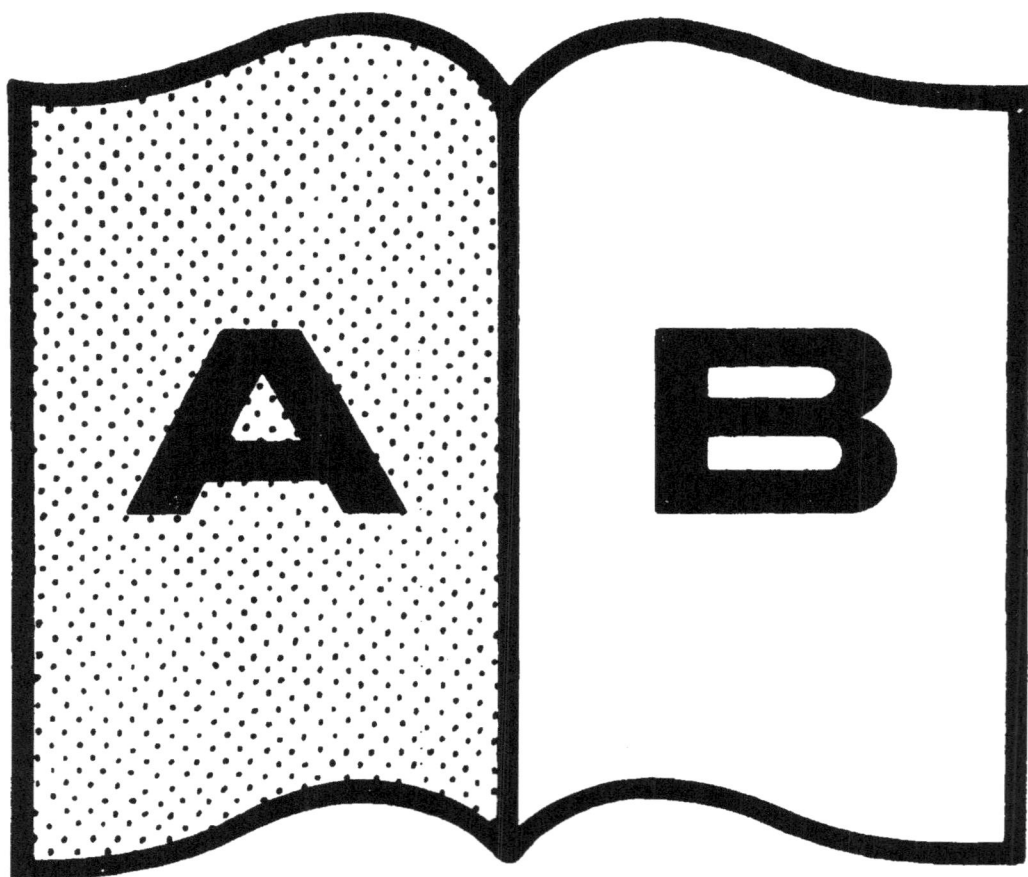

Contraste insuffisant

NF Z 43-120-14

Clariſsimo, Doctiſsimoque Viro

D. IACOBO GOLIO,

Mathematum, Linguarúmque Orientalium in illuſtri
Academiâ Lugduno-Batavâ Profeſſori,

F R A N C I S C V S à S C H O O T E N,

S. P. D.

Nter eos, qui liberalium artium cul-
turâ (Vir Clariſſime) cæteros antecel-
luerunt mortales, atque præclaris
monumentis ſuis apud poſteros gloriam ſibi paraverunt immortalem,
minimè poſtremis annumerandus
eſt Vir inſignis FRANCISCVS
VIETA FONTENÆENSIS, Ana-
lyſeos Specioſæ autor primus. Quantum enim ex hoc aliiſque inventis
ipſius colligere liceat fructum, vel inde patet: quod ab eo uſque
tempore, quo viri eruditi ejus Analyſi incubuerunt, Scientia hæc
ampliſſimum incrementum ceperit, ac Matheſis tanquam ſepul-
ta è tenebris lucidum caput extulerit. Quocirca cùm iteratam
operum ipſius editionem ſtudioſi Matheſeos omnes meritò deſi-
derarent, quippe quorum exemplaria jam dudum diſtracta eſſent, Tu inprimis Vir Clariſſime, laudabili eorum deſiderio atque ſtudiis hiſce conſultum volens, hortatu tuo Typographos
inſtigaſti, ut ea ſimul omnia denuò vulgarent. Verumtamen
optandum hoc præterea fuiſſet, ut tuis quoque lucubrationibus
ac notis locupletiora in lucem prodire potuiſſent: præſertim cum
in his finibus noſtris, quantùm quidem mihi conſtat, nullus reperiatur, cui Sparta hæc juſtiùs committi queat. Neque enim me
Tibi adulari decet, ut quicquam affirmem, quod non ſim exper-
tus: quandoquidem ante aliquot annos doctiſſimis lectionibus
tuis publicis, quas quidem frequentabam, Autorem hunc quàm
planiſſimè explicuiſti. Sed cum hoc tempore, quo novam iſtorum

ope-

operum editionem Typographi accelerarent, sûb ipsorum prælo,
Tute proprium opus haberes, quod te multifariam occuparet,
importunum atque adeò iniquum fuisset alieni operis curâ id
ipsum interpellare. Cum verò & ego quam rogabar operam de-
clinare maluissem, tenuitatis meæ conscius, Tu animis mihi sti-
mulisque additis spem fecisti conatus hâc parte meos nec ingra-
tos fore, minimèque futurum ut laboris ac operæ impendendæ
me unquam pœniteret. Quare amici tui animi hortationi atque
consilio morem gerens, sine ulteriore scrupulo aut morâ me ad
opus accinxi. In quo quidem hoc mihi propositum fuit, ut Autor, per se omni studio dignus, genuinâ formâ, quâ se impertire
omnibus voluit, de novo in publicum prodiret. Quapropter
quæ per alienam incuriam, aut præter Autoris mentem atque in-
stitutum (quemadmodum in ejusmodi rebus facilè contingit) irrepsisse visa sunt, ut religiosè restituerentur, Zetetica aliaque quæ
hoc ipsum requirere judicabam, ad novum Artis ejusdem examen
revocavi. Quorum quidem omnium, quæ à me præstita sint,
quæve præcedens editio ab hâc nostrâ diversa habeat, elenchum
operi subjungere consentaneum duxi: ut de iis quilibet judicium
ferre atque editionem utramque inter se comparare possit, nec
minùs veteri ac novâ pro arbitrio suo uti. Nominatim autem
tuæ, Vir Præstantissime, hoc quidquid est, censuræ, lubens expono: & cum me studiaque mea singulari benevolentiâ nunquam
non fueris prosequutus, Autorem hunc, quem, ut aliàs, ita &
nunc nóvo nomine mihi commendasti, hâc formâ productum,
Tibi in grati amoris testimonium oblatum cupio & velut acceptum refero. Non dubitans, quin me conatusque hosce qua-
lescunque non modò solito favore excepturus sis, verùm etiam
ob eundem Autorem gratiores habiturus. Quod superest D e v m
O p t. M a x. precor, ut Te rei literariæ decus, quàm diutissi-
mè servet incolumem. Vale. Lugd. Batav. V. Kalend. Sextilis.
Anni m. dc. xlvi.

ELZEVIRII

AD

LECTOREM.

Uum magni & præclari Viri FRANCISCI VIETÆ *opera Mathematica, simul in unum volumen congesta, (Benigne Lector) à Matheseos studiosis omnibus efflagitari videremus, quippe quæ singula non extarent amplius, ut ullo pretio emi potuerint : id nobis negotij credidimus dari, ut typis nostris justo desiderio vestro satisfieri posset. Quocirca cum figurarum modulos de novo exprimendos curassemus, propositum illud nostrum ante biennium programmate omnibus & singulis palàm fecimus, Matheseos ac Literaturæ amatores omnes rogantes, ut si quæ Autoris illius scripta nondum edita possiderent, sive ad finem perducta, sive adfecta, ea in commune bonum & ad gratam nominis sui memoriam suppeditare nobis dignarentur, exhibentes præterea quæ vel edita vel nondum edita ad manus nostras pervenissent. Hoc nimirum fine, ut auctiora unoque complexu in lucem denuo prodirent. Igitur cum editionem diutiùs, sine detrimento nostro, differre non possemus, conquisitis undique quæ huc spectarent, opus prædictum prælo tandem commisimus. In quo Lector monendus videtur, nos ope & curâ Clar. Virorum P. MARINI MERCENNI & JACOBI GOLII non parùm fuisse adjutos, qui maximam partem eorum, quorum jam tibi copiam facimus, atque alia contulerunt : editionem verò ipsam operâ ac studio FRANCISCI à SCHOOTEN quàm diligentissimè fuisse recognitam, qui animadversionibus porrò suis eam ditavit. Miraberis autem fortasse, Lector amice, quòd Canonem Mathematicum, & Harmonicum Cœleste fragmentumque eodem spectans non unà tibi demus ; quæ quidem cum reliquis Autoris monumentis emittere animus erat : verùm id consultò à nobis factum ; tum quòd Canonem illum ad cætera non necessariò pertinere deprehendimus ; tum quòd ille (ut ipse Autor pag. 323. testatur) infeliciter editus sit : adeò ut numeri primùm omnes novo examine à mendis fuissent vindicandi. Quod autem ad Harmonicum Cœleste attinet, fragmentumque eodem spectans, ejus quidem exemplar olim nobis missum non ita integrum & accuratum videtur, ut aliud exemplar non*

debeat

*debeat non magnopere desiderari. Quàmvis verò nuper humanitate
D. ALEXANDRI HVMEI, Mathematum peritiâ non minùs quàm generis nobilitate atque omni virtute insignis, alterum subministratum fuerit, unà cum ANDERSONI popularis sui Προχείρῳ ad triangulorum
sphæricorum epilogismum: editionem tamen ejus differre aliquantisper visum fuit, donec & alia ejusdem VIETÆ ἀνέκδοτα, quæ hìc illìc asserva-
ri perhibentur, fuerimus consequuti. Quorum quidem copiam instituto
nostro promovendo liberalitate suâ destinavit Vir pari laude eximius
D. d'ESPAGNET, in Burdigalensi Parlamento Senator gravissimus;
quod tum R. P. MERCENNI; tum aliorum præstantium virorum literis abundè confirmatum nobis fuit. Quapropter eundem & alios quoscunque, qui hìc aliquid conferre possunt, novâ obtestatione rogamus, ut ad opus
VIETÆ posthumum pro dignitate adornandum favore nobis opitulari
velint : cum ex volumine jam à nobis edito facilè cognoscant, nec in-
stitutum nostrum vanum esse, nec beneficia ipsorum publicæ laudis fru-
Etu caritura. His autem interim, Benigne Lector, fruere ac in usum tuum
converte. Vale.*

FRANCISCI VIETÆ
VITA

Ex Iac. Augusti Thuani Historiarum Libro CXXIX.

Utetiæ Parisiorum anno climacterico suo ad Deum migravit An. 1603 FRANCISCVS VIETA Fontenaio in inferiore Pictonum provinciâ natus, vir ingeniosâ & profundâ meditatione, cujus vi nihil illi inaccessum in abstrusioribus scientiis, nihil quod acumine mentis posset confici, difficile confectu fuit. In Mathematicis præcipuè industriam, inter alias occupationes & negotia, à quibus capax & indefatigabile ejus ingenium nunquam vacavit, totâ vitâ exercuit, in quibus adeò excelluit, ut quicquid ab antiquis in eo genere inventum, & scriptis, quæ temporis injuriâ aut perierunt aut obsoluerunt, proditum memoratur, ipse adsiduâ cogitatione invenerit & renovarit, & multa ex suo ad illorum ingeniosa reperta addiderit. tam profundâ autem meditatione fuit, ut sæpiùs visus sit totum triduum continuum in cogitatione defixus ad mensam lucubratoriam sedere, sine cibo & somno, nisi quem cubito innixus, nec se loco movens ad refocillandam per intervalla naturam, capiebat. Scripta ejus rara, neque tamen pauca, quòd ea sumptu suo cudenda curaret, & exemplaria penes se retineret, quæ amicis, homo longè ab omni avaritiâ positus, & harum rerum peritis liberaliter distribuebat. Multa & adfecta reliquit, quibus præclaras has artes, repetitâ veterum memoriâ, summo studio instauravit, quæ PETRI ALEALMI Aurelianensis, cujus industriâ à se, dum in vivis ageret, exculta utebatur, fidei ab heredibus commissa ex eoque thesauro postea tam ab ipso, quàm ALEXANDRO ANDERSONO Scoto & aliis multa deprompta sunt, & in lucem edita, quæ admirationem in animis harum rerum peritorum majorem in dies excitant, & immortalem ejus gloriam intermori minimè patiuntur. ADRIANVS ROMANVS cum Problema omnibus totius orbis Mathematicis construendum proposuisset, VIETA illud continuo solvit, & cum castigationibus & auctario, & APOLLONIO præterea Gallo ad Romanum remisit, tantâ cum Romani admiratione, ut confestim ille iter in Galliam corripuerit, ut hominem sibi antea ignotum conveniret, & postea arctam cum eo amicitiam coleret. Cùm Romanus Herbipoli, ubi relicto Lovanio domicilium fixerat, Lutetiam venit, VIETA aberat, ad suos Pictones profectus, ut valetudinem jam infirmam curaret; quâ re cognitâ, quàmvis adhuc C Leucarum nostratium iter restaret, Romanus obfirmato semel animo in viam se dedit, & ad VIETAM, priùs per literas monitum, contendit, cum quo totum mensem fuit, & de quæstioni-

* 4   bus,

bus, quibus ad eum inſtructus venerat, per otium egit, & majora omnia
ſpe in homine minimè fucato cum ſtupore admiratus eſt, tandemque
poſt amplexus & ægrè vale dictum, pro tam honorificâ ad ſe profectione
VIETA hoſpitem reducendum ad limitem curavit, & ſumptus in eam
rem neceſſarios ſuppeditavit. Tanti autem conatus in APOLLONIO
factus eſt, ut VIETÆ æmulatione MARINVS GHETALDVS Ra-
guſinus præſtantiſſimus Mathematicus anno VII poſt Apollonium redi-
vivum ediderit, unà cum ſupplemento Apollonij Galli. Doluit mihi valde, quod tam ſtomachosè cum eo altercatus fuerit initio Scaliger, cùm
de Cyclometricis inter ipſos ageretur. Sed vir generoſus tunc VIETAM
ignorabat, & ægrè propterea ab illo reprehendi ferebat, cum nondum
ſatis perpendiſſet, an citra paralogiſmum quod probandum ſuſceperat,
demonſtraſſet. Itaque poſtea honorificâ recantatione ſe ipſum caſtigavit,
& in arcano præcipuam erga VIETAM ab eo tempore reverentiam ſer-
vavit. Paulo antequam moreretur VIETA, in Kalendario LILIANO
defectus magnos ab aliis jam notatos cùm animadvertiſſet, de formâ quæ
in Eccleſiâ Romanâ recipi poſſet, ſeriò cogitare cœpit, & Kalendarium
novum, quod verè GREGORIANVM appellabat, conſtruxit, ad Eccleſiaſtica feſta & ritus accommodatum, quod typis mandatum cum relatione de ejus ratione ad Eccleſiaſticos doctores anno CIↃIↃC Cardi-
nali ALDOBRANDINO Lugduni obtulit, cùm ille de pace cum SA-
BAVDO acturus à Pontifice ad Regem veniſſet. Sed nullo ſucceſſu, ſicu-
ti proficiſcentem, cùm mihi conſilij rationem expoſuiſſet, amicè monue-
ram, quippe qui animo providerem, emendationem apud Principes
Chriſtianos adfectatione tantâ inſinuatam, & per penſationes poſtremò
receptam non facilè vel in melius mutaturos eos, qui ullâ in re erraſſe, aut
errare poſſe, ne fateantur, pro imperij arcano ducunt. Sanè cum AL-
DOBRANDINVS poſt pacem factam Romam revertiſſet, & CHRI-
STOPHORVS CLAVIVS, qui pro LILIO tot editis jam ſcriptis
anticipatâ opinione propoſitam emendationem protinùs rejeciſſet, gra-
vem ad eum expoſtulationem miſit VIETA, nec ſi diutiùs ſuperfuiſſet,
eo ſtetiſſet contentio, nec qui mortuo barbam vellere non dubitarunt,
eo ſuperſtite ſi auſi eſſent, non vapulaſſent. Ita autem de CLAVIO ſen-
tiebat VIETA, antequam ob illam contentionem contra eum exacerbari potuiſſet, optimum eum eſſe Mathematicorum elementorum inter-
pretem, & eximiâ facilitate, quæ ab inventoribus obſcuriùs in quâvis eorum parte tradita ſunt, explicare. Cæterùm, quantùm ad ſcientiam, ita
ſcribere, ut ſcribendo quæ ſcribit, primùm diſcere videatur, nihilque
de ſuo ingenio addat, ſed exſcribat omnia, ſuppreſſis ferè eorum, à quibus proficit, nominibus, nullo operæ præterea pretio, niſi quod ſparſim, confuſè, & minùs dilucidè ab aliis ſcripta, ipſe colligit, ordinat, &
ita perſpicuè proponit, ut ex alienis propria efficiat. Leve eſt quod dicam
vel ipſo judice VIETA, quod tamen quivis alius magni fecerit. Res
Hiſpanorum longè latéque ſparſæ, ut communicatione & conſiliorum
conſenſione conjungantur, ſecreto egent, ad quod illi, qui vaſtam &
longiùs plerumque juſto reſpicientem prudentiam adhibent, literis exo-
leto & incognito charactere exaratis uti ſolent, brevioribus ad ſingulos,
ad univerſos amplioribus, & ordinem & characterem ſubinde per otium
interpolant, vertunt, mutant; ne tempore ſecretum emanet. Sed cùm
hoc faciunt, longo temporis ſpatio opùs habent, quo præfectos longè

ad Indias positos moneant. Tale erat illud notis amplius ↃↃↃ compositum instrumentum, quo per bella infesti adeò decennij contra nos ute-
bantur, quo tempore pleræque eorum interceptæ literæ valde prolixæ,
quibus consiliorum suorum rationes explicabantur, quibus ij, qui vulgò his in rebus industriam suam exercent, ob notarum tantum multitudinem expedire se minimè poterant. Itaque ad V I E T A M Regis jussu
missæ, nihil tale cogitantem, & qui satius habuisset, aliâ quâvis in re
ingenium suum fatigare; qui familiari sibi in studiis gravioribus meditatione illud totum expiscatus, & plerasque deinceps alias maximi momenti, reperto semel arcano; nullo negotio interpretatus est. Quod res
Hispanas totum biennium valde conturbavit, qui re per nostras vicissim
interceptas detectâ, necessitatem instrumenti, quod inexplicabile re-
bantur, mutandi impositam dolebant. Itaque illi, qui ad odium & in-
vidiam nihil non comminiscuntur, magicis artibus, nam aliter fieri non
potuisse, à Rege id factum, passim & Romæ præcipuè non sine risu &
indignatione rectiùs sentientium per emissarios suos publicabant.

INCLYTÆ PRINCIPI

MELVSINIDI CATHARINÆ
PARTHENÆENSI,

Piißimæ Procerum ROHANIORVM *matri,*

FRANCISCVS VIETA FONTENÆENSIS
honorem voveo & obfequium.

Xtollent Armorici, ô Princeps Meluſinis, piißima procerum Rohaniorum mater, genus & ſtemmata gentis Rohaniæ, quâ haud ſcio an ex plenioris fidei cenſibus & monumentis ulla alia poßit detegi in orbe terrarum antiquior & illuſtrior. Adgnoſcent gnatos tuos Aborigenes, & è regio Connani ſanguine ſuperſtites, invaſoris Neomenij vim nutu Dei non paſſos, tandiuque generoſam eam ſtirpem duraturam confidunt, quandiu circumeuntes Salarum veſtrarum lapidicinas, ſylvas & ſtagna, cernent inſcripta marmoribus, quercubus, & piſcium ſquamis aurearum Rhomboidum, quas geſtat, inſignia. Suâ enim Cabalâ teſtabuntur ita à Deo Optimo Maximo ſingulari ſuo beneficio conceſſum fuiſſe precanti divo Meriadeco, familiæ quondam principi: ſicut etiamnum inauditos circa ſacellum, quondam ſuum, per medios ſaltus & amœniora vireta conſtructum, avium garritus, & alia rara, quæ mihi pauca admiranti contigit non ſemel admirari. Ego Fontenæenſis Picto, riparum Majoris-venti frequens incola, arcis à divâ Meluſinâ, cujus es & Ræmundi beata proles, quondam conſtructæ, Meluſina & Meluſinidarum colo nomen & numen. addo etiam & omen. Neque verò ideo gentis Rohaniæ Iudicaëlibus, Eudonibus, Erechis tuos Guidones, Godofredos, Hugones, Brunos oppono: non ſuis regibus Britannicis, principibus in Leoniâ, comitibus in Porhoeto, tuos reges Cyprorum, tuos Antiochiæ & Armeniæ principes, tuos comites Angoliſmæ & Marchiæ: non ſua Iſabella Scoti filiæ, vel Iſabellæ Navarri, tuam Iſabellam regum Anglorum & avorum tuorum Luſignæanorum matrem. At piè recordor & feliciter ac veluti fatidico conſilio ceßiſſe judico, quòd Meluſina dea in gratiam accepti à Renato Rohanio beneficij, quòd is obſeſſam Guiſiadum conſilio ſuam arcem Luſignæanam ſtrenuè defendiſſet, te ſuâ & Ræmundi prole & herede unà cum familiæ Rohaniæ principatu ſtatim eum donavit. Erat nempe Ræmundus ipſe editus ex gente Rohaniâ, & jam Ræmundi & Meluſinæ proles ad id, à quo primùm cœperat, reverſa eſt initium; vix unquam idcirco interitura, cum ſit circuitus verum & verè phyſicum ſymbolum perpetuitatis. Sed minùs virtutes tuæ interitura ſunt in hac ortus periodici reſtitutione. Et quemadmodum noſtrates ſuo, quod tunc temporis uſurpabatur idiomate, ataviam tuam dixere Faydam ob venerandum conſpectum & raras & ſingulares animi dotes, ſic te

poſte-

posteritas ὅτιν ἰκάτων adgnoscet, & te πιλνίαιι, κυδνλὼ, ac digniore, si quod occurrat, epitheto compellabit. Atque utinam ei gratæ essent vigiliæ nostræ, quò eas tibi tuæque carissimæ sorori Franciscæ Rohaniæ Nemorensi & Iuliodunensi Ducissæ, ut debentur, accepto ferret. Nam quæ in infelicissimis temporibus beneficia in me contulistis infinita sunt. Quid enim memorem vos ex grassatorum vinculis & faucibus Orci eripuisse me, ac denique vestrâ sollicitudine & munificentiâ toties adjuvisse, quoties ærumnæ meæ & infortunia vos monuerunt? Omnino vitam, aut, si quid mihi vitâ carius est, vobis omnem debeo: tibi autem, ô diva Melusinis, omne præsertim Mathematices studium, ad quod me excitavit tùm tuus in eam amor, tum summa artis illius, quam tenes, peritia, immò verò nunquam satis admiranda in tuo tamque regii & nobilis generis sexu Encyclopædia. Colendissima Princeps, quæ nova sunt solent à principio proponi rudia & informia, succedentibus deinde seculis expolienda & perficienda. Ecce ars quam profero nova est, aut demùm ita vetusta, & à barbaris defœdata & conspurcata, ut novam omninò formam ei inducere, & ablegatis omnibus suis pseudo-categorematis, ne quid suæ spurcitiei retineret, & veternum redoleret, excogitare necesse habuerim, & emittere nova vocabula, quibus cùm parum hactenus sint adsuefactæ aures, vix accidet, ut vel ab ipso limine non deterreantur multi & offendantur. At sub suâ, quam prædicabant, & magnam artem vocabant, Algebrâ vel Almucabulâ, incomparabile latere aurum omnes adgnoscebant Mathematici, inveniebant verò minimè. Vovebant Hecatombas, & sacra Musis parabant & Apollini, si quis unum vel alterum Problema extulisset, ex talium ordine qualium decadas & eicadas ultrò exhibemus, ut est ars nostra Mathematum omnium inventrix certissima. Re verò nunc consequutâ, damnabuntur hi quoque votis? Fas enim mihi sit non jam merces meas, sed tuas, tuoque beneficio comparatas & reparatas parcè commendare, & desiderium meum testari, ut tui numinis felicitati, si qua eo nomine debeatur gloria, non præripiatur. Non enim, ut in aliis disciplinis, sic in Mathematicis libera cujusque censura est, liberumque judicium. Hic radio agitur & pulvere, nec prosunt Rhetorum persuasiones, vel Advocatorum patrocinia. Metallum quod effero, auri speciem refert quod tandiu desiderarunt. Aut chymicum aurum illud est & ementitum, aut fossile & probum. Si chymicum est, evanescat sanè in fumum vel regali cæmento. Sin fossile est, ut sanè est (neque enim sum φυσιομάχ☉) de dolo autem adversùs eos non ago, qui nullo non proposito laboris solatio ad illud eruendum ex antè inaccessis, & draconum flammivomûm, aliorumque noxiorum serpentum & exitialium vigili custodiâ interdictis fodinis allexerunt, jure expecto & postulo, ut saltem suam, quam laudo, non defugiant auctoritatem adversus calumniantium hominum & laudis alienæ obtrectatorum inscitiam, vel proterviam. Ergo, mea Princeps, tuum opus carum habeto, & tuâ beatitate ei benedicito, relatâ omni ad supremum numinum Numen; quod religiosissimè colis ἐν ψυχῇ καὶ ἀληθείᾳ, laudum omnium laude & gloriâ. E paludibus insularum Montanarum carissimæ sororis tuæ, Anno Christianissimi & Augustissimi regis nostri Henrici IV. perduellionum & χριστοκτόνων ultoris acerrimi & justissimi, secundo.

CATA-

CATALOGVS OPERVM.

IN ARTEM ANALYTICEN ISAGOGE.

CAPVT I.

De Definitione & Partitione Analyseos, & de iis quæ juvant Zeteticen.

ST veritátis inquirendæ via quædam in Mathematicis, quam Plato primus inveniſſe dicitur, à Theone nominata Analyſis, & ab eodem definita, Adſumptio quæſiti tanquam conceſſi per conſequentia ad verum conceſſum. Ut contrà Syntheſis, Adſumptio conceſſi per conſequentia ad quæſiti finem & comprehenſionem. Et quanquam veteres duplicem tantùm propoſuerunt Analyſin ζητητικὴν ἢ πορισικὴν, ad quas definitio Theonis maximè pertinet, conſtitui tamen etiam tertiam ſpeciem, quæ dicatur ῥητικὴ ἢ ἐξηγητικὴ, conſentaneum eſt, ut ſit Zetetice quâ invenitur æqualitas proportiove magnitudinis, de quâ quæritur, cum iis quæ data ſunt. Poriſtice, quâ de æqualitate vel proportione ordinati Theorematis veritas examinatur. Exegetice, quâ ex ordinata æqualitate vel proportione ipſa de qua quæritur exhibetur magnitudo. Atque adeò tota ars Analytice triplex illud ſibi vendicans officium definiatur, Doctrina bene inveniendi in Mathematicis. Ac quod ad Zeteticen quidem attinet, inſtituitur arte Logicâ per ſyllogiſmos & enthymemata, quorum firmamenta ſunt ea ipſa quibus æqualitates & proportiones concluduntur ſymbola, tam ex communibus derivanda notionibus, quàm ordinandis vi ipſius Analyſeos theorematis. Forma autem Zeteſin ineundi ex arte propriâ eſt, non jam in numeris ſuam Logicam exercente, quæ fuit oſcitantia veterum Analyſtarum: ſed per Logiſticen ſub ſpecie noviter inducendam, feliciorem multò & potiorem numeroſâ ad comparandum inter ſe magnitudines, propoſitâ primùm homogeneorum lege, & inde conſtitutâ, ut ſit, ſolemni magnitudinum ex genere ad genus vi ſuâ proportionaliter adſcendentium vel deſcendentium ſerie ſeu ſcalâ, quâ gradus earundem & genera in comparationibus deſignentur ac diſtinguantur.

CAPVT II.

De Symbolis æqualitatum & proportionum.

SYmbola æqualitatum & proportionum notiora quæ habentur in Elementis adſumit Analytice ut demonſtrata, qualia ſunt ferè,

1 Totum ſuis partibus æquari.
2 Quæ eidem æquantur, inter ſe eſſe æqualia.
3 Si æqualia æqualibus addantur, tota eſſe æqualia.
4 Si æqualia æqualibus auferantur, reſidua eſſe æqualia.
5 Si æqualia per æqualia multiplicentur, facta eſſe æqualia.
6 Si æqualia per æqualia dividantur, orta eſſe æqualia.

A

7 Si quæ fint proportionalia directè,eſſe proportionalia inverſè & alternè.

8 Si proportionalia ſimilia proportionalibus ſimilibus addantur, tota eſſe proportionalia.

9 Si proportionalia ſimilia proportionalibus ſimilibus auferantur, reſidua eſſe proportionalia.

10 Si proportionalia per proportionalia multiplicentur, facta eſſe proportionalia.

Etenim dum proportionalia per proportionalia multiplicantur, componuntur eadem proportiones. Quod autem proportiones quæ ex iiſdem proportionibus componuntur, inter ſe quoque eædem exiſtant, communiter hoc ab antiquis Geometris receptum eſt. Vt paſſim apud Apollonium, Pappum, & reliquos Geometras videre eſt. Ipſa autem proportionum compoſitio fit multiplicatione terminorum antecedentium, & conſequentium per invicem. Vt perſpicuum eſt ex iis, quæ Euclides 23 propne libri 6ti, & 5 propoſitione octavi libri Elementorum demonſtravit.

11 Si proportionalia per proportionalia dividantur, orta eſſe proportionalia.

Nam dum proportionalia per proportionalia dividuntur, auferuntur ex proportionibus eiſdem aliæ eadem proportiones, & ut opere multiplicationis proportiones quidem ſimul componuntur,ita diviſione una proportio ex alia aufertur: reſolvit enim diviſio, quod ſuper effecit Multiplicatio. Hujus quoque argumentandi modi veſtigia apud Apollonium, & alios veteres Geometras ſparſim apparent.

12 A communi multiplicatore vel diviſore æqualitatem non immutari, vel rationem.

13 Facta ſub ſingulis ſegmentis æquari facto ſub tota.

14 Facta continuè ſub magnitudinibus, vel ex iis continuè orta,eſſe æqualia quocumque magnitudinum ordine ductio vel adplicatio fiat.

Κύριον autem æqualitatum & proportionum ſymbolum, omniſque in Analyſibus momenti eſt.

15 Si fuerint tres quatuorve magnitudines, quod autem fit ſub extremis terminis æquale eſt ei quod fit à medio in ſe, vel ſub mediis, ſunt proportionales.

Et è converſo,

16 Si fuerint tres quatuorve magnitudines, & fit ut prima ad ſecundam,ita ſecunda illa, vel tertia quæpiam ad aliam, erit quod fit ſub extremis terminis æquale ei quod fit ſub mediis.

Itaque Proportio poteſt dici conſtitutio æqualitatis; Æqualitas, reſolutio proportionis.

Caput. III.

De lege homogeneorum, & gradibus ac generibus magnitudinum comparatarum.

PRima & perpetua lex æqualitatum ſeu proportionum, quæ, quoniam de homogeneis concepta eſt, dicitur lex homogeneorum, hæc eſt:

Homogenea homogeneis comparari.

Nam quæ ſunt heterogenea, quomodo inter ſe adfecta ſint, cognoſci non poteſt, ut dicebat Adraſtus.

Itaque,

Si magnitudo magnitudini additur, hæc illi homogenea eſt.

Si magnitudo magnitudini ſubducitur, hæc illi homogenea eſt.

Si magnitudo in magnitudinem ducitur, quæ fit, huic & illi heterogenea eſt.

Si magnitudo magnitudini adplicatur, hæc illi heterogenea eſt.

Quibus non attendiſſe cauſa fuit multæ caliginis & cæcutiei veterum Analyſtarum.

2 Magnitudines quæ ex genere ad genus sua vi proportionaliter adscendunt vel descendunt, vocentur Scalares.

3 Magnitudinum Scalarium prima est

       Latus, seu Radix.

      2 Quadratum.

      3 Cubus.

      4 Quadrato-quadratum.

      5 Quadrato-cubus.

      6 Cubo-cubus.

      7 Quadrato-quadrato-cubus.

      8 Quadrato-cubo-cubus.

      9 Cubo-cubo-cubus.

Et eâ deinceps serie & methodo denominanda reliqua.

7 Genera magnitudinum comparatarum, uti de scalaribus enunciantur ordine, sunt:

      1 Longitudo latitudóve.

      2 Planum.

      3 Solidum.

      4 Plano-planum.

      5 Plano-solidum.

      6 Solido-solidum.

      7 Plano-plano-solidum.

      8 Plano-solido-solidum.

      9 Solido-solido-solidum,

& eâ deinceps serie & methodo denominanda reliqua.

8 Ex serie scalarium gradus altior, in quo consistit comparata magnitudo exinde à latere, vocatur potestas. Reliquæ inferiores scalares sunt gradus parodici ad potestatem.

9 Pura est potestas, cùm adfectione vacat. Adfecta, cui homogeneum sub parodico ad potestatem gradu & adscitâ coëfficiente magnitudine immiscetur.

Pura potestas est, Quadratum, Cubus, Quadrato-quadratum, Quadrato-cubus, Cubo-cubus, &c. Potestas verò adfecta est,

In gradu secundo.

1. *Quadratum, unà cum Plano ex latere in longitudinem, latitudinemve.*

In gradu tertio.

1. *Cubus, cum Solido ex Quadrato in longitudinem, latitudinemve.*

2. *Cubus, cum Solido ex latere in Planum.*

3. *Cubus, cum duplici Solido. Vno ex Quadrato in longitudinem, latitudinemve. Altera ex latere in Planum.*

In gradu quarto.

1. *Quadrato-quadratum cum Plano-plano ex Cubo in longitudinem, latitudinemve.*

2. *Quadrato-quadratum, cum Plano-plano ex Quadrato in Planum.*

3. *Quadrato-quadratum, cum Plano-plano ex latere in Solidum.*

4. *Quadrato-quadratum, cum duplici Plano-plano. Vno ex Cubo in longitudinem, latitudinemve. Altero ex Quadrato in Planum.*

5. *Quadrato-quadratum, cum duplici Plano. Vno ex Cubo in longitudinem, latitudinemve. Altero ex latere in Solidum.*

6. *Quadrato-quadratum, cum duplici Plano-plano. Vno ex Quadrato in Planum. Altero ex latere in Solidum.*

7. *Quadrato-quadratum, cum triplici Plano-plano. Primo ex Cubo in longitudinem, latitudinem-ve. Secundo ex Quadrato in Planum. Tertio ex latere in Solidum.*

Eodem ordine invenientur Poteſtates adfectæ in reliquis ſcalæ gradibus. *Quot autem in vnoquoque gradu ſint poteſtatum adfectarum genera , ſi cognoſcere placuerit , ſumitor numerus vnitate minor quàm ſit in progreſſione ab vnitate dupla , terminus ejuſdem ordinis atque poteſtas propoſita. Vt ſi lubeat ſcire , quot ſint poteſtates adfectæ in gradu Quadrato-quadrati , hoc eſt , quarto , ſumendus eſt quartus progreſſionis duplæ terminus , ſcilicet 8, à quo dempta vnitate remanet 7. Tot itaque ſunt in gradu quarto Poteſtates adfectæ, quas modò enumeravimus. Eadem ratione invenietur in gradu Quadrato-cubi, hoc eſt, quinto , eſſe quindecim Poteſtatum adfectarum genera.*

10 Magnitudines adſcititiæ, ſub quibus & gradu parodico fit poteſtati quid homogeneum ad eam adficiendum, dicuntor Sub-graduales.

Subgraduales ſunt , Longitudo, latitudove, Planum, Solidum , Plano-planum. Vt ſi fuerit Quadrato-quadratum cui immiſceatur Plano-planum ex latere in Solidum ; erit Solidum , ſubgradualis magnitudo ; latus verò . gradus ad Quadrato-quadratum parodicus. Vel ſi fuerit Quadrato-quadratum unà cum duplici Plano plano, uno ex quadrato in Planum, altero ex latere in Solidum. Erunt Planum ac Solidum ſubgraduales magnitudines : quadratum verò & latus, gradus ad Quadrato-quadratum parodici.

CAPVT IV.

De præceptis Logiſtices ſpecioſæ.

LOgiſtice numeroſa eſt quæ per numeros, Specioſa quæ per ſpecies ſeu rerum formas exhibetur , ut pote per Alphabetica elementa.

Logiſticen Numeroſam tractavit Diophantus tredecim Arithmeticorum libris , quorum ſex priores tantum extant, nunc quidem Græcè & Latinè, & eruditiſſimis viri clariſſimi Claudii Bacheti commentariis illuſtrati: Logiſticen verò Specioſam Vieta, quinque Zeteticorum libris, quos potiſſimùm è ſelectis Diophanti quæſtionibus quas quandoque peculiari ſibi methodo explicat , concinnavit. Quare ſi utriuſque Logiſtices diſcrimen cum fructu dignoſcere cupias, tibi ſimul Diophantus & Vieta conſulendi, & huius Zetetica cum illius quæſtionibus Arithmeticis diſpicienda, quo in opere ut te labore ſublevem , ex Diophanti quæſtionibus concepta Zetetica breviter annotabo.

DIOPHANTVS, VIETA.

1 Quæſt.	1.	1. Zetetic.	1.
4.	1.	2.	1.
2.	1.	3.	1.
7.	1.	4.	1.
9.	1.	5.	1.
5.	1.	7.	1.
6.	1.	8.	1.
8. & 9.	2.	1.	4.
10.	2.	2. & 3.	4.
11.	2.	6.	4.
12.	2.	7.	4.
13.	2.	8.	4.
14.	2.	9.	4.
8.	5.	11.	4.
7. & 8.	3.	1.	5.
9.	3.	3.	5.
10,	3.	4.	5.
11.	3.	5.	5.
12.	3.	7.	5.
13.	3.	8.	5.
9.	5.	9.	5.
34.	4.	13.	5.

Logiſtices ſpecioſæ canonica præcepta ſunt quatuor , ut numeroſæ.

P R Æ C E P T V M I.

Magnitudinem magnitudini addere.

Sunto duæ magnitudines A & B. Oportet alteram alteri addere.

Quoniam igitur magnitudo magnitudini addenda eſt, homogeneæ autem heterogeneæ non adficiunt, ſunt quæ proponuntur addendæ duæ magnitudines homogeneæ. Plùs autem vel minùs non conſtituunt genera diverſa. Quare nota copulæ ſeu adjunctionis commode addentur; & adgregatæ erunt A plus B, ſiquidem ſint ſimplices longitudines latitudinéſve.

Sed ſi adſcendant per expoſitam ſcalam, vel adſcendentibus genere communicent, ſua quæ congruit deſignabuntur denominatione veluti dicetur A Quadratum plus B plano, vel A cubus plus B ſolido, & ſimiliter in reliquis.

Solent autem Analyſtæ ſymbolo + adfectionem adjunctionis indicare.

P R Æ C E P T V M II.

Magnitudinem magnitudini ſubducere.

Sunto duæ magnitudines A & B, illa major, hæc minor. Oportet minorem à majore ſubducere.

Quoniam igitur magnitudo magnitudini ſubducenda eſt, homogeneæ autem magnitudines heterogeneas non adficiunt, ſunt quæ proponuntur duæ magnitudines homogeneæ. Plùs autem vel minùs non conſtituunt genera diverſa. Quare nota disjunctionis ſeu multæ commodè minoris à majore fiet ſubductio, & disjunctæ erunt A minùs B, ſiquidem ſint ſimplices longitudines latitudinéſve.

Sed ſi adſcendant per expoſitam ſcalam vel adſcendentibus genere communicent, ſuâ quæ congruit deſignabuntur denominatione: veluti dicetur A quadratum minus B plano, vel A cubus minus B ſolido, & ſimiliter in reliquis.

Neque aliter opus ſit, ſi ipſa magnitudo quæ ſubducenda eſt jam adfecta ſit; cum totum & partes diverſo jure non debeant cenſeri: ut ſi ab A ſubtrahenda ſit B plus D, reſidua erit A minus B, minus D, ſubductis ſigillatim magnitudinibus B & D.

At ſi jam negetur D de ipſa B, & B minus D ab A ſubtrahenda ſit, Reſidua erit A minus B plus D, quoniam ſubtrahendo B magnitudinem ſubtrahitur plus æquo per magnitudinem D: ideo additione illius compenſandum.

Solent autem Analyſtæ Symbolo —— adfectionem multæ indicare. Et hæc λεῖψις eſt Diophanto, ut adfectio adjunctionis ὕπαρξις.

Cum autem non proponitur utra magnitudo ſit major vel minor, & tamen ſubductio facienda eſt, nota differentiæ eſt = id eſt, minus incerto: ut propoſitis A quadrato & B plano, differentia erit A quadratum = B plano, vel B planum A = quadrato.

P R Æ C E P T V M III.

Magnitudinem in magnitudinem ducere.

Sunto duæ magnitudines A & B. Oportet alteram in alteram ducere.

Quoniam igitur magnitudo in magnitudinem ducenda eſt, efficient illæ ductu ſuo magnitudinem ſibi ipſis heterogeneam, atque ideo quæ ſub iis fit deſignabitur commode vocabulo IN vel SVB, veluti A in B. quo ſignificetur hanc in illam ductam fuiſſe, vel, ut alii, factam eſſe ſub A & B, idque ſimpliciter, ſi quidem A & B ſint ſimplices longitudines latitudineſve.

Sed ſi adſcendant in ſcala, vel eis genere communicent, ipſas ſcalarium vel eis genere communicantium adhibere convenit denominationes, utpote A quadratum in B, vel A quadratum in B planum ſolidum-ve, & ſimiliter in reliquis.

Quod ſi ducendæ magnitudines, vel earum altera ſint duorum vel plurium nominum, nihil ideo diverſi in opere accidit. Quoniam totum eſt ſuis partibus æquale, ideoque facta ſub ſegmentis alicujus magnitudinis æquantur facto ſub tota. Et cum adfirmatum unius magnitudinis nomen ducetur in alterius quoque magnitudinis nomen adfirmatum, quod fiet erit adfirmatum, & in negatum, negatum.

Cui

Cui præcepto etiam confequens eft, ut ductione negatorum nominum alterius in alterum, factum fit adfirmatum, ut cum A $=$ B ducetur in D $=$ G : quoniam id quod fit ex adfirmata A in G negatam manet negatum, quod eft nimium negare minuereve, quandoquidem A eft ducenda magnitudo producta, non accurata. Et fimiliter, quod fit ex negata B in D adfirmatam manet negatum, quod eft rurfum nimium negare: quandoquidem D eft ducenda magnitudo producta, non accurata, ideo in compenfationem dum B negata ducitur in G negatam factum eft adfirmatum.

Denominationes factorum à fcandentibus proportionaliter ex genere ad genus magnitudinibus ifto prorfus modo fe habent:

Latus in fe facit Quadratum.

Latus in Quadratum facit Cubum.

Latus in Cubum facit Quadrato-quadratum.

Latus in Quadrato-quadratum, facit Quadrato-cubum.

Latus in Quadrato-cubum, facit Cubo-cubum.

Et permutatim, id eft Quadratum in Latus facit Cubum. Cubus in Latus, facit Quadrato-quadratum &c.　　　　Rurfus,

Quadratum in fe facit Quadrato-quadratum.

Quadratum in Cubum, facit Quadrato-cubum.

Quadratum in Quadrato-quadratum, facit Cubo-cubum.

& permutatim　　　　Rurfus,

Cubus in fe facit Cubo-cubum.

Cubus in Quadrato-quadratum, facit Quadrato-quadrato-cubum,

Cubus in Quadrato-cubum, facit Quadrato-cubo-cubum.

Cubus in Cubo-cubum, facit Cubo-cubo-cubum.

& permutatim, eoque deinceps ordine.

Æque in homogeneis,

Latitudo in longitudinem facit Planum.

Latitudo in Planum facit Solidum.

Latitudo in Solidum facit Plano-planum.

Latitudo in Plano-planum facit Plano-folidum.

Latitudo in Plano-folidum facit Solido-folidum.

& permutatim.

Planum in Planum facit Plano-planum.

Planum in Solidum facit Plano-folidum.

Planum in Plano-planum facit Solido-folidum.

& permutatim.

Solidum in Solidum facit Solido-folidum.

Solidum in Plano-planum facit Plano-plano-folidum.

Solidum in Plano-folidum facit Plano-folido-folidum.

Solidum in Solido-folidum facit Solido-folido-folidum.

& permutatim, eoque deinceps ordine.

PRÆCEPTVM IV.

Magnitudinem magnitudini adplicare.

Sunto duæ magnitudines A & B, Oportet alteram alteri adplicare.

Quoniam igitur magnitudo magnitudini adplicanda eft. Altiores autem depreffioribus adplicantur, homogeneæ heterogeneis, funt quæ proponuntur magnitudines heterogeneæ. Efto fane A longitudo, B planum. Commode itaque intercedet virgula inter B altiorem quæ adplicatur, & A depreffiorem, cui fit adplicatio.

Sed & ipfæ magnitudines denominabuntur à fuis, in quibus hæferunt, vel ad quos in proportionalium ſcala vel homogenearum deveẛæ ſunt, gradibus, veluti $\frac{B\,planum}{A}$. Quo ſymbolo ſignificetur latitudo quam facit B planum adplicatum A longitudini.

Et ſi B detur eſſe cubus, A planum, exhibebitur $\frac{B\,cubus}{A\,plano}$ Quo ſymbolo ſignificetur latitudo quam facit B cubus adplicatus A plano.

Et ſi ponatur B cubus, A longitudo, exhibebitur $\frac{B\,cubus}{A}$. Quo ſymbolo ſignificetur planum quod oritur ex adplicatione B cubi ad A, & eo in infinitum ordine.

Neque in binomiis polynomiiſve magnitudinibus diverſum quicquam obſervabitur.

Denominationes ortorum ex adplicatione à ſcandentibus proportionaliter ex genere ad genus gradatim magnitudinibus iſto prorſus modo ſe habent:

> Quadratum adplicatum Lateri reſtituit Latus.
> Cubus adplicatus Lateri reſtituit Quadratum.
> Quadrato-quadratum adplicatum Lateri reſtituit Cubum.
> Quadrato-cubus adplicatus Lateri reſtituit Quadrato-quadratum.
> Cubo-cubus adplicatus Lateri reſtituit Quadrato-cubum.

& permutatim, id eſt Cubus adplicatus Quadrato reſtituit Latus. Quadrato-quadratum Cubo latus &c. Rurſus,

> Quadrato-quadratum adplicatum Quadrato reſtituit Quadratum.
> Quadrato-cubus adplicatus Quadrato reſtituit Cubum
> Cubo-cubus adplicatus Quadrato reſtituit Quadrato quadratum,

& permutatim. Rurſus.

> Cubo-cubus adplicatus Cubo reſtituit Quadrato quadratum.
> Quadrato-cubo-cubus adplicatus Cubo reſtituit Quadrato-cubŭ.
> Cubo-cubo-cubus adplicatus Cubo reſtituit Cubo cubum.

& permutatim, eoque deinceps ordine.

Æque in Homogeneis,

> Planum adplicatum Latitudini reſtituit Longitudinem.
> Solidum adplicatum Latitudini reſtituit Planum.
> Plano-planum adplicatum Latitudini reſtituit Solidum.
> Plano ſolidum adplicatum Latitudini reſtituit Plano-planum.
> Solido-ſolidum adplicatum Latitudini reſtituit Plano-ſolidum.

& permutatim.

> Plano-planum adplicatum Plano reſtituit Planum.
> Plano-ſolidum adplicatum Plano reſtituit Solidum,
> Solido-ſolidum adplicatum Plano reſtituit Plano-planum

& permutatim.

> Solido-ſolidum adplicatum Solido reſtituit Solidum.
> Plano plano-ſolidum adplicatum Solido reſtituit Plano-planum.
> Plano-ſolido ſolidum adplicatum Solido reſtituit Plano-ſolidum.
> Solido-ſolido-ſolidum adplicatum Solido reſtituit Solido-ſolidum,

& permutatim, eoque deinceps ordine.

Cæterum ſive in additionibus & ſubductionibus magnitudinum, ſive in multiplicationibus & diviſionibus, non officit adplicatio, quominus expoſitis preceptis locus ſit: hoc inſpecto, quod dum in adplicatione magnitudo tam altior quam depreſſior ducitur in eandem magnitudinem, eo opere magnitudinis ex adplicatione ortivę generi vel valori nihil additur vel detrahitur; quoniam quod ſuper effecit multiplicatio, idem reſolvit diviſio: ut $\frac{B\,in\,A}{B}$ eſt A, & $\frac{B\,in\,A}{B}A$. Planum eſt A planum.

Itaque in Additionibus, Oporteat $\frac{A\,plano}{B}$ addere Z. Summa erit $\frac{A\,planum \pm Z\,in\,B}{B}$

vel

vel, Oporteat $\frac{A\,plann}{B}$ addere $\frac{Z\,quadratum}{G}$. Summa erit $\frac{G\,in\,A\,planum}{+B\,in\,Z\,quadrat.}{B\,in\,G}$.

IN Subductionibus, Oporteat $\frac{A\,plano}{B}$ subducere Z. Residua erit $\frac{A\,planum}{B}-Z\,in\,B$

vel, Oporteat $\frac{A\,plano}{B}$ subducere Z $\frac{quadratum}{G}$. Residua erit $\frac{A\,planum\,in\,G}{-Z\,quad.in\,B}{B\,in\,G}$

IN multiplicationibus, Oporteat $\frac{A\,planum}{B}$ ducere in B. Effecta erit A planum.

Vel, Oporteat $\frac{A\,planum}{B}$ ducere in Z. Effecta erit $\frac{A\,planum\,in\,Z}{B}$.

Vel denique, Oporteat $\frac{A\,planum}{B}$ ducere in Z $\frac{quadratum}{G}$. Effecta erit $\frac{A\,planum}{B\,in\,G}$ in Z quadratum.

IN Adplicationibus, Oporteat $\frac{A\,Cubum}{B}$ adplicare ad D, Ducta utraque magnitudine in B, ortiva erit $\frac{A\,cubus}{B\,in\,D}$

Vel, B in G Oporteat adplicare ad $\frac{A\,planum}{D}$. Ducta utraque magnitudine in D, ortiva erit $\frac{B\,in\,G\,in\,D}{A\,plano}$

Vel denique, Oporteat $\frac{B\,Cubum}{Z}$ adplicare ad $\frac{A\,Cubum}{D\,plano}$. Ortiva erit $\frac{B\,Cubus\,in\,D\,planum}{Z\,in\,A\,Cubum}$.

CAPVT V.
De legibus Zeteticis.

ZEteseos perficiundæ forma his fere legibus continetur :

1 Si de longitudine quæritur, lateat autem æqualitas vel proportio sub involucris eorum quæ proponuntur, quæsita longitudo Latus esto.

2 Si de planicie quæritur, lateat autem æqualitas vel proportio sub involucris eorum quę proponuntur, quæsita planicies Quadratum esto.

3 Si de soliditate quęritur, lateat autem æqualitas vel proportio sub involucris eorum quæ proponuntur, quęsita soliditas Cubus esto. Ascendet igitur sua vi vel descendet per quoscumque gradus comparatarum magnitudinum ea de qua quæritur

4 Magnitudines tam datæ quam quęsitæ secundum conditionem quęstioni dictam adsimilantor & comparantor, addendo, subducendo, multiplicando & dividendo constanti ubique homogeneorum lege servatá.

Manifestum est igitur aliquid tandem inventurum iri magnitudini de qua quæritur vel suæ ad quam adscendet potestati æquale, idque factum omnino sub magnitudinibus datis, vel factum partim sub magnitudinibus datis & incerta de qua quęritur, aut ejus parodico ad potestatem gradu.

5 Quod opus, ut arte aliqua juvetur, symbolo constanti & perpetuo ac bene conspicuo datę magnitudines ab incertis quęsititiis distinguantur, ut pote magnitudines quæsititias elemento A aliave litera vocali, E, I, O, V, Y, datas elementis B, G, D, aliisve consonis designando.

6 Facta sub datis omnino magnitudinibus addantur alterum alteri, vel subducantur juxta adfectionis eorundem notam, & in unum factum coalescant, quod esto homogeneum comparationis, seu sub data mensura: & ipsum unam æquationis partem facito.

7 Æque facta sub magnitudinibus datis eodemque parodico ad potestatem gradu addantur alterum alteri, vel subducantur juxta adfectionis eorundem notam, & in unum factum coalescant ; quod esto homogeneum adfectionis seu sub gradu.

8 Homogenea sub gradibus potestatem, quam adficiunt vel à qua adficiuntur, comitantor, & alteram æqualitatis partem una cum ipsa potestate faciunto. Atque ideo homogeneum sub data mensura de potestate à suo genere vel ordine designata enuncietur: pure, si quidem ea pura est ab adfectione ; sin eam comitantur adfectionum homogenea, indicata tum adfectionis, tum gradus symbolo, una cum ipsa, quæ cum gradu coëfficit, adscititia magnitudine.

9 Atque idcirco si accidat homogeneum sub data mensura immisceri homogeneo sub gradu, fiat Antithesis.

Antithesis est cum adficientes affectæve magnitudines ex una æquationis parte in alteram transeunt sub contraria adfectionis nota. Quo opere æqualitas non immutatur. Id autem obiter est demonstrandum.

PROPOSITIO I.
Antithesi æqualitatem non immutari.

Proponantur A quadratum minus D plano æquari G quadrato minus B in A. Dico A quadratum plus B in A equari G quadrato plus D plano, neque per istam transpositionem sub contraria adfectionis nota equalitatem immutari. Quoniam enim A quadratum minus D plano equatur G quadrato minus B in A addatur utrobique D planum plus B in A. Ergo ex communi notione A quadratum, minus D plano plus D plano plus B in A equatur G quadrato, minus B in A, plus D plano: plus B in A. Iam adfectio negata in eadem equationis parte elidat adfirmatam: illic evanescet adfectio D plani, hic adfectio B in A, & supererit A quadratum plus B in A equale G quadrato plus D plano.

10 Et si accidat omnes datas magnitudines duci in gradum, & idcirco homogeneum sub data omnino mensura non statim offerri, fiat Hypobibasmus.

Hypobibasmus est æqua depressio potestatis & parodicorum graduum observato scalæ ordine, donec homogeneum sub depressiore gradu cadat in datum omnino homogeneum cui comparantur reliqua. Quo opere æqualitas non immutatur. Id autem obiter est demonstrandum.

Hypobibasmi opus à Parabolismo differt in eo tantum quod per Hypobibasmum utraque æqualitatis pars ad quantitatem ignotam adplicatur; per Parabolismum vero ad quantitatem certam, ut ex exemplis ab authore allatis perspicuum est.

PROPOSITIO II.
Hypobibasmo æqualitatem non immutari.

Proponatur A cubus, plus B in A quadratum; equari Z plano in A. Dico per hypobibasmum A quadratum, plus B in A; equari Z plano.

Illud enim est omnia solida divisisse per communem divisorem, à quo non immutari equalitatem determinatum est.

11 Et si accidat gradum altiorem, ad quem adscendet quæsita magnitudo, non ex se subsistere, sed in aliquam datam magnitudinem duci, fiat Parabolismus.

Parabolismus est homogeneorum, quibus constat æquatio, ad datam magnitudinem, quæ in altiorem quæsititiæ gradum ducitur, communis adplicatio; ut is gradus potestatis nomen sibi vendicet, & ex ea tandem æquatio subsistat. Quo opere æqualitas non immutatur. Id autem obiter est demonstrandum.

PROPOSITIO III.
Parabolismo æqualitatem non immutari.

Proponatur B in A quadratum plus D plano in A equari Z solido. Dico per Parabolismum A quadratum plus $\frac{D \text{ plano}}{B}$ in A equari $\frac{Z \text{ solida}}{B}$ Illud enim est omnia solida divisisse per B communem divisorem, à quo non immutari equalitatem determinatum est.

12 Et tunc diserte exprimi æqualitas censetor & dicitor ordinata: ad Analogismum, si placet, revocanda, tali præsertim cautione; ut sub extremis facta, tum potestati tum adfectionum homogeneis respondeant; sub mediis vero, homogeneo sub data mensura.

13 Vnde etiam Analogismus ordinatus definiatur series trium quatuorve

B magni-

magnitudinum; ita effata in terminis five puris five adfectis, ut omnes dentur præter eum de quo quæritur, ejufve poteſtatem & parodicos ad eam
gradus.

14 Denique æqualitate ſic ordinata ordinatove Analogiſmo, ſua munia
impleviſſe Zeteticen exiſtimato.

Zeteticen autem ſubtiliſſime omnium exercuit Diophantus in iis libris,
qui de re Arithmetica conſcripti ſunt. Eam vero tanquam per numeros,
non etiam per ſpecies (quibus tamen uſus eſt) inſtitutam exhibuit, quo ſua
eſſet magis admirationi ſubtilitas & ſolertia : quando quæ Logiſtę numero-
ſo ſubtiliora adparent & abſtruſiora, ea utique ſpecioſo familiaria ſunt &
ſtatim obvia.

Caput VI.

De Theorematum per Poriſticen examinatione.

PErfecta Zeteſi, confert ſe ab hypotheſi ad theſin Analyſta, conceptaque
ſuæ inventionis Theoremata in artis ordinationem exhibet, legibus χ̄
παντὸς, καθ' αὑτὸ, καθ' ὅλε πρῶτον obnoxia. Quę quanquam ſuam habent ex
Zeteſi demonſtrationem & firmitudinem; attamen legi ſyntheſeos, quę via
demonſtrandi cenſetur λογικωτέρη, ſubjiciuntur : &, ſi quando opus eſt, per
eam adprobantur magno artis inventricis miraculo. Atque idcirco repetuntur Analyſeos veſtigia. Quod & ipſum Analyticum eſt : neque propter
inductam ſub ſpecie Logiſticen jam negocioſum. Quod ſi alienum proponitur inventum, vel fortuito oblatum, cujus veritas expendenda & inquirenda eſt; tunc tentanda primum Poriſtices via eſt, à qua deinceps ad ſyntheſin ſit facilis reditus: ut ea de re prolata ſunt à Theone exempla in Elementis, & Apollonio Pergęo in Conicis, ac ipſo etiam Archimede variis in
libris.

Caput VII.

De officio Rhetices.

ORdinata Æquatione magnitudinis de qua quæritur, ῥηλικὴ ἢ ἐξηγηλικὴ,
quę reliqua pars Analytices cenſenda eſt, atque potiſſimum ad artis
ordinationem pertinere, (cum reliquę duę exemplorum ſint potius quam
pręceptorum, ut Logicis jure concedendum eſt) ſuum exercet officium;
tam circa numeros, ſi de magnitudine numero explicanda quęſtio eſt, quàm
circa longitudines, ſuperficies, corporave, ſi magnitudinem re ipſa exhiberi oporteat. Et hic ſe prębet Geometram Analyſta, opus verum efficiundo
poſt alius, ſimilis vero, reſolutionem: illic Logiſtam, poteſtates quaſcumque
numero exhibitas, ſive puras, ſive adfectas, reſolvendo. Et ſive in Arithmeticis, ſive Geometricis, artificii ſui nullum non edet ſpecimen, ſecundum
inventę ęqualitatis, vel de ea concepti ordinate Analogiſmi, conditionem.

Et vero non omnis effectio Geometrica concinna eſt. ſingula enim problemata ſuas habent elegantias: verum ea cęteris antefertur, quę compoſi-
tionem operis non ex ęqualitate, ſed ęqualitatem ex compoſitione arguit,
& demonſtrat : ipſa vero compoſitio ſeipſam. Itaque artifex Geometra,
quanquam Analyticum edoctus, illud diſſimulat, & tanquam de opere efficiundo cogitans profert ſuum ſyntheticum problema, & explicat: Deinde
Logiſtis auxiliaturus de proportione vel æqualitate in eo adgnita concipit
& demonſtrat Theorema.

C A-

CAPVT VIII.

Æquationum notatio & Artis Epilogus.

A Equationis vox simpliciter prolata in Analyticis de Æqualitate per Zetesin rite ordinata accipitur.

2 Itaque Æquatio est magnitudinis incertæ cum certa comparatio.

3 Magnitudo incerta radix est vel potestas.

4 Rursus, potestas pura est vel adfecta,

5 Adfectio per negationem est vel adfirmationem.

6 Cum adficiens homogeneum negatur de potestate, negatio est directa.

8 Cum contra potestas negatur de adficiente homogeneo sub gradu, negatio est inversa.

7 Subgradualis metiens est homogenei adfectionis, gradus ipse mensura.

9 Oportet autem in parte Æquationis incerta designari ordinem tum potestatis, tum graduum, nec non adfectionis qualitatem seu notam. Ipsas etiam dari adscititias subgraduales magnitudines.

10 Primus ad potestatem parodicus gradus est radix de qua quæritur. Extremus, is qui uno scalæ gradu inferior est potestate. Solet autem is voce Epanaphoræ exaudiri.

Ita Quadratum est Epanaphora Cubi, Cubus Quadrato-quadrati, Quadrato-quadratum Quadrato-cubi, & eadem in infinitum serie.

11 Parodicus ad potestatem gradus parodóci est reciprocus, cum alterius in alterum ductu potestas fit. Sic adscititia ejus gradus quem sustinet est reciproca.

Vt si fuerit Latus, gradus ad Cubum parodicus, erit quadratum gradu reciprocus; ex latere enim in Quadratum oritur Cubus. Planum vero sublaterale erit magnitudo reciproca, quippe cum ex latere in Planum fiat Solidum, magnitudo scilicet ejusdem cum Cubo gradus.

12 A radice longitudine gradus parodici ad potestatem sunt ii ipsi qui designantur in scala.

13 A radice planâ gradus parodici sunt:

Quadratum.	PLANVM.
Quadrato-quadratum.	PLANI Quadratum.
Cubo-cubus. Seu	PLANI Cubus.

& eo deinceps ordine.

14 A radice solidâ gradus parodici sunt:

Cubus.	SOLIDVM.
Cubo-cubus. Seu	SOLIDI Quadratum.
Cubus-cubo-cubus.	SOLIDI Cubus.

15 Quadratum, Quadrato quadratum, Quadrato-cubo-cubus, & quæ continuo eo ordine à se ipsismet fiunt, sunt potestates simplicis medii, reliquæ multiplicis.

Potestates simplicis medii ita quoque definiri possunt, ut sint, quarum numeri ordinales progrediuntur secundum proportionem Geometricam subduplam. Ita Potestates secundi gradus, Quarti, Octavi, Decimi Sexti, erunt simplicis medii. Reliquæ in gradibus intermediis consistentes, multiplicis.

16 Magnitudo certa, cui comparantur reliqua, est homogeneum comparationis.

Vt si fuerit A cubus + A in B quadratum, æqualis B in Z planum. Erit,

B in Z planum. Homogeneum comparationis.

A cubus. Potestas ad quam vi sua ascendit magnitudo incerta, de qua quæritur.

A in B quadratum. Homogeneum adfectionis.

A Gradus ad potestatem parodicus.

B quadratum Subgradualis magnitudo, seu Parabola.

17 In numeris homogenea comparationum funt unitates.

18 Cum radix, de quâ quæritur, in fua bafe confiftens datæ magnitudini homogeneæ comparatur, æquatio eft fimplex abfolute.

19 Cum poteftas radicis, de qua quæritur, pura ab adfectione datæ homogeneæ comparatur, æquatio eft fimplex Climactica.

20 Cum poteftas radicis, de qua quæritur, adfecta fub defignato gradu & data coefficiente datæ magnitudini homogeneæ comparatur, Æquatio polynomia eft pro adfectionum multitudine & varietate.

21 Quot funt gradus parodici ad poteftatem , tot adfectionibus poteftas poteft implicari.

Itaque Quadratum poteft adfici fub Latere.

Cubus fub Latere & quadrato.

Quadrato-quadratum fub Latere, Quadrato, & Cubo. Quadrato-cubus fub latere , Quadrato, & Cubo, & ea in infinitum ferie.

22 Analogifmi à generibus Æquationum in quas incidunt refoluti, diftinguuntur & nomenclaturam accipiunt.

23 Ad Exegeticen in Arithmeticis inftruitur Analyfta edoctus

Numerum numero addere.

Numerum numero fubducere.

Numerum in numerum ducere.

Numerum per numerum dividere.

Poteftatum porro quarumcumque , five purarum five (quod nefciverunt veteres atque novi) adfectarum, tradit Ars refolutionem.

24 Ad Exegeticen in Geometricis feligit & recenfet effectiones magis canonicas, quibus æquationes Laterum & Quadratorū omnino explicentur.

25 Ad Cubos & Quadrato-quadrata poftulat , ut quafi Geometria fuppleatur Geometriæ defectus,

A quovis puncto ad duas quafvis lineas rectam ducere interceptam ab iis præfinito poſſibili quocumque interfegmento.

Hoc conceffo (eft autem αἴτημα non δυσμήχανον) famofiora, quæ hactenus ἄλογα dicta fuere, problemata folvit ἐπιτέχνως, mefographicum , fectionis anguli in tres partes æquales, inventionem lateris Heptagoni , ac alia quotcumque in eas æquationum formulas incidunt, quibus Cubi folidis , Quadrato-quadrata Plano-planis, five pure five cum adfectione, comparantur.

26 Ecquis vero, cum magnitudines omnes fint lineæ, fuperficies, vel corpora, tantus proportionum fupra triplicatam, aut demum quadruplicatam rationem poteft effe ufus in rebus humanis, nifi forte in fectionibus angulorum, ut ex lateribus figurarum anguli, vel ex angulis latera confequamur?

27 Ergo à nemine hactenus adgnitum myfterium angularium fectionum, five ad Arithmetica, five Geometrica aperit, & edocet

Data ratione angulorum dare rationem laterum.

Facere ut numerum ad numerum, ita angulum ad angulum.

28 Lineam rectam curvæ non comparat , quia angulus eft medium quiddam inter lineam rectam & planam figuram. Repugnare itaque videtur homogeneorum lex.

29 Denique faftuofum problema problematum ars Analytice, triplicem Zetetices, Poriftices & Exegetices formam tandem induta, jure fibi adtrogat, Quod eft, Nvllvm non problema solvere.

AD LOGISTICEN SPECIOSAM, NOTÆ PRIORES.

Logisticesspeciosæ doctrina quatuor, quæ in Isagogicis exposita sunt, canonicis præceptis * absolvitur. Verumtamen præstat exemplificari frequentiora aliquot opera, & subnotari ea, quæ interdum occurrunt compendia, ne Logistam deinceps anfractus similes
remorentur. Hujusmodi sunt quæ sequuntur.

Scilicet Additionis, Subductionis, Multiplicationis & Divisionis,
quæ traduntur capite quarto Isagoges, quibus innituntur sequentia theoremata.

PROPOSITIO I.

PRopositis tribus magnitudinibus exhibere quartam proportionalem.

Exponantur tres magnitudines, Prima, Secunda, & Tertia. Oporteat exhibere Quartam proportionalem. Ducatur Secunda in Tertiam, & factum adplicetur ad Primam.
Dico igitur magnitudinem ex ea adplicatione oriundam, seu aliter, parabolam esse Quartam proportionalem. Prima enim illa ducatur in Quartam, fiet idipsum quod ex Secunda in Tertiam. Itaque sunt proportionales. Sint igitur magnitudines,

Prima, A	Secunda B	Tertia. G		$\dfrac{\text{B in G}}{\text{A}}$
$\dfrac{\text{A quadratum,}}{\text{D}}$	B	B	Erit Quarta pro-portionalis.	$\dfrac{\text{B in G in D}}{\text{A quadrat.}}$
$\dfrac{\text{A cubus.}}{\text{D plano.}}$	$\dfrac{\text{B quadrat.}}{\text{Z}}$	G		$\dfrac{\text{B q. in G in D pl.}}{\text{Z in A cubum.}}$

PROPOSITIO II.

PRopositis duabus magnitudinibus exhibere Tertiam proportionalem,
Quartam, Quintam; & ulterioris ordinis continuè proportionales in
in finitum.

Exponantur duæ magnitudines A, & B. Oporteat exhibere Tertiam proportionalem, Quartam, Quintam, & ulterioris ordinis continuè proportionales in infinitum.

Quo-

Quoniam igitur eſt

Vt	Ad	Ita	Ad			Tertia	
A.	B.	B.	$\dfrac{B\ quadr.}{A}$		$\dfrac{B\ quadratum}{A}$		
A.	B.	$\dfrac{B\ quadr.}{A}$	$\dfrac{B\ cubus.}{A\ quadr.}$	Erit	$\dfrac{B\ cubus}{A\ quadra.}$	Quarta	proportionalis.
A.	B.	$\dfrac{B\ cubus}{A\ quadr.}$	$\dfrac{B\ q.quad.}{A\ cubo.}$		$\dfrac{B\ quad.quadratum}{A\ cubo}$	Quinta	

Et ita licebit progredi in infinitum.

CONSECTARIVM.

Itaque ſi ſit ſeries magnitudinum in continua proportione, eſt,
Vt Prima, ad Tertiam, ita Quadratum è Prima, ad Quadratum è Secunda.
Et ut Prima, ad Quartam, ita Cubus è Prima, ad Cubum è Secunda.
Et Prima ad Quintam, ut Quadrato-quadratum è Prima, ad Quadrato-quadratum
è Secunda.
Et ita in infinitum conſtanti ordine. Enimvero ex poſita theſi ſunt continue pro-
portionales.

Prima, A Secunda, B, Tertia, $\frac{B\ quadr.}{A}$. Quarta $\frac{B\ cubus.}{A\ quadr.}$ Quinta $\frac{B\ qu.quadr.}{A\ quadrat.}$ &c.

At quoniam Prima eſt A, tertia $\frac{B\ quadratum}{A}$. Ducatur utraque in A, ea itaque ductione cum ſit à communi multiplicante, non immutabitur proportio, quare A ad $\frac{B\ quadrat.}{A}$
erit ut A quadratum ad B quadratum.

Æque quoniam prima eſt, A quarta $\frac{B\ cubus}{A\ quadr.}$. Ducatur utraque in A quadratum, ea
igitur ductione, cum ſit à communi multiplicante non immutabitur proportio, quare
A ad $\frac{B\ cubum}{A\ quadrat.}$ erit ut A cubus, ad B cubum.

Pariter, cum ſit prima A quinta $\frac{B\ quadrato-quadr.}{A\ cubo}$ Ducatur utraque in A cubum: ea igitur
ductione, cum ſit à communi multiplicante, non immutabitur proportio, quare A ad
$\frac{B\ quadr.quadr.}{A\ cubo.}$ erit ut A quadrato-quadratum, ad B quadrato-quadratum.

Nec diſſimiliter in ulterioribus reliquis, licet arguere & exemplificari latera ad invicem in ratione ſimplâ, poteſtates earumdem in ratione multiplâ. Poteſtas rationis duplæ eſt Quadratum. Triplæ, Cubus. Quadruplæ, Quadrato-quadratum. Quintuplæ,
Quadrato cubus, & ea in infinitum ſerie & methodo.

PROPOSITIO III.

INter duo propoſita quadrata exhibere medium proportionale.
    Proponantur duo quadrata A quadratum, B quadratum. Oporteat invenire me-
dium inter ea proportionale. At vero conſtituta A prima, B ſecunda, exhibetur ex antecedente tertia proportionalis, & ſe habet ſeries hujuſmodi.
    Prima A, Secunda B, Tertia $\frac{B\ quadr.}{A}$
Ducantur omnes in A, cui videlicet, cum adplicatur B quadratum, oritur tertia.
    Quoniam igitur A eſt communis multiplicator trium expoſitarum proportionalium;
à communi autem multiplicante non immutatur proportio; erunt facta quoque ab A
in proportionales, proportionalia. Sunt autem facta,
    A quadratum, B in A, B quadratum. Quare inter duo propoſita quadrata exhibui-
mus medium proportionale.

PROPOSITIO IV.

INter duos propoſitos Cubos exhibere duo media continue proportionalis.
    Proponantur duo Cubi A cubus, B cubus. Oporteat exhibere duo media inter ea
continue proportionalia. At vero conſtituta A Prima, B Secunda, exhibentur ex

propofitione fecunda continue proportionales in infinitum. Sit hic fyftema infiniti in quarta. Series igitur quatuor continue proportionalium ita fe habet,

prima A, fecunda B, tertia $\frac{B\ quadr.}{A}$, quarta $\frac{B\ Cubus}{A\ quadr.}$.

Ducantur omnes in A quadratum, cui videlicet cum adplicatur B cubus, oritur quarta. Quoniam igitur A quadratus communis eft multiplicator expofitarum quatuor continue proportionalium; à communi autem multiplicante non immutatur proportio: eruntfacta in continue proportionalia quoque proportionalia.Sunt autem facta, A cubus, A quadratum in B, A in B quadratum, B cubus. Quare inter duos propofitos cubos exhibuimus duo media continue proportionalia. Ex his deducitur hoc generale

CONSECTARIVM.

Si duo latera attolluntur ad poteftates ejufdem gradus, latus autem fecundi ducatur in gradum parodicum elatiorem primi, deinde lateris fecundi quadratum in gradum fuccedentem elatiorem primi, & eo continuo ordine: efficientur continue proportionalia inter poteftates primi & fecundi. Id enim manifeftum fit ex fecunda Propofitione.Vnde etiam proponi potuit generalius,

Inter duas quafcumque Poteftates æque altas, exhibere tot media continue proportionalia, quot funt gradus parodici ad poteftatem.

PROPOSITIO V.

INter duo latera propofita exhibere quotlibet continue proportionalia.

Sunto duo latera A, B. Oporteat exhibere inter ea quotlibet continue proportionalia.Libeat exhibere quatuor.Quoniam igitur poteftas,ad quam latus per totidem gradus deducitur, quot hic media continue proportionalia exiguntur, nempe quatuor, quintum fibi locum vindicet necefle eft; in quinto autem gradu confiftit quadrato-cubus: attollantur & A & B ad poteftatem quadrato-cubi, & inter A quadrato-cubum, & B quadrato-cubum, conftituantur media quatuor continue proportionalia, quorum feries eft hujufmodi:

1. A quadrato-cubus.
2. A quadrato-quadratum in B.
3. A cubus in B quadratum.
4. A quadratum in B cubum.
5. A in B quadrato-quadratum.
6. B quadrato-cubus.

Quæ autem funt proportionalia poteftate, proportionalia quoque funt radice. Quare fingularum fex proportionalium conftitutarum fumantur latera quadrato-cubica: erunt igitur quoque continuè proportionalia fex latera, qualia hic defignantur: videlicet,

1. A.
2. Latus qc. A quadrat. quadrati in B.
3. Latus qc. A cubi in B quadrat.
4. Latus qc. A quadrati in B cubum.
5. Latus qc. A in B quadrato-quadratum.
6. B.

Ergo inter A & B exhibita funt tot media continue proportionalia quot exigebantur.

PROPOSITIO VI.

DUarum magnitudinum adgregato differentiam earundem addere.

Sit A + B addenda A —— B: fumma fit A bis. Vnde

THEO-

T H E O R E M A.

Adgregatum duarum magnitudinum adjunctum differentiæ earundem, æquale est duplo magnitudinis majoris.

P R O P O S I T I O VII.

DUarum magnitudinum adgregato differentiam earundem subducere.

Sit ex A + B auferenda A — B: residua fit B bis. Vnde

T H E O R E M A.

Adgregatum duarum magnitudinum multatum differentia earumdem, æquale est duplo minoris.

P R O P O S I T I O VIII.

CUm eadem magnitudo contrahitur, inæquali decremento, alteram ex altera subducere.

Sit ex A — B subducenda A — E : residua erit E — B. Illud autem est contractionum differentiam subnotasse. Vnde

T H E O R E M A.

Si magnitudo inæquali minuatur decremento, differentia contractionum eadem est quæ contractarum.

P R O P O S I T I O IX.

CUm eadem magnitudo protrahitur, inæquali cremento, alteram alteri subducere.

Sit ex A + G subducenda A + B: residua erit G — B. Vnde

T H E O R E M A.

Si eadem magnitudo inæquali augeatur cremento, differentia protractionum eadem est quæ protractarum.

P R O P O S I T I O X.

CUm eadem magnitudo protrahitur, & contrahitur inæquali cremento & decremento, alteram alteri subducere.

Sit ex A + G subducenda A — B: residua erit G + B. Vnde

T H E O R E M A.

Si eadem magnitudo protrahatur & contrahatur inæquali cremento & decremento, differentia protractæ & contractæ æqualis est adgregato protractionis & contractionis.

P R O P O S I T I O XI.

POtestatem puram à binomia radice componere.

Sit radix binomia A + B. Oporteat ab ea potestatem puram componere.

Primo componendum sit Quadratum. Quoniam igitur latus dum ducitur in se facit quadratum; ducatur A + B in A + B, & colligantur singularia effecta plana: erunt illa

        A quadratum.
     +A in B bis.
     +B quadrato.

Quæ ideo æquabuntur A + B quadrato.

Secundo componendus sit Cubus. Quoniam igitur latus dum ducitur in sui quadratum,

dratum, facit cubum : ducatur A + B in quadratum jam expositum ex A + B, & colligantur singularia effecta Solida. Erunt illa

A cubus, + A quadrato in B ter, + A in B quadratum ter, + B cubo. Quæ ideo æquabuntur cubo ex A + B.

Tertio componendum sit quadrato-quadratum. Quoniam latus dum ducitur in sui cubum, facit quadrato-quadratum : ducatur A + B in cubum jam expositum abs A + B, & colligantur effecta singularia plano-plana. Erunt illa

A quadrato-quadratum, + A cubo in B quater, + A quadr. in B quadratum sexies, + A in B cubum quater, + B quadrato-quadrato. Quæ ideo æquabuntur quadrato-quadrato ex A + B.

Quarto componendus sit quadrato-cubus. Quoniam latus dum ducitur in sui quadrato-quadratum, facit quadrato cubum : ducatur A + B in quadrato-quadratum jam expositum abs A + B, & colligantur effecta singularia plano-solida. Erunt illa

A quadrato-cubus, + A quadrato-quadrato in B 5, + A cubo in B quadratum 10, + A quadrato in B cubum 10, + A in B quadrato quadratum 5, + B quadrato-cubo. Quæ quidem æquabuntur quadrato-cubo ex A + B.

Quinto componendus sit cubo-cubus. Quoniam latus dum ducitur in sui quadrato-cubum, facit cubo-cubum : ducatur A + B in quadrato-cubum jam expositum abs A + B, & colligantur effecta singularia solido-solida. Erunt illa

A cubo-cubus, + A quadrato-cubo in B 6, + A quadrato-quadrato in B quadratum 15, + A cubo in B cubum 20, + A quadrato in B quadrato-quadratum 15, + A in B quadrato-cubum 6, + B cubo cubo. Quæ ideo æquabuntur cubo cubo ex A + B.

Nec dissimilis erit ulteriorum quarumcumque potestatum synthesis. A quibus ideo derivantur & uniformi methodo concipiuntur ad universam Logisticen valentia, & quæ etiam ad Zeteticen in promptu sunt, theoremata.

THEOREMA
geneseos quadrati.

SI fuerint duo latera : quadratum lateris primi, plus plano à duplo latere primo in latus secundi, plus quadrato lateris secundi, æquatur quadrato adgregati laterum.

Sit latus unum A, alterum B. Dico A quadratum, + A in B bis, + B quadrato, æquari A + B quadrato. Ex opere multiplicationis A + B per A + B.

THEOREMA
geneseos cubi.

SI fuerint duo latera : cubus lateri primi, plus solido à quadrato lateris primi in latus secundum triplum, plus solido à latere primo in lateris secundi quadratum triplum, plus cubo lateris secundi, æquatur cubo adgregati laterum.

Sit latus unum A, alterum B. Dico A cubum, + A quadrato in B ter, + A in B quadratum ter, + B cubo, æquari A + B cubo. Ex opere multiplicationis A quadrati + A in B 2, + B quadrato, per A + B.

THEOREMA
geneseos quadrato-quadrati.

SI fuerint duo latera : quadrato-quadratum lateris primi, plus cubo lateris primi in latus secundum quadruplum, plus quadrato lateris primi in lateris secundi quadratum sextuplum, plus latere primo in lateris secundi cubum quadruplum, plus quadrato-quadrato lateris secundi, æquatur quadrato quadrato adgregati laterum.

Sit latus unum A, alterum B. Dico A quad.-quadratum, + A cubo in B quater, + A quadrato in B quadratum sexies, + A in B cubum quater, + B quad. quadrato, æquari A + B quad-quadrato. Ex opere multiplicationis A cubi, + A quadrato in B 3, + A in B quadratum 3, + B cubo, per A + B.

C   THEO-

THEOREMA
geneseos quadrati-cubi.

SI fuerint duo latera: quadrato-cubus lateris primi, plus quadrato-quadrato lateris primi in latus secundum quintuplum, plus cubo lateris primi in lateris secundi quadratum decuplum, plus quadrato lateris primi in lateris secundi cubum decuplum, plus latere primo in lateris secundi quadrato-quadratum quintuplum, plus lateris secundi quadrato-cubo, æquatur quadrato-cubo adgregati laterum.

Sit latus unum A, alterum B. Dico A quadrato-cubum, + A quad. quadrato B 5, + A cubo in B quadratum 10, + A quadrato in B cubum 10, + A in B quad-quadratum 5, + B quadrato-cubo, æquari A + B quadrato cubo. Ex opere multiplicationis A quadrato quadrati, + A cubo in B 4, + A quad. in B quadratum 6, + A in B cubum quater, + B quadrato-quadrato, per A + B:

THEOREMA
geneseos cubo-cubi.

SI fuerint duo latera: cubo-cubus lateris primi, plus quadrato-cubo lateris primi in latus secundum sextuplum, plus quadrato-quadrato lateris primi in lateris secundi quadratum decuquintuplum, plus cubo lateris primi in lateris secundi cubum vigecuplum, plus quadrato lateris primi in lateris secundi quadrato-quadratum decuquintuplum, plus latere primo in lateris secundi quadrato-cubum sextuplum, plus lateris secundi cubo-cubo, æquatur cubo-cubo adgregati laterum.

Sit latus unum A, alterum B. Dico A cubo-cubum, + A quadrato-cubo in B 6, + A quad-quadrato in B quadratum 15, + A cubo in B cubum 20, + A quadrato in B quadrato-quadratum 15, + A in B quadrato-cubum 6, + B cubo-cubo, æquari A + B cubo-cubo. Ex opere multiplicationis A quadrato cubi, + A quad-quadrato in B 5, + A cubo in B quadratum 10, + A quadrato in B cubum 10, + A in B quad-quadratum 5, + B quadrato-cubo, per A + B.

CUM autem placuerit à differentia laterum, non etiam adgregato, potestatem componi, eadem omnino efficientur singularia compositionis homogenea, sed affirmabuntur & negabuntur alterne sumpto à majoris lateris potestate, quando par est singulorum homogeneorum numerus, ut in cubo, quadrato-cubo, & exinde alternis: in reliquis verò sive à majoris lateris potestate, sive à potestate minoris ducant initium, nihil refert; eodem enim opus recidit.

\

CONSECTARIVM.

SINGVLARIA compositionis homogenea, quibus constat potestas effecta à binomia radice semel & ordinatim sumpta, sunt continue proportionalia ex generali consectario propositionis quartæ.

SIc sunt proportionalia à duobus lateribus A & B effecta tria Plana.

    A quadratum.
    A in B.
    B quadratum.
Nec non & quatuor solida.
    A cubus.
    A quadratum in B.
    A in B quadratum.
    B cubus.
Pari jure & quinque plano-plana.
    A quadrato-quadratum.
    A cubus in B.
    A quadratum in B quadratum.
    A in cubum.
    B quadrato-quadratum.

Et

Et proportionalia sex plano-solida,

> A quadrato-cubus.
> A quadrato-quadratum in B.
> A cubus in B quadratum.
> A quadratum in B cubum.
> A in B quadrato-quadratum.
> B quadrato-cubum.

Et proportionalia denique continuè septem solido-solida,

> A cubo-cubus.
> A quadrato-cubus in B.
> A quadrato-quadratum in B quadratum.
> A cubus in B cubum.
> A quadratum in B quadrato-quadratum.
> A in B quadrato-cubum.
> B cubo-cubus.

Et sic deinceps.

PROPOSITIO XII.

QVADRATO adgregati laterum, quadratum differentiæ eorundem addere.

SIT latus unum A, alterum B. Oporteat A + B quadrato, A = B quadratum addere. At verò quadratum effectum abs A + B, constat A quadrato, + A in B bis, + B quadrato. Quadratum autem effectum abs A = B, constat A quadrato, — A in B bis, + B quadrato. Fiat igitur horum additio. Summa erit A quadratum bis, + B quadrato bis. Quare factum est quod oportuit. Hinc

THEOREMA.

QVADRATVM adgregati laterum plus quadrato differentiæ eorundem, æquatur adgregato duplo quadratorum.

PROPOSITIO XIII.

QVADRATO adgregati duorum laterum, quadratum differentiæ eorundem demere.

Sit latus unum A, alterum B. Oporteat A + B quadrato, A = B quadratum auferre. Abs planis singularibus quibus constat effingendum abs A + B quadratum, auferentur singularia plana, quibus constat quadratum abs A = B: & erit differentia B in A quater. Hinc

THEOREMA.

QVADRATVM adgregati duorum laterum, minus quadrato differentiæ eorundem, æquatur plano quadruplo sub lateribus.

CONSECTARIVM.

PLANVM sub. duobus lateribus cedit quadrato dimidij adgregati laterum. Æqualitatis enim per theorema ordinatæ utraque pars subquadruplicetur. Quadratum adgregati dimidij laterum præstabit plano sub lateribus per quadratum dimidiæ differentiæ, aut non erunt latera diversa, sed æqualia. Quod animadvertisse fuit operæpretium.

PROPOSITIO XIV.

DIFFERENTIAM duorum laterum, in eorundem adgregatum ducere.

SIT latus majus A, minus B. Ducatur A — B in A + B, & singularia plana colligantur. Erunt illa A quadratum, — B quadrato. Hinc

TEOREMA.

QVOD sit ex differentia duorum laterum in adgregatum eorundem, æquale est differentiæ quadratorum.

CONSECTARIVM.

DIFFERENTIA quadratorum si adplicetur differentiæ laterum , orietur adgregatum laterum: & contra. Differentia quadratorum si adplicetur adgregato laterum, orietur differentia laterum. Quandoquidem divisio restitutio est: resolutione ejus operis, quod compositione multiplicatio efficit.

PROPOSITIO XV.

CVBO adgregati duorum laterum , cubum differentiæ eorundem addere.

SIT latus unum A, alterum B. Oporteat A + B cubo, A=B cubum addere. At verò cubus effectus abs A + B, constat A cubo, + A quadrato in B ter , + A in B quadratum ter, + B cubo. Cubus autem abs A=B constat A cubo, —A quadrato in B ter, + A in B quadratum ter,—B cubo. Fiat igitur horum additio : summa est A cubus bis, + A in B quadratum sexies. Hinc ordinatur

THEOREMA.

CVBVS adgregati duorum laterum, plus cubo differentiæ eorundem, æquatur duplo cubo lateris majoris, plus sextuplo solido à latere majore in lateris minoris quadratum.

PROPOSITIO XVI.

CVBO adgregati duorum laterum, cubum differentiæ eorundem demere.

SIT latus unum A, alterum B. Oporteat A + B cubo, cubum ex A=B demere. Abs solidis singularibus, quibus constat componendus abs A + B cubus, demantur singularia solida , quibus constat cubus abs A=B : orietur A quadratum in B sexies, + B cubo bis. Hinc

THEOREMA.

CVBVS adgregati duorum laterum minus cubo differentiæ eorundem, æquatur sextuplo solido à latere minore in quadratum majoris , plus duplo cubo lateris minoris.

PROPOSITIO XVII.

DIFFERENTIAM duorum laterum in tria singularia plana, quibus constat quadratum adgregati ipsorum laterum semel sumpta, ducere.

SIT latus majus A , minus B. Oporteat A—B ducere in A quadratum, + A in B, + B quadrato. Fiat particulatis ductio, & colligantur singularia solida. Erunt illa A cubus, —B cubo. Hinc

THEOREMA.

QVOD fit ex differentia duorum laterum in tria singularia plana , quibus constat quadratum adgregati ipsorum laterum semel sumpta, æquale est differentiæ cuborum.

CONSECTARIVM.

DIFFERENTIA cuborum si adplicetur ad differentiam laterum , orientur tria singularia plana, quibus constat quadratum adgregati laterum semel sumpta. Et permutim,

DIFFERENTIA cuborum si adplicetur ad tria singularia plana, quibus constat quadratum adgregati laterum semel sumpta, orietur differentia laterum.

PROPOSITIO XVIII.

ADGREGATVM duorum laterum in tria singularia plana , quibus constat quadratum differentiæ ipsorum laterum semel sumpta , ducere.

SIT

Sit latus unum A, alterum B. Oporteat A+B ducere in A quadratum, — B in A, + B quadrato. Fiat particularis ductio, & colligantur singularia solida. Erunt illa A cubus + B cubo. Vnde

T H E O R E M A.

Qvod fit ex adgregato duorum laterum in tria singularia plana, quibus constat quadratum differentiæ ipsorum laterum semel sumpta, æquale est adgregato cuborum.

C O N S E C T A R I V M.

Adgregatvm cuborum si adplicetur ad adgregatum laterum, oriuntur singularia tria plana, quibus constat quadratum differentiæ ipsorum, semel sumpta. Et permutatim.

P R O P O S I T I O XIX.

Differentiam duorum laterum in quatuor singularia solida, quibus constat cubus adgregati ipsorum laterum semel sumpta, ducere.

Sit majus latus A, minus B. Oporteat A — B ducere in A cubum. + A quadrato in B, + A in B quadratum, + B cubo. Fiat particularis ductio & colligantur singularia plano-plana. Erunt illa A quadrato- quadratum, —— B quadrato-quadratum.

T H E O R E M A.

Qvod fit ex differentia duorum laterum in quatuor singularia solida, quibus constat cubus adgregati ipsorum laterum semel sumpta, æquale est differentiæ quadrato-quadratorum.

C O N S E C T A R I V M.

Differentia duorum quadrato-quadratorum si adplicetur ad differentiam laterum, oriuntur quatuor singularia solida, quibus constat cubus adgregati laterum, semel sumpta. Et permutatim.

P R O P O S I T I O XX.

Adgregatvm duorum laterum in quatuor singularia solida, quibus constat cubus differentiæ ipsorum laterum semel sumpta, ducere.

Oporteat A + B ducere in A cubum, — A quadrato in B, + A in B quadratum, — B cubo. Fiat particularis ductio, & colligantur singularia plano-plana. Erunt illa A quadrato-quadratum, — B quadrato-quadratum.

T H E O R E M A.

Qvod fit ex adgregato duorum laterum in quatuor singularia solida, quibus constat cubus differentiæ ipsorum laterum semel sumpta, æquale est differentiæ quadrato-quadratorum.

C O N S E C T A R I V M.

Differentia quadrato-quadratorum si adplicetur ad adgregatum laterum, oriuntur quatuor singularia solida, quibus constat cubus differentiæ laterum, semel sumpta.

Aliud C O N S E C T A R I V M.

Vt differentia laterum ad adgregatum, ita quatuor singularia solida, quibus constat cubus differentiæ ipsorum laterum semel sumpta ad quatuor singularia solida, quibus constat cubus adgregati eorundem laterum, semel quoque sumpta.

P R O P O S I T I O XXI.

Differentiam duorum laterum in singularia quinque plano-plana, quibus constat quadrato-quadratum adgregati, ipsorum laterum semel sumpta, ducere.

Sit latus majus A, minus B. Oporteat A — B ducere in A quadrato-quadratum, + A cubo in B, + A quadrato in B quadratum, + A in B cubum, + B quadrato-qua-

drato.

drato. Fiat particularis ductio, & colligantur singularia plano-solida. Erunt illa A qua-quadrato-cubus, — B quadrato-cubo. Hinc

THEOREMA.

QVOD fit ex differentia duorum laterum in quinque singularia plano-plana, quibus constat quadrato-quadratum adgregati ipsorum laterum, semel sumpta, aequale est differentiae quadrato-cuborum.

CONSECTARIVM.

DIFFERENTIA quadrato-cuborum si adplicetur ad differentiam laterum, oriuntur quinque singularia plano-plana, quibus constat quadrato-quadratum adgregati ipsorum laterum, semel sumpta. Et contra.

PROPOSITIO XXII.

ADG·REGATVM duorum laterum in quinque singularia plano-plana, quibus constat quadrato-quadratum differentiae ipsorum, semel sumpta, ducere.

SIT latus unum A, alterum B. Oporteat A + B ducere in A quadrato-quadratum, — A cubo in B, + A quadrato in B quadratum, — A in B cubum, + B quadrato-quadrato. Fiat particularis ductio, & colligantur singularia plano-solida. Erunt illa A quadrato-cubus, + B quadrato-cubus. Hinc

THEOREMA.

QVOD fit ex adgregato duorum laterum in quinque singularia plano-plana, quibus constat quadrato-quadratum differentiae ipsorum laterum, semel sumpta, est aequale adgregato quadrato-cuborum.

CONSECTARIVM.

ADGREGATVM quadrato-cuborum si adplicetur ad adgregatum laterum, orientur quinque singularia plano-plana, quibus constat quadrato-quadratum differentiae ipsorum, semel sumpta. Et permutatim.

PROPOSITIO XXIII.

DIFFERENTIAM duorum laterum in sex singularia plano-solida, quibus constat quadrato-cubus adgregati ipsorum, semel sumpta, ducere.

SIT latus majus A, minus B. Oporteat A—B ducere in A quadrato-cubum, + A quadrato-quadrato in B, + A cubo in B quadratum, + A quadrato in B cubum, + A in B quadrato-quadratum, + B quadrato-cubo. Fiat particularis ductio & colligantur singularia solido-solida. Erunt illa A cubo-cubus, — B cubo-cubo. Hinc

THEOREMA.

QVOD fit ex differentia duorum laterum in sex singularia plano-solida, quibus constat quadrato-cubus adgregati ipsorum laterum, semel sumpta, est aequale differentiae cubo-cuborum.

CONSECTARIVM.

DIFFERENTIA cubo-cuborum si adplicetur ad differentiam laterum, orientur sex singularia plano solida, quibus constat quadrato-cubus adgregati ipsorum, semel sumpta.

PROPOSITIO XXIV.

ADGREGATVM duorum laterum in sex singularia plano-solida, quibus constat quadrato-cubus differentiae ipsorum, semel sumpta, ducere.

SIT latus unum A, alterum B. Oporteat A + B ducere in A quadrato-cubum, — A quadrato-quadrato in B, + A cubo in B quadratum, — A quadrato in B cubum, + A in B quadrato-quadratum, — B quadrato-cubo. Fiat particularis ductio, & colligantur singularia solido-solida. Erunt illa A cubo-cubus, — B cubo-cubus. Hinc

THEO-

THEOREMA.

Quod fit ex adgregato duorum laterum in fex fingularia plano-folida, quibus conftat quadrato-cubus differentiæ ipforum laterum, femel fumpta; eft æquale differentiæ cubo-cuborum.

CONSECTARIVM.

Differentia cubo-cuborum fi adplicetur ad adgregatum duorum laterum, orientur fex fingularia plano-folida, quibus conftat quadrato-cubus differentiæ ipforum laterum, femel fumpta.

Aliud CONSECTARIVM.

Vt differentia laterum ad adgregatum, ita fex fingularia plano-folida, quibus conftat quadrato-cubus differentiæ ipforum laterum, femel fumpta, ad fex fingularia plano-folida, quibus conftat quadrato-cubus adgregati ipforum laterum, fumpta quoque femel.

Ex propofitionibus præcedentibus deducuntur Theoremata univerfalia.

THEOREMA I.

Quod fit ex differentia duorum laterum in fingularia homogenea, quibus conftat poteftas adgregati ipforum laterum, femel fumpta, eft æquale differentiæ poteftatum gradus proxime fuperioris. Hinc

CONSECTARIVM.

Differentia poteftatum fi adplicetur ad differentiam laterum, orientur fingularia homogenea, quibus conftat poteftas gradus proxime inferioris adgregati ipforum laterum, femel fumpta. Et contra

Differentia poteftatum fi adplicetur ad fingularia homogenea, quibus conftat poteftas gradus proxime inferioris adgregati ipforum laterum, femel fumpta, orietur differentia laterum.

THEOREMA II.

Quod fit ex adgregato duorum laterum in fingularia homogenea, quibus conftat poteftas differentiæ ipforum laterum, femel fumpta, eft æquale adgregato vel differentiæ poteftatum ordinis proxime fuperioris: adgregato quidem, fi impar fuerit fingularium homogeneorum numerus: differentiæ vero, fi par fuerit fingularium homogeneorum numerus. Hinc

CONSECTARIVM.

Adgregatum vel differentia poteftatum fi adplicetur ad adgregatum laterum, orientur fingularia homogenea, quibus conftat poteftas ordinis proxime inferioris differentiæ ipforum laterum, femel fumpta.

Aliud CONSECTARIVM.

Si par fuerit numerus fingulorum homogeneorum, quibus conftat poteftas adgregati vel differentiæ laterum, erit: ut differentia laterum ad adgregatum; ita fingularia homogenea, quibus conftat poteftas differentiæ ipforum laterum, femel fumpta ad fingularia homogenea, quibus conftat poteftas ejufdem gradus, adgregati ipforum laterum, femel fumpta.

GENESIS POTESTATUM ADFECTARUM,

& primo adfirmate.

PROPOSITIO XXV.

QVadratum adfectum adjunctione plani fub latere, adfcita congruenter fublaterali coëfficiente longitudine, componere.

Sit radix binomia A + B. Coëfficiens fublateralis D longitudo. Oporteat quadratum

abs

abs A + B , adfectum adjunctione plani sub D & A + B, componere. Ducatur A + B in A + B, + D, & colligantur effecta singularia plana. Erunt illa

A quadratum, + A in B bis , + B quadrato , + D in A, + D in B. Quæ ideo æquabuntur quadrato abs A + B, adfecto adjunctione plani ex A + B in D longitudinem. Hinc autem ordinatur

T H E O R E M A

geneseos quadrati adfecti affirmative sub latere.

Si fuerint duo latera & præterea coëfficiens sublateralis longitudo : quadratum lateris primi, plus plano à latere primo in latus secundum duplum, plus quadrato lateris secundi , plus plano à latere primo in coëfficientem longitudinem , plus plano à latere secundo in eandem coëfficientem longitudinem, æquatur quadrato adgregati lateterum adfecto adjunctione plani sub coëfficiente illa, & dicto adgregato.

Sit latus unum A, alterum B , coëfficiens sub lateralis longitudo D. Dico A quadratum, + A in B bis, + B quadrato, + D in A, + D in B, æquari A + B quadrato, + D in A + B. Ex opere multiplicationis A + B per A + B + D.

Aliud T H E O R E M A.

Si ab eadem binomia radice componantur duo quadrata, unum purum, alterum adfirmate adfectum sub radice & adscita coëfficiente longitudine : singularia plana , quæ compositio adfecta addit compositioni puræ, sunt

Planum à latere primo in coefficientem longitudinem.
Planum à latere secundo in eandem ipsam coëfficientem longitudinem. Ex collatione utriusque suppositionis.

P R O P O S I T I O XXVI.

CUbum adfectum adjunctione solidi sub latere, à binomia radice , adscito congruenter sublaterali plano coefficiente, componere.

Sit radix binomia A + B, coëfficiens sublaterale D planum. Oporteat cubum abs A + B adfecto adjunctione solidi sub D plano, & ipsa A + B componere. Effingatur quadratum abs A + B , & in illud superaddito D plano ducatur A + B, & colligantur effecta singularia solida. Erunt illa

A cubus, + A quadrato in B ter, + A in B quadratum ter, + B cubo, + D plano in A, + D plano in B. Quæ ideo æquabuntur cubo abs A + B, adfecto adjunctione solidi sub A + B & D plano. Hinc ordinatur

T H E O R E M A.

Si fuerint duo latera & præterea coëfficiens sublaterale planum : cubus lateris primi, plus solido à quadrato lateris primi in latus secundum triplum, plus solido à latere primo in lateris secundi quadratum triplum , plus cubo lateris secundi . plus solido à latere primo in coëfficiens planum. plus solido à latere secundo in idem coëfficiens planum , æquatur cubo adgregati laterum adfecto adjunctione solidi sub coëfficiente plano & adgregato prædicto.

P R O P O S I T I O XXVII.

CVbum adfectum adjunctione solidi sub quadrato, à radice binomia, adscita congruenter subquadratica coëfficiente longitudine, componere.

Sit radix binomia A + B, coëfficiens subquadratica D longitudo. Oporteat cubum abs A + B adfectum adjunctione solidi sub D, & quadrato abs A + B componere. Effingatur quadratum abs A + B, & ducatur in A + B + D, & colligantur effecta singularia solida. Erunt illa

A cubus, + A quadrato in B ter, + A in B quadratum ter, + B cubo, + A quadrato in D, + A in B bis in D, + B quadrato in D. Quæ propterea æqualia erunt cubo abs A + B, adfecto adjunctione solidi sub A + B quadrato & D longitudine. Hinc concipitur

T H E O-

THEOREMA

geneseos cubi adfecti adfirmate sub quadrato.

Si fuerint duo latera, ac præterea coëfficiens subquadratica longitudo : cubus lateris primi, plus solido à quadrato lateris primi in latus secundum triplum , plus solido à latere primo in lateris secundi quadratum triplum, plus cubo lateris secundi, plus solido à lateris primi quadrato in coëfficientem longitudinem , plus solido à plano-duplo sub lateribus in coëfficientem longitudinem ; plus solido à lateris secundi quadrato in coëfficientem longitudinem , est æqualis cubo adgregati laterum adfecto adjunctione solidi, sub coëfficiente illa & dicti adgregati laterum quadrato.

Sit latus unum A, alterum B, coëfficiens sub quadratica longitudo D. Dico A cubum, + A quadrato in B 3, + A in B quadratum 3, + B cubo, + A quadrato in D, + A in B in D 2, + B quadrato in D, æquari A + B cubo, + D in A + B quadratum. Ex opere multiplicationis A quadrati, + A in B 2, + B quadrato, per A + B + D.

Aliud THEOREMA.

Si ab eadem binomia radice componantur duo cubi, unus purus, alter adfirmate adfectus sub ipsius radicis quadrato & adscita coëfficiente longitudine : singularia solida quæ compositio adfecta addit compositioni puræ, sunt

Solidum à quadrato lateris primi in coëfficientem longitudinem.

Solidum à latere secundo in duplum planum quod fit à latere primo in coëfficientem longitudinem.

Solidum à quadrato lateris secundi in coëfficientem longitudinem. Ex collatione utriusque suppositionis.

PROPOSITIO XXVIII.

QVadrato-quadratum adfectum adjunctione plano-plani sublatere , à binomia radice, adscito congruenter sub laterali coëfficiente solido , componere.

Sit radix binomia A + B, coëfficiens sublaterale D solidum. Oporteat quadrato-quadratum abs A + B adfectum adjunctione plano-plani sub A + B , & ipso D solido, componere. Effingatur cubus abs A + B, & in illum superaddito D solido, ducatur A + B, & colligantur effecta singularia plano-plana. Erunt illa

A quadrato-quadratum , + A cubo in B 4, + A quadrato in B quadratum 6, + A in B cubum 4. + B quadrato-quadratum , + A in D solidum, + B in D solidum. Quæ ideo æquabuntur quadrato-quadrato abs A + B, adfecto adjunctione plano-plani sub A + B, & ipso D solido. Hinc

THEOREMA

geneseos quadrato-quadrati adfecti adfirmate sublatere.

Si fuerint duo latera, & præterea coëfficiens solidum : quadrato-quadratum lateris primi, plus cubo lateris primi in latus secundum quadruplum, plus quadrato lateris primi in lateris secundi quadratum sextuplum , plus latere primo in lateris secundi cubum quadruplum, plus quadrato-quadrato lateris secundi, plus latere primo in coëfficiens solidum , plus latere secundo in coëfficiens solidum , est æquale quadrato-quadrato adgregati laterum adfecto adjunctione plano-plani, sub dicto adgregato , & coëfficiente solido.

Sit latus unum A alterum B, coëfficiens sublaterale solidum D. Dico A quadrato-quadratum, + A cubo in B 4, + A quadrato in B quadratum 6, + A in B cubum 4, + B quadrato-quadrato, + A in D solidum, + B in D solidum, æquari A + B quadrato-quadrato, + D solido in A + B. Ex opere multiplicationis A cubi, + A quadrato in B 3, + A in B quadratum 3, + B cubo, + D solido per A + B.

D   PRO-

PROPOSITIO XXIX.

QVadrato quadratum adfectum adjunctione plano-plani sub cubo, à radice binomia, adscito congruenter subcubico coëfficiente longitudine, componere.

Sit radix binomia A ─+ B, coëfficiens D longitudo. Oporteat quadrato-quadratum abs A ─+ B, adfectum adjunctione plano-plani sub cubo ex A ─+ B in D longitudinem, componere. Effingatur cubus abs A ─+ B, & in illud ducatur A ─+ B ─+ D, & colligantur effecta singularia plano-plana. Erunt illa

A quadrato-quadratum, ─+ A cubo in B 4, ─+ A quadrato in B quadratum 6, ─+ A in B cubum 4, ─+ B quadrato-quadratum, ─+ A cubo in D, ─+ A quadrato in B ter in D, ─+ A in B quadratum ter in D, ─+ B cubo in D. Quæ propterea æqualia erunt quadrato-quadrato ab A ─+ B adfecto adjunctione plano-plani sub A ─+ B cubo, & ipsa D longitudine. Hinc

THEOREMA
geneseos plano-plani adfecti cubo adfirmatè.

Si fuerint duo latera, & coëfficiens longitudo: quadrato-quadratum lateris primi, plus cubo lateris primi in latus secundum quadruplum, plus quadrato lateris primi in lateris secundi quadratum sextuplum, plus latere primo in lateris secundi cubum quadruplum, plus quadrato-quadrato lateris secundi, plus cubo lateris primi in coëfficientem longitudinem, plus solido sub quadrato lateris primi & latere secundo triplo in coëfficientem longitudinem, plus solido sub latere primo & lateris secundi quadrato triplo in coëfficientem longitudinem, plus cubo lateris secundi in coëfficientem longitudinem, æquatur quadrato-quadrato adgregati laterum adfecto adjunctione plano-plani sub cubo adgregati prædicti, & coëfficiente longitudine.

Sit latus unum A, alterum B, coefficiens longitudo D. Dico A quadrato-quadratum, ─+ A cubo in B 4, ─+ A quadrato in B quadratum 6, ─+ A in B cubum 4, ─+ B quadrato-quadrato, ─+ A cubo in D, ─+ A quadrato in B in D 3, ─+ A in B quadratum in D 3, ─+ B cubo in D, æquari A ─+ B quadrato-quadrato, ─+ D in A ─+ B cubum. Ex opere multiplicationis A cubi, ─+ A quadrato in B 3, ─+ A in B quadratum 3, ─+ B cubo, per A ─+ B ─+ D.

Aliud THEOREMA.

Si ab eadem binomia radice componantur duo quadrato-quadrata, unum pure, alterum adfectum adjunctione plano-plani sub ipsius radicis cubo & adscita coëfficiente longitudine. Singularia plano-plana quæ compositio adfecta addit compositioni puræ, sunt

Plano-planum à lateris primi cubo in coëfficientem longitudinem.

Plano-planum à quadrato lateris primi in triplum planum quod fit ex latere secundo in coëfficientem longitudinem.

Plano-planum à latere primo in triplum solidum quod fit ex quadrato lateris secundi in coëfficientem longitudinem.

Plano-planum à cubo lateris secundi in coëfficientem longitudinem. Ex collatione utriusque suppositionis.

Purum.	Adfectum.
A quadrato-quadratum.	A quadrato-quadratum.
A cubus in B 4.	A cubus in B 4.
A quadratum in B quadratum 6.	A quadratum in B quadratum 6.
A in B cubum 4.	A in B cubum 4.
B quadrato-quadratum.	B quadrato-quadratum.
	I. A cubus in D.
	II. A quadratum in B in D 3.
	III. A in B quadratum in D 3.
	IV. B cubus in D.

Ex

Ex opere multiplicationis A cubi, + A quadrato in B 3 , A in B quadratum 3 , plus B cubo, per A + B + D.

PROPOSITIO XXX.

QVadrato-quadratum adfectum adjunctione duplicis plano-plani, unius sub latere, & alterius sub quadrato, à radice binomia adscitis congruenter sublaterali coëfficiente solido & subquadratico coëfficiente plano, componere.

Sit radix binomia A + B, coëfficiens sublaterale D solidum, coëfficiens subquadraticum G planum. Oporteat quadrato-quadratum abs A + B adfectum adjunctione duplicis plano-plani, unius sub A + B & D solido, alterius sub A + B quadrato & G plano componere. Effingatur quadratum abs A + B, & in illud superaddito G plano, ducatur A + B, & in effecta solida superaddito D solido, ducatur rursus + B, & colligantur singularia effecta plano-plana, quæ quidem erunt

A quadrato-quadratum, + A cubo in B 4 + A quadrato in B quadratum 6 , + A in B cubum 4 , + B quadrato-quadrato , + A quadrato in G planum , + A in B bis in G planum , + B quadrato in G planum , + A in D solidum , + B in D solidum. Hæc itaque pla 10-plana æquantur quadrato-quadrato abs A + B, adfecto adjunctione plano-plani sub A + B quadrato & G plano, & plano-plani sub A + B radice, & D solido. Hinc

THEOREMA.

Si fuerint duo latera, & præterea coëfficiens duplex, unum quidem planum subquadraticum, alterum vero sublaterale solidum. Erit

Quadrato-quadratum lateris primi, plus cubo lateris primi in latus secundum quadruplum, plus quadrato lateris primi in lateris secundi quadratum sextuplum, plus latere primo in lateris secundi cubum quadruplum, plus quadrato-quadrato lateris secundi, plus quadrato lateris primi in coëfficiens planum, plus duplo plano sub lateribus in coëfficiens planum , plus quadrato lateris secundi in coëfficiens planum, plus latere primo in coëfficiens solidum, plus latere secundo in coëfficiens solidum, æquale quadrato-quadrato adgregati laterum, adfecto adjunctione duplicis plano-plani, unius sub quadrato adgregati laterum, & coëfficiente plano, alterius sub adgregato laterum, & coëfficiente solido.

PROPOSITIO XXXI.

QUadrato-cubum adfectum adjunctione plano solidi sub latere à radice binomia, adscito congruenter sublaterali coëfficiente plano-plano, componere.

Sit radix binomia A + B, coëfficiens sublaterale D plano-planum. Oporteat componere quadrato-cubum abs A + B adfectum adjunctione plano-solidi sub A + B, & D plano-plano. Componantur quadrato quadratum abs A + B, & in illud superaddito D plano-plano, ducatur A + B, & colligantur effecta singularia plano-solida. Erunt illa

A quadrato-cubus, + A quadrato-quadrato in B 5, + A cubo in B quadratum 10, + A quadrato in B cubum 10, + A in B quadrato-quadratum 5, + B quadrato-cubo, + A in D plano-planum, + B in D plano-planum. Quæ ideo æquabuntur quadrato-cubo abs A + B, adfecto adjunctione plano-solidi sub A + B, & D plano-plano. Hinc concipitur

THEOREMA.

Si fuerint duo latera, & præterea coëfficiens sublaterale plano-planum: quadrato-cubus lateris primi, plus quadrato-quadrato lateris primi in latus secundum quintuplum, plus cubo lateris primi in lateris secundi quadratum decuplum, plus quadrato lateris primi in lateris secundi cubum decuplum, plus latere primo in lateris secundi quadrato-quadratum quintuplum, plus quadrato-cubo lateris secundi, plus latere primo in coëfficiens plano-planum, plus latere secundo in coëfficiens plano-planum, est æqualis quadrato-

drato-

drato-cubo adgregati laterum adfecto adjunctione plano-solidi sub coefficiente plano-plano, & adgregato laterum.

P R O P O S I T I O XXXII.

QUadrato-cubum adfectum adjunctione plano-solidi sub cubo à radice binomia, adscito congruenter subcubico coefficiente plano, componere.

Sit radix binomia A + B, coefficiens subcubicum D planum. Oporteat quadrato-cubum abs A + B adfectum adjunctione plano-solidi sub A + B cubo, & D plano, componere. Sumatur quadratum abs A + B, & in illud superaddito D plano, ducatur cubus abs A + B, & colligantur effecta singularia plano-solida. Erunt illa

A quadrato-cubus, + A quadrato-quadrato in B 5, + A cubo in B quadratum 10, + A quadrato in B cubum 10, + A in B quadrato-quadratum 5, + B quadrato-cubo, + A cubo in D planum, + A quadrato in B ter in D planum, + A in B quadratum ter in D planum, + B cubo in D planum. Hinc ordinatur

T H E O R E M A.

Si fuerint duo latera & coefficiens planum: quadrato-cubus lateris primi, plus quadrato-quadrato lateris primi in latus secundum quintuplum, plus cubo lateris primi in lateris secundi quadratum decuplum, plus quadrato lateris primi in lateris secundi cubum decuplum, plus latere primo in lateris secundi quadrato-quadratum quintuplum, plus quadrato-cubo lateris secundi, plus cubo lateris primi in coefficiens planum, plus solido sub quadrato lateris primi, & latere secundo triplo in coefficiens planum, plus solido sub latere primo, & lateris secundi quadrato triplo in coefficiens planum, plus cubo lateris secundi in coefficiens planum, æqualis est quadrato-cubo adgregati laterum adfecto adjunctione plano-solidi sub coefficiente plano & cubo adgregati laterum.

P R O P O S I T I O XXXIII.

CVbo-cubum adfectum adjunctione solido-solidi sub latere, à binomia radice adscito congruenter sublaterali coefficiente plano-solido, componere.

Sit radix binomia A + B, coefficiens sublaterale D plano-solidum. Oporteat cubo-cubum abs A + B adfectum adjunctione solido-solidi ex A + B in D plano-solidum, componere. Effingatur quadrato-cubus abs A + B, & in illum D plano-solido auctum, ducatur A + B, & colligantur singularia effecta solido-solida. Erunt illa

A cubo-cubus, + A quadrato-cubo in B 6, + A quadrato-quadrato in B quadratum 15, + A cubo in B cubum 20, + A quadrato in B quadrato-quadratum 15, + A in B quadrato-cubum 6, + B cubo-cubo, + A in D plano-solidum, + B in D plano-solidum. Quæ propterea æquabuntur A + B cubo-cubo, plus solido-solido ex A + B in D plano-solidum. Hinc

T H E O R E M A.

Si fuerint duo latera, una cum coefficiente sublaterali plano-solido, cubo-cubus lateris primi, plus quadrato-cubo lateris primi in latus secundum sextuplum, plus quadrato-quadrato lateris primi in lateris secundi quadratum decuquintuplum, plus cubo lateris primi in lateris secundi cubum vigecuplum, plus quadrato lateris primi in lateris secundi quadrato-quadratum decuquintuplum, plus latere primo in lateris secundi quadrato-cubum sextuplum, plus cubo-cubo lateris secundi, plus latere primo in coefficiens plano-solidum, plus latere secundo in coefficiens plano-solidum, est æqualis cubo-cubo adgregati laterum adfecto adjunctione solido-solidi sub coefficiente plano-solido & adgregato laterum.

GENESIS POTESTATUM ADFECTARUM
negate.

PROPOSITIO XXXIV.

QVadratum adfectum multa plani sub latere, à binomia radice adscita congruenter sublaterali coefficiente longitudine, componere.

Sit radix binomia A + B, coefficiens sublateralis D longitudo. Oporteat quadratum abs A + B adfectum multa plani sub A + B, & D longitudine, componere. Ducatur A + B in A + B — D, erunt effecta plana, A quadratum, + A in B bis, + B quadrato, — A in D, — B in D. Quæ ideo æquabuntur quadrato abs A + B, adfecto multa plani ex A + B in D longitudinem. Hinc

THEOREMA.

Si fuerint duo latera, una cum coefficiente sublaterali longitudine: quadratum lateris primi, plus plano à latere primo in latus secundum duplum, plus quadrato lateris secundi, minus plano à latere primo in coefficientem longitudinem, minus plano à latere secundo in coefficientem longitudinem, est æquale quadrato adgregati laterum adfecto multa plani sub dicto adgregato, & coefficiente illa.

PROPOSITIO XXXV.

CVbum adfectum multa solidi sub latere, à radice binomia, adscito congruenter sublaterali coefficiente plano, effingere.

Sit radix binomia A + B, coefficiens sublaterale D planum. Oporteat cubum abs A + B adfectum multa solidi ex A + B in D planum, effingere. Componatur quadratum abs A + B, & in illud multatum D plano ducatur A + B, colliganturque singularia effecta Solida. Erunt illa

A cubus, + A quadrato in B ter, + A in B quadratum ter, + B cubo, — A in D planum, — B in D planum, & æquabuntur cubo abs A + B adfecto multa solidi ex A + B in D planum. Hinc

THEOREMA.

Si fuerint duo latera, & præterea coefficiens sublaterale planum: cubus lateris primi, plus solido à quadrato lateris primi in latus secundum triplum, plus solido à latere primo in lateris secundi quadratum triplum, plus cubo lateris secundi, minus solido à latere primo in coefficiens planum, minus solido à latere secundo in coefficiens planum, est æqualis cubo adgregati laterum adfecto multa solidi sub coefficiente plano, & adgregato laterum.

PROPOSITIO XXXVI.

CVbum adfectum multa solidi sub quadrato, à radice binomia, adscita congruenter coefficiente subquadratica longitudine, componere.

Sit radix binomia A + B, coefficiens subquadratica D longitudo. Oporteat cubum abs A + B adfectum multa solidi sub A + B quadrato, & D longitudine, componere. Effingatur quadratum abs A + B, & in illud ducatur A + B — D, & colligantur effecta singularia solida. Erunt illa

A cubus, + A quadrato in B ter, + A in B quadratum ter, + B cubo, — A quadrato in D, — A in B bis in D, — B quadrato in D. Quæ idcirco æqualia erunt A + B cubo, adfecto multa solidi abs A + B quadrato in D longitudinem. Hinc

THEOREMA.

Si fuerint duo latera, & præterea coefficiens subquadratica longitudo: cubus lateris primi, plus solido à quadrato lateris primi in latus secundum triplum, plus solido à latere primo in lateris secundi quadratum triplum, plus cubo lateris secundi, minus solido à qua-

à quadrato lateris primi in coëfficientem longitudinem, minus folido à plano duplo fub lateribus in coëfficientem longitudinem, minus folido à quadrato lateris fecundi in coëfficientem longitudinem, æquabitur cubo adgregati laterum, adfecto multa folidi fub coëfficiente longitudine & quadrato adgregati laterum.

GENESIS POTESTATUM ADFECTARUM
negatè mixtim & adfirmatè.

PROPOSITIO XXXVII.

QUadrato-quadratum adfectum adjunctione quidem plano-plani fub latere, multa vero plano-plani fub cubo, à radice binomia, adfcitis congruenter fublaterali coëfficiente folido & fubcubica coëfficiente longitudine, componere.

Sit radix binomia A + B, coëfficiens fublaterale D folidum, coëfficiens fubcubica G longitudo. Oporteat quadrato-quadratum abs A + B, adfectum quidem adjunctione plano-plani ex A + B in D folidum; multa vero plano plani abs A + B cubo in G longitudinem, componere. Ducatur quadratum abs A + B in A + B − G, & in effecta folida fuperaddito D folido, ducatur A + B, & colligantur fingularia effecta plano plana. Erunt illa

A quadrato-quadratum, + A cubo in B 4, + A quadrato in B quadratum 6, + A in B cubum 4, + B quadrato-quadrato, — A cubo in G, — A quadrato in B ter in G, — A in B quadratum ter in G, — B cubo in G, + A in D folidum, + B in D folidum. Quæ quidem æqualia erunt quadrato-quadrato abs A + B, adfecto multa plano-plani ex A + B cubo in G longitudinem, & adjunctione plano-plani ex A + B radice in D folidum. Hinc

THEOREMA.

Si fuerint duo latera, & præterea coëfficiens fubcubica longitudo, necnon & coëfficiens fublaterale folidum: quadrato-quadratum lateris primi, plus cubo lateris primi in latus fecundum quadruplum, plus quadrato lateris primi in lateris fecundi quadratum fextuplum, plus latere primo in lateris fecundi cubum quadruplum, plus quadrato-quadrato lateris fecundi, minus cubo lateris primi in coëfficientem longitudinem, minus folido fub quadrato lateris primi & latere fecundo triplo in coëfficientem longitudinem, minus folido fub latere primo & lateris fecundi quadrato triplo in coëfficientem longitudinem, minus cubo lateris fecundi in coëfficientem longitudinem, plus latere primo in coëfficiens folidum, plus latere fecundo in coëfficiens folidum, æquatur quadrato-quadrato adgregati laterum, adfecto multa quidem plano-plani fub cubo adgregati laterum & coëfficiente longitudine, adjunctione vero plano-plani fub adgregato eodem & coëfficiente folido.

PROPOSITIO XXXVIII.

QVadrato-quadratum adfectum multa quidem plano-plani fub latere, adjunctione vero plano-plani fub cubo, à binomia radice, adfcitis congruenter fublaterali coëfficiente folido & fubcubica coëfficiente longitudine, componere.

Efto radix binomia A + B, coëfficiens fublaterale D folidum, coëfficiens fubcubica G longitudo. Oporteat abs A + B, quadrato-quadratum adfectum multa plano-plani fub A + B & D folido, atque adjunctione plano-plani fub A + B cubo & G longitudine, componere. Ducatur quadratum ex A + B in A + B + G, & in effecta folida multata D folido, ducatur A + B, & orta plano-plana erunt

A quadrato-quadratum, + A cubo in B 4, + A quadrato in B quadratum 6, + A in B cubnm 4, + B quadrato quadrato, + A cubo in G, + A quadrato in B ter in G, + A in B quadratum in G 3, + B cubo in G, — A in D folidum, — B in D foli-

folidum.Quæ ideo æquabuntur quadrato-quadrato ab A–+ B , adfecto adjunctione plano-plani fub A–+ B cubo, & G longitudine , & multa plano-plani fub A–+ B radice &
ipfo D folido. Hinc concipitur

THEOREMA.

Si fuerint duo latera , & præterea coëfficiens fubcubica longitudo , necnon & coëfficiens fublaterale folidum : quadrato quadratum lateris primi, plus cubo lateris primi in
latus fecundum quadruplum, plus quadrato lateris primi in lateris fecundi quadratum
fextuplum, plus latere primo in lateris fecundi cubum quadruplum, plus quadrato-
quadrato lateris fecundi, plus cubo lateris primi in coëfficientem longitudinem, plus
folido fub quadrato lateris primi & latere fecundo triplo in coëfficientem longitudinem, plus folido fub latere primo & lateris fecundi quadrato triplo in coëfficientem
longitudinem, plus cubo lateris fecundi in coëfficientem longitudinem , minus latere
primo in coëfficiens folidum , minus latere fecundo in coëfficiens folidum , æquatur
quadrato-quadrato adgregati laterum, adfecto adjunctione quidem plano-plani fub cubo adgregati laterum, & coëfficiente longitudine, multa vero plano-plani fub adgregato ipfo laterum , & coëfficiente folido.

PROPOSITIO XXXIX.

QVadrato-cubum adfectum adjunctione plano-folidi fub latere , &
multa plano-folidi fub cubo, à binomia radice , adfcitis congruenter ,
fublaterali coëfficiente plano-plano, & fubcubico coëfficiente plano, componere.

Sit radix binomia A –+ B , coëfficiens fublaterale D plano-planum ; fubcubicum
coëfficiens G planum. Effingendus fit quadrato-cubus abs A–+B, adfectus adjunctione plano-folidi fub A–+B radice & D plano-plano, ac multa plano-folidi fub A –+ B
cubo & G plano. Componatur quadratum abs A–+B, & in illud multatum G plano,
ducatur idem quadratum ab A–+B & orta plano-plana augeantur D plano-plano,& ducantur in A –+ B. Orientur hæc plano-folida.
A quadrato-cubus, –+ A -quadrato-quadrato in B 5, –+ A cubo in B quadratum 10 , –+ A quadrato in B cubum 10 , –+ A in B quadrato-quadratum 5 ,
–+ B quadrato-cubo , — A cubo in G planum, — A quadrato in B ter in G planum, — A in B quadratum ter in G planum, — B cubo in G planum , –+ A in D plano-
planum , –+ B in D plano-planum. Hinc

THEOREMA.

Si fuerint duo latera, & præterea fubcubicum coëfficiens planum,necnon & fublaterale coëfficiens plano-planum; quadrato-cubus lateris primi , plus quadrato-quadrato
lateris primi in latus fecundum quintuplum , plus cubo lateris primi in lateris fecundi
quadratum decuplum, plus quadrato lateris primi in lateris fecundi cubum decuplum,
plus latere primo in lateris fecundi quadrato-quadratum quintuplum, plus quadrato-cubo lateris fecundi , minus cubo lateris primi in coëfficiens planum , minus folido fub
quadrato lateris primi & latere fecundo triplo in coëfficiens planum, minus folido fub
latere primo & lateris fecundi quadrato triplo in coëfficiens planum, minus cubo lateris fecundi in coëfficiens planum, plus latere primo in coëfficiens plano-planum, plus
latere fecundo in coëfficiens plano-planum, æquatur quadrato-cubo adgregati laterum
adfecto multa quidem plano-folidi fub cubo adgregati laterum & coëfficiente plano, adjunctione vero plano-folidi fub adgregato laterum, & coëfficiente plano-plano.

GENESIS POTESTATVM
avulfarum.

PROPOSITIO XL.

PLanum fub latere, adfectum multa quadrati, à binomia radice , adfcita congruenter fublaterali coëfficiente longitudine, componere.

Sit

Sit radix binomia A + B , fublateralis coëfficiens D longitudo. Oporteat planum fub A + B, & D longitudine , adfectum multa A+B quadrati, componere. Ducatur D — A — B in A + B , & orientur fingularia plana, A in D , + B in D, — A quadrato, — A in B 2, — B quadrato. Hinc autem ordinatur

THEOREMA.

Si fuerint duo latera , necnon & fublateralis coëfficiens longitudo : planum à latere primo in coëfficientem longitudinem, plus plano à latere fecundo in coëfficientem longitudinem, minus quadrato lateris primi, minus duplo plano fub lateribus, minus quadrato lateris fecundi, æquatur plano fub adgregatolaterum, & coëfficiente illa , adfecto multa quadrati abs adgregato laterum.

PROPOSITIO XLI.

SOlidum fub latere adfectum multa cubi, à binomia radice , adfcito congruenter fublaterali coëfficiente plano, effingere.

Sit radix binomia A+B, fublaterale coëfficiens D planum. Effingendum fit folidum fub A + B, & D plano, adfectum multa cubi ex A + B. Ducatur A+B in D planum multatum A+B cubo. Orientur folida, A in D planum, +B in D planum, — A cubo , — A quadrato in B 3, — A in B quadratum 3, — B cubo. Hinc concipitur

THEOREMA.

Si fuerint duo latera , una cum coëfficiente fublaterali plano : folidum à latere primo in coëfficiens planum, plus folido à latere fecundo in coëfficiens planum , minus cubo lateris primi, minus folido à quadrato lateris primi in latus fecundum triplum , minus folido à latere primo in lateris fecundi quadratum triplum, minus cubo lateris fecundi, æquatur folido fub adgregato laterum, & coëfficiente fublaterali plano, adfecto multa cubi abs adgregato eodem.

PROPOSITIO XLII.

SOlidum fub quadrato adfectum multa cubi, à binomia radice, adfcita congruenter fub quadratica coëfficiente longitudine, effingere.

Sit radix binomia A+B, fubquadratica coëfficiens D longitudo. Oporteat folidum fub A+B quadrato, & D longitudine, adfectum multa cubi abs A +B componere. In A+B quadratum ducatur D — A — B, & orientur folida, A quadratum in D, + A in B bis in D, +B quadrato in D, — A cubo, — A quadrato in B 3, — A in B quadratum 3, — B cubo. Hinc enuntiatur

THEOREMA.

Si fuerint duo latera, & fubquadratica coëfficiens longitudo : folidum à quadrato lateris primi in coëfficientem longitudinem, plus folido à plano duplo fub lateribus in coëfficientem longitudinem, plus folido à quadrato lateris fecundi in coëfficientem longitudinem, minus cubo lateris primi, minus folido à quadrato lateris primi in latus fecundum triplum, minus folido à latere primo in lateris fecundi quadratum triplum, minus cubo lateris fecundi, eft æquale folido fub quadrato adgregati laterum , & coëfficiente longitudine , adfecto multa cubi abs adgregato eodem.

PROPOSITIO XLIII.

PLano-planum fub latere adfectum multa quadrato-quadrati, à binomia radice, adfcito congruenter fublaterali coëfficiente folido , componere.

Sit radix binomia A+B, coëfficiens fublaterale D folidum. Oporteat componere plano-planum ex D folido in A + B, adfectum multa A + B quadrato quadrati. Auferatur A +B cubus ex ipfo D folido, & ducatur in A+B. Orientur plano-plana,

A in

A in D folidum, + B in D folidum, — A quadrato-quadrato, — A cubo in B 4, — A quadrato in B quadratum 6, — A in B cubum 4, — B quadrato-quadrato. Hinc autem ordinatur

THEOREMA.

Si fuerint duo latera, & præterea coëfficiens folidum : latus primum in coëfficiens folidum, plus latere fecundo in idem folidum, minus quadrato-quadrato lateris primi, minus cubo lateris primi in latus fecundum quadruplum, minus quadrato lateris primi in lateris fecundi quadratum fextuplum, minus latere primo in lateris fecundi cubum quadruplum, minus quadrato-quadrato lateris fecundi, æquatur plano-plano ex adgregato laterum in coëfficiens folidum, adfecto multa quadrato-quadrati abs adgregato prædicto.

PROPOSITIO XLIV.

PLano-planum fub cubo, adfectum multa quadrato-quadrati à binomia radice, adfcita congruenter fubcubica coëfficiente longitudine, effingere.

Sit radix binomia A + B, fubcubica coëfficiens D longitudo. Oporteat folidum abs A + B cubo & ipfa D, adfectum multa quadrato-quadrati abs A + B, componere. In A + B cubum ducatur D — A — B: efficientur fingularia plano-plana,

A cubus in D, + A quadrato in B ter in D, + A in B quadratum ter in D, + B cubo in D, — A quadrato-quadrato, — A cubo in B 4, — A quadrato in B, quadratum 6, — A in B cubum 4, — B quadrato-quadrato. Hinc itaque ordinabitur

THEOREMA.

Si fuerint duo latera, & præterea coëfficiens longitudo : cubus lateris primi in coëfficientem longitudinem, plus folido fub quadrato lateris primi & latere fecundo triplo in eandem longitudinem, plus folido fub latere primo & lateris fecundi quadrato triplo in eandem longitudinem, plus cubo lateris fecundi in eandem longitudinem, minus quadrato-quadrato lateris primi, minus cubo lateris primi in latus fecundum quadruplum, minus quadrato lateris primi in lateris fecundi quadratum fextuplum, minus latere primo in lateris fecundi cubum quadruplum, minus quadrato-quadrato lateris fecundi, æquatur plano-plano fub coëfficiente longitudine & cubo adgregati laterum, adfecto multa quadrato-quadrati abs adgregato eodem.

Porro monitum te cupio, fingula hæc Theoremata genefeos feu fyntbefeos poteftatum adfectarum ordine refpondere fingulis analyfeos poteftatum earundem Problematis; quæ folvuntur in eruditiffimo opere de numerofa poteftatum refolutione. Quod quidem adnotare neceffarium.

GENESIS TRIANGULORUM.

PROPOSITIO XLV.

TRiangulum rectangulum à duabus radicibus, effingere.

Sunto duæ radices A, B. Oporteat ab iis triangulum rectangulum, effingere. Et verò docente Pythagora, quadratum lateris fubtendentis angulum rectum, æquale eft quadratis laterum circa rectum. Latus autem fubtendens folet per excellentiam vocari hypothenufa. Latera vero circa rectum, perpendiculum & bafis. Eo igitur recidit res, ut à duabus radicibus pofitis, effingenda fint tria quadrata, quorum unum æquatur duobus reliquis, & maximi latus affimiletur hypothenufæ. Reliquorum vero latera perpendiculo & bafi. Ordinatum autem jam ante eft, quadratum adgregati duorum laterum, æquari quadrato differentiæ eorundem, & quadruplo fub eifdem lateribus rectangulo. Quare ad expofitas radices A, B, fubjiciatur tertia proportionalis $\frac{B\ quadratum}{A}$. Et adgregatum extremarum, hypothenufa conftituatur A + $\frac{B\ quadrato}{A}$. Differentia earundem, bafis, nempe A = $\frac{B\ quad.}{A}$. Perpendicularis erit, B 2, cujus videlicet quadratum æquatur rectangulo fub extremis. Omnia in A, ut ad idem genus adplicationis latera quæque revocentur : erit hypothenufa A quadratum, + B quadrato. perpendicularis A in B 2. bafis A quadrat = B quadrato.

Hinc

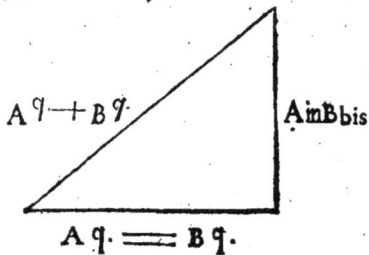

Hinc effingere eſt à duobus lateribus, triangulum rectangulum. Enimvero hypothenuſa fit ſimilis adgregato quadratorum, baſis differentiæ eorundem, perpendiculum duplo rectangulo. Æquè effingere eſt à proportionalibus tribus, triangulum rectangulum. Enimvero hypothenuſa fit ſimilis adgregato extremarum, baſis differentiæ earundem, perpendiculum mediæ duplæ.

CONSECTARIVM.

Perpendiculum trianguli rectanguli medium proportionale eſt inter adgregatum baſeos & hypotenuſæ, & differentiam earundem.

PROPOSITIO XLVI.

A Duobus triangulis rectangulis tertium triangulum rectangulum effingere.

Sunto triangula rectangula duo. Scilicet ,

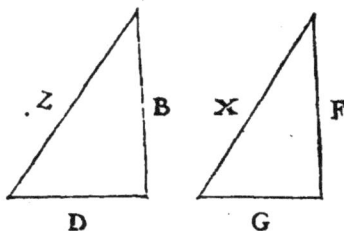

Fiat tertii hypotenuſa ſimilis ei quod fit ex hypotenuſa primi in hypotenuſam ſecundi, nempe Z in X. Plana igitur ſimilia baſi & perpendiculo ducta quadratice , facient Z quadratum in X quadratum, id eſt per interpretationem, id quod fit ex B quadrato, + D quadrato in G quadratum, + F quadrato : quod factum conſtat quatuor plano-planis, nempe B quadrato in G quadratum, + D quadrato in F quadratum, & B quadrato in F quadratum, + D quadrato in G quadratum. Binis primis addatur plano-planum duplum quod fit continue abs B, D, F, G, & auferatur binis poſtremis; vel converſim, auferatur binis primis, & addatur binis poſtremis. Nihil factis deperiit vel acceſſit, quominus facta plano-plana, plano-plano ex Z quadr. in X quadratum adæquentur ; bina porro illa plano-plana adſcito vel dempto bis communi illo plano-plano continue facto abs B, D, F, G, planas habent radices, quarum

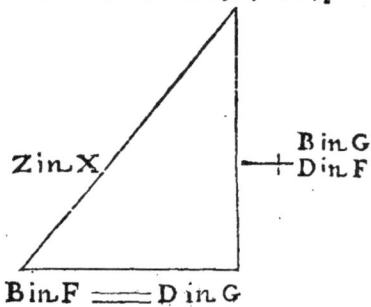

Primo caſu, prima eſt B in G, + D in F, altera B in F = D in G: ſecundo vero caſu, prima eſt B in G, = D in F, altera B in F, + D in G. Utriuſque caſus, prima adſimilatur perpendiculo, ſecunda baſi.

Ergo hac vel illa methodo à duobus triangulis rectangulis effingere eſt tertium triangulum rectangulum. Enimvero hypotenuſa tertij fiet ſimilis facto ſub hypotenuſis primi & ſecundi, perpendiculum adgregato facti à baſe primi in perpendiculum ſecundi, & facti reciproce à baſe ſecundi in perpendiculum primi; baſis differentiæ, inter factum ſub baſibus primi & ſecundi, & factum ſub eorundem perpendiculis.

Vel, perpendiculum adſimilatur differentiæ factorum reciproce à baſe unius in perpendiculum alterius. baſis vero adgregato facti ſub baſibus, & facti ſub perpendiculis.

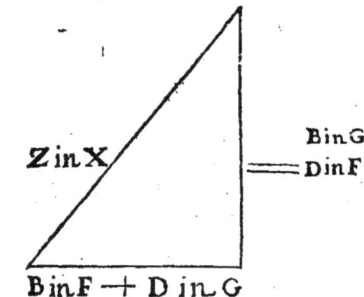

Triangulum autem rectangulum à duobus aliis triangulis rectangulis primo expoſito modo deductum, vocetur triangulum ſynæreſeos, ſecundo triangulum diæreſeos, ob cauſam ſuo exprimendam loco. Hinc

THEO-

THEOREMA.

Si fuerint duo triangula rectangula: quadratum plani quod fit fub hypotenufis æquatur quadrato adgregati factorum è bafibus in perpendicula reciprocè, plus quadrato differentiæ inter factum fub bafibus & factum fub perpendiculis. Vel etiam, æquatur quadrato differentiæ factorum è bafibus in perpendicula reciproce, plus quadrato adgregati facti fub bafibus, & facti fub perpendiculis.

PROPOSITIO XLVII.

A duobus triangulis rectangulis fimilibus, tertium triangulum rectangulum ita deducere, ut hypotenufæ tertii quadratum, æquale fit quadratis hypotenufæ primi, & hypotenufæ fecundi.

Sint duo fimilia triangula rectangula. Primum, cujus hypotenufa B, perpendiculum N, bafis M. Alterum, cujus hypotenufa D, perpendiculum confequenter $\frac{N \text{ in } D}{B}$, bafis $\frac{M \text{ in } D}{B}$. Oporteat ab illis duobus tertium triangulum rectangulum deducere, ita ut hypotenufæ illius quadratum æquetur B quadrato, + D quadrato. Quoniam igitur hypotenufæ quadratum conftat B quadrato, + D quadrato. Tantum erit quadratum perpendiculi adjunctum quadrato bafis diducendi trianguli. At fi B quadratum, + D quadrato ducatur in M. quadr. + N quadrato, & divifio fiat per B quadratum, nihil quadrato hypotenufæ diducti accedit vel deperit, quominus M quadratum, + N quadrato æquetur ex hypothefi B quadrato. Fiat igitur ductio, factum certe conftabit quatuor plano-planis, nempe B quadrato in M quadratum, + D quadrato in N quadratum, & B quadrato in N quadratum, + D quadrato in M quadratum. Binis primis addatur plano-planum duplum quod fit continue abs B, D, M, N, & auferatur binis poftremis, vel converfim, auferatur binis primis, & addatur binis poftremis. Nihil factis accrefcit aut deperit quominus facta plano-plana, plano-plano abs B quadrato, + D quadrato in B quadratum æquentur. Bina porro illa plano-plana, adfcito vel dempto bis communi illo plano-plano continue facto abs B, D, M, N, planas habent radices, quarum

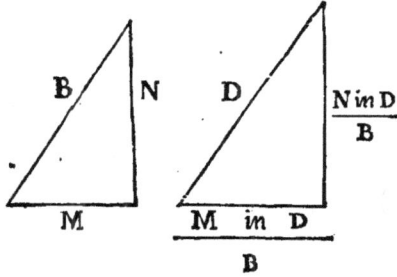

Primo cafu, prima eft B in M, + D in N. Altera B in N, = D in M. Secundo vero

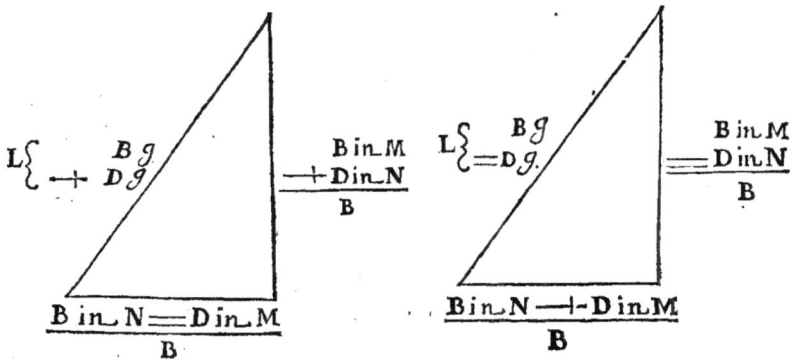

cafu, prima eft B in M, = D in N. Altera B in N, + D in M. Fiat igitur communis ad B adplicatio, & utriufvis cafus, prima adfimilabitur perpendiculo, fecunda bafi.

THEOREMA.

Si fuerint duo fimilia triangula rectangula, adgregatum quadratorum ab hypotenufis

fis, æquatur quadrato adgregati ex bafe primi, & perpendiculo fecundi, plus quadrato differentiæ inter perpendiculum primi, & bafin fecundi, vel etiam, æquatur quadrato adgregati ex perpendiculo primi & bafe fecundi, plus quadrato differentiæ inter bafin primi & perpendiculum fecundi.

PROPOSITIO XLVIII.

A Duobus triangulis rectangulis æqualibus & æquiangulis, tertium triangulum rectangulum, conftituere.

Sunto duo triangula rectangula, quorum communia latera hypotenufa quidem A, perpendiculum B, bafis D. Oporteat ab illis duobus tertium triangulum rectangulum conftituere. Fiat deductio ficut docuit Propofitio 46. cafu primo. Deduci enim tantum poteft fynærefeos via, non autem diærefeos. Fit hypotenufa fimilis A quadrato. Bafis, D quadrato $==$ B quadrato. Perpendiculum B in D 2. Tertium autem illud, vocetur triangulum anguli dupli, & ejus refpectu primum vel fecundum dicetur anguli fimpli ob caufas * fuo ponendas loco.

*Cauffa eft quod angulus acutus trianguli rectanguli à duobus triangulis via fynærefeos effecti æquetur angulis acutis horum triangulorum fimul adgregatis, cujus theorematis converfum demonftravit Anderfonus theoremate fecundo fectionum angularium. Porro acuti voce intelligitor is angulus, cui Perpendiculum fubtenditur.

Triangulum anguli dupli.

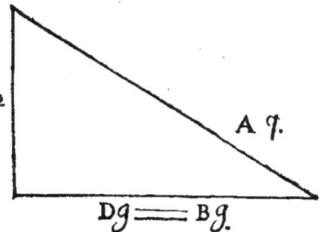

DinB2

A q.

Dq $==$ Bq.

PROPOSITIO XLIX.

A Triangulo rectangulo fimpli, & triangulo rectangulo anguli dupli, triangulum rectangulum effingere. Vocetur autem tertium illud, triangulum anguli tripli.

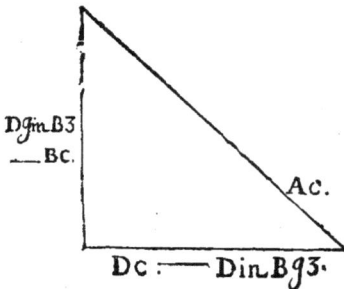

Sunto duo triangula rectangula, unum anguli fimpli, cujus hypotenufa A, perpendiculum B, bafis D. Alterum anguli dupli, cujus confequenter hypotenufa fit fimilis A quadrato, bafis D quadrato $==$ B quadrato, perpendiculum fimile plano duplo, ex D in B. Oporteat ab illis duobus triangulis rectangulis, tertium triangulum rectangulum effingere. Fiat deductio, ut docuit Propofitio 46. primo cafu. Effingi enim tantum poteft fynærefeos via, non autem diærefeos. Fit hypotenufa, A cubus. Bafis, D cubus —D in B quadratum 3. Perpendiculum, D quad. in B 3—B cubo.

Triangulum anguli tripli.

DqinB3 —Bc.

Ac.

Dc $==$ DinBq3.

PROPOSITIO L.

A Triangulo rectangulo anguli fimpli, & triangulo rectangulo anguli tripli, tertium triangulum rectangulum conftituere. Vocetur autem illud, triangulum anguli quadrupli.

Sunto duo triangula rectangula. Vnum anguli fimpli, cujus hypotenufa A, perpendiculum B, bafis D. Alterum anguli tripli, cujus hypotenufa confequenter fit fimilis, A cubo. Bafis, Dc,—D in Bq. 3. Perpendiculum, fimile D q. in B 3, —Bc. Oporteat ab illis tertium triangulum rectangulum conftituere. Fiat deductio, ut docuit Propofitio 46. cafu primo. Fit hypotenufa fimilis, A qq. Bafis Dqq.—Dq. in Bq. 6, —+ Bqq. Perpendiculum B in Dc 4, —Bc in D 4.

PROPOSITIO LI.

A Triangulo rectangulo anguli fimpli, & triangulo rectangulo anguli quadrupli , tertium triangulum rectangulum via fynæreſeos, conſtituere.
Vocetur autem illud, anguli quintupli.

Sunto duo triangula rectangula. Vnum
anguli ſimpli, cujus hypotenuſa A , baſis D,
perpendiculum B. Alterum anguli quadrupli ,
cujus hypotenuſa conſequenter ſimilis A quadrato-quadrato, &c. Oporteat ab illis duobus

Triangulum anguli quadrapli.

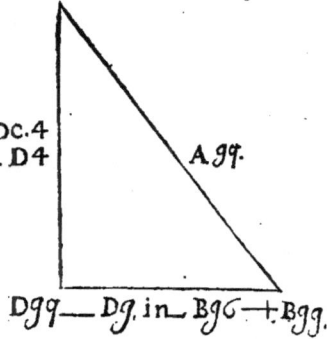

B in. DC. 4
BC. m. D 4

A.qq.

Dqq — Dq. in Bqc + Bqq.

tertium via ſynæreſeos, conſtituere. Fiat deductio, ut docuit propoſitio 46. caſu primo.
Fit hypotenuſa ſimilis A qc. Baſis D qc, —Dc in Bq 10. +D in B qq. 5. Perpendiculum ſimile Dqq. in B 5, — Dq. in Bc. 10, + Bqc.

EX HIS ARGVITVR
Conſectarium generale in didu-
ctionibus triangulorum rectangulorum.

Si qua poteſtas componatur à binomia radice, & ſingularia facta homogenea diſtribuantur in duas partes ſucceſſi-
ve , utrobique primum adfirmata deinde
negata, & harum primæ parti ſimilis fiat
baſis trianguli rectanguli alicujus , perpendiculum alteri. Erit hypotenuſa ſimilis ipſi poteſtati. Cum autem triangulum
illud cujus baſis ſimilis ſit, vel æqualis u-

Triangulum anguli quintupli.

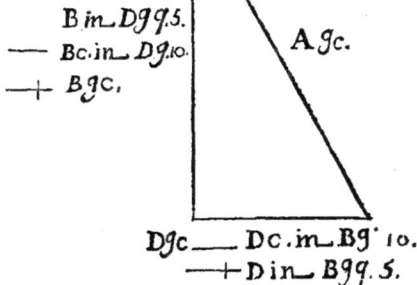

B in. Dqq. 5.
— Bc. in. Dq. 10.
+ Bqc.

A.qc.

Dqc — Dc. in Bq. 10.
+ D in Bqq. 5.

ni è radicibus compoſitionis , perpendiculum vero alteri, à ſuo cui perpendiculum
ſubtenditur angulo, denominationem ſortietur. Triangula ſane ab iiſdem radicibus diducta, per quoſcunque poteſtatum ordines commode ab eodem angulo multiplici denominabuntur, ſecundum conditionem poteſtatis. Duplo, videlicet cum poteſtas eſt
quadratum. Triplo, cum cubus. Quadruplo, cum quadrato-quadratum. Quintuplo, cum
quadrato-cubus, & eo in infinitum progreſſu.

PROPOSITIO LII.

E x adgregato duarum radicum & differentia earundem , triangulum
rectangulum, componere.

Sunto duæ radices B, D. Oporteat abs B+D, ut
nomine uno, & B＝D ut nomine altero, triangulum rectangulum componere. Hypotenuſa igitur ex
jam tradita methodo, fiet ſimilis quadrato abs B+D,
+quadrato abs B＝D, quæ duo quadrata valent Bq.
2, + Dq. 2, Baſis fiet ſimilis quadrato ex B+D
—quadratum ex B—D , id eſt ſimilis fiet B in D 4.
Perpendiculum denique ei quod ſit abs B+D in
B—D 2, id eſt Bq. 2, —Dq. 2.

Quod opus in idem recidit, ac ſi ab ipſis radicibus
componeretur lateribus, quæ rectum angulum conſtituunt permutatis.

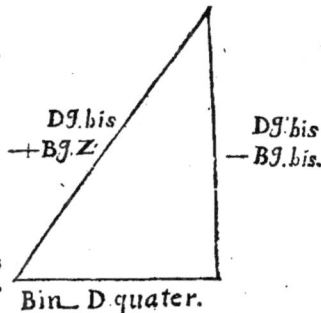

Dq. bis
+ Bq. 2.

Dq. bis
— Bq. bis.

B in. D quater.

CONSECTARIVM.

Si componantur duo triangula rectangula , unum à duabus radicibus, alterum ab adgregato earundem & differentia , fimilia illa funt, lateribus circa rectum angulum permutatis.

PROPOSITIO LIII.

ABafe conftituti trianguli rectanguli , & compofita ex hypotenufa, & perpendiculo ejufdem, triangulum rectangulum componere.

Sit triangulum rectangulum cujus hypotenufa Z, bafis B , perpendiculum D. O-porteat à B & Z + D triangulum rectangulum conftituere. Hypotenufa igitur ex folita methodo fit fimilis B quadrato, + quadrato abs Z + D. Bafis differentiæ eorundem quadratorum. Perpendiculum plano duplo ex B in Z + D, quo opere bene examinato deprehenditur triangulum illud fimile 'primo.

Hoc autem ita demonftrabimus, quoniam à communi multiplicante non immutatur proportio , fumatur Z 2 + D 2, & ducatur tam in B, quam in D. Erit itaque B ad D, ficut B in Z 2, + B in D 2 ad D in Z 2, + Dq. 2. Eft autem Dq. æquale Z q.—Bq. Quare fi à quarta magnitudine proportionali auferatur D q. femel, & fubftituatur Zq—Bq. erit quoque B ad D, ut B in Z 2, + B in D 2 ad Zq. + D in Z 2 , + Dq.—Bq. Sed tertia proportionalis eft magnitudo ex ductu ipfius B 2, in Z + D orta. Æque Zq,+ D in Z 2, + Dq. eft quadratum abs Z + D. Ideo erit ut B ad D, ita B bis in Z, + D ad Z + D quadratum,—Bq.

Quare cum hæc triangula circa angulum rectum habeant latera proportionalia, erunt æquiangula. Quod demonftrandum erat.

Itaque perpendiculum primi ad bafin fecundi iftius trianguli, eandem habet rationem quam bafis primi ad perpendiculum fecundi.

CONSECTARIVM I.

Si à bafe conftituti trianguli rectanguli , & compofita ex hypotenufa & perpendiculo, effingitur alterum triangulum rectangulum , fecundum illud fimile eft primo lateribus permutatis.

CONSECTARIVM II.

In triangulis rectangulis eft ut compofita ex hypotenufa & perpendiculo ad bafin , fic adgregatum radicum à quibus compofitum eft triangulum ad differentiam earundem. Ex collatione Confectarii primi, cum Confectario antecedentis Propofitionis.

Hoc Confectarium ita quoque poteft demonftrari. Refumatur fchema Propofitionis 45. in qua ex radicibus A & B compofitum eft triangulum rectangulum.

Quoniam itaque proportionem non immutat communis multiplicator, ducatur A + B tam in A + B, quam in A = B. Erit igitur Aq. + Bq. + A in B 2 ad Aq. = Bq. ficut A + B ad A = B. Sed Aq. + Bq. eft hypotenufa trianguli abs A + B compofiti. Æque A in B 2 eft ejufdem trianguli perpendiculum, & Aq. = Bq. bafis.

Quamobrem compofita ex hypotenufa & perpendiculo ad bafin , eft ut adgregatum radicum ad earundem differentiam. Quod erat demonftrandum.

CONSECTARIVM III.

In triangulis rectangulis eft ut compofita ex hypotenufa & perpendiculo multata bafe ad compofitam eandem adjunctam bafi , ita minor radicum ad majorem. Per diærefin & fynærefin antecedentis analogiæ.

Enimvero per diærefin analogiæ antecedentis Confectarii fit , ut compofita ex hypotenufa & perpendiculo multata bafe ad bafin, ita radix minor bis fumpta ad radicum differentiam.

Et

Et per fynærefin ejufdem analogiæ, ut compofita ex hypotenufa perpendiculo & bafe ad bafin, ita radix major bis fumpta ad radicum differentiam.

Et hunc analogifmum invertendo, erit ut bafis ad compofitam ex hypotenufa perpendiculo & bafe, ita differentia radicum ad radicem majorem duplam.

Quamobrem ex æquo erit, ut compofita ex hypotenufa & perpendiculo multata bafe ad compofitam ex hypotenufa & perpendiculo adjunctam bafi, ut minor radix ad majorem. Quod eft ipfummet confectarium tertium, cujus Laconice expreffa demonftratio erat exemplificanda, quamvis abfque antecedentis confectarii auxilio brevius demonftrari poffit.

CONSECTARIVM IV.

In triangulo rectangulo, ut eft compofita ex hypotenufa & perpendiculo multata bafe ad compofitam eandem adjunctam bafi, ita differentia bafis & hypotenufæ ad perpendiculum.

Nam differentia bafis & hypotenufæ ad perpendiculum fe habet, ut minor radicum ad majorem. Adfumptis enim duabus radicibus B & D, illa minore, hac majore, cum fit hypotenufa fimilis B quadrato + D quadrato, bafis D quadrato — B quadrato, fit differentia B quadratum bis, perpendiculum vero fimile B in D bis. Utrumque planum ad B bis adplicetur, differentia illa ad perpendiculum erit, ut B ad D.

PROPOSITIO LIV.

A Triangulo rectangulo deducere duo triangula rectangula æque alta, ex quorum coitione quod componetur triangulum æque altum, fuccedentibus videlicet hypotenufis in vicem crurum, adgregato vero bafium in bafin, habebit angulum verticis rectum.

In fine hujus propofitionis ut & fequentium legebantur hæc verba, *erit angulus verticis rectus*, pro quibus ad delendum in leges Grammaticas peccatum repofui, habebit angulum verticis rectum.

Exponatur triangulum rectangulum cujus hypotenufa Z, bafis B, perpendiculum D. Oporteat facere quod imperatur.

Abs Z + D ut radice una, & B ut radice altera, effingatur aliud triangulum rectangulum. Hypotenufa fit fimilis ipfi Z, bafis ipfi D, perpendiculum ipfi B. Cui fecundo triangulo conftituatur aliud fimile idem habens perpendiculum D faciens, ut B ad D, ita D ad bafin, quæ ideo erit $\frac{D\ qdadr.}{B}$ & ita Z ad hypotenufam, quæ erit $\frac{Z\ in\ D}{B}$. Latera denique tum iftius tum expofiti ducantur in B. Duo igitur funt triangula rectangula. Primum cujus hypotenufa Z in B, bafis B quadratum, perpendiculum B in D. Alterum cujus hypotenufa Z in D, bafis D quadratum, perpendiculum rurfus B in D. Coëant in unum illa duo triangula rectangula. Videlicet hypotenufæ fiant crura alterius trianguli, adgregatum bafium ipfarum in directum pofitarum, bafis; altitudo igitur manet eadem & proportionalis inter bafis fegmenta. Eft enim B in D proportionale inter B quadratum & D quadratum. In figuris autem planis fimilitudo laterum, ut docet Geometria, arguit æqualitatem angulorum, quare angulus quem fubtendit perpendiculum in triangulo primo, æqualis eft angulo quem fubtendit bafis in triangulo fecundo. Angulus igitur effectus ab hypotenufis ex coitione eft rectus.

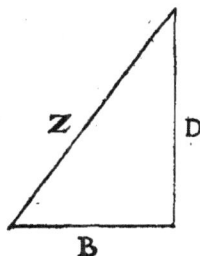

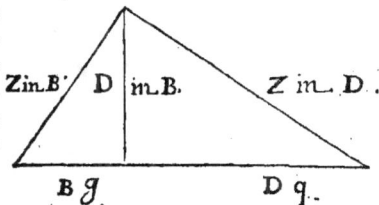

PROPOSITIO LV.

A Triangulo rectangulo deducere duo alia triangula æque alta, ex quorum coïtione quod componitur triangulum æque altum, fuccedentibus videlicet hypotenufis in vicem crurum, adgregato vero bafium in bafin, habebebit angulum verticis acutum.

Expo-

Exponatur triangulum rectangulum, cujus hypotenusa Z, basis B, perpendiculum D. Oporteat facere quod imperatur. Sumatur quædam F minor ipsa Z, & abs F + D ut radice una, & B ut radice altera, effingatur aliud triangulum rectangulum. Fit hypotenusa, similis quadrato abs F + D, + B quadrato. Basis, quadrato abs F + D, — B quadrato. Perpendiculum F + D in B bis. Cui secundo triangulo aliud constituatur simile habens perpendiculum D, faciendo ut F + D in B bis ad quadratum abs F + D, — B quadrato, ita D ad basin, quæ ideo erit $\frac{D \, in \, F + D \, quadr. \, - \, B \, quadr.}{F + D, \, in \, B \, bis.}$ Et ut F + D in B bis ad quadratum abs F + D, + B quadrato, ita D ad hypotenusam, quæ ideo erit $\frac{D \, in \, F + D \, quadr.}{+ B \, quadr.}$ $\frac{+ B \, quadr.}{B \, bis.}$ Latera denique tum istius tum expositi trianguli rectanguli, ducantur in F + D in B 2. Duo igitur sunt triangula rectangula. Primum cujus similis hypotenusa, Z in F + D in B 2. basis B in F + D in B 2. perpendiculum D in F + D in B 2. Alterum triangulum cujus similis hypotenusa, D in F + D quadrato + B quadrato. basis, D in F + Dq. — B quadrato. perpendiculum idem ac supra in priore triangulo,

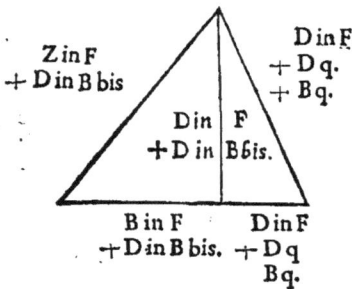

Z in F
+ D in B bis

D in F
+ D q.
+ B q.

D in F
+ D in B bis.

B in F
+ D in B bis.

D in F
+ D q
B q.

Coëant igitur in unum duo illa triangula rectangula, hypotenusæ videlicet fiant crura alterius trianguli, aggregatum basium in directum positarum, basis. Altitudo igitur manet eadem: Cæterum, ut basis primi ad altitudinem, ita altitudo ad majorem base secundi. Est enim

*Ut B in F + D in B 2 ad D in F + D in B 2, ita D in F + D in B 2 ad D cubum 2, + D quadrato in F 2. Basis autem secundi similis est, D in F + D quadrato — B quadrato. hoc est F quadratum in D, + D quadrato in F 2, + D cubo, — B quadrato in D. Utrinque abdicatur F in D quadratum 2, & addatur B quadratum in D. Reliqua denique solida dividantur per D. Illic remanet D quadratum, + Z quadrato, hic D quadratum, + F quadrato. Cedit autem per hypothesin, F quadratum ipsi Z quadrato. Est igitur altitudo proportionalis inter basin primi, & majorem base secundi. Quare angulus quem subtendit basis secundi, minor est eo quem subtendit perpendiculum primi. Angulus itaque effectus ab hypotenusis seu cruribus est acutus. Igitur à triangulo rectangulo deducta sunt duo triangula rectangula æque alta, à quorum coïtione quod componitur triangulum æque altum, succedentibus videlicet hypotenusis in vicem crurum, aggregato vero basium in basin, habebit angulum verticis acutum. Apparet autem talem F assumi oportere, ut quadratum abs F + D præstet ipsi B quadrato, ut ad constitutionem basis secundi, B quadratum ex quadrato abs F + D possit auferri.

* Quoniam enim ut B in F + D, ad D in F + D, ita esse B in F + D ad D in F + D, luce clarius est. Tam prima quam secunda proportionalis magnitudo, ducatur in B 2. Tertia vero & quarta ducatur in D 2. Erit itaque ut B in F + D in B 2 ad D in F + D in B 2, ita B in F + D in D 2 ad D quadratum 2 in F + D. Sed B in F + D in D 2, æquatur D in F + D in B 2. Æque D quadratum 2 in F + D, non differt à D cubo 2, + D quadrato in F 2. Quamobrem ut B in F + D in B 2 ad D in F + D in B 2, ita D in F + D in B 2 ad D cubum 2, + D quadrato in F 2. Quod quidem à viro clarissimo adsumptum erat.

PROPOSITIO LVI.

A Triangulo rectangulo deducere duo alia triangula rectangula æque alta, ex quorum coïtione quod conflatur triangulum æque altum, succedentibus videlicet hypotenusis in vicem crurum, aggregato vero basium in basin, habebit angulum verticis obtusum.

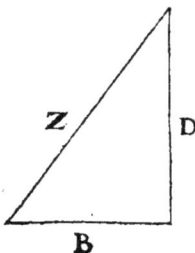

Z

D

B

Exponatur triangulum rectangulum cujus hypotenusa Z. basis

fis

fis B, perpendiculum D. Oporteat facere quod imperatur. Sumatur F major ipfa Z, & abs F + D ut radice una & B ut radice altera, effingatur aliud triangulum rectangulum. Itaque fit fimilis hypotenufa F + D quadrato, + B quadrato. Bafis vero F + D quadrato, — B quadrato. Perpendiculum F + D in B 2. Cui fecundo triangulo rectangulo aliud conftituatur fimile, cujus perpendiculum fit D, faciendo

Ut F + D in B 2 ad F + D quadr. — B quadrato, ita D ad bafin, quæ ideo erit, $\frac{D \text{ in } F, + D \text{ quadr.} - B \text{ quadr.}}{F + D \text{ in } B 2.}$ Et ut F + D in B 2 ad quadratum ex F + D + B quadrato ita D ad hypotenufam, quæ ideo erit, $\frac{D \text{ in } F + D \text{ quadrat.} + B \text{ quadr.}}{F + D \text{ in } B 2.}$ Latera denique tum iftius tum expofiti trianguli rectanguli ducantur in F + D in B 2. Duo igitur funt triangula rectangula. Primum, cujus fimilis hypotenufa Z in F + D in B 2, bafis B in F + D in B 2, perpendiculum D in F + D in B 2. Secundum, cujus fimilis hypotenufa D in F + D quadrato + B quadrato. Bafis D in F + D quadrato — B quadrato. Perpendiculum idem ac fupra in priori triangulo rectangulo.

Coëant igitur in unum duo triangula rectangula, hypotenufæ videlicet fiant crura alterius trianguli, aggregatum vero bafium in directum pofitarum, bafis. Altitudo igitur manet eadem: Cæterum ut bafis primi ad altitudinem, ita altitudo ad minorem bafe fecundi. Eft enim

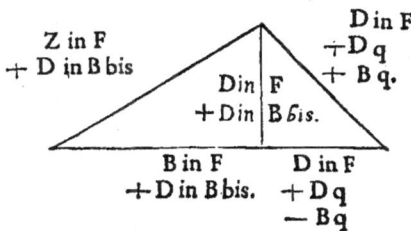

Ut B in F + D in B 2 ad D in F + D in B 2; ita eadem magnitudo ad D cubum 2, + D quadrato in F 2. At ipfa bafis fecundi fimilis eft D in F + D quadratum, — B quadrato; hoc eft, F quadratum in D, + D cubo, + D quadrato in F 2, — B quadrato in D. Utrinque abdicatur F in D quadratum 2, & addatur B quadratum in D. Reliqua denique folida dividantur per D. Illic remanet D quadratum, + Z quadrato. Hic D quadratum, + F quadrato. Præftat autem per hypothefin F, ipfi Z. Eft igitur altitudo proportionalis inter bafim primi, & minorem bafe fecundi. Itaque angulus quem fubtendit bafis fecundi, major eft eo quem fubtendit perpendiculum primi. Angulus itaque effectus ab hypotenufis feu cruribus eft obtufus. Quod faciendum erat.

FINIS NOTARUM PRIORUM.

FRANCISCI VIETÆ
ZETETICORVM
LIBER PRIMVS.

ZETETICVM I·

Ata differentia duorum laterum, & adgregato eorumdem, invenire latera.

Sit data B differentia duorum laterum, & datum quoque D adgregatum eorumdem. Oportet invenire latera.

Latus minus esto A, majus igitur erit A + B. Adgregatum ideo
laterum A 2 + B. At idem datum est D. Quare A 2 + B æquatur
D. Et per antithesim, A 2 æquabitur D — B, & omnibus subdu-
platis·, A æquabitur D $\frac{1}{2}$ — B $\frac{1}{2}$.

Vel, latus majus esto E. Minus igitur erit E — B. Adgregatum ideo laterum. E 2
— B. At idem datum est D. Quare E 2 — B æquabitur D. & per antithesim, E 2
æquabitur D + B, & omnibus subduplatis E æquabitur D $\frac{1}{2}$ + B $\frac{1}{2}$.

Data igitur differentia duorum laterum & adgregato eorumdem, inveniuntur latera.
Enimvero

Adgregatum dimidium laterum minus dimidia differentia æquale est lateri
minori, plus eadem, majori.

Quod ipsum est quod arguit Zetesis.

Sit B 40.   D 100   A sit 30.   E 70.

ZETETICVM II.

Data differentia duorum laterum, & ratione eorumdem, invenire
latera.

Sit data B differentia duorum laterum, data quoque ratio minoris lateris ad majus,
ut R ad S. Oportet invenire latera.

Latus minus esto A. Ergo latus majus erit A + B. Quare A ad A + B, est ut R ad
S. Quo analogismo resoluto; S in A æquabitur R in A, + R in B. Et per translationem sub contraria adfectionis nota S in A, — R in A æquabitur R in B. &
omnibus per S—R divisis; $\frac{R\ in\ B}{S—R}$ æquabitur A. unde est, ut S—R ad R, ita B ad A.

Vel latus majus esto E. Ergo latus — erit E—B. Quare E ad E—B, est ut S
ad R. Quo analogismo resoluto; R in E æquabitur S in E, —S in B. Et per
translationem congruam S in E, — R in E æquabitur S in B. Vnde est, ut S—R
ad S, ita B ad E.

Data igitur differentia duorum laterum, & ratione eorumdem, inveniuntur latera. Enimvero

Est ut differentia similium duorum laterum ad simile latus majus minusve,
ita differentia laterum verorum ad latus verum majus minusve.

Sit B 12.   R 2.   S 3.   sit A 24.   E 36.

ZETETICVM III.

Data summa laterum, & ratione eorumdem: invenire latera.

Sit data summa duorum laterum G, & ratio minoris ad majus ut R ad S. Oportet invenire latera.

Latus minus esto A. Ergo latus majus erit G—A. Quare est A ad G—A, ut R ad S. Quo analogismo resoluto S in A æquabitur R in G, —R in A. Et facta secundum artem translatione, S in A, + R in A æquabitur R in G. Vnde erit, ut S + R ad R, ita G ad A.

Vel, latus majus esto E. Ergo latus minus erit G—E. Quare ut E ad G—E, ita S ad R. Quo analogismo resoluto R in E æquatur S in G, —S in E. Et facta secundum artem translatione, S in E, + R in E æquabitur S in G. Vnde erit, ut S + R ad S, ita G ad E.

Data igitur summa duorum laterum & ratione eorumdum: dantur latera. Est enim

Vt summa similium duorum laterum ad simile latus majus minusve, ita summa laterum verorum ad latus verum majus minusve.

Sit G 60. R 2. S 3. A erit 24. E 36.

ZETETICVM IV.

Datis duobus lateribus deficientibus à justo, una cum ratione defectuum: invenire latus justum.

Sint data duo latera deficientia à justo, primum B, secundum D: data quoque ratio defectus primi ad defectum secundi ut R ad S. Oportet invenire latus justum.

Defectus primi esto A. Ergo B + A erit latus justum. Quoniam autem est ut R ad S, ita A ad $\frac{S \text{ in } A}{R}$. Igitur $\frac{S \text{ in } A}{R}$ erit defectus secundi. Quare D + $\frac{S \text{ in } A}{R}$ erit quoque latus justum, & ideo D + $\frac{S \text{ in } A}{R}$ æquabitur B + A.

Omnia in R. Ergo D in R, + S in A æquabitur B in R, + A in R.

Et æqualitate ordinata D in R, ═ B in R æquabitur R in A, ═ S in A.

Vnde erit, ut R ═ S ad R, ita D ═ B ad A.

Vel, defectus secundi esto E. Ergo D + E erit latus justum. Quoniam autem est ut S ad R, ita E ad $\frac{R \text{ in } E}{S}$. Igitur $\frac{R \text{ in } E}{S}$ erit defectus primi. Quare B + $\frac{R \text{ in } E}{S}$ erit quoque latus justum, & ideo æquabitur D + E. Omnia in S.

Ergo B in S, + R in E æquabitur D in S, + S in E.

Et æqualitate ordinata D in S, ═ B in S, æquabitur R in E, ═ S in E.

Vnde erit, ut R ═ S ad S, ita D ═ B ad E.

Datis igitur duobus lateribus deficientibus à justo cum ratione defectuum: invenitur latus justum. Enimvero est

Vt differentia similium defectuum ad similem defectum lateris primi vel secundi, ita differentia laterum deficientium vera (quæ & defectuum) ad defectum verum lateris primi vel secundi. Quo defectu congruenter restituto lateri deficienti, fit latus justum.

Sit B 76. D 4. R 1. S 4. A sit 24. E 96.

ALITER.

Datis duobus lateribus deficientibus à justo, una cum ratione defectuum; invenire latus justum.

Sint rursus duo latera deficientia à justo, primum B, secundum D: data quoque ratio defectus primi ad defectum secundi ut R ad S. Oportet invenire latus justum.

Esto illud A. Ergo A—B erit defectus primi & A—D defectus secundi. Quare ut A—B ad A—D, sic R ad S. Quo analogismo resoluto R in A, —R in D æquabitur S in A, — S in B. Factaque fecundum artem tranflatione, S in A $=$ R in A, æquabitur S in B $=$ R in D. Itaque $\frac{S\,in\,B, -\,R\,in\,D}{S = R}$ æquabitur A.

Datis igitur duobus lateribus deficientibus à vero una cum ratione defectuum, invenitur latus juftum. Enimvero

Cum differentia inter rectangulum fub primo latere deficiente & fimili defectu fecundi, & rectangulum fub fecundo latere deficiente & fimili defectu primi adplicabitur ad differentiam fimilium defectuum, orietur latus juftum de quo quæritur.

     Sit B 76.   D 4.   R 1.   S 4.   A fit 100.

ZETETICVM V.

Datis duobus lateribus excedentibus juftum, una cum ratione exceffuum: invenire latus juftum.

Sint data duo latera excedentia juftum, primum B, fecundum D: data quoque ratio exceffus primi ad exceffum fecundi ut R ad S. Oportet invenire latus juftum. Exceffus primi efto A. Ergo B — A erit latus juftum. Quoniam autem eft ut R ad S, ita A ad $\frac{S\,in\,A}{R}$. Ergo $\frac{S\,in\,A}{R}$ erit exceffus fecundi. Quare D, — $\frac{S\,in\,A}{R}$ erit quoque latus juftum, & ideo æquabitur B — A. Omnia in R. Ergo D in R — S in A, æquabitur B in R, — R in A. Et æqualitate ordinata D in R $=$ B in R, æquabitur S in A $=$ R in A.

Vnde erit, ut S $=$ R ad R, ita D $=$ B ad A.

Vel exceffus fecundi efto E. Ergo D — E erit latus juftum. Quoniam autem eft, ut S ad R, ita E ad $\frac{R\,in\,E}{S}$. Ergo $\frac{R\,in\,E}{S}$ erit exceffus primi. Quare B — $\frac{R\,in\,E}{S}$ erit quoque latus juftum, & ideo æquabitur D — E. Omnia ducantur in S. Ergo B in S — R in E, æquabitur D in S, — S in E. Et æqualitate ordinata D in S $=$ B in S, æquabitur S in E $=$ R in E.

Vnde erit, ut S $=$ R ad S, ita D $=$ B ad E.

Datis igitur duobus lateribus excedentibus juftum una cum ratione exceffuum: invenitur latus juftum. Enimvero eft

Vt differentia fimilium exceffuum ad fimilem exceffum lateris primi vel fecundi, ita differentia excedentium vera (quæ & exceffum) ad exceffum verum primi vel fecundi. Quo congruenter ablato à latere excedente, fit latus juftum.

     Sit B 60.   D 40.   S 3.   R 1.   fit A 40.   E 120.

ALITER.

Datis duobus lateribus excedentibus juftum, una cum ratione exceffuum: invenire latus juftum.

Sint rurfus data duo latera excedentia juftum, primum B, fecundum D: data quoque ratio exceffus primi ad exceffum fecundi ut R ad S. Oportet invenire latus juftum. Efto illud A. Ergo B — A erit exceffus primi & D — A exceffus fecundi. Quare ut B — A ad D — A, ita R ad S. Quo analogifmo refoluto, R in D — R in A, æquabitur S in B — S in A. Factaque fecundum artem tranflatione, S in A $=$ R in A, æquabitur S in B $=$ R in D. Itaque $\frac{S\,in\,B, = R\,in\,D}{S = R}$ æquabitur A.

Datis igitur duobus lateribus excedentibus juftum una cum ratione exceffuum: invenitur latus juftum. Enimvero

Cum differentia inter rectangulum fub primo latere excedente & fimili exceffu fecundi & rectangulum fub fecundo latere excedente & fimili exceffu primi adplicabitur ad differentiam fimilium exceffuum, orietur latus juftum.

     Sit B 60.   D 140.   S 3.   R 1.   A fit 20.

ZETETICVM VI.

Datis duobus lateribus uno deficiente à justo, altero justum excedente, una cum ratione defectus ad excessum: invenire latus justum.

Sint data duo latera, unum B deficiens à justo, alterum D excedens: data quoque ratio defectus ad excessum ut R ad S. Oportet invenire latus justum.

Defectus esto A. Ergo latus justum erit B + A. Quoniam autem est ut R ad S, ita A ad $\frac{S\ in\ A}{R}$. Ergo $\frac{S\ in\ A}{R}$ erit excessus. Quare D — $\frac{S\ in\ A}{R}$ erit quoque latus justum, & ideo æquatur B + A. Omnia in R. Ergo D in R — S in A, æquabitur B in R, + R in A. Et æqualitate ordinata R in A + S in A, æquabitur D in R, — B in R.

Vnde erit, ut S + R ad R ita D — B ad A.

Vel excessus esto E. Ergo latus justum erit D — E. Quoniam autem est ut S ad R, ita E ad $\frac{R\ in\ E}{S}$. Ergo $\frac{R\ in\ E}{S}$ erit defectus. Quare B + $\frac{R\ in\ E}{S}$ erit quoque latus justum, & ideo æquatur D — E. Omnia in S. Ergo B in S, + R in E, æquabitur D in S, — S in E. Et æqualitate ordinata R in E, + S in E, æquabitur D in S, — B in S.

Vnde erit, ut S — R ad S, ita D — B ad E.

Datis igitur duobus lateribus uno deficiente à justo altero justum excedente, una cum ratione defectus ad excessum: invenitur latus justum. Enimvero est

Vt adgregatum similis defectus & similis excessus ad similem defectum vel excessum, ita differentia deficientis & excedentis vera (quæ summa est veri defectus & excessus) ad defectum vel excessum verum. Itaque restituto defectu lateri deficienti, vel amputato excessu à latere excedente, fit latus justum.

Sit B 60   D 180   R 1   S 5   A fit 20   E 100.

ALITER.

Datis duobus lateribus uno deficiente à justo, altero justum excedente, una cum ratione defectus ad excessum: invenire latus justum.

Sint rursus data duo latera, unum B deficiens à justo, alterum D excedens justum: data quoque ratio defectus ad excessum ut R ad S. Oportet invenire latus justum.

Esto illud A. Ergo A — B erit defectus. Et D — A erit excessus. Quare est ut A — B ad D — A, ita R ad S. Quo analogismo resoluto, R in D — R in A, æquatur S in A — S in B. Factaque secundum artem translatione, S in A + R in A, æquatur R in D, + S in B. Itaque $\frac{R\ in\ D, +\ S\ in\ B.}{S + R}$ æquabitur A.

Datis igitur duobus lateribus uno deficiente à justo, altero justum excedente, una cum ratione defectus ad excessum: invenitur latus justum. Enimvero

Cum adgregatum factum ex simili defectu in latus excedens, & facti ex simili excessu in latus deficiens, adplicabitur ad adgregatum similium excessus & defectus, orietur latus justum.

Sit B 60   D 180   R 1   S 5   A fit 80.

ZETETICVM VII.

Datum latus ita secare, ut præfinitæ unciæ unius segmenti, adjunctæ præfinitis unciis alterius: æquent summam præscriptam.

Sit datum B latus ita secandum in duo segmenta, ut cum portio primi segmenti se habens ad assem, id est, ad ipsum primum segmentum ut D ad B; adjecta portioni secundi segmenti se habentis ad assem, id est, ad ipsum segmentum ut F ad B: faciat H. Portio à primo segmento præstanda ut faciat H, esto A. Portio igitur à secundo contribuenda erit H — A. Et quoniam est ut D ad B, ita A ad $\frac{B\ in\ A}{D}$: ideo $\frac{B\ in\ A}{D}$ erit as primi segmenti. Et quoniam est ut F ad B, ita H — A ad $\frac{B\ in\ H, \frac{-}{F}\ B\ in\ A}{F}$: ideo $\frac{B\ in\ H, \frac{-}{F}\ B\ in\ A}{F}$ erit as secundi segmenti: quæ duo segmenta æquantur toti lateri dispescendo, Ergo $\frac{B\ in\ A}{D}$ + $\frac{B\ in\ H, \frac{-}{F}\ B\ in\ A}{F}$

$\frac{B \, in \, H, - B \, in \, A}{F}$ æquabitur B. Qua æqualitate ordinata, omnibus videlicet per D in F ductis & abs B divisis, adhibitaque congrua translatione, siquidem D majores sint un-
ciæ quam F, $\frac{H \, in \, D, - F \, in \, D}{D}$ æquabitur A. Unde erit ut D — F ad H — F, ita D ad A.

Vel portio à secundo segmento præstanda ut faciat H, esto E. Portio igitur à primo
contribuenda erit H — E. Et quoniam est ut F ad B, ita E ad $\frac{B \, in \, E}{F}$: ideo $\frac{B \, in \, E}{F}$ erit as
secundi segmenti. Et quoniam est ut D ad B, ita H — E ad $\frac{B \, in \, H, - B \, in \, E}{D}$: ideo $\frac{B \, in \, H, - B \, in \, E}{D}$
erit as primi segmenti: quæ duo segmenta æquantur toti lateri dispescendo.

Ergo $\frac{B \, in \, E}{F} + \frac{B \, in \, H, - B \, in \, E}{D}$ æquabitur B.

Qua æqualitate ordinata, omnibus videlicet per F in D ductis & abs B divisis, adhibitaque congrua translatione, eo ipso casu quo D intelligantur unciæ majores quam F.
$\frac{D \, in \, F, - H \, in \, F}{D - F}$ æquabitur E. Unde erit ut D — F ad D — H, ita F ad E.

Datis autem unciis præstitutorum segmentorum, dabuntur asses seu ipsa segmenta.
Nempe $\frac{B \, in \, A}{D}$ erit primum segmentum, & $\frac{B \, in \, E}{F}$ secundum.

Datum igitur latus ita secatur, ut præfinitæ unciæ unius segmenti cum præfinitis unciis alterius, æquent summam præscriptam.   Enimvero

Secto latere dato ut asse ad similitudinem unciarum præstandarum à segmentis.

Fit,

*Vt similes unciæ præstandæ à primo segmento (siquidem majores uncias præstat
illud primum quam secundum) minus similibus unciis præstandis à secundo ad
summam præstationum præscriptam minus similibus unciis præstandis à secundo
segmento, ita similes unciæ præstandæ à primo ad portionem veram à primo præstandam.*

Vel,

*Vt similes unciæ præstandæ à primo segmento minus similibus unciis præstandis
à secundo ad similes uncias præstandas à primo segmento minus summa præstationum præscripta, ita similes unciæ præstandæ à secundo ad portionem veram à secundo præstandam.*

Sit B 60   D 20   F 12   H 14 composita ex A & E.   Fit A 5   E 9.

*Apparet autem eandem H summam præstationum præscribi oportere, ut me-
dia sit inter D & F. Illa scilicet minorem, hac majorem.*

Vt hic 14 est minor 20, sed major 12.

Z E T E T I C V M   VIII.

Datum latus ita secare, ut præfinitæ unciæ primi segmenti, multatæ
præfinitis unciis secundi segmenti: æquent differentiam præscriptam.

Sit datum B latus secandum in duo segmenta, ut cum portio primi segmenti se habens ad assem, hoc est, ad ipsum segmentum ut D ad B; multabitur portione secundi
segmenti se habente ad assem, hoc est, ad ipsum segmentum secundum ut F ad B: faciat H. Sane alia sectio continget, si majores unciæ exigantur à primo segmento, penes
quod proponitur excessus, quam si minores. Attamen utroque casu idem opus sit. Sint
igitur D majores, minoresve unciæ, quam B. Et portio à primo segmento præstanda,
esto A. Portio igitur exigenda à secundo erit A — H. Et quoniam est ut D ad B, ita
A ad $\frac{B \, in \, A}{D}$: erit $\frac{B \, in \, A}{D}$ primum segmentum. Æque, cum sit ut F ad B, ita A — H ad
$\frac{B \, in \, A, - B \, in \, H}{F}$: erit $\frac{B \, in \, A, - B \, in \, H}{F}$ secundum. Quæ duo segmenta æquantur toti lateri dispescendo.

Ergo $\frac{B \, in \, A}{D} + \frac{+ B \, in \, A, - B \, in \, H}{F}$ æquabitur B. Qua æqualitate ordinata $\frac{D \, in \, F, + D \, in \, H}{D + F}$ æquabitur A.

Vnde erit ut D + F ad F + H, ita D ad A.

Porro cum portio à secundo præstanda sit A — H: ideo relinquetur ea cum subduce-
tur H abs $\frac{D \, in \, F, + D \, in \, H}{D + F}$. Sit igitur illa E. Ergo $\frac{D \, in \, F, - H \, in \, F}{D + F}$ æquabitur E.

Vnde erit ut $D + F$ ad $D - H$, ita F ad E.

Datis autem unciis præstitutorum segmentorum, dabuntur asses seu ipsa segmenta. Nempe $\frac{B \text{ in } A}{D}$ erit primum segmentum, & $\frac{B \text{ in } E}{F}$ secundum.

Datum igitur latus ita secatur, ut præfinitæ unciæ primi segmenti, multatæ præfinitis unciis secundi, æquent differentiam præscriptam. Enimvero

Secto latere dato ut asse ad similitudinem unciarum præstandarum à segmentis.

Fit,

Vt similes unciæ præstandæ tam à primo segmento quam secundo ad differentiam præstationum præscriptam plus similibus unciis præstandis à secundo, ita similes unciæ præstandæ à primo ad veras uncias præstandas à primo.

Vel,

Vt similes unciæ præstandæ tam à primo segmento quam secundo ad similes uncias præstandas à primo minus differentia præstationum præscripta, ita similes unciæ præstandæ à secundo ad veras uncias præstandas à secundo.

Sit B 84   D 28   F 21   H 7   fit A 16 . E 9.

Apparet autem talem H differentiam præstationum præscribi oportere, ut minor sit unciis D præstandis à primo segmento, penes quod proponitur excessus, sive illæ sint majores sive minores præstandis à secundo segmento.

Vt in posteriore casu 7 est minor 21.

ZETETICVM IX.

Invenire duo latera, quorum differentia sit ea quæ præscribitur, & præterea præfinitæ unciæ lateris unius, adjectæ præfiniris unciis alterius, æquabunt summam præscriptam.

Sit data B differentia duorum laterum, quorum primi portio se habens ad assem, hoc est, ad ipsum latus primum ut D ad B; adjecta portioni minoris se habenti ad assem, hoc est, ad ipsum latus secundum ut F ad B, faciat H. Oporteat invenire duo illa latera.

Aut primum latus intelligitur majus, vel minus. Primo casu intelligitor majus, & ideo portio quam contribuit primum latus, idemque majus, esto A. Portio igitur quam contribuit latus secundum, idemque minus, erit H — A. Et quoniam est ut D ad B, ita A ad $\frac{B \text{ in } A}{D}$: erit $\frac{B \text{ in } A}{D}$ latus majus. Et quoniam est ut F ad B, ita H — A ad $\frac{B \text{ in } H, - B \text{ in } A}{F}$: erit $\frac{B \text{ in } H, - B \text{ in } A}{F}$ latus minus. Quare $\frac{B \text{ in } A}{D} - \frac{B \text{ in } H, - B \text{ in } A}{F}$ æquabitur B. Et æqualitate ordinata; $\frac{D \text{ in } F, + D \text{ in } H.}{F + D}$ æquabitur A.

Vnde erit $F + D$ ad $F + H$, ita D ad A.

Porro cum portio à secundo præstanda sit H — A: ideo relinquetur ea cum abs H subducetur $\frac{D \text{ in } F, + H \text{ in } D.}{F + D}$.

Sit igitur illa E. Ergo $\frac{H \text{ in } F, - D \text{ in } F.}{F + D}$ æquabitur E.

Vnde erit ut $F + D$ ad $H - D$, ita F ad E.

Secundo casu primum segmentum intelligitur minus. Ergo secundum segmentum erit majus. Portio itaque à secundo præstanda rursus esto E. Portio igitur quam contribuit primum, idemque minus, erit H — E. Et quoniam est ut F ad B, ita E ad $\frac{B \text{ in } E}{F}$: erit $\frac{B \text{ in } E}{F}$ latus secundum, idemque majus. Æque quoniam est ut D ad B, ita H — E ad $\frac{B \text{ in } H, - B \text{ in } E.}{D}$: erit $\frac{B \text{ in } H, - B \text{ in } E.}{D}$ latus primum, idemque minus. Quare $\frac{B \text{ in } E}{F} - \frac{B \text{ in } H, - B \text{ in } E.}{D}$ æquabitur B, & æqualitate ordinata $\frac{F \text{ in } H, + F \text{ in } D.}{D + F}$ æquabitur E.

Vnde erit ut $D + F$ ad $H + D$, ita F ad E.

Porro cum portio à primo præstanda sit H — E: ideo relinquetur ea cum abs H subducetur $\frac{F \text{ in } H, + F \text{ in } D.}{D + F}$.

Sit igitur illa A. Ergo $\frac{H \text{ in } D, - F \text{ in } D.}{F + D.}$ æquabitur A,

Vnde erit ut $F + D$ ad $H - F$, ita D ad A.

Datis autem unciis laterum dabuntur asses, seu ipsa latera. Nempe $\frac{B \text{ in } A}{D}$ erit latus primum, $\frac{B \text{ in } B}{F}$ latus secundum.

Inveniuntur ergo duo latera, quorum differentia sit quæ præscribitur & præterea præfinitæ unciæ lateris unius, adjectæ præfinitis unciis alterius: æquabunt summam præscriptam. Enimvero

Secta laterum de quibus quæritur differentia ut asse ad similitudinem unciarum præstandarum à lateribus.

Fit,

Vt similes unciæ præstandæ tam à majore quam minore latere ad summam præstationum præscriptam plus similibus unciis lateris minoris, ita similes unciæ majoris ad uncias veras à majore latere præstandas.

Vel,

Vt similes unciæ præstandæ tam à majore quam minore latere ad summam præstationum præscriptam minus similibus unciis lateris majoris, ita similes unciæ minoris ad veras uncias à minore latere præstandas.

Sit B 84   D 28   F 21   H 98   A fit 68   E 30.

Apparet autem talem summam præstationum præscribi oportere, ut ea major sit D, unciis similibus præstandis à majore segmento.

Vt 98   major est 28.

ZETETICVM X.

Invenire duo latera, quorum differentia sit ea quæ præscribitur, & præterea præfinitæ unciæ primi, multatæ præfinitis unciis secundi, æquent differentiam quoque inter eas datam.

Sit data B differentia duorum laterum, quorum primi portio se habens ad assem, hoc est, ad ipsum latus primum, ut D ad B, cum multabitur portione secundi se habente ad assem, hoc est, ad ipsum latus secundum, ut F ad B, faciat H, Oportet invenire duo illa latera.

Aut primum latus intelligitur majus duorum, vel minus. Sive autem ab eo exigantur unciæ majores sive minores quam à secundo, idem fere opus fit.

Sint igitur D majores minoresve unciæ à primo præstandæ. Verum primo casu primum illud latus à quo præstandæ unciæ multam patiuntur sit majus duorum. Et portio sui præstanda esto A. Portio igitur à secundo præstanda erit A — H, ut sit præstationum illarum differentia H, cum existat excessus penes primum. Et erit latus primum $\frac{B \text{ in } A}{D}$, secundum $\frac{B \text{ in } A. - B \text{ in } H}{F}$. Itaque $\frac{B \text{ in } A}{D} - \frac{B \text{ in } A. - B \text{ in } H}{F}$ æquabitur B. Qua æqualitate ordinata, siquidem F sunt majores unciæ quam D, $\frac{F \text{ in } D, - H \text{ in } D}{F - D}$ æquabitur A. Vnde erit ut F — B ad F — H, ita D ad A.

Porro cum portio à secundo præstanda sit A — H. Ideo relinquetur, cum abs $\frac{F \text{ in } D, - H \text{ in } D}{F - D}$ auferetur H. Sit igitur illa E. Ergo $\frac{F \text{ in } D, - F \text{ in } H}{F - D}$ æquabitur E. Vnde erit ut F — D ad D — H, ita F ad E.

Quod si è contra D majores sint unciæ quam F. Erit ut D — F ad H — F, ita D ad A. Et ut D — F ad H — D, ita F ad E.

Secundo casu latus primum esto minus duorum & portio sui præstanda esto rursus A. Portio igitur à secundo præstanda eoque majore erit A — H. Et erit latus primum $\frac{B \text{ in } A}{D}$, secundum $\frac{B \text{ in } A. - B \text{ in } H}{F}$. Itaque $\frac{B \text{ in } A. - B \text{ in } H}{F} - \frac{B \text{ in } A}{D}$ æquabitur B. Qua æqualitate ordinata $\frac{F \text{ in } D, + H \text{ in } D}{D - F}$ æquatur A. Vnde erit ut D — F ad F + H, ita D ad A.

Porro cum portio à secundo præstanda eoque majore sit A — H; ideo relinquetur illa cum abs $\frac{F \text{ in } D, + H \text{ in } D}{D - F}$ subducetur H. Sit igitur illa E. Ergo $\frac{D \text{ in } F, + H \text{ in } F}{D - F}$ æquabitur E. Vnde erit ut D — F ad D + H, ita F ad E.

Series autem operis demonftrat hoc fecundo cafu majores uncias exigendas effe à primo quam à fecundo.

Porro datis unciis quæfitorum laterum, dabuntur affes ipfæve latera. Nempe $\frac{B \, in \, A}{D}$ erit latus primum, & $\frac{B \, in \, E}{F}$ latus fecundum.

Inveniuntur ergo duo latera, quorum differentia fit quæ præfcribitur, & præterea præfinitæ unciæ primi, multatæ præfinitis unciis fecundi, æquent differentiam quoque inter eas datam. Enimvero

Secta laterum de quibus quæritur differentia ut affe ad fimilitudinem unciarum præftandarum à lateribus, fiquidem primum fit majus duorum laterum, majorefque ab eo exigantur unciæ.

Fiet,

Vt fimiles unciæ à primo præftandæ minus fimilibus unciis præftandis à fecundo ad differentiam præftationum præfcriptam minus fimilibus unciis præftandis à fecundo, ita fimiles unciæ præftandæ à primo ad uncias veras ab eodem primo præftandas.

Vel,

Vt fimiles unciæ à primo præftandæ minus fimilibus unciis à fecundo præftandis ad differentiam præftationum præfcriptam minus fimilibus unciis à primo præftandis, ita fimiles unciæ præftandæ à fecundo ad uncias veras à fecundo præftandas.

Quod fi à primo illo majore minores exigantur unciæ quam à fecundo minore, eadem vigent analogia facta negationum inverfione.

Cùm vero primum illud latus cujus unciæ præfinitæ multam patiuntur eft minus quæfitorum, & majores ab eo femper exiguntur unciæ.

Fit,

Vt fimiles unciæ à primo præftandæ minus fimilibus unciis à fecundo præftandis ad fimiles uncias præftandas à fecundo plus differentia præftationum præfcripta, ita fimiles unciæ à primo præftandæ ad veras uncias ab eodem primo præftandas.

Vel,

Vt fimiles unciæ à primo præftandæ minus fimilibus unciis à fecundo præftandis ad fimiles uncias à primo præftandas plus differentia præftationum præfcripta, ita fimiles unciæ à fecundo præftandæ ad uncias veras à fecundo præftandas.

Denique tres funt Cafus.

Primus eft cum latus primum, feu cujus unciæ multam patiuntur, eft majus duorum, majorefque ab eo exiguntur unciæ.

Secundus cum latus idem remanet majus, & minores ab eo exiguntur unciæ.

Tertius cum latus illud primum eft minus duorum, & majores exiguntur unciæ. Neque enim poffunt exigi minores.

Primo cafu oportet talem præfcribi H, ut major fit unciis fimilibus primi fegmenti & confequenter major quoque F unciis fimilibus fecundi fegmenti.

Secundo cafu minorem effe oportet ipfis D vel F.

Tertio cafu H minor eft vel major ipfis D vel F. Itaque poteft is tertius cafus concurrere five cum primo, five cum fecundo.

I.

Sit B 12 differentia duorum laterum. D 4. F 3. H 9 differentia qua A præftat ipfi F. Quoniam H major eft five ipfa D, five ipfa F. Aut $\frac{B \, in \, A}{D}$ intelligitur latus majus, aut minus.

1. *Si majus. A fit 24. E 15.*

Et $\frac{B\,in\,A}{D}$ *eſt* 72. *latus primum & majus.* $\frac{B\,in\,E}{F}$ 60 *latus ſecundum & minus. Et horum differentia eſt B præſcripta.*

2. *Sin* $\frac{B\,in\,A}{D}$ *intelligitur latus minus, A fit* 48. *E* 39. *Et* $\frac{B\,in\,A}{D}$ *eſt* 144. $\frac{B\,in\,E}{F}$ 156. *Et horum differentia eſt B præſcripta.*

I I.

1 *Rurſus ſit B* 48 *differentia duorum laterum. D* 16. *F* 12. *H* 10. *differentia qua A præſtat ipſi D.*

Quoniam H minor eſt ſive ipſa D , ſive ipſa F. D vero major eſt ipſa F, neceſſario $\frac{B\,in\,A}{D}$ *eſt latus minus, &* $\frac{B\,in\,E}{B}$ *latus majus. Et ſit A* 88. *E* 78. *Et* $\frac{B\,in\,A}{D}$ *ſit* 264. $\frac{B\,in\,R}{F}$ 312. *Et horum differentia eſt B præſcripta.*

2 *Aut ſit D* 12. *F* 16. *manente B* 48, *H* 10, *neceſſario* $\frac{B\,in\,A}{D}$ *eſt latus majus. Et ſit A* 18. *E* 8. *Et* $\frac{B\,in\,A}{D}$ 72. *Et* $\frac{B\,in\,E}{F}$ 24. *Et horum differentia eſt B præſcripta.*

LIBER SECUNDUS.

ZETETICVM I.

Ato rectangulo ſub lateribus , & ratione laterum, invenire latera.

Vox pluralis ſimpliciter prolata , duorum numero contenta eſt. Sit igitur datum B planum , rectangulum ſub lateribus duobus, quorum majoris ad minus ratio quoque data ſit , ut S ad R. Oportet invenire latera.

Latus majus eſto A. Quoniam igitur eſt ut. S ad R , ita A ad $\frac{R\,in\,A}{S}$: ideo $\frac{R\,in\,A}{S}$ erit latus minus. Planum itaque quod fit ſub lateribus, erit $\frac{R\,in\,A\,quadr.}{S}$ & ideo æquale dato B plano. Omnia ducantur in S. Ergo R in A quadr. æquatur S in B planum. Itaque revocata ad analogiſmum æqualitate, eſt ut R ad S, ita B planum ad A quadratum.

Aliter latus minus eſto E. Quoniam igitur eſt ut R ad S, ita E ad $\frac{S\,in\,E}{R}$: ideo $\frac{S\,in\,E}{R}$ erit latus majus. Rectangulum itaque ſub lateribus, erit $\frac{S\,in\,E\,quadr.}{R}$ æquale conſequenter B plano. Omnia ducantur per R. Ergo S in E quadr. æquatur R in B planum. Itaque revocata ad analogiſmum æqualitate, eſt ut S ad R, ita B planum ad E quadratum.

Dato igitur plano quod fit ſub lateribus, una cum ratione laterum, inveniuntur latera.

Enimvero eſt,

Vt ſimile latus primum ad ſimile latus ſecundum majusminuſve, ita rectangulum ſub lateribus ad quadratum è latere ſecundo majore minoreve.

Sit B planum 20. R 1. S 5. A 1 N, 1 Q *æquatur* 100. *Vel ſit E.* 1 N. 1 Q. *æquatur* 4.

ZETETICVM II.

Dato rectangulo ſub lateribus, & adgregato quadratorum, inveniuntur latera.

Enimvero,

Duplum planum ſub lateribus , adjectum quidem adgregato quadratorum, æquatur quadrato ſummæ laterum. Ablatum vero , quadrato differentiæ.

Vt apparet ex geneſi quadrati. Data autem differentia duorum laterum & eorum ſumma , dantur latera.

Sit 20. *Rectangulum ſub lateribus à quibus adgregata quadrata faciant* 104. *Summa laterum eſto* 1 N, 1 Q *æquatur* 144. *Vel differentia eſto* 1 N, 1 Q *æquatur* 64.

Zeteticvm III.

Dato rectangulo fub lateribus, & differentia laterum: inveniuntur latera.

Enimvero quadratum differentiæ laterum, adjunctum quadruplo rectangulo fub lateribus: æquatur quadrato adgregati laterum.

Jam enim ordinatum eft, Quadratum adgregati laterum, minus quadrato differentiæ, æquari quadruplo rectangulo fub lateribus: adeo ut fola fuerit opus anthitefi. Datâ porro differentia duorum laterum & eorum fumma, dantur latera.

Sit 20. Rectangulum fub duobus lateribus quorum differentia eft 8. Summa laterum efto 1 N. 1 Q *æquatur* 144.

Zeteticvm IV.

Dato rectangulo fub lateribus, & adgregato laterum: inveniuntur latera.

Enimvero quadratum adgregati laterum, minus quadruplo rectangulo fub lateribus: æquatur quadrato differentiæ laterum.

Vt rurfus ex proxime repetita ordinatione licet inferre per antithefin.

Sit 20. Rectangulum fub duobus lateribus quorum fumma eft 12. *Differentia laterum efto* 1 N. 1 Q *æquatur* 64.

Zeteticvm V.

Data differentia laterum, & adgregato quadratorum: inveniuntur latera.

Enimvero duplum adgregatum quadratorum, minus quadrato differentiæ laterum: æquatur quadrato adgregati laterum.

Jam enim ordinatum eft quadratum adgregati laterum plus quadrato differentiæ æquari duplo adgregato quadratorum, adeo ut fola fuerit opus antithefi.

Sit differentia laterum 8. *Adgregatum quadratorum* 104. *Summa laterum efto* 1 N. 1 Q *æquatur* 144.

Zeteticvm VI.

Dato adgregato laterum, & adgregato quadratorum: inveniuntur latera.

Enimvero duplum adgregatum quadratorum, minus quadrato adgregati laterum: æquatur quadrato differentiæ laterum.

Vt rurfus ex proxime repetita ordinatione licet inferre per antithefin.

Sit adgregatum laterum 12. *Quadratorum* 104. *Differentia laterum efto* 1 N. 1 Q *æquatur* 64.

Zeteticvm VII.

Data differentia laterum, & differentia quadratorum: inveniuntur latera.

Enimvero cum differentia quadratorum, adplicabitur ad differentiam laterum: Orietur fumma laterum.

Jam enim ordinatum eft differentiam laterum, cum ducitur in adgregatum laterum, facere differentiam quadratorum. At adplicatio reftitutio eft operis quod efficit multiplicatio.

Sit differentia laterum 8. *Quadratorum* 96. *Summa laterum fit* 12. *Itaq; latus majus eft* 10. *minus* 2.

ZETETICVM VIII.

Data summa laterum, & differentia quadratorum, inveniuntur latera.

Enimvero

Cum differentia quadratorum , adplicabitur ad summam laterum orietur differentia laterum.

Vt ex antecedente nota fit perspicuum.

Sit summa laterum 12. Differentia quadratorum 96. Differentia laterum fit 8 , ideoque latus majus est 10. minus 2.

ZETETICVM IX.

Dato rectangulo sub lateribus, & differentia quadratorum , invenire latera.

Sit datum B planum, rectangulum sub lateribus. Datum quoque D planum, differentia quadratorum. Oportet invenire latera. Adgregatum quadratorum esto A planum. Quadratum igitur summæ laterum, erit A planum, + B plano 2? differentiæ vero, A planum, — B plano 2. Summa autem laterum ducta in differentiam, facit differentiam quadratorum. Quare quadratum summæ laterum ductum in quadratum differentiæ, faciet differentiam quadratorum ductam in se. Itaque A plano-planum, — B plano-plano 4, æquabitur D plano-plano. Et ordinando æquationem, A plano-planum æquabitur D plano-plano, + B plano plano 4. Porro dato adgregato quadratorum, & eorum differentia, vel sub lateribus rectangulo, dantur latera.

Dato igitur rectangulo sub lateribus, & differentia quadratorum, dantur latera.

Enimvero

Quadratum abs differentia quadratorum, adjunctum quadrato dupli rectanguli, æquale est quadrato adgregati quadratorum.

Sit B planum 20. D planum 96. A planum 1 N 1 Q æquatur 10816.

ZETETICVM X.

Dato plano , quod constat tum rectangulo sub lateribus, tum quadratis singulorum laterum, datoque è lateribus uno , invenire latus reliquum.

Sit datum B planum, constans rectangulo sub lateribus & quadratis singulorum laterum, & præterea sit datum D, unum ex illis lateribus. Oportet invenire latus reliquum.

Latus de quo quæritur adjectum lateri dimidio dato, esto A. Latus igitur justum de quo quæritur erit A —D½. Et ejus quadratum est, A quadratum, —D in A, + D quadrato ¼. Quadratum vero dati est D quadratum, quæ duo quadrata addita rectangulo sub lateribus, æquantur B plano, secundum ea quæ proponuntur. Rectangulum autem sub lateribus est D in A, — D quadrato ½. Quare A quadratum, + D quadrato ¼ æquabitur B plano, & ordinando æquationem, A quadratum æquabitur B plano, — D quadrato ¾.

Dato igitur plano, quod constat tum rectangulo sub lateribus, tum quadratis singulorum laterum, datoque è lateribus uno, invenitur latus reliquum.

Enimvero

Planum constans rectangulo sub lateribus & quadratis singulorum laterum , multatum dodrante quadrati lateris dati, æquale est quadrato lateris compositi , ex quæsito latere & dimidio dati.

Sit B planum 124. D 2. A 1 N. 1 Q æq. 121. Itaque √121—1, est latus quæsitum.

Vel sit B planum 124. D 10. A 1 N 1 Q æquatur 49. Itaque √49—5, est latus quæsitum.

ZETETICVM XI.

Dato plano, quod constat tum rectangulo sub lateribus, tum quadratis singulorum laterum, dataque laterum illorum summa, discernere latera.

Sit datum B planum , constans rectangulo sub lateribus, & quadratis singulorum laterum,

terum, & præterea fit data G, fumma illorum laterum. Oportet difcernere latera.

Rectangulum fub lateribus, efto A planum. Quoniam igitur quadratum fummæ laterum æquatur quadratis fingulorum laterum, plus duplo rectangulo. Confequenter G quadratum æquabitur B plano, + A plano. Et ordinando æquationem, G quadratum, — B plano æquabitur A plano.

Data autem fumma laterum, & rectangulo fub lateribus, dantur latera.

Dato igitur plano, quod conftat tum rectangulo fub lateribus tum quadratis fingulorum laterum, ac infuper data laterum illorum fumma, difcernuntur latera. Enimvero

Quadratum fummæ, multatum compofito illo plano, relinquit rectangulum fub lateribus.

Sit B planum 124. *G* 12. *A planum fit* 20. *Itaque quadratum differentiæ laterum erit* 64. *& ideo* 12 + √ 64 *fit duplum lateris majoris. Et* 12 — √ 64 *duplum lateris minoris.*

ZETETICVM XII.

Dato plano, quod conftat tum rectangulo fub lateribus, tum quadratis fingulorum laterum, datoque rectangulo illo, difcernuntur latera.

Enimvero

Compofitum illud planum, adjectum rectangulo, æquabitur quadrato fummæ laterum.

Per illud ipfum quod fuperiore Zetetico inventum eft & ordinatum.

Sit 124 *planum conftans rectangulo fub lateribus & quadratis fingulorum laterum. Rectangulum autem ipfum* 20. *Summa laterum* 1 N, 1 Q *æquatur* 144 *à quo dum demetur quadruplum ipfius* 20, *relinquetur* 64 *quadratum differentiæ. Itaque* √ 144 + √ 64 *fit duplum lateris majoris.* √ 144 — √ 64 *duplum lateris minoris.*

ZETETICVM XIII.

Dato adgregato quadratorum, & differentia eorundem, invenire latera.

Sit datum adgregatum quadratorum; D planum, & differentia eorumdem, B planum. Oportet invenire latera.

Duplum igitur quadratum majoris, erit D planum, + B plano. Iuxta doctrinam in lateribus jam ordinatam. Dato autem duplo datur fimplum, & datis quadratis, dantur quadratorum latera.

Neque vero nova opus eft ordinatione, quando quæ de lateribus adnotantur, ad alias quafcumque fimplices magnitudines trahi poffe, vix exemplificandum fuit.

Sit D planum 104, *B planum* 96, *latus majus* 1 N, 1 Q *æquatur* 100. *Sit latus minus* 1 N, 1 Q *æquatur* 4.

ZETETICVM XIV.

Data differentia cuborum, & adgregato eorumdem, invenire latera.

Sit data differentia cuborum, B folidum. Datum quoque adgregatum eorumdem, D folidum. Oportet invenire latera.

Duplus igitur cubus majoris lateris, erit D folidum, + B folido. Duplus cubus minoris, D folidum, — B folido. Iuxta doctrinam in lateribus jam ordinatam, & in quadratis rurfus exemplificatam, ubi ad cujufcumque generis magnitudines trahi, monuimus. Dato autem duplo datur fimplum, & datis cubis dantur radices, ut Zeteticum hoc vix fuo fit dignum nomine.

Sit B folidum 316. *D folidum* 370. *Latus majus* 1 N, 1 C. *æquatur* 343. *Sit latus minus* 1 N, 1 C *æquatur* 27.

ZETETICVM XV.

Data differentia cuborum, & rectangulo fub lateribus, inveniuntur latera.

Enim-

Enimvero quadratum differentiæ cuborum, plus rectanguli sub lateribus quadruplo cubo: æquatur quadrato adgregati cuborum.

Iam enim ordinatum est, quadratum adgregati cuborum minus quadrato differentiæ: æquari quadruplo cubo rectanguli. Vt sola fuerit opus antithesi.

Sit differentia Cuborum 316. *Rectangulum sub lateribus* 21. *Adgregatum Cuborum* 1 N, 1 Q *æquatur* 136900.

Duplus ideo Cubus major $\sqrt{136900 + 316}$.

Duplus minor $\sqrt{136900 - 316}$.

ZETETICVM XVI.

Dato adgregato cuborum, & rectangulo sub lateribus: inveniuntur latera. Enimvero,

Quadratum adgregati cuborum, minus quadruplo cubo rectanguli sub lateribus: æquatur quadrato differentiæ cuborum.

Vt rursus ex proxime repetita ordinatione licet inferre per antithesin.

Sit adgregatum cuborum 370. *Rectangulum sub lateribus* 21. *Differentia cuborum* 1 N, 1 Q *æquatur* 99256.

ZETETICVM XVII.

Data differentia laterum, & differentia cuborum: invenire latera.

Sit data B, differentia laterum. Differentia vero cuborum, D solidum. Oportet invenire latera.

Summa laterum esto E, ergo E + B erit duplum lateris majoris, & E — B erit duplum lateris minoris. Differentia autem cuborum illorum, est; B in E quadratum 6, + B cubo 2, æqualis consequenter D solido 8. Quare $\frac{D\,fol.4, - B\,cubo.}{B\,3}$ æquatur E quadrato.

Dati autem quadrati datur latus, & data differentia laterum & eorumdem summa, dantur latera.

Data igitur differentia laterum, & differentia cuborum: invenitur summa laterum. Enimvero,

Differentia cuborum quadrupla, minus cubo differentiæ laterum, si adplicetur ad triplum differentiæ laterum: oritur quadratum adgregati laterum.

Sit B 6, D solidum 504, *summa laterum* 1 N, 1 Q *æquatur* 100.

ZETETICVM XVIII.

Data summa laterum & summa cuborum distinguere latera.

Sit data B, summa laterum, D solidum vero, summa cuborum. Oportet distinguere latera. Differentia laterum, esto E. Ergo B + E est duplum lateris majoris, B — E duplum lateris minoris. Summa itaque cuborum, est; B cubus 2, + B in E quadratum 6, æqualis consequenter D solido 8. Quare $\frac{D\,fol.4, - B\,cubo}{B\,3}$ æquatur E quadrato.

Dati autem quadrati datur latus, & data summa laterum & differentia eorundem: dantur latera.

Data igitur summa laterum & summa cuborum: dantur latera. Enimvero,

Summa cuborum quadrupla, minus cubo summæ laterum, si adplicetur ad triplum summæ laterum: orietur quadratum differentiæ laterum.

Sit B 10, D solidum 370. *E* 1 N, 1 Q *æquatur* 16.

ZETETICVM XIX.

Data differentia laterum, & differentia cuborum: invenire latera.

Sit data B differentia laterum, & datum quoque D solidum, differentia cuborum. Oportet invenire latera. Rectangulum sub lateribus esto A planum. Et vero adparet ex genesi

genefi cubi, fi à differentia cuborum auferatur cubus differentiæ laterum, relinqui triplum folidum, quod fit à differentia laterum in rectangulum fub lateribus. Itaque D folidum, — B cubo, æquabitur A plano 3 in B, & omnibus per 3 divifis, $\frac{D\,folidum.\,-\!B\,cubo.}{B\,3}$
æquatur A plano.

Dato autem rectangulo fub lateribus, & differentia laterum, dantur latera.
Data igitur differentia laterum, & differentia cuborum, inveniuntur latera.

Enimvero,

Differentia cuborum à lateribus, multata cubo differentiæ laterum, fi adpli-
cetur ad triplum ipfius differentiæ laterum, quod inde oritur planum, rectangu-
lum eft fub lateribus.

Sit B 4. D folidum 316. *A* planum fit 21, rectangulum fub lateribus 7 & 3.

Qnod fi ex differentia cuborum, & rectangulo inquireretur de differentia laterum. Vt
fi innotefceret A planum, effe F planum; at de B quæftio effet, fit illa A. Ita procederet æqualitas. A cubus, — F plano 3 in A, æquatur D folido.

Id eft,

Cubus differentiæ laterum, plus folido triplo à rectangulo fub lateribus in dif-
ferentiam laterum, æquatur differentiæ cuborum.

Quod animadvertiffe fuit operepretium.

ZETETICVM XX.

Rurfus quoque Dato adgregato laterum, & adgregato cuborum, invenire latera.

Sit datum G adgregatum laterum, & datum quoque D folidum adgregatum cuborum. Oportet invenire latera. Efto A planum rectangulum fub lateribus. Et vero adparet ex genefi cubi, fi à cubo adgregati laterum fubducatur adgregatum cuborum, relinqui triplum folidum, quod fit ab adgregato laterum in rectangulum fub lateribus. Itaque $\frac{G\,cubus,\,-D\,folido.}{G\,3}$ æquabitur A plano. Dato autem rectangulo fub lateribus & adgregato laterum, dantur latera.

Dato igitur adgregato laterum, & adgregato cuborum, inveniuntur latera.

Enimvero,

Cubus adgregati laterum, multatus adgregato cuborum, fi adplicetur ad tri-
plum ipfius adgregati laterum, quod inde oritur planum, rectangulum eft fub
lateribus.

Sit G 10. D folidum 370. A planum fit 21, rectangulum fub lateribus 7 & 3.

Quod fi ex adgregato cuborum, & rectangulo inquireretur de adgregato laterum. Vt
fi innotefceret A planum, effe B planum; at de G effet quæftio, fit illud A. Ita procederet æqualitas A cubus, — B plano 3 in A, æquatur D folido.

Id eft,

Cubus adgregati laterum, minus folido triplo à rectangulo fub lateribus in ad-
gregatum laterum, æquatur adgregato cuborum.

Quod animadvertiffe operepretium fuit.

ZETETICVM XXI.

Datis folidis duobus, uno quod fit abs differentià laterum in differen-
rentiam quadratorum, altero quod fit abs adgregato laterum in adgregatum quadratorum, invenire latera.

Solidum primum expofitum detur B folidum. Secundum, D folidum. Summa au-
tem laterum efto A. Erit igitur $\frac{B\,folidum}{A}$ quadratum differentiæ laterum. Et $\frac{D\,folidum}{A}$ adgregatum quadratorum. Duplum autem adgregatum quadratorum, minus quadrato dif-
ferentiæ laterum, facit quadratum adgregati laterum. Quare $\frac{D\,folidum\,2,\,-\!B\,folido.}{}$ æquabitur
A quadrato. Omnia ducantur in A. Igitur D folidum 2, — B folido, æquabitur A
cubo.

Datis igitur duobus expofitis folidis, inveniuntur latera.

Enim.

Enimvero,

Duplum solidum abs adgregato laterum in adgregatum quadratorum, multatum solido abs differentia laterum in differentiam quadratorum : æquatur cubo adgregati laterum.

Sit B *solidum* 32.   D *solidum* 272. *fit* A *cubus* 512, *summa igitur laterum* 8. *Differentiæ quadratum* $\frac{32}{8}$, *id est* 4. *atque adeo ipsa differentia* $\sqrt{}$ 4. *latus itaque minus est* 4, *minus medietate lateris* 4. *Majus, est* 4 *plus eadem medietate.*

Sit B *solidum* 10.   D *solidum* 20. *fit* A *cubus* 30. *Summa igitur laterum* $\sqrt{}$ C. 30. *Differentiæ quadratum* $\frac{10}{\sqrt{C.30}}$, *aliter* $\sqrt{}$ C. $\frac{100}{3}$. *Atque adeo ipsa differentia* $\sqrt{}$ QC. $\frac{100}{3}$, *latus itaque minus est* $\sqrt{}$ C. $\frac{30}{8}$ — $\sqrt{}$ QC. $\frac{100}{192}$, *latus majus* $\sqrt{}$ C. $\frac{30}{8}$ + $\sqrt{}$ QC. $\frac{100}{192}$.

At *Cardanus in Arithmeticis quæstione* 93. *Cap.* 66. *bene animadvertit in hac hypothesi laterum proportionem esse, minoris nempe ad majus, ut* 2 — $\sqrt{}$ 3 *ad* 1, *seu ut* 1 *ad* 2 + $\sqrt{}$ 3, *sed latera ipsa subnotavit infeliciter.*

Z E T E T I C V M   XXII.

Dato adgregato quadratorum, & ratione rectanguli sub lateribus ad quadratum differentiæ laterum, invenire latera.

Sit datum B planum, adgregatum quadratorum. Rectangulum autem sub lateribus ad quadratum differentiæ laterum, se habeat ut R ad S. Oportet invenire latera. Rectangulum sub lateribus esto A planum. Quadratum igitur differentiæ laterum erit $\frac{S \text{ in A planum}}{R}$; cui cum adjungetur duplum rectangulum, fiet adgregatum quadratorum. Ergo $\frac{S \text{ in A planum,} + R \text{ in A planum 2.}}{R}$ æquabitur B plano. Qua æqualitate ad analogismum revocata, erit ut S + R 2 ad R, ita B planum ad A planum.

Datis igitur quæ exposita sunt, dantur latera.

Enimvero est,

Vt quadratum differentiæ laterum, plus duplo simili rectangulo sub lateribus ad rectangulum simile sub lateribus, ita adgregatum verum quadratorum ad verum rectangulum.

Sit adgregatum quadratum 20. Rectangulum autem sub lateribus ad quadratum differentiæ eorumdem se habeto, ut 2 ad 1 : erit ut S + R 2 ad R, ita 20 ad 8. Quare 8 est rectangulum de quo quæritur. Itaque 20 — 16 id est 4, est quadratum differentiæ laterum, & 20 + 16 est quadratum adgregati. Vnde differentia est $\sqrt{}$ 4. Summa $\sqrt{}$ 36. latus minus $\sqrt{}$ 9 — $\sqrt{}$ 1, vel 2, majus vero $\sqrt{}$ 9 + $\sqrt{}$ 1, vel 4.

Sed stante adgregato quadratorum 20. Rectangulum sub lateribus ad quadratum differentiæ laterum se habeto, ut 1 ad 1; hoc videlicet sit illi æquale : erit ut 3 ad 1, ita 20 ad $\frac{20}{3}$. Quare $\frac{20}{3}$ est rectangulum sub lateribus. Itaque 20 — $\frac{40}{3}$, id est $\frac{20}{3}$; erit quadratum differentiæ laterum; & 20 + $\frac{40}{3}$, id est $\frac{100}{3}$, erit quadratum adgregati. Vnde $\sqrt{}\frac{20}{3}$ est differentia, & $\sqrt{}\frac{100}{3}$ adgregatum. Atque adeo latus minus est $\sqrt{}\frac{25}{3}$ — $\sqrt{}\frac{5}{3}$, & latus majus $\sqrt{}\frac{25}{3}$ + $\sqrt{}\frac{5}{3}$. Hallucinatur itaque Cardanus in Arithmeticis quæstione 94. Cap. 66.

L I B E R   T E R T I U S.

Z E T E T I C V M   I.

Ata media trium proportionalium linearum rectarum, & differentia extremarum, invenire extremas.

At vero extremæ proportionales sunt ut latera. Mediæ vero quadratum est ipsum rectangulum sub lateribus. Jam autem expositum est. Dato rectangulo sub lateribus, & differentia laterum, invenire latera. Itaque, quadratum differentiæ dimidiæ extremarum, adjunctum mediæ quadrato, æquatur quadrato adgregati dimidii extremarum.

Sit differentia extremarum 10. media 12. minor extrema est 8. major 18.

Z E T E T I C V M II.

Data media trium proportionalium, & adgregato extremarum, invenire extremas.

Illud quoque Problema jam ante expositum est, videlicet. Dato rectangulo sub lateribus, & adgregato laterum, invenire latera,

Sit media 12, *adgregatum extremarum* 26, *minor extrema est* 8, *major* 18.

Z E T E T I C V M III.

Dato perpendiculo trianguli rectanguli, & differentia basis & hypotenusæ, invenire basin, & hypotenusam.

Et hoc quoque Problema jam expositum est. Ipsum enim est. Data differentia quadratorum & differentia laterum, invenire latera. Quadratum enim perpendiculi est differentia quadrati hypotenusæ à quadrato basis. Sit nempe datum trianguli rectanguli perpendiculum D, B vero differentia basis & hypotenusæ. Oportet invenire basin & hypotenusam. Summa basis & hypotenusæ, esto A. Igitur B in A æquabitur D quadrato, atque ideo $\frac{D \text{ quadratum}}{B}$ æquabitur A. Data autem differentia laterum & summa eorumdem, dantur latera.

Dato igitur perpendiculo trianguli rectanguli, & differentia basis & hypotenusæ, dantur basis, & hypotenusa.

Enimvero,

Perpendiculum trianguli rectanguli proportionale est, inter differentiam basis & hypotenusæ & adgregatum eorumdem.

Sit D 5. *B* 1. *Sunt proportionales* 1, 5, 25. *Itaque trianguli hypotenusa est* 13, *basis* 12, *stante perpendiculo* 5. *Qua etiam ratione, & id esto*

Z E T E T I C V M IV.

Dato perpendiculo rectanguli trianguli, & adgregato basis & hypotenusæ, discernuntur basis & hypotenusa.

Sit perpendiculum 5, *adgregatum basis & hypotenusæ* 25. *Sunt proportionales* 25. 5. 1. *Itaque differentia basis & hypotenusæ est* 1. *Ipsa vero basis* 12, *hypotenusa* 13.

Z E T E T I C V M V.

Data hypotenusa trianguli rectanguli, & differentia laterum circa rectum, invenire latera circa rectum.

Illud autem est. Data differentia laterum, & dato adgregato quadratorum, invenire latera. Quod Problema quoque jam expositum est.

Sit nempe data D hypotenusa trianguli rectanguli, B vero differentia laterum circa rectum. Oportet invenire latera circa rectum. Summa laterum circa rectum esto A. Ergo A + B erit duplum lateris majoris circa rectum, A — B duplum lateris minoris. Quadrata ab iis singulis efformata, & addita faciunt A q.2,+Bq.2, quæ ideo æquantur Dq. 4. Itaque Dq. 2, — Bq. æquabitur A quadrato.

Data igitur hypotenusa trianguli rectanguli, & differentia laterum circa rectum, inveniuntur latera circa rectum.

Enimvero,

Duplum quadratum hypotenusæ, minus quadrato differentiæ laterum circa rectum, æquatur quadrato summæ eorumdem.

Sit D 13. *B* 7. *A* I *N.* 1 *Q æquatur* 289. *Et fit* 1 *N.* √289. *Itaque latera circa rectum sunt* √$72\frac{1}{4} + 3\frac{1}{2}$ & √$72\frac{1}{4} - 3\frac{1}{2}$, *sive* 12 & 5.

Z E T E T I C V M VI.

Data hypotenusa trianguli rectanguli, & summa laterum circa rectum, invenire latera circa rectum.

H   Enim-

Enimvero,

Duplum quadratum hypotenuſæ, minus quadrato adgregati laterum circa re-
ctum, æquatur quadrato differentiæ laterum circa rectum.

Vt licet inferre per antitheſin antecedentis ordinationis.

Sit rurſus hypotenuſa 13. *Summa autem laterum circa rectum.* 17. *Differentia eorumdem*
1 N. 1 Q æquabitur 49. Et fit 1 N $\sqrt{49}$. Itaque latera circa rectum ſunt $8\frac{1}{2} + \sqrt{12\frac{1}{4}}$, &
$8\frac{1}{2} - \sqrt{12\frac{1}{4}}$, ſive 12 & 5.

Z E T E T I C V M   VII.

Inveniuntur tres proportionales lineæ rectæ numero.

Enimvero,

Adſumptis duobus lateribus ſe habentibus, ut numerus ad numerum. Major
extrema proportionalium fiet ſimilis, quadrato lateris adſumpti majoris. Media,
rectangulo ſub lateribus. Minor extrema, quadrato minoris lateris adſumpti.

Sint rationalia latera B & D.   Cum B ſtatuetur prima proportionalium, D vero
ſecunda, tertia erit $\frac{D\,quadratum}{B}$. Omnia per B ducantur, & ſeries proportionalium fiet

I.	II.	III.
B quadratum.	B in D.	D quadratum.

Sit B 2.   D 3.   *Fiunt proportionales* 4. 6. 9.

Z E T E T I C V M   VIII.

Invenitur triangulum rectangulum numero.

Enimvero,

Conſtitutis tribus proportionalibus numero, hypotenuſa fiet ſimilis adgregato
extremarum, baſis differentiæ, perpendiculum mediæ duplæ.

Nempe jam ordinatum eſt ; perpendiculum trianguli proportionale eſſe inter differentiam baſis & hypotenuſæ, & adgregatum eorumdem.

Exhibentor proportionales numero 4, 6, 9. *Ab iis conſtituetur trianguli rectanguli hypote-*
nuſa 13, *baſis* 5. *perpendiculum* 12.

A L I T E R,
Z E T E T I C V M   IX.

Invenitur triangulum rectangulum numero.

Enimvero,

Adſumptis duobus lateribus rationalibus , hypotenuſa fit ſimilis adgregato
quadratorum, baſis differentiæ eorumdem , perpendiculum duplo ſub lateribus
rectangulo.

Sint duo latera B & D. Sunt igitur proportionalia tria latera B, D, $\frac{D\,quadratum}{B}$. Omnia in B. Sunt tria proportionalia plana Bq. B in D, Dq. A quibus proportionalibus
fit per antedicta, hypotenuſa trianguli ſimilis Bq. + Dq. baſis Bq. $=$ Dq. perpendiculum B in D 2. Et alioqui jam ordinatum eſt. Quadratum ab adgregato quadratorum,
æquare quadratum à differentia quadratorum , adjunctum quadrato dupli rectanguli
ſub lateribus.

Sit B 2.   D 3.   *Hypotenuſa fiet ſimilis* 13,   *baſis* 5,   *perpendiculum* 12.

Z E T E T I C V M   X.

Dato adgregato quadratorum à ſingulis tribus proportionalibus, atque
ea in ſerie extremarum una, invenitur altera extrema.

Enimvero,

Adgregatum illud quadratorum, multatum dodrante quadrati extremæ datæ,
æquale eſt quadrato compoſitæ ex dimidio datæ extremæ , & altera tota de qua
quæritur.

Id autem ita perspicue jam inventum est, & demonstratum, ut novo non sit opus processu.

Adgregatum quadratorum à tribus proportionalibus sit 21, harum autem extrema major sit 4. Igitur 21—12 id est 9. est quadratum composita, ex 2 & minore quæsita. At radix quadrati 9 est $\sqrt{9}$, quare minor quæsita est $\sqrt{9}$—2, id est 1.

Sed stante eodem adgregato quadratorum 21, sit extrema minor 1. Igitur 20 $\frac{1}{4}$, seu $\frac{81}{4}$ est quadratum composita, ex $\frac{1}{2}$ & majore quæsita. At radix quadrati $\frac{81}{4}$ est $\sqrt{\frac{81}{4}}$, quare major quæsita est $\sqrt{\frac{81}{4}} - \frac{1}{2}$, id est 4.

ZETETICVM XI.

Dato adgregato quadratorum à singulis tribus proportionalibus, ac summa extremarum, discernuntur extremæ.

Enimvero,

Quadratum adgregati extremarum, multatum adgregato quadratorum à tribus, æquatur mediæ quadrato.

Data autem summa extremarum, & media, dantur extremæ. Idem quoque ita perspicue jam inventum est, & demonstratum, ut novo non sit opus processu.

Sit adgregatum quadratorum à tribus 21. Summa extremarum 5, 25—21, id est 4, est mediæ quadratum. Vnde est media $\sqrt{4}$. Extrema 1 & 4.

ZETETICVM XII.

Dato adgregato quadratorum à singulis tribus proportionalibus, ac media ipsarum, discernuntur extremæ.

Enimvero,

Adgregatum quadratorum à tribus, plus mediæ quadrato, æquatur quadrato adgregati extremarum.

Ex antecedente ordinatione adhibita artis metathesi. Data autem summa extremarum, & media, dantur extremæ.

Sit adgregatum quadratorum à tribus 21. media 2. 21 + 4 id est 25, sit quadratum adgregati extremarum. Vnde extrema sunt 1 & 4.

ZETETICVM XIII.

Data differentia extremarum, & differentia mediarum in serie quatuor continue proportionalium, invenire continue proportionales.

Idem quoque Problema jam ante expositum est, idque duplici Zetetico. Illud enim est. Data differentia laterum, & differentia cuborum, invenire latera. Vt processu evidens fiet.

Sit igitur data differentia extremarum D, & data B differentia mediarum in serie quatuor continue proportionalium. Oportet invenire continue proportionales.

Adgregatum extremarum esto A. Ergo A + D erit major extrema dupla, & A — D minor extrema dupla. Cum itaque A + D ducetur in A — D, fiet rectangulum quadruplum sub mediis vel extremis. Itaque $\frac{A \text{ quadratum} - D \text{ quadratum}}{4}$ est rectangulum illud, in quod cum ducetur extrema major, fiet cubus mediæ majoris. Cum minor, fiet cubus mediæ minoris. Cum denique utriusque extremæ differentia, fiet differentia cuborum à mediis. Quare $\frac{D \text{ in A quadrat.} - D \text{ cubo}}{4}$, æquatur differentiæ cuborum à mediis. Si autem abs differentia cuborum auferatur cubus differentiæ laterum, quod relinquetur æquale est solido triplo ex differentia laterum in rectangulum sub lateribus, ut adparet ex genesi cubi à differentia duorum laterum.

Quare $\frac{D \text{ in A q.} - D \text{ cubo,} - B \text{ cubo 4:}}{}$ æquatur solido triplo ex differentia mediarum in rectangulum sub mediis, videlicet $\frac{B \text{ in A q.3,} - B \text{ in D q.3:}}{4}$. Qua æqalitate ordinata; $\frac{D \text{ cubus,} + B \text{ cubo 4,} - B \text{ in D q.3,}}{D - B 3,}$ æquabitur A quadrato.

Data igitur differentia extremarum, & differentia mediarum in serie quatuor continue proportionalium, inveniuntur continue proportionales.

Enim-

Enimvero

Cum cubus differentiæ extremarum, plus cubo quadruplo differentiæ media-
rum, minus solido triplo sub differentia mediarum & quadruplo quadrati diffe-
rentiæ extremarum adplicabitur ad differentiam extremarum, minus triplo dif-
ferentiæ mediarum : Planum quod oritur, æquale est quadrato adgregati extre-
marum .

Sit D 7.   B 2.   A 1 N.   1 Q aquatur 81, & fit 1 N $\sqrt{81}$, adgregatum videlicet extremarum 1 & 8; mediæ vero sunt 2 & 4   L.   II.   III.   IIII.
ex serie continue proportionalium.   1.   2.   4.   8.

Z E T E T I C V M XIV.

Dato adgregato extremarum, & adgregato mediarum in serie quatuor
continue proportionalium, invenire continue proportionales.

Idem quoque Problema jam ante expositum est duplici Zetetico. Illud enim est. Dato adgregato laterum, & adgregato cuborum, invenire latera. Vt processu evidens fiet.

Sit igitur datum D adgregatum extremarum, & B adgregatum mediarum in serie
quatuor continue proportionalium. Oportet invenire continue proportionales.

Differentia extremarum esto A. Ergo D + A erit major extrema dupla, & D — A
minor extrema dupla. Cum itaque D + A ducetur in D — A, fit rectangulum quadruplum sub mediis vel extremis. Itaque $\frac{Dq. - Aq.}{4}$ est rectangulum illud, in quod cum
ducetur extrema major, fiet cubus mediæ majoris. Cum minor, fiet cubus mediæ minoris. Cum denique utriusque extremæ summa, fiet adgregatum cuborum à mediis.

Quare $\frac{D\,cubus. - D\,in\,Aq.}{}$ æquatur adgregato cuborum à mediis. Si autem à cubo adgregati duorum laterum auferatur adgregatum cuborum, quod relinquitur æquale est solido
triplo ex adgregato laterum in rectangulum sub lateribus , ut adparet ex genesi cubi à
duobus lateribus.

Quare $\frac{B\,cubus\,4. - D\,cubo. + D\,in\,Aq.}{}$ æquatur solido triplo ex adgregato mediarum in rectan-
gulum sub mediis, videlicet $\frac{B\,in\,D\,q.\,1. - B\,in\,A\,q.1.}{4}$. Qua æqualitate ordinata; $\frac{B\,in\,Dq.3. + D\,cubo, - B\,cubo\,4.}{D + B\,3.}$
æquabitur Aquadrato.

Dato igitur adgregato extremarum, & adgregato mediarum in serie quatuor continue
proportionalium, dantur continue proportionales.

Enimvero

Solidum triplum sub adgregato mediarum , & quadrato adgregati extrema-
rum, plus cubo adgregati extremarum, minus quadruplo cubo adgregati media-
rum, si adplicetur ad adgregatum extremarum, plus adgregato triplo mediarum:
Planum quod oritur, æquale est quadrato differentiæ extremarum.

Sit D 9.   B 6.   A 1 N.   1 Q aquatur 49. Et fit 1 N $\sqrt{49}$. differentia videlicet extremarum   1   &   8   mediæ vero sunt 2 & 4   I.   II.   III.   IIII.
ex serie continue proportionalium.   1.   2.   4.   8.

Z E T E T I C V M XV.

Rursus, Data differentia extremarum , & differentia mediarum in serie
quatuor continue proportionalium, invenire continue proportionales.

Et illud esse , Data differentia laterum, & differentia cuborum, invenire latera . Evidens fiet per processum.

Sit igitur data D differentia extremarum, & B differentia mediarum in serie quatuor
continue proportionalium. Oportet invenire quatuor continue proportionales.

Rectangulum sub mediis, vel extremis esto A planum. Et vero mediæ majoris cubus æquatur solido ab extrema majore in rectangulum sub extremis. Et mediæ minoris cubus, solido ab extrema minore in rectangulum sub extremis. Quare D in A planum, æquabitur differentiæ cuborum à mediis. Si autem à differentia cuborum subducatur cubus differentiæ laterum, quod relinquetur æquale est solido triplo ex differentia
late-

laterum in rectangulum sub lateribus, ut adpatet ex genesi cubi à differentia laterum. Quare D in A planum , — B cubo, æquabitur B in A planum 3. Qua æqualitate ordinata; $\frac{B\ cubus}{D-B\ 3}$. æquabitur A plano. Dato autem rectangulo sub lateribus, & differentia eorumdem, dantur latera.

Data igitur differentia extremarum,& differentia mediarum in serie quatuor continue proportionalium, dantur continue proportionales.

Enimvero est,

Vt differentia extremarum , minus triplo differentiæ mediarum ad differentiam mediarum , ita quadratum differentiæ mediarum ad rectangulum sub mediis vel extremis.

Sit D 7.   B 2.   *A planum sit* 8 *rectangulum sub extremis* 1 & 8 *vel mediis* 2 & 4
  I.   II.   III.   IIII.
ex serie continue proportionalium.   1.   2.   4.   8.

Quod si ex differentia extremarum , & rectangulo inquireretur de differentia mediarum, ut si innotescat A planum , esse F planum. At de B esset quæstio, sit illa A. Ita procederet æqualitas. $\frac{A\ cubus}{D-A\ 3}$ æquabitur F plano. Ordinata vero æqualitate; A cubus, + F plano ter in A , æquatur F plano in D.

Id est ,

Cubus differentiæ mediarum, plus triplo solido à rectangulo sub lateribus in differentiam mediarum, æquatur solido à rectangulo sub lateribus in differentiam extremarum.

Quod adnotasse fuit operæpretium.

ZETETICVM XVI.

Rursus quoque ,Dato adgregato extremarum & adgregato mediarum in serie quatuor continue proportionalium, invenire continue proportionales.

Et istud esse , Dato adgregato laterum & adgregato cuborum, invenire latera. Evidens fiet per processum.

Sit igitur data Z summa extremarum , & G summa mediarum in serie quatuor continue proportionalium. Oportet invenire continue proportionales. Rectangulum sub mediis vel extremis,esto A planum.Et vero mediæ majoris cubus,æquatur solido ab extrema majore in rectangulum sub extremis. Et mediæ minoris cubus, solido ab extrema minore in rectangulum sub extremis. Quare Z in A planum æquabitur adgregato cuborum à mediis. Si autem à cubo adgregati laterum subducatur adgregatum cuborum,quod relinquitur æquale est solido triplo ex summa laterum in rectangulum sub lateribus , ut adpatet ex genesi cubi à duobus lateribus.

Quare G cubus, — Z in A planum , æquabitur G in A planum 3. Qua æqualitate ordinata; $\frac{G\ cubus}{Z+G\ 3}$ æquabitur A plano.

Dato autem rectangulo sub lateribus & aggregato laterum, dantur latera.

Dato igitur adgregato extremarum & adgregato mediarum in serie quatuor continue proportionalium, inveniuntur proportionales.

Enimvero est,

Vt adgregatum extremarum plus triplo adgregati mediarum ad adgregatum mediarum , ita quadratum adgregati mediarum ad rectangulum sub mediis vel extremis.

Sit Z 9.   G 6.   *A planum* 1 N.   Fit 8 *rectangulum sub extremis* 1 & 8, *vel mediis* 2 & 4.

Quod si ex adgregato extremarum & rectangulo, inquireretur de differentia mediarum; ut si innotesceret A planum esse B planum ,at de G esset quæstio , sit illa A. Ita procederet æqualitas. A cubus— B plano ter in A, æquatur B plano in Z.

Id est,

Cubus adgregati mediarum, minus solido triplo ex eodem adgregato in rectan-

gulum ſub extremis vel mediis, æquatur ſolido ex adgregato extremarum & re-
ctangulo ſub mediis vel extremis.

Quod adnotaſſe fuit oportunum.

LIBER QVARTVS.

ZETETICVM I.

Nvenire numero duo quadrata, æqualia dato quadrato.

Sit datum numero, F quadratum. Oportet invenire duo quadrata, æqualia dato F quadrato.

Exponatur triangulum quodcumque rectangulum numero, &
ſit hypotenuſa Z, baſis B, perpendiculum D. Et fiat triangulum ei
ſimile habens hypotenuſam F, nempe faciendo, ut Z ad F, ita B ad
aliquam baſim; quæ ideo erit $\frac{B\ in\ F}{Z}$. Et rurſus, ut Z ad F, ita D ad
perpendiculum; quod ideo erit $\frac{D\ in\ F}{Z}$. Ergo quadrata abs $\frac{B\ in\ F}{Z}$ & $\frac{D\ in\ F}{Z}$ æquabuntur dato F
quadrato. Quod erat faciendum.

Eoque recidit Analyſis Diophantæa, ſecundum quam oporteat B quadratum, in duo
quadrata diſpeſcere. Latus primi quadrati eſto A, ſecundi B — $\frac{S\ in\ A}{R}$. Primi lateris in quadratum, eſt A quadratum. Secundi, B quad. — $\frac{S\ in\ A\ in\ D\ 2}{R}$ + $\frac{S\ quad.\ in\ A\ quad.}{R\ quad.}$. Quæ duo
quadrata ideo æqualia ſunt B quadrato.

Æqualitas igitur ordinetur. $\frac{S\ in\ R\ in\ B\ 2}{S\ quad.\ +\ R\ quad.}$ æquabitur A lateri primi ſingularis quadrati.
Et latus ſecundi ſit $\frac{R\ quad.\ in\ B,\ -\ S\ quad.\ in\ B}{S\ quad.\ +\ R\ quad.}$. Nempe triangulum rectangulum numero effingitur à lateribus duobus S & R, & ſit hypotenuſa ſimilis S quad. + R quad. baſis ſi-
milis S quadrato — R quadrato. Perpendiculum ſimile S in R 2. Itaque ad diſpectionem
B quadrati ſit, ut S quadr. + R quadr. ad B hypotenuſam ſimilis trianguli, ita R quadr.
— S quadr. ad baſim, latus unius ſingularis quadrati, & ita S in R 2 ad perpendiculum,
latus alterius.

Sit B 100, cujus quadrato invenienda ſint duo quadrata æqualia. Effingatur triangulum rectangu-
lum numero abs R 4, S 3. Fit efficti trianguli hypotenuſa 25, baſis 7, perpendiculum 24. Itaque fiet, ut
25 ad 7, ita 100 ad 28. Et ut 25 ad 24 ita 100 ad 96. Quadratum igitur abs 100 æquabitur
quadrato ab 28, plus quadrato abs 96.

ZETETICVM II.

Invenire numero duo quadrata, æqualia duobus aliis datis quadratis.

Sint data numero B quadratum & D quadratum. Oportet invenire alia duo quadrata his æqualia.

Intelligitor B baſis trianguli rectanguli, D perpendiculum, atque adeo quadratum
hypotenuſæ æquale B quadr. + D quadr. & ſit illa hypotenuſa Z, latus rationate, irra-
tionaleve. Et exponatur aliud triangulum quodcumque rectangulum numero, cujus hypotenuſa X, baſis F, perpendiculum G. Et ab iis duobus conſtituatur tertium triangulum rectangulum via ſynæreſeos, diæreſeos-ve, per ea quæ expoſita ſunt in notis. Erit per
primam methodum hypotenuſa ſimilis Z in X, perpendiculum ſimile B in G. + D in
F, baſis ſimilis B in F, $=$ D in G. Per ſecundam hypotenuſa erit ſimilis Z in X, perpendiculum B in G, $=$ D in F, baſis B in F, + D in G. Et plana omnia ſimilia lateribus
efficti trianguli adplicentur ad X. Stante igitur Z hypotenuſa, ſit baſis $\frac{B\ in\ F,\ =\ D\ in\ G.}{X}$, perpendiculum $\frac{B\ in\ G,\ +\ D\ in\ F.}{X}$, per primam methodum. Vel per ſecundam, ſit baſis $\frac{B\ in\ F,\ -\ D\ in\ G.}{X}$
perpendiculum $\frac{B\ in\ G.\ =\ D\ in\ F.}{X}$. Itaque hæc duo à lateribus rectum angulum includenti-
bus quadrata, æquabuntur Z hypotenuſæ quadrato, cui etiam æquari conſtructum eſt B
quad. + D quad. Quod erat faciendum.

Eoque recidit Analyſis Diophantæa, ſecundum quam oporteat Z quadratum, pla-
num-

numve, in duo quadrata jam diſpectum, videlicet B quadratum & D quadratum, rurſus in duo alia quadrata diſpeſcere.

Latus primi conſtituendi quadrati, eſto A + B. Secundi $\frac{S\,in\,A}{R}$ — D. Et ab iis effingantur quadrata, & comparentur duobus datis quadratis.

Ergo A quadr. + B in A 2, + B quadr. + $\frac{S\,quadrato\,in\,A\,quadratum}{R\,quadrato}$, — $\frac{S\,in\,D\,in\,A\,2}{R}$, + D quadr. æquabitur B quadr. + D quadrato.

Qua æqualitate ordinata $\frac{S\,in\,R\,in\,D\,2,-R\,quad.in\,B\,2}{S\,quad.+R\,quad.}$ æquabitur A. Itaque latus primi conſtituti quadrati, quod erat A + B, fit $\frac{S\,in\,R\,in\,D\,2,+S\,quad.\,in\,B\,-\,R\,quad\,in\,B.}{S\,quad.+\,R\,quad.}$. Latus ſecundi quadrati conſtituti, quod erat $\frac{S\,in\,A}{R}$ — D, fit $\frac{S\,quad.\,in\,D,\,-\,S\,in\,R\,in\,B\,2,\,-\,R\,quad.\,in\,D.}{S\,quad.+\,R\,quad.}$. Quibus bene retextis, duo ſunt conſtituta triangula. Primum cujus hypotenuſa rationalis, irrationalis. ve Z, baſis B, perpendiculum D. Secundum effictum à duobus lateribus S & R, cujus ideo hypotenuſa ſit ſimilis S quad. + R quad. baſis S quad. — R quad. perpendiculum S in R 2, & ab iis effingitur tertium expoſita via diæreſeos. Et ſimilia lateribus efficta ſolida adplicantur ad S quad. + R quad. Vnde ſit Z communis ſive primi ſive tertii hypotenuſa. Atque adeo quadrata à lateribus circa rectum illius primi, æqualia ſunt quadratis à lateribus circa rectum hujus tertii.

Quod ſi latus primi quadrati conſtituatur A — B, ſecundi $\frac{S\,in\,A}{R}$ — D, $\frac{S\,in\,R\,in\,D\,2,+R\,quad.iu\,B\,2.}{S\,quad.+\,R\,quad.}$ æquatur A. Et ſit latus primi conſtituti quadrati $\frac{S\,in\,R\,in\,D\,2,\,-\,S\,quad.\,in\,B.\,+R\,quad.in\,B.}{S\,quad.+\,R\,quad.}$. Secundi $\frac{S\,in\,R\,in\,B\,2,\,+\,S\,quad.in\,D,\,-\,R\,quad.in\,D.}{S\,quad.+\,R\,quad.}$. Quod eſt effingere tertium triangulum via expoſita ſynæreſeos.

Sit B 15, *D* 10, *unde ſit Z* √ 325. *Exponatur triangulum rectangulum numero,* 5, 3, 4. *Fit latus unum è quaſitis* 18, *alterum* 1. *Vel unum* 6, *alterum* 17.

ZETETICVM III.

Rurſus, invenire numero duo quadrata, æqualia duobus datis quadratis.

Sint data duo quadrata, B quadratum, D quadratum. Oportet invenire duo alia quadrata iis æqualia. Effingatur triangulum rectangulum numero cujus B ſit hypotenuſa. Aliud rurſus effingatur ſimile cujus D ſit hypotenuſa, & ab iis duobus ſimilibus effingatur tertium triangulum, cujus hypotenuſæ quadratum æquale ſit quadrato hypotenuſæ primi & ſecundi, methodo quæ expoſita eſt in notis. Ergo quadratum hypotenuſæ hujus efficti tertii æquabitur B quad. + D quad. Quibus etiam quadratis æquabantur quadrata laterum circa rectum. Et is etiam modus elicitur ex jam tradita Analyſi Diophantæa.

Sit B 10. *D* 15. *Primi trianguli conſtituantur latera circa rectum* 8 & 6. *Secundi primo ſimilis,* 12 & 9. *Tertii latera circa rectum erunt* 18 & 1, *vel* 6 & 17. à *quibus binis quadrata, æquabuntur quadratis* 10 & 15.

ZETETICVM IV.

Invenire duo triangula rectangula ſimilia datas habentes hypotenuſas, & diducti ab iis tertii trianguli baſis, compoſita ex perpendiculo primi & baſe ſecundi, erit ea quæ præfinitur.

Oportebit autem baſim illam præfinitam præſtare hypotenuſæ primi.

Sit trianguli primi data B hypotenuſa, ſecundi primo ſimilis D. Oportet ab iis diducere tertium triangulum, cujus baſis æquetur N, compoſitæ ex perpendiculo primi & baſe ſecundi. B quad. + D quad. — N quad. æquetur M quad. Ergo diducti trianguli perpendiculum erit M. Sit autem A baſis primi. Igitur baſis ſimilis ſecundi erit $\frac{D\,in\,A}{B}$. Perpendiculum ideo primi N — $\frac{D\,in\,A}{B}$. Perpendiculum vero ſecundi erit A + M, vel A — M, ut ſit M differentia inter baſim primi & perpendiculum ſecundi. Sit ſane primo caſu A + M, erit igitur ut B ad D, ita N — $\frac{D\,in\,A}{B}$ ad A + M. Quo analogiſmo reſoluto & omnibus bene ordinatis, ſit $\frac{D\,in\,N\,in\,B,\,-\,B\,in\,M\,in\,B}{B\,quad.\,+\,D\,quad.}$ æqua.

æquale A. Seu re-
vocata ad analo-
gifmum æquali-
tate, eft, ut Bq.
+ Dq. ad D in
N — B in M, ita
B ad A.

Secundo vero
cafu, fit perpen-
diculum fecundi
A—M. Erit igitur
ut B ad D, ita
N— $\frac{D\,in\,A}{B}$ ad A—
M. Quo analo-
gifmo refoluto,
& omnibus ri-
te peractis fit
$\frac{D\,in\,N\,in\,B\,+\,B\,in\,M\,in\,B.}{B\,quad.\,+\,D\,quad.}$
æquale A. Seu re-
vocata ad analo-
gifmum æquali-
tate, eft, ut Bq.
+ Dq. ad D in
N ÷ B in M ,
ita B ad A.

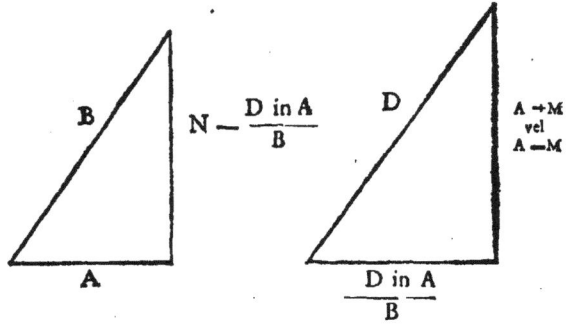

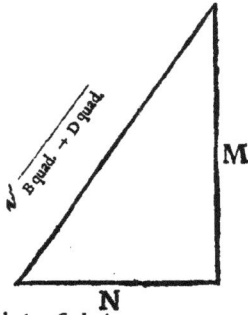

Duo igitur quæfita triangula ita fe habent,
Primo cafu, Primum fit.   Secundum.

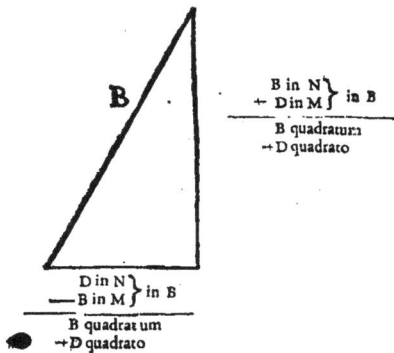

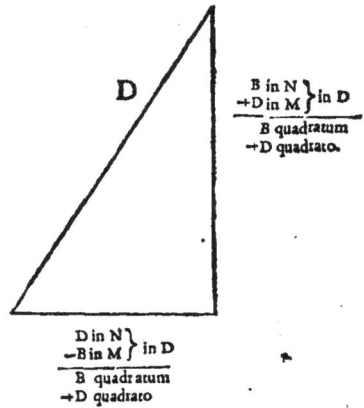

Vnde tertium.

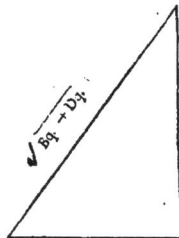

M. excefſus perpendiculi fecundi fupra bafin primi.

N. compofita ex perpendiculo primi & bafe fecundi.   Secun-

Secundo cafu, Primum fit.   Secundum.

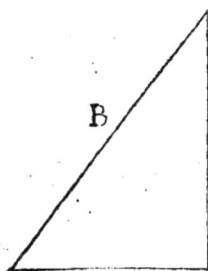

$$\frac{B \text{ in } N}{- D \text{ in } M} \Big\} \text{ in } B$$
$$\frac{}{B \text{ quadratum} + D \text{ quadrato}}$$

$$\frac{D \text{ in } N}{+ B \text{ in } M} \Big\} \text{ in } B$$
$$\frac{}{B \text{ quadratum} + D \text{ quadrato}}$$

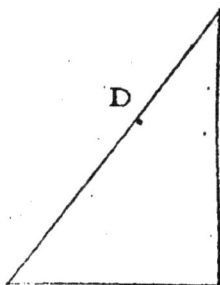

$$\frac{B \text{ in } N}{- D \text{ in } M} \Big\} \text{ in } D$$
$$\frac{}{B \text{ quadratum} + D \text{ quadrato}}$$

$$\frac{D \text{ in } N}{+ B \text{ in } M} \Big\} \text{ in } D$$
$$\frac{}{B \text{ quadratum} + D \text{ quadrato}}$$

Vnde tertium.

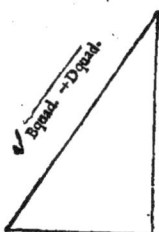

M.   exceffus bafis primi fupra perpendiculum fecundi.

N.   compofita ex perpendiculo primi & bafe fecundi.

Apparet autem primo cafui tum demum locum effe, cum D in N præftat ipfi B in M. Secundo vero cum B in N præftat ipfi D in M.

ZETETICVM V.

Invenire numero duo quadrata, æqualia duobus datis quadratis, ut quæfitorum alterum confiftat intra limites præftitutos.

Sint data B quadratum, D q. Oportet alia duo quadrata iis æqualia conftituere, quorum alterum præftet quidem F plano, fed cedat G plano.

Intelligatur Zq. aliudve planum æquale Bq. + Dq. Ergo Z rationalis, irrationalisve eft hypotenufa trianguli rectanguli, cujus latera circa rectum funt B & D. Quæritur autem aliud triangulum rectangulum, cujus hypotenufa quoque fit Z, unum vero è lateribus circa rectum (ut pote bafis) fit major N, fed minor quam S. Eo igitur reducitur res. Vt

Invenienda fint numero duo triangula rectangula fimilia, datas habentes B & D hypotenufas, & diducti ab iis tertii trianguli bafis, compofita ex perpendiculo primi & bafe fecundi, confiftat intra limites præfinitos.

Itaque Zq. — Nq. æquetur Mq. Et Zq. — S q. æquetur Rq.

Si igitur N ftatuatur bafis tertii diducendi trianguli in duobus fimilibus triangulis datas habentibus hypotenufas, erit per primum cafum antecedentis Zetetici ratio differentiæ bafis & hypotenufæ ad perpendiculum, ut Zq. = D in N, + B in M ad B in N, + D in M, feu ut X ad $\frac{X \text{ in } B \text{ in } N, + X \text{ in } D \text{ in } M.}{Z \text{ quad.} = D \text{ in } N + B \text{ in } M.}$ qui limes eft primus.

Et fi S ftatuatur bafis ejus tertii trianguli, erit ob eandem expofitam caufam ratio differentiæ bafis & hypotenufæ ad perpendiculum, ut Zq. = D in S, + B in R ad B in S, + D in R, feu ut X ad $\frac{X \text{ in } B \text{ in } S, + X \text{ in } D \text{ in } R.}{Z \text{ quad.} = D \text{ in } S, + B \text{ in } R.}$ Qui limes eft fecundus.

I   Pofita

Posita igitur X ad differentiam basis & hypotenusæ in effingendis duobus similibus triangulis, adsumatur quælibet alia rationalis. Et sit T, consistens inter $\frac{X \text{ in } B \text{ in } N, + X \text{ in } D \text{ in } M.}{Z \text{ quadr.} = D \text{ in } N, + B \text{ in } M.}$ & $\frac{X \text{ in } B \text{ in } S, + X \text{ in } D \text{ in } R.}{Z \text{ quadr.} = D \text{ in } S, + B \text{ in } R.}$ Et ab iis duabus radicibus X & T effingetur triangulum rectangulum numero, cui similia duo effingentur triangula, primum habens B hypotenusam, alterum D. & ab iis duobus diducetur tertium, ita ut basis tertii illius composita sit ex perpendiculo primi & base secundi, ipsaque consistet inter N & S, juxta problematis conditionem.

Sit B 1, D 3, N $\sqrt{2}$, S $\sqrt{3}$. sit Z $\sqrt{10}$. M $\sqrt{8}$. R $\sqrt{7}$. Positaque X 1, eligitur quædam T consistens inter $\frac{\sqrt{8}}{10 - \sqrt{2}}$ & $\frac{\sqrt{63} + \sqrt{3}}{10 - \sqrt{17} + \sqrt{7}}$.

Sit illa $\frac{5}{4}$. Ergo ab 1 & $\frac{5}{4}$, seu abs 4 & 5 effingetur triangulum. Et ei similia duo effingentur triangula datas habentia hypotenusas 1 & 3. Et diducti ab iis tertii basis composita ex perpendiculo similis primi & base similis secundi fit $\frac{67}{41}$, cujus quadratum est $\frac{4489}{1681}$ majus quam 2, sed minus quam 3. Perpendiculum vero eveniet $1\frac{11}{41}$, cujus quadratum est $\frac{11321}{1681}$. Quæ duo quadrata valent 10 sicut quadrata abs 1 & 3.

Aliud exemplum.

Sit B 2. D 3. N $\sqrt{6}$. S $\sqrt{7}$. sit Z $\sqrt{13}$. M $\sqrt{7}$. R $\sqrt{6}$. positaque X 1 eligitur quædam T consistens inter $\frac{\sqrt{24} + \sqrt{63}}{13 + \sqrt{28} - \sqrt{14}}$ & $\frac{\sqrt{28} + \sqrt{54}}{13 + \sqrt{24} - \sqrt{63}}$. Sit $\frac{5}{6}$, ergo abs 1 & $\frac{5}{6}$ effingetur triangulum, seu abs 5 & 6. Et ei similia effingentur duo triangula datas habentia hypotenusas 2 & 3.

Et deducti ab iis tertii basis fit $\frac{113}{61}$ composita ex perpendiculo primi & base secundi. Hujus quadratum est $\frac{13409}{3721}$ majus quam 6, seu $\frac{22326}{3721}$, sed mi-

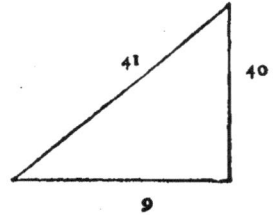

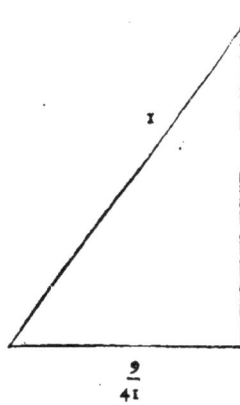

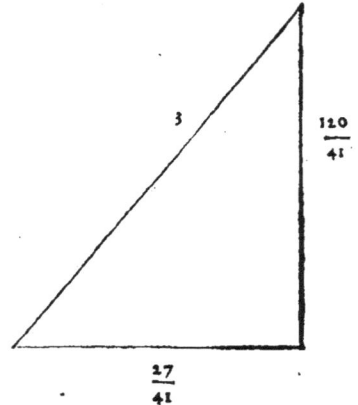

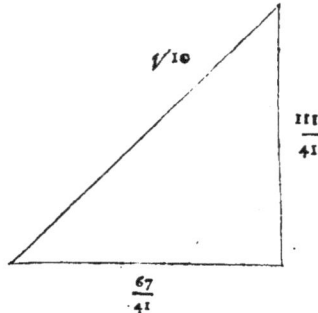

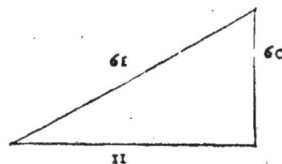

41   40   9

1   $\frac{40}{41}$ $\frac{9}{41}$

3   $\frac{120}{41}$ $\frac{17}{41}$

$\sqrt{10}$ $\frac{111}{41}$ $\frac{67}{41}$

61   60   11

nus quam 7 , seu
$\frac{26047}{3721}$. *Perpendicu-*
lum est $\frac{158}{61}$ *cujus qua-*
dratum est $\frac{24964}{3721}$. *Qua*
duo quadrata valent
$\frac{48373}{3721}$ *seu* 13, *sicut qua-*
drata abs 2 *&* 3.

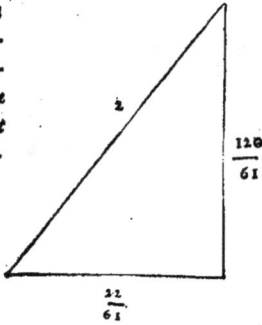

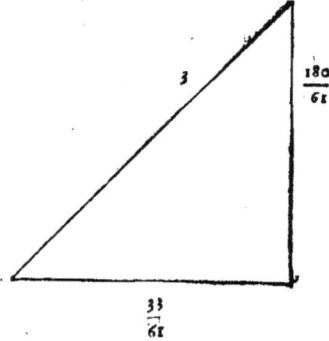

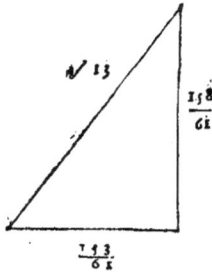

2

$\frac{120}{61}$

$\frac{22}{61}$

3

$\frac{180}{61}$

$\frac{33}{61}$

$\sqrt{13}$

$\frac{158}{61}$

$\frac{143}{61}$

ZETETICVM VI.

Invenire numero duo quadrata, distantia dato intervallo.

Sit datum intervallum, B planum. Oportet invenire numero duo quadrata, distantia per B planum.

Est igitur B planum quadratum à base trianguli rectanguli, & quæruntur quadrata hypotenusæ & perpendiculi rationalia, quæ distabunt per datum basis quadratum.

At vero basis proportionalis est inter differentiam perpendiculi & hypotenusæ & adgregatum eorumdem laterum.

Quare adsumatur quæcumque rationalis longitudo ad quam adplicetur B planum, orietur quoque latitudo rationalis.

Longitudo itaque ad quam facta adplicatio est, si quidem latitudine sit minor, erit differentia perpendiculi & hypotenusæ, latitudo vero ipsa adgregatum, & è converso. Atque adeo habebuntur numero perpendiculum & hypotenusa.

ALITER. A quadratum sit quadratum unum è quæsitis, utpote quadratum perpendiculi. Ergo A quad. + B plano æquabitur quadrato, videlicet hypotenusæ. Sit illud abs A + D. Vnde cum sit D differentia inter perpendiculum & hypotenusam, A quad. + D in A 2, + D quad. æquabitur A quad. + B plano. Qua æqualitate ordinata: $\frac{B plan. - D quad.}{D 2}$ æquabitur A.

Vnde

THEOREMA.

In triangulo rectangulo, si quadratum lateris primi circa rectum, multatum quadrato differentiæ inter latus secundum & hypotenusam, adplicetur ad duplum illius differentiæ, latitudo quæ oritur, erit ipsi lateri secundo circa rectum æqualis.

ALITER. Sit E quadratum unum è quæsitis, utpote quadratum hypotenusæ.

Ergo E quad. — B plano æquabitur alteri quadrato, nimirum quadrato perpendiculi.

Sit abs E — D, unde sit D differentia inter perpendiculum & hypotenusam.

Ergo E quad. — D in E 2, + D quad. æquabitur E quad. — B plano.

Et omnibus bene ordinatis $\frac{\text{B plan.} + \text{D quad.}}{\text{D } 2}$ æquabitur E.

Vnde

THEOREMA.

In triangulo rectangulo, si quadratum unius lateris circa rectum, plus quadrato differentiæ inter latus reliquum circa rectum & hypotenusam adplicetur ad duplum illius differentiæ, latitudo quæ oritur, erit ipsi hypotenusæ æqualis.

Æque,

Si quadratum lateris unius circa rectum plus quadrato adgregati ex latere circa rectum reliquo & hypotenusa, adplicetur ad duplum illius adgregati, latitudo quæ oritur, erit ipsi hypotenusæ æqualis.

Vnde est,

Ut adgregatum hypotenusæ & alterius laterum circa rectum ad differentiam eorumdem, ita quadratum adgregati adjunctum multatum-ve quadrato lateris circa rectum reliqui ad quadratum lateris reliqui adjunctum multatum-ve quadrato differentiæ.

Sit B planum 240. D 6. Fit A $\frac{240-36}{12}$ seu 17. E $\frac{240+36}{12}$ seu 23. Quadratum igitur lateris 23. distat abs quadrato lateris 17. per 240. Illud nempe est 529, hoc 289.

Sit triangulum 5, 4, 3 est ut 9 ad 1, ita 90 ad 10, & ita 72 ad 8. Sic licet

Dato plano quadratulum addere, & efficere quadratum.

Datum enim planum intelligetur quadratum alterius è lateribus circa rectum. Quadratum autem differentiæ lateris circa rectum reliqui ab hypotenusa, vel horum summæ adsumetur bene proxima dato plano.

Sit 17 datum planum, sumetur differentia 4. Ergo 17 — 16 adplicabitur ad 8 & oritur $\frac{1}{8}$ perpendiculum. Vnde hypotenusæ quadratum est 17 $\frac{1}{64}$, cujus latus est $4\frac{3}{8}$, seu 4 $\frac{1}{8}$ latus bene proximum vero quadrati 17.

Sit 15 datum planum, sumetur adgregatum 4. Ergo 15 — 16 adplicabitur ad 8, & orietur — $\frac{1}{8}$ perpendiculum. Vnde hypotenusæ quadratum est 15 $\frac{1}{64}$, cujus latus est $3\frac{1}{8}$ seu 3 $\frac{7}{8}$.

ZETETICVM VII.

Invenire numero planum, quod adjectum alterutri datorum duorum planorum, conficiat quadratum.

Sint data duo plana B planum, D planum. Oportet invenire aliud planum quod adjectum sive B plano, sive D plano, sit numero quadratum.

Adjectitium illud planum, sit A planum. Ergo B planum -+ A plano æquatur quadrato. Et rursus D planum -+ A plano æquatur quadrato. Hic igitur duplex ordinanda æquatio, inquit Diophantus. Sit autem B planum majus D plano. Differentia igitur horum effingendorum quadratorum, est B planum — D plano. At vero quadratum adgregati duorum laterum præstat quadrato differentiæ eorumdem, per quadruplum rectangulum sub lateribus. Ergo B planum — D plano intelligitor esse quadruplum rectangulum sub lateribus. Vnde fit B planum -+ A plano quadratum adgregati laterum. D planum -+ A plano quadratum differentiæ. Atque adeo A planum, quadratum adgregati laterum, multatum B plano. Vel quadratum differentiæ laterum, multatum D plano.

Eo igitur recidit res ut $\frac{\text{B planum} - \text{D plano}}{4}$, idest rectangulum sub lateribus, resolvatur in duo sub quibus sit, latera. Vnum esto G, idemque majus differentia $\sqrt{}$ B plani & $\sqrt{}$ D plani. vel minus adgregato. Alterum $\frac{\text{B planum} - \text{D plano}}{G}$. Latus igitur majoris quadrati erit $\frac{\text{B planum} - \text{D plano} + \text{G quadrato}}{G}$, minoris $\frac{\text{B planum} - \text{D plano} == \text{G quadrato}}{G}$.

Sit B planum 192, D planum 128. Differentia est 64 quadruplum rectangulum sub duobus lateribus. Simplum ideo est 16, factum abs lateribus 1 & 16, quorum summa 17, differentia 15, & cum à summa quadrato 289, aufertur 192, relinquit 97. Ergo 192 -+ 97 facit quadratum adgregati

laterum,

laterum, quod est 289; & 128 + 97 consequenter facit quadratum differentiæ, quod est 225. Itaque Problemati satisfit.

Potuit autem opus quoque ita peragi. Quoniam sive B plano, sive D plano adjiciendum est idem planum ut efficiatur quadratum. Planum illud sit A quadratum — B plano. Cum igitur ei addetur B planum, fiet quadratum, nempe A quadratum. Superest igitur ut D planum + A q. — B plano, æquetur quadrato. Effingatur abs F — A. Ergo A q. + F q. — F in A 2 æquabitur D plano, + A q. — B plano. Qua æqualitate bene ordinata, $\frac{Fq. + B\ plano - D\ plano.}{F\ 2}$ æquabitur A.

Sit B planum 18. D planum 9. F 9. Fit A 5. Planum addititium 7, quod additum ad 18 facit 25, ad 9 facit 16. quadrata ab 5 & 4.

ZETETICVM VIII.

Invenire numero planum, quod ablatum alterutri duorum datorum planorum, relinquat quadratum.

Sint data numero duo plana, B planum, D planum. Oportet invenire numéro aliud planum, quod demptum sive à B plano, sive D plano relinquat quadratum. Planum illud ablatitium quæsitum, esto B planum — A q. Cum igitur ab B plano auferetur B planum — A q. relinquetur A q. Idem cum auferetur à D plano, relinquet D planum — B plano + A q. idcirco adæquandum quadrato. Sit illud abs A — F. Ergo $\frac{Fq. + B\ plano - D\ plano.}{F\ 2}$ æquabitur A.

Rursus obvoluta est electio F, ut A latitudinis ortivæ quadratum cedat sive B plano, sive D plano. Quare duplex potius ordinanda æqualitas. Nempe planum ablatitium, esto A planum. Ergo B planum — A plano æquatur quadrato, & D planum — A plano æquatur quadrato. Sit B planum majus D plano. differentia horum est B planum — D plano. Quare B planum — D plano, intelligetur quadruplum rectangulum sub lateribus. D planum — A plano, summæ illorum laterum quadratum. D planum — A plano differentiæ illorum laterum quadratum. Ipsum vero A planum, est excessus quo B planum præstat quadrato adgregati, vel D planum quadrato differentiæ.

Sit igitur latus unum G, idemque majus differentia $\sqrt{}$ B plani & $\sqrt{}$ D plani, vel minus adgregato; alterum erit $\frac{B\ planum - D\ plano.}{G\ 4}$, & horum summæ quadratum cum auferetur abs B plano, vel quadratum differentiæ abs D plano, residuum erit A planum.

Sit B planum 44, D 36, G 1 latus unum, oritur 2 latus alterum, summa laterum 3. Differentia 1 quadrata 9 & 1. Planum igitur ablatitium 35, quod cum auferetur abs 44 relinquit 9, cum autem à 36 relinquit 1.

ZETETICVM IX.

Invenire numero planum, à quo cum auferetur alterutrum datorum duorum planorum, conficiatur quadratum.

Sint data numero duo plana, B planum, D planum. Oportet invenire planum à quo cum auferetur sive B planum, sive D planum, relinquetur numero quadratum. Planum hujusmodi à quo subductio facienda est, esto A planum. Igitur A planum — D plano æquatur quadrato. Et rursus A planum — B plano æquatur quadrato. Atque in hac hypothesi duplex rursum æquatio ordinanda. Sit autem B planum majus D plano. Ergo majus quadratum, A planum — D plano intelligetur quadratum adgregati duorum laterum; minus vero, A planum — B plano quadratum differentiæ; intervallum denique B planum — D plano quadruplum rectangulum sub lateribus. Sit igitur latus unum G, alterum erit $\frac{B\ planum - D\ plano}{G\ 4}$ & horum summæ quadratum cum adjungetur B plano, vel quadratum differentiæ B plano, summa erit A planum, à qua cum auferetur D planum relinquetur quadratum adgregati, cum D planum quadratum differentiæ.

sit

Sit B planum 56, D planum 48, G 1 latus unum, oritur 2 latus alterum. Summa horum 3. differentia 1. Vnde A planum sit 57 quod cum multabitur D plano, relinquitur 9; cum B plano, relinquitur 1.

ZETETICVM X.

Invenire numero duo latera sub quibus quod fit planum, addito utriusque quadrato, sit quadratum.

Sit latus unum B, alterum A. Oportet $Aq. + B$ in A, $+ Bq.$ æquari quadrato. Fingatur illud abs $A-D$ & ordinetur æquatio. $\frac{D \; quad. \; - \; B \; quad.}{B+D \; 2.}$ æquabitur A. Vnde latus primum fit simile $Bq. + B$ in D 2. secundum $Dq. - Bq.$ Quod autem sub iis fit, adjectum utriusque quadrato est simile D quadrato-quadrato, $+ B$ quadrato-quadrato, $+ B$ quadrato in D quadratum 3, $+ B$ cubo in D 2, $+ B$ in D cubum 2. Ipsa autem radix B quadrato, $+ D$ quadrato, $+ B$ in D.

Sit D 2, B 1. Vnum è lateribus est 5, alterum 3. radix autem quadrati compositi è singulis horum quadratis & plano sub lateribus, est 7; nempe 49 constat 25, 15, 9.

Lemma ad sequens Zeteticum.

Sunt æqualia tria solida à duobus lateribus diducta,
Vnum à latere primo in quadratum secundi, adjectum rectangulo sub lateribus.
Alterum à latere secundo in quadratum primi adjectum rectangulo.
Tertium ab laterum summa in ipsum rectangulum.

Sunt duo latera B & D. Dico tria solida ab iis diducta esse æqualia.

Primum abs B in $\overline{D \; quad. + B \; in \; D.}$
Secundum abs D in $\overline{B \; quad. + B \; in \; D.}$
Tertium abs $\overline{B + D}$ in $\overline{B \; in \; D.}$

Id autem in conspicuo est: quoniam singula hæc tria solida faciunt B in Dq. $+D$ in Bq.

ZETETICVM XI.

Invenire numero tria triangula rectangula, æqualis areæ.

Perpendiculum primi trianguli, esto simile B in A 2. Basis vero, $Dq. + B$ in D. Secundi, D in A 2. Basis, $Bq. + B$ in D. Tertii, $\overline{B + D}$ in A 2. Basis, D in B.

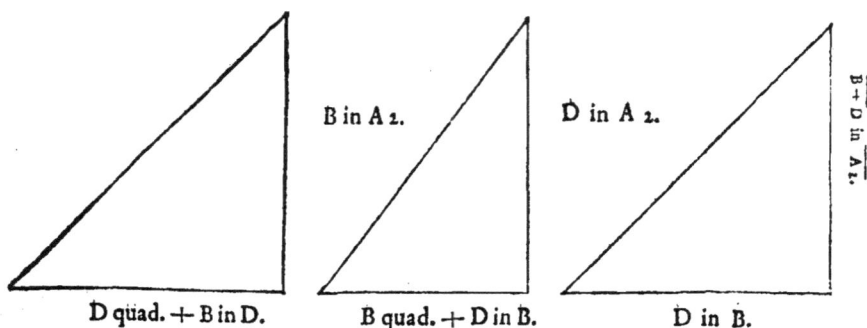

B in A 2.   D in A 2. $\overline{B+D}$ in A 2.

D quad. $+ B$ in D.   B quad. $+ D$ in B.   D in B.

Areæ igitur erunt æquales ex antecedente Lemmate, nempe singulæ erunt B in Dq. in A, $+ D$ in Bq. in A. Superest igitur ut plana hypotenusis similia, sint rationalia. At vero talia latera B & D possunt per antecedens Zeteticum eligi, ut $Bq. + Dq. + B$ in D, æquetur quadrato. Tale quadratum, esto $Aq.$ sit primi trianguli basis per interpretationem $Aq. - Bq.$ Secundi $Aq. - Dq.$ Tertii $\overline{B + D}$ quadratum, $-A$ quad.

A qua-

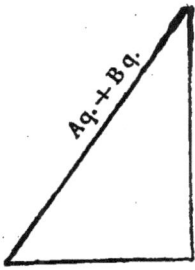

$Aq.+Bq.$ B in A 2.

A q. — B q.

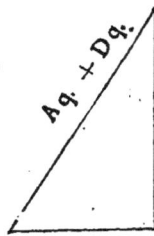

$Aq.+Dq.$ D in A 2.

A q. — D q.

$\overline{B+Dq}+Aq.$ $\overline{B+D}$ in A 2

$\overline{B+Dq}.$ — Aq.

A qualibus autem lateribus bases sunt differentiæ quadratorum, perpendicula sunt similia duplo sub iis rectangulo. Constabunt igitur hypotenusæ adgregato eorumdem quadratorum, ex regulari triangulorum effectione. Vnde hypotenusa primi similis fit A q. + Bq. Secundi Aq. + Dq. Tertii $\overline{B+D}$q. + Aq. Itaque problemati satisfit.

Sit B 3, D 5. fit A 7. Et triangula se habent in numeris, ut hic

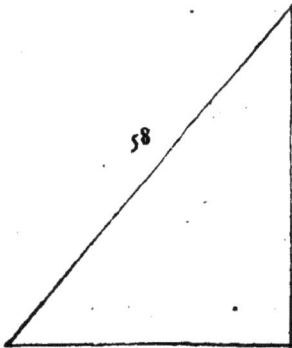

58   42

40

Primum effictum,
ab 3 & 7

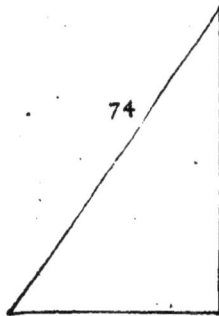

74   70

24

Secundum effictum,
ab 5 & 7

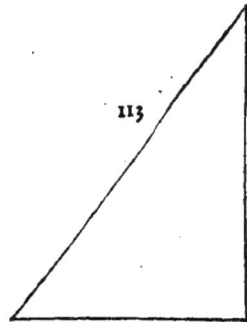

113   112

15

Tertium effictum.
ab 8 & 7

Horum trium communis area 840.

ZETETICVM XII.

Invenire numero tria triangula rectangula, ut solidum sub perpendiculis ad solidum sub basibus, se habeat ut quadratus numerus ad quadratum numerum.

Exponatur numero rectangulum quodcumque triangulum, cujus hypotenusa detur Z, basis D, perpendiculum B. Et effingatur triangulum secundum abs Z & D, & Z in D 2 adsignetur basi. Effingatur denique triangulum tertium ab Z & B, & Z in B 2 adsignetur basi.

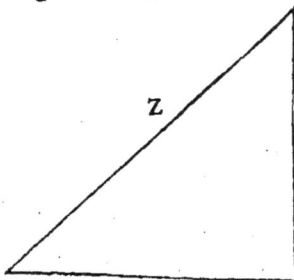

Z   B

D

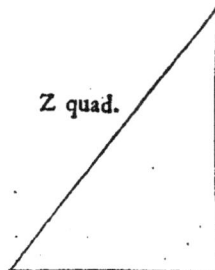

Z quad.

Z in D 2.

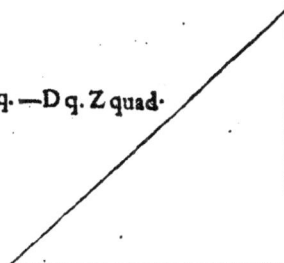

Zq. — Dq. Z quad.   Z in B quad.

Z in B 2.

Soli-

Solidum fub perpendiculis ad folidum fub bafibus fe habet ut B q. ad Z q. 4.

Sit primum triangulum 5, 3, 4.
Secundum erit   34, 30, 16.
Tertium   41, 40, 9.

Solidum fub perpendiculis 4, 16, 9. *ad folidum fub bafibus* 3, 30, 40 *fe habet ut quadratum abs* 4 *ad quadratum abs* 10.

Z E T E T I C V M   XIII.

Invenire numero duo triangula rectangula, ut planum fub perpendiculis, minus plano fub bafibus, fit quadratum.

Exponatur numero triangulum quodvis rectangulum, cujus hypotenufa detur Z, bafis D, perpendiculum B, ita tamen ut perpendiculum duplum præftet D bafi. Et effingatur aliud triangulum abs B dupla & D, vel iis fimilibus radicibus, & B in D 4 adfignetur perpendiculo, & generaliter fimilia lateribus plana adplicentur ad D. Planum fub perpendiculis, multarum fub bafibus plano, relinquit D qu. vel aliud fimile B qu. prout radicum cum ipfis B dupla & D fimilitudo opus immutavit.

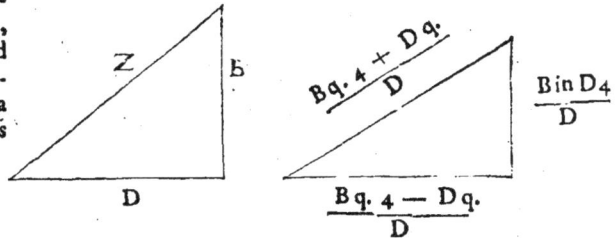

Sit primum triangulum rectangulum 15, 9, 12. *Secundum erit* 73, 55, 48, *factum fub perpendiculis* 576 *differt à facto fub bafibus* 495, *differentia* 81 *quadrata, cujus radix eft* 9.

Z E T E T I C V M   XIV.

Invenire numero duo triangula rectangula, ut planum fub perpendiculis, adjunctum plano fub bafibus, fit quadratum.

Exponatur numero triangulum quodvis rectangulum, cujus hypotenufa detur Z, bafis D, perpendiculum B, ita tamen ut perpendiculum B præftet bafi D duplæ. Et effingatur aliud triangulum abs B & D dupla, & B in D 2 bis adfignetur bafi, & generaliter fimilia lateribus plana adplicentur ad B. Planum fub perpendiculis, adjunctum plano fub bafibus componit B quadratum.

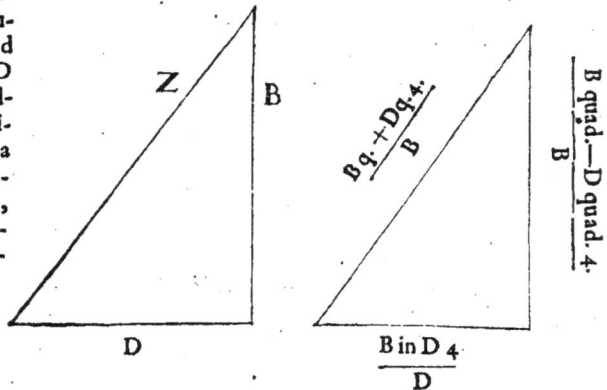

Sit primum triangulum rectangulum 13, 12, 5. *Efficto triangulo abs* 5 & 6, *vel fimilibus* 10 & 12. *Secundum erit* 61, 60, 11. *Factum fub perpendiculis* 396. *Sub bafibus* 900. *Summa* 1296 *quadrata, cujus radix eft* 36.

ZETETICVM XV.

Invenire numero tria triangula rectangula, ut folidum fub hypotenufis ad folidum fub bafibus, fe habeat ut quadratus numerus ad quadratum numerum. ·

Exponatur numero triangulum quodvis rectangulum cujus hypotenufa Z, bafis B, perpendiculum D, ita tamen ut bafis B duplum præftet D perpendiculo. Et effingatur fecundum triangulum abs B dupla & D. Et B in D 4 adfignetur bafi. Tertii denique trianguli hypotenufa fimilis efto facto fub hypotenufis primi & fecundi. Bafis facto fub bafibus eorumdem, minus facto fub perpendiculis. Vnde confequenter perpendiculum æquale eft factis à bafibus in perpendicula alterne. Solidum fub hypotenufis ad folidum fub bafibus fe habebit, ut quadratum ad quadratum.

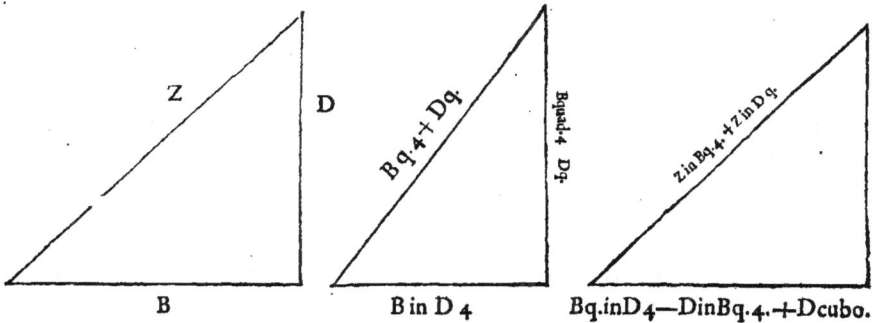

Sit primum triangulum 5, 3, 4. *Secundum erit* 13, 12, 5. *Tertium* 65, 16, 63.

Et fe habet folidum fub hypotenufis ad folidum fub bafibus, ut quadratum abs 65 *ad quadratum abs* 24.

Vel exponatur numero triangulum rectangulum, cujus hypotenufa Z, bafis D, perpendiculum B, ita tamen ut B præftet D bafis duplo, & illud fit primum. Secundum autem effingatur abs B & D dupla, & B in D 4 adfignetur bafi. Tertii denique hypotenufa fimilis efto, facto fub hypotenufis primi & fecundi. Bafis, facto fub bafibus, plus facto fub perpendiculis. Unde perpendiculum æquale fit differentiæ factorum à bafibus in perpendicula alterne.

Solidum fub hypotenufis ad folidum fub bafibus fe habebit , ·ut quadratum ad quadratum.

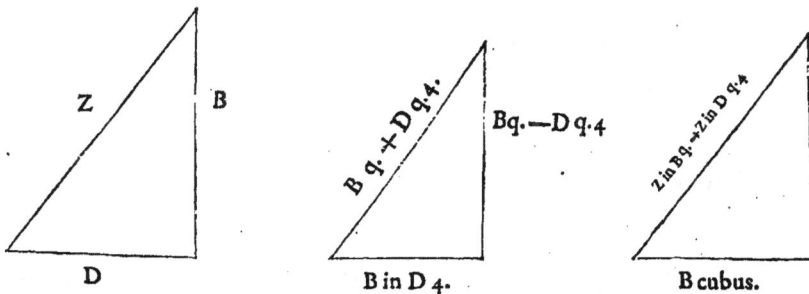

Sit primum triangulum 13, 5, 12. *Secundum erit* 61, 60, 11. *Tertium* 793, 432, 665.

Et fe habebit folidum fub hypotenufis ad folidum fub bafibus , ut quadratum abs 793 *ad quadratum abs* 360.

ZETETICVM XVI.

Invenire numero triangulum rectangulum , cujus area aequetur datae statutis conditionibus.

Vt pote si area detur $\frac{B\,qq.\,-\,X\,qq.}{D\,quad.}$. Effingetur triangulum abs B q. & X q. & plano-plana lateribus similia adplicabuntur ad X in D in B.

Sit B 3, X 1, D 2. Sunt igitur duo quadrato-quadrata 8 & 1, differentia quadrato quadrata 80. Detur area $\frac{80}{4}$ id est 20; effingetur triangulum abs 9 $\propto$ 1, & sit area $\frac{720}{36}$.

Itaque cum praescribitur numerus areae, videndum est an idem qui proponitur , vel idem per quadratum numerum multiplicatus, adjecta unitate aliove quadrato-quadrato , fiat quadrato-quadratum.

Vt si proponatur 15, quoniam 15 ad 1 adjectus, facit 16 quadrato-quadratum abs 2, fiet triangulum abs 4 & 1.

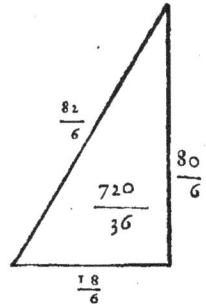

$\frac{81}{6}$

$\frac{80}{6}$

720

36

$\frac{18}{6}$

Et si area detur $\frac{D\,cubus\,in\,X - X\,cubo\,in\,D}{X\,quad.}$. Effingetur triangulum abs D & X , & plana lateribus similia adplicabuntur ad X.

Sit D 2. X 1. Atque ideo detur area 6; effingetur triangulum abs 2 & 1, & eueniet area 6. Itaque cum praescribitur numerus areae , videndum erit an is qui proponitur, vel idem per quadratum numerum multiplicatus, sit cubus multatus latere.

Vt si proponatur 60. Fiet triangulum abs 4 & 1.

ZETETICVM XVII.

Invenire numero tria proportionalia plana, quorum medium adscito sive primo sive postremo, sit quadratum.

Sit medium planorum E planum. Et primum statuitor B quad. — E plano, postremum G q. — E plano. Cum igitur primo plano addetur E planum, fiet quadratum , nempe B quadratum. Aeque cum postremo addetur E planum, fiet quadratum , nempe G quadratum. Restat igitur ut ea tria plana proportionalia sint , & consequenter quod à medio sit in se, aequetur ei quod sit sub extremis, qua comparatione secundum artem inita, $\frac{B\,quad.\,in\,G\,quad.}{B\,quad.+G\,quad.}$ invenitur aequari E plano. Vnde tria proportionalia plana se habent hujusmodi.

Primum	Secundum	Tertium
$\dfrac{B\,quad.\,quad.}{B\,q.+G\,quad.}$	$\dfrac{B\,quad.\,in\,G\,quad.}{B\,quad.+G\,quad.}$	$\dfrac{G\,quad.\,quad.}{B\,q.+G\,quad.}$

Sit B 1. G 2. Plana quaesita erunt. Primum $\frac{1}{5}$. Secundum $\frac{4}{5}$. Tertium $\frac{16}{5}$ Medium adscito primo, facit 1; adscito secundo, facit 4. Eadem plana ducantur in aliquot quadratum ut pote 25, ad tollenda pacta. Fient 5, 20, 80, plana conditionis imperatae.

ZETETICVM XVIII.

Datis duobus cubis, invenire numero duos alios cubos, quorum summa aequalis sit differentiae datorum.

Sint dati duo cubi, B cubus, D cubus ; ille major, hic minor. Oportet invenire duos alios cubos, quorum summa aequalis sit B cubo — D cubo. Latus primi quaerendi cubi , esto B — A. Latus secundi, $\frac{B\,quad.\,in\,A}{D\,quad.}$ — D. Et efformentur cubi & comparentur B cubo — D cubo , invenitur $\frac{D\,cubus\,in\,B\,3.}{B\,cubo+D\,cubo}$ aequari A. Itaque primi quaesiti cubi latus $\frac{B\,in\,B\,cubum - D\,cubo\,2}{B\,cubo+D\,cubo.}$ Secundi $\frac{D\,in\,B\,cubum\,2 - D\,cubo.}{B\,cubo+D\,cubo.}$ Et horum cuborum summa aequalis est B cubo—D cubo. Sic licet invenire quatuor cubos quorum major tribus reliquis erit aequalis.

qualis. Enimvero adſumptis duobus lateribus B & D, illo majore, hoc minore. Latus compoſiti cubi fit ſimile $\overline{B}$ in $\overline{B\ cubum}$ $\rightarrow$ D cubo. Latus ſingularis primi cubi $\overline{D}$ in $\overline{B\ cub.}$ $\rightarrow$ D cub. Secundi $\overline{B}$ in $\overline{B\ cubum - D\ cubo\ 2.}$ Tertii $\overline{D}$ in $\overline{B\ cubum\ 2 - D\ cubo.}$ Evidens autem eſt ex proceſſu exigi, ut majoris adſumpti lateris cubus præſtet cubo duplo minoris.

Sit B 2. D 1. Cubus à radice 6 æquabit ſingulares cubos à radicibus 3, 4, 5. Cum itaque dabuntur cubi ab 6 N, & 3 N:exhibentur cubi abs 4 N & 5 N, & horum ſumma illorum differentia, erit æqualis.

ZETETICVM XIX.

Datis duobus cubis, invenire numero duos alios cubos, quorum differentia æquet ſummam datorum.

Sint dati illi duo cubi, B cubus, D cubus; ille major, hic minor. Latus primi quærendi cubi B + A, ſecundi $\frac{B\ quad.\ in\ A}{D\ quad.}$ — D. Et efformentur cubi & horum differentia comparetur B cubo $\rightarrow$ D cubo, invenietur $\frac{D\ cubus\ in\ B\ 3}{B\ cubo - D\ cubo}$ æquari A Itaque majoris quærendi cubi latus erit $\frac{B\ in\ B\ cubum\ +\ D\ cubo\ 2.}{B\ cubo - D\ cubo.}$ Secundi $\frac{D\ in\ B\ cubum\ 2 - D\ cubo.}{B\ cubo - D\ cubo.}$ Et horum differentia æqualis eſt B cubo + D cubo.

Sic licet invenire quatuor cubos quorum major tribus reliquis erit æqualis.

Enimvero adſumptis duobus lateribus B & D; illo majore, hoc minore. Latus compoſiti cubi fit ſimile, $\overline{B}$ in $\overline{B\ cubum}$ $\rightarrow$ D cubo 2. Latus ſingularis primi, $\overline{D}$ in $\overline{B\ cubum\ 2 \rightarrow D\ cubo.}$ Secundi, $\overline{B}$ in $\overline{B\ cubum - D\ cubo.}$ Tertii, $\overline{D}$ in $\overline{B\ cubum - D\ cubo.}$

Sit B 2. D 1. Cubus ab 20 invenitur æqualis ſingularibus cubis abs 17, 14, 7. Cum itaque dabuntur cubi a 14 N & 7 N:exhibebuntur cubi abs 20 N & 17 N, & horum differentia ſumma illorum erit æqualis.

ZETETICVM XX.

Datis duobus cubis, invenire numero duos alios cubos, quorum differentia æquet differentiam datorum.

Sint dati duo cubi, B cubus, D cubus; hic major, ille minor. Latus primi quærendi cubi eſto A — D. Secundi $\frac{D\ quad.\ in\ A}{B\ quad.}$ — B, & efformentur cubi.& horum differentia comparetur B cubo — D cubo, invenietur $\frac{D\ in\ B\ cubum\ 3.}{B\ cubo + D\ cubo}$ æquari A. Itaque latus primi cubi fit $\frac{D\ in\ B\ cubum\ 2 - D\ cubo.}{B\ cubo\ + D\ cubo.}$ Secundi $\frac{B\ in\ D\ cubum\ 2 - B\ cubo.}{B\ cubo + D\ cubo.}$ & horum differentia, æqualis eſt differentiæ B cubi & D cubi. Eodem opus recidit ſi primi quærendi cubi radix ſtatuatur B — A, ſecundi D — $\frac{B\ quad.\ in\ A}{D\ quad.}$.

Sic licet invenire quatuor cubos ut bini cubi ſint binis cubis æquales.

Enimvero adſumptis duobus lateribus B & D; illo majore, hoc minore. latus primi cubi fit ſimile $\overline{D}$ in $\overline{B\ cubum\ 2 - D\ cubo.}$ latus ſecundi $\overline{D}$ in $\overline{B\ cubum \rightarrow D\ cubo.}$ latus tertii $\overline{B}$ in $\overline{B\ cubum \rightarrow D\ cubo.}$ latus quarti $\overline{B}$ in $\overline{D\ cubum\ 2 - B\ cubo.}$ Evidens autem eſt ex proceſſu oportere B cubum etſi majorem D cubo, minorem tamen eſſe D cubo 2.

Sit B 5, D 4. Cubus abs 252 & 248 æqualis eſt cubo abs 5 & 315. Cum itaque dabuntur cubi abs 315 N & 252 N:exhibebuntur cubi abs 248 N & 5 N, & horum differentia illorum differentia erit æqualis.

LIBER QVINTVS.

ZETETICVM I.

Nvenire numero tria plana, conficientia quadratum, & rurfus bina juncta quadratum conftituent.

Summa trium planorum, efto quadratum abs A + B, nempe A quad. + B in A 2 + B quadrato. Primum autem cum fecundo, faciat A quadratum. Tertium igitur planum erit B in A 2 + B quad. Secundum cum tertio faciat quadratum abs A — B, hoc eft A quad. — B in A 2 + B quad. Secundum igitur planum relinquitur A quad. — B in A 4. Atque adeo primum planum erit B in A 4. quod adjunctum tertio plano facit B in A 6 + B quadrato. Supereft igitur ut compofitum iftud poftremum planum ex primo & tertio, adæquetur quadrato. Sit illud D quadratum, Ergo $\frac{D \text{ quad.} - B \text{ quad.}}{B\,6}$ æquabitur A.

Primum igitur planum fimile fit D quad. in B quad. 24 — B quad. quad. 24. Secundum fimile D quad. quad. + B quad. quad. 25 — B quad. in D quad. 26. Tertium fimile B quad. in D quad. 12 + B quad. quad 24.

Sit D 11, B 1. Primum planum fit 2880. Secundum 11520. Tertium 1476. & fatisfaciunt quæftioni. Vt etiam fatisfacient omnibus per aliquot quadratum divifis, ut pote per 36 : exurgunt plana 80, 320, 41.

Sit D 6, B 1. Primum planum fit 840. Secundum 385. Tertium 456.

ZETETICVM II.

Invenire numero tria quadrata, æquo diftantia intervallo.

Sit primum, A quad. Secundum, A quad. + B in A 2 + B quad. Tertium igitur erit, A quad. + B in A 4 + B quad. 2, cujus latus fi ftatuatur D — A : fit D quad. — A in D 2, + A quad. æquale A quad. + B in A 4 + B quad. 2. Itaque $\frac{D \text{ quad.} - B \text{ quad.} 2}{B 4 + D 2}$ æquabitur A. Ergo latus primum fit fimile D quad. — B quad. 2, latus fecundum fimile D quad. + B quad. 2 + B in D 2. Tertium fimile D quad. + B quad. 2 + B in D 4.

Sit D 8, B 1. Fit latus primi quadrati 62, fecundi 82, tertii 98. Ipfa vero ab iis quadrata funt 3844, 6724. 9604. Et omnibus per aliquot quadratum divifis, ut pote per 4. 961, 1681, 2401 æquo inter fe diftantia intervallo; illa nempe per 2280; hæc per 720.

ZETETICVM III.

Invenire numero tria æquidiftantia plana, & bina juncta quadratum conficient.

Exponantur per antecedens Zeteticum tria quadrata æquo diftantia intervallo, ac primum idemque minus fit B quadratum. Secundum B quad. + D plano. Tertium B quadratum + D plano 2. Primum autem & fecundum æquidiftantium trium quæ invenienda proponuntur planorum faciant B quad. Primum & tertium B quad. + D plano. Secundum denique & tertium B quad. + D plano 2. Summa vero trium efto A planum. Tertium itaque erit A planum, — B quadrato. Secundum A planum, — B quadrato, — D plano. Primum A planum, — B quadrato, — D plano 2. Itaque æquidiftabunt hæc tria plana. Primi enim & fecundi differentia eft D planum, ficuti fecundi & tertii. Reftat igitur ut hæc trium planorum fumma quæ eft A planum 3. — B quad. 3, — D plano 3, æquetur A plano, fit $\frac{B \text{ quad.} 3 + D \text{ plano } 3}{2}$ æquale A plano.

Primum igitur planum erit $\frac{B \text{ quad.} - D \text{ plano}}{2}$. Secundum $\frac{B \text{ quad.} + D \text{ plano}}{2}$. Tertium $\frac{B \text{ quad.} + D \text{ plano } 3}{2}$. Et omnibus quadruplicatis. Fit primum fimile B quad. 2 — D plano 2. Secundum fimile B quad. 2 + D plano 2. Tertium fimile B quad. 2 + D plano 6.

Intervallum eft D planum 4 five inter primum & fecundum, five fecundum & tertium.

Primum

Primum cum secundo facit B quad. 4. Primum cum tertio B quad. 4 + D plano 4. quadratum ex hypothesi, quoniam B quad. + D plano statuitur quadratum. Secundum cum tertio B quad 4. + D plano 8. quadratum quoque ex hypothesi, quoniam B quad. + D plano 2 statuitur quadratum.

Sit B quad. 961. D planum 720. Primum planum erit 482. Secundum 3362. Tertium 6242. horum intervallum est 2880. Primum cum secundo facit quadratum à latere 62. Cum tertio à latere 82. Secundum denique cum tertio quadratum à latere 98.

ZETETICVM IV.

Invenire numero tria plana, quæ bina juncta, ac etiam ipsa trium summa adscito dato plano, quadratum constituant.

Sit datum Z planum. Adgregatum vero primi quæsiti plani & secundi, sit A quad. + B in A 2, + B quad. — Z plano, ut cum ei adgregato adjungetur Z planum efficiatur quadratum abs A + B. Adgregatum autem secundi & tertii sit A quad. + D in A 2 + D quad. — Z plano, ut cum ei adjungetur Z planum efficiatur quadratum abs A + D. Summa autem trium A quad. + G in A 2, + G quad. — Z plano, ut cum ei adjungetur Z planum efficiatur quadratum abs A + G. Cum igitur à summa subducetur adgregatum primi & secundi, relinquetur ad tertium planum G in A 2, + G quad. — B in A 2, — B quad. Et cum ab eadem summa subducetur adgregatum secundi & tertii, relinquetur ad primum planum G in A 2, + G quad. — D in A 2 — D quadrato. Adgregatum igitur primi & tertii plani adscito Z plano erit, G in A 4, + G quad. 2. — B in A 2, — B quad. — D in A 2, — D quad. + Z plano, adæquandum quadrato. Sit illud F quadratum. Ergo, $\frac{F\,quad.\,+\,D\,quad.\,+\,B\,quad.\,-\,G\,quad.\,2.\,-\,Z\,plano}{G\,4\,-\,B\,2\,-\,D\,2.}$ æquabitur A.

Sit Z planum 3, B 1, D 2, G 3, F 10. fit A 14. Adgregatum primi & secundi plani est 222, quadratum videlicet abs 15, multatum 3. Adgregatum secundi & tertii est 253, quadratum videlicet à 16, multatum 3. Adgregatum primi & tertii est 97, quadratum videlicet à 10, multatum 3. Summa trium est 286 quadratum videlicet à 17 multatum 3. Primum igitur planum è quæsitis erit 33, Secundum 189, Tertium 64, quæ præstant imperata.

ZETETICVM V.

Invenire numero tria plana, quæ bina juncta, ac etiam ipsa trium summa dempto dato plano, quadratum constituant.

Sit datum Z planum. Summa primi & secundi sit A quad. + Z plano, ut cum auferetur Z planum, residuum sit quadratum abs A. Summa secundi & tertii sit eadem causa A quad. + B in A 2. + B quad. + Z plano, ut cum auferetur Z planum, residuum sit quadratum abs A + B. Summa denique omnium trium sit eadem causa A quad. + D in A 2, + D quad. + Z plano, ut cum auferetur Z planum, residuum sit quadratum abs A + D. Si igitur ab summa trium auferatur adgregatum primi & secundi, relinquetur ad tertium D in A 2 + D quadrato. Et si ab eadem auferatur adgregatum secundi & tertii, relinquetur ad primum D in A 2 + D quad. — B in A 2, — B quad. Adgregatum igitur primi & tertii, dempto Z plano, erit D in A 4 + D quad. 2, — B in A 2, — B quad. — Z plano. Sit illud F quadratum. Ergo $\frac{F\,quad.\,+\,B\,quad.\,+\,Z\,plano\,--\,D\,quad.\,2.}{D\,4\,-\,B\,2}$ æquabitur A.

Sit Z planum 3, B 1, D 2, F 8. fit A 10. Adgregatum primi & secundi plani est 103, quadratum videlicet à 10, adfectum adjunctione 3. Adgregatum secundi & tertii 124, quadratum videlicet abs 11, auctum 3. Summa trium 147, quadratum videlicet abs 12, adscito 3. Adgregatum denique primi & tertii 67, quadratum abs 8, auctum 3. Primum igitur planum è quæsitis erit 23, secundum 80, tertium 44, quæ præstant imperata.

ZETETICVM VI.

Invenire numero infinita quadrata, quorum singula adscito dato plano faciant quadratum, & reciproce infinita, quæ eodem dempto.

Sit datum Z planum, cujus subquadruplum resolvitor in duo latera, quæ ipsum conficiant, veluti B in D, & rursus F in G: unde B in D 4 æquetur Z plano, vel etiam F in G 4. Ergo $\overline{B - D}$ quad. adscito Z plano, quod est quadruplum rectangulum sub lateribus,

faciet

faciet quadratum nempe $\overline{B + D}$ quadratum. Et rursus $\overline{F - G}$ quadratum adscito Z plano faciet quadratum, nempe $\overline{F + G}$ quad. Idem quoque locum habebit in duobus quibuscumque lateribus, ad quorum unum cum adplicabitur Z subquadruplum planum, alterum ex adplicatione orietur.

Sit Z planum 96. Hujus subquadruplum 24 fit sub 1 & 24, vel sub 2 & 12, vel sub 3 & 8, vel sub 4 & 6 & fractis innumeris aliis. Itaque quadratum abs 23 adscito 96, facit quadratum abs 25; & quadratum abs 10 adscito 96, faciet quadratum abs 14; & quadratum abs 5 adscito 96, faciet quadratum ab 11; & quadratum ab 2 adscito 96, faciet quadratum abs 10, & ita de reliquis.

• Et contra $\overline{B + D}$ quadratum, multatum Z plano quod est quadruplum rectangulum sub lateribus, relinquet $\overline{B - D}$ quad. & $\overline{F + G}$ quadratum, multatum Z plano, relinquet $\overline{F - G}$ quadratum.

625 — 96. facit 529, quadratum abs 23. Et 196 — 96, facit 100, quadratum abs 10.

ZETETICVM VII.

Invenire numero tria latera, sub quibus binis quod fit planum adscito dato plano, eveniat quadratum.

Sit datum Z planum. Quod autem fit sub primo & secundo latere statuitor B quadratum — Z plano, ut adscito Z plano fit quadratum, ipsumque latus secundum esto A. Primum igitur erit $\frac{B\,quad. - Z\,plano}{A}$. Quod vero fit sub secundo & tertio latere ea ipsa de causa sit D quad. — Z plano. Stante igitur latere secundo A, fit tertium $\frac{D\,quad. - Z\,plano}{A}$. Restat igitur ut quod fit à primo in tertium, id est, abs $\frac{B\,quad. - Z\,plano}{A}$ in $\frac{D\,quad. - Z\,plano}{A}$ fit adscito Z plano, quadratum. Quod si B quad. — Z plano, faceret quadratum, ut pote F quadratum; & D quadratum — Z plano, faceret quadratum, ut pote G quad. expedita esset æquatio, eo siquidem casu $\frac{F\,quad.\ in\ G\,quad. + Z\,plano\ in\ A\,quad.}{A\,quad.}$ adæquandum erit quadrato. Quod nõ erit negotiosum, velut effingendo illud quadratum abs $\frac{F\,in\,G - H\,in\,A}{A}$. Unde $\frac{H\,in\,F\,in\,G}{H\,quad. - Z\,plano}$ æquabitur A. Et illa effictione præstat H quadratum ipsi Z plano, hoc cedit. At licet invenire infinita quadrata quæ dempto dato plano quadratum exhibeant, & reciproce infinita quæ eodem adscito. Itaque non libera quadrata, B quadratum vel D quadratum adsumenda sunt, sed quæ conditiones illas impleant, talia videlicet latera F & G eligendo à quibus singulis quadrato adscito Z plano, faciant quadratum; ut hic faciunt B quadratum, & D quadratum, & erit omnino expositæ æquationi locus.

Sit Z planum 192, F 8, G 2. Sumitor H 6. fit A $\frac{16}{13}$. Primum latus erit 52. secundum $\frac{16}{13}$, tertium $\frac{13}{4}$. Primum in secundum, facit 64. Secundum in tertium, facit 4. Primum in tertium 169. Quod fit itaque sub primo & secundo adjunctum 192 est 256, quadratum à latere 16. Quod sub secundo & tertio adjunctum 192 est 196, quadratum à latere 14. Quod denique sub primo & tertio adjunctum 192 est 361, quadratum à latere 19.

ZETETICVM VIII.

Invenire numero tria latera, sub quibus binis quod fit planum, detracto dato plano, eveniat quadratum.

Sit datum planum Z planum. Quod autem fit sub primo & secundo latere statuitor B quad. + Z plano, ut dempto Z plano, fit B quad. Ipsumq; latus secundum esto A. Primum igitur erit $\frac{B\,quad. + Z\,plano}{A}$. Quod vero fit sub secundo & tertio latere ea ipsa de causa sit D quad. + Z plano. Stante igitur latere secundo A, fit tertium $\frac{D\,quad. + Z\,plano}{A}$. Restat igitur ut quod fit à primo in tertium, id est, abs $\frac{B\,quad. + Z\,plano}{A}$ in $\frac{D\,quad. + Z\,plano}{A}$ detracto Z plano fit quadratum. Quod si B quad. + Z plano faceret quadratum, ut pote F quadratum; & D quad. + Z plano faceret quoque quadratum, ut pote G quadratum; expedita esset æquatio. Eo quidem casu $\frac{F\,quad.\ in\ G\,quad. - Z\,plano\ in\ A\,quad.}{A\,quad.}$ adæquandum erit quadrato. Quod non erit negotiosum veluti effingendo illius quadr. abs $\frac{F\,in\,G - H\,in\,A}{A}$ unde $\frac{H\,in\,F\,in\,G}{Z\,planum + H\,quad.}$ æquabitur A. At licet invenire infinita quadrata quæ adscito dato plano quadratum exhibeant, & reciproce infinita quæ eodem dempto. Itaque non libera adsumenda sunt B quadratum & D quadratum, sed quæ conditiones illas impleant, videlicet latera F & G

eligendo

eligendo à quibus singulis quadrato dempto Z plano, faciant quadratum, ut hic faciunt B quadratum & D quadratum, & erit omnino expositæ æquationi locus.

Sit Z planum 40. F 7. G 11. *fit B* 3. D 9. *Sumatur* H 24. *fit* A 6. *Primum latus* $\frac{49}{6}$. *Secundum* 6. *Tertium* $\frac{121}{6}$. *Factum ex primo in secundum est* 49 *& dempto* 40 *relinquitur* 9, *numerus quadratus, cujus radix* 3. *Factum ex secundo in tertium est* 121, *& dempto* 40 *relinquitur* 8 ', *numerus quadratus, cujus radix* 9. *Factus ex primo in tertium est* $\frac{5929}{36}$ *& dempto* $\frac{1440}{36}$, *id est* 40, *relinquitur* $\frac{4489}{36}$, *numerus quadratus, cujus radix* $\frac{67}{6}$.

ZETETICVM   IX.

Invenire numero triangulum rectangulum, cujus area adjuncta dato plano ex duobus quadratis composito, conficiat quadratum.

Sit datum planum Z, planum compositum ex B quadrato & D quadrato. Effingatur triangulum rectangulum abs quadrato adgregati laterum B, D, & quadrato differentiæ eorumdem. Hypotenusa igitur similis erit B quad. quad. 2 + B quad. in D quad. 12 + D quad. quad. 2. Basis B in D in Z planum 8. Perpendiculum $\overline{B + D}$ quadrato in $\overline{B - D}$ quadratum 2. Adplicentur omnia ad $\overline{B + D}$ in $\overline{B - D}$ quad. 2, fiet area similis $\frac{Z \text{ plano in B in D 2}}{\overline{B - D} \text{ quad.}}$.

Adde Z planum, quoniam $\overline{B - D}$ quad. + B in D 2 æquatur B quadrato + D quadrato, id est æquatur Z plano. Summa erit $\frac{Z \text{ plano-planum}}{\overline{B - D} \text{ quad.}}$. Quadratum à radice $\frac{Z \text{ plani}}{B - D}$.

Sit Z planum 5, D 1, B 2. *Triangulum rectangulum erit hujusmodi. Area* $\frac{720}{36}$ *id est* 20. *Adde* 5. *Summa fit* 25, *cujus radix est* 5.

ZETETICVM   X.

Invenire numero triangulum rectangulum, cujus area diminuta dato plano, conficiat quadratum.

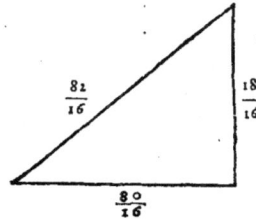

Sit datum planum Z planum, aliter B in D 2, & effingatur triangulum rectangulum abs quadrato adgregati laterum B, D, & quadrato diffferentiæ eorumdem. Hypotenusa igitur similis erit B quad. quad. 2 + B quad. in D quad. 12. + D quad. quad. 2, Basis B quad. in Z planum 4 + D quad in Z planum 4. Perpendiculum $\overline{B + D}$ quad. in $\overline{B - D}$ quad. 2. Adplicetur omnia ad $\overline{B + D}$ in $\overline{B - D}$ quad. 2, fiet area similis $\frac{\text{B quad. in Z plan.} + \text{D quad. in Z plan.}}{\overline{B - D} \text{ quad.}}$.

Aufer Z planum, quoniam B quad. + D quad. $-\overline{B - D}$ quad. valet Z planum. Relinquetur $\frac{Z \text{ plano-planum}}{\overline{B - D} \text{ quad.}}$ quadratum à radice $\frac{Z \text{ plani}}{B - D}$.

Sit D 1, B 5. *Vnde Z planum* 10. *Triangulum rectangulum erit hujusmodi. Area* $\frac{199040}{36864}$. *Aufer* 10. *Relinquetur* $\frac{230400}{36864}$ *quadratum abs radice* $\frac{480}{192}$ *seu* $\frac{10}{4}$.

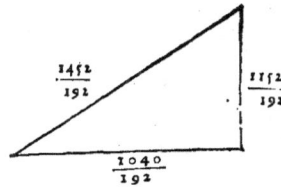

ZETETICVM   XI.

Invenire numero triangulum rectangulum, cujus area diminutum datum planum, conficiat quadratum.

Sit datum planum Z planum, aliter B in D 2. Effingatur triangulum rectangulum abs quadrato adgregati laterum B + D & quadrato differentiæ eorumdem. Hypotenusa igitur similis erit B quad. quad. 2 + B quad. in D quad. 12. + D quad. quad. 2. Basis B quad. in Z planum 4. + D quad. in Z planum 4. Perpendiculum $\overline{B + D}$ quad. in $\overline{B - D}$ quad. 2. Adplicentur omnia ad $\overline{B - D}$ in $\overline{B + D}$ quad. 2. Fiet area similis $\frac{\text{B quad. in Z planum} + \text{D quad. in Z plan.}}{\overline{B + D} \text{ quad.}}$. Dematur ex Z plano, quoniam $\overline{B + D}$ quadratum — B quad. — D quad. valet B in D 2. Relinquetur $\frac{Z \text{ plano-planum.}}{\overline{B + D} \text{ quad.}}$ quadratum à radice $\frac{Z \text{ plani}}{B - D}$.

Sit

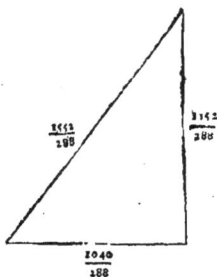

Sit D 1, B 5. Vnde Z planum 10 triangulum rectangulum erit hujufmodi. Area $\frac{990400}{82944}$ auferatur à 10, relinquetur $\frac{230400}{82944}$ quadratum-abs radice $\frac{480}{288}$ feu $\frac{5}{3}$.

ZETETICVM XII.

Invenire numero tria quadrata, ut quod fit fub binis plano-planum, adjunctum ei quod fit ab adgregato binorum in datæ lon-gitudis quadratum, conficiat quadratum.

Data longitudine X. Sit primum quadratum, A quad. — X in A 2 + X quad. cu-jus radix A — X. Alterum, A quad. cujus radix A. Tertium, A quad. 4 — X in A 4 + X quadrato 4. Ex ductu igitur primi in fecundum, adjecta fumma primi & fecundi du-cta in X quadratum, fiet quadratum à radice plana A quad. — X in A + X quad. Ex ductu vero fecundi in tertium, adjecta fumma fecundi & tertii ducta in X quadratum, fiet qua-dratum à radice plana A quad. 2. — X in A, + X quad. 2. Ex ductu denique primi in ter-tium, adjecta fumma primi & tertii ducta in X quadratum, fiet quadratum à radice plana A quad. 2, — X in A 3, + X quad. 3. Tertii adæquandi radix efto D — A 2. Ergo $\frac{D \, quad. — X quad. 4}{D 4 — X 4}$ æquabitur A.

Sit X 3, D 30, fit A 8. Itaque quadrata quæfita funt, primum 25, fecundum 64, tertium 196, & fatisfaciunt poftulatis. Quod enim fit è primo in fecundum adjectis 801 conficit 2401, quadratum abs 49. Et rurfus quod fit è fecundo in tertium adjectis 2340 facit 14884, quadratum abs 122. Ac denique quod fit è primo in tertium adjectis 1989 facit 6889, quadratum abs 83. Porro eadem qua-drata tria cum adfcifcent fingula duplum datæ longitudinis quadratum: quod fit fub binis plano pla-num detracto eo quod fit ab adgregato binorum in datæ longitudinis quadratum, erit quadratum. Vt in expofita hypothefi duplum longitudinis quadratum eft 18, quo addito unicuique trium quadrato-rum fiunt plana tria, primum 43, fecundum 82, tertium 214 & fatisfaciunt poftulatis. Quod enim fit e primo in fecundum ablatis 1125, relinquit ipfa 2401. Et rurfus quod fit e fecundo in tertium ablatis 2664, relinquit ipfa 14884. Ac denique quod fit è primo in tertium ablatis 2313, relinquit ipfa 6889.

ZETETICVM XIII.

Datam X longitudinem ita fecare, ut cum primo fegmento addetur B, fecundo D, & ita productæ partes ducentur altera in alteram, fiat qua-dratum.

Primum fegmentum efto A — B. Alterum igitur erit X — A + B. Cum itaque primo fegmento addetur B, ipfum productum fiet A. Cum vero fecundo fegmento addetur D, ipfum fiet X — A + B + D. Quare $\overline{B + D + X}$ in $\overline{A}$, — A quad. adæquandū erit quadrato. Sit radix $\frac{S \, in \, A}{X}$ atque adeo ab ea quadratum, fit $\frac{S \, quad. \, in \, A \, quad.}{X \, quad.}$. Ergo $\frac{B + D + X \, in \, X \, quad.}{S \, quad. + X \, quad.}$ æquabitur A. Ad pofitiones. Primum fegmentum erit $\frac{D + X \, in \, X \, quad. — B \, in \, S \, quad.}{S \, quad. + X \, quad.}$. Alterū $\frac{B + X \, in \, S \, quad. — D \, in \, X \, quad.}{S \, quad. + X \, quad.}$.

Itaque ut fit fubtractioni locus oportebit S quadratum minus effe $\frac{X \, quad. \, in \, D + X}{B}$, fed majus $\frac{X \, quad. \, in \, D}{B + X}$.

Sit X 4, B 12, D 20. Oportebit S quadratum minus effe 32, fed majus 20. Sit 25. fit fegmentum primum $\frac{84}{41}$, Secundum $\frac{80}{41}$. hoc dum producetur fit $\frac{900}{41}$. Illud $\frac{576}{41}$. Factum fub illis $\frac{518400}{1681}$ qua-dratum à radice $\frac{720}{41}$.

Sit X 3, B 9, D 15. Oportebit S quadratum minus effe 18, fed majus 11 $\frac{1}{4}$. Sit 16. fit primum fegmentum $\frac{18}{25}$, alterum $\frac{57}{25}$ hoc dum producitur fit $\frac{412}{25}$. Illud $\frac{243}{25}$. Factum fub illis $\frac{156816}{625}$ qua-dratum abs radice $\frac{324}{25}$.

ZETETICVM XIV.

A quadratum minus G plano adæquare uni quadrato, quod fit minus quam D in A, fed majus quam B in A.

Effingatur quadratum ab A — F, igitur A quad. — F in A 2, + F quad. æquabitur A quad.

quad. — G plano, & confequenter $\frac{\text{F quad.} + \text{G plano}}{\text{F 2}}$ æquabitur A. At quoniam A quad. — G plano eft minus quam D in A. Ideo A quadratum erit minus quam D in A, + G plano. Et rurſus A quad. — D in A cedet G plano. Unde fiet A minor quā $\sqrt{\text{D quad.} \frac{1}{4} + \text{G plano}} + D\frac{1}{2}$ Proponatur autem S æquari vel præſtare $\sqrt{\text{D quad.} \frac{1}{4} + \text{G plano}} + D\frac{1}{2}$. Ergo A minor erit quam S. Contra quoniam A quad. — G plano eſt majus quam B in A. Et rurſus A quad. — B in A præſtabit G plano. Unde fiet A major quam $\sqrt{\text{B quad.} \frac{1}{4} + \text{G plano}} + B\frac{1}{2}$. Proponatur autem R æquari vel cedere $\sqrt{\text{B quad.} \frac{1}{4} + \text{G plano}} + B\frac{1}{2}$. Ergo A major erit quam R. Quare F quad. + G plano erit minus quam S in F 2, ſed majus quam R in S 2. Itaque non quævis F adſumenda eſt ſed quæ non evagetur extra limites conſtitutos. Ad Zeteſin ſit illa E. Ergo S in E 2 — E quad. majus erit quam G planum. Unde adſumetur F minor quam S + $\sqrt{\text{S quad.} - \text{G plano}}$. Contra R in E 2 — E quad. minus erit quam G planum. Unde adſumetur F major quam R + $\sqrt{\text{R quad.} - \text{G plano}}$.

Sit G planum 60, B 5, D 8, A 1 N. 1 N minor erit $\sqrt{76} + 4$, *major vero* $\sqrt{\frac{261}{4}} + \frac{5}{2}$. *At 12 eſt minor quam* $\sqrt{76} + 4$. *Et 11 eſt major quam* $\sqrt{\frac{261}{4}} + \frac{5}{2}$. *Sumatur ergo S 13. R 10. eligenda erit F minor quam 13 +* $\sqrt{109}$, *ſed major quam 10 +* $\sqrt{40}$. *At 23 eſt minor quam 13 +* $\sqrt{109}$. *Et 17 eſt major quam 10 +* $\sqrt{40}$. *Quare commode F adſumetur 21 vel 19, vel alia qualibet rationalis intermedia. Adſumatur 20 fit 1 N, 11 $\frac{1}{2}$.*

Atque hinc ſolutio Problematis ab Epigrammatario Græco propoſiti.

„ Ὀκταδράχμους ὃ πενταδράχμους χοέας τὶς ἔμιξε,
„   Τοῖς προπολοῖς ποιεῖν χρηςὸν ἐπιτάγμενος.
„ Καὶ τιμὴν ἀπέδωκεν ὑπὲρ πάντων πετράγωνον,
„   Τὰς ἐπιταχθείσας δεξάμενος μονάδας,
„ Καὶ ποιοῦντας πάλιν ἕτερόν σε Φέρῃν πετράγωνον,
„   Κτησάμενον πλευρὰν σύνθεμα τ̄ χοεῶν.
„ Ὥςε διάςελον, τὰς ὀκταδράχμους πόιησον,
„   Καὶ πάλι τὰς ἑτέρας, παῖ, λέγε πενταδράχμους.

σύνθεμα τ̄ χοεῶν	11 $\frac{1}{2}$	A
πενταδραχμοι	6 $\frac{7}{12}$	
ὀκταδραχμοι	4 $\frac{11}{12}$	

τιμὴ πενταδραχμῶν	32 $\frac{11}{12}$	B in A
τιμὴ ὀκταδραχμῶν	39 $\frac{1}{3}$	D in A
τιμὴ συμπᾶσα	72 $\frac{1}{4}$ πετράγωνος	A quad. — Z plano.

μονάδες	60	Z planum
προσθεσις τιμῆς κ μονάδων	132 $\frac{1}{4}$ πετράγωνος κτησάμενος πλευρὰν	
11 $\frac{1}{2}$ A quad.		

Retulit Diophantus quæſtione ultima libri V. Quare & Zeteticorum quintus noſter finem hic accipito.

F I N I S.

FRAN-

FRANCISCI VIETÆ

DE

ÆQVATIONUM

RECOGNITIONE

ET

EMENDATIONE

TRACTATUS DUO.

ALEXANDER ANDERSONUS
AD
MATHESEOS
STUDIOSOS.

Eſtitutam *Mathematicam analyſin præceptori Franciſco Vie-*
tæ debetis φιλομαθεῖς, *quam ſuis regulis & præceptis ſuo modo*
concinnatam, in varia digeßit opuſcula; quorum quidem no-
ment laturam Iſagogicis præmiſſam cernitis. Sed quædam ſive
præcipiti & immaturo Autoris fato (nobis certe iniquißimo)
nondum abſoluta vel perpolita; vel etiam, ut erat Authoris in-
genium (qui quidem pro ſingulari qua pollebat animi ſagaci-
tate multa apud ſe præmeditata, debitoque ordine mente digeſta, ſed nondum
ſcriptis conſignata, ob graviora fortaßis quæ pro Republica incumbebant munia,
ſuis nominibus tanquam confecta inſignire ſolebat) tantum inchoata, vel alicubi
etiamnum latentia, noſtras nondum manus attigere. Hæc autem, quorum jam
vobis copia conceditur, licet exactißimam Autoris limam nondum haud dubie
paſſa, à tanto tamen viro etiam vel ruditer procuſa, toti Mathematicorum ſcho-
læ utilißima, &, ut nihil in hoc genere ſimile aut ſecundum hactenus viſum, gra-
tißima, diutius ab eruditorum hominum conſpectu, in latebris delitescere, ſcelus
publico dignum odio duxi. Si quid inde capiunt veſtra ſtudia emolumenti, aut animus ex tam varia & jucunda ſpeculatione oblectamenti, quas debituri gratias,
Iacobo *Alelmo Chriſtianißimi Galliarum & Navarræ Regis* LVDOVICI
XIII. Architectonicæ militaris ἀρχιμηδεῖ dignißimo, viro in hoc ſtudiorum genere apprime verſato, omnes perſolvite: qui quidem Vietæ adverſaria liberrime
mecum communicavit, ex quibus hæc ſunt deprompta; cuique me hoc nomine vo-
biſcum arcte obſtrictum profiteor. Nec dubito, niſi gravioribus pro principe & pa-
tria diſtractus eſſet curis, quibus ſumma cum laude perfungitur, quin & alia ejuſdem viri æternum victura monumenta in lucem proferret. Non eſt quod meum
ego hic inſinuam laborem; qui tamen nonnullus in recenſendo quo uſus ſum exem-
plari, non paucis in locis depravato, quibuſdam etiam mutilo. Singulæ namque æ-
quationes, tum exemplorum notæ epilogiſticæ, novo ſubjicienda erant examini:
quo quidem pluribus, quibus ſparſim ſcatebant mendis ſunt expurgata. Quæ vero
in textu deeſſe videbantur qua fieri potuit fide pro ſenſus exigentia à me reſtituta
ſunt. Si quid denique hic parum exactum, aut ſeveriore ipſius Autoris examine minus fortaßis probatum; præproperum & præceps ejuſdem fatum;
aut etiam noſtram culpate in vos animi propenſionem, qui ita hæc in veſtrum u-
ſum evulgare maluimus, quam tot tamque egregia divini ingenii monumenta,
hoc ſolo opere contenta, noſtris ſcriniis in privatum noſtrum bonum recondita
jacere. Valete.

L 2 FRAN-

FRANCISCI VIETÆ
DE
RECOGNITIONE ÆQVATIONVM
TRACTATVS PRIMVS.

CAPVT I.

De dignoscenda æquationum constitutione ex Zetesi, Plasmate, & Syncrisi.

Eneralem & generaliter traditam de numerosa potestatum resolutione doctrinam, informat & perficit tractatus
de recognitione æquationum : præparatione enim indi-
gent æquationes sæpe-numero, antequam fœliciter explicentur: ac præsertim quum potestates de homogeneis
magnitudinibus negantur ; vel ita mixtim homogeneæ
magnitudines de potestatibus negantur & affirmantnr, ut
affectiones negatæ adfirmatis præpolleant; ac denique quotquot æquationes fractis numeris vel asymmetris exhibentur.

In Geometricis quidem, accidens fractionis vel asymmetriæ non solet
æquationibus officere, quo minus ἀμηχανῶς explicentur; sicuti neque vitium negationis: est enim certum semper subjectum , sub quo operetur
Geometra: at obest πλυπάθdα, & quo elatior est potestas, affectionisque
gradus, eo major se prodit in explicando Problemate ἄρρησις ἢ ἀλογία.

Ecquid vero æquationis, quæ proposita est , agnita constitutione non
tentabit Analysta, quo saxa & scopulos refugiat ? num gnarus Anatomices
invertet, deprimet, attollet, & undique operabitur secure ? nova, quum
res postulaverit, suscepta Zetesi sub alio, quam qui proponebatur, termino,
ad propositum tamen habente datam differentiam vel rationem.

Omnino æquationum origo, & prima constitutio scitu digna est, nulla-
que non solertia ab Analysta capescenda & adsequenda, qua sibi pateat ad
eam reductionis via.

Æqualitatum constitutio potissimum deprehenditur Zetesi, Plasmate,
& Syncrisi.

CAPVT II.
De Zetesi.

Zetesin non instituet temere neque ἀτέχνως Analysta, quum pura è puris , affecta ex affectis proficisci dictet ratio : & ideo ad deprehendendum æquationum ad potestates puras pertinentium conditionem, is ex
datis duobus lateribus potestates inquiret.

Ad æquationes adfectarum simpliciter potestatum, investigabit ex data
diffe-

differentia vel summa laterum, vel suorum graduum, una cum dato sub iis aut eorum gradibus paribus vel disparibus facto, alterutrum ex lateribus.

Ad æquationes denique multipliciter affectarum, affectionem affectioni adjunget sub diversis laterum parodicis gradibus.

Aut etiam non se adiget uni.quæstionum formulæ, sed se sub Zeteticis exercebit sub quocunque efficto vel proposito themate.

Quæ Geometrico operi aptaturus, recordabitur latera ad extremas lineas rectas in serie continue proportionalium referri, facta vero sub lateribus aut laterum paribus vel disparibus gradibus ad aliquarum è mediis potestates.

Et quum incidet in æquationem Mechanico suo bene obviam, de illa condet Theorema simile, cujuscunque æqualitatis Systaticum & Exegeticum.

Æquationem æquationi similem regulariter dicimus, quum utrobique par est potestas, seu æque alta, ipsaque affecta afficiensve, sub pari gradu & eadem affectionis nota.

Quod si aliud quiddam præterea requiritur speciale & conditionarium, similitudo anomala est.

C A P V T   III.

Constitutiva æquationum quadraticarum ex Zeteticis.

AFfectorum sane, quæ adæquantur, quadratorum constitutio, ex Zeteticis dignoscitur probe: sunt autem æquationum hujusmodi tres species: Καταφατικὴ, Ἀποφατικὴ, Ἀμφίβολ☉.

Tribus itaque Theorematis de earum constitutione Analysta ita poterit ratiocinari.

THEOREMA I.

ΚΑΤΑΦΑΤΙΚΗΣ.

SI A quad. + B in A, æquetur Z quad: sunt tres proportionales radices, quarum media est Z, differentia vero extremarum B; & fit A minor extrema.

Ex Zetetico si placet:

Data media trium proportionalium linearum rectarum , & differentia inter extremas, invenire minorem extremam.

Quæ enim in lineis rectis locum habent comparationes, easdem ad radices quascunque, simplices, planas, solidasve, aut ulterioris ordinis homogenas, posse aptari, disseruit Campanus in libro de proportione.

Sit igitur data Z media trium proportionalium, B differentia extremarum, & oporteat invenire minorem extremam.

Esto illa A major igitur erit A + B. ducatur minor in majorem; fit A quad. + B in A. Et vero quando sunt proportionales, quod fit sub extremis æquatur mediæ quadrato, igitur A quad. + B in A, æquale est Z quad. Id autem ipsum est quod ordinatur.

1 Q. + 10. N. æquatur 144. Est √144. media inter extremas differentes per 10. & fit 1 N minor extrema ex serie trium proportionalium. 8. 12. 18.

THEOREMA II.

ΑΠΟΦΑΤΙΚΗΣ.

SI A quad. — B in A, æquetur Z quad: sunt tres proportionales, quarum media est Z, differentia vero extremarum est B; & fit A major extrema.

Ex ze-

Ex Zetetico:

Data media trium proportionalium & differentia inter extremas, invenire majorem extremam.

Efto illa A. minor igitur erit A — B. ducatur major in minorem; fit A quad. — B in A, æquale Z quad. Id autem ipfum eft quod ordinatur.

1 Q—10 N æquatur 144. eft √144 media inter extremas differentes per 10. & fit 1 N major extrema ex ferie trium proportionalium 8. 12. 18.

Theorema III.
ΑΜΦΙΒΟΛΟΥ.

Sɪ B in A — A quad. æquetur Z quad: funt tres proportionales, quarum media eft Z, aggregatum extremarum B ; & fit A minor, minorve extrema.

Ex Zetetico:

Data media trium proportionalium & aggregato extremarum, invenire alterutram extremam.

Sit enim data Z media, aggregatum vero extremarum B : oportet invenire minorem extremam. Efto illa A. major igitur erit B — A. quare B in A, — A quad. æquabitur Z quadrato.

Sed fit A major extremarum; erit B — A , minor extremarum. itaque rùrfus B in A , — A quad. æquabitur Z quad. Vnde A five de minore extremarum, five de majore poteft enunciari.

26 N—1 Q æquetur 144. eft √144 media inter extremas quarum aggregatum eft 26. & fit 1 N. minor, majorve extrema ex ferie trium proportionalium 8. 12. 18.

Rurfus ex Zeteticis.

Capvt IV.

Conftitutiva æquationum cubicarum : ac primum earum in quibus affectiones exiftunt fub latere.

ÆQuationum quoque cubicarum affectionibus fub latere obvolutarum conftitutio ex Zeteticis, fcitu digna eft. quo pertinent tria quæ fequuntur Theoremata.

Theorema I.
ΚΑΤΑΦΑΤΙΚΗΣ.

Sɪ A cubus +·B quad. in A, æquetur B quad. in Z: funt quatuor continue proportionales, quarum prima majorminorve inter extremas eft B , aggregatum vero fecundæ & quartæ eft Z, & fit A fecunda.

Ex Zetetico:

Data prima, & aggregato fecundæ & quartæ in ferie quatuor continue proportionalium, invenire fecundam.

Efto fecunda A, quarta igitur erit Z — A. Solido autem fub primæ quadrato & quarta, æquatur cubus è fecunda : quum fit ut quadratum primæ ad quadratum fecundæ, ita fecunda ad quartam. Itaque A cubus, æquabitur B quad. in Z, — B quad. in A; & per antithefin, A cubus + B quad. in A, æquabitur B quad. in Z. ut eft ordinatum.

Si 1 C. + 64 N. æquetur 2496. Sunt quatuor continue proportionales, quarum prima minor inter extremas eft √64. id eft 8. aggregatum vero fecunda & quarta $\frac{2496}{64}$ id eft 39. & fit 1 N. fecunda ex ferie proportionalium 8. 12. 18. 27.

Etsi 1 C. + 729 N. *æquatur* 18954. *prima major inter extremas est* $\sqrt{}$ 729, *id est* 27. *aggregatum secundæ & quartæ* $\frac{18954}{729}$ *id est* 26. *& fit* 1 N. *secunda ex eadem serie.*

THEOREMA II.

ΑΠΟΦΑΤΙΚΗΣ.

Sı A cubus — B quadr. in A, æquetur B quad. in D : sunt quatuor continue proportionales quarum prima minor inter extremas est B, differentia secundæ & quartæ D, & fit A secunda.

Ex Zetetico:

Data prima minore inter extremas, & differentia secunda & quartæ in serie quatuor continue proportionalium, invenire secundam.

Sit data B prima minor inter extremas, differentia vero secundæ & quartæ D. Oportet invenire continue proportionales. Sit secunda A quatta igitur erit A + D, solido autem sub quadrato primæ & quarta, æquatur cubus è secunda ; quare A cubus æquabitur B quad. in A, + B quad. in D, & per antithesin, A cubus — B quad. in A, æquabitur B quad. in D, ut est ordinatum.

Si 1 C. — 64 N *aquetur* 960. *sunt quatuor continue proportionales, quarum prima est* $\sqrt{}$ 64. *id est* 8. *differentia vero secunda & quarta* $\frac{960}{64}$ *id est* 15. *& fit* 1 N. *secunda ex serie proportionalium* 8, 12, 18, 27.

THEOREMA III.

ΑΜΦΙΒΟΛΟΥ.

Sı B quad. in A — A cubo, æquetur B quad. in D : sunt quatuor continue proportionales, quarum prima major inter extremas est B, differentia vero secundæ & quartæ D, & fit A secunda.

Ex Zetetico:

Data prima majore inter extremas, & differentia secunda & quartæ in serie quatuor continue proportionalium invenire secundam.

Sit data B prima major inter extremas, differentia vero secundæ & quartæ D. Oportet invenire secundam. Sit secunda A, quarta igitur erit A — D, solido autem sub quadrato primæ & quarta, æquatur cubus è secunda : quare A cubus æquabitur B quad. in A, — B quad. in D & per antithesin, B quad. in A — A cubo, æquabitur B quad. in D.

Si 729 N. — 1 C. *æquentur* 7290. *sunt quatuor continue proportionales quarum prima est* $\sqrt{}$ 729. *differentia vero secunda & quarta* $\frac{7290}{729}$ *id est* 10. *& fit* 1 N. *secunda ex serie proportionalium* 27. 18 12. 8.

Potest autem ea secunda duplex esse, ut in duplici quatuor continue proportionalium serie quæ sequitur.

I.	II.	III.	IV.
$\sqrt{}$ 59319.	195.	$\sqrt{}$ 24375	125.
$\sqrt{}$ 59319.	78.	$\sqrt{}$ 624.	8

Stante eadem prima majore inter extremas $\sqrt{}$ 59319 *& eadem differentia secunda & quarta* 70. *secunda hic fit* 78. *illic* 195. *Sic stante eadem prima* 36. *eademque differentia secunda & tertia* 5. *proponitur duplex series trium proportionalium.*

36.	6.	1.
36.	30.	25.

CAPVT V.

Constitutiva æquationum cubicarum in quibus affectiones sunt sub quadrato.

QVæ autem cubicæ affectionibus sub quadrato obvolvuntur æquationes, iisdem fere terminis constant, quibus in affectionibus sub latere,

ut ex

ut ex Zeteticis fimiliter clarum fit: quo pertinebunt trina quoque item enuncianda Theoremata.

THEOREMA I.

ΑΠΟΦΑΤΙΚΗΣ.

Sı A cubus — B in A quad. æquetur B in Z quad: funt quatuor continue proportionales, quarum prima major, minorve inter extremas eft B, aggregatum vero fecundæ & quartæ eft Z, & fit A aggregatum primæ & tertiæ.

Ex Zetetico:

Data prima & aggregato fecundæ & quartæ in ferie quatuor continue proportionalium, invenire aggregatum primæ & tertiæ.

Sit data prima B, major minorve inter extremas, aggregatum vero fecundæ & quartæ Z, in ferie quatuor continuè proportionalium. Oportet invenire aggregatum primæ & tertiæ.

Sit illud A, tertia igitur erit A — B, eft autem ut A ad Z, ita B ad $\frac{B\ in\ Z}{A}$, quare $\frac{B\ in\ Z}{A}$ erit fecunda: quum fit ut aggregatum primæ & tertiæ ad aggregatum fecundæ & quartæ, ita prima ad fecundam. At rectangulum fub prima & tertia, æquabitur fecundæ quadrato. Itaque B in A — B quad. æquabitur $\frac{B\ quad.\ in\ Z\ quad.}{A\ quad.}$. Omnia multiplicentur per A quad. & dividantur per B: igitur A cubus — B in A quad. æquabitur B in Z quad. id autem eft, quod ordinatur.

Si 1 C. — 8 Q. aquetur 12168. *funt quatuor continue proportionales quarum prima inter extremas eft 8. aggregatum vero fecunda & quarta $\sqrt{\frac{12168}{8}}$ id eft 39. & fit 1 N 26. aggregatum prima & tertia. Ex ferie proportionalium* I. II. III. IV.

8. 12. 18 .27.

THEOREMA II.

ΚΑΤΑΦΑΤΙΚΗΣ.

Sı A cubus + B in A quad. æquetur B in D quad: funt quatuor continue proportionales, quarum prima minor inter extremas eft B, differentia vero fecundæ & quartæ eft D, & fit A differentia primæ & tertiæ.

Ex Zetetico:

Data prima minore inter extremas, & differentia fecundæ & quartæ in ferie quatuor continue proportionalium, invenire differentiam primæ & tertiæ.

Sit data B prima in ferie quatuor continue proportionalium eademque minor inter extremas, differentia vero fecundæ & quartæ D. Oportet invenire differentiam primæ & tertiæ.

Efto illa A, tertia igitur erit A + B, eft autem ut A ad D, ita B ad $\frac{B\ in\ D}{A}$, quare $\frac{B\ in\ D}{A}$, erit fecunda: quum fit ut differentia primæ & tertiæ ad differentiam fecundæ & quartæ, ita prima ad fecundam. At rectangulum fub prima & tertia, æquatur fecundæ quadrato, itaque B in A + B quad. æquabitur $\frac{B\ quad.\ in\ D\ quad.}{A\ quad.}$. Omnia ducantur in A quad. & dividantur per B: igitur A cubus, + B in A quad. æquabitur B in D quad. id autem ipfum eft, quod ordinatur.

Si 1 C + 8 Q æquetur 1800. *funt quatuor continue proportionales, quarum prima inter extremas eft 8. differentia vero fecunda & quarta $\sqrt{\frac{1800}{8}}$ id eft 15. & fit 1 N 10. differentia prima & tertia. Ex ferie proportionalium.* I. II. III. IV.

8. 12. 18. 27.

THEO-

THEOREMA III.
AMΦIBOΛOΥ.

S I B in A quad. — A cubo æquetur B in D quad: funt quatuor continue proportionales, quarum prima major inter extremas eft B, differentia vero fecundæ & quartæ eft D, & fit A differentia primæ & tertiæ.

Ex Zetetico:

Data prima majore inter extremas, & differentia fecunda & quarta in ferie quatuor continue proportionalium, invenire differentiam fecunda & tertia.

Sit data B prima in ferie quatuor continue proportionalium eademque major inter extremas, differentia vero fecundæ & quartæ D. Oportet invenire differentiam primæ & tertiæ. Efto illa A, tertia igitur erit B — A: erit autem ut A ad D, ita B ad $\frac{B \, in \, D}{A}$, quare $\frac{B \, in \, D}{A}$ erit fecunda. Quum fit ut differentia primæ & tertiæ ad differentiam fecundæ & quartæ, ita prima ad fecundam. At rectangulum fub prima & tertia, æquatur fecundæ quadrato. Itaque B quad. — B in A æquabitur $\frac{B \, quad. \, in \, D \, quad.}{A \, quad.}$. Omnia ducantur in A quadratum, & per B dividantur. Igitur B in A quad. — A cubo, æquabitur B in D quad. id autem ipfum eft quod ordinatur.

Si 27 Q — 1 C, *æquentur* 2700. *funt quatuor continue proportionales, quarum prima major inter extremas eft* 27. *differentia vero fecunda & quarta,* $\sqrt{\frac{2700}{27}}$ *id eft* 10. *& fit* 1 N. *differentia primæ & tertia. Ex ferie proportionalium.* I. II. III. IV.
27. 18. 12. 8.

CAPVT VI.

Alia infuper conftitutio cuborum fub latere affectorum.

Ex Zeteticis.

S Ed neque omittenda eft ex Zeteticis quoque depromenda fingularis quædam conftitutio cubi, qui fub latere affirmate, atque etiam ejus qui afficitur negate: quum videlicet (is enim cafus præmonendus eft) quadruplus cubus è triente coëfficientis plani, cedit folidi datæ menfuræ quadrato. Quocirca bina jam proferuntur Theoremata.

THEOREMA I.

S I A cubus + B plano ter in A æquetur D folido: eft B planum quod fit fub lateribus, à quibus qui fiunt cubi, differunt per D folidum, & fit A differentia laterum.

Ex Zetetico:

Data differentia cuborum, & rectangulo fub lateribus, invenire differentiam laterum.

Si 1 C. + 6 N. *æquatur* 7. *Eft* $\frac{6}{3}$ *feu* 2. *rectangulum fub lateribus à quibus cubi differunt per* 7. *& fit* 1 N. *differentia laterum: ex hypothefi laterum* 1. *& * 2.

THEOREMA II.

S I A cubus — B plano ter in A æquetur D folido, præftet autem D folidi quadratumquadruplo B plani cubo: eft B planum rectangulum fub lateribus, à quibus qui fiunt cubi componunt D folidum, & fit A aggregatum laterum.

Ex Zetetico:

Dato rectangulo fub lateribus, & aggregato cuborum, invenire latera.

Si 1 C. — 6. N. aquatur 9, est $\frac{6}{3}$ seu 2. rectangulum sub lateribus, à quibus cubi aggregati faciunt 9. & sit 1 N. aggregatum laterum, ex hypothesi laterum 1. & 2.

Eadem autem Theoremata Geometrice ita concipientur:

ALITER,

PRIMVM THEOREMA.

Sɪ A cubus, ─+B plano ter in A æquetur B plano in D : sunt quatuor continue proportionales lineæ rectæ, sub quarum mediis vel extremis fit B planum, differentia vero extremarum est D, & fit A differentia mediarum.

Ex Zetetico.

Data differentia extremarum, & rectangulo sub mediis vel extremis in serie quatuor proportionalium, invenire differentiam mediarum.

Si 1 C + 24 N aquatur 56. sunt quatuor continue proportionales sub quarum mediis vel extremis quod sit planum, aquale est $\frac{24}{3}$ id est 8. differentia vero extremarum est $\frac{56}{8}$ id est 7. & sit 1 N. differentia mediarum, ex serie continue proportionalium.　1.　2.　4.　8.

ALITER,

SECVND'VM THEOREMA.

Sɪ A cubus — B plano ter in A, æquetur B plano in D, sit autem D semissis quadratum majus B plano : sunt quatuor continue proportionales lineæ rectæ, sub quarum mediis vel extremis fit B planum, aggregatum vero extremarum est D, & fit A aggregatum mediarum.

Ex Zetetico.

Dato aggregato extremarum, & rectangulo sub mediis vel extremis, in serie quatuor continue proportionalium, invenire aggregatum mediarum.

Si 1 C — 24 N aquatur 72. sunt quatuor continue proportionales, sub quarum extremis vel mediis quod sit planum, aquale est $\frac{24}{3}$ id est 8, aggregatum vero extremarum est $7\frac{2}{8}$ id est 9. & sit 1 N. aggregatum mediarum ex serie continue proportionalium.　1.　2.　4.　8.

Quum autem quadruplus cubus è triente coëfficientis plani, præstat solidi datæ mensuræ quadrato : aliam eo casu sortitur æqualitas constitutionem, ambiguæ seu ei quæ negatur inverse communem : quo pertinet sequens Theorema.

THEOREMA III.

Sɪ A cubus — B plano ter in A, æquetur D solido, cedat autem D solidi quadratum, quadruplo B plani cubo : B planum ter in E — E cubo, æquabitur rursus D solido : & enunciatur E de duobus lateribus, à quibus singulis quadrata, adjecta rectangulo sub ipsis lateribus, faciunt B planum.

Quod autem fit ab uno laterum in quadratum reliqui, adjunctum rectangulo : seu aliter quod fit abs aggregato laterum in rectangulum est D solidum. A vero enunciatur de aggregato illorum laterum.

Ex Zetetico.

Dato plano quod constat aggregato quadratorum à duobus lateribus, plus rectangulo sub iisdem, & dato insuper solido quod fit abs aggregato laterum in rectangulum, invenire latera vel etiam laterum aggregatum.

Si 1 C. — 21. N. aquetur 20. quoniam quadruplus cubus ex 7 major est quam 400. igitur 21 N.
— 1 C.

—1 C. æquabitur 20. & funt duo latera, a quibus quadrata adjunĉta reĉtangulo à lateribus, faciunt 21. aggregatum autem laterum, duĉtum in reĉtangulum eſt 20. & fit 1 N in aqualitate inverſe negata, alterutrum è lateribus, maius minuſve; in direĉte vero negata, aggregatum ipſorum laterum, ex hypotheſi laterum. 1. & 4.

Neque vero in Geometrica phraſi hic erit magna diſſimilitudo: Enimvero dicet Geometra, B planum eſſe aggregatum quadratorum à tribus proportionalibus lineis reĉtis, D vero ſolidum quod fit ab aggregato extremarum in mediæ quadratum, ſeu ab alterutra extrema in aggregatum quadratorum à reliquis, & fieri A aggregatum extremarum, E vero primam vel tertiam.

Sic in expoſito themate, 21. eſt aggregatum quadratorum à tribus proportionalibus, & ſolidum 20. eſt ab aggregato extremarum in mediæ quadratum, ſeu ab alterutra extrema in quadrata è reliquis ex ſerie proportionalium 1. 2. 4.

At elegantius & præſtantius ex analyticis angularium ſeĉtionum hujuſmodi æqualitatum conſtitutio eruitur, & ad ϴϱμηχανίαν accommodatius in hanc formulam:

ALITER,

TERTIVM THEOREMA.

SI A cubus — B quad. 3 in A, æquetur B quad. in D, ſit autem B major D ſemiſſe: B quad. 3 in E, — E cubo æquabitur B quad. in D.

Et ſunt duo triangula reĉtangula æqualis B hypotenuſæ, ita ut angulus acutus ſubtenſus à perpendiculo primi, ſit triplus ad angulum acutum ſubtenſum à perpendiculo ſecundi; baſis vero dupla primi, eſt D, & fit A dupla baſis ſecundi. E vero baſis ſimpla ſecundi, contraĉta, protraĉtave longitudine ejus quæ poteſt quadrato triplum perpendiculi ejuſdem.

1 C — 300 N. æquetur 432. vel etiam 300 N. — 1 C æquetur 432. ſunt duo triangula reĉtangula, quorum hypotenuſa communis eſt 10: ita ut angulus acutus primi, à perpendiculo videlicet ſubtenſus, ſit triplus ad acutum ſecundi, à ſuo quoque perpendiculo ſubtenſum; baſis autem primi dupla, eſt $\frac{432}{100}$. & 1 N in aqualitate direĉte negata eſt baſis dupla ſecundi: in inverſe vero negata, eſt baſis ſimpla ſecundi, plus minuſve ea quæ poteſt quadrato triplum perpendiculum ſecundi.

Conſtituta hypotenuſa communi 10. baſi ſecundi trianguli 9. fit perpendiculum ejuſdem ſecundi √ 19.

Primi vero hypotenuſa ſtante 10. fit baſis 2 $\frac{16}{100}$. itaque quum in ea hypotheſi dicetur 1 C — 300 N. æquari 432. fiet 1 N 18. vel quum dicetur 300 N. — 1 C æquari 432. Fiet 1 N. 9 + √57. vel 9 — √57.

Atque hæc ad aſſequendum ex Zeteticis conſtitutiones adæquatarum quæ affeĉtæ ſunt poteſtatum, exempla nunc ſufficiuntor. Etſi enim de ſimpliciter affeĉtis Theoremata tantum propoſita ſunt, tamen quemadmodum ad multipliciter affeĉtas poſſint trahi, vix ignorabitur, quando præſertim detegetur earum plaſma, de quo jam ſuccedit dicendi locus. Ipſorum enim Zeteticorum à quibus antediĉtæ conſtitutiones depromptæ ſunt, jam patuit proceſſus ſufficienter in expoſitis eclogis, hoc poſtremo Theoremate excepto, quod par eſt rejici in peculiarem Zeteticorum ad angulares ſeĉtiones pertinentium ſilvulam.

CAPVT VII.

De generali methodo transmutandarum æquationum.

PLaſmatis ratio pendet è doĉtrina tranſmutandarum æquationum generaliter imprimis proponenda & demonſtranda.

De transmutatione per alterationem radicis.

Æquationum tranſmutatio inſtituitur duplici formæ præcautione : aut enim placet alterari radicem de qua primum quæritur , aut manere inva‑riatam.

Qualiſcumque autem alteratio ſit, primæva radix & nova , datam ha‑bent inter ſe differentiam vel rationem, adeo ut una cognita , altera non poſſit ignorari.

Ad opus itaque tranſmutationum, alterata radix quæſititia conceditur alteri quoque inquirendæ eſſe æqualis, atque adeo ex ea conceſſione novam induit ſpeciem , ſub qua æquatio primum poſita dirigitur , & ordinatur nova.

Ac pluribus quidem modis radix de qua quæritur poteſt artificioſe alte‑rari, & nova ſpecie exhiberi: ac dirigendi ratio ſub ea nova ſpecie ipſam quæ primum propoſita eſt æquationem, conſtans eſt & uniformis, per modos il‑los quoſcunque.

Quæ ut fiant evidentiora, proponatur æquatio quævis de A radice expo‑nenda, & ſit Z magnitudo cui adæquetur reliqua ; & oporteat propoſitam illam æquationem alterata radice arte tranſmutare.

Primum igitur A radix poteſt alterari, & nova ſpecie exhiberi per addi‑tionem: utpote hac conceſſione & argumentatione A $+$ B eſto E. ergo E $-$ B erit A.

Secundo per ſubductionem , utpote hac conceſſione & argumentatio‑ne A $-$ B eſto E. ergo E $+$ B erit A. vel etiam iſta B $-$ A eſto E. ergo B $-$ E erit A.

Tertio per multiplicationem: utpote hac conceſſione & argumentatio‑ne B in A eſto E planum. ergo $\frac{E\ planum}{B}$ erit A.

Quarto per diviſionem: utpote concedendo & argumentando $\frac{A\ planum}{B}$ e‑ſto E. ergo B in E erit A planum.

Quinto, per analogiam rationis explicitæ: ut pote concedendo eſſe ut B ad G , ita A ad E, deinde reſolvendo analogiam & argumentando, er‑go $\frac{B\ in\ E}{G}$ erit A.

Sexto per analogiam rationis implicitæ: ut pote concedendo eſſe ut A ad B, ita G ad E, deinde reſolvendo analogiam & argumentando , ergo $\frac{B\ in\ G}{E}$ erit A.

Septimo per Parabolicam Hypoſtaſin in generibus quibuſcunque æqua‑tionum : ut pote in quadraticis, concedendo E quad. $+$ A in E æquari D plano , quæ æquatio eſt quadrati affirmate affecti, deinde argumentando , ergo $\frac{D\ plan.\ m -\ E\ quad.}{E}$ erit A.

Vel concedendo E quad. $-$ E in A æquari D plano : quæ æquatio eſt quadrati negate affecti & argumentando, ergo $\frac{E\ quad.\ -\ D\ plano}{E}$ æquabitur A. Vel denique concedendo E in A $-$ E quad. æquari D plano , quæ æqua‑tio eſt plani ſub latere negati de quadrato: & argumentando, ergo $\frac{E\ quad.\ +\ D\ plano}{E}$ æquabitur A.

Poſtremo per modos compoſitos , & excogitanda ab artifice & tentan‑da, quæ ſuo fini magis inſervire conjiciet, figmenta.

Quam‑

Quamcunque autem speciem induit A, æquatio juxta eam transforma-
bitur, & nova de E ordinabitur; si quæ de A enuncientur in æquatione proposita, eadem enuncientur de nova quam A induit specie.

Alteretur enim A per additionem, fingendo A + B esse E, ut supra, unde E — B fit A. quum igitur par potestas creabitur abs E — B, quæ proponebatur ab A, & similes quoque parodici gradus, in quos ducantur inva-
riandæ coëfficientes, ad efficienda eadem affectionum homogenea: omnino facta hujusmodi æquabuntur proposito homogeneo. Expurgentur igitur secundum artis præcepta, & ita demum æquatio de E ordinetur: jam-
que transmutata erit in novam æquationem de E, id est ipsa A producta
cremento B enuncianda, quod faciendum erat.

Quod in reliquis quibuscunque alterandi modis, quibus semper A valor
exprimitur, locum habere conspicuum est.

De transmutatione invariata radice.

QUod ad secundam præcautionem attinet, invariata radice æquationem
transmutare, est gradum æquationis deprimere vel attollere.

Climactícus autem sive adscensus, sive descensus, regulariter fit vel ir-
regulariter.

Climactícus regularis adscensus fit, quum utraque propositæ æquationis
pars, distributa ordinate, vel secus ex artificis industria, ducitur quadratice, cubice, & ulterius climactíce: descensus contra quum dividitur subquadratice, sub-cubice, & depressius sub-climactíce: adscito nempe ad id
supplemento dato vel inquirendo: omnia autem post ductionem, divisio-
nemve congrue ordinantur.

Irregularis autem adscensus fit, quum omnia quibus proposita æquatio
constat, singularia homogenea ducuntur in eundem parodicum gradum,
sive purum, sive affectum à datis congruentibus magnitudinibus, vel etiam
eas adficientem: & ducta congruam interpretationem accipiunt, & ordinationem.

Descensus contra, quum omnia singularia illa homogenea applicantur,
sive ad radicem quæsititiam, sive radicis gradum potestate inferiorem, vel
pure, vel cum adficientibus, adfectísve datis congeneribus magnitudinibus: & divisa, adscito nempe ad id supplemento dato, vel inquirendo, congruam interpretationem accipiunt, & ordinationem.

Demonstratio vero in quacunque artificiosa transmutandi forma statim
evidens fit, quoniam quæ æqualia sunt longitudine, æqualia quoque sunt
simili potestate, & contra: neque communis divisor vel multiplicator æ-
qualitatem immutat vel rationem.

Atque hęc ut à nobis generaliter proposita sunt, ita specialibus indigere
præceptis, & exemplis concedendum est, quæ diffundentur passim in con-
venientiores locos, prout edenda artificii transmutatorii exegerint speci-
mina.

C A P V T VIII.
Singularia de Plasmate.

PLasma inesse æquationibus intelligitur, quum deducuntur potestates
affectæ à puris, vel minus affectis æque altis, aut etiam altiores à depres-
sioribus.

Itaque plasma potest institui per omnes trausmutationum modos, præ-
rer divisionem & climacticum descensum.

Finis plastices ac præcipuus illius usus est, ut agnitæ æquationes plasma-
ticæ in simpliciores à quibus eductæ sunt, curentur resolvi , si quo id liceat
impendio.

Quod quum deprehendet figmentarius, adnotabit sedulo, ac suum tandem proferet symbolum, in artis commendationem & illustrationem.

Omnino & id esto primum animadversione dignum.

Si qua potestas affecta est, vel afficit sub singulis gradibus ad eam parodicis, plasmatica est per modum additionis, vel subductionis: quoniam radix intelligetur adfecta fuisse cremento, vel decremento desumpto ex coëfficiente sub gradu altiore, secundum potestatis conditionem.

In quadratis videlicet, affecta fuisse radix, semisse coëfficientis sub latere.
In cubis, triente coëfficientis sub quadrato. In quadrato-quadratis, quadrante coëfficientis sub cubo. In quadrato-cubis quintante coëfficientis
sub quadrato quadrato, & eo continuo progressu.

Sic quadrata quæcunque adfecta, originem sumunt à puris. Cubi affecti
sub quadrato & latere, à cubis affectis sub latere. Quadrato-quadrata affecta sub cubo, quadrato, & latere, à quadrato-quadratis affectis sub quadrato vel latere, aut tam sub quadrato quam sub latere, & eo deinceps
ordine.

Secundum esto, si qua potestas à radice plana est solidave, vel ulterioris
ordinis homogenea, plasmatica est per multiplicationis modum vel implicitæ analogiæ.

Sic quadrato-quadratum affectum sub quadrato, originem sumit à
quadrato affecto sub latere : quoniam ducta sunt omnia quibus æquatio
constat singularia homogenea, in quadratum coëfficientis sub latere : unde radix effecti quadrato-quadrati intelligitur media proportionalis inter
coëfficientem sub lateralem, & eam quæ primum proponebatur radicem.

Sic cubo-cubus adfectus sub cubo , originem sumit à quadrato quoque
adfecto sub latere , unde radix efficti cubo-cubi fit secunda continue proportionalium, qualium coëfficiens sublateralis est prima , radix vero quæ
primum proponebatur earundem quarta.

Sic cubo-cubus adfectus sub quadrato quadrato, originem sumit à cubo
affecto sub quadrato, ductis omnibus quibus æquatio constat singularibus
homogeneis, in cubum coëfficientis sub quadrato: unde radix efficti cubo-
cubi media proportionalis est inter coëfficientem subquadraticam, & eam
quæ primum proponebatur.

Tertium esto , omne quadrato-quadratum affectum sub parodico ad illud gradu, uno vel pluribus, plasmaticum est, suam videlicet ducens per climacticum adscensum originem, à quadrato affecto sub latere.

Afficiatur quadrato-quadratum sub latere : æquatio affecti quadrati à
quo deducta quadrato-quadratica est, eam passa est suorum quibus constat
singularium homogeneorum distributionem , ut quadrati symbolum fecerit partem unam æquationis, planum vero sub latere, una cum data comparationis magnitudine, alteram : & utraque tandem parte ducta quadratice, interpretationem congruam acceperit homogeneum sub quadrato , atque adeo omnia fuerint ordinata.

Adfi-

Adficiatur vero quadrato-quadratum, tam sub quadrato quam latere: æquatio affecti quadrati, à quo deducta quadrato-quadratica est, eam passa est suorum quibus constat singularium homogeneorum distributionem, ut quadratica potestas, una cum diesi dati plani comparationis, vel ejusdem productione, fecerit partem unam æquationis, planum vero sub latere, una cum apotome dati plani comparationis, vel eodem producto, partem alteram; atque adeo utraque parte ducta quadratice, omnia fuerint ordinata.

Adficiatur denique quadrato-quadratum sub cubo : æquatio adfecti quadrati, à quo deducta quadrato-quadratica est, eam suorum quibus constat singularium homogeneorum passa est distributionem, ut quadrati symbolum una cum plano sub latere, fecerit partem unam æquationis, datum vero planum comparationis alteram & utraque parte ducta quadratice, interpretationem congruam acceperint , ut homogenea tam sub latere quam quadrato, atque adeo omnia fuerint ordinata.

Quarum esto & postremum, cubicas omnes affectiones per climacticum irregularem, adscensum, è quadraticis posse deduci, verum in illis ad primævas non patere reductionis viam, nisi per æquationes potestatum eque-altarum & affectarum : æquationum tamen inde constitutarum spectata proprietas maxime juvat.

Sed & inter anomalas plasmaticas, dignæ speciali nota sunt eæ quæ pertinent ad homogenea affectionum , quæ de potestatibus negantur : creantur illæ sua primæva origine à puri quadrati æquatione, instituto plasmate per additionem vel subductionem : nam quum ad plasma adsumitur coëfficiens quælibet major radice proposita , sive ea adfirmetur per hypothesin, sive negetur, semper inciditur in æquationem plani sub latere negati de quadrato. Vnde Porisma.

Quotiescunque potestas negatur de affectonis homogeneo , radicem potestatis esse ancipitem: quoniam ex ancipite illa quadratica reliquæ omnes fluunt & deducuntur , salva radicis primævæ amphibolia.

CAPVT IX.
Deductiva quadratorum affectorum à puris.

QVæ omnia ut fiant evidentiora, Theorematum aliquot, ad plasmata de quibus monuimus pertinentium, jam sequitur farrago.

THEOREMA I.

SI A quad. æquetur Z plano. A + B esto E. E quad. — B in E 2 æquabitur Z plano — B quad.

Quoniam enim A quad. proponitur æquale Z plano, est autem A + B radici E æqualis, ergo E — B æquabitur A. Itaque quadratum abs E — B æquabitur Z plano : quadratum autem illud constat singularibus planis. E quad. — B in E 2 + B quad. Quare omnibus his ordinatis E quad. — B in E 2, æquabitur Z plano — B quad. ut est enunciatum.

THEOREMA II.

SI A quad. æquetur Z plano. A — B esto E. E quad. + B in E 2 æquabitur Z plano — B quad.

Quoniam enim A quad. æquatur Z plano, est autem A — B radici E æqualis, ergo E + B æquabitur A. Itaque quadratum abs E + B æquabitur Z plano : quadratum autem istud constat singularibus planis. E quad. + B in E 2 + B quad. Quare omnibus bene ordinatis E quad. + B in E 2, æquabitur Z plano — B quad. ut est enunciatum.

THEO-

Theorema III.

Sɪ A quad. æquetur Z plano. B—A vel A + B efto E. B in E 2 — E quad, æquabitur B quad. — Z plano.

Quoniam enim A quad. proponitur æquale Z plano, eft autem B — A radicĭ E æqualis: igitur B — E æquabitur A. itaque quadratum abs B — E æquabitur Z plano: quadratum autem illud conftat B quad. — B in E 2 + E quad. quare omnibus bene ordinatis, B in E 2 — E quad. æquabitur B quad. — Z plano. ut eft enunciatum.

Et fi A + B æquetur E, igitur E — B æquatur A. itaque quadratum abs E — B æquabitur Z plano: quadratum illud conftat E quad. — B in E 2 + B quad. quare omnibus bene ordinatis, B in E 2 — E quad. æquabitur B quad. — Z plano. ut eft quoque enunciatum.

Caput X.

Deductiva adfectorum aliquot cuborum fub quadrato, à cubis adfectis fub latere.

Theorema I.

Sɪ A cubus — B quad. ter in A æquetur Z folido. A — B efto E. E cubus + B in E quad. 3, æquabitur Z folido + B cubo 2.

Quoniam enim A cubus — B quad. 3 in A, æquatur Z folido: eft autem A — B radici E æqualis, igitur E + B æquabitur A. Quare cubus ab $\overline{E + B}$ multatus folido abs B quad. 3 in $\overline{E + B}$, æquabitur Z folido. Cubus autem abs $\overline{E+B}$ conftat, E cubo + B in E quad. 3 + B quad. in E 3 + B cubo. Solidum vero affectionis, — B quad. in E 3 — B cubo 3. Quare omnibus bene ordinatis, E cubus + B in E quad. 3, æquabitur Z folido + B cubo 2. ut eft enunciatum.

Aliter,
Theorema I.

Sɪ A cubus — B quad. ter in A æquetur Z folido. A + B efto E. E cubus — B in E quad. 3, æquabitur Z folido — B cubo 2.

Quoniam enim A cubus — B quad. 3 in A, æquatur Z folido: eft autem A + B radici E æqualis, igitur E — B æquabitur A. Quare cubus abs $\overline{E-B}$ multatus folido abs B quad. 3 in $\overline{E-B}$, æquabitur Z folido. Cubus autem abs $\overline{E-B}$ conftat, E cubo — B in E quad. 3 + B quad. in E 3 — B cubo. Solidum vero affectionis, — B quad. in E 3 + B cubo 3. Quare omnibus bene ordinatis, E cubus — B in E quad. 3, æquabitur Z folido — B cubo 2. ut eft enunciatum.

Theorema II.

Sɪ B quad. ter in A — A cubo æquetur Z folido. B — A efto E. B in E quad. 3 — E cubo, æquabitur B cubo 2 — Z folido.

Quoniam enim B quad. 3. in A — A cubo, æquatur Z folido: eft autem B — A radici E æqualis, igitur B — E æquabitur A: quare folidum abs B quad. 3 in $\overline{B-E}$, minus cubo abs $\overline{B-E}$ æquabitur Z folido. Solidum autem illud affectum conftat, B cubo 3 — B quad. in E 3. Cubus vero negatus de folido illo, — B cubo + B quad. in E 3 — E quad. in B 3 + E cubo. Quare omnibus bene ordinatis, B in E quad. 3 — E cubo, æquabitur B cubo 2 — Z folido. ut eft enunciatum.

Aliter,
Theorema II.

Sɪ B quad. ter in A — A cubo æquetur Z folido. B + A efto E. B in E quad. 3 — E cubo, æquabitur B cubo 2 + Z folido.

Quoniam enim B quad. 3 in A — A cubo, æquatur Z solido, est autem B + A radici
E æqualis, igitur E — B æquabitur A: quare solidum abs B quad. 3 in $\overline{E-B}$, minus cubo abs
$\overline{E-B}$, æquabitur Z solido. Solidum autem illud affectum constat, B quad. in E 3 — B cubo 3.
Cubus vero negatus de solido illo, — E cub. + B in E quad. 3. — B quad. in E 3 + B cubo.
Quare omnibus bene ordinatis, B in E quad. 3 — E cubo, æquabitur B cubo 2 + Z solido.

CAPVT XI.

Deductiva adfectorum cuborum tam sub quadrato quam sub latere, à cubis adfectis sub latere.

THEOREMA I.

SI A cubus + D plano in A, æquetur Z solido. A + B esto E. E cubus — B in E quad. 3 $\overline{+ B\,quad.\;3\; + D\;plano}$ in E, æquabitur Z solido + D
plan. in B + B cubo.

Quoniam enim A cubus + D plano in A, proponitur æquari Z solido: est autem A + B
radici E æqualis, igitur E — B æquabitur A. Itaque cubus abs $\overline{E-B}$, adjunctus solido
abs D plano in $\overline{E-B}$, æquabitur Z solido. Cubus autem abs $\overline{E-B}$ constat, E cubo — B in
E quad. 3 + B quad. in E 3 — B cubo. Solidum vero affectionis, + D plano in E —
D plano in B. Quare omnibus bene ordinatis, E cubus — B in E quad. 3 + $\overline{B\;quad.\;3}$
$\overline{+ D\;plano}$ in E, æquabitur Z solido + D plano in B + B cubo. ut est enunciatum.

THEOREMA II.

SI A cubus + D plano in A, æquetur Z solido. A — B esto E. E cubus + B in E quadr. 3 $\overline{+ B\;quad.\;3\; + D\;plano}$ in E, æquabitur Z solido — D
plano in B — B cubo.

Quoniam enim A cubus + D plano in A, æquatur Z solido: est autem A — B radici
E æqualis, igitur E + B, æquabitur A. Itaque cubus abs $\overline{E+B}$ adjunctus solido abs D plano in $\overline{E+B}$, æquabitur Z solido. Cubus autem abs $\overline{E+B}$ constat, E cubo + B in E quad.
3, + B quad. in E 3 + B cubo. Solidum vero affectionis, + D plano in E, + D plano
in B. Quare omnibus bene ordinatis, E cubus + B in E quad. 3 $\overline{+ B\;quad.\;3\; + D\;pl.}$ in E,
æquabitur Z solido — D plano in B — B cubo. ut est enunciatum.

THEOREMA III.

SI A cubus + D plano in A, æquetur Z solido. B — A æquetur E. E cubus — B in E quad. 3 $\overline{+ B\,quad.\;3\; + D\,plano}$ in E, æquabitur B cubo + D plano
in B — Z solido.

Quoniam enim A cubus + D plano in A, æquatur Z solido : est autem B — A radici
E æqualis, igitur B — E æquabitur A. Itaque cubus abs $\overline{B-E}$ adjunctus solido abs D plano in $\overline{B-E}$, æquabitur Z solido. Cubus autem abs $\overline{B-E}$ constat, B cubo — E in B quadr.
3, + E quad. in B 3 — E cubo. Solidum vero affectionis, + D plano in B, — D plano
in E. Quare omnibus bene ordinatis, E cubus — B in E quad. 3. $\overline{+ B\;quad.\;3\; + D\,plano}$ in E,
æquabitur B cubo + D plano in B — Z solido. ut est enunciatum.

THEOREMA IV.

SI A cubus — D plano in A, æquetur Z solido. A + B esto E. E cubus — B in E quad. 3 $\overline{+ B\,quad.\;3\; - D\,plano}$ in E, æquabitur Z solido + B cubo —
D plano in B.

Quoniam enim A cubus — D plano in A, æquatur Z solido : est autem A + B radici
E æqualis, igitur E — B æquabitur A. Itaque cubus abs $\overline{E-B}$ mutatus solido abs D plano
in $\overline{E-B}$, æquatur Z solido. Cubus autem abs $\overline{E-B}$ constat. E cubo — B in E quad. 3 + B
quad. in E 3 — B cubo. Solidum vero affectionis, — D plano in E + D plano in B. Qua-
re omnibus bene ordinatis, E cubus — B in E quad. 3 $\overline{+ B\;quad.\;3\; - D\,plano}$ in E, æquabitur Z
solido + B cubo — D plano in B. ut est enunciatum.

N   THEO-

THEOREMA V.

SI A cubus — D plano in A, æquetur Z solido. A — B esto E. E cubus + B in E quad. 3 $\overline{+\text{B quad.}\;3 - \text{D plano}}$ in E, æquabitur Z solido + D plano in B — B cubo.

Quoniam enim A cubus — D plano in A, æquatur Z solido: est autem A — B radici E æqualis, igitur E + B æquabitur A. Itaque cubus abs E + B multatus solido abs D plano in $\overline{\text{E + B}}$, æquabitur Z solido. Cubus autem abs $\overline{\text{E + B}}$ constat, E cubo + B in E quad. 3 + B quad. in E 3 + B cubo. Solidum vero affectionis, — D plano in E — D plano in B. Quare omnibus bene ordinatis, E cubus + B in E quad. 3 $\overline{+\text{B quad.}\;3 - \text{D plano}}$ in E, æquabitur Z solido + D plano in B — B cubo. ut est enunciatum.

THEOREMA VI.

SI A cubus — D plano in A, æquetur Z solido. B — A esto E. E cubus — B in E quad. 3 $\overline{+\text{B quad.}3. - \text{D plano}}$ in E, æquabitur B cubo — D plano in B — Z solido.

Quoniam enim A cubus — D plano in A, æquatur Z solido: est autem B — A radici E æqualis, igitur B — E æquabitur A. Itaque cubus abs $\overline{\text{B - E}}$ multatus solido abs D plano in $\overline{\text{B - E}}$, æquabitur Z solido. Cubus autem abs $\overline{\text{B - E}}$ constat, B cubo — B quad. in E 3 + B in E quad. 3 — E cubo. Solidum vero affectionis, — D plano in B + D plano in E. Quare omnibus bene ordinatis, E cubus — B in E quad. 3 $\overline{+\text{B quad.}\;3 - \text{D plano}}$ in E, æquabitur B cubo — D plano in B — Z solido. ut est enunciatum.

THEOREMA VII.

SI D planum in A — A cubo, æquetur Z solido. A + B esto E. $\overline{\text{D planum — B quad. 3}}$ in E + B in E quad. 3 — E cubo, æquabitur Z solido + D plano in B — B cubo.

Quoniam enim D planum in A — A cubo, æquatur Z solido: est autem A + B radici E æqualis, igitur E — B æquabitur A. Itaque solidum abs D plano in $\overline{\text{E - B}}$, multatum $\overline{\text{E - B}}$ cubo, æquatur Z solido. Solidum autem abs D plano in $\overline{\text{E - B}}$ constat, D plano in E, — D plano in B. Cubus vero ablatitius, — E cubo + B in E quad. 3 — B quad. in E 3 + B cubo. Quare omnibus bene ordinatis, $\overline{\text{D planum — B quad 3}}$ in E, + B in E quad. 3 — E cubo, æquabitur Z solido + D plano in B — B cubo. ut est enunciatum.

THEOREMA VIII.

SI D planum in A — A cubo, æquetur Z solido. A — B esto E. $\overline{\text{D planum — B quad. 3}}$ in E — B in E quad. 3 — E cubo, æquabitur Z solido — D plano in B + B cubo.

Quoniam enim D planum in A — A cubo, æquatur Z solido: est autem A — B radici E æqualis, igitur E + B æquabitur A. Itaque solidum abs D plano in $\overline{\text{E + B}}$ multatum $\overline{\text{E + B}}$ cubo, æquabitur Z solido. Solidum autem abs D plano in $\overline{\text{E + B}}$ constat, D plano in E + D plano in B. Cubus vero ablatitius, — E cubo — B in E quad. 3 — B quad. in E 3 — B cubo. Quare omnibus bene ordinatis, $\overline{\text{D planum — B quad. 3}}$ in E — B in E quad. 3 — E cubo, æquabitur Z solido — D plano in B + B cubo. ut est enunciatum.

THEOREMA IX.

SI D planum in A — A cubo, æquetur Z solido. B — A esto E. $\overline{\text{D planum — B quad. 3}}$ in E + B in E quad. 3 — E cubo, æquabitur D plano in B — B cubo — Z solido.

Quoniam enim D planum in A — A cubo, æquatur Z solido: est autem B — A radici E æqualis, igitur B — E æquabitur A. Itaque D planum in $\overline{\text{B - E}}$, minus $\overline{\text{B - E}}$ cubo, æquabitur Z solido. Solidum autem abs D plano in $\overline{\text{B - E}}$ constat, D plano in B — D plano in E. Cubus vero ablatitius, — B cubo + B quad. in E 3 — E quad. in B 3 + E cubo. Quare omnibus bene ordinatis, $\overline{\text{D planum — B quad. 3}}$ in E + B in E quad. 3 — E cubo, æquabitur D plano in B — B cubo — Z solido. ut est enunciatum.

CAPVT

CAPVT XII.

Deductiva potestatum aliquot, radices planas solidasve haben-
tium, à potestatibus simplicium radicum.

THEOREMA I.

SI A quad. + B in A æquetur Z plano. B in A esto E quadratum.
E quad. quad. + B quad. in E quad, æquabitur B quad. in Z planum.

Quoniam enim A quad. + B in A, æquatur Z plano: est autem B in A æquale E
quadrato, igitur $\frac{E\,quad.}{B}$ æquabitur A. itaque quadratum abs $\frac{E\,quad.}{B}$ adjunctum plano sub
B & $\frac{E\,quadrat.}{B}$. id est $\frac{E\,quad.quad.}{B\,quad.}$ + E quad. æquabitur Z plano. Omnia ducantur in B
quadratum, ergo E quad. quad. + B quad. in E quad, æquabitur B quad. in Z planum.
ut est enunciatum. Quum autem ipsum E quad. radix statuetur plana, hæc erit æquationis enunciatio. E plani-quadratum + B quadrato in E planum, æquabitur B quad.
in Z planum.

THEOREMA II.

SI A quad. —B in A æquetur Z plano. B in A esto E quadratum, planumve. E quad. quad. —B quad. in E quad, æquabitur B quad. in Z
planum.

ALITER.

B plani-quad. — B quad. in E planum, æquabitur B quad. in Z planum.

Nec dissimilis est ab ea quæ in antecedente Theoremate exposita est demonstratio.

THEOREMA III.

SI B in A —A quad. æquetur Z plano. B in A esto E quadratum, planumve. B q. in E q. —E quad. quad, æquabitur B q. in Z planum.

ALITER.

B quad. in E planum —E plani quad, æquabitur B quad. in Z planum.

Nec dissimilis est ab ea quæ in primo hujus capitis Theoremate exposita est demonstratio.

THEOREMA IV.

SI A quad. + B in A æquetur Z plano. B quad. in A esto E cubus, so-
lidumve. E cubo-cubus + B cubo in E cubum, æquabitur B quad. quad.
in Z planum.

Quoniam enim A quad. + B in A, æquatur Z plano: est autem B quad. in A
æquale E cubo, igitur $\frac{E\,cubus}{B\,quad.}$ æquabitur A. itaque quadratum abs $\frac{E\,cube}{B\,quad.}$, plus $\frac{B\,in\,E\,cubum}{B\,quad.}$ id est
$\frac{E\,cubo-cubus.}{B\,quad.quad.}$ + $\frac{B\,e\,ho}{B}$. æquabitur Z plano. Omnia ducantur in B quad. quad. ergo E cubo-cubus + B cubo in E cubum, æquabitur B quad.quad. in Z planum. ut est enun-
ciatum.

THEOREMA V.

SI A quad. —B in A æquetur Z plano. B quad. in A esto E cubus, soli-
dumve. E cubo-cubus — B cubo in E cubum, æquabitur B quad. quad.
in Z planum.

Nec dissimilis est ab ea quæ in antecedente Theoremate exposita est demonstratio.

THEOREMA VI.

SI B in A —A quad. æquetur Z plano. B quad. in A esto E cubus, soli-
dumve. B cubus in E cubum — E cubo-cubo, æquabitur B quad.
quad. in Z planum.

ALI-

A L I T E R.

B cubus in E folidum— E folidi quadrato, æquabitur E quad. quad. in Z planum.

Nec diffimilis eft ab ea quæ in quarto hujus capitis Theoremate expofita eft demon-ftratio.

T h e o r e m a   VII.

S i A cubus ⊣ B in A quad. æquetur Z folido. B in A efto E quad. E cubo-cubus. ⊣ B quad. in E quad. quad, æquabitur B cubo in Z fo-lidum.

Quoniam enim A cubus ⊣ B in A quad. æquatur Z folido : eft autem B in A æ-quale E quadrato, igitur $\frac{E\ quad.}{B}$ æquabitur A. quare ex iis quæ proponuntur. $\frac{E\ cubo-cubus}{B\ cubo}$ ⊣ $\frac{E\ quad.quad.}{B}$ æquabitur Z folido. Omnia in B cubum ducantur.

Ergo E cubo-cubus, ⊣ B quad. in E quad. quad. æquabitur B cubo in Z folidum. ut eft enunciatum. Quum autem ipfum E quadratum ftatuetur radix plana, hæc erit enunciatio. E plani-cubus. ⊣ B quad. in E plani quad. æquatur B cubo in Z folidum.

T h e o r e m a   VIII.

S i A cubus. — B in A quad. æquetur Z folido. B in A efto E quadra-tum, planumve. E cubo-cubus — B quad. in E quad. quad, æquabitur B cubo in Z folidum.

A L I T E R.

E plani cubus — B quad. in E plani quadratum, æquabitur B cubo in Z folidum.

Nec diffimilis eft ab ea quæ in antecedente Theoremate expofita eft demonftratio.

T h e o r e m a   IX.

S i B in A quad. — A cubo, æquetur Z folido. B in A efto E quadratum, planumve. B quad. in E quad. quad. — E cubo-cubo, æquabitur B cu-bo in Z folidum.

A L I T E R.

B quad. in E plani quad. — E plani-cubo, æquabitur B cubo in Z folidum.

Nec diffimilis eft ab ea quæ in feptimo hujus capitis Theoremate expofita eft de-monftratio.

C a p v t   XIII.

Deductiva adfectorum quadrato-quadratorum ab ad-fectis quadratis.

De quadrato-quadratis affectis fub latere.
T h e o r e m a   I.

S i A quad. ⊣ B in A æquetur Z plano: A quad. quad. $\overline{-\!\!+ B\ cubo \!-\!\!+ B\ in\ Z\ planum\ 2}$ in A, æquabitur Z plano-plano ⊣ B quad. in Z planum.

Quoniam enim A quad. ⊣ B in A, æquatur Z plano : igitur per antithefin, A quad. æquabitur Z plano — B in A. ergo A quad. quad. æquabitur Z plano-plano, — B in A in Z planum 2 ⊣ B quad. in A quad. At affectio B quadrati in A quadra-tum, interpretationem ex propofita æquatione accipiens, valet B quad. in Z planum — B cubo in A. Quare ea interpretatione adfcita, & omnibus bene ordinatis, A quad. quad.

quad. $\overline{+B\,cubo - B\,in\,Z\,planum\,2}$ in A æquabitur Z plano-plano + B quad. in Z planum. ut eſt enunciatum.

Si 1 Q + 8 N. *æquetur* 20. 1 QQ + 832 N. *æquabitur* 1680.

THEOREMA II.

SI A quad. — B in A æquetur Z plano: A quad. quad. $\overline{B\,cubo - B\,in\,Z\,planum\,2}$ in A, æquabitur Z plano-plano + B quad. in Z planum.

Nec diſſimilis eſt ab ea quæ in antecedente Theoremate expoſita eſt demonſtratio.

Si 1 Q — 8 N. *æquetur* 20. 1 QQ — 832 N. *æquabitur* 1680.

THEOREMA III.

SI B in A — A quad. æquetur Z plano: $\overline{B\,cubus - B\,in\,Z\,planum\,2}$ in A — A quad. quad, æquabitur B quad. in Z planum — Z plano-plano.

Nec diſſimilis eſt ab ea quæ in primo hujus capitis Theoremate expoſita eſt demonſtratio.

Si 12 N. — 1 Q. *æquetur* 20. 1248 N. — 1 QQ. *æquabitur* 2480.

De quadrato-quadratis affeƈtis ſub latere, & quadrato.

THEOREMA IV.

SI A quad. + B in A æquetur S plano + D plano : A quad. quad. $\overline{-D\,plano\,2 - B\,quad.}$ in A quad. + B in S planum 2 in A, æquabitur S plano-plano — D plano-plano.

Quoniam enim A quad. + B in A, æquatur S plano + D plano, igitur per antitheſin A quad. — D plano, æquabitur S plano — B in A. utraque pars ita tranſpoſitæ æquationis, ducatur quadratice. Ergo A quad. quad, — D plano in A quad. 2 + D plano-plano, æquabitur S plano-plano — B in A in S planum 2 + B quad. in A quad. Et omnibus rite ordinatis, A quad. quad. $\overline{-D\,plano\,2 - B\,quad.}$ in A quad. + B in S planum 2 in A, æquabitur S plano plano, — D plano-plano. ut eſt enunciatum.

Si 1 Q + 8 N. *æquetur* 20. *compoſito ex* 15 *&* 5. 1 QQ — 74 Q + 240 N. *æquabitur* 200.

THEOREMA V.

SI A quad. — B in A æquetur S plano + D plano: A quad. quad. $\overline{-D\,plano\,2 - B\,quad.}$ in A quad. — B in S planum 2 in A, æquabitur S plano-plano — D plano-plano.

Nec diſſimilis eſt ab ea quæ in antecedente Theoremate expoſita eſt demonſtratio.

Si 1 Q — 8 N. *æquatur* 20. *compoſito ex* 15 *&* 5. 1 QQ — 74 Q — 240 N *æquabitur* 200.

THEOREMA VI.

SI B in A — A quad. æquetur S plano + D plano: $\overline{B\,quad. - S\,plano\,2}$ in A quad. — B in D planum 2 in A — A quad. quad, æquabitur S plano-plano — D plano-plano.

Nec diſſimilis eſt ab ea quæ in quarto hujus capitis Theoremate expoſita eſt demonſtratio.

Si 12 N. — 1 Q. *æquetur* 20. *compoſito ex* 15 *&* 5. 114 Q — 120 N — 1 QQ. *æquabitur* 200.

N 3 , De

De iifdem aliter,

THEOREMA VII.

S I A quad. + B in A æquetur S plano — D plano: A quad. quad. $\overline{+\text{D pla-}}$ $\overline{\text{no 2} - \text{B quad.}}$ in A quad. + B in S planum 2 in A, æquabitur S plano-plano — D plano-plano.

Quoniam enim A quad. + B in A, æquatur S plano — D plano : igitur per antithe-fin, A quad. + D plano, æquabitur S plano — B in A. Vtraque igitur pars ducatur qua-dratice: ergo A quad. quad. + D plano in A quad. 2 + D plano-plano, æquabitur S pla-no-plano — B in S planum in A 2 + B quad. in A quad. Et omnibus rite ordinatis, A quad. quad. $\overline{+\text{D plano 2} - \text{B quad.}}$ in A quad. + B in S planum 2 in A, æquabitur S plano-plano — D plano-plano. ut est enunciatum.

Si 1 Q + 8 N æquetur 20. differentia inter 40 & 60. 1 Q Q + 16 Q + 960 N, æqua-bitur 2000.

THEOREMA VIII.

S I A quadr. — B in A æquetur S plano — D plano: A quadr. quadr. $\overline{+\text{D plano 2} - \text{B quad.}}$ in A quad. —B in S planum 2 in A, æquabitur S plano-plano —D plano-plano.

Nec diffimilis est ab ea quæ antecedente Theoremate expofita est demonftratio.

Si 1 Q — 8 N æquetur 20. differentia inter 40 & 60. 1 Q Q + 16 Q — 960 N, æqua-bitur 2000.

THEOREMA IX.

S I B in A — A quad. æquetur S plano — D plano : B in D planum 2 in A $\overline{+\text{B quad.} - \text{S plano}}$ 2 in A quad. — A quad.-quad, æquabitur S plano plano — D plano-plano.

Nec diffimilis est ab ea quæ in feptimo hujus Theorematis capite expofita est de-monftratio.

Si 12 N — 1 Q æquetur 20. differentia inter 40 & 60. 960 N + 24 Q — 1 Q Q, æqua-bitur 2000.

De quadrato-quadratis affectis fub cubo.

THEOREMA X.

S I A quad. + B in A æquetur Z plano: A quad. quad. $\overline{+\frac{\text{B in Z planum 2} + \text{B cubo}}{\text{Z plano} + \text{B quad.}}}$ in A cubum, æquabitur $\frac{\text{Z plano-plano-plano}}{\text{Z plano} - \text{B quad.}}$.

Quoniam enim A quad. + B in A æquatur Z plano, igitur per antithefin, A quad. æquabitur Z plano — B in A. Omnia ducantur in A, ergo A cubus æquatur Z plano in A — B in A quad. feu aliter ex defignato A quadrati valore, A cubus æquatur Z plano in A — B in Z planum + B quad. in A. Et utraque parte hujus æquationis divifa per Z planum + B quad. $\frac{\text{A cubus} + \text{Z plano in B}}{\text{Z plano} + \text{B quad.}}$ æquabitur A. Quod igitur dicitur, A quad. æquari Z plano — B in A, idipfum ex defignato A valore ita exprimitur. A quad. æquatur, $\frac{\text{Z plano-plano} - \text{B in A cubum}}{\text{Z plano} + \text{B quad.}}$. Rurfus venio ad primam propofitam æquationem : A quad. + B in A, æquari Z plano. Vtraque pars ducitor quadratice : igitur A quad. quad. + B in A cu-bum 2 + B quad. in A quad, æquabitur Z plano-plano. Iam affectio B quadrati in A qua-dratum, interpretationem accipito ex poftremum defignato A quadrati valore, ipfa erit $\overline{\frac{\text{B quad. in Z plano-plaum} - \text{B cubo in A cubum}}{\text{Z plano} + \text{B quad.}}}$. Qua interpretatione adfcita, & omnibus rite ordinatis; A quad. quad. $\overline{+\frac{\text{B in Z planum 2} + \text{B cubo}}{\text{Z plano} + \text{B quad.}}}$ in A cubum, æquabitur $\frac{\text{Z plano-plano-plano}}{\text{Z plano} + \text{B quad.}}$. ut est ordinatum.

Si 1 Q + 14 N æquatur 147. 1 Q Q + 20 C, æquabitur 9261.

THEO-

THEOREMA XI.

S<small>I</small> A quad. — B in A, æquetur Z plano. A quad. quad. $\frac{-\text{B in Z planum 2} - \text{B cubo}}{\text{Z plano} + \text{B quad.}}$ in A cubum, æquabitur $\frac{\text{Z plano-plan. plan.}}{\text{Z plano} + \text{B quad.}}$

Nec diffimilis eft ab ea quæ in antecedente Theoremate expofita eft demonftratio.

Si 1 Q — 14 N, *æquetur* 147. 1 Q Q — 20 C, *æquabitur* 9261.

THEOREMA XII.

S<small>I</small> B in A — A quadrato, æquetur Z plano. $\frac{\text{B cubus} - \text{B in Z planum 2}}{\text{B quad.} - \text{Z plano}}$, æquabitur $\frac{\text{Z plano-plano-plano,}}{\text{B quad.} - \text{Z plano}}$.

Nec diffimilis eft ab ea quæ in decimo hujus capitis Theoremate expofita eft demonftratio.

Si 21 N — 1 Q, *æquetur* 98. 15 C — 1 Q Q, *æquabitur* 2744.

CAPVT XIV.

Deductiva affectorum aliquot cuborum ab affectis quadratis.

THEOREMA I,

S<small>I</small> A quad. + B in A, æquetur Z plano. $\overline{\text{B quad.} + \text{Z plano}}$ in A — A cubo, æquabitur B in Z planum.

Quoniam enim A quad. + B in A, æquatur Z plano. Omnia ducantur in A: igitur A cubus + B in A quad, æquabitur Z plano in A. Sed & ex iis quæ propofita funt, A quad. æquatur Z plano — B in A. Quare adfcita ea interpretatione in æquatione cubica, ad exprimendum valorem folidi B in Aquadratum, A cubus + B in Z planum — B quad. in A, æquabitur Z plano in A, & omnibus rite ordinatis, $\overline{\text{Z planum} + \text{B quadr.}}$ in A — A cubo, æquabitur B in Z planum. ut eft enunciatum.

Si 1 Q + 8 N, *æquetur* 20. 84 N — 1 C, *æquabitur* 160.

THEOREMA II.

S<small>I</small> A quad. — B in A, æquetur Z plano. A cubus $\overline{-\text{B quadr.} - \text{Z plano}}$ in A, æquabitur B in Z planum.

Nec diffimilis eft ab ea quæ in antecedente Theoremate expofita eft demonftratio.

Si 1 Q — 8 N, *æquetur* 20. 1 C — 84 N, *æquabitur* 160.

THEOREMA III.

S<small>I</small> B in A — A quad, æquetur Z plano. $\overline{\text{B quadr.} - \text{Z plano}}$ in A — A cubo, æquabitur B in Z planum.

Nec diffimilis eft ab ea quæ in primo hujus capitis Theoremate expofita eft demonftratio.

Si 12 N — 1 Q, *æquetur* 20. 124 N — 1 C, *æquabitur* 240.

THEOREMA IV.

S<small>I</small> A quad. + B in A, æquetur B in D. A cubus + $\overline{\text{B+D}}$ in A quad, æquabitur B in D quadratum.

Quoniam enim A quad. — B in A, æquatur B in D. Omnia ducantur in A, igitur A cubus

bus + B in A quad. , æquabitur B in D in A. Sed ex iis quæ proponuntur $\frac{B \ in \ D \ - \ A \ quad.}{B}$ æquatur A. Quare ea interpretatione adſcita ad exprimendum valorem ſolidi B in D in A: A cubus + B in A quad. , æquabitur B in D quad. — D in A quad. & adhibita congrua metatheſi. A cubus + $\overline{B + D}$ in $\overline{A}$ quad., æquabitur B in D quad. ut eſt ordinatum.

Si 1 Q + 16 N, *æquatur* 80. *faſto ex* 16 *in* 5.   1 C. + 21 Q, *æquabitur* 400.

THEOREMA V.

SI A quad. — B in A, æquetur B in D. $\overline{B + D}$ in A quad. — A cubo, æquabitur B in D quad.

Nec diſſimilis eſt ab ea quæ in antecedente Theoremate expoſita eſt demonſtratio.

Si 1 Q — 16 N, *æquatur* 80. *faſto ex* 16 *in* 5.   21 Q — 1 C, *æquabitur* 400.

THEOREMA VI.

SI B in A — A quad., æquetur B in D. $\overline{B - D}$ in A quad. — A cubo, æquabitur B in D quad.

Nec diſſimilis eſt ab ea quæ in quarto hujus capitis Theoremate expoſita eſt demonſtratio.

Si 9 N — 1 Q, *æquetur* 18. *faſto ex* 9 *in* 2.   7 Q — 1 C, *æquabitur* 36.

CAPVT XV.

Ambiguitates radicum, quarum poteſtates de homogeneis adfeſtionum in adæquationibus negantur, demonſtratæ.

THEOREMA.

OStendendum eſt quum in æquationibus poteſtates de homogeneis adfectionum negantur, radices eſſe ancipites.

Proponatur differentia inter B & A eſſe æqualis S: & ſit B major quam S. aut igitur exceſſus eſt penes B, vel penes A. Primo caſu, B — A æquetur S: itaque B — S ſit A. Secundo caſu A — B æquetur S: itaque B + S ſit A. Quoniam autem primo caſu B — A æquatur S, utraque pars æqualitatis ducatur quadratice, igitur B quad. — B in A 2 + A quad, æquabitur S quad. & æqualitate ordinata, B in A 2 — A quad, æquale ſit B quad. — S quad. Quoniam vero ſecundo caſu, A — B æquatur S, utraque pars æqualitatis ducatur quadratice, igitur B quad. — B in A 2 + A quad. æquabitur S quad. & æqualitate ordinata, B in A 2 — A quad. rurſus æquale ſit, Bq. — Sq. Vtroque igitur caſu in eandem inciditur æquationis formulam: eſt autem radix duplex ; ipſa vero formula æquationis eſt, ut planum ſub latere, adficiatur multa quadrati.

Sit B 6. S 4. A 1 N.   12 N — 1 Q, *æquatur* 20. *& ſit* 1 N. 6 — 4 *vel* + 4.

Quam amphiboliam in omnibus ſimilibus æquationibus locum habere ſatis intelligitur, ut ſi proponatur D in A — A quad, æquati Z plano: ipſa D dicetur eſſe B 2, & Z planum eſſe B quad. — S. quad.

Porro, per ſextum Theorema antecedentis capitis, apparet ab ea quadrati ambigui æquatione, derivari cubos negatos de ſolidis ſub paradico gradu; & per tertium, ſextum, & nonum capitis duodecimi, ab eadem derivari quadrato-quadrata negata de plano-planis ſub parodico gradu, quod ad ulterioris ordinis æquationes poſſe extendi ſatis ſit manifeſtum.

CAPVT XVI.

De Syncriſi.

SYncriſis eſt duarum æquationum correlatarum mutua inter ſe ad deprehendendum earum conſtitutionem collatio.

Duç

Duæ autem æquationes correlatæ intelliguntur, quum ambæ similes sunt, & præterea iisdem datis magnitudinibus constant, sive adfectionum parabolis, sive adfectionum homogeneis. Radices tamen ideo diversæ sunt, quoniam vel ipsæ æquationum formulæ de duabus pluribusve radicibus, ex sui constitutione sunt explicabiles, vel in iis diversa est adfectionum qualitas, seu nota.

Ac de simplicioribus quidem correlatis sufficiet doctrina, id est una tantum adfectione obvolutis, ut pote quarum vi, de iis quæ passionibus abundant, plastices peritus ratiocinabitur secure.

Correlatarum igitur simpliciorum æquationum, tres sunt differentiæ.

Prima est ancipitum, in quarum utraque potestas negatur de homogenea adfectionis.

Altera est contradicentium, in quarum una potestas adficitur adfirmare, in altera negate.

Tertia est inversarum, in quarum una, potestas adficitur multa homogeneæ adfectionis, in altera è contra, homogenea adfectionis multatur potestate.

Sive autem ancipitum, sive contradicentium, sive inversarum æquationum constitutio, syncrisi cognoscetur probe: ineundæ siquidem syncriseos hæc est ratio. Quoniam enim quæ uni æquantur inter se æqualia sunt ⁊ proponuntur autem potestates duæ adficientes, adfectævæ, eidem datæ omnino magnitudini homogeneæ comparari⁊ ipsum autem adfectum, adficiensve homogeneum, utrivis potestati immixtum, fieri sub parodicis iisdem gradibus, eademque parabola. Ergo potestas radicis una cum homogeneo sub suo gradu parodico, æquabitur potestati alterius una cum homogeneo sub suo quoque gradu parodico⁊ & translatis ad unam ita constitutæ quoque æquationis partem potestatibus⁊ ad alteram vero, iis quæ sub gradibus fiunt adfectionum homogeneis, erit rursum æqualitas. Unde quum differentia aut aggregatum potestatum, applicabitur ad differentiam vel aggregatum laterum, (uter vero terminus, opus indicabit.) faciet oriri magnitudinem parabolæ æqualem: cujus ideo evidens erit constitutio.

Quod si postea utravis positarum æquationum, syncrisi expositarum, non jam sub ipsamet parabola exhibeatur, seu sub æquo parabolæ (prout ejus constitutio agnita fuit) valore: quod ordinabitur, erit consequenter dato comparationis homogeneo æquale, cujus ideo constitutio non poterit ignorari: quoniam orietur illud ex facti ab aggregato vel differentia radicum, aut graduum, in planum sub radicibus applicatione ad eundem cui antecedens applicatio facta est terminum, sive differentiam, sive aggregatum.

Secundum quæ, proficiscuntur parabolæ adfectionum in ancipitibus, ex applicatione differentiæ potestatum ad differentiam eorum quos metitur parabola graduum.

Homogenea vero comparationum, ex applicatione differentiæ factorum reciproce, à potestate unius radicis in gradum alterius, ad prædictam cui altera applicatio facta est, graduum differentiam.

Id autem obiter est demonstrandum.

PROBLEMA I.

DUarum ancipitum æquationum constitutionem, ex syncrisi dignoscere.

Pro-

Proponatur B parabola in A gradum — A poteſtate, æquari Z homogeneæ. & rutſus eadem B parabola in E gradum — E poteſtate, æquari Z homogeneæ.

Vnde par exiſtit gradus & par poteſtas. Oportet ex ſyncriſi earum æquationum conſtitutionem dignoſcere.

Quoniam igitur quæ uni æquantur æqualia ſunt inter ſe : manifeſtum eſt B parabolam in A gradum — A poteſtate, æquari B parabolę in E gradum — E poteſtate. & per antitheſin, ſtatuendo ſi placet A majorem quam E, quod quidem hic liberum eſt, propter præſuppoſitam radicum ἀμφιβολίαν. A poteſtas — E poteſtate, æquabitur B parabolę in A gradum — B parabola in E gradum. Et omnibus per A gradum — E gradu diviſis, $\frac{A\ poteſtas\ —\ E\ poteſtate.}{A\ gradui\ —\ E\ gradu.}$ æquabitur B parabolæ.

Oritur ergo B parabola, ex applicatione differentiæ poteſtatum ad differentiam graduum : ut eſt conſtitutum.

Porro, quum B parabola in A gradum — A poteſtate, æquetur Z homogeneæ : in locum B paraboles ſubrogetur jam agnitus ejus valor, & ea ſubrogatione æquatio reformetur : ergo $\frac{A\ poteſtas\ in\ E\ gradum\ —\ E\ poteſtat\ in\ A\ gradum}{A\ gradui\ —\ E\ gradu}$, æquabitur Z homogeneæ.

Oritur ergo Z homogenea ex applicatione differentiæ factorum reciproce, à poteſtate unius radicis in gradum alterius, ad differentiam graduum : ut eſt quoque conſtitutum.

In ſpecie.

Proponatur B in A — A quad, æquari Z plano. Et rurſus B in E — E quadr, æquari Z plano.

Oportet ex ſyncriſi earum æquationum conſtitutionem dignoſcere : quoniam igitur quæ uni æquantur æqualia ſunt inter ſe, manifeſtum eſt B in A—A quad., æquari B in E — E quad. Et per antitheſin, ſtatuendo ſi placet A majorem quam E, quod quidem hic liberum eſt, propter ſuppoſitam radicum ἀμφιβολίαν. A quad. — E q., æquabitur B in A — B in E, & omnibus per A — E diviſis. $\frac{A\ quad.\ —\ E\ quad.}{A\ —\ E.}$ id eſt A + E, æquabitur B.

Eſt igitur B ſumma duorum de quibus quæritur laterum, oriunda ex applicatione differentię quadratorum, ad differentiam laterum: ut eſt generaliter conſtitutum.

Porro quum B in A —A quad., æquetur Z plano : ſi in locum B, ſubrogetur jam agnitus ipſius valor $\frac{A\ quad.\ —\ E\ quad.}{A\ —\ E.}$ ſeu A+E. $\frac{A\ quad.\ in\ A\ —\ E\ quad.\ in\ A}{A\ —\ E}$ id eſt E in A, æquabitur Z plano.

Eſt igitur Z planum, id quod fit ſub duobus de quibus quæritur lateribus, ortum ex differentię factorum reciproce à quadrato unius in radicem alterius applicatione, ad differentiam laterum: ut eſt quoque generaliter conſtitutum.

Aliud.

Proponatur B planum in A — A cubo, ęquari Z ſolido, & rurſus B planum in E — E cubo, æquari Z ſolido.

Oportet ex ſyncriſi earum æquationum conſtitutionem dignoſcere : quoniam igitur quæ uni æquantur æqualia ſunt inter ſe, manifeſtum eſt B planum in A — A cubo, æquari B plano in E — E cubo. Et per antitheſin, ſtatuendo ſi placet A majorem quam E, quod quidem hic liberum eſt, propter ſuppoſitam radicum ἀμφιβολίαν. A cubus — E cubo, æquabitur B plano in A — B plano in E. Et omnibus per A — E diviſis $\frac{A\ cubus\ —\ E\ cubo}{A\ —\ E}$ id eſt A quad. — E quad. + A in E, æquabitur B plano.

Eſt igitur B planum aggregatum quadratorum à duobus de quibus quæritur lateribus, adjunctum ei quod ſub iis fit plano: & oritur ex applicatione differentiæ cuborum ad differentiam laterum: ut eſt generaliter conſtitutum.

Porro quum B planum in A—A cubo, æquetur Z ſolido: ſi in locum B plan. ſubrogetur, agnitus ejus valor, nempe $\frac{A\ cubus\ —\ E\ cubo}{A\ —\ E}$ ſeu A q.+E q. + A in E. $\frac{A\ cubus\ in\ E\ —\ E\ cubo\ in\ A}{A\ —\ E}$ id eſt, + A q.in E+E q.in A, æquabitur Z ſolido. Eſt igitur Z ſolidum quod fit ab aggregato laterum in planum ſub lateribus,& oritur ex differentię ipſorum factorum, reciproce à cubo unius lateris in latus alterius, applicatione ad differentiam ipſorum laterum : ut eſt quoque conſtitutum.

Conſtitutio igitur propoſitarum æquationum tandem ex ſyncriſi agnita eſt: ut faciendum erat.

Placeat exhibere formulam æquationis ancipitis quadraticę, de radice F & G, hac minore, illa majore explicabilis. dixero F + G in A — A q, æquari F in G : & fieri A, F vel G.

Sit F 10. G 2. A 1 N.formula æquationis erit 12 N — 1 Q,æquabitur 20. explicabilis de 10 vel 2.

Placeat

Placeat exhibere formulam æquationis cubi negati de homogeneo adfectionis sub latere, ut fit radix de F vel G explicabilis. dixero $F_{quad.}$ — $G_{quad.}$ — F in G in A — A cubo, æquari F in G quad. + G in F quad. & fieri A, F vel G.

Sit F 10. G 2. A1 N. formula æquationis erit 124 N — 1 C, *æquabitur* 240. *explicabilis de* 10, *vel* 2.

In contradicentibus, coëfficientes sub graduales proficiscuntur ex applicatione differentiæ poteftatum, ad aggregatum eorum quos fustinent coëfficientes graduum.

Homogenea vero datæ menfuræ, ex applicatione aggregati factorum reciproce, à poteftate radicis unius in gradum alterius, ad prædictum cui altera applicatio facta est graduum aggregatum: id autem quoque obiter est demonftrandum.

PROBLEMA II.

DVarum contradicentium æquationum conftitutionem ex fyncrifi agnofcere.

Proponatur A poteftas + B coëfficiente in A gradum, æquari Z homogeneo. Et rurfus E poteftas — eadem B coëfficiente in E gradum, æquari eidem Z homogeneo.

Vnde par exiftit gradus & par poteftas. Oportet ex fyncrifi earum æquationum conftitutionem agnofcere.

Quoniam igitur quæ uni æquantur æqualia funt inter fe, manifeftum eft. A poteftatem + B coëfficiente in A gradum, æquari E poteftati — B coëfficiente in E gradum. & per antithefin E poteftatem — A poteftate, æquari B coëfficienti in E gradum + B coëfficiente in A gradum. Itaque omnibus per E gradum + A gradu divifis. $\frac{E\ poteftas\ -\ A\ poteftate}{E\ gradui\ +\ A\ gradu.}$ æquabitur B coëfficienti.

Oritur ergo B coëfficiens fubgradualis, ex applicatione differentiæ poteftatum, ad aggregatum eorum quos fuftinet coëfficiens graduum: ut eft conftitutum.

Porro quum A poteftas + B coëfficiente in A gradum, æquetur Z homogeneo.

In locum B coëfficientis, fubrogetur jam agnitus ejus valor, videlicet $\frac{E\ poteftas\ -\ A\ poteftate}{E\ gradui\ +\ A\ gradu}$ & ea fubrogatione æquatio reformetur. ergo A poteftas + $\frac{E\ poteftate\ -\ A\ poteftate}{E\ gradui\ +\ A\ gradu.}$ in A gradum, æqu. Z homogeneo, hoc eft omnibus rite ordinatis $\frac{A\ poteftas\ in\ E\ grad.+B\ poteftate\ in\ A\ grad.}{B\ gradui\ +\ A\ gradu.}$ æqu. Z homogeneo.

Oritur ergo Z homogenea, ex applicatione aggregati factorum reciproce à poteftate radicis unius, in gradum alterius, ad prædictum cui altera applicatio facta eft graduum aggregatum: ut eft fecundo loco enunciatum.

In inverfis plane negatis, coëfficientes fubgraduales proficifcuntur ex applicatione aggregati poteftatum, ad aggregatum eorum in quos coëfficiens eft graduum.

Homogenea vero datæ menfuræ, ex applicatione differentiæ factorum reciproce à poteftate radicis unius, in gradum alterius, ad prædictum cui altera applicatio facta eft graduum in quos coëfficiens fubgradualis eft, aggregatum.

Idem quoque obiter eft demonftrandum.

PROBLEMA III.

DVarum inverfarum æquationum conftitutionem, ex fyncrifi agnofcere.

Proponatur A poteftas — B coëfficiente in A gradum, æquari Z homogeneo. Et rurfus eadem B coëfficiens in E gradum — E poteftate, æquari eidem Z homogeneo.

Vnde intelligantur A & E pares gradus, atque adeo pares poteftates. Oporteat autem æqualitatum harum conftitutionem agnofcere. Quoniam igitur quæ uni æquantur æqualia funt inter fe, manifeftum fit ex iis quæ proponuntur. A poteftatem — B coëfficiente in A gradum, æquari B coëfficienti in gradum — E poteftate, & per antithefin A poteftatem + E poteftate, æquari B coëfficienti in A gradum + B coëfficiente in E gradum.

Itaque omnibus per E gradum + A gradu divifis $\frac{A\ poteftas+E\ poteftate}{A\ gradui+b\ grad.}$ æquabitur B coëfficienti.

Id

Id ipfum autem eft quod primo loco enunciatur. Porro quum A poteftas — B coëfficiente fubgraduali in A grad, æquetur Z homog. In locum B coëfficientis, fubrogetur
æquus valor, videlicet. $\frac{A\,potestas\,-\,E\,potestate.}{A\,gradui\,-\,E\,gradu.}$ igitur A poteftas — $\frac{A\,potestate\,in\,A\,grad.\,+\,E\,potestate\,in\,A\,grad.}{A\,gradui\,+\,E\,gradu.}$
æquabitur Z homogeneo : hoc eft omnibus rite ordinatis, $\frac{A\,potestas\,in\,E\,grad.\,-\,E\,potestate\,in\,A\,grad.}{A\,gradui\,+\,E\,gradu.}$
æquabitur Z homogeneo. Quod ipfum eft quod fecundo loco enunciatur.

In inverfis autem quarum una per adfirmationem adficitur, altera per negationem,
coëfficientes fubgraduales proficifcuntur ex applicatione aggregati poteftatum ad differentiam eorum, in quos coëfficiens eft graduum.

Homogenea vero datæ menfuræ, ex applicatione aggregati factorum reciproce, à poteftate radicis unius in gradum alterius, ad prædictam cui altera applicatio facta eft graduum in quos coëfficiens eft, differentiam. Id autem quoque obiter eft demonftrandum.

Proponatur fi quidem A poteftas + B coëfficiente in A gradum, æquari Z homogeneo.
Et rurfus eadem B coëfficiens in E gradum — E poteftate, æquari eidem Z homogeneo.
Vnde intelligantur A & E pares gradus, atque adeo pares poteftates. Oporteat autem
æqualitatum harum conftitutionem agnofcere. Quoniam igitur quæ uni æquantur, æqualia funt inter fe, manifeftum fit ex iis quæ proponuntur. A poteftatem + B coëfficiente
in A gradum, æquari B coëfficienti in E gradum — E poteftate, & per antithefin A pote-
teftatem + E poteftate, æquari B coëfficienti in E gradum — B coëfficiente in A gradum.
Itaque omnibus per E gradum — A gradu divifis, $\frac{E\,potestas\,+\,A\,potestate,}{E\,gradui\,-\,A\,gradu.}$ æquabitur B coëfficienti. Quod ipfum eft quod primo loco enunciatur. Porro quum A poteftas + B coëf-
ficiente in A gradum, æquetur Z homogeneo : in locum B coëfficientis fub gradualis, fub-
rogetur æquus valor, videlicet $\frac{E\,potestas\,+\,A\,potestate}{E\,gradui\,-\,A\,gradu.}$ igitur A poteftas + $\frac{E\,potestate\,+\,A\,potestate\,in\,A}{E\,gradui\,-\,A\,gradu.}$ in A
gradum, æquari Z homog. hoc eft omnibus rite ordinatis $\frac{A\,potestas\,in\,E\,grad.\,+\,E\,potestate\,in\,A\,grade}{E\,gradui\,-\,A\,gradu.}$
æquari Z homogeneo. Quod ipfum eft quod fecundo loco enunciatur.

Et ancipites quidem dicimus omnino & in omni poteftatum ordine efficaces, quoniam agnita femel magiftra, liberior eft ad comitem tranfitus, ut ex Zeteticis clarum eft.

At contradicentes & inverfæ, interdum efficaces funt, interdum minime, idque è gradu poteftatis definitur, utpote contradicentes fub latere, ita demum funt efficaces, fi
hærent in quadrato, vel poteftatibus exinde alternis, videlicet, quadrato-quadrato, cubo-cubo: & eo continuo ordiñe.

In bafe autem & poteftatibus exinde alternis, videlicet cubo, & quadrato-cubo, &
eo continuo ordine, cenfemus pigras & inefficaces: quoniam nihil folatii præfidiive affe-
runt Analyftæ, quo fibi pateat ad ἀντιβαλλομένας facilior fæliciorve aditus.

Vt contra, inverfæ fub latere, quum utraque negata eft, efficaces funt fi hærent fub cubo, quadrato-cubo, &c.

Caufa eft, quod quando differentia poteftatum applicatur ad differentiam radicum,
quæ inde oritur magnitudo, æqua fit effectis continue proportionalibus ab radicibus iifdem, ferie undique affirmata, in quocunque poteftatum ordine, fecundum ea quæ expofita funt in capite de genefi poteftatum à binomia radice.

At quum differentia poteftatum applicatur ad aggregatum radicum, quæ inde oritur
magnitudo, æqua fit effectis continue proportionalibus proftaphæretice alterne tantum-
modo, quum poteftates funt cubi, quadrato-cubi, & eo deinceps ordine incedentes
alterne.

Cæterum dum aggregatum poteftatum applicatur ad differentiam radicum, nulla inde occurrit magnitudo æqua proportionalibus continue effectis, five per gradus fcalæ
numero pares, five impares, climacticæ magnitudines procedant.

CAPVT XVII.

Syncriticæ doctrinæ Geometrica phrafis.

HÆc autem fyncritica judicia, exornantur & expoliuntur per aliquot
analogias, quibus excitatur Geometrica Mechanice, ac evidentior fit
& paratior.

THEOREMA I.

Si fuerit feries trium proportionalium:eft ut prima ad tertiam,ita quadratum è prima ad quadratum è fecunda.

Et fi quatuor: eft ut prima ad quartam, ita cubus è prima ad cubum è fecunda.

Et fi quinque: eft ut prima ad quintam; ita quadrato-quadratum è prima ad quadrato-quadratum è fecunda.

Et fi fex: eft ut prima ad fextam, ita quadrato-cubus è prima ad quadrato-cubum è fecunda.

Et fi feptem: eft ut prima ad feptimam, ita cubo-cubus è prima ad cubo-cubum è fecunda.

Nam quadratum eft poteftas rationis duplicatæ, cubus triplicatæ, quadrato-quadratum quadruplicatæ, &c. ut alibi annotatum eft: itaque poteftatibus fingulis, fuæ addicuntur proportionalium feries, fecundum earum conditionem.

THEOREMA II.

Si fuerit feries trium proportionalium: eft ut prima ad tertiam, ita aggregatum quadratorum à fingulis duabus primis ad aggregatum quadratorum à fingulis duabus poftremis.

Et fi quatuor: eft ut prima ad quartam, ita aggregatum cuborum à fingulis tribus primis ad aggregatum cuborum à fingulis tribus poftremis.

Et fi quinque: eft ut prima ad quintam; ita aggregatum quadrato·quadratorum à fingulis quatuor primis ad aggregatum quadrato-quadratorum à fingulis quatuor poftremis.

Et fi fex: eft ut prima ad fextam, ita aggregatum quadrato-cuborum à fingulis quinque primis ad aggregatum quadrato·cuborum à fingulis quinque poftremis.

Et fi feptem: eft ut prima ad feptimam, ita aggregatum cubo-cuborum à fingulis fex primis ad aggregatum cubo-cuborum à fingulis fex poftremis.

Quoniam enim ut prima ad tertiam, ita eft quadratum primæ ad quadratum fecundæ, ut vero quadratum primæ ad quadratum fecundæ, ita quadratum fecundæ ad quadratum tertiæ. Ergo per fynærefin, eft ut prima ad tertiam, ita quadratum primæ plus quadrato fecundæ ad quadratum fecundæ plus quadrato tertiæ. Nec diffimiliter in reliquis feriebus proportionalium & conditionariis fecundum rationem extremarum poteftatibus, licet arguere & ratiocinari.

THEOREMA III.

Si fuerit feries trium proportionalium: eft ut prima ad tertiam, ita quadratum compofitæ è duabus primis ad quadratum compofitæ è duabus poftremis.

Et fi quatuor: eft ut prima ad quartam, ita cubus compofitæ ex tribus primis ad cubum compofitæ ex tribus poftremis.

Et fi quinque: eft ut prima ad quintam, ita quadrato-quadratum compofitæ è quatuor primis ad quadrato-quadratum compofitæ è quatuor poftremis.

Et fi fex: eft ut prima ad fextam, ita quadrato-cubus compofitæ è quinque primis ad quadrato-cubum compofitæ è quinque poftremis.

Et fi feptem: eft ut prima ad feptimam; ita cubo-cubus compofitæ ex fex primis ad cubo-cubum compofitæ ex fex poftremis.

Pet

Per synęresin enim, est ut prima ad secundam, ita composita ex omnibus minus prima ad compositam ex omnibus minus altera extrema, quotcunque proportionalium sit series. In unaquaque autem serie exponitur sua potestas conditionaria: id est tantuplicatæ rationis, quam extremarum comparatio exigit.

Theorema IV.

Si fuerit series trium proportionalium: est ut prima ad tertiam, ita differentia quadratorum à duabus primis ad differentiam quadratorum à duabus postremis.

Et si quatuor: est ut prima ad quartam, ita differentia cuborum à tribus primis alterne sumptis ad differentiam cuborum à tribus postremis alterne sumptis.

Et si quinque: est ut prima ad quintam, ita differentia quadrato-quadratorum à quatuor primis alterne sumptis ad differentiam quadrato-quadratorum à quatuor postremis alterne sumptis.

Et si sex: est ut prima ad sextam, ita differentia quadrato-cuborum à quinque primis alterne sumptis ad differentiam quadrato-cuborum à quinque postremis alterne sumptis.

Et si septem: est ut prima ad septimam, ita differentia cubo-cuborum à sex primis alterne sumptis ad differentiam cubo-cuborum à sex postremis alterne sumptis.

Theorema V.

Si fuerit series trium proportionalium: est ut prima ad tertiam, ita quadratum differentiæ duarum primarum ad quadratum differentiæ duarum postremarum

Et si quatuor: est ut prima ad quartam, ita cubus differentiæ trium primarum alterne sumptarum ad cubum differentiæ trium postremarum alterne sumptarum.

Et si quinque: est ut prima ad quintam, ita quadrato-quadratum differentiæ quatuor primarum alterne sumptarum ad quadrato-quadratum differentiæ quatuor postremarum alterne sumptarum.

Et si sex: est ut prima ad sextam, ita quadrato-cubus differentiæ quinque primarum alterne sumptarum ad quadrato-cubum differentiæ quinque postremarum alterne sumptarum.

Et si septem: est ut prima ad septimam, ita cubo-cubus differentiæ sex primarum alterne sumptarum ad cubo-cubum differentiæ sex postremarum alterne sumptarum.

Theorema VI.

Si fuerint quatuor continue proportionales: solidum compositum ex cubo quartæ, & triplo cubo secundæ, differt à solido composito ex cubo primæ & triplo cubo tertiæ, per cubum differentiæ extremarum.

Sint quatuor continue proportionales B, D, F, G, & sit G major extrema. Dico G cubum + D cubo 3 — B cubo — F cubo 3, equari $\overline{G-B}$ cubo. Enimvero $\overline{G-B}$ cubus, constat G cubo — B in G quad. 3 + B quad. in G 3 — B cubo, comparetur autem G cubo + D c. 3 — B c. — F c. 3. Superest ut B quad. in G 3 — B in G quad. 3, equetur D cubo 3 — F cubo 3.

Id autem ita se habet, nam B quad. in G est D cubus, & B in G quad. F cubus.

Theorema VII.

Si fuerint quatuor continue proportionales: solidum compositum ex cubo quartæ & triplo cubo secundæ, adjunctum solido composito ex cubo

primæ & triplo cubo tertiæ, æquatur cubo aggregati extremarum.
Eadem enim viget quę in antecedente Theoremate demonſtratio.

CAPVT XVII

Æquationum ancipitum conſtitutiva:

Gnitæ per ſyncriſin ancipites æquationes, aut plaſmatis reſolutione, aut denique Zeteſeos vi, iſto modo fere ſe habent.

De affectis ſub depreſſiore gradu, ſeu latere.

THEOREMA I.

SI B in A—A quad., æquetur Z plano: eſt B compoſita è duobus lateribus, ſub quibus quod fit rectangulum, æquum eſt Z plano: & fit A latus majus minuſve.

Sunt duo latera 2 & 10. dicetur 12 N — 1 Q, *aquari* 20. *& fiet* 1 N 2, *vel* 10.

THEOREMA II.

SI B planum in A—A cubo, æquetur Z ſolido: eſt B planum compoſitum ex quadratis trium proportionalium: & Z ſolidum quod fit ductu alterius extremæ in aggregatum quadratorum à reliquis: & fit A prima vel tertia.

Sunto proportionales. 2. √ 20. 10. dicetur 124 N — 1 C, *aquari* 240. *& fit* 1 N 2, *vel* 10.

THEOREMA III.

SI B ſolidum in A—A quad.-quad., æquetur Z plano-plano: eſt B ſolidum compoſitum ex cubis quatuor continue proportionalium : & Z plano-planum quod fit ductu alterius extremæ, in aggregatum cuborum à tribus reliquis: & fit A prima vel quarta.

Sunto continue proportionales. 2. √ C 40. √ C 200. 10. Dicetur 1 248 N — 1 QQ. *aquari* 2480. *& fiet* 1 N 2, *vel* 10.

THEOREMA IV.

SI B plano-planum in A—A quad.-cubo, æquetur Z plano ſolido: eſt B plano-planum compoſitum ex quad.-quadratis quinque continue proportionalium: & Z plano ſolidum quod fit ductu alterius extremæ in aggregatum quadrato-quadratorum à quatuor reliquis: & fit A prima vel quinta.

Sunto continue proportionales 2. √ 80. √ 20. √ 2000. 10. Dicetur 12496 N— 1 Q C, *aquari.* 24960. *& fiet* 1N 2, *vel* 10.

THEOREMA V.

SI B plano-ſolidum in A —A cubo-cubo, æquetur Z ſolido-ſolido : eſt B plano ſolidum compoſitum ex quadrato-cubis ſex continue proportionalium:& Z ſolido-ſolidum quod fit ductu alterius extremæ in aggregatum quadrato-cuborum à quinque reliquis : & fit A prima vel ſexta.

Sunto continue proportionales: 2. √ QC.160. √ QC.800. √ QC. 4000. √ QC.20000. 10. Dicetur, 124992 N —1 CC, *aquari* 249920. *& fit* 1 N 2, *vel* 10.

De affectis ſub elatiore gradu, ſeu lateri reciproco.

THEOREMA VI.

SI B in A quad. —A cubo, æquetur Z ſolido: eſt B compoſita ex tribus proportionalibus, & Z ſolidum quod fit ductu alterius extremæ in quadratum compoſitæ è duabus reliquis : & fit A compoſita è duabus primis, vel è duabus poſtremis.

Sint proportionales, 1. 2. 4. *Dicetur* 7 Q —1C, *aquari* 36. *& fit* 1N 3, *vel* 6.

THEOREMA VII.

SI B in A cubum— A quad.quad. æquetur Z plano-plano: eſt B compoſita ex quatuor continue proportionalibus: & Z plano-planum, quod fit ductu alterius extremæ in cubum compoſitæ è tribus reliquis: & fit A compoſita è tribus primis, vel è tribus poſtremis.

Sint

Sint continue proportionales 1. 2. 4. 8.   *Dicetur* 15 C — 1 Q Q, *æquari* 2744. *& fiet* 1 N 7, *vel* 14.

THEOREMA VIII.

S I B in A quad. quad. — A quadrato-cubo, æquetur Z plano-solido: est B composita ex quinque continue proportionalibus, & Z plano-solidum quod fit ductu alterius extremæ in quadrato-quadratum compositæ è quatuor reliquis: & fit A composita ex quatuor primis, vel quatuor postremis.

Sint continue proportionales 1. 2. 4. 8. 16.   31 Q Q — 1 Q C, *æquabitur* 810000. *& fit* 1 N 15, *vel* 30.

THEOREMA IX.

S I B in A quadrato-cubum — A cubo-cubo, æquetur Z solido-solido: est B composita ex sex continue proportionalibus, & Z solido-solidum quod fit ductu alterius extremæ in quadrato-cubum compositæ à reliquis: & fit A composita ex quinque primis, vel è quinque postremis.

Sint continue proportionales 1. 2. 4. 8. 16. 32.   63 Q C — 1 CC, *æquatur* 916132832. *& fit* 1 N 31, *vel* 62.

De affectis sub gradibus intermediis quæ per interpretationem deprimuntur.

THEOREMA X.

S I B planum in A quad. — A quad. quad, æquetur Z plano-plano: est B planum compositum ex duobus quadratis duorum laterum, quorum primi ductu in secundum fit Z plano-planum : & fit A quadratum majus duorum, minusve.

Sint latera 1. 4. *Dicetur* 17 Q — 1 Q Q, *æquari* 16. *& fit* 1 N 1, *vel* 4. *Quod si unus numerus intelligatur quadratum, radixve plana.* 17 N — 1 Q, *æquabitur* 16. *& fit* 1 N 1, *vel* 16.

THEOREMA XI.

S I B solidum in A cubum — A cubo-cubo, æquetur Z solido-solido: est B solidum compositum ex duobus cubis, quorum primi ductu in secundum fit Z solido-solidum, & fit A cubus major duorum, minorve.

Sunto latera 1. 8. *Dicetur* 513 C — 1 CC, *æquari* 512. *& fit* 1 N 1, *vel* 8. *Quod si* 1 N *intelligatur cubus radixve solida,* 513 N — 1 Q, *æquabitur* 512. *& fit* 1 N 1, *vel* 512.

THEOREMA XII.

S I B plano-planum in A quad. — A cubo-cubo, æquetur Z solido-solido : est B planum compositum ex quadratis trium planorum proportionalium, & Z solido-solidum quod fit ab uno plano in aggregatum quadratorum à duobus reliquis planis: & fit A quadratum majus, minusve.

Sunto tria plana proportionalia. 1. 2. 4. *Dicetur* 21 Q — 1 CC, *æquari* 20. *& fit* 1 N 1, *vel* 2. *Quod si* 1 N *intelligatur quadratum radixve plana,* 21 N — 1 C, *æquabitur* 20. *& fiet* 1 N 1, *vel* 4.

THEOREMA XIII.

S I B planum in A quad. quad. — A cubo-cubo, æquetur Z solido-solido : est B planum compositum à tribus planis proportionalibus, & Z solido-solidum quod fit ab uno plano, in quadratum compositi ex duobus reliquis: & fit A quadratum majus duorum, minusve.

Sint tria proportionalia plana 5. 20. 80. *Dicetur* 105 $QQ - 1CC$, *aquari* 50000. *& fit* 1 N 5, *vel* 10.

Inventio autem trium planorum proportionalium, quorum medium adfcito five primo five poftremo, fit quadratum numero, patet ex hac ferie.

$$\overline{\frac{B \text{ quadrato-quadratum.}}{B \text{ quadr.} + G \text{ quadr.}}} \quad \overline{\frac{B \text{ quad. in } G \text{ quad.}}{B \text{ quad.} + G \text{ quad.}}} \quad \overline{\frac{G \text{ quadrato-quadratum.}}{B \text{ quad.} + G \text{ quad.}}}$$

Diċtante videlicet Zetefi. Sit enim medium planorum E planum : & primum ftatuatur B quad. — E plano, poftremum G quad. — E plano : quum igitur primo plano addetur E planum, fiet quadratum, nempe B quadratum : & quum poftremo plano addetur E planum, fiet quadratum, nempe G quadratum : reftat igitur ut ea tria plana proportionalia fint, & confequenter quod à medio fit in fe, æquetur ei quod fit ab extremis, qua compatatione fecundum artem inita, $\frac{B \text{ quad. in } G \text{ quad.}}{B \text{ quad.} - G \text{ quad.}}$ invenitur æquari E plano.

Sit B 1. *G* 2. *plana quefita erunt* $\frac{1}{5}$ $\frac{4}{5}$ $\frac{16}{5}$. *Medium adfcito primo facit* 1. *adfcito vero poftremo facit* 4. *eadem plana ducantur in aliquod quadratum ut pote* 25. *fiunt* 5. 20. 80. *qualia ad exemplum adfumpta funt.*

De reliquis.

THEOREMA XIII.

Sı B folidum in A quad. — A quadrato-cubo, æquetur Z plano-folido: eft B folidum conftans cubo compofitæ è duabus primis in ferie trium proportionalium, plus cubo compofitæ è duabus poftremis, & infuper folido, quod fit ductu alterius extremarum in quadratum compofitæ ex fecunda & tertia.

Et Z plano-folidum quod fit à B folido minus cubo à duabus primis in quadratum compofitæ ex prima & fecunda; vel à cubo compofitæ ex fecunda & tertia, plus folido fub tertia, & quadrato compofitæ ex prima & fecunda in quadratum compofitæ ex prima & fecunda.

Et fit A compofita ex duabus primis, vel compofita ex duabus poftremis.

Sint proportionales 1. 2. 4. 279 $Q - 1QC$, *aquabitur* 2 268. *& fiet* 1 N 3, *vel* 6.

THEOREMA XV.

Sı B planum in A cubum — A quadrato-cubo, æquetur Z plano-folido: eft B planum conftans quadrato compofitæ à tribus primis in ferie quatuor continue proportionalium, plus quadrato compofitæ è tribus poftremis, minus plano quod fit à tertia in compofitam ex tertia, fecunda, & prima; vel à fecunda in compofitam ex fecunda, tertia & quarta.

Et Z plano-folidum quod fit à B plano, minus quadrato compofitæ ex tribus poftremis in cubum compofitæ è tribus poftremis; vel abs B plano, minus quadrato compofitę ex tribus primis in cubum compofitę ex tribus primis, & fit A compofita ex tribus primis, vel compofita ex tribus poftremis.

Sint proportionales continue 1. 2. 4 8. 217 $C - 1QC$, *aquabitur* 57624. *& fit* 1 N 7, *vel* 14.

CAPVT XIX.

Æqualitatum contradicentium conftituti-va.

Contradicentium autem conftitutio eft hujufmodi.

THEOREMA I.

Sı A quad. + B in A, æquetur Z plano, & rurfus E quad. — B in E, æquetur Z plano: funt duo latera quorum differentia eft B, quod autem fub eis fit, æquum eft Z plano, & fit A minus latus & E majus.

Sunto

Sunto latera 1. 2. 1 Q + 1 N, *æquatur* 2. & *fit* 1 N 1. *Rurſus* 1 Q — 1 N, *æquabitur* 2. & *fit* 1 N 2.

T H E O R E M A   I·I.

S I A quad. quad. + B ſolido in A, æquetur Z plano-plano, & rurſus E quad. quad. — B ſolido in E, æquetur Z plano-plano: ſunt quatuor continue proportionales, à quibus cubi alterne ſumpti differunt per B ſolidum. Fit autem Z plano-planum, ductu alterius extremę in differentiam cuborum à reliquis alterne ſumptorum: & eſt A prima minor inter extremas, E quarta.

Sunto continue proportionales 1. √C. 2. √C. 4. 2.   1 QQ + 5 N, *æquabitur* 6. & *fit* 1 N 1. *Rurſus* 1 Q Q — 5 N, *æquabitur* 6. & *fit* 1 N 2.

T H E O R E M A   III.

S I A cubo-cubus + B plano-ſolido in A , æquetur Z ſolido-ſolido, & rurſus E cubo-cubus — B plano-ſolido in E, æquetur Z ſolido-ſolido: ſunt ſex continue proportionales, à quibus quadrato-cubi alterne ſumptı, differunt per B plano-ſolidum. Fit autem Z ſolido-ſolidum, ductu alterius extremę in differentiam quadrato-cuborum à reliquis alterne ſumptorum, & eſt A prima minor inter extremas, E ſexta.

Sunto proportionales continue 1. √QC. 2. √QC. 4. √QC. 8. √QC. 16. 2. 1 C C + 21 N, *æquatur* 22. & *fit* 1 N 1. *Et rurſus* 1 C C — 21 N, *æquabitur* 22. & *fit* 1 N 2.

T H E O R E M A   IV.

S I A quad. quad. + B in A cubum, æquetur Z plano-plano, & rurſus E quad. quad. — B in E cubum, æquetur Z plano-plano: ſunt quatuor continue proportionales, quarum alterne ſumptarum differentia eſt B. Et fit Z plano-planum ex ductu utriuſvis extremę in cubum differentię reliquarum alterne ſumptarum, & dum intelligitur prima minor inter extremas, eſt A differentia alterne ſumpta trium primarum , E differentia trium poſtremarum.

Sunto proportionales continue 1. 2. 4. 8.   1 Q Q + 5 C, *æquabitur* 216. & *fit* 1 N 3. Et *rurſus* 1 Q Q — 5 C, *æquabitur* 216. & *fit* 1 N 6.

T H E O R E M A   V.

S I A cubo-cubus + B in A quadrato-cubum, æquetur Z ſolido-ſolido, & rurſus E cubo-cubus — B in E quadrato-cubum , æquetur Z ſolido-ſolido: ſunt ſex continue proportionales, quarum alterne ſumptarum differentia eſt B. Fit autem Z ſolido-ſolidum, ductu utriuſvis extremę in quadrato-cubum differentię reliquarum alterne ſumptarum, & dum intelligitur prima minor inter extremas, fit A differentia alterne ſumpta quinque primarum, & E differentia quinque poſtremarum.

Sunto continue proportionales , 1. 2. 4. 8. 16. 32. 1 C C + 21 QC, *æquatur* 5153632. & *fit* 1 N 11. Et *rurſus* 1 C C — 21 Q C, *æquabitur* 5153632. & *fit* 1 N 22.

C A P V T   XX.

Æqualitatum inverſarum conſtitutiva.

Inverſarum denique ſyſtatica ſunt hæc.

T H E O R E M A   I.

S I B planum in A — A cubo, æquetur Z ſolido, & rurſus E cubus — B plano in E, æquetur Z ſolido: ſunt tres proportionales , à quibus quadrata

alter-

alterne fumpta, differunt per B planum. Fit autem Z folidum, ductu alterius
extremæ in differentiam quadratorum à reliquis; & eſt A prima minor inter extremas, E tertia.

Sunto proportionales 1. √2. 2. 3 N — 1 C, *æquabitur* 2. *& fit* 1 N 1. *Et rurſus* 1 C — 3 N,
æquabitur 2. *& fit* 1 N 2.

THEOREMA II.

SI B plano-planum in A — A quadrato-cubo ; æquetur Z plano-ſolido,
& rurſus E quadrato-cubus — B plano plano in A; æquetur Z plano-ſolido: ſunt quinque continue proportionales longitudines, à quibus quadrato-quadrata alterne fumpta, differunt per B plano-planum. Fit autem Z plano-ſolidum , ductu alterius extremæ in differentiam quadrato-quadratorum à reliquis alterne fumptis : & fit A prima minor inter extremas , E
quinta.

Sint continue proportionales 1. √2. √4. √8. 2.   11 N — 1 QC, *æquatur* 10. *& fit* 1 N 1.
Et rurſus 1 QC — 11 N, *æquatur* 10. *& fit* 1 N 2.

THEOREMA III.

SI B in A quad. + A cubo, æquetur Z ſolido, & rurſus B in E quad. — E
cubo, æquetur Z ſolido: ſunt tres proportionales, quarum alterne fumptarum differentia eſt B. Fit autem Z ſolidum ductu alterutrius extremæ in
quadratum differentię reliquarum alterne fumptarum: & dum intelligitur
prima minor inter extremas, eſt A differentia alterne fumpta duarum primarum, E differentia duarum poſtremarum.

I. II. III.

Sunto proportionales 1. 2. 4. 3 Q + 1 C, *æquatur* 4. *& fit* 1 N 1. *Et rurſus* 3 Q —
1 C, *æquatur* 4. *& fit* 1 N 2.

THEOREMA IV.

SI B in A quad. quad. + A quadrato-cubo, æquetur Z plano-ſolido , &
rurſus B in E quad. quad. — E quadrato-cubo ; æquetur Z plano-ſolido:
ſunt quinque proportionales, quarum alterne fumptarum differentia eſt B.
Fit autem Z plano ſolidum ductu alterutrius extremę in quadrato-quad.
differentię reliquarum alterne fumptarum: & dum intelligitur prima minor inter extremas, eſt A differentia alterne fumpta quatuor primarum, E
differentia quatuor poſtremarum.

I. II. III. IV. V.

Sunto proportionales 1. 2. 4. 8. 16. 11 QQ + 1 QC, *æquatur* 10 000.
& fit 1 N 5. *Et rurſus* 11 QQ — 1 QC, *æquatur* 10000. *& fit* 1 N 10.

THEOREMA V.

SI B planum in A cubum + A quadrato-cubo, æquetur Z plano-ſolido ;
& rurſus B planum in E cubum — E quadr-cubo , æquetur Z plano-ſolido: ſunt ſex proportionales continue; quarum extremę ductę in differentiam quartę & primę, faciunt B planum. Fit autem Z plano--ſolidum ex
cubo differentię quartę & primę in B planum plus ejuſdem differentiæ quadrato-cubo; vel ex cubo differentię quintę & ſecundę in B planum multatum illius differentiæ inter quintam & ſecundam quadrato-cubo: & quum
prima intelligitur minor inter extremas, fit A differentia quartæ & primæ;
& E differentia quintæ & ſecundæ.

I. II. III. IV. V. VI.

Sunto proportionales 1. 2. 4. 8. 16. 32. 231C+1QC, *aequatur* 96040. *&*
fit 1N7.   *Et rurſus* 231C—1QC, *aequatur* 96040. *& fit* 1N 14.

THEOREMA VI.

S I B ſolidum in A quad. + A quadrato-cubo, æquetur Z plano-ſolido,
& rurſus B ſolidum in E quad.—E quadrato-cubo, æquetur Z plano-ſolido: ſunt ſex proportionales continuæ, quarum extremæ ductæ in quadratum à differentia tertiæ & primæ, faciunt B ſolidum. Fit autem Z plano-planum à B ſolido plus cubo à differentia tertię & primę in quadratum differentię ejuſdem; vel à B ſolido minus cubo à differentia ſecundæ & quartæ
in quadratům differentiæ illius inter ſecundam & quartam: & quum prima
intelligitur minor inter extremas, fit A tertia minus prima, E quarta minus
ſecunda.

I. II. III. IV. V. VI.

Sunto proportionales 1. 2. 4. 8. 16. 32. 297Q+1QC, *aequatur* 2916.
& fit 1N3.   *Et rurſus* 297Q—1QC, *aequatur* 2916. *& fit* 1N 6.

CAPVT XXI.

Alia rurſus æqualitatum inverſarum conſtitutiva.

THEOREMA I.

S I B planum in A — A cubo, æquetur Z ſolido, & rurſus E cubus —B
plano in E, æquetur Z ſolido: ſunt tres proportionales, quarum quadrata juncta, conficiunt B planum, ſumma autem extremarum ducta in mediæ quadratum, vel altera extremarum in aggregatum quadratorum à
duabus reliquis, facit Z ſolidum. & fit A alterutra extremarum, E vero earundem ſumma.

Sunto proportionales 1. 2. 4. 21N—1 C, *aequatur* 20. *& fit* 1 N 1 *vel* 4.   *Et rurſus*
1 C— 21 N, *aequatur* 20. *& fit* 1 N 5.

THEOREMA II.

S I B in A quad. —A cubo, æquetur Z ſolido, & rurſus B in E quad. + E
cubo, æquetur Z ſolido: ſunt tres proportionales radices, quarum ſumma eſt B, compoſita autem è duabus primis adjecta compoſitæ à duabus
reliquis, dum ducitur in mediæ quadratum, vel altera extremarum in quadratum compoſitæ à duabus reliquis, facit Z ſolidum. & fit A alterutra
prædictarum compoſitarum, E media inter extremas.

Sunto proportionales 1. 2. 4.   7 Q — 1 C, *aequatur* 36. *& fit* 1 N 3 *vel* 6.   *Et rurſus*
7 Q + 1 C, *aequatur* 36. *& fit* 1 N 2.

FRAN-

FRANCISCI VIETÆ
De
EMENDATIONE ÆQVATIONVM
TRACTATUS SECUNDUS.

CAPVT I.

De ſolennibus quinque modis præparandarum æquationum, adver-
ſus earum in numeris

ΔΥΣΜΗΧΑΝΙΑΝ.

Ac primum.

De expurgatione per uncias, quæ remedium eſt adverſus Πολυπάθειαν:

Gnita æquationum conſtitutione, Analyſta ad præparandum eas quę ſuam alioquin Mechanicen reſpuant, aut
demum ægre ſubeunt, tuto ſe confert, & ſua præparatione efficit *εὐμήχανας.* & præparandi quidem generalis
doctrina eſt, ut nova Zeteſis inſtituatur, vel plaſmatis, aut
ſyncriſeos veſtigia repetantur, ac denique nullus non ten-
tetur tranſmutandi modus : ſed non deſunt Analyſtæ ſingularia & topica remedia, adverſus vicia quæque æquationum, impedi-
mentave, quo minus fœliciter ſive re, ſive numero explicentur : fere autem
quæ proſunt Geometræ ad *εὐμηχανίαν,* proſunt & Arithmetico, vel etiam
è contra. At etiam de effectionibus Geometricis dicetur ſpecialius ſuo loco: nunc autem circa numeroſam Analyſin magis eſſe intentum, noſtri eſt
inſtituti.

Præparationum igitur præſertim in numeris, ſolennes & ſpeciales modi
ſunt fere quinque.

I.   Expurgatio per uncias.
II. Tranſmutatio Πρῶτον-ἔσχατον:
III. Anaſtrophe.
IV. Iſomœria.
V. Climactica Parapleroſis.

Omnino adverſus πολυπάθειαν tutiſſimum ac paratiſſimum remedium eſt,
expurgatio per uncias.

Eſt autem ſpecies tranſmutationis per additionem, vel ſubductionem.
Hac æquationes poteſtatum adfectarum ſub extremo paradico gradu,
quem ſuſtinet coëfficiens radici homogenea ; regulariter ea adfectione liberantur, ſalva numerorum ſymmetria : & in quadratis eſt diahemiſy, in
cubis diatritemorion, in quadrato-quadratis diatetartemorion, in quadrato-cubis diapentemorion, in cubo-cubis diectemorion ; & eo in infinitum

ordine: quoniam adfectiones sub eo gradu, proficiscuntur à cremento, decrementove, quo intelligitur adfecta radix de qua, cujusve potestate, pura vel adfecta, primum proponebatur æquatio.

Hujus autem crementi decrementive duplum, est coëfficiens sub latere in quadratis; & triplum, coëfficiens sub quadrato in cubis; & quadruplum, coëfficiens sub cubo in quadrato-quadratis; & quintuplum coëfficiens sub quadrato-quadrato, in quadrato-cubis; & sextuplum denique, coëfficiens sub quadrato-cubo, in cubo-cubis, & eo in infinitum ordine.

Itaque ad delendum plasma, contraria retrogradaque via sumuntur unciæ conditionariæ coëfficientium radici homogenearum; in quadratis videlicet, semis; in cubis triens; in quadrato-quadratis quadrans; in quadrato-cubis quintans; in cubo-cubis sextans; & eo continuo ordine: atque illis unciis conditionariis adficitur radix, atque adeo arte fit transmutatio.

Totius itaque operis structura, tres casuum differentias admittit.

Primo, sit A potestas adfecta per adjunctionem homogenei sub B coëfficiente. & A parodico extremo gradu: quoniam igitur ea adfectio affirmata est, adficietur radix affirmate à conditionariis B coëfficientis unciis, & ita adfecta, statuetur E, unde E minus conditionariis B coëfficientis unciis, æquabitur A. Sub qua nova specie, æquatio primum proposita dirigetur, & ordinabitur nova, quæ omnino eveniet immunis ab adfectione sub gradu extremo: ut opus comprobabit.

Secundo, sit A potestas adfecta per multam homogenei sub B coëfficiente, & A extremo parodico gradu: quoniam igitur ea adfectio negata est, adficietur A negate à conditionariis B coëfficientis unciis, & ita adfecta statuetur esse E, unde E plus conditionariis illis B coëfficientis unciis, æquabitur A. Sub qua nova specie, æquatio primum proposita dirigetur, & ordinabitur nova, quæ omnino eveniet immunis ab adfectione sub gradu extremo: ut opus comprobabit.

Postremo, sit homogeneum sub B coëfficiente, & A extremo gradu, adfectum per multam A potestatis: quoniam igitur potestas potius adficit quam adficitur, ut pote quæ negatur de homogeneo adfectionis, conditionariæ B coëfficientis unciæ multabuntur A potestate, & statuentur esse E, unde eædem B coëfficientis unciæ minus radice E, æquabuntur A. Sub qua nova specie, æquatio primum proposita dirigetur, & ordinabitur nova, quæ omnino eveniet immunis ab adfectione sub gradu extremo: ut opus comprobabit.

Exemplum in quadrato.

PRoponatur A quad. + B in A 2, æquari Z plano: quoniam igitur in climactricarum magnitudinum ordine, latus quadrato proxime succedit, proponitur autem hic quadratum adfectum sub latere, omnino æqualitas plasmatica est, aliundeve efficta. est autem affectio illa adfirmata, itaque plasma fuit per additionem semissis coëfficientis sub latere, prout conditio quadrati, quæ potestas est rationis duplicatæ exposcit.

Ad tollendum igitur plasma, fiat expurgatio diahemisy: & idcirco A + B esto E, ergo E — B erit A, & consequenter quadratum abs $\overline{E - B}$ adjunctum plano sub B 2 in $\overline{E - B}$, æquabitur Z plano, per ea quæ proponuntur. Æqualitas igitur de E secundum artem ordinetur, omnibus rite peractis, deprehendetur E quad., æquari Z plano + B quad. quæ quidem nova æquatio, pura est ab adfectione sub latere, qua primum proposita æquatio obruebatur: quum autem innotescet E, non poterit A ignorari, propter datam inter eas radices differentiam: præstat siquidem E ipsi A per longitudinem B. Quare factum est quod oportuit.

Exemplum in cubo.

PRoponatur A cubus $+$ B in A quad. 3 $+$ D plano in A, æquari Z folido: quoniam igitur in magnitudinum climaℂticarum ordine, quadratum cubo proxime fuccedit, proponitur autem hic cubus adfeℂtus utique fub quadrato, omnino æqualitas plafmatica eſt, aliundeve effiℂta. eſt autem adfeℂtio illa adfirmata, quare plafma fuit per additionem trientis B coëfficientis, prout conditio cubi, quæ poteſtas eſt rationis triplicatæ, expofcit. Ad tollendum igitur plafma, fiat expurgatio diatritemorion : & idcirco A $+$ B eſto E, ergo E — B valebit A: & confequenter, effeℂtus abs $\overline{E - B}$ cubus, adjunℂtus folido abs B 3 in effingendum quoque abs $\overline{E - B}$ quadratum, ac denique adjunℂtus folido abs D plano in $\overline{E - B}$, æquabitur Z folido per ea quæ proponuntur. Æqualitas igitur de E fecundum artem ordinetur, omnibus rite peraℂtis deprehendetur, E cubus $\overline{+ \text{D plano} - \text{B quad.}}$ 3 in E, æquari Z folido $+$ D plano in B — B cubo 2. Quæ quidem nova æquatio pura eſt ab adfeℂtione fub quadrato, qua primum propofita obruebatur: quum autem innotefcet E, non poterit A ignorari, propter datam inter eas radices differentiam : præſtat fiquidem E ipfi A, per longitudinem B. Quare faℂtum eſt quod oportuit.

Quod fi proponitur æqualitas poteſtatis adfeℂtæ per negationem direℂte, ut quum A quad. — B in A 2, æquatur Z plano: vel A cubus — B in A quad. 3, adæquatur Z folido: A — B ſtatuetur eſſe E, & æqualitas de E, ex pofitis veſtigiis ordinabitur.

Si denique proponitur æqualitas poteſtatis adfeℂtæ per negationem inverfe, ut quum B in A 2 — A quad., adæquatur Z plano: vel B in A quad. 3 — A cubo, adæquatur Z folido: B — A ſtatuetur eſſe E, & æqualitas de E, fimiliter ex pofitis veſtigiis ordinabitur.

Sic quadrata omnia adfeℂta, reducuntur ad pura: adfeℂti qualitercunque cubi, ad cubos adfeℂtos tantum fub latere : adfeℂta qualitercunque quadrato-quadrata, ad quadrato-quadrata adfeℂta duntaxat fub latere & quadrato : adfeℂti qualitercunque quadrato-cubi, ad quadrato-cubos adfeℂtos duntaxat fub latere, quadrato & cubo: & eo deinceps ordine.

Credebant autem antiqui, quoniam hac reduℂtione, æquationes quadraticas omnino expurgabant, & fœliciter explicabant, in ulterioribus quoque climaℂticis accidere ut omnino expurgarentur, & à canonica purarum refolutione negocium omne Mechanicum derivare tentarunt, adeo obſtinate, ut aliunde methodum explicandi æquationes adfeℂtas, non exquifierint.

Itaque excruciarunt fe fruſtra & bonas horas Mathematices quam colebant, difpendio abfumpferunt. In fumma methodus illa explicandi æquationes adfeℂtas quadraticas, non eſt catholica: catholica quidem eſt methodus expurgandarum æquationum adfeℂtione fingulari, falva numerorum fymmetria, fed non adfeℂtione omni, ut deinceps veterum pertinaciæ non fit inhærendum.

Juvat autem de fingulis iſtiufmodi reduℂtionum formulis, fingula concepiſſe Theoremata, & ea in artem & ufum proferre, qualia funt quæ fequuntur.

De reduℂtione quadratorum adfeℂtorum ad pura.

Formulæ tres.

I.

SI A quad. $+$ B 2 in A, æquetur Z plano. A $+$ B eſto E. Igitur E quad., æquabitur Z plano $+$ B quad.

Confeℂtarium.

Itaque, $\sqrt{\text{Z plani} + \text{B quad.}}$ — B fit A, de qua primum quærebatur.

Sit B 1. Z planum 20. A 1 N. $1 Q + 2 N$, *æquatur* 20. *& fit* 1 N. $\sqrt{21 - 1}$.

II. Si

II.

Sɪ A quad. —B in A 2, æquetur Z plano. A—B esto E. Igitur E quad, æquabitur Z plano —+ B quad.

Consectarium.

Itaque. $\sqrt{\overline{\text{Z plani} + \text{B quad.}}}$ —+ B fit A, de qua primum quærebatur.

Sit B 1. *Z planum* 20. A 1 N. 1 Q — 2 N, *æquabitur* 20. *& fit* 1 N. $\sqrt{21} + 1$.

III.

Sɪ D 2 in A — A quad., æquetur Z plano. D—E, vel D —+ E esto A. E quad., æquabitur D quad. — Z plano.

Consectarium.

Itaque, D minus, plusve $\sqrt{\overline{\text{D quad.} - \text{Z plano}}}$ fit A, de qua primum quærebatur.

Sit D 5. *Z planum* 20. A 1 N. 10 N — 1 Q, *æquatur* 20. *& fit* 1 N. 5 — $\sqrt{5}$, *vel* 5 + $\sqrt{5}$.

De reductione cuborum simpliciter adfectorum sub quadrato, ad cubos simpliciter adfectos sub latere.

Formula tres.

I.

Sɪ A cubus —+ B 3 in A quad., æquetur Z solido. A —+ B esto E. E cubus — B quad. 3 in E, æquabitur Z solido — B cubo 2.

1 C —+ 6 Q. *æquatur* 1600. *est* 1 N 10.   1 C — 12 N, *æquatur* 1584. *est* 1 N 12.

Ad Arithmetica non incongrue σημεῖον aliquod superimponitur notis alteratæ radicis, ad differentiam notarum ejus, de qua primum quærebatur.

II.

Sɪ A cubus — B 3 in A quad., æquetur Z solido. A — B esto E. E cubus — B quad. 3 in E, æquabitur Z solido —+ B cubo 2.

1 C — 6 Q, *æquetur* 400. *est* 1 N 10.   1 C — 12 N, *æquatur* 416. *est* 1 N 8.

III.

Sɪ B 3 in A quad. — A cubo, æquetur Z solido. A — B esto E. B quad. 3 in E. — E cubo, æquabitur Z solido — B cubo 2. Vel B — A esto E. B quad. 3 in E. — E cubo, æquabitur B cubo 2 — Z solido.

21 Q — 1 C, *æquetur* 972. *& est* 1 N 9, *vel* 18.   147 N — 1 C, *æquatur* 286. *& est* 1 N 2, *vel* 11·

9 Q — 1 C, *æquetur* 28. *& est* 1 N 2.   27 N — 1 C, *æquatur* 26. *& est* 1 N 1.

De reductione cuborum adfectorum tam sub quadrato quam latere, ad cubos adfectos simpliciter sub latere.

Formula septem.

I.

Sɪ A cubus —+ B 3 in A quad. —+ D plano in A, æquetur Z solido. A —+ B esto E. E cubus $\overline{+ \text{D plano} - \text{B quad.}}$ 3 in E æquabitur Z solido —+ D plano in B — B cubo 2.

1 C —+ 30 Q —+ 330 N, *æquetur* 788. *& est* 1 N 2.   1 C —+ 30 N, *æquatur* 2088. *& est* 1 N 12.

1 C + 24 Q + 132 N, *æquetur* 368. *& est* 1 N 2.   1 C — 60 N, *æquatur* 400. *& est* 1 N·10.

1 C + 30 Q + 4 N, *æquetur* 1320. *& est* 1 N 6.   296 N — 1 C, *æquatur* 640. *& est* 1 N 16.

II.

Sı A cubus + B 3 in A quad. — D plano in A, æquetur Z solido. A + B esto E. E cubus $\overline{\text{— B quad. 3 — Dplano}}$ in E, æquabitur Z solido — B cubo 2 — D plano in B.

1 C + 6 Q — 48 N, *æquetur* 512. *& est* 1 N 8.   1 C — 60 N, *æquatur* 400. *& est* 1 N 10.

1 C + 30 Q — 48 N, *æquetur* 32. *& est* 1 N 2.   348 N — 1 C, *æquatur* 2448. *& est* 1 N 12.

III.

Sı A cubus — B 3 in A quad. + D plano in A, æquetur Z solido. A — B esto E. E cubus $\overline{\text{— B quadr. 3 + D plano}}$ in E, æquabitur Z solido + B cubo 2 — D plano in B.

1 C — 30 Q + 330 N, *æquetur* 1368. *& est* 1 N 12.   1 C + 30 N, *æquabitur* 68. *& est* 1 N 2.

1 C — 12 Q + 28 N, *æquetur* 80. *& est* 1 N 10.   1 C — 20 N, *æquatur* 96. *& est* 1 N 6.

1 C — 18 Q + 88 N, *æquetur* 80. *& est* 1 N 10.   20 N — 1 C, *æquatur* 16. *& est* 1 N 4.

Vel B — A esto E. $\overline{\text{B quad. 3 — D plano}}$ in E — E cubo, æquabitur Z solido + B cubo 2 — D plano in B.

1 C — 30 Q + 200 N, *æquetur* 336. *& est* 1 N 6.   100 N — 1 C, *æquatur* 336. *& est* 1 N 4.

1 C — 30 Q + 280 N, *æquetur* 704. *& est* 1 N 4.   1 C — 20 N, *æquatur* 96. *& est* 1 N 6.

1 C — 30 Q + 330 N, *æquetur* 1232. *& est* 1 N 8.   1 C + 30 N, *æquatur* 68. *& est* 1 N 2.

IV.

Sı A cubus — B 3 in A quad. — D plano in A, æquetur Z solido. A — B esto E. E cubus $\overline{\text{— B quad. 3 — Dplano}}$ in E, æquabitur Z solido + B cubo 2 + D plano in B.

1 C — 6 Q — 28 N, *æquetur* 120. *& est* 1 N 10   1 C — 40 N, *æquatur* 192. *& est* 1 N 8.

V.

Sı D planum in A — B 3 in A quad. — A cubo, æquetur Z solido. A + B esto E. $\overline{\text{Dplanum + B quad. 3}}$ in E — E cubo, æquabitur Z solido + B cubo 2 + D plano in B.

100 N — 30 Q — 1 C, *æquetur* 72. *& est* 1 N 2.   400 N — 1 C, *æquatur* 3072. *& est* 1 N 12.

VI.

Sı B 3 in A quad. + D plano in A — A cubo, æquetur Z solido. A — B esto E. $\overline{\text{Dplanum + B quad. 3}}$ in E — E cubo, æquabitur Z solido — D plano in B — B cubo 2.

18 Q + 92 N — 1 C, *æquetur* 1720. *& est* 1 N 10.   200 N — 1 C, *æquatur* 736. *& est* 1 N 4.

Vel B — A esto E. $\overline{\text{Dplanum + B quad. 3}}$ in E — E cubo, æquabitur B cubo 2 + D plano in B — Z solido.

30 Q + 100 N — 1 C, *æquetur* 1464. *& est* 1 N 6.   400 N — 1 C, *æquatur* 1536. *& est* 1 N 4.

VII.

Sı B 3 in A quad. — D plano in A — A cubo, æquetur Z solido. A — B esto E. $\overline{\text{B quad. 3 — D plano}}$ in E — E cubo, æquabitur Z solido + D plano in B — B cubo 2.

18 Q — 78 N — 1 C, $æquetur$ 20. & eſt 1 N 10.   30 N — 1 C, $æquabitur$ 56. & eſt 1 N 4.

12 Q — 18 N — 1 C, $æquetur$ 20. & eſt 1 N 10.   1 C — 30 N, $æquabitur$ 36. & eſt 1 N 6.

Vel B — A eſto E. $\overline{\text{B quad. ; — D plano}}$ in E — E cubo, æquabitur B cubo 2 — D plano in B — Z ſolido.

. 30 Q — 100 N — 1 C, $æquetur$ 264. & eſt 1 N 6.   200 N — 1 C, $æquabitur$ 736. & eſt 1 N 4.

Ut autem expurgatione per uncias eaſque ſimplices, liberantur æquationes adfectione ſub gradu qui in climacticorum ordine poteſtatem proxime ſubſequitur, ſic interdum per uncias triangulares & pyramidales & ex iis compoſitas, poſſunt æquationes liberari adfectione ſub gradibus inferioribus reliquis, conſiderata coëfficiente ſubgraduali, ut poteſtate, ſuæque radicis tot uncias adſumendo, quot requirit dicta geneſis poteſtatum purarum à binomia radice. Ut enim coëfficientes radici de qua quæritur homogeneæ, per uncias ſimplices taxantur; ſic homogeneæ radicis quadrato, per uncias triangulares; cubo, per pyramidales; & eo continuo ordine.

Proponatur A cubus adfectus ſub A & B quadrato, ſumetur ad expurgationem triens B.

Et ſi proponatur A quadrato-quadratum adfectum ſub A quadrato & B quadrato, ſumetur ad expurgationem illius adfectionis ſextans B.

Et ſi proponatur A quadrato-cubus adfectus ſub A cubo & B quadrato, ſumetur ad expurgationem decima pars B: nempe ſunt numeri triangulares. 3. 6. 10. 15.

Proponatur autem A quadrato-quadratum adfectum ſub A & B cubo, ſumetur ad expurgationem illius adfectionis quadrans B.

Et ſi proponatur A quadrato-cubus, adfectus ſub A quadrato & B cubo, ſumetur ad expurgationem decima pars B: nempe ſunt numeri pyramidales 4. 10. 20. 35.

Quæ quemadmodum ad ulteriora poſſint aptari, ſatis fit manifeſtum. Valet autem illa unciarum triangularum, pyramidalium & ex iis compoſitarum expurgatio, dum illa ea adfectione qua liberanda proponitur, obruitur æqualitas: in ejus autem adfectionis deletæ locum, ſuccedunt adfectiones ſingulæ ſub aliis gradibus reliquis.

CAPVT II.

De tranſmutatione Πρῶτον-ἔϱατον, quæ remedium eſt adverſus vitium negationis.

ÆQuationes in quibus homogenea adfectionum validiora negantur de poteſtate, utiliter per tranſmutationem Πρῶτον-ἔϱατον, emendantur: ea fit per analogiam rationis implicitæ, applicando homogeneum comparationis ad ipſam radicem de qua quæritur. Vnde oritur incerta alia radix, ſub cujus ſpecie, æquationem primum propoſitam liceat dirigere, & novam ordinare.

Sic enim adfectiones illic negatæ, tranſeunt hic in affirmatas, & è contra, ſalva numerorum ſymmetria. prodeſt etiam interdum ad aſymmetrias.

Nomen autem Πρῶτον-ἔϱατον ſortita eſt, ab eo ad quem propoſita primum æquatio revocatur, analogiſmo: quoniam in ejus formula, terminus de quo primum quærebatur, eſt primus; is qui poſt metamorphoſin primus,

fit

fit poſtremus; vel è converſo. quæ quoniam ex ipſa operis formula, facilius percipiuntur.

Proponatur A cubus — B plano in A, æquari Z ſolido. Sit autem explicanda æqualitas. Quoniam igitur Z ſolidum, poteſtas eſt adfecta negate, de negatis autem ars non ſtatuitur, quæ proponitur æquatio in explicabilem primum tranſmutanda eſt, qualis quæ adficietur adfirmate. Quocirca $\frac{Z\,\text{ſolidum}}{A}$ eſto E planum, ergo $\frac{Z\,\text{ſolidum}}{E\,\text{plano}}$ erit A. unde ex iis quæ proponuntur. $\frac{Z\,\text{ſolido-ſolido-ſolidum}}{A\,\text{plano-plano-plano}} - \frac{B\,\text{plano in Z ſolidum}}{A\,\text{plano}}$, æquabitur Z ſolido. Ducantur omnia in E plano-plano-planum, Z ſolido-ſolido-ſolidum—B plano in Z ſolidum in E plano-planum, æquabitur Z ſolido in E plano-plano-planum. Et omnibus per Z ſolidum diviſis, adhibitaque congrua antitheſi, E plano-plano-planum ┼ B plano in E plano-planum, æquabitur Z ſolido-ſolido.

ALITER.

E plani-cubus ┼ B plano in E plani-quad., æquabitur Z ſolidi-quadrato. Quæ æquatio omnino explicabilis eſt, ex tradita analyſi poteſtatum cubicarum, quæ adficiuntur ſub data coëfficiente adfirmate. Innoteſcit igitur E planum, ad quod quum applicabitur Z ſolidum, exurget A de qua primum quærebatur.

Analogiſmus autem æqualitatis de A enunciativus, erat

Ut A ad $\sqrt{}$ c. Z ſolidi, ita $\sqrt{}$ c. Z ſolido-ſolidi ad A quadratum — B plano, hoc eſt ad E planum, quo pertinet nominis Πρῶτον-ἔχατον notatio.

Proponatur 1 C — 96 N, *æquari* 40. *Efficta* $\frac{40}{1N}$ *eſſe* 1 N. 1 C ┼ 96 Q. *æquabitur* 1600. *& fit* 1 N 4. *Quare* $\frac{40}{4}$ *ſeu* 10. *eſt radix primum quæſita.*

Et ſi accidat in propoſita primum æquatione cubica, homogeneum comparationis eſſe in ſua ſoliditate irrationale, ſed facultate velut quadratica rationale, ea aſymmetria in æquatione nova evaneſcet.

Proponatur 1 C — 10 N, *æquari* $\sqrt{}$ 48. *Efficta* $\frac{\sqrt{48}}{1N}$ *eſſe* 1 N. 1 C ┼ 10 Q, *æquabitur* 48. *& fiet* 1 N 2. *Quare* $\frac{\sqrt{48}}{2}$ *ſeu* $\sqrt{}$ 12. *eſt radix primum quæſita.*

Rurſus proponatur A quad.-quad. — B in A cubum — D plano in A quad., æquari Z plano-plano. Sit autem explicanda æqualitas. Quoniam igitur Z plano-planum eſt poteſtas adfecta negate, de negatis autem ars non ſtatuitur, quæ proponitur æquatio in explicabilem tranſmutanda eſt qualis quæ adficietur adfirmate. Quocirca $\frac{Z\,\text{plano-planum}}{A}$ eſto E ſolidum. Ergo $\frac{Z\,\text{plano-planum}}{E\,\text{ſolido}}$ erit A. Itaque ex iis proponuntur.

$$\frac{Z\,\text{plano-plano-plano-plano-plano-plano-plano-pla\,num}}{E\,\text{ſolido-ſolido-ſolido-ſolido}} - \frac{B\,\text{in Z plano-plano-plano-plano-plano-planū}}{E\,\text{ſolido-ſolido-ſolido}} - \frac{D\,\text{plano in Z plano-plano-plano-planū}}{E\,\text{ſolido-ſolido}}$$

æquabitur Z plano-plano. Ducantur omnia in E ſolido-ſolido-ſolido-ſolidum, Z plano-plano-plano-plano-plano-plano-planum ┼ B in Z plano-plano-plano-plano-plano-planum in E ſolidum — D plano in Z plano-plano-plano-planum in E ſolido-ſolidum, æquabitur Z plano-plano in E ſolido-ſolido-ſolido-ſolidum. Et omnibus per Z plano-planum diviſis, adhibitaque antitheſi. E ſolidi quad.-quad. ┼ D plano in Z plano-planum in E ſolidi-quad. ┼ B in Z plano-plano-plano-planum in E ſolidum, æquabitur Z plano-plani cubo.

Proponatur 1 Q Q — 3 C — 8 Q, *æquari* 50. *Efficta* $\frac{10}{1N}$ *eſſe* 1 N. 1 Q Q ┼ 400 Q ┼ 7500 N, *æquabitur* 125000. *& fiet* 1 N 10. *Quare* $\frac{10}{10}$ *ſeu* 5, *eſt radix primum quæſita.*

Et ſi accidat in propoſita primum æquatione quadrato-quadratica, homogeneum comparationis eſſe in ſua plano-planitie irrationale, ſed facultate veluti cubica rationale, ea aſymmetria in æquatione nova evaneſcit.

Proponatur 1 Q Q — 8 N, *æquari* $\sqrt{}$ c. 80. *Efficta* $\frac{\sqrt{c.80}}{1N}$ *eſſe* 1 N. 1 Q Q ┼ 8 C, *æquabitur* 80. *& fit* 1 N 2. *Quare* $\frac{\sqrt{c.80}}{2}$ *ſeu* $\sqrt{}$ c 10. *eſt radix primum quæſita.*

Tranſmutationis Πρῶτον-ἔχατον opus dum retexitur in has prorſus recidit, ideo retinendas & ordinandas præceptiones.

I. In

I. .

In quadratis affectis, homogeneum comparationis invariatum confisti-to: in cubis ducitor quadratice: in quadrato-quadratis, cubice: in quadrato-cubis, quadrato-quadratice: in cubo-cubis, quadrato cubice: & ita deinceps.

II.

Homogenea sub gradibus adficientia negate, in homogenea sub gradibus reciprocis adficientia affirmate transeunto: & è contra, adficientia adfirmate in afficientia negate.

III.

Coëfficiens adfectionis sub latere, invariata consistat.

Coëfficiens adfectionis sub quadrato, ducitor in homogeneum comparationis.

Coëfficiens adfectionis sub cubo, in homogenei comparationis quadratum.

Coëfficiens adfectionis sub quadrato-quadrato, in homogenei comparationis cubum.

Coëfficiens adfectionis sub quadrato-cubo, in homogenei comparationis quadrato-quadratum. & ita deinceps.

IV.

Atque ad cognitam radicem potestatis ita noviter adæquatæ, dum applicabitur homogeneum comparationis pertinens ad æquationem quæ proponebatur, restituere latus de quo primum quærebatur pronunciato.

Plane quæcunque magnitudo ad novam quærendam radicem applicetur, ita ut ex ea applicatione oriatur radix de qua primum quæritur, si sub ea specie dirigatur proposita æquatio, & secundum artem transmutetur, semper adfectiones quæ erant negatæ, transibunt in adfirmatas salva numerorum symmetria: sed ideo convenientior est applicatio homogenei comparationis, ne forte accidens fractionis novam rursus exigat reductionem in Arithmeticis, at in Geometricis, fœlicius applicatur magnitudo homogenea quadrato radicis de qua quærirur.

Proponatur A cubus — B in A quad., æquari B in Z quad. $\frac{B\ in\ Z}{E}$ esto A. E cubus + B quad. in E, æquabitur B quad. in Z.

C A P V T   III.
De Anastrophe.

Aut quemadmodum adversus vocum Ἀμφιϐολίας *in æquationibus correlatis, ex data radice unius habetur alterius notitia.*

ANastrophe est æquationum inverse negatarum in suas correlatas transmutatio, ita instituta, ut quæ prima proponitur æquatio, ea ope suæ correlatæ per irregularem climacticum descensum, reducatur ad depressiorem, ideoque magis explicabilem, pertinet ad vitandum tanquam in æqualitatibus inverse negatis accidere diximus, amphiboliam, & dysmechanian, in cubicis, quad. cubicis & exinde per binos alternos gradus climacticis. Quod enim ad quadraticas, quadrato-quadraticas, & exinde per binos alternos gradus climacticos attinet, earum reductioni non proficit anastrophe, verum recurrendum est ad Climacticam Paraplerosin, de qua dicetur suo loco.

Ana-

Anaſtrophes opus ita perficitur : primum poteſtati radicis de qua quæritur, adjicitur poteſtas radicis æque-alta, talium enim poteſtatum aggregatum, commode diviſionem recipit in prædicto climactericarum ordine. deinde homogeneum comparationis, una cum tranſlatis adſectionum homogeneis & addita poteſtate, comparatur efficæ magnitudini, quæ eandem diviſionem recipiat: qua comparatione inciditur in æqualitatem correlatam, vel affirmatam, vel negatam directe. Cæterum addititię poteſtatis radice cognita, oriundę magnitudines ex una parte, oriundis magnitudinibus ex altera comparantur commode, & æqualitas alioquin δυσμηχάνη, per medium δμηχανωτέρης, deprimitur in δμηχανίσας: quod ut exemplis fiat apertius, primum ad anaſtrophen cubicarum.

PROBLEMA I.

PRoponatur B planum in A — A cubo, æquari Z ſolido.

Quoniam igitur de ſolido negatur cubus, anceps æquatio eſt, neque ad Analyſin idonea: vitanda igitur ambiguitas eſt & dyſmechania: quocirca fiat anaſtrophe, atque idcirco ex iis quæ proponuntur, adhibita metatheſi, A cubus æquatur B plano in A —Z ſolido. Vtrique parti addatur E cubus. ergo A cubus + E cubo, æquabitur B plano in A + E cubo — Z ſolido.

Prima autem æquationis pars commode diviſionem recipit ab A + E, ad aggregatum enim laterum, dum applicatur aggregatum cuborum, oritur aggregatum quadratorum, minus rectangulo à lateribus, quare orietur ex ea applicatione, A quad.—E in A + E quad. Reſtat igitur ut altera æqualitatis pars, applicata ad A + E, faciat aliquod datum planum jam ortis reliquis comparandum, id autem commode fiet, ſi in locum E cubi — Z ſolido, ſubſtitueretur B planum in E, naſcetur enim B planum. Æquivaleat igitur ut ſubſtituatur: quoniam igitur E cubus — Z ſolido, adæquatur ex hypotheſi B plano in E. ergo per antitheſin E cubus — B plano in E, æquabitur Z ſolido.

Itaque A quad. — E in A + E quad., æquabitur B plano. Nota igitur ſit E ex Analyſi, adhibita per antecedens caput decenti pręparatione, utpote eſto illa D, ergo. A q.—A in D + D quad., æquabitur B plano. & ordinando, D in A — A quad., æquabitur D quad. — B. plano.

Æquatio igitur inverſe negata, in negatam directe, ejuſdem ordinis tranſmutata eſt, ita ut data radice novę æquationis, fiat climacticus irregularis deſcenſus in depreſſiorem, de radice primum propoſita explicabilem: quod opus dicitur anaſtrophe, & faciendum erat. Hinc ordinatur

THEOREMA I.

SI B planum in A — A cubo, æquatur Z ſolido, igitur E cubus — B plano in E, æquabitur Z ſolido. E autem innoteſcat eſſe D: D in A — A quad., æquabitur D quad. — B plano.

39 N — 1C, aquatur 70.   Igitur 1 C — 39 N, æquabitur 70, & fit tum 1 N 7.   Itaque 7 N — 1 Q, æquabitur 10. & iſta eſt radix primum quaſita, & fit 2 vel 5.

PROBLEMA II.

SEd proponatur B in A quad. — A cubo, æquari Z ſolido. Oportet anaſtrophen facere.

Ex iis igitur quæ proponuntur, adhibita congrua metatheſi. A cubus, æquabitur B in A quad. — Z ſolido, & utrique æqualitatis parti addendo E cubum, A cubus + E cubo, æquabitur B in A quad. + E cubo — Z ſolido.

At vero Z ſolidum — E cubo, æquetur B in E quad., id eſt E cubus + B in E quad., æquetur Z ſolido. A cubus + E cubo, æquabitur B in A quad. — B in E quad.

Q 3   Con-

Confequenter oportet folidum adfectum adjunctione cubi reducere: omnia dividantur per A + E. igitur, A quad. — E in A + E quad., æquabitur B in $\overline{A - E}$.

Innotefcat autem E effe D ex analyfi, atque adeo ordinetur quadratica æquatio. Ergo B in A + D in A — A quad., æquabitur D quad. + B in D.

Æquatio igitur inverfe negata, in adfirmatam ejufdem ordinis tranfmutata eft, ita ut data radice novę æquationis, fiat irregularis defcenfus, in depreffiorem, quod opus dicitur anaftrophe, & faciendum erat. Hinc ordinatur

THEOREMA II.

SI B in A quad. — A cubo, æquetur Z folido, & E cubus + B in E quad., æquetur Z folido. E autem innotefcat effe D. $\overline{D + B}$ in A — A quad., æquabitur B in D + D quad.

7 Q — 1 C, æquatur 36. igitur 7 Q + 1 C, æquatur 36. & fit hic 1 N 2. quare 9 N — 1 Q, æquabitur 18. & ifta 1 N, eft radix primum quafita, & fit 3 vel 6.

Secundo ad anaftrophen quadrato-cubicarum.

PROBLEMA III.

PRoponatur B plano-planum in A — A quadrato-cubo, æquari Z planofolido. Oportet anaftrophen facere.

Ab E — A effingatur quadrato-quadratum, fingularia efficta plano-plana fimpliciter fumpta nec repetita, erunt E quad. quad. — A in E cubum + A quad. in E quad. — A cubo in E + A quad. quad. Ducantur in E + A, fit E quad.-cubus + A quad.-cubo.

At ex iis quę proponuntur, A quad. cubus valet B plano-planum in A — Z plan. folido, quare E quad.-cubus + A quad.-cubo, æquabitur E quad.-cubo + B plano-plano in A — Z plano-folido.

Vtraque pars applicetur ad E + A. Ex prima igitur æquationis parte oritur, E quad. quad. — A in E cubum + A quad. in E quad. — A cubo in E + A quad. quad. ut ratio compofitionis indicat.

At quid oriatur ex fecunda non liquet: fed fane comparetur tali plano-folido, ut plano-planum ortivum non poffit ignorari.

Quare B plano-planum in E + B plano-plano in A, æquetur alteri ejus parti, videlicet, E quad.-cubo + B plano-plano in A — Z plano-folido.

Ergo deleta utrinque affectione fub A gradu, & facta congrua antithefi, E quad.-cubus — B plano-plano in E, æquabitur Z plano-folido.

Et quum innotefcet E effe D: pronunciabitur D quad. quad. — D cubo in A + D q. in A quad. — D in A cubum + A quad. quad., æquari B plano-plano. & æqualitate fecundum artem ordinata. D cubus in A — D quad. in A quad. + D in A cubum — A quad. quad., æquari D quad. quad. — B plano-plano.

Facta eft igitur anaftrophe ficut imperabatur. Hinc ordinatur

THEOREMA III.

SI B plano-planum in A — A quad.-cubo, æquetur Z plano-folido, & E quad. cubus — B plano-plano in E, æquetur Z plano-folido. E autem innotefcat effe D: D cubus in A — D quad. in A quad. + D in A cubum — A quad. quad., æquabitur D quad. quad. — B plano-plano.

11 N — 1 Q C, æquatur 10.   Igitur 1 Q C — 11 N, æquabitur 10. & hic fit 1 N 2.   Quare 8 N — 4 Q + 2 C — 1 Q Q, æquabitur 5. & ifta 1 N eft radix primum quafita, & fit 1.

PROBLEMA IV.

SI proponatur B in A quad. quad. — A quad.-cubo, æquari Z plano-folido. Oportet rurfus anaftrophen facere.

Ergo per congruam metathefin, & E quadrato-cubi communem adjunctionem A quad.
cubus

cubus + E quad.·cubo, æquatur B in A quad.quad. — Z plano·solido + E quad.·cubo. Vtraque pars applicetur ad A + E: illic oritur E quad.quad. — A in E cubum + A quad. in E quad. — A cubo in E + A quad. quad. Quod fi B in A quad. quad. — B in E quad. quad., æquetur alteri parti.

Ea quoque commodam divifionem recipiet ab A + E, orietur enim, B in A cubum — B in A quad. in E + B in E quad. in A — B in E cubum. Adæquetur ergo, & ea propter. ut æqualitas rite ordinetur, E quad.·cubus + B in E quad. quad. ftatuitor Z plano·folido æquale, & E innotefcat effe D. tandem igitur, D quad.·quad. — D cubo in A + D quad. in A quad. — D in A cubo + A quad. quad., æquatur B in A cubum — B in A quad. in D + B in D quad. in A — B in D cubum, & omnia ordinando, B in D quad. in A + D cubo in A — B in D in A quad. — D quad. in A quad. + B in A cubum + D in A cubum — A quad.·quad., æquatur B in D cubum + D quad. quad.

Itaque facta eft anaftrophe, ficut imperabatur. Hinc ordinatur

THEOREMA IV.

SI B in A quad.quad. — A quad. cubo, æquetur Z plano-folido, & E quad. cubus + B in E quad. quad., æquetur Z plano-folido. E autem innotefcat effe D: $\overline{B \text{ in } D \text{ quad.}}$ + D cubo in A $\overline{-B \text{ in } D - D \text{ quad.}}$ in A quad. $\overline{+ B + D}$ in A cubum — A quad.quad., æquabitur B in D cubum + D quad.quadrato.

1 1QQ—1 QC, æquetur 10000. *Igitur 11QQ + 1QC, æquabitur 10000. & fit 1 N 5. Quare 400 N — 80 Q + 16 C —1 QQ, æquabitur 2000. & ifta 1 N. eft radix primum quæfita, & fit 10.*

Vfurpatur quoque anaftrophe contraria interdum via, ut quum in æquatione ambigua, contingit unam radicum dari è duabus pluribufve, de quibus æquatio poteft explicari: repetuntur anaftrophes veftigia ad affequendum radicem correlatę, variaque fluunt inde & ordinantur Theoremata, qualia funt in cubis.

THEOREMA V.

SI A cubus — B plano in A, æquetur Z folido, & rurfus B plan. in E — E cubo, æquetur Z folido. Innotefcat autem E effe D: A quad. — D in A, æquabitur B plano — D quadrato.

Quoniam enim A cubus — B plano in A, æquatur Z folido. Et rurfus B planum in D — D cubo, æquatur Z folido. Ergo A cubus — B plano in A, æquabitur B plano in D — D cubo, & per metathefin A cubus + D cubo, æquabitur B plano in A + B plano in D. Vtraque pars æquationis dividitor per A + D, fit A quad. + D quad. — D in A, æquale B plano.

Qua æquatione fecundum artem concepta, A quad. — D in A, æquatur B plano — D quad. Vt eft ordinatum.

Si 1C—8 N, æquetur 7. *Igitur 8 N —1C, æquabitur 7. & quoniam 1 N poteft effe 1. 1Q — 1 N, eqtabitur 7. unde radix primum quæfita fit $\sqrt{\frac{29}{4}} + \frac{1}{2}$.*

THEOREMA VI.

SI B in A quad. + A cubo, æquetur Z folido, & rurfus B in E quad. — E cubo, æquetur Z folido. Innotefcat autem E effe D: A quad. $\overline{+ B - D}$ in A, æquabitur, B in D — D quadrato.

Quoniam enim B in A quad. + A cubo, æquatur Z folido, & rurfus B in D quad. — D cubo, æquatur Z folido.

Ergo B in A quad. + A cubo, æquabitur B in D quad. — D cubo, & per metathefin D cubus + A cubo, æquabitur $\overline{B \text{ in } D \text{ quad.}}$ — A quad. utraque pars æquationis dividitor per D.+A, fit D quad. + A quad. — D in A, æquale B in $\overline{D - A}$. qua æquatione fecundum artem concepta, A quad. + $\overline{B - D}$ in A, æquabitur B in D — D quad. Vt eft ordinatum.

Si 9 Q + 1C, æquetur 8. *Igitur 9 Q —1C, æquabitur 8. & quoniam 1N poteft effe 1. 1Q + 8 N, æquatur 8. unde radix primum quæfita fit $\sqrt{24} — 4$.*

Quibus

Quibus Theorematis finitima funt ea, quibus ex data una ambiguarum radicum, habetur alterius comitis notitia: nempe

THEOREMA VII.

Sɪ B planum in A — A cubo, æquetur Z folido, & rurfus B planum in E — E cubo, æquetur Z folido. Innotefcat autem E effe D: A quad. + D in A, æquabitur B plano — D quadrato.

Quoniam enim B planum in A — A cubo, æquatur Z folido, & rurfus B planum in D — D cubo, æquatur Z folido. Igitur B planum in A — A cubo, æquatur B plano in D — D cubo, & per metathefin, A cubus — D cubo, æquabitur B plano in A — B plano in D, & utraque æquationis parte per A — D divifa, fit A quad. + D quad. + D in A, æquale B plano. Qua æquatione fecundum artem concepta, A quadr. + D in A, æquatur B plano — D quadrato.

Si $8 N - 1 C$, *æquetur* 7. *poteft* 1 N *effe* 1.   *Quare* $1 Q + 1 N$, *æquatur* 7. & *rurfus fit* $1 N \sqrt{\frac{2 9}{4}} - \frac{1}{2}$.

THEOREMA VIII.

Sɪ B in A quad. — A cubo, æquetur Z folido, & rurfus B in E quad. — E cubo, æquetur Z folido. Innotefcat autem E effe D. A quad. $\overline{+ D} - B$ in A, æquabitur B in D — D quad.

Quoniam enim B in A quadr. — A cubo, æquatur Z folido, & rurfus B in D quadr. — D cubo, æquatur Z folido: igitur B in A quad. — A cubo, æquatur B in D quad. — D cubo, & per metathefin, A cubus — D cubo, æquabitur B in $\overline{A \, quadr. - D \, quadr.}$ Vtraque pars æquationis dividitor per A — D, fit A quad. + D quad. + D in A, æquale B in A + B in D. Qua æquatione rite concepta, A quad. + D in A — B in A, æquabitur B in D — D quadrato. ut eft ordinatum.

Si $9 Q - 1 C$, *æquetur* 8. *poteft* 1 N *effe* 1.   *Quare* $1 Q - 8 N$, *æquabitur* 8. & *rurfus fit* 1 N $\sqrt{24 + 4}$.

CAPVT IV.

De Ifomæria, adverfus vitium fractionis.

Iɴ Somœria eft fpecies tranfmutationis per multiplicationem, ita inftituta, ut æqualitates à fractis numeris quibus laborant liberentur.

Reducuntur videlicet fractiones ad eandem denominationem, ex lege Logiftices.

Deinde fit ductio homogenei communis denominatoris, vel ortorum ab eo graduum, in datas coëfficientes, datumque homogeneum comparationis.

Radices ducantur in coëfficientes longitudines, quadrata in coëfficientes planas homogeneave datæ menfuræ plana, cubi in parabolas folidas homogeneave datæ menfuræ folida, & eo conftanti ordine.

Quodque fit ex denominatore communi, & radice æqualitatis propofitæ, eft radix æqualitatis ita præparatæ.

Interdum etiam evenit, ut multiplicatione ifomœrica non opus fit, fed divifione: applicantur videlicet coëfficientes longitudines ad radices coëfficientis planæ, homogeneæque datæ menfuræ folidæ ad cubos, & eo conftanti ordine, quodque oritur ex applicatione radicis ad communem denominatorem, eft radix æqualitatis ita præparatæ: fundamentum autem fuum habet & demonftrationem, ex fymbolo æqualitatum, quo cavetur,

ſi æquaſi æqualia per æqualia multiplicentur vel dividantur, facta vel orta eſſe æqualia.

Ita enim feciſſe iſomœriam in ſumma nihil aliud eſt, quam propoſitæ æqualitatis poteſtatem, & adfectionum & comparationis homogenea per eundem terminum multiplicaſſe, aut diviſiſſe; multiplicationis autem paratior uſus eſt quam diviſionis.

Proponatur ſiquidem, A cubus $+ \frac{B \text{ ſolido in } A}{\cdot D}$, æquari Z ſolido. Oportet jam æqualitatem à fractionibus quibus laborat, liberare. D in A eſto E planum, ergo $\frac{B \text{ planum}}{D}$ erit A. Quare $\frac{E \text{ plani cubus } + B \text{ ſolido in } D \text{ in } E \text{ planum}}{D \text{ cubo}}$, æquabitur Z ſolido. Omnia per D cubum ducantur, ergo E plani cubus + B ſolido in D in E planum, æquabitur Z ſolido in D cubum.

1 C $+ \frac{3}{4}$ N, æquetur 225. Igitur κατ' ἰσομοιρίαν 1 C $+ 6$ N, æquabitur 1800. & radix præparata ad radicem propoſita ſe habet ut 2 ad 1. Itaque quum ſit hic 12, illic erit 6.

Et ſi proponatur A cubus $\frac{+ B \text{ ſolido in } A}{D}$, æquari $\frac{Z \text{ plano-plano}}{D}$. Ipſiſmet veſtigiis E plani cubus + B ſolido in D in E planum, æquabitur Z plano-plano in D quadratum.

1 C $+ \frac{3}{4}$N, æquetur $\frac{265}{2}$. Igitur κατ' ἰσομοιρίαν, 1 C $+ 6$ N, æquabitur 1060. & quum ſit hic 1 N 10, illic erit 5.

Et ſi proponatur A cubus $\frac{+ B \text{ plano in } A \text{ quad.}}{D}$, æquari Z ſolido. Iiſdem veſtigiis E plani cubus + B plano in E plani quad., æquabitur Z ſolido in D cubum.

1 C $+ \frac{3}{2}$ Q, æquetur 270. Igitur κατ' ἰσομοιρίαν, 1 C $+ 3$ Q, æquabitur 2160. & quum ſit hic 1 N 12, illic erit 6.

Et ſi proponatur A cubus $\frac{+ B \text{ plano in } A \text{ quad.}}{D}$, æquari $\frac{Z \text{ plano-plano.}}{D}$ Iiſdem veſtigiis E plani cubus + B plano in E plani quad., æquabitur Z plano-plano in D quadratum.

1 C $+ \frac{3}{2}$ Q, æquetur $\frac{225}{2}$. Igitur κατ' ἰσομοιρίαν, 1 C $+ 3$ Q, æquabitur 1300. & quum ſit hic 1 N 10, illic erit 5.

Sed proponatur A cubus $\frac{+ B \text{ ſolido in } A}{D}$, æquari $\frac{Z \text{ plano-ſolido.}}{H \text{ plano.}}$ D in H planum in A, eſto E plano-planum, ergo $\frac{E \text{ plano-planum}}{D \text{ in } H \text{ planum}}$ erit A. Quare E plano-plani cubus $\frac{+ D \text{ in } H \text{ plano-planum in } B \text{ ſolidum in } E \text{ plano-planum}}{D \text{ cubo in } H \text{ plano-plano-planum}}$ æquabitur $\frac{Z \text{ plano-ſolido.}}{H \text{ plano}}$ Omnia per D cubum in H plano-plano-planum ducantur, ergo E plano-plani cubus + B ſolido in D in H plano-planum in E plano-planum, æquabitur Z plano-ſolido in D cubum in H plano-planum.

1 C $+ \frac{11}{12}$ N, æquetur $\frac{19}{4}$. Igitur κατ' ἰσομοιρίαν 1 C $+ 2112$ N, æquabitur 525312. & radix præparata ad radicem propoſita ſe habet ut 48 ad 1. Itaque quum ſit hic 1 N 72, illic erit $\frac{3}{2}$.

Poterit autem ad eandem fractionem quoque reduci.

1 C $+ \frac{11}{12}$ N, æquetur $\frac{57}{2}$. Vnde per opus ἰσομοιρίαν, 1 C $+ 132$ N, æquabitur 8208. & radix præparata ad radicem propoſita, ſe habet ut 12 ad 1. Itaque quum ſit hic 1 N 18, illic erit $\frac{3}{2}$. Quod eſt præparatam primum æqualitatem diviſiſſe ἰσομοιρικῶς per 4.

1 C $+ 2112$ N, æquetur 525312. igitur iſomœrica diviſione, 1 C $+ \frac{2112}{16}$ N, æquabitur $\frac{525312}{64}$, id eſt 1 C $+ 132$ N, æquabitur 8208, & quum ſit illic 1 N 72, hic erit 18. quia radix iſomœrica diviſionis eſt 4.

Opus iſomœricæ diviſionis ita evidens fit.

Proponatur E plani-cubus + G in D in E plani-quad. + B plano in D quad. in E planum, æq. Z ſol. in D cub. $\frac{E \text{ planum}}{D}$ eſto A. igitur D in A erit E planum. Quare D cubus in A cubum + G in D in D quad. in A quad. + B plano in D quad. in D in A, æquabitur Z ſolido in D cubum. Omnia dividantur per D cubum, ergo A cubus + G in A quad. + B plano in A, æquabitur Z ſolido.

1 C $+ 12$ Q $+ 8$ N, æquetur 1280. & ſit 1 N 10. Dividantur omnia ἰσομοιρικῶς per 2. & congrua ab ea radice ſcanſilia, ergo 1 C $+ \frac{12}{2}$ Q $+ \frac{8}{4}$ N, æquabitur $\frac{1280}{8}$ & ſit 1 N $\frac{10}{2}$, id eſt 1 C $+ 6$ Q $+ 2$ N, æquabitur 285. & fiet 1 N 5.

Sic in poteſtatibus non adfectis 1 C, æquetur 1728. & ſit 1 N 12. 1 C æquabitur $\frac{1728}{216}$. & fiet 1 N $\frac{12}{6}$. Id eſt 1 C, æquabitur 8. & fiet 1 N 2.

Eſt autem in Analyſibus opus illud magni interdum compendii.

R   CAPVT

Capvt V.

De Symmetrica Climactismo adversus vitium asymmetriæ.

SYmmetrica Climactifmus eſt ſpecies adſcenſus climactici : adſcenſum
autem climacticum regulariter fere expoſuimus, quum utraque propoſitæ æqualitatis pars attollitur climactice, quadratica quum quadratice, cubica quum cubice, & eo in infinitum ordine ſecundum gradus poteſtatum. & quum aliqui æqualitatis propoſitæ numeri ſunt aſymmetri, & ita
diſponuntur, ut quæ irrationali numero concepta eſt magnitudo, faciat
unam æqualitatis partem, reliquæ reliquam, idque ſi res poſtulaverit ite-
ratur, omnis tandem aſymmetria evaneſcit, & æqualitas interea manet
illibata, quum facta ab æqualibus ſint æqualia : quod opus, id ipſum eſt
quod vocatur ſymmetrica climactiſmus.

Proſunt tamen alia quoque multa adverſus aſymmetriam, ut pote ipſa
interdum iſomœria, variæque tranſmutandarum æqualitatum, ex ipſamet
conſtitutione per Zeteſin ediſcendæ & ordinandæ formulæ.

De ſymmetrica climactiſmo exemplum.

PRoponatur A cubus —B plano in A, æquari $\sqrt{}$ Z ſolido-ſolidi. Oportet
eam æqualitate aſymmetria expurgare.

Quoniam igitur aſymmetria eſt in planitie, quadrentur omnia, igitur A cubo-cubus
—+ B plano-plano in A quad·— B plano in A quad. quad. 2, æquatur Z ſolidoſolido.Er-
go factum eſt quod oportuit.

1 C — 2 N, *aquetur* $\sqrt{}$ 1200.   *Igitur* 1 C + 4 N — 4 Q, *aquabitur* 1200. *& fit* 1 N 12. *quadratum radicis de qua quaritur.*

Poterat autem reduci ad ſymmetriam per Πρῶτον-ἔϧατον.

1 C — 2 N, *aquetur* $\sqrt{}$ 1200.   *Igitur* 1 C + 2 Q, *aquatur* 1200. *& fit* 1 N 10. *unde radix
propoſita eſt* $\sqrt{}$ 12.

Aliud.

Proponatur A cubus —$\sqrt{}$c. B ſolido-ſolidi in A, æquari Z ſolido. Oportet eam æqualitatem aſymmetria expurgare.

Quoniam igitur aſymmetria eſt in ſoliditate, per ea autem quæ proponuntur adhi-
bita metatheſi, & per A diviſione facta : $\frac{\text{A cubus} - \text{Z ſolido}}{\text{A}}$, æquatur $\sqrt{}$ C. B ſolido-ſolidi.
Omnia ducantur cubice, $\frac{\text{A cubo-cubo-cubus} - \text{Z ſolido in A cubo-cubum } 3 + \text{ Z ſol.ſolido in A cubum } 1 - \text{Z ſolido-ſolido-ſolido}}{\text{A cubo}}$
æquatur B ſolid. ſolido. Et omnibus in A cubum ductis & rite ordinatis, A cubo-cubo-
cubus — Z ſolido 3 in A cubo-cubum $\overline{+ \text{.z ſolido-ſolido } 3 } - $ B ſolido-ſolido in A cubum, æquabitur Z ſolido-ſolido-ſolido. Ergo factum eſt quod oportuit.

1 C — $\sqrt{}$ C 18 *in* 1 N, *aquatur* 6.   1 C — 18 Q + 90 N, *aquatur* 216. *& fit* 1 N 12. *cubus
radicis de qua quaritur.*

Capvt VI.

*Quemadmodum æquationes quadrato-quadraticæ deprimuntur ad qua-
draticas, per medium cubicarum à radice plana.*

Seu *de Climactica Parapleroſi.*

ATque hi quinque modi ad præparandum æqualitates quomodocunque
adfectas, ut illæ tandem explicentur numero ſecundum canonica Analyſeos præcepta fere ſufficiunt : nam etſi radices ſint aſymmetræ, exhibe-
buntur

buntur ea methodo veris proximæ, accuratas autem exhibere, eſt Geometræ potius quam Arithmetici: ſæpe tamen in radicum aſymmetriis, juvabit Arithmeticum ea cubicarum æquationum conſtitutio, quæ tradita eſt de differentia vel aggregato mediarum, ex data differentia vel aggregato extremarum, præter rectangulum ſub mediis vel extremis; vel etiam jam tradenda doctrina de depreſſione æquationum quadrato-quadraticarum ad quadraticas, per medium cubicarum à radice plana: poterat autem negotium abſolvi ex quadrato-quadraticarum conſtitutione per plaſma agnita, ſuſcepta nova Zeteſi, at non minus fœliciter, ac fortaſſis etiam elegantius, per opus quod dicitur climactica paraplerofis, tribus quatuorve ſequentibus exemplificanda Problematis.

Omnino climactica paraplerofi, non etiam anaſtrophe, reduci quadraticas, quadrato-quadraticas, cubo-cubicas, & exinde per binos gradus alternos climacticas æqualitates, jam ante animadverſum eſt. Eſt autem ſpecies irregularis deſcenſus; adſumpto nempe ſupplemento, quo pertinet verbi paraplerofcos notatio.

PROBLEMA I.

ÆQuationem quadrato-quadrati adfecti ſub latere; per medium cubicæ radicem habentis planam, ad quadraticam deprimere.

Proponatur A quad.-quad. + B ſolido in A, æquari Z plano-plano. Oportet facere quod imperatum eſt. Ex iis igitur quæ proponuntur, A quad.-quad., æquabitur Z planoplano — B ſolido in A. Vtrique æqualitatis parti addatur A quad., + E quad., + E quad. $\frac{1}{4}$. Igitur A quad.-quad. + A quad. in E quad. + E quad.-quad. $\frac{1}{4}$, æquabitur Z plano-plano — B ſolido in A + A quad. in E quad. + E quad.-quad. $\frac{1}{4}$. Omnia dividantur ſubquadratice, illic orietur A quad. + E quad. $\frac{1}{2}$.

Idcirco enim de induſtria A quad.-quadrato, adjecta fuerunt in ſupplementum duo illa plano-plana A quad. in E quad., & E quad.-quadrati $\frac{1}{4}$, quæ alioqui deficiebant à canonica geneſi quadrati, inſtituta à duabus radicibus planis: quod ſi altera æqualitatis pars poſſet quoque dividi ſubquadratice, quod oriretur foret æquale A quad. + E quad. $\frac{1}{2}$.

Effingendum igitur quadratum à radice plana, cui altera illa æqualitatis pars commode comparetur, ut ei tandem radici planæ adæquetur A quad. + E quad. $\frac{1}{2}$.

Sit igitur abs $\frac{B \, ſolido}{E \, 2}$ — E in A. ſic enim in comparatione evaneſcent adfectiones ſub A vel gradibus, & incidetur in æqualitatem de E, quo tendendum eſt.

Effictum igitur quad. erit $\frac{B \, ſolido\text{-}ſolidum}{B \, quad. \, 4}$ + E quad. in A quad. — B ſolido in A, æquandum Z plano-plano — B ſolido in A + E quad. in A quad. + E quad.-quad. $\frac{1}{4}$.

Et deletis utrinque adfectionibus E quadr. in A quadr. — B ſolido in A. Omnibuſque in E quad. 4. ductis, E cubo-cubus + Z plano-plano 4. in E quad., æquabitur B ſolido-ſolido. Innoteſcat autem E quad. eſſe D quad. Ergo $\frac{B \, ſolido}{D \, 2}$ — D in A, æquabitur A quad. + D quad. $\frac{1}{2}$, & ordinata ſecundum artem æqualitate A quad. + D in A, æquabitur $\frac{B \, ſolido}{D \, 2}$ — D quad. $\frac{1}{2}$.

Et ſi proponatur A quad.-quad. — B ſolido in A, æquari Z plano-plano.

Radix plana effingendi quadrati ſtatuetur $\frac{B \, ſolidum}{A \, 2}$ + E in A, comparanda A quad. + E quad. $\frac{1}{2}$.

Idem in æqualitate negata inverſe convertendo, & ſub contraria adfectionis nota argumentando. A quad.-quad. — B ſolido in A, æquari — Z plano-plano.

Quod erit æqualia æqualibus auferre: cedet autem E quad. ſemiſſis $\frac{B \, ſolido}{E \, 2}$, quùm alioqui præſtet in negata directe.

Hinc poterunt ordinari tria reductionis Theoremata.

Theorema I.

Sı A quad.-quad. + B folido in A, æquetur Z plano-plano, & E quadr. cubus + Z plano-plano 4 in E quad., æquetur B folido-folido. Innotefcat autem E effe D : A quad. + D in A, æquabitur $\frac{B\ folido}{D\ 2}$ — D quad. ½.

Theorema II.

Sı A quadr.-quadr. — B folido in A, æquetur Z plano-plano, & E quadrati-cubus + Z plano-plano 4 in E quad., æquetur B folido-folido. Innotefcat autem E effe D : A quadr. — D in A ; æquabitur $\frac{B\ folido}{D\ 2}$ — D quadr. ½.

Conftitutione autem tum hujus tum antecedentis æquationis bene agnita : funt duo latera, à quibus quadrato-quadratorum differentia, applicata ad aggregatum laterum, facit B folidum, id eft factum duplum ex rectangulo fub lateribus in differentiam, adjunctum differentiæ cubo.

Differentia vero ipforum laterum eft E feu D. & fit Z plano-planum, à quadrato differentiæ laterum plus rectangulo fub lateribus in ipfum rectangulum. & A eft latus unum ; hic majus ; illic minus.

In ferie vero quatuor continue proportionalium : fit D differentia extremarum : B folidum, differentia cuborum à fingulis alterne fumptorum : Z plano-planum quod fit ex utravis extremarum in differentiam cuborum à reliquis alterne fumptorum : & fit A prima ; hic major inter extremas ; illic minor.

Sint proportionales continue 2. √ C 40. √ C 200. 10. 1 QQ + 832 N, æquetur 1680. Igitur 1 Q + 8 N, æquabitur 20. & fit 1 N 2.

Et fi 1 Q Q — 832 N, æquetur 1680. Igitur 1 Q — 8 N, æquabitur 20. & fit 1 N 10.

Nota autem eft 8 differentia inter 2 & 10. quoniam 1 C + 6720 N, æquatur 691224. Vnde fit 1 N 64. quantum eft quadratum abs 8.

Theorema III.

Sı B folidum in A — A quadr.-quadr. æquatur Z plano-plano, & E quadrati-cubus — Z plano plano 4 in E quadr., æquetur B folido-folido. Innotefcat autem E effe D : D in A — A quad., æquabitur D quadr. ½ — $\frac{B\ folido}{D\ 2}$.

Conftitutione autem æqualitatis bene agnita : eft B folidum quod fit fub aggregato quadratorum in aggregatum laterum, feu aliter, cubus aggregati duorum laterum, multatus facto duplo abs rectangulo fub lateribus, in aggregatum laterum : & Z plano-planum factum abs quadrato aggregati laterum minus rectangulo, in ipfum rectangulum : & fit E feu D aggregatum ipforum laterum, A majus ipforum minufve.

In ferie autem quatuor continue proportionalium : eft B folidum aggregatum cuborum à quatuor fingulis : Z plano-planum quod fit fub utravis extremarum in aggregatum cuborum à reliquis : D aggregatum extremarum : & fit A prima, vel quarta.

Sint proportionales continue. 2. √ C 40. √ C 200. 10. 1248 N — 1 Q Q, æquetur 2480. Igitur 12 N — 1 Q, æquabitur 20. & fit 1 N 2, vel 10. Nota autem eft 12. aggregatum 2 & 10.

1 C — 9920 N, æquabitur 1557504 & fit 1 N 144. quantum eft quadratum abs 12.

Problema II.

ÆQualitatem quadrato-quadrati affecti fub cubo, per medium cubicæ radicem habentis planam, ad quadraticam deprimere.

Proponatur A quad. quad. + B in A cubum 2, æquari Z plano-plano. Oportet facere quod imperatum eſt. Sane ſi quadratum effingatur abs A quad. + B in A — E plano $\frac{1}{2}$, erit illud A quad. quad. + B in A cubum 2 + B quad. in A quad. + E plan. plan. $\frac{1}{4}$ — E plan. in A quad. — E plan. in B in A.

Vtrique igitur æquationis parti addatur id quod deficit ab effecto à ſtatuta radice plana quadrato, concludetur exilla æqualium æqualibus additione. A quad. quad. + B in A cubum 2 + B quad. in A quad. + E plano-plano $\frac{1}{4}$ — E plano in A quad. — E plano in B in A, æquari Z plano-plano + B quad. in A quad. + E plano-plano $\frac{1}{4}$ — E plano in A quad. — E plano in B in A.

Vtraque pars dividatur ſubquadratice, illic revocata ad analyſin geneſi, orietur manifeſto, A quad. + B in A — E plano $\frac{1}{2}$.

Quod ſi altera æqualitatis pars poſſet quoque dividi ſubquadratice, quod oriretur foret æquale radicibus illis planis è prima parte ortivis.

Effingendum eſt igitur quadratum à radice plana, & illud alteri æqualitatis parti, id eſt Z plano-plano una cum ſuis adfectionibus comparandum & adæquandum, ut radices quoque comparentur & adæquentur inter ſe: ſtatuitur idcirco radix illa plana effingendi quadrati $\frac{\text{E planum in B}}{\sqrt{\text{B q. 4.}}-\text{u plano 4.}}$ — $\sqrt{\text{B quad.}-\text{E plano}}$ in A.

Sic enim in comparatione evaneſcent adfectiones ſub A vel ejus gradibus, & incidetur in æqualitatem de E, quo tendendum eſt. Effictum igitur quadratum erit $\frac{\text{E plano-plano. in Bq.}}{\text{B q. 4.}-\text{u pl. 4.}}$ + B quad. in A quad. — E plano in A quad. — E plano in B in A.

Adæquandum Z plano-plano una cum reliquis quæ illud comitantur & adficiunt expoſitis plano-planis, & deletis utrinque adfectionibus ſub A, & A quadrato, $\frac{\text{E plano-plan. in B q.}}{\text{B quad. 4.}-\text{a plan. 4.}}$ æquabitur Z plano-plano + E plano-plano $\frac{1}{4}$.

Et omnibus ductis in B quad. 4. — E plano 4. E plano-planum in B quad., æquabitur Z plano-plano in B quad. 4. + E plano-plano in B quad. — Z plano-plano in E planum 4. — E plano-plano-plano.

Et deleto utrinque E plano-plano in B quad., omnibuſque rite ordinatis. E plani cubus + Z plano-plano 4 in E planum, æquabitur Z plano-plano in B quad. 4.

Innoteſcat autem E planum eſſe D planum. Ergo A quad. + B in A — D plano $\frac{1}{2}$, æquabitur $\frac{\text{D plano in B}}{\sqrt{\text{B quad.}}-\text{D plano 4.}}$ — $\sqrt{\text{B quad.}-\text{D plano}}$ in A.

Et æqualitate ſecundum artem ordinata A quad. + $\overline{\text{B}+\sqrt{\text{B quad.}-\text{D plano.}}}$ in A, æquabitur D plano $\frac{1}{2}$ + $\frac{\text{D plano in B.}}{\sqrt{\text{B quad. 4.}-\text{D 4 plano}}}$.

Et ſi proponatur A quad. quad. — B in A cubum 2, æquari Z plano-plano. Radix plana effingendi quadrati ſtatuetur. $\frac{\text{E planum in B}}{\sqrt{\text{B quad. 4.}-\text{E plano 4.}}}$ + $\sqrt{\text{B quad.}-\text{E plano}}$ in A, comparanda A quad. + B in A — E plano $\frac{1}{2}$.

Et ſi proponatur B in A cubum 2 — A quad. quad., æquari Z plano-plano. Licebit argumentari. A quad. quad. — B in A cubum 2, æquari Z plano-plano. Quod erit auferre æqualia ab æqualibus. Et radix plana effingendi quadrati ſtatuetur. $\frac{\text{E planum in B}}{\sqrt{\text{B quad. 4.}-\text{2 plano 4.}}}$ — $\sqrt{\text{B quad.}+\text{E plano}}$ in A, comparanda B in A + E plano $\frac{1}{2}$ — A quad. Fit itaque omni caſu reductio quæ imperata eſt. Hinc ordinabuntur tria reductionis Theoremata.

THEOREMA I.

SI A quad. quad. + B in A cubum 2, æquetur Z plano-plano; & E plani cubus — Z plano-plano 4 in E planum, æquetur Z plano-plano in B quad. 4. Innoteſcat autem E planum eſſe D planum.

A quad. + $\overline{\text{B}+\sqrt{\text{B quad.}-\text{D plano}}}$ in A, æquabitur $\frac{\text{D plano in B}}{\sqrt{\text{B quad. 4.}-\text{D pl. 4.}}}$ + D plano $\frac{1}{4}$.

THEOREMA II.

SI A quad. quad. — B in A cubum 2, æquetur Z plano-plano; & E plani cubus — Z plano-plano 4 in E planum, æquetur Z plano-plano in B quad. 4. Innoteſcat autem E planum eſſe D planum.

A quad. — $\overline{\text{B}-\sqrt{\text{B quad.}-\text{D plano}}}$ in A, æquabitur $\frac{\text{D plano in B}}{\sqrt{\text{B quad. 4.}-\text{D plano 4.}}}$ + D plano $\frac{1}{4}$.

Con-

Conſtitútióne autém tum hujus tum antecedentis æqualitatis bene ágnita : ſunt duo latera , à quibus quadrato-quadratorum differentia , applicata ad aggregatum cuborum, facit B 2 : quadratum vero differentiæ laterum multatæ ipſa B, ablatum ex ejuſdem B quadrato, relinquet D planum, ſive E planum : & fit Z plano-planum ex applicatione cubi à D plano, ad differentiam quadruplam quadratorum à D & B. & A eſt latus u-num ; hic majus ; illic minus.

In ſerie véro quatuor continue proportionalium: B 2 eſt differentia illarum omnium alterne ſumptarum: Z plano-planum quod fit ab utravis extremarum in cubum differentiæ reliquarum triũ alterne ſumptarum: & fit E planum ſive D planum differentia ſub quadrupla, inter quadratum differentiæ omnium alterne ſumptarum, & quadratum differentiæ extremarum multatæ tripla differentiæ mediarum.

Vnde $\sqrt{\text{B quad. 4} - \text{D plano 4}}$ eſt differentia extremarum minus tripla differentia mediarum : & quum prima intelligitur minor inter extremas ; illic fit A differentia trium primarum alterne ſumptarum ; hic trium poſtremarum.

Sunto proportionales continue. 1. 2. 4. 8.   1 QQ + 5 C, *æquatur* 216. *Igitur* 1 Q + 3 N, *æquabitur* 18. & fit 1 N 3. *Et ſi* 1 QQ — 5 C, *æquatur* 216. *Igitur* 1 Q — 3 N, *æquabitur* 18. & fit 1 N 6.   *Nota eſt autem* 3. *quoniam* 1 C + 864 N, *æquatur* 5400. & fit 1 N 6. *differentia ſubquadrupla inter quadratum abs dato latere 3 & quadratum abs* 1. *unde dignoſcitur ipſa longitudo quæ adjecta longitudini* 5, *facit* 6. *duplum ipſius* 3.

<h3 style="text-align:center">Theorema III.</h3>

S 1 B in A cubum 2 — A quad. quad., æquetur Z plano-plano, & E plani-cubus — Z plano-plano 4 in E planum, æquetur Z plano-plano in B quad. 4. Innoteſcat autem E planum eſſe D planum.

$$\overline{B + \sqrt{B\ quad. + D\ plano}}\ \text{in A} - \text{A quad., æquabitur}\ \frac{D\ plano\ in\ B}{\overline{B\ quad.4. + D\ plano\ 4.}} + D\ plano\ \tfrac{1}{2}.$$

Conſtitútióne autem æqualitatis bene agnita:ſunt duo latera,à quibus differentia quadrato-quadratorum, applicata differentiæ cuborum, facit B 2: differentia vero inter quadratum aggregati laterum multati B, & ipſum B quadratum, relinquit D planum : & fit Z plano-planum ex applicatione cubi à D plano, ad aggregatum quadruplum quadratorum à B & D. & eſt A latus majus, minuſve.

In ſerie quatuor continue proportionalium : B 2 eſt compoſita ex illis omnibus: Z plano-planum quod fit ab utravis extremarum, in cubum compoſitæ ex tribus reliquis.

Et fit E planum ſeu D planum differentia ſubquadrupla , inter quadratum aggregati extremarum adjuncti triplo aggregati mediarum, & quadratum aggregati omnium.

Vnde $\sqrt{\text{B quad. 4. + D plano 4.}}$ eſt aggregatum extremarum, plus triplo aggregati mediarum : & fit A compoſita ex tribus primis, ſive ex tribus poſtremis.

Sint proportionales continue 1. 2. 4. 8.   15 C — 1 QQ, *æquatur* 2744. *Igitur* 21 N — 1 Q, *æquabitur* 98. & fit 1 N 7, *vel* 14. *Nota eſt autem* 21. *quoniam* 1 C — 10976 N, *æquatur* 617400. *Et fit* 1 N 126. *differentia ſubquadrupla inter* 225 & 729. *Vnde dignoſcitur* √729, *id eſt longitudo* 27, *quæ adjecta longitudini* 15. *facit* 42, *duplum ipſius* 21.

<h3 style="text-align:center">Problema III.</h3>

ÆQualitatem quadrato-quadrati adfecti tam ſub latere quam quadrato; per medium cubicæ radicem habentis planam, ad quadraticam deprimere.

Proponatur A quad quad. + G plano in A quad. 2 + B ſolido in A, æquari Z plano-plano. Oportet facere quod imperatum eſt.

Sane ſi quadratum effingatur abs A quad. + G plano + E quad. $\tfrac{1}{2}$: erit illud A quad. quad. + G plano plano + G plano in A quad. 2. + E quad. quad. $\tfrac{1}{4}$ + E quad. in A quad. + G plan. in E quadratum.

Quoniam igitur ex iis quæ propoſita ſunt, adhibita metatheſi, A quad. quad. + G plano in A quad. 2, æquatur Z plano plano — B ſolido in A.

Vtri-

Vtrique igitur æquationis parti addatur id quod deficit ab effecto à statuta radice plana quadrato, ergo hac æqualium æqualibus additione, rursus pars parti æqualis erit.

Jam utraque pars dividitor subquadratice, illic revocata ad analysin genesi, orietur manifesto A quad. $+$ G plano $+$ E quad. $\frac{1}{2}$.

Quod si altera quoque æqualitatis pars posset dividi subquadratice, quod oriretur, foret radicibus illis planis ex prima parte ortivis æquale.

Effingendum est igitur quadratum à radice plana, & illud alteri æqualitatis parti, id est Z plano-plano una cum suis adfectionibus comparandum & adæquandum, ut radices quoque comparentur & adæquentur inter se; & statuatur idcirco radix illa plana effingendi quadrati $\frac{B\,\text{solidum}}{B\,2}$ — E in A, sic enim in comparatione evanescent adfectiones sub A & gradibus, & incidetur in æqualitatem de E, quo tendendum est.

Effictum igitur quadratum erit. $\frac{+\,B\,\text{solido-solidum}}{E\,\text{quad. 4.}}$ $+$ E quad. in A. quad. — B solido in A, æquale Z plano-plano — B solido in A $+$ G plano-plano $+$ E quad. quad. $\frac{1}{4}$ $+$ E quad. in A quad. $+$ G plano in E quad.

Et deletis utrinque adfectionibus sub A & A quad. $\frac{B\,\text{solido-solidum}}{E\,\text{quad. 4.}}$, æquabitur Z plano-plano $+$ G plano-plano $+$ E quad. quad. $\frac{1}{4}$ $+$ G plano in E quad.

Et omnibus in E quad. 4. ductis & rite ordinatis, E quadrati-cubus $+$ G plano 4 in E quad. quad. $\overline{+2\,\text{plano-plano}\,4. + G\,\text{plano-plano}\,4.}$ in E quad., æquabitur B solido-solido. Innotescat autem E esse D: A quad. $+$ D in A, æquabitur $\frac{B\,\text{solido}}{D\,2.}$ — G plano $+$ D quad. $\frac{1}{2}$.

Et si proponatur A quad. quad. $+$ G plano in A quad. 2 — B solido in A, æquari Z plano-plano: radix effingendi quadrati statuetur. $\frac{B\,\text{solidum}}{E\,2.}$ — E in A, comparanda A quad. $+$ G plano $+$ E quad. $\frac{1}{2}$.

Et si proponatur A quad. quad. — G plano in A quad. 2 — B solido in A, æquari Z plano-plano: radix plana effingendi quadrati statuetur. $\frac{B\,\text{solidum}}{E\,2.}$ $+$ E in A, comparanda A quad. — G plano $+$ E quad. $\frac{1}{2}$.

Et si proponatur G planum in A quad. 2 $+$ B solido in A — A quad. quad., æquari Z plano-plano. Inversis adfectionum notis: radix plana effingendi quadrati statuetur quoque. $\frac{B\,\text{solidum}}{E\,2.}$ $+$ E in A, comparanda A quad. — G plano $+$ E quad. $\frac{1}{2}$.

Et si proponatur G plan. in A quad. 2 — B solido in A — A quad. quad., æquari Z plano-plano. Inversis adfectionum notis: radix plana effingendi quadrati statuetur E in A $+$ $\frac{B\,\text{solido}}{E\,2}$, comparanda A quad. — G plano — E quad. $\frac{1}{2}$.

Et si proponatur denique B solidum in A — G plano in A quad. 2 — A quad. quad., æquari Z plano-plano. Inversis adfectionum notis: radix plana effingendi quadrati statuetur E in A $+$ $\frac{B\,\text{solido}}{E\,2.}$, comparanda A quad. $+$ G plano $+$ E quad. $\frac{1}{2}$. Fit itaque omni casu reductio quæ imperata est.

ALITER.

ÆQualitatem quadrato-quadrati affecti tam sub latere quam quadrato, per medium cubicæ radicem habentis planam, ad quadraticam reducere.

Proponatur A quad. quad. $+$ G plano in A quad. $+$ B solido in A, æquari Z plano-plano. Oportet facere quod imperatum est.

Quoniam per ea quæ proponuntur, facta metathesi, A quad. quad., æquatur Z plano-plano — G plano in A quad. — B solido in A.

Vtrobique addatur E planum in A quad. $+$ E plano-plano $\frac{1}{4}$. Pars igitur parti rursus adæquabitur, & ab illa quidem quum dividitur subquadratice, oritur A quad. $+$ E plano $\frac{1}{2}$, dividitor igitur quoque altera pars subquadratice, & idcirco effingatur quadratum abs commoda radice, & illud comparetur, & adæquetur altera illi pars, utpote statuitor radix.

$$\overline{\frac{B\,\text{solidum.}}{\sqrt{E\,\text{plani. 4.} - G\,\text{plano\,4}}}} \;-\; \sqrt{E\,\text{plani} - G\,\text{plano}}\;\text{in A.} \quad \text{Igitur} \quad \frac{B\,\text{solido-solidum}}{E\,\text{plano\,4.} - G\,\text{pl.4.}} \;+\; E\,\text{plano} - G\,\text{plano}$$

in A quad. — B solido in A, æquabitur Z plano-plano — G plano in A quad. — B solido in A $+$ E plano in A quad. $+$ E plano-plano. $\frac{1}{4}$.

Itaque

Itaque E plani cubus — G plano in E plani quad. + Z plano-plano 4. in E plan., æquabitur B folido-folido + Z plan.-plan. in G plan. 4. E planum autem innotefcat effe F planum. Igitur $\dfrac{\text{B folidum.}}{\sqrt{\text{F plani 4} - \text{G plano 4}}}$ — $\sqrt{\text{F plani} - \text{G plano}}$ in A, æquabitur A quadr. + F plano $\frac{1}{2}$.

Et fi proponatur A quad.-quad. + G plano in A quad. — B folido in A, æquari Z plano-plano. Radix plana effingendi quadrati ftatuetur $\sqrt{\text{E plani} + \text{G plano}}$ in A — $\dfrac{\text{B folido.}}{\sqrt{\text{B pl. 4} - \text{G pl. 4}}}$ comparanda E plano $\frac{1}{2}$ + A quadrato.

Et fi proponatur denique B folidum in A — G plano in A quadr. — A quadr.-quadr., æquari Z plano-plano. Radix plana effingendi quadrati ftatuetur, $\sqrt{\text{E plani} - \text{G plano}}$ in A + $\dfrac{\text{B folido}}{\sqrt{\text{E plani 4} - \text{G plano 4}}}$, comparanda E plano $\frac{1}{2}$ + A quadrato.

Fit itaque omni cafu reductio quæ imperata eft.

Ac fecundum priorem quidem formulam, ordinata funt Theoremata hæc

THEOREMA I.

Secundum priorem formulam.

SI A quad.-quad. + G plano 2 in A quad. + B folido in A, æquetur Z plano-plano, & E quad. cubus + G plano 4 in E quadr.-quad. $+ \overline{\text{z plano-plano 4}}$ $+ \overline{\text{G plano-plano 4}}$ in E quad., æquetur B folido-folido. Innotefcat autem E effe D: A quad. + D in A, æquabitur $\frac{\text{B folido}}{\text{D 2}}$ — D quad. $\frac{1}{2}$ — G plano.

1 QQ + 6 Q + 880 N, *æquatur* 1800. & fit 1 N 2.   1 C + 12 Q + 7236 N, *æquatur* 774400. fit 1 N 64. *quadratum à radice* 8.   1 Q + 8 N, *æquatur* 20. fit 1 N 2.

THEOREMA II.

SI A quadr.-quadr. + G plano 2 in A quadr. — B folido in A, æquetur Z plano-plano, & E quad. cubus + G plano 4 in E quad.-quad. $+ \overline{\text{z plano-plano 4}}$ $+ \overline{\text{G plano-plano 4}}$ in E quadr., æquetur B folido-folido. Et E innotefcat effe D: A quad. — D in A, æquabitur $\frac{\text{B folido}}{\text{D 2}}$ — D quad. $\frac{1}{2}$ — G plano.

1 QQ + 6 Q — 880 N, *æquatur* 1800. fit 1 N 10.   1 C + 12 Q + 7236 N, *æquatur* 774400. fit 1 N 64, *quadratum abs* 8.   1 Q — 8 N, *æquatur* 20, fit 1 N 10.

THEOREMA III.

SI A quad.-quad. — G plano 2 in A quad. + B folido in A, æquetur Z plano-plano, & E quad. cubus — G plano 4 in E quad.-quad. $+ \overline{\text{z plano-plano 4}}$ $+ \overline{\text{G plano-plano 4}}$ in E quadr., æquetur B folido-folido. Et E innotefcat effe D: A quad. + D in A, æquabitur $\frac{\text{B folido}}{\text{D 2}}$ — D quad. $\frac{1}{2}$ + G plano.

1 QQ — 4 Q + 800 N, *æquatur* 1600 fit 1 N 2.   1 C — 8 Q + 6416 N, *æquatur* 640000. fit 1 N 64. *quadratum abs* 8.   1 Q + 8 N, *æquatur* 20. fit 1 N 2.

THEOREMA IV.

SI A quad.-quad. — G plano 2 in A quad. — B folido in A, æquetur Z plano-plano, & E quad. cubus — G plano 4 in E quadr.-quadr. $+ \overline{\text{z plano.plan. 4}}$ $+ \overline{\text{G plano-plano 4}}$ in E quadr., æquetur B folido-folido. Et E innotefcat effe D: A quad. — D in A, æquabitur $\frac{\text{B folido}}{\text{D 2}}$ — D quad. $\frac{1}{2}$ + G plano.

1 QQ — 4 Q — 800 N, *æquatur* 1600, fit 1 N 10.   1 C — 8 Q + 6416 N, *æquatur* 640000. fit 1 N 64. *quad. abs* 8.   1 Q — 8 N, *æquatur* 20. & fit 1 N 10.

THEOREMA V.

SI G planum 2 in A quad. + B folido in A — A quad.-quad., æquetur Z plano-plano, & E quadr. cubus — G plano 4 in E quadr.-quadr. $+ \overline{\text{G plano-}}$ $\overline{\text{plano 4}}$

$\overline{\text{plano } 4}$ — Z plano-plano 4 in E quadr., æquetur B folido-folido. Et E innotefcat effe D. D in A — A quad., æquabitur D quad. $\frac{1}{2}$ — G plano $\frac{-\text{B folido}}{D_2}$.

44 Q + 720 N — 1 Q Q, *æquatur* 1600. *fit* 1 N 10 *vel* 2.   1 C — 88 Q — 4464 N, *æquatur* 518400. *fit* 1 N 144. *quadratum abs* 12.   12 N — 1 Q, *æquatur* 20. *fit* 1 N 10 *vel* 2.

THEOREMA VI.

Si G planum 2 in A quadr. — B folido in A — A quad.-quad., æquetur Z plano-plano, & E quad. cubus — G plano 4 in E quad.-quad. $\overline{+\text{Z plano-plano } 4}$ $\overline{-\text{G plano-plano } 4}$ in E quad., æquetur B folido folido. Et E innotefcat effe D. D in A — A quad., æquabitur D quad. $\frac{1}{2}$ — G plano $\frac{+\text{B folido}}{D_2}$.

114 Q — 120 N — Q Q, *æquatur* 200. *& fit* 1 N 2 *vel* 10.   1 C — 228 Q + 12196 N, *æquatur* 14400. *fit* 1 N 144. *quad. abs* 12.   12 — 1 Q, *æquatur* 20. *fit* 1 N 10 *vel* 2.

THEOREMA VII.

Si B folidum in A — G plano 2 in A quad. — A quad.-quad., æquetur Z plano-plano, & E quad. cubus + G plano 4 in E quad.-quad. $\overline{-\text{Z plano-plano } 4}$ $\overline{+\text{G plano-plano } 4}$ in E quad., æquetur B folido-folido. Et E innotefcat effe D. D in A — A quad., æquabitur D quad. $\frac{1}{2}$ + G plano $\frac{-\text{B folido}}{D_2}$.

1440 N — 16 Q — 1 Q Q, *æquatur* 2800. *& fit* 1 N 10 *vel* 2.   1 C + 32 Q — 10944 N, *æquatur* 2073600. *& fit* 1 N. 144 *quadratum abs* 12.   12 N — 1 Q, *æquatur* 20. *& fit* 1 N 10 *vel* 2.

Ad pofteriorem autem formulam pertinent quæ fequuntur.

THEOREMA I.

Secundum pofteriorem formulam.

Si A quad.-quad. + G plano in A quad. + B folido in A, æquetur Z plano-plano, & E plani-cubus — G plano in E plani quad. + Z plano 4 in E planum, æquetur B folido-folido + Z plano-plano 4 in G planum. Et innotefcat E planum effe F planum. A quad. + $\sqrt{\text{F plani} - \text{G plano}}$ in A, æquabitur $\frac{\text{B folido}}{\sqrt{\text{F plani } 4 - \text{G plan. } 4}}$ — F plano $\frac{1}{2}$.

1 Q Q + 6 Q + 880 N, *æquatur* 1800. *fit* 1 N 2.   1 C — 6 Q + 7200 N, *æquatur* 817600. *fit* 1 N 70.   70 — 6 *est quadratum abs* 8.   1 Q + 8 N, *æquatur* 20. *fit* 1 N 2.

THEOREMA II.

Si A quad.-quad. + G plano in A quad. — B folido in A, æquetur Z plano-plano, & E plani cubus — G plano in E plani·quad. + Z plano-plano 4 in E planum, æquetur B folido-folido + Z plano-plano 4 in G planum. Et innotefcat E planum effe F planum. A quad. — $\sqrt{\text{F plani} - \text{G plano}}$ in A, æquabitur $\frac{\text{B folido}}{\sqrt{\text{F plani } 4 - \text{G plano } 4}}$ — F plano $\frac{1}{2}$.

1 Q Q + 6 Q — 880 N, *æquatur* 1800. *fit* 1 N 10.   1 C — 6 Q + 7200 N, *æquatur* 817600. *fit* 1 N 70.   70 — 6 *est quadratum abs* 8.   1 Q — 8 N, *æquatur* 20. *fit* 1 N 10.

THEOREMA III.

Si A quad.-quad. — G plano in A quad. + B folido in A, æquetur Z plano-plano, & E plani-cubus + G plano in E plani quad. + Z plano-plano 4 in E planum, æquetur B folido-folido — Z plano-plano 4 in G planum. Innotefcat autem E planum effe F planum. A quad. + $\sqrt{\text{F plani} + \text{G plano}}$ in A, æquabitur $\frac{\text{B folido}}{\sqrt{\text{F plani } 4 + \text{G plano } 4}}$ — F plano $\frac{1}{2}$.

S   1 Q Q

1 $QQ - 4Q + 800N$, *æquatur* 1600. *fit* 1 N 2.   1 $C + 4Q + 6400N$, *æquatur* 614400. *fit* 1 N 60. $60 + 4$ *facit quadratum abs* 8.   1 $Q + 8N$, *æquatur* 20. *fit* 1 N 2.

THEOREMA IV.

Sı A quad.-quad. — G plano in A quad. — B folido in A , æquetur Z plano-plano, & E plani-cubus ⊣ G plano in E plani-quad. ⊣ Z plano-plano 4 in E.planum, æquetur B folido-folido — Z plano-plano 4 in G planum. Et innotefcat E planum effe F planum: A quad. — $\sqrt{\overline{F \text{ plani} + G \text{ plano}}}$ in A, æquabitur $\dfrac{B \text{ folido}}{\sqrt{F \text{ plani } 4 + G \text{ plano } 4}}$ — F plano $\frac{1}{2}$.

1 $QQ - 4Q - 800N$, *æquatur* 1600. *fit* 1 N 10.   1 $C + 4Q + 6400N$, *æquatur* 614400. *fit* 1 N 60. $60 + 4$ *eſt quadratum abs* 8.   1 $Q - 8N$, *æquatur* 20. *fit* 1 N 10.

THEOREMA V.

Sı G planum in A quadr. ⊣ B folido in A — A quad.-quad., æquetur Z plano-plano , & E plani-cubus ⊣ G plano in E plani quadr. — Z plano-plano 4 in E.planum , æquetur B folido-folido ⊣ Z plano-plano 4 in G planum. Et innotefcat E planum effe F planum: $\sqrt{\overline{F \text{ plani} + G \text{ plano}}}$ in A — quad., æquabitur F plano $\frac{1}{2}$ — $\dfrac{B \text{ folido}}{\sqrt{F \text{ plani } 4 + G \text{ plano } 4}}$.

44 $Q + 720N - 1QQ$, *æquatur* 1600. *fit* 1 N 10 *vel* 2.   1 $C + 44Q - 6400N$, *æquatur* 800000. *fit* 1 N 100. $100 + 44$ *eſt quadratum abs* 12. $12N - 1Q$, *æquabitur* 20. *fit* 1 N 10 *vel* 2.

THEOREMA VI.

Sı G planum in A quadr. — B folido in A — A quad.-quad. , æquetur Z plano-plano , & E plani-cubus ⊣ G plano in E plani-quadr. — Z plano-plano 4 in E planum , æquetur B folido-folido ⊣ Z plano-plano 4 in G planum. Et E planum innotefcat effe F planum : $\sqrt{\overline{F \text{ plani} + G \text{ plano}}}$ in A — A quad., æquabitur F plano $\frac{1}{2}$ ⊣ $\dfrac{B \text{ folido}}{\sqrt{F \text{ plani } 4 + G \text{ plano } 4}}$.

114 $Q - 120N - 1QQ$, *æquatur* 200. *fit* 1 N 2 *vel* 10.   1 $C + 114Q - 800N$, *æquatur* 105600. *fit* 1 N 30. $30 + 114$ *facit quadratum abs* 12. $12N - 1Q$, *æquatur* 20. *fit* 1 N 2 *vel* 10.

THEOREMA VII.

Sı B folido in A — G plano in A quad. — A quad.-quad. , æquetur Z plano-plano, & E plani-cubus — G plano in E plani quadr. — Z plano-plano 4 in E planum, æquetur B folido-folido — Z plano-plano 4 in G planum. Et E planum innotefcat effe F planum: $\sqrt{\overline{F \text{ plani} - G \text{ plano}}}$ in A — A quad., æquabitur F plano $\frac{1}{2}$ — $\dfrac{B \text{ folido}}{\sqrt{F \text{ plani } 4 - G \text{ plano } 4}}$.

1440 $N - 16Q - 1QQ$, *æquatur* 2800. *fit* 1 N 2 *vel* 10.   1 $C - 16Q - 11200N$, *æquatur* 1894400. *fit* 1 N 160. $160 - 16$ *facit quadratum abs* 12. $12N - 1Q$, *æquatur* 20. *fit* 1 N 2 *vel* 10.

Et quid attinet reliquas metathefes perfequi , quum adfectiones fub cubo evanefcant expurgatione per uncias quadrantes: Hæc itaque funto fatis fuperque.

CAPVT

CAPVT VII.

Quemadmodum æquationes cubicæ deprimuntur ad quadraticas à radice solida.

SEV

De Duplicata Hypostasi.

ÆQue modus transmutandi qui dicitur duplicata hypostasis, non minus elegans est & impendiosus, ad exhibendas radicum asymmetrias in cubis aliquot sub latere affectis, ac Zetesin novam instituendi cura, ex agnita singulari de qua initio præcedentis capitis monuimus, cuborum illorum constitutione.

Sequentia itaque juvabit subjunxisse Problemata.

PROBLEMA I.

CUbum adfectum sub latere adfirmate, ad quadratum radicem habens solidam, idemque adfectum, reducere.

Proponatur A cubus + B plano 3 in A, æquari Z solido 2. Oportet facere quod propositum est. E quad. + A in E, æquetur B plano.

Vnde B planum ex hujusmodi æquationis constitutione, intelligitur rectangulum sub duobus lateribus quorum minus est E, differentia à majore A. igitur $\frac{\text{B planum}-\text{E quad.}}{\text{E}}$ erit A.

Quare $\frac{\text{B plano-plano-planum}-\text{E quad.in B plano-planum 3}+\text{E quad.quad.in B planum 3}-\text{E cubo-cubo}}{\text{E cubo.}}+\frac{\text{Bpl.pl.3.}-\text{E pl.in Eq.3}}{\text{E}}$
æquabitur Z solido 2.

Et omnibus per E cubum ductis & ex arte concinnatis. E cubi quad. + Z solido 2 in E cubum, æquabitur B plani-cubo.

Quæ æquatio est quadrati affirmate affecti, radicem habentis solidam. Facta itaque reductio est quæ imperabatur.

Consectarium.

Itaque si A cubus + B plano 3, æquetur Z solido 2, & $\sqrt{\text{B plano-plano-plani}+\text{Z solido-solido}}$ — Z solido, æquetur D cubo. ergo $\frac{\text{B planum}-\text{D quad.}}{\text{D}}$, fit A de qua quæritur:

Si 1C+81N, æquetur 702. quoniam $\sqrt{\overline{1968\vert}+123201}$, seu $\sqrt{142884}$, seu denique 378. multatus solido 351. est 27 cubus à latere 3. Ideo $\frac{27-9}{3}$ seu 6, est 1 N. de qua quæritur.

Aliter & secundo.

E quad. — A in E, æquetur B plano. Vnde B planum ex hujusmodi æquationis constitutione, intelligitur rectangulum sub duobus lateribus, quorum majus est E, excessus vero ejusdem supra minorem A. igitur $\frac{\text{E quad.}-\text{B plano}}{\text{E}}$, æquabitur A. Quare per ea quæ proponuntur, omnibus ex arte concinnatis. E-cubi-quadratum — Z solido 2 in E cubum, æquabitur B plani cubo. Quæ æquatio est quadrati negate adfecti, radicem habentis solidam. Facta itaque est rursus reductio quæ imperabatur.

Consectarium secundum.

Itaque si A cubus + B plano 3 in A, æquetur Z solido 2, & $\sqrt{\text{B plano-plano-plani}+\text{Z sol.solido}}$ + Z solido, æquetur G cubo. ergo $\frac{\text{G quad.}-\text{B plano}}{\text{G}}$, æquabitur A.

Si 1C+81N, æquetur 702. quoniam 378 + 351, est 729. cubus à latere 9. Ideo $\frac{81-27}{9}$ seu 6. est 1 N. de qua quæritur.

Consectarium

E duobus antedictis consectariis.

Denique sunt duo latera, unum idemque minus D, alterum idemque majus G, quorum differentia est A de qua quæritur.

Ita-

Itaque $\sqrt{\;\overline{C.\,\sqrt{B\,plano\text{-}plano\text{-}plani}+Z\,folido\text{-}folido}\;+Z\,folido}}\;-\;\sqrt{\;\overline{C.\,\sqrt{B\,plano\text{-}plano\text{-}plani}+Z\,folido\text{-}folido}\;-Z\,folido}}$
Eſt A quæſita.

Si $1\,C+6\,N$, *æquetur* 2. $\sqrt{C4}-\sqrt{C2}$. *eſt* 1 N. *de qua quæritur.*

PROBLEMA II.

CUbum adfectum ſub latere negate, ad quadratum ſub radice ſolida negatum de plano, reducere.

Oportet autem in æquatione propoſita, cubum è triente coëfficientis
adfectionis, cedere ſolidi comparationis ſub quadruplo quadrato.

Proponatur. A cubus — B plano 3 in A, æquari Z ſolido 2. Oportet facere quod
propoſitum eſt. A in E — E quad., æquetur B plano.

Vnde B planum ex hujuſmodi æquationis conſtitutione, intelligitur rectangulum ſub
duobus lateribus, quorum majus minuſve eſt E, ſumma vero minoris ac majoris A. Igitur
$\frac{B\,planum\;+\,E\,quad.}{E}$, æquabitur A. Quare $\frac{B\,plano\text{-}plano\text{-}planum\;+Eq.\;in\;B\,pl.planum\;3\;+E\,q.\;quad.\;in\;B\,planum\;3\;+R\,cubo\text{-}cubo}{E\,cubo.}$
$\frac{-\,B\,plano\text{-}plano\;3.\;-\;B\,plano\;in\;E\,quad.\;3.}{E}$, æquabitur Z ſolido 2.

Et omnibus per E cubum ductis & ex arte concinnatis. Z ſolidum 2 in E cubum — E
cubi-quadrato, æquabitur B plani-cubo.

Quæ æquatio eſt quadrati inverſe negata, radicem habentis ſolidam. Facta itaque eſt
reductio quæ imperabatur.

Apparet autem ex æquationis illius ad quam reductio facta eſt proprietate, Z ſolidi
quadratum præſtare debere B plani-cubo: quo pertinet appoſita lex Problemati.

Confectarium.

Itaque ſi A cubus — B plano 3 in A, æquetur Z ſolido 2.

$\sqrt{C.\,Z\,folidi\;+\sqrt{Z\,folido\text{-}folidi}\;-\;B\,plano\text{-}plano\text{-}plano}}\;+\;\sqrt{C.Z\,folidi-\sqrt{Z\,folido\text{-}folidi}\;-\;B\,plano\text{-}plano\text{-}plano}}$ Eſt A
de qua quæritur.

Si $1\,C-81\,N$, *æquetur* 756. *Quoniam* 378 + 351 *eſt* 729, *cubus à latere* 9. & 378 — 351
eſt 27, *cubus à latere* 3. *Ideo* 9 + $\frac{3}{3}$ *id eſt* 12. *eſt* 1 N. *de qua quæritur.*

CAPVT VIII.

De canonica æquationum tranſmutatione, ut coëfficientes ſub-
graduales ſint quæ præſcribuntur.

AD impendia quoque Logiſtica confert æquationes ita præparare, ut
coëfficientes æquationum vel comparationum homogenea ſint quæ
præſcribuntur, quod libere licet ex canonica tranſmutandi doctrina. Statuitor coëfficiens unitas, uſus igitur impendii vel ex eo liquet, quod poteſtates adfectæ ſub unitate & gradu quocunque, (ſi modo radix eſt numerus) non aliter reſolvuntur ac ſi eſſent puræ. neque enim negotium con-
turbat habenda alioqui (ſed quæ ex iſthoc opere, ſalva fit) parabolarum
quarum quæque unitas eſt, ratio.

Et ſi radix inventa non eſt numerus, ipſam radicem de qua quæritur
non eſſe numerum ſtatim convincitur.

$1\,C+1\,N$, æquetur 10. quoniam proximus cubus eſt 8, cujus radix eſt 2,
quæ ducta in unitatem & adjuncta 8, facit 10. ideo radix quæſita eſt 2.

Æque $1\,C-1\,N$, æquetur 24. quoniam proxime minor cubus eſt 8, cujus radix eſt 2 & adſcita unitate 3 : ſub qua & unitate facto ſolido quum
multatur cubus ex 3, relinquitur 24. ideo radix queſita eſt 3.

Proponatur autem $1\,C+1\,N$, æquari 9. quoniam proximus cubus eſt 8,
cujus

cujus radix est 2 qua ducta in unitatem & adjuncta 8, facit 10, non etiam 9. ideo 1 N est radix irrationalis.

Æque 1C—1N, æquetur 25. quoniam proxime minor cubus est 8, cujus radix est 2 & adscita unitate 3: sub qua & unitate facto solido quum multatur cubus ex 3, relinquitur 24, non etiam 25. ideo 1 N est irrationalis.

Oportet autem ad hujusmodi instituendæ transmutationis opus, coëfficientem quæ imperatur coëfficienti æquationis propositæ esse congenerem, & si quidem radix æquationis propositæ est ejusdem quoque generis, concedetur esse ut coëfficiens propositæ æquationis ad coëfficientem imperatam, ita radix de qua quærebatur ad novam statuendam radicem.

Sin coëfficiens gradui radicis genere communicet, concedetur esse ut coëfficiens propositæ æquationis ad coëfficientem imperatam, ita gradus æque-altus radicis de qua quærebatur ad gradum æque altum novæ statuendæ radicis.

Et per resolutionem concessi analogismi, exhibebitur sub nova specie valor radicis quæsitæ, & sua proposita æqualitas dirigetur, & ordinabitur nova.

Quod, ut uno aut altero exemplo fiat apertius.

Proponatur A cubus + B in A quad., æquati Z solido. Placeat autem æquationem ita transmutare, ut adfectio maneat quidem sub quadrato, ipsaque adfirmetur, sed coëfficiens sit X, non etiam B. Esto ut B ad X, ita A ad E. ergo $\frac{B\ in\ E}{X}$ erit A.

Quare secundum ea quæ proponuntur $\frac{B\ cubus\ in\ E\ cubum}{X\ cubo.}$ $\frac{+B\ cubo\ in\ E\ quad.}{X\ quad.}$, æquabitur Z solido. Et omnibus per X cubum ductis, & B cubum divisis. E cubus + X in E quad., æquabitur $\frac{X\ cubo\ in\ Z\ solidum}{B\ cubo.}$. Ipsum igitur factum est quod oportuit.

Proponatur 1C + 20 Q. *æquari* 96000. 1C + 1Q, *æquabitur* 12. *& fit* 1N 2. *Vnde fit radix primum quæsita* 40.

A L I V D.

Proponatur A cubus — B quad. in A, æquari Z solido. Placeat autem æquationem ita transmutare, ut affectio quidem maneat sub latere, ipsaque negetur, sed coëfficiens fit X quadratum, non etiam B quadratum. Esto ut B quad. ad X quad., ita A quad. ad E quad., & consequenter ut B ad X ita A ad E. ergo $\frac{B\ in\ E}{X}$ erit A.

Quare secundum ea quæ proponuntur $\frac{B\ cubus\ in\ E\ cubum}{X\ cubo}$ $\frac{—B\ cubo\ in\ E}{X}$, æquabitur Z solido. Et omnibus per X cubum ductis, & B cubum divisis. E cubus — X quad. in E, æquabitur $\frac{X\ cubo\ in\ Z\ solidum}{B\ cubo}$. Ipsum igitur factum est quod oportuit.

Proponatur 1C—144N, *æquari* 10368. 1C—1N, *æquabitur* 6. *& est* 1N 2. *Vnde fit radix primum quæsita* 24.

Neque vero opus aliter fit in præscriptis comparationum homogeneis, conceditur nimirum esse, ut magnitudo æqualis potestati quæ proponitur adfectæ ad magnitudinem præscriptam æque-altam & homogeneam, ita potestas radicis de qua quærebatur ad potestatem novæ statuendæ radicis: & per resolutionem concessi analogismi, exhibetur sub nova specie valor radicis quæsitæ, & proposita æqualitas dirigetur, & ordinabitur nova. Exempli causa:

Proponatur A cubus + B plano in A, æquari Z cubo. Placeat autem æquationem ita transmutare, ut potestas adfirmate adfecta sub latere & coëfficiente plano, comparetur D cubo. conceditor esse ut Z ad D, ita A ad E. ergo $\frac{Z\ in\ E}{D}$ erit A.

Quare $\frac{Z\ cubus\ in\ E\ cubum}{D\ cubo.}$ $\frac{+B\ plano\ in\ Z\ in\ E}{D}$, æquabitur Z cubo. Et omnibus in D cubum ductis, & per Z cubum divisis. E cubus $\frac{—B\ plano\ in\ D\ quad.\ in\ E}{Z\ quad.}$, æquabitur D cubo. Ipsum igitur factum est quod oportuit.

Pro-

Proponatur 1C+860N, *æquari* 1728. 1C+215N, *æquabitur* 216. & *eſt* 1 N 1. *Vnde fit radix primum quæſita* 2.

CAPVT IX.

Anomala æquationum aliquot cubicarum ad quadraticas aut etiam ſimpliciores reductio.

PRæparandarum igitur æquationum ſolennes modi ita ſe habent. De irregularibus autem non ſtatuuntur præcepta, quoniam anomalia illa non magis finita eſt quam artificis in indagando vis & ſolertia. ad excitandum tamen eam vim & ſolertiam, oportunum eſt ſingularia aliquot æquationum conſtitutiva & reductiva Theoremata adnotaſſe, inſignem aliquam emphaſin vel elegantiam præ ſe ferentia; qualia jam ſequuntur.

THEOREMA I.

SI A cubus —B quad. 2 in A, æquetur B cubo. A quad. —B in A, æquabitur B quadrato.

Ex iis enim quæ proponuntur manifeſtum fit per antitheſin: A cubum, æquari B cubo + B quad. 2 in A, & addendo utrique parti B cubum: A cubum + B cubo, æquari B cubo 2 + B quad. 2 in A. Omnia applicentur ad A + B; illic oritur, A quad —B in A + B quad.; hic B quad 2. & conſequenter abjecto utrinque B quadrato. A quad. —B in A, æquabitur B quadrato.

Si 1C—18N, *æquetur* 27. *igitur* 1Q—3 N, *æquabitur* 9.

THEOREMA II.

SI B quad. 2 in A— A cubo, æquetur B cubo. A quad. + B in A, æquabitur B quadrato.

Ex iis enim quæ proponuntur manifeſtum fit per antitheſin: A cubum, æquari B quad. 2 in A —B cubo, & auferendo utrique parti B cubum. A cubum — B cubo, æquari B quad. 2 in A —B cubo 2. Omnia applicentur ad A—B; illic oritur A quad. + B in A + B quad.; hic B quad. 2 & conſequenter abjecto utrinque B quadrato. A quad. + B in A, æquabitur B quadrato.

Si 18N—1C, *æquetur* 27. *igitur* 1Q + 3 N, *æquabitur* 9.

THEOREMA III.

SI A cubus — B quad. 3 in A, æquetur B cubo 2. B dupla eſt ipſa A de qua quæritur.

Quoniam enim B dupla, eſt ipſa A de qua quæritur, ergo ex iis quæ proponuntur B cubus 8 — B quad. in B 6, æquabitur B cubo 2. quod quidem ita ſe habet.

1 C—12 N, *æquetur* 16. *fit* 1 N 4.

THEOREMA IV.

SI B quad. 3 in A —A cubo, æquetur B cubo 2. B eſt ipſa A de qua quæritur.

Quoniam enim B eſt ipſa A de qua quæritur, ergo ex iis quæ proponuntur B quad. in B 3 — B cubo, æquabitur B cubo 2. quod quidem ita ſe habet.

6 N — 1C, *æquatur* √32. *fit* 1N√2.

THEOREMA V.

SI A cubus — B in A quad. + D plano in A, æquetur B in D planum. Ipſa B eſt A de qua quæritur.

Quo-

Quoniam enim B est A de qua quæritur : ergo ex iis quæ proponuntur B cubus — B in B quad. + D plano in B, æquabitur B in D planum. quod quidem manifesto ita se habet.

ı C — 4 Q + 5 N, *æquatur* 20. *facto ex* 4 *in* 5. *ergo* 1 N *est* 4.

THEOREMA VI.

Sı A cubus + B in A quad. — D quadr. in A, æquetur B in D quadratum. Ipsa D est A de qua quæritur.

Quoniam enim ipsa D est A de qua quæritur, ergo ex iis quæ proponuntur, D cubus + B in D quad. — D quadr. in D, æquabitur B in D quadratum. Quod quidem manifesto ita se habet.

ı C + 5 Q — 4 N, *æquatur* 20. *facto ex* 5 *in* 4. *ergo* 1 N *fit* √ 4 *vel* 2.

THEOREMA VII.

Sı B in A quadr. + D quad. in A — A cubo, æquetur D quadrato in B. Ipsa B vel D, est A de qua quæritur.

Quoniam enim ipsa B est A de qua quæritur ergo ex iis quæ proponuntur B cubus + D quad. in B — B cubo, æquabitur B in D quadratum. Quod quidem ita manifesto se habet.

Rursus quoniam ipsa D est A de qua quæritur, ergo ex iis quæ proponuntur, B in D quad. + D cubo — D cubo, æquabitur D quadrato in B. Quod quidem ita quoque manifesto se habet.

6 Q + 4 N — ı C, *æquatur* 24. *fit* ı N 6 *vel* 2.

THEOREMA VIII.

Sı D in A quad. + B in D in A — A cubo, æquetur B cubo : $\overline{B+D}$ in A — A quad., æquabitur B quadrato.

Ex iis enim quæ proponuntur, manifestum fit per antithesin. B cubum + A cubo, æquari D in A quad. + D in B in A. Vtraque pars applicetur ad A + B, ergo A quadr. — B in A + B quad., æquabitur D in A.

Et per antithesin $\overline{D + B}$ in A — A quad., æquabitur B quadrato.

Si 10 Q + 20 N — ı C, *æquetur* 8. *quia latus cubicum ex* 8 *ductum in* 10, *facit* 20. *Igitur* 12 N — ı Q, *æquabitur* 4. & *fit* 1 N 6 — √ 32, *vel* 6 + √ 32.

THEOREMA IX.

Sı A cubus — D in A quadr. + D in B in A, æquetur B cubo : $\overline{D — B}$ in A — A quad., æquabitur B quadrato.

Ex iis enim quæ proponuntur manifestum fit per antithesin, quum A intelligitur major quam B, A cubum — B cubo, æquari D in A quadr. — D in A in B. Vtraque pars æqualitatis applicetur ad A — B. Igitur A quad. + B in A + B quad., æquabitur D in A.

Et per antithesin $\overline{D — B}$ in A — A quad., æquabitur B quadrato. Atqui quum B intelligitur major quam A, B cubus — A cubo, æquabitur D in A in B — D in A quad. Vtraque pars æqualitatis applicetur ad B — A, itaque B quad. + A quadr. + B in A, æquabitur D in A. ut ante.

Si ı C — 10 Q + 20 N, *æquetur* 8. *quia* √ C. 8 *ductum in* 10, *facit* 20. *Igitur* 8 N — ı Q, *æquabitur* 4. & *fit* 1 N 4 — √ 12, *vel* 4 + √ 12.

THEOREMA X.

Sı A cubus — B pl. 3 in A, æquetur √ B plano-plano-plani 2. $\frac{\sqrt{B\ plani\ 3 + \sqrt{B\ plani}}}{\sqrt{2}}$ fit A de qua quæritur.

Quoniam enim $\frac{\sqrt{B\,plani\ 3}\ +\ \sqrt{B\,plani\ 1}}{\sqrt{2}}$ est ipsa A de qua quæritur. Ideo ex iis quæ proponuntur $\sqrt{B\ plano\text{-}plano\text{-}plani\ 27}$, $+\ \sqrt[V]{V}\ B\ plano\text{-}plano\text{-}plani\ 81$, $+\ \sqrt{B\ plano\text{-}plano\text{-}plani\ 27}$, $+\ \sqrt{B\ plano\text{-}plano\text{-}plani\ 1}$.

$\frac{-\sqrt{B\ plano\text{-}plano\text{-}plani\ 27}\ ,\ -\ \sqrt{B\ plano\text{-}plano\text{-}plani\ 9}}{\sqrt{2}}$, æquatur $\sqrt[V]{V}$ B plano-plano-plani 2. Quod quidem ita se habet, subducendo in prima æqualitatis parte ab æqualibus æqualia.

1 C — 6 N, *æquatur* 4. *Igitur* $\sqrt$ 3 + 1. *fit* 1 N.

SI B plan. 3 in A — A cubo, æquetur $\sqrt{}$ B plano-plano-plani 2. $\frac{\sqrt{B\,plani\ 3}\ -\ \sqrt{B\,pl.\ 2}}{\sqrt{2}}$ fit A de qua quæritur.

Vt apparet, insequendo vestigia antecedentis demonstrationis.

6 N — 1 C, *æquatur* 4. *Igitur* $\sqrt$ 3 — 1. *fit* 1 N, *eaque minòr, altera est* 2.

CAPVT X.

Similium reductionum continuatio.

THEOREMA I.

SI A cubus + B in A quadr. 3 + D plano in A, æquetur B cubo 2 — D plano in B. A quad. + B in A 2, æquabitur B quad. 2 — D plano.

Quoniam enim A quadr. + B in A 2, æquatur B quadr. 2 — D plano. Ductis igitur omnibus in A. A cubus + B in A quad. 2, æquabitur B quad. in A 2 — D plano in A.

Et iisdem ductis in B. B in A quad. + B quadr. in A 2, æquabitur B cubo 2 — D plano in B. Iungatur ducta æqualia æqualibus. A cubus + B in A quad. 3 + B quad. in A 2, æquabitur B quad. in A 2 — D plano in A + B cubo 2 — D plano in B.

Et deleta utrinque adfectione B quad. in A 2, & ad æqualitatis ordinationem, translata per antithesin D plani in A adfectione. A cubus + B in A quadr. 3 + D plano in A, æquabitur B cubo 2 — D plano in B. Quod quidem ita se habet.

1 C + 30 Q + 44 N, *æquatur* 1560. *Igitur* 1 Q + 20 N, *æquabitur* 156. *& fit* 1 N 6.

THEOREMA II.

SI A cubus + B in A quad. 3 — D plano in A, æquetur B cubo 2 + D plano in B. A quad. + B in A 2, æquabitur B quad. 2 + D plano.

Quoniam enim A quadr. + B in A 2, æquatur B quadr. 2 + D plano. Ductis igitur omnibus in A. A cubus + B in A quad. 2, æquabitur B quad. in A 2 + D plano in A.

Et ductis iisdem in B. B in A quad. + B quad. in A 2, æquabitur B cubo 2 + D plano in B. Iungantur ducta æqualia æqualibus. A cubus + B in A quadr. 3 + B quadr. in A 2, æquabitur B quad. in A 2 + D plano in A + B cubo 2 + D plano in B.

Et deleta utrinque affectione B quadrati in A 2, & ad ordinationem æqualitatis, translata per antithesin D plani in A adfectione. A cubus + B in A quadr. 3 — D plano in A, æquabitur B cubo 2 + D plano in B. Quod quidem ita se habet.

1 C + 30 Q — 24 N, *æquatur* 2240. *Igitur* 1 Q + 20 N, *æquatur* 224. *& fit* 1 N 8.

THEOREMA III.

SI A cubus — B in A quad. 3 + D plano in A, æquetur D plano in B — B cubo 2. Et fit B quadr. 3 majus D plano. B in A 2 — A quadr., æquabitur D plano — B quad. 2.

Quoniam enim B in A 2 — A quad., æquatur D plano — B quad. 2. Ductis omnibus in B — A. B quad. in A 2 — B in A quad. + A cubo 2, æquabitur B quad. in A 2 — D plano in A + D plano in B — B cubo 2.

Et ordinata æqualitate A cubus — B in A quad. 3 + D plano in A, æquabitur D plano in B — B cubo 2. Quod quidem ita se habet.

1 C —

1 C — 30 Q + 236 N, *aquetur* 360. *Igitur* 20 N — 1 Q, *aquatur* 36. *& fit* 1 N 2 *vel* 18.

Iifdem pofitis, ipfa A fit quoque B, five B triplum quadratum præftet, five cedat D plano. Quoniam enim proponitur A cubus — B in A quadr. 3 + D plano in A, æquari D plano in B — B cubo 2. Ipfa autem A fit quoque B, igitur B cubus — B cubo 3 + D plano in B, æquabitur D plano in B — B cubo 2. Quod quidem ita fe habet.

1 C — 30 Q + 236 N, *aquatur* 360. *& oftenfa eft* 1 N 2 *vel* 18. *eadem quoque eft* 10. 1 C — 30 Q + 264 N, *aquatur* 640. *fit* 1 N 4 *vel* 16.   Nam 20 N — 1 Q, *aquatur* 64. *& fit* 1 N 4 *vel* 16.

THEOREMA IV.

Sɪ B in A quadr. 3 + D plano in A — A cubo, æquetur B cubo 2 + D plano in B. A quad. — B in A 2, æquabitur B quad. 2 + D plano.

Quoniam enim A quad. — B in A 2, æquatur B quad. 2 + D plano. Ductis omnibus in B — A. B in A quad. — B quadr. in A 2 — A cubo + B in A quad. 2, æquabitur B cubo 2 + B in D planum — B quad. in A 2 — D plano in A.

Et æqualitate ordinata, B in A quad. 3 + D plano in A — A cubo, æquabitur B cubo 2 + D plano in B. Quod quidem ita fe habet.

30 Q + 24 N — 1 C, *aquatur* 2240. *Igitur* 1 Q — 20 N, *aquatur* 224. *& fit* 1 N 28.

· Iifdem expofitis, fit A quoque B. Quoniam enim proponitur B in A quad. 3 + D plano in A — A cubo, æquari B cubo 2 + D plano in B. Ipfa autem A fit quoque B, igitur B cubus 3 + D plano in B — B cubo, æquabitur B cubo 2 + D plano in B. Quod quidem ita fe habet..

30 Q + 24 N — 1 C, *aquatur* 2240. *fit* 1 N 10.

THEOREMA V.

Sɪ B in A quadr. 3 — D plano in A — A cubo, æquetur B cubo 2 — D plano in B. A quad. — B in A 2, æquabitur B quad. 2 — D plano.

Quoniam enim A quad. — B in A 2, æquatur B quad. 2 — D plano. Ductis omnibus in B — A. B in A quad. — B quadr. in A 2 — A cubo + B in A quad. 2, æquabitur B cubo 2 — D plano in B — B quad. in A 2 + D plano in A.

Et æqualitate ordinata. B in A quad. 3 — D plano in A — A cubo, æquabitur B cubo 2 — D plano in B. Quod quidem ita fe habet.

30 Q — 156 N — 1 C, *aquatur* 440. *Igitur* 1 Q — 20 N, *aquabitur* 44. *& fit* 1 N 22.

Iifdem pofitis, fit A quoque B.

Quoniam enim proponitur B in A quadr. 3 — D plano in A — A cubo, æquari B cubo 2 — D plano in B. Ipfa autem A fit quoque B, igitur B cubus 3 — D plano in B — B cubo, æquabitur B cubo 2 — D plano in B. Quod quidem ita fe habet.

30 Q — 156 N — 1 C, *aquatur* 440. *fit* 1 N 10.

THEOREMA VI.

Ad quadrato-quadraticam pertinens.

Sɪ A quad.-quad. — X in A cubum 2 + X cubo in A 4, æquetur X quad. quad. 2. X quad. in A quadr. 2 — A quadr.-quadr., æquabitur X quadr. quad. 4 — X cubo 2 in √ X quad. 3.

Quoniam enim X quad. in A quad. 2 — A quad.-quad., æquatur X quad.-quad. 4 — X cubo 2 in √ X quad. 3: ergo per antithefin, & ad X cubum 2 communem adplicationem. $\frac{\text{X quad.-quad. } 4 + \text{A quad.-quadr.} - \text{X quadr. in A quadr.}}{\text{X cubo } 2}$, æquabitur √ X quad. 3.

Et omnibus quadratis, & per X cubo-cubum 4 ductis, adhibitaq; congruenter metathefi, X cubo-cubus in A quad. 16 + X quadr. in A cubo-cubum 4 — A quad.-quad. quad.-quad. — X quad.-quad. in A quad.-quad. 12, æquabitur X quad.-quad.-quad.-quad. 4. Quod quidem ita fe habet: enimvero fecundum primam æquationem, X cubus in A 4
                                                      T   — X in

— X in A cubum 2, æquatur X quad.-quadr. 2 — A quad. quad. Cujus æqualitatis parte utravis quadrata, omnibufque rite ordinatis, in eam ipfam æqualitatem inciditur quadrato-cubica-cubicam, quæ ex pofita eft.

Itaque A quadratum fit X quadratum plus minufve latere binomiæ refiduæ, feu negatæ $\sqrt{}$ X quad.-quad. 12 — X quad. 3.

Sit X 1. *A* 1 N. 1 QQ — 2 C + 4 N, *æquatur* 2. *Igitur* 2 Q — 1 QQ, *æquabitur* 4 — $\sqrt{}$ 12. & 1 Q *fit* 1 *plus minufve latere binomina negata* $\sqrt{}$ 12 — 3.

CAPVT XI.

Singularium aliquot conftitutionum, ad æqualitates multipliciter adfectas pertinentium, collectio.

THEOREMA I.

SI A quad. ⊣ B in A, æquetur B quadrato: eft B dupla longitudo, fecta in tria proportionalia fegmenta; quorum primum idemque majus, eft B; fecundum A. quo in opere, dicitur B fecari media & extrema ratione femel fumpta.

THEOREMA II.

SI A cubus ⊣ B in A quad. ⊣ B quad. in A, æquetur B cubo: eft B dupla longitudo, fecta in quatuor continue proportionalia fegmenta; quorum primum idemque majus, eft B; fecundum A. quo in opere, dicitur B fecari media & extrema ratione duplicata.

THEOREMA III.

SI A quad.-quad. ⊣ B in A cubum ⊣ B quadr. in A quadr. ⊣ B cubo in A; æquetur B quad.-quadrato: eft B dupla longitudo, fecta in quinque continue proportionalia fegmenta; quorum primum idemq; majus, eft B; fecundum A. quo in opere, dicitur B fecari media & extrema ratione triplicata.

THEOREMA IV.

SI A quad.-cubus ⊣ B in A quad.-quad. ⊣ B quadr. in A cubum ⊣ B cubo in A quad. ⊣ B quad.-quad. in A, æquetur B quadrato-cubo: eft B dupla longitudo, fecta in fex continue proportionalia fegmenta; quorum primum idemque majus, eft B; fecundum A. quo in opere, dicitur B fecari media & extrema ratione quadruplicata.

THEOREMA V.

SI A cubo-cubus ⊣ B in A quadr.-cubum ⊣ B quadr. in A quadr.-quadr. ⊣ B cubo in A cubum ⊣ B quadr.-quadr. in A quadr. ⊣ B quad. cubo in A, æquetur B cubo-cubo: eft B dupla longitudo, fecta in feptem continue proportionalia fegmenta; quorum primum idemque majus, eft B; fecundum A. quo in opere, dicitur B fecari media & extrema ratione quintuplicata.

CAPVT XII.

Earundem collectio altera.

THEOREMA I.

SI A quad. ⊣ B in A, æquetur B in Z: eft B prima minor inter extremas in ferie trium proportionalium; aggregatum vero reliquarum duarum eft Z, & fit A fecunda.

THEO-

THEOREMA II.

SI A cubus $+$ B in A quad. $+$ B quad. in A, æquetur B quad. in Z: est B prima in serie quatuor continue proportionalium; aggregatum vero reliquarum trium est Z, & fit A secunda.

THEOREMA III.

SI A quad.quad. $+$B in A cubum $+$ B quad. in A quad. $+$ B cubo in A æquetur B cubo in Z: est B prima in serie quinque continue proportionalium; aggregatum vero reliquarum quatuor est Z, & fit A secunda.

THEOREMA IV.

SI A quad.-cubus $+$B in A quad.quad. $+$ B quad. in A cubum $+$B cubo in Aquad. $+$ B quad. quad. in A, æquetur B quad.quad. in Z: est B prima in serie sex continue proportionalium; aggregatum vero reliquarum quinque est Z, & fit A secunda.

THEOREMA V.

SI A cubo-cubus $+$ B in A quad.-cubum $+$ B quad. in A quad.quad. $+$B cubo in A cubum $+$B quad.quad. in A quad. $+$B quad.-cubo in A, æquetur B quadrato-cubo in Z: est B prima in serie septem continue proportionalium; aggregatum vero reliquarum sex est Z, & fit A secunda.

CAPVT XIII.

Earundem collectio tertia.

THEOREMA I.

SI B in A $-$ A quad., æquetur B in Z: est B prima major inter extremas in serie trium proportionalium; differentia vero duarum reliquarum est Z, & fit A secunda. potest autem esse duplex; nam est etiam differentia inter primam & secundam.

Sed si A quad. $-$ B in A, æquetur B in Z: est B prima minor inter extremas; differentia vero duarum reliquarum est Z, & fit A similiter secunda.

Sunto proportionales 4. 6. 9. $9N-1Q$, *æquatur* 18. *fit* 1 N 6, *atque etiam* 3.   *Sed si* $1Q-4$ N, *æquetur* 12. *fit* 1 N 6.

THEOREMA II.

SI A cubus $-$B in A quad. $+$B quad. in A, æquetur B quad. in Z: est B prima in serie quatuor continue proportionalium; differentia vero trium reliquarum alterne sumptarum est Z, & fit A secunda.

Sunto proportionales continue 1. 2. 4. 8. $1C-8Q+64N$, *æquatur* 192. *fit* 1 N 4. *Vel* $1C-1Q+1N$, *æquatur* 6. *fit* 1 N 2.

THEOREMA III.

SI B cubus in A $-$B quad. in A quad. $+$B in A cubum $-$ A quad. quad., æquetur B cubo in Z: est B prima major in serie quinque continue proportionalium; differentia vero quatuor reliquarum alterne sumptarum est Z, & fit A secunda major inter medias. potest autem esse duplex.

Sed si A quad.quad. $-$B in A cubum $+$B quad.in A quad. $-$ B cubo in A, æquetur B cubo in Z: est B prima minor inter extremas; differentia vero quatuor reliquarum sumptarum alterne est Z, & fit A secunda minor inter medias.

Sunto proportionales continue 1. 2. 4. 8. 16. $4096N-256Q+16C-1QQ$, *æquatur* 20480. *fit* 1 N 8. *Vel* $1QQ-1C+1Q-1N$, *æquatur* 10. *fit* 1 N 2.

THEO-

THEOREMA IV.

SI A quad.-cubus — B in A quad.quad. + B quad. in A cubum — B cubo in A quad. + B quad. quad. in A, æquetur B quad.quad. in Z: eft B prima major in ferie fex continue proportionalium; differentia vero quinque reliquarum alterne fumptarum eft Z , & fit A fecunda.

Sunto proportionales continue 1. 2. 4. 8. 16. 32. $1QC-32QQ+1024C$ $-32768Q+1048576N$, *aquatur* 11534336. *fit* 1 N 16. *Vel* $1QC-1QQ+1C-1Q+$ 1 N, *aquatur* 22, *& fit* 1 N 2.

Et hæc fingula fuam habent ex Zetefi demonftrationem:at quæ jam fequitur collectio, fua analytico examini fubjicienda libere relinquit Theoremata. pertinet autem ad æqualitates de multiplicibus radicibus mire explicabiles.

CAPVT XIV.

Collectio quarta.

THEOREMA I.

SI $\overline{B+D}$ in A—A quad., æquetur B in D: A explicabilis eft de qualibet illarum duarum B vel D.

$3N-1Q$, *aquetur* 2. *fit* 1 N 1, *vel* 2.

THEOREMA II.

Si A cubus $\overline{-B-D-G}$ in A quad. $\overline{+ B in D + B in G + D in G}$ in A , æquetur B in D in G: A explicabilis eft de qualibet illarum trium B, D, vel G.

$1C-6Q+11N$, *aquatur* 6. *Fit* 1 N 1, 2, *vel* 3.

THEOREMA III.

Si $\overline{B in D in G + B in D in H + B in G in H + D in G in H}$ in A $\overline{-B in D -B in G}$ $\overline{- B in H-D in G-D in H-G in H}$ in A quad. $\overline{+B + D + G + H}$ in A cubum—A quad.quad.,æquetur B in D in G in H: A explicabilis eft de qualibet illarum quatuor B, D, G H.

$50N-35Q+10C-1QQ$. *aquatur* 24. *fit* 1N 1, 2, 3, *vel* 4.

THEOREMA IV.

Si A quadrato-cubus $\overline{-B+D-G-H-K}$ in A quad. quad. $\overline{+B in D + B in G}$ $\overline{+ B in H + B in K + D in G + D in H + D in K + G in H + G in K + H in K}$ in A cubum $\overline{-B in D in G—B in D in H—B in D in K — B in G in H—B in G in K}$ $\overline{—B in H in K—D in G in H—D in G in K—D in H in K—G in H in K}$ in A quad. $\overline{+ B in D in G in H + B in D in G in K + B in D in H in K + B in G in H in K}$ $\overline{+D in G in H in K}$ in A , æquetur B in D in G in H in K: A explicabilis eft de qualibet illarum quinque B, D, G, H, K.

$1QC-15QQ+85C-225Q+274N$, *aquatur* 120. *Fit* 1N 1, 2, 3, 4, *vel* 5.

Atque hæc elegans & perpulchræ fpeculationis fylloge, tractatui alioquin effufo,finem aliquem & Coronida tandem imponito.

FINIS.

APPEN-

APPENDIX,

AB

ALEXANDRO ANDERSONO

OPERI SUBNEXA.

Vandoquidem Theoremate tertio Capitis sexti, Tractatus prioris de æquationum recognitione, cubicarum æquationum inversarum, in quibus homogenea adfectionis est sub latere, constitutionem, elegantius & (suo more) acutius, in peculiarem Zeteticorum ad angulares sectiones pertinentium, silvulam, rejecit Autor noster: quæ quidem an inter alia ejus scripta hic uspiam lateat, an adhuc

Trans Indos Eurumque virens, mortalibus oras
Occupet ignotas,

nobis nondum constitit; placuit (suadente subtilissimi judicii viro & mihi amicissimo Renato Bouclier Jurisconsulto, tum Mathematico peritissimo) hoc admetiri ἐπίμετρον, ex iis quæ à me ad hanc rem demonstrata sunt: quamvis male feriati quidam homines, infrugi & insulsi, plagii me insimulare velint, quasi Vietæ Theoremata, & demonstrationes, pro meis venditassem: quum nihil in hoc genere præter nuda & demonstrationibus orba Theoremata, libro octavo variorum, & in responso ad Problema Adriani Romani à Vieta editis, mihi visum sit. quin & omnium illarum circulationum, & progressionum rectarum circuli circumferentiis in ratione Arithmetica subtensarum, ut firmissima ita & præclarissima fundamenta, Theorematis 4, 5, & 7 mei Tractatus ad Sectiones angulares, demonstrata, ex quibus Theorematum à Vietæ propositorum constat veritas, à me excogitata & primum edita sunt. Loquantur qui Vieta familiariter usi sunt, (qui magno meo dispendio mihi nunquam notus) quibusque adversariis suis inscripta schediasmata, communicare solitus. Sed talpas istos loquaces non moror, qui in re non adeo jam obscura, (nisi Bœoticis fortassis istiusmodi ingeniis) prorsus cæcutientes, susceptos à me ad publica promovenda studia labores, (ne mihi fortassis cedere videantur) alii adscribere malunt, quam à me profectos probando, ad meliora incitare. at viderint isti Bembices quantum à proposito sibi aberrarint scopo, dum meas lucubrationes, summo, & nunquam satis laudando viro Francisco Vietæ attribuunt, quam inde ampla & opima referam spolia:

Dum culpare volunt, stulti, in contraria currunt.

Sed sic non vincitis: imbellis animi est ex alieni nominis injuria sibi laudes quærere; quin potius quum alat æmulatio ingenia, & nunc invidia nunc admiratio incitationem accendat, agite mecum viri umbratiles, & si quod inde mihi laudis accedit, id vobis detractum putatis, vestris (si quid luce dignum potestis) laboribus, id damni resarcire conemini.

ἐν ᾗ πείρα, τέλΘ Διαφαίνεˉ ὧν τίς ἐξοχώτερΘ γένηˉ.

THEOREMA SYSTATICUM

Æqualitatum quarundam cubicarum adfectarum, in quibus pote-
ſtati homogenea eſt ſub latere.

Sɪ fuerint duo triangula rectangula æqualis hypotenuſæ; & angulus acutus ſubtenſus à perpendiculo primi, ſit triplus ad angulum acutum ſubtenſum à perpendiculo ſecundi : cubus ex dupla baſe ſecundi, minus ſolido ſub triplo quadrato hypotenuſæ in eandem baſin duplam ſecundi, æquabitur ſolido ſub quadrato hypotenuſæ, in duplam baſin primi.

Rurſus: ſolidum ſub quadrato triplo hypotenuſæ, in baſin ſimplam ſecundi, contractam protractamve longitudine ejus rectæ, quæ poteſt quadratum
triplum perpendiculi ejuſdem, minus ejuſdem baſis ita contractæ protra-
ctæve cubo, æquabitur eidem ſolido ſub quadrato hypotenuſæ communis,
in baſin duplam primi.

Sɪt circulus cujus diameter A B, eique inſcribantur utcunque duo triangula rectangula A F B, A G B, quorum communis hypotenuſa erit ipſa diameter: & ſit angulus F A B, triplus anguli G A B. Primi igitur trianguli baſis ſit F A, perpendiculum FB. (ut
in Analyticis conſtitutum eſt.) Secundi baſis G A, perpendiculum G A.
Dico primo; cubum ex dupla ipſius G A, minus ſolido ſub triplo quadrato ipſius B A in
duplam ipſius G A, æquari ſolido ſub quadrato B A in duplam ipſius F A.

Quoniam enim peripheria F B
tripla eſt ipſius G B peripheriæ. Si
ſecetur peripheria G F bifariam in
K, erunt ſegmenta B G, G K, K F
æqualia. ducatur jam recta A K.
Erit igitur ex demonſtratis à nobis
Theoremate 5ᵗᵒ ad Sectiones Angulares, ut ſemidiameter ad rectam
A G, ita recta A G ad compoſitam
ex A B, A K : ac proinde ut diameter A B ad duplam ipſius A G, ita
A G dupla ad duplam compoſitam
ex A B, A K. Igitur A G quadratum quater, æquabitur aggregato
quadrati dupli à diametro A B, & rectanguli ſub diametro A B, & A K bis.
Iterum: eſt ut A B ad A G bis, ita A K bis ad duplam compoſitam ex A G, A F, ac proinde
aggregatum rectangulorum A B in A G bis, A B in A F bis, æquabitur rectangulo quater
ſub A G, A K. & adhibita in priori æqualitate congrua antitheſi, A G quadratum quater, minus A B quadrato bis, æquabitur A B in A K bis. Quare adſumpta communi altitudine A K
bis, erit A G quadratum quater, minus A B quadrato bis ad rectangulum quater ſub A G,
A K; id eſt ad rectangulum ſub A G bis in A K bis; vel ex ſecundæ æqualitatis analogiſmo, ad aggregatum rectangulorum A B in A G bis, A B in A F bis, ut A B ad A G bis. eſt autem & A B quadratum ad A B in A G bis, ut A B ad A G bis: ergo ſi à ſimilibus ſimilia auferantur, nempe ab A G quadrato quater minus A B quadrato bis, ablato A B quadrato, &
ab aggregato A B in A G bis, A B in A F bis, ablato A B in A G bis. Relinquentur; illic quidé
A G quadratum quater minus A B quadrato ter; hic vero A B in A F bis, quæ inter ſe erunt ut
A B ad A G bis: quare A G cubus octies, ſive cubus duplæ ipſius A G, minus A B quadrato
ter in A G bis, æquabitur A B quadrato in A F bis. Quod erat primo loco demonſtrandú.

Secundo: à puncto B educatur recta B I, ſitque ſegmentum B I inter B punctum, &
rectam A G interceptum, æquale ipſius B G duplæ: occurrat autem ipſa B I producta
circumferentiæ circuli in D puncto, & ducatur recta A D. Quoniam igitur in triangulo
rectangulo G B I, latus B I recto ſubtenſum angulo, duplum eſt lateris B G. erit angulus
G B I duarum tertiarum unius recti, ſive triens duorum rectorum, & latus G I poterit
triplum lateris G B, perpendiculi ſcilicet trianguli A G B.
Dico igitur ſolidum ſub A B quadrato ter in A I, minus cubo ipſius A I, æquari ſolido
ſub A B quadrato in A F bis.

Eſt

Eſt primum circumferentia G D, angulo G B D ſubtenſa, triens totius circularis peripheriæ; eſt quoque & G B triens peripheriæ B F : quare tota peripheria B D ter metietur totam peripheriam circularem, & præterea ſegmentum B G ſegmentum B F ter metietur, ducantur autem ſubtenſæ B D, D M; M F. Quoniam igitur B D, D M æquales ſunt, & eſt A D circumferentia quæ relinquitur ſublata B D circumferentia ex ſemicirculo, & M B ea quæ relinquitur ſublata dupla ipſius B D ex integro circulo, eſt igitur M B circumferentia dupla ipſius A D; atqui, ipſi M B circumferentiæ, æqualis eſt circumferentia F D, (æquales ſiquidem ſunt ſubtenſæ B D, D M, ipſis D M, M F.) quare circumferentia F D, dupla erit ipſius D A. Secetur itaque circumferentia F D, bifariam in E : erunt igitur circumferentiæ A D, D E, E F æquales, & circumferentia A F ipſius A D tripla. ſubtendantur jam rectæ A E, B E. Quoniam igitur triangula rectangula G I B, A D I, ſimilia ſunt, erit ut B I ad B G, ita A I ad A D. eſt autem B I dupla ipſius B G, igitur & A I ipſius A D dupla erit. Eſt autem ex demonſtratis à nobis Theoremate 5to ad Angulares Sectiones, ut ſemidiameter ad ipſam A D, id eſt ut diameter A B ad ipſam A I, ita A D ad A B minus B E, quare A B quadratum minus A B in B E, æquabitur A I in A D, hoc eſt A I quadrati ſemiſſi: & adhibita congrua metatheſi, A B quadratum minus A I quadrati ſemiſſe, æquabitur A B in B E. Iterum ex iiſdem eſt, ut A B ad A I, ita B E ad A F minus A D, rectangulum igitur A B in A F minus A B in A D, æquabitur A I in B E, ergo eadem adſumpta altitudine B E, erit ut A B ad A I, ita A B quadratum minus A I quadrati ſemiſſe ad A I in B E, id eſt ex ſecundæ æqualitatis analogiſmo, ad A B in A F minus A B in A D : & omnibus duplatis, A B quadratum bis minus A I quadrato erit ad A B in A F bis minus A B in A D bis, ut A B ad A I.

Eſt quoque ut A B ad A I, ita A B quadratum ad A B in A I, vel A B in A D bis: quare ſi ſimilibus ſimilia addantur, erit A B quadratum ter minus A I quadrato ad A B in A F bis, ut A B ad A I. Ac proinde A B quadratum ter in A I minus A I cubo, æquabitur A B quadrato in A F bis. Quod erat ſecundo loco oſtendendum.

Tertio: protrahatur ipſa A G quantum ſatis in C, & fiat B C dupla ipſius B G, quare quum rectangulum ſit triangulum B G C, & latus B C recto ſubtenſum angulo, duplum ipſius B G lateris alterius circa rectum, poterit G C quadrato triplum lateris B G, perpendiculi ſcilicet trianguli A G B.

Dico rurſus, ſolidum triplum ſub A B quadrato in A C, minus cubo ipſius A C, æquari ſolido ſub A B quadrato & dupla ipſius A F.

Protrahatur enim C B donec iterum circumferentiam ſecet in H, & ducatur A H. Quoniam itaque angulus A B H exterior trianguli A B C, æquatur duobus interioribus oppoſitis C A B, A C B, eſt autem A C B tertia pars unius recti, ſive ſemiperipheriæ, (quandoquidem in triangulo rectangulo G C B, latus C B oppoſitum recto, ſtatuitur duplum lateris B G circa rectum.) & angulus B A C tertia pars eſt ipſius anguli B A F, ſeu peripheriæ B F, erit angulus A B H, ſive peripheria A H tertia pars peripheriæ A H F. & quoniam triangula C H A, C G B ſimilia ſunt, erit C A ad A H, ut C B ad B G; eſt autem C B dupla ipſius B G quare C A ipſius A H dupla quoque erit. Secetur jam peripheria H F bifariam in L, & ducatur recta B L. erunt ſegmenta A H, H L, L F æqualia, igitur ex demonſtrato à nobis ſæpius citato Theoremate, erit ut ſemidiameter ad A H, id eſt A B ad A C, ita A H ipſius A C ſemiſſis ad B A minus B L. Quare A B quadratum minus A B in B L, æquabitur rectangulo A C in A H, id eſt A C quadrati ſemiſſi. Rurſus ex eodem Theoremate, ut A B ad A C, ita B L ad A F minus A H, & rectangulum A B in A F minus A B in A H, æquale erit rectangulo A C in B L. & adhibita congrua metatheſi in priore æqualitate, A B quadratum minus A C quadrati ſemiſſe æquabitur A B in B L. Ergo adſumpta communi altitudine B L, erit A B quadratum minus A C quadrati ſemiſſe ad A C in B L, id eſt ex poſterioris æqualitatis analogiſmo, ad A B in A F minus A B in A H, ut A B ad A C. & omnibus duplatis, erit A B quadratum bis minus A C quadrato ad A B in A F bis minus A B in A H bis, ut A B ad A C. eſt quoque A B quadratum ad A B in A C, vel A B in A H bis, ut A B ad A C, quare ſimilibus, ſi addantur ſimilia, erit A B quadratum ter minus A C quadrato ad A B in A F bis, ut A B ad A C. Solidum ergo ſub A B quadrato ter in A C, minus A C cubo, æquale erit ſolido ſub A B quadrato in A F bis. Quod erat tertio & ultimo loco oſtendendum.

Atq; hinc conſtat ſex ab Autore ejuſmodi æqualitatum conſtitutioni appoſita: eſt enim A B diameter, inſcriptarum maxima.

FRANCISCI VIETÆ

DE

NVMEROSA POTESTATVM

PVRARUM, atque ADFECTARUM

Ad Exegesin

RESOLUTIONE

TRACTATUS.

DE
NUMEROSA POTESTATUM
PVRARVM RESOLVTIONE.

N IHIL tam naturale eſt, ſecundum Philoſophos omnes, quam unumquodque reſolvi eo genere quo compoſitum eſt. Purum autem quadratum, purus cubus, pura denique in quocumque magnitudinum proportionaliter ſcandentium gradu poteſtas componitur manifeſto, operante Arithmetico, à tot ſingularibus lateribus, quot radix ipſa univerſalis conſtat numeralibus figuris in geneſi, pro ſingularium valore diſtribuendis, & exprimendis.

Sit radix una numerali contenta figura 7, à qua ſit componenda poteſtas. Ergo 7 ducetur in ſe, ſive in ſui gradum, qualem genus poteſtatis efflagitaverit.

Conſtet autem radix duabus figuris veluti 12. creatur poteſtas à 10, & 2.

Et ſi conſtet radix tribus figuris ut pote 124. creatur poteſtas ab 100 20 & 4. Et ſi pluribus, pluribus.

Quare reſolutio quoque poteſtatis in tot ſingularia latera inſtituitur, quot conſtat radix univerſalis figuris numeralibus in geneſi, ipſaque pro ſingularium valore diſtribuenda, & exprimenda.

Nec tamen reſolutio illa uno eodemque momento perficitur, quoniam via ſimpliciſſimæ compoſitionis refragatur, quæ circa duo tantum eſt. Sed itur per ſubdiviſiones. Id eſt, primum reſolutio totius ſuſcipitur in duo lateta majus & majori proximum. Deinde majus & majori proximum adgregantur, & æſtimantur latus unum. Et quod ſequitur, latus alterum, & eo deinceps ordine.

Artificium itaque omne in his quæ ſequuntur præceptis fere conſiſtit.

I.
Primum, extrema poteſtatis reſolvendæ figura, quæ alioqui prima eſt pergendo à dextra ad lævam, ſedes eſto unitatum metientium poteſtatem lateris ex ſingularibus extremi & minimi, & adpoſito puncto ſubtus adnotator.

2.
Succedens figura pergendo à dextra ad lævam ſedes eſto gradus ad poteſtatem paradoci primi, quod & ſua N ſeu S, id eſt ſimplicis nota commode deſignator.

3.
Succedens figura paradico gradu ſecundo addicitor, & ſua quoque Q nota deſignator, & ea deinceps ſerie, donec deveniatur ad poteſtatem.

4. Et

4.

Et ubi deventum eſt ad poteſtatem, punctum rurſus adponitor ſymbolum unitatum metientium poteſtatem lateris penultimi, & rurſus poſt punctum progrediendo in anteriora collocantor notæ ſuo parodicorum graduum ordine. Et ita fiat continue, donec perveniatur ad poteſtatem lateris ex ſingularibus primi & maximi.

5.

Itaque quot punctis ſingularium poteſtatum conſtat reſolvendo numero poteſtas, tot figuris numeralibus radicem, de qua quæritur, conſtare pronunciato.

6.

Vnitates metientes primam ſingularem poteſtatem, eandemque majorem danto primum latus, idemque majus, ex communi ſenſu vel tabula oculis ideo expoſita, quoniam poteſtatum, quarum latera ſunt numeralis unius figuræ, negligit ars reſolutionem.

7.

Lateris primi ſingularis gradus parodici, ſecundum poteſtatis conditionem, tantuplantor, & ſede ſua collocantor ſinguli, & ſubjiciuntor reſolvendæ magnitudini, poſtquam ab ea poteſtas ſingularis prima fuerit adempta. Et quod ex adplicatione oritur, latus ſecundum ſtatuitor, adplicatione inquam non omnino accurata. Nam ad ipſum quoque latus adplicationem fieri ſubaudiendum eſt. Sed ita, ut homogenea, quæ fient ex ſingulari illo ſecundo latere, ſuiſque parodicis gradibus in latus primum, lateriſque primi gradus reciprocos, æquentur magnitudini reſolvendæ, aut ei demum cedant.

8.

Et ſi æquent, opus abſolutum pronunciato. Sin cedant, & ſuperſit aliquod punctum poteſtati addictum, duo jam elicita latera fungantur unius vice, & ſunto tanquam primum & majus, & eadem omnino via, qua ante, pergatur ad ſequentis, ut minoris & ſecundi, inventionem, & eo deinceps continuo ordine.

9.

Quod ſi dum cedunt non ſuperſit aliquod addictum poteſtati punctum, argumentum eſt magnitudinis reſolvendæ latus eſſe irrationale. Collecto itaque lateri adjungitur fragmentum cujus numerator eſt numerus è magnitudine reſoluta reliquus. Diviſores iidem, qui eſſent ſi aliquod punctum poteſtati addictum ſupereſſet reſolvendum, & tale fragmentum ſingularium laterum ſummæ adjunctum, facit latus poteſtatis reſolutæ majus vero. Et in quadratis ſi denominatori addatur unitas, facit latus minus vero. In diviſoribus enim ineſt implicite latus, quod alioqui proxime eſſet eliciendum, ut pote producta per numerales circulos ea quæ reſolvitur, poteſtate, & continuato opere. At illud conſtat neceſſe eſt intra denarii metam, alioquin rite non fuit operatum.

Quæ, ut ſpecialius illuſtrentur, imprimis proponitur ad eductiones radicum una contentarum numerali figura

TABEL·

TABELLA.

N	1	2	3	4	5	6	7	8	9
Q	1	4	9	16	25	36	49	64	81
C	1	8	27	64	125	216	343	512	729
QQ	1	16	81	256	625	1,296	2,401	4,096	6,561
QC	1	32	243	1,024	3,125	7,776	16,807	32,768	59,049
CC	1	64	729	4,096	15,625	46,656	117,649	262,144	531,441
QQC	1	128	2187	16,384	78,125	279,936	823,543	2,097,152	4,782,969
QCC	1	255	6561	65,536	390,625	1679,616	5,764,801	16,777,216	43,046,721
CCC	1	512	19,683	262,144	1,953,125	10,077,696	40,353,607	134,217,728	387,420,489

Deinde de fingulis poteftatibus fingula concipiuntur Problemata.

PROBLEMA I.

E Dato in numeris quadrato puro, latus analytice elicere.

Proponatur 1 Q, æquari 2916. Quæritur quanta magnitudo fit 1 N, radix-ve propofiti puri quadrati. Propofitum igitur numero quadratum intelligetur componi à tot fingularibus lateribus, quot figuris latus univerfum, de quo quæritur, conftabat in geneſi, feu efformatione quadrati. Ad quem figurarum numerum arguendum, propofiti numero quadrati figura (dum à læva ad dextram pergitur) extrema fignabitur puncto, & reliquæ (in anteriora pergendo) figuræ binæ alternæ: quoniam uno gradu fcanfili ad quadratum pervenitur. Cum itaque duo puncta fint, tot conftare quadratum omne fingularibus quadratis, latufve omne tot fingularibus lateribus pronunciabitur, cum eadem fit refolutionis via, quæ compofitionis. Quando autem componitur quadratum à duobus lateribus fingularibus: quadratum lateris primi, plus plano à duplo lateris primi in fecundum, plus quadrato lateris fecundi, æquatur compofito quadrato. Ideo inftituetur refolutio fecundum fyntheticum expofitum Theorema. Itaque figura puncto primo ad lævam fignata; dicetur fedes unitatum metientium quadratum lateris primi, ejufdemque majoris; & fuccedens fedes planifub N. ac denique extrema fedes; unitatum metientium quadratum lateris fecundi. Quod fi plura fuperfuiffent puncta, non ideo minus inftitueretur refolutio, quoniam quadratum intelligeretur ab initio componi tantum à duobus illis lateribus, quæ cum elicita forent fungerentur vice unius, & poft intelligeretur componi ex illo adgregato, tanquam primo latere & fequente ut fecundo, eoque continuo ordine.

Primi igitur quadrati latus in propofito Theoremate elicitur ex 29. qui quidem numerus non eft quadratus, fed cum major fit 25 numero proxime quadrato: dicetur latus primum effe 5, fi cætera confentiant. quod eventus operis ftatim indicabit, & una quidem figura exprimitur, fed quam fequantur (id enim fubaudiendum eft) tot numerales circuli quot fupererunt puncta quadratica. Quando vero 25 auferentur ex 29, relinquetur 4. Vnde totus numerus refiduus erit 4, 16. conftans plano fub duplo lateris primi & latere fecundo, plus quadrato fecundi.

Latus igitur primi quadrati bis fumptum conftituetur tanquam divifor fedem habens fub figura plano fub N addicta, prorupturus in anteriora fi duplatio id exigat. Duplum 5 eft 10, ad quod dum adplicatur 41, facit latitudinem 4. Quod fi non feciffet latitudinem aliquam intra 10, argumentum fuiffet latus primum elicitum 5 fuiffe minus æquo, & opus de novo inchoandum, quadratique proxime majoris latus eligendum, eaque deinceps methodo.

Porro cum ducetur 4 in 10, facit 40 duplum planum fub primo & fecundo lateribus. Quadratum denique à fecundo latere 4 eft 16, & cum illud quadratum lateris fecundi fub puncto ei addicto collocabitur, planum vero fub fede plani, uti etiam confentaneum effe adparet, quandoquidem primum latus intellectu (ut adnotatum eft) comitantur numerales circuli: Ea addita facient 4, 16. numerum æqualem refiduo propofito quadrato. Itaque concludetur 54 latus effe quadrati 29, 16.

Paradigma analyseos quadrati puri.

I Eductio lateris singularis primi.

		⎰ ° ° *Tot numerales cir-*
		N 5 4 *culi, quot puncta*
		Q 25 16 *quadratica, late-*
Quadratum resolvendum	2 9 | 1 6	⎱ *rave singularia,*
	N ·· *Sedes singularium*	
	Q j *Q ij quadratorum pla-*	
	norumque sub la-	
	teribus	
Planum ablatitium	2 5 *Quadratum lateris primi*	
Reliquum resolvendi quadrati	4 | 1 6	

I I Eductio lateris singularis secundi.

	4 | 1 6	
Divisor, duplum lateris primi	1 | 0	
Plana ablatitia	4 | 0 *A latere secundo in duplum latus primum*	
	1 6 *Quadratum lateris secundi*	
Summa planorum ablatitio-	4 | 1 6	
rum, aequalis residuo resolven-		
do quadrato.		

Itaque si 1 Q, aequetur 2, 916. fit 1 N 54, *ex retrograda, quae omnino observata cernitur, compositionis via.*

Quod si summa planorum non fuisset aequalis residuo, sed eo minor, argumentum esset quadrati latere asymmetri. Ideo non explicabitur, sed notam asymmetriae exhibendo, quando 1 Q *aequabit* 2 *& quaeretur* 1 N, *dicetur esse* d/2.

Sed si quaeratur proxima vero radix ex 2, *elicietur latus proximum vero, & est* 1 *& residuum adplicabitur ad duplum lateris inventi, & uti fragmentum adjicietur lateri invento. Itaque numeri* 2 *radix dicetur esse* 1 ⅓ *eaque major vera. Vel denominatori adjicietur unitas. Itaque dicetur radix esse* 1 ¼ *eaque minor vera. Media autem radix inter utramque* 1 4/7 *bene proxima vera.*

Vel etiam proposito quadrato adiungentur bini numerales circuli in infinitam, & ex ita extenso eruetur radix, tanquam ex accurato numero quadrato. Vt si quaeratur de latere quadrati 2.

Ex quadrato si placet 2 |00|00|00|00|00|00|00|00|00|00|00|00|00|00 *elicietur latus* 141,421,356,237,309,505. *Itaque latus* 2 *dicetur adaequare proxime* $\frac{141,421,356,237,309,505}{100,000,000,000,000,000,000}$. *Sic latus* 3 *adaquat proxime* $\frac{173,205,080,756,887,770}{100,000,000,000,000,000,000}$.

PROBLEMA II.

E Dato in numeris cubo puro latus analytice elicere.

Proponatur 1 C, aequari 157,464. Quaeritur quanta sit 1 N, radixve propositi puri cubi. Propositus igitur numero cubus intelligetur componi à tot singularibus lateribus, quot figuris latus universum, de quo quaeritur, constabat in genesi, seu efformatione cubi. Ad quem figurarum numerum arguendum, propositi numero cubi figura, dum à laeva ad dextram pergitur, extrema signabitur puncto, & reliquae, in anteriora pergendo, figurae ternae alternae, duabus videlicet intermediis relictis, quia ab unitatibus duo sunt gradus scansiles N. Q. Cum itaque duo puncta sint, tot constare cubus omnis singularibus cubis, latusve tot singularibus lateribus pronunciabitur. Et cum eadem sit resolutionis via, quae compositionis; quando autem componitur cubus à duobus lateribus singularibus: cubus lateris primi, plus solido à triplo lateris primi in quadratum secundi, plus solido à triplo quadrato lateris primi in latus secundum, plus cu-

bo

bo lateris fecundi, æquatur compofito cubo. Inftituetur refolutio fecundum fyntheticum expofitum Theorema. Itaque figura punƈto, quod primum ad lævam occurrit fignata , dicetur fedes unitatum metientium cubum lateris primi & majoris. Figura fequens, fedes tripli folidi, fub quadrato ejufdem. Figura fuccedens, fedes tripli folidi
fub ipfo latere. Ac denique extrema, fedes unitatum metientium cubum lateris fecundi. Quod fi plura fuperfuiſſent punƈta, non ideo minus inftitueretur refolutio, quoniam cubus intelligeretur ab initio componi tantum abs duobus illis lateribus, quæ
cum elicita forent fungerentur vice. unius. Et poft intelligeretur componi ex illo adgregato tanquam primo latere, & fequente ut fecundo, & eo in infinitum ordine. Primi igitur cubi latus in propofito themate elicietur 157, qui quidem numerus non eft
cubus, fed cum major fit 125 numero proxime cubo: dicetur latus primum eſſe 5, fi
cætera confentiant. Quod eventus operis ftatim indicabit. Et una quidem figura exprimitur, fed quam fequantur (id enim fubaudiendum eft) tot numerales circuli, quot
fupererunt punƈta cubica. Quando vero 125 auferetur ex 157, relinquet 32. Unde totus numerus refiduus 32, 464 conftans folido fub lateris fecundi quadrato & triplo primi, plus folido fub triplo quadrati primi & latere fecundo inveniendo, plus cubo fecundi. Triplum igitur quadratum lateris primi collocabitur fub fede gradui fecundo addiƈta, id eft à punƈto cubi primi proxima. Triplum ipfum latus primum fub fuccedente
gradui primo addiƈta, tanquam divifores numeri prorupturi in anteriora fi res exigat.
Triplum quadrati è 5 eft 75, ad quod adplicatum 324, facit latitudinem 4. Itaque 4 erit
latus fecundum fi cæteri divifores confentiant. hoc autem eventus operis ftatim indicabit. Quod fi ita adplicatum 324 non feciſſet latitudinem aliquam numeri intra 10, argumentum fuiſſet latus primum 5 elicitum fuiſſe minus æquo, & opus de novo inchoandum, cubique proxime majoris latus eligendum, eaque deinceps methodo. Porro cum
ducetur 4 in 75, facit 300. triplum folidum fub quadrato lateris primi & fecundo. Quadratum vero è 4 faciens 16, cum ducetur in 15 triplum lateris primi fequenti fede col-
locatum, facit 240. triplum folidum fub quadrato lateris fecundi & primo. Cubus denique ex 4, eft 64. Et cum cubus ifte lateris fecundi fub punƈto ei addiƈto collocabitur; folidum vero triplum fub quadrato lateris fecundi & latere primo fub nota gradus
primi; folidum denique triplum fub latere fecundo & quadrato lateris primi fub nota
gradus fecundi, ut etiam confentaneum eſſe adparent, quandoquidem primum latus
intelleƈtu, ut adnotatum eft, comitatur numeralis circulus: Addita hæc omnia folida,
facient 32, 464 numerum æqualem refiduo propofito cubo. Itaque concludetur 54 latus eſſe cubi 157, 464.

Paradigma analyfeos cubi puri.

I. Eduƈtio lateris fingularis primi.

				0 0	Tot nume-
Cubus refolvendus	157	464	N.	5 4.	rales cir-
		℺ N · Sedes fingularium cu-	℺.	25.16.	culi, quot
	Cj	C ij borum & folidorum	C.	125.64.	punƈta cu-
		fub gradibus.			bica, late-
					rave fin-
Solidum ablatitium	125	Cubus lateris primi.			gularia.
Reliquum refolvendi cubi	32	464			

II Eduƈtio lateris fingularis fecundi.

Reliquum refolvendi cubi	32	464
Divifores { Triplum quadratum lateris primi	7	5
Triplum latus primum.		15
Summa diviforum	7	65

V 3   *Solida*

Solida ablatitia $\left\{\begin{array}{l|l} 3\ 0 & 0 \\ 2 & 40 \\ \quad & 64 \end{array}\right.$

Solidum à latere fecundo in triplum quadratum
lateris primi.
Solidum à quadrato lateris fecundi in triplum
latus primum.
64 Cubus lateris fecundi.

Summa ablatitiorum folidorum , 32 464
æqualis refiduo refolvendo cubo.

Itaque fi 1 C, æquetur 157,464. fit 1 N 54. Ex retrograda, quæ omnino obfervata cernitur , compofitionis via.

Quod fi fumma folidorum non fuiffet æqualis refiduo , fed eo minor , argumentum effet cubi latere afymmetri. Ideo non explicabitur fed notam afymmetriæ exhibendo , quando 1 C, æquabitur 2 & quæritur 1 N, dicetur effe √ C 2.

Sed fi quæratur radix proxima vera, adjungentur propofito cubo terni numerales circuli in infinitum, & ex ita extenfo eruetur radix tanquam ex accurato numero cubo. Vt fi quæratur de latere cubi 2. Ex cubo 2, 000, 000, 000, 000, 000, 000, 000, 000, 000, 000 elicietur latus 125, 992, 104, 989. Itaque √ C 2. dicetur adæquare proxime 1 $\frac{25,992,104,989}{100,000,000,000}$ & amplius. Sic √ C 4. adæquat 1 $\frac{58,740,105,196}{100,000,000,000}$ & amplius.

PROBLEMA III.

E Dato in numeris quadrato-quadrato puro , latus analytice elicere.

Proponatur 1 Q Q, æquari 331, 776. Quæritur quanta fit 1 N , radixve propofiti puri quadrato-quadrati.

Propofitum igitur numero quadrato-quadratum intelligitur componi à tot fingularibus lateribus, quot figuris latus univerfale , de quo quæritur , conftabat in genefi , feu efformatione quadrato-quadrati. Ad quem figurarum numerum arguendum propofiti numero quadrato-quadrati, figura (dum à læva ad dextram pergitur) extrema fignabitur punǝo, & reliquæ in anteriora regrediundo figuræ quaternæ alternæ , tribus videlicet intermediis reliǝis , quia ab unitatibus ad quadrato-quadratum tres funt fcanfiles gradus N, Q, C. Cum itaque duo punǝa fint , tot conftare quadrato-quadratum univerfale fingularibus quadrato-quadratis , latufque fimiliter univerfale tot fingularibus lateribus , pronunciabitur.

Et cum eadem fit refolutionis via , quæ compofitionis, quando autem componitur quadrato-quadratum à duobus fingularibus lateribus

Quadrato-quadratum lateris primi
Plus latere fecundo in cubum quadruplum lateris primi
Plus lateris fecundi quadrato in quadratum fextuplum lateris primi
Plus lateris fecundi cubo in latus quadruplum primi
Plus lateris fecundi quadrato-quadrato,

æquatur quadrato-quadrato aggregati laterum. Inftituetur refolutio fecundum fytheticum illud Theorema.

Itaque figura punǝo quod primum ad lævam occurrit fignata, dicetur fedes unitatum metientium quadrato-quadratum lateris primi, & majoris. Figura fequens, fedes planoplani fub cubo ejufdem lateris primi quadruplando. Succedens , fedes plano-plani fub quadrato ejufdem lateris primi fextuplando. Succedens rurfus, fedes plano-plani fub ipfo primo latere quadruplando. Ac denique extrema, fedes unitatum metientium quadrato-quadratum lateris fecundi.

Quod fi plura fuperfuiffent punǝa, non idcirco minus inftitueretur refolutio , quoniam quadrato-quadratum intelligeretur ab initio componi tantum à duobus illis lateribus, quæ, cum elicita forent, fungerentur vice unius, & poft intelligeretur componi ex illo adgregato, tanquam primo latere , & fequente, ut fecundo. Et eo in infinitum ordine.

Totam autem πραγμαθείαν conftruxiffe in propofitis quadratis & cubis non fuit fortaffis abfonum, fed eandem in ulterioribus poteftatibus inculcare fupervacaneum videtur, quoniam deinceps non erit negotiofum eam in paradigmatis arguere, & intueri.

Paradigma analyseos quadrato-quadrati puri.

I Eductio lateris singularis primi.

Quadrato-quadratum resolvendum	33	1 7 7 6				
		CQN · *Sedes singularium*		0 0	*Tot nume-*	
	QQj	QQij · *quadrato-quadra-*	N	2 4.	*rales circuli*	
		torū & plano-pla-	Q.	4. 16.	*quot puncta*	
		norū sub gradibus.	C.	8. 64.	*quadrato-*	
			QQ. 16.256.	*quadratica*	
					laterave sin-	
					gularia.	
Plano-planum ablatitium.	1 6	*Quadrato-quadratum lateris primi.*				
Reliquum resolvendi qnadrato-quadrati	17	1 7 7 6				

II Eductio lateris singularis secundi,

Reliquum resolvendi quadrato-quadrati	17	1 7 7 6

	⎧ Quadruplus cubus	3	2
	⎪ lateris primi.		
Divisores ⎨ Sextuplum quadratum		2 4
	⎪ ejusdem.		
	⎩ Quadruplum idem latus.		8
Summa divisorum	3	4 4 8	

	⎧ 12	8	*à latere secundo in quadruplum cubum*
	⎪		*lateris primi.*
	⎪ 3	8 4	*à quadrato secundi in sextuplum quadra-*
Plano-plana ablatitia ⎨		*tum primi.*
	⎪	5 1 2	*à cubo secundi in quadruplum lateris*
	⎪		*primi.*
	⎩	· 2 5 6	*quadrato-quadratum lateris secundi.*

Summa plano-planorum, aequalis residuo resolvendo quadrato-quadrato.	17	1 7 7 6

Itaque si 1 Q Q, *aequetur* 33, 1776. *fit* 1 N 24. *Ex retrograda, qua omnino observata cernitur, compositionis via.*

Quod si 1 Q Q, *aequetur* 20000. *Quoniam* 20000 *non est quadrato-quadratus numerus accurate, latus elicietur proximum vero, adjectis quaternis numeralibus circulo in infinitum, & erit* 11 $\frac{8. 917}{10, 000}$ *latus minus vero, vel* 11 $\frac{8. 918}{10, 000}$ *latus majus vero. Medium satis propinquum* 11 $\frac{8. 567}{4, 000}$.

PROBLEMA IV.

E dato in numeris quadrato-cubo puro latus analytice elicere.

Proponatur 1 Q C, aequari 7, 962, 624. Quæritur quanta sit 1 N, radixve propositi puri quadrato-cubi.

Propositus igitur numero quadrato-cubus intelligitur componi à tot singularibus lateribus, quot figuris latus universale, de quo quæritnr, constat in genesi quadrato-cubi. Ad quem figurarum numerum arguendum, extrema numeralis figura quadrato-cubi, incipiendo à læva & ad dextram pergendo, signabitur puncto, & reliquæ in anteriora regrediundo figuræ quinæ alternæ, quatuor videlicet intermediis relictis, cum ab unitatibus ad quadrato-cubum quatuor sint gradus scansiles N, Q, C, Q Q. Cum itaque duo puncta sint, tot constare quadrato-cubus universalis singularibus quadrato-cubis, latusque similiter universale tot singularibus lateribus pronunciabitur.

Et cum eadem sit resolutionis via quæ cumpositionis, quando autem componitur quadrato-cubus à duobus singularibus lateribus:

Qua-

Quadrato-cubus lateris primi

Plus latere secundo in quadrato-quadratum quintuplum lateris primi

Plus lateris secundi quadrato in cubum decuplum lateris primi

Plus lateris secundi cubo in quadratum decuplum lateris primi.

Plus lateris secundi quadrato-quadrato in latus primum quintuplum

Plus quadrato-cubo lateris secundi,

æquatur quadrato-cubo adgregati laterum. Instituetur resolutio secundum syntheticum illud Theorema.

Itaque figura puncto, quod primum ad lævam occurrit signata, dicetur sedes unitatum metientium quadrato-cubum lateris primi & majoris. Sequens numeralis figura, sedes plano-solidi sub quadrato-quadrato ejusdem lateris primi, quintuplandi. Succedens, plano-solidi sub cubo decuplandi. Succedens rursus, plano-solidi sub quadrato rursus decuplandi. Reliqua intermedia, plano-solidi sub ipso primo latere quintuplandi. Extrema tandem, sedes unitatum metientium quadrato-cubum lateris secundi. Quod si plura superfuissent puncta, non idcirco minus institueretur resolutio, quoniam quadrato-cubus intelligetur ab initio componi tantum à duobus illis lateribus, quæ cum elicita forent, fungerentur vice unius, & post intelligetur componi ex illo adgregato, tanquam primo latere, & sequente ut secundo, & eo in infinitum ordine.

Paradigma analyseos quadrato-cubi puri.

I Eductio lateris singularis primi.

Quadrato-cubus resolvendus	79	6 2 6 2 4	Sedes singularium quadrato-cuborum & plano-solidorum sub gradibus.		0 0	Tot numerales circuli, quot puncta quadrato-cubica, lateraue singularia.
		QQC,QN		N. 1.	4	
	QCj	QCij		Q. 4.	16	
				C. 8.	64	
				QQ.16.	256	
				QC.32,1024		
Plano-solidum ablatitium	3 2		Quadrato-cubus lateris primi.			
Reliquum resolvendi quadrato-cubi	47	6 2 6 2 4				

I I Eductio lateris singularis secundi.

Reliquum resolvendi quadrato-cubi		47	62624
Divisores {	Quintuplum quadrato-quadratum lateris primi.	8	0
	Decuplum cubus ejusdem.		8 0
	Decuplum quadratum ejusdem.		4 0
	Quintuplum latus primum.		1 0
	Summa divisorum	8	8 4 1 0

Plano-solida ablatitia {	3 2	0	à latere secundo in quintuplum quadrato-quadratum primi.
	1 2	8 0	à quadrato lateris secundi in decuplum cubum primi.
	2	5 6 0	à cubo lateris secundi in decuplum quadratum primi.
		2 5 6 0	à quadrato-quadrato secundi in quintuplum latus primum.
		1 0 2 4	quadrato-cubus lateris secundi.
Summa plano-solidorum, aqualis residuo resolvendo quadrato-cubo.	47	62624	

Itaque si 1 QC, aquetur 79, 62624. fit 1 N 24. Ex retrograda, quæ omnino observata cernitur, compositionis via.

Quod

Quod si 1 Q C, *æquetur* 200,000, *quoniam* 200,000 , *non est quadrato-cubicus numerus accurate, latus elicietur proximum vero, adscitis quinis numeralibus circulis in infinitum, & erit* 11 $\frac{48,697}{100.000}$ *latus minus vero. Vel* 11 $\frac{48,608}{100,100}$ *latus majus vero. Medium satis propinquum* 11 $\frac{19,479}{40,000}$.

PROBLEMA V.

E Dato in numeris cubo-cubo puro, latus analytice elicere.

Proponatur 1 C C, æquari 191,102,976. Quæritur quanta sit 1 N, radixve propositi cubo-cubi puri.

Sub extrema numerali figura 6, ponatur punctum cubo-cubicum, designans unitates cubo-cubum extremum metientes. Et quia ab unitatibus ad cubo-cubum sunt quinque gradus N, Q, C, Q Q, Q C. quinque figuræ intermediæ relinquentur 7, 9, 2, 0, 1. & quæ occurrit rursus signabitur puncto. Est autem 1. Deinde Theorema geneseos expendetur, secundum quod

Cubo-cubus lateris primi

Plus latere secundo in quadrato-cubum primi SEXTVPLVM

Plus lateris secundi quadrato in quadrato-quadratum primi DECVQVINTVPLVM

Plus lateris secundi cubo in cubum primi VIGECVPLVM

Plus lateris secundi quadrato-quadrato in quadratum primi DECVQVINTVPLVM

Plus lateris secundi quadrato-cubo in latus primum SEXTVPLVM

Plus lateris secundi cubo-cubo,

æquatur cubo-cubo adgregati laterum. Et secundùm Theorema illud instituetur resolutio, ut in paradigmate.

Paradigma analyseos cubo-cubi puri.

I Eductio lateris singularis primi.

Cubo-cubus resolvendus	191	1 0 2 9 7 6				
	.	QC, QQ, C, Q, N.	Sedes singulariū cubo-cuborū, & solido-solidorum sub gradibus.	N. 2.	4.	merales
	CCj	CCij		Q. 4.	16.	circuli,
				C. 8.	64.	quot punctorum
				QQ.16	256.	Eta cuboborū, &
				QC.32.	1024.	cubica. lateraue singularia.
				CC. 64.	4096.	
Solido-solidum ablatitium	6 4		Cubo-cubus lateris primi.			
Reliquum resolvendi cubo-cubi	127	1 0 2 9 7 6				

II Eductio lateris singularis secundi.

Reliquum resolvendi cubo-cubi.	127	1 0 2 9 7 6		
	.			
Divisores	Sextuplus quadrato-cubus lateris primi.	19	2	
	Decuquintuplum quadrato-quadratum ejusdem.	2	4 0	
	Vigecuplus cubus ejusdem.		1 6 0	
	Decuquintuplum quadratum ejusdem.		6 0	
	Sextuplum latus primum.		1 2	
Summa divisorum.		21	7 6 6 1 2	

X   Solido-

	7 6 | 8	*A latere secundo in sextuplum qua-drato·cubum lateris primi.*
	3 8 | 4 0	*à quadrato secundi in decuquintuplum quadrato-quadratum primi.*
Solido-solida ablatitia {	1 0 | 2 4 0	*à cubo secundi in vigecuplum cubum primi.*
	1 | 5 3 6 0	*à quadrato-quadrato secundi in decu-quintuplum quadratum primi.*
	| 1 2 2 8 8	*à quadrato-cubo secundi in sextuplum latus primum.*
	4 0 9 6	*cubo-cubus secundi.*

Summa solido-solidorum, aequalis   1 2 7 \| 1 0 2 9 7 6
residuo resolvendo cubo-cubo.

Itaque si 1 C C, *aequetur* 191,102976. *fit* 1 N 24. *Ex retrograda, qua omnino observata cerni-tur, compositionis via.*

Quod si 1 C C, *aequetur* 2,000,000. *Quoniam* 2,000,000 *non est numerus cubo-cu-bus accurate, elicietur latus proximum vero, adscitis senis numeralibus circulis & erit* 11 $\frac{224,175}{1,000,000}$ *latus minus vero. Vel* 11 $\frac{224,176}{1,000,000}$ *latus majus vero. Medium autem bene propinquum* 11 $\frac{448,351}{2,000,000}$.

DE
NVMEROSA POTESTATVM
ADFECTARUM RESOLVTIONE.

Vmerofam refolutionem poteftatum purarum imitatur proxime refolutio adfectarum poteftatum , præfertim cum poteftates adfectæ decenter præparatæ fuerint.

Tunc autem decenter præparari intelliguntur , cum parciffime fuerint adfectionibus obrutæ; iifque omnino adfirmatis, aut negatis omnino, ita tamen ut poteftas adfirmata fit, non etiam ab homogenea vel homogeneis gradu infignitis avellatur, ac denique mixtum ita negatis & adfirmatis, ut non infit ambiguitas.

Adfectæ enim hujufmodi poteftates, ut tandem cornicum oculi configantur, componuntur, & refolvuntur ad purarum inftar, habita duntaxat datarum infuper magnitudinum, quæ cum defignato gradu faciunt adficientem homogeneam , & fubgraduales dicuntur , ea qua decet ratione.

Intelliguntur videlicet componi adfectæ poteftates à duobus quoque lateribus, immifcentibus fe fubgradualibus magnitudinibus, una vel pluribus; & in eadem refolvuntur contraria compofitionis via, obfervato coëfficientium fubgradualium, ficut poteftatis, & parodicorum graduum , congruente fitu, ordine, lege, & progreffu.

Rationemque compofitionis, & de ea in artis etiam firmitudinem concipienda Theoremata, ut in poteftatibus puris, edocet & præmonftrat infpectio & ἀνακεφαλαίωσις operis per Logifticen fpeciofam effecti, & traditum fecundum eam multiplicationis præceptum.

Et laterum ex refolutione ortorum adgregatum eft radix poteftatis propofitæ adfectæ.

Plane impoffibilitatem in refolutionibus non inducit πολυπάθεια; at difficultatem parit & anxietatem , fub elatioribus præfertim parodicis gradibus.

Sciendum autem eft adfectione fub elatiore gradu quamcumque poteftatem poffe liberari.

Adfecta item quadrato-quadrata ad quadrata per medium cuborum à radice plana reduci.

Et poteftates à radice plana, vel ulterius climactica ad poteftates à radice fimplici revocari.

At cum de homogenea fub gradu negatur poteftas , radix eft anceps.

Quæ etiam amphibolia ineft aliquando in poteftatibus, quæ adfectionibus partim negatis & partim adfirmatis obvolvuntur, quando coëfficientes fub gradu elatiore homogeneas negatas, coëfficientibus adfirmatas præpollent.

Omnis itaque dubitatio primum tollenda eft, ne fit divinationi locus potius quam arti. Neque enim de ambiguis ars certa ftatuitur.

Cæterum, ut in puris, fic etiam in adfectis exigimus numeros proponi integros & fymmetros, non etiam fractos & afymmetros.

Mi-

Minus autem refolutorio operi idoneæ ad magis idoneas arte ita revo-
cantur, ut harum refolutione illarum refolutio obvia fiat ex nota inter am-
barum radices differentia vel ratione.

His igitur præmiffis ad rem accedo, ac primum ad ANALYTICA poteftatum adfectarum adfirmate.

PROBLEMA I.

E dato in numeris quadrato adfecto adjunctione plani fub latere & data
coëfficiente longitudine, latus analytice elicere.

Proponatur 1 Q + 7 N, adæquari 60, 750. Quæritur quanta fit magnitudo 1 N, radixve propofiti adfecti quadrati.

Id eft. Quidam numerus ductus in fe & in 7, facit 60, 750. Quæritur quis fit numerus ille.

Eft 60, 750 quadratum non purum fed adfectum fub latere & data longitudine 7.

Ac adfectum quidem omne quadratum ad purum reduci adnotatum eft. Sed ars generalis generaliter proponenda eft, ne incidatur in errorem veterum Analyftarum.

Quadrati autem adfirmate adfecti ordinata genefis, genefi quadrati puri, hoc tantum addit, ut latus fingulare, quod primum elicitur, ducatur in coëfficientem longitudinem; deinde latus quoque fecundum ducatur in eandem.

Ex adfecto igitur quadrato ut eruantur latera, fedes unitatum quadrata fingularia
metientium per binas alternas, ut in analyfi puri quadrati, diftinguuntur figuras, punctis
commode à dextra ad lævam fubtus collocatis.

Et quot numerantur fedes quadratorum punctave, tot laterum fimpliciumve fedes,
coëfficiens longitudo conftituentur per fingulas figuras defuper, pofitifque etiam
punctis defignabuntur, & in ultima laterum fede, quæ prima fit dum pergitur à læva ad
dextram, coëfficiens longitudo confiftet. Quæ fi conftet pluribus figuris quam una,
prorumpent in anteriora reliquæ.

Hifque ita conftitutis latera fingularia elicientur non aliter quam in analyfi puri quadrati, nifi quod ipfa coëfficiens in diviforum numerum adfcribitur.

Et elicita fingularia latera ducuntur in eandem, plano quod inde fit fub fede coëfficientis definente, & auferendo ex adfecto propofito quadrato.

Denique coëfficiens in fuccedentia loca ordine fubjicitur, cum fubtus divifores quoque movebuntur reliqui, ut in paradigmate.

Paradigma analyfeos quadrati adfecti fub latere adfirmate.

I Eductio lateris fingularis primi.

Coëfficiens longitudo		7			fublateralis.		
		.	. .		Tot puncta la- lateralia, quot quadratica.	o o o N. 2 4. Q.4.16.	Tot numerales cir- culi, quot puncta quadratica, Late- ravt fingularia.
	6	o 7	5 o				
	.	N .	N .		Puncta qua-		
	Q j	Q ij	Q iij		dratica.		
	4				Quadratum lateris primi.		
Plana ablatitia {		1 4			Planum à latere primo in coëfficientem.		
Summa planorum abla- titiorum	4	1 4					
Reliquum refolvendi qua- drati adfecti	1	9 3	o				

I I Eductio lateris singularis secundi.

Divisorum pars superior { Coëfficiens longitudo		7	
Reliquum resolvendi quadrati adfecti	1	9 3	5 0
Divisorum pars inferior { Duplum lateris primi.		4 .	
Summa divisorum		4 0	7

	1	6 .	A latere secundo in duplum primi.
Plana ablatitia		1 6	Quadratum lateris secundi.
		2 8	A latere secundo in coëfficientem.
Summa planorum auferenda	1	7 8	8
Reliquum resolvendi adfecti quadrati		1 4	7 0

Jam duo elicita latera funguntur vice unius seu primi, & fit

III. Eductio lateris singularis tertii tanquam secundi.

Divisorum pars superior { Coëfficiens longitudo		7	
Reliquum resolvendi adfecti quadrati	1 4	7 0	
Divisorum pars inferior { Duplum lateris eliciti	4	8	
Summa divisorum	4	8 7	

$$\left\{ \begin{array}{l} N \quad \overset{00 \;\; \circ}{24. \;\; 3} \\ Q \;\; 576. \;\; 9 \end{array} \right.$$

	1 4	4	A latere secundo in duplum primi.
Plana ablatitia		9	Quadratum lateris secundi.
		2 1	A latere secundo in coëfficientem.
Summa planorum auferenda, aequalis reliquo resolvendi quadrati adfecti	1 4	7 0	

Itaque si 1 Q + 7 N, aequetur 60, 750. fit 1 N 243. Ex retrograda, quae omnino observata cernitur, compositionis via.

Interdum accidit coëfficientem magnitudinem in anteriora produci ultra ipsum adfectum quadratum, aut eo saltem loci, ut ab eo auferri non possit. Quod argumentum est non tam adfici quadratum quam adficere, quoniam minus sit adficiente plano.

Coëfficiens itaque ad succedentes sedes ordine revocanda est, donec sit locus divisioni, à qua tunc opus inchoare magis consentaneum est.

Et quot figuris retrocedet coëfficiens, tot delebuntur quoque subtus quadratorum loca & puncta, à quibus alioqui ducendum fuerat operis initium. Vt in Quaestione.

Quidam numerus ductus in se, & in 954, facit 18, 487. In notis 954 N + 1 Q, aequatur 18, 487. Quaeritur quis sit numerus ille.

18, 487 est quadratum adjunctum plano sub latere & coëfficiente 954. Majus autem est planum quadrato, ut indicat situs coëfficientis eo loci, ut cum ipsa sit è divisoribus à dividendo nõn poſſit tolli. Itaque in proxime ſuccedentem locum devolvetur. Sed & punctum quoque quadraticum, quod ad lævam primum occurrit, delebitur, & ad o. pus pergetur à diviſione potius inchoandum, eo quod coëfficiens principalius dividat, quam ipſum latus quadrati. ut videre eſt in paradigmate.

Paradigma dum planum adfectionis majus eſt quadrato.

I Eductio lateris primi inanis ante devolutionem.

Coëfficiens longitudo	9	5 4	. .		ſublateralis.
					Tot puncta lateralia quot quadratica.
Quradratum adficiens reſolvendum	1	8 4 N : Q	8 7 N . Q		Puncta quadratica.

Quoniam 9 major eſt unitate, fit devolutio.

I I Eductio lateris primi poſt devolutionem.

Coëfficiens longitudo	9 5 •	4 . .	ſublateralis	o o
				N 1 9
	1	8 4 . Q ı	8 7 N . Q ıı	Q 1. 81.

Tot numerales circuli quot punctis quadratica, Laterave ſingularia.

Plana auferenda {	9 5 . 1	4 '	A latere primo in coëfficientem longitudinem. Quadratum lateris primi.
Summa planorum ablatitiorum	9 6	4	
Reliquum reſolvendi adficientis quadrati	8 8	4 7	

II. Eductio lateris ſingularis ſecundi.

Diviſorum pars ſuperior { Coëfficiens longitudo	9	5 4	
Reliquum reſolvendi adficientis quadrati	8 8	4 7	
Diviſorum pars inferior { Duplum lateris primi		2	
Summa diviſorum.	9	7 4	
Plana ablatitia {	8 5 1	8 6 8 8 1	A latere ſecundo in coëfficientem. A latere ſecundo in duplum primi. Quadratum lateris ſecundi.
Summa planorum auferenda, æqualis reliquo reſolvendi adficientis quadrati.	8 8	4 7	

Itaque ſi 954 N + 1 Q, æquetur 18,487. fit 1 N 19. Ex retrograda, quæ omnino obſervata cernitur, compoſitionis via.

PROBLEMA II.

E Dato in numeris cubo adfecto adjunctione ſolidi ſub latere & dato coëfficiente plano, latus analytice elicere.

Propo-

Proponatur 1 C + 30 N, æquati 14,356,197. Quæritur quanta fit 1 N, radixve propo-fiti adfecti cubi.

Id eft, quidam numerus ductus in fui quadratum & in 30, facit 14,356,197. Quæritur quis fit numerus ille.

Eft 14,356,197 cubus non purus, fed adfectus adjunctione folidi fub latere & dato plano 30.

Cubi autem hujufmodi adfecti ordinata genefis, genefi cubi puri hoc tantum addit, ut latus fingulare, quod primum elicitur, ducatur in coëfficiens planum. Deinde in idem quoque ducatur latus fecundum.

Ex adfecto igitur hujufmodi cubo ut eruantur latera, fedes unitatum cubos fingulares metientium per ternas alternas, ut in analyfi cubi puri, diftinguentur figuras, punctis commode à dextra ad lævam fubtus adnotatis. Et quot numerantur fedes cuborum, punctave: tot laterum fimplicium (cum coëfficiens planum fit fublaterale) conftituentur per fingulas figuras defuper, pofitifque etiam punctis defignabuntur. & in ultima fimpli-cium fede, quæ prima fit dum tenditur à læva ad dextram, coëfficiens planum confiftet. Vnde fi conftet pluribus figuris quam una, prorumpent in anteriora reliquæ. Hifque ita conftitutis, latera elicientur non aliter quam in analyfi puri cubi, hoc addito, quod ipfum coëfficiens planum in diviforum numerum adfcribitur. Et elicita fingularia latera ducuntur in illud, folido quod inde fit fub fede coëfficientis ipfius definente, & auferendo ex adfecto propofito cubo. Coëfficiens denique in fuccedentia loca ordine fubjicitur, cum fubtus divifores quoque movebuntur reliqui, ut in paradigmate.

Paradigma analyfeos cubi adfecti adjunctione folidi fub coëfficiente plano & latere.

I Eductio lateris fingularis primi.

Coëfficiens planum		3	0 ...	fublaterale
				Tot puncta laterum fimplicium quot cubica fedefve cuborum.
Cubus adfectus refolvendus	1 4 .	3 5 6 QN·	1 9 7 QN·	
	Cj	Cij	Ciij	Puncta cubica.
Solida imprimis au-ferenda	8	6	0	Cubus lateris primi. / A latere primo in coëfficiens planum.
Summa folidorum ablatitiorum	8	0 0 6	0	
Reliquum refolvendi cubi adfecti.	6	3 5 0	1 9 7	

Box at right:

```
 o  oo   Tot nume-
N. 2.  4  rales circuli
Q. 4. 16  quot puncta
C. 8. 64  cubica, late-
          rave fingula-
          ria.
```

II Eductio lateris fingularis fecundi.

Diviforum pars fu-perior { Coëfficiens planum	.		3 0 ..	
Reliquum refolvendi cubi ad-fecti	6	3 5 0	1 9 7	
Diviforum pars infe-rior { Triplum quadratum lateris primi.	1	2		
{ Triplum latus primum		6		

Summa

Summa divisorum	1	2 6 0	3 0	
Solida ablatitia {	4	8		à latere secundo in quadratum triplum lateris primi.
		9 6		à quadrato lateris secuudi in triplum lateris primi.
		6 4		Cubus lateris secundi.
		1	2 0	à latere secundo in coëfficiens planum.
Summa solidorum auferenda	5	8 2 5	2 0	
Reliquum resolvendi cubi adfecti		5 2 4	9 9 7	

Iam duo elicita latera funguntur vice unius, & fit

III Eductio lateris singularis tertii, ut secundi.

Divisorum pars superior { Coëfficiens planum.		3 0	
Reliquum resolvendi cubi adfecti	5 2 4	9 9 7	
Divisorum pars inferior { Triplum quadratum lateris primi.	1 7 2	8	
{ Triplum latus primum.		7 2	
Summa divisorum	1 7 3	5 5 0	
Solida ablatitia {	5 1 8	4	à latere secundo in quadratum triplum lateris primi.
	6	4 8	à quadrato lateris secundi in triplum lateris primi.
		2 7	Cubus lateris secundi.
		9 0	à latere secundo in coëfficiens planū.
Summa solidorum auferenda, æqualis residuo resolvendo cubo adfecto.	5 2 4	9 9 7	

```
    . {  00 0
      { N  24 3.
      { Q 576.9.
      { C    27.
```

Itaque si 1 C + 30 N, æquetur 14,356,197. fit 1 N 243. *Ex retrograda, quæ omnino observata cernitur, compositionis via.*

Interdum accidit coëfficientem subgradualem magnitudinem in anteriora produci ultra ipsum adfectum cubum, aut eo saltem loci ut ab eo auferri non possit. Quod argumentum est non tam cubum adfici quam adficere, quoniam minor sit adficiente solido. Coëfficiens itaque ad succedentes sedes ordine revocanda est, donec sit locus divisioni, à qua tunc opus inchoare magis consentaneum est, & quot figuris retrocedet illa, tot delebuntur quoque subtus cuborum loca & puncta, à quibus alioqui ducendum fuerit operis initium, ut in quæstione.

Quidam numerus ductus in sui quadratum, & in 95, 400, facit 1, 819, 459. In notis 95, 400 N + 1 C, æquantur 1,819,459. Quæritur quis sit numerus ille.

1,819,459 est cubus adjunctus solido sub latere & 95, 400 dato plano. Majus autem est solidum cubo ut indicat situs coëfficientis eo loci, ut cum ipsa sit è divisoribus, à suo dividendo non possit tolli. Itaque in proxime succedentem locum devolvitur. sed & punctum quoque cubicum, quod ad lævam primum occurrit, delebitur, & ad opus pergetur. à divisione potius inchoandum, quàm radicis eductione, cum coëfficiens principalius dividat, quam ipsius lateris cubus, laterisve quadratum. Vt videre est in paradigmate.

Paradigma cum solidum adfectionis sub latere majus est cubo.

I Eductio lateris primi inanis ante devolutionem.

Coëfficiens planum	9	5 4 0	0	sublaterale.

. . .

Tot puncta simplicium laterum quot cubica, sedesve cuborum.

Cubus adficiens resolvendus	1	8 1 9	4 5 9	
	.	Q N .	Q N .	puncta cubica.
	Cj	Cij	Ciij	

Quoniam 9 major est unitate, fit devolutio.

I I Eductio lateris singularis primi post devolutionem.

Coëfficiens planum principalius dividens	9 5 4	0 0

. .

| Cubus adficiens resolvendus | 1 8 1 9 | 4 5 9 |

0 0
N 1 9
Q 1 8 1
C 1 7 2 9

| | . | Q N . |
| | Cj | Cij |

Solida ablatitia {	9 5 4	0 0	A latere primo in coëfficiens planum.
	1		Cubus lateris primi.

| Summa solidorum ablatitiorum | 9 5 5 | |
| Cubi adfecti resolvendi reliquum | 8 6 4 | 4 5 9 |

III Eductio lateris singularis secundi.

Divisorum pars { Coëfficiens superior. { planum	9 5	4 0 0

.

| Cubi adfecti resolvendi reliquum | 8 6 4 | 4 5 9 |

Divisorum pars inferior { Triplum quadratum lateris primi.		3
{ Triplum latus primum.		3

| Summa divisorum | 9 5 | 7 3 0 |

	8 5 8	6 0 0	A latere secundo in coëfficiens planum.
Solida ablatitia {	2	7	A latere secundo in triplum quadratum primi.
	2	4 3	A lateris secundi quadrato in triplum latus primum.
		7 2 9	Cubus lateris secundi.

| Summa solidorum, æqualis residuo resolvendo adficiente cubo. | 8 6 4 | 4 5 9 |

Itaque si 9 5, 400 N + 1 C, æquentur 1, 819, 459. fit 1 N 19. Ex retrograda, quæ omnino observata cernitur, compositionis via.

PRO-

PROBLEMA III.

E Dato in numeris cubo adfecto adjunctione solidi sub lateris quadrato & data coëfficiente longitudine, latus analytice elicere.

Proponatur 1 C + 30 Q, æquari 86,220,288. Quæritur quanta magnitudo sit 1 N, radixve propositi adfecti cubi: id est quadratum cujusdam numeri ductum in latus & in 30, facit 86, 220, 288. Quæritur quis sit numerus ille.

Est 86, 220, 288 cubus non purus, sed adfectus adjunctione solidi sub lateris quadrato & data coëfficiente longitudine 30. Cubi autem hujusmodi adfecti ordinata genesis, genesi cubi puri hoc tantum addit, ut lateris singularis primi quadratum ducatur in coëfficientem longitudinem. Deinde latus secundum ducatur in duplum rectangulum sub latere primo & coëfficiente longitudine. Lateris denique ejusdem secundi quadratum in ipsam quoque coëfficientem longitudinem.

Ex adfecto igitur hujusmodi cubo, ut eruantur latera, sedes unitatum singulares cubos metientium constituentur solita arte, punctis subtus collocatis designandæ; & quot numerantur sedes cuborum, punctave, tot quadratorum sedes per binas videlicet alternas figuras (cum sit coëfficiens subquadratica) collocabuntur desuper. Et in ultima quadratorum sede, quæ alioqui prima sit dum tenditur à læva ad dextram, ipsa consistet. Vnde si constet pluribus figuris quam una, prorumpent in anteriora reliquæ.

His ita constitutis, latera non secus elicientur quam in analysi cubi puri, hoc addito, quod ipsa coëfficiens è divisorum numero est, ac insuper, post eductionem lateris singularis primi, planum sub coëfficiente & duplo singularis lateris primi, eam sedem occupaturum, quæ in anteriora proxima est à puncto in quo coëfficiens consistit. Vocetur autem planum expletionis, congruensve scansorium. Et elicitorum laterum quadrata quidem ducuntur in ipsam coëfficientem, ipsa vero latera in planum expletionis, solidis quæ inde fiunt sub congrua sede, qualem ratio multiplicationis exigit, definentibus, & auferendis cum solidis reliquis ex proposito adfecto cubo.

Coëfficiens denique in succedentia quadratorum loca, plano suæ expletionis semper præeunte, ordine subjicitur, cum subtus divisores quoque movebuntur reliqui. Vt videre est in paradigmate.

Paradigma analyseos cubi adfecti adjunctione solidi sub coëfficiente longitudine & lateris quadrato.

I Eductio lateris singularis primi.

Coëfficiens longitudo		3 0 ·	· ·	*subquadratica.*			
				Tot sedes pun-	⌠ 0 0 0	Tot nu-	
				ctave quadra-	N 4 3	merales	
Cubus adfectus resolvendus	8 6	2 2 0	2 8 8	torum, quot	⟨ Q 16 9	circuli	
	·	QN ·	QN ·	cuborum.	⌊ C 64 27	quot pü-	
	Cj	Cij	Ciij			cta cu-	
						bica.	

Solida ablatitia {	6 4			*Cubus lateris primi.*
	4	8 0		*Solidum à quadrato lateris primi*
Summa solidorum ablatitiorum	6 8	8 0		*in coëfficientem longitudinem.*
Reliquum resolvendi cubi adfecti	1 7	4 2 0	2 8 8	

I I Eductio lateris singularis secundi.

Divisorum pars superior { Planum expletionis, à coëfficiente in duplum lateris primi. Coëfficiens longitudo.	2 4 0	
	3	0 · ·

Cubi adfecti reliquum resolvendi	17	420	288

Divisorum pars inferior	*Triplum quadratum lateris primi.*	4	8	
	Triplum latus primum.		12	
	Summa divisorum	5	163	

Solida ablatitia facta à divisoribus	*inferioribus &* *præcipuis*	14	4		*A latere secundo in triplum quadratum primi.*
		1	08		*A quadrato lateris secundi in triplum latus primum.*
			27		*Cubus lateris secundi.*
	superioribus		720		*Solidum à latere secundo in planum expletionis.*
			27	0	*A quadrato lateris secundi in coëfficientem longitudinem.*
Summa solidorum auferenda		16	254	0	
Reliquum resolvendi cubi adfecti		1	166	288	

Iam duo elicita latera funguntur vice unius seu primi, & fit

III. Eductio lateris singularis tertii ut secundi.

Divisorum pars superior	*Planum expletionis, à coefficiente in duplum lateris primi.*	25	80	
	Coefficiens longitudo		30	

	00	0
N	43	2
Q	1849	4
C		8

Cubi adfecti resolvendi reliquum	1	166	288

Divisorum pars inferior	*Triplum quadratum lateris primi.*	554	7	
	Triplum latus primum.	1	29	
	Summa divisorum	581	820	

Solida ablatitia facta à divisoribus	*inferioribus*	1	109	4	*A latere secundo in triplum quadratum primi.*
			5	16	*A quadrato lateris secundi in triplum latus primum.*
				8	*Cubus lateris secundi.*
	superioribus		51	60	*A latere secundo in planum expletionis.*
				120	*A quadrato lateris secundi in coëfficientem longitudinem.*
Summa solidorum auferenda, aequalis reliquo resolvendi cubi adfecti.		1	166	288	

Itaque

Itaque si 1 C + 30 Q, *æquetur* 86, 220, 288. *fit* 1 N 432. *Ex retrograda quæ omnino observata cernitur compositionis via.*

Interdum accidit coëfficientem sub gradu magnitudinem in anteriora produci ultra ipsum adfectum cubum, aut eo saltem loci, ut cum ipsa sit è divisoribus, ab adfecto cubo auferri non possit. Quod argumentum est cubum non tam adfici, quam adficere, quoniam minor sit adficiente solido. Coëfficiens itaque ad succedentia quadratorum loca, seu puncta quadratica desuper adnotata ordine revocanda est, donec sit locus divisioni, à qua magis consentaneum est, ut opus tunc inchoetur, lege homogeneorum bene observata. Et quot punctis retrocedet coëfficiens subgradualis, tot delebuntur subtus puncta cubica, à quibus alioqui ducendum fuerat operis initium. Vt in quæstione,

Quadratum numeri cujusdam ductum in latus & in 10,000, facit 57,732,824. In notis 10, 000 N + 1 C, æquatur 57,732,824. Quæritur quis sit numerus ille.

Numerus 57, 732, 824 est cubus adjunctus solido sub lateris quadrato & data longitudine 10,000. Majus autem est solidum cubo, ut indicat situs coëfficientis longitudinis, qua quidem prorumpit in anteriora. Itaque devolvenda est in proxime succedens quadraticum punctum. Sed & punctum quoque cubicum, quod ad lævam primum occurrit, delebitur, & ad opus pergetur, à divisione magis inchoandum quàm à radicis eductione, ita tamen ut cum solidum dividatur per longitudinem, quod inde oritur non intelligatur radix ipsa, sed radicis quadratum. Illud enim est legi homogeneorum attendisse. Vt videre est in paradigmate.

Paradigma cum solidum adfectionis sub quadrato majus est cubo.

I. Eductio lateris singularis primi inanis ante devolutionem.

Coëfficiens longitudo	1 0 0	0 0	.	*subquadratica.*
			.	*Puncta quadratica.*
Cubus adficiens resolvendus	5	7 7 3	8 2 4 .	
	.	Q N .	Q N .	
	Cj	Cij	Ciij	*Puncta cubica.*

Quoniam prorumpit coëfficiens subquadratica longitudo extra figuras adficientis cubi, ideo fit devolutio in sequens quadraticum punctum, deleto quoque puncto cubico.

II Eductio lateris singularis primi post devolutionem.

Coëfficiens longitudo	1	0 0 0	0		
			.	N	2	4
Cubus adficiens resolvendus	5	7 7 3	8 2 4	Q	4 Parabola, 16
			Q N .	C	8	64
		Cj	Cij		
Solida ablatitia	4	0 0 0	0	*A quadrato lateris primi in coëf-*
			8	*ficientem longitudinem.*
				Cubus lateris primi.
Summa solidorum ablatitiorum	4	0 0 8	0	
Reliquum resolvendi adficientis cubi	1	7 6 5	8 2 4	

III Eductio lateris singularis secundi.

Divisorum pars superior, eaque præcipua	Planum expletionis, à coëfficiente in duplü lateris primi	4 0 0	0 0
	Coëfficiens longitudo.	1 0	0 0 0

Cubi adficientis resolvendi reliquum	1	7 6 5	8 2 4	
			• •	
Divisorum pars inferior { *Triplum quadratum lateris primi.*		1	2	
Triplum latus primum.			6	
Summa divisorum		4 1 1	2 6 0	

Solida ablatitia facta à divisoribus { *superioribus* {	1	6 0 0	0 0	*A latere secundo in planum expletionis.*
		1 6 0	0 0 0	*A quadrato lateris secundi in coefficientem longitudinem.*
inferioribus {		4	8	*A latere secundo in triplum quadratum primi.*
			9 6	*A quadrato lateris secundi in triplum latus primum.*
			6 4	*Cubus lateris secundi.*
Summa solidorum auferenda, aqualis reliquo resolvendi adficientis cubi.	1	7 6 5	8 2 4	

Itaque si 10,000 Q + 1 C, aquetur 5,773, 824. fit 1 N 24. *Ex retrograda, qua omnino observata cernitur, compositionis via.*

PROBLEMA IV.

E Dato in numeris quadrato-quadrato adfecto adjunctione plano-plani sub latere & dato coëfficiente solido, latus analytice elicere.

Quamquam quadrato-quadrata adfecta possint per medium adfectorum cuborum à radice plana reduci ad quadrata adfecta, ut adnotatum est ; tamen interdum ipsa quadrato-quadrati adfecti resolutio non minus impendiosa est. Nam raro contigit radicem planam cuborum esse rationalem. Sed & cubi dupliciter adficiuntur , cum quadrato-quadrata simpliciter adfecta sunt.

Proponatur igitur 1 QQ + 1, 000 N, aquari 355,776. Quaeritur quanta sit 1 N, radixve propositi adfecti quadrato-quadrati.

Id est, quidam numerus ductus in sui cubum & in 1,000, facit 355,776. Quaeritur quis sit numerus ille.

Est 355 , 776 quadrato-quadratum non purum , sed adfectum adjunctione plano-plani sub latere quadrato-quadrati , & dato 1,000 solido. Quadrato-quadrati autem hujusmodi adfecti ordinata genesis, genesi quadrato-quadrati puri hoc tantum addit, ut latus singulare quod primum elicitur, ducatur in coëfficiens solidum. Deinde latus quoque secundum ducatur in illud ipsum.

Ex adfecto hujusmodi quadrato-quadrato ut eruantur latera, sedes unitatum quadrato-quadrata singularia metientium, per quaternas, ut in analysi quadrato-quadrati puri, distinguuntur figuras, punctis commode à dextra ad laevam subtus adnotatis. Et quot numerantur sedes quadrato-quadratorum, punctave, tot laterum simplicium sedes, cum coëfficiens solidum sit sublaterale, constituuntur per singulas figuras desuper, positisque etiam punctis designabuntur, & in ultima eorum sede , quae prima fit dum tenditur à laeva ad dextram, ipsum coëfficiens solidum consistat. Vnde si constet pluribus figuris quam una , prorumpent in anteriora reliquae.

Hisque ita constitutis, latera elicientur non aliter quam in analysi quadrato-quadrati puri, hoc addito , quod ipsum coëfficiens solidum in divisorum numerum adscribitur.

Et elicita singularia latera ducuntur in illud ipsum , plano-plano quod inde fit sub sede ejusdem coëfficientis solidi desinente, & auferendae ex adfecto proposito quadrato-quadrato.

Y 3

Coëf-

Coëfficiens denique in fuccedentia loca ordine fubjicitur, cum fubtus divifores quoque movebuntur reliqui, ut in paradigmate.

Paradigma analyfeos quadrato-quadrati adfecti fub latere.

I. Eductio lateris fingularis primi.

Coëfficiens folidum	1	0 0 0	fublaterale	0 0 *Tot numera-*
		· ·	*Tot puncta fimpli-*	N 2 4 *les circuli*
		·	*cium laterum, quot*	Q 4 16 *quot puncta*
Quadrato-quadratum adfectum refolvendum	3 5	5 7 7 6	*fedes puctave quad.*	8 6 4 *quadrato-*
	·	C Q N	*quadratorum.*	16 256 *quadratica.*
	QQj	Q Qij	*Puncta quadrato-quadratica.*	
Plano·plana ablatitia {	1 6		*Quadrato-quadratum lateris primi.*	
	2	0 0 0	*A latere primo in coëfficiens folidum.*	
Summa planoplanorum ablatitiorum.	1 8	0 0 0		
Reliquum refolvendi quadrato-quadrati adfecti	1 7	5 7 7 6		

II Eductio lateris fingularis fecundi.

Diviforum pars fuperior { coëfficiens folidum.		1 0 0 0	
Quadrato-quadrati adfecti refolvendi reliquum.	1 7	5 7 7 6	
Diviforum pars inferior { Quadruplus cubus lateris primi.	3	2	
Sextuplum quadratum ejufdem.		2 ·4	
Quadruplum latus primum.		8	
Summa diviforum	3	5 4 8 0	
Plano-plana ablatitia {	1 2	8	*A latere fecundo in quadruplum cubum lateris primi.*
	3	8 4	*A quadrato lateris fecundi in fextuplum quadratum primi.*
		5 1 2	*A cubo lateris fecundi in quadruplum latus primum.*
		2 5 6	*Quadrato-quadratum lateris fecundi.*
		4 0 0 0	*A latere fecundo in coefficiens folidum.*
Summa plano-planorum auferenda, aqualis reliquo refolvendi adfecti quadrato-quadrati.	1 7	5 7 7 6	

Itaque fi 1 QQ + 1, 000 N, *aequetur* 355, 776. *fit* 1 N 24. *Ex retrograda, qua omnino obfervata cernitur, compofitionis via.*

Interdum accidit coëfficientem fubgradualem magnitudinem in anteriora produci, ultra ipfum adfectum quadrato-quadratum, aut eo loci faltem, ut ab eo auferri non poffit. Quod argumentum eft quadrato-quadratum non tam adfici, quam adficere, quoniam minus fit adficiente plano-plano. Coëfficiens itaque ad fuccedentes fedes ordine revocanda eft, donec fit locus divifioni, à qua tunc opus inchoare magis confentaneum eft. Et quot punctis retrocedet coëfficiens, tot delebuntur fubtus quadrato-quadratorum loca, punctave, à quibus alioqui ducendum fuerat operis initium. Sed & fi ultra

adfe-

adfe&am poteftatem non producatur coëfficiens fubgradualis longitudo, tamen quod oritur ex divifione per coëfficientem minus eft lateris quod primum elicitur poteftate ; homogeneum adfectionis majus eft poteftate, & divifor præcipuus eft coëfficiens fub-gradualis.

Quidam numerus ductus in fui cubum & in 100, 000, facit 2,731,776.

In notis 100, 000 N + 1 Q Q, æquantur 2,731, 776. Quæritur quis fit numerus ille.

2,731,776 eft quadrato-quadratum adjunctum plano-plano fub latere, & dato folido 100,000. Majus autem eft plano-planum quadrato-quadrato, quoniam eo loci fitum eft folidum , ut eo dividente oriatur 2. At quadrato-quadrati ultimi limes confiftit in 273. ex quo latus eliciendum effet 4. Itaque in ifto cafu & fimilibus, à divifione quoque potius eft inchoandum, cum principalius dividat coëfficiens fubgradualis magnitudo, quam ipfum latus quadrato-quadrati. Vt videre eft in paradigmate.

Paradigma cum plano-planum maius eft quadrato-quadrato.

I. Eductio lateris primi.

Coëfficiens folidum	1 0 0	0 0 0	*fublaterale.*		o	o	*Tot numerales circuli , quot*	
		• •	*Tot puncta fimplicia , quot qua-drato-qua-dratica.*	N.	2.	4	*pucta quadra-to-quadratica, laterave fin-gularia.*	
Quadrato-quadratum adficiens refolvendum.	2 7 3	1 7 7 6		Q.	4.	16		
	•	C Q N		C.	8.	64		
	Q Qj	Q Qÿ		QQ.	16.	256		
			Punta quadrato-quadratica.					
Plano ablatitia {	2 0 0	0 0 0	*A latere primo in coëfficiens folidum .*					
	1 6		*Quadrato-quadratum lateris primi.*					
Summa plano-planorum ablatitjorum.	2 1 6	0 0 0						
Reliquum refolvendi adficientis qua-drato-quadrati.	5 7	1 7 7 6						

II Eductio lateris fingularis fecundi.

Diviforum { Coëfficiens pars fuperior { folidum	1 0	0 0 0 0	
		•	
Quadrato-quadrati refolvendi re-liquum.	5 7	1 7 7 6	
		•	
Diviforum { Quadruplus cubus lateris primi.	3 2		
pars inferior { Sextuplum quadratum ejufdem.	2 4		
{ Quadruplum latus primum.	8		
Summa diviforum	1 3	4 4 8 0	
	4 0	0 0 0 0	*A latere fecundo in coëfficiens folidum.*
	1 2	8	*A latere fecundo in quadruplum cubum primi.*
Plano-plana ablatitia {	3	8 4	*A quadrato fecundi in fextuplum qua-dratum primi.*
		5 1 2	*A cubo lateris fecundi in quadruplum primi.*
		2 5 6	*Quadrato-quadratum lateris fecundi.*
Summa plano-planorum auferenda, æqualis reliquo refolvendi adficientis quadrato-quadrati.	5 7	1 7 7 6	

Itaque fi 100, 000 N + 1 Q Q, æquentur 2,731,776. fit 1 N 24. *Ex retrograda, quæ omnino obfervata cernitur , compofitionis via.*

PROBLEMA V.

E dato in numeris quadrato-quadrato, adfecto adjunctione plano-plani
ſub lateris cubo, & data coëfficiente longitudine, latus analytice elicere.

Proponatur 1 Q Q + 10 C, æquari 470, 016. Quæritur quanta ſit magnitudo 1 N,
radixve propoſiti adfecti quadrato-quadrati. Id eſt, cubus cujuſdam numeri ductus in ſui
radicem & in 10, facit 470, 016, Quæritur quis ſit numerus ille.

Eſt 470,016 quadrato-quadratum non purum, ſed adfectum adjunctione plano-plani ſub lateris cubo, & data coëfficiente longitudine 10. Quadrato-quadrati autem hujuſmodi adfecti ordinata geneſis, geneſi quadrato-quadrati puri hoc tantum addit, ut
lateris ſingularis primi cubus ducatur in coëfficientem longitudinem, deinde latus ſecundum ducatur in ſolidum, ſub triplo quadrato lateris primi & coëfficiente. Lateris ſecundi quadratum in planum ſub triplo lateris primi & coëfficiente longitudine longitudine.
Lateris denique ejuſdem ſecundi cubus in ipſam quoque coëfficientem longitudinem.

Ex adfecto igitur hujuſmodi quadrato-quadrato, ut eruantur latera, ſedes unitata
ſingularia quadrato-quadrata metientium conſtituentur ſolita arte, punctis ſubtus collocatis deſignandæ. Et quot numerantur ſedes quadrato-quadratorum, punctave, tot cuborum ſedes per ternas videlicet alternas figuras (cum ſit coëfficiens longitudo ſubcubi-
ca) collocabuntur deſuper. Et in ultima cuborum ſede, quæ alioqui prima ſit dum tenditur à læva ad dextram, ipſa conſiſtet. Vnde ſi conſtet pluribus figuris, quam una, prorumpent in anteriora reliquæ.

His ita conſtitutis, latera non ſecus elicientur, quam in analyſi quadrato-quadrati puri, hoc addito, quod ipſa coëfficiens è diviſorum numero eſt, ac inſuper, poſt eductionem lateris ſingularis primi, magnitudines expletionum, ſcanſoriave congruentia. Planum videlicet ſub coëfficiente & triplo latere primo, & ſolidum ſub eadem coëfficiente
& triplo lateris primi quadrato. Illud eam ſedem occupaturum, quæ in anteriora proxima
eſt à puncto, in quo ipſa coëfficiens longitudo conſiſtit. hoc eſt, eam quæ in anteriora
proxima eſt à puncto in quo deſinit planum prædictum. Et elicitorum laterum cubi ducuntur in ipſam quidem coëfficientem longitudinem, quadrata in planum expletionis,
ipſa vero latera in ſolidum expletionis. Plano-planis quæ inde fiunt ſub congrua ſede,
qualem ratio multiplicationis exigit, deſinentibus, & auferendis, cum plano-planis reliquis, ex propoſito adfecto quadrato-quadrato. Coëfficiens denique in ſuccedentia cuborum loca plano ſuæ expletionis, & ſolido præeunte ordine ſubjicitur, cum ſubtus diviſores quoque movebuntur reliqui. Vt videre eſt in paradigmate.

Paradigma analyſeos quadrato-quadrati, adfecti adjunctione plano-pla-
ni ſub coëfficiente longitudine, & lateris cubo.

I Eductio lateris ſingularis primi.

Coëfficiens longitudo.	1	0	*ſubcubica*
		.	*Tot ſedes punctave cuborum, quot qua-drato-quadratorum.*
Quadrato-quadratum adfectum re-ſolvendum.	4 7	0 0 1 6	{ 0 0 *Tot numerales circuli, quot*
	.	C Q N .	N. 2. 4 *puncta quadrato quadra-*
	QQj	Q Qïj	Q. 4. 16 *tica.*
			C. 8. 64
			QQ 16. 256
Plano-plana inprimis aufe-renda.	1 6	0	*Quadrato-quadratum lateris primi.*
	8	0	*Plano-planum à lateris primi cubo in*
Summa plano-planorum ablatitio-rum.	2 4	0	*coëfficientem longitudinem.*
Reliquum reſolvendi adfecti quadra-to-quadrati	2 3	0 0 1 6	

II. Edu-

II Eductio lateris singularis secundi.

Divisorum pars superior {	Solidum expletionis à coefficiente longitudine in triplum quadratum lateris primi.	1 2 0
	Planum expletionis à coefficiente longitudine in triplum latus primum.	6 0
	Coëfficiens longitudo.	1 0

Reliquum resolvendi adfecti quadrato-quadrati.   2 3 0 0 1 6

Divisorum pars inferior ac præcipua {	Quadruplus cubus lateris primi.	3 2
	Sextuplum quadratum lateris primi.	2 4
	Quadruplum latus primum.	8

Summa divisorum   4 7 0 9 0

inferioribus {	1 2 8	A latere secundo in quadruplum cubum lateris primi.
	3 8 4	A quadrato secundi in sextuplum quadratum primi.
	5 1 2	A cubo secundi in quadruplum latus primum.
	2 5 6	Quadrato-quadratum secundi.
superioribus {	4 8 0	A latere secundo in solidum expletionis.
	9 6 0	A quadrato secundi in planum expletionis.
	6 4 0	A cubo secundi in coëfficientem longitudinem.

Plano-plana facta à divisoribus

Summa plano-planorum auferenda, æqualis residuo resolvendo quadrato-quadrato.   2 3 0 0 1 6

Itaque si 1 QQ + 10 C, æquantur 470,016. fit 1 N 24. Ex retrogradà, qua omninò observata cernitur, compositionis via.

PROBLEMA VI.

E Dato in numeris quadrato-quadrato adfecto adjunctione duplicis plano plani, unius sub latere & dato coëfficiente solido, alterius sub lateris quadrato & dato coëfficiente plano, latus analyticè elicere.

Quadratum cujusdam numeri ductum in ipsum quadratum & in 200, facit 446,976. Quæritur quis sit numerus ille.

In notis 1 QQ + 200 Q, æquatur 446,976, & fit 1 N unitatum quot?

Tale non indiget particulari explicatione Problema. Quoniam si 1 QQ + 200 Q, æquatur 446,976. Igitur 1 Q + 200 N, æquabitur 446,976. Et intelligetur 1 N quadratum lateris, de quo primum quærebatur.

At cum adfectioni plano-plani sub quadrato lateris, & dato coëfficiente plano, permiscetur adfectio plano-plani sub latere & dato coëfficiente solido, opus est particulari analysi, ut in Thesi.

Quidam numerus ductus in sui cubum & in 100, addito facto sui quadrati in 200, facit 449,376. Quæritur quis sit numerus ille.

Z

In

In notis 1 QQ + 200 Q + 100 N, æquatur 449,376. Et fit 1 N unitatum quot?

Eſt 449,376 quadrato-quadratum adfectum adjunctione duplicis plano-plani, unius ſub latere ipſius quadrato-quadrati & dato ſolido 100, alterius ſub quadrato ipſius lateris & dato plano 200. Quadrato-quadrati autem hujuſmodi adfecti ordinata geneſis, geneſi quadrato-quadrati puri hoc tantum addit, ut latus ſingulare quod primum elicitur, ducatur in coëfficiens ſolidum; lateris vero ejuſdem primi quadratum in coëfficiens planum. Deinde latus ſecundum ducatur in ſolidum ſub duplo lateris primi & coëfficiente plano; lateris vero ſecundi quadratum in ipſum coëfficiens planum; latus quoque idem ſecundum ducatur in coëfficiens ſolidum.

Ex adfecto igitur hujuſmodi quadrato-quadrato ut eruantur latera, ſedes ſingularium quadrato-quadratorum diſtinguuntur ſolita arte punctis ſubtus collocatis deſignandæ. Et quot numerantur ſedes quadrato quadratorum, punctave, tot in primis ſedes laterum ſimplicium, per ſingulas figuras conſtituuntur deſuper. Tot deinde ſedes quadratorum per binas videlicet alternas, & in ultima quidem laterum ſede coëfficiens ſolidum, quod quidem ſublaterale eſt, conſiſtet. In ultima vero quadratorum ſede coëfficiens planum, quod quidem eſt ſubquadraticum.

Latera non ſecus eliciuntur quam in analyſi quadrato-quadratorum purorum, niſi quod ipſæ coëfficientes magnitudines è diviſorum numero ſunt. Ac inſuper poſt eductionem lateris ſingularis primi, ſolidum expletionis, quod fit videlicet à coëfficiente plano in duplum lateris ſingularis primi, ſedem occupans in anteriora, proximam à puncto, in quo coëfficiens ipſum planum conſiſtit.

Et elicitorum laterum quadrata quidem ducuntur in ipſum coëfficiens planum. Longitudines vero in coëfficiens ſolidum, & inſuper in ſolidum expletionis: plano-planis quæ inde fiunt ſub congrua ſede, qualem ratio multiplicationis exigit, deſinentibus & auferendis, cum plano-planis reliquis, ex adfecto propoſito quadrato-quadrato. Coëfficiens denique planum, ipſumque ſubquadraticum ad ſuccedentia quadratorum loca, ſolido ſuo expletionis ſemper præeunte, & coëfficiens ſolidum, ipſumque ſublaterale, ad ſuccedentia ſimplicium ordine devehetur, cum inferiores quoque diviſores movebuntur reliqui. Vt videre eſt in paradigmate.

Paradigma analyſeos quadrato-quadrati adfecti tam ſub latere quam quadrato.

I Eductio lateris ſingularis primi.

Coëfficiens planum.	2	0	0		ſubquadraticum.					
				·	· Tot puncta quadratica, quot quadrato-quadratica.					
Coëfficiens ſolidum.	1	0	0		ſublaterale		0	Tot numerales circu-	
				··	Tot puncta ſimplicium laterum, quot quadrato-quadratica	N	2	4	li, quot puncta quadrato quadratica.
Quadrato-quadratum adfectum reſolvendum.	4 4	9 3 7 6				Q	4	16	
	·	C Q N ·		Puncta quadrato-quadratica.		C	8	64	
	QQj	QQij				QQ	16	256	
Plano-plana ablatitia {	1 6			Quadrato-quadratum lateris primi.					
	8 0 0			A quadrato lateris primi in coëfficiens planum.					
	2 0 0			A latere primo in coëfficiens ſolidum.					
Summa planorum ablatitiorum	2 4 2 0 0								
Reliquum quadrato-quadrati adfecti reſolvendi.	2 0 7 3 7 6								

II Edu-

I I Eductio lateris singularis secundi.

Divisorum pars superior {	Solidum expletionis à coëfficiente plano in duplum lateris primi.	8 0 0
	Coëfficiens planum.	2 0 0
	Coëfficiens solidum.	1 0 0
Reliquum quadrato-quadrati adfecti resolvendi.		2 0 7 3 7 6
Divisorum pars inferior {	Quadruplus cubus lateris primi.	3 2
	Sextuplum quadratum ejusdem.	2 4
	Quadruplum latus primum.	8
Summa omnium divisorum.		4 2 7 8 0

Plano-plana facta à divisoribus {	inferioribus {		
		1 2 8	A latere secundo in quadruplum cubum primi.
		3 8 4	A lateris secundi quadrato in quadratum sextuplum primi.
		5 1 2	A lateris secundi cubo in quadruplum latus primum.
		2 5 6	Quadrato-quadratum lateris secundi.
	superioribus {	3 2 0 0	A latere secundo in solidum expletionis.
		3 2 0 0	A quadrato lateris secundi in coëfficiens planum.
		4 0 0	A latere secundo in coëfficiens solidum.

Summa plano-planorum auferenda, aequalis reliquo resolvendi quadrato-quadrati adfecti | 2 0 7 3 7 6

Itaquè si $1\ QQ + 200\ Q + 100\ N$, aequetur $449,376$. fit $1\ N\ 24$. Ex retrograda, quæ omnino observata cernitur, compositionis via.

Quod si contingat adfectionum plano-plana quadrato-quadrato ipso esse majora, coëfficientes magnitudines principalius dividet, & eadem prorsus ratio observabitur, quæ in reliquis potestatibus ante est exposita, ut nihil opus sit verbosius eam tradere, & exemplis ostentare.

Cæterùm ex his adparet quo consilio fuerit proposita analysis simplex puri quadrato-quadrati. Etsi enim solebat negligi ab Arithmeticis, quia illud tanquam quadratum resolvebant, & ex latere ut quadrato rursus latus eliciebant, at via ista resolutionis ad adfecta quadrato-quadrata inepta est. Sic in cubo cubis & ulterioribus reliquis magnitudinibus per pares numeros in ordine climacticarum adscendentibus deveniendum semper est ad simplicissimam analysin, quando adfectæ sunt.

De quadrato-quadratis porro adfectis sub cubo præcepta tradere parum refert, quoniam ea adfectio potest tolli.

P r o b l e m a VII.

E Dato in numeris quadrato-cubo adfecto adjunctione plano-folidi fub latere & dato coëfficiente plano-plano, latus analytice elicere.

Quidam numerus ductus in fui quadrato-quadratum & in 500, facit 254, 832. Quæritur quis fit numerus ille.

In notis 1 $QC + 500 N$, æquatur 254, 832 & fit 1 N unitatum quot?

Eft 254, 832 quadrato-cubus adfectus adjunctione plano-folidi fub latere quadrato-cubi, & dato plano-plano. Quadrato-cubi autem hujufmodi adfecti ordinata genefis, genefi quadrato-cubi puri hoc tantum addit, ut latus fingulare, quod primum elicitur ducatur in coëfficiens plano-planum: deinde latus quoque fecundum ducatur in idem ipfum.

Ex adfecto igitur hujufmodi quadrato-cubo ut eruantur latera, fedes quadrato-cuborum, ut in analyfi quadrato-cubi puri, per quinas alternas diftinguuntur figuras, punctis commode à dextra ad lævam fubtus collocatis.

Et quot numerantur fedes quadrato-cuborum, punctave, tot laterum fimplicium fedes conftituuntur per fingulas figuras fuperne adfcitis etiam punctis, & in ultima fimplicium fede coëfficiens plano-planum, quod quidem fublaterale eft, confiftet. Vnde fi conftet pluribus figuris quàm una, prorumpent in anteriora reliquæ.

Hifque ita conftitutis latera non aliter eliciuntur quàm in analyfi quadrato-cubi puri, nifi quod ipfum coëfficiens plano-planum è diviforum numero eft, & elicita fingularia latera ducuntur in illud, plano-folido, quod inde fit, fub fede ipfius coëfficientis definente, & auferendo ex adfecto propofito quadrato-cubo.

Coëfficiens denique in fuccedentia loca ordine fubjicitur, cum inferiores quoque divifores moventur reliqui. Vt videre eft in paradigmate.

Paradigma analyfeos quadrato-cubi adfecti fub latere.

I Eductio lateris fingularis primi.

Coëfficiens plano-planum		5 0 0	*fublaterale.*
		. .	*Tot puncta fimplicium laterum, quot quadrato-cubica.*
Quadrato-cubus adfectus refolvendus. 2		5 4 8 3 2	
.		QQC Q N	· Puncta qua-
QCj		QCij	drato-cubica.

		0 0	*Tot numerales circuli, quot pücta quadrato-cubica.*
N		1 2	
Q		1 4	
C		1 8	
QQ		1 16	
QC		1 32	

Plano-folida ablatitia {	1	'	*Quadrato-cubus lateris primi.*
		5 0 0	*A latere primo in coëfficiens plano-planum.*

Summa plano-folidorum ablatitiorum.	1	0 5 0 0	
Reliquum quadrato-cubi adfecti refolvendi.	1	4 9 8 3 2	

II Eductio lateris fingularis fecundi.

| Diviforum { Coëfficiens plano-
pars fuperior { planum.		5 0 0	

Reliquum quadrato-cubi adfecti resolvendi	1	4	9	8	3	2

Divisorum pars inferior & præcipua				
Quintuplum quadrato-quadratum lateris primi.	5			
Decuplus cubus ejusdem.	1	0		
Decuplum quadratum ejusdem.		1	0	
Quintuplum latus primum.				5

Summa divisorum omnium	6	1	5	5	0

Plano-solida ablatitia facta à divisoribus.

inferioribus

1	0				A latere secundo in quintuplum quadrato-quadratum primi.
4	0				A quadrato lateris secundi in decuplum cubum primi.
	8	0			A cubo lateris secundi in decuplum quadratum primi.
		8	0		A quadrato-quadrato lateris secundi in quintuplu latus primu.
			3	2	Quadrato-cubus lateris secundi.

superiore

1	0	0	0		A latere secundo in coefficiens plano-planum.

Summa plano-solidorum auferenda, æqualis reliquo resolvendi quadrato-cubi adfecti.	1	4	9	8	3	2

Itaque si 1 Q C + 500 N, æquatur 254,832. fit 1 N 12. Ex retrograda, quæ omnino observata cernitur, compositionis via.

Quod si contingat coëfficientem in anteriora produci ultra ipsum adfectum quadrato-cubum, aut eum situm tenere, ut non possit à quadrato-cubo auferri, devolvetur ea in sequentia sibi addicta puncta, & quot punctis retrocedet, tot delebuntur subtus puncta quadrato-cubica. Neque res videtur novo indigere exemplo, si bene examinentur ea quæ in reliquis inferioribus superius sunt exposita, quoniam methodus generalis est ad potestates quascumque, quam ante adnotavimus, nosque etiam de industria, quo id magis conspicuum fiat, tradidimus præcepta eadem fere verborum textura & conceptione.

Sic de quadrato-cubis adfectis adjunctione quadratorum non damus Problema. Coëfficiens enim, suo præeunte expletionis solido, non aliter se geret, quàm ostensum est in tertio & quinto Problematis.

PROBLEMA VIII.

E Dato in numeris quadrato-cubo adfecto adjunctione plano-solidi sub lateris cubo & dato coëfficiente plano, latus analytice elicere.

Cubus cujusdam numeri ductus in sui quadratum & in 5, facit 257, 472.

In notis 1 Q C + 5 C, æquatur 257, 472. Quæritur quis sit numerus ille.

257, 472 est quadrato-cubus adfectus adjunctione plano-solidi sub cubo lateris quadrato-cubi & dato plano.

Quadrato-cubi autem hujusmodi adfecti ordinata genesis, genesi quadrato-cubi puri hoc tantum addit, ut lateris singularis primi cubus ducatur in coëfficiens planum. Deinde latus secundum ducatur in plano-planum sub coëfficiente plano & triplo quadrato lateris primi. Lateris vero ejusdem secundi quadratum in solidum sub coëfficiente plano & triplo lateris primi. Lateris denique ejusdem secundi cubus in ipsum quoque coëfficiens planum.

Ex

Ex adfecto igitur hujufmodi quadrato-cubo,ut eruantur latera,fedes fingularium qua-drato-cuborum diftinguuntur folita arte à punctis fubtus collocatis defignandæ.

Et quot numerantur fedes quadrato-cuborum , punctave , tot cuborum fedes , per ternas videlicet alternas figuras, conftituuntur defuper, adfcitis etiam punctis, & in ulti-ma cuborum fede coëfficiens planum , quod quidem fubcubicum eft, confiftit. Vnde fi conftet pluribus figuris, prorumpent in anteriora reliquæ.

Hifque ita conftitutis latera non fecus eliciuntur quam in analyfi quadrato-cubi puri, nifi quod ipfum coëfficiens planum è diviforum numero eft , ac infuper , poft eductio-nem lateris fingularis primi, folidum expletionis , quod fit videlicet fub ipfo coëfficiente plano & triplo lateris ejufdem primi, ac denique plano-planum expletionis, quod fit vi-delicet fub ipfo coëfficiente plano & triplo quadrato ejufdem lateris. Illud fedem occu-pans laterum fimplicium , hoc quadratorum poft ipfum coëfficiens planum inter puncta cubica defuper adfixa.

Et eliciendorum laterum cubi quidem ducuntur in ipfum coëfficiens planum, quadra-ta in folidum fub eo plano coëfficiente & lateris primi triplo , longitudines vero in pla-no-planum quod fub eodem plano coëfficiente fit & triplo primi quadrato: plano-foli-dis quæ inde fiunt, fub congrua fede, qualem ratio multiplicationis arguit, definentibus, & auferendis una cùm plano-folidis reliquis ex adfecto propofito quadrato-cubo. Coëf-ficiens denique una cum fuis fcanforiis folido & plano-plano, iifque præeuntibus,ad fuc-cedentia cuborum loca ordine devehitur, quoties fubtus moventur quoque divifores reliqui. Vt videre eft in paradigmate.

Paradigma analyfeos quadrato-cubi adfecti fub cubo.

I Eductio lateris fingularis primi.

Coëfficiens planum			5		*fubcubicum.*	

Tot puncta cubica quot quadrato-cubica.

Quadrato-cubus adfectus refolvendus	2	5 7 4 7 2				2
		QQ C Q N				
QCj					QCij	

Puncta quadrato-cubica.	N	0 0 Tot numera-les circuli,
	Q	1 2 quot puncta
	C	1 4 quadrato-
	QQ	1 8 cubica.
	QC	1 16
	QQ	1 32

| Plano-folida ablatitia { | 1 | | |
| | | 5 | |

Quadrato-cubus lateris primi.

A cubo lateris primi in coëfficiens planum.

| Summa plano-folidorum ab-latitiorum | 1 | 0 5 |

| Reliquum refolvendi quadrato-cu-bi adfecti. | 1 | 5 2 4 7 2 |

II Eductio lateris fingularis fecundi.

	⌠ Plano-planum expletio-nis , à coëfficiente plano in triplum quadratum lateris primi.	1 5	
Diviforum pars fuperior	Solidum expletionis , à coëfficiente plano in tri-plum latus primum.	1 5	
	⌊ Coëfficiens planum.		5

	n1	n2	n3	n4	n5	n6	
Reliquum quadrato-cubi adfecti resolvendi.	1	5	2	4	7	2 .	
Divisorum pars inferior & præcipua — Quintuplum quadrato-quadratū lateris primi.		5					
Decuplus cubus ejusdem.		1	0				
Decuplum quadratum ejusdem.			1	0			
Quintuplum latus primū.					5		
Summa divisorum		6	2	7	0	5	
Plano-solida ablatitia facta à divisoribus. — *Inferioribus*	1	0					*A latere secundo in quintuplum quadrato-quadratum primi.*
		4	0				*A quadrato lateris secundi in decuplum cubum primi.*
			8	0			*A cubo lateris secundi in decuplum quadratum primi.*
				8	0		*A quadrato-quadrato lateris secundi in quintuplum primi.*
					3	2	*Quadrato-cubus lateris secundi.*
Superioribus			3	0			*A latere secundo in plano-planum expletionis.*
				6	0		*A quadrato secundi in solidum expletionis.*
					4	0	*A cubo secundi in coëfficiens planum.*
Summa plano-solidorum ablatitiorum, æqualis residuo resolvendi quadrato-cubi adfecti.	1	5	2	4	7	2	

Itaque si 1 QC + 5 C, æquatur 257,472. fit 1 N 12. Ex retrograda, quæ omnino observata cernitur, compositionis via.

PROBLEMA IX.

E Dato in numeris cubo-cubo adfecto adjunctione solido-solidi sub latere & dato coëfficiente plano-solido, latus analytice elicere.

Quidam numerus ductus in sui quadrato-cubum & in 6000, facit 191,246,976. Quæritur quis sit numerus ille.

In notis 1 CC + 6000 N, æquatur 191,246,976 & fit 1 N unitatum quot?

Est 191,246, 976 cubo-cubus adfectus adjunctione solido-solidi sub suo latere & dato plano-solido 6000. Cubo-cubi autem hujusmodi adfecti ordinata genesis, genesi cubo-cubi puri hoc tantum addit, ut latus singulare, quod primum elicitur, ducatur in coëfficiens plano-solidum. Deinde latus secundum ducatur in idem ipsum.

Ex adfecto igitur hujusmodi cubo-cubo, ut eruantur latera, collocabuntur púncta subtus, ut in analysi puri cubo-cubi, & supra tot laterum simplicium sedes numerabuntur eadem prorsus methodo, quæ exposita est in inferioribus potestatibus, ut videre est in paradigmate.

Paradigma analyseos cubo-cubi adfecti sub latere.

I Eductio lateris singularis primi.

Coëfficiens plano-solidum	6 0 0 0		sublaterale.
	• •		*Tot puncta lateralia simplicia ve, quot cubo-cubica.*
1 9 1 . CCj	2 4 6 9 7 6 N · CCij QC QQ CQ Q N	Puncta cubo cubica.	

	o o	*Tot numerales circuli, quot puncta cubo-cubica.*
N	2 4	
Q	4 16	
C	8 64	
QQ	16 256	
QC	32 1024	
CC	64 4096	

Solido-solida ablatitia ⎰	6 4		Cubo-cubus lateris primi.
	1 2 0 0 0		A latere primo in coëfficiens plano-so-lidum.
Summa solido-solidorum ablati-tiorum	6 4	1 2 0 0 0	
Reliquum resolvendi cubo-cubi adfecti.	1 2 7	1 2 6 9 7 6	

II Eductio lateris singularis secundi.

Divisorum { Coëfficiens plano- pars superior ⎰ solidum.	6 0 0 0	
	: .	
Reliquum resolvendi cubo-cubi adfecti.	1 2 7 1 2 6 9 7 6	

Divisorum pars inferior

Sextuplus quadrato-cubus lateris primi.	1 9	2
Decuquintuplum quadrato-quadra-tum ejusdem.	2	4 0
Vigecuplus cubus ejus-dem.		1 6 0
Decuquintuplum qua-dratum ejusdem.		6 0
Sextuplum latus pri-mum.		1 2
Summa divisorum	2 1	7 7 2 1 2 0

Solido-solida ablatitia, facta à diviso-ribus

inferiori-bus	7 6	8	A latere secundo in sextuplum qua-drato-cubum primi.
	3 8	4 0	A quadrato lateris secundi in decu-quintuplum quadrato-quadratum primi.
	1 0	2 4 0	A cubo lateris secundi in vigecuplum cubum primi.
	1	5 3 6 0	A quadrato-quadrato lateris secun-di in decuquintuplum quadratum primi.
		1 2 2 8 8	A quadrato-cubo secundi in sextu-plum latus primum.
		4 0 9 6	Cubo-cubus lateris secundi.
superiore		2 4 0 0 0	A latere secundo in coëfficiens plano-solidum.
Summa solido-solidorum aufe-renda, aequalis residuo resol-vendi cubo-cubi adfecti.	1 2 7	1 2 6 9 7 6	

Itaque

Itaque si 1 CC + 6000 N, *æquatur* 191, 246, 976. *sit* 1 N 24. *Ex retrograda, quæ omnino observata cernitur, compositionis via.*

ANALYTICA potestatum adfectarum negaté.

PROBLEMA X.

E Dato in numeris quadrato adfecto multa plani sub latere & data coëfficiente longitudine, latus analytice elicere.

Proponatur 1 Q — 7 N, æquari 60, 750. Quæritur quanta sit magnitudo 1 N, radix-ve propositi adfecti quadrati.

Ex quadrato igitur 60, 750 negate adfecto, ut eruantur latera, idem (arguente genesi) erit omnino processus, qui in analysi quadrati adfirmate adfecti. nisi quod in divisionibus attenditur ipsius coëfficientis, & regularium in puro quadrato divisorum differentia, non etiam summa , ut in adfecto adfirmate quadrato. Est autem excessus penes divisores inferiores.

Et cum elicita singularia latera ducentur in coëfficientem , planum quod inde sit , sub sede coëfficientis desinens, quod alioqui subducebatur, addetur proposito negate adfecto quadrato. Vt in paradigmate.

Paradigma analyseos quadrati adfecti sub latere negate.

I Eductio lateris singularis primi.

Coëfficiens longitudo		7		sublateralis	
				Tot lateralia puncta, quot quadratica.	0 0 0 / N 2 5 0 / Q 4 2 5 — Tot numerales circuli, quot puncta quadratica, laterave singularia.
Quadratum adfectum resolvendum	6	0 7 N.	5 0 N ·	Puncta quadratica.	
	Q i	Q ij	Q iij		
Plana prosthaphæretica { Ablatitium	4			Quadratum lateris primi.	
Plana prosthaphæretica { Addititium		1 4		A latere primo in coëfficientem.	
Excessus planorum ablatitiorum.	3	8 6			
Reliquum resolvendi quadrati.	2	2 1	5 0		

II Eductio lateris singularis secundi.

Divisorum pars superior. { Coëfficiens longitudo			7 ·	
Reliquum resolvendi quadrati.	2	2 1	5 0	
Divisorum pars inferior. { Duplum lateris primi		4		
Excessus divisorum inferiorum		3 9	3 0	
Plana ablatitia {	2	0		A latere secundo in duplum primi.
Plana ablatitia {		2 5		Quadratum lateris secundi.

Summa

Summa planorum ablatitiorum.	2	2 5		
Planum addititium.		3	5	A latere secundo in coëfficientem.
Excessus planorum ablatitiorum.	2	2 1	5	
Reliquum resolvendi quadrati adfecti			0	

Quod quanquam nihilum sit, ac superest punctum quadraticum, ideo cum duo elicita latera fungentur vice unius & quæretur reliquum, ipsum erit o. Itaque si $1Q - 7N$, æquetur $60,750.$ fit $1N 250$. Ex retrograda, quæ omnino observata cernitur, compositionis via.

Interdum accidit ut coëfficiens longitudo pluribus abundet singulis figuris, quam quadratum negate adfectum binis. Quod argumentum est planum adficiens majus esse resolvendo adfecto negate quadrato. Vocetur sane acephalum quadratum. Itaque ut resolutioni sit locus, præponetur mutilo proposito quadrato ea numeralium circulorum multitudo, ut illud tot puncta quadratica sibi præfigenda vendicet, quot simplices figuras coëfficiens longitudo. Et prima coëfficientis longitudinis figura pergendo à læva ad dextram constituetur latus singulare primum ipsius resolvendi quadrati negate adfecti, non immutata cæteroquin exposita antecedente methodo, ut in quæstione.

Quidam numerus ductus in se deminutum 240, facit 484. Quæritur quis sit numerus ille. Est 484 quadratum multatum plano sub latere & 240. Majus autem est planum 240 N resolvenda plana magnitudine 484 quoniam coëfficiens longitudo 240, tribus constat figuris, plano autem 484 præfiguntur duo tantum quadratica puncta. Itaque plano 484, præponentur duo numerales circuli, & tunc demum coëfficienti sua sedes addicetur, cujus prima figura, si cætera consentiant, aut alioqui proxime major, adsumetur ad latus primum mutili quadrati.

Paradigma analyseos acephali quadrati.

I. Eductio lateris primi.

Coëfficiens longitudo	2	4 0		sublateralis.
Quadratum resolvendum acephalum	0	.0 4 N.	8 4 N.	$\begin{cases} \overline{0\ 0\ 0} \\ N.\ \overline{2.\ 4} \\ Q.\ 4.16 \end{cases}$ Quadratum lateris primi.
Plana prostaphæretica $\begin{cases} \text{Ablatitium} \\ \text{Addititium} \end{cases}$	4 4	 8 0		 A latere primo in coëfficientem longitudinem.
Excessus addititii		8 0		
Reliquum restituti mutili quadrati.		8 4	8 4	

II Eductio lateris secundi.

Divisorum pars ⌠ Coëfficiens superior ⌡		2 4	0
Reliquum restituti resolvendi mutili quadrati		8 4	8 4
Divisorum pars ⌠ Duplum lateris inferior. ⌡primi.		4	
Excessus divisorum inferiorum.		1 6	
Plana ablatitia $\Big\{$	1	6	
		1 6	

A latere secundo in duplum primi.
Quadratum lateris secundi.

Summa

Summa planorum ablatitiorum.	1	7 6	
Planum addititium		9 6	A latere secundo in coëfficientem longitudinem.
Excessus ablatitiorum.		8 0	
Reliquum resolvendi adfecti quadrati		4	8 4

Iam duo elicita latera funguntur vice unius, & fit

III Eductio lateris tertii ut secundi.

Divisorum pars { Coëfficiens superior	2	4 0	
Reliquum resolvendi adfecti quadrati	4	8 4	
Divisorum pars { Duplum lateris inferior { primi.	4	8	
Excessus divisorum inferiorum	2	4 0	
		9	6	A latere secundo in duplum primi.
Plana ablatitia {			4	Quadratum lateris secundi.
Summa planorum ablatitiorum.	9	6 4	
Planum addititium.	4	8 0	A latere secundo in coëfficientem.
Excessus addititii, æqualis reliquo resolvendæ quadrato.	4	8 4	

On the right:
$$\overline{00\ 0}$$
$$N\ \overline{24\ 2}$$
$$Q\ 576\ 4$$

Itaque si $1\,Q - 240\,N$, æquetur 484. Fit $1\,N\,242$. *Ex retrograda, quæ omnino-observata cernitur, compositionis via.*

Sed etsi negate adfectum quadratum, de cujus resolutione agitur, tot constet binis figuris, quot coëfficiens longitudo singulis, interdum tamen eo loci prorumpit coëfficiens, ut nisi Analysta ejus rationem habuerit, deludetur non raro in exquirenda radice. Quare magis est ut eo casu ipsius longitudinis coëfficientis quadrato adaugeri subintelligatur propositum negate adfectum quadratum. Ac ex eo ita adaucto latus eliciatur, quod quidem erit vel consentaneum, aut consentaneo proxime minus.

Vt si proponatur $1\,Q - 60\,N$, æquari 1600. Ordinatis ad opus ut ars exigit figuris, nimirum

6 0
.   .

———————
1 6 0 0
.

Quoniam quadratum ex 6 adjunctum 16, facit 52. Latere autem quadrati 52 proxime majus est 8, constituam latus 8. Quod quidem bene consentaneum operis continuatio arguet.

At ex divisione longitudo ortiva erat tantum 2 aut demum 3. Est itaque artificium illud parabolæ epanorthicum, quo in quadratis quoque adfectis adfirmate, si utantur Logistæ, quando præsertim coëfficientes in anteriora prorumpent, consultius facient plerumque, ne divisiones frustra sint. At tunc non adgregatum sumetur factorum, sed differentia.

Proponatur $1\,Q + 8\,N$, æquari 128. Ordinatis ad opus ut ars post devolutionem exigit figuris, nimirum

8
———————
1 2 8

Quoniam differentia inter planum 128, & 64 quadratum à coëfficiente 8, est 64, ideo sumetur radix 8.

PROBLEMA XI.

E Dato in numeris cubo adfecto multa solidi sub latere & dato coefficiente plano, latus analytice elicere.

Proponatur $1 C - 10 N$, æquari $13,584$. Quæritur quanta sit magnitudo $1 N$, radixve propositi adfecti cubi.

Ex cubo igitur 13, 584 negate adfecto sub latere, ut eliciantur latera, idem arguente Zetesi erit omnino processus, qui in analysi cubi adfirmate adfecti, nisi quod in divisionibus attendetur coefficientis plani & regularium in cubo puro divisorum differentia, non etiam summa, ut in adfecto adfirmate cubo. Et cum elicita singularia latera ducentur in idem coefficiens planum, solidum quod inde fit sub sede coefficientis definens (quod quidem in cubo adfirmate adfecto subducebatur) addetur proposito negate adfecto cubo, vel auferetur à solidis ablatitiis. Vt in paradigmate.

Paradigma analyseos cubi adfecti multa solidi sub coefficiente plano & latere.

I Eductio lateris singularis primi.

Coefficiens planum		1 0	sublaterale.
		. .	Tot puncta laterum simplicium, quot cuborum.
Cubus adfectus resolvendus	1 3	5 8 4	Puncta-cubica.
		Q N.	
	Cj	Cij	

$$
\begin{array}{c|cc|l}
 & 0 & 0 & \text{Tot numerales} \\
N & 2 & 4 & \text{circuli, quot} \\
Q & 4 & 16 & \text{puncta cubica,} \\
C & 8 & 64 & \text{laterave singularia.}
\end{array}
$$

Solida prosthaphæretica { Ablatitium	8		Cubus lateris primi.
Additititium		2 0	A latere primo in coefficiens planum.
Excessus solidi ablatitii	7	8 0	
Cubi adfecti resolvendi reliquum	5	7 8 4	

II Eductio lateris singularis secundi.

Divisorum pars superior { Coefficiens planum.		1 0	
Cubi adfecti resolvendi reliquum.	5	7 8 4	
Divisorum pars inferior { Triplum quadratum lateris primi.	1	2	
Triplum latus primum.		6	
Differentia divisorum.		1 2 5 0	
Solida ablatitia {	4	8	A latere secundo in triplum quadratum primi.
		9 6	A quadrato lateris secundi in triplum latus primum.
		6 4	Cubus lateris secundi.
Summa ablatitiorum.	5	8 2 4	
Solidum additititium.		4 0	A latere secundo in coefficiens planum.
Excessus ablatitiorum, æqualis reliquo resolvendi cubi adfecti.	5	7 8 4	

Itaque fi 1 C — 10 N, *æquetur* 13,584. *fit* 1 N 24. *Ex retrograda, quæ omnino obfervata cernitur, compofitionis via.*

Interdum accidit ut coëfficiens planum pluribus abundet binis figuris, quam cubus negate adfectus fub latere ternis. Quod argumentum eft folidum adficiens majus effe refolvendo adfecto negate cubo. Vocetur fane cubus acephalus. Itaque ut refolutioni fit locus, præponetur mutilo propofito cubo ea numeralium circulorum multitudo, ut tot puncta cubica poffint ei præfigi, quot quadratica plano coëfficienti. Et educta è plano coëfficiente tanquam quadrato radix, fi cætera confentiant, fin minus proxime major, conftituetur latus fingulare primum ipfius refolvendi cubi negate adfecti, non immutata cæteroquin expofita antecedente methodo, ut in quæftione,

Quidam numerus ductus in fui quadratum demimutum 116,620, facit 352,947. In notis 1 C — 116,620 N, æquatur 352,947. Quæritur quis fit numerus ille.

Eft 352,947 cubus multatus folido fub latere & plano 116,620. Majus autem eft folidum 116,620 N folido refolvendo 352,947, quoniam coëfficienti plano 116,620 præfigi poffunt puncta quadratica tria; folido autem 352,947 cubica tantum duo. Itaque folido 352,947 refolvendo præponetur numeralis circulus, & tunc demum coëfficienti fua fedes addicetur, opere ab extractione radicis quadraticæ inchoato, quæ confentiat lateri cubi refolvendi. Vt videre eft in paradigmate.

Paradigma analyfeos cubi acephali fub latere adfecti.

I Eductio lateris fingularis primi.

Coëfficiens planum	1 1	6 6 2	0			o o o	
						N 3 4	
Cubus adfectus refolvendus, mutilus.	0	3 5 2	9 4 7			Q 9 16	
		Q N	Q N			C 27 64	
	Cj	Cij	Ciij				
Solida proftaphæretica { Addititium	3 4	9 8 6				*A latere primo in coëfficiens*	
{ Ablatitium	2 7					*planum*	
						Cubus lateris primi.	
Exceffus addititii	7	9 8 6					
Reliquum reftituti refolvendi mutili cubi.	8	3 3 8	9 4 7				

II Eductio lateris fingularis fecundi.

Diviforum pars fuperior. { Coëfficiens planum.	1	1 6 6	2 0	
Reliquum refolvendi cubi adfecti.	8	3 3 8	9 4 7	
Diviforum pars inferior { Triplum quadratum lateris primi	2	7		
{ Triplum latus primum.		9		
Exceffus diviforum inferiorum	1	6 2 3	8 0	

Soli-

Solida ablatitia	1 0	8		A latere secundo in triplum quadratum primi.
	1	4 4		A quadrato lateris secundi in triplum latus primum.
		6 4		Cubus lateris secundi.
Summa ablatitiorum	1 2	3 0 4		
Solidum addititium	4	6 6 4	8 0	A latere secundo in coëfficiens planum.
Excessus ablatitiorum	7	6 3 9	2 0	
Reliquum resolvendi adfecti cubi		6 9 9	7 4 7	

Jam duo elicita latera funguntur vice unius, & fit

III Eductio lateris singularis tertii ut secundi.

Divisorum pars superior { Coëfficiens planum	1 1 6	6 2 0	
Reliquum resolvendi cubi adfecti	6 9 9	7 4 7	

```
        ⎧ N  00  0
        ⎪    34  3
        ⎨ Q 1156  9
        ⎩ C  •   27
```

Divisorum pars inferior { Triplum quadratum lateris primi.	3 4 6	8
{ Triplum latus primum	1	0 2
Excessus divisorum inferiorum.	2 3 1	2 0 0

Solida ablatitia {	1 0 4 0	4	A latere secundo in triplum quadratum primi.
	9	1 8	A quadrato lateris secundi in triplum latus primum.
		2 7	Cubus lateris secundi.
Summa ablatitiorum	1 0 4 9	6 0 7	
Solidum addititium	3 4 9	8 6 0	A latere secundo in coëfficiens planum.
Excessus ablatitius, aqualis reliquo resolvendo cubo adfecto.	6 9 9	7 4 7	

Itaque si 1 C—116,620 N, aquetur 352,947. fit 1 N 343. Ex retrograda, qua omnino observata cernitur, compositionis via.

Sed etsi negatus adfecte cubus de cujus resolutione agitur, tot constet ternis figuris, quot planum coëfficiens binis, interdum tamen eo loci prorumpit, ut nisi Analysta ejus rationem habuerit, deludatur non raro in exquirenda radice. Quare magis esteo casu,ut ab ipso plano coëfficiente, ut quadrato, eruatur sub congruente puncto radix, cujus cubus subintelligatur adjungi proposito cubo adfecto, atque adeo ex eo ita adaucto latus eliciatur. Erit enim illud vel consentaneum , vel consentaneo proxime minus.

Vt si proponatur 1C—6400 N, æquari 153,000, ordinatis ad opus, ut ars exigit, figuris, nimirum   64   00
                  · ·

———————————————————
        153   000

Quoniam radix quadrata numeri 64 est 8, cubus autem ab ea est 512, qui additus ad 153, facit 665, latere autem cubi 665 proxime majus est 9, sumetur latus 9. Quod quidem consentaneum esse operis continuatio arguit. At ex divisione longitudo ortiva erat tantum 2, aut demum 3. Itaque artificium illud parabolæ epanorthicum est, quo in cubis quoque adfe-

adfectis sub latere adfirmate si utantur Logistæ, quando præsertim coëfficientia plana in anteriora prorumpent, consultius facient plerumque, ne divisiones frustra sint. Ac tunc non adgregatum sumetur factotum, sed differentia. Proponatur $1C + 64N$, æquari 1024, ordinatis ad opus, ut ars post devolutionem exigit, figuris, nimirum   64

$$\overline{}$$

$$1024$$

Quoniam radix plani 64, ut quadrati, est 8, à qua cubus 512 ablatus è 1024, relinquit 512, cujus cubica radix est 8: Ideo sumetur radix 8.

PROBLEMA XII.

E Dato in numeris cubo adfecto multa solidi sub quadrato & data coëfficiente longitudine, latus analytice elicere.

Proponatur $1C - 7Q$, æquari 14,580. Quæritur quanta sit magnitudo $1N$, radixve propositi adfecti cubi.

Ex cubo igitur 14,580 negate adfecto sub quadrato ut eliciantur latera, idem arguente Zetesi erit omnino processus, qui in analysi cubi adfirmate-adfecti, nisi quod in divisionibus attenditur ipsius coëfficientis longitudinis & regularium in cubo puro divisorum differentia, non etiam summa, ut in adfecto adfirmate cubo. Et cum elicita singularia latera ducuntur in idem coëfficiens planum, ipsa vero latera in planum expletionis, solida quæ inde fiunt sub congrua sede, qualem ratio multiplicationis exigit, desinentia, quæ quidem in cubo adfirmate adfecto subducebantur, addentur proposito negate adfecto cubo, vel auferentur solidis ablatitiis. Vt in paradigmate.

Paradigma analyseos cubi adfecti sub quadrato negate.

I. Eductio lateris primi.

Coëfficiens longitudo		7		subquadratica.
				Tot puncta quadratica quot cubica.
				o o Tot numerales circuli, quot puncta cubica,
	1 4	5 8 0		N. 2. 7 laterave singularia.
	.	Q N		Q. 4. 49
		Cj Cÿ		C. 8. 343
Solida prostapharetica { Ablatitium		8		Cubus lateris primi.
Additititium		2 8		A lateris primi quadrato in coëfficiéntem.
Excessus solidi ablatitii		5 2		
Reliquum resolvendi adfecti cubi		9 3 8 0		

II Eductio lateris secundi.

Divisorum pars superior { Planum expletionis à coëfficiente in duplum lateris primi.	2 8
Coëfficiens longitudo.	7
Reliquum resolvendi adfecti cubi.	9 3 8 0
Divisorum pars inferior { Triplum quadratum lateris primi.	1 2
Triplum latus primum.	6
Excessus divisorum inferiorum	9 7 3

Solida

	{	8	4	*A latere secundo in triplum quadratum primi.*
Solida ablatitia {		2	9 4.	*A lateris secundi quadrato in triplum latus primum.*
	{		3 4 3	*Cubus lateris secundi.*

Summa ablatitiorum.   1 1 | 6 8 3

	{	1	9 6	*A latere secundo in planum expletionis.*
Solida addititia {			3 4 3	*A lateris secundi quadrato in coëfficientem longitudinem.*

Summa addititiorum.   2 | 3 0 3

Excessus ablatitiorum, aequalis reliquo   9 | 3 8 0
resolvendo adfecto cubo.

Itaque si $1 C - 7 Q$, *aequetur* 14,580. *sit* $1 N$ 27. *Ex retrograda, quae omnino observata cernitur, compositionis via.*

Interdum accidit ut coëfficiens longitudo pluribus abundet simplicibus figuris,quam cubus negate adfectus sub quadrato , ternis. Quod argumentum est solidum adficiens majus esse resolvendo adfecto negate cubo. Vocetur autem cubus acephalus. Itaque ut resolutioni sit locus, praeponetur mutilo cubo ea numeralium circulorum multitudo , ut tot puncta cubica possint ei praefigi, quot simplices figurae longitudini coëfficienti. Et prima coëfficientis longitudinis figura, pergendo à laeva ad dextram constituetur si caetera consentiant, sin minus figura proxime major, latus singulare primum ipsius resolvendi cubi negate adfecti sub quadrato, non immutata caeteroquin exposita antecedente methodo, ut in quaestione,

Proponatur $1 C - 10 Q$, aequari 288. Quaeritur quanta sit $1 N$, latusve propositi adfecti cubi.

Est 288 cubus multatus solido sub quadrato & coëfficiente longitudine 10. Majus est autem solidum 10 Q solido 288 : quoniam coëfficiens longitudo constat simplicibus figuris duabus, solidum vero 288, uno cubico puncto. Itaque solido 288 resolvendo praeponetur numeralis circulus , & tunc demum sua coëfficienti sedes addicetur , cujus prima figura, si caetera consentiant, sin minus, proxime major adsumetur ad latus primum mutili cubi. Vt in paradigmate.

Paradigma cum solidum majus est cubo.

I Eductio lateris singularis primi.

Coëfficiens longitudo	1	0	*subquadratica.*		
					0 0
Cubus resolvendus acephalus	0	2 8 8		N	1 2
				Q	1 4
				C	1 8
Solida prostaphaeretica { *Ablatitium*	1		*Cubus lateris primi.*		
Addititium	1	0	*A lateris primi quadrato in coëfficientem longitudinem.*		
Excessus	0	0			
Reliquum restituti mutili cubi		2 8 8			

II. Eductio lateris singularis secundi.

Divisorum pars superior	{ Planum expletionis, à coëfficiente longitudine in duplum lateris primi.	20
	Coëfficiens longitudo.	10
Reliquum restituti mutili cubi.		288
Divisorum pars inferior	{ Triplum quadratum lateris primi.	3
	Triplum latus primum.	3
Excessus divisorum inferiorum.		120

Solida ablatitia	6	A latere secundo in triplum quadratum lateris primi.
	12	A quadrato lateris secundi in triplum latus primum.
	8	Cubus lateris secundi.

Summa solidorum ablatitiorum.		728

Solida addititia	40	A latere secundo in planum expletionis.
	40	A lateris secundi quadrato in coëfficientem longitudinem.

Summa solidorum addititiorum.		440
Excessus ablatitiorum, aqualis proposito resolvendo cubo adfecto.		288

Itaque si 1 C — 10 Q, aequetur 288. fit 1 N 12. Ex retrograda, qua omnino observata cernitur, compositionis via.

Sed etsi negatus adfecte cubus, de cujus resolutione agitur, tot constet ternis figuris, quot coëfficiens longitudo singulis, interdum tamen eo loci prorumpit coëfficiens, ut nisi Analysta ejus rationem habuerit, deludetur non raro in exquirenda radice. Quare magis est, ut eo casu ipsius coëfficientis longitudinis cubo adaugeri subintelligatur adfectus propositus cubus, atque adeo ex ita adaucto eliciatur latus. Aut enim illud erit consentaneum, aut consentaneo proxime minus. Itaque si latus ita sumptum duabus deprehendetur constare figuris, erit argumentum cubi acephali, & fiet, si placuerit, devolutio in antecedentia. Vt in paradigmate.

Paradigma rursus analyseos cubi acephali sub quadrato adfecti.

I Eductio lateris singularis primi.

Coëfficiens longitudo	7	subquadratica
Cubus adfectus resolvendus	720	

Quoniam solidum 720 adjunctum cubo ex 7. facit solidum 1063, cujus, ut cubi, latus est major 9, ideo fit devolutio in antecedentia, & cubus est acephalus.

Coëf-

Coëfficiens longitudo	7	

$$
\begin{array}{lcc}
 & 0 & 0 \\
N & 1 & 2 \\
Q & 1 & 4 \\
C & 1 & 8 \\
\end{array}
$$

Cubus acephalus resolvendus   0 | 7 2 0

Solida prostapharetica {

    Ablatitium   1 | *Cubus lateris primi.*

    Addititium   7 | *A lateris primi quadrato in coëfficientem.*

Excessus ablatitii.   3

Reliquum resolvendi cubi. | 4 2 0

II Eductio lateris singularis secundi.

Divisorum pars superior {

    Planum expletionis, à coëfficiente longitudine in duplum lateris primi.   1 4

    Coëfficiens longitudo.   7

Reliquum resolvendi cubi.   4 2 0

Divisorum pars inferior. {

    Triplum quadratum lateris primi.   3

    Triplum latus primum.   3

Excessus divisorum inferiorum.   1 8 3

Solida ablatitia {

    6 | *A latere secundo in triplum quadratum primi.*

    1 2 | *A quadrato lateris secundi in triplum latus primum.*

    8 | *Cubus lateris secundi.*

Summa ablatitiorum   7 2 8

Solida addititia {

    2 8 | *A latere secundo in planum expletionis.*

    2 8 | *A lateris secundi quadrato in coëfficientem longitudinem.*

Summa addititiorum   3 0 8

Excessus ablatitiorum, aqualis reliquo resolvendi cubi adfecti.   4 2 0

Itaque si 1 C — 7 Q, *aquetur* 720. *fit* 1 N 12. *Ex retrograda, qua omnino observata cernitur, compositionis via.*

Quo etiam artificio parabolæ epanorthico si utantur Logistæ in cubis adfectis adfirmate sub quadrato, quando præsertim coëfficientes longitudines in anteriora prorumpunt, consultius facient plerumque, ne divisiones frustra sint.

Proponatur 1 C + 8 Q, æquari 1024. Ordinatis ad opus, ut ars post devolutionem exigit, figuris, nimirum   8

     1 0 2 4

Quoniam cubus ex 8 est 512, qui ablatus ex 1024, relinquit 512 cujus radix cubica est 8: Ideo sumetur radix 8.

A N A L Y T I C A potestatum adfectarum negate mixtim & adfirmate.

PROBLEMA XIII.

E Dato in numeris quadrato-quadrato adfecto, adjunctione quidem plano-plani sub latere & dato coëfficiente solido, multa vero plano-plani
sub cubo, & data coëfficiente longitudine, latus analytice elicere.

Proponatur 1 QQ— 68 C + 202,752 N, æquari 5,308,416. Quæritur quanta sit 1N,
latusve propositi adfecti negate sub cubo, & adfirmate sub latere quadrato-quadrati.

Ex magnitudine igitur proposita 5, 308, 416, ut eliciantur latera, resolvendi quadrato-quadrati adfecti, idem arguente genesi erit omnino processus, qui esset in analysi quadrato-quadrati puri, eo addito ut latus singulare quod primum elicitur ducatur in coëfficiens solidum. Deinde in illud quoque coëfficiens ducatur latus secundum. Idem latus
singulare secundum ducatur in solidum expletionis, quod videlicet fit sub coëfficiente
longitudine, & triplo lateris primi quadrato. Ejusdem lateris quadratum in planum expletionis, quod videlicet fit sub coëfficiente longitudine & triplo latere primo. Ejusdem
denique lateris cubus ducatur in coëfficientem longitudinem. Ac facta quidem homogenea à coëfficiente solido sint ablatitia, ut & facta regularia; ea vero quæ fiunt à coëfficiente longitudine, addititia.

Elicietur itaque latus primum, coëfficientibus solita arte sitis & adnotatis. Divisores
autem inferiores statuentur iidem, qui in analysi puri quadrato-quadrati. Superiores, iidem qui in exposita analysi quadrato-quadrati adfecti adfirmate sub latere, & analysi exposita quadrato-quadrati adfecti adfirmate sub cubo. Et sumpto divisorum ad facta ablatitia supra divisores ad facta addititia excessu, & instituta per eum divisione educetur
latus secundum, ut in paradigmate.

*Paradigma analyseos quadrato-quadrati dupliciter adfecti, sub latere
per adfirmationem, & cubo per negationem.*

I Eductio lateris singularis primi.

— Coëfficiens longitudo	6	8					subcubica
+ Coëfficiens solidum	202	7 5 2					sublaterale.
Quadrato-quadratum adfectum re-solvendum.	530	8 4 1 6					

$$\begin{cases} N & 3 & 2 \\ Q & 9 & 4 \\ C & 27 & 8 \\ QQ & 81 & 16 \end{cases}$$

CQN·
QQj   QQij

Plano-plana ablatitia	{ 81		Quadrato-quadratum lateris primi.
	608	2 5 6	A latere primo in coëfficiens solidum.
Summa ablatitiorum.	689	2 5 6	
Plano-planum addititium.	183	6	A lateris primi cubo in coëfficientem longi-tudinem.
Excessus ablatitiorum	505	6 5 6	
Reliquum resolvendi adfecti quadrato-quadrati.	25	1 8 5 6	

II Eductio lateris singularis secundi.

Divisorum pars superior { — *Solidum expletionis à coëfficiente longitudine in triplum quadratum lateris primi*	18	36
— *Planum expletionis à coëfficiente in triplum latus primum.*		612
— *Coëfficiens longitudo.*		68
+ *Coëfficiens solidum.*	20	2752
Reliquum resolvendi adfecti quadrato-quadrati.	25	1856
Divisorum pars inferior { *Quadruplus cubus lateris primi.*	10	8
Sextuplum quadratum ejusdem.		54
Quadruplum latus primum.		12
Summa divisorum adfectionis adfirmatæ.	31	6272
Summa divisorum adfectionis negatæ.	18	9788
Excessus divisorum adfectionis adfirmatæ.	12	6484

Plano-plana ablatitia à divisoribus.			
Inferioribus	21	6	*A latere secundo in quadruplum cubum primi.*
	2	16	*A quadrato lateris secundi in sextuplum quadratum primi.*
		96	*A lateris secundi cubo in quadruplum latus primum.*
		16	*Quadrato-quadratum lateris secundi.*
Superiore	40	5504	*A latere secundo in coëfficiens solidum.*
Summa plano-planorum ablatitiorum.	64	4080	

Plano-plana addititia			
	36	72	*A latere secundo in solidum expletionis.*
	2	448	*A quadrato lateris secundi in planum expletionis.*
		544	*A cubo lateris secundi in coëfficientem.*
Summa plano-planorum addititiorum.	39	2224	
Excessus ablatitiorum, æqualis residuo resolvendi adfecti quadrato-quadrati.	25	1856	

Itaque si $1\,QQ - 68\,C + 202,752\,N$, æquetur $5,308;416$. fit $1\,N\,32$. *Ex retrograda quæ omnino observata cernitur, compositionis via.*

PROBLEMA XIV.

E Dato in numeris quadrato-quadrato adfecto , multa quidem plano-plani sub latere & dato coëfficiente solido , adjunctione vero plano-plani sub cubo & data coëfficiente longitudine, latus analytice elicere.

Proponatur $1 QQ + 10 C - 200 N$, æquati $1, 369, 856$. Quæritur quanta sit $1 N$, latusve propositi adfecti adfirmate sub cubo, & negate sub latere quadrato-quadrati.

Ex magnitudine igitur proposita $1, 369, 856$, ut eliciatur latus resolvendi quadrato-quadrati ita adfecti idem arguente genesi, erit omnino processus, qui in analysi quadrato-quadrati adfecti negate sub cubo & adfirmate sub latere, idem ordo , eadem punctorum sedes & coëfficientium. Sed quæ facta homogenea à coëfficiente solido erant ablatitia, à coëfficiente vero longitudine addititia; hic contra facta à coëfficiente longitudine erunt ablatitia, sicut & facta regularia. Facta vero à coëfficiente solido addititia, ut in paradigmate.

Paradigma analyseos quadrato-quadrati dupliciter adfecti, sub cubo per adfirmationem, & latere per negationem.

I Eductio lateris singularis primi.

+ Coëfficiens longitudo	1	0	subcubica.
— Coëfficiens solidum		200	sublaterale.

Quadrato-quadratum adfectum resolvendum.	1 3 6	9 8 5 6	
		C Q N	
	QQj	QQij	

$$\begin{cases} & 0\ 0 \\ N & 3\ 2 \\ Q & 9\ 4 \\ C & 27\ 8 \\ QQ & 81\ 16 \end{cases}$$

Plano-plana ablatitia {	8 1	
	2 7	0

Quadrato-quadratum lateris primi.
A lateris primi cubo in coëfficientem longitudinem.

Summa plano-planorum ablatitiorum.	1 0 8	0
Plano-planum addititium.		6 0 0

A latere primo in coëfficiens solidum.

Excessus ablatitiorum.	1 0 7	4 0 0
Reliquum resolvendi adfecti quadrato-quadrati.	1 9	5 8 5 6

II Eductio lateris singularis secundi.

Divisorum pars superior.	{ + Solidum expletionis, à coëfficiente longitudine in triplum quadratum lateris primi.	2	7 0
	+ Planum expletionis, à coëfficiente longitudine in triplum latus primum.		9 0
	+ Coëfficiens longitudo.		1 0
	⎩ — Coëfficiens solidum.		2 0 0

Reliquum

Reliquum resolvendi adfecti quadrato-quadrati.	29	5856	
Divisorum pars inferior { Quadruplus cubus lateris primi.	10	8	
Sextuplum quadratum ejusdem.		5 4	
Quadruplum latus primum.		1 2	
Summa divisorum adfectionis adfirmatae.	14	1430	
Divisor adfectionis negatae.		200	
Excessus divisorum adfectionis adfirmatae.	14	1230	
Plano-plana ablatitia à divisoribus { Inferioribus {	21	6	A latere secundo in quadruplum cubum lateris primi.
	2	1 6	A quadrato lateris secundi in sextuplum quadratum primi.
		9 6	A lateris secundi cubo in quadruplum latus primum.
		1 6	Quadrato-quadratum lateris secundi.
Superioribus {	5	4 0	A latere secundo in solidum expletionis.
		3 6 0	A lateris secundi quadrato in planum expletionis.
		8 0	A lateris secundi cubo in coëfficientem longitudinem.
Summa plano-planorum ablatitiorum.	29	6256	
Plano-planum addititium.		400	A latere secundo in coëfficiens solidum.
Excessus ablatitiorum, aequalis residuo resolvendo adfecto quadrato-quadrato.	29	5856	

Itaque si 1 QQ + 10 C — 200 N, aequetur 1,369,856. fit 1 N 32. Ex retrograda, qua omnino observata cernitur, compositionis via.

PROBLEMA XV.

E Dato in numeris quadrato-cubo adfecto, adjunctione quidem plano-solidi sub latere & dato coëfficiente plano-plano, multa vero plano-solidi sub lateris cubo & dato coëfficiente plano, latus analytice elicere.

Quidam numerus ductus in sui quadrato-quadratum, & in 500, dempto facto sui cubi in 5, facit 7,905,504. Quaeritur quis sit numerus ille.

In notis 1 QC — 5 C + 500 N, aequatur 7,905,504. & fit 1 N unitatum quot ?

Est 7,905,504 quadrato-cubus adfectus, adjunctione quidem plano-solidi sub suo latere, & dato plano-plano 500, multa vero plano-solidi sub cubo lateris ipsius quadrato-cubi, & plano 5

Quadrato-cubi autem hujusmodi adfecti genesis, genesi quadrato-cubi puri hoc insuper addit & subtrahit, ut latus singulare, quod primum elicitur, ducatur in plano-planum coëfficiens adfirmate. Lateris vero ejusdem primi cubus ducatur in coëfficiens planum negate. Deinde latus secundum ducatur quoque in coëfficiens plano-planum adfirmate. Idem vero latus secundum ducatur in plano-planum sub triplo quadrato lateris
primi

primi, & coëfficiente plano negate. Lateris vero ejufdem fecundi quadratum in folidum fub triplo lateris primi, & coëfficiente plano. Lateris denique ejufdem fecundi cubus in ipfum coëfficiens planum.

Ex adfecto igitur hujufmodi quadrato-cubo, ut eruantur latera, fedes fingularium quadrato-cuborum conftituentur folita methodo, à punctis fubtus collocatis defignandæ.

Et quot numerantur fedes quadrato-cuborum, punctave, tot inprimis fedes laterum fimplicium per fingulas figuras conftituentur defuper. Tot deinde fedes cuborum, per ternas videlicet alternas, & in ultima quidem fimplicium fede coëfficiens plano-planum, quod quidem fublaterale eft, confiftet. In ultima vero cuborum coëfficiens planum, quod quidem eft fubcubicum.

Latera non fecus elicientur, quam in analyfi quadrato-cubi puri, nifi quod ipfæ coëfficientes diuiforibus addunt, vel minuunt. Addit coëfficiens fub latere adfirmate, aufert coëfficiens fub cubo negate: ficuti etiam auferunt folidum fub plano coëfficiente fubcubico, & triplo lateris jam eliciti. Et plano-planum fub eodem & triplo quadrato lateris prædicti. Illud fedem occupans folidorum, hoc plano-planorum, poft ipfum coëfficiens planum, inter puncta cubica defuper adfixa.

Et eliciendorum laterum cubi quidem ducuntur in ipfum coëfficiens planum. Quadrata in folidum fub coëfficiente plano & triplo lateris jam eliciti. Longitudines vero tam in plano-planum fub coëfficiente eodem, & triplo lateris jam eliciti quadrato, quam in ipfum coëfficiens plano-planum; plano-folidis, quæ inde fiunt, fub congrua fede, qualem ratio multiplicationis exigit, definentibus, & iis quidem quæ fiunt à coëfficiente plano & fuis fcanforiis expletionum, folido videlicet, & plano-plano alioquin additititiis, comparandis cum reliquis plano-folidis ablatitiis, quæ videlicet fiunt tum abs coëfficiente plano-plano, tum abs diuiforibus reliquis in folita purorum quadrato-cuborum analyfi, ac demum ablatitiorum exceffu auferendo ex adfecto propofito quadrato-cubo.

Coëfficiens denique utrauis magnitudo, una cum fuperioribus diuiforibus reliquis, in fuccedentia loca fuo ordine devehetur, cum inferiores quoque diuifores movebuntur reliqui. Vt in paradigmate.

Paradigma analyfeos quadrato-cubi adfecti fub latere adfirmate, & fub cubo negate.

I Eductio lateris fingularis primi.

— Coëfficiens planum		5						fubcubicum.		
+ Coëfficiens plano-planum		5 0 0						fublaterale.	ꝋ	0
								N	2	4
Quadrato-cubus adfectus refoluendus.	79	0 5 5 0 4						Q	4	16
		QQC Q N.						C	8	64
	QCj	QCij						QQ	16	256
								QC	32	1024

Quadrato-cubus lateris primi.

Plano-folida {	Ablatitia	3 2		1 0 0 0
	Additititium		4 0	

A latere primo in plano-planum coëfficiens.

A cubo lateris primi in coëfficiens planum.

Exceffus ablatitiorum.	3 1	7 0 0 0
Reliquum refoluendi adfecti quadrato-cubi.	47	3 5 5 0 4

II Edu-

II Eductio lateris singularis secundi.

	— Plano-planum expletionis, à coëfficiente plano in triplum quadratum lateris primi.		6 0	
Divisorum pars superior	— Solidum expletionis, à coëfficiente plano in triplum latus primum.		3 0	
	— Coëfficiens planum.			5
	+ Coëfficiens plano-planum.		5 0 0	

Reliquum resolvendi adfecti quadrato-cubi.	4 7	3 5 5 0 4	

	Quintuplum quadrato-quadratum lateris primi.	8	0
Divisorum pars inferior	Decuplus cubus ejusdem.		8 0
	Decuplum quadratum ejusdem.		4 0
	Quintuplum latus primum.		1 0

Summa divisorū adfectionis adfirmata.	8	8 4 6 0
Summa divisorum adfectionis negata.		6 3 0 5
Excessus divisorū adfectionis adfirmata.	8	7 8 2 9 5

			3 2	0
			1 2	8 0
Plano-solida ablatitia, à divisoribus	Superioribus		2	5 6 0
				2 5 6 0
				1 0 2 4
	Inferiore			2 0 0 0
Summa plano-solidorum ablatitiorū.		4 7		6 4 6 2 4

A latere secundo in quintuplum quadrato-quadratum primi.

A lateris secundi quadrato in decuplum cubum primi.

A lateris secundi cubo in decuplum quadratum primi.

A quadrato-quadrato lateris secundi in quintuplum latus primum.

Quadrato-cubus lateris secundi.

A latere secundo in coëfficiens plano-planum.

			2 4 0
Plano-solida addititia			4 8 0
			3 2 0
Summa plano-solidorum addititiorum.			2 9 1 2 0

A latere secundo in plano-planum expletionis.

A quadrato lateris secundi in solidum expletionis.

A cubo lateris secundi in coëfficiens planum.

Excessus ablatitiorum, æqualis residuo resolvendo adfecto quadrato-cubo.	4 7	3 5 5 0 4

Itaque si 1 QC — 5 C + 500 N, æquetur 7, 905, 504. fit 1 N 24. Ex retrograda, quæ omnino observata cernitur, compositionis via.

Ad analyſin poteſtatum avulſarum,

PRÆCAVTIO.

In poteſtatibus avulſis, quas ambiguas eſſe monuimus, præfiniendi ſunt ex arte limites, intra quos radices, de quibus quæritur, conſiſtant. Atque idcirco poteſtatum illarum conſtitutio imprimis dignoſcenda eſt. Et tum demum primum ſingulare latus majus, minuſve occurret: vel ex diviſione magnitudinis reſolvendæ per coëfficientem, ſi diviſioni eſt locus: vel ex radicis congruæ à coëfficiente pro ſuo magnitudinis genere eductione, ut feret præfiniendorum limitum coarctatio. Ac primus quidem caſus omnino locum habet, cum de radice minore quæritur. Primus vel ſecundus, cum de majore.

Addita autem poteſtas lateris ſingularis primi reſolvendæ propoſitæ magnitudini, reſtituit poteſtatem avulſam. Quæ quidem auferenda eſt ei, à qua avellitur, homogeneæ ſub gradu Vel contra, homogenea ſub gradu auferenda eſt à poteſtate reſtituta. Ac poſtremo quidem caſui locus eſt omnino, cum de radice minore quæritur. Primo vel ſecundo, cum de majore. At cum aliqua accideret dubitatio in electione radicis majoris, ex arte eſt, ut coëfficiens reducatur ad genus magnitudinis reſolvendæ, & ex reducta auferatur magnitudo reſolvenda, ac demum ex reſidua eliciatur radix illa major, cujus poteſtas avulſæ ſit reſtitutoria.

Ad eductionem vero lateris ſingularis ſecundi, differentia quidem diviſorum attenditur, ut in poteſtatibus adfectis per negationem directam. Eſt autem exceſſus penes diviſores ſuperiores. At diviſio ut plurimum climactice inſtituenda eſt.

Quid vero eſt climactice dividere? In reſolutionibus poteſtatum, ſive purarum ſive adfectarum promiſcue permiſcentur ad diviſorum inferiorum ſummam longitudines, plana, ſolida, plano-plana, plano-ſolida, & cujuſcumque generis magnitudines. Vnde parabola (ſic enim eam, quæ ex diviſione oritur, magnitudinem Diophantus appellat) ſæpe eluſoria eſt. Sic immiſcentur in diviſoribus ſuperioribus coëfficientes longitudines, magnitudinibus expletionum, planis, ſolidis, & reliquis ulterioris generis ſcanſoriis.

Adplicandum eſto ſolidum ad diviſorum hujuſmodi differentiam. Quoniam igitur diviſores diverſæ ſunt adfectionis, accidet aliquando inter planum expletionis adfectionis additiriæ, & triplum quadratum lateris eliciti, adfectionis ablatitiæ nullam eſſe aut exiguam differentiam. Omnem aut præcipuam eſſe circa longitudines, ad quas ideo ſolidum adplicatum, facit parabolam planum, non longitudinem. Cum igitur parabola ex hujuſmodi adplicatione duarum erit figurarum, cenſebitur plana, & ex ea tanquam quadrato radix educta proxime, ſi modo conſenſerint reliqua, latus erit ſecundum. Sic plano-plano adplicato ad differentiam, ſi contingat parabolam eſſe trium figurarum, cenſebitur ſolida & ex ea tanquam cubo radix educta proxime, ſi modo conſenſerint reliqua, erit latus ſecundum, & ea per quæcumque genera magnitudinum perpetua arte & methodo.

ANALYTICA poteſtatum avulſarum.

PROBLEMA XVI.

E Dato in numeris plano ſub latere & data coëfficiente longitudine, adfecto multa quadrati, latus analytice elicere.

Proponatur 370 N − 1 Q, æquari 9,261. Quæritur quanta magnitudo ſit 1 N, radix-ve propoſiti quadrati avulſi.

Eſt 9,261 planum ſub latere & data coëfficiente longitudine 370, adfectum multa quadrati. Quando autem poteſtas negatur de homogenea ſub gradu, latus eſt anceps. Itaque ea quæ proponitur æqualitas de duobus lateribus poteſt explicari, quorum unum majus eſt ſemiſſe coëfficiente, alterum minus. Immo vero unum eſt minus radice quadrati 9,261, alterum majus. Ac proinde cum adplicabitur duplum planum 9,261 ad 370, orietur latitudo major radice minore, minor autem radice majore. Atque adeo utravis radix ita occurret.

C c

Paradigma primum analyfeos quadrati avulfi, ad inveniendum radicem minorem.

I Eductio lateris fingularis primi.

Coëfficiens longitudo	3 7	0 • •	*fublateralis.*
Planum fub latere , multatum lateris refolvendi quadrato.	9 2	6 1 • • N •	$\begin{cases} & \text{0 \ 0} \\ N & \text{2 7} \\ Q & \text{4 49} \end{cases}$
Planum reftituens.	Qj 4	Qij	*Quadratum lateris primi.*
Planum reftitutum.	9 6	6 1	
Planum principale minuens.	7 4	0	*A latere primo in coëfficientem longitudinem.*
Exceffus plani reftituti, reliquumve refolvendi avulfi quadrati.	2 2	6 1	

II Eductio lateris fingularis fecundi.

Diviforum pars fuperior. { *Coëfficiens longitudo.*	3	7 0	
Reliquum refolvendi quadrati avulfi.	2 2	6 1 •	
Diviforum pars inferior { *Duplum lateris primi.*		4	
Exceffus diviforum fuperiorum	3	3 0	
Plana additi- tia {	2	8 4 9	*A latere fecundo in duplum primi.* *Quadratum lateris fecundi.*
Summa planorum addititiorum. *Planum ablatitium.*	3 2 5	2 9 9 0	*A latere fecundo in coëfficientem longitudinem.*
Exceffus plani ablatitii , æqualis refiduo refolvendo avulfo quadrato.	2 2	6 1	

Itaque fi 370 N—1 Q, æquetur 9,261. fit 1 N 27 latus unum è duobus, de quibus æqualitas poteft explicari , ipfumque minus ut indicat limitum præfinitio. Cum autem adplicatur planum 9,261, ad longitudinem 27, oritur 343, vel ablata longitudo 27 ex 370, relinquit 343. Itaque latus majus erit 343.

Paradigma alterum analyfeos quadrati avulfi, ad inveniendum radicem majorem.

I Eductio lateris fingularis primi.

Quoniam radix quæfita eft major 185, & idcirco pluribus figuris, quam duabus,exprimenda, ideo planum fub latere majore multatum lateris quadrato acephalum effe arguitur, & prima coëfficientis figura conftituetur radix, confentientibus reliquis.

Coëfficiens longitudo	3	7 0	· ·	*sublateralis.*
Planum sub latere multatum lateris resolvendo quadrato.	0	9 2 N·	6 1 N·	{ N. 3. 4 Q. 9.16 } 0 0 0
	Qi	*Qij*	*Qiij*	
Planum restituens	9			*Quadratum lateris primi.*
Planum restitutum	9	9 2	6 1	
Planum principale minuendum.	1 1	1 0		*A latere primo in coëfficientem longitudinem.*
Excessus plani principalis, reliquumve resolvendi quadrati avulsi.	1	1 7	3 9	

II Eductio lateris singularis secundi.

Divisorum pars superior { Coëfficiens longitudo		3 7	0 · ·
Reliquum resolvendi quadrati avulsi.	1	1 7	3 9
Divisorum pars inferior. { Duplum lateris primi.		6	
Excessus divisorum inferiorum.		2 3	0
Plana ablatitia {	2	4	*A latere secundo in duplum primi*
		1 6	*Quadratum lateris secundi.*
Summa planorum ablatitiorum.	2	5 6	
Planum addititium.	1	4 8	*A latere secundo in coëfficientem longitudinem.*
Excessus ablatitiorum.	1	0 8	
Reliquum resolvendi quadrati avulsi.		9	3 9

Jam duo latera funguntur vice unius , & fit

III Eductio lateris singularis tertii ut secundi.

Divisorum pars superior { Coëfficiens longitudo.	3	7 0 ·	{ 0 0 0 N 3 4 3 Q 9 }
Reliquum resolvendi quadrati avulsi.	· 9	3 9	
Divisorum pars inferior { Duplum lateris primi.	6	8	
Excessus divisorum inferiorum.	3	1 0	
Plana ablatitia {	2 0	4	*A latere secundo in duplum primi*
		9	*Quadratum lateris secundi*
Summa planorum ablatitiorum.	2 0	4 9	
Planum addititium.	1 1	1 0	*A latere secundo in coëfficientem.*
Excessus addititiorum, æqualis residuo resolvendo quadrato avulso.	9	3 9	

Itaque si $370 N — 1 Q$, æquetur 9,261. fit 1 N 343 *latus unum è duobus, de quibus æqualitas po-*

teſt explicari, ipſumque majus, ut indicat limitum præfinitio. Cum autem adplicabitur planum 9,261 *ad longitudinem* 343, *oritur* 27. *vel ablata longitudo* 343 *ex* 370, *relinquit* 27. *Itaque latus minus erit* 27.

Problema XVII.

E Dato in numeris ſolido ſub latere, & data coëfficiente plana magnitudine, adfecto multa cubi, latus analytice elicere.

Proponatur 13,104 N — 1 C, æquari 155,520, Quæritur quanta ſit magnitudo 1 N, radixve propoſiti cubi avulſi.

Eſt 155,520 ſolidum ſub latere & dato coëfficiente plano 13,104, adfectum multa cubi. Quando autem poteſtas negatur de homogenea ſub gradu, latus eſt anceps. Itaque ea quæ proponitur æqualitas de duobus lateribus poteſt explicari, quorum unius quadratum minus eſt triente 13,104, alterum majus. Ac proinde cum adplicabitur triplum ſolidi 155, 520 ad duplum plani 13,104, orietur longitudo major radice minore, & minor radice majore. Atque adeo utravis radix ita occurret.

Paradigma primum analyſeos cubi avulſi à ſolido ſub latere, ad inveniendum radicem minorem.

I. Eductio lateris ſingularis primi.

Coëfficiens planum	1 3 1	0 4	ſublaterale.
Solidum ſub latere multatum lateris reſolvendo cubo.	1 5 5	5 2 0	N 1 2
	Cj	Cij	Q 1 4
Solidum reſtituens.	1		C 1 8
Solidum reſtitutum.	1 5 6	5 2 0	Cubus lateris primi.
Solidum principale minuens.	1 3 1	0 4	A latere primo in coëfficiens planum.
Exceſſus ſolidi reſtituti, reliquumve reſolvendi cubi avulſi.	2 5	4 8 0	

II Eductio lateris ſingularis ſecundi.

Diviſorum pars ſuperior { Coëfficiens planum.	1 3	1 0 4	
Reliquum reſolvendi cubi avulſi.	2 5	4 8 0	
Diviſorum pars inferior { Triplum quadratum lateris primi.		3	
{ Triplum latus primum.		3	
Exceſſus diviſorum ſuperiorum.	1 2	7 7 4	

		6	A latere secundo in triplum quadratum primi.
Solida addititia {		1 2	A quadrato lateris secundi in triplum latus primum.
		8	Cubus lateris secundi.
Summa solidorum addititiorum.		7 2 8	
Solidum ablatitium.	2 6	2 0 8	A latere secundo in coëfficiens planum.
Excessus solidi ablatitii, aqualis residuo resolvendo cubo avulso.	2 5	4 8 0	

Itaque si 13,104 N — 1 C, aquetur 155,520. sit 1 N 12 latus unum è duobus, de quibus aqualitas potest explicari, ipsumque minus, ut indicat limitum præsinitio. Cum autem adplicabitur solidum 155, 520 ad 12: Orietur planum 12, 960, compositum ex quadrato majoris & rectangulo sub majore & minore. Idem planum 12,960 relinquetur, si abs plano 13, 104, auferatur 144 quadratum è 12. Itaque latus majus esto 1 N, ergo 1 Q + 12 N, aquabitur 12,960. & fiet 1 N 108 latus majus.

Paradigma secundum cubi avulsi à solido sub latere, ad inveniendum radicem majorem.

I. Eductio lateris singularis primi.

Quoniam radix quæsita est major latere plani 4,368, trientis 13,104, nisi autem coëfficiens in anteriora erumpat, orietur 1 duntaxat ex congrua divisione, argumentum est solidum sub latere multatum resolvendo lateris cubo esse acephalum. Et quoniam radix quadrata coëfficientis plani est 1, commode latus singulare primum constituetur 1.

Subtiliore calculo, quoniam 115 est proxime radix quadrata coëfficientis plani, à cujus cubo 1,520,875, cum subducetur ea quæ proponitur resolvenda magnitudo, superest 1,365,355, ideo radix solidi illius est trium figurarum, quarum prima est $\sqrt{C}$ 1.

Coëfficiens planum	1	3 1 0	4	sublaterale.

Solidum sub latere multatum lateris cubo, acephalum.	0	1 5 5	5 2 0		N	1 0
		Q N	Q N		Q	1 0
	Cj	Cij	Ciij		C	1 0
Solidum restituens	1				Cubus lateris primi.	
Solidum restitutum.	1	1 5 5	5 2 0			
Solidum principale minuendum	1	3 1 0	4		A latere primo in coëfficiens planum.	
Excessus solidi principalis, reliquumve resolvendi cubi.		1 5 4	8 8 0			

II Eductio lateris singularis secundi.

Divisorum pars superior { Coëfficiens planum	1 3 1	0 4
Reliquum resolvendi cubi avulsi.	1 5 4	8 8 0

Divi-

Divisorum pars inferior	{ Triplum quadratum lateris primi.	3	
	Triplum latus primum.	3	
Excessus divisorum inferiorum, dividendo, parabola fit 0.		1 9 8	9 6 0

Qui quoniam major est numero dividendo, parabola fit 0.

III Eductio lateris singularis tertii, ut secundi.

Divisorum pars superior	{ Coëfficiens planum.	13	1 0 4
Reliquum resolvendi cubi avulsi		1 5 4	8 8 0

$$
\begin{cases}
& 00 \quad 0 \\
N & 10 \quad 8 \\
Q & 100 \quad 64 \\
C & 1000 \quad 512
\end{cases}
$$

Divisorum pars inferior.	{ Triplum quadratum lateris primi.	3 0	0
	Triplum latus primum.		3 0
Excessus divisorum inferiorum.		17	1 9 6

Solida ablatitia {	2 4 0	0	A latere secundo in triplum quadratum primi.
	1 9	2 0	A quadrato lateris secundi in triplum latus primum.
		5 1 2	Cubus lateris secundi.

Summa solidorum ablatitiorum.	2 5 9	7 1 2	
Solidum additium.	1 0 4	8 3 2	A latere secundo in coëfficiens planum.
Excessus ablatitiorum, aequalis residuo resolvendo cubo.	1 5 4	8 8 0	

Itaque si 13,104 N — 1 C, aequetur 155,520. fit 1 N 108.

PROBLEMA XVIII.

E Dato in numeris solido sub quadrato & data coëfficiente longitudine, adfecto multa cubi, latus analytice elicere.

Proponatur 57 Q — 1 C, aequari 24,300. Quæritur quanta fit magnitudo 1 N, radixve propositi cubi avulsi.

Est 24,300 solidum sub quadrato adfectum multa cubi. Quando autem potestas negatur de homogenea sub gradu, latus est anceps. Itaque ea quæ proponitur æqualitas de duobus lateribus potest explicari, quorum unum minus est besse 57, alterum majus, atque adeo sic utrumvis occurret.

Paradigma primum analyseos cubi avulsi à solido sub quadrato, ad inveniendum radicem minorem.

I Eductio lateris singularis primi.

Coëfficiens longitudo	5	7	subquadratica.

$$\begin{cases} & o\ o \\ N & 3\ 0 \\ Q & 9 \\ C & 27 \end{cases}$$

Solidum suo multatum cubo.	24	3 0 0 QN	
	Cj	Cij	
Solidum restituens.	27		Cubus lateris primi.
Solidum restitutum.	51	3 0 0	
Solidum principale minuens.	51	3	A lateris primi quadrato in coëfficientem longitudinem.
Excessus restituti.	o		

Itaque si 57 Q — 1 C, aequetur 24, 300. fiet 1 N 30 latus unum è duobus, de quibus aequalitas potest explicari, idemque minus, ut indicat limitum praefinitio. Hujus quadratum est 900, ad quod dum adplicatur solidum 24, 300, oritur latitudo 27, quantam etiam relinquit 57 post ablatam 30. Intelliguntur tres proportionales longitudines, quarum tertia fit 27, composita autem è secunda & prima 30, latus alterum de quo proposita anceps aequalitas potest explicari componetur ex secunda & tertia. Sit ergo latus alterum 1 N. 1 Q — 27 N, aequabitur 810 plano ex 27 in 30. Et fiet 1 N 45, latus majus.

Paradigma secundum analyseos cubi avulsi à solido sub quadrato, ad inveniendum radicem majorem.

I Eductio lateris singularis primi.

Coëfficiens longitudo	5	7	subquadratica

$$\begin{cases} & o\ \ \ o \\ N & 4\ \ \ 5 \\ Q & 16\ \ 25 \\ C & 64\ \ 125 \end{cases}$$

Solidum sub quadrato multatum lateris cubo.	24	3 0 0 QN	
	Cj	Cij	
Solidum restituens.	64		Cubus lateris primi.
Solidum restitutum.	88	3 0 0	
Solidum principale minuendum.	91	2	A lateris primi quadrato in coëfficientem longitudinem.
Excessus solidi principalis, reliquumve resolvendi cubi.	2	9 0 0	

II Eductio lateris singularis secundi.

Divisorum pars superior { Planum expletionis, à duplo lateris primi in coëfficientem.	4	5 6
Coëfficiens longitudo.		5 7

Reliquum resolvendi cubi.	2	9 0 0

Divisorum pars inferior { Triplum quadratum lateris primi.	4	8
Triplum latus primum.		1 2

Differentia divisorum.		3 0 3	
	2 4	0	*A latere secundo in triplum quadratum primi.*
Solida ablatitia	3	0 0	*A quadrato secundi in triplum latus primum.*
		1 2 5	*Cubus secundi.*
Summa solidorum ablatitiorum.	2 7	1 2 5	
Solida addititia	2 2	8 0	*A latere secundo in planum expletionis.*
	1	4 2 5	*A quadrato secundi in coëfficientem.*
Summa solidorum addititiorum.	2 4	2 2 5	
Excessus ablatitiorum, aqualis residuo resolvendo cubo.	2	9 0 0	

Itaque si 57 Q — 1 C, aquetur 24,300. fit 1 N 45 *latus unum è duobus , de quibus aqualitas po-test explicari, idemque majus, ut indicat limitum prafinitio. Hujus quadratum est* 2,025 , *ad quod dum adplicatur solidum* 24,300, *oritur* 12, *quod etiam relinquit* 57 *post ablatam* 45. *Intelliguntor tres proportionales longitudines, quarum prima sit* 12, *composita ex secunda & tertia* 45, *latus alterum de quo proposita anceps aqualitas potest explicari, componetur ex prima & secunda. Sit ergo latus illud alterum* 1 N. 1 Q — 12 N, *aquabitur* 5,40 *& fiet* 1 N 30, *latus minus.*

De ambiguitate cubi multipliciter adfecti.

Cubus adfectus sub quadrato negate & latere adfirmate ambiguus est, quando tri-plum quadratum è triente coëfficientis longitudinis majus est coëfficiente plano.

Proponatur 1 C — 6 Q + 11 N, aquati 6. Quoniam 12 triplum quadratum è triente 6, majus est coëfficiente plano 11: ideo 1 N de tribus lateribus potest explicari, quorum sum-ma 6, trinum sub iis rectangulum 11. Solidum sub iisdem factum continue 6. Quoniam autem solidum 6 adjunctum 16 cubo duplo è triente coëfficientis longitudinis , aquale est solido 22, quod fit à triente coëfficientis longitudinis in coëfficiens planum : ideo tria latera quaesita aquali distabunt inter se excessu. Excessus maximi supra 2 trientem coëf-ficientis longitudinis, esto 1 N. 1 Q,aquabitur 1, excessui quo triplum quadratum è trien-te coëfficientis longitudinis praestat plano coëfficienti 11. Itaque tria latera erunt 3, 2, 1.

Rursus proponatur 1 C — 12 Q + 29 N, aquari 18. Quoniam 48 triplum quadratum è triente 12, majus est coëfficiente plano 29 : ideo 1 N de tribus lateribus potest explicari, quorum summa 12, trinum sub iis rectangulum 29. Solidum sub iisdem factum conti-nue 18. Quoniam autem solidum 18, adjunctum 128 cubo duplo è triente 12, majus est solido 116, quod fit ab 4 triente coëfficientis longitudinis in 29 coëfficiens planum: ideo tria latera quaesita inaquali distabunt inter se excessu, ac medium quidem & minimum illorum deficient à 4 triente coëfficientis longitudinis. Excessus maximi supra 4, esto 1 N. Quoniam 48, majus est 29, per 19. Solidum autem 18, adjunctum 128 , majus est solido 116 , per 30. Ideo 1 C — 19 N, aquabitur 30. Et fiet 1 N 5. Itaque maximum latus erit 9, medium 2, minimum 1.

Rursus proponatur 1 C — 18 Q + 95 N, aquati 126. Quoniam 108 triplum quadra-tum è triente 18, majus est coëfficiente plano 95: ideo 1 N de tribus lateribus potest ex-plicari , quorum summa 18, trinum sub iis rectangulum 95. Solidum sub iisdem factum continue 126. Quoniam autem solidum 126 adjunctum 432 cubo duplo è triente coëffi-cientis longitudinis , minus est solido 570 , quod fit à 6 triente coefficientis longitudinis in 95 coëfficiens planum: ideo tria latera quaesita inaquali distabunt excessu.& sive maxi-mum , sive medium majus erit 6 triente coëfficientis longitudinis. Excessus hic vel ille. esto 1 N. Quoniam 108, majus est 95. per 13. Solidum vero 126, adjunctum 432 , minus est solido 570, per 11.Ideo 13 N — 1 C, aquabitur 12. Et fiet 1 N 1, vel 3. Itaque 3 erit ex-cessus maximi supra 6. Et 1 excessus medii. Itaque tria latera sunt 9, 7, 2.

Et

Et ſi proponatur $1 C - 9 Q + 24 N$, æquari 20. Tria latera ſunt 2, 2, 5. duo videlicet è tribus ſunt inter ſe æqualia. At cum triplum quadratum è triente coëfficientis longitu- dinis, æquale eſt coëfficienti plano, ſingula tria latera æqualia ſunt. Vt ſi proponatur $1 C - 6 Q + 12 N$, æquari 8. Tria latera ſunt 2, 2, 2.

Cum triplum quadratum coëfficientis longitudinis, cedet coëfficienti plano, nulla erit in radice ambiguitas: ſed reſolvetur cubus cum ſua duplici adfectione, vel adfectione ſaltem una, ex arte liberabitur.

Sane, cum ſolidum ſub coëfficiente longitudine & coëfficiente plano, æquabitur re- ſolvendæ magnitudini: non indigebit res ſive expurgatione ſive reſolutione. Coëfficiens enim longitudo ipſa erit radix de qua quæritur. Proponatur $1 C - 6 Q + 40 N$, æquari 240. Quoniam 240, ſit ex ductu 6 in 40, erit $1 N 6$. Quod adnotaſſe fuit oportunum.

PROBLEMA XIX.

E Dato in numeris plano-plano ſub latere & data coëfficiente ſolida ma- gnitudine, adfecto multa quadrato-quadrati, latus analytice elicere.

Proponatur $27,755 N - 1 QQ$, æquari $217,944$, Quæritur quanta ſit magnitudo $1 N$, radixve propoſiti quadrato-quadrati avulſi.

Eſt $217,944$ plano-planum ſub latere & dato coëfficiente ſolido $27,755$. Quando au- tem poteſtas negatur de homogenea ſub gradu, latus eſt anceps. Itaque ea quæ proponi- tur æqualitas de duobus lateribus poteſt explicari; quorum minoris cubus minor eſt 6, 938 $\frac{3}{4}$ quadrante coëfficientis ſolidi; majoris major. Ac proinde cum adplicabitur qua- druplum plano-plani $217,944$ ad ſolidum $27,755$; orietur latitudo major radice mino- re; & minor radice majore. Atque adeo utravis ita occurret.

Paradigma primum analyſeos quadrato-quadrati avulſi à plano- plano ſub latere, ad inveniendum radicem minorem.

I Eductio lateris ſingularis primi inanis ante devolutionem.

Coëfficiens ſolidum	27	7 5 5	ſublaterale.
		. .	
Plano-planum ſub latere, multatum	2 1	7 9 4 4	
lateris quadrato-quadrato.	.	C Q N .	
	QQj	QQij	

Quoniam radix minor de qua quæritur cedit lateri cubico ſolidi $6,938$. Itaque prima figura non poteſt eſſe 2. Si vero ſumatur 1 plano-planum principale, quod minuere non minui oportet, majus eſſet plano-plano reſtituto, ideo ſit devolutio.

Eductio lateris ſingularis primi poſt devolutionem.

Coëfficiens ſolidum.	2	7 7 5 5	N	8
			Q	64
Plano-planum ſub latere multatum la-	2 1	7 9 4 4	C	512
teris quadrato-quadrato.			QQ	4096
Plano-planum reſtituens.		4 0 9 6	Quadrato-quadratum lateris primi.	
Plano-planum reſtitutum.	2 2	2 0 4 0		
Plano-planum principale minuens,	2 2	2 0 4 0	A latere primo in coëfficiens ſolidum.	
æquale plano-plano reſtituto.				

Itaque ſi $27,755 N - 1 QQ$, æquetur $217,944$. ſit $1 N 8$ *latus unum, idemque minus, ut indicat limitum præfinitio. Cum autem ad 8 adplicatur plano-planum $217,944$, oritur ſolidum $27,243$, quale relinquit factus à radice 8 cubus ablatus è ſolido $27,755$. Intelliguntor quatuor continue pro- portionales cubi, quorum minor extremus ſit 512. Adgregatum vero è reliquis tribus $27,243$. Cubus au- tem major extremus $1 C$. Ergo $1 C + 8 Q + 64 N$, æquabitur $27,243$. & ſiet $1 N 27$ latus alte- rum, idemque majus propoſiti avulſi quadrato-quadrati.*

Para-

Paradigma secundum analyseos quadrato-quadrati avulsi à plano-plano sub latere, ad inveniendum radicem majorem.

I Eductio lateris singularis primi.

Coëfficiens solidum	27	755	sublaterale.

$$
\begin{array}{lcc}
 & 0 & 0 \\
N & 2 & 7 \\
Q & 4 & 49 \\
C & 8 & 343 \\
QQ & 16 & 2401
\end{array}
$$

Plano-planum multatum resolvendo quadrato-quadrato.	21 · QQj	7944 CQN· QQij	
Plano-planum restituens.	16		Quadrato-quadratum lateris primi.
Plano-planum restitutum.	37	7944	
Plano-planum principale minuendum.	55	510	A latere primo in coëfficiens solidum.
Excessus plano-plani principalis, reliquumve resolvendi quadrato-quadrati.	17	7156	

II Eductio lateris singularis secundi.

Divisorum pars superior { Coëfficiens solidum.	2	7755	
Reliquum resolvendi quadrato-quadrati.	17	7156	
Divisorum pars inferior { Quadruplus cubus lateris primi.	3	2	
Sextuplum quadratum lateris primi.		24	
Quadruplum latus primum.		8	
Summa divisorum inferiorum.	3	448	
Excessus divisorum inferiorum.		6725	
Plano-plana ablatitia {	22	4	A latere secundo in quadruplum cubum lateris primi.
	11	76	A quadrato lateris secundi in sextuplum quadratum primi.
	2	744	A cubo lateris secundi in quadruplum latus primum.
		2401	Quadrato-quadratum lateris secundi.
Summa plano-planorum ablatitiorum.	37	1441	
Plano-planum addititium.	19	4285	A latere secundo in coëfficiens solidum.
Excessus ablatitiorum, aequalis residuo resolvendo avulso quadrato-quadrato.	17	7156	

Itaque si 27,755 N — 1 QQ, aequetur 217,944. fit 1 N 27 latus unum, idemque majus, ut indicat limitum praefinitio. Cum autem ad 27 adplicatur plano-planum 217,944, oritur solidum 8,072, quale etiam relinquit factus à radice 27 cubus 19,683 ablatus è solido 27,755. Intelliguntor quatuor continue proportionales cubi, quorum major extremus sit 19,683. Aggregatum vero è reliquis tribus 8,072. Cubus autem minor extremus, esto 1 C. Ergo 1 C + 27 Q + 729 N, aequabitur 8,072. & fiet 1 N 8 latus alterum, idemque minus propositi avulsi quadrato-quadrati.

PROBLEMA XX.

E Dato in numeris plano-plano sub cubo & data coëfficiente longitudine, adfecto multa quadrato-quadrati, latus analytice elicere.

Proponatur $65C-1QQ$, æquari $1,481,544$. Quæritur quanta sit magnitudo $1N$, radix-ve propositi quadrato-quadrati avulsi.

Est $1,481,544$, plano-planum sub cubo, & data coëfficiente longitudine 65. Quando autem potestas negatur de homogenea sub gradu, latus est anceps. Itaque ea quæ proponitur æqualitas de duobus lateribus potest explicari. Quorum unum minus est dodrante 65. Alterum majus. Ac proinde cum ad triplum longitudinis 65 adplicabitur quadruplum plano-plani $1,481,544$, orietur solidum majus cubo radicis minoris, minus vero cubo radicis majoris. Atque adeo utravis radix ita occurret.

Paradigma primum analyseos quadrato-quadrati avulsi à plano-plano sub cubo, ad inveniendum radicem minorem.

I Eductio lateris singularis primi.

				subcubica:		
Coëfficiens longitudo	6	5			0	0
		.		N	3	8
Plano-planum multatum resolvendo quadrato-quadrato.	1 4 8	1 5 4 4		Q	9	64
		. CQN .		C	27 parabola	5 1 2
	QQ i	QQ ij		QQ	81	4096
Plano-planum restituens.	8 1			Quadrato-quadratum lateris primi.		
Plano-planum restitutum	2 2 9	1 5 4 4				
Plano-planum principale minuens.	1 7 5	5		A cubo lateris primi in coëfficientem longitudinem.		
Excessus plano-plani restituti, reliquumve resolvendi avulsi quadrato-quadrati.	5 3	6˙ 5 4 4				

II Eductio lateris singularis secundi.

	⎧ Solidum expletionis, à coëfficiente in triplum quadratum lateris primi.	1 7	5 5
Divisorum pars superior	⎨ Planum expletionis, à coëfficiente in triplum latus primum.		5 8 5
	⎩ Coëfficiens longitudo.		6 5
Reliquum resolvendi avulsi quadrato-quadrati.		5 3	6 5 4 4
	⎧ Quadruplus cubus lateris primi.	1 0	8
Divisorum pars inferior	⎨ Sextuplum quadratum lateris primi.		5 4
	⎩ Quadruplum latus primum.		1 2
Excessus divisorum superiorum.		6	7 8 9 5

Plano-

Plano-plana addititia {	8 6 | 4	*A latere secundo in quadruplum cubum lateris primi.*
	3 4 | 5 6	*A quadrato lateris secundi in sextuplum quadratum primi.*
	6 | 1 4 4	*A cubo lateris secundi in quadruplum latus primum.*
	| 4 0 9 6	*Quadrato-quadratum lateris secundi.*
Summa plano-planorum addititiorum.	1 2 7 | 5 1 3 6	
Plano-plana ablatitia {	1 4 0 | 4 0	*A latere secundo in solidum expletionis.*
	3 7 | 4 4 0	*A quadrato lateris secundi in planum expletionis.*
	3 | 3 2 8 0	*A cubo lateris secundi in coëfficientem longitudinem.*
Summa plano-planorum ablatitiorum.	1 8 1 | 1 6 8 0	
	5 3 | 6 5 4 4	

Excessus ablatitiorum, æqualis residuo resolvendo avulso quadrato-quadrato.

Itaque si 65 C—1 Q Q, æquetur 1,481,544. *fit* 1 N *38 latus unum, è duobus de quibus æqualitas potest explicari, ipsumque minus, ut indicat limitum præfinitio. Hujus cubus est 54,872, ad quem dum adplicatur plano-planum 1,481,544, oritur latitudo 27, quantam etiam relinquit longitudo 38, ablata è 65. Intelliguntur quatuor continue proportionales, ex quarum prima, secunda, & tertia componatur 38, quarta vero sit 27. Vnde summa omnium 65, quanta est coëfficiens. Latus igitur alterum componetur ex quarta, secunda, & tertia. Tertia esto* 1 N. *Igitur* 1 C + 27 Q + 729 N, *æquabitur* 27,702 *solido facto à* 38 *data in* 729 *quadratum quartæ. Itaque tertia erit* 18, *secunda* 12. *Atque adeo latus majus* 57.

Paradigma secundum analyseos quadrato-quadrati avulsi à plano-plano sub cubo, ad inveniendum radicem majorem.

I Eductio lateris singularis primi.

Coëfficiens longitudo   6 | 5   subcubica.

		o	o
N		5	7
Q		25	49
C		125	343
QQ		625	2401

Plano-planum multatum resolvendo quadrato-quadrato.   1 4 8 | 1 5 4 4

C Q N

QQ j   QQ ÿ

Plano-planum restituens.   6 2 | 5   *Quadrato-quadratum lateris primi*

Plano-planum restitutum.   7 3 | 1 5 4 4

Plano-planum principale minuendum.   8 1 2 | 5   *A coëfficiente longitudine in cubum lateris primi.*

Excessus plano-plani principalis, reliquumve resolvendi avulsi quadrato-quadrati.   3 9 | 3 4 5 6

II Edu-

II Eductio lateris singularis secundi.

Divisorum pars superior	Solidum expletionis, à coëfficiente in triplum quadratum lateris primi.	4 8	7 5		
	Planum expletionis, à coëfficiente in triplum latus primum.		9 7 5		
	Coëfficiens longitudo.			6 5	

Reliquum resolvendi avulsi quadrato-quadrati. — 3 9 | 3 4 5 6

Divisorum pars inferior	Quadruplus cubus lateris primi.	5 0	0	
	Sextuplum quadratum lateris primi.	1 5	0	
	Quadruplum latus primum.		2 0	

Summa divisorum inferiorum. — 5 1 | 5 2 0
Summa divisorum superiorum. — 4 9 | 7 3 1 5
Excessus divisorum inferiorum. — 1 | 7 8 8 5

Plano-plana ablatitia
- 3 5 | 0 — A latere secundo in quadruplum cubum primi.
- 7 3 | 5 0 — A quadrato lateris secundi in sextuplum quadratum primi.
- 6 | 8 6 0 — A cubo lateris secundi in quadruplum latus primum.
- 2 4 0 1 — Quadrato-quadratum secundi.

Summa plano-planorum ablatitiorum. — 4 3 0 | 6 0 0 1

Plano-plana addititia
- 3 4 1 | 2 5 — A latere secundo in solidum expletionis.
- 4 7 7 5 — A quadrato lateris secundi in planum expletionis.
- 2 2 2 9 5 — A cubo lateris secundi in coëfficientem longitudinem.

Summa plano-planorum addititiorum. — 3 9 1 | 2 5 4 5

Excessus ablatitiorum, aequalis residuo resolvendo avulso quadrato-quadrato. — 3 9 | 3 4 5 6

Itaque si $65 C - 1 Q Q$, aequetur $1,481,544$. fit $1 N$ 57 latus unum, è duobus de quibus aequalitas potest explicari, ipsumque majus, ut indicat limitum praefinitio. Hujus cubus est $185,193$ ad quem dum adplicatur plano-planum $1,481,544$, oritur latitudo 8, quantam etiam relinquit longitudo 57 ablata è 65. Intelliguntur quatuor continue proportionales, ex quarum prima, secunda & tertia componatur 57, quarta vero sit 8. Vnde summa omnium 65 coëfficiens. Latus igitur alterum componetur ex quarta, secunda & tertia. Tertia esto $1 N$. Igitur $1 C + 8 Q + 64 N$, aequabitur $3,648$, solido facto à 57 data in 64 quadratum quartae. Itaque tertia erit 12, secunda 18, atque adeo latus minus 38.

CON-

CONSECTARIVM GENERALE AD ANALYSIN PTESTA-
TVM ADFECTARVM,

Et praceptorum qua ad eam pertinent, recollectio.

Ergo in analyfi poteftatum adfectarum eadem omnino locum habent præcepta, quæ in analyfi purarum. Quicquid præterea myfterii eft, verfatur præcipue in fitu coëfficientium fubgradualium magnitudinum, ac earum quas diximus, expletionis, ab ipfis videlicet coëfficientibus, & eliciundis fingulariter lateribus, aut eorum parodicis ad poteftatem gradibus, effectarum.

Praceptum primum.

De fingularibus poteftatibus per puncta defignandis, & coëfficientium ordine, & fitu.

Prima igitur cura efto, ut quot puncta fingularium poteftatum adnotabuntur fub figuris, pergendo à dextra ad lævam, tot puncta conditionaria gradus, quem metitur coëfficiens, adnotentur fupra figuras, pergendo quoque à dextra ad lævam, & in ultima fede coëfficiens confiftat.

Nempe fi coëfficiens eft fublateralis, quot puncta fingularium poteftatum adnotabuntur, tot adnotentur puncta lateralia, nulla videlicet figura intermedia relicta.

Si fub-quadratica eft, tot puncta quadratica, una videlicet figura intermedia relicta.

Si fub-cubica, tot puncta cubica, duabus videlicet figuris intermediis relictis.

Si fub-quadrato-quadratica, tot puncta quadrato-quadratica, tribus videlicet figuris intermediis relictis.

Si fub-quadrato-cubica, tot puncta quadrato-cubica, quatuor videlicet figuris intermediis relictis.

Si fub-cubo-cubica, tot puncta cubo-cubica, quinque videlicet figuris intermediis relictis. Et ita in infinitum.

Praceptum fecundum.

De educendo latere fingulari primo, & efficiundis ab eodem homogeneis cum refolvenda magnitudine comparandis.

Secunda cura efto, ut latus fingulare primum eruatur fub ultimo adnotato fingularium poteftatum puncto, quod quidem primum occurrit, dum è contrario à læva tenditur ad dexitram. Et poteftas lateris fingularis educti adnotetur congruenter, ita videlicet ut definat fub fibi addicto puncto.

Idem latus fingulare, vel ejus parodicus gradus, qualem coëfficiens metitur, ducatur in coëfficientem, vel coëfficientes fubgraduales, & facta hujufmodi homogenea adnotentur quoque congruenter, ita videlicet ut definant in fedibus fibi addictis.

Et ita demum adnotatæ, tum poteftas lateris fingularis educti, tum effectæ magnitudines poteftati homogeneæ, comparentur cum propofita magnitudine refolvenda. Diftinguendæ autem funt πλώσεις.

Cafus primus.

Enim vero, fi adfectio eft per adfirmationem, tunc poteftas lateris fingularis educti, & effectæ magnitudines ei homogeneæ auferentur è propofita magnitudine refolvenda. cum alioqui, quando refolvenda proponitur magnitudo pura, auferenda fit fola fingularis poteftas prima. Qua igitur methodo elicietur latus illud fingulare primum, ne deludatur Analyfta? Et in confpicuo eft habendam effe tum magnitudinis propofitæ refolvendæ, tunc coëfficientium rationem. Sed pofthabita coëfficientis ratio Analyftam non eludet, quando coëfficiens femota eft longe in pofteriora à puncto poteftati fingulari

primæ

primæ addicto. Quod enim latus congrueret, si quæ proponitur resolvenda magnitudo esset pura, idem adsumetur ad latus singulare primum.

Cum autem in anteriora prorumpit coëfficiens, argumentum est, homogenea adfectionum majora esse lateris de quo quæritur potestate. Et erit consentaneum, opus à divisione inchoare. Itaque si divisor major est dividendo, fiet secessio, devolutiove coëfficientis subgradualis in succedens sibi addictum punctum, idque toties donec locus sit divisioni.

Et quot secedet punctis coëfficiens subgradualis, quæ nimis prorumpebat in anteriora exiliens magnitudinis resolutioni expositæ terminos, tot secedent coëfficientes quæque in sibi addicta loca. Ac denique tot delebuntur subtus singularium potestatum puncta, sub quibus alioquin erat primi lateris instituenda eductio.

Ita autem à divisione resolvendæ potestatis per coëfficientem magnitudinem opus inchoabitur, ut lex homogeneorum maneat illæsa. Nempe,

Si resolvenda magnitudo est cubus, aliud-ve solidum; coëfficiens vero planum: ea quæ ex adplicatione divisione-ve oritur magnitudo, radix esto.

At si coëfficiens est longitudo, id quod oritur quadratum esto, & quadrati ortivi radix proxima veræ subnotator: quandoquidem, cum solidum adplicatur ad longitudinem, id quod oritur planum est.

Æque, si magnitudo resolvenda sit quadrato-cubus, aliud-ve plano-solidum; coëfficiens vero planum: quod oritur cubus esto, & cubi etiam radix proxima veræ subnotator. quandoquidem, cum plano-solidum adplicatur ad planum, id quod oritur solidum est. Et ea constanti in omnibus potestatibus & coëfficientibus, methodo.

At cum neque in posteriora secedit vel prorumpit in anteriora coëfficiens subgradualis magnitudo, sed in eadem prope commissura existit, tunc homogenea sub gradu & ea coëfficiente potestatem lateris singularis propemodum adæquat, & sive à radicis eductione opus inchoet Analysta, sive à divisione, sentiet non raro se deludi. Itaque magis est, ut in ea ἀπορία suum artificium prodat. Quod erit hujusmodi.

Expendet coëfficientis radicem pro suo magnitudinis genere; ipsam videlicet coëfficientem, si coëfficiens longitudo est; vel latus quadrati si planum; vel latus cubi si solidum, & eo continuo ordine, & ab ea radice potestatem efficiet resolvendæ propositæ magnitudini homogeneam, & deinceps comparandam. Radix autem prima differentiæ inter ambas erit latus singulare primum educendum. Aut etiam reducet coëfficientes, & eam, quæ resolvenda proponitur, magnitudinem ad idem magnitudinis genus, & reductarum sumet à resolvenda differentiam, & radix prima differentiæ erit, ut ante, latus singulare primum educendum.

Casus secundus.

Quod si adfectio fuerit per negationem à potestate, potestas quidem singularis lateris auferetur propositæ magnitudini resolvendæ. At eidem addetur homogenea sub gradu & coëfficiente.

Et si coëfficiens sub gradu homogeneam negatam pluribus constet punctis conditionariis, quam resolvenda proposita magnitudo, prout unumquodque magnitudinis genus exposcit, designandis:talis magnitudo censebitur mutila & ἀκέφαλος. Itaque tot numeralibus circulis à dextra ad lævam attolletur, quot deesse videbuntur ad explendum punctorum conditionariorum coëfficientis numerum. Radix autem coëfficientis secundum suum magnitudinis genus expendetur, & statuetur latus singulare primum resolvendæ potestatis adfectæ.

Esto nempe coëfficiens longitudo, resolvenda vero planum. Quot igitur binis figuris constabit planum, si tot simplicibus constet longitudo, dicentur ambæ magnitudinis punctis conditionariis æquari. Et coëfficientis ipsius prima à læva ad dextram figura, statuetur latus singulare primum resolvendæ potestatis adfectæ.

Esto coëfficiens planum, resolvenda vero solidum. Quot igitur ternis figuris constabit solidum, si tot binis constet planum, dicentur ambæ longitudines punctis conditionariis æquari. Et radix prima coëfficientis ipsius tanquam quadrati sub puncto congruo æstimanda, latus erit singulare primum resolvendæ potestatis adfectæ.

Et ea constanti in omnibus potestatibus & coëfficientibus, methodo.

Si vero non pluribus conditionariis punctis constet coëfficiens, sed tamen eo loci prorumpat, ut dubitationi possit esse locus quanta eligenda radix vel parabola: ideo ne divisio frustra sit, & de novo opus inchoare necesse habeat delusus Analysta. Tunc, ut arte magis omnia procedant, tam coëfficientes, quam resolvendæ magnitudines ad idem magnitudinis genus reducentur. Et ex earum ita reductarum summa(quandoquidem per negationem adfectio est) radix elicietur consentanea, & retinebitur.

Casus tertius.

Quod adfectio fuerit per adfirmationem mixtim & negationem à potestate: Effecta quidem sub coëfficientibus adfirmatis homogenea, una cum potestate lateris educendi, erunt ablativa magnitudini resolvendæ: At contra effecta sub coëfficientibus negatis erunt additiva. Itaque ad educendum latus singulare primum, locus erit permixtim antecedentibus quoque præceptis.

Casus quartus.

At quando potestas ab homogenea sub gradu avellitur, avulsam eam restituit potestas lateris singularis primi, & restituta deminuitur ab homogenea de qua negatur, vel homogeneam minuit. Semper autem inchoandum est opus à divisione, cum de minore radice quæritur, & restituta potestas ab homogenea sub gradu deminuitur. Cum vero quæritur de majore, reducitur coëfficiens ad idem magnitudinis genus, & ex excessu elicitur radix potestatis avulsæ restitutoria, secundum ea quæ in epidigmatis adnotata sunt.

Praceptum tertium.

De divisorum constitutione, ordine, & situ, post eductionem lateris singularis primi.

Tertia cura esto, ut post eductionem primi lateris singularis, & emendatam congrua subductione expositam resolutioni magnitudinem, dividentes scansoriæ in suo collocentur situ & ordine, tam superius quam inferius. Ac inferius quidem collocentur multiplices laterum elicitorum gradus parodici, ipsimet qui dividerent in analysi puræ potestatis, ut pote

In analysi quadrati, duplum lateris eliciti.

In analysi cubi, Prima, dividens scansoria magnitudo, triplum lateris eliciti. Secunda, triplum quadratum ejusdem.

In analysi quadrato-quadrati, Prima, quadruplum lateris eliciti. Secunda, sextuplum quadratum ejusdem. Tertia, quadruplus cubus ejusdem.

In analysi quadrato-cubi, Prima, quintuplum lateris eliciti. Secunda, decuplum quadratum ejusdem. Tertia, decuplus cubus ejusdem. Quarta, quintuplum quadrato-quadratum ejusdem.

In analysi cubo-cubi, Prima, sextuplum lateris eliciti. Secunda, decuquintuplum quadratum ejusdem. Tertia, vigecuplus cubus ejusdem. Quarta, decuquintuplum quadrato-quadratum ejusdem. Quinta, sextuplus quadrato-cubus ejusdem. Et ita deinceps.

Et occupent multiplices gradus illi, sedes sibi designatas inter puncta singularium potestatum, ut pote laterales, sedem laterum. Quadrata, sedem quadratorum. Cubi, sedem cuborum, &c.

Superius autem ipsæ coëfficientes magnitudines inter dividentes adscribantur, & idcirco moveantur identidem in succedentia puncta sibi addicta. Et præterea, secundum conditiones graduum, quos coëfficientes illæ metiuntur, multiplicant-ve: repleantur dividentibus reliquis sedes intermediæ, inter puncta ipsis subgradualibus addicta.

Nempe, si coëfficiens sub-quadratica est, Quoniam in resolutione quadrati dividens est duplum lateris eliciti; ducatur coëfficiens in duplum lateris eliciti, & effecta vocetur magnitudo expletionis; & è dividentibus esto: & præito proxime coëfficientem è regione figuræ numeralis intermediæ, quam designata quadratica puncta superius reliquerunt.

Si coëfficiens sub-cubica est, Quoniam in resolutione cubi dividens prima magnitudo, est triplum latus primum. Secunda, lateris primi triplum quadratum, Ideo sunto quoque

que è dividentibus magnitudines expletionum duæ, ipsam coëfficientem ordine præeuntes. Prima effecta abs coëfficiente in lateris eliciti triplum. Secunda, abs coëfficiente in lateris eliciti triplum quadratum. Ac prima quidem è regione figuræ intermediæ, quæ prima est ad lævam ab ea in quam coëfficiens definit, consistito. Secunda è regione secundæ.

Et si coëfficiens sub-quadrato-quadratica est, Sunto è dividentibus ob eam, quæ jam satis inculcata est, rationem, magnitudines tres expletionum, coëfficientem ipsam ordine præeuntes. Prima coëfficienti proxima, effecta à coëfficiente in lateris eliciti quadruplum. Secunda è coëfficiente in lateris eliciti sextuplum quadratum. Tertia à coëfficiente in lateris eliciti quadruplum cubum.

Et si coëfficiens sub-quadrato-cubica est, Sunto è dividentibus magnitudines quatuor expletionum, coëfficientem ipsam ordine præeuntes. Prima & coëfficienti proxima, effecta abs coëfficiente illa in quintuplum lateris eliciti. Secunda, abs eadem in decuplum quadratum lateris eliciti. Tertia, abs eadem in decuplum cubum lateris eliciti. Quarta, abs eadem in quintuplum quadrato-quadratum lateris eliciti. Tertia, abs eadem in decuplum cubum lateris eliciti. Quarta, abs eadem in quintuplum quadrato-quadratum lateris eliciti.

Et si coëfficiens sub-cubo-cubica est, Sunto è dividentibus magnitudines quinque expletionum, coëfficientem ipsam ordine præeuntes. Prima & coëfficienti proxima, effecta abs coëfficiente & sextuplum lateris eliciti. Secunda abs eadem in quindecuplum quadratum ejusdem. Tertia, abs eadem in vigecuplum cubum ejusdem. Quarta, abs eadem in quindecuplum quadrato-quadratum lateris eliciti. Quinta, abs eadem in sextuplum quadrato-cubum lateris eliciti.

Et eo continuo ordine & progressu.

Præceptum quartum.

De eductione lateris singularis secundi.

Quarta cura esto, ut post congruentem situm dividentium, si quidem fuerint ejusdem adfectionis, adgregentur illæ, & per eorum adgregatum divisio instituatur ad eliciendum latus secundum.

Si sint diversæ, ut pote, si quæ sit coëfficiens negata, ipsa, cum suis expletionum scansoriis eandem retinentibus adfectionem, partem unam facito, reliquæ dividentes reliquam, & quotus erit excessus in magnitudinis, quæ resolvenda proponitur, reliquo, Tantum esto latus singulare secundum, siquidem parabola una numerali figura contenta est, quoniam excessus ad magnitudinis gradum, qui potestati proxime succedit, pertinet. At cum parabola duarum figurarum est, excessus ad succedentem gradum pertinet, ideoque non erit longitudo, sed planum. Vnde ei proximius numero quadratum, statuitur quadratum lateris singularis secundi. Et si parabola trium est figurarum, ipsa erit solidum, & ei proximior numero cubus, statuetur cubus lateris singularis secundi, & eo climactico in infinitum progressu, ut hæc ad caput analyseos potestatum avulsarum jam ante adnotata sunt.

Præceptum quintum.

De efficiundis à latere secundo homogeneis, & cum reliquo magnitudinis genere comparandis.

Quinta cura esto in coëfficiundis potestati homogeneis ex ductu eliciti lateris novi, vel ejus parodicorum graduum, in constitutas magnitudines dividentes.

Si de resolutione cubi agitur, latus secundum ducatur in multiplex quadratum primi, in aliaque dividentia plana, sive coëfficiens, sive scansorium expletionis; lateris vero secundi quadratum in multiplex latus primum, & in coëfficientem longitudinem.

Si de resolutione quadrato-quadrati, latus secundum ducatur in multiplicem cubum primi, in aliaque dividentia solida; quadratum ejusdem in multiplex quadratum primi, in aliaque plana; cubus in multiplex latus primi, aliasque dividentes longitudines.

Si de refolutione quadrato-cubi, latus fecundum ducatur in multiplex quadrato-quadratum primi, in aliaque dividentia plano-plana ; quadratum ejufdem in folida; cubus in plana; quadrato-quadratum in longitudines.

Si de refolutione cubo-cubi, latus fecundum ducetur in multiplex quadrato-cubum primi, in aliaque dividentia plano-folida ; quadratum ejufdem in plano-plana; cubus in folida; quadrato-quadratum in plana ; quadrato-cubus in longitudines.

Et ita in infinitum.

Adgregabuntur autem facta hujufmodi homogenea, cum fuerint ejufdem adfectionis. Quod fi diverfæ, quæ fient à coëfficiente negante una, vel pluribus, & fuis intermediis expletionum fcanforiis, partem unam faciunto, Reliqua homogenea reliquam.

Et fi fumma homogenearum primo cafu; vel differentia fecundo; magnitudinis refolvendæ reliquo fuerit æqualis, opus erit abfolutum. Sin minus, & fuperfit punctum poteftati addictum, duo jam elicita latera fungentur vice unius, & deinceps fubeunda erit tertia cura, & reliquæ expofitæ, donec ad finem opus perducatur.

Præceptum Sextum.

Ad eliciendum radices proximas veris, alioquin irrationales.

Si autem fingularia latera omnia jam fint elicita, id eft, nullum fuperfit punctum poteftati addictum ; neque tamen primo cafu fumma homogeneorum ; vel fecundo differentia, fit ipfi reliquo magnitudinis refolutioni expofitæ æqualis: argumentum erit latus effe irrationale. Quo itaque proximum eliciatur majus minus-ve, fummæ elicitorum laterum fingularium adjungetur fragmentum, cujus numerator erit reliquum magnitudinis refolvendæ. Ad denominatorem vero fumentur divifores iidem, qui effent, fi aliquod punctum poteftati addictum fupereffet denuo refolvendum. Quod & in analyfi purarum poteftatum potuit obfervari.

Vel, refolvendæ magnitudini adfectæ addentur, ut in puris, conditionarii fecundum genera magnitudinum numerales circuli, id eft bini in quadratis, terni in cubis, quaterni in quadrato-quadratis, & eo deinceps ordine. Quin coëfficientibus magnitudinibus ισομοιρικῶς addi intelligentur tot quoque numerales circuli, quot expofcet graduum ipfis homogeneorum conditio, finguli fi longitudo, bini fi planum, terni fi folidum, & eo in infinitum progreffu. Enimvero

Proponatur 1 C + 6 N, æquari 8. Quoniam 6 eft magnitudo plana : 1 C + 600 N, æquabitur 8,000. & erit hæcradix ad illam decupla. Et 1 C + 6,00,00 N, æquabitur 8,000,000. & erit radix hæc ad primam centupla.

Et fi proponatur 1 C + 6 Q, æquari 8. Quoniam hic 6 eft longitudo: 1 C + 60 Q, æquabitur 8,000. & erit hæc radix ad illam decupla. Et rurfus 1 C + 600 Q, æquabitur 8,000,000. & erit hæc radix ad primam propofitam centupla.

Et fi proponatur 1 QQ + 6 C, æquari 8. Quoniam 6 eft longitudo : 1 QQ + 60 C, æquabitur 8,0000. & hæc radix erit ad primam decupla. Vel 1 QQ + 600 C, æquabitur 8,0000,0000. & hæc radix erit ad primam propofitam centupla. Et ita de reliquis, per ea quæ de ifomœria in tractatu de Emendatione Æquationum tradita funt.

Quid vero fi 1 N eft explicabilis fub nota afymmetriæ, quæratur autem fub ea fpecie exhiberi? & id per artem non denegabitur, ficut ex iis quæ fuperius citato tractatu expofita funt, manifeftum fit. Hic autem efto

EXPLICITVS DE NVMEROSA POTESTATVM RESOLV-
TIONE TRACTATVS.

FRANCISCI VIETÆ
EFFECTIONVM
GEOMETRICARVM
Canonica recenfio.

Ffectiones Geometricas quibus æquationes omnes quæ quadratorum metam non excedunt, commode explicentur, ita canonice recenfeo.

PROPOSITIO I.
Datam rectam lineam datæ rectæ lineæ addere.

Opus additionis. Sint datæ duæ rectæ lineæ A B, B C. Oportet alteram alteri addere. Continuetur A B longitudine B C. Dico factum effe quod oportuit. Compofitam enim effe A C ex A B, B C.

A———————————|————————C
           B

PROPOSITIO II.
Datam rectam lineam datæ rectæ lineæ majori auferre.

Opus fubductionis. Sint datæ duæ rectæ lineæ inæquales A B, B C. Oportet ex A B majore, minorem auferre. Ex A B abfcindatur B C. Dico factum effe quod oportuit. Differentiam enim inter A B & B C, effe A C.

A———————————|———————B
              C

PROPOSITIO III.
Defcribere tres lineas rectas proportionales.

Sub A centro, intervallo quocumque defcribatur circulus, & agatur diameter B A C. Sumantur autem in contrarias partes circumferentiæ C D, C E æquales ; & connexa D E fecet B C in F. Dico factum effe quod oportuit. Proportionales enim effe B F, F D, F C.

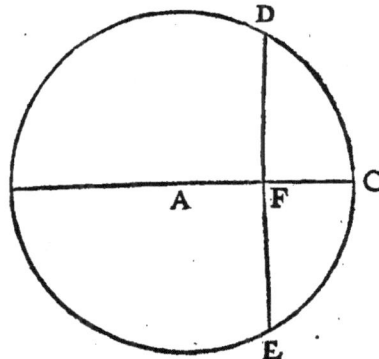

PROPOSITIO IV.

Defcribere triangulum rectangulum.

Repetita fuperiore conftructione connectatur A D. Dico factum effe quod oportuit. Triangulum enim effe A F D, ipfumque rectangulum, quoniam angulus A F D eft rectus, ut demonftratur in Elementis.

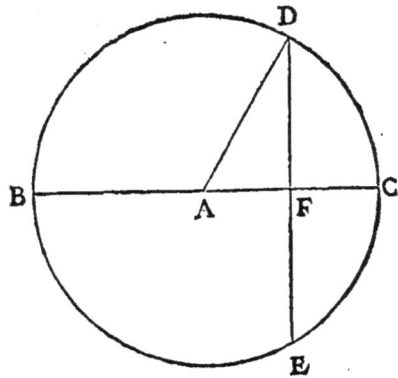

PROPOSITIO V.

Datis duabus lineis rectis, invenire mediam inter eas proportionalem.

Opus multiplicationis. Illud enim eft, Datis lateribus invenire planum, five exhibere quadratum ipfi plano æquale. Traditum eft autem quod fit ab extremis planum, æquale effe mediæ quadrato.

Sint datæ duæ rectæ lineæ B F, F C. Oportet invenire mediam inter eas proportionalem. Continuetur B F longitudine F C, & B C fecetur bifariam in A : Et è centro A intervallo A B vel A C defcribatur circulus , & excitetur ad punctum F perpendicularis, abfcindens circumferentiam in D. Dico factum effe quod oportuit. Mediam enim quæfitam effe D F, ut manifeftum fit ex defcriptione canonica trium proportionalium.

Sic dato plano , datur quadratum æquale.

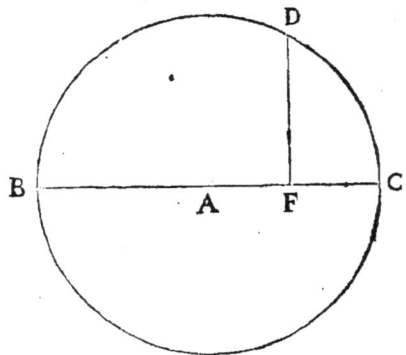

PROPOSITIO VI.

Datis duabus lineis rectis, invenire tertiam proportionalem.

Opus adplicationis. Illud enim eft, Datum planum feu plano æquale quadratum , rectæ adplicare & latitudinem ortivam exhibere. *Quadratum videlicet media adplicatur ad primam, & oritur tertia.*

Sint datæ duæ lineæ rectæ B F, F D. Oportet invenire tertiam proportionalem. Inclinentur ad rectos angulos B F, F D, & connectatur B D, quæ fecetur bifariam ad rectos angulos à recta A H intercipiente ipfam B D in G, ipfam vero B F in A, Et centro A, intervallo A B vel A D defcribatur circulus , ad cujus circumferentiam protrahatur B F in C. Di-

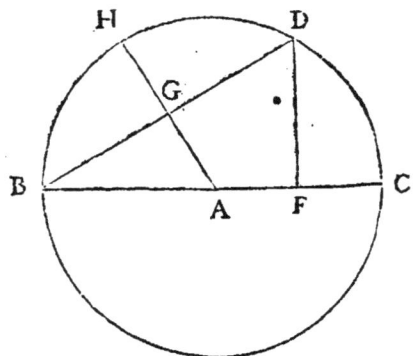

co factum esse quod oportuit. Ad datas enim B F, F D tertiam proportionalem quæsitam esse F C, ut manifestum sit ex descriptione canonica trium proportionalium.

Minus autem effectiones canonicæ sunt.

1 Datis tribus lineis rectis, invenire quartam proportionalem.

2 Facere ut numerum ad numerum, ita lineam rectam ad rectam de qua quæritur, cæteris datis.

3 Facere ut quadratum ad quadratum, ita lineam rectam ad rectam de qua quæritur, cæteris datis.

4 Facere ut lineam rectam ad rectam, ita quadratum ad quadratum lateris de quo quæritur, cæteris datis.

Quæ tamen si quando juvant habentur ex Elementis. Sed neque sequentes effectiones omnino regulares sunt, at commendandæ tamen propter frequentem earum usum & impendium.

PROPOSITIO VII.

Datis trianguli rectanguli duobus lateribus circa rectum, invenire latus tertium.

Opus additionis planorum. Docuit nempe Pythagoras, *Quadrata à lateribus circa rectum, æquari quadrato lateris reliqui.*

Quod etiam principia analytica arguunt ex ipsa descriptione trianguli. Traditum est enim ex analyticis, aggregatum duorum laterum, dum ducitur in differentiam laterum, facere differentiam quadratorum. Aggregatum autem ex A D seu B A & A F, est B F, Et differentia inter A D seu A C & A F, est F C. B F autem ducta in F C, facit quadratum ex D F. Itaque quadratum ex D F est differentia quadrati ex A D & quadrati ex A F. Et per artis translationem, quæ dicitur antithesis, quadratum ex A D est summa quadratorum ex A F & D F.

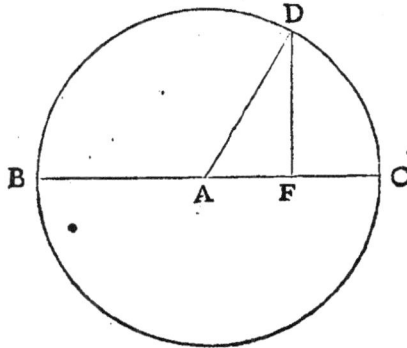

Sint data duo latera trianguli rectanguli ipsum angulum rectum ambientia A F, F D. Oportet invenire latus tertium, quod angulum rectum subtendit. Inclinentur igitur A F, F D ad angulos rectos & connectatur A D. Dico factum esse quod oportuit. Latus enim de quo quæritur esse A D, subtendens D F A rectum angulum trianguli, factum à datis A F, F D.

PROPOSITIO VIII.

Dato latere subtendente angulum rectum trianguli, & uno è reliquis, invenire latus tertium.

Opus subductionis planorum. Sint data duo latera trianguli rectanguli, unum A C, quod subtendit angulum rectum, alterum A F insistens circa rectum illum. Oportet invenire latus reliquum.

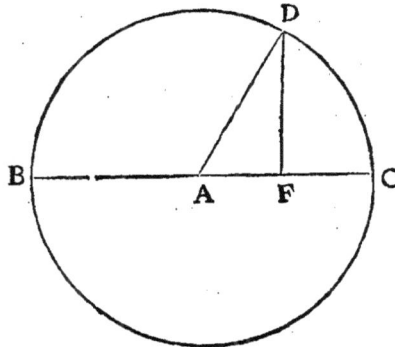

Centro A intervallo A C describatur circulus, Sed ex A C abscindatur A F, & ad punctum F excitetur perpendicularis in A C, eaque secet circumferentiam in D, & connectatur A D. Dico factum esse quod oportuit. Latus enim D F esse quæsitum, ambiens angulum rectum in triangulo A F D, cujus data fuerunt reliqua latera A F & A D, id est A C.

PROPOSITIO IX.

Si fuerint tres lineæ rectæ proportionales: quadratum minoris extremæ adjunctum rectangulo sub differentia extremarum & ipsa minore extrema, æquatur mediæ quadrato.

Exponatur canonicum diagramma trium linearum rectarum proportionalium, & intelligitor F C minor extrema, cui æqualis ponatur B G, unde differentia inter B F majorem extremam & B G, id est F C minorem extremam, sit F G. Dico quadratum ex C F adjunctum rectangulo sub C F, F G, æquari quadrato ex D F. Nam quadratum ex C F aliter est factum ex C F in G B. Itaque duo hæc facta ex C F in G B, & C F in F G valent factum ex C F in F B. Cui facto sub extremis consequenter æquale est quadratum ex D F media inter extremas.

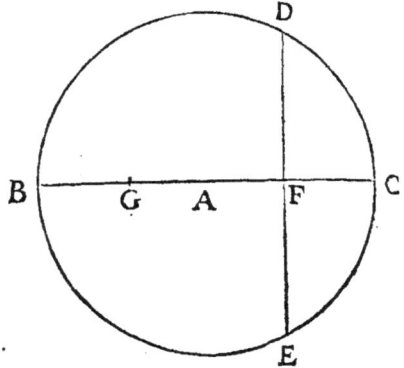

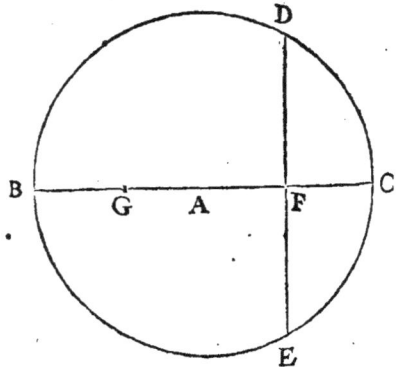

CONSECTARIVM AD MECHANICEN
quadrati adfecti adjunctione plani sub latere

Itaque cum proponetur A quadratum, plus B in A, æquari D quadrato: intelligetur D media inter extremas, B differentia earumdem. Et ex media & differentia extremarum quærentur extrema, quarum minor erit A, de qua quæritur.

Ut hic ex datis G F, F D construentur proportionales B F, F D, F C. Et erit F C minor quæsita. Vt ex Zeteticis poterat argui, & jam figura Geometrica per synthesin demonstrat.

PROPOSITIO X.

Si fuerint tres lineæ rectæ proportionales: quadratum majoris extremæ, multatum rectangulo sub differentia extremarum, & ipsa majore extrema, æquatur mediæ quadrato.

Repetatur proxime antecedens constructio. Dico quadratum ex B F, minus rectangulo sub B F, G F, æquari quadrato ex D F.

Quadratum enim ex B F, valet factum ex B F in G F, & insuper ex B F in B G. A quadrato igitur ex B F auferatur factum ex B F in F G, relinquitur factum ex B F in B G, id est ex constructione in F C. Cui facto sub extremis consequenter æquale est quadratum ex D F media inter extremas.

CONSECTARIVM AD MECHANICEN QVADRATI
adfecti multa plani sub latere.

Itaque cum proponetur A quadratum, minus B in A æquari D quadrato: intelligetur D media inter extremas, B differentia earumdem. Et ex media & differentia extremarum quærentur extrema, quarum major erit A, de qua quæritur.

Vt hic ex datis G F, F D construentur proportionales B F, F D, F C. Et erit B F major quæsita. Vt ex Zeteticis poterat argui, & jam figura Geometrica per synthesin demonstrat.

PROPOSITIO XI.

Si fuerint tres lineæ rectæ proportionales : rectangulum sub composita ex extremis & harum altera majore minoreve, multatum ejusdem alterius quadrato, æquatur mediæ quadrato.

Exponatur canonicum diagramma trium proportionalium. Dico rectangulum sub BC, FC, minus quadrato ex FC, æquari quadrato ex DF.

Et rursus rectangulum sub BC, BF, minus quadrato ex BF, æquari quadrato ex DF.

Quoniam enim B C est composita ex BF, FC, ideo factum ex BC in FC valet factum ex BF in FC, & FC in FC, hoc est quadratum ex FC. Cum itaque ex facto BC in FC auferetur quadratum ex FC, relinquetur factum ex BF in FC. Cui facto sub extremis consequenter æquale est quadratum ex DF media inter extremas. Atque id esto primum.

Æque quoniam BC composita est ex CF, FB, ideo factum ex BC in BF valet factum ex CF in BF, & BF in BF, hoc est quadratum ex BF. Cum itaque ex facto BC in BF auferetur quadratum ex B F, relinquetur factum ex CF in BF. Cui facto sub extremis consequenter æquale est quadratum ex DF media inter extremas. Vt secundo loco fuit demonstrandum.

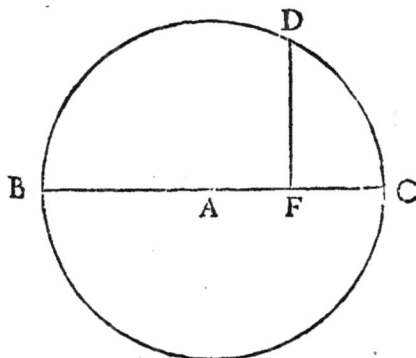

CONSECTARIVM AD MECHANICEN PLANI
sub latere negati de quadrato.

Itaque cum proponetur B in A, minus A quadrato æquari D quadrato: intelligetur D media inter extremas, B adgregatum earumdem. Et ex media & adgregato extremarum quærentur extrema, quarum alterutra erit A, de qua quæritur.

Vt ex Zeteticis poterat argui, & jam figura Geometrica per synthesin demonstrat.

PROPOSITIO XII.

Data media trium proportionalium & differentia extremarum, invenire extremas.

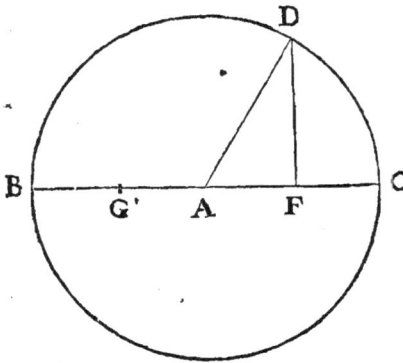

Sit data FD media trium proportionalium, data quoque GF differentia extremarum. Oportet invenire extremas.

Inclinentur GF, FD ad angulos rectos, & secetur GF bifariam in A. Centro autem A intervallo AD, describatur circulus, ad cujus circumferentiam producantur AG, AF, in punctis B, C.

Dico factum esse quod oportuit. Extremas enim inveniundas esse BF, FC, inter quas media proportionalis est FD. Et ipsæ BF, FC differunt per FG, quandoquidem AF & AG constructæ sunt æquales, & AC, AB constructæ quoque æquales.

Itaque ab æqualibus AB, AC subducendo æquales AG, AF, remanent BG, FC æquales. Est autem GF differentia inter BF & BG, seu FC. Quod erat demonstrandum.

PROPOSITIO XIII.

Data media trium proportionalium & adgregato extremarum, invenire extremas.

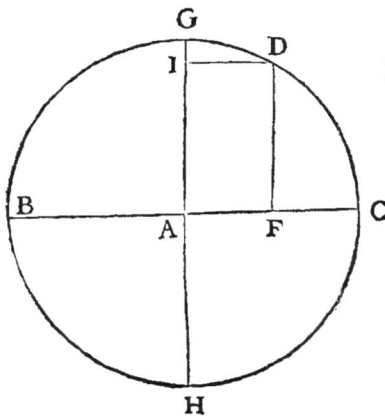

Sit data E media trium proportionalium, & BC adgregatum extremarum. Oportet invenire extremas. Secetur BC bifariam in A, & centro A intervallo AB vel AC describatur circulus. Sed & diametrum BAC secet ad angulos rectos altera diameter GAH, & ex AG abscindatur AI, æqualis ipsi E. Et per I ducatur recta ipsi BC parallela intercipiens circumferentiam in D puncto, à quo cadat in BC perpendicularis DF ipsi IA æqualis, & parallela. Dico factum esse quod oportuit. Extremas enim quæsitas esse BF, FC, ex quibus composita est BC data. Et fit media inter eas proportionales DF seu IA, id est E data.

PROPOSITIO XIV.

Quadratum à media proportionali inter hypotenusam trianguli rectanguli & perpendiculum ejusdem, proportionale est inter quadratum perpendiculi & quadratum idem perpendiculi continuatum basis quadrato.

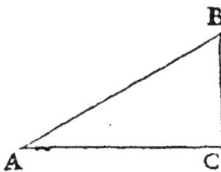

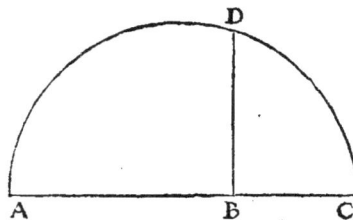

Sit triangulū rectangulū ABC, media vero inter AB hypotenusam & BC perpendiculum, sit BD. Dico quadratum ex BD proportionale

nale effe inter quadratum ex B C & idem quadratum ex B C plus quadrato ex A C.

Quoniam enim proportionales funt BA, DB, BC. Ideo proportionalia quoque funt quæ ab eis fiunt quadrata, videlicet quadratum ex AB, quadratum ex DB, & quadratum ex BC. Ipfum autem quadratum ex AB per interpretationem, eft quadratum ex BC plus quadrato ex AC.

Idem quadratum à media proportionali inter hypotenufam trianguli rectanguli & perpendiculum, proportionale eft inter quadratum hypotenufæ & quadratum idem hypotenufæ multatum bafis quadrato.

Cum fint proportionalia(ut jam adnotatũ eft) quadratum ex AB, quadratum ex BD, & quadratum ex BC. Ipfum autem quadratum ex BC per interpretationem, fit quadratum ex AB minus quadrato ex AC.

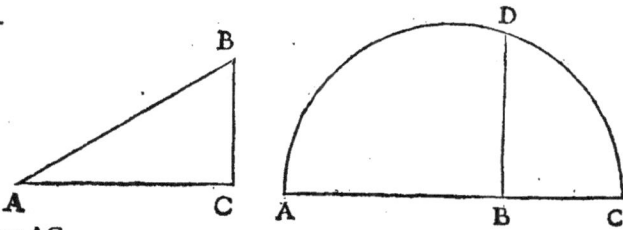

C O N S E C T A R I V M A D M E C H A N I C E N
quadrato-quadrati adfecti fub quadrato.

Itaque, Si A quadrato-quadratum, plus B quadrato in A quadratum, æquetur D quadrato-quadrato. Intelligetur B bafis trianguli rectanguli, D media inter perpendiculum & hypotenufam. Et ex media & bafe, quæretur A perpendiculum.

Vt hic ex datis AC, BD, quæretur BC. Cum ex refolutione expofiti primo loco analogifmi, quadrato-quadratum ex BC plus plano-plano fub quadrato ex AC & quadrato ex BC, æquetur quadrato-quadrato ex BD.

Et fi A quadrato-quadratum, minus B quadrato in A quadratum, æquetur D quadrato-quadrato. Rurfus B intelligetur bafis trianguli rectanguli, D media inter perpendiculum & hypotenufam. Et ex media & bafe, quæretur A hypotenufa.

Vt hic ex datis AC, BD, quæretur AB. Cum ex refolutione expofiti fecundo loco analogifmi, quadrato-quadratum ex AB minus plano-plano fub quadrato ex AC & quadrato ex AB, æquetur quadrato-quadrato ex BD.

P R O P O S I T I O XV.

Quadratum à media proportionali inter bafin trianguli rectanguli & perpendiculum ejufdem, proportionale eft inter quadratum bafis, & quadratum hypotenufæ multatum ipfo bafis quadrato.

Vel etiam inter quadratum perpendiculi, & quadratum hypotenufæ multatum ipfo perpendiculi quadrato.

Sit triangulum rectangulum ABC, media vero inter latera circa rectum AC, BC, fit

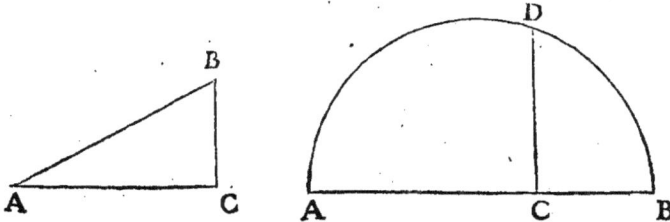

CD. Dico quadratum ex CD proportionale effe inter quadratum ex AC & quadratum ex AB minus quadrato ex AC.

Quo.

Quoniam enim proportionales funt AC, CD, BC. Ideo proportionalia quoque funt quæ ab iis fiunt quadrata, videlicet quadratum ex AC, quadratum ex CD, & quadratum ex BC. Ipfum autem quadratum ex BC per interpretationem, eft quadratum ex AB minus quadrato ex AC.

Vel etiam dico, quadratum ex CD proportionale effe inter quadratum ex BC & quadratum ex AB minus quadrato ex BC.

Cum fint proportionalia (ut jam adnotatum eft) quadratum ex AC, quadratum ex CD, & quadratum ex BC. Ipfum autem quadratum ex AC per interpretationem, fit quadratum ex AB minus quadrato ex BC.

CONSECTARIVM AD MECHANICEN

plano-plani fub quadrato negati de quadrato-quadrato.

Itaque fi B quadratum in A quadratum, minus A quadrato-quadrato, æquetur D quadrato-quadrato. Intelligetur B hypotenufa trianguli rectanguli, D media inter perpendiculum & bafin. Et ex media & hypotenufa, quæretur A bafis vel perpendiculum.

Vt hic ex datis AB, DC, quæretur AC vel BC. Cum ex refolutione analogifmi primo pofiti, plano-planum fub quadrato ex AB & quadrato ex AC minus quadrato-quadrato ex AC, æquetur quadrato-quadrato ex CD.

Vel etiam ex refolutione analogifmi fecundo loco expofiti, plano-planum fub quadrato ex AB & quadrato ex BC minus quadrato-quadrato ex BC, æquetur quadrato-quadrato ex DC.

PROPOSITIO XVI.

Data prima trium proportionalium, & ea cujus quadratum æquale eft adgregato quadratorum fecundæ & tertiæ, dantur fecunda & tertia.

Enim vero funt quoque proportionales,

I *Tertia plus prima,*
II *Potens illas quadrato,*
III *Tertia. Qua in ferie datur media & differentia extremarum. Data autem media & differentia extremarum, dantur extrema.* Per propofitionem XII hujus.

Expofita autem analogia, quam alioquin firmavit Zetefis, perfpicua eft ex æquatione in quam refolvitur. Faciunt enim extremæ, quadratum tertiæ plus rectangulo ex prima in tertiam, id eft plus quadrato fecundæ; quæ duo quadrata æquant quadratum mediæ.

Et vero Propofitio hæc inter canonicas adfcribitur, quoniam parafceve eft ad Mechanicen quadrato-quadrati adfecti fub quadrato. Itaque magis eft ut ipfum opus integrum præ oculis fubjiciatur. Propofitum igitur efto,

Data prima trium proportionalium, & ea cujus quadratum æquale eft adgregato quadratorum fecundæ & tertiæ, invenire proportionales.

Sit data prima trium proportionalium AB, quæ vero poteft quadrata fingularum reliquarum BC. Oportet invenire fecundam & tertiam. Inclinentur ad angulos rectos AB, BC, & fecetur AB bifariam in D, & centro D intervallo DC defcribatur circulus abfcindens ipfam AB productam hinc inde in punctis E, F, & fit E punctum verfus B, & F verfus A: & fiat AE diameter alterius circuli, ad quam producatur BG. Dico proportionales de quibus quæritur, effe GB quidem fecundam, BE vero tertiam. Proportionales enim effe AB, BG, BE inprimis conftat vel ex canonico trium proportionalium diagrammate. Supereft igitur ut fubtenfa GE æquetur ipfi BC datæ. Id autem ita fit manifeftum. Quoniam enim FD, DE funt æquales ex conftructione, nam utraque femidiameter eft circuli

primum

primum defcripti, & æ-
quales quoque ex con-
ſtructione A D, D B. Er-
go fiunt quoque æquales
FA, B E; & rurſus æqua-
les FB, A E, facta ſubdu-
ctione & additione equa-
lium ab æqualibus. Media
autem proportionalis in-
ter E B, B F, eſt B C ex prædicto canonico diagram-
mate. Media quoque in-
ter E B & A E id eſt ipſam
B F, eſt G E. Quare ipſa
G E eadem eſt quæ B C.
Quod oſtendiſſe opor-
tuit.

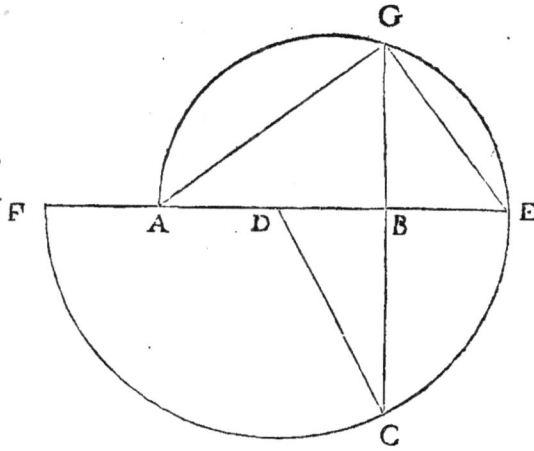

Ad datam igitur A B
primam, & B C poten-
tem quadrato duas reliquas, inventæ ſunt tres proportionales A B, B G, B E. Quod faciendum erat.

PROPOSITIO XVII.

Si quadratum mediæ inter perpendiculum trianguli rectanguli & hypotenuſam adplicetur ad baſin : perpendiculum proportionale eſt inter baſin & eam cujus quadratum æquale eſt differentiæ inter quadratum latitudinis oriundæ ex ea adplicatione & quadratum perpendiculi.

Sit trianguli rectanguli hypotenuſa quidem A B, baſis A C, perpendiculum B C; media vero proportionalis inter A B & B C, ſit C D, cujus quadratum cum adplicabitur
ad A C, faciat latitudinem C F. Sed & quadratum ipſius B C adplicetur ad A C, & fa-

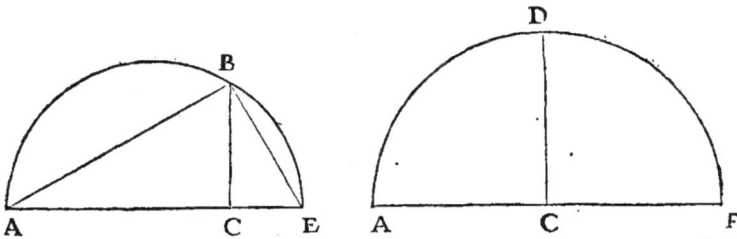

ciat latitudinem C E. cujus quadratum una cum quadrato ex B C, æquetur quadrato
ex B E. Dico B E eſſe æqualem ipſi C F. Itaque C E eſſe eam cujus quadratum æquale
ſit differentiæ inter quadratum ex C F ſeu B E, & quadratum ex B C. Et conſequenter
inter eam & A C proportionalem eſſe B C, ut decernit propoſitio.

Eſt enim ut A C ad C D, ita C D ad C F, ex conſtructione. Eſt quoque, ut A C ad
B C, ita A B ad B E, ex triangulorum A C B, A B E ſimilitudine. Quadratum autem ex
C D æquale eſt ex hypotheſi rectangulo ex B C in A B. Quare eadem media eſt inter A C
& C F, & inter A C & B E. Itaque B E & C F ſunt æquales, atque demonſtrata eſt Pro-
poſitio.

PROPOSITIO XVIII.

Data baſe trianguli rectanguli, & media proportionali inter hypotenuſam & perpendiculum, datur triangulum.

Enimvero proportionales ſunt ex antecedente propoſitione,

I. *Baſis,*

II. *Perpendiculum,*

III. *Latus*

III. *Latus quadrati, æqualis differentiæ inter quadratum perpendiculi & quadratum latitudinis, quam facit mediæ quadratum adplicatum basi. Qua in serie datur prima & latus quadrati, æqualis adgregato quadratorum à duobus reliquis. Itaque dabuntur duæ reliquæ per propositionem XVI.*

Est autem Mechanice quadrato-quadrati, adfecti sub quadrato. Itaque in canonicarum numerum adscribitur. Qua de causa opus ipsum integrum consentaneum est exhibere. Propositum igitur esto,

Data base trianguli rectanguli, & media inter hypotenusam & perpendiculum, exhibere ipsum triangulum.

Sit data A C basis trianguli rectanguli, & data quoque C E media inter hypotenusam & perpendiculum. Oportet exhibere ipsum triangulum. Ad datam A C adplicetur

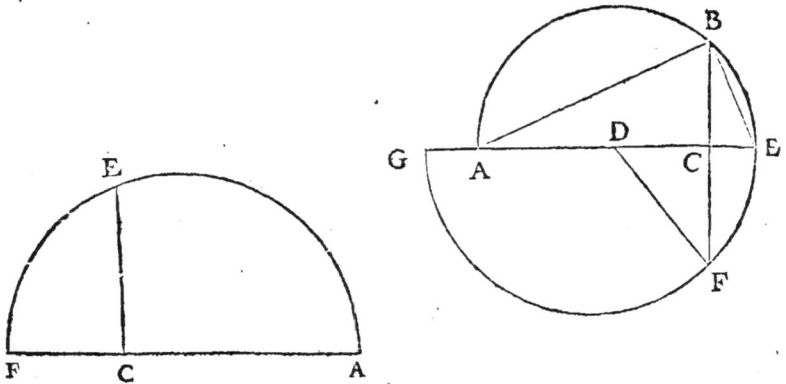

quadratum ex C E, faciens latitudinem C F. Deinde inclinetur C F perpendiculariter ad A C, sectaque A C bifariam in D, describantur proportionales C E, C F, C G. Et fiat A E diameter circuli, è cujus circumferentia cadat perpendiculum B C. Dico A C B triangulum esse de quo quæritur, cujus videlicet basis est ipsa A C data. Cum autem sit ut A C ad A B, ita B C ad B E, id est C F, ut opus indicat, & antecedens demonstravit. C E vero media sit inter A C & C F, consequens est mediam quoque esse C E inter A B & B C. Quare factum est quod oportuit.

Idem autem Problema potuit ita enunciari.

Data media trium proportionalium, & ea cujus quadratum æquale est differentiæ quadratorum ab extremis, invenire extremas.

Vt hic data A C & C E, inveniuntur A B, B C.

PROPOSITIO XIX.

Si quadratum mediæ inter basin & perpendiculum trianguli rectanguli, adplicetur ad hypotenusam: Quæ oritur latitudo, erit proportionalis inter duo segmenta hypotenusæ; quorum primi quadratum adjectum quadrato latitudinis, æquat quadratum basis; secundi vero quadratum eidem quadrato latitudinis adjectum, æquat quadratum perpendiculi.

Sit trianguli rectanguli hypotenusa quidem A B, basis A C, perpendiculum B C; media inter basin & perpendiculum B E, cujus quadratum adplicatum ad A B, faciat latitudinem B F. Cadat autem C D perpendiculariter à puncto C in A B. Sunt igitur proportionales A D segmentum primum hypotenusæ, C D educta; & D B segmentum hypotenusæ reliquum. Dico D C esse æqualem ipsi B F. Itaque B F esse proportionalem inter A D, cujus quadratum adjunctum quadrato C D æquet quadratum A C basis, & D B, cujus quadratum eidem quadrato C D adjectum æquet quadratum C B perpendiculi, ut decernit Theorema.

Est enim ut A B ad B E, ita B E ad B F ex constructione. Est quoque ut A B ad C B, ita A C ad C D ex similitudine triangulorum A C B, A D C. Quadratum autem ex B E

valet

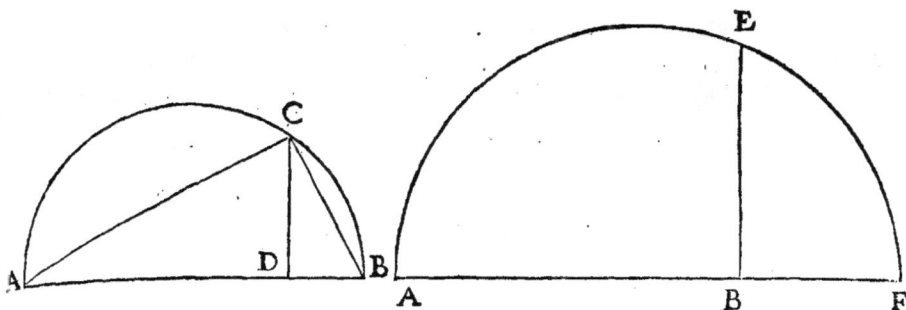

valet rectangulum C B in A C. Ergo eadem media est inter A B & B F, quæ inter A B & C D. Ideoque B F & C D sunt æquales. Atque adeo rata est propositio.

PROPOSITIO XX.

Data hypotenusa trianguli rectanguli, & media proportionali inter basin & perpendiculum, datur triangulum.

Enimvero proportionales sunt ex antecedente propositione,

I. *Hypotenusæ segmentum unum ;*

II. *Latitudo quam facit media quadratum adplicatum ad hypotenusam,*

III. *Hypotenusæ segmentum alterum.*

Qua in serie datur media & aggregatum extremarum. Ac quadratum quidem latitudinis prædictæ, adjunctum quadrato unius è segmentis hypotenusæ, efficit quadratum unius è lateribus circa rectum. Adjectum vero quadrato segmenti alterius, efficit quadratum quoque lateris reliqui.

Est autem Mechanice plano-plani sub quadrato negati de quadrato-quadrato. Itaque in canonicarum numerum adscribitur. Quà de causa opus ipsum integrum consentaneum est exhibere. Propositum igitur esto,

Data hypotenusa trianguli, & media proportionali inter latera circa rectum, exhibere ipsum triangulum.

Sit data A B hypotenusa trianguli, & data quoque A C media proportionali inter latera circa rectum. Oportet exhibere ipsum triangulum. Ad datas A B, A C inveniatur tertia proportionalis A D, & fiat A B diameter circuli, in quam ad rectos angulos demittatur è circumferentia recta F E ipsi A D æqualis, & subtendantur A F, F B. Dico ipsa A F, F B esse latera circa rectum quæsita, atque adeo triangulum, de quo quæritur esse A F B, cujus quidem hypotenusa est A B data. Similia namque triangula rectangula sunt A F E, A F B. Itaque est

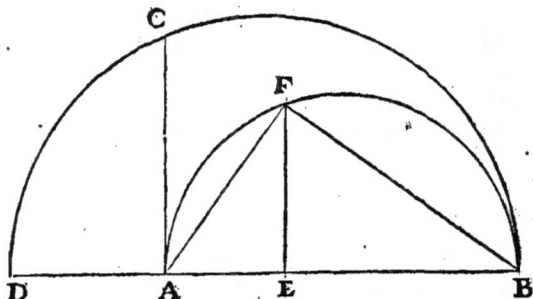

ut F E ad A F, ita F B ad A B Sed ex constructione est F E id est A D ad A C, ita A C ad A B. Quare A C proportionalis est inter A F. F B.

Ad datam itaque A B hypotenusam, & A C mediam proportionalem inter latera circa rectum, exhibitum est ipsum triangulum A F B. Quod facere oportebat.

Idem autem Problema ita potuit concipi.

Data media trium proportionalium, & ea cujus quadratum æquale est adgregato quadratorum ab extremis, invenire extremas.

Vt hic datis A C media, & A B potente extremas quadrato, inveniuntur ipsæ extremæ A F, F B.

FRAN-

FRANCISCI VIETÆ
SVPPLEMENTVM
GEOMETRIÆ.

POSTVLATVM.

D supplendum Geometriæ defectum, concedatur

A quovis puncto ad duas quasvis lineas rectam ducere, interceptam ab iis præfinito possibili quocumque intersegmento.

Vt cum alioqui ad educendas lineas rectas præstituenda essent regulariter duo puncta, hic secundi puncti præstitutionem suppleat præfinita inter duas longitudo.

Hoc autem concesso, conceditur

A quovis puncto ad duas lineas rectas concurrentes & indefinite continuatas, aliam insuper lineam rectam ducere, ab iis interceptam longitudine quacumque.

Item. A quovis puncto in area circuli vel circumferentia signato, ad quamvis lineam rectam cum circulari concurrentem & indefinite continuatam, aliam insuper lineam rectam ducere, interceptam longitudine quacumque.

Et opus quidem illud videtur absolvisse Nicomedes sua conchoide prima, hoc sua conchoide secunda. Postulatum autem omnino admisit Archimedes. At idem proposuit parabolas & helicas describere, immo etiam helicas tangere.

Ac descriptione quidem helices, fit ut linea recta ad lineam rectam, ita angulus ad angulum. Itaque describitur intra vel circa circulum polygonum quodcumque. Sed non ideo scitur laterum quæ arcubus subtenduntur ad diametrum, vel inter se, ratio. Magnitudo autem tunc demum data intelligitur secundum analytica principia, cum ita exhibetur re, ut quemadmodum inter homogeneas adfecta sit, innotescat.

Quod autem tactu helicis proposuit Archimedes, exhiberi lineam rectam circumferentiæ circuli æqualem, non satis constat. Exhibet sane lineam rectam majorem ambitu cujuscumque polygoni circulo inscripti, minorem autem ambitu cujuscumque polygoni circumscripti. an igitur circulari æqualem? Exhibetur angulus minor quocumque obtuso, major vero quocumque acuto. an igitur rectus? Si vere Archimedes, fallaciter conclusit Euclides. Sed hæc commodius disceptabuntur post tradita analytica angularium sectionum.

PROPOSITIO I.

SI duæ lineæ rectæ ab eodem puncto extra circulum eductæ ipsum secent, una per centrum, altera secus, pars autem exterior ejus quæ ducitur

citur per centrum minor sit proportionali inter alterius partem interiorem
& partem exteriorem. Poteft ab eodem puncto duci illa proportionalis,
ita ut incidat circulo, & ulterius porrecta eum quoque circulum fecet.

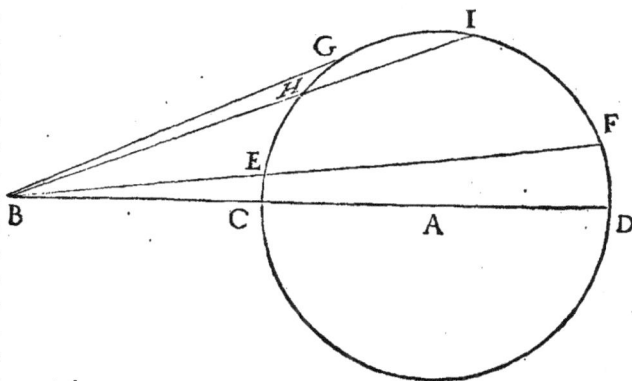

Circulum fub A centro defcriptum, fecent duæ lineæ rectæ ab eodem B puncto extra
circulum fumpto, eductæ. Vna BCD tranfiens per A centrum, altera BEF. Vnde partes
exteriores fecantium fint B C, BE; interiores CD, EF. Sit autem BC minor media proportionali in-
ter BE, EF. (Hoc au-
tem accidet omnino,
fi quando EF eft ma-
jor ipfa BE: quoniam
BC minima eft inci-
dentium circulo ab
eodem B puncto, pro-
portionalis aute me-
dia inter BE, EF major
erit ipfa BE.) Dico abs
B poffe duci eam pro-
portionalem ita ut in-
cidat circulo, & ulte-
rius porrecta ipfum
quoque circulum fe-
cet. Circulum enim
eundem tangat BG.
Erit igitur BG major
proportionali inter BE, EF. Nam eft BG proportionalis inter BE & totam BF. Quare
incidens educenda confiftet inter puncta C, G. Confiftat fane in H. Porrecta igitur BH ulterius fecabit eundem circulum, ut pote in I. Et conftat propofitum.

PROPOSITIO II.

Si duæ lineæ rectæ ab eodem puncto extra circulum eductæ ipfum fecent, una per centrum, altera fecus: eft fecans prima ad fecantem fecundam, ficut pars exterior fecundæ ad partem exteriorem primæ.

Circulum fub A centro
defcriptum, fecent duæ lineæ rectæ ab eodem B pun-
cto extra circulum fumpto,
eductæ. Vna BCD, altera
BEF. Vnde partes exterio-
res fecantium fint BC, BE.
Dico effe BD ad BF, ficut
BE ad BC. Oftenfum eft e-
nim in elementis, id quod fit
fub BD, BC, æquari ei quod
fit fub BF, BE. Quare conftat propofitum.

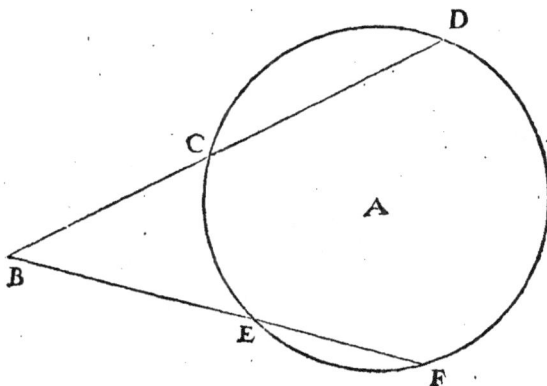

P R O P O S I T I O   III.

Si duæ lineæ rectæ à puncto extra circulum eductæ ipsum secent , pars autem exterior primæ sit proportionalis inter partem exteriorem secundæ & partem interiorem ejusdem : erit quoque pars exterior secundæ proportionalis inter partem exteriorem primæ & partem interiorem ejusdem.

Sub A centro descriptum circulum, secent duæ lineæ rectæ ab eodem B puncto extra circulum sumpto, eductæ. Vna in punctis C, D; altera in punctis E, F; unde partes exteriores secantium sint B C, B E; interiores C D, E F: sit autem B E proportionalis inter B C, C D. Dico B C fore quoque proportionalem inter B E, E F. Quoniam enim ab eodem B puncto circulum secant B C D, B E F: ideo est ut B E ad B C, ita B D ad B F. Ex hypothesi autem est C D ad B E, ut B E ad B C. Quare est C D ad B E, sicut B D ad B F, & per subductionem est C D ad B E, sicut B C ad E F. Consequenter ut C D ad B E, ita est B E ad B C, & ita B C ad E F: Itaque B C proportionalis est inter B E, B F. Quod erat ostendendum.

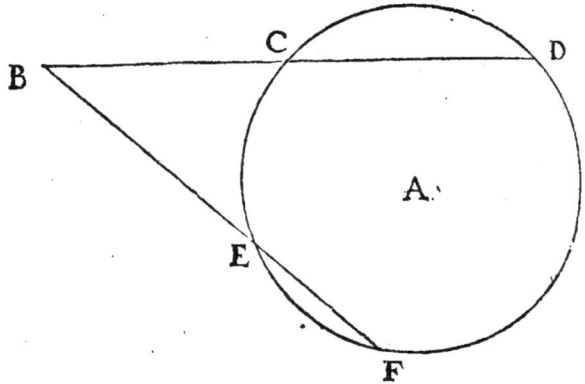

P R O P O S I T I O   IV.

Si duæ lineæ rectæ à puncto extra circulum eductæ ipsum secent, quod autem fit sub partibus exterioribus eductarum, æquale sit ei quod fit sub interioribus : exteriores partes permutatim sumptæ , erunt continue proportionales inter partes interiores.

Sub A centro descriptum circulum, secent duæ lineæ rectæ ab eodem B puncto extra circulum sumpto, eductæ. Vna quidem in punctis C, D; altera in punctis E, F: unde partes exteriores secantium sunt B C, B E; interiores C D, E F: quod autem fit sub B C, B E, æquale sit ei quod fit sub D C, E F. Dico inter D C, E F esse continue proportionales B C, B E, eas adsumendo permutatim; ut videlicet interiorem partem primæ secantis sequatur pars exterior secantis secundæ; vel interiorem secundæ pars exterior primæ: nempe esse ut D C ad B E, ita B E ad B C, & ita B C ad E F.

Quoniam enim id quod fit sub C D, E F, æquale est ex hypothesi ei quod fit sub B C, B E: ideo est ut C D ad B E, ita B C ad E F; per synæresin , ut C D ad B E, ita B D ad B F. Sed ex ratione constructionis est B E ad B C, sicut B D ad B F. Ergo est ut C D ad B E, ita B E ad B C, & ita consequenter B C ad E F. Quod erat demonstrandum.

P R O P O S I T I O   V.

Datis duabus lineis rectis, invenire inter easdem duas medias continue proportionales.

Sint datæ duæ lineæ rectæ Z, X. Oportet invenire inter Z & X, duas medias continue proportionales. Sit Z major, X minor.

Centro A intervallo A B, æquali dimidiæ Z deſcribatur circulus: cui inſcribatur B C
ipſi X æqualis. Producatur autem B C in D, facta B D dupla ipſius B C, & jungatur D A
cui agatur parallela B E indefinita: producatur etiam D B indefinite in F, & ab A puncto ducatur ad duas B E, B F recta K A I G H; ſecans ipſas quidem B E, B F in punctis

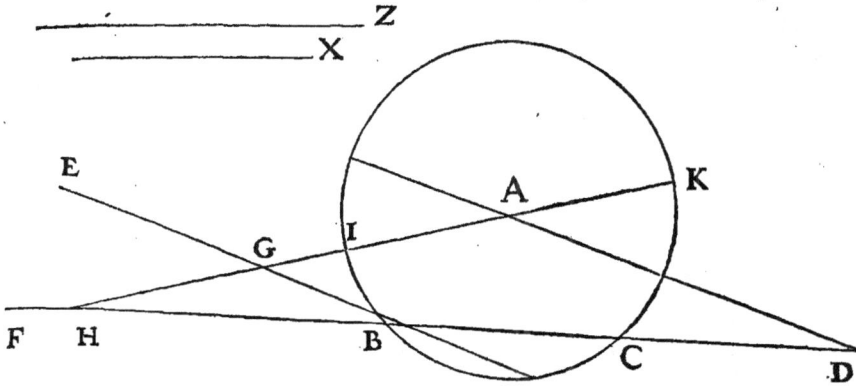

G, H, ita ut GH ſit æqualis ipſi AB; circulum vero in punctis I, K, quorum proximius
ipſi H ſit I. Dico continue proportionales eſſe IK, HB, HI, BC. Quoniam enim conſtructæ ſunt parallelæ DA, BG: ideo eſt ut HG ad HB, ita GA ad BD. Eſt autem HG ad IK,
ſicut BC ad BD, ut ſimplum videlicet ad duplum. Quare eſt ut IK ad HB, ita GA ad BC.
Quoniam autem GH, AI ſunt æquales, erunt qüoque HI, GA æquales. Ergo eſt ut IK ad
HB, ita HI ad BC. Ab H igitur puncto extra circulum ſumpto eductæ ſunt duæ rectæ
ipſum ſecantes, & quod fit ſub exterioribus earundem partibus videlicet HB, HI, æquale eſt ei quod fit ſub interioribus, videlicet IK, BC. Quare partes exteriores permutatim
ſumptæ ſunt continue proportionales inter partes interiores, nempe erunt continue proportionales IK, HB, HI, BC. Datis igitur duabus lineis rectis Z, X, id eſt IK, BC, inventæ ſunt inter eas duæ mediæ continue proportionales HB, HI. Quod faciendum erat.

PROPOSITIO VI.

Dato triangulo rectangulo, invenire aliud triangulum rectangulum majus, & æque altum; ut quod fit ſub differentia baſium ipſorum & differentia hypotenuſarum, æquale ſit dato cuicumque recti-lineo.

Sit datum triangulum rectangulum ABC, cujus baſis AB, hypotenuſa AC, altitudo
BC. Oportet invenire aliud triangulum rectangulum majus, & æque altum; ut quod fit

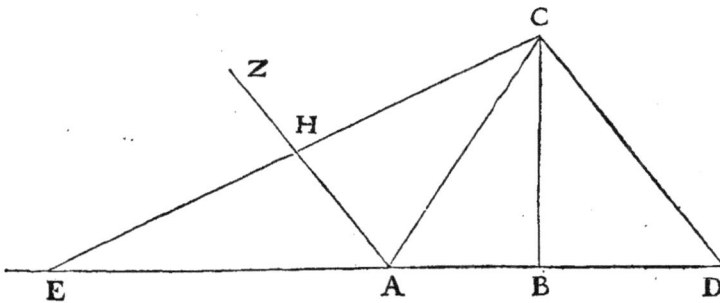

ſub differentia inter AB & baſin quæſiti, & differentia inter AC & hypotenuſam quæſiti, æquale ſit dato cuicumque recti-lineo. Detur recti-lineum id quod fit ſub AC & quacumque AD, & ſi non detur in ea ſpecie ad eam revocetur; continuataque ſi opus eſt AB
ſumatur

fumatur in ea AD, & connectatur DC, cui conftruatur parallela AZ. Ex C autem duca-tur recta, quæ ita DA continuatam fecet in E, ipfam vero AZ in H, ut fegmentum HE fit æquale ipfi CA. Dico triangulum CBE effe quale quæritur.

Eft enim EA differentia qua bafis EB bafin AB excedit, & CH differentia qua hypo-tenufa CE hypotenufam CA, feu ei conftructam æqualem HE, excedit. Quod autem fit fub EA, CH, æquale eft ei quod fit fub AD, HE. Quoniam enim funt conftructæ paral-lelæ CD, HA: ideo eft AD ad CH, ut AE ad HE. Altitudo porro illius trianguli CBE eadem eft quæ trianguli CBA, videlicet BC. Dato igitur triangulo rectangulo ABC, in-ventum eft aliud triangulum rectangulum majus & æque altum, ut quod fit fub AE diffe-rentia bafium, & CH differentia hypotenufarum, æquale fit ei quod fit fub AD, HE da-to recti-lineo, vel ei æquali. Quod faciendum fuit.

Atque hinc etiam manifefta fit inventio duarum mediarum mediarum continue proportionalium inter datas. Oftenfum enim eft in Porifticis. Quadratum quartæ majoris inter extremas tantum differre à quadrato primæ, quantum differt quadratum compofitæ ex quarta & duplo fecundæ à quadrato compofitæ ex prima & duplo tertiæ. Itaque fi conftituantur duo triangula rectangula, unum cujus bafis fit æqualis primæ minori inter extremas, hy-potenufa quartæ. Alterum cujus bafis fit æqualis compofitæ ex prima & tertiæ duplo, hy-potenufa vero compofitæ ex quarta & fecundæ duplo. Erunt ea triangula æque alta. Opus igitur mefographicum eo reducitur, ut conftructo triangulo cujus bafis æqualis fit primæ, hypotenufa quartæ, quærendum fit aliud triangulum æqualis altitudinis, cujus bafis æqua-lis fit compofitæ ex prima & duplo tertiæ, hypotenufa vero æqualis compofitæ ex quar-ta & duplo tertiæ. Quod quidem triangulum quærendum licebit invenire per hanc pro-pofitionem, quoniam exceffus hypotenufarum eft dupla fecunda, bafium dupla tertia. Quodque fit fub iis exceffibus, æquale eft facto quadruplo fub prima & quarta. Itaque data ea omnia funt, quæ lex propofitionis requirit.

PROPOSITIO VII.

Data è tribus propofitis lineis rectis proportionalibus prima, & ea cujus quadratum æquale fit ei quo differt quadratum compofitæ ex fecunda & tertia à quadrato compofitæ ex fecunda & prima, invenire fecundam & tertiam proportionales.

Sit data è tribus propofitis lineis rectis proportionalibus prima AB, & data quoque recta BC, cujus quadratum æquale fit ei quo differt quadratum compofitæ ex fecunda & tertia à quadrato compofitæ ex fecunda & prima. Oportet invenire fecundam & tertiam proportionales.

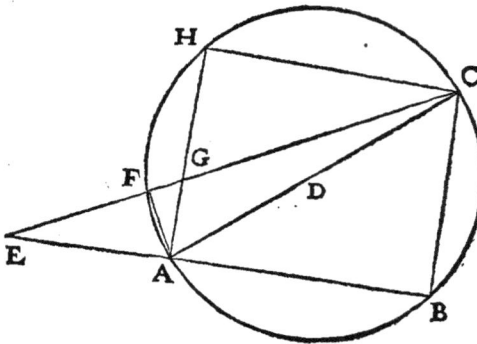

Inclinentur ad rectos angulos AB, BC, & connectatur CA, qua fecta bifariam in D, centro D in-tervallo DA vel DC defcribatur circulus, productaque BA indefi-nite, educatur à puncto C recta fecans BA productam in E, cir-cumferentiam vero in F, ita ut FE fit æqualis ipfi AB, ab A vero ca-dat ipfi BC parallela fecans CE in G. Dico EA effe fecundam, & EG tertiam quæfitas.

Subtendatur enim AF, & ipfa AG porrigatur ad circumferen-tiam in H. Ergo triangula GCH, FEA æqualium funt laterum & angulorum. Sunt enim æquales anguli acuti AEF, HCG, recti autem AFE, GHC, latera vero CH, FE æqualia funt. Itaque EA, CG quoque funt æquales. Eft autem ut BA ad AE, ita CG id eft AE ad GE. Ergo funt proportionales tres BA, AE feu CG, & GE. Ipfa

autem

autem B E compofita eft ex B A , A E prima & fecunda. Ipfa vero C E compofita ex C G, G E fecunda & tertia. Quadratum denique ex C E differt à quadrato ex B E per quadratum ex C B.

Data itaque A B prima trium proportionalium & recta B C, cujus quadratum æquale eft ei quo differt quadratum ex E C compofita ex fecunda & tertia à quadrato ex E B compofita ex prima & fecunda, inventæ funt E A, feu G C, & E G fecundæ & tertiæ proportionales. Quod faciendum fuit.

Atque hinc licet compendiofe

Defcribere quatuor lineas rectas continue proportionales, quarum extremæ fint in ratione dupla.

Oftenfum eft enim in Potifticis. Quod fi fuerint tres lineæ rectæ proportionales; quadratum autem compofitæ ex fecunda & tertia differat à quadrato compofitæ ex fecunda & prima per triplum primæ quadratum : quæ dupla eft ad primam, erit ea in ferie quarta continue proportionalis.

Itaque adfumpta quacumque prima & ea quæ poteft quadrato triplum ipfius primæ, invenientur fecunda & tertia. Qua in ferie dupla ad primam erit quarta.

PROPOSITIO VIII.

Si fuerit triangulum æquicrurum , & à bafis termino ducatur ad crus linea recta ipfi cruri æqualis: angulus exterior factus à bafe & ea quæ ducitur è bafis termino , triplus eft utriufque angulorum qui funt ad bafin æquicruri.

Sit triangulum A B C habens A B, A C crura æqualia , & ab angulo A C B ducatur ad crus A B (idcirco fi opus eft continuandum) recta C D, ipfi cruri A B vel A C æqua-

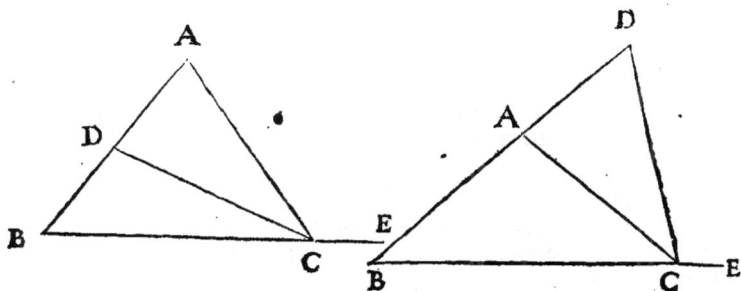

lis, & producatur B C in E. Dico angulum D C E effe triplum anguli A C B, feu A B C.

Quoniam enim æquicrura triangula funt B A C, D C A , ideo angulus A C B angulo A B C eft æqualis, & angulus A D C æqualis angulo D A C. Itaque qualium partium angulus A C B vel A B C eft una, talibus duabus partibus excedunt duo recti angulum B A C, cujus exteriori æquatur angulus B D C. Talium igitur partium eft duarum angulus B D C. Ex angulo autem D B C & angulo B D C compofitus eft angulus D C E. Quare angulus D C E eft earundem partium trium. Eft igitur angulus D C E triplus anguli A C B feu A B C. Quod erat oftendendum.

PROPOSITIO IX.

Datum angulum fecare trifariam.

Sit datus angulus A, quem oporteat fecare trifariam.

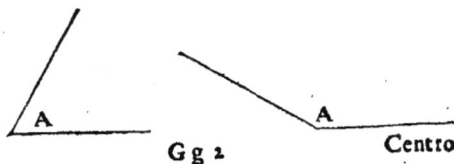

Centro

Centro B intervallo quocumque defcribatur circulus , & agatur diameter C B D.
Sumatur autem circumferentia D E, definiens amplitudinem anguli dati: productaque
D B C indefinite, educatur recta E F G fecans diametrum continuatam in F , circumferentiam vero in G, ita ut F G æqualis fit B C vel B D femidiametro circuli. Dico angulum E F C effe trientem anguli E B D , id eft anguli A dati; & ipfum arcum G C effe
trientis illius amplitudinem.

Jungatur enim G B. Triangulum igitur æquicrurum eft F G B, à cujus bafis termino B ducta eft B E ipfi B G cruri æqualis. Quare angulus E B D triplus eft anguli G B F

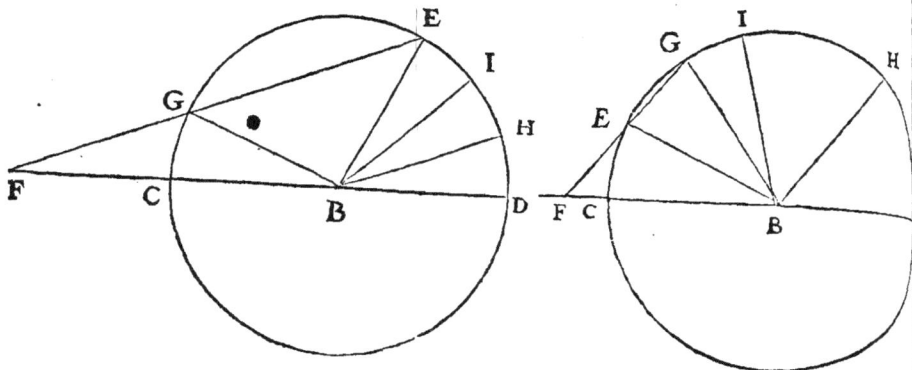

feu G F B. Ipfius autem anguli G B F amplitudinem definit arcus G C. Quocirca ab ar-
cu D E abfcindantur arcus D H, H I ipfi arcui C G æquales, & agantur rectæ B H, B I.
Ergo angulus E B D, id eft A datus, fectus eft trifariam à rectis B H, B I. Quod erat faciendum.

PROPOSITIO X.

Si fuerint tres lineæ rectæ proportionales• eft ut prima ad tertiam, ita
adgregatum quadratorum primæ & fecundæ ad adgregatum quadratorum
fecundæ & tertiæ.

Eft enim ut prima ad fecundam, ita fecunda ad tertiam: & confequenter ut quadratum è prima ad quadratum è fecunda, ita quadratum è fecunda ad quadratum è tertia ,
& per fynærefin ut quadratum è prima ad quadratum è fecunda, ita adgregatum quadratorum fecundæ & primæ ad adgregatum quadratorum fecundæ & tertiæ. Sed ut
quadratum è prima ad quadratum è fecunda, ita eft prima ad tertiam.Ergo eft ut prima
ad tertiam , ita adgregatum quadratorum primæ & fecundæ ad adgregatum quadratorum fecundæ & tertiæ. Quod erat oftendendum.

PROPOSITIO XI.

Si fuerint tres lineæ rectæ proportionales : eft ut prima ad adgregatum
primæ & tertiæ, ita quadratum fecundæ ad adgregatum quadratorum fecundæ & tertiæ.

Eft enim ut prima ad tertiam, ita quadratum è fecunda ad quadratum è tertia, & per
fynærefin ut prima ad adgregatum primæ & tertiæ, ita quadratum fecundæ ad adgregatum quadratorum fecundæ & tertiæ.

Confectarium.

Itaque fi fuerint tres lineæ rectæ proportionales, tria folida ab iis effecta
æqualia funt.

Primum,

Primum , folidum fub prima & adgregato quadratorum fecundæ & tertiæ.

Secundum , folidum fub tertia & adgregato quadratorum primæ & fecundæ.

Tertium , folidum fub compofita ex prima & tertia & quadrato fecundæ.

Quoniam enim oftenfum eft effe primam ad tertiam, ficut adgregatum quadratorum primæ & fecundæ ad adgregatum quadratorum fecundæ & tertiæ; primum autem quod propofitum eft folidum, eft ipfum quod fit fub extremis analogiæ terminis; fecundum vero quod fit fub mediis: ideo primum & fecundum æqualia funt.

Æque quoniam oftenfum eft effe ut primam ad compofitam ex prima & tertia , ita quadratum fecundæ ad adgregatum quadratorum fecundæ & tertiæ: primum autem quod propofitum eft folidum rurfus eft ipfum quod fit fub extremis analogiæ terminis ; tertium vero quod fit fub mediis: ideo primum & tertium æqualia funt. Atque ideo quoque tertium æquale eft fecundo.

PROPOSITIO XII.

Si fuerint tres lineæ rectæ proportionales : cubus compofitæ è duabus extremis , minus folido quod fit fub eadem compofita & adgregato quadratorum à tribus , æqualis eft folido fub eadem compofita & quadrato fecundæ.

Quadratum enim compofitæ è duabus extremis valet quadrata fingula extremarum una cum duplo mediæ quadrato. Itaque quadratum compofitæ è duabus extremis minus adgregato quadratorum à tribus, æquale eft quadrato mediæ feu fecundæ. Quare eft quadratum compofitæ è duabus extremis minus adgregato quadratorum à tribus ad quadratum fecundæ, ut compofita illa ad eandem compofitam, æqualis videlicet ad æqualem. Cujus analogiæ refolutione conftat propofitum.

PROPOSITIO XIII.

Si fuerint tres lineæ rectæ proportionales : folidum fub prima & adgregato quadratorum à tribus, minus cubo è prima, æquale eft folido fub eadem prima & adgregato quadratorum fecundæ & tertiæ.

Adgregatum enim quadratorum à tribus minus quadrato à prima eft quadratum fecundæ plus quadrato tertiæ. Quare eft adgregatum quadratorum è tribus minus quadrato è prima ad quadratum fecundæ & tertiæ, ut prima ad primam, æqualis videlicet ad æqualem. Cujus analogiæ refolutione conftat propofitum.

PROPOSITIO XIV.

Si fuerint tres lineæ rectæ proportionales: folidum fub tertia & adgregato quadratorum à tribus, minus cubo è tertia, æquale eft folido fub eadem tertia & adgregato quadratorum primæ & fecundæ.

Adgregatum enim quadratorum à tribus minus quadrato è tertia, valet quadratum fecundæ plus quadrato primæ. Itaque eft ut adgregatum quadratorum è tribus minus quadrato è tertia ad quadratum fecundæ & primæ, ita tertia ad tertiam, æqualis videlicet ad æqualem. Cujus analogiæ refolutione conftat propofitum.

Confectarium.

Itaque fi fuerint tres lineæ rectæ proportionales , tria adfecta folida, quæ ab iis fiunt, funt æqualia,

Primum, cubus compofitæ ex prima & tertia, minus folido fub eadem compofita & adgregato quadratorum è tribus.

Secun-

Secundum, folidum fub prima & adgregato quadratorum è tribus, minus cubo è prima.

Tertium, folidum fub tertia & adgregato quadratorum è tribus, minus cubo è tertia.

Cum folida quibus adæquantur, æqualia fint ex antecedente Confectario. Itaque æqualia funt inter fe.

PROPOSITIO XV.

Si è circumferentia circuli cadant in diametrum perpendiculares duæ, una in centro, altera extra centrum; & ad perpendicularem in centro agatur ex puncto incidentiæ perpendicularis alterius, linea recta faciens cum diametro angulum æqualem trienti recti; à puncto autem quo acta illa fecat perpendicularem in centro, ducatur alia linea recta ad angulum femicirculi: triplum quadratum hujus, æquale eft tam quadrato perpendicularis quæ incidit extra centrum, quam quadratis fegmentorum diametri, inter quæ perpendicularis illa media eft proportionalis.

Sit diameter circuli ABC, à cujus circumferentia cadat perpendiculariter DB, & fit AB minus fegmentum, BC majus, E vero centrum. Sed & cadat quoque è circumferentia perpendiculariter FE, & ex B ducatur recta BG, ita ut angulus GBE fit æqualis trienti recti, unde fiat BG dupla ipfius GE, & jungatur AG. Dico triplum quadratum ex AG, æquati quadrato ex DB una cum quadrato ex AB & quadrato ex BC.

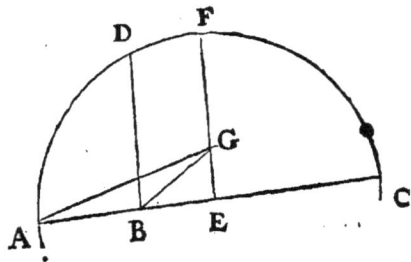

Quadratum enim ex AB æquale eft quadrato ex AE & quadrato ex BE, minus eo quod fit fub AE, BE bis. Quadratum autem ex BC æquale eft quadrato ex BE, & quadrato ex EC, una cum eo quod fit fub BE, EC bis. Et funt æquales AE, EC. Quare quadratum ex AB una cum quadrato ex BC, æquatur duplo quadrato ex AE, & duplo quadrato ex BE. Addatur utrobique quadratum ex DB. (Ipfum vero quadratum ex DB adjunctum quadrato ex BE, æquale eft quadrato ex AE.) Quadrata igitur ex AB, BC, DB adgregata valebunt quadratum triplum ex AE, una cum quadrato femel ex BE. Quoniam autem BG conftruitur dupla ipfius GE, eft quadratum ex BE triplum quadratum ex GE. Quadratum autem ex AE adjectum quadrato ex EG, valet quadratum ex AG. Triplum igitur quadratum ex AG, æquale eft quadrato ex DB una cum quadrato ex AB & quadrato ex BC. Quod erat oftendendum.

PROPOSITIO XVI.

Si duo triangula fuerint æquicrura fingula, & ipfa alterum alteri cruribus æqualia, angulus autem qui eft ad bafin fecundi fit triplus anguli qui eft ad bafin primi: cubus ex bafe primi, minus triplo folido fub bafe primi & cruris communis quadrato, æqualis eft folido fub bafe fecundi & ejufdem cruris quadrato.

Sit triangulum primum ABC, habens crura AB, BC æqualia. Et quia fecundum triangulum æqualium quoque crurum eft, & uterque angulorum qui funt ad bafin fecundi illius trianguli, triplus eft ipfius anguli BAC vel BCA, & minor fit recto neceffe eft. Igitur uterque angulorum BAC, BCA minor eft triente recti, atque adeo angulus ABC fit major recto. Producantur igitur AB, AC, & ex C in AB productam ponatur CD ipfi AB æqualis, deinde ex D in AC productam ponatur DE ipfi quoque AB æqualis. Sunt igitur duo triangula æquicrura ABC, CDE. Sed & ipfis AB, BC cruribus æqualibus primi

trian-

trianguli, æqualia funt CD, DE crura fecundi trianguli. Qualium autem uterque angulorum BAC, BCA eft pars una, angulus ABC eft duorum rectorum minus talibus duabus partibus, & angulus exterior anguli ABC duarum eft illarum partium, cui angulo exteriori æquatur angulus ADC, quoniam funt æquales anguli DBC, CDB ob æqualitatem quoque crurum CD, CB. Ex angulis autem ADC, DAC compofitueft angulus exterior anguli DCA. Secundum itaque triangulum eft CDE, ipfum æquicrurum & crura habens æqualia cruribus primi ABC, & utrumque angulorum qui funt ad bafin, videlicet DCE vel DEC, triplum anguli BAC vel BCA. Dico igitur cubum ex AC minus folido triplo fub AC & quadrato ex AB, æquari folido fub CE & quadrato ex DC feu AB.

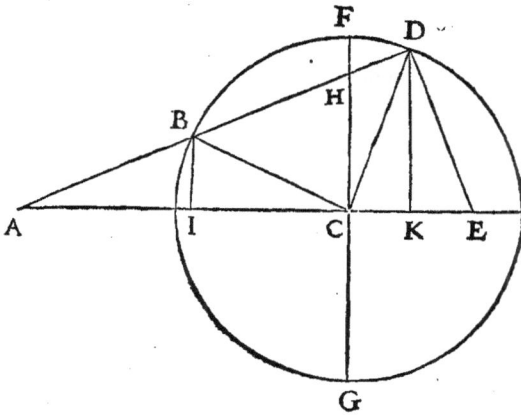

Centro enim C intervallo CB vel CD defcribatur circulus, & agatur diameter FCG fecans AE perpendiculariter in C, ipfam vero AD in H, ipfi quoque FG agantur parallelæ BI, DK, fecantes AE perpendiculariter in I & K. Sunt igitur AI, IC æquales, & ideo fit AC ipfius AI dupla. Itaque funt quoque æquales AB, BH, & fit AH ipfius AB dupla. Æquales quoque funt CK, KE, & fit CE dupla ipfius CK.

Quadratum autem ex CG, id eft AB, æquatur quadrato ex CH una cum eo quod fit fub FH, HG, & convertendo, quadratum ex AB minus quadrato ex CH, æquatur ei quod fit fub FH, HG, hoc eft, ei quod fit fub BH, HD. Ipfum porro quadratum ex CH, æquale eft quadrato ex AH minus quadrato ex AC. & quadratum ex AH eft quadruplum quadrati ex AB. Quadratum igitur ex AC minus quadrato triplo ex AB, æquale eft ei quod fit fub BH, HD. Sed eft BH ad HD, ut IC ad CK, & eft IC ad CK, ficut AC ad CE: cum fint hæ illarum duplæ. Quare ficut AC ad CE, ita eft BH ad HD, & confequenter ficut AC ad CE, ita quadratum ex BH, id eft ex AB, ad id quod fit fub BH, HD, id eft, ad quadratum ex AC minus quadrato triplo ex AB, Itaque refoluta analogia, cubus ex AC minus triplo folido fub AC & quadrato ex AB, æqualis eft folido fub CE & quadrato ex AB. Quod erat oftendendum.

Pofito Z latere quolibet trianguli aquilateri, unde angulus quilibet fit triens duorum rectorum.

A cubus minus Z quadrato ter in A, æquatur Z cubo. Et fit A bafis trianguli aquicruri, cujus angulus ad bafin eft nona pars duorum rectorum.

Sit Z 1.   A 1 N.   1 C — 3 N, æquatur 1.

Sit Z 100, 000, 000. Ita fe habebunt triangula.

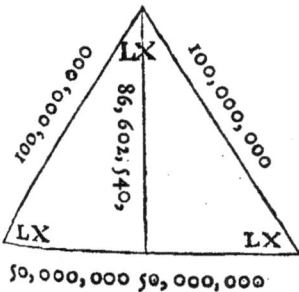

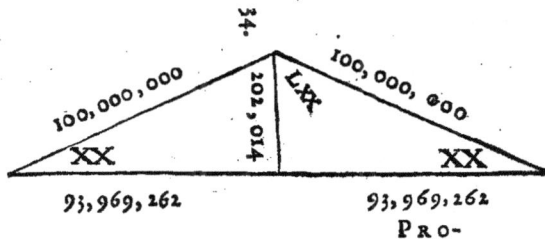

50,000,000 50,000,000

93,969,262   93,969,262

PROPOSITIO XVII.

Si duo triangula fuerint æquicrura fingula, & ipfa alterumalteri cruribus æqualia, angulus autem , quem is qui eft ad bafin fecundi relinquit è
duobusreĉtis, fit triplus anguli qui eft ad bafin primi: folidum triplum fub
bafe primi & cruris communis quadrato, minus cubo è bafe primi, æquale
eft folido fub bafe fecundi & cruris communis quadrato.

Sit primum triangulum A B C, habens crura A B, B C æqualia. Et quia angulus quem
quilibet eorum qui funt ad bafin fecundi relinquit è duobus reĉtis, triplus eft ipfius
anguli B A C,& major fit reĉto necefle eft. Ideo eft quilibet ipforum B A C, B C A qui
funt ad bafin angulorum confequenter major triente reĉti, atque adeo angulus ad verticem A B C eft minor reĉto. Quare in A B ponatur C D, ipfi A B æqualis. Deinde
ex D in C A produĉtum, ponatur D E ipfi quoque A B æqualis. Sunt igitur duo
triangula æquicrura A
B C, E D C,&ipfis AB,
B C cruribus æqualibus
primi trianguli,æqualia
funt D E, D C crura fe-
cundi trianguli. Qua-
lium autem uterque an-
gulorum B A C, BCA
eft pars una , angulus A
B C eft duorum reĉto-
rum minus duabus tali-
bus partibus, & angu-
lus exterior anguli A B
C duarum eft illarum
partium, cui angulo ex-
teriori æquatur angulus
A D C : quoniam funt
æquales anguli D B C,
C D B ob æqualitatem
quoque crurum ·C B,
C D. Ex angulo autem A D C & D A C, compofitus eft angulus exterior anguli D
C A. Secundum itaque triangulum eft C D E ipfum æquicrurum, & crura habens æ-
qualia cruribus primi A B C, & utrumque angulorum quem anguli ad bafin D C E vel
D E C relinquunt è duobus reĉtis, triplum anguli B A C vel B C A. Dico igitur triplum
folidum fub A C & quadrato ex A B minus cubo ex A C, æquari folido fub E C & quadrato ex D C feu A B.

Centro enim C intervallo C B vel C D defcribatur circulus , & agatur diameter
F C G fecans E A, uti continuatur, perpendiculariter in C , ipfam vero A D quoque
continuatam in H, ipfi quoque F G agantur parallelæ B I, D K , fecantes eandem AE
perpendiculariter in I, K. Sunt igitur A I, I C æquales, & ideo fit A C ipfius A I dupla. Itaque funt quoque æquales A B, B H, & fit A H ipfius A B dupla. Æquales quoque E K, K C, & fit E C dupla ipfius E K.

Quadratum autem ex C H, æquale eft quadrato ex C F, id eft A B una cum eo quod
fit fub H F, H G, & convertendo quadratum ex C H minus quadrato ex A B,æquale eft
ei quod fit fub H F, H G, hoc eft ei quod fit fub H B, H D. Ipfum porro quadratum
ex C H, æquale eft quadrato ex A H minus quadrato ex A C, & quadratum ex A H eft
quadruplum quadrati ex A B. Triplum igitur quadratum ex A B minus quadrato ex
A C. æquale eft ei quod fit fub B H, H D. Sed eft H B ad H D , ficut C I ad C K, &
eft C I ad C K, ficut C A ad C E: cum fint hæ illarum duplæ. Quare ficut C A ad
C E, ita H B ad H D, & confequenter ficut C A ad C E, ita quadratum ex H B, id
eft A B ad id quod fit fub H B, H D, id eft, ad triplum quadratum ex A B, minus quadrato

drato ex AC. Itaque refoluta analogia, triplum folidum fub AC & quadrato ex AB, minus cubo ex AC, æquale eft folido fub EC & quadrato ex AB. Quod erat oftendendum.

PROPOSITIO XVIII.

Si duo triangula fuerint æquicrura fingula , & ipfa alterum alteri curibus
æqualia, angulus autem qui eft ad bafin fecundi fit triplus anguli qui eft ad
bafin primi: triplum folidum fub quadrato cruris communis & dimidia bafe primi multata continuatave longitudine ejus cujus quadratum æquale
eft triplo quadrato altitudinis primi, cum multabitur ejufdem dimidiæ bafis multatæ continuatæve cubo, æquale eft folido fub bafe fecundi & ejufdem cruris quadrato.

Sit triangulum primum BAC, habens crura AB, AC æqualia; fecundum CDE, habens
quoque DC, DE crura æqualia. Et fint AB, AC ipfis DC, DE æqualia, fed & angulus
DCE feu DEC fit triplus anguli ABC feu ACB. Excitetur autem altitudo trianguli primi AF, & in bafe ponatur AG verfus B ipfius AF dupla; unde utraque BF, FC fit bafis dimidia , & quadratum ex GF tri-
plum eft quadrati ex AF altitudine; atque adeo BG, æqualis
eft ipfi BF multatæ longitudine
GF; & GC æqualis ipfi FC, continuatæ longitudine GF. Dico
triplum folidum fub BG & quadrato ex AB, minus cubo ex
BG, æquale effe folido fub CE
& quadrato ex DC feu AB.
Et rurfus triplum folidum fub
GC & quadrato ex AB, minus
cubo ex GC, æquale effe folido fub CE & quadrato ex DC feu AB.

Centro enim F intervallo BF vel FC defcribatur circulus , & producatur FA ad circumferentiam in H, & ex eadem circumferentia cadat in diametrum ad punctum G perpendiculariter recta IG. Sunt igitur tres proportionales BG, GI, GC. Quoniam autem
AG eft dupla ipfius AF, feu aliter, angulus AGF eft triens recti: ideo triplum quadratum
ex AB, æquale eft fingulis quadratis abs BG, GI, GC. Adfecta itaque tria folida æqualia funt,

Primum, cubus ex BC, minus folido triplo fub BC & quadrato ex AB.
Secundum, triplum folidum fub BG & quadrato ex AB, minus cubo ex BG.
Tertium, triplum folidum fub GC & quadrato ex AB, minus cubo ex GC.
Sed primum, æquale eft folido fub CE & quadrato ex AB, ex antepenultima propo-
fitione.
Quare fecundum quoque & tertium, æquantur eidem folido fub CE & quadrato ex
AB. Vnde conftat propofitio.

PROPOSITIO XIX.

Diametrum circuli ita continuare, ut fit continuatio ad femidiametrum
adjunctam continuationi, ficut quadratum femidiametri ad quadratum
continuatæ diametri.

Sub A centro, diametro BAC defcribatur circulus, & fumatur CD triens diametri, &
arcus CE triens femicircumferentiæ, feu aliter, arcus hexagoni. Et connectatur ED, cui
agatur parallela femidiameter AF, & à puncto F in CB productam ducatur FG , fecans
circumferentiam in H, ita ut HG fit femidiametro AB feu AC æqualis. Ipfi autem FG
parallela agatur EI, fecans CG in I. Dico factum effe quod oportuit, effe enim ut IB ad
IA, ita

IA, ita quadratum ex AB ad quadratum ex IC. Iungatur enim AH, & ipfi parallela agatur DK, & in BC continuata ponatur EL, ipfi DE æqualis.

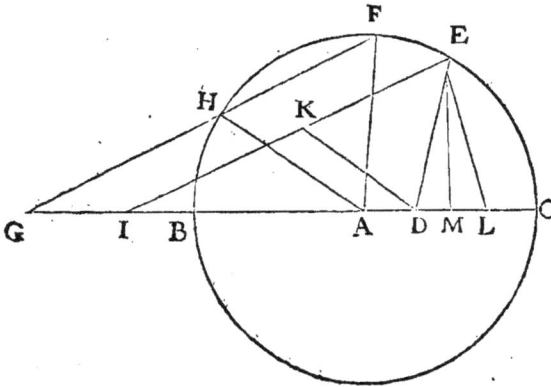

Quoniam igitur trianguli GHA crura GH, HA æqualia funt, & à bafis termino A educta eſt AF ipſi GH cruri æqualis. Angulus FAC fit triplus anguli HAG. Triangulis autem GHA, HAF fimilia funt triangula IKD, KDE, & triangulum æquicrurum eſt IKD. Sed conſtuctum æquicrurum quoque eſt triangulum DEL, & funt crura DE, EL cruribus IK, KD æqualia, & angulus EDL feu ELD, anguli KID, feu KDI triplus.

Quare cubus ex ID, minus folido triplo fub ID & quadrato ex IK feu DE, æquale eſt folido fub DL & eodem quadrato ex DE.

Eſt autem AD triens femidiametri AB, & cum ex E cadet in diametrum perpendicularis EM, fit DM fextans femidiametri. dodrantem vero quadrati ex AB, æquabit quadratum ex EM; quod quidem quadratum ex EM adjunctum quadrato ex DM, valet quadratum ex DE. Quadratum igitur ex DE, æquat dodrantem quadrati ex AB plus tricefima fexta ejufdem. Et eſt quadratum ex AB ad quadratum ex DE, ficut novem ad feptem. Itaque triplum quadratum ex DE, æquale eſt quadrato feptupartiente tertias ex AB. Solidum vero fub DL & quadrato ex DE, æquabitur cubo feptupartiente vicefimas feptimas ex AB.

Quare cubus ex ID, minus folido fub ID & quadrato feptupartiente tertias ex AB, æquale eſt cubo feptupartiente vicefimas feptimas ex AB. Atque hoc eſto primum illatum. Omnia autem ea folida fumantur vicies fepties. Ergo cubus vicies fepties ex ID, minus folido ter & fexagies fub ID & quadrato ex AB, æquatur cubo fepties ex AB. Qua æqualitate ad analogiam revocata, eſt ut quadratum ex ID novies, minus quadrato vicies femel ex AB ad quadratum fepties ex AB, ita AB ad triplam ID. Et vero quadratum ex ID, valet quadratum ex IA, & quadratum ex AD, una cum eo quod fit fub AD, IA bis. Ipfa autem AD eſt triens AB. Quare quadratum novies ex ID, valet quadratum novies ex IA, plus eo quod fit fub IA, AB fexies, plus quadratum femel ex AB. Eſt igitur ut quadratum novies ex IA, plus eo quod fit fub IA, AB fexies, minus quadrato vicies ex AB ad quadratum fepties ex AB, ita AB ad compofitam ex AB, & tripla IA. Quare refoluta analogia, cum quæ fient folida divifionem quæque à vicenario feptenario numero accipient, cubus ex IA, plus folido fub AB & quadrato ex IA, minus folido duplo fub IA & quadrato ex AB, æquatur cubo ex AB. Atque hoc eſto fecundum illatum.

Eadem autem æqualitas rurfus ad analogiam revocetur, erit igitur ut IA minus AB ad AB, ita quadratum AB ad quadratum ex IA plus eo bis quod fit fub IA, AB, & per diæterefin ut IA minus AB ad IA, ita quadratum ex AB ad quadratum ex IA plus eo bis quod fit fub IA in AB plus quadrato ex AB, & interpretando ut IB ad IA, ita quadratum ex AB ad quadratum ex IC. Quod tandem erat demonſtrandum.

Ex primo illato fit, AB 100, 000, 000. fit ID, 124, 697, 960 ἐγγιϛα.

Scholium.

Et eſt quadratum ex AB ad quadratum ex DE, ficut 9 ad 7. Eoufque modo verba funt plana
* *Itaque DE quad. 3, æquale eſt AB quad. $\frac{7}{3}$: nam tertia pars utriufque termini proportionis 9*
ad

ad 7 *ſumitur. Solidum vero ſub* D L *&* D E *quadrato, æquatur* A B *cubo* $\frac{7}{27}$: *nam* A B *quad.* $\frac{7}{9}$ *in* A B (*quæ tripla eſt* D L,) *facit ſolidum triplum facto ex* D E *quad.* 3. *in* D L, *hoc eſt,* A B *quad.* $\frac{7}{9}$ *in* A B, *ſolidum fit triplum ſolido ex* D E *quad. in* D L. *tertia igitur illius pars ſupple* A B *cubus* $\frac{7}{27}$, *æqualis erit ſolido ex* D E *quad. in* D L. *Quare* I D *cubus* —I D *in* A B *quad.* $\frac{7}{3}$, *æquatur* A B *cubo* $\frac{7}{27}$. *Eſt enim* A B *quad.* $\frac{7}{3}$ *id quod* D E *quad.* 3: *& ex* 16 *hujus ſunt duo triangula æquicrura, ipſaque alterum alteri cruribus æqualia; anguluſque ad baſin ſecundi triplus eſt anguli ad baſin primi. ideo ſequitur* I D *cubum* — I D *in* A B *quad.* $\frac{7}{3}$, *æquari* A B *cubo* $\frac{7}{27}$ *Atque hoc eſto primum illatum.*

Omnia ea ſolida ſumantur 27^{ties}. *Erit* I D *cubus* 27 —I D *in* A B *quad.* 63, *æqualis* A B *cubo* 7. *Revocata ad analogiam æquatione, erit ut* I D *quad.* 9 — A B *quad.* 21 *ad* A B *quad.* 7, *ita* A B *ad* I D 3: (*nam ex reſolutione hujus analogiæ ſecundum artem, conficitur illa æqualitas.*) *Sed* I D *quad. valet ex* 4ta 2^{di} *Elem.* I A *quad.* + A D *quad.* + I A *in* A D 2. *Ipſa autem* A D *triens eſt ipſius* A B. *igitur* I D *quad.* 9, *valet* I A *quad.* 9 + I A *in* A B 6 + A B *quadrato. Ideo erit, ut* I A *quad.* 9 + I A *in* A B 6 — A B *quad.* 20 *ad* A B *quad.* 7, *ita* A B *ad* I D 3, *hoc eſt, ad compoſitam ex* A B *& tripla* I A. *Qua reſoluta analogia, erit* I A *cubus* 27 + I A *quad. in* A B 18 — I A *in* A B *quad.* 60 + A B *in* I A *quad.* 9 + A B *quad. in* I A 6 — A B *cubo* 20, *æqualis* A B *cubo* 7. *Vltimus* A B *cubus negatus tranſit in contrariam adfectionem; facta reductione partium ſimilium & homogenearum.* I A *cubus* 27 + I A *quad. in* A B 27 — A B *quad. in* I A 54, *æquabitur* A B *cubo* 27. *Et diviſione accepta à* 27. I A *cubus* + I A *quad. in* A B — I A *in* B A *quad.* 2, *æquabitur* A B *cubo. Atque hoc eſto ſecundum illatum.*

Eadem æqualitas rurſus ad analogiam revocetur. erit igitur ut I A — A B *ad* A B, *ita* A B *quad. ad* I A *quad.* + I A *in* A B 2. *Nam reſolvendo fit æqualitas ſub* I A *cubo* + I A *quad. in* A B 2 — A B *in* I A *quad.* — A B *quad. in* I A 2, *&* A B *cubo. hoc eſt, per ſubductionem homogeneorum inter* I A *cubum* + I A *quad. in* A B — I A *in* A B *quad.* 2, *&* A B *cubum. Et per diæreſin illius analogiæ erit, ut* I A — A B *ad* I A, *ita* A B *quad. ad* I A *quad.* + I A *in* A B 2 + A B *quad. & interpretando, ut* I B *ad* I A, *ita* A B *quadratum ad* I C *quadratum. Quod tandem erat demonſtrandum.*

PROPOSITIO XX.

Conſtituere triangulum æquicrurum, ut differentia inter baſin & alterum è cruribus ſit ad baſin, ſicut quadratum cruris ad quadratum compoſitæ ex crure & baſe.

Exponatur circulus ſub A centro, diametro quacumque B C deſcriptus, & continuetur C A B diameter in D, ita ut D B ſit ad D A, ſicut quadratum ex A B ad quadratum ex D C, & ex D ponatur in circumferentia recta D E ipſi A B vel A C æqualis, & jungatur A E. Dico triangulum D E A eſſe quale quæritur. Crura enim E D, E A æqualia ſunt. Eſt autem D B differentia inter baſin D A & crus A C ſeu A B. Ipſa vero D C compoſita eſt ex D A baſe & A C, id eſt A E crure. Conſtitutum igitur triangulum eſt D E A æquicrurum, ut

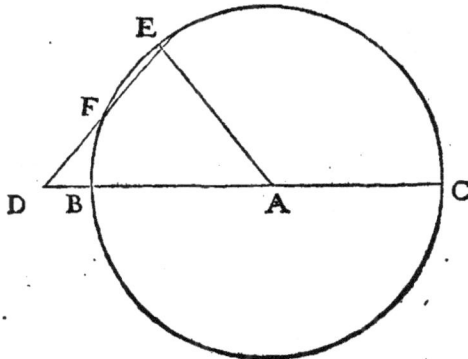

D B differentia inter baſin & crus A E vel E D ſit ad D A baſin, ſicut quadratum E A vel E D ad quadratum compoſitæ ex baſe D A, & crure E A. Quod erat faciendum.

Propositio XX,I.

Si fuerit triangulum æquicrurum, fit autem differentia inter bafin & alterum è cruribus ad bafin, ficut quadratum cruris ad quadratum compofitæ ex crure & bafe: quæ à termino bafis ducetur ad crus linea recta ipfi cruri æquali, fecabit bifariam angulum ad bafin.

Repetatur antecedens conftructio, actaque D E fecet quoque circulum in F, & jungatur A F. Dico A F fecare bifariam angulum E A D.

Quoniam enim ex hypothefi eft ut DB ad DA, ita quadratum ex A B ad quadratum ex D C: ideo eft ut D B ad A B, ita quod fit fub D A, A B ad quadratum ex D C. fed D B ad D E feu A B, eft ut D F ad D C. Quare eft D F ad D C, ficut id quod fit fub D A, A B ad quadratum ex D C. Et confequenter eft D F ad A B feu D E, ficut D A ad D C; & fubducendo eft D F ad F E, ficut D A ad A C. Quare connexa E C fit ipfius F A parallela. Itaque angulus E C D angulo F A D eft æqualis. Sed angulus E A D duplus eft anguli E C D, cum ille fit è centro, hic è circumferentia. Angulus igitur E A D fectus eft bifariam à recta A F. Quod erat oftendendum.

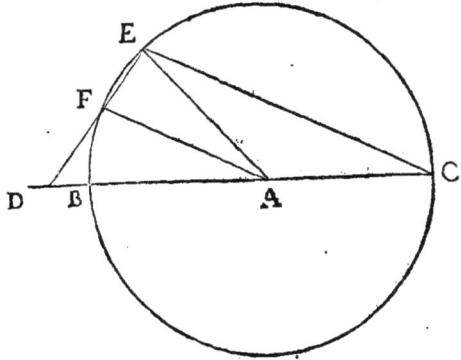

Propositio XXII.

Si fuerit triangulum æquicrurum, quæ autem è termino bafis ducetur ad crus linea recta ipfi cruri æquali, fecet bifariam angulum ad bafin: angulus ad verticem æquicruri, fefquialter eft utriufque angulorum ad bafin.

Sit triangulum A B C habens A B, A C crura æqualia, à cujus termino C cum ducitur ad crus ei oppofitum recta linea C D cruri æqualis, quæ ipfum A C B angulum bifariam fecet. Dico angulum B A C effe fefquialterum anguli A B C feu A C B.

Quoniam enim à C termino bafis trianguli æquicruri A B C, ducitur recta C D ipfi cruri A B vel C A æqualis, ideo exterior angulus D C E triplus eft anguli A C B vel A B C. Qualium itaque angulus A B C feu A C B partium eft duarum, talium exterior anguli D C B eft partium fex, angulus vero D C A qui dimidius eft anguli A C B eorundem eft una, ut etiam angulus D C B. Conftant igitur angulus D C E & fuus exterior talibus feptem partibus, valent autem duos rectos, ficut tres anguli trianguli. Cum fint igitur anguli A B C, A C B quilibet duarum partium, angulus B A C relinquitur earundem trium. Eft igitur B A C angulus fefquialter utriufvis anguli A B C feu A C B. Quod erat oftendendum.

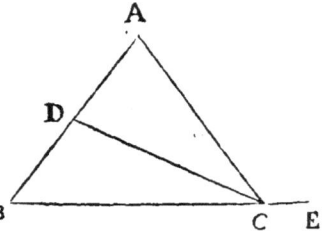

PROPOSITIO XXIII.

Si fuerit triangulum æquicrurum, cujus angulus qui exiftit in vertice fit fefquialter utriufque angulorum qui funt ad bafin, & à termino bafis ducatur ad crus linea recta ipfi cruri æqualis, unde fiat triangulum rurfus crurum æqualium, quorum unum eft educta fecans, alterum crus primi non fectum: erit in ifto fecundo triangulo uterque angulorum qui funt ad bafin triplus reliqui.

Sit triangulum A B C habens crura A B, A C æqualia, & fit angulus B A C fefquialter utriufque angulorum A B C, A C B, & à C bafis termino ducatur in crus A B recta C D ipfi A B vel A C æqualis, unde triangulum A C D rurfus fit æquicrurum habens crura C D, C A æqualia. Dico in triangulo A C D utrumque angulorum A D C, D A C effe triplum anguli D C A. Quoniam enim angulus B A C fefquialter eft anguli A B C, vel A C B, ideo qualium partium angulus A B C eft duarum, talium B A C eft trium. Sed & earundem angulus A C B eft duarum cum fit angulo A B C æqualis, atque adeo tres anguli trianguli A B C, id eft duo recti, æftimantur feptem.

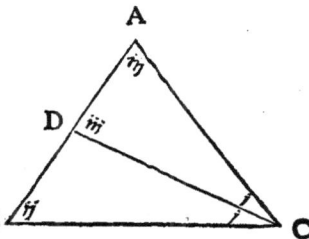

Quoniam autem æquicrurum quoque fit triangulum A C D, habens videlicet crus D C cruri C A æquale, ideo qualium angulus D A C taxatus eft trium partium, talium erit totidem angulus A D C, atque adeo angulus A C D pars una, cum talium duo recti fint feptem. In triangulo igitur A D C uterque angulorum D A C, A D C eft triplus reliqui A C D. Quod erat oftendendum.

PROPOSITIO XXIV.

In dato circulo heptagonum æquilaterum, & æquiangulum defcribere.

Sit datus circulus cujus A centrum, diameter B A C. Oportet in dato circulo heptagonum æquilaterum & æquiangulum defcribere.

Diameter C B continuetur in D, ita ut D B ad D A fit, ut quadratum ex A B ad quadratum ex D C, & in circumferentia ponatur D E, æqualis femidiametro. Dico E B effe arcum heptagoni, id eft, feptimam partem totius circumferentiæ.

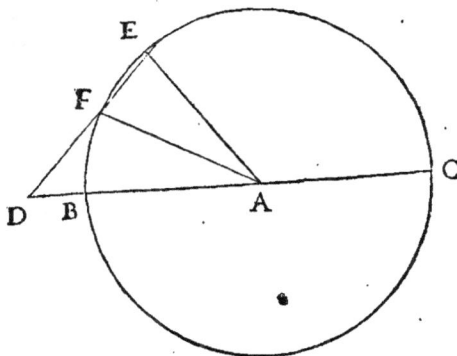

Secet enim D E ipfum quoque circulum in F, & jungantur femidiametri A E, A F. Eft igitur triangulum D E A æquicrurum & ita conftitutum, ut differentia bafis & cruris ad bafin eft, ficut quadratum cruris ad quadratum compofitæ ex crure & bafe. Quare recta A F ipfi cruri æqualis fecat bifariam angulum ad bafin, ideoque qualium duo recti funt partium feptem, talium angulus E A D eft duarum. Qualium vero quatuor recti funt feptem, id eft tota circumferentia, talium angulus E A D eft una. Ipfius autem anguli E A D amplitudinem definit arcus E B. Quare arcus E B eft feptima pars totius circumferentiæ. Subtendatur igitur fepties. Ergo in dato circulo infcriptum eft heptagonum æquilaterum & æquiangulum. Quod facere oportebat.

A L I T E R.

In dato circulo heptagonum æquilaterum & æquiangulum deſcribere.

Sit datus circulus ABCDEFG. Oportet in ABCDEFG circulo heptagonum æquilaterum & æquiangulum deſcribere. Exponatur triangulum æquicrurum HIK habens utrumque eorum qui ſunt ad I, K angulorum triplum reliqui ejus anguli qui eſt ad H, & deſcribatur in circulo ABCDEFG triangulum triangulo HIK æquiangulum, & ſit illud

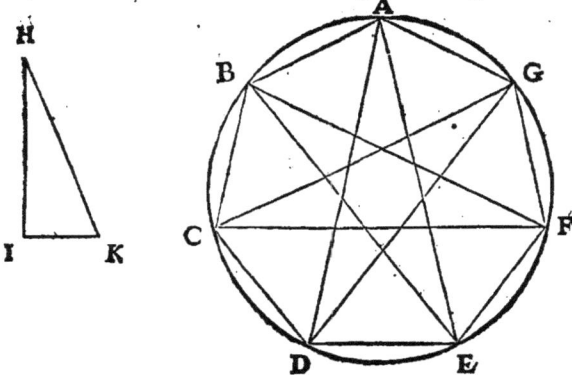

ADE, ita ut angulo quidem qui eſt ad H æqualis ſit angulus DAE, utrique vero ipſorum qui ad I, K ſit æqualis uterque ADE, AED. & uterque igitur ADE, AED anguli DAE eſt triplus. Quare uterque arcus AD, AE ipſius arcus DE eſt quoque triplus, & horum AD, AE arcuum trientes erunt ipſi DE arcui æquales. Sunto igitur trientes illi AB, BC, CD, AG, GF, FE, & ſubtendantur. Ergo in dato circulo deſcriptum eſt heptagonum æquilaterum & æquiangulum. Quod facere oportebat.

Sit hypotenuſa 100, 000, 000 angulus rectus VII partium, ita triangula rectangula ſeptimarum ſe habent.

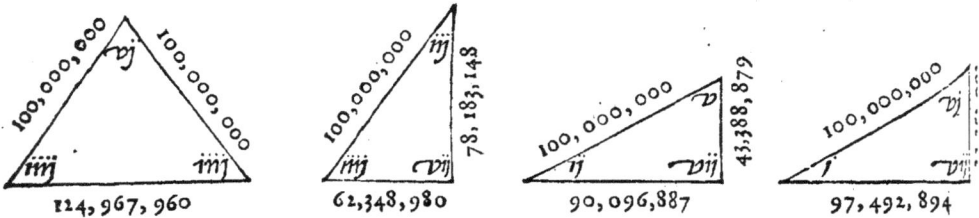

114,967,960   62,348,980   90,096,887   97,492,894

Poſito nempe Z crure trianguli æquicruri, cujus angulus ad verticem ſeſquialter eſt utriuſque angulorum ad baſin, A cubus, plus Z in A quadratum, minus Z quadrato 2 in A, æquatur Z cubo. Et ſit A baſis ejuſdem trianguli.

Sit autem in numeris Z 1.   A I N. $1C + 1Q - 2N$, *æquatur* 1.

Per reductionem vero E tubus, minus Z quadrato 21 in E, æquatur Z cubo 7. Et ſit E compoſita ex baſe illius trianguli & triente cruris.

Sit autem in numeris Z 1.   E I N. $1C - 21N$, *æquatur* 7.

PROPOSITIO XXV.

& eſt Conſectarium generale.

Generaliter id verum eſt, opere ſaltem alterutro, vel conſtructionis duarum mediarum continue proportionalium inter datas, vel ſectionis anguli in tres partes æquales, omnia Problemata, alioqui non ſolubilia, explicari, in quibus cubi ſolidis, vel quadrato-quadrata plano-planis ſine adfectione vel cum adfectione adæquantur.

Enim

Enimverq oftenſum eſt in tractatu de æquationum recognitione, æquationes quadrato-quadratorum ad æquationes cuborum reduci.

Cubos vero adfectos ſub quadrato, ad cubos adfectos ſub latere.

Rurſus, adfectos cubos ſub latere reduci ad cubos puros.

Adfectos vero cubos ſub latere negate ita demum reduci ad puros, cum ſolidum , à
quo adficitur cubus, negatur de cubo , & præterea triens plani coëfficientis cum latere
adficiens ſolidum, cedit quadrato ſemiſſis latitudinis oriundæ ex adplicatione adfecti cubi ad prædictum trientem.

In cubis igitur puris, ut pote cum A, de qua quæritur, cubus proponitur æquari B quadrato in D, intelligentur B & D extremæ in ſerie quatuor continue proportionalium , &
harum A, de qua quæritur eſſe ſecunda.

In cubis autem ita adfectis ſub latere negate , ut triens plani coëfficientis cum latere
adficiens ſolidum , præſtet quadrato latitudinis ſemiſſis oriundæ ex adplicatione adfecti
cubi ad prædictum trientem , ut pote , cùm A cubus, minus B quadrato 3 in A, proponitur æquari B quadrato in D 2, & B præſtet ipſi D. Duo intelligentur proponi triangula
æquicrura , & ipſa cruribus æqualia alterum alteri , quorum ſecundi angulus, qui eſt baſin , intelligitur triplus ad angulum , qui eſt ad baſin primi , & baſis ſecundi eſſe D , crus
vero B. A autem de qua quæritur, eſſe baſis primi.

In cubis denique ita adfectis, ut ipſi de adficiente ſolido negantur, ut pote, cùm B quadratum 3 in E , minus E cubo, æquabitur B quadrato in D 2. Eadem ſtante conſtructione, quæ in antecedente formula expoſita eſt, E de qua quæritur, fiet baſis dimidia primi,
multata continuatave longitudine ejus, cujus quadratum æquale eſt triplo quadrato altitudinis primi.

Quod enim in triangulo æquicruro crus ſemper majus ſit baſe dimidia vel ex eo evidens ſit , quod altitudo ſecet baſin bifariam. Itaque cruris quadratum præſtat quadrato
dimidiæ per ipſius altitudinis quadratum.

Atque adeo duobus Problematis æquationes cuborum omnes, & quadrato-quadratorum cujuſcumque adfectionis alioqui non ſolubiles explicabuntur, una inventione
duarum mediarum inter datas, altera anguli dati in tres æquales partes ſectione. Quod
animadvertiſſe fuit operæ pretium.

F I N I S.

FRANCISCI VIETÆ
PSEVDO-MESOLABVM
& alia quædam
ADIVNCTA CAPITVLA.

PSeudo-Mesolabum fabrico, ut Pseudo-Mesolabum, illibata Eratosthenis., cujus quidem epicherema fuit δυσμη-χανὸν, sed generaliter ac vere propositum, laude & gloria. Mutua autem segmenta inscriptæ circulo & diametri esse proportionalia nemo nescit ex Elementis. Sed quatenus proportio continua est, operæpretium erat in Mesographicis definire. Enimvero bene compositiuri resolvunt, componunt bene resoluturi. Quare quatuor rectas proportionales in mutua sectione inscriptæ & diametri ita speculabor, ut non ideo mihi appareat esse continue proportionales, quia erant, & sequuta est ἐφάρμοσις, sed τὸ διότι in eo situ expendam, earum genesin à seipsis repetiturus, atque adeo angulorum, qui in ea sectione fiunt, & deluserunt incautos, symptomata adnotaturus. Sic igitur demonstro, sic facio.

PROPOSITIO I.

Si rectangulum est inscriptum circulo, & duo latera opposita secet diameter: pars diametri à lateribus illis intercepta secabitur bifariam in centro, & segmenta laterum oppositorum permutatim erunt æqualia.

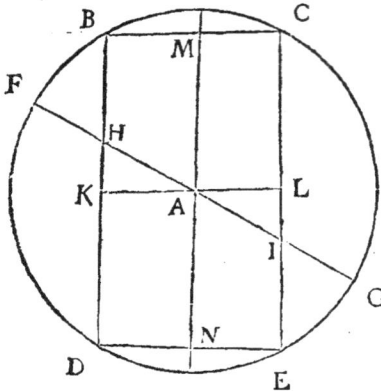

Circulo, cujus centrum A, inscribatur rectangulum BCED, ac lateri quidem BD opponatur latus CE, utrumque vero secetur à diametro FG. Illud in H, hoc in I. Dico HI secari bifariam in A, & segmenta BH, HD segmentis CI, IE permutatim esse æqualia, hoc est BH æquati IE, & HD æquati CI. Agantur enim per A centrum KL, MN ipsis BC, BD parallelæ.

Acta igitur è centro AL secat rectam CE bifariam in L, & acta AM rectam BC bifariam in M. Et proinde LA, AK, id est CM, MB, sunt æquales. Triangula autem HAK & IAL similia sunt. recti enim sunt anguli AKH, ALI, & angulus ad A utrique est communis. Quare cum latus AK lateri AL sit æquale, erunt quoque latera AH, AI subtendentia angulum rectum æqualia,

æqualia, ac æqualia quoque KH , LI. Et cum KD; CL fint femiffes æqualium BD, CE, utrique femiffi addatur KH feu LI. Ergo DH erit æqualis CI , & reliqua BH reliquæ IE. Quod erat oftendendum.

PROPOSITIO II.

⌐ Si diametrum circuli fecet infcripta , quæ vero per extremum infcriptæ ducitur ipfi perpendicularis occurrat diametro in puncto quo continuata eſt diameter per intervallum infcriptæ: erunt fegmenta infcriptæ in continua proportione, inter fegmenta diametri.

Diametrum circuli AB infcripta CD fecet in E, excitetur autem ad C perpendicularis quæ occurrat diametro continuatæ ad partes A in F. Et fit continuatio AF, æqualis ipfi infcriptæ CD. Dico effe ut AE ad EC, ita EC ad ED, & ita ED ad EB.

Aut enim recta FC circulum tangit , aut fecat. Primum tangat circulum recta FC.

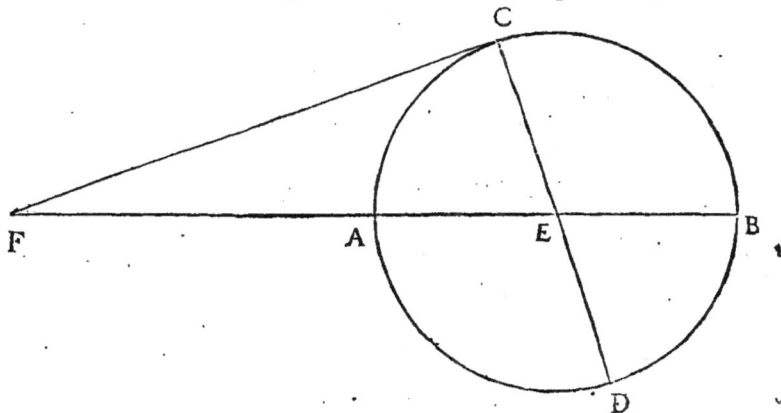

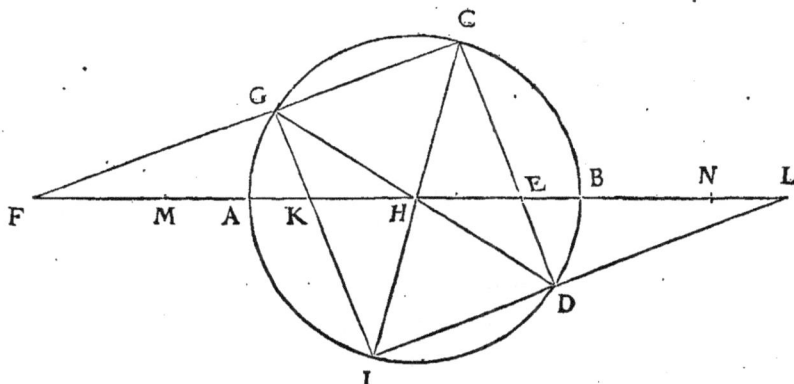

Quoniam angulus FCD eſt rectus ex hypothefi , ideo erit E centrum circuli, & fegmenta quæque infcriptarum, femidiametri. Itaque erit ut AE ad EC, ita EC ad ED, & ita ED ad EB, æqualis videlicet ad æqualem.

Secet autem circulum recta FC in G puncto. Acta igitur GD erit diameter. Itaque centrum confiftit in mutua fectione AB, GD. Sit illud H, & agatur diameter CI , & jungantur GI, DI, ipfaque GI fecet AB in K. Rectangulum igitur eft circulo infcriptum GCDI. Itaque æquales funt KH, HE, atque adeo æquales AK, EB. Sed & GI, CD fecantur in æqualia fegmenta permutatim, nempe GK, ED fegmenta æqualia funt, & CE, KI æqualia.

Producantur FB, ID feque mutuo fecent in L. Triangula igitur rectangula LDE, FGK æqualium funt laterum, & angulorum. Itaque LB fit FA æqualis, id eft CD ex hypothefi. Abs FA igitur refecetur FM ipfi CE æqualis. Itaque reliqua MA reliquæ ED fit æqualis. Abs LB vero refecetur LN ipfi ED æqualis. Itaque reliqua NB reliquæ EC fit æqualis.

Quoniam igitur parallelæ funt FC, DL, atque adeo triangula FCE, LDE feu FGK funt fimilia, erit FE ad EL, ficut EC ad ED. Et fubducendo erit ME differentia inter FM, FE ad EN differentiam inter LN, LE, ficut EC ad ED. Sed & quia infcriptæ circulo AB, CD fefe fecant in E, ideo eft AE ad EC, ficut ED ad EB, & componendo eft ME compofita ex AE, AM feu ED ad EN compofitam ex EB, BN feu EC, ficut ED ad EB. Quare eft EC ad ED, ficut ED ad EB. Et proinde erit ut AE ad EC, ita EC ad ED, & ita ED ad EB. Quod erat oftendendum.

PROPOSITIO III.

Si fuerint quatuor lineæ rectæ continuè proportionales: erit ut compofita è tribus primis ad compofitam è tribus poftremis, ita fecunda ad tertiam.

Sint quatuor lineæ rectæ continue proportionales A, B, C, D. Dico effe, ut compofita ex A, B, C ad compofitam ex B, C, D ita B ad C. Eft enim B ad C, ficut A ad B, & ficut C ad D. quare componendo eft B ad C, ficut compofita ex A, C ad compofitam ex BD. Et rurfus componendo eft B ad C, ficut compofita ex A, B, C ad compofitam ex B, C, D. Quod erat demonftrandum.

PROPOSITIO IV.

Si diametrum circuli ita fecet infcripta ut fegmenta infcriptæ fint in continua proportione inter fegmenta diametri: quæ per extremum infcriptæ ducitur, ipfi perpendicularis, occurret diametro in puncto quo continuata eft diameter per intervallum infcriptæ.

Circuli diametrum AB fecet infcripta CD in E, & fint fegmenta AE, EC, ED, EB in continua proportione, hoc eft, fit ut AE ad EC, ita EC ad ED, & ita ED ad EB. Excite-

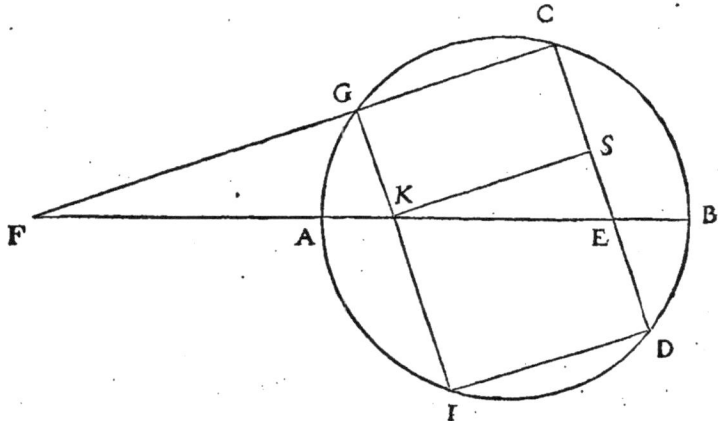

rur autem ad C perpendicularis ipfi CD, occurrens diametro BA continuatæ in F. Dico continuationem FA ipfi infcriptæ CD effe æqualem. Quoniam enim hic proponitur

propor-

proportio inæqualitatis non æqualitatis, & proinde C E, E D funt inæquales, non etit E centrum circuli. Itaque recta F G circulum non tanget, fed fecabit. Secet igitur in G, & compleatur parallelogrammum circulo infcriptum G C D I. ipfamque G I abfcindat A B in K, & ducatur K S ipfi G C parallela, abfcindens C D in S. Eft igitur G K feu C S ipfi E D æqualis, & E B ipfi A K. Et quoniam funt in continua proportione A E, E C, E D, E B ex hypothefi, ideo erit E C ad E D, ficut compofita ex A E, C D ad compofitam ex E B, C D. Et fubducendo erit ut S E differentia inter E C, E D feu C S ad E D, ita K E differentia inter A E, E B feu A K ad compofitam ex E B, C D. Sed eft quoque ut S E ad E D, ita K E ad F K. Quare F K eadem eft quæ compofita ex E B, C D. Vtrinque dematur E B feu A K. Ergo fit FA æqualis ipfi C D. Quod erat oftendendum.

PROPOSITIO V.

Circulo dato & infcripta : per centrum circuli ita fecare infcriptam, ut fegmenta infcriptæ fint in continua proportione inter fegmenta diametri.

Sit datus circulus, cujus A centrum, data quoque infcripta B C. Oportet facere quod propofitum eft. Agatur diameter C A E, & injuncta B E & continuata, fumatur ex A centro recta A F compofitæ ex A C, C B æqualis, fecans circulum in G, H, ipfam vero

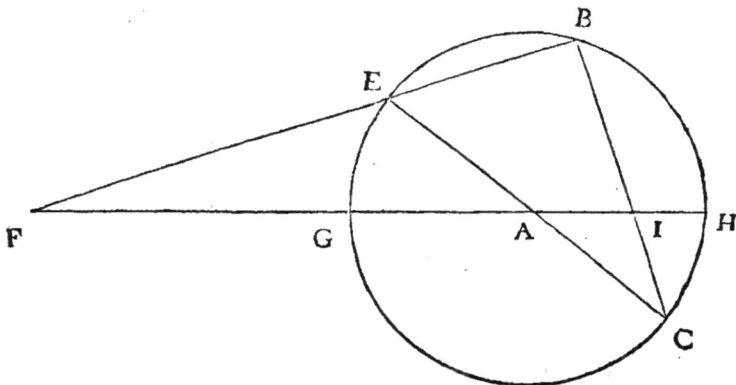

B C in I. Quoniam igitur angulus C B E eft in femicirculo, ideo eft rectus. Fit autem A G F ex hypothefi ipfi A C B æqualis, eaque fecat circulum in G, H; B C vero in I. Quare ex iis quæ demonftrata funt, eft ut G I ad I B, ita B I ad I C, & ita C I ad I H. Circulo itaque dato cujus A centrum, data quoque infcripta B C, ita fecta eft B C in I per A centrum, ut infcriptæ B C fegmenta B I, I C fint in continua proportione inter mutua diametri G H fegmenta G I, I H. Quod erat faciendum.

PROPOSITIO VI.

Si fecetur linea recta inæqualiter : differentia inter femiffem fectæ & fegmentum, erit æqualis dimidiæ differentiæ fegmentorum.

Secetur A B recta inæqualiter in C, æqualiter vero in D. Eft igitur D C differentia inter A D femiffem fectæ, & A C majus fegmentum, vel inter D B id eft A D, & C B minus fegmentum. Dico ipfam D C effe dimidiam differentiam fegmentorum A C, C B. Dupletur enim C D in E. Cum igitur ab æqualibus A D, D B auferentur æquales D C, D E, fit A E æqualis C B minori fegmento. differentia autem inter A E, id eft C B, & A C eft E C, quæ conftructa eft dupla ipfius D C. Eft igitur D C differentia dimidia fegmentorum inæqualium A C, C B, in quæ fecta eft A B. Quod erat oftendendum.

PROPOSITIO VII.

Si diametrum circuli fecet infcripta : erit ut differentia fegmentorum diametri ad differentiam fegmentorum infcriptæ, ita diameter circuli ad fubtenfam duplo complementi anguli fectionis infcriptæ & diametri.

Diametrum enim circuli A B infcripta C D fecet in E, quam acta è centro F G dividat bifariam in G. Eft igitur F E dimidia differentia fegmentorum A E, E B, & E G differentia dimidia fegmentorum C E, E D. Dico itaque ut duplam F E ad duplam E G, ita effe diametrum A B ad fubtenfam duplo complementi anguli FEG. Quoniam enim acta è centro F G fecat C D bifariam in G, ideo normaliter fecat. Quare angulus G F E eft complementum anguli G E F. Continuetur F G ad circumferentiam in H, & agatur A I ipfi F H parallela, fecans circulum in I, & connectatur B I. Erit igitur circumferentia BI dupla circumferentiæ BH, & ipfa B H eft amplitudo anguli H F B. Quare circumferentia B I erit ipfius anguli H F B amplitudo dupla. Eft igitur I B fubtenfa duplo anguli G F E, feu complementi anguli G E F. Triangulo autem F G E fimile triangulum eft A I B. Ergo erit ut F E ad E G, ita A B diameter circuli ad BI fubtenfam duplo complementi anguli FEG, & confequenter ut F E dupla ad E G duplam. Quod erat oftendendum.

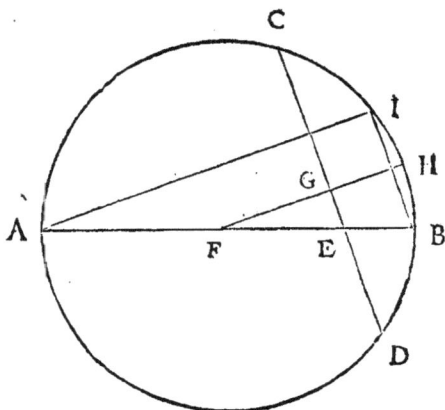

PROPOSITIO VIII.

Si fuerint tres lineæ rectæ proportionales : compofita ex omnibus major erit mediæ triplo.

Sunto tres proportionales A B, B C, B D. Dico compofitam ex A B, B C, B D majorem effe tripla B C. Faciant enim unam perpetuam lineam A B, B D, & fiat A D diameter circuli. Quæ igitur ex circumferentia cadet perpendiculariter ad B, erit ipfa B C. continuata autem fecet quoque circulum in E. Eft igitur C E dupla ipfius C B. Eft autem minor diametro A D, cum diameter fit major infcriptarum, alioqui A B B C, B D effent æquales. Hic autem proponitur proportio inæqualitatis, non æqualitatis. Quare compofita ex A B, B D major eft compofita ex C B, B E, & confequenter compofita ex A B, B D, C B major eft compofita ex C B, C E, id eft major tripla C B. Quod erat oftendendum.

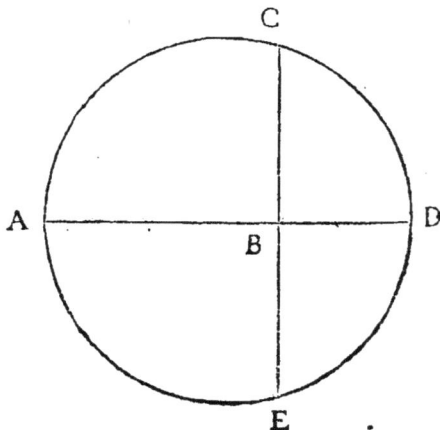

PROPOSITIO IX.

Si diametrum circuli ita fecet infcripta ut fegmenta infcriptæ fint in continua proportione inter mutua fegmenta diametri: anguli, qui fit in fectione, duplum complementum, minus erit circumferentia, quæ à triente diametri circuli fubtenditur.

Circuli, cujus H centrum, diametrum A B ita fecet in E infcripta C D, ut E C, E D fegmenta infcriptæ C D fint in continua proportione inter A E, E B fegmenta mutua diametri A B. Secetur autem C D bifariam in O ex H centro, unde angulus O H E eft complementum O E H, quoniam angulus ad O eft rectus. Subtendatur deinde ad partes O recta B Z, fumpta æqualis trienti diametri A B. Dico anguli O H E duplam amplitu-

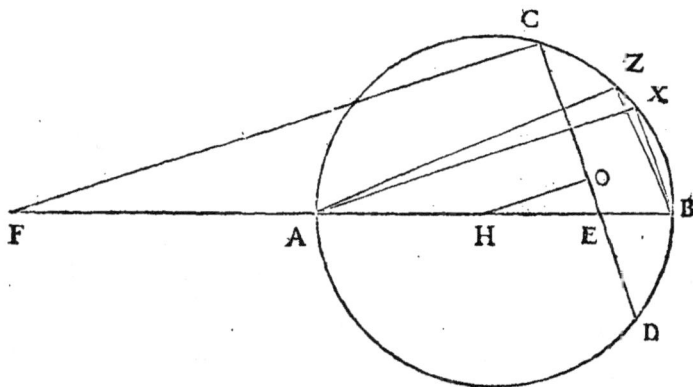

dinem minorem effe circumferentia Z B. Connectatur enim A Z, & per C acta ipfi C D perpendicularis, occurrat diametro B A in F. Erit igitur F A ipfi C D æqualis. Itaque tota F E erit compofitæ ex tribus proportionalibus A E, E C, E D æqualis, quæ majores funt triplo mediæ E C. Quare F E ad E C majorem habet rationem quam tria ad unum, id eft quam A B ad B Z. Habeat eandem quam A B ad B X, & fubtendatur B X. erit igitur B X minor quam B Z, & confequenter circumferentia B Z major erit circumferentia B X. Eadem autem eft ratio H E ad O E, quam F E ad E C, fimilia enim funt triangula H E O, F E C. Itaque erit A X ipfius H O parallela, & circumferentia B X dupla amplitudo anguli O H E, feu X A B, feu C F E. Dupla igitur amplitudo anguli O H E minor eft circumferentia Z B. Quod erat oftendendum.

PROPOSITIO X.

Ad datum angulum ei æqualem qui fit in fectione infcriptæ circulo, & diametri, exhibere mutua earum fegmenta in continua proportione. Oportebit autem in eo triangulo rectangulo, cujus bafis fubtendetur angulo dato, perpendiculum effe minus triente hypotenufæ, quoniam hypotenufa ad perpendiculum eft ficut diameter ad fubtenfam duplo complementi anguli fectionis.

Oporteat exhibere circulum cui infcriptam ita fecet diameter, ut fegmenta fint in continua proportione, & præterea angulus qui fiet in fectione æqualis fit angulo dato. Detur angulus A B C, reliquus autem è recto in quocumque triangulo rectangulo B A C. Ita tamen ut ejus trianguli hypotenufa A B fit major triplo perpendiculi B C, ob ea quæ jam expofita & demonftrata funt. Cum igitur ab A B abfcindetur A D, æqualis duplæ

C B, rur-

CB, rurſus erit DB major ipſa CB. In continuata itaque AC ſumatur BE ipſi DB æqualis, & per A agatur recta AF ipſi BE parallela, ſecans BC continuatam in F. Et centro A, intervallo AF deſcribatur circulus, quem AB utrinque continuata ſecet in G, H, BC vero ſecet in F, I. Dico ſegmenta GB, BF, BI, BH eſſe in continua proportione. Excitetur enim per punctum F recta FK, ipſi FI perpendicularis, occurrens diametro GH con-

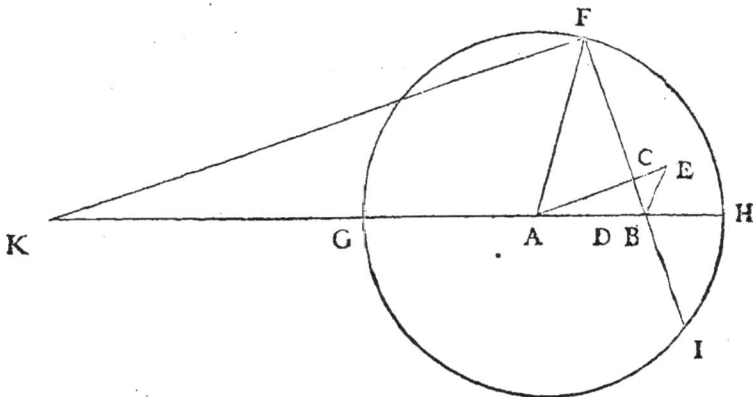

tinuatæ in K. Erit igitur BC ad AB, ſicut CF ad AK; parallelæ autem conſtructæ ſunt BE, AF. quare eſt BC ad BE, ſicut CF ad AF. Et per ſyntheſin BC ad AB quæ compoſita eſt ex BE & dupla BC, ita CF ad compoſitam ex AF & FI, quæ quidem FI dupla eſt ipſius CF. Quare compoſita ex AF & FI eſt eadem quæ KA. Vtrinque dematur AF ſeu AG, fit KG ipſi FI æqualis. Eſt autem KG continuatio diametri ad punctum occurſus ejus rectæ quæ ſecuit inſcriptam ad angulos rectos per ipſius extrema. Ergo ſunt in continua proportione ſegmenta, GB, BF, BI, BH. Ad datum itaque angulum ABC ei æqualem qui fit in ſectione inſcriptæ & diametri, eundemque reliquum è recto cujuſvis trianguli rectanguli dummodo illius hypotenuſa major ſit triplo perpendiculi, exhibita ſunt ipſa ſegmenta in continua proportione. Quod erat faciendum.

Ex his licet angulorum qui fiunt in ſectione inſcriptæ & diametri cum mutua earum ſegmenta ſunt in continua proportione, ſyſtemata expendere.

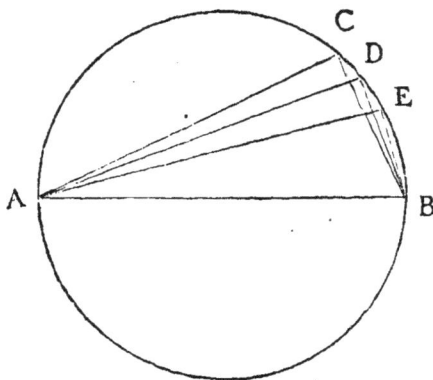

Sit circuli diameter AB. Et quoniam ratio diametri ad ſubtenſam duplo complementi ejus anguli qui fit ab inſcripta & diametro, cum ſegmenta earum ſunt in continua proportione, eſt ut differentia extremarum ad differentiam mediarum, oportet autem differentiam extremarum majorem eſſe triplo differentiæ mediarum. Subtendatur BC triens diametri AB. erit igitur angulus CBA ſyſtema extremum omnium angulorum quos oportebit eo eſſe majores.

Placeat autem cum continue proportionales ſunt in ratione dupla ſyſtema adnotare. Quoniam ratio eſt ut 2 ad 1, numerus autem proximus poſt binarium eſt ternarius, ducatur 3 in 2, fiunt 6, quibus addatur unitas.

1,v. Erit igitur differentia extremarum ad differentiam mediarum ut 7 ad 2. *Quare qualium* AB *erit* 7 , *talium subtenditor* BD *duarum* , *erit angulus* DBA *systema rationis duplae. Et cum ratio continue proportionalium erit minor dupla, anguli sectionum erunt majores quidem angulo* CBA , *sed minores angulo* DBA.

Placeat autem cum proportionales sunt in ratione tripla systema adnotare. *Quoniam ratio est ut* 3 ad 1, *numerus autem proximus post ternarium est quaternarius* , *ducantur* 4 *in* 3 *fiunt* 12, *quibus addatur unitas.* Erit igitur differentia extremarum ad differentiam mediarum ut 13 ad 3. *Quare qualium* AB *erit* 13 *talium subtendetur* BE *trium.* & *erit angulus* EBA *systema rationis triplae. Et cum ratio continue proportionalium erit minor tripla sed major dupla, anguli sectionum erunt majores quidem angulo* DBA, *sed minores angulo* EBA.

Ex Canonicis autem numeris triangulorum dabuntur iidem anguli , *in partibus qualium rectus estimatur* XC, *faciendo ut* 7 *ad* 2, *vel* 13, *ad* 3, & *ea in infinitum methodo, ita* 100 , 000 *ad sinum complementi anguli qui fit ab inscripta* & *diametro. ut in tabella.*

In ratione			Vt		ad		Ita 100, 000, ad		Cui congruit angulus.			Cujus complementum est is qui fit ab inscripta & diametro.		
aequalitatis	3			1			33, 333		XIX. XXVIII.			LXX. XXXII.		
dupla	7			2			28, 571.		XVI. XXXVI.			LXXIII. XXIIII.		
tripla	13			3			23, 077		XIII. XX.			LXXVI. XL.		
quadrupla	21			4			19, 048		X. LIX.			LXXIX. I.		
quintupla	31			5			16, 129		IX. XVII.			XXC. XLIII.		
sextupla	43			6			13, 953		VIII. I.			XXCI. LIX.		
septupla	57			7			11, 281		VII. III.			XXCII. LVII.		
octupla	73			8			10, 959		VI. XVII.			XXCIII. XLIII.		
nonupla	91			9			9, 890		V. XLI.			XXCIII. XIX.		
decupla	111			10			9, 009		V. X.			XXCIV. L.		

PROPOSITIO XI.

Si duæ parallelæ inæquales inscribantur circulo, & actæ per minoris extrema perpendiculares majorem abscindant : excessus majoris ex utravis parte erit æqualis.

Duæ parallelæ inæquales DQ. AB inscribantur circulo , majoremque DQ actæ AR, BS per extrema minoris AB , normaliter secent in R , S. Dico DR, SQ esse æquales. Circuli enim centrum esto G, per quod agatur diameter ipsis RA vel SB parallela, secans DQ, AB in V, Z. Cum igitur inscriptæ DQ, AB secentur è centro ad angulos rectos, ideo secabuntur bifariam. Erit itaq; DV ipsi VQ æqualis, & AZ seu RV ipsi ZB seu VS. Ab æqualibus igitur DV , VQ, æquales RV, VS subducuntor. Ergo DR fiet æqualis SQ. Quod erat ostendendum.

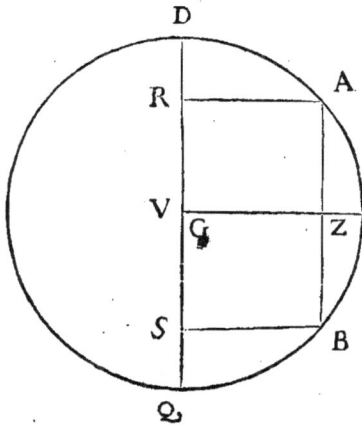

PROPOSITIO XII.

Data recta & in ea puncto, invenire circulum cui data inscribetur, & cum diameter eam abscindet in dato puncto, erunt segmenta inscriptæ in continua proportione inter mutua segmenta diametri.

Sit data recta AB , & in ea punctum C. Oportet facere quod propositum est. Fiat ut BC ad CA, ita CA ad AD, & coëant in eandem rectam BA , AD. & ad A excitetur ipsi CD perpendicularis AE, in qua sumatur CE toti BD æqualis, & abscindatur CF ipsi AD æqualis. & per puncta A , B, F ducatur circulus, quem FC quoque secet in G. Sunt igitur

tur, FG, AB infcriptæ circulo quæ fe mutuo fecant in C. Itaque eft ut FC ad CA, ita
CB ad CG. Sed FC ad CA, eft ut FC ad CB. Igitur eft ut FC ad CA, ita CA ad CB, &
ita CB ad CG. Sunt itaque fegmenta AC, CB in continua proportione inter mutua fegmenta FC, CG. Dico autem FG effe diametrum circuli. Aut enim AB fecta eft in C

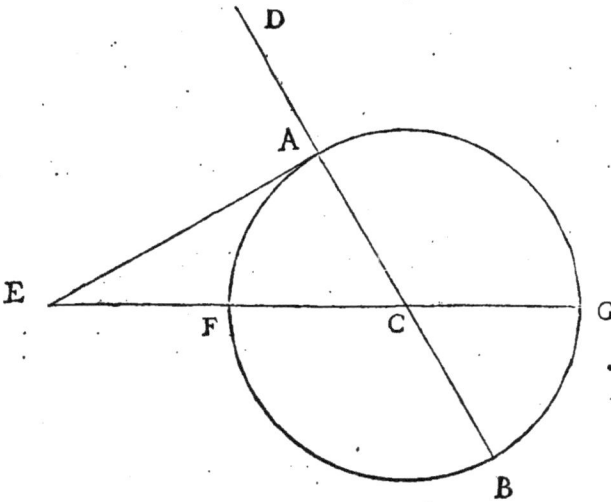

æqualiter, aut fe-
cus. Sit primum
fecta in C æqua-
liter. Quoniam
factum eft ut
BC ad CA, ita
CA ad AD, erit
quoque FC id
eft AD æqualis
ipfi CB feu CA.
Itaque centrum
erit ipfum C, &
perpendicularis
EA circulum cō-
tinget. Sed efto
AB fecta inæ-
qualiter in C.
Quoniã AB non
eft diameter,
ideo perpendi-
cularis EA circu-

lum non continget, fed fecabit. Secet in H, & fubtendatur HB. Erit igitur HB diameter, angulus enim HAB, cum fit rectus eft in femicirculo, agatur quoque HI ipfi AB parallela fecans circulum in I, FG vero in K, & jungatur IB, & ea continuata occurrat ipfi

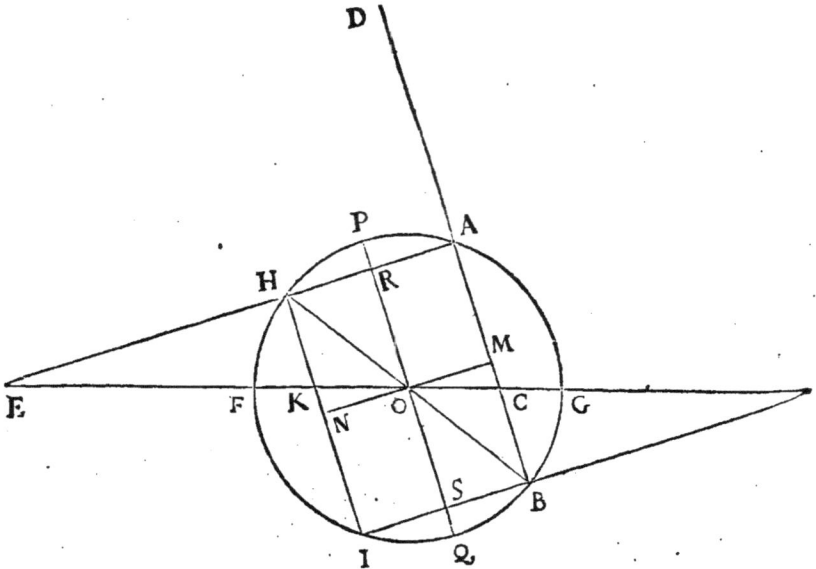

FG in L. Angulus igitur HIB erit quoque in femicirculo. itaque erit rectus, & rectangulum circulo infcriptum AHIB. Ducatur autem per medium AB recta MN, ipfi HA
æqualis

æqualis & parallela fecans FG in O. Erit igitur MC differentia dimidia fegmentorum AC, CB. Et quoniam triangula rectangula EAC, CBL funt fimilia, propter EA, IL parallelas. ideo eft CA ad EC, ficut CB ad CL, & ficut differentia inter CA, CB ad differentiam inter EC, CL. Sed differentia inter CA, CB eft dupla CM, & eft CA ad EC, ficut CM ad CO ob fimilitudinem triangulorum COM, CEA. Quare CO erit dimidia quoque differentia inter EC, CL. atque adeo EL fecta eft bifariam in O. Compofita autem eft EC ex FC, CA, CB. & eft ut AC ad CB, ita compofita ex FC, CA, CB ad compofitam ex CA, CB, CG. Itaque CL erit eadem quæ compofita ex CA, CB, CG. proinde GL, EF erunt ipfi AB compofitæ ex CA, CB æquales. Ab æqualibus itaque EO, OL æquales GL, EF fubducendo, fit FO æqualis ipfi OG. Infcribatur per O recta PQ, ipfis AB, HI parallela fecans HA, IB in R, S. Erit igitur RS æqualis ipfi AB vel HI, & fecta bifariam in O ficut AB, HI in M, N, & erunt RP, SQ æquales. Duæ igitur infcriptæ circulo FG, PQ fecantur bifariam in circulo. Quare utraque eft diameter. Eft igitur diameter FG. Data igitur recta AB, & in ea puncto C, inventus eft circulus AFB cui data AB infcribitur, & cum diameter FG eam abfcindit in dato C puncto, exiftunt fegmenta AC, CB in continua proportione inter FC, CG mutua fegmenta diametri FG. Quod erat faciendum.

PROPOSITIO XIII.

Si fuerint quatuor rectæ continue proportionales: erit ut differentia extremarum ad differentiam mediarum, ita adgregatum extremarum, plus duplo adgregati mediarum ad adgregatum mediarum: & ita compofita è tribus primis ad fecundam: & ita compofita è tribus poftremis ad tertiam.

Exponatur circulus ACBD cujus diameter AB fecet infcriptam quamcumque CD in E, ita ut AE, EC, ED, EB fint in continua proportione. Id enim fieri poffe fecundum quamcumque rationem datam expofitum eft. Cum igitur CD fecabitur in C & D perpendiculariter à rectis CF, DG, occurrentibus ipfi EA in F, G. Erunt FA, BG ipfi CD æquales. Sit autem H centrum, per quod fecetur CD ad rectos angulos in I. Eft igitur AH dimidia compofita ex extremis, CI dimidia compofita ex mediis, HE dimidia differentia extremarum, EI dimidia differentia mediarum, FA vel BG compofita ex mediis,

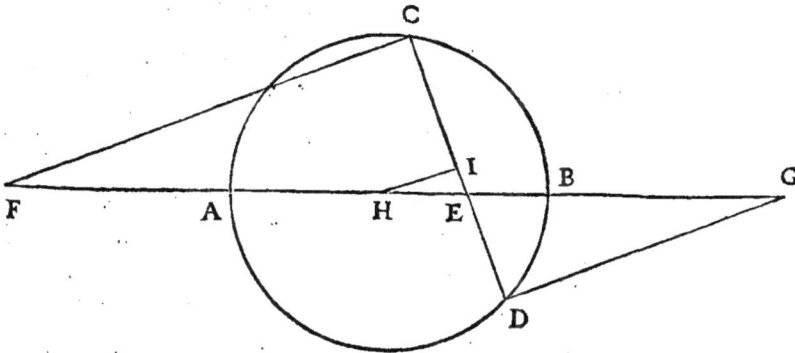

FE compofita è tribus primis, EG ex tribus poftremis. Eadem autem eft ratio totius ad totum quæ partis ad partem. Dico igitur effe ut HE ad EI, ita FH ad IC, & ita FE ad EC, & ita EG ad ED. Id autem eft manifeftum propter fimilitudinem triangulorum HEI, FEC, GED.

Kk PRO-

PROPOSITIO XIV.

Si fuerint quatuor lineæ rectæ continue proportionales : differentia extremarum major erit triplo differentiæ mediarum.

Id autem eft manifeftum, cum differentia extremarum ad differentiam mediarum
oftenfa eft fe habere, ficut compofita è prima, fecunda, & tertia ad fecundam, vel ex fecunda, tertia & quarta ad tertiam. Tres autem continue proportionales majores funt
mediæ triplo.

PROPOSITIO XV.

Si fuerint quatuor lineæ rectæ continue proportionales : erit ut differentia extremarum minus dupla differentia mediarum ad differentiam mediarum, ita adgregatum extremarum ad adgregatum mediarum.

Oftenfum enim eft effe ut differentia extremarum ad differentiam mediarum, ita adgregatum extremarum plus duplo adgregati mediarum ad adgregatum mediarum.
Quare fubducendo erit ut differentia extremarum minus duplo differentiæ mediarum
ad differentiam mediarum, ita adgregatum extremarum ad adgregatum mediarum.

PROPOSITIO XVI.

Si fuerint quatuor rectæ lineæ proportionales : quadratum adgregati extremarum, minus quadrato adgregati mediarum, erit æquale quadrato differentiæ extremarum, minus quadrato differentiæ mediarum.

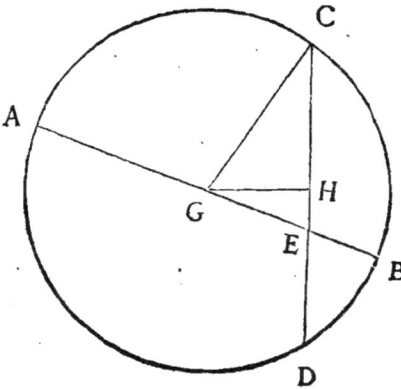

Exponatur circulus A C B D,
cujus diameter AB fecet infcriptam quamcumque CD in E : itaque fit ut AE ad EC, ita ED ad
EB. Cum igitur C D fecabitur in
H ad rectos angulos ab ea quæ eft
ex G centro, & connectetur GC,
erit GC dimidia compofita ex extremis, & CH dimidia compofita
ex mediis. Sed & GE dimidia eft
differentia extremarum, & EH
dimidia differentia mediarum.
Dico igitur quadratum ex dupla
GE, minus quadrato ex dupla EH,
æquari quadrato duplæ CG, minus quadrato duplæ CH. Id autem eft manifeftum cum triangula CHG, GEH, quorum GH bafis eft communis, fint rectangula.
Itaque quadratum ex CG, minus
quadrato ex CH, æquatur quadrato ex GH. ficut etiam quadratum ex GE, minus quadrato ex EH. Eft autem eadem ratio totius ad totum quæ dimidii ad dimidium.

PROPOSITIO XVII.

Dato adgregato extremarum, & adgregato mediarum in ferie propofita
quatuor rectarum continue proportionalium, diftinguere continue proportionales.

Propo-

Proponantur quatuor rectæ esse in continua proportione, ex quarum extremis compoſita eſt Z, ex mediis X. Oportet diſtinguere medias & extremas. At vero dato circulo & inſcripta, licet à diametro ita ſecare inſcriptam, ut ſegmenta inſcriptæ ſint in continua proportione inter mutua ſegmenta diametri. Quare centro A, intervallo AB æquali di-

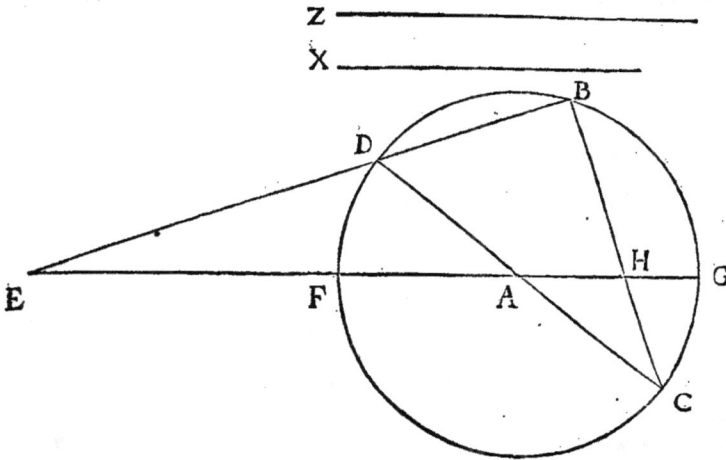

midiæ Z deſcribatur circulus, cui inſcribatur BC æqualis datæ X. Et agatur diameter CAD. Et in juncta BD & continuata, ponatur AE compoſitæ ex AB, BC æqualis. & EA ſecet circulum in F, G. BC vero in H. Ergo per ea quæ oſtenſa ſunt, eſt ut FH ad HB, ita HB ad HC, & ita HC ad HG. Eſt autem FG æqualis ipſi Z ex conſtructione, & BC ipſi X. Quare factum eſt quod oportuit.

PROPOSITIO XVIII.

Data differentia mediarum, & differentia extremarum in ſerie propoſita quatuor rectarum continue proportionalium, invenire continue proportionales. Oportet autem differentiam extremarum majorem eſſe tripla differentia mediarum.

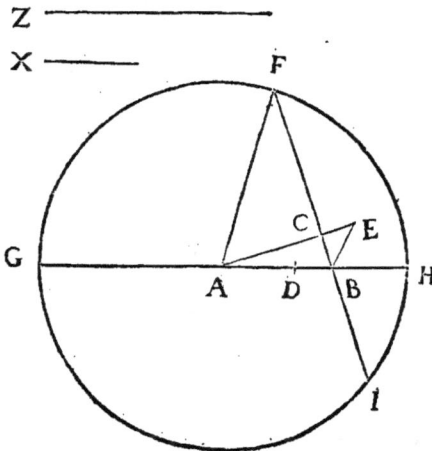

Proponantur quatuor rectæ eſſe in continua proportione, quarum extremæ differant per Z, mediæ per X. Oportet invenire ſive medias, ſive extremas. At vero ad angulum quemcumque inſcriptæ & diametri, exhibere licet mutua earum ſegmenta in continua proportione. Trianguli autem rectanguli, cujus hypotenuſa eſt æqualis differentiæ extremarum, perpendiculum differentiæ mediarum, baſis ſubtenditur angulo æquali ei qui ſit in ſectione diametri & inſcriptæ. Quare conſtituatur triangulum rectangulum ABC cujus hypotenuſa AB ſit dimidiæ Z æqualis, perpendiculum vero BC dimidiæ

Kk 2 X æqua-

X æquale. & ex AB abſcindatur AD æqualis duplæ CB. Itaque DB ſit rurſus major quàm CB, quoniam AB major eſt triplo CB. Vnde in producta AC ponatur BE ipſi DB æqualis, & per A agatur AF ipſi EB parallela, cui occurrat BC in F. & centro A, intervallo AF deſcribatur circulus; quem AB ſecet in G, H; FB vero ſecet quoque in I. Ergo per ea quæ oſtenſa ſunt, eſt ut GB ad BF, ita BF ad BI, & ita BI ad BH. Eſt autem AB differentia dimidia inter GB, BH, & CB differentia dimidia inter FB, BI. Quare factum eſt quod oportuit.

PROPOSITIO XIX. Δεδόμᵑον.

Si fuerint quatuor lineæ rectæ continuè proportionales: Dato adgregato mediarum & adgregato extremarum, dantur ſingulæ mediæ vel extremæ.

Enimvero duo ab iis conſtituuntur triangula ſimilia rectangula. Vnum cujus hypotenuſa æqualis eſt compoſitæ ex adgregato extremarum & duplo adgregato mediarum, perpendiculum vero adgregato mediarum. Alterum cujus hypotenuſa eſt æqualis differentiæ extremarum, perpendiculum differentiæ mediarum. Eſt autem baſis in iſto, eadem quæ in triangulo rectangulo cujus hypotenuſa eſt æqualis adgregato extremarum, perpendiculum adgregato mediarum.

Itaque: Erit ut quadratum compoſitæ ex adgregato extremarum & duplo adgregati mediarum, multatum quadrato adgregati mediarum ad quadratum adgregati extremarum minus quadrato adgregati mediarum, ita quadratum adgregati mediarum ad quadratum differentiæ mediarum. Vel ita quadratum compoſitæ ex adgregato extremarum & duplo adgregati mediarum ad quadratum differentiæ extremarum.

Exponatur circulus ADBC, cujus diameter AB ſecet inſcriptam quamcumque CD in E, ita ut AE, EC, ED, EB ſint in continua proportione. Id enim fieri poſſe ſecundum rationem quamcumque datam expoſitum eſt. Dico data diametro AB & inſcripta CD, dari mutua earum quæ in continua proportione ſunt ſingula ſegmenta; diametri vide-

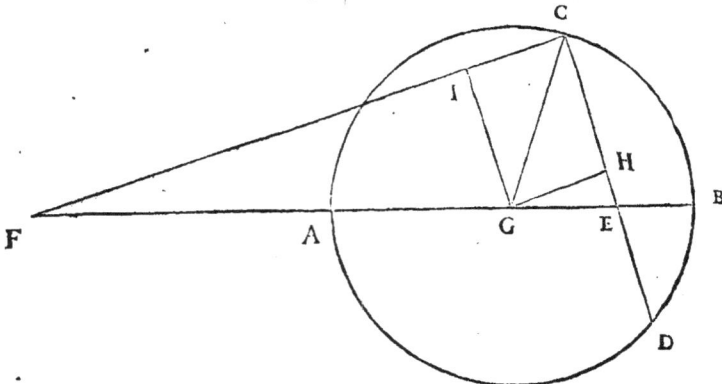

licet AE, EB; alterius inſcriptæ CE, ED. Cum enim CD ſecabitur perpendiculariter recta CF occurrente ipſi BA in F, erit FA ipſi CD æqualis. Sit autem G centrum per quod ſecentur CD, CF ad angulos rectos in H, I. Sunt igitur duo triangula rectangula ſimilia FGI, GEH. At trianguli quidem FGI, perpendiculum GI æquale eſt ipſi CH, ſeu dimidiæ CD. GF vero hypotenuſa compoſita eſt ex AG dimidia diametri AB, & ex FA id eſt CD. Itaque datur triangulum FGI. Trianguli vero GEH, hypotenuſa GE eſt differentiæ dimidia A E, E B, & perpendiculum E H æquale differentiæ dimidiæ C E, E D. Baſis porro G H æqualis eſt baſi trianguli rectanguli C G H, cujus hypotenuſa C G eſt æqualis dimidiæ A B, perpendiculum C H æquale dimidiæ C D. Itaque datur baſis GH. Cum igitur duo ſint ſimilia triangula FG I, GE H, quorum primi latera dantur: atque
in

in iiſdem partibus unum latus ſecundi, videlicet G H, dabuntur latera reliqua H E, G E.
Quod ipſum eſt quod hic enunciatur, lateribus omnibns duplatis. Data autem differentia mediarum & ſummá earumdem vel extremarum, dantur ſingulæ.

Παράδ{γμα.

In propoſita ſerie quatuor continue proportionalium, ſit data compoſita ab extremis 35, compoſita
vero è mediis 30. & oportet invenire continue proportionales. In triangulo igitur F G I dupla F G da-
tur 95, compoſita ex aggregato extremarum & duplo aggregato mediarum, dupla G I 30 aggregatum
mediarum, atque adeo dupla F I √ 8125. Sed & in triangulo ſimili G H E datur dupla G H, cujus du-
plæ quadratum æquale eſt quadrato aggregati extremarum, minus quadrato aggregati mediarum. Seu
etiam quadrato differentiæ extremarum minus quadrato differentiæ mediarum, quæ quadratorum dif-
ferentiæ ſunt æquales. Nam G H eſt baſis ſive trianguli rectanguli G H E, ſive G H C. Fiet igitur ut
F I √ 8125 ad G H √ 325, id eſt ut √ 25 ad √ 1, id eſt 5 ad 1. Ita G I 30 ad H E 6. & ita F G 95 ad
G E 19. Eſt igitur 6 differentia mediarum, quæ addita 30, facit 36 duplum majoris mediarum. At-
que eſt 19 differentia extremarum, quæ addita 35 aggregato extremarum facit 54 duplum majoris ex-
trema; ablata 16 duplum minoris extrema. Atque adeo ſeries proportionalium quæ quærebatur eſt A E
27, E C 18, E D 12, E B 8.

PROPOSITIO XX. Δεδομ{νον.

Si fuerint quatuor lineæ rectæ continue proportionales: Data differentia mediarum & differentia extremarum, dantur ſingulæ.

Enimvero duo ab iis conſtituuntur ſimilia triangula rectangula. Vnum cujus hy-
potenuſa eſt æqualis differentiæ extremarum diminutæ differentiæ dupla media-
rum, perpendiculum vero differentiæ mediarum. Alterum cujus hypotenuſa eſt æ-
qualis aggregato extremarum, perpendiculum aggregato mediarum. Eſt autem ba-
ſis in iſto eadem quæ in triangulo rectangulo cujus hypotenuſa eſt æqualis differentiæ
extremarum, perpendiculum differentiæ mediarum.

Itaque: Erit ut quadratum differentiæ extremarum contractæ dupla differentiæ
mediarum multatum quadrato differentiæ mediarum ad quadratum differentiæ
extremarum minus quadrato differentiæ mediarum, ita quadratum differentiæ
mediarum ad quadratum aggregati mediarum. Vel ita quadratum differentiæ ex-
tremarum contractæ dupla differentia mediarum ad quadratum aggregati extre-
marum.

Exponatur circulus A D B C, cujus diameter A B ſecet inſcriptam quamcumque C D
in E, ita ut A E, E C, E D, E B ſint in continua proportione. Et per centrum F ſecetur
C D normaliter in G. Itaque fiat F E dimidia differentia extremarum A E, E B, & G E
dimidia differentiæ mediarum C E, E D. Dico datis F E, G E, ſeu earum duplis dari ſin-

gulas A E, E C, E D, E B. Iungatur enim C F & ipſi agatur parallela E H, quam F G intercipiat
in H. Duo igitur triangula rectangula ſunt ſimilia C G F, E G H.
Eſt autem C G compoſita dimidia ex mediis, & eſt C G ad C F,
ſicut G E ad E H. Quare dupla
E H eſt differentia extremarum,
minus dupla differentia mediarum. Data itaque ſunt latera trianguli E H G propter datas F E,
G E. Et eſt H E differentia inter
F E & duplam G E. Sed & trianguli ſimilis C G F datur latus F G,
quo plus poteſt una datarum al-
tera. Quare reliqua ſimilis trianguli C G F latera dabuntur. Et ex aggregato & differentia ſingulæ. Quod ipſum eſt quod hic duplatis lateribus enunciabatur.

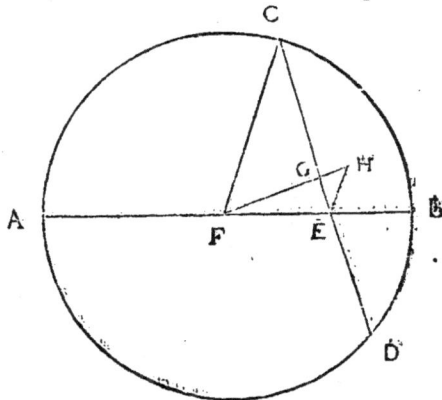

Παρά-

Παράδιγμα.

In propofita ferie quatuor continue proportionalium , fit data differentia mediarum 6, extremá. rum 19. Et oporteat invenire continue proportionales. Duo funt igitur fimilia triangula EGH, CGF in quorum primo datur dupla G E nempe differentia mediarum 6, & dupla E H 7. differentiæ inter 19 & duplam 6. Quare fit dupla G H √ 13. In triangulo vero C G F datur duplum lateris F G quo plus poteft differentia extremarum differentia mediarum , feu adgregatum extremarum adgregato mediarum. Fiet igitur ut H G √ 13 ad F G √ 325, ideft ut √ 1 ad √ 25 feu 1 ad 5, ita G E 6 ad G C 30, & ita E H 7 ad F C 35. Eft igitur 30 fumma mediarum , cui addita differentia earum, facit 36 duplam majorem mediarum, vel ablata 24 , duplam minorem mediarum. Æque eft 35 fumma extremarum, cui addita differentia earum 19, facit 54, duplam majorem extremarum, ablata 16, duplam minorem. Atque adeo feries proportionalium quæfita eft A E 27 , E C 18, E D 12, E B 8.

PROPOSITIO XXI.

Si duæ infcriptæ circulo inæquales parallelæ diametrum fecent , & fint fegmenta unius in continua proportione inter mutua fegmenta diametri : fegmenta alterius infcriptæ in continua proportione inter mutua fegmenta diametri non erunt.

Circuli enim cujus A centrum, diametrum BC fecent in D, E, infcriptæ parallelæ inæquales F G, H I, & fegmenta F D, D G fint continue proportionalia inter B D, D C. Dico fegmenta H E, E I non fore continue proportionalia inter B E, E C. Quoniam enim F D, D G funt in continua proportione inter B D, D C, ideo cum fecabitur perpendiculariter F G per F à recta F K occurrente ipfi C B in K. Erit K B ipfi F G æqualis. Ipfa au-

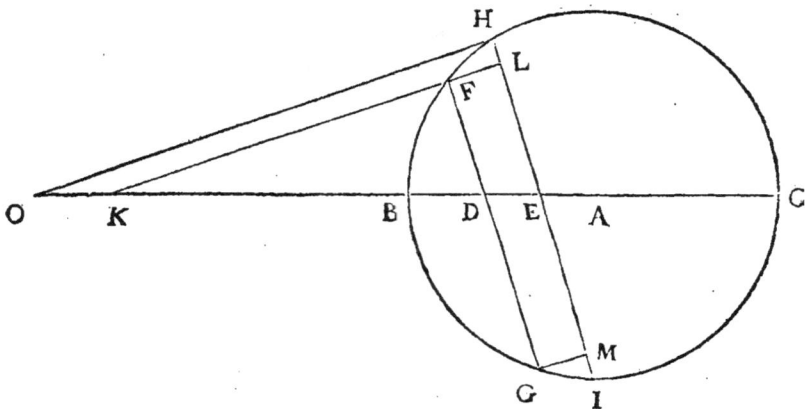

tem K F fecet H I in L, & per G agatur G M ipfi F L parallela, fecans H I in M. Erit igitur L M ipfi F G æqualis. Sed & H L, M I erunt æquales. Per H vero agatur ipfi K L parallela H O. Si igitur , fed fi fieri poffit, fegmenta H E, EI funt in continua proportione inter BE, E C, erit O B æqualis ipfi H I. Erat autem K B æqualis ipfi F G feu L M. Quare O K erit æqualis compofitæ è duabus H L, M I, id eft duplæ H L. Eft autem ut OK ad H L, ita E K ad E L. Quare E K erit dupla E L. Hoc autem eft abfurdum. Nam oportet EK quæ compofita eft prima, fecunda, & tertia effe majorem tripla E L. Non igitur funt in continua proportione H E, E I inter B E, EC. Quod erat oftendendum.

Pfeudo-mefolabi expofitio.

Ἀπαγωγὴ εἰς τὸ ἀδύνατον eft methodus demonftrandi bene Mathematica ὡς ἐπὶ μὲν τ̄ ὁμογενῶν. Sed reducendum eſt εἰς τὸ ἀδύνατον totum quod negatur, non etiam pars tantum. Contingit enim ſæpenumero una parte conceſſa alteram quoque partem concedi. Quod ipſum eſt quod probat eo paralogiſmate Sophiſta, non quod ſibi eſt probandum. Vt potè placeat ψδ̄δομεσυλαβεῖν. Nam & περὶ ψδ̄δαρίων ſcripſit Euclides, cujus librum invidit injuria temporis, & nobis cavendum eſt ἀπὸ τ̄ ψδ̄δαρίων.

Sic igitur ἀναλογίζω.

Ψδ̄δοθεώρημα.

Anguli qui fiunt ab inſcripta & diametro circuli, cum mutua earum ſegmenta ſunt in continua proportione, qualiſcumque ſit ratio continue proportionalium, ſunt æquales.

Sint quatuor lineæ rectæ continue proportionales, ſive ἐν λόγῳ ἐπιμορίῳ, vel ἐπιμερεῖ, vel πολλαπλασίῳ. Neque enim addit, vel adimit ψδ̄δογραφήμαν περὶ τὸ ἀληθὲς iſta diſtinctio. Caliginem lippientibus fortaſſis inducit propter inſenſibilem per organa differentiam, cum λόγος eſt ἐπιμόριος, vel ἐπιμερής. Sed neque prodeſt operis ſtructuræ diſtinctio continuæ analogiæ à diſiuncta, niſi forte captant animos ad captandum medias ſpecioſa verba, qualia, Angulos qui fiunt in ſectione inſcriptæ & diametri, cum mutua earum ſegmenta ſunt in continua proportione probabiliter videri τ̄ πεπλασμένων, ὃ μὴ ἀσαίλως ἐχόντων. At contra in proportione disjuncta eſſe τ̄ πολυπλώτων ἢ μὴ ἀσάτως ἐχόντων. Sunto illæ A, B, C, D. Faciant eandem lineam rectam I K, K L poſitæ ipſis A, D æquales, & deſcribatur circulus ad quem pertinet diameter I L. & ex K in circumferentia ſumatur K M ipſi B æqualis, actaque M K ſecet quoque circumferentiam in N. Et quoniam quod fit ſub M K, K N, æquale eſt ei quod fit ſub I K, K L. Sunt autem I K, K L ipſis A, D æquales, K M vero ipſi B, & ideo K N erit æqualis ipſi C. Exponantur quælibet aliæ quatuor continue proportionales, ſive earum quadrata ſint ipſis I K, K M, K N, K L ſimilia ſive diſſimilia, quando & illa diſtinctio Ψδ̄δογραφήμαν περὶ τὸ ἀληθὲς nihil addit neque adimit, neque quicquam facit ad ſtatuendum æqualitatem aliam ἐν ἐπιμοείῳ λόγῳ aliam ἐν ἐπιμερεῖ. quoniam quadrata poterunt eſſe in ratione ſuperpartiente, & rectæ ipſæ erunt in ſuperparticulari. nempe ſi quadrata ſint ut 25 ad 16 quæ ratio eſt ſupernonupartiens decimas ſextas, erunt ipſæ longitudines in ſeſquiquarta. Sint igitur quatuor illæ aliæ rectæ E, F, G, H,

ſimiles diſſimileſ-ve, ἐν λόγῳ ῥητῷ ἢ ἀρρήτῳ, ipſis I K, K M, K N, K L. Dico cum extremæ junctæ fient diameter circuli & mediæ junctæ inſcripta, ita ſe ſecantes ut ſegmenta ſint ipſis E, F, G, H æqualia, angulum ſectionis fore angulo M K I æqualem. In ipſa enim diametro I L ſumantur ad partes I, L rectæ K Q, K R ipſis E, H æquales. In inſcripta vero M N ad partes M, N rectæ K V, K X ipſis F, G æquales, & deſcribatur circulus cujus

dia-

diameter Q R. Ajo circumferentiam defcripti circuli Q R tranfire per V, X. Si enim
non tranfeat per V tranfeat per Z, proximius remotiuſ ve ipfo V à K puncto. Quoniam
igitur infcriptæ circulo Q R, Z X fefe fecant in K, ideo ei quod fit ſub Z K, K X erit æquale id quod fit ſub Q K, K R. Id autem eſt ineptum cum id quod fit ſub Q K, K R ſit æ-
quale ex hypothefi ei quod fit ſub K V, K X, id eſt ſub F, G. Eſt autem K Z major minorve K V. Tranfit igitur per V, & ideo angulus V K Q idem eſt cum angulo M K Q libera
autem fuit conſtitutio proportionalium K Q, K V, K X, K R, id eſt E, F, G, H. In quacumque igitur fectione infcriptæ & diametri, anguli qui fiunt ſunt æquales. Quod erat
demonſtrandum.

Elenchus ἀσυλλογισίας.

A᾿ πάγω εἰς τὸ ἀδυύατον circumferentiam circuli, cujus diameter eſt Q R, tranfire per a-
liud quam V punctum, quoniam adſumo tranfire per X. hoc enim conceſſo & illud concedi neceſſe eſt, & contra, ex Theoremate Euclideo xxxv. libri tertii. Sed cum parodos, five per V five per X negetur, una ex altera non potuit inferri. Quare captiofa eſt & imper-
fecta ca εἰς τὸ ἀδύνατον ἀπαγωγή.

Ψευδοπρόβλημα.

Datis duabus lineis rectis, invenire duas medias continue proportionales.

Sint datæ duæ rectæ Z, X. Oportet invenire inter datas Z , X duas
medias continue proportionales.
Exponatur circulus in quo diameter ita fecet infcriptam, ut fegmenta infcriptæ fint in continua proportione inter fegmenta diametri.
Sit itaque diameter A B, infcripta
C D, fefe mutuo fecantes in E, ita ut
fegmenta fint in continua proportione, centrum vero F. Et eodem
F centro intervallo dimidiæ compofitæ ex Z, X defcribatur circulus
quem diameter A B fecet in G, H,
& abs G H abfcindatur G I, ipfi Z
datæ æqualis. Itaque I H fit altera data, & per I agatur ipfi C D
parallela, fecans circulum G H in
K , L. Quoniam igitur A E, E C,
E D, E B ſunt in continua proportione ex hypothefi, angulo autem
C E A conſtitutus eſt æqualis K I G.
Ergo G I, I K, I L, I H ſunt in continua proportione. Ad datas igitur
Z, X, id eſt G I, I H inventæ ſunt
K I, I L duæ mediæ in continua
proportione. Quod erat faciendum.

Sed illud eſt angulum angulo
dato τεχνικῶς ſumere æqualem.
Mefolaba autem organa ſunt , &
atopemata atopematis placet cu-
mulare. Organum ſane A B C D
ex levi & dura materia , imo vero
ex ære perenni conſtruito , & eo
tanquam altero munimine iis qui
in veteres Mathematicos temere
inſurgunt, obſiſtito.

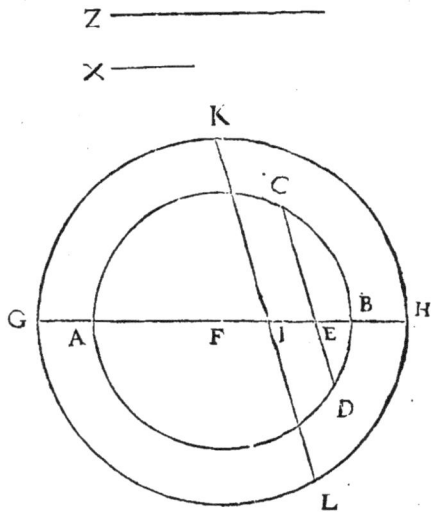

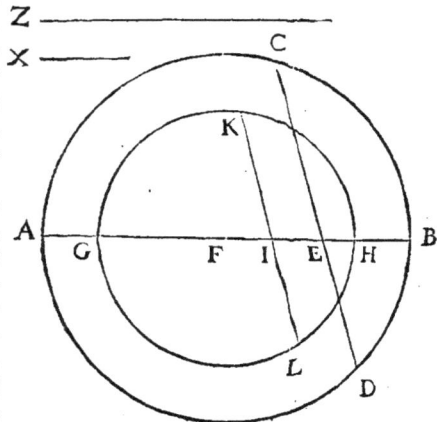

ADIVNCTA CAPITVLA.

CAPVT I.

De construendo quadrilatero, quod sit in circulo.

Ignum certe explicatu est ac perutile Problema de construendo ex quatuor datis rectis lineis quadrilatero, ita ut circulus circa illud describi possit. Proposuerunt autem infelices Chirurgi ad id opus hoc Theorema.

Si fuerint quatuor lineæ rectæ ex quarum prima ut base, & secunda ut perpendiculo, constituatur triangulum unum rectangulum. Æque ex tertia ut base, & quarta ut perpendiculo, constituatur triangulum alterum rectangulum, describatur autem circulus cujus diameter æqualis sit compositæ dimidia ex hypotenusis eorum triangulorum, is est circulus intra quem constructum ex quatuor illis rectis lineis quadrilaterum poterit aptari.

Sint itaque datæ quatuor rectæ lineæ prima 15, secunda 20, tertia 7, quarta 24. Trianguli igitur rectanguli, cujus basis 15, altitudo 20, erit hypotenusa 25. Æque trianguli rectanguli, cujus basis 7, altitudo 24, erit hypotenusa 25. quæ duæ hypotenusæ conficiunt 50. Dimidia igitur summa, id est 25, erit (secundum Theorema) diameter circuli intra quem quadrilaterum ex quatuor datis constructum poterit inscribi, ut revera est. At inscriptarum ordo nihil addit adimit-ve peripheriarum subtensioni. Nempe si rectæ 15, 20, 7, 24 subtendunt totam circuli circumferentiam, subtendent & ordine inverso quali 15, 7, 20, 24. Trianguli igitur rectanguli primi basis esto 15. altitudo 7. Erit hypotenusa $\sqrt{274}$. minor ideo $\sqrt{289}$ id est minor longitudine 17. Trianguli vero rectanguli secundi basis esto 20, altitudo 24. erit hypotenusa $\sqrt{976}$. minor ideo $\sqrt{1024}$ id est minor longitudine 32. Duarum itaque hypotenusarum summa minor erit 49, atque adeo diameter circuli erit minor $24\frac{1}{2}$. Cum ante per eandem methodum inventa fuisset 25.

Fallax igitur ea doctrina est qua ideo non utar, sed veram quam me mea docuerunt Analytica candide impertiam. Ab ipsis vero ordiar Geometricis elementis.

PROPOSITIO I.

Cujuslibet quadrilateri tria latera sunt majora reliquo.

Exponatur quadrilaterum quodlibet ABCD, constructum ex rectis AB, BC, CD, AD. Sane si harum aliqua potest esse major reliquis tribus, ea erit major omnium. Sit major omnium AB. Dico ipsam AB minorem esse composita ex BC, CD, DA.

Agatur enim diagonia CA, constituta igitur sunt duo triangula ACB, ACD. Trianguli autem cujuslibet duo latera sunt majora reliquo. Itaque erit AB minor composita ex BC, AC. Sed & ipsa AC minor erit composita ex CD, DA. Quare tanto manifestius AB minor erit composita ex BC, CD, DA. Quod erat demonstrandum.

PROPOSITIO II.

Si in quadrilatero duo anguli oppositi duobus rectis sint æquales, erit quadrilaterum in circulo.

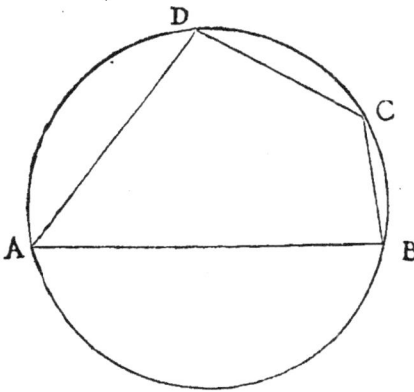

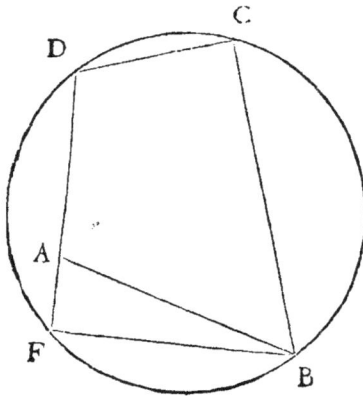

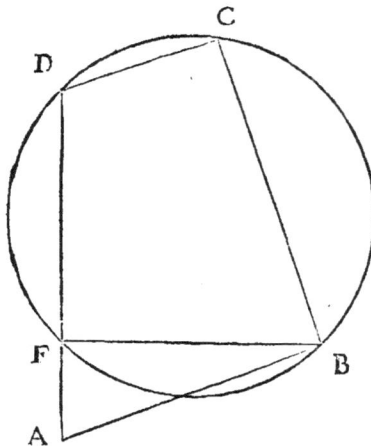

Sit quadrilaterum ABCD, & anguli oppositi DAB, DCB sint duobus rectis æquales. Dico quadrilaterum ABCD esse in circulo. Descriptum videlicet circulum per puncta B, C, D transire quoque per A punctum.

Circulum enim per puncta B, C, D ductum secet recta DA in F. & si fieri possit sit F aliud ab A puncto. Itaque connectatur BF, erit igitur punctum A intra circulum vel extra, sit primum intra circulum. Et quoniam anguli DCB dupla amplitudo est circumferentia DFB, erit anguli DFB dupla amplitudo circumferentia DCB, quanta etiam ex hypothesi est dupla amplitudo anguli DAB, ut tum illius, tum anguli DCB dupla amplitudo quatuor rectos, id est circumferentiam totam, absumat. Angulo igitur DFB angulus DAB erit æqualis. quod quidem est absurdum, quandoquidem angulus DAB, qui exterior est trianguli AFB, valet angulum AFB, & præterea angulum ABF. Non est igitur intra circulum punctum A. Sit extra. Sunt igitur duobus rectis æquales anguli DCB, DFB in ea constitutione, sicut anguli DCB, DAB ex hypothesi. Quare angulo FAB æqualis est angulus DFB. Quodquidem est absurdum, quandoquidem angulus DFB exterior est trianguli AFB. Itaque valet angulum FAB & præterea angulum FBA. Non est igitur extra circulum punctum A. Cum itaque non sit neque extra circulum neque intra, erit in ipsius circuli circumferentia, & idem ipsum quod F punctum, atque adeo quadrilaterum ABCD erit in circulo. Quod erat ostendendum.

COROLLARIVM.

Ex his manifestum fit, quemadmodum circa datum quadrilaterum circulus describatur, si quidem duo oppositi anguli sunt duobus rectis æquales.

Dato nempe quadrilatero ABCD, & acta diagonia BD, circa triangulum DCB describetur circulus, qui quidem transibit per A punctum, secundum ea quæ exposita sunt.

P R O P O S I T I O   III.

Ex datis quatuor lineis rectis quarum tres simul sumptæ sint majores reliqua, quadrilaterum quod sit in circulo, constituere.

Sint datæ quatuor lineæ rectæ A, B, G, D quarum tres simul junctæ sunt majores reliqua. Oportet ex datis A, B, C, D quadrilaterum quod sit in circulo, constituere. Intelligatur A opponi C, B vero opponi D. Aut igitur A, C erunt æquales, aut inæquales. Sint
primum æquales, ac ipsæ B, D inter se quoque æquales. Faciant angulum rectum EF,

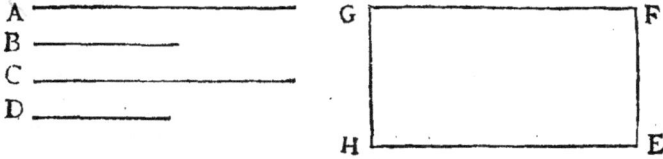

FG datis B, C seu D, A æquales, & compleatur parallelogramum GHEF, sive quadratum, sive ἑτερόμηκες. Bini igitur anguli oppositi duobus rectis erunt æquales. Quilibet
enim est rectus. Constructum est igitur eo casu quadrilaterum quod est in circulo.

Sed manente rectarum A, C
æqualitate, sint B, D inæquales,
& harum major sit B, minor D.
Agatur EF ipsi D æqualis. Differentia autem inter B, D secetur
æqualiter, quoniam A, C sunt
æquales, & producatur EF utrinque in punctis I, K, posita unaquaque productionum FI, EK
æquali ipsi dimidiæ differentiæ.
Itaque sit IK ipsi B æqualis, &
per puncta F, E agantur perpendiculares EL, FM, in quibus sumantur KL, IM ipsis A, C æquales, & jungatur ML. Constructum est igitur quadrilaterum
MLKI in quo LK, MI datis A, C
sunt æquales, & IK, ML seu FE

datis quoque B, D æquales. Æquiangula autem sunt triangula rectangula IFM, KEL, quoniam æquilatera. Et angulus IML compositus est ex angulo recto FML, & angulo acuto
IMF, cujus com-
plementum est
MIK seu angulus
LKI. Angulus i-
gitur IML, una
cum angulo LKI
æquatur duobus
rectis. Quadrila-
terum itaque
MLKI est ex da-
tis A, B, C, D cō-
structū eo quo-
que casu est in
circulo.

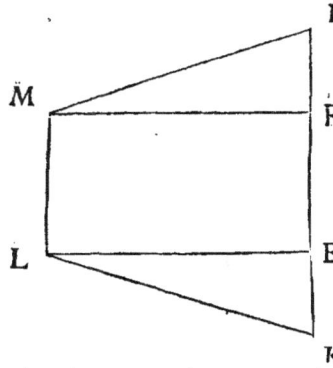

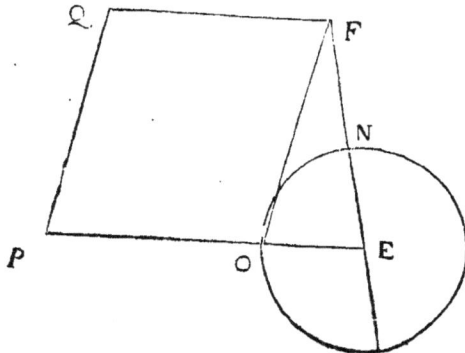

Sed sunto A,
C inæquales. Et
si quidem B, D

sunt

funt æquales, is cafus cum antecedente concurrit. Sola enim ad conftructionem opus
eft notarum A, C in notas B, D fubrogatione. Quo tamen conftantior undique cerna-
tur methodus, agatur rurfus EF ipfi B æqualis. Et quoniam nulla eft inter B, D differentia, centro E, intervallo EN, æquali differentiæ inter A, C abfciffo ex EF defcribatur
circulus, & ex puncto F in circumferentia circuli fumatur FO ipfi FE æqualis, & agatur
EOP majori ipfarum A, C (fit illa A) æqualis. Vnde OP fit æqualis ipfi C, & per P, F
agantur rectæ ipfis FO, OP æquales & parallelæ fefe committentes in Q. Quadrilaterum igitur conftructum eft QPEF, cujus latera funt datis æqualia. Nempe PE, QF id
eft PO funt datis A, C æqualia, & reliqua duo QP, FE reliquis B, D. Angulus autem
PQF angulo FOP eft æqualis, rhomboides enim eft QPOF. Angulus itaque PQF, feu
FOP cum angulo FOE duos rectos æquabit. Sed angulus FOE angulo FEO eft æqualis,
cum in triangulo FOE conftructa fint crura FE, FO æqualia. Angulus itaque PQF una
cum angulo FEO duobus rectis eft æqualis. Itaque quadrilaterum QPFE eft in circulo.

Sed quatuor omnes datæ A, B, C, D jam funto inæquales. Et fit A major oppofita C.
& B major oppofita D. Agatur rurfus EF ipfi D æqualis. Et quoniam rectam D fuperat
oppofita B, erit exceffus minor compofita ex A, C. alioquin ipfa B tribus reliquis A, C,

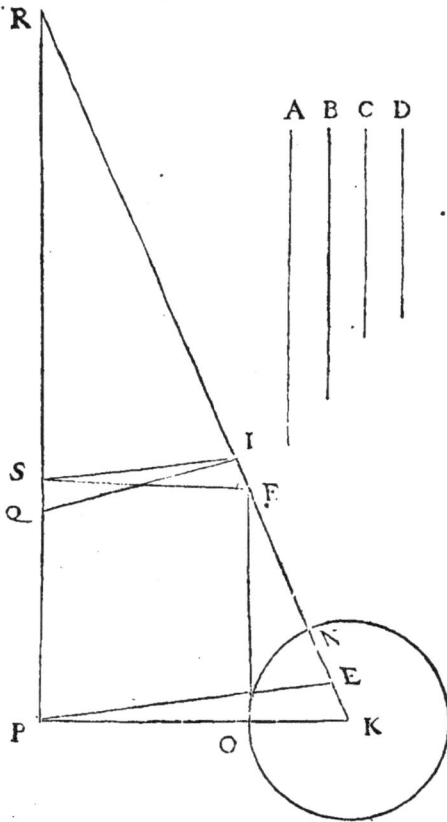

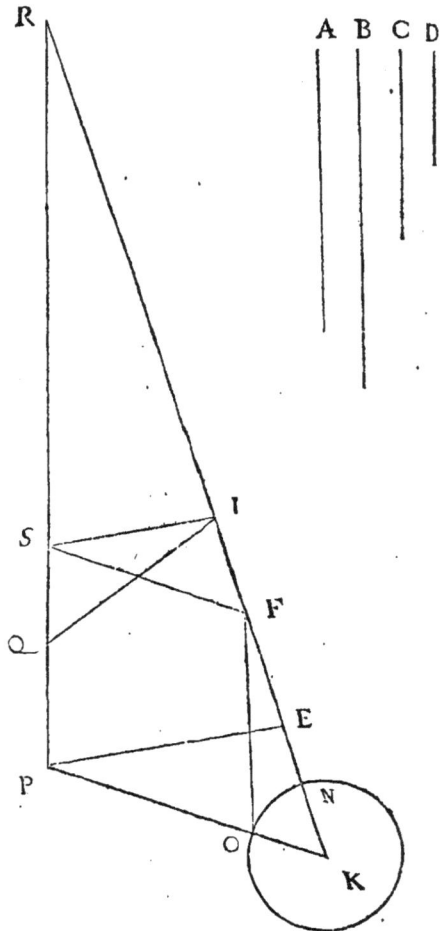

D effet major vel æqualis. Quod quidem fieri non poteft ob expofitam cautionem. Secetur exceffus ille ficut A ad C, & ad producendum EF; pars una exceffus ponatur in directum

rectum versus F & sit FI; altera versus E, & sit EK. Sit pars EK similis ipsi A & ideo major; pars FI similis ipsi C & ideo minor. Est igitur IK ipsi B aequalis. Centro autem K intervallo KN, aequali excessui quo A praestat ipsi C, describatur circulus quem IK abscindat in N.

Quoniam IF, EK similes sunt datis C, A, & ipsis tamen minores, ideo excessus quo EK superat ipsam IF minor est semidiametro KN, quae est excessus quo latus A superat C datam. Id autem manifestum est si punctum E consistat intra puncta K, N. Sin minus. Utrobique addatur IF. Ergo composita ex KN, IF est major ipsa EK. & utrinque ablata KN, fit IF major ipsa EN. Constat autem IE ex IF, FE; FN vero constat ex FE, EN. Itaque IE major est FN. Eadem IE minor est FK, quoniam IE componitur ex IF, FE; at FK composita est ex FE, EK: & constructa est EK pars major, IF minor. Cum itaque IE sit major quam FN, & minor quam FK, poterit à puncto F ad circumferentiam circuli duci recta FO ipsi IE aequalis.

Ducatur igitur FO, & producatur KO in P, posita KP ipsi A aequali seu PO ipsi C, & agatur PQ ipsi FO parallela, datae vero D seu EF aequalis, & jungatur IQ. Dico inprimis IQ esse ipsi PO, id est datae C, aequalem.

Enimvero continuentur KI, PQ donec conveniant in R, & agatur FS ipsi PO aequalis & parallela, & jungantur PE, SI. Erunt igitur SP, FO parallelae & aequales, id est aequales ipsi IE composita ex EF seu PQ & IF. Quare IF, SQ sunt aequales. Facta autem est KE ad FI, sicut PK ad SF. Trianguli igitur SFI crura SF, FI cruribus PK, KE trianguli PKE sunt similia; angulus autem verticis in utroque est aequalis, videlicet angulus SFI angulo PKE, cum sint parallelae SF, PK. Quare triangula SFI, PKE similia sunt, atque adeo bases SI, PE parallelae. Est igitur ut RS ad RI, sicut SP ad IE. Sed SP, IE ostensae sunt aequales. Ergo RS, RI erunt quoque aequales & etiam RQ, RF. Trianguli igitur RSF crura RS, RF cruribus RI, RQ trianguli RIQ sunt aequalia. Idem autem est angulus ad R verticem. Quare basis quoque IQ basi FS id est PO erit aequalis, ut est asseveratum.

Est igitur quadrilaterum PKIQ ex quatuor datis A, B, C, D constructum. Dico denique ipsum esse in circulo.

In ea enim triangulorum RSF, RIQ aequalitate, & similitudine angulus RQI, qui exterior est anguli IQP, fit aequalis angulo RFS seu IKP. Exterior autem angulus cum interiore aequatur duobus rectis. Quare angulus IQP una cum angulo IKP est aequalis duobus rectis. Quadrilaterum igitur PKIQ est in circulo. Ex datis itaque quatuor inaequalibus rectis A, B, C, D constructum est quadrilaterum PKIQ quod est in circulo, sicut oportebat.

Ad Arithmeticas autem effectiones hoc addatur

Δεδόμενον.

Datis quatuor lateribus quadrilateri circulo inscripti, diagonia utravis est data.

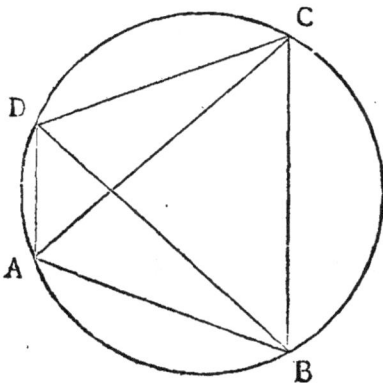

Sit quadrilaterum ABCD inscriptum circulo, & dentur latera singula AB, BC, CD, DA. Dico diagonias AC, DB.

Aut enim opposita duo latera AB, CD aequalia sunt, vel inaequalia. Sint primum aequalia. Quoniam eae circumferentiae sunt aequales, quae ab aequalibus rectis subtenduntur, & contra, lineae rectae quae aequalibus circumferentiis subtenduntur sunt aequales. erunt circumferentiae DC, AB aequales, & diagonia DB erit diagoniae AC aequalis.

Quod

Quod autem fit fub diagoniis quadrilateri circulo infcripti, æquale eft ei quod fit fub duobus lateribus oppofitis, una cum eo quod fit fub duobus reliquis. Quare quod fit fub AC, DB id eft quadratum AC vel DB, æquabitur ei quod fiet fub AB, CD id eft quadrato AB vel CD una cum eo quod fit fub CB, DA. Sunt autem datæ ex hypothefi rectæ AB, CB, CD, DA. Quare dabitur ipfa AC.

Sed funto AB, CD latera inæqualia. Rurfus fi latus BC lateri DA eft æquale, accident ut ante æquales diagoniæ, & dabuntur expofita methodo.

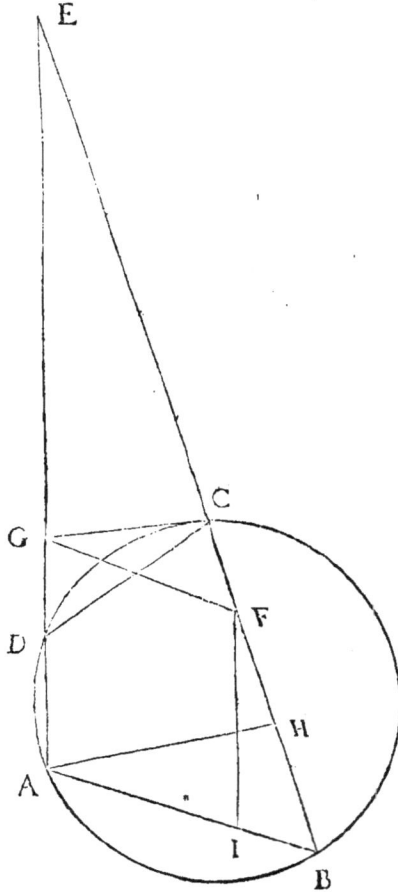

Sed fit undique inæqualitas, ut pote fit BC latus majus latere DA, & AB majus latere CD· Quoniam rectæ AB, CD funt inæquales, erunt circumferentiæ quoque AB, CD inæquales. Quare non erunt parallelæ AD, CB, fed extra circulum productæ fefe committent. Conveniant in E. fient igitur duo triangula EAB, ECD habentia angulum verticis communem ad E. Et quoniam angulus DCB una cum angulo oppofito DAB eft æqualis duobus rectis & idem angulus DCB una cum angulo fuo exteriore ECD æquatur duobus rectis, utrinque ablato angulo DCB, fit angulus ECD angulo DAB æqualis. Quare fimilia funt triangula EAB, ECD, & eft ED ad EC, ficut EB ad EA. Abs EB autem abfcindatur EF ipfi ED æqualis; & contra abs EA abfcindatur EG ipfi EC æqualis, & jungatur FG. Triangula igitur EFG, EDC æqualium fiunt laterum & angulorum. Angulus enim ad verticem utrique eft communis, quem æqualia comprehendunt latera fitu permutato. Itaque data eft GF datæ DC æqualis. Et quia eft ut ED id eft EF ad EC id eft EG, ita EB ad EA. ideo erunt parallelæ GF, AB. Abfcindatur quoque abs EB recta EH æqualis ipfi EA, & jungantur GC, AH. Eft igitur ut EC ad EG,

ita EH ad EA, æqualis videlicet ad æqualem. Quare parallelæ quoque funt GC, AH, atque adeo triangula CGF, HAB fimilia. Et quia GA, CH funt æquales, utrinque demptis æqualibus ED, EF, fit DA æqualis ipfi FH. Data eft igitur compofita ex CF, HB, quoniam compofita illa eft differentia datarum CB, DA. Cæterum fecatur differentia illa fecundum datam rationem. Nam propter fimilitudinem triangulorum HAB, CGF, eft AB ad HB, ficut FG feu CD ad CF. Quare dabuntur fegmenta CF, HB, atque adeo dabuntur FB, GA. Illa auferendo à data CB ipfam CF, hæc addendo ipfam CF feu GD ipfi DA. Itaque ipfi GA agatur FI æqualis & parallela. Fit igitur AI ipfi GF æqualis, cum fint parallelæ GF, AB. atque adeo IB differentia eft inter datas AB & GF id eft CD. Triangulum igitur FIB eft datorum laterum. Ei autem fimile eft EAB, cujus bafis data eft AB. Quare crura quoque dabuntur EA, EB, atque adeo EF, EG, feu ED, EC. Datis igitur lateribus trapezii ABCD circulo infcripti datæ funt diagoniæ CA, DB. Quod erat oftendendum.

Vel

Vel ex D cadat in EB perpendicularis DL. Quoniam triangulum EDC datorum eſt laterum, & data quoque ipſa CB, dabuntur ſegmenta EC, CL, LB, atque adeo ipſa altitudo DL, cujus quadratum una cum quadrato L B, æquabitur quadrato diagoniæ D B. quæ quidem rectum ſubtendit angulum in triangulo rectangulo DLB. Ex C autem cadat in ED perpendicularis C K. Quoniam triangulum EDC datorum eſt laterum, & data quoque ipſa EA, dabuntur ſegmenta EK, KD, KA, atque adeo ipſa altitudo KC, cujus quadratum una cum quadrato EA, æquabitur quadrato diagoniæ CA, quæquidem rectum ſubtendit angulum in triangulo rectangulo CKA,

Primo caſu ſit AB 65, BC 75, CD 65, DA 9. *Fit AC vel* DB 70, *altitudo* 60, *diameter* 81 ⁷⁄₄.

Opus autem ſecundo caſu inſtituendum in hanc recidit analogiam.

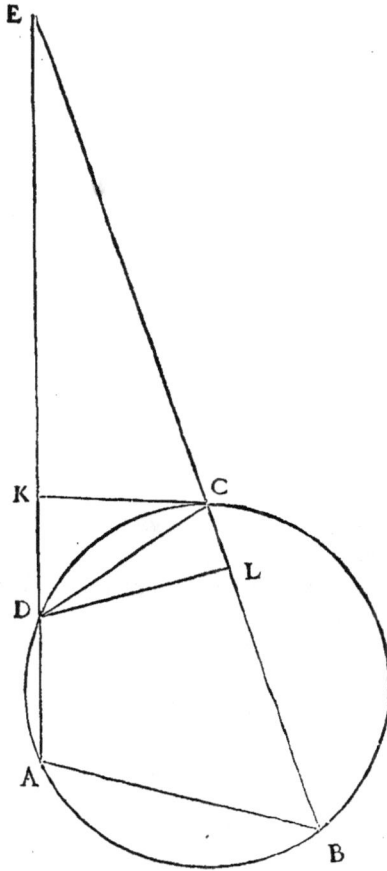

Sit latus primum tertio oppoſitum idemque majus, & ſecundum majus quarto. Erit ut rectangulum ſub primo & ſecundo, una cum rectangulo ſub tertio & quarto ad adgregatum quadratorum primi & ſecundi minus adgregato quadratorum ſecundi & tertii, ita rectangulum ſub primo & ſecundo ad adgregatum quadratorum primi & ſecundi minus quadrato diagoniæ, quæ angulo qui ſit à primo & ſecundo, vel tertio & quarto ſubtenditur. & ita rectangulum ſub tertio & quarto ad quadratum diagoniæ ejuſdem minus adgregato quadratorum tertii & quarti.

Et hæc ex Analyticis ſuam habent demonſtrationem. Sit enim quadrilaterum ABCD circulo inſcriptum. ac primum quidem latus AB ſit majus ipſo CD, & CB majus ipſo DA & agatur diagonia CA. Circumferentia igitur ABC major erit circumferentia CDA. Angulus itaque CDA erit obtuſus, angulus vero CBA acutus, & æqualis CDE exteriori anguli CDA. Cadant vero in AB, AD perpendiculares CP, CQ. illa igitur cadet intra triangulum CAB, hæc extra triangulum CDA. Itaque quod ſit ſub BP, AB bis, æquale erit quadratis ex AB, CB, minus quadrato ex AC. Et quod ſit ſub QD, DA bis, æquale erit quadrato ex AC. minus quadratis ex CD, DA. Et per æqualium cum æqualibus additionem, quod ſit ſub BP, AB bis, una cum eo quod ſit ſub QD, AD bis, erit æquale quadratis ex AB, CB minus quadratis ex CD, DA. Porro ſimilia ſunt triangula CDQ, CBP.

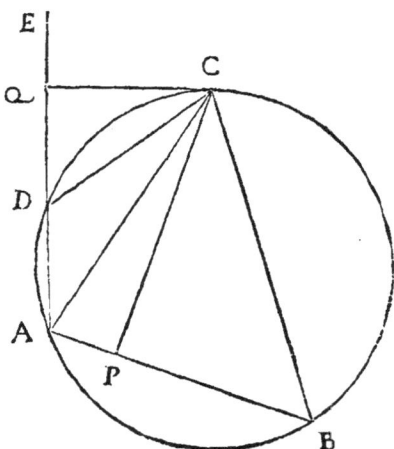

CBP. Itaque eſt ut CB ad BP,
ita CD ad DQ. & ut quod fit
ſub AB, CB ad id quod fit ſub
AB, BP bis, ita quod fit ſub
AD, CD ad id quod fit ſub
AD, QD bis. Et per ſyntheſin ut quod fit ſub AB, CB una
cum eo quod fit ſub AD, CD
ad id quod fit ſub AB, BP bis
una cũ eo quod fit ſub AD, QD
bis, id eſt, ad adgregatum quadratorum ex AB, CB minus
quadratis ex CD, DA, ita quod
fit ſub AB, CB ad id quod fit
ſub AB, BP bis, id eſt, ad quadrata ex AB, CB minus quadrato ex AC. & ita quod fit ſub
AD, CD ad id quod fit ſub AD,

QD bis, id eſt, ad quadratum ex AC minus quadratis ex CD, DA. Revocata autem ad
æqualitatem analogia,

Planum quod fit ſub primo & ſecundo latere ducatur in adgregatum quadrato-
rum tertii & quarti.

Planum contra quod fit ſub tertio & quarto ducatur in adgregatum quadrato-
rum primi & ſecundi.

Summa dividatur per planum ſub primo & ſecundo latere adjunctum plano ſub
tertio & quarto.

Orietur quadratum diagoniæ quæ lateri primo & ſecundo, ſeu tertio & quarto
ſubtenditur.

Sit AB 2, CB 4, CD 1, AD 3. Ducatur 8 in 10 & 3 in 20, fiunt 80 & 60, ſumma factorum 140
dividatur per 11. Oritur 12 $\frac{8}{11}$ quadratum diagonia AC, unde ipſa fit $\sqrt{12 \frac{8}{11}}$.

Et cum CB primo numeratur ordine. Ducatur 4 in 13 & 6 in 17, fiunt 52 & 102, ſumma factorum
154 dividatur per 10, oritur 15 $\frac{2}{5}$. quare diagonia fit $\sqrt{15 \frac{2}{5}}$. Ducantur diagoniæ altera in alteram quod
fiet æquale erit $\sqrt{196}$, id eſt 14. Quanta etiam eſt ſumma plani quod fit ſub binis oppoſitis. Porro.

Data diagonia datur triangulum circulo inſcriptum, quamobrem dabitur dia-
meter circuli. Eſt enim ut altitudo trianguli ad crus unum, ita crus alterum ad dia-
metrum circuli circa triangulum deſcripti.

Vt hæc alibi expoſita ſunt

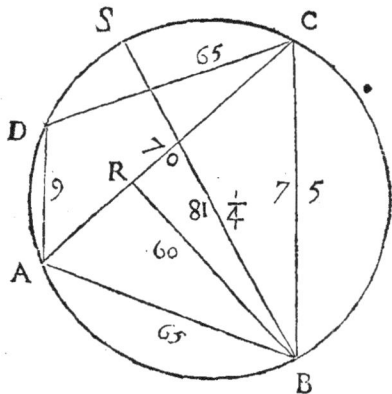

Sit, ut in primo caſu, AB 65, BC
75, CD 65, DA 9. Quoniam dia-
gonia AC data eſt 70, itaque dan-
tur trianguli ADC crura DA, CD 9
& 65, baſis vero AC 70. ideo dabi-
tur altitudo ejuſdem 60. Sit autem
BR. Et quia eſt ut BR ad AB, ita
BC ad BS diametrum. fiet ut 60 ad
65, ita 75 ad 81 $\frac{1}{4}$. Quare longitudo
BS erit 81 $\frac{1}{4}$, hujus dupla eſt 162 $\frac{1}{2}$.
At trianguli cujus baſis eſſet 75, alti-
tudo 65, hypotenuſa eſſet major 99.
Cujus vero baſis 65, altitudo 9, hy-
potenuſa major eſſet ipſa baſe 65. Duæ
igitur illæ hypotenuſæ eſſent majores
164, at-

164, atque adeo diameter major 82. Quod fieri non poteſt, cum ea tantum ſit 81¼, ut oſtenſum eſt. vnde manifeſtus fit error in expoſita methodo initio hujus Capitis, ad inveniendum diametrum ex quatuor lateribus datis, de quo Auctor meminit.

C A P V T II.

Mechanice methodus inveniendi latera polygonorum quorumcumque.

CAnon Mathematicus vere lydius eſt lapis ad nova probandum inventa. Pſeudographiam enim laterum vel angulorum ſtatim detegit, ut ecce propoſuerit Mechanicus quiſpiam

M E C H A N I C V M.

Latus pentagoni circulo inſcribendi compendioſe invenire.

Sub centro A intervallo quocumque AB deſcribatur circulus BDCE. Oportet latus pentagoni circulo inſcribendi invenire. At vero inter hexagonum & tetragonum pentagonum conſiſtit, æquidiſtans ab iis pari angulorum numero. Dantur autem commode latera hexagoni & tetragoni. Quare ſecetur circulus BDCE quadrifariam à duabus diametris BC, DE ſeſe ideo normaliter ſecantibus in centro, & ſumatur DF latus hexagoni, & productæ DF, CB conveniant in G. Sumatur quoque latus tetragoni DB deſinens in ipſa CG in B. Jam autem inventum ſit latus pentagoni quod quæritur conſiſtens inter DF, DB & ſit DH quod productum intercipiat AG in I. Dico Mechanicus GI, IB eſſe æquales. Itaque in ſyntheſi datam BG propter datas DB, DG ſecabo bifariam in I, & ducta DI ſecante circulum in H, exhibuero DH ut latus pentagoni.

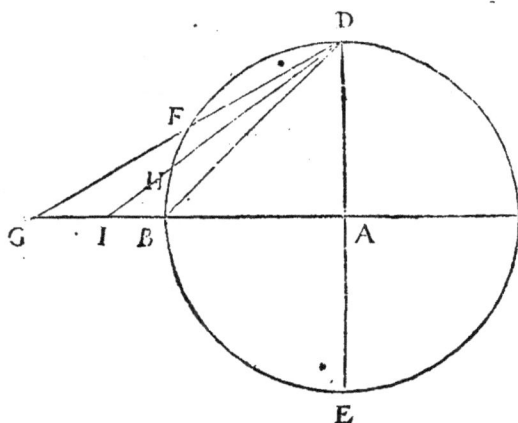

A L I V D.

Latus heptagoni circulo inſcribendi invenire.

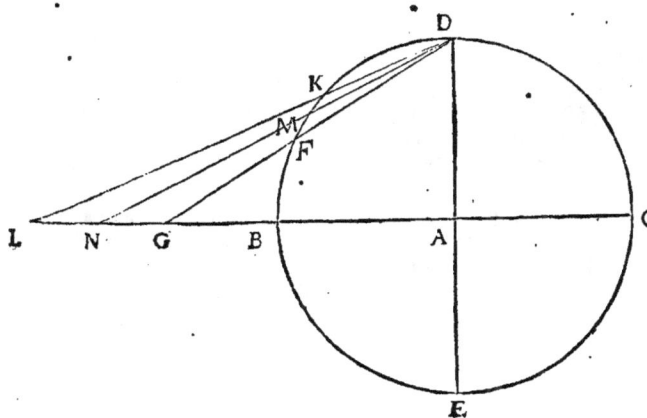

Sub A centro intervallo quocumque deſcribatur circulus. Oportet latus heptagoni in eo inſcribendi invenire. At vero inter hexagonū & octogo num heptagonū m cōſiſtit, æquidiſtans ab iis pari angulorū numero. Dantur autem commode latera hexagoni

goni

goni & octogoni. Quare fecetur circulus BDCE quadrifariam à duabus rectis BC, DE
fefe ideo normaliter fecantibus in centro, & fumatur DF latus hexagoni, & producta
DF, AB conveniant in G. Sumatur quoque latus octogoni DK, cui producto ipfa AB
occurrat in L. Jam autem inventum fit latus heptagoni quod quæritur, confistens inter DK, DF, & fit DM, quod productum intercipiat GL in N. Dico Mechanicus rectas
LN, NG effe æquales. Itaque in fynthefi datam GL (propter datas DK, DF) fecabo bifariam in N, & ducta ND fecante circulum in M, exhibuero DM ut latus heptagoni.

A L I V D.

Latus enneagoni circulo infcribendi invenire.

Sub A centro intervallo quocumque AB defcribatur circulus. Oportet latus enneagoni ei circulo infcribendi invenire. At vero inter octogonum & decagonum enneago-
num confiftit æquidiftans ab iis pari angulorum numero. Dantur autem commodè latera & octogoni & decagoni. Quare fecetur circulus BDCE quadrifariam à duabus diametris BC, DE fefe ideo normaliter fecantibus in centro, & fumatur DK latus octogoni, & productæ DK, AB conveniant in L. Sumatur quoque latus decagoni DO, cui producto ipfa AB occurrat in P. Jam autem inventum fit latus enneagoni quod quæritur
confiftens inter DO, DK & fit DQ, quod productam intercipiat LP in R. Dico PR, RL

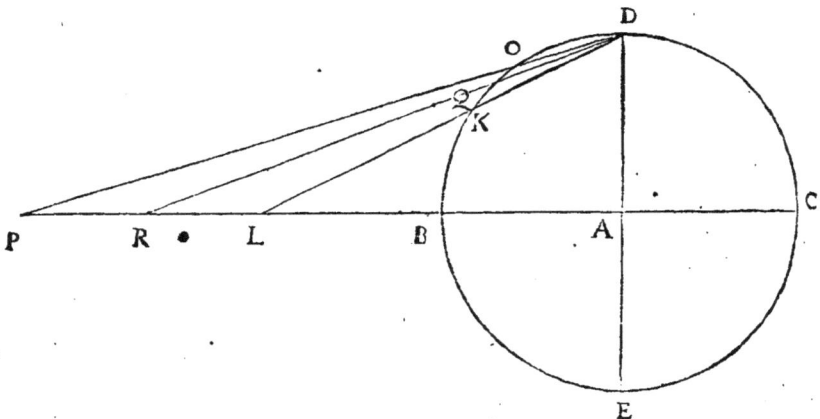

effe æquales. Idque generale effe in omnibus lateribus polygonorum, ut cum ab D limite
fumentur latera duorum polygonorum æquidiftantium pari angulorum numero à polygono de cujus latere quæritur & definent producta in linea AB, pars lineæ AB ab iis ita
intercepta fecabitur bifariam à latere de quo quæritur ad eam producto. Itaque in fynthefi datam LP propter datas DO, DK fecabo bifariam in R, & ducta DR fecante circulum in Q, exhibuero DQ ut latus enneagoni, & eandem methodum in reliquis lateribus conftanter obfervavero.

Etfi vero non demonftranti vel paralogiftice demonftranti fides adhibenda non eft,
placeat tamen quam ea methodus aberret à vero expendere. Id per Canonem Mathematicum ftatim licebit. Conftituta enim AC finu toto, latera AB, AG, AI, AL, AN, AP,
AR, fiunt profinus, numerive fœcundi angulorum qui ad D in triangulis rectangulis
BDA, GDA, IDA, LDA, NDA, PDA, RDA confiftunt. Anguli autem illi dantur propter datas abfumptas ex dimidio circuli ambitu DE circumferentias. Itaque dabuntur
quoque profinus ipfi, atque adeo profinuum differentiæ,

Vt ecce in primi Mechanici paradigmate.

Constituta AD 100,000   Itaque IB est   37,638
         ⎧ BA 100,000   GI   35,576
    fit ⎨ AI 137,638   Non sunt igitur IB, GI aquales:
         ⎩ AG 173,205   sed illa major, hac minor.

Aeque in secundi mechanici paradigmate.

Constituta AD 100,000   Itaque NG est   34,447
         ⎧ GA 173,205   LN   33,769
    fit ⎨ AN 207,652   Non sunt igitur NG, LN aquales:
         ⎩ AL 241,421   sed illa major, hac minor.

Æque in tertii mechanici paradigmate.

Constituta AD 100,000   Itaque RL est   33,327
         ⎧ AL 241,421   PR   33,020
    fit ⎨ AR 274,748   Non sunt igitur RL, PR aquales.
         ⎩ AP 307,768   sed illa major, hac minor.

Quam autem teneant latera polygonorum accuratam inter se rationem mysterium est, quod aperui in analyticis angularium sectionum, & adnotavi παρέργως in libro Variorum de rebus Mathematicis responsorum octavo.

F I N I S.

FRANCISCI VIETÆ

A D.

ANGVLARES SECTIONES

THEOREMATA ΚΑΘΟΛΙΚΩΤΕΡΑ,

DEMONSTRATA

PER

ALEXANDRVM ANDERSONVM.

A D

ANGVLARES SECTIONES
THEOREMATA ΚΑΘΟΛΙΚΩΤΕΡΑ
DEMONSTRATA
PER
ALEXANDRUM ANDERSONUM.

THEOREMA I.

S I fuerint tria triangula rectangula, quorum primi angulus acutus, differat ab acuto secundi, per acutum tertii; & sit excessus penes primum, latera tertii recipiunt hanc similitudinem.

Hypotenusa; fit similis rectangulo sub hypotenusis primi & secundi.

Perpendiculum, simile rectangulo sub perpendiculo primi & base secundi, minus rectangulo sub perpendiculo secundi, & base primi.

Basis, rectangulo, sub basibus primi & secundi, plus rectangulo sub perpendiculis eorundem.

Is angulus acutus intelligitur, cui latus perpendiculi voce designatum subtenditur. reliquus è recto, cui basis. hypotenusa vero, latus recto subtensum.

Sint tria triangula AEB, ADB, ACB, quorum bases sint AE, AD, AC, perpendicula EB, DB, CB. secet EB basin AC in I puncto : & demittatur perpendicularis DG in rectam AB.

Eritque ut AD ad DB, ita AE ad EI, id est EB minus IB. & rectangulum DB in AE, æquale erit rectangulo AD in EB minus AD in IB, additoque communi AD in IB: DB in AE plus AD in IB, æquabitur AD in EB. est quoque ut AD ad AB, ita CB ad IB, & rectangula AB in CB, AD in IB æqualia : ergo DB in AE plus AB in BC, æqualia erunt ipsi AD in EB. & ablato communi (AE in DB,) AB in BC æquabitur AD in EB minus AE in DB, quibus ipsi AB applicatis orietur latitudo BC, eritque AB quadratum ad AD in EB minus AE in DB. ut AB ad BC. Quod erat demonstrandum.

Rursus ut AG ad AD, ita AE ad AI, & AD in AE, æquale erit ipsi AG in AI; est autem AB in AC, æquale AG in AI plus AG in IC plus GB in AC; & GB in AC, æquale ipsis GB in AI plus GB in IC. est quoque AG in IC plus GB in IC, æquale AB in IC, & proinde AG in AI plus AB in IC plus GB in AI, æqualia erunt AB in AC: sed GB in AI,

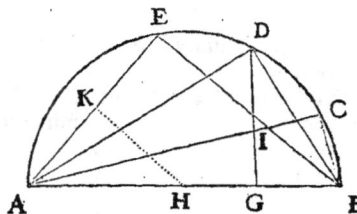

æquale

æquale est DB in EB minus DB in IB , (est enim GB ad DB , ut EI vel EB minus IB , ad AI.) & DB in IB, æquale est AB in IC (est enim IB ad IC, ut AB ad DB:) ergo AG in AI plus AB in IC plus EB in DB minus AB in IC , id est AG in AI sive AD in AE plus DB in EB, æqualia erunt AB in AC, hisce igitur ipsi AB applicatis, orietur latitudo AC, eritque AB quadratum ad AD in AE plus EB in DB, ut AB ad AC. Quod erat secundo loco ostendendum.

Σ X O Υ I O N.

Eadem est demonstrationis vis , quum triangulorum diversæ sunt hypotenusæ, ut in triangulis AKH, ADB, ACB, nam propter triangulorum similitudinem , erit ut AB quadratum ad AE in AD plus EB in DB , ita AB in AH ad AD in AK plus DB in KH : siquidem est ut AB ad AH , ita AE ad AK, & EB ad KH, itemque ut AB quadratum ad AB in AH, ita EB in AD minus DB in AE ad KH in AD minus DB in AK.

Sit trianguli primi perpendiculum 1. basis 2.
Secundi perpendiculum 1. basis 3.
Trianguli tertio similis fit perpendiculum 1. basis 7.

THEOREMA II.

Si fuerint tria triangula rectangula , quorum primi angulus acutus adjunctus acuto secundi , æquet acutum tertii ; latera tertii recipiunt hanc similitudinem.

Hypotenusa , fit similis rectangulo sub hypotenusis primi & secundi.

Perpendiculum, simile rectangulo sub perpendiculo primi, & base secundi, plus rectangulo sub perpendiculo secundi & base primi.

Basis, rectangulo sub basibus primi & secundi, minus rectangulo sub perpendiculis eorundem.

Repetatur superioris Theorematis diagramma , in quo est AG ad AD , ut CB ad IB, & rectangulum AD in CB, æquale rectangulo AG in IB.

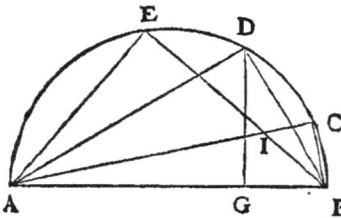

Est autem AB in EB, æquale ipsis AG in IB, AG in IE & GB in BE id est GB in BI, plus GB in IE:& est AB ad AE, ut AI ad IE, & rectangulum AB in IE, æquale rectangulo DB in AI ; sed AB in IE, æquale est AG in IE , plus GB in IE: quibus addatur GB in IB, id est DB in IC (est enim GB ad DB , ut IC ad IB), erunt AG in IE , plus GB in IE, plus GB in IB, æqualia AI in DB, plus IC in DB, id est DB in AC. ergo AG in IB , id est AD in CB, plus DB in AC, æqualia erunt AB in EB : & omnibus ipsi AB applicatis, erit AB quadratum ad AD in CB, plus DB in AC, ut AB ad EB. Quod erat demonstrandum.

Rursus est AB ad AD, ut AI id est AC minus IC ad AE , & rectangulum AB in AE, æquale rectangulo AD in AC, minus rectangulo AD in IC : sed rectangulum AD in IC, est æquale rectangulo CB in DB, (est enim AD ad DB, ut CB ad IC.) ergo rectangulum AB in AE , æquale erit rectangulo AD in AC, minus rectangulo CB in DB , & omnibus ipsi AB applicatis , erit AB quadratum ad AD in AC, minus CB in DB ; ut AB ad AE. Quod erat demonstrandum. Eodemque modo licet hypotenusæ triangulorum inæquales fuerint, ut prius animadversum est.

Sit trianguli primi perpendiculum 1. basis 7.
Secundi perpendiculum 1. basis 3.
Trianguli tertio similis perpendiculum erit 1. basis 2.

THEO-

THEOREMA III.

Si fuerint duo triangula rectangula, quorum angulus acutus primi, sit submultiplus ad angulum acutum secundi.

Latera secundi, recipiunt hanc similitudinem.

Hypotenusa fit similis potestati conditionariae hypotenusae primi : est autem potestas conditionaria, quae sequitur gradum proportionis multiplae, quadratum videlicet in ratione dupla, cubus in tripla, quadrato-quadratum in quadrupla, quadrato-cubus in quintupla, & eo in infinitum progressu.

Ad similitudinem autem laterum circa rectum hypotenusae congruentium, efficitur à base & perpendiculo primi ut binomia radice, potestas aeque alta, & singularia facta homogenea distribuuntur in duas partes successive, utrobique primum adfirmata, deinde negata, & harum primae parti similis fit basis secundi, perpendiculum reliquae.

Sic in ratione dupla ; hypotenusa secundi fit similis quadrato hypotenusae primi, seu aliter aggregato quadratorum à lateribus circa rectum ; basis differentiae ; perpendiculum duplo sub praedictis lateribus rectangulo.

In ratione tripla ; hypotenusa secundi fit similis cubo hypotenusae primi ; basis cubo basis primi, minus solido ter sub quadrato perpendiculi primi ; & base ejusdem, perpendiculum simile solido ter sub perpendiculo primi & quadrato basis ejusdem, minus cubo perpendiculi.

In ratione quadrupla ; hypotenusa secundi fit similis quadrato-quadrato hypotenusae primi ; basis quadrato-quadrato basis primi, minus plano-plano sexies sub quadrato perpendiculi primi & quadrato basis ejusdem, plus quadrato-quadrato perpendiculi ; perpendiculum simile plano-plano quater sub perpendiculo primi & cubo basis ejusdem, minus plano-plano quater sub cubo perpendiculi primi & base ejusdem.

In ratione quintupla ; hypotenusa secundi fit similis quadrato-cubo hypotenusae primi ; basis similis quadrato-cubo basis primi, minus plano-solido decies sub cubo perpendiculi primi & quadrato basis ejusdem, plus plano-solido quinquies sub perpendiculo primi & quadrato-quadrato basis ejusdem ; perpendiculum plano-solido quinquies sub quadrato-quadrato perpendiculi primi & base ejusdem, minus plano-solido decies sub quadrato perpendiculi & cubo basis ejusdem, plus quadrato-cubo basis ejusdem.

Sit triangulum rectangulum quodcunque, cujus hypotenusa Z. perpendiculum B. basis D. Erit igitur ex demonstratis Theoremate secundo, pro triangulo anguli dupli, (quando-quidem duplum differt à dimidio per ipsum dimidium.)

Vt Z q. ad D q. — B q. ita Z ad basin anguli dupli : & ex iisdem ut Z q. ad D in B bis, ita Z ad perpendiculum dupli.

Et iterum, ut Z cub. ad D cub. minus D in B q. ter, ita Z ad basin trianguli anguli tripli. & indidem Z cub. ad Dq. in B ter, minus B cubo, ut Z ad perpendiculum ejusdem trianguli anguli tripli.

Et Z qq. ad D qq. minus D q. in B q. sexies, plus B qq., ut Z ad basin trianguli anguli quadrupli. & Z qq. ad D cub. in B quater, minus B cubo in D quater, ut Z ad perpendiculum ejusdem trianguli anguli quadrupli.

Item ut Z qc. ad D qc. minus D c. in B q. decies, plus D in B qq. quinquies, ita Z ad basin trianguli anguli quintupli. & ut Z qc. ad D qq. in B quinquies, minus D q. in B c. decies, plus B qc. ita Z ad perpendiculum ejusdem trianguli anguli quintupli.

Atque ita ex ductu hypotenusarum, laterumque circa rectos angulos pro rationum

similifimilitudine jam demonſtrata, provenient triangulorum angulorum multiplicium lateribus homologa in infinitum, ea qua propoſitum eſt methodo, ut ex tabella ſubjecta, clarius perſpicere eſt.

Trianguli rectanguli

	anguli ſimpli.			anguli multipli.		
	Hypotenuſa.	Latera circa rectum. Baſis. Perpendiculum.		Hypotenuſa.	Baſis.	Perpendiculum.
	Z.	D.	B.		Dupli.	
Dupla.	Z q.	D q. D in B 2. B q.		Z q.	D q. — B q.	D in B 2.
					Tripli.	
Tripla.	Z cub.	D cub. D q. in B 3. D in B q. 3. B cubo		Z cub.	D cub. — D in Bq.3.	D̂ q in B 3. — B cub.
					Quadrupli.	
Quadrupla.	Z qq.	D qq. D cub. in B 4. D q. in B q.6. D in B cub. 4. B qq.		Z qq.	D qq. — Dq.in Bq. 6. + B qq.	D cub. in B 4. — D in B cub. 4.
					Quintupli.	
Quintupla.	Z qc.	D qc. D qq. in B 5. D c in B q.10. D q.in B c.10. D in B qq.5. B qc.		Z qc.	D qc. — Dc.in Bq.10. + D in Bqq.5.	D qq. in B 5. — Dq. in Bc.10. + B qc.

Poteſtas rationis.

Atque eo in infinitum progreſſu, dabitur laterum ratio in ratione anguli ad angulum multipla, ut præſcriptum eſt. Quod erat demonſtrandum.

Proponatur triangulum rectangulum cujus baſis 10. perpendiculum 1. & angulus acutus ejuſdem intelligatur ſimplus.

Ad triangulum anguli dupli, ſtatuetur baſis 99. perpendiculum 20.

Ad triangulum anguli tripli, ſtatuetur baſis 970. perpendiculum 299.

Ad triangulum anguli quadrupli, ſtatuetur baſis 9401. perpendiculum 3960.

Ad triangulum anguli quintupli, ſtatuetur baſis 90050. perpendiculum 49001.

Cum autem factorum nequit fieri ſubtractio, argumentum eſt angulum multiplum eſſe obtuſum, eoque caſu nihilominus exceſſus factorum adſignabitur lateri, & angulus ſubtenſus intelligetur exterior multipli.

Idem Aliter.

Phraſi Geometricæ accommodatum.

Si fuerint triangula rectangula quotcunque, & horum ſecundi angulus acutus ſit duplus ad acutum primi, tertii triplus, quarti quadruplus, quinti quintuplus, & eo continuo naturali progreſſu, primi autem trianguli perpendiculum ſtatuatur prima proportionalium, baſis ejuſdem ſecunda, eaque ſeries continuetur.

In ſecundo, erit baſis ad perpendiculum, ut tertia minus prima ad ſecundam bis.

In tertio, ut quarta minus ſecunda ter ad tertiam ter, minus prima.

In

In quarto, ut quinta minus tertia fexies, plus prima, ad quartam quater, minus fecunda quater.

In quinto, ut fexta, minus quarta decies, plus fecunda quinquies, ad quintam quinquies, minus tertia decies, plus prima.

In fexto, ut feptima, minus quinta quindecies, plus tertia quindecies, minus prima, ad fextam fexies, minus quarta vicies, plus fecunda fexies.

In feptimo, ut octava minus fexta vicies femel, plus quarta tricies quinquies, minus fecunda fepties, ad feptimam fepties, minus quinta tricies quinquies, plus tertia vicies femel, minus prima.

Et ita in infinitum, diftributis fucceffive in duas partes proportionalibus, fecundum earum feriem, utrobique primum adfirmatis deinde negatis, & & fumptis multiplicibus, ut ordo graduum in artificiofa genefi poteftatum, quibus eæ addicuntur exigit.

Quæ quidem omnia, fuperius expofitam tabellam infpicienti, clara funt.

THEOREMA IV.

Si à puncto in peripheria circuli, fumantur fegmenta quotcunque æqualia, & ab eodem ad fingula fectionum puncta rectæ educantur: erit ut minima ab fibi proximam, ita reliquarum quævis à minima deinceps, ad fummam duarum fibi utrinque proximarum.

Sit circuli circumferentia quantalibet AE, fecta in partes quotcunque æquales, quibus fubtendantur rectæ AB, BC, CD, DE, & educantur rectæ AC, AD, AE: ducanturque rectæ CF, DG ipfis CA, DA æquales.

Erit igitur ut AB ad AC, ita AC ad AF, & AD ad AG, ob fimilitudinem triangulorum ifofcelium ABC, ACF, ADG. eft autem recta AF æqualis ipfis AD, AB: nam in triangulo æquicrure ACF, eft angulus CFA æqualis angulo CAF, id eft angulo BAC, angulus vero CDA anguli BAC duplus eft, (fiquidem duplæ circumferentiæ infiftit.) eft igitur CDA angulus duplus anguli CFD, atqui æqualis eft duobus CFD, FCD. funt itaque anguli CFD, FCD æquales, lateraque CD, DF æqualia: at latus CD æquale eft ipfi AB, ergo & FD ipfi AB æqualis erit; & recta AF æqualis compofitæ ex AD, AB. Similiter in triangulo ifofceli ADG, funt anguli DAG, DGA ad bafin æquales, eft itaque angulus DGA, æqualis angulo CAD, & angulus DEA externus trianguli DGE, æqualis triplo ejufdem anguli CAD vel DGE: fiquidem triplæ circumferentiæ infiftit, qualium igitur partium eft angulus DGE unius, talium eft angulus EDG duarum. eft itaque triangulum EDG æquiangulum triangulo ACD, & latus DE æquale lateri CD; erit igitur & latus EG æquale lateri CA, rectaque AG æqualis compofitæ ex AC, AE. Ut igitur AB ad AC, ita AC ad compofitam ex AB, AD; & ita AD ad compofitam ex AC, AE, atque ita deinceps fi plura fuerint fegmenta. Quod erat demonftrandum. atque hinc

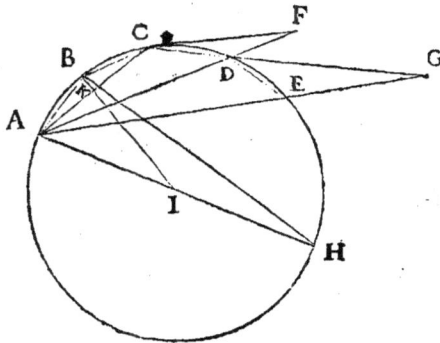

Z E T E T I C V M.

In circulo duas circumferentias fumere in ratione multipla data , in qua etiam fe habeant rectarum quæ ipfis circumferentiis fubtenduntur quadrata.

Sit datus circulus qui fupra, ABH, cujus diameter fit AH, femidiameter BI, ducaturque recta BH & fint circumferentiæ AB, AC in ratione dupla, AB, AD in ratione tripla, AB, AE in ratione quadrupla &c. erit igitur BI ad BH, ut AB ad AC, propter fimilitudinem triangulorum BIH, ABC : ergo $\dfrac{BH \text{ in } AB}{BI}$ æquabitur ipfi AC. ut autem AB ad

$\dfrac{BH \text{ in } AB}{BI}$, ita $\dfrac{BH \text{ in } AB}{BI}$ ad $\dfrac{BH \text{ q. in } AB \text{ q.}}{AB \text{ in } BI \text{ q.}}$ quod multatum ipfa A B, dat

$\dfrac{BH \text{ q. in } AB \text{ q.} - AB \text{ q. in } BI \text{ q.}}{AB \text{ in } BI \text{ q.}}$ id eft $\dfrac{BH \text{ q. in } AB - BI \text{ q. in } AB.}{BI \text{ q.}}$ æquale ipfi AD, ex

præcedenti propofitione. Igitur ut BI q. ad BH q. — BI q. ita AB ad AD: vel quoniam eft ut AH ad AB, ita AB ad BK, quadratum igitur BK, erit $\dfrac{AB \text{ qq.}}{AH \text{ q.}}$. & $\dfrac{ABq. \text{ in } AH \text{ q.} - AB \text{ qq.}}{AH \text{ q.}}$

æquabitur A K quadrato: & $\dfrac{AB \text{ q. in } AH \text{ q. } 4. - AB \text{ qq. } 4.}{AH \text{ q.}}$ æquabitur A C quadrato:

hoc autem ex præcedenti Theoremate æquale eft ipfis AB q. $+$ AB in AD. Ablato igitur

communi AB quadrato, $\dfrac{AB \text{ q. in } AH \text{ q. } 3. - AB \text{ qq. } 4.}{AH \text{ q.}}$ æquabitur AB in AD : & hifce

ipfi A B applicatis. $\dfrac{AB \text{ q. in } AH \text{ q. } 3. - AB \text{ qq. } 4.}{AB \text{ in } AH \text{ q.}}$ æquabitur A D, id eft

$\dfrac{AB \text{ in } AH \text{ q. } 3. - AB \text{ cub. } 4.}{AH \text{ q.}}$ erit igitur ut AH q. ad AH q. 3 , — AB q. 4, ita AB ad

AD. Iterum ut AH ad BH, ita AB ad AK : & fit $\dfrac{BH \text{ in } AB}{AH}$ æquale ipfi AK , ergo

$\dfrac{BH \text{ in } AB}{AI}$ æquabitur ipfi AC. ut autem AB ad $\dfrac{BH \text{ in } AB}{AI}$, ita hoc ad $\dfrac{BH \text{ q. in } AB \text{ q.}}{AB \text{ in } AI \text{ q.}}$, id

eft $\dfrac{BH \text{ q. in } AB}{AI \text{ q.}}$: hoc autem minus A B æquatur ipfi $\dfrac{BH \text{ q.in } AB - AI \text{ q. in } AB}{AI \text{ q.}}$,

id eft ex prædemonftratis ipfi A D. eft quoque ut A B ad $\dfrac{BH \text{ in } AB}{AI}$, ita

$\dfrac{BH \text{ q. in } AB - AI \text{ q. in } AB.}{AI \text{ q,}}$ ad $\dfrac{HB \text{ cub. in } AB \text{ q.} - BH \text{ in } AI \text{ q. in } AB \text{ q.}}{AB \text{ in } AI. \text{ cub.}}$ id eft

$\dfrac{BH \text{ cub.} - BH \text{ in } AI \text{ q.}}{AI \text{ cub.}}$ in AB, quod multatum ipfa A C , vel $\dfrac{BH \text{ in } AB}{AI}$ id eft

$\dfrac{BH \text{ cub. in } AB \text{ in } AI - BH \text{ in } AI \text{ cub. in } AB \text{ 2,}}{AI \text{ qq.}}$ vel $\dfrac{BH \text{ cub. in } AB - BH \text{ in } AI \text{ q. in } AB \text{ 2.}}{AI. \text{ cub.}}$

æquatur ipfi AE. ut igitur AI cub. ad BH cub. — BH in AI. q. 2, ita AB ad AE. eademque methodo fumentur & aliæ, pro ratione multipla data. Quod erat faciendum. Atque huc pertinet Analyticum illud artificium generale quadrandi lunulas, quod attigit Vieta Libro variorum 8vo, cap. 9no.

T H E O R E M A V.

Si à termino diametri fumantur in circulo circumferentiæ quotcunque æquales, & ab altera extremitate educantur rectæ lineæ ad fumptarum circumferentiarum æqualium terminos, erit ut femidiameter ad rectam à jam dicta

dicta extremitate eductam diametro proximam , ita quælibet intermedia,
ad summam duarum, in eadem semiperipheria sibi utrinque proximarum.
at si circumferentiæ sumptæ æquales, semiperipheriam superent, ita minima educta, ad differentiam duarum sibi utrinque proximarum.

Sit circulus cujus diameter AB, centrum P, ejusque peripheria à puncto B , secetur in
partes quotcunque BI, IH, HG, GF, FE, &c. æquales, quibus æquales quoque sint BL,
LM, MN, NO, sintque ab altero diametri extremo A eductæ rectæ ad æqualium sectionum terminos AI, AH, AG, AF, AE, &c. & eductis rectis connectantur puncta BL, IL,
IM, HM, HN, GN, GO , &c. quæ prioribus ab A puncto eductis erunt sigillatim æquales, totidem quippe ac æqualibus segmentis subtensæ, secentque semidiametrum PB in
punctis P, Q, R, S, T, V, X : tum minimam BL secet recta PK ex centro ad angulos rectos, secans & reliquas ipsi BL parallelas in punctis Y, ϵ, δ & ad angulos rectos, tum &
ipsas GN, HM, IL in punctis α, γ, ϵ.

Et quoniam rectæ IL, HM, GN,
FO connectunt puncta à termino
diametri B æqualiter utrinque remota, erunt hæ ad diametrum perpendiculares, ac ut AB ad AI , ita Q O ad
OP, & GQ ad GR, ergo ita tota GO
ad compositam ex OP, GR : sic HN
ad compositam ex RN, HT: atque ita
& reliquæ intermediæ ad compositas
ex semissibus duarum sibi utrinque
proximarum : similiter , ut AB ad AI,
ita Gα ad GY, & αN ad Nϵ, ergo ut
AB ad BI, ita tota GN ad compositam
ex semissibus GY, Nϵ, sibi utrinque
proximarum : atque ita HM ad compositam ex semissibus utrinque proxi-
marum Hϵ, Mδ, atque ita de reliquis.

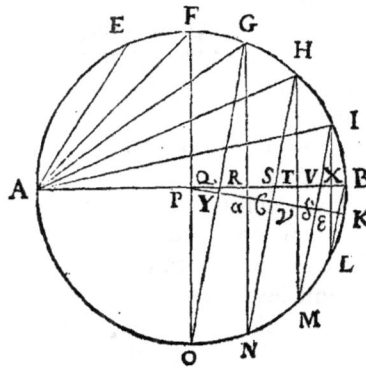

Vt autem intermedia quælibet ad
duarum sibi utrinque proximarum semisses, ita dupla intermediæ ad compositam ex iisdem: ergo ut diameter ad diametro proximam, ita dupla intermediæ ad compositam ex
duabus sibi utrinque proximis, & ut semidiameter ad diametro proximam, ita intermedia simplex ad compositam ex duabus sibi utrinq; proximis. Quod erat demonstrandum.

Sit secundo circuli peripheria cujus diameter FC, secta in partes æquales FA, AB, BD,
DH, quæ semiperipheriam superent, sitque minima alterutri semicirculo inscripta BC
vel CD: dico ut semidiameter ad subtensam maximam , ita BC ad differentiam ipsarum
AC, CD; seu CD ad differentiam ipsarum BC, CH.

Subtendatur enim AC, & fiant
BG, BC æquales, (producta nimirum DC in G,) & protendatur GB
in E, ducaturque ED : erit igitur an-
lus BCG id est BGC, æqualis angulo
BED id est BCA. (sunt enim sumptæ
circumferentiæ BD, BA æquales.)
Anguli quoque BAC, BDC æquales
sunt, & latera BG, BC æqualia ex
constructione. Ergo & AC, DG
æquales quoque erunt : est autem ut
semidiameter ad subtensam maximam , ita BC ad CG differentiam
ipsarum AC, CD. Est enim angulus
BCG æqualis angulo BED, quem fa-

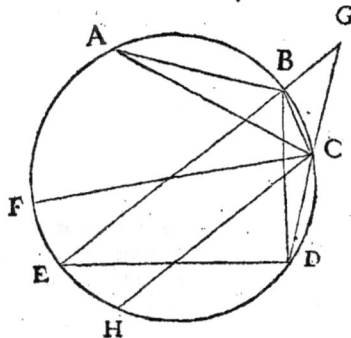

cit quoque diameter cum fubtenfarum maxima. Eodem modo oftendetur effe quoque DC ad differentiam HC, CB, ut femidiameter ad eductarum maximam.

THEOREMA VI.

Si à termino diametri fumantur in circulo circumferentiæ quotcunque æquales, & ab altera extremitate educantur lineæ rectæ ad fumptarum circumferentiarum æqualium terminos, eductæ fiunt bafes triangulorum, quorum communis hypotenufa eft diameter, ac bafis quidem diametro proximior intelligitur bafis anguli fimpli, fuccedens dupli, & eo continuo ordine: conftituatur autem feries rectarum linearum continue proportionalium, quarum prima fit æqualis femidiametro, fecunda, bafi anguli fimpli, is reliquarum bafium ordine fuccedentium erit progreffus.

Tertia continue proportionalium, minus prima bis, erit æqualis bafi anguli dupli.

Quarta, minus fecunda ter, bafi anguli tripli.

Quinta minus tertia quater, plus prima bis, bafi anguli quadrupli.

Sexta, minus quarta quinquies, plus fecunda quinquies, bafi anguli quintupli.

Septima, minus quinta fexies, plus tertia novies, minus prima bis, bafi anguli fextupli.

Octava, minus fexta fepties, plus quarta quater decies, minus fecunda fepties, bafi anguli feptupli.

Nona, minus feptima octies, plus quinta vicies, minus tertia fedecies, plus prima bis, bafi anguli octupli.

Decima minus octava novies, plus fexta vicies & fepties, minus quarta tricies, plus fecunda novies, bafi anguli noncupli.

Et ita in infinitum, ut per loca proportionalium imparia nova affectio fuccedat, affirmatæ negata, negatæ adfirmata: & proportionales illæ fint femper alternæ, & multiplices quidem in prima adfectione per unitatis crementum, in fecunda per numeros triangulos, in tertia per numeros pyramidales, in quarta per numeros triangulo-triangulos, in quinta per numeros triangulo-pyramidales; non quidem ab unitate, ut in poteftatum genefi, fed à binario fuum ducentes incrementum.

Sit femicirculi cujufvis peripheria fecta in partes quotcunque æquales, cujus quidem femidiameter efto Z, & ab extremo diametri educantur rectæ ad quælibet fectionum puncta, quarum rectarum prima fit B. Erit itaque ex præcedenti Theoremate, ut Z ad B, ita B ad compofitam ex diametro & ex ea quæ ipfam B proxime fubfequitur: eft autem ea $\frac{Bq.}{Z}$ quæ multata diametro vel femidiametro bis, relinquit $\frac{Bq. - Zq.\ 2.}{Z}$ æqualem tertiç.

deinde ut Z ad B, ita $\frac{Bq. - Zq2.}{Z}$ ad compofitam ex fecunda & quarta, à qua ablata fecunda B, relinquetur $\frac{Bc. - Zq.\ in\ B\ 3.}{Zq.}$ æqualis quartæ. atque ita fi quod fit fub fecunda & ultima, ipfius Z epanaphoræ feu gradui qui elatiori poteftati proxime fuccedit applicetur, multeturque proxime antecedente, provenient reliquæ proportionales eo quo dictum eft modo affectæ, in infinitum. Sic

$$\frac{Bqq. - Zq.\ in\ Bq.\ 4.\ fic + Zqq.\ 2.}{Z\ cub.}$$ erit æquale quintæ.

Bqc.

$$\frac{\text{B qc.} - \text{Z q. in B c5.} + \text{Z qq. in B 5.}}{\text{Z qq.}} \quad \text{aequale erit sextae.}$$

$$\frac{\text{B qqq.} - \text{Z q. in B qq. 6.} + \text{Z qq. in B q. 9.} - \text{Z qqq. 2.}}{\text{Z qc.}} \quad \text{septimae.}$$

$$\frac{\text{B qqc.} - \text{Z q. in B qc. 7.} + \text{Z qq. in B c. 14.} - \text{Z qqq. in B 7.}}{\text{Z cc.}} \quad \text{octavae.}$$

$$\frac{\text{B qcc.} - \text{Z q. in B cc. 8.} + \text{Z qq. in B qq. 20.} - \text{Z cc. in B q. 16.} + \text{Z qcc. 2.}}{\text{Z qqc.}} \quad \text{nonae.}$$

$$\frac{\text{B ccc.} - \text{Z q in. B qqc. 9.} + \text{Z qq. in B qc. 27.} - \text{Z qqq. in B c. 30.} + \text{Z. qqqq. in B 9.}}{\text{Z qcc.}} \quad \text{decimae.}$$

Atque ita deinceps. Quod erat demonstrandum.

In notis, fit semidiameter 1. basis prima 1 N. Erit

1 Q — 2		Dupli.
1 C — 3 N		Tripli.
1 QQ — 4 Q + 2		Quadrupli.
1 QC — 5 C + 5 N	Basis	Quintupli.
1 CC — 6 QQ + 9 Q — 2	anguli.	Sextupli.
1 QQC — 7 QC + 47 C — 7 N		Septupli.
1 QCC — 8 CC + 20 QQ — 16 Q + 2		Octupli.
1 CCC — 9 QQC + 27 QC — 30 C + 9 N		Noncupli.

Et sic continuo radicem binarium cum sibi proximo jungendo, & compositam cum numero illis proxime deinceps componendo, creabuntur reliqui afficientium multiplicium numeri in infinitum, juxta seriem subjecta tabella.

NUMERI MULTIPLICIUM ADFECTIONIS.

Prima Negata.	Secunda affirmata.	Tertia negata.	Quarta affirmata.	Quinta negata.	Sexta affirmata.	Septima negata.	Octava affirmata.	Nona negata.
2								
3								
4	2							
5	5							
6	9	2						
7	14	7						
8	20	16	2					
9	27	30	9					
10	35	50	25	2				
11	44	77	55	11				
12	54	112	105	36	2			
13	65	156	182	91	13			
14	77	210	294	196	49	2		
15	90	275	450	318	140	15		
16	104	552	660	672	336	64	2	
17	119	442	935	1122	714	204	17	
18	135	546	1287	1782	1386	540	81	2
19	152	665	1729	2717	2508	1254	287	19
20	170	800	2275	4604	4290	2640	825	100
21	189	952	2940	5733	7007	5148	1079	385

THEO-

THEOREMA VII.

Si à puncto in circuli circumferentia fumantur partes quotcunque æquales, & ab eodem educantur rectæ lineæ ad fumptarum circumferentiarum æqualium terminos: conftituatur autem feries linearum rectarum continuè proportionalium, quarum prima fit æqualis minimæ eductæ, fecunda à minima fecundæ, is reliquarum eductarum ordine fuccedentium erit progreffus.

Tertia continue proportionalium, minus prima, erit æqualis tertiæ.

Quarta minus fecunda bis, quartæ.

Quinta minus tertia ter, plus prima, quintæ.

Sexta minus quarta quater, plus fecunda ter, fextæ.

Septima minus quinta quinquies, plus tertia fexies, minus prima, feptimę.

Octava minus fexta fexies, plus quarta decies, minus fecunda quater, octavæ.

Nona minus feptima feptics, plus quinta quindecies, minus tertia decies, plus prima, nonæ.

Decima minus octava octies, plus fexta vicies & femel, minus quarta vicies, plus fecunda quinquies, decimæ.

Et ita in infinitum ut per loca proportionalium imparia nova adfectio fuccedat, affirmatæ negata, negatæ adfirmata : & proportionales illæ fint femper alternæ, & multiplices quidem in prima adfectione per unitatis crementum, in fecunda per numeros triangulos, in tertia per numeros pyramidales, in quarta per numeros triangulo-triangulos, in quinta per nuros triangulo-pyramidales; ab unitate, ut in poteftatum-genefi, fuum ducentes incrementum.

Sit peripheria circuli fecta in partes quotvis æquales ab affumpto puncto aliquo, à quo ad æqualium circumferentiarum terminos educantur rectæ, quarum minima fit Z, ab hac verò fecunda B. Eft igitur ex Theoremate quarto ut prima ad fecundam, ita fecunda ad compofitam ex prima & tertia: erit itaq; tertia æqualis $\dfrac{Bq. - Zq.}{Z}$. Eademq; methodo qua in præcedenti ufi fumus, reperientur $\dfrac{Bc. - Zq. \text{ in } B\, 2.}{Zq.}$ quarta.

$$\frac{Bqq. - Zq. \text{ in } Bq.\, 3. + Zqq.}{Zc.} \text{ quinta.}$$

$$\frac{Bqc. - Zq. \text{ in } Bc.\, 4. + . Zqq. \text{ in } B\, 3.}{Zqq.} \text{ fexta.}$$

$$\frac{Bcc. - Zq. \text{ in } Bqq.\, 5. + Zqq. \text{ in } Bq.\, 6. - Zcc.}{Zqc.} \text{ feptima.}$$

$$\frac{Bqqc. - Zq. \text{ in } Bqc.\, 6. + Zqq. \text{ in } Bc.\, 10. - Zcc. \text{ in } B\, 4.}{Zcc.} \text{ octava.}$$

$$\frac{Bqcc. - Zq. \text{ in } Bcc.\, 7. + Zqq. \text{ in } Bqq.\, 15. - Zcc. \text{ in } Bq.\, 10. + Zqcc.}{Zqqc.} \text{ nona.}$$

$$\frac{Bccc. - Zq. \text{ in } Bqqc.\, 8. + Zqq. \text{ in } Bqc.\, 21. - Zcc. \text{ in } Bc.\, 20. + Zqcc. \text{ in } B\, 5.}{Zqcc.} \text{ decima.}$$

Eademque ratione & reliquæ proportionales in infinitum, eo quo propofitum eft modo affectæ, eductis in circulo rectis æquales producentur. Quod erat demonftrandum.

In notis fit minima educta 1. *secunda* 1 N. *Erit*

1 Q — 1				*Tertia.*
1 C — 2 N				*Quarta.*
1 QQ — 3 Q + 1				*Quinta.*
1 QC — 4 C + 3 N				*Sexta.*
1 CC — 5QQ + 6 Q — 1				*Septima.*
1 QQC — 6 QC + 10 C — 4 N				*Octava.*
1 QCC — 7 CC + 15QQ — 10 Q + 1				*Nona.*
1 CCC — 8QQC + 21 QC — 20 C + 5 N				*Decima.*

The rightmost brace groups these with *Æquale* on the left.

Atque ita unitatem radicem cum sibi proximo jungendo, compositumque cum proxime deinceps sequenti componendo, creabuntur reliqui adficientium multiplicium numeri in infinitum: quos si lubet in tabella ob oculos ponere, id quidem factu facile fuerit, quemadmodum à nobis præstitum est præcedenti propositione.

THEOREMA VII.

Si à termino diametri sumantur in peripheria circuli partes quotcunque æquales, & ab ejusdem diametri extremis educantur rectæ ad singula sectionum puncta: erit ut semidiameter ad subtensam partium æqualium uni, ita reliquarum quælibet ab alterutro diametri termino educta, præter diametrum, aut diametro proximam quum in ipsas sectiones incidunt ad differentiam duarum à reliquo ejusdem termino eductarum ad sectiones sibi utrinque proximas: at ita diameter ipsa quum in sectionem æqualem incidit, vel quum non incidit, ei proxima in sectionem incidens ad summam duarum ab altero diametri termino, ad proximas utrinque sectiones eductarum.

Circa diametrum A B, centro C, describatur circulus cujus peripheria secetur in partes quotcunque æquales AD, DE, EF, FG, GH, HB, BI, educanturque rectæ à punctis B, A ad singulas sectiones, sumatur autem & AK ipsi AD quoque æqualis, & ducantur rectæ HI, GI, GK, FK, EK, DK, AK, sitque semidiameter CH, & secet recta GI diametrum in L puncto.

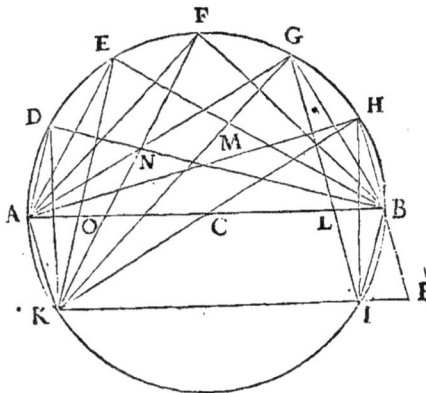

Quoniam igitur recta HI angulum BIL bifariam dividens, basi perpendicularis est, erit triangulum BIL isosceles, & simile triangulo HCB: est autem triangulum BLI simile triangulo GAL, est itaque GAL triangulum isosceles, & latera GA, AL æqualia. Vt autem CH ad HB, ita HB vel BI ad BL differentiam laterum AG, AB. Similiter quoniam anguli GBE, EKG æquales sunt angulo HCB, (illi siquidem duplæ peripheriæ in circumferentia, hic simplæ in centro insistit.) angulique KEB, BGK æquales angulo CBH, æqualibus insistentes circumferentiis. secent se rectæ GK, EB in M, erunt triangula EKM, GBM similia triangulo HCB, & ut HC ad HB, ita GB ad GM differentiam ipsarum GK id est HA (æqualibus namque subtenduntur circumferentiis) & EK id est AF (quæ æquales quoque subtendunt circumferentias.) Eodemque modo, secent se rectæ EK, DB in puncto N, erunt triangula FBN, DKN, æquicrura & similia triangulo HCB, & ut HC ad HB, ita FB ad FN differentiam subtensarum FK, DK, id est ut supra GA, EA. Similiter secent se rectæ EK, AB in puncto O, eritque HC ad HB, ita EB ad EO differentiam rectarum EK, AK id est FA, DA. Eodemque modo, demonstrabitur esse ut HC ad HB, ita GA

ad

ad differentiam FB, HB ; & FA ad differentiam GB, EB ; & EA ad differentiam FB, DB. Et fi protrahantur HCK, KIP, HBP, erunt triangula HCB, HKP fimilia: funt enim anguli HCB, HKP, ille in centro, hic in circumferentia, æquales, & angulus CHB communis utrique, ergo & reliquus reliquo æqualis erit. eft igitur ut CH ad HB, ita HK ad HP, eft autem HP dupla ipfius HB, angulus enim IBP æqualis eft angulo HKI, & angulus BPI angulo BHC, ifofceles igitur eft triangulum BIP, & crura BP, BI, id eft BP, BH æqualia. Non tranfeat jam diameter per fectiones æquales, fed inter fectiones circumferentiam fecet in B puncto : ductis ut fupra rectis GK, KP, GBP.

Quoniam circumferentiæ GAK, AGH funt æquales, (æqualibus pofitis fegmentis AK, GH) erunt & fubtenfæ AH, KG æquales: eftque ut prius, angulus ABG æquali ei quem facit fubtenfa cuivis peripheriæ æquali cum diametro, & GKP æqualis angulo in centro. Ifofceles igitur erit triangulum GKP, fimile ei quod fit à duabus femidiametris, & recta uni æqualium fegmentorum fubtenfa: ut igitur femidiameter ad fubtenfam dictam, ita KG id eft AH ad GP. Eft autem BP æqualis ipfi BI, nam in quadrilatero infcripto KGBI, erunt anguli exteriores PBI, BIP æquales interioribus GKI, KGB: eft igitur triangulum BIP ifofceles, fimile triangulo GKP, lateraque BI, BP æqualia. At ut femidiameter ad fubtenfam parti æquali, ita & hic quoque BH ad differentiam AG, AI: eft enim angulus BHK, æqualis ei qui fit à diametro & fubtenfa cuivis fegmento æquali, & angulus HBF, æqualis angulo in centro fectionum æqualium uni infiftenti. unde triangulum BMH ifofceles erit, eique fimile triangulum FKM, itaque ut radius ad fubtenfam cuivis fegmentorum æqualium, ita BH ad HM differentiam rectarum HK, KF; eft autem HK æqualis ipfi AI, (funt enim fegmenta AK, HI æqualia) quibus addito communi KI, fiunt KIH, AKI æqualia, & KF æqualis ipfi AG, nam fegmenta AK, FG, ponuntur æqualia, quibus addito communi AF, fiunt KAF, AFG æqualia. Eodemque modo ita AG vel KF ad FM differentiam rectarum BF, BM vel BH. Quod erat demonftrandum.

THEOREMA IX.

Si fuerint triangula rectangula æqualis hypotenufæ, quorum primi angulus acutus fit in fubmultipla ratione ad angulos acutos fuccedentium ordine triangulorum, ad acutum videlicet fecundi fubduplus, tertii fubtriplus, quarti fubquadruplus, & eo continuo ordine: conftruatnr autem feries rectarum continue proportionalium, quarum prima fit æqualis femihypotenufæ, fecunda perpendiculo anguli primi, inter fuccedentes continue proportionales & fuccedentium triangulorum bafes ac perpendicula, hæc erit æqualitas.

Prima bis, minus tertia continue proportionalium, erit æqualis bafi trianguli fecundi.

Secunda ter, minus quarta, perpendiculo trianguli tertii.

Prima bis, minus tertia quater, plus quinta, bafi trianguli quarti.

Secunda quinquies, minus quarta quinquies, plus fexta, perpendiculo trianguli quinti.

Prima

Prima bis, minus tertia novies, plus quinta sexies, minus septima, basi trianguli sexti.

Secunda septies, minus quarta quater decies, plus sexta septies, minus octava, perpendiculo trianguli septimi.

Prima bis, minus tertia sedecies, plus quinta vicies, minus septima octies, plus nona, basi trianguli octavi.

Secunda novies, minus quinta tricies, plus sexta vicies septies, minus octava novies, plus decima, perpendiculo trianguli noni.

Et ita in infinitum, inverso eo qui in sexto Theoremate expositus est, ordine.

Sit semicirculus qualis supra, cujus peripheria secta sit in partes quotcunque æquales, & à terminis diametri educantur triangulorum rectangulorum latera: sitque semidiameter X, trianguli vero submultipli perpendiculum sit B: & fiat ut X ad B, ita B ad $\dfrac{Bq}{X}$, quo à diametro sive ab X bis ablato, erit $\dfrac{Xq.2.-Bq.}{X}$ Basis trianguli secundi, ex præcedenti Theoremate. sic, fiat X ad B, ita $\dfrac{Xq.2.-Bq.}{X}$ ad $\dfrac{Xq.\,in\,B\,2.-Bcub.}{Xq.}$ hoc addatur ipsi B, (quandoquidem basibus decrescentibus perpendicula augentur.) fiet $\dfrac{Xq.\,in\,B\,3.-Bc.}{Xq.}$ æquale Perpendiculo trianguli tertii. eademque methodo erit

$$\dfrac{Xqq.2.-Bq.\,in\,Xq.4.+Bqq}{Xc.}$$ Basis trianguli quarti.

$$\dfrac{Xqq.\,in\,B\,5.-Bc.\,in\,Xq.5.+Bqc.}{Xqq.}$$ Perpendiculum trianguli quinti.

$$\dfrac{Xqqq.2.-Xqq.\,in\,Bq.9.+Xq.\,in\,Bqq.6.-Bcc.}{Xqc.}$$ Basis trianguli sexti.

$$\dfrac{Xqqq.\,in\,B\,7.-Xqq.\,in\,Bc.14.+Xq.\,in\,Bqc.7.-Bqqc.}{Xqqq.}$$ Perpendiculum trianguli septimi.

$$\dfrac{Xqqqq.2.-Xqqq.\,in\,Bq.16.+Xqq.\,in\,Bqq.20.-Xq.\,in\,Bcc.8.+Bqqqq.}{Xqqc.}$$

Basis trianguli octavi.

$$\dfrac{Xqqqq.\,in\,B\,9.-Xqqq.\,in\,Bc.30.-Xqq.\,in\,Bqc.27.-Xq.\,in\,Bqqc.9.+Bccc.}{Xqcc.}$$

Perpendiculum trianguli noni.

Et eo in infinitum progressu, adscita si placet tabella Theorematis sexti.

In notis sit prima continue proportionalium 1. eademque communis triangulorum rectangulorum semihypotenusa.

Secunda vero continue proportionalium 1 N. eademque intelligitor perpendiculum trianguli ad angulum pertinentis submultiplum.

2	—	1 Q		Basi		Dupli.
3 N	—	1 C		Perp.		Tripli.
2 — 4 Q		+ 1 QQ		Basi		Quadrupli.
5 N — 5 C		+ 1 QC	Æqua-	Perp.	Angu-	Quintupli.
2 — 9 Q + 6 QQ		— 1 CC	bitur	Basi	li	Sextupli.
7 N — 14 C + 7 QC		— 1 QQC		Perp.		Septupli.
2 — 16 Q + 20 QQ — 8 CC		+ 1 QCC		Basi		Octupli.
9 N — 30 C + 27 QC — 9 QQC		+ 1 CCC		Perp.		Noncupli.

Atque

Atque ita deinceps, inverso ordine Theorematis sexti, prout illic determinatum est, nisi quod binis alternatim locis affectionum qualitates mutentur.

THEOREMA X.

SI secetur semicircumferentia circuli in partes quotcunque æquales, & à termino diametri educantur rectæ ad quælibet sectionum puncta, est ut minima educta ad diametrum, ita composita ex diametro & minima, & ea insuper cujus quadratum adjunctum minimæ quadrato efficit quadratum diametri ad compositam ex omnibus eductis duplam.

Sit semicirculus in punctis A, B, C, D, E, F, G sectus in partes quotcunque æquales, & ab A diametri termino, rectæ ad sectiones educantur AB, AC, AD, AE, AF, AG, dividatur quoque & semicirculus reliquus in totidem segmenta prioribus æqualia A N, N O, O P, P Q, Q X, X G, tum puncta æqualiter à diametri terminis remota connectantur rectis, quæ diametrum secabunt ad angulos rectos, sintque eæ BHN, CIO, DKP, ELQ, FMX. harumque extrema alterna, connectant transversæ CRN, DSO, ETP, FVQ, GX.

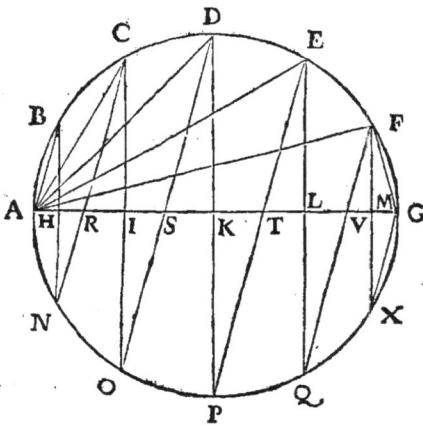

Erit igitur BN æqualis ipsi CA, & CN ipsi AD, & CO ipsi AE, & DO ipsi AF. eodemque modo, & rectæ EP, EQ, FQ, FX iisdem sigillatim sumptis æquales ostendentur. & est GX ipsi BA æqualis, erunt itaque rectæ AB, BN, CN, CO, DO, DP, EP, EQ, FQ, FX, GX, æquales duplæ ipsarum AB, AC, AD, AE, AF & præterea ipsi diametro DP vel AG. addatur utrisque AG diameter, erunt omnes dictæ cum diametro A G, duplæ omnium AB, AC, AD, A E, A F, AG. est autem ut A H ad H B, id est AB vel GF ad F A, ita H R ad H N, & R I ad I C, & I S ad I O, & S K ad K D, & K T ad K P, & T L ad L E, & V L ad L Q, & V M

ad M F, & GM ad M X: ut igitur A B ad A F, ita A G ad omnes simul perpendiculares in diametrum A G, & permutando A B ad A G, ut A F ad omnes simul perpendiculares. iterum, est A H ad A B, id est FG vel A B ad AG, ut H R ad R N, & R I ad R C, & I S ad S O, & S K ad S D, & K T ad T P, & T L ad T E, & L V ad V Q, & V M ad V F, & M G ad G X, ergo ut A B ad A G, ita omnes A H, R I, &c. id est A G ad omnes transversas simul: erat autem ut A B ad A G, ita A F ad omnes perpendiculares, erit igitur ut A B ad A G ita composita ex A F, A G ad omnes transversas & perpendiculares, & componendo ut A B ad A G ita composita ex tribus A F, A G, A B ad compositam ex omnibus perpendicularibus, omnibus transversis, & recta A G, id est (ut demonstratum est) ad duplam omnium AB, A C, A D, A E, A F, AG. Quod erat demonstrandum.

Ergo à nemine prius agnita Mysteria, tam in Arithmeticis quam Geometricis, pandit Analytice sectionum Angularium.

PROBLEMA I.

Data numero ratione angulorum, dare rationem laterum.
Hoc abunde docuit Theorema 3.

PROBLEMA II.

Facere ut numerus ad numerum, ita angulum ad angulum.

In ratione minoris majorifve inæqualitatis ex Theorematis 3, 6, & 9 satisfieri poteft: at in majoris inæqualitatis ratione ex Theorematis 5 & 8 hujufmodi deducitur

Confectarium.

Quoniam eadem recta circulo infcripta non diameter, duabus circumferentiis fubtenditur, quarum una minor eft femicircumferentia circuli, altera major, æqualitas inter fubtenfam minori majorive & fubtenfam fegmento minoris, pertinebit ad fubtenfam quoque fimili fegmento majoris, & ad fubtenfas denique reliquis circumferentiis quæ æque multiplices, majorem minorem-ve in circulationibus componunt.

Neque enim obftat illud quod Theoremate 8vo animadverfum eft, quum fegmentum femicirculo majus in partes æquales diftribuitur, five diameter in fectiones incidat, five fecus, non enim mutatur adfectionum ad perpendiculares pertinentium qualitas, aut numerorum ab ordine præfcripto feries: in fecunda fiquidem illius Theorematis figura licet ex fubtenfa AH concludatur fumma fubtenfarum GB, BI, poft tamen ex differentia dictæ fummæ & fubtenfæ GB prius conclufæ, id eft ex fubtenfa BI, concluditur tandem differentia fubtenfarum ab A puncto eductarum, quæ in fectiones ipfi I puncto utrinque proximas, incidunt: quæ igitur illic mutata funt, hac operatione deinceps reftituentur.

At in bafium progreffione, quum fegmenta æqualia femiperipheriam excedunt, (ut oftenfum eft Theoremate quinto.) invertitur ordo homogeneorum fub gradu, & fit progreffio interdum qualis Theoremate nono eft expofita, fi quæ ex duplici analogifmo fubtenfæ utriufque minimæ in utraque femiperipheria, ad differentias fibi utrinque proximarum, mutata eft inde eorundem homogeneorum fub gradu qualitas, analogifmis intermediæ ad aggregatum fibi utrinque proximarum reftituatur: quod quidem ex præfcripto quinti Theorematis progreffum facienti, fatis conftabit: atque hinc patefcit confectarii veritas.

Ad fectiones itaque datorum angulorum deducuntur ex Theorematis fexto & nono Problematia, ad ufum quoties opus expoftulat parata, quæque in infinitum pro ratione data extendi poffunt. exemplum proponatur.

PROBLEMATION I.

Datum angulum in tres partes æquales fecare.

Pofito X radio, feu femidiametro circuli, B fubtenfa anguli fubfecandi, E fubtenfa fegmenti.

X quadratum in E ter, minus E cubo, æquetur X quadrato in B. & fiet E duplex:
1. Subtenfa circumferentiæ fubtriplæ.
2. Subtenfa circumferentiæ reliquæ ad integrum circulum fubtriplæ.

Siquidem ut fupra oftenfum eft, æqualitas inter fubtenfam minori majorive fegmento & fubtenfam fegmento minoris, pertinet quoque ad fubtenfam fimili fegmento majoris.

PROBLEMATION II.

Datum angulum in quinque partes æquales dividere.

Iifdem quæ prius fuppofitis.

X quadrato-quadratum in E 5 — X quadrato in E cub. 5 + E quadrato-cubo, æquetur X quadrato-quadrato in B.

Et fiet E triplex:
1. Subtenfa circumferentiæ fubquintuplæ.
2. Subtenfa circumferentiæ reliquæ ad integrum circulum fubquintuplæ.
3. Subtenfa circumferentiæ compofitæ ex circumferentia fubquintupla, & dupla fubquintupla totius circuli.

Quòd poſtremum, rudioribus & in Analyticis minus fortaſſis exercitatis exemplo, ſit oſtendiſſe fuerit operæ-pretium.

Sit circulus cujus diameter A B, ſectus in ſegmenta inæqualia, quorum majus B A G, minus BHG; & ſit minoris ſegmenti ſubquintuplum BH, cui addatur ſegmentum HGC; æquale duplæ quintæ parti quatuor rectorum, neque enim compoſitum excedet ſemicirculum.

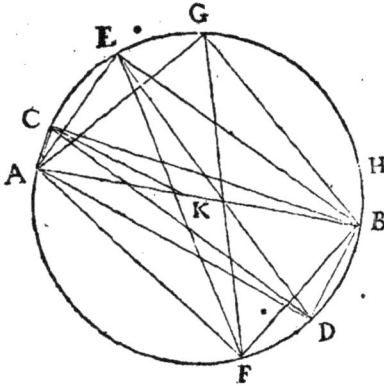

Segmenti itaq; B G C quintuplum, æquale erit bis circumferentiæ ſubtendenti quatuor angulos rectos ſive circulationi circa K punctum, & præterea ipſi circumferentiæ BG; & quinquies ſumptum ſegmentum BC, illud compoſitum metietur: repetatur quinquies, ſintque ſegmenta BGC, CAD, DBE, EAF, FBG. erit itaque ſegmentum B D, quod relinquitur ex integro circulo ſi inde auferatur B G C bis, duplum ipſius C A reliqui ex ſemicirculo, ablato inde ſegmento BGC. ergo & EC æquale ipſi B D (quum rectæ B C, CD ipſis CD, DE ſint æquales,) duplum quoque erit ipſius C A, ac proinde & E A triplum ipſius C A.

Eademque ratione, quoniam rectæ CB, CD ipſis quoque ED, EF ſunt æquales, erunt ſegmenta BD, DF æqualia, & ſegmentum BF quadruplum ipſius CA: ſimiliter ſunt & ſegmenta GE, EC æqualia, ac proinde & GA quintuplum ſegmenti CA. erit igitur triangulum rectangulum ACB anguli ſimpli, BAD dupli, BAE tripli, BAF quadrupli, BGA quintupli.

Poſita igitur ſemidiametro prima continue proportionalium, & ipſa CB ſecunda, eaque ſerie continuata: erit ex ſexto Theoremate recta GB æqualis ſexta, minus quarta quinquies; plus ſecunda quinquies.

In notis, ſit C K 1. C B 1 N. erit 1 QC — 5 C + 5 N, æquale ipſi G B.

PROBLEMATION III.

Datum angulum in ſeptem partes æquales diſpeſcere.

Suppoſitis quæ ſupra.

X cubo-cubus in E 7 — X quadrato-quadrato in E cub. 14 + X quadrato in E quadrato-cubum 7 — E quadrato-quadrato-cubo, æquetur X cubo-cubo in E.

Fit E quadruplex.

1. Subtenſa peripheriæ ſub-ſeptuplæ.
2. Subtenſa ſub-ſeptuplæ peripheriæ reliquæ ad integrum circulum.
3. Subtenſa peripheriæ compoſitæ ex ſub-ſeptupla & dupla ſub-ſeptupla totius circuli.
4. Subtenſa peripheriæ compoſitæ ex ſubſeptupla & quadrupla ſub-ſeptupla totius circuli.

Quod & ſic quoque declarabitur. Sit circulus cujus diameter AB, in quo ſubtendatur recta CB, & ſit peripheriæ CB pars ſeptima BK, cui addatur peripheria KD, æqualis duplæ ſeptimæ parti totius circumferentiæ, & ducantur B D, D A. Dico angulum DBA ſeptuplum, æqualem eſſe quatuor rectis, & præterea circumferentiæ ADC, ac proinde ex Theoremate 6to æqualitatem inter rectas BC, BK explicabilem quoque eſſe de terminis B D, B C.

Fiant æquales BD, DF, FI, IG, GE, EH, HC, & quoniam circumferentia DB ſepties
ſumpta,

sumpta, metitur quatuor rectos angulos id est circumferentiam circuli
AB integram bis (quum anguli æsti-
mentur in circumferentia,) & præterea circumferentiam BC: igitur DB
septies continuo inscripta, recidet
tandem in punctum C. & quoniam
lineæ BD, DF ponuntur æquales, erit
circumferentia FB dupla ipsius DA,
(est enim FB complementum duplæ
ipsius DB ad integrum circulum:) Circumferentiæ vero FB æqualis est circumferentia DBI; quandoquidem
ipsis BD, DF æquales sunt rectæ DF,
FI: est itaque circumferentia ADI tripla ipsius AD. eodemque modo, quia
rectæ IG, GE ipsis quoque DF, FI

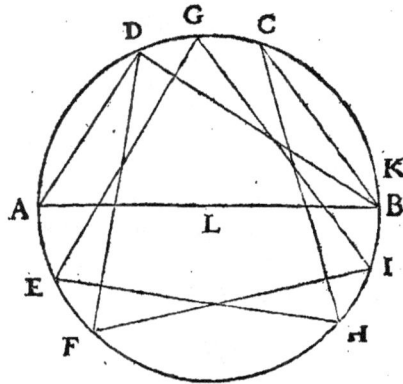

æquales sunt: erit circumferentia IE dupla ipsius AD, totaque ADBE quintupla ipsius
AD: & rectæ EH, HC iisdem quoque æquales, quare tota ADHEC ipsius AD erit septu-
pla. Ergo ex Theoremate sexto,

Posita semidiametro A L prima continue proportionalium, ipsa DB secunda, eaque serie continuata
erit recta CB æqualis secunda septies, minus quarta quaterdecies, plus sexta septies, minus octava.

In notû sit AL 1. DB 1 N. $7 N - 14 C + 7 QC - 1 QQC$, *æquabitur ipsi CB. similiter &*
de termino quarto explicabitur eadem æqualitas.

At vero ex præscripto Theorematum quinti & octavi, constabit propositorum Pro-
blematωn in infinitum Amphibolia, sicut est superius declaratum. qui exempla desiderat,
consulat Vietæ responsum ad Problema ADRIANI ROMANI.

PROBLEMA III.

Lineas rectas circumferentiis circuli in progressione Arithmetica subtensas, ex data prima maxima vel minima inscripta, & secunda ei proxima,
in numeris symmetris taxare.

Et hoc opus ex Theorematis 6, 7 & 9 deducitur, quod illic clare propositum est &
demonstratum.

PROBLEMA IV.

Linearum circumferentiis circuli in progressione Arithmetica subtensarum summam, ex data maxima & minima inscriptis, inquirere.

Hoc ostensum Theoremate 10.

COROLLARIVM.

Mathematicum igitur Canonem, secure ac fœliciter construet Analysta, &
constructum examinabit, adiutus analyticis hisce principiis, & edoctus metho-
dum resolvendi potestates quascumque sive puras, sive affectas.

Ad constructionem autem, primum inquiratur perpendiculum unius
scrupuli, quam fieri potest accuratum, idque hac methodo.

1. Ex lateris hypothetici sectione extrema & media ratione, dabitur perpendiculum partium 18.

2. Ex

2.   Ex eo per opus quintuſectionis , invenietur perpendiculum partium 3. 36'.

3.   Ex opere triſſectionis, dabitur perpendiculum partium 20.

4.   Et hinc triſſecando, perpendiculum partium 6. 46.

5.   Per opus biſſectionis perpendiculum partium 3. 26.

6.   Ex differentia perpendiculorum partium 3. 36'. & partium 3. 26, dabitur perpendiculum ſcrupulorum 16'. ex primo Theoremate.

7.   Biſſecando prodibunt perpendicula ſcrupulorum 8'. 4'. 2'. 1.

Et regrediendo ad angulos in ratione multipla, perficientur reliqua in
numeris ſymmetris ex lege ſexti Theorematis.

*Et hæc quidem ſectionum angularium principia , ex purioris Analyſeos
fonté derivata , ex quibus & infinita alia , pulcherrimæ ſpeculationis con-
ſectaria deduci poſſunt , à maximo jam à multis ſæculis Mathematico
Franciſco Vieta , olim excogitata & propoſita , at ſine demonſtrationibus
ullis ad nos tranſmiſſa , jam tandem plene perfecteque iiſdem, idque ex Geometricis principiis, meo ſtudio confirmata (ô Nobiles Mathematici) accipi-
te, & æqui bonique conſulite.*

F I N I S.

FRANCISCI VIETÆ

AD

PROBLEMA, QVOD OMNIBVS
MATHEMATICIS TOTIVS ORBIS
CONSTRUENDUM PROPOSUIT

ADRIANUS ROMANUS,

RESPONSVM.

I toto terrarum orbe non errat ADRIANVS RO-MANVS, dum Mathematicos totius terrarum orbis u-nius sui Problematis solutioni vix censet idoneos, non ille saltem Gallias, nec Galliarum Lycia suo dimensus est radio. Cedat ROMANo Belga, cedat ROMANVS Belgæ, vix sinet Gallus à ROMANO vel Belga gloriam suam sibi præripi. Ego qui me Mathematicum non profiteor, sed quem, si quando vacat, delectant Mathematices studia, Problema ADRIANICVM ut legi ut solvi, nec me malus abstulit error. Sic tri-horio ingens prodii Geometra. Neque vero placet barbarum idioma, id est, Algebricum. Geometrica Geometrice tracto, Analytica Analytice. Curabo tamen ut me, sive quasi Geometram sive novum Analystam, vulgus Algebristarum satis exaudiat.

CAPVT I.

Proponentis Adriani Romani verba.

PRimum igitur Adriani Romani proponentis ipsa verba refero, ne immu-tato quidem commate.

PROBLEMA MATHEMATICVM OMNIBVS ORBIS MA-THEMATICIS AD CONSTRVENDVM PROPOSITVM.

Si duorum terminorum prioris ad posteriorem proportio sit, ut $1 ①$ ad $45 ① - 3795 ③ + 9,5634 ⑤ - 113,8500 ⑦ + 781,1375 ⑨ - 3451,2075 ⑪ + 1, 0530,6075 ⑬ - 2,3267,6280 ⑮ + 3,8494,2375 ⑰ - 4,8849,4125 ⑲ + 4,8384,1800 ㉑ - 3,7865,8800 ㉓ + 2,3603,0652 ㉕ - 1,1767,9100 ㉗ + 4695,5700 ㉙ - 1494,5040 ㉛ + 376,4565 ㉝ - 74,0459 ㉟ + 11,1150 ㊲ - 1,2300 ㊴ + 945 ㊶ - 45 ㊸ + 1 ㊺ deturque terminus posterior, invenire priorem.

Exem-

,,   Exemplum primum datum.

,,   *Sit terminus posterior* R. bin. 2. + R. bin. 2. + R. bin. 2. + R. 2.   *Quæritur terminus prior.*
,, S O L V T I O. *Dico terminum priorem esse,* R. bin. 2. — R. bin. 2. + R. bin. 2. + R. bin. 2. + R. 3.

,,   Exemplum secundum datum.

,,   *Sit terminus posterior* R. bin. 2. + R. bin. 2. — R. bin. 2. — R, bin. 2. — R. bin. 2. — R. 2.
,, *quæritur terminus prior.* S O L V T I O. *Terminus prior est* R. bin. 2. — R. bin. 2. + R. bin. 2. +
,, R. bin. 2. + R. bin. 2. + R. 3.

,,   Exemplum tertium datum.

,,   *Sit terminus posterior* R. bin. 2. + R. 2. *quæritur terminus prior.* S O L V T I O. *Terminus prior*
,, *est,* R. bin. 2. — R. quadrin. 2. + R. $\frac{3}{16}$ + R. $\frac{15}{16}$ + R. bin. $\frac{1}{8}$ — R. $\frac{1}{64}$.
,,   *Si in numeris absolutis solinomiis id proponere libuerit, Sit posterior terminus*

,,   R. 3 $\frac{4141, 1316, 2173, 0950, 4880, 1688, 7242, 0969, 8078, 5696, 7187, 5375}{10000, 0000, 0000, 0000, 0000, 0000, 0000, 0000, 0000, 0000, 0000, 0000}$

,,   *Quæritur terminus prior.* S O L V T I O. *Terminus prior erit*

,,   R. $\frac{27, 4093, 0490, 8122, 5243, 1015, 8831, 2112, 6838, 8180}{10000, 0000, 0000, 0000, 0000, 0000, 0000, 0000, 0000, 0000}$.

,,   Exemplum quæsitum.

,,   *Sit posterior terminus* R. trinomia $\frac{3}{4}$ — R. $\frac{1}{16}$ — R. bin. 1 $\frac{7}{8}$. — R. $\frac{45}{64}$.
,,   *Quæritur terminus prior. Hoc exemplum omnibus Mathematicis totius orbis ad construendum sit*
,, *propositum.*

C A P V T   II.

Notæ quædam, & ἀντίστροφα ludicra duo.

GRæci per myriadas, Romani per millenas & millesima numeranto.
  Ait R O M A N V S] Si duorum terminorum prioris ad posteriorem proportio sit, &c. At ex libro de proportione, Ἀναλογία ἐν τρισὶν ὅροις ἐλαχίστοις ἐστίν.

  Non igitur Analogiam, seu proportionem exhibet Romanus, sed λόγον,
seu rationem.

  Γελοῖον autem est Adriani Problema, nisi emendetur, Quemcumque
enim terminum exhibuero, dixero non ἀτέχνως eum esse priorem·de quo
quæritur. Placeat enim ludenti ludicra, & seria proponenti seria propo-
re & opponere.

L V D I C R V M   I.

Propositis duabus magnitudinibus, quarum prima se habeat ad secundam, sicut 1 N ad 3 N — 1 C: ex data secunda invenire primam.

  Sit data secunda 1. Dico primam esse $\frac{1}{2}$. Se habere enim 1 N ad 3 N — 1 C, sicut $\frac{1}{2}$ ad
1. enunciata videlicet unitate de 1 N.
  Dico primam esse $\frac{4}{11}$. Se habere enim 1 N ad 3 N — 1 C, sicut $\frac{4}{11}$ ad 1. enunciato videlicet $\frac{1}{2}$ de 1 N.
  Immo dico primam esse $\frac{9}{26}$. Se habere enim ut 1 N ad 3 N — 1 C, ita $\frac{9}{26}$ ad 1. enunciato videlicet $\frac{1}{3}$ de 1 N.
  Denique dico primam esse numerum symmetrum asymmetrum-ve quem libuerit, ternario minorem.

L V D I C R V M II.

Propositis duabus magnitudinibus, quarum prima se habeat ad secundam, sicut 1 N ad 5 N — 5 C + 1 QC: ex data secunda invenire primam.

Sit data secunda 3. Dico 3 esse primam de qua quæritur. Se habere enim 1 N ad 5 N
— 5 C + 1 QC, sicut 3 ad 3. enunciata videlicet unitate, vel binario de 1 N.

Dico primam esse $\frac{9}{123}$. Se habere enim 1 N ad 5 N — 5 C + 1 QC, sicut $\frac{9}{123}$ ad 3. enunciato videlicet ternario de 1 N.

Immo dicam primam esse $\frac{48}{61}$. Se habere enim 1 N ad 5 N — 5 C + 1 QC, sicut $\frac{48}{61}$
ad 3. enunciato videlicet $\frac{1}{2}$ de 1 N.

Dico denique primam esse numerum symmetrum vel asymmetrum quem libuerit.

At ea mens est Adriani ut prima quoque sit 1 N. Ita censeo. Sed sua igitur Problematis formula id exprimendum fuisse contendo. Simplicissime
enim Problemata proponenda sunt.

C A P V T III.

Problemata duo seria.

Ego itaque dum seria proposuero, ita mea Problemata concepero.

P R O B L E M A I.

Proposita serie quatuor linearum rectarum continue proportionalium:
data prima & recta æquali triplo secundæ minus quarta, invenire secundam.

Sit data prima X, D vero differentia qua triplum secundæ quartam excedit. Oportet
invenire secundam.

Secunda illa esto A. Tertia igitur erit $\frac{A\,quadr.}{X}$. Quarta $\frac{A\,cubus}{X\,quad.}$. Quare A 3 — $\frac{A\,cubo}{X\,quad.}$,
æquabitur D. Omnia ducantur per X quadratum.

Ergo X quad. in A 3 — A cubo, æquabitur X quadrato in D.

Sit X 1. A 1 N.   *3 N — 1 C, æquabitur solido quod fit sub data D & unitatis quadrato.*

P R O B L E M A II.

Proposita serie sex linearum rectarum continue proportionalium: data
prima, & recta æquali quintuplo secundæ minus quintuplo quartæ plus
sexta, invenire secundam.

Sit data prima X. G vero differentia qua sexta adjuncta secundæ quintuplo superat
quintuplum quartæ. Oportet invenire secundam. Secunda illa esto A. Tertia igitur erit
$\frac{A\,cubus}{X}$. Quarta $\frac{A\,quad.}{X\,quadr.}$. Quinta $\frac{A\,quad.-cubus}{X\,cubo.}$. Sexta $\frac{A\,quadr.-cubo}{X\,quad.-quad.}$. Quare secundum ea quæ proponitur A 5 — $\frac{A\,cub.}{X\,quad.}$ 5 + $\frac{A\,cubo.}{X\,quadr.quadr.}$, æquabitur G. Omnia ducantur in X quad.-quadr.
Ergo X quad.-quad. in A 5 — X quad. in A cubum 5 + A quad-cubo, æquatur X quad.
quadr. in G.

Sit X 1. A 1 N.   *5 N — 5 C + 1 QC, æquatur plano-solido quod fit sub data G & unitatis quadrato-quadrato.*

C A P V T IV.

Emendatum Adriani Problema.

Non dissimili formula emendo Adrianicum Problema, & ita concipio.

PROBLEMA

Propofita ferie quadraginta fex linearum rectarum continue propor-tionalium:data prima,& recta æquali fecundæ multiplici per numerum 45.
Minus quarta multiplici per numerum 3, 795.
Plus fexta multiplici per numerum 95, 634.
Minus octava multiplici per numerum 1, 138, 500.
Plus decima multiplici per numerum 7, 811, 375.
Minus duodecima multiplici per numerum 34, 512, 075,
Plus decima quarta multiplici per numerum 105, 306, 075.
Minus decima fexta multiplici per numerum 232, 676, 280.
Plus decima octava multiplici per numerum 384, 942, 375.
Minus vicefima multiplici per numerum 488, 494, 125.
Plus vicefima fecunda multiplici per numerum 483, 841, 800.
Minus vicefima quarta multiplici per numerum 378, 658, 800.
Plus vicefima fexta multiplici per numerum 236, 030, 652.
Minus vicefima octava multiplici per numerum 117, 679, 100.
Plus tricefima multiplici per numerum 46, 955, 700.
Minus tricefima fecunda multiplici per numerum 14, 945, 040.
Plus tricefima quarta multiplici per numerum 3, 764, 565.
Minus tricefima fexta multiplici per numerum 740, 259.
Plus tricefima octava multiplici per numerum 111, 150.
Minus quadragefima multiplici per numerum 12, 300.
Plus quadragefima fecunda multiplici per numerum 945.
Minus quadragefima quarta multiplici per numerum 45.
Plus quadragefima fexta,
Invenire fecundam.

Sit data prima X. D vero fecunda multiplex & adfecta proftaphæretice, ut exponi-tur in Problemate. Oportet invenire eam fecundam puram. Sit illa A. Sane quadratum poteftas eft rationis duplæ, cubus triplæ, quadrato-cubus quintuplæ. Tædiofa autem eft quadratorum & cuborum frequentior repetitio. Sed & poteftatis eminentioris refpectu, inferiores dicuntur gradus quibus ad poteftatem fcanditur,ut in Ifagogicis eft definitum. Secundum quæ quarta conftituendarum continue proportionalium fit A poteftas ratio-nis triplæ adplicata X gradui fecundo. Sexta A poteftas rationis quintuplæ adplicata X gradui quarto. Octava A poteftas rationis feptuplæ adplicata X gradui fexto. Con-tinuetur is ordo ad quadragefimam ufque fextam. Ergo fecunda continue proportiona-lium, multiplex per numerum 45, minus quarta multiplici per numerum 3, 795, plus mi-nufque binis alternis multiplicibus per numeros in Theoremate expofitos æquabitur D. Omnia ducantur in epanaphoram, feu gradum, qui elatiori poteftati proxime fuccedit, id eft quadragefimum quartum. Igitur homogeneum poteftatis rationis quadrage quin-tuplæ effectum fub A fimplici, & X gradu quadragefimo quarto, multiplici per nume-rum 45, minus homogeneo fub A gradu tertio, & X gradu quadragefimo fecundo mul-tiplici per numerum 945, plus minufque reliquis ordine homogeneis, ita reciproce adfe-ctis fub gradibus binis alternis, & multiplicibus fecundum numeros continue triangu-los à binario fuum ducentes incrementum in Problemate defignatos, æquabitur dato homogeneo quod fit fub dato latere D & X gradu quadragefimo quarto.

Sit X1. *A* 1 (1). 45 (1) — 3, 795 (3) + 95, 634 (5) — 1, 138, 500 (7) + 7, 811, 375 (9) — 34, 512, 075 (11) — 105, 306, 075 (13) — 232, 676, 280 (15) + 384, 942, 375 (17) — 488, 494, 125 (19) + 483, 841, 800 (21) — 378, 658, 800 (23) + 236, 030, 652 (25) — 117, 679, 100 (27) + 46, 955, 700 (29) — 14, 945, 040 (31) + 3, 764, 565 (33) — 740, 259 (35)

259 (35) +̶ 111 , 150 (37) — 12 , 300 (39) + 945 (41) — 45 (43) +̶ 1 (45), *æquabitur homo-geneo sub data D & unitatis gradu quadragesimo quarto.*

CAPVT V.

Exempla Adriani ad Problematis sui solutionem nihil conferre.

QVod autem ad ea quæ profert Adrianus exempla pertinet, in secundi posteriore termino irrepsit mendum. Itaque ita locum restituo. *Sit terminus posterior R binomia* 2 — *R bin.* 2 — *R bin.* 2 + *R bin.* 2 + *R bin.* 2 + *R* 2. Cæterum ajo neque secundum illud neque primum sive tertium ad Problematis sui solutionem quicquam conferre. Aliunde videlicet terminos; qui ut quæsiti exhibentur, haberi quàm vi Problematis. Neque enim ideo quod opus Geometrice compono idem Geometrice resolvo. Ad datam primam & secundam construo seriem continue proportionalium εἰς ἄπειρον. At non ideo ex data prima, & quarta vel sexta exhibeo Geometricè secundam. Nec moveant in magnitudinibus per numeros asymmetros datis vel quæsitis repetita per griphos & soritas asymmetriæ symbola. Obscurum explicare per obscurius Mataeotechnia est, præsertim cum adfectas potestates quascumque resolvendi methodum non minus feliciter quam puras Analytice nova in Scholas induxerit. Liceat autem fucum facere. Quid ni ego quoque mea bina Problemata Problemati Adriani, quo me brevius expediam, ἀντίστροφα ita solvero? Immo etiam ἀμφιβολίαν (quod in suo non præstitit Adrianus) designavero? *Propositum igitur esto*

PROBLEMA I.

Data magnitudine cui æquatur 3 N — 1 C, invenire 1 N.

I. $3\,N - 1\,C$, æquetur $\sqrt{}$ 2. Dico 1 N esse radicem binomiæ $2 - \sqrt{}\,3$.
 Vel etiam, $\sqrt{}$ 2.

II. $3\,N - 1\,C$, æquetur radici binomiæ $\frac{3}{2} - \sqrt{}\,\frac{5}{4}$. Dico 1 N esse radicem trinomiæ $\frac{2}{4} - \sqrt{}\,\frac{5}{16}$ — rad. bin. $\frac{11}{8} + \sqrt{}\,\frac{45}{64}$.
 Vel etiam, radicem binomiæ $\frac{3}{2} + \sqrt{}\,\frac{5}{4}$.

III. $3\,N - 1\,C$, æquetur radici binomiæ $\frac{5}{2} + \sqrt{}\,\frac{5}{4}$. Dico 1 N esse radicem trinomiæ $\frac{7}{4}$ — $\sqrt{}\,\frac{5}{16}$ + rad. bino. $\frac{11}{8} + \sqrt{}\,\frac{45}{64}$.
 Vel etiam, rad. bino. $\sqrt{}\,\frac{5}{4} - \frac{5}{2}$.

Sed 3 N — 1 C, æquetur 1. Ecquis vero 1 N primam, secundam-ve (est enim duplex) accurate construxerit?

PROBLEMA II.

Data magnitudine, cui æquatur 5 N — 5 C + 1 QC, invenire 1 N.

I. $5\,N - 5\,C + 1\,QC$, æquetur 2. Dico 1 N esse radicem binomiæ $\frac{3}{2} - \sqrt{}\,\frac{5}{4}$.
 Vel etiam dico 1 N esse 2.

II. $5\,N - 5\,C + 1\,QC$, æquetur 1. Dico 1 N esse radicem trinomiæ $\frac{2}{4} - \sqrt{}\,\frac{5}{16}$.
 — radice bino. $\frac{11}{8} + \sqrt{}\,\frac{45}{64}$.
 Vel etiam 1 N esse radicem trinomiæ $\frac{2}{4} + \sqrt{}\,\frac{5}{16}$ + rad. binomia. $\frac{11}{8} - \sqrt{}\,\frac{5}{64}$.
 Vel etiam, dico 1 N esse 1.

III. $5\,N - 5\,C + 1\,QC$, æquetur $\sqrt{}$ 2. Dico 1 N esse rad. bin. 2 — rad. bin. $\frac{5}{2} + \sqrt{}\,\frac{5}{4}$.
 Vel etiam dico 1 N esse rad. bin. 2 + rad. bin. $\frac{5}{2} + \sqrt{}\,\frac{5}{4}$.
 Vel denique dico 1 N esse rad. bin. 2 — rad. bin. $\sqrt{}\,\frac{5}{4} - \frac{5}{2}$.

Sed

Sed 5 N. — 5 C + 1 QC. æquetur radici binomiæ $\frac{5}{4}$ — $\sqrt{\frac{5}{4}}$. Eoquis vero 1 N primam, secundam, tertiamve (est enim triplex) accurate construxerit?

In æqualitate Adriani posterior terminus sit 2. Prior potest esse binomia $\sqrt{\frac{5}{4}} - \frac{1}{2}$. vel etiam 2.

CAPVT VI.

Eadem exempla esse soluta imperfecte.

SAne Problemata, quæ ἀμφίβολα sunt, rejiciunt Logici ὡς ἐριστικὰ ἔ σοφι. στικά. Quod si ea admittant Analystæ, ambiguitatem igitur ut explicent jure ab iis exposcam. Proposuero cuipiam 1 QC — 15 QQ + 85 C — 225 Q + 274 N, æquari 120. Et quæsivero quanta sit 1 N, radixve propositi adfecti quadrato-cubi. Ille vero simpliciter responderit 1 N esse 1. Dixero genesim & symptomata propositæ æquationis ignorare. Itaque non respondere πρὸς ἐπ©·, ἢ ἐνίσχνως. Me enim quærere 2, 3, 4, vel 5, de quibus 1 N in eo themate est quoque explicabilis. Ut autem mea bina Problemata Problemati Romani ἀντίστροφα, ambigua sunt, quandoquidem primum de duobus terminis possit explicari, secundum de tribus, sic ajo Romani Problema de viginti tribus esse explicabile. E quibus cùm unum tantum exhibuerit vel in suis, quæ ipsemet sibi imponit solvenda, thematis, haud scio an ipsemet ejus quam proposuit æquationis genesim & symptomata pernoverit. Exhibitus ab eo terminus esto Authenta, Plagii, qui omissi sunt, reliqui. Ecquis vero Plagios illos viginti duos sive in primo sive secundo tertiove exemplo accurate construxerit?

CAPVT VII.

Exemplum exemplis Romani superadditum & perfecte solutum.

SEd ne suspicetur quispiam ideo à Romano fuisse præteritos duos illos & viginti, de quibus sua poterant Problemata explicari, terminos, quod eos per vulgares radicum è radicibus in scala continue quadratorum πεί-πλοκὰς exprimi non patiebatur numerorum asymmetria. En exemplis Romani imperfectè solutis exemplum non obscurum superaddo, & ex ipsius officina paratas quatuor solutiones accuratas profero.

Sit terminus posterior $\sqrt{2}$.

SOLVTIO PRIMA. *Terminus prior est radix binomiæ* $2 + \sqrt{3}$.

SECVNDA. *Terminus prior est radix binomiæ* $2 +$ *radice binomiæ* $\frac{5}{2} + \sqrt{\frac{5}{4}}$.

TERTIA. *Terminus prior est radix binomiæ* $2 -$ *radice binomiæ* $\frac{5}{2} + \sqrt{\frac{5}{4}}$.

QVARTA. *Terminus prior est radix quadrinomiæ* $2 - \sqrt{\frac{3}{16}} - \sqrt{\frac{13}{16}} -$ *radice binomiæ* $\frac{5}{8} - \sqrt{\frac{5}{64}}$.

Aliam tetradem non dissimilibus griphis parare otiosioribus licet. Quindecim vero reliquas ecquis ἀκριβῶς paraverit?

Eicadem & triadem totam in numeris symmetris ultro exhibeo.

			PARTIVM.
Terminus posterior datus. Communisdivisor.	141,421, 100,000,	356, 237, 309 000,000,000	Quadraginta quinq;
¶ *Clasicus terminus prior quæsitus.*	3,490	681,287,456	Vnius.

Endecas insuper terminorum una, de quibus singulis idem thema potest explicari.

I.	31, 286	893,008,046	Quibus terminis similes sunt rectæ quæ in circulo subtenduntur duplo circumferentiarum. Novem.
¶ II.	58, 474	340,944,547	Septendecim.
¶ III.	84,523	652,348,139	Viginti quinque.
IV.	108,927	807,003,005	Triginta trium.
¶ V.	131,211	805,798,101	Quadraginta unius.
¶ VI.	150,941	916,044,554	Quadraginta novem.
VII.	167,734	113,589,085	Quinquaginta septe.
¶ VIII.	181,261	557,407,329	Sexaginta quinque.
IX.	191,260	951,192,607	Septuaginta trium.
X.	197,537	668,119,027	Octoginta unius.
¶ XI.	199,969	539,031,270	Octoginta novem.

Endecas altera			PARTIVM.
I.	10,467	191,248,599	Trium.
¶ II.	38,161	799,075,309	Quibus terminis similes sunt rectæ quæ in circulo subtenduntur duplo circumferentiarum. Vndecim.
¶ III.	65,113	630,891,431	Novendecim.
IV.	90,798	099,947,909	Viginti septem.
¶ V.	114,715	287,270,209	Triginta quinque.
¶ VI.	136,399	672,012,499	Quadraginta trium.
VII.	155,429	192,291,394	Quinquaginta unius.
¶ VIII.	171,433	460,140,422	Quinquaginta nove.
¶ IX.	148,100	97c,690,488	Sexaginta septem.
X.	193,185	165,257,813	Septuaginta quinq;
¶ XI.	198,509	230,328,264	Octoginta trium.

Posita videlicet semidiametro 1. circumferentia vero tota circuli partium tercentū sexaginta.

Sed & quis toto vitæ curriculo (nisi potestates adfectas resolvendi methodum edoctus) subtensas in prima vel secunda Endecade, ordini secundo, tertio, quinto, sexto, octavo, nono & undecimo præpositas, adeò veris,
sicut & classicam, proximas, κατ᾽ ὀπίβαλλον earum, quæ accurate construun-
tur, elicuerit?

CAPVT VIII.

Problematis Adrianici Constructio.

OMnino qui mea bina Problemata construet, Adriane Romane, idem
construet & tua. Neque vero à themate, de quo specialiter quæsivisti,
recedam.

Proponatur 3 N — 1 C, æquari radici tuæ trinomiæ $\frac{7}{4}$ — $\sqrt{\frac{1}{16}}$ — rad. binomia $1\frac{5}{8}$ —
$\sqrt{\frac{41}{64}}$. Et fiat 1 N   B.

 Rursus, Proponatur 3 N — 1 C, æquari B. Et fiat 1 N   D.

 Rursus, Proponatur 5 N — 5 C + 1 QC, æquari D. Et fiat 1 N   G.

 Dico G magnitudinem esse quam quæris.

Sed etsi me ita balbutientem intelligant Algebristæ, nolim tamen à Geometris nostris
mihi objici τὸ ὲ μανθάνομῲ. Itaque sub A centro intervallo quocumque describatur circulus, in quo sumantur circumferentiæ BC, BD. Illa circumferentia decagoni, hæc hexagoni. Atque harum differentia CD secetur trifariam, & sit triens CE. Et rursus circumferentia CE secetur trifariam, & sit triens CF. Circumferentia denique CF secetur quintufariam, & sit quinta pars CG,
atque adeo quadragesima quinta pars totius circumferentiæ sit
CE. Et subtendantur CD, CG.

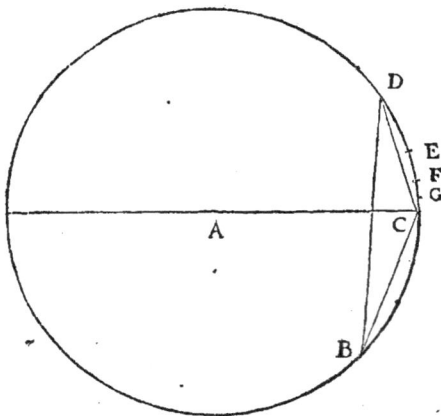

 Dico posita semidiametro
AC 1. rectam CD esse radicem
trinomiæ Adriani $\frac{7}{4}$ — $\frac{5}{16}$ — radice binomia $\frac{15}{8}$ — $\sqrt{\frac{41}{64}}$. Inter CD vero & CG rectas eam
esse æqualitatem quam designavit Adrianus. Itaque rectam CG
esse αὐθέντην classicumve priorem de quo quærit terminum.
In primo autem suo themate ad-
sumpserat circumferentiam CD
partium CVIII, scrupulorum
XLV. In secundo (si bene locum
ex sui sententia restituo) partium
LXXVIII, scrup. primorum XI, se-

cundorum XV. In tertio partium CXXXV. Itaque sit CG in themate primo partium III,
scrup. XLV. In secundo partium I, scrupulorum primorum LII, secundorum XXX. In tertio partium III. Quibus circumferentiis, quoniam eæ Geometrice aliunde construun-
tur, latera subtensa exhibentur accurate.

   Quid igitur quærit à Geometris Adrianus Romanus?

Datum angulum trifariam secare.

Datum angulum quintufariam secare.

    Quid ab Analystis?

Datum solidum sub latere & dato coëfficiente plano adfectum, multa
cubi, resolvere.

                Datum

Datum quadrato-cubum adfectum;adjunctione quidem plano-solidi sub latere & dato coëfficiente plano-plano ; multa vero plano-solidi sub cubo & dato coëfficiente plano, resolvere.

Hæc autem in opere restitutæ Analyseos Mathematicæ abunde tractata & exposita sunt. Quare quærenti Adriano licet sive in Geometricis sive in Arithmeticis satisfacere. Adscito nempe eo, quod ad supplementum Geometriæ inducendum fuit. postulato dabitur in exposito diagrammate circumferentia CF. Et eodem opere ἐναλλάξ duplicato dabitur circumferentia GC, atque adeo recta quæ ei subtenditur. In numeris, qualium semidiameter AC 1. talium recta CG quæsita fit $\frac{930,839}{100,000,000}$.

Dato autem termino authenta, seu classico, dantur reliqui viginti duo plagii, Undecim si placet, ad alam sinistram classici. Undecim ad dextram utpote hac methodo. Quoniam in circulo cujus diameter ZAC data circumferentia CD imperata est secari

quadragequintufariam, Quod opus duplici continua trisectione, ac una demum quintusectione est absolutum, Itaque data est CG quadragesima quinta pars datæ CD. Producatur GC in α posita Gα æquali quadragesimæ quintæ parti circumferentiæ totius circuli. Supersunt igitur in circumferentia tota quadraginta quatuor quadragesimæ quintæ. Itaque à puncto α progrediendo· εἰς ἐπίμψα ad punctum G sumantur circumferentiæ viginti duo æquales, quarum ideo unaquæque sit duabus quadragesimis quintis æqualis. Et sunto αβ, βγ, γδ, δε, εζ, ζη, ηϑ, ϑι, ικ, κλ, λμ, μν, νξ, ξο, οπ, ϖρ, ρσ, στ, τυ, υφ, φχ, χG. Et puncta quidem undecim α, β, γ, δ, ε, ζ, η, ϑ, ι, κ, λ consistent

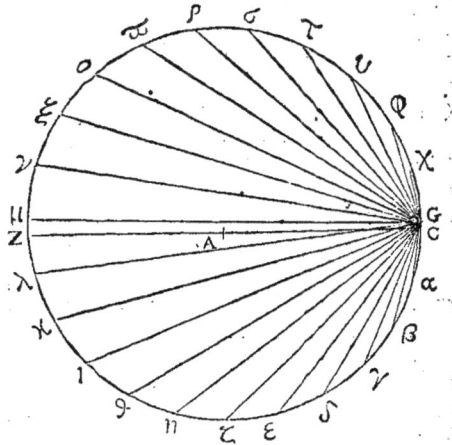

in unius semicirculi circumferentia. Reliqua vero μ, ν, ξ, ο, π, ρ, σ, τ, υ, φ, χ, in circumferentia semicirculi reliqui. Subtendantur in priore semi-circulo Cα, Cβ, Cγ, Cδ, Cε, Cζ, Cη, Cϑ, Cι, Cκ, Cλ. Æque subtendantur in posteriore Cχ, Cφ, Cυ, Cτ, Cσ, Cρ, Cϖ, Co, Cξ, Cν, Cμ. Dico subtensas illas esse binos undenos, de quibus monui, terminos. Id est, dico de iis singulis propositum à Romano quadragequintusectionis Problema, quod tam varium & ambiguum non sensisse arguunt ea, quæ tanquam soluta protulit, exempla, posse in ea de qua specialiter quærit hypothesi, non aliter quam de primum exhibita CG, explicari.

			PARTIVM.	SCRVP.
In numeris qualium AC 100,000	000		X C.	∴
Talium data CA ſit ἐγγιϛα 41,582.	338		XII.	∴
Claſſica CG quæſita 930	839	*Qualium autem* ∴ III.	XVI. XLIV.	
Reliquarum Endecas prima				
G α 13,022	572			
C β 40,671	389	*tota cir-*	XI.	XLIV.
G γ 67,528	585	*culi cir-*	XIX.	XLIV.
C δ 63,071	414	*cumfe- rentia eſt*	XXVII.	XLIV.
C ε 116,802	731	*partium*	XXXV.	XLIV.
C ζ 136,260	439,	*IIICLX. taliũ ipſa,*	XLIII.	XLIV.
C η 157,027	354	*quæ à re-*	LI.	XLIV.
C ϑ 172,737	783	*ctis deſigna- tis ſubten-*	LIX.	XLIV.
C ι 185,086	061	*duntur, cir-*	LXVII.	XLIV.
C κ 193,831	852	*cumferen- tia ſemiſ-*	LXXV.	XLIV.
C λ 198,849	238	*ſes ſunt*	LXXXIII.	XLIV.
Endecas altera.				
C χ 28,756	098		VIII.	XVI.
C φ 56,021	654		XVI.	XVI.
C υ 82,196	811		XXIV·	XVI.
C τ 106,772	100		XXXII.	XVI.
C σ 129,269	199		XL.	XVI.
C ρ 149,250	207		XXVIII.	XVI.
C ϖ 166,326	235		LVI.	XVI.
C ο 180,164	914		LXIV.	XVI.
C ξ 190,496	888		LXXII.	XVI.
C ν 197,121	055		LXXX.	XVI.
C μ 199,908	485		LXXXVIII.	XVI.

C A P V T   IX.

Ratio conſtructionis.

R Ationem conſtructionis edocet Analyticus angularium ſectionum pri-mus, ſeu catholicus, in quo ordinata ſunt Theoremata hæc.

    E duobus angulis acutis trianguli, is qui continetur abs hypotenuſa & baſe acuti nomen retineto. Alter qui continetur abs hypotenuſa & perpendiculo, eſto reliquus è recto.

THEOREMA I.

Si fuerint tria triangula rectangula, quorum primi angulus acutus, differat ab angulo acuto secundi, per acutum tertii, & sit excessus penes primum, latera tertii recipiunt hanc similitudinem.

Hypotenusa, fit similis rectangulo sub hypotenusis primi & secundi.

Perpendiculum, simile rectangulo sub perpendiculo primi & base secundi, minus rectangulo sub perpendiculo secundi & base primi.

Basis, rectangulo sub basibus primi & secundi, plus rectangulo sub perpendiculis eorundem.

Sit trianguli primi perpendiculum B. Basis D.
Secundi perpendiculum F. Basis G.
Tertii perpendiculum erit simile G in B — F in D. Basis G in D + F in B.

Sit trianguli primi perpendiculum 1. basis 2.
Secundi perpendiculum 1. basis 3.
Trianguli tertio similis fit perpendiculum 1. basis 7.

THEOREMA II.

Si fuerint tria triangula rectangula, quorum primi angulus acutus adjunctus angulo acuto secundi, aequet acutum tertii, latera tertii recipiunt hanc similitudinem.

Hypotenusa, fit similis rectangulo sub hypotenusis primi & secundi.

Perpendiculum, simile rectangulo sub perpendiculo primi & base secundi, plus rectangulo sub perpendiculo secundi & base primi.

Basis, rectangulo sub basibus primi & secundi, minus rectangulo sub perpendiculis eorundem.

Sit trianguli primi perpendiculum B. Basis D.
Secundi perpendiculum F. Basis G.
Tertii perpendiculum erit simile F in D + B in G. Basis G in D — F in B.

Sit trianguli primi perpendiculum 1. basis 7.
Secundi perpendiculum 1. basis 3.
Trianguli tertio similis perpendiculum erit 1. basis 2.

Atque haec duo priora Theoremata fundamenta sunt omnis doctrinae angularium sectionum.

THEOREMA III.

Cujus inventi laetitia adfectus, ô Diva Melusinis, tibi oves centum pro una Pythagoraea immolavi.

Si fuerint duo triangula rectangula, quorum angulus acutus primi, sit sub multiplus ad angulum acutum secundi.

Latera secundi, recipiunt hanc similitudinem.

Hypotenusa fit similis potestati conditionariae hypotenusae primi : est autem potestas conditionaria, quae sequitur gradum proportionis multiplae; quadratum videlicet in ratione dupla; cubus in tripla; quadrato-quadratum in quadrupla; quadrato-cubus in quintupla, & eo in infinitum progressu.

Ad similitudinem autem laterum circa rectum hypotenusae congruentium, efficitur à base & perpendiculo primi ut binomia radice, potestas aeque alta,

alta, & singularia facta homogenea distribuuntur in duas partes successive, utrobique primum adfirmata, deinde negata, & harum primæ parti similis fit basis secundi, perpendiculum reliquæ.

Sic in ratione dupla;hypotenusa secundi fit similis quadrato hypotenusæ primi, seu aliter adgregato quadratorum à lateribus circa rectum; basis differentiæ; perpendiculum duplo sub prædictis lateribus rectangulo.

In ratione tripla ; hypotenusa secundi fit similis cubo hypotenusæ primi; basis cubo basis primi, minus solido ter sub quadrato perpendiculi primi & base ejusdem ; perpendiculum simile solido ter sub perpendiculo primi & quadrato basis ejusdem, minus cubo perpendiculi.

In ratione quadrupla ; hypotenusa secundi fit similis quadrato-quadrato hypotenusæ primi; basis quadrato-quadrato basis primi, minus plano-plano sexies sub quadrato perpendiculi primi & quadrato basis ejusdem, plus quadrato-quadrato perpendiculi ; perpendiculum simile plano-plano quater sub perpendiculo primi & cubo basis ejusdem, minus plano-plano quater sub cubo perpendiculi primi & base ejusdem.

In ratione quintupla; hypotenusa secundi fit similis quadrato-cubo hypotenusæ primi; basis similis quadrato-cubo basis primi, minus plano-solido decies sub cubo perpendiculi primi & quadrato basis ejusdem,plus plano-solido quinquies sub perpendiculo primi & quadrato-quadrato basis ejusdem ; perpendiculum plano solido quinquies sub quadrato-quadrato perpendiculi primi & base ejusdem, minus plano-solido decies sub quadrato perpendiculi & cubo basis ejusdem, plus quadrato-cubo basis ejusdem.

Trianguli rectanguli de angulo acuto enunciandi proponatur hypotenusa Z, basis D, perpendiculum B. Et oporteat constituere triangula rectangula anguli dupli, tripli, quadrupli, quintupli, &c.

Ad triangulum anguli dupli fit hypotenusa similis Z quadrato. Basis D quadrato, minus B quadrato. Perpendiculum B in D 2.

Ad triangulum anguli tripli fit hypotenusa similis Z cubo. Basis D cubo — B quadr. in D 3. Perpendiculum B in D quad. 3 — B cubo.

Ad triangulum anguli quadrupli fit hypotenusa similis Z quad.-quad. Basis D quadr.-quad. — B quadr. in D quadr. 6 + B quad.-quad. Perpendiculum B in D cub. 4 — B cubo in D 4.

Ad triangulum anguli quintupli fit hypotenusa similis Z quadr.-cubo. Basis D quadr.-cubo — B quad. in D cub. 10 + B quad.-quad. in D 5. Perpendiculum B in D quadr-quad. 5 — B cub. in D quad 10 + B quad.-cubo.

Proponatur triangulum rectangulum cujus basis 10. perpendiculum 1. & angulus acutus ejusdem intelligatur simplus.

Ad triangulum anguli dupli, statuetur basis 99. perpendiculum 20.

Ad triangulum anguli tripli, statuetur basis 970. perpendiculum 299.

Ad triangulum anguli quadrupli, statuetur basis 9401. perpendiculum 3960.

Ad triangulum anguli quintupli, statuetur basis 90050. perpendiculum 49001.

Et cum angulus acutus primi trianguli deprehendetur esse.

	PAR.	SCRVP.	SEC.
	5	42	38
Erit angulus acutus secundi	11	25	16
tertii	17	7	54
quarti	22	50	32
quinti	28	33	10

Cum autem factorum nequit fieri subtractio, argumentum est angulum multiplum esse obtusum, eoque casu nihilominus excessus factorum adsignabitur lateri, & angulus subtensus intelligetur exterior multipli.

ALITER.

A L I T E R.

Si fuerint triangula rectangula quotcunque, & horum secundi angulus acutus sit duplus ad acutum primi, tertii triplus, quarti quadruplus, quinti quintuplus, & eo continuo naturali progressu, primi autem trianguli perpendiculum statuatur prima proportionalium, basis ejusdem secunda, eaque series continuetur.

In secundo, erit basis ad perpendiculum, ut tertia, minus prima ad secundam bis.

In tertio, ut quarta, minus secunda ter, ad tertiam ter, minus prima.

In quarto, ut quinta, minus tertia sexies, plus prima, ad quartam quater, minus secunda quater.

In quinto, ut sexta, minus quarta decies, plus secunda quinquies, ad quintam quinquies, minus tertia decies, plus prima.

In sexto, ut septima, minus quinta quindecies, plus tertia quindecies, minus prima, ad sextam sexies, minus quarta vicies, plus secunda sexies.

In septimo, ut octava, minus sexta vicies semel, plus quarta tricies quinquies, minus secunda septies, ad septimam septies, minus quinta tricies quinquies, plus tertia vicies semel, minus prima.

Et ita in infinitum, distributis successive in duas partes proportionalibus, secundum earum seriem, utrobique primum adfirmatis deinde negatis, & sumptis multiplicibus, ut ordo graduum in artificiosa genesi potestatum, quibus eæ addicuntur, exigit.

T H E O R E M A   IV.

Si fuerint triangula rectangula æqualis hypotenusæ, quorum primi angulus acutus sit in submultipla ratione ad angulos acutos succedentium ordine triangulorum, ad acutum videlicet secundi sit subduplus, tertii subtriplus, quarti subquadruplus, & eo continuo ordine: construatur autem series linearum rectarum continue proportionalium, quarum prima sit æqualis semihypotenusæ, secunda basi trianguli primi, inter succedentes continue proportionales & succedentium triangulorum bases, hæc erit æqualitas.

Tertia continue proportionalium, minus prima bis, erit æqualis basi trianguli secundi.

Quarta, minus secunda ter, basi trianguli tertii.

Quinta, minus tertia quater, plus prima bis, basi trianguli quarti.

Sexta, minus quarta quinquies, plus secunda quinquies, basi trianguli quinti. ●

Septima, minus quinta sexies, plus tertia novies, minus prima bis, basi trianguli sexti.

Octava, minus sexta septies, plus quarta quaterdecies, minus secunda septies, basi trianguli septimi.

Nona, minus septima octies, plus quinta vicies, minus tertia sedecies, plus prima bis, basi trianguli octavi.

Decima, minus octava novies, plus sexta vicies septies, minus quarta tricies, plus secunda novies, basi trianguli noni.

Et ita in infinitum, ut per loca proportionalium imparia nova adfectio

succe-

ſuccedat, adfirmatæ videlicet negata, negatæ adfirmata: ac proportionales illæ ſint ſemper alternæ, & multiplices quidem in prima adfectione per
unitatis crementum, in ſecunda per numeros triangulos, in tertia per numeros quos vocant pyramidales, in quarta per numeros triangulo-triangulos, in quinta per numeros triangulo-pyramidales, non quidem ab unitate ut in poteſtatum geneſi, ſed à binario ſuum ducentes incrementum.

In notis ſit prima continue proportionalium 1, *eademque triangulorum rectangulorum ſemihy-*
potenuſa.

Secunda vero continue proportionalium 1 N, *qua intelligitor baſis trianguli ad angulum pertinentis*
ſubmultiplum. Erit

			Baſis anguli	
1 Q — 2				Dupli.
1 C — 3 N				Tripli.
1 QQ — 4 Q + 2				Quadrupli.
1 QC — 5 C + 5 N				Quintupli.
1 CC — 6 QQ + 9 Q — 2				Sextupli.
1 QQC — 7 QC + 14 C — 7 N				Septupli.
1 QCC — 8 CC + 20 QQ — 16 Q + 2				Octupli.
1 CCC — 9 QQC + 27 QC — 30 C + 9 N				Noncupli.

Et eo in infinitum continuando ordine, adſcita ſi placet numerorum continue triangulorum à bina-
rio ſuum ducentium incrementum tabella.

THEOREMA V.

Si fuerint triangula rectangula æqualis hypotenuſæ, quorum primi
angulus acutus ſit in ſubmultipla ratione ad angulos acutos ſuccedentium
ordine triangulorum, ad acutum videlicet ſecundi ſubduplus, tertii ſubtri-
plus, quarti ſubquadruplus, & eo continuo ordine; conſtruatur autem ſeries linearum rectarum continue proportionalium, quarum prima ſit æqualis ſemi-hypotenuſæ, ſecunda perpendiculo trianguli primi, inter ſucce-
dentes continue proportionales & ſuccedentium triangulorum baſes ac
perpendicula, hæc erit æqualitas.

Prima bis, minus tertia continue proportionalium, erit æqualis baſi trianguli ſecundi.

Secunda ter, minus quarta, perpendiculo trianguli tertii.

Prima bis, minus tertia quater, plus quinta, baſi trianguli quarti.

Secunda quinquies, minus quarta quinquies, plus ſexta, perpendiculo
trianguli quinti.

Prima bis, minus tertia novies, plus quinta ſexies, minus ſeptima, baſi
trianguli ſexti.

Secunda ſepties, minus quarta quaterdecies, plus ſexta ſepties, minus
octava, perpendiculo trianguli ſeptimi.

Prima bis, minus tertia ſedecies, plus quinta vicies, minus ſeptima octies,
plus nona, baſi trianguli octavi.

Secunda novies, minus quinta tricies, plus ſexta vicies ſepties, minus
octava novies, plus decima, perpendiculo trianguli noni.

Et ita in infinitum, inverſo eo, qui in antecedente Theoremate expoſi-
tus eſt, ordine.

In notis, Sit prima continue proportionalium 1. *eademque communis triangulorum rectangulorum*
ſemihypotenuſa.

Secunda

Secunda vero continue proportionalium 1 N. eademque intelligitur perpendiculum trianguli ad angulum pertinentis submultiplum.

$$
\begin{array}{l}
2 \quad - \quad 1\,Q \\
3\,N \quad - \quad 1\,C \\
2 - 4\,Q \quad + 1\,QQ \\
5\,N - 5\,C + 1\,QC \\
2 - 9\,Q + 6\,QQ - 1\,CC \\
7\,N - 14\,C + 7\,QC - 1QQC \\
2 - 16\,Q + 20\,QQ - 8\,CC + 1\,QCC \\
9\,N - 30\,C + 27\,QC - 9\,QQC + 1\,CCC
\end{array}
\quad \text{Æquabitur}
\quad
\left\{
\begin{array}{l}
Basi \\ Perp. \\ Basi \\ Perp. \\ Basi \\ Perp. \\ Basi \\ Perp.
\end{array}
\right\}
\text{Anguli}
\left\{
\begin{array}{l}
Dupli. \\ Tripli. \\ Quadrupli. \\ Quintupli. \\ Sextupli. \\ Septupli. \\ Octupli. \\ Noncupli.
\end{array}
\right.
$$

Et eo infinitum continuando ordine, adscita si placet numerorum continue triangulorum suum à binario ducentium incrementum tabella.

Sic potestas rationis quadrage-quintuplæ, adfecta prosthaphæretice eo progressu, & adplicata una cum homogeneis sub gradibus ad congruas unitatis epanaphoras, æqualis est basi ejus trianguli cujus angulus acutus ad acutum primi est quadrage-quintuplus. Progressui autem illi consentit is quem è tabella emendicatum designavit in suo Problemate Adrianus Romanus.

COROLLARIVM I.

Ex his manifesta fit progressio linearum rectarum quæ circumferentiis circuli subtenduntur.

In circulo cujus A centrum, diameter BAC, sumantur circumferentiæ æquales CD, DE, EF, FG, GH, HI, IK, & subtendantur BD, BE, BF, BG, BH, BI, BK. Subtensæ igitur illæ sunt bases triangulorum rectangulorum, quorum hypotenusa communis est diameter BC, & ad angulum acutum DBC duplus est angulus acutus E B C, triplus F B C, quadruplus GBC, quintuplus HBC, & eo continuo ordine.

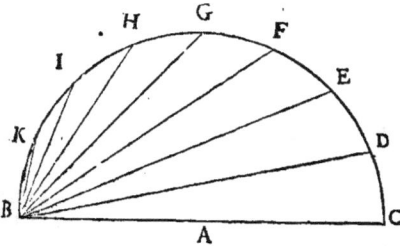

Construantur autem continue proportionales lineæ rectæ, quarum prima sit ipsi semidiametro AC æqualis, secunda ipsi BD.

Tertia continue proportionalium minus prima bis, æqualis erit ipsi BE.

Quarta minus secunda ter, æqualis ipsi BF. Et reliquæ, ut est ordinatum primo ad resolutiones Theoremate.

Sit AC seu Prima	100,000,000,000,000.	
BD seu Secunda	196,000,000,000,000.	
	Tertia	384,160,000,000,000.
	Quarta	752,953,600,000,000.
Erit	Quinta	1,475,789,056,000,000.
	Sexta	2,862,546,549,760,000.
	Septima	5,669,392,237,529,600.
	Octava	11,112,006,825,558,016.

PART. SCRVP. SEC.

	BE	184,160,000,000,000.		Ipsa	CD.	XI.	XXVIII. XLII.
	BF	164,953,600,000,000.	vero		CE.	XXII.	LVII. XXIV.
Itaque erit	BG	139,159,056,000,000.	circu-		CF.	XXXIV.	XXVI. VI.
recta	BH	107,778,549,760,000.	feren-		CG.	XLV.	LIV. XLVIII.
	BI	72,096,901,529,600.	tia		CH.	LVII.	XXIII. XXX.
	BK	33,531,337,238,016.	semis-		CI.	LXVIII.	LII. XII.
			ses.		CK.	LXXX.	XX. LIV.

Rur-

Rurſus in circulo cujus A centrum , diameter BC, ſumantur circumferentiæ æquales
CD, DE, EF, FG, GH, HI, IK, &
ſubtendantur CD, BE, CF, BG,
CH, BH, CK. Conſtruantur autem
continue proportionales lineæ rectæ,
quarum prima ſit ipſi ſemidiametro
AC æqualis , ſecunda ipſi CD. Erit
prima bis continue proportionalium,
minus tertia æqualis ipſi BE.

Secunda ter minus quarta æqualis
CF, & reliquæ , ut eſt ordinatum
in ſecundo ad reſolutiones Theoremate.

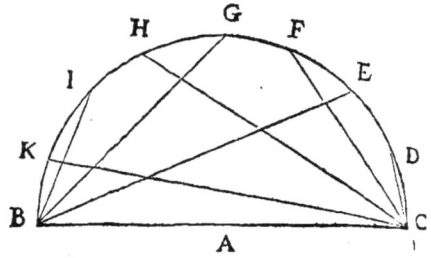

Sit AC ſeu *Prima*	100,000,000.
CD ſeu Secunda	20,000,000.
Tertia	4,000,000.
Quarta	800,000.
Erit *Quinta*	160,000.
Sexta	32,000.
Septima	6,400.
Octava	1,280.

			PART.	SCRVP.	SEC.
		Ipſa CD	V.	XLIV.	XX.
BE	196,000,000.	*vero* CE	XI.	XXVIII.	XL.
CF	59,200,000.	*circū-* CF	XVII.	XIII.	∴
Itaque erit BG	184,160,000.	*feren-* CG	XXII.	LVII.	XX.
recta . GH	96,032,000.	*tia* CH	XXXVIII.	XLI.	XL.
BI	164,953,600.	*ſemiſ-* CI	XXXIV.	XXVI.	∴
CK	129,022,720.	*ſes.* CK	XL.	X.	XX.

COROLLARIVM II.

Quoniam autem eadem recta circulo inſcripta non diameter duabus circumfe-
rentiis ſubtenditur , quarum una minor eſt ſemicircumferentia circuli , altera ma-
jor. Æqualitas inter ſubtenſam minori majorive , & ſubtenſam ſegmento mino-
ris pertinebit ad ſubtenſam quoque ſimili ſegmento majoris , & ad ſubtenſas deni-
que reliquis circumferentiis quæ æque multiplices majorem minorem-ve in circu-
lationibus component.

Atque hinc Theorematia hæc.

Statuitor X ſinus totus. B vero ſinus duplus anguli ſubſecandi. Et eſto E ſinus
duplus ſegmenti.

THEOREMATION I.

X quadratum in E 3 — E cubo , æquatur X quadrato in B. Et ſit E duplex. j ſinus
duplus anguli ſubtripli. ij ſinus duplus differentiæ inter angulum ſubtriplum &
trientem duorum rectorum.

In notis 3 N — 1 C, *aquetur* √ 2. *Quoniam poſito* 1 *ſinu toto , fit* √ 2 *ſinus duplus anguli par-*
tium XLV, *ideo* 1 N *eſt ſinus duplus anguli partium* XV, *vel etiam eſt ſinus duplus anguli partium* XLV.
Erit igitur 1 N *radix binomia* 2 — √ 2. *Vel etiam* √ 2.

3 N — 1 C, *aquetur* 1. *Quoniam poſito* 1 *ſinu toto , fit* 1 *ſinus duplus anguli partium* XXX , *ideo*
1 N *eſt ſinus duplus anguli partium* X, *vel etiam eſt ſinus duplus anguli partium* L.

Erit

Erit igitur 1 N $\dfrac{34,729,635,533,396}{100,000,000,000,000}$

Vel etiam $\dfrac{153,208,888,623,795}{100,000,000,000,000}$.

THEOREMATION II.

X quadr.-quadr. in E 5 — X quadr. in E cub. 5 + E quadr.-cubo, æquatur X quad.-quad. in B. Et fit triplex. j. Sinus duplus anguli subquintupli. ij. Sinus duplus differentiæ inter angulum subquintuplum & quintam partem duorum rectorum. iij. Sinus duplus anguli compositi ex angulo sub-quintuplo, & quinta parte quatuor rectorum. Neque enim compositus ille rectum excedit.

5 N — 5 C + 1 QC, *æquetur* 1. *Quoniam posito* 1 *sinu toto, fit* 1 *sinus duplus anguli partium XXX. Ideo* 1 N *est sinus duplus anguli partium VI. vel sinus duplus anguli partium XXX. Vel etiam sinus duplus anguli partium LXXVIII.*

Erit igitur 1 N *radix trinomia* $\dfrac{2}{4}$ — $\sqrt{\dfrac{1}{16}}$ — *radice binomia* $\dfrac{13}{8}$ + $\sqrt{\dfrac{45}{64}}$.

Vel 1.

Vel etiam radix trinomia $\dfrac{9}{4}$ + $\sqrt{\dfrac{1}{16}}$ + *radice binomia* $\dfrac{13}{8}$ — $\sqrt{\dfrac{45}{64}}$.

5 N — 5 C + 1 QC, *æquetur* $\dfrac{68,404,018,665,114}{100,000,000,000,000}$. *Quoniam posito* 1 *sinu toto, datum homogeneum propositæ æqualitatis fit sinus duplus anguli partium XX. Ideo* 1 N *est sinus duplus anguli partium IV.*

Vel sinus duplus anguli partium XXXII.

Vel etiam sinus duplus anguli partium LXXVI.

Erit igitur 1 N $\dfrac{13,951,294,748,825}{100,000,000,000,000}$.

Vel $\dfrac{105,983,852,846,641}{100,000,000,000,000}$.

Vel etiam $\dfrac{194,059,145,255,109}{100,000,000,000,000}$.

THEOREMATION III.

X cubo-cubus in E 7 — X quad.-quad. in E cub. 14 + X quadr. in E quadr.-cub. 7 — E quad.-quad.-cubo, æquabitur X cubo-cubo in B. Et fit E quadruplex. j. Sinus duplus anguli subseptupli. ij. Sinus duplus differentiæ inter angulum subseptuplum & septimam partem duorum rectorum. iij. Sinus duplus anguli compositi ex subseptuplo & septima parte quatuor rectorum. iiij. Sinus duplus anguli compositi ex differentia prædicta & septima quoque parte quatuor rectorum.

7 N — 14 C + 7 QC — 1 QQC, *æquetur* 1. *Quoniam posito* 1 *sinu toto, fit* 1 *sinus duplus anguli partium XXX. Ideo* 1 N *est sinus duplus anguli partium IV, cum duabus septimis partis unius. Vel sinus duplus anguli partium XXI, cum tribus septimis. Vel sinus duplus anguli partium LV, cum quinque septimis. Vel denique anguli partium LXXII, una cum sex septimis partis unius.*

Et si 7 N — 14 C + 7 QC — 1 QQC, *æquetur* 2. *Quoniam* 2 *est sinus duplus anguli recti, fit* 1 N *sinus duplus anguli partium XII, cum sex septimis. Vel sinus duplus anguli partium LXIV, cum duabus septimis.*

Erit igitur 1 N $\dfrac{44\,504\,18680}{100\,000\,00000}$. *Latus tessera-decagoni.*

Vel etiam $\dfrac{18\,019\,37735\,8}{100\,000\,000\,00}$. *Recta cujus quadratum quadrato lateris heptagoni adjunctum, æquatur quadrato diametri.*

Quæ

Quæ Theorematia licet in infinitum eadem methodo extendere. & pertinebit vige-simum secundum ad æqualitatem expositam quadrage- quintusectionis de viginti tribus terminis explicabilem, quorum primus est

Sinus duplus anguli subquadragequintupli.

II. Sinus duplus differentiæ inter angulum subquadragequintuplum, & quadragesimam quintam partem duorum rectorum.

III. Sinus duplus anguli compositi ex angulo subquadragequintuplo, & quadragesima quinta parte quatuor rectorum.

IV. Sinus duplus anguli compositi ex differentia prædicta, & quadragesima quinta quoque parte quatuor rectorum. Est autem quadragesima illa quinta pars partium octo, quæ angulo subquadragequintuplo cuivis, ac differentiæ inter eundem, & quadrage-simam quintam partem duorum rectorum, id est partes quatuor, potest addi uni undecies, alteri decies, nec compositus angulus rectum excedit. Itaque fit Ter-minus.

V. Sinus duplus anguli compositi ex angulo subquadragequintuplo, & partibus XVI.

VI. Sinus duplus anguli compositi ex differentia prædicta, & partibus quoque XVI.

VII. Sinus duplus anguli compositi ex angulo subquadragequintuplo, & partibus XXIV.

VIII. Sinus duplus anguli compositi ex differentia prædicta, & partibus quoque XXIV.

IX. Sinus duplus anguli compositi ex angulo subquadragequintuplo, & partibus XXXII.

X. Sinus duplus anguli compositi ex differentia prædicta, & partibus quoque XXXII.

XI. Sinus duplus anguli compositi ex angulo subquadragequintuplo, & partibus XL.

XII. Sinus duplus anguli compositi ex differentia prædicta, & partibus quoque XL.

XIII. Sinus duplus anguli compositi ex angulo subquadragequintuplo, & partibus XLVIII.

XIV. Sinus duplus anguli compositi ex differentia prædicta, & partibus quoque XLVIII.

XV. Sinus duplus anguli compositi ex angulo subquadragequintuplo, & partibus LVI.

XVI. Sinus duplus anguli compositi ex differentia prædicta, & partibus quoque LVI.

XVII. Sinus duplus anguli compositi ex angulo subquadragequintuplo, & partibus LXIV.

XVIII. Sinus duplus anguli compositi ex differentia prædicta, & partibus quoque LXIV.

XIX. Sinus duplus anguli compositi ex angulo subquadragequintuplo, & partibus LXXII.

XX. Sinus duplus anguli compositi ex differentia prædicta, & partibus quoque LXXII.

XXI. Sinus duplus anguli compositi ex angulo subquadragequintuplo, & partibus LXXX.

XXII. Sinus duplus anguli compositi ex differentia prædicta, & partibus quoque LXXX.

XXIII. Sinus duplus anguli compositi ex partibus LXXXVIII angulo subquadragequin-tuplo, vel ejus à partibus IV differentia. propter hanc enim vel illam additionem par-tes LXXXIV recti anguli amplitudinem non excedent.

Atque hic ad Romani Problema Responsum ex-
plicitum esto.

AVCTARIVM.

Ddatur, ad juſtam progreſſionis linearum rectarum , quæ circumferentiis circuli ſubtenduntur, doctrinam , hoc quod ſequitur

THEOREMA.

Si ſecetur ſemi-circumferentia circuli in partes quot-cunque æquales , & ab extremo diametri educantur rectæ ad quælibet ſectionum puncta : erit ut minima educta ad diametrum , ita compoſita ex diametro, & minima , & ea inſuper, cujus quadratum adjunctum minimæ quadrato efficit quadratum diametri ad compoſitam ex omnibus eductis duplam.

Sit circulus ſub A centro , diametro B C deſcriptus. Secetur autem circumferentia B C in partes quot-cunque æquales , & ſint illæ BD, DE, EF, FG, G H, H I, I K, K C, & ſubtendantur B D, B E, B F, B G, B H, B I, B K. Eſt igitur B K æqualis ſubtenſæ D C, cujus quadratum adjunctum quadrato ex DB æquale eſt quadrato ex B C. Dico eſſe ut B D ad B C, ita compoſitam ex B C; B D, B K ſeu D C ad compoſitam ex omnibus duplam , videlicet compoſitam

duplam ex B D, B E, B F; B G; B H, B I, B K, B C, ut hæc abunde demonſtrata ſunt & expoſita in Analyticis angularium ſectionum.

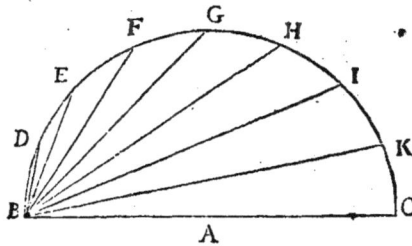

Eſt conditus canon ſinuum per ſingula ſexageſima ſcrupula partium quadrantis tirculi in particulis qualium totus adſumitur 100, 000, 000. Quærit aliquis ſummam omnium ſinuum ſingulis ſcrupulis congruentium. Quoniam igitur eſt ut ſinus unius ſcrupuli ad ſinum totum , ita ſinus unius ſcrupuli , ſinus complementi , & ſinus totus ad ſinum totum, proſinum complementi , & tranſinuoſam complementi: Addat Logiſta tranſinuoſam complementi unius ſcrupuli ſuo congruenti proſinui , & inſuper ſinui toto , & conſtabitur duplum ſummæ quæſitæ. Tranſinuoſas videlicet voco hypotenuſas quas ſuppeditat canon fœcundiſſimus, Proſinus latera circa rectum quæ canon fœcundus.

Tranſinuoſa igitur complementi unius ſcrupuli numeratur	343, 774, 681, 923
Proſinus vero ,	343, 774, 667, 379
His addatur ſinus totus.	100, 000, 000
Summa fit	687, 649, 349, 302.

Eſt igitur 343, 824, 674, 651 ſumma omnium ſinuum ſcrupulorum quadrantis, ipſo ſinu toto XC partium numerato, tam accurata quam patitur in ea hypotheſi linearum ſymmetria.

Novis autem canoniſtis ſui placent errores calculi. Itaque de ſua falſa taxatione proſinuum & tranſinuoſarum moniti non reſipiſcunt. Sed qui anno 1579 fuit editus infeliciter canon meus Mathematicus, ſi cura ſecunda recognitus majorem fortaſſis apud eos obtinebit auctoritatem.

POrro ad exercendum non cruciandum studioforum ingenia
Problema hujufmodi conftruendum fubjicio.

Datis tribus circulis, quartum circulum eos contingentem defcribere.

Propofuit enim Apollonius in libris περὶ ἐπαφῶν, fed illi periere injuria
temporis. Si autem non ferat fuos Apollonios Belgium, feret Gallia.

Non dubito quin Algebriftæ idipfum in formulam δεδομένκ conceptum
abfolvent, ut pote,

*Datis femidiametrū fingulis trium quorumlibet circulorum, una cum centro-
rum diftantia, femidiameter quarti circuli eos contingentis, ac fui centri à reliquis centris diftantia, erit data.*

Sed quæ Problemata Algebrice abfolvit Regiomontanus, is fe non poffe aliquando Geometrice conftruere fatetur. An non ideo quia Algebra
fuit hactenus tractata impure? Novam amplectimini φιλομαθεῖς, valete, &
æqui bonique confulite.

FINIS.

FRANCISCI VIETÆ
APOLLONIVS GALLVS.

Seu,

EXSUSCITATA APOLLONII PERGÆI
ΠΕΡΙ ΕΠΑΦΩΝ GEOMETRIA.

Ad V. C.

ADRIANUM ROMANUM Belgam.

ROBLEMA Apollonii de defcribendo circulo, quem tres dati contingant (clariffime Adriane) Geometrica ratione conftruendum propofui φιλομαθῶσι, non Mechanica. Dum itaque circulum per hyperbolas tangis, rem acu non tangis. Neque enim hyperbolæ defcribuntur in Geometricis καῖ᾽ ἐπιϛημονικὸν λόγον. Duplicavit cubum per parabolas Menechmus, per conchoidas Nicomedes, an igitur duplicatus eft Geometrice cubus? Quadravit circulum per volutam inordinatam Dinoftratus, per ordinatam Archimedes, an igitur Geometrice quadratus eft circulus? Id vero nemo pronunciabit Geometra. Reclamaret Euclides, & tota Euclideorum fchola. Ergo clariffime Adriane, ac fi placet Apolloni Belga, quoniam Problema quod propofui planum eft, tu vero ceu folidum explicafti, neque ideo occurfum hyperbolarum, quem ad factionem tuam adfumis, firmafti, neque etiamnum potes firmare, quoniam revera fi afymptoti fuerint parallelæ, erit irritus labor, & alioqui conicas fectiones in plano defcribere femper veriti funt antiqui, miffas fac lineas mixtas, & jam ab Apollonio ad ripas Oceani Aquitanici exfufcitato ultro accipe τεχνικίω᾽ ἓ ἐπιϛημονικίω᾽ χ̔ερεγίαν.

Apollonii Pergæi Problemata περὶ ἐπαφῶν ad decem contraxit Pappus Alexandrinus, quæ ideo fingula perfequar eo, qui convenientior videbitur, ordine.

PROBLEMA I.

DAtis tribus punctis per eadem circulum defcribere: oportet autem data puncta non exiftere tria in eadem linea recta.

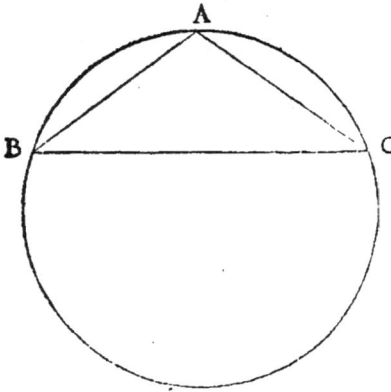

Sint data tria puncta A,B,C.Oportet per puncta A,B, C circulum deſcribere. Iungantur puncta A, B, C. Et quoniam non exiſtunt in eadem linea recta ex cautione adjecta Problemati , ideo triangulum fit, cujus apices erunt ipſa A,B,C puncta. Itaque circa triangulum A B C deſcribatur circulus. Id enim docent Elementa. Per puncta igitur A , B, C deſcriptus eſt circulus ABC. Quod faciendum erat.

Lemma ad id quod ſequitur.

Sit triangulum A B C, ſecetur autem crus A B in D , ita ut quod ſit ſub A B, A D æquale ſit quadrato cruris A C, & per puncta D, B, C deſcribatur circulus. Ajo circulum DBC tangi à recta A C.

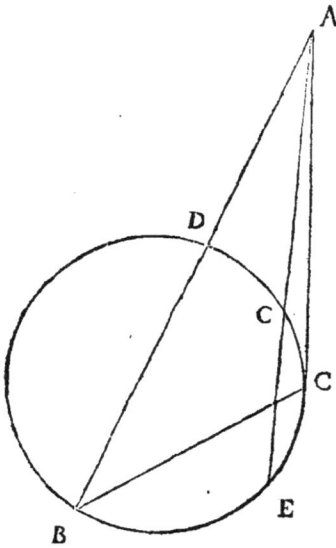

Si enim fieri poſſit , circulus non tangatur à recta A C. igitur ab ea ſecabitur. Sectio autem erit in duobus punctis. fit alterum punctum E. Quod fit igitur ſub A D, A B erit æquale ei quod fit ſub A C, A E. Hoc autem eſt abſurdum, cum æquetur ipſum quadrato A C ex conſtructione, A C vero & A E proponuntur inæquales. Recta igitur A C circulum A B C non ſecabit, ſed tanget. Quod erat oſtendendum.

PROBLEMA II.

Datis duobus punctis, & linea recta, per data puncta circulum deſcribere , quem data linea recta contingat.

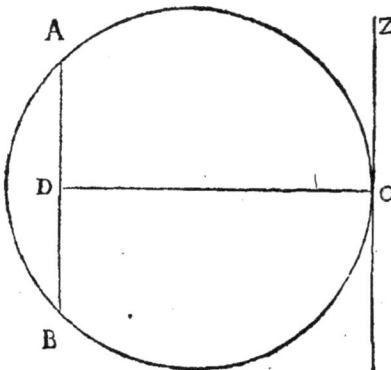

Sint data duo puncta A, B, & data quoque linea recta C Z. Oportet per A, B puncta , circulum deſcribere, quem linea recta C Z contingat. Iungantur A, B. Si igitur A B fuerit ipſi C Z parallela, ſecabitur A B bifariam , & ad rectos angulos in puncto D à recta ſecante C Z in C, & cum per puncta A, B, C deſcribetur circulus, quoniam recta C Z ipſi A B eſt parallela, recta quoque C Z ſecabitur à DC ad rectos angulos in C. Itaque circulus A B C tangetur à recta C Z , in ipſo C puncto.

Quod

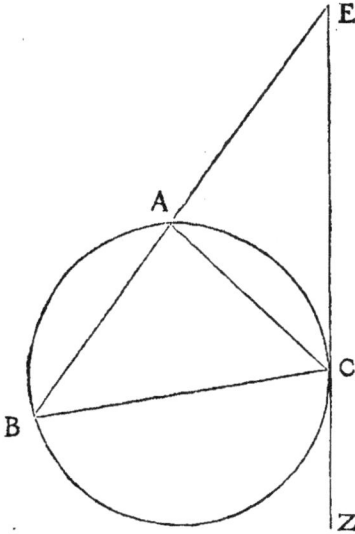

Quod si non fuerit A B ipsi C Z parallela, conveniant ambæ in E, secetur autem E Z in C, ita ut quod fit sub E B, E A æquale sit quadrato ipsius E C, & per puncta A, B, C describatur circulus. Igitur tangetur à recta E C Z per expositum Lemma. Ergo quocunque casu describitur per puncta A, B circulus A B C quem recta C Z in ipso C puncto contingit. Quod erat faciendum.

PROBLEMA·III.

Datis tribus lineis rectis, describere circulum quem harum unaquæque contingat. Oportet autem datas lineas rectas non esse parallelas.

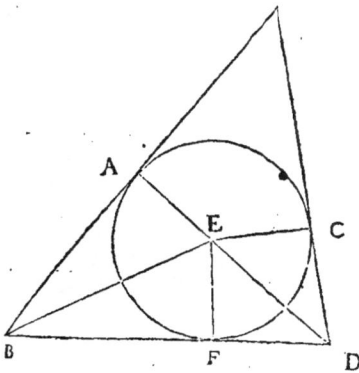

Sint datæ tres lineæ rectæ A B, C D, B D, atque harum B D neutri reliquarum sit parallela ex cautione adjecta Problemati, itaque reliquas secet in ipsis B, D punctis. Oportet describere circulum, quem rectæ AB, C D, B D contingant. Secentur bifariam anguli A B D, C D B à rectis concurrentibus in E, itaque sint B E, D E, & cadant in A B, C D, B D perpendiculares E A, E C, E F. Erunt igitur eæ æquales. Triangulum enim rectangulum E A B simile est triangulo rectangulo E F B ex constructione, utriusque vero communis est hypotenusa B E Quare altitudo E A altitudini E F erit æqualis. Sic ostendetur E F æqualis ipsi E C. Centro igitur E intervallo E A seu E F vel E C describatur circulus A F C. Descriptus est igitur circulus A F C quem rectæ A B, C D, B D tangunt in punctis A, C, F. Quod erat faciendum.

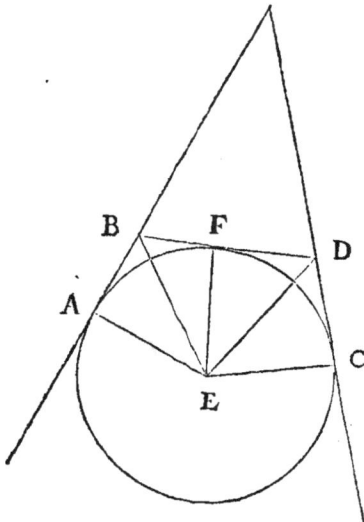

Lemma.

Per datum punctum ducere lineam rectam secantem duas datas ad angulos æquales.

Sic

Sit datum A punctum, datæ quoque duæ lineæ rectæ B C, D E. Oportet per A punctum ducere lineam rectam secantem BC, DE ad angulos æquales. Si igitur fuerint parallelæ B C, D E demittatur ab A puncto perpendicularis utrivis ipsarum, utravis secabitur ad angulos æquales, nempe rectos.

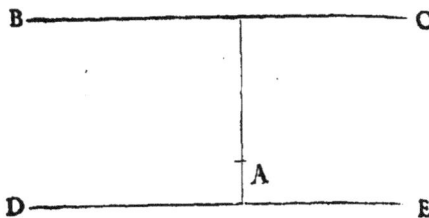

Si non sint parallelæ, convenient. Conveniant igitur in F puncto, & secetur angulus D F B bifariam à recta, quam A G secet in G, ad angulos rectos, rectas vero B F, D F in H, I. Triangula igitur H G F, I G F lateribus & angulis sunt æqualia, atque adeo anguli qui ad H, I, æquales. Dato igitur A puncto per ipsum ducta est linea H I secans datas B F, D F in H, I ad angulos æquales. Quod faciendum erat.

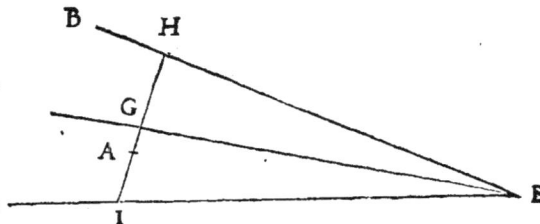

P R O B L E M A IV.

Datis duabus lineis rectis, & puncto, per datum punctum circulum describere, quem datæ duæ lineæ rectæ contingant.

Sit datum A punctum, datæ quoque duæ lineæ rectæ BC, DE. Oportet per A punctum circulum describere, quem BC, DE contingant. Per A ducatur HI secans BC, DE ad angulos æquales, eaque secetur bifariam in K, & ipsi AK ponatur æqualis KL, & per A, L puncta describatur circulus, quem altera datarum B C, vel D E contingat. Dico eundem à reliqua contingi. Contactus enim à BC, sit M, & circuli centrum N, à quo ducatur NO, secans DE normaliter in O, & agatur NK. Quoniam igitur secatur AL bifariam in K ab ea quæ est ex centro, ideo angulus NKI est rectus. Connectantur autem NH, NI. Æquales igitur sunt NH, NI, quoniam perpendiculum triangulis rectangulis N K H, N K I commune NK. Sed & basis HK basi KI constructa est æqualis. Ergo æquales quoque anguli NHM, NIO, cum sint residui post ablationem æqualium N H L, N I L ex æqualibus constructis MHK, OIK. Similia sunt itaq; triangula rectangula N H M, NIO. ac etiam æqualia cum sint æquales ipsorum hypotenusæ. Est autem MN semidiameter, erit itaque NO quoque semidiameter, quam cum secet DI ad rectos angulos, ideo DI quoque circulum ALM continget. Ergo descriptus est circulus AOM per A punctum, quem datæ BC, DE in M, O contingunt. Quod erat faciendum.

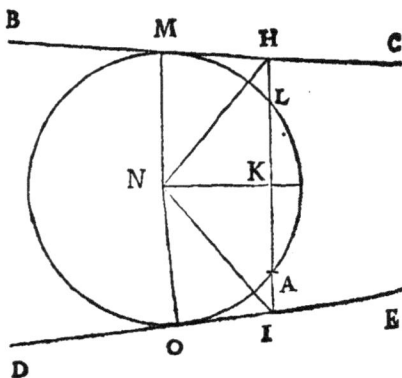

P R O B L E M A V.

Dato circulo, & duabus lineis defcribere circulum quem datus circulus,
& datæ duæ lineæ rectæ contingant.

Sit datus circulus, cujus A centrum, datæ quoque rectæ lineæ
ZC, DB. Oportet defcribere circulum, quem circulus, cujus A
centrum, & rectæ lineæ ZC, DB
contingant. Cadant in ZC, DB
perpendiculares AZ, AD, quæ
fecentur ad eafdem partes in punctis X, F pofita unaquaque rectarum ZX, DF æqualibus femidiametro circuli, cujus A centrum,
& per X, F agantur XH, FG ipfis
ZC, DB parallelæ, & per ipfum
A fignum defcribatur circulus
pofititius AGH, quem actæ XH,
FG contingant, & fit illius circuli
centrum E. Et manifeftum eft fore E centrum circuli, quem datus circulus, cujus A centrum, &

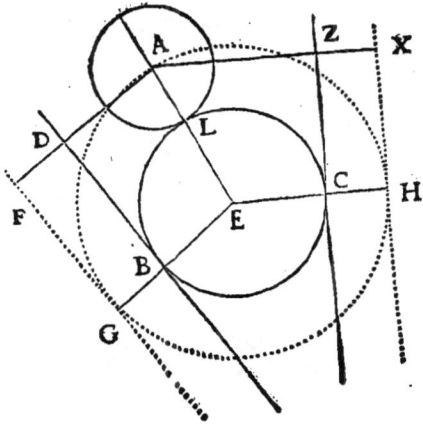

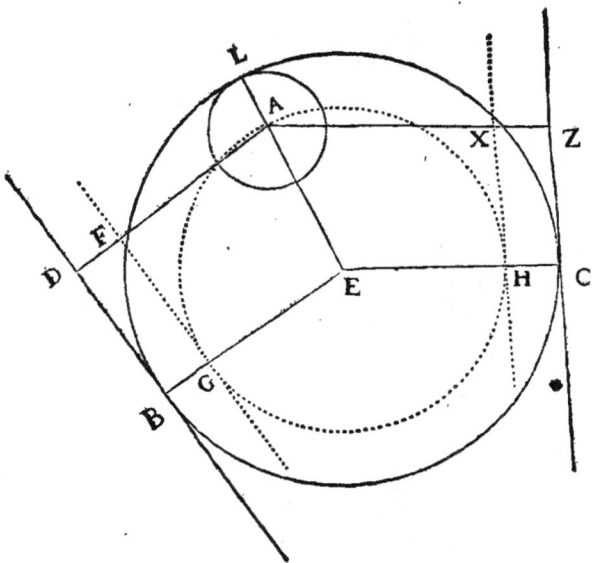

datæ rectæ CZ, DB contingent, ob æqualia æqualibus addita, vel adempta undecun-
que intervalla. Itaque cadat ad angulos rectos EC. Erit ea femidiameter circuli quæfiti.

Lemma I.

*Si duo circuli fe mutuo fecent, à puncto autem fectionis ducatur per centrum
unius circulorum linea recta, ea non tranfibit per alterius circuli centrum.*

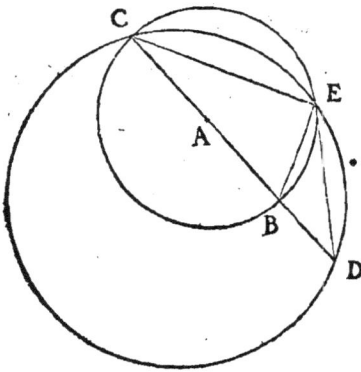

Duo circuli CEB, CED sese mutuo secent, sectio igitur erit in duobus punctis. Sint illa C. E. & sit A
centrum circuli CEB, & agatur diameter ipsius CAB secans circulum
CED in D. Dico rectam CABD
non transire per centrum circuli
CED. Iungantur enim EC, EB,
ED. angulus igitur CEB est rectus,
utpote in semicirculo. Quare CED
non erit rectus, sed recto major vel
minor per angulum BED. Non est
igitur CABD diameter circuli CED,
atque ideo non transit per ejus centrum. Quod erat ostendendum.

Lemma II.

Si duo circuli sese mutuo secent;
à puncto autem sectionis ducatur
linea recta utrumque circulum se-
cans, erunt dissimilia circulorum
illorum segmenta.

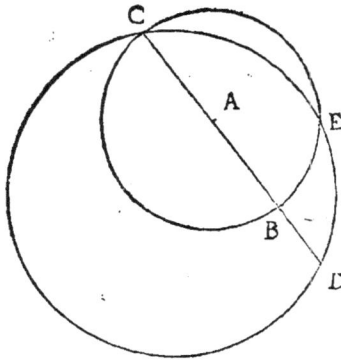

Duo circuli CEB, CED sese mutuo secent in punctis C, E. Agatur
vero linea recta CBD; secans circulum CEB in C, B; circulum vero
CED in C,D punctis. Dico segmenta CB, CD esse dissimilia. Aut enim
CB transit per centrum circuli CEB,
vel non. Primum transeat per centrum circuli CEB, & sit illud A, non
igitur transibit per centrum alterius
circuli CED. Quare CB erit diameter circuli CEB, CD vero non
erit diameter circuli CED. None-
runt igitur eo casu similia segmenta

CB, CD. Sed non transeat CBD per alicujus circulorum centrum. Agatur per A centrum circuli CBE recta CAGF, unde sit CAG diameter circuli CBE, & connectantur
BG, DF. Erit igitur angulus CBG rectus, utpote in semicirculo, angulus vero CDF non

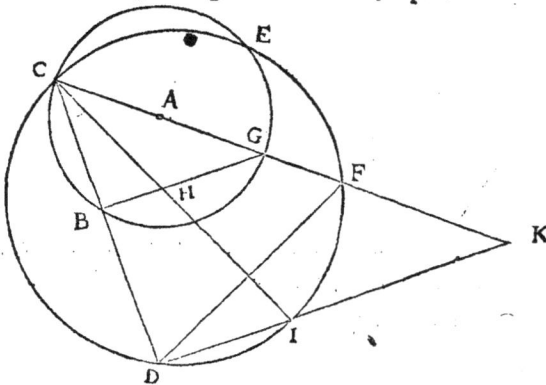

erit rectus, sed recto
major vel minor, quo-
niam CF non erit dia-
meter circuli CED. Ita-
que non erunt GB, DF
parallelæ. Sit H cen-
trum circuli CED, &
ejus diameter agatur
CHI, & juncta DI in-
tercipiat CG in K. Erit
igitur angulus CDI re-
ctus, & ideo parallelæ
erunt BG, DK. Vnde e-
rit CB ad CD, sicut CG
ad CK, erunt autem CI,
CK inæquales. Quare
non

non erit CB ad CD, ficut CG ad CI, & ideo eo quoque cafu diffimilia erunt fegmenta CB, CD. Quod erat oftendendum.

Lemma III.

Si per crura trianguli agatur recta bafi parallela, itaque duo conftruuntur fub eo-dem vertice fimilia triangula,qui circa triangulum unum defcribetur circulus tan-getur in vertice communi à circulo qui circa triangulum alterum defcribetur.

Sit triangulum ABD,ipfius autem crura AB, AD fecet recta EF ipfi BD parallela,itaq; duo conftituuntur fimilia triangula ABD,AEF fub eodem A vertice. Ajo circulum circa triangulum ABDdefcriptū à circu-lo circa triangulū AEF defcripto tangi in ipfo A puncto. Defcriba-tur enim circa triangulum ABD circulus primus, & circa triangu-lum AEF circulus fecundus. Illi igitur circuli fefe mutuo fecabunt in A vel fefe tangent, fed non fefe mutuo fecant. Effent enim AE, AB fegmenta diffimilia eorum, quorum funt fubtenfæ, circulo-rum. Sed funt fimilia. Similia e-nim funt triangula ABD, AEF.Ita-que eft ut AB ad AE,ita femidia-meter circuli triangulum ABD circumfcribentis ad femidiame-trum circuli triangulum AEF circumfcribentis. Cum igitur non fefe mutuo fecent circu-li ABD, AEF, fefe contingent in A. Quare circulus ABD à circulo AEF tangetur in A puncto. Quod erat oftendendum.

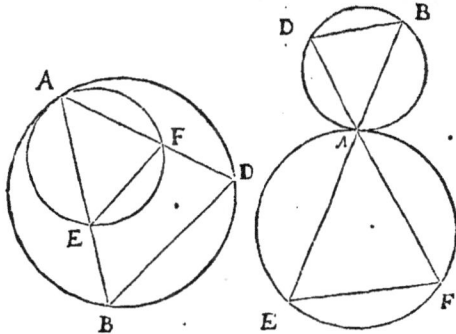

Problema VI.

Datis puncto, linea recta, & circulo,per datum punctum defcribere cir-culum,quem data linea recta & datus circulus contingant.

Sit datum A punctum, data quoque linea recta BC, ac datus denique circulus DEF. Oportet per A punctum circulum defcribere, quem recta lineâ BC,ac circulus DEF con-tingant. Ex G centro circuli DEF demittatur in BC perpendicularis DC, fecans ex dia-metro circulum DEF in punctis D, F, & conne-ctatur DA, quæ ita fe-cetur in H, ut quod fit fub DA, DH æquale fit ei quod fit fub DC,DF, & per puncta AH de-fcribatur circulus,quem recta contingat in B, & agatur DB fecans cir-culum DEF in E,&con-nectatur FE. Rectus eft igitur angulus DEF. Itaque in quadrilatero BEFC anguli oppofiti duobus rectis funt æ-quales, rectus enim quoque eft angulus BCF. Quare quod fit fub DB, DE æquale eft ei quod fit fub DF, DC, id eft ex conftructione æquale ei quod fit fub DA, DH. Sunt igi-tur puncta AHEB in circulo. Sed E eft in circulo DEF. Quare circulus DEF fecat vel

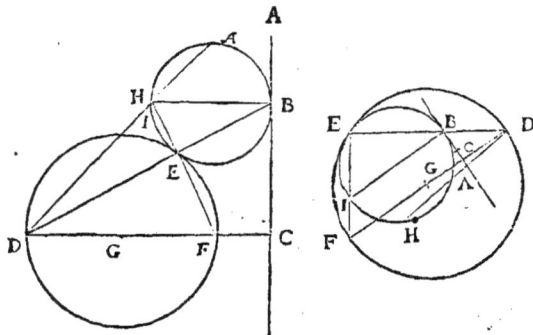

tangit

tangit in E circulum AHEB. Agatur autem BI diameter circuli. Quoniam is circulus tangitur à recta BC in B, erit angulus CBI rectus, atque adeo erunt IB, DC parallelæ, & cum jungetur IE fiet angulus IEB rectus, sicut est angulus DEF. Quare IE, EF coincidunt in eandem lineam rectam. Itaque duo similia triangula sunt DEF, BEI sub eodem vertice, & ideo circuli ea triangula circumscribentes sese mutuo contingent in E, non etiam secabunt. Igitur per A punctum descriptus est circulus BAE, quem recta BC in B, circulus vero DEF in E contingunt. Quod erat faciendum.

PROBLEMA VII.

Datis duobus circulis, & linea recta, describere tertium circulum, quem duo dati, & data linea recta contingant.

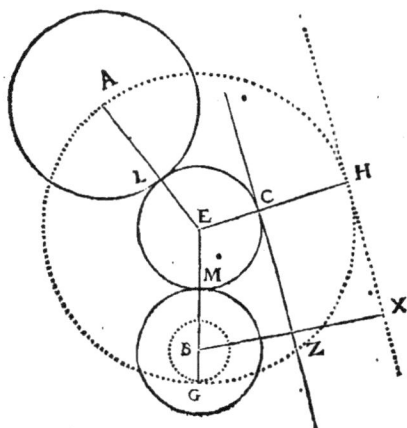

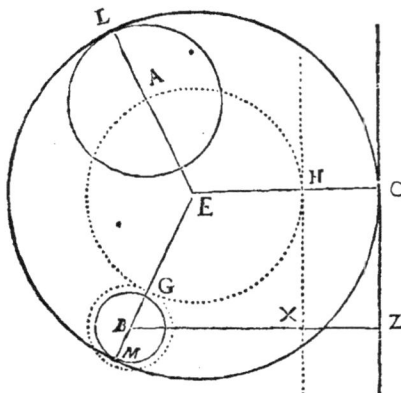

Sint dati duo circuli, primus cujus A centrum, secundus cujus B, & data quoque linea recta CZ. Oportet describere tertium circulum quem circuli, quorum A, B centra, & recta CZ contingant. Cadat in rectam CZ perperpendicularis BZ, & secetur in X, ut sit ZX æqualis semidiametro A L ad primū circulum pertinenti, & ipsi CZ agatur parallela HX, & centro B, intervallo BG, æquali adgregato vel differentiæ semidiametrorum primi & secundi circuli describatur circulus posititius. denique per A punctum describatur circulus AGH, quem posititius contingat in G, & linea recta H X in H. & sit ejus E centrum. & manifestum est idem E signum fore centrum circuli quem dati circuli, quorum A B centra & data linea recta CZ contingent, ob æqualia ab æqualibus dempta undiquaque, vel addita undiquaque intervalla. Itaq; demittatur in CZ datam perpendicularis EC, ea erit semidiameter circuli L M C, quem circuli, quorum A, B centra in punctis L, M & recta CZ in C contingent, habita ea, quam decebit, & opus exiget partium ratione. Itaque factum erit quod oportuit

Πτώσϊς.

Sic autem habebitur ea quam decebit, opusve exiget, partium ratio.

I.

Vt tertium circulum duo dati côtingant extra. Primus circulus, cujus A centrum erit major datorum
rum

rum, Secundus, cujus B, minor, & e-
rit BG differentia femidiametrorum
primi & fecundi, acta vero BX excedet datam CZ, cui est perpendicularis.

II.

Vt tertium circulum duo dati contingant intus. Rurfus circulus, cujus
A, centrum erit major datorum, Secundus, cujus B, minor, & erit BG
differentia femidiametrorum primi
& fecundi, acta vero BX deficiet à
data CZ, cui est perpendicularis.

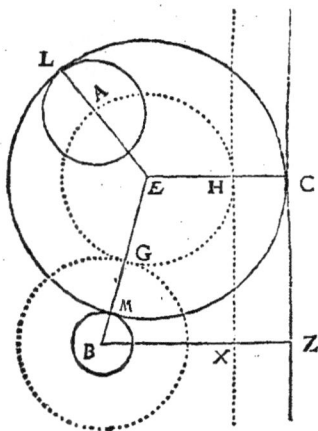

III.

Vt tertium primus contingat intus
alter extra, erit BG adgregatum fe-
midiametrorum primi & fecundi, & acta BX deficiet à data CZ, cui est perpendicularis.

PROBLEMA VIII.

Datis duobus punctis, & circulo, per data duo puncta circulum defcribere, qui datum contingat.

Sint data duo puncta B, D, ac præterea circulus EFG, cujus A centrum. Oportet per

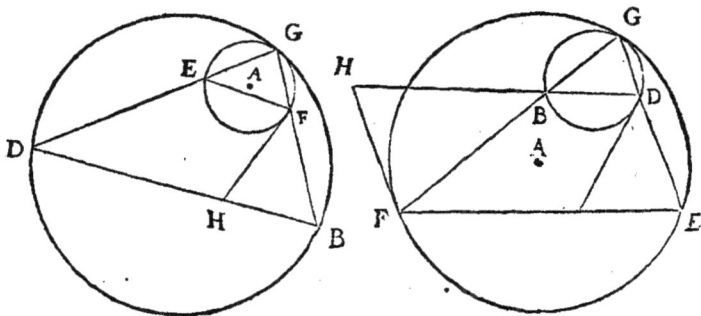

puncta B, D circulum defcribere, qui circulum GEF contingat. Secetur ita BD in H, ut
quod fit fub BD, BH æquale fit differentiæ quadratorum AB, AF, & circulum EGF tan-

gat recta HF, & conne-
ctatur BF fecans circu-
lum EFG tum in F tum
in G, & connectatur
quoq; DG, fecans eun-
dem circulum in E, &
per puncta GBD defcri-
batur circulus. Quo-
niam rectangulum fub
BD, BH conftructum
est æquale differentiæ
quadratorum AB, AF,

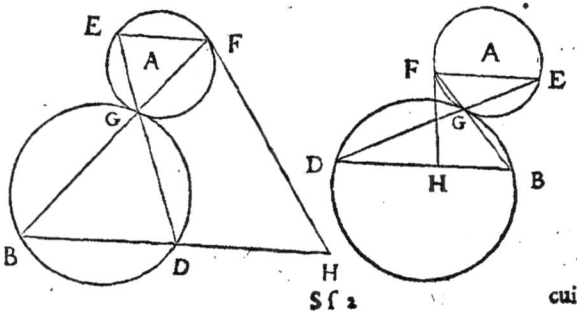

cui

cui etiam æquale eſt id quod fit ſub BG, BF, ideo puncta D, G, F, H ſunt in circulo, & angulus D G B angulo FHB eſt æqualis, ac angulus G D B id eſt connectendo E F angulus GEF angulo HFB. Vterque igitur, ſive angulus GEF, ſive angulus HFB dematur à duobus rectis. Et angulus quidem GEF in triangulo GEF, relinquet angulos EGF, EFG; angulus vero HFB in triangulo HFB, relinquet angulos FHB, FBH. Erunt igitur anguli EGF, EFG ſimul juncti angulis FHB, FBH ſimul junctis æquales. Sed angulus EGF angulo FHB oſtenſus eſt æqualis. Itaque angulus reliquus EFG angulo reliquo FBH erit æqualis, atque adeo ſimilia erunt triangula GDB, GEF, ſub eodem G vertice. Unde deſcripti circuli duo, unus per puncta GEF, alter per puncta GDB, ſeſe contingent in G communi vertice. Deſcriptus igitur eſt per D, B puncta circulus DBG, circulum GEF tangens in G. Quod erat faciendum.

Lemma I.

Propoſitis duobus circulis, invenire punctum in jungente ipſorum centra, à quo, cum ducetur quævis linea recta ipſos circulos ſecans, ſimilia erunt ſegmenta.

Proponantur duo circuli ABC, EFG, & ſit primi centrum K, ſecundi L, & jungatur KL. Oportet in KL invenire punctum à quo cum ducetur quævis linea recta circulos ABC, EFG ſecans, ſimilia erunt ſegmenta. Secetur KL, vel producatur in M, ut ſit KM ad LM, ſicut AK ad EL. Dico cum à puncto M ducetur linea recta circulos ABC, EFG ſecans, ſimilia fore ipſorum ſegmenta.

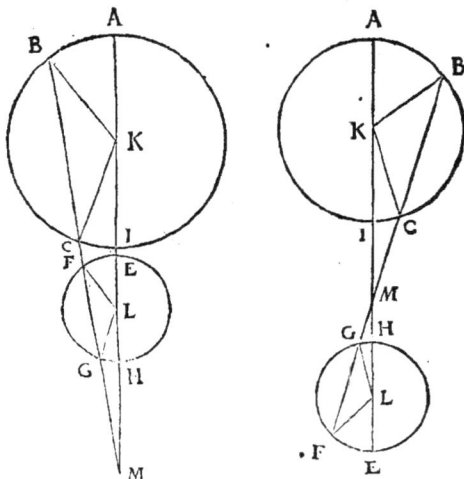

Agatur enim quævis MGFCB ſecans circulum ABC in punctis B, C, circulum vero EFG in punctis F, G, & ſint puncta ſectionum B, F ad eaſdem partes, ut pote remotiora ab ipſo M, puncta vero C, G eidem M ſigno propiora, & connectantur BK, CK, FL, LG. Itaque conſtituuntur duo triangula BKC, FLG. Quoniam igitur eſt KM ad LM ex conſtructione, ſicut K B ad FL, erunt BK, FL parallelæ, & angulus KBC angulo LFG æqualis. Æque, quoniam KM ad LM ex conſtructione eſt, ſicut KC ad LG, erunt KC, LG parallelæ, & angulus KCB angulo LGF æqualis. Quare & angulus reliquus BKC, id eſt circumferentia BC, angulo reliquo FLG, id eſt circumferentiæ FG, eſt æqualis. Atque adeo BC, FG ſimilia circulorum, ad quos pertinent, ſegmenta. Propoſitis igitur duobus circulis ABC, EFG inventum eſt in KL jungente ipſorum centra punctum M, à quo cum ducetur quævis recta linea ipſos ſecans, ſimilia erunt ſegmenta. Quod faciendum erat.

Lemma II.

Sint duo circuli, unus ABCD, alter EFGH; jungens autem eorum centra KL ſecet circulum primum in A, D; ſecundum vero in E, H; & in ea ſumatur M punctum, à quo acta MGFCB recta ſecet circulum primum in B, C, ſecundum in F, G, & ſint ſimilia ſegmenta, & puncta quidem ſectionum A, B ſint remotiora ipſis C, D, &

D, & puncta F, E ipsis C, H. Ajo id quod fit sub M G, M B aquari id quod fit sub M H, M A.

Cadant enim ex centris K, L in subtensas BC, FG perpendiculares KR, LS, & connectantur semidiametri KC, LG. Quoniam BC, FG proponuntur similia suorum circulorum segmenta, R C vero & SG sunt semisses subtensarum B C, F G, ideo similia sunt triangula KRC, LSG, & parallelæ KC, L G; atque adeo anguli CKD, GLH similes, ac denique subtensæ eorum amplitudini CD, GH parallelæ. Quare est ut MD ad MC, ita MH ad MG. Sed MD ad MC est, ut MB ad MA. Et ideo quod fit sub MB, MG ei quod fit sub MA, MH est æquale.

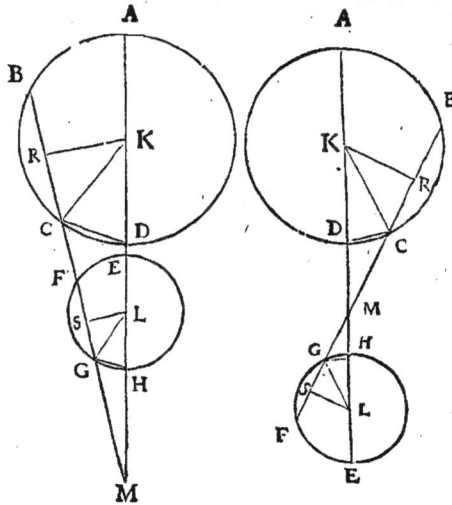

Iisdem positis, Ajo eadem ratione id quod fit sub M E, M D, aquari ei quod fit sub M F, M C.

Quoniam enim EFGH est in circulo, ideo est MH ad MG, sicut MF ad ME. Sed MH ad MG est, sicut MD ad MC. Ergo est MF ad ME, sicut MD ad MC, & ideo quod fit sub ME, MD ei quod fit sub MF, MC est æquale.

P R O B L E M A IX.

Datis duobus circulis, & puncto, per datum punctum circulum describere quem duo dati circuli contingant.

Sint dati duo circuli, unus ABCD, alter EFGH, & præterea datum I punctum. Oportet per I punctum circulum describere quem circuli ABCD, EFGH contingant. Circulorum ABCD, EFGH jungantur centra K, L, & in KL inveniatur ex antecedente, quod primo loco præmissum est, Lemmate, M punctum, à quo, cum ducentur rectæ lineæ secantes circulos ABCD, EFGH, similia sint segmenta. Ipsa vero KL secet ex diametro circulum ABCD in signis A, D, circulum vero EFGH in signis E, H, & ita secetur MI in N, ut quod fit sub MI, MN æquale sit ei quod fit sub MH, MA, & per I, N puncta describatur circulus qui à circulo ABCD tangatur. Id enim jam docuit Problema octavum. Et sit contactus in B, & con-

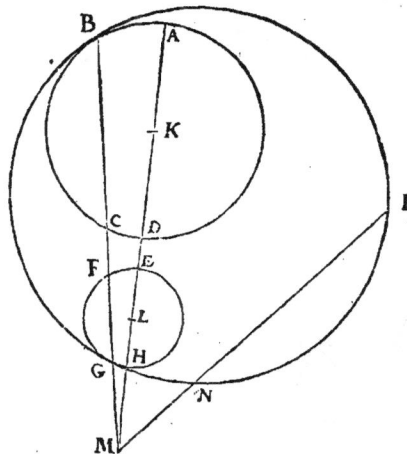

necta-

nectatur BM secans circulum ABCD in B, C, circulum vero EFGH in F, G. Quod fit igitur sub MG, MB æquale est ei quod fit sub MH, MA, id est ex constructione ei quod fit sub MN, MI ex antecedente, quod secundo loco præmissum est, Lemmate. Quare puncta NIBG sunt in eodem circulo. Sed punctum G est quoque in circulo EFGH. Qua-

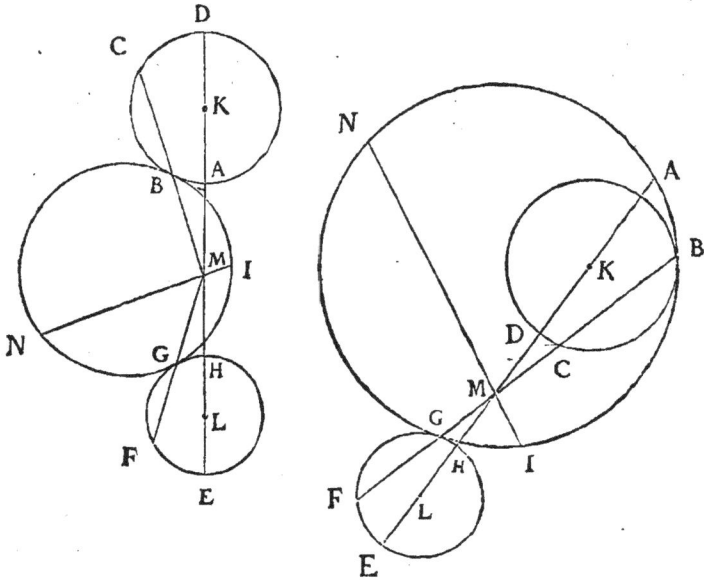

re circuli EFGH, IBGN sese mutuo secant, vel contingunt in G. At vero sese contingunt circuli BNI, BCD in B ex constructione. Unde segmentum BG simile est segmento BC. Segmentum autem FG simile est segmento BC. Itaque segmentum FG erit simile segmento BG. Quare circuli EFG, IBG sese contingunt in G, non etiam sese mutuo secabunt. Descriptus est igitur per I punctum circulus IBG, quem circuli ABD, EGH contingunt in B, G. Quod erat faciendum.

PROBLEMA X.

Datis tribus circulis, describere quartum circulum quem illi contingant.

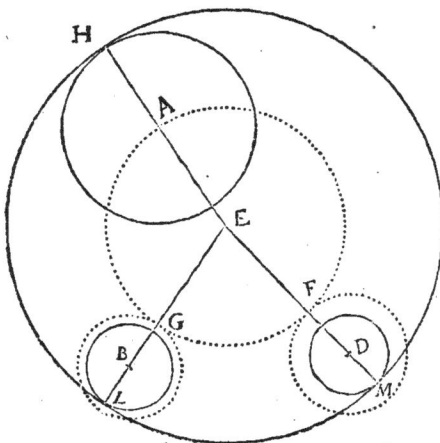

Sint dati tres circuli quorum primi centrum A, secundi B, tertii D. Oportet describere circulum quartum quem illi contingant. Centro D intervallo DF differentia vel adgregato semidiametrorum primi & tertii, describatur circulus posititius unus. Et centro B, intervallo BG, differentia vel adgregato semidiametrorum circuli primi & secundi, describatur posititius alter. Denique per A punctum describatur circulus AGF quem positii contingant in punctis G, F, & fit circuli illius centrum E. Et manifestum est ipsum E signum fore quoque centrum circuli, quem dati contingent, ob æqualia æqualibus dempta undiquaque,

quaque, vel undiquaque addita intervalla. Itaque ducatur ab eo puncto E recta per centrum alicujus datorum ad ipsius dati circumferentiam habita ea quam decebit opus-ve exiget, partium in positionibus ratione, & intervallo EH describatur circulus HLM. factum erit quod oportuit.

Sic autem habebitur ea, quam decebit opus-ve exiget partium ratio.

I.

Vt quartus à datis tangatur intus. Sit A centrum maximi datorum, B medii, D minimi, DF differentia qua semidiameter maximi superat semidiametrū minimi, BG differentia qua semidiameter maximi superat semidiametrum medii, & per A punctum describatur circulus quem posititii extra contingant. ti extra contingant.

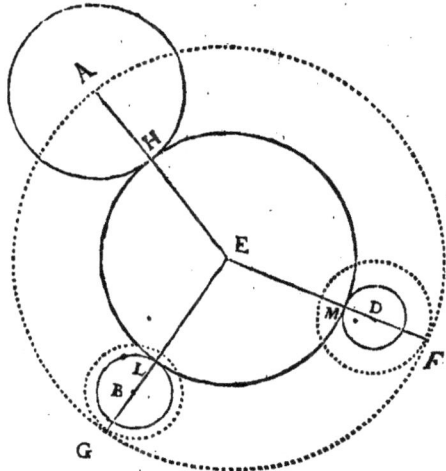

I I.

Vt quartus à datis tangatur extra. Sit rursus A centrum maximi, B medii, D minimi, DF differentia qua semidiameter maximi superat semidiametrum minimi, BG differentia qua semidiameter maximi superat semidiametrum medii, & per A punctum describatur circulus quem posititii intus contingant.

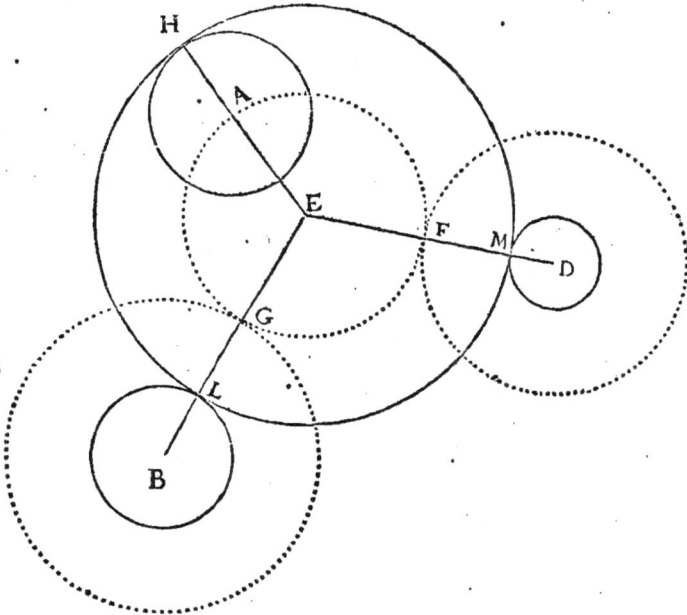

III. Vt

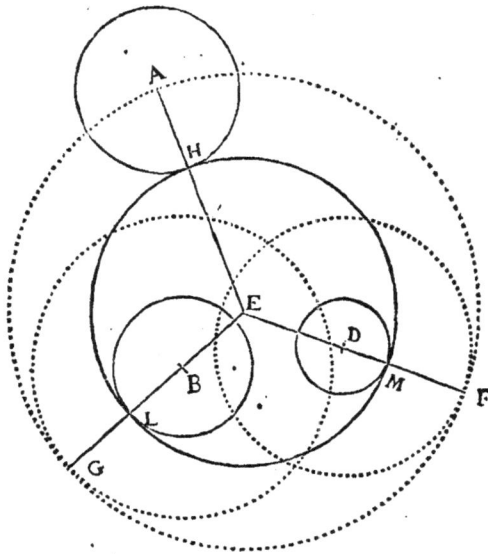

III.

Vt quartus à primo tangatur intus, & à secundo & tertio extra. Sit D F adgregatum semidiametrorum primi & tertii, BG adgregatum semidiametrorum primi & secundi. Et per A punctum describatur circulus quem posititii extra contingant.

IV.

Vt quartus à primo tangatur extra, & à secundo & tertio intus. Sit rursus DF adgregatum se-
midiametrorum primi & tertii. BG adgregatum semidiametrorum primi & secundi, & per A punctum describatur circulus, quem posititii intus contingant.

Atque hæc universaliter dicta sunto de descriptione circuli per contingentias circulorum, & linearum rectarum. At specialis doctrina de describendo circulo, qui tres datos jam sese contingentes contingat, speciali digna erat tractatu. Vix enim alia potest proferri utilior ad Astronomica præsertim, & αὐτόματα Mechanica. Sed de eo Problemate jam ante plures annos rescripsi ad virum clarissimum Iacobum Fleurium Senatorum Parisiensium Decanum, & responsum retuli Variorum sexto. Unum est de quo te moneam, candide Belga. Qui jussus quadratum 2. resolvere, exhibet radicem $\frac{141,421,356}{100,000,000}$ tam perite facit, quam qui radicem exhibet $\frac{141,421,356,237,109,505}{100,000,000,000,000,000}$. Hic plus operæ confert, sed non plus artificii. Sic cum ego adsumo semidiametrum circuli particularum 100, 000, 000 & in iisdem subtensam peripheriæ scrupulorum XVI exhibeo 58, 329 non ideo cedam ei cui vastiores placebunt figuræ & semidiametrum in mille myriadum myriadas protraxerit. Immo vero dicam eum opera & ocio abuti, gnarus nullam inde nasci utilitatem. Abhorrenda autem est ingeniorum crux, & vitanda ματαιοπονία. Quare parallelarum, quibus in gratiam Ludovici tui uteris, constructio quoque hyperbolica est, &, ne me moveant, me vetat candor tuus. Subtilis admodum & peritus ille Logista est, quem & te mihi cupio amicissimos. Vale.

APPEN-

DE PROBLEMATIS, QUORUM GEOME-
TRICAM CONSRUCTIONEM SE NESCIRE
AIT REGIOMONTANUS.

Ixi quædam effe Problemata,quorum Geometricam con-
ftruct̄ionem fe nefcire ait Regiomontanus,quanquam Algebrice, ut loquitur,ea explicet. Confulatur liber fuus de
triangulis. At Algebra, quam tradidere Theon, Apollonius, Pappus, & alii veteres Analyftæ,omnino Geometrica eft , & magnitudines, de quibus quæritur, five re, five
numero ftatim exhibet, aut erit ἄῤῥητον ἢ ἄλογον πρόβλημα

Neque vero

Ego Archimeden, aut ego Eucliden mifer
Verfo diurna, verfo nocturna manu,
Subtilis artis aucupans palmarium.
Sed five lectis quatuor Problematis
Orontianis, atque Stofleri novem,
Vitellionis quinque, Peurbachi tribus,

five alia , quam boni illius Poëtæ, fed aliquando licentiofi , & in Geometricis infeliciffimi, non eft capeffere via,Problemata tamen illa Regiomon-
tani conftruxero.

PROBLEMA I.

DAta bafe trianguli, altitudine, & rectangulo fub cruribus, invenire
triangulum.

Trianguli de quo quæritur efto data bafis AB, altitudo æqualis rectæ A C, rectangulum autem fub
cruribus detur æquale ei quod fit fub A C, A E.
Oportet invenire triangulum, cujus bafis A B, altitudo ipfi A C æqualis, & rectangulum fub cruribus
æquale ei quod fit fub AC, AE. Inclinentur AC,AB
ad angulos rectos, & ipfæ AE, AB fecentur bifariam
in F, D, & per D agatur DG ipfi CAE parallela, in
qua ponatur A G ipfi A F æqualis, & centro G intervallo GA vel GB defcribatur circulus. Denique
per punctum C agatur CK ipfi AB parallela , fecans
circulum in I, K, & connectantur AI, BI. In triangulo igitur AIB , cum ex vertice cadet in bafin AB
perpendicularis I L, ipfa erit altitudini AC æqualis.
Agatur autem diameter IGM, & connectatur MB,
erit triangulum IBM rectangulum , & fimile triangulo IAL. Recti enim funt anguli ILA, IBM, & five anguli IMB five anguli IAB duplam amplitudinem eadem peripheria IB definit. Quare eft ut IL
ad AI, ita IB ad IM. Sed IM eft dupla ipfius AG, & ideo æqualis toti AE. Itaque rectangulum fub IM, IL conftituitur rectangulo fub CA,AE æquale, ergo eidem quoque æquatur rectangulum fub AI, IB. Ad datam itaque bafin AB, & altitudinem IL, feu AC ita
conftitutum eft triangulum AIB , ut rectangulum fub cruribus æquale fit rectangulo fub
AC, AE. Quod erat faciendum.

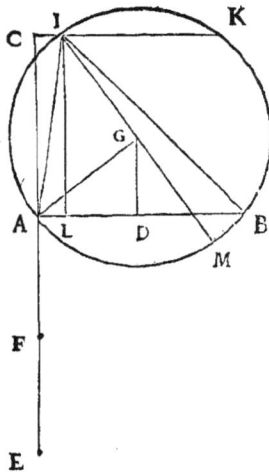

Tt

PROBLEMA II.

Data bafe, altitudine, & ratione crurum trianguli, invenire triangulum.

Oportebit autem, cum bafis fecabitur pro ratione crurum, & rectangulum quod
fit fub fegmentis adplicabitur ad altitudinem, quod inde orietur, non minus effe
differentia fegmentorum bafis.

Sit data trianguli bafis BD, altitudo Z, ratio crurum ut S ad R. Oportet invenire triangulum. Bafis BD fecetur bifariam & ad angulos rectos in C à recta AC quæ fit ipfi Z æqualis,
& per A agatur FAG ipfi BD parallela. Eadem bafis BD fecetur in E ratione crurum ut fit
BE ad ED, ficut S ad R, & agatur HE ipfi AC æqualis & parallela, & ita producatur in I ut
quod fit fub HE, EI fit æquale ei quod
fit fub BE, ED, & fecetur EI bifariam
in K, & centro K intervallo EK vel KI
defcribatur circulus quem AC continuata fecet in punctis L, M, aut demũ
contingat in M. Secabit enim aut continget circulum illum A C. quoniam
cadens in eam ex centro K perpendiculariter erit æqualis ipfi E C, cui ex
cautione adjecta Problemati præfta-
bit aut demum erit æqualis EK femidiameter circuli. Denique acta ME
fecet FG in N, & connectantur BN,
ND. Triangulum igitur conftructum
eft BND, cujus bafis eft data BD, in
quam cadens perpendicularis NO fit
ipfi AC feu Z datæ æqualis. Connectatur autem IM. Sunt igitur triangula
fimilia rectangula NHE, IME, & eft
ut NE ad IE, ita HE ad EM. Quod fit itaque fub NE, EM æquale eft ei quod fit fub HE,
EI, id eft rectangulo fub BE, ED. Quare puncta B, N, D, M funt in circulo. In eo autem fubtenfa BD fecatur bifariam ad rectos angulos ab AC. quare fectio eft per centrum, & funt
peripheriæ æquales BM, MD. angulus igitur BNE angulo END eft æqualis, & ideo eft BN
ad ND, ficut BE ad ED. Triangulum igitur BND defcriptum eft fub data bafe BD, cujus altitudo NO æqualis eft imperatæ Z feu AC, & BN ad ND fe habet, ut BE ad ED feu,
ut S ad R. Quod faciendum erat.

PROBLEMA III.

Data bafe, altitudine, & adgregato crurum trianguli, invenire triangulum.

Sit trianguli data bafis BD, altitudo DF, adgregatum crurum BE. O-
portet invenire triangulum. Centro
B intervallo BE defcribatur circulus
EZH, inclinentur autem DF, DB ad
angulos rectos, ipfaque DF duplice-
tur in G, & per puncta G, D defcribatur circulus GHD circulum HEZ
contingens in H, & fit circuli GHD
centrum A, itaque connectatur AD.
Triangulũ igitur coftructum eft ABD
fub data bafe BD, & funt AD, AH
æqua-

æquales, auctæ videlicet femidiametri circuli GHD. Itaque componitur data BH ex cruribus AB, AD. Connectatur autem AF. Quoniam GD fecatur bifariam in F ab ea quæ eft ex centro (conftructa eft enim GD dupla ipfius DF) ideo fecatur GD in F ad angulos rectos. Cadat igitur in bafin BD perpendicularis AC, erunt AF, CD æquales & parallelæ, atque adeo æquales & parallelæ FD, AC. Eft itaque AC altitudo trianguli ABD. Triangulum igitur ABD conftructum eft fub data bafe BD, habens altitudinem AC æqualem datæ FD, & crurum AB, AD adgregatum æquale eft ipfi BH, id eft BE datæ. Quod faciendum erat.

PROBLEMA IV.

Data bafe, altitudine & differentia crurum trianguli, invenire triangulum.

Trianguli de quo quæritur fit data bafis BD, altitudo DF, differentia crurum BE. Oportet invenire triangulū. Centro B intervallo BE defcribatur circulus EH, inclinentur autem DF, BD ad angulos rectos, ipfaque DF dupletur in G, & per puncta G, D defcribatur circulus GHD circulum HE contingens in H, & fit circuli GHD centrum A. Itaque connectatur AD. Triangulum igitur conftructum eft ABD fub bafe data BD, & funt AD, AH æquales, uterque videlicet femidiameter circuli GHD. Itaque crus AD differt à crure AB per BH, id eft per BE datam. Connectatur autem AF. Quoniam GD fecatur bifariam in F ab ea quæ eft ex centro (conftructa eft enim GD dupla ipfius DF) ideo fecatur GD in F ad angulos rectos. Cadat igitur in bafin BD perpendicularis AC, erunt AF, CD æquales & parallelæ, atque adeo æquales & parallelæ FD, AC. Eft autem AC altitudo trianguli ABD. Triangulum igitur ABD conftructum eft fub data bafe BD, habens altitudinem AC æqualem datæ FD, & ejus crura AB, AD differunt per BH feu BE datam. Quod faciendum erat.

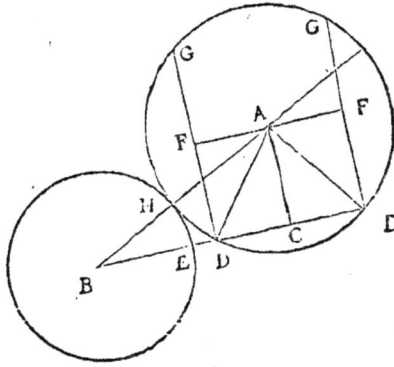

PROBLEMA V.

[Data bafe, altitudine, & angulo verticis invenire triangulum.

Sit data trianguli bafis AC, altitudo CF angulus ad verticem æqualis angulo Z. Oportet invenire triangulum. Inclinentur AC, CF ad angulos rectos. Faciant vero AB, AC angulum æqualem ei quem relinquit è recto angulus Z, intercipiente AB ipfam CF in B puncto. Et per figna A, C, B defcribatur circulus, quem acta per F ipfi AC parallela fecet in G. Dico triangulum AGC ipfum effe quod quæritur. Anguli enim five ABC five AGC duplam amplitudinem eadem definit peripheria AC, quare funt æquales. Sed conftructus eft angulus ABC dato Z æqualis. Tantus eft igitur angulus AGC. Cadat autem in AC perpendicularis GH, erit igitur ipfa trianguli AGC altitudo ac datæ CF æqualis, cæterum AC ipfa eft bafis data. Factum eft igitur quod oportebat.

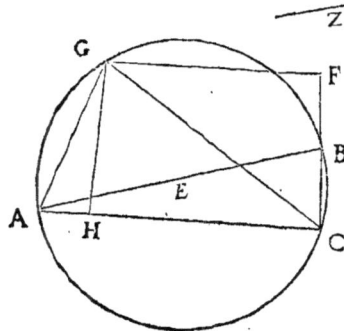

Tt 2   De

De Problemate Raymari.

Problema, quod à Raymaro non fuisse constructum merito conquereris, dum suam propoſuit circuli quadrationem, ita concipio & abſolvo.

P R O B L E M A VII.

Invenire triangulum rectangulum, cujus tria latera ſint proportionalia.

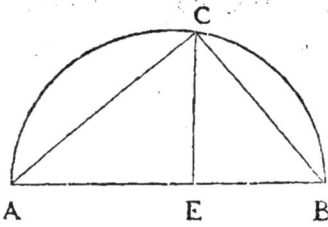

Exponatur linea AB ſecta in E media & extrema ratione, & fiat ea diameter circuli, quem excitata normalis ad E intercipiat in C, & connectantur AC, BC. Triangulum igitur fit rectangulum ACB, cujus latus AC proportionale eſt inter AB, AE. Quoniam vero proponitur AB ſecta media & extrema ratione, ideo proportionales ſunt AB, AE, EB. Sed & proportionales quoque conſtruuntur AB, BC, EB. Sunt igitur AE, BC æquales. Trianguli igitur rectanguli ACB latus AC proportionale eſt inter reliqua duo latera AB, BC. Quod faciendum erat.

Cum vero ita Quadratarii proponunt,

Si trianguli rectanguli latera fuerint proportionalia, latus autem quod angulo recto ſubtenditur, ſtatuatur diameter circuli: majus reliquorum laterum erit quadranti circumferentiæ ejuſdem circuli æquale,

quàm longe abſint à vero ita planum fit.

$$
\begin{aligned}
\text{Sit} \quad & \text{A B} \quad 100,000 \\
\text{Fit A E ſeu} \quad & \text{B C} \quad 61,803 \\
& \text{E B} \quad 38,197 \\
& \text{A C} \quad 78,615
\end{aligned}
$$

Diameter igitur circuli ad quadrantem circumferentiæ ſe haberet, ut 100,000 ad 78,615, & angulus BAC fieret partium xxxvIII II xxII qualium rectus x c. At diameter circuli ad quadrantem circumferentiæ ſe habet proxime ut 100,000 ad 78,540. Et cum latus AC conſtituitur propemodum quadranti circumferentiæ æquale, angulus BAC exiſtit partium xxxvIII IX XLVI.

A P P E N D I C V L A II.

DE PROBLEMATIS QVORVM FACTIONEM GEOMETRICAM NON TRADUNT ASTRO-NOMI, ITAQUE INFELICITER RESOLVUNT.

TOLEMÆVS ipfe, & Ptolemæi paraphraftes Coperni-cus, cum ex tribus Epochis mediis, & totidem adparen-tibus exquirunt fummarum abfidum loca,& Eccentrote-tas vel Epicyclorum femidiametros, Geometras non fe produnt, adfumentes opus tanquam confectum, quod ideo refolvunt infeliciter. Immo vero Copernicus ἀπιχνίαν non folum profitetur, fed docet capite nono libri tertii revolutionum, cum ex Timocharis, Ptolemæi & Albategnii obfervatis ftu-det adfequi maximam proftaphærefin Æquinoctiorum, & Epochas ano-maliæ à limite tarditatis. Jubet enim non jam artis, fed aleæ magifter, cir-culum tandiu revolvi, donec error, quem ex fua ἀγεωμέιρησία nafci agnofcit, tandem fi fors dederit compenfetur. Quare Aftronomos quoque excitabit Apollonius Gallus Adpendicula Secunda. Sane infelici Logifta fuit infeli-cior Geometra Copernicus, itaque omiffa à Ptolemæo omifit, commifit autem quamplurima. Sed ea fupplebimus omiffa & emendabimus commif-fa in Francelinide, in qua etiam exibebimus Epilogifticen motuum cœle-ftium Prutenianam per hypothefes, quas vocant Apollonianas, fi minus placent Ptolemaicæ à motu in alieno centro & hypocentris feu ὀπικυκλῶν περονευύσεσι liberatæ.

P R O B L E M A I.

Dato circulo, & tribus punctis in ejus circumferentia, invenire diame-trum, in quam cum demittentur è datis punctis normales, fegmenta diame-tri à normalibus intercepta datam teneant rationem.

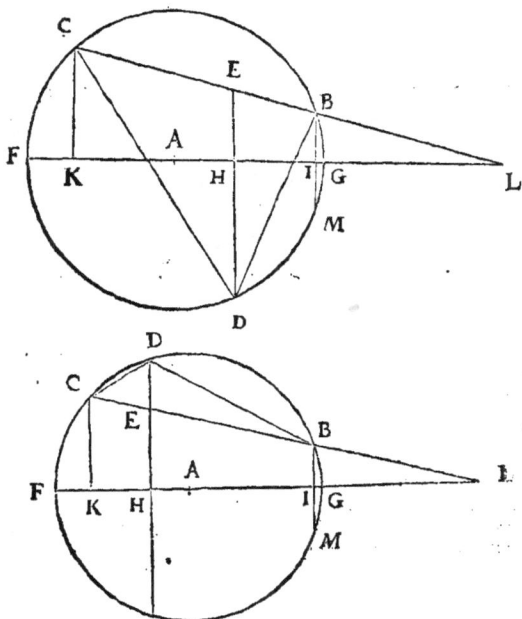

In dato circulo BCD, cu-jus A centrum . fignata fun-to puncta B, C, D. Oportet invenire diametrum illius circuli in quam cum cadent normaliter è punctis B,C,D demiffæ, fegmenta diametri ab iis intercepta datam te-neant rationem. Imperetur ratio fegmentorum à nor-malibus ex fignis B, C, D demiffis interceptorum effe ut S ad R. Secetur CB in E ut fit CB ad BE, ficut S ad R, & jungatur DE quam FG acta è centro fecet in H ad angulos rectos. Dico dia-metrum FG effe quæfitam, in quam cum cadent nor-maliter BI, CK, DH: erit KI ad HI, ficut S ad R. Rectæ enim CB, FG erunt paralle-læ vel non. Quod fi fuerint

344   **A P O L L O N I V S**

parallelæ erunt CB, IK æquales, ac æquales EB, IH, & ideo KI ad HI id est CB ad EB, erunt in ratione data S ad R ex constructione. Quod si sese committant, commissura esto in L, erit igitur ut LC ad LK, ita LE ad LH, & ita LB ad LI, & dividendo & permutando erit KI ad HI, sicut CB ad EB, id est sicut S ad R. Quemadmodum oportebat.

Sic licet datis KH, HI una cum peripheriis BC, CD, BD invenire peripheriam BG, atque adeo Epochas à limitibus, ac ipsam diametrum FG in partibus ipsorum KH, HI. Construatur enim triangulum BDC, erit igitur illud datorum angulorum propter datas peripherias, & ideo datorum quoque laterum in partibus diametri FG. Quare triangulum EBD data in iisdem partibus habebit latera EB, BD, una cum angulo EBD. Ergo dabitur angulus EDB seu DBM, qui ablatus è peripheria BMD, relinquet peripheriam BM, quæ dupla est ipsius BG.

P R O B L E M A   II.

Dato circulo, & duobus punctis in ejus circumferentia signatis, invenire diametrum, in quam, cum demittentur à datis punctis normales, segmentum diametri ab iis normalibus interceptum erit dato æquale.

In dato circulo BC, cujus A centrum, signata sunto duo puncta B, C. Oportet invenire diametrum, in quam, cum demittentur à signis B, C normales, segmentum diametri à normalibus interceptum sit æquale Z datæ. Subtendatur peripheria BC, & fiat recta BC diameter circuli, cui inscribatur CD æqualis ipsi Z. Per centrum autem A agatur EF dia-

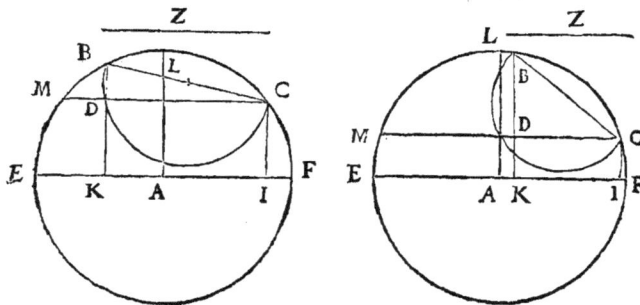

meter circuli BC, ipsi DC parallela. Cum igitur connectetur BD fiet angulus BDC rectus. Et quoniam EF, DC sunt parallelæ, secabit BD ipsam EF ad angulos rectos. Secet in K, & ipsi BK agatur parallela CI, erunt igitur CD, KI æquales. Dato igitur circulo BC, & signatis in ejus circumferentia duobus punctis B, C, inventa est diameter EF, in quam demissis normaliter BK, CI, sit KI æquale segmentum ipsi CD, id est Z dato. Quod erat faciendum.

Sic licet dato adgregato peripheriarum, & adgregato sinuum, qui ad eas pertinent, peripherias & sinus distinguere.

Si quidem A consistat intra signa K, I.   Vel,

Data differentia peripheriarum, & differentia sinuum, qui ad eas pertinent, peripherias & sinus distinguere.

Si quidem K signum consistat intra signa A, I.

P R O B L E M A   IV.

Dato circulo, & signatis in ejus circumferentia tribus punctis, invenire punctum, à quo, cum ducentur tres lineæ rectæ ad signata puncta, inclinabuntur eæ ad angulos datos.

In

In dato circulo, cujus A centrum, signata sunto tria puncta B, C, D. Oportet invenire punctum, à quo acta ad B cum acta ad C faciat angulum æqualem dato angulo ζ, acta vero ad C cum acta ad D angulum æqualem dato angulo φ. Iunctis BC, CD inclinentur CB, BE ad angulos rectos, & sit E signum in periphería. connectendo igitur DE inclinabuntur quoque CD, DE ad angulos rectos. Sumatur autem angulus BCF æqualis complemento anguli ζ, itaque CF intersecet BE in F. Sumatur quoque angulus DCG æqualis complemento anguli φ, ipsaque CG intercipiat DE in G. Porro in actam GF cadat normaliter CI. Ajo I esse punctum quæsitum à quo cum ducentur IB, IC, ID, erit angulus CIB angulo ζ æqualis, angulus vero CID angulo φ. Quoniam enim anguli CBF, CIF constructi sunt recti, ideo puncta CBIF erunt in circulo, cujus diameter CF. Itaque angulo CFB angulus CIB erit æqualis, & ideo angulo ζ, cujus complementum est angulus BCF ex constructione. Æque quoniã anguli CDG, CIG constructi sunt recti, ideo puncta C, D, G, I erunt in circulo, cujus diameter CG. Itaq; angulo CGD

angulus CID erit æqualis, & ideo angulo φ, cujus complementum est angulus D C G ex constructione. Quare factum est quod oportebat.

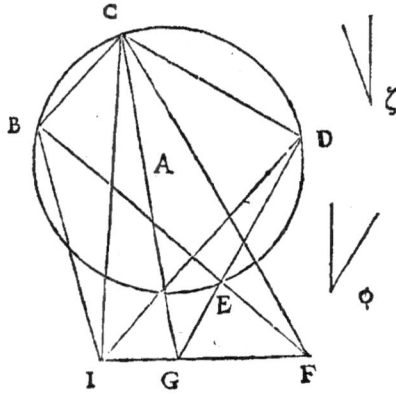

P R O B L E M A V.

Dato triangulo, invenire punctum, à quo ad apices dati trianguli actæ tres lineæ rectæ imperatam teneant rationem.

Sit datum triangulum ABC. Oportet invenire punctum, à quo actæ ad A, B, C apices dati trianguli tres lineæ rectæ imperatam teneant rationem, utpote acta ad A ad actam quidem ad B teneat rationem S ad Q, ad actam vero ad C teneat rationem S ad R.

Sit jam factum, & sit illud punctum E, itaque EA se habeto ad EB quidem licut S ad Q, ad EC vero sicut S ad R. Cum igitur secabitur AB in F ut sit AF ad ad FB, sicut EA ad EB, id est S ad Q, & connectetur EF sectus erit bifariam angulus AEB. Itaque cum in EA sumetur EG ipsi EB æqualis, & connectetur B G, secabitur BG bifariam, & ad angulos rectos à recta EF. Sectur in H, & connectatur FG. Ergo FG, FB erunt æquales.

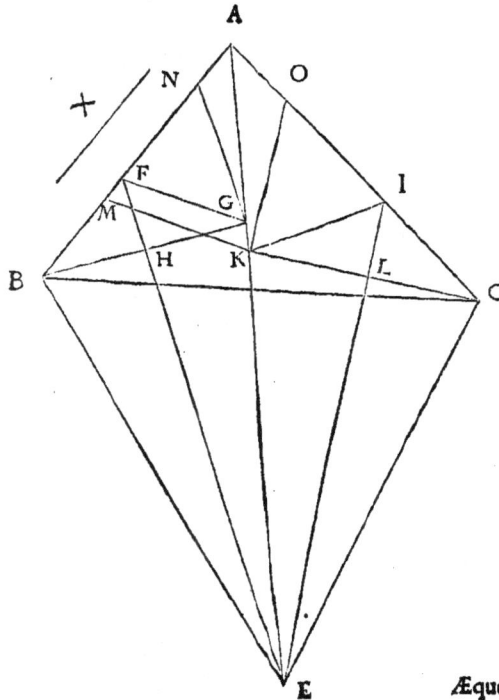

Æque,

Æque, cum fecabitur A C in I, ut fit AI ad IC, ficut EA ad EC, id eft ficut S ad R, & connectetur EI, fectus erit bifariam angulus AEC. Itaque cum in EA fumetur recta EK ipfi
EC æqualis, & connectetur CK, fecabitur CK bifariam & ad angulos rectos à recta EI.
Secetur in L, & connectatur IK. Ergo IK, IC erunt æquales. Ipfi autem FG agatur parallela KM, fecans AB in M. Quoniam data funt latera AB, AC, quæ fecantur data ratione in fignis F, I, ergo dantur AF, FB feu FG & AI, IC feu IK. Et quoniam parallelæ funt
FG, MK, quarum data eft ratio, cum fe habeat FG ad MK, ficut AG ad AK, id eft ut differentia inter S & Q ad differentiam inter S & R, data autem eft FG, ergo dabitur MK.
Qua ratione dabitur etiam AM, cum fit ficut AG ad AK, ita AF data ad AM. Quadran-
guli igitur AMKC, aut (fi coëant in eandem rectam MK, KC) trianguli, data erunt fingula latera, una cum angulo MAC. Ergo data quoque erit AK datum angulum MAC
fecans, atque adeo EK, ob datam rationem EA ad EK.

Componetur autem fic.
Secetur A B in F, ut fit AF
ad FB, ficut S ad Q & AC fecetur in I, ut fit AI ad IC, ficut S ad R. Rurfus AF fecetur in M, ut fit AF ad AM,
ficut differentia inter S & Q
ad differentiam inter S & R,
qua etiam in ratione fit F B
ad X. Et centro M intervallo
æquali ipfi X defcribatur circulus, quem centro I intervallo IC defcriptus fecet vel
contingat in K, & connectatur AK, quæ producatur in
E, ut fit AE ad KE, ficut S ad
R. Ajo E punctum effe quæfitum, à quo cum ducentur
EB, EC erit AE ad BE qui-
dem ficut S ad Q, ad CE ve-
ficut S ad R. Ipfi enim MK
agatur parallela FG fecans
AE in G, & connectantur
BG, CK, EF, EI, ipfaque EF
fecet BG in H, & ipfa EI fecet CK in L. Quoniam igi-
tur conftructæ funt paralle-

læ MK, FG, erit AK ad AG, & MK ad FG ficut AM ad AF, id eft ficut differentia inter S
& R ad differentiam inter S & Q. Qua in ratione facta eft MK, id eft X ad FB. Sunt itaq;
FB, FG æquales, ut etiam CI, IK fumptæ funt æquales. Et eapropter triangula funt æquicrura BFG, KIC. Et quoniam AE ad KE facta eft, ficut AI ad IC, id eft, ficut S ad R, confequenter erit AE ad AK, ficut S ad differentiam inter S & R. Sed AG ad AK, eft ficut differentia inter S & Q ad differentiam inter S & R. Ergo AE ad AG eft, ficut S ad differentiam
inter S & Q. Et componendo AE ad GE eft, ficut S ad Q, id eft, ficut AF ad FB. Iã agatur
GN ipfi EF parallela, fecans AB in N. Erit igitur AE ad GE, ficut AF ad FN. Ergo FN, FB
erunt æquales, & confequenter æquales BH, HG. Trianguli itaq; æquicruri BFG fecta eft
bafis bifariam in H. Ergo ad angulos rectos. Unde triangula rectangula BHF, GHF æqualium funt laterum & angulorum. Ac deniq; triangula rectangula BHE, GHE æqualium
quoq; laterum & angulorum, ac proinde hypotenufa EB hypotenufæ EG æqualis. Eft igitur AE ad GE, ficut S ad Q. Æque ducatur KO ipfi EI parallela. Erit igitur AE ad KE, ficut AI ad IO. Sed eft ficut AI ad IC. Quare erunt IC, IO æquales, & confequenter æquales
KL, LC. Trianguli itaque æquicruri KIC fecta eft bafis KC bifariam in L. Ergo ad angulos rectos. Unde triangula rectangula CLI, KLI æqualium funt laterum & angulorum. Ac denique triangula rectangula CLE, KLE, & proinde hypotenufa C E hypotenufæ EK æqualis. Eft igitur AE ad CE, ficut S ad R. Itaque factum eft quod oportuit.

F I N I S.　　　　　　　　　　　FRAN-

FRANCISCI VIETÆ
VARIORVM DE REBVS MATHE.
MATICIS RESPONSORVM,
LIBER VIII.

CAPVT I.

Problema de duabus mediis, ἄλοϟον.

D E duplicatione cubi interrogatus, quare eam non adgnosceret Geometra, ita respondi.

Lege Geometrica quisquis duce construit, unum
  Ad duo qua data sunt puncta capit medium.
Sed medium duplex illum reperire necesse est,
  Quem movet augendi fabrica jussa Cubi.
Tu numerare potes, numerosque resolvere? binis
  Solvere de mediis arte Problema potes.
Septa Geometra non egressurus, idipsum
  Tentas? in vanum te, miser, excrucias.
Qua caussa? anne illa hac ars est præstantior arte?
  Quodque potest numerus, linea nonne potest?
Est data principium numeri monas, illius omnes
  Ad numeros ratio est nota subinde datos.
Sed nulla est ex se data linea, quæque relata est,
  Quod punctum sola mente subest minimum.
Sic, cum principium mensuræ circulus extet,
  Ponitur ad radium quemlibet ille datum.
Qui vero exercet numeros, male collocat horas,
  Si rectum curvo conciliare studet.
Nempe est ad minimam cycloides linea rectam,
  Ad monadem sicut maximus est numerus.
Infinita Dei vis non datur, ut datur unus,
  Nec punctum est cæli terra quod omnis habet.
Hæc ego perpendens mysteria Numinis alti,
  In scirpo nodum quærere non statuo.

Sane quot veteres construxere Problema περὶ δύο μέζας, confugere εἰς ὀρϟανικήν, quales undecim summi illi artifices, Eudoxus, Plato, Hero, Apollonius, Diocles, Pappus, Sporus, Menechmus, Archytas, Eratosthenes, ac denique Nicomedes, quorum omnium sententiæ extant apud Eutocium in commentariis ad Archimedem, de Sphæra & Cylindro, ut non sine cau-

V v   sa

fa Plutarchus dixerit Problema illud ἄλογον, non quod numeris explicari non poffit, ut γραμμαὶ ἄλογοι dicuntur, fed cujus fabrica non ratione, fed inftrumento conftituatur,

Locus Plutarchi eft in Marcello inquientis.

,, Αππίκ μὲν τὸν πεζὸν ἐπάγοντ⸇ ϛρατιν, αὐτὸς πεντηρεῖς ἔχων ἐξήκοντα, πανταδαπῶν
,, ὅπλων, & βελῶν πλήρεις, ὑπὲρ δὲ μεγάλα ζεύγματ⸇ νεῶν ὄκτω πρὸς ἀλλήλας συν-
,, δεδεμένων μηχανὴν ἄρας, ἐπέπλε πρὸς τὸ τεῖχ⸇ τῷ πλήθει κὴ τῇ λαμπρότητι τῆς
,, παρασκευῆς κὴ τῇ δόξῃ τῇ περὶ αὐτὸν πεπιθὼς. ἧς ἄρα λόγ⸇ οὐδεὶς ἦν Ἀρχιμήδει, κὴ
,, τοῖς Ἀρχιμήδε μηχανήμασιν, ὧν ὡς μὲν ἔργου ἀξίᾳ σπουδῆς, οὐδὲν ὁ ἀνὴρ προύθετο. γεω-
,, μετρίας δὲ παιζούσης ἐγγόνα πάρεργα πλείω, πρότερον φιλοτιμηθέντ⸇ Ἱέρων⸇ τȣ βα-
,, σιλέως, κὴ πείσαντ⸇ Ἀρχιμήδην τρέψαι τι τῆς τέχνης ἀπὸ τ νοητῶν ἐπὶ τὰ σωματικα,
,, κὴ τὸν λόγον ὅμως γέ πως δι᾽ αἰσθήσεως μίξαντα ταῖς χρείαις, ἐμφανέϛερον καταϛῆσαι
,, τοῖς πολλοῖς. ἢ γὰρ ἀγαπωμένην ταύτην κὴ περιβόητον ὀργανικὴν ἤρξαντο μὲν κινεῖν οἱ περὶ
,, Εὔδοξον κὴ Ἀρχύταν, ποικίλοντες τῷ γλαφυρῷ γεωμετρίαν, κὴ λογικῆς ἀποδείξεως
,, οὐκ εὐπορεῖντα προβλήματα, δι᾽ αἰσθητῶν & ὀργανικῶν παραδειγμάτων ὑπερτιθόντες,
,, ὡς τὸ περὶ δύο μέσας ἄλογον πρόβλημα, κὴ ϛοιχεῖον ἐπὶ πολλὰ τ γραφομένων ἀναγ-
,, καῖον, εἰς ὀργανικὰς ἐξῆγον ἀμφότεροι κατασκευὰς μεσογράφȣς τινὰς ἀπὸ καμπύλων
,, γραμμάτων, κὴ τμημάτων μεθαρμόζοντες. Ἐπεὶ δὲ Πλάτων ἠγανάκτησεν, κὴ διε-
,, τείνατο πρὸς αὐτὸς, ὡς ἀπολλύντας κὴ διαφθείροντας τὸ γεωμετρίας ἀγαθὸν. ἀπὸ τ ἀσω-
,, μάτων, κὴ νοητῶν ἀποδιδρασκούσης ἐπὶ τὰ αἰσθητὰ, & προσχρωμένης αὖθις αὖ σώμασι
,, πολλῆς κὴ φορτικῆς βαναύσȣ ἀργίας δεομένης, ὅτω διεκρίθη γεωμετρίας ἐκπεσοῦσα μη-
,, χανικὴ κὴ περιορωμένη πολὺν χρόνον ὑπὸ φιλοσοφίας μία τ ϛρατιωτίδων τεχνῶν ἐγγόνε.

Sunt tamen quidam adeo felicis ingenii, ut falutata Geometria ftatim fe ἄλογα quæque & ἄρρητα adfequi poffe contendant, & excitandi fe caufa fæpe ante triumphum canant & ludant. Publice autem intereft ne ftudiofi opera & ocio abutantnr. Quamobrem in eos ita lufi.

Plura, Mathematici, ne vota vovete caduca,
Decepti niveos nec jugulate boves.
Confecrare libet fi veftra anathemata mentis,
Non ebur, at cornu, fomnia veftra probet.

CAPVT II.

Hiftoria duplicationis cubi.

Hiftoria duplicationis cubi ex epiftola Eratofthenis ad Ptolemæum regem, quam cum Epigrammate recenfet Eutocius, & ex Vitruvio fcitu digna, & jucunda eft.

,,   Βασιλεῖ Πτολεμαίῳ Ἐρατοϛθένης χαίρειν.

,, Τῶν ἀρχαίων τινὰ τραγῳδοποιῶν φασιν εἰσαγαγεῖν τὸν Μίνω τῷ Γλαύκῳ καταϛκευ ά-
,, ζοντα τάφον. πυθόμενον δὲ ὅτι πανταχῇ ἑκατόμπεδ⸇ εἴη, εἰπεῖν,
,,   Μικρόν γ᾽ ἔρεξας βασιλικȣ σηκὸν τάφȣ,
,,   Διπλάσιον ἔϛω.
,, ὁ δὲ τέκτων τῇ Κύβȣ ἐπισφαλεὶς, διπλασιάζων ἕκαϛον κῶλον ἐν πάχει τάφȣ, ἐδόκει
,, διημαρτηκέναι. τῶν γὰρ πλευρῶν διπλασιαϛθεισῶν, τὸ μὲν ἐπίπεδον γίνε᾽ τετραπλάσιον,
,, τὸ δὲ ϛερεὸν ὀκταπλάσιον. ἐζητεῖτο δὴ κὴ παρὰ τοῖς γεωμέτραις, τίνα ἄν τις τρόπον τὸ δο-
,, θὲν ϛερεὸν διαμένον ἐν τῷ αὐτῷ σχήματι διπλασιάσειεν. καὶ ἐκαλεῖτο τὸ τοιȣτον πρόβλημα.

μα, κύβου διπλασιασμὸς· ὑποθέμενοι γὸ κύβον ἐζήτεν τῦτον διπλασιάσαι· πάντων ἣ ,,
διαπορύτων ἐπὶ πολὺ χρόνον, πρῶτον Ἱπποκράτης ὁ Χῖ۞ ἐπενόησεν,ὅτι ἐὰν εὑρεθῇ δύο ,,
εὐθειῶν γραμμῶν, ὧν ἡ μείζων τῆς ἐλάσσον۞ ἐςὶ διπλασία, δύο μέσας ἀνάλογον λαβεῖν ,,
ἐν συνεχεῖ ἀναλογίᾳ, διπλασιασθήσε�] ὁ κύβ۞, ὥς τε τὸ ἀπόρημα αὐτῦ εἰς ἕτερον οὐκ ,,
ἔλασσον ἀπόρημα κατέςρεφεν. χὴ χρόνον τινὰ φασὶν Δηλίας ἐπιβαλομένης νόσῳ χὴ ,,
μεμψαμένοις ἢ τὰς παρὰ τῷ Πλάτωνι ἐν ἀκαδημίᾳ γεωμέτρας, ἀξιῶν αὐτοῖς εὑρεῖν τὸ ,,
ζητύμενον.τῇ ἢ Φιλοπόνως ἐπιδιδόντων ἑαυτοῖς, χὴ ζητύντων, δύο δοθεισῶν δύο μέσας λαβεῖν, ,,
Ἀρχύτας μὲν ὁ Ταραντῖν۞ λέγε] διὰ τ ἡμικυλίνδρων εὑρηκέναι, Εὔδοξ۞ ἢ διὰ τ κα- ,,
λυμένων καμπύλων γραμμῶν συμβέβηκε ἢ πᾶσιν αὐτοῖς ἀποδεικτικῶς γεγραφέναι· χὴ ,,
παρεγῦσαι ἢ, χὴ εἰς χρείαν πεσεῖν μὴ δύνασθ, πλὴν ἐπὶ βραχύ τι τῦ Μενέχμυ, χὴ ταῦτα ,,
δυσχερῶς. ἐπινενόηται δέ τις ὑφ᾽ ἡμῶν ὀργανικὴ ῥαδία δι᾽ ἧς εὑρήσομεν, δύο τ δοθεισῶν ὀ ,,
μόνον δύο μέσας, ἀλλ᾽ ὅσας ἄν τις ἐπιτάξῃ. τύτυ εὑρισκομένυ δυνησόμεθα καθόλυ τὸ ,,
δοθὲν ςερεὸν παραλληλογράμμοις περιεχόμενον εἰς κύβον καθιςάναι, ἢ ἐξ ἑτέρυ εἰς ἕτερον ,,
σχημαΐζειν, χὴ ὅμοιον ποιεῖν χὴ ἐπαύξειν διατηρῦντας τ ὁμοιότητα. ὥς τε χὴ βωμὺς ,,
χὴ ναὺς. δυνησόμεθα ἢ χὴ τὰ ὑγρῶν μέτρα, χὴ ξηρῶν, λέγω ἢ οἷον μετρητὴν μεδί- ,,
μνων εἰς κύβον καθιςάναι, χὴ διὰ τῆς τύτυ πλευρᾶς ἀναμετρεῖν τὰ τύτων δεκτικὰ ἀγ- ,,
γεῖα πόσον χωρεῖ. χρήσιμον ἢ ἔςαι τὸ ἐπινόημα, ϗ τοῖς βυλομένοις ἐπαύξειν καταπαλτικὰ ,,
ϗ λιθοβόλα ὄργανα. δεῖ γὸ ἀνάλογον ἅπαντα αὐξηθῆναι, ϗ τὰ πάχη, ϗ τὰ μεγέθη, ϗ ,,
τὰς κατατρήσις, ϗ τὰς χοινικίδας, ϗ τὰ ἐμβαλλόμενα νεῦρα, εἰ μέλλει ϗ ἡ βολὴ ἀνά- ,,
λογον ἐπαυξηθῆναι· ταῦτα ἢ ὀ δυνατὰ γινέθ ἄνευ τῆς μέσων εὑρέσεως. ,,

Εἰ κύβον ἐξ ὀλίγυ διπλάσιον ὦ γάθε τεύχειν ,,
Φράζεαι, τὴν ςερεὴν πᾶσαν ἐς ἄλλο φύσιν ,,
Εὐμεταμορφῶσαι, τὸ δέ τοι παρὰ κἂν σύγε μάνδρην ,,
ἢ σίρον, ἢ κοίλυ φρείαΤ۞ εὐρὺ κύτ۞ ,,
Τῇ δ᾽ ἀναμετρήσαιο μέσας ὅτε τέρμασιν ἄκροις ,,
συνδρομάδας διςσῶν ἐντὸς ἕλης κανόνων. ,,
Μὴ ἢ σύγ᾽ Ἀρχύτεω δυσμήχανα ἔργα κυλίνδρων, ,,
μὴ ἢ Μενεχμείυς κωνοτομεῖν τελάδας ,,
Δίζηαι. μηδ᾽ εἴ κι θεΰ δέ۞ Εὐδόξοιο, ,,
καμπύλον ἐγγραμμαῖς εἶδ۞ ἀναγράφεται. ,,
Τοῖς δέ τε ἐν πινάκεσσι μεσόγραφα μυρία τεύχοις, ,,
ῥεῖα κεν ἐκ παύρυ πυθμέν۞ ἀρχόμεν۞. ,,
Εὖ αἰὼν Πτολεμαῖε πατὴρ ὅτι παιδὶ συνήων ,,
πάνθ᾽ ὅσα ϗ μύσαις ϗ βασιλεῦσι φίλα. ,,
Αὖτις ἐδωρήσω τόδ᾽, ἐς ὕςερον ὕρανιε ζεῦ ,,
ϗ σκήπτρων ἐκ σῆς ἀνλιάσφε χερός. ,,
Καί τὰ μὲν ὡς τελέοιτο δέ τις αὔδεμα λεύσσων ,,
τῦ Κυρηναίυ τῦτ᾽ Ἐρατοσθέν۞. ,,

,,
,,
,,

Vitruvius libro IX. Capite II.

Transferatur mens ad Archyta Tarentini, & Eratosthenis Cyrenai cogitata. ,,
Hi enim multa & grata à Mathematicis rebus hominibus invenerunt. Itaque cum ,,
in cæteris inventionibus fuerint grati, in ejus rei concertationibus maximè sunt ,,
suspecti. Alius enim alia ratione explicare curavit quod Delo imperaverat respon- ,,
sis Apollo, uti ara ejus quantum haberet pedum quadratorum id duplicaretur, & ita ,,
fore ut ij qui essent in ea insula tunc religione liberarentur. Itaque Archytas hemi- ,,

V v 2
cylin- ,,

„ *cylindrorum deſcriptionibus, Eratoſthenes organica Meſolabi ratione idem ex-*
„ *plicaverunt.*

Ut autem Eratoſthenes de ſuo invento conſecravit mentis anathema, ſic ante Eratoſthenem

Ηνικε Πυθαγόρης τὸ περίκλεες ὕρατο γράμμα
Κεῖν᾽ ἐφ᾽ ὅτῳ κλυνίω ἤγαγε βκθυσίλω.

Et poſt Eratoſthenem

Τρεῖς γραμμας ὀπὶ πέντε τομαῖς ὕρων ἑλικωδέα
Περσὕς. τ᾽ δ᾽ ἕνεκα δαίμονας ἱλάσατο.

CAPVT III.

Protaſes Cyclotomicæ.

PRotaſes Cyclotomicæ non ſunt folia Sibyllæ, ſi non ex vi verborum, ſed ex veriſimili mente proponentis candide & ſecundum Mathematicos interpretationem accipiant.

Protaſes.

„   *Quid eſt quæ ſpacium rotatile orbis*
„ *Quadro limite contrahit poteſtas ?*
„ *Quid pomœria quæ rotunda circi*
„ *Curvis linea finibus coërcet ?*
„   *Ambas reddere poſſit an Logiſta*
„ *Argutis numeris? an hanc, an illam,*
„ *An neutras? Data circuli poteſtas*
„ *Cui ſit debita circulo? Poteſtas*
„ *Quod ſegmen data ſegminis requirat ?*
„ *Et quantum modulum in dato orbe circi?*
„ *Et quæ ſegminis eſt dati poteſtas?*
„ *Quævis ſcalpra trifariam ſecare.*
„ *In partes totidem angulum ſecare.*
„   *Hos ſi ſolveris, ô Poëta, nodos,*
„ *Si non ſolvero ego hos, Poëta, nodos,*
„ *Tu ſis Phœbus, & ipſe ſim* * lacuna *

Primæ propoſitionis conſtructio eſt.
Quid eſt] quænam eſt. *Poteſtas*] figura plana. *Quadro limite*] quadrata. *Quæ contrahit*] quæ æquat. *Spacium rotatile orbis*] circulum.
Secundæ.
Quid linea] quænam eſt linea. *Quæ coërcet*] quæ terminat. *Finibus curvis*] punctis. *Pomœria rotunda circi*] circulum.
Tertiæ.
An Logiſta] an Geometra. *Poſſit reddere*] poſſit oſtendere. *Ambas*] lineam rectam, cujus quadratum eſt æquale circulo, & circumferentiam circuli. *Argutis numeris*] ſe habere inter ſe ut numerum ad numerum, vel non. alteram alteri eſſe commenſurabilem, vel incommenſurabilem. *An hanc, an illam, an neutras ?*] bene perſpicuis demonſtrationibus.
Quartæ.
Cui circulo ſit debita] cui circulo æquetur. *Data poteſtas*] datæ lineæ rectæ quadratum. *Circuli*] æquandum circulo.

Quin-

Quintæ.

In dato orbe circi] in dato circulo. *Quod segmen requirat*] cui segmento æquetur. *Data potestas*] datæ lineæ rectæ quadratum. *Segminis*] æquandum segmento.

Sextæ.

In dato orbe circi] ad datum circulum. *Quantum modulum requirat*] quam analogiam habeat. *Data potestas*] datæ lineæ rectæ quadratum. *Segminis*] æquandum segmento.

Septimæ.

Quæ est potestas] quæ est linea recta, cujus quadratum est æquale. *Dati segminis*] dato segmento circuli.

Octavæ.

Quavis scalpra] datum sectorem circuli majorem. *Secare trifariam*] secate in ratione imperata.

Nonæ.

Angulum] datum sectorem circuli minorem. *Secare trifariam*] secare in ratione imperata.

Etsi autem insolens fortassis videbitur constructio, tamen omnino necessaria est, ut propositiones sint in tuto, quas alioquin ita conciperet Geometra.

1 Dato circulo invenire quadratum æquale.

2 Invenire lineam rectam circumferentiæ dati circuli æqualem.

3 Ostendere latus quadrati circulo æqualis esse incommensurabile vel commensurabile diametro.

4 Dato quadrato invenire circulum æqualem.

5.& 6.Datum circulum ita secare,ut segmentum æquale sit dato quadrato.

7 Dato circuli segmento invenire quadratum æquale.

8. & 9. Datam circumferentiam circuli secare in ratione imperata.

Epilogus Poëtica est.

CAPVT IV.

Μεσόγραμμον. *Radius.* Μετρικὴ τέχνη. *Scalprum.* Δύναμις.
Dies Septimanæ.

Διοτὰ λαϐεῖν μεσόγραμμα non est δύο δοθησῶν ὀρθῶν δύο μέσας ἀνάλογον ἑρεῖν ἐν συνεχεῖ ἀναλογία.Non magis διοτὰ μεσόγραμμα sunt duæ mediæ lineæ quam διοτὰ παραλληλόγραμμα duæ lineæ parallelæ,vel διοτὰ ὀρθύγραμμα duæ rectæ, διοτὰ μελανόγραμμα duæ nigræ,πολύγραμμα plures, πεντέγραμμα quinque,ac denique μονόγραμμον linea una. Παραλληλόγραμμα, ὀρθύγραμμα, περιφερόγραμμα, καμπυλόγραμμα, & similia adjectiva à voce γραμμῆς deducta sunt schemata & figuræ, quæ lineis interstinguuntur.

¶ Radius elegans est verbum quo dimidia dimetiens circuli significetur. Cicero in Timæo.

„ Et globosus fabricatus est mundus quod Græci σφαιροῶδες vocant, cu-
„ jus omnis extremitas paribus à medio radiis attingitur. Virgilius secundo
„ Georgicωn.

„ *Hinc* (id est, è Sylvis) *radios trivere rotis Agricola.*
Ovidius secundo Metamorphoseωn.

„ *Aureus axis erat, temo aureus, aurea summæ,*
„ *Curvatura rotæ, radiorum argenteus ordo.*

Plato

Plato autem in eo quem Tullius interpretatus est Timæi loco vocem ἄκλινῷ non usurpavit.

❡ Non vox Metricæ pro Geometria, sed Geometriæ vox pro Metrica recepta est. Plato in Philebo; τὸ δ̓ε λογιϛικὴ κỳ μετεικὴ κỳ τἰω τεκτονικὴν κỳ κατ᾿ ἐμπειρικἰω τῆς κỳ Φιλοσοφίαν γεωμετρίας τε κỳ λογιϛικῶν κỳ καταμελετωμένων πότερον ὡς μία ἑκάτερα, χεκτέον ἢ δύο τιθῶμῳ. Idem libro VII. de Republica Geometriam ponit τἰω πεὶ τ̔ ᾿επίπεδῶ πραγμαΐείαν. At μάθημα πεὶ τ̔ τ κύϐων αὔξην κỳ τὸ βάθῷ μετέχον ἄπω δοκεῖ εὑρᾶχ̓ᾳ , κỳ τῇ ζητήσζ γελοίως ἔχς. Et dicebatur Stereometria quam usu tamen Geometriam quoque σφόδρα γελοῖον ὄνομα, ut est in Epimenide, tandem vocaverunt.

❡ Σκυτοτόμῷ secat apud Platonem τμεῖ κỳ σμίλη. τμιεὺς figura Geometrica est. Ergo σμίλη figura quoque erit Geometrica. Vix scalpra & formas ita emerim non sutor ad locupletandum Mathemata. Artificum enim organa à figuris Geometricis designantur. At figuras contra Geometricas ab artificum organis denominari non sinet Plato. Quinimmo dixerit illud esse τὸ γεωμετρίας ἀγαθὸν διαφθείρδν ἀπὸ τ̔ ἀζωμάτων κỳ νοητῶν ἀποδιδρασκέσης ᾿επὶ τὰ αἰσθητά.

❡ Δύναμις lineæ rectæ non est ipsa linea recta, aliave longitudo, sed planum. Δύναμις circuli non est circulus, aliave figura plana, sed plano-planum. Est δυναμοδύναμις. Plana planis, plano-plana plano-planis comparentur. Nemini licet à lege homogeneorum deflectere.

❡ De diebus septimanæ insignis est & singularis apud Dionem locus libro XXXVII. Sic enim ait ille.

Dion Caffius lib. 37.

,, Τὸ δ̓ε δὴ ᾿ες τὰς ἀϛέρας τὰς ᾿επτὰ τὰς πλανήτας ὠνομασμένας τὰς ἡμέρας ἀνακεῖϛαι,
,, κατεσμἰω ὑπ᾿ Αἰγυπίίαν, πάρεϛι δ̓ε κỳ ᾿επὶ πάντας ἀνθρώπες, ἐ πάλαι πότε, ὡς λόγῳ
,, ᾿ειπεῖν, ᾿εξ᾿άμϐλον οἱ γοῦν ᾿αρχαῖοι Έλληνες ᾿ϐδαμῇ αὐτὸ (ὅσα γέ ᾿εμὲ ᾿ειδέναι) ᾑπίϛαντο, ᾿αλλ᾿
,, ᾿επ᾿δὴ κ πάνυ νῦν τοῖς τε ᾿άλλοις ᾿άπασι κỳ αὐτοῖς κỳ τοῖς Ῥωμαίοις ᾿επιχορλάζς, κỳ ᾿ήδη
,, κỳ τϐτο σφισι πάτριον τρόπον τινὰ ᾿εϛι βραχὺ τι πεὶ αὐτϐ διαλεχθῆναι βϐλομῳ, πῶς
,, τε κỳ τίνα τρόπον τϐτο τέτακ). ᾔκϐσα ἢ δύο λόγϐς, ᾿άλλως μὲν ᾐ χαλεπϐς γνωθῆναι
,, θεωρίας τινὰς ᾿εχομένϐς. ᾿ει γάρ τις τ̔ ᾿αρμονίαν τ̔ διὰ τοσάρων καλϐμένην (ᾕπερ πϐ κỳ
,, τὸ κῦρος τῆς μϐσικῆς συνέχζν πεπίϛδ)) κ ᾿επὶ τὰς ᾿αϛέρας τϐτας ὑφ᾿ ὧν ὁ πᾶς τϐ ϐρανϐ
,, κόσμῷ διείλημαι, κỳ τ̔ τάξιν καθ᾿ ἣν ᾿έκαϛῷ αὐτῶν πεπρϐ/ζ) κỳ ᾿επάγ). ᾿εξά-
,, μϐϛ ᾿απὸ τῆς ᾿έξω πειφοιᾶς τῆς τϐ Κρόνϐ διδομένης, ᾿επζα διαλιπὼν δύο τὰς ᾿εχομέ-
,, νας τ̔ τῆς τετάρτης δεσπότην ᾿ονομάσζ, κ μετ᾿ αὐτὸν δύο αὖ ᾿ετέρας ᾿ζατεϐας ᾿επὶ τ̔ ᾿εϐδό-
,, μην ᾿αφίκϐιτο, κ᾿ν τῷ αὐτῷ πϐτῳ τρόπῳ αὐτὰς ᾿επιὼν τὰς ᾿εφόρϐς σφῶν
,, θεὰς ᾿ανακυκλῶν ᾿επιλέγι, τὰς ἡμέρας εὑρήσζ πάσας αὐτὰς μϐσικῶς πῶς τῇ τϐ ϐρανϐ
,, διακοσμήσζ πεοσηκϐσας. ᾿εις μὲν δὴ τϐτῷ λέγεται λόγῷ. ᾿έτεϐῷ δὲ ὅδε τὰς ᾿ώρας τῆς
,, ἡμέρας κỳ τῆς νυκτὸς ᾿απὸ τῆς πεώτης· ᾿εξάμϐϛ ᾿αριθμεῖν κỳ ᾿εκείνην μὲν τῷ Κρόνῳ δι-
,, δϐς, τ̔ δὲ ᾿επιϐτ̔α τῷ Διΐ, κ τρίτην ᾿Αρεῖ, τ̔άρτην Ἡλίῳ, πέμπην Ἀφροδίτῃ, ᾿εκτην Ἑρμῇ,
,, κỳ ᾿εϐδόμην Σελήνῃ, κỳ τ̔ τάξιν τ̔ κύκλων καθ᾿ ἣν οἱ Αἰγύπιοι ποιαύτην νομίζϐσι, κỳ
,, τϐτο κỳ αὖθις τρίπας. πάσας γ᾿ ϐτως τὰς τέσαρας κ ᾿είκοσιν ᾿ώρας πεελθὼν εὑρήσζ τ̔
,, πεώτην τῆς ᾿επιϐσης ἡμέρας ᾿ώραν ᾿ες τ̔ Ἥλιον ᾿αφικνϐμένην κ τῶν κ᾿ ᾿επ᾿ ᾿εκείνων τ̔ ποσά-
,, ρων κỳ ᾿είκοσιν ᾿ωρῶν κỳ τ̔ αὐπὸν τοῖς πεόσθεν λόγον πεάξας τῇ Σελήνῃ τ̔ πεώτην τῆς τρίπης
,, ἡμέρας ᾿ώραν ᾿αναθήσζς. κỳ ᾿ϐτω ᾔ διὰ τ̔ λοιπῶν πορδύση τ̔ πεοσήκϐντα ᾿εαυτῇ θεὸν ᾿εκάϛη
,, ἡμέρα λήψζ). ταῦτα μὲν ᾿ϐτω παραδέδοϐ).

Id

Id eſt ex interpretatione Xylandri.

Quod autem dies ad ſeptem ſidera illa quos planetas appellarunt refe-
runtur, id ab Ægyptiis haud ita dudum, ut paucis dicam, inſtitutum ad omnes homines dimanavit. Nam priſcis Græcis, quantum mihi conſtat, notus
hic mos non fuit, & quandoquidem is nunc & apud omnes homines ubique
& præſertim apud Romanos uſitatus eſt, paucis qua ratione & quo pacto
ita inſtitutus ſit diſſeram. De quo duos ſermones accepi haud ita difficiles
cognitu, contemplationi tamen cuidam innitentes. Nam ſi quis harmoniam
eam quæ dia teſſaron vocatur (quæ alioquin in Muſica primas obtinere cre-
ditur) etiam ad iſthæc ſidera quibus omnis cæli ornatus conſtat, ita transfe-
rat, quemadmodum ordo converſionis unjuſcujuſque eorum exigit, fa-
ctoque ab extremo ambitu quem Saturno tribuunt initio, dein proxime ſequentes duos motus præteriens quarti dominium recenſeat, iterumque ab
eo duobus proxime præteritis ad ſeptimam converſionem deveniat. Atque hoc modo diebus ſingulis eorum inſpectores gubernatoreſqʒ Deos in
orbem rediens deligat, aſſignetque. Is inveniet omnes dies Muſica qua-
dam ratione cæleſti adminiſtrationi congruere. Atque hæc prior fertur ratio. Altera hæc eſt. Horas tam diei quam noctis numera à prima incipiens
eamque Saturno tribue, ſequentem Jovi, tertiam Marti, quartam Soli,
quintam Veneri, Mercurio ſextam, ſeptimam Lunæ ſecundum ordinem
orbium quem eo quo perhibui modo Ægyptii tradunt, hocque aliquoties
facto ubi per viginti quatuor horas circumiveris, primam ſubſequentis diei
horåm invenies Soli obtingere. Jam ſi hujus quoque diei horas viginti quatuor eodem modo tractes, ad Lunam referes primam tertiæ diei horam.
Sique eodem modo reliquos etiam dies percurreris, quævis dies ſibi congruentem Deum accipiet. Atque hæc quidem ita perhibentur.

Capvt V.

Περὶ δύο μέσας Πρόβλημα, cum extrema ſunt in ratione dupla.

IN Supplemento Geometrico adnotata eſt ex Poriſticis methodus deſcri-
bendi compendioſe εἰς κύβȣ διπλασιασμὸν quatuor lineas rectas ἐν συνεχῆ
ἀναλογίᾳ cum extremæ ſunt in ratione dupla. Placet igitur hoc loco via Syn-
theſeos idem opus demonſtrare.

Propositio.

Deſcribere quatuor lineas rectas continue proportionales, quarum extremæ ſint in ratione dupla.

Centro A intervallo quocunque deſcribatur circulus, & acta diametro BAC, ſumatur BD circumferentia hexagoni. Et ſubtendantur BD, DC, & in DB continuata ponatur CE ſecans circulum in F, ita ut FE fiat æqualis ipſi BD ſeu AD vel AC ſemidiametro
circuli, & connectatur FD. Dico continue proportionales eſſe EF, EB, FD, BC.
Quoniam enim triangula EFD, EBC angulum habent ad E communem, ipſi autem
angulo ECB angulus FDE eſt æqualis, cum utriuſvis amplitudinem duplam definiat
eadem circumferentia BF, ideo angulus EFD angulo EBC eſt æqualis, reliquus videlicet
reliquo. Itaque ſimilia triangula ſunt EFD, EBC, & vi ſimilitudinis eſt ut EF ad EB, ita
FD ad BC.
Porro acta CD agatur æqualis & parallela BG, ſecans EC in H, & ad H educatur HI
ipſi EC perpendicularis, ſecans ED in I, & connectantur GF, FB. Triangula igitur rectangula

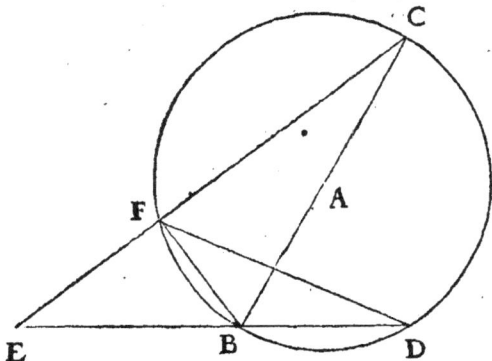

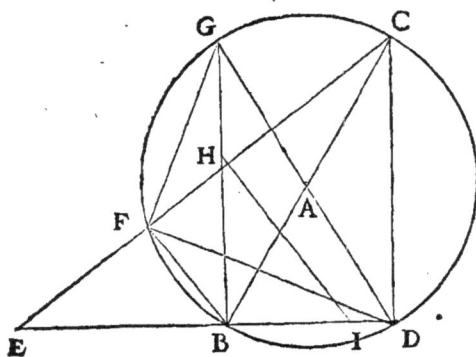

ctangula sunt EFB, DFG. Anguli enim ad F recti sunt. Sed & anguli FBC duplam amplitudinem definit circumferentia CGF. Consequenter anguli exterioris, videlicet FBE amplitudinem duplam definit circumferentia FBD, angulus igitur FBE angulo FGD est æqualis, & reliquus reliquo. Quare triangula EFB, DFG similia sunt. Ipsi autem EFB simile est triangulum EHI, quia parallelæ sunt FB, HI, utraque secans EC perpendiculariter, hæc ex constructione, illa ex vi circuli.

Est igitur ut FD ad DG, ita EH ad EI, & ut EF ad EB, ita EH ad EI. Est autem ut EF ad EB, ita EB ad EH, propter triangulorum quoque EFB, EBH similitudinem. Quare proportionales sunt continue EF, EB, EH, EI. Sed ex ratione parallelarum est quoque ut BD id est EF ad EB, ita HC ad EH. Quare HC, EB sunt æquales. Dico EI quoque æquari BC.

In triangulo enim EBC obliquangulo, cujus altitudo CD, quadratum ex EC æquale est quadratis ex BC, EB singulis, una cum eo quod fit sub EB, BD bis. Ipsum vero quadratum ex EC, æquale quadratis ex EH, HC singulis una cum eo quod fit sub EH, HC bis. Vtrinque auferatur quadratum ex HC seu EB. Quadratum igitur ex EH una cum eo quod fit sub EH, EB bis, æquatur quadrato ex BC una cum eo quod fit sub EB, BC, id est, æquatur facto sub BC & composita ex EB, BC. Sed quadratum ex EH valet factum sub EB, EI. Facto autem sub EH, EB bis, æquatur factum sub EF, EI bis, factumve sub BC, EI. Quare factum sub EI & composita ex EB,BC, æquatur facto sub BC & composita ex EB, BC. Est igitur BC æqualis EI, & sunt continue proportionales EF, EB, EH, BC. Sed erat ut EF ad EB, ita FD ad BC. Quare FD quoque est æqualis ipsi EH, & fiunt continue proportionales EF, EB, FD, BC. Primæ autem EF extrema BC est dupla. Est enim BC diameter, & ipsa EF constructa est semidiametro æqualis. Constructæ sunt igitur quatuor lineæ rectæ continue proportionales EF, EB, FD, BC, quarum extremæ sunt in ratione dupla. Quod erat faciendum.

Est autem Mechanice bene obvia & absolvitur una, quod ajunt, circini adapertura.

Sit EF	100,000,000.	I.	
Fit EB	125,992,105.	II.	ἐγγίσα.
FD	158,740,105.	III.	ἐγγίσα.
CB	200,000,000.	IV.	ἀκριβῶς.

ΣΧΟΛΙΟΝ.

Cum jubetur Arithmeticus inter 1 & 2 exhibere numerum medium proportionalem, ille vero responderit non exhiberi, quoniam numeri extremi 1 & 2 non sunt similes plani, tam apte in ea hypothesi solvit Problema de uno medio, quam si juberetur inter 1 & 4 exhibere medium proportionalem, & exhibuerit,

hibuerit 2. *Problema enim Arithmeticum* Inter duos numeros datos invenire numerum medium proportionalem, *intelligitur, si modo dati extremi sint similes plani , id est , invenire medium, si quidem sit aliquis medius. Sic cum jubetur inter* 1 *&* 2 *exhibere duos medios continue proportionales, ille vero responderit non exhiberi , quoniam extremi* 1 *&* 2 *non sunt similes solidi, tam apte in ea hypothesi solvit Problema de duabus mediis , quam si juberetur inter* 1 *&* 8 *exhiberi duos medios numeros continue proportionales , & exhibeat* 2 *&* 4. *Problema enim Arithmeticum* Inter duos numeros datos invenire duos medios numeros continue proportionales, *intelligitur, si modo dati numeri sint similes solidi. Similitudinem autem numerorum arguit Arithmeticus statim ac in specie dati sunt numeri. Cum autem Geometra profitetur inter datas duas lineas rectas invenire se mediam proportionalem, non satisfacit Problemati, nisi eam exhibeat, sive datæ extrema se habeant in ratione quadrati numeri ad quadratum numerum , sive in alia quacunque, quoniam media illa de qua quæritur est re ipsa. Neque enim ut in numeris, sic in lineis perpetua est symmetria. Æque si quis profiteatur inter datas duas lineas rectas invenire se duas medias continue proportionales ; non satisfaciet Problemati, nisi eas exhibeat, sive data extrema se habeant in ratione cubi numeri ad cubum numerum , sive alia quacunque. cum dua illa media quæsita sint re ipsa. Plane, datis duabus lineis rectis habentibus inter se proportionem numeri cubi ad numerum cubum, licebit invenire Geometrice duas medias continue proportionales. invenietur enim maxima datarum communis mensura , qua metietur datas per numerum cubum. Metiatur sane primum octies, quartam vicies septies. Prima igitur ad secundam per resolutionem Arithmeticam erit ut duo ad tria. Itaque qualium partium prima erit octo , talium secunda erit duodecim. Fit autem Geometrice ut numerus ad numerum , ita linea recta ad lineam rectam. Sed eam habitudinem numeri cubi ad numerum cubum oportebit ex lege quæstionis proponi, quoniam ut eam arguit Arithmeticus numerorum qui proponuntur, artificiosa, unitatis vi, resolutione, non ita Geometra suarum linearum, quarum nulla datur ex se, constructione.*

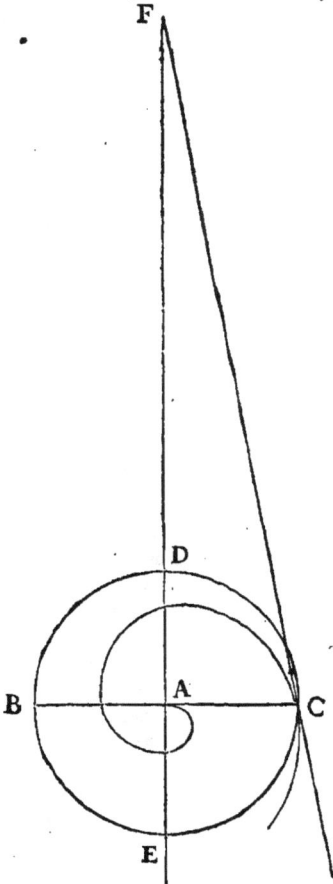

Capvt VI.

Vsus volutarum in dimensione circuli.

QUæ ad dimensionem circuli pertinent Problemata, soleo, missa facta Dinostrati, Nicomedis , & Hippiæ linea τετραγωνιζούση , ea per Helicas Archimedeas, feliciores, meo quidem judicio, & elegantiores, quando earum vis dignius quam solet expenditur, ita absolvere.

Propositio I.

Invenire lineam rectam circumferentiæ dati circuli æqualem.

Sit datus circulus cujus A centrum, diameter BAC. Oportet invenire lineam rectam circumferentiæ dati circuli æqualem.

Diametrum BC secet perpendiculariter diameter DE , & describatur helix, cujus principium A, principium vero conversionis recta AC. Tangat autem helicem in C puncto recta CF, abscindens AD continuatam in F. Dico rectam AF toti cir-

cum-

cumferentiæ dati circuli sub A centro descripti esse æqualem. Ex demonstratis ab Archimede propositione xxviij περὶ ἑλικῶν.

PROPOSITIO II.

Invenire quadratum dato circulo æquale.

At per primam Archimedis ἐν κύκλυ μετρήσι triangulum rectangulum cujus altitudo
æqualis est perimetro circuli, basis semi-diametro, circulo est æquale. Area autem cujusvis trianguli est æqualis ei quod fit plano à base in dimidium altitudinis. Quod igitur fiet
ex semiperimetro, & semidiametro circuli exit æquale circulo. Quare inter semidiametrum circuli, & lineam rectam æqualem semi-circumferentiæ sumatur media proportionalis, à qua efformetur quadratum. Erit igitur illud circulo æquale.

PROPOSITIO III.

Invenire circulum dato quadrato æqualem.

Exponatur circulus quilibet, & is quadretur. Et fiat ut latus quadrati circulo exposito
æqualis, ad latus dati quadrati, ita semidiameter expositi ad aliam rectam. Erit igitur alia
illa recta semidiameter inveniendi circuli. Describatur itaque ex postulato circulus. Ergo
descriptus dato quadrato erit æqualis.

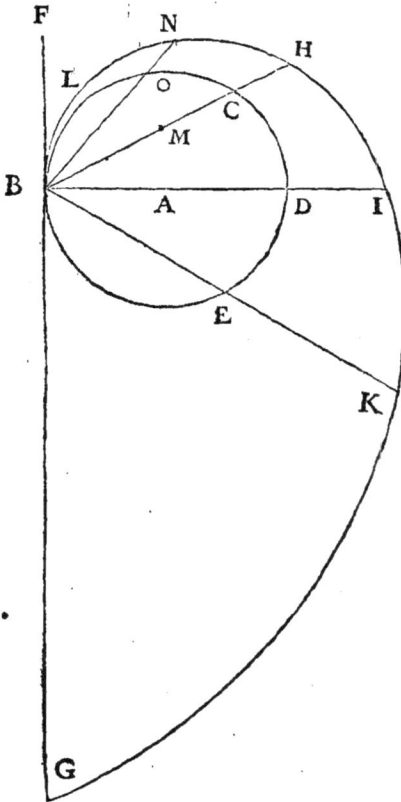

PROPOSITIO IV.

Inscriptas circulo lineas rectas
ita producere, ut productæ sint
æquales circumferentiis, quibus
inscriptæ subtenduntur.

Circulo sub A centro descripto: inscribantur primum diameter BD, &
præterea quælibet rectæ BC, BE. Oportet rectas BC, BD, BE ita producere, ut
productæ sint æquales ipsis circumferentiis BC, BD, BE. Tangat circulum
recta FBG, posita FB æquali duplo totius circumferentiæ circuli, & describatur helix cujus principium sit B, principium vero conversionis recta BF. Et in
helicem incidant continuatæ FB quidem in G, inscriptæ vero BC, BD, BE in
H, I, K. Unde fiat BI æqualis semi-circumferentiæ, & BG æqualis toti circumferentiæ circuli. Et sit L inter B & C
versus punctum F. Dico similiter BCH,
BEK esse æquales circumferentiis BLC,
BLE. Et quotquot lineæ inscribentur
eidem circulo & porrigentur ad helicem. Dico porrectas & in helicem incidentes fore æquales ipsis circumferentiis intra quas describuntur. Etenim ex
natura & definitione helicem Archime-
dearum, est ut circumferentia BLD ad
circumferentiam BLC, ita recta BI ad rectam BH. Sed recta BI est æqualis circumferentiæ BD. Ergo recta BH est æqualis circumferentiæ BLC. Viget autem in reliquis ea ipsa
demonstratio.

PROPOSITIO V.

Datam circumferentiam secare in imperata ratione.

Sit circulus sub A centro descriptus, in quo detur quælibet circumferentia BC quam oporteat ita secare, ut tota BC ad partem ejusdem se habeat in ratione imperata X ad Z. Sumatur ipsi circumferentiæ BC recta BH æqualis, describendo helicem BHIG, ut in antecedente constructione, & fiat BH ad BM, sicut X ad Z. Et à puncto B incidat in helicem BIG recta BN, æqualis BM abscindens circumferentiam circuli in O. Est igitur circumferentia BC ad circumferentiam BO, sicut recta BH ad rectam BN seu BM, id est sicut X ad Z.

Quare factum est quod oportuit.

PROPOSITIO VI.

Si segmentum circuli sit minus semicirculo, id quod fit planum sub semi-diametro & differentia inter duplum circumferentiæ qua segmentum comprehenditur, & inscriptam ejusdem duplo, æquale est quadruplo ipsius segmenti.

Sub A centro describatur circulus BXCD sectus à quacumque BZC. Et sit segmentum BXCZ minus semicirculo. Ipsi autem CXB circumferentiæ sumatur circumferentia BD æqualis, & jungatur DC, producaturq; in E, ita ut D E sit æqualis circumferentiæ DBXC. Dico id quod fit planum sub AB, CE æquari quadruplo sectionis BXCZ.

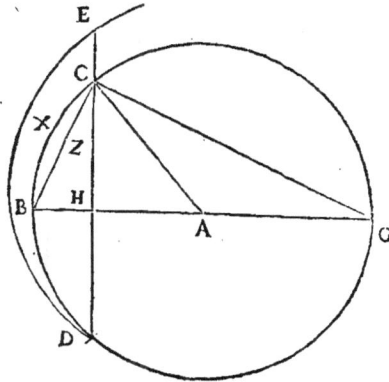

Agatur enim diameter BAG, secans CD in H, & jungantur CA, CG. Secatur igitur CD bifariam & perpendiculariter in H. Et triangulum B C G æquale est ei quod fit sub altitudine CH & AB, quæ dimidia est basis BG. Ejusdem vero trianguli BCG dimidium est triangulum CBA. Constat autem sector CAB tum segmento BXCZ tum triangulo CAB. Idem sector est æqualis dimidio ejus quod fit sub A B & circumferentia B C. Quare segmentum BXCZ una cum triangulo CAB, id est dimidio ejus quod fit sub CH, AB, æquatur dimidio ejus quod fit sub AB & circumferentia BC. Omnia quadruplicentur. Segmentum igitur BXCZ quater una cum eo quod fit sub CD, AB, æquatur ei quod fit sub AB & circumferentia DBXC, hoc est sub AB & recta DE. Utrinque auferatur id quod fit sub CD, AB. Quadruplo igitur segmenti BXCZ æquatur id quod fit planum sub AB, CE. Quod erat ostendendum.

PROPOSITIO VII.

Dato circuli segmento invenire quadratum æquale.

Sit datum circuli segmentum BLCN. Oportet segmento BLCN invenire quadratum æquale. Describatur circulus, cujus spacium BLCN portio est. Aut igitur segmentum BLCN minus est semicirculo, aut majus. Sit primum minus. In descripto igitur circulo sumatur circumferentia BP dupla ipsius BC & subtendatur BP & producatur in Q, ita ut recta BQ sit ipsi circumferentiæ BP æqualis, secundum jam tradita helicis idcirco describendæ præcepta.

Agatur etiam semidiameter BA. Quod igitur fiet sub B A, P Q erit quadruplo segmenti BLCN æquale. Quare inter AB & PQ quæretur media proportionalis, à cujus mediæ semisse quadratum erit æquale segmento BLCN.

Quod si datum segmentum sit majus semicirculo, nihilominus quadrabitur minus, reliquum videlicet è circulo, quod cum auferetur è quadrato circulum æquante, dabitur quadratum æquale segmento majori quæsito. Itaque utrovis casu imperato satisfit.

PROPOSITIO VIII.

Datum circulum ita secare, ut segmentum sit æquale dato quadrato.

Sit datus circulus BCDN, datum quoque quadratum cujus latus ZX. Oportet circulum BCDN ita secare, ut segmentum sit æquale quadrato ex ZX. Aut igitur quadratum ex ZX minus est semicirculo vel majus. Sit primum minus semicirculo. Duplato igitur latere ZX in S, quadratum quod fit ex ZS erit quadruplum quadrati ex ZX, & ipsum quadratum ex ZS erit minus duplo circuli. Sit autem circuli diameter BAD, & cum quadratum ex ZS adplicabitur ad AB seu TS faciat latitudinem S R. Porro tangat circulum recta BF, posita BF æquali quadruplo totius circumferentiæ circuli, & describatur helix, cujus principium in B, principium vero conversionis in F, eaque dia-

diametrum BAD continuatam abscindat primum in I, contingentem vero abscindat primum in G, Ergo BI est semi-circumferentiæ æqualis & BG toti. Itaque quod fiet sub BA, BI erit æquale circulo. Quod vero sub BA, BG æquale ejusdem circuli duplo. Quadratum autem ex ZS minus est circuli duplo. Quare SR minor erit ipsa BG. Quæ quidem BG tangit circulum. Abs B igitur poterit educi recta incidens in helicen in puncto H, circulū vero secans in puncto C, ut sit CH æqualis ipsi S R per viij. Archimedis περὶ ἑλίκων.

Educatur igitur, & secetur BC bifariam in M à diametro LAN, & jungatur BL. Dico segmentum comprehensum à circumferentia BL & recta quæ ei subtenditur esse æquale quadrato ex Z X secundum ea quæ in antecedentibus exposita sunt. Dato igitur circulo BCDN, & quadrato à latere ZX, sectus est circulus à recta BL ut segmentum minus æquale sit quadrato ex ZX. Quod erat faciendum.

Quod si datum quadratum sit majus semi-circulo, auferendum erit illud à quadrato datum circulum æquante, & ita secabitur circulus ut segmentum sit æquale illi residuo. Quo segmento dato, reliquum circuli erit segmentum majus quæsitum.

Quemadmodum autem ea quæ de quadratis dicuntur ad alias rectilineorum species possint trahi, evidens fit ex elementis.

CAPVT VII.

Ad descriptionem heptagoni propositam à F. F. C. Scholium.

DEscripturus Euclides in dato circulo pentagonum æquilaterum & æquiangulum exquisivit triangulum isosceles, in quo unusquisque angulorum qui sunt ad basin duplus esset reliqui. Sic ad inscriptionem heptagoni solet inquiri triangulum isosceles in quo unusquisque angulorum qui sunt ad basin sit triplus reliqui. Quam methodum etiam sequutus sum in Geometrico, quod anno superiore editum est, Supplemento.

Triplicem autem hujusmodi constructionem exhibet uno contextu F. F. C.

Primam Geometricam, sed veræ tantum proximam, non etiam accuratam.

Alteram veram & accuratam, sed non Geometricam.

Tertiam Geometricam sed ἀσυλλόγιϛον.

Quas singulas singulis Problematis suo ordine ita expono.

PROBLEMA I.

Triangulum isosceles constituere, habens proxime unumquemque angulorum qui sunt ad basin triplum reliqui.

Sub A, centro intervallo quocunque A B describatur circulus, in cujus circumferentia sumatur BC arcus hexagoni, & cadat in AB semidiametrum perpendicularis CE, quæ secetur bifariam in D puncto, per quod agatur parallela ipsi A B, secans arcum CB in F, & jungatur FB.

Dico triangulum AFB esse triangulum isosceles habens proxime unumquemque angulorum qui sunt ad basin triplum reliqui qui ad A verticem constituitur.

Æqualia enim sunt crura AF, AB, ut pote semidiame-

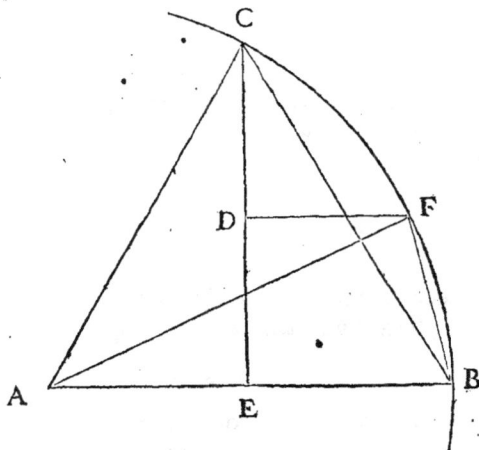

tri ejufdem circuli, arcui autem FB congruus finus eſt DE , dimidia totius CE. Sit igitur AC particularum 100 , 000. talium fit AE 50 , 000 , & CE 86, 602. Itaque DE eſt 43, 301, cui finui congruit ex Canone circumferentia xxv. partium cum beſſe partis unius proxime, conſtituto angulo recto earundem xc, feu tota circumferentia ccclx. | Septima autem pars duorum rectorum continet partes xxv cum quinque-ſeptimis partis unius. Quinque vero ſeptimæ non multo majores funt beſſe. Eſt igitur circumferentia FB amplitudo anguli bene proximi ſeptimæ parti duorum rectorum. Tanta autem eſt amplitudo anguli FAB. Quare anguli AFB , ABF continent finguli prope tres ſeptimas. Itaque unuſquiſque eorum eſt prope triplus reliqui. Quod erat oſtendendum.

PROBLEMA II.

Iſofceles triangulum conſtituere Mechanica ratione, habens unumquemque angulorum qui funt ad baſin triplum reliqui.

Sub A centro intervallo quocunque deſcribatur circulus, in quo fumatur circumferentia hexagoni CB. Cadat autem in actam femidiametrum AB perpendicularis CE, &

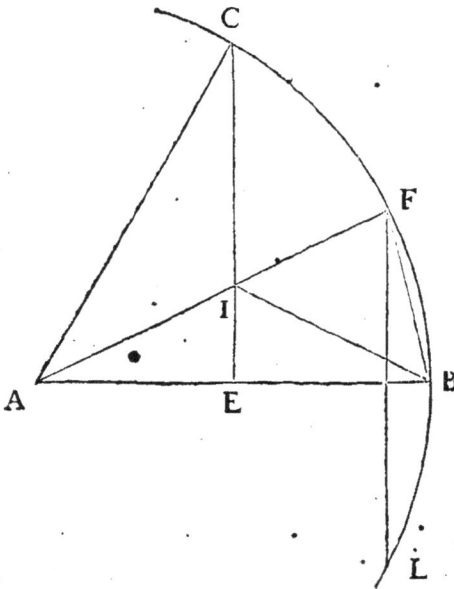

aliqua Mechanica ratione (id enim non poſtulat Geometria) agatur altera femidiameter AF, quæ ita fecet arcum C B in F; perpendicularem vero C E in I, ut cum fubtendetur arcus FB, rectæ IB, FB fint æquales.

Dico triangulum AFB eſſe iſofceles, & habere unumquemque angulorum qui funt ad baſin triplum reliqui.

Crura enim AB, AF funt æqualia, cum fint femidiametri ejufdem circuli. Itaque anguli quoque AFB, ABF erunt æquales. Iungatur autem B I. Fiunt igitur duo triangula rectangula A I E, BIE, bafes habentia æquales AE, EB; altitudinem vero IE communem. Quare hypotenuſæ quoque AI, IB funt æquales. Sunt igitur ut lateribus, fic & angulis æqualia triangula AIE, BIE. Et eſt angulus IAE æqualis angulo IBE.

Quoniam vero conſtructæ funt æquales IF, FB. Ideo anguli FIB, FBI funt æquales. Trianguli autem AIB exterior angulus FIB, cui æquatur FBI, binis IAB, IBA interioribus eſt æqualis. Angulo FBI addatur angulus IBA, id eſt FAB. Angulus itaque ABF, feu ei æqualis AFB, fit triplus anguli FAB reliqui. Atque adeo conſtitutum eſt ABF triangulum iſofceles habens unumquemque angulorum ad baſin triplum reliqui.

COROLLARIVM.

Itaque ſi dupletur circumferentia FB in L, erit F B L circumferentia heptagoni.

Α ζυλλόγιςον.

Placeat autem παραλογίζιν. Et idcirco proponatur tanquam Geometricum, Sed re vera αουλλόγιςον

PROBLEMA III.

Iſofceles triangulum conſtituere, habens unumquemque eorum qui ad baſin funt angulorum triplum reliqui.

Ἔκθεσις. Sub A centro, intervallo quocunque AB, describatur circulus, in quo sumatur circumferentia hexagoni BC, & cadat in semidiametrum AB perpendicularis CE, agatur autem altera semidiameter AF, secans CB in quocunque F puncto, perpendicularem vero CE in I. (Ecquid enim attinet ad constructionem secare CE bifariam in D, & per D agere parallelam ipsi AD, ad indicandum F punctum cum in quibuscunque sectionibus eadem omnino vigeat argumentatio?) Denique jungatur FB.

Διορισμὸς πρῶτ⊙. Dico rectas IE, EB esse æquales.

Κατασκευή. Producatur enim ,,
recta FB quantumvis in H, ad re- ,,
ctam FI & ad signum ejus I angu- ,,
gulus constituatur FIH angulo ;,
FBA æqualis (per 23 primi,) per ,,
signum I recta IK parallela fiat re- ,,
ctæ FB, per signum vero B patal- ,,
lela fiat rectæ FI recta BG, juncta ,,
BI, & demissa in IH perpendicu- ,,
lari BN. ,,

Ἀπόδειξις I. Quoniam igitur ,,
isoscelium ABF, HIF anguli sunt ,,
æquales & AFH utrique commu- ,,
nis, æquiangula & similia erunt ,,
ABF & HIF isoscelia. Quia vero ,,
trianguli ABC perpendicularis ,,
CE secat basin AB bifariam in E ,,
& ad rectos AEI, BEI angulos, ea ,,
latera AI, IB & angulos EAI, EBI ,,
facit adinvicem æquales (per 4 ,,
sexti) cum proportionalia sint sin- ,,
gula singulis latera. Cæterum cum ,,
triangulorum ABF & HIF trape- ,,
zia BFIK & IFBG sint æquiangu- ,,
la. (Atque hæc apodictica hacte- ,,
nus vera sunt, sed jam sequitur pa- ,,
ralogismus) & in similia triangula ,,
dividantur, scilicet BIG & IFB. A- ,,
liud in IBK & IFB sectis angulis ,,
oppositis ex 20 sexti. Et triangu- ,,
lum IBF sit commune, sequetur (ex ejusdem Monito) basin BF unius esse ad dimetien- ,,
tem BI, ut alia basis FI ad eandem dimetientem BI, & idcirco æquales BF & FI (per no- ,,
nam quinti.) ,,

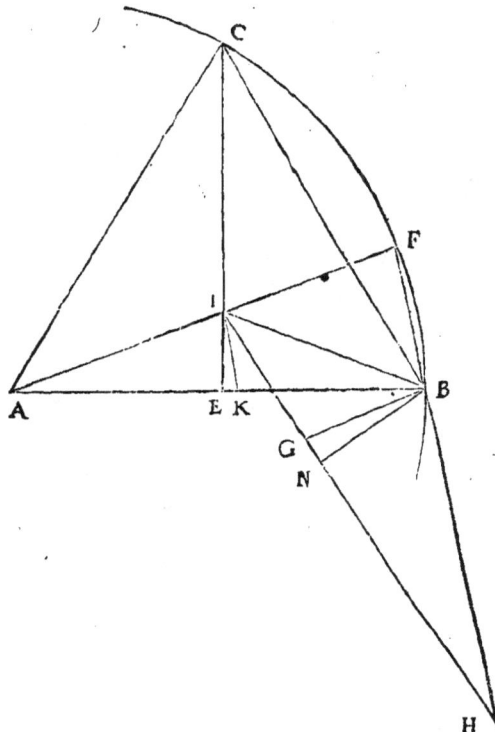

Ἀπόδειξις II. Rursus & secundo cum isoscelium ABF & HFI bases ac reliqua latera sint ,,
proportionalia, si aliqua basis BF sit major FI basi reliqua, latus FI majus erit latere BF ,,
(cum sint similia triangula BFI & IBF,) sed & minus nempe æquale basi IF minore sup- ,,
posita, quod fieri non potest. Itaque erunt BF & IF rectæ æquales. ,,

Ἀπόδειξις III. Rursus & tertio in triangulis BFI, IFB æqualibus & habentibus unum ,,
angulum BFI uni IFB æqualem, utraque rectarum FI, FB est communis basi unius ac la- ,,
teri alterius reciproce (per 15 sexti) & proinde æqualia erunt isoscelis IFB latera IF ipsi FB, ,,
& anguli qui ad basin IB æquales. ,,

Διορισμὸς δεύτερ⊙. Secundo dico angulorum ABF, AFB unumquemque esse triplum ,,
reliqui. ,,

Ἀπόδειξις. Trianguli enim AIB exterior angulus FIB vel FBI illi æqualis, binis IAB, ,,
IBA interioribus est æqualis, cui addatur IBA æqualis ei qui ad A. Totus AFB & proin- ,,
de reliquus ABF triplus erit anguli BAF reliqui. ,,

Συμπέρασμα. Isosceles itaque triangulum ABF habens unumquemque eorum ABF, ,,
AFB qui ad basin sunt angulorum triplum reliqui qui ad A, constituimus. ,,

Elen-

Elenchus Syllogifmi.

At vero libere acta fuit AF per quodcunque fegmentum circumferentiæ CB. Itaque fequeretur quamcunque circumferentiam FB, modo faciat partem ipfius hexagoni CB, effe amplitudinem feptimæ partis duorum rectorum. Hoc autem omnino eft abfurdum.

Eft igitur in expofita demonftratione ἀσυλλογισία.

Conclufio fecunda prorfus vera eft, & fyllogiftica.

At in prima fallacia eft.

Etfi enim quæ conftructa funt trapezia IFBG, BFIK fint & bene demonftrentur æquiangula, non ideo lateribus cenfenda funt homologa. Itaque triangulum IBG triangulo IBK male concluditur fimile.

Latus quidem IB utrique triangulo commune eft & angulos IGB, IKB fubtendit æquales, verum angulus FIB angulo BKI nullo cafu poteft effe æqualis. Idem angulus FIB angulo BIK uno folo cafu poteft accidere æqualis, videlicet, cum angulus FAB duarum eft feptimarum recti. In aliis cafibus quibufcunque inæqualitas eft, & laterum confequenter diffimilitudo, eaque poteft ita demonftrari.

Cum fint in triangulo AFB crura AF, AB æqualia, uterque angulorum AFB, FBA, feu iis æqualium AIK, AKI deficit à recto per femiffem anguli FAB, feu ei æqualis IBA. Æque in triangulo IHF, quod fimile conftructum eft ipfi ABF, cum fint crura HI, HF æqualia, uterque angulorum HFI, HIF, feu iis æqualium HBG, HGB deficit à recto per femiffem anguli IHF, id eft anguli FAB. Quare angulus FBI, cui ex ratione parallelarum æqualis eft BIK, deficit à recto per fefquialterum anguli FAB. Angulus autem FIB duplus fit anguli FAB. Ac denique angulus IKB feu BGI, quem angulus IKA vel BGH relinquit è duobus rectis, excedit rectum per femiffem anguli FAB.

Atque adeo triangulorum BIG, IBK anguli ita fe habebunt.

Anguli trianguli B I G.

$$\text{Angulus}\begin{cases} BGI \\ IBG \\ FIB \end{cases}\text{æqualis fit}\begin{cases} \text{recto plus femiffe anguli F A B} \\ \text{recto minus } \tfrac{5}{7} \text{ anguli F A B} \\ \text{duplo anguli F A B.} \end{cases}$$

Anguli trianguli I B K.

$$\text{Angulus}\begin{cases} IKB \\ BIK \\ BKI \end{cases}\text{æqualis fit}\begin{cases} \text{recto plus femiffe anguli F A B} \\ \text{recto minus fefquialtero anguli F A B} \\ \text{ipfi angulo F A B:} \end{cases}$$

Non erit igitur angulus FIB æqualis angulo BKI, neque enim duplum eft æquale fimplo. Utrique vero, five angulo FIB five angulo BIK, addatur fefquialter anguli FAB. Triplus igitur angulus FAB cum femiffe ejufdem æquabitur recto. Itaque in alia proportione quacunque anguli F IB, IB K erunt inæquales.

Omnino æqualitates cubicas non adgnofcit Geometria fuis contenta folitis poftulatis. Qui autem tefferadecagonum defcribit vel heptagonum, in æquationem incidit cubicam, ut eft in Analyticis expofitum. Atque ex jam conftructo Mechanica ratione fchemate fic poteft demonftrari. Hic igitur efto

PROTASIS IV. THEOREMA.

Si angulus acutus trianguli rectanguli fuerit feptima pars recti, folidum fub hypotenufa dimidia & quadrato perpendiculi, minus ipfius perpendiculi cubo, æquabitur cubo hypotenufæ dimidiæ, minus folido duplo fub perpendiculo & hypotenufæ dimidiæ quadrato.

Sit triangulum ZFB, habens angulum ad F rectum; ad Z vero æqualem feptimæ parti recti, & fecetur ZB bifariam in A.

Dico folidum fub AB & quadrato ex FB, minus cubo ex FB, æquare cubum ex AB, minus folido duplo fub FB & quadrato ex AB.

Centro enim A intervallo AB feu AZ defcribatur circulus. Circumferentia igitur illius

lius tranfibit per F, cum
fit angulus ZFB rectus,
& acta femidiametro
AF fiet triangulum AFB
crurum æqualium AF,
AB. Quoniam autem
angulus F Z B eft fepti-
ma pars recti, ideo con-
ftituto angulo recto
Z F B partium feptem,
earumdé angulus F Z B
erit pars una, & angu-
lus F B A feu A F B par-
tium earumdem fex. an-
gulus vero F A B dua-
rum. Secetur autem
A B bifariam in E. Ita-
que in A B cadat è cir-
cumferentia perpendi-
cularis C E, abfcindens
A F in I, & connectatur
B I. Triangula igitur

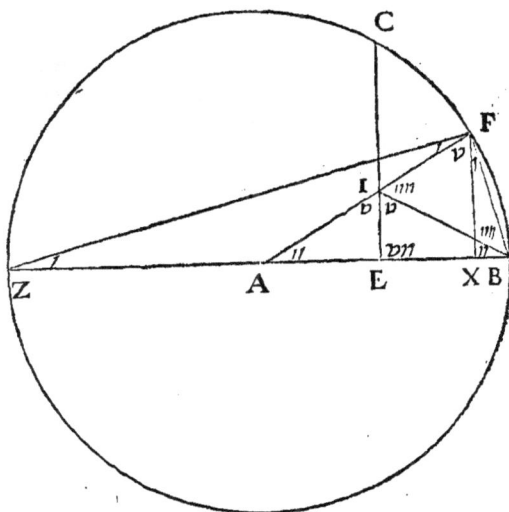

A E I, B E I æqualium funt laterum & angulorum, habentia angulum ad E rectum, &
angulum I A E angulo I B E æqualem. Definitus eft autem angulus totus F B Z partium
fex, qualium rectus eft feptem. Angulus vero I A E feu I B E earumdem duarum. Cum
itaque ab angulo FBZ auferentur partes duæ ad angulnm IBE. Erit angulus FBI quatuor
earumdem partium qualium etiam fex conftitutus eft angulus IFB. Quare angulus FIB
erit earumdem quoque quatuor partium ut compleantur duo recti, quos tres anguli
trianguli IFB adæquent. Eft igitur triangulum IFB æqualium quoque crurum IF, FB, cum
fint anguli FBI, FIB æquales.

Cadat porro in AB perpendicularis FX. Eft igitur FB media proportionalis inter ZB,
id eft AB duplam, & XB differentiam inter AB & AX. Quare quadratum ex FB æquale
eft duplo quadrato ex AB, minus eo quod fit bis fub AB, AX. Et confequenter folidum
quod fit fub AI & quadrato ex FB, æquabitur folido duplo fub AI & quadrato ex AB, minus eo quod fit bis fub AI, AB, AX. At vero eft ut AI ad AE, ita AF feu AB ad AX Duplum
igitur planum fub AI, AX æquale eft quadrato ex AB. Itaque folidum quod fit fub A I &
quadrato ex FB, æquabitur folido duplo fub A I & quadrato ex AB, minus cubo ex AB.
Eft autem AI differentia inter AB & IF, feu FB. Quare folidum quod fit fub AB & quadrato ex FB, minus cubo ex FB, æquale eft cubo ex A B, minus folido duplo fub FB &
quadrato ex AB. Quod erat oftendendum.

Sit AB 1. FB 1 N. 1 Q — 1 C, *æquatur* 1 + 2 N.

Sit Z B 200, 000, 000 ; *fit* F B *latus teffere-decagoni circulo infcripti* 44, 504, 187 , *cujus* Z B
eft diameter.

PROTASIS V. THEOREMA.

Si angulus acutus trianguli rectanguli fuerit dupla feptima pars recti:
cubus è bafe, minus folido fub hypotenufa dimidia & ipfius bafis quadrato, æquabitur duplo folido fub bafe & hypotenufæ dimidiæ quadrato,
minus ipfius hypotenufæ dimidiæ cubo.

Sit triangulum ZMB, habens angulum ad M rectum ; ad Z vero æqualem duabus fe-
ptimis recti, & fecetur ZB bifariam in A.

Dico cubum ex Z M, minus folido fub A B & quadrato ex Z M, æquari folido duplo
fub Z M & quadrato ex AB, minus cubo ex AB.

Centro enim A, intervallo AB feu AZ defcribatur circulus. Circumferentia igitur illius tranfibit per M, cum fit angulus ZMB rectus. Secetur autem bifariam circumfe-

rentia BM in L, & ipfi circumferentiæ BL fumatur æqualis circumferentia BF, & jungantur rectæ FB, FM, ZL. Ipfaque FM abfcindat diametrum ZB in N, ZL vero in O.

Quoniam igitur five anguli BZM five anguli MFB definit duplam amplitudinem circumferentia BLM, erunt æquales anguli MZB, MFB, ac finguli duarum feptimarum recti. Ipfius autem circumferentiæ BLM dimidia eft circumferentia FB, definiens amplitudinem anguli FZB. Et eft triangulum ZFB rectangulum. Quare angulus FZB erit feptima pars recti, angulus vero FBZ reliquus è recto continebit fex feptimas. Cum itaque
in triangulo FBN angulus ad F fit duarum feptimarum recti, angulus vero ad B fex fepti-

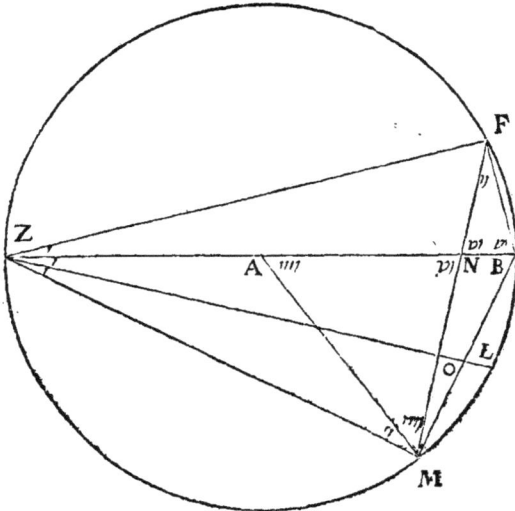

marum, reliquus FNB
erit quoque fex fepti-
marum, ut compleant-
tur duo recti. Quare
crura FN, FB erunt æ-
qualia. Triangulo au-
tem FNB fit fimile tri-
angulum ZNM. Ita-
que ineo crus ZN cru-
ri quoqne ZM erit æ-
quale, atque adeo ZL
fecabit MN in O ad
angulos rectos, cum fe-
cet & bafin & angu-
lum verticis bifariam.
Et ideo erunt fimilia
triangula ZON feu
ZOM & ZBF.

Et quoniam anguli
BZM duplus eft angu-
lus BAM, & confequé-
ter quatuor feptima-
rum; cum hic è centro
ille fit & circumferen-

tia; angulus vero FNB conftitutus eft fex feptimarum: ideo in triangulo ANM reliquus
angulus AMN erit quoque quatuor feptimarum ad complendum duos angulos rectos, &
fient rectæ AN, MN æquales.

Et vero ob fimilitudinem triangulorum ZON, ZBF, erit ut ZB ad FN, ita ZN ad
ON. Itaque quod fiet fub ZN, FN id eft BF, æquale erit ei quod fit fub ON, ZB, id
eft fub MN, AB.

Et quoniam fubtenfæ ZB, FM fefe interfecant in N, eft ut ZN ad MN. ita FN id eft
FB ad NB. Et per confequens ut ZN ad MN, ita quod fit fub FB, ZN, id eft fub MN,
AB ad id quod fit fub NB, ZN. Sed MN feu AN differentia eft inter ZN feu ZM &
ZA feu AB. Et NB differentia eft inter ZB feu AB bis & ZM. Quare per interpretationem, erit ut ZM ad ZM minus AB, ita quod fit fub ZM, AB, minus quadrato ex AB ad
id quod fit fub ZM, AB bis, minus quadrato ex ZM. Et fubducendo erit, ut ZM ad AB,
ita quod fit fub ZM, AB, minus quadrato ex AB ad quadratum ex ZM, minus quadrato
ex AB, & infuper eo quod fit fub ZM, AB. Et cum quæ fiunt folida fub extremis analogiæ illius terminis comparabuntur iis quæ fiunt fub extremis, & utrobique addatur folidum fub AB & quadrato ex ZM. Cubus ex ZM, minus folido fub AB & quadrato ex ZM
æquabitur folido duplo fub ZM & quadrato ex AB, minus cubo ex AB. Quod erat o-
ftendendum.

Sit AB 1. ZM 1 N. 1 C — 1 Q, *æquabitur* 2 N — 1.

Sit ZM 200, 000, 000, *fit* ZM 180, 193, 774. *Itaque recta* BM *feu* FL *fit* 86, 677, 748
latus heptagoni circulo infcripti cujus ZM *eft diameter.*

CAPVT VIII.

Γεαμμὴ πτεαγωνισ8σα.

QVid fit, γεαμμὴ πτεαγωνισ8σα, & quis ejus effectus, quæve miracula ἐν τῷ κύκλῳ μετρήσᾳ ὃ τομῆ, ita expendo.

PROPOSITIO I.

Quadratariæ hypotyposin exhibere.

Sit A centrum circuli, BC quadrans totius circumferentiæ, AB, AC femidiametri orthogoniæ. Secetur autem BC in partes quotcunque æquales, ut pote fex BD, DE, EF, FG, GH, HC, & agantur femidiametri AD, AE, AF, AG, AH. Secetur quoque BA in partes totidem nempe fex, & fint illæ BI, IK, KL, LM, MN, NA, & ipfi AC agantur parallelæ IO, KP, LQ, MR, NS, fecantes femidiametros AD, AE, AF, AG, AH in punctis O, P, Q, R, S. Porro intelligatur duci linea per puncta B, O, P, Q R, S, & cadere ad A C in puncto T uniformi progreffu, nempe ut cum femidiameter BA &

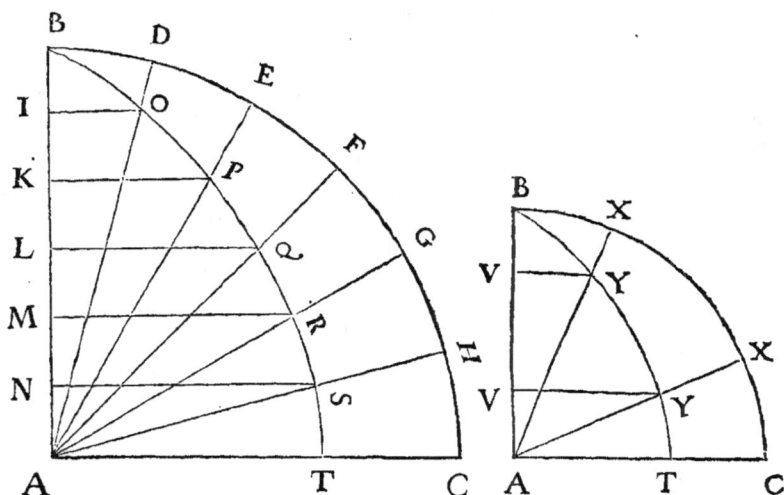

circumferentia BC fecabuntur fimiliter, illa in V hæc in X, & per V acta ipfi AC parallela fecabit AX in Y, tranfeat BT per Y, atque adeo cum ad punctum B defcribetur ipfi AC parallela BZ, & movebitur illa per fingula ipfius BA puncta eo ipfo tempore, & uniformi motu, quo femidiameter AB circum agit BC, lineaBT tranfeat per puncta fectionum ipfarum BZ, BA talis BT eft γεαμμὴ πτεαγωνιζ8σα feu (quandoquidem quadratarii voce utitur Sidonius Apollinaris) quadrataria, cujus principium B, finis T. puncta patodica O, P, Q & fimilia, incidentes à centro ad quadratariam AB, AO, AP, AQ & fimiles, quarum maxima eft AB femidiameter, minima AT.

PROPOSITIO II.

Si ex centro circuli incidant in quadratariam lineæ rectæ, & à puncto incidentiæ demittantur in diametrum, in qua definit quadrataria, perpendiculares: demiffæ funt fimiles angulis quibus illæ fubtenduntur.

· Sit A centrum circuli, BC quadrans totius circumferentiæ, AB, AC femidiametri orthogoniæ. Et ad BC agantur ad quæcunque D, E puncta circumferentiæ femidiametri

AD, AE,

AD, AE, quas ducta quadrataria BT principium habens in B finem in T, fecet in F, G.

Et in A T demittantur perpendiculares FH, GI. Dico effe ut FH ad GI, ita angulum FAH ad angulum GAI. Cadant enim in AB perpendiculares FK, GL. Quoniam igitur F,G puncta funt parodica quadratariæ, fecta eft femidiameter BA in K,L fimiliter ac circumferentia BC in D, E. Itaque eft ut BA ad KA, ita circumferentia BC ad circumferentiam DC, & ut BA ad LA, ita circumferentia BC ad circumferentiam EC. Quare eft KA ad LA, ut circumferentia DC ad circumferentiam EC. Et vero K A, L A funt ipfis F H, G I æquales. Et circumferentia D C eft amplitudo anguli FAH, & circumferentia E C amplitudo anguli G A I. Quare eft ut F H ad G I, ita angulus F A H ad angulum G A I. Quod erat oftendendum.

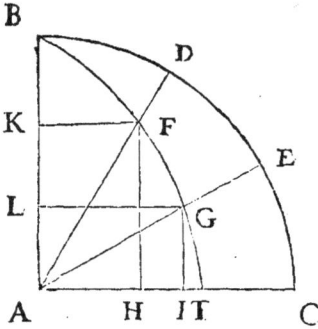

PROPOSITIO III.

Semidiameter circuli eft media proportionalis inter quadrantem circumferentiæ, & minimam incidentium ex centro in quadratariam.

Sit A centrum circuli, BC quadrans totius circumferentiæ, AB, AC femidiametri orthogoniæ. Et ducatur quadrataria cujus principium B, finis D. unde fit AD minima incidentium ex centro in quadratariam. Dico A B mediam effe proportionalem inter circumferentiam BC, & rectam AD, id eft, effe ut circumferentiam BC ad AB, ita AB ad AD.

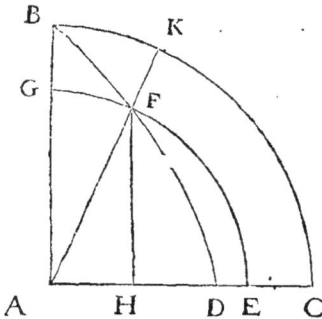

Si enim non ita fit, efto ut circumferentia BC ad AB, ita AB ad AE, & centro A intervallo AE defcribatur circulus abfcindens AB in G. Eft igitur circumferentia B C ad circumferentiam G E, ficut femidiameter A C ad femidiametrum AE. Ex hypothefi autem eft circumferentia B C ad A C id eft A B, ficut A C ad A E. Quare eft circumferentia GE ad AE, ficut AC ad AE. Eft igitur GE ipfi A C æqualis. Eft autem A E major ipfa A D, vel minor.

Sit primum major. Secabit igitur GE quadratariam B D. fecet in F, & cadat in A C perpendiculariter F H, & connectatur A F, & producatur ad circumferentiam BC, quam fecet in K. Eft igitur BC ad KC, ficut GE, id eft AC ad FE. BC autem ad KC eft, ficut BA ad FH: erit igitur BA ad FH, ficut AC ad FE. Sed BA, AC funt æquales, FH igitur & FE effent quoque æquales. Hoc autem eft abfurdum. Dupla enim FH duplo circumferentiæ FE infcribitur. Cedit autem circumferentiæ infcripta. Non eft igitur AE major quam ipfa A D.

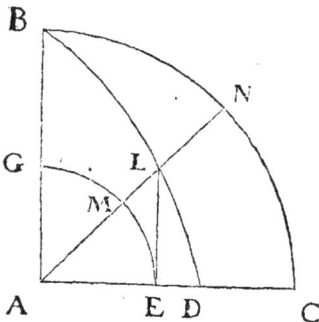

Secundo fit AE minor quam AD. Circulum igitur GE tangat ad E recta fecans quadratariam in L. Et jungatur AL & producatur ut ante ad circumferentiam BC, quam fecet in N; GE vero in M. Eft igitur BC ad NC, ficut GE id eft AC ad ME. BC autem ad NC eft, ficut BA ad LE. Eft igitur BA ad LE, ficut AC ad ME. Sed BA, AC funt æquales. Æquales igitur quoque effent L E, M E. Hoc autem eft abfurdum. Dupla enim ipfius L E circumfcribitur duplo circumferentiæ ME. Præ-

M E. Præstat autem circumferentiæ circumscripta. Non est igitur AE minor quam ipsa AD. Cum itaque AE non sit minor ipsa AD neque major, est igitur ipsi æqualis. Quare est ut BC ad AB, ita AB ad AD. Quod erat ostendendum.

PROPOSITIO IV.

Semidiameter circuli est æqualis quadranti circumferentiæ circelli homocentri intervallo æquali minimæ incidentium ex centro in quadratariam descripti.

Sit A centrum circuli, BC quadrans totius circumferentiæ, AB, AC semidiametri orthogoniæ. Et ducatur quadrataria cujus principium B, finis D. & centro A intervallo AD describatur circellus abscindens A B in E, unde fit E D quadrans totius circumferentiæ circuli sub A centro intervallo A D descripti. Dico semidiametrum AB esse circumferentiæ ED æqualem.

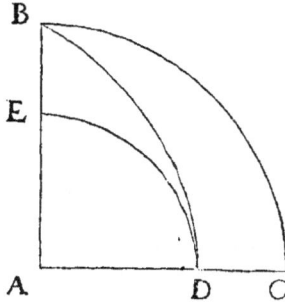

Est enim A C seu AB ad A D, sicut circumferentia B C ad circumferentiam E D. cum illæ rectæ sint semidiametri suorum circulorum, hæ circumferentiæ, & singulæ quadrantes sui totius. Sed est quoque AB ad AD, sicut circumferentia BC ad AB, ex jam demonstratis. Ergo A B æqualis est circumferentiæ ED. Quod erat ostendendum.

Atque his datæ quidem circumferentiæ licet invenire lineam rectam æqualem, atque adeo quadrare circulum, & quodlibet circuli segmentum. Et contra, datæ lineæ rectæ licet invenire circumferentiam æqualem, & dato quadrato invenire circulum æqualem. At vix dato quadrato invenietur dati circuli segmentum æquale. Quod tamen opus concessis helicibus absolvitur eo ipso, quod ad supplementum Geometriæ inductum est, postulato. Itaque majora sunt helicis quam quadratariæ commoda. Sed & quadrataria est δυσμηχανωτέρη, quanquam fortassis non minus feliciter quam helix æqualitatem lineæ rectæ & circumferentiæ comprobet.

CAPVT IX.

Γραμμαὶ τῷ ἴσῳ ἀλλήλων ὑπερέχουσαι.

CUm ab extremitate diametri circuli, secta circumferentia in partes quotcunque æquales, educuntur rectæ per quælibet æqualium sectionum puncta, eductas autem terminat helix ab eadem extremitate ducens exordium, fiunt γραμμαὶ τῷ ἴσῳ ἀλλήλων ὑπερέχουσαι. quæ ad percipiendum vim helicis non infeliciter lineis rectis à circumferentia conclusis comparantur. Sed & hujusmodi lineis æqualiter sese excedentibus firmatur valde multangulorum numerorum doctrina, in quibus nulla non recondi mysteria Platonici testantur. Quamobrem περὶ παντὸς τὰς γραμμὰς propono.

PROPOSITIO I.

Si fuerint lineæ quotcunque æqualiter sese excedentes, sit autem minima excessui æqualis: est minima ad maximam, sicut unitas ad multitudinem linearum.

Sit enim minima eadem & prima. Quoniam igitur prima est excessui æqualis, seipsam metitur unitate, secundam binario, tertiam ternario, quartam quaternario, ac denique

maxi-

maximam fui ordinis numero fecundum naturalem progreſſum. Itaque quotus eſt exceſſus in maxima, tot ſunt lineæ, & conſtat propoſitum.

PROPOSITIO II.

Si fuerint lineæ quotcunque æqualiter ſeſe excedentes : eſt exceſſus ad
differentiam maximæ continuatæ exceſſu, & minimæ, ſicut unitas ad multitudinem linearum.

Sit enim minima eadem & prima. Differentia igitur primæ & fecundæ erit exceſſui
æqualis.   Quare differentiam illam metitur exceſſus unitate, differentiam vero primæ &
tertiæ binario, differentiam primæ & quattæ ternario, differentiam primæ & quintæ
quaternario, ac denique differentiam primæ & extremæ ſeu maximæ, ſui ordinis numero fecundum naturalem progreſſum unitate dempta. Eſt igitur exceſſus ad differentiam maximæ & minimæ, ſicut unitas ad multitudinem linearum una dempta, & per ſy-
næreſin, Eſt exceſſus ad differentiam maximæ continuatæ exceſſu & minimæ, ſicut unitas ad multitudinem linearum accurate, ut eſt enunciatum.

*Sint numeri ſeptem progredientes per ternarii crementum quorum primus eſt 1. & oportet inveni-
re extremum. Fiet ut 1 ad 7, ita 3 ad 21. Quare 21 differentia erit inter extremum continuatum ternario & unitatem. Continuatus igitur ternario extremus erit 22, accuratus 19.*

*Sint rurſus numeri progredientes per æquum ternarii crementum, quorum primus eſt 1, extremus 19.
Et oporteat invenire multitudinem numerorum ita progredientium. Fiet ut 3 ad 21, ita 1 ad 7. Quare
numerus 19 in ea progreſſione ſedem occupat ſeptimam.*

PROPOSITIO III.

Si fuerint quatuor lineæ, quarum primam tanto ſuperet ſecunda, quanto tertiam quarta: compoſita ex extremis eſt æqualis compoſitæ è mediis.

Sit enim prima B, ſecunda B plus F, tertia D. Quarta igitur erit D plus F, ex lege propoſitionis. Compoſita autem ex extremis eſt B plus D, plus F, quanta etiam compoſita
ex mediis. Itaque conſtat propoſitum.

PROPOSITIO IV.

Si fuerint tres lineæ æqualiter ſeſe excedentes : compoſita ex extremis
eſt æqualis mediæ duplæ.

Sit enim prima B, ſecunda B plus F. Tertia igitur erit B plus F bis. Compoſita autem ex extremis ſit F bis, plus B bis, quanta etiam eſt media dupla. Itaque conſtat propoſitum.

PROPOSITIO V.

Si fuerint lineæ quotcunque æqualiter ſeſe excedentes : eſt compoſita
ex extremis ad compoſitam ex omnibus duplam, ſicut unitas ad multitudinem linearum.

Multitudo enim linearum æqualiter ſeſe excedentium erit numero par, aut impar. Sit
par, veluti ſint lineæ ſex. Prima igitur cum ſexta, ſecunda cum quinta, tertia cum quarta erunt æquales inter ſe per propoſitionem tertiam. Sunt autem tres binæ lineæ. Quare
compoſita ex prima & ſexta ter ſumpta fiet compoſita ex omnibus, ſexies vero compoſita dupla. Eſt igitur compoſita ex prima & ſexta ad compoſitam ex omnibus duplam,
ſicut unitas ad ſenarium.

Sit autem numerus linearum impar, veluti ſint ſeptem lineæ. Prima igitur cum ſeptima, ſecunda cum ſexta, tertia cum quinta erunt inter ſe æquales. Sunt autem tres binæ
lineæ. Quare compoſita ex prima & ſeptima ſexies ſumpta erit dupla compoſitæ ex omnibus, excepta media ſeu quarta. Sed compoſita ex prima & ſeptima æqualis eſt mediæ
duplæ per propoſitionem quartam. Quare compoſita ex prima & ſeptima ſepties ſumpta erit compoſita ex omnibus dupla accurate. Eſt igitur compoſita ex prima & ſeptima
ad

ad compositam ex omnibus duplam, sicut unitas ad septenarium. Quæ demonstrationis veritas in quotcunque aliis linearum numeris paribus imparibusve eandem vim manifesto obtinet. Est igitur composita ex extremis ad compositam ex omnibus duplam, sicut unitas ad multitudinem linearum, quemadmodum est ordinatum.

PROPOSITIO VI.

Si fuerint lineæ quotcunque æqualiter sese excedentes, minima autem sit excessui æqualis: est ut minima ad maximam, ita composita ex minima & maxima ad compositam ex omnibus duplam.

Per antecedentem enim propositionem, est composita ex minima & maxima ad compositam ex omnibus duplam, sicut unitas ad multitudinem linearum. Per primam autem propositionem, minima excessui æqualis, est quoque ad maximam, sicut unitas ad multitudinem linearum. Quare est composita ex minima & maxima ad compositam ex omnibus duplam, sicut minima excessui æqualis ad maximam, ut hic est ordinatum.

Sint numeri progredientes per unitatis crementum. Primus 1. extremus 20. & oporteat invenire summam omnium, fiet ut 1 ad 20, ita 21 ad 420. Itaque 420 erit summa omnium dupla, 210 simpla, eaque ducta in unitatem dicitur numerus triangulus.

PROPOSITIO VII.

Si fuerint lineæ quotcunque æqualiter sese excedentes: est ut excessus ad differentiam maximæ continuatæ excessu, & minimæ, ita composita ex minima & maxima ad compositam ex omnibus duplam.

Per propositionem enim quintam est composita ex minima & maxima ad compositam ex omnibus duplam, sicut unitas ad multitudinem linearum. Per secundam autem propositionem excessus ad differentiam maximæ continuatæ excessu & minimæ, est quoque sicut unitas ad multitudinem linearum. Quare est composita ex minima & maxima ad compositam ex omnibus duplam, sicut excessus ad differentiam maximæ continuatæ excessu, & maximæ, ut hic est ordinatum.

Sint numeri progredientes per ternarii crementum. Primus 1, extremus 10. & oporteat invenire summam omnium. fiet ut 3 ad 12, ita 11 ad 44. Itaque 44 erit summa omnium dupla, 22 simpla, & ea ducta in unitatem dicitur numerus quinquangulus.

PROPOSITIO VIII.

Si fuerint lineæ quotcunque æqualiter sese excedentes: quadratum maximæ continuatæ dimidio excessu, æquale est duplo quod fit plano sub composita ex omnibus, & excessu, una cum quadrato differentiæ inter minimam & excessum dimidium.

Sit enim excessus F, minima B, composita ex omnibus G, maxima vero continuata dimidio excessu sit E. Ex antecedente igitur propositione est, ut F ad E plus F semisse, minus B, ita E minus F semisse, plus B ad G bis. Quæ resoluta analogia. E quadratum, æquatur F in G bis, plus quadrato differentiæ inter B & F semissem. Quod ipsum est quod ordinatur.

Sint numeri aliquot progredientes per quaternarii crementum, & horum primus 1, summa vero omnium 120. (Is autem ductus in unitatem dicitur sexangulus. Excessus enim adscito binario multitudinem angulorum exprimit.) Et oporteat invenire latus numeri illius sexanguli. Primum igitur quæretur gnomon extremus, id est maximus in ea progressione numerus. Itaque ille continuatus dimidio progressionis cremento, id est binario, sit 1 N. Ergo ex hac propositione 1 Q, æquabitur 961. 1 N est 31, gnomon extremus 29. Cum igitur primus sit 1, extremus 29, crementum gnomonum per monadas quatuor, fiet per propositionem secundam ut 4 ad 32, ita 1 ad 8. Itaque 8 est latus quæsitum propositi 120 sexanguli.

PROPOSITIO IX.

Si fuerint tres lineæ æqualiter fefe excedentes : octuplum quod fit planum fub media & maxima, adjunctum minimæ quadrato, æquatur quadrato compofitæ ex maxima & media dupla.

Minima enim eademque prima trium linearum fefe æqualiter excedentium, fit B; exceffus F. Secunda igitur erit B plus F. Tertia B plus F bis. Quod autem fit planum ex B plus F, in B plus F bis, ipfum (ut ex Logiftica Speciofa evidens fit) octies fumptum, & adjunctum B quadrato, facit quadratum abs radice B ter, plus F quater, quanta eft compofita ex maxima & media dupla. Quare conftat propofitum.

PROPOSITIO X.

Si fuerint lineæ quotcunque æqualiter fefe excedentes, fit autem minima exceffui æqualis: eft ut minima ad maximam, ita quadratum compofitæ ex minima & maxima, adjunctum plano fub eadem compofita & maxima ad adgregatum quadratorum à fingulis fextuplum.

Illud ipfum eft quod tradit Archimedes propofitione XX περὶ ἑλίκων.

Oporteat invenire fummam omnium quadratorum, quæ fiunt à fingulis lateribus ab 1 ad 9. Fiet ut 1 ad 9, ita 190 ad 1710. Itaque 1710 fumma erit fextupla ad fummam quadratorum quæfitam, quæ ideo eft 285.

PROPOSITIO XI.

Si fuerint lineæ quotcunque æqualiter fefe excedentes : eft ut unitas ad multitudinem linearum una dempta, ita quod fit planum fub maxima & minima, adjunctum trienti quadrati differentiæ inter maximam & minimam, ad planum majus quam adgregatum quadratorum à fingulis lineis, multatum quadrato maximæ ; fed minus quam adgregatum idem, multatum quadrato minimæ.

Illud quoque ipfum eft quod tradit Archimedes propofitione XXI περὶ ἑλίκων.

PROPOSITIO XII.

Si fuerint lineæ quotcunque æqualiter fefe excedentes, fit autem minima exceffui æqualis: eft ut minima ad maximam, ita folidum quod fit fub maxima & quadrato compofitæ ex minima & maxima ad adgregatum cuborum à fingulis quadruplum.

Eft enim minima ad maximam, ficut compofita ex maxima & minima ad compofitam ex omnibus duplam, & omnibus quadratis, eft quadratum minimæ ad quadratum maximæ, ficut quadratum compofitæ ex minima & maxima ad quadratum compofitæ ex omnibus duplæ. Et confequenter eft minima ad maximam, ficut folidum fub maxima & quadrato compofitæ ex maxima & minima ad folidum fub prima & quadrato compofitæ ex omnibus duplæ. Sed folidum fub prima & quadrato compofitæ ex omnibus, eft æquale adgregato cuborum à fingulis (id enim oftenfum eft in Zeteticis.) Ergo conftat enunciatum.

Oporteat invenire fummam omnium cuborum qui fiunt à fingulis lateribus ab 1 ad 9, fiet ut 1 ad 9, ita 900 ad 8,100. Itaque 8,100 fumma erit quadrupla ad fummam cuborum quæfitam, quæ ideo eft 2, 025.

PROPOSITIO XIII.

Et fi fuerint lineæ quotcunque fefe excedentes, fit autem prima exceffui æqualis, fiunt ab iis quatuor folida continue proportionalia, qualia fequuntur.

Primum, Cubus minimæ.

Secundum, Cubus compofitæ ex maxima & minima, multatus adgre-gato cuborum minimæ & maximæ.

Tertium, Adgregatum cuborum è fingulis ter duodecuplum.

Quartum, Cubus compofitæ ex omnibus fextuplæ.

Oftenfum enim quoque eft in Zeteticis, folidum quod fit fub quadrato minimæ & compofita ex omnibus fextupla, adjunctum cubo è minima, æquati differentiæ inter cubum compofitæ ex maxima & minima, & cubum maximæ. Itaque per tranflationem fub contraria adfectionis nota, folidum quod fit fub quadrato minimæ & compofita ex omnibus fextupla, æquat cubum compofitæ ex maxima & minima, multatum adgregato cuborum minimæ & maximæ. Quare cum ponitur minima, ut prima continue propor-tionalium ; compofita vero ex omnibus fextupla, ut quarta. Latus cubi æquantis cubum compofitæ ex maxima & minima, multatum adgregato cuborum minimæ & maximæ, fiet fecunda. Et cum fingulæ illæ proportionales ducentur cubice, fient quoque cubi illi proportionales. Æque quoniam folidum quod fit fub minima & quadrato compofitæ ex omnibus, æquatur adgregato cuborum è fingulis. Ideo cum ponitur minima ut pri-ma quatuor continue proportionalium ; compofita vero ex omnibus fextupla , ut quarta. Latus cubi æquantis ter duodecuplum adgregatum cuborum è fingulis, fiet tertia. Et cum fingulæ illæ proportionales ducentur cubice, fient quoque cubi illi proportionales. Et conftat propofitum.

Sit minima 1, *maxima* 4. *Summa omnium fextupla fit* 60. *Et funt continue proportionalia foli-da,* 1. 60. 3,600. 216,000.

Addatur ad illuftrandum locum Plutarchi Platonica quæftione quarta, cum inquit πᾶς τρίγων⌾ ἀριθμὸς ὀκτάκις γενόμℲ⌾ χ μονάδα πεϱλαβὼν γίνεται πιϱάγων⌾.

PROPOSITIO XIV.

Si fuerint lineæ quotcunque æqualiter fefe excedentes , fit autem pri-ma exceffui æqualis : octuplum ejus quod fit fub minima & compofita ex omnibus, adjunctum minimæ quadrato, æquatur quadrato compofitæ ex minima & extrema dupla.

Linearum enim æqualiter fefe excedentium minima , eademque exceffui æqualis , fit X; maxima vero D. Duplum igitur ejus quod fiet fub minima & compofita ex omnibus, erit D quadratum, plus X in D. Octuplum vero addito minimæ quadrato , erit D qua-dratum quater, plus X in D quater, plus X quadratum. Quod ipfum eft quadratum à bino-mia radice D bis, plus X. Itaque conftat propofitum.

Sit X 1, D 9, *compofita ex omnibus dupla erit* 90. *Itaque numerus triangulus eft* 45, *cujus octu-plum adfcifcens unitatem ut planum, facit* 361 *quadratum à* 19, *radice compofita ex dupla ipfius* 9 *& unitate.*

CAPVT X.

Progreffio linearum rectarum quæ circumferentiis circuli fubtenduntur.

IN recognitione Canonis Mathematici, & univerfalium ad eundem in-fpectionum fingularis libri (is enim infeliciter editus eft anno 1579) repe-tivi , ac in brevem Epitomen congeffi Analytica fere omnia quæ pertinent ad generale, quod aperui, myfterium angularium fectionum. Verumta-men hic etiamnum erit utilis & jucunda recordatio eorum Theorema-tum, quibus progreffio manifefta fit linearum rectarum quæ circumferen-tiis circuli fubtenduntur, commode deinceps per fpirica diagrammata cum progredientibus Arithmetice comparandarum.

Zz   THEO-

THEOREMA I. •

Καθολικὸν *Ad triangula rectangula, quorum anguli acuti se habent inter se, ut numerus ad numerum.*

Si fuerint duo triangula rectangula, quorum angulus acutus primi fit fub-multiplus ad angulum acutum fecundi.

Latera fecundi, recipiunt hanc fimilitudinem.

Hypotenufa fit fimilis poteftati conditionariæ hypotenufæ primi : eft autem poteftas conditionaria, quæ fequitur gradum proportionis multipliæ; quadratum videlicet in ratione dupla; cubus in tripla; quadrato-quadratum in quadrupla; quadrato-cubus in quintupla, & eo in infinitum progreffu.

Ad fimilitudinem autem laterum circa rectum hypotenufæ congruentium, efficitur à bafe & perpendiculo primi ut binomia radice, poteftas æque alta, & fingularia facta homogenea diftribuuntur in duas partes fucceffive, utrobique primum adfirmata, deinde negata, & harum primæ parti fimilis fit bafis fecundi, perpendiculum reliquæ.

Sic in ratione dupla; hypotenufa fecundi fit fimilis quadrato hypotenufæ primi, feu aliter, adgregato quadratorum à lateribus circa rectum; bafis differentiæ; perpendiculum duplo fub prædictis lateribus rectangulo.

In ratione tripla; hypotenufa fecundi fit fimilis cubo hypotenufæ primi; bafis cubo bafis primi, minus folido ter fub quadrato perpendiculi primi & bafe ejufdem; perpendiculum fimile folido ter fub perpendiculo primi & quadrato bafis ejufdem, minus cubo perpendiculi.

In ratione quadrupla; hypotenufa fecundi fit fimilis quadrato-quadrato hypotenufæ primi; bafis quadrato-quadrato bafis primi, minus plano-plano fexies fub quadrato perpendiculi primi & quadrato bafis ejufdem, plus quadrato-quadrato perpendiculi; perpendiculum fimile plano-plano quater fub perpendiculo primi & cubo bafis ejufdem, minus plano-plano quater fub cubo perpendiculi primi & bafe ejufdem.

In ratione quintupla; hypotenufa fecundi fit fimilis quadrato-cubo hypotenufæ primi; bafis fimilis quadrato-cubo bafis primi, minus plano-folido decies fub cubo perpendiculi primi & quadrato bafis ejufdem, plus plano-folido quinquies fub perpendiculo primi, & quadrato-quadrato bafis ejufdem; perpendiculum plano folido quinquies fub quadrato-quadrato perpendiculi primi & bafe ejufdem, minus plano-folido decies fub quadrato perpendiculi & cubo bafis ejufdem, plus quadrato-cubo bafis ejufdem.

Trianguli rectanguli de angulo acuto enunciandi proponatur hypotenufa Z, bafis D, perpendiculum B. Et oporteat conftituere triangula rectangula anguli dupli, tripli, quadrupli, quintupli, &c.

Ad triangulum anguli dupli fit hypotenufa fimilis Z quadrato. Bafis D quadrato, minus B quadrato. Perpendiculum B in D 2.

Ad triangulum anguli tripli fit hypotenufa fimilis Z cubo. Bafis D cubo — B quadr. in D 3. Perpendiculum B in D quad. 3 — B cubo.

Ad triangulum anguli quadrupli fit hypotenufa fimilis Z quad.-quad. Bafis D quadr.-quad. — B quadr. in D quadr. 6, + B quadr.-quadr. Perpendiculum B in D cub. 4. — B cubo in D 4.

Ad triangulum anguli quintupli fit hypotenufa fimilis Z quad.-cubo. Bafis D quad.-cubo,

cubo — B quad. in D cub. 10 + B quadr.-quadr. in D 5. Perpendiculum B in D quad.-quad. 5 — B cubo in D quad. 10 + B quad.-cubo.

Proponatur triangulum rectangulum cujus bafis 10. *perpendiculum* 1. *& angulus acutus ejufdem intelligatur fimplus.*

Ad triangulum anguli dupli, ftatuetur bafis 99. *perpendiculum* 20.

Ad triangulum anguli tripli, ftatuetur bafis 970. *perpendiculum* 299.

Ad triangulum anguli quadrupli, ftatuetur bafis 9401. *perpendiculum* 3960.

Ad triangulum anguli quintupli, ftatuetur bafis 90050. *perpendiculum* 49001.

Et cum angulus acutus primi trianguli deprehendetur effe.

	PART.	SCRVP.	SEC.
	5	42	38
Erit angulus acutus fecundi	11	25	16
tertii	17	7	54
quarti	22	50	32
quinti	28	33	10.

Cum autem factorum nequit fieri fubtractio, argumentum eft angulum multiplum effe obtufum. Ioque cafu nihilominus exceffus factorum adfignabitur lateri, & angulus fubtenfus intelligitur exterior multipli.

ALITER.

Si fuerint triangula rectangula quotcunque, & horum fecundi angulus acutus fit duplus ad acutum primi, tertii triplus, quarti quadruplus, quinti quintuplus, & eo continuo naturali progreffu, primi autem trianguli perpendiculum ftatuatur prima proportionalium, bafis ejufdem fecunda, eaque feries continuetur.

In fecundo, erit bafis ad perpendiculum, ut tertia, minus prima, ad fecundam bis.

In tertio, ut quarta, minus fecunda ter, ad tertiam ter, minus prima.

In quarto, ut quinta, minus tertia fexies, plus prima, ad quartam quater, minus fecunda quater.

In quinto, ut fexta, minus quarta decies, plus fecunda quinquies, ad quintam quinquies, minus tertia decies, plus prima.

In fexto, ut feptima, minus quinta quindecies, plus tertia quindecies, minus prima, ad fextam fexies, minus quarta vicies, plus fecunda fexies.

In feptimo, ut octava, minus fexta vicies femel, plus quarta tricies quinquies, minus fecunda fepties, ad feptimam fepties, minus quinta tricies quinquies, plus tertia vicies femel, minus prima.

Et ita in infinitum, diftributis fucceffive in duas partes proportionalibus fecundum earum feriem, utrobique primum adfirmatis deinde negatis, & fumptis multiplicibus, ut ordo graduum in artificiofa genefi poteftatum, quibus ex addicuntur, exigit.

THEOREMA II.

Si à termino diametri fumantur in circulo circumferentiæ quotcunque æquales, & ab altera extremitate educantur lineæ rectæ adfumptarum circumferentiarum æqualium terminos: eductæ fiunt bafes triangulorum rectangulorum, quorum communis hypotenufa eft diameter; ac bafis quidem diametro proximior intelligitur bafis anguli fimpli, fuccedens dupli, & eo continuo ordine. Conftituatur autem feries linearum rectarum continue proportionalium; quarum prima, fit æqualis femidiametro; fecunda, bafi anguli fimpli.

Is reliquarum bafium ordine fuccedentium erit progreffus.

Tertia continue proportionalium, minus prima bis, erit æqualis bafi anguli dupli.

Quarta, minus fecunda ter, bafi anguli tripli.

Quinta, minus tertia quater, plus prima bis, bafi anguli quadrupli.

Sexta, minus quarta quinquies, plus fecunda quinquies, bafi anguli quintupli.

Septima, minus quinta fexies, plus tertia novies, minus prima bis, bafi anguli fextupli.

Octava, minus fexta fepties, plus quarta quater-decies, minus fecunda fepties, bafi anguli feptupli.

Nona, minus feptima octies, plus quinta vicies, minus tertia fedecies, plus prima bis, bafi anguli octupli.

Decima, minus octava novies, plus fexta vicies fepties, minus quarta tricies, plus fecunda novies, bafi anguli novemcupli.

Et ita in infinitum, ut per loca proportionalium imparia nova adfectio fuccedat, adfirmatæ videlicet negata, negatæ adfirmata. Ac proportionales illæ fint femper alternæ, & multiplices quidem in prima adfectione per unitatis crementum, in fecunda per numeros triangulos, in tertia per numeros quos vocant pyramidales, in quarta per numeros triangulo-triangulos, & ita continue, fecundum poteftatis, cui proportionalis addicta eft, conditionem.

Vt hæc in Analyticis abunde, fufficienterque demonftrata & expofita funt.

Sit circulus fub A centro, diametro BC defcriptus, & fumantur circumferentiæ æquales CD, DE, EF, FG, GH, HI, IK, & fubtendantur BD, BE, BF, BG, BH, BI, BK; fit autem dimidia BC partium 100, 000; BD partium 196, 000. Et ad datas primam BA, fecundam BD, conftruantur proportionales continue. Vnde fit.

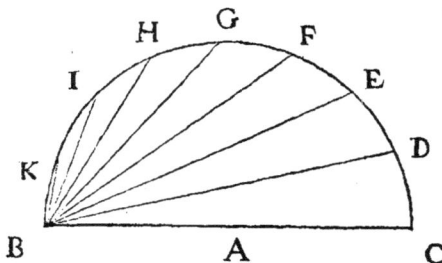

Prima	100,000,000,000,000.
Secunda	196,000,000,000,000.
Tertia	384,160,000,000,000.
Quarta	752,953,600,000,000.
Quinta	1,475,789,056,000,000.
Sexta	2,892,546,549,760,000.
Septima	5,669,392,237,529,600.
Octava	11,112,006,825,558,016.

Qualium igitur eft recta

| BC | 200,000,000,000,000. |
| BD | 196,000,000,000,000. |

Erit

BE	184,160,000,000,000.
BF	164,953,600,000,000.
BG	139,159,056,000,000.
BH	107,778,549,760,000.
BI	72,096,901,529,600.
BK	33,531,377,238,016.

THEO-

THEOREMA III.

Si fecetur femi-circumferentia circuli in partes quotcunque æquales,&
à termino diametri educantur rectæ ad quælibet fectionum puncta: eſt ut
minima educta ad diametrum, ita compoſita ex diametro, & minima , &
ea inſuper, cujus quadratum adjunctum minimæ quadrato efficit quadratum diametri ad compoſitam ex omnibus eductis duplam.

Sit circulus ſub A centro, diametro B C deſcriptus. Secetur autem
circumferentia B C in partes quotcunque æquales, ut pote octo, & ſint
illæ B D, D E, E F, F G, G H, H I, I K,
K C , & ſubtendantur B D, B E, B F,
BG,BH,BI,BK. Eſt igitur B K æqualis ſubtenſæ D C, cujus quadratum
adjunctum quadrato ex D B æquale
eſt quadrato ex B C. Dico eſſe ut B D
ad B C, ita compoſitam ex B C, B D,
B K ſeu D C ad compoſitam ex omnibus duplam , videlicet compoſitam
duplam ex BD, BE, BF, BG, BH, BI,
B K, B C , ut hæc abunde demonſtrata ſunt & expoſita in Analyticis angularium ſectionum.

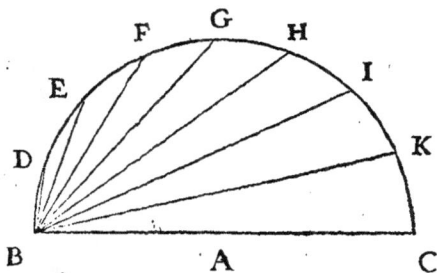

*Eſt conditus Canon ſinuum per ſingula ſexageſima ſcrupula partium quadrantis circuli, in partibus
qualium ſinus totus adſumitur* 100, 000,000. *Querit aliquis ſummam omnium ſinuum ſingulis
ſcrupulis congruentium. Quoniam igitur eſt ut ſinus unius ſcrupuli ad ſinum totum, ita ſinus unius ſcrupuli, ſinus complementi, & ſinus totus ad ſinum totum, proſinum complementi, & tranſinuoſam complementi: Addat Logiſta tranſinuoſam complementi unius ſcrupuli ſuo congruenti proſinui, & inſuper
ſinui toto, & conflabitur duplum ſummæ quæſitæ. Tranſinuoſas, videlicet, voco hypotenuſas, quas ſuppeditat Canon fæcundiſſimus; Proſinus, latera circa rectum, quæ Canon fæcundus.*

Tranſinuoſa igitur complementi unius ſcrupuli numeratur.	343,774,681,923
Proſinus vero ,	343,774,667,379
His addatur ſinus totus.	100,000,000
Summa fit	687,649,349,302

Eſt igitur 343,824,674,651 *ſumma omnium ſinuum ſcrupulorum quadrantis, ipſo ſinu toto*
XC *partium numerato, tam accurata quam patitur in ea hypotheſi linearum ſymmetria.*

CAPVT IX.

Arbeli, & Lunularum quadrationes aliquæ.

LUnulam unam quadravit Hippocrates Chius. Lunulas autem poſt Hip-
pocratem quadravit nullus Geometra. Neque enim Analyticum quadrandi lunulas hactenus propoſitum fuit à quopiam artificium. Ergo uni-
verſalia univerſaliter docenda ſunt, & quadrandæ non una , ſed infinitæ
eadem & generali methodo lunulæ. Primum autem proponam de arbelo.

PROPOSITIO I.

Arbelum deſcribere, cui rectilineum exhibeatur æquale.

Τοῖς ὀρϐήλοις σμίλαις καὶ ξύςροις οἱ σκυτοτόμοι τέμνϰσι καὶ ξέϰσι τὰ δέρματα. Sunt autem
arbeli ſeu arbela τὰ κυκλότερα σιδήρϰα, ut adnotavit Scholiaſtes Nicandri. Itaque Pro-
clus appellavit arbelum ſpacium tribus circumferentiis comprehenſum. Vt ecce, deſcribatur

batur circulus fub A centro, & agatur diameter B A C, & fiant AB, A C fingulæ dime-
tientes circulorum, ipfifque defcribantur circuli. Sunt igitur femicircumferentiæ fuo-

rum circulorum, fingulæ B C, B A,
AC curvæ lineæ. Quapropter fpacium C D B E A F eft arbelus, fcal-
prumve futorium. Figuram autem
arbeli Proculianam imitatur arbelus alter, quem ita defcribimus.

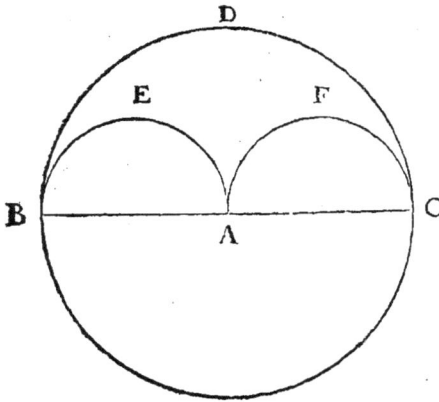

Sub A centro, intervallo AB defcribatur circulus, cujus circumferentia fecetur in partes fex æquales, quæ funto B C, C D, D E, E F,
F G, G B, & centro B intervallo
BC., & centro F intervallo FE defcribantur circuli, atque adeo circumferentiarum fuarum fextantes
funto C A, A E. Spacium igitur
DCAE eft arbelus nofter, cui rectilineum ita licet exhibere æqua-

le. Subtendantur enim CD, DE, CA, AE. Dico quadrangulum CDEA æquari defcripto arbelo DCAE. Æquales enim circumferentiæ funt CD, DE, CA, AE, fingulæ videlicet fextantes totius perimetri fuorum circulorum, qui quidem circuli funt æquali intervallo defcripti, ideoque inter fe æquales. Quantas igitur partes arbeli auferunt tmemata

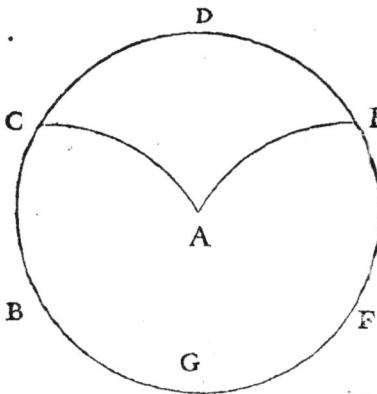

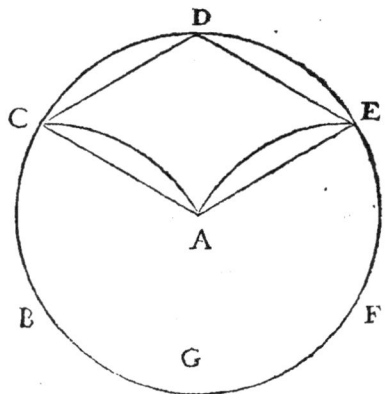

CD, D E, tantas reftituunt æqualia quoque tmemata C A, A E, Quod enim recta C D
circumferentiam CA non fecet, ideo manifeftum eft, quia anguli DCA duplam amplitudinem definit circumferentia DEF. Itaque angulus DCA continet δίμοιρον τῆς ὀρθῆς.
Quod fi CD fecaret circumferentiam CA, anguli DCA amplitudo minor effet circumferentia DEF dimidia CA. Non igitur recta CD fecat circumferentiam CA, & locus eft
omnino expofitæ proftaphærefi, atque adeo juftæ expofiti arbeli quadrationi.

PROPOSITIO II.

Ex circumferentiis duorum circulorum exiftentium in ratione dupla
lunulam defcribere, cui rectilineum exhibeatur æquale.

Μηνίσκος adnotavit Suidas dici τὸ τῦ κύκλυ σιδηρεία περὶ τοῖς φιλοσόφοις. At apud
Geometras μηνίσκ@ ἐςὶ τὸ περιεχόμβμον σχῆμα ὑπὸ δύο περιφερῶν, vel δύο κύκλων μὴ
περὶ τὸ αὐτὸ κέντρον ὄντων ὑπεροχή κοίλης κὶ κυρτῆς, vel τὸ περιεχόμβμον ὑπὸ δύο περιφερῶν
ὅτι

ὅτι τὰ αὐτὰ μέρη τὰ κοῖλα ἐχκτῶν. Στεφανὴ excessus est duorum circulorum circa unum idemque centrum. Πελεκὺς figura comprehensa quatuor circumferentiis, duabus concavis, & duabus convexis. Ac meniscum quidem sive lunulam quadravit Hippocrates Chius, conflatam ex circumferentia duorum circulorum exiftentium in ratione dupla. At figuras στεφανοῖδεῖς καὶ πελεκοῖδεῖς quadravit nemo artificiose, ut neque circulos neque circulorum τομέας καὶ τμήματα. Caula est quod perimetri ad circulum analogia ἐν θεῶν γένασι κεῖται. Ita autem quadrantur lunulæ, ut ex syncrisi περιφερογραμμῶν cùm περιφερογραμμοις, non etiam cum εὐθυγράμμοις demonstratio pendeat, ut ante expolita quadratio arbeli demonstrata est καθ' ἐφάρμωσιν ex collatione æqualium in æqualibus circulis segmentorum. Enimvero oportet facere quod hic propositum est, omnino artificium analyticum erit hujusmodi.

Quoniam figura proponitur describenda duabus comprehensa circumferentiis duorum circulorum exiftentium in ratione dupla, ita ut ei figuræ rectilineum possit exhiberi æquale, eo reducitur res ut in expolito quolibet circulo sit secanda bifariam circumferentia, cui quæ subtenditur recta ad subtensam dimidio ejusdem circumferentiæ sit quadratica poteftate in ratione dupla, ut pote in circulo sub A centro descripto aliqua circumferentia BC ita secanda est bifariam in D, ut sit quadratum ex subtensa BD ad quadratum ex subtensa B C, sicut unum ad duo. Cum enim per puncta B C describetur circulus à cujus dimetiente quadratum sit ad quadratum à dimetiente circuli habentis A centrum,

sicut duo ad unum, describetur lunula DBEC, ipsique rectilineum licebit exhibere æquale. Quoniam enim circuli, cujus BACE est segmentum, quadratum ad quadratum circuli habentis A centrum est, ut duo ad unum, ideo circulus ille hujus est duplus. Et cum sit eadem ratio totius ad totum quæ partis ad partem, est autem EBAC segmentum circuli simile segmento FBD, seu GDC. Ideo segmentum E B A C æquabit ambo segmenta F B D, G D C. Et vero recta B D circumferentiam non secat, quia anguli D B C duplam amplitudinem definit circumferentia D G C. Itaque angulus D B C æquat dimidiam circumferen-

tiam BEC, cum sint BEC, DGC similes circumferentiæ suorum circulorum. Quod si recta B D secaret circumferentiam B E C, angulus D B C minor esset dimidia circumferentia BEC. Sunt autem D C, B D æquales, & similiter sitæ. Itaque recta quoque DC circumferentiam BEC non secat. A lunula igitur DBEC auferantur DFB, DGC, & restituantur additione segmenti EBAC, sit rectilineum triangulum DBC æquale descriptæ lunulæ DBEC. Quæ cum ita sese habeant, esto jam factum quod quæritur, sit nempe circumferentia BDC secta bifariam in D, ita ut quadratum à subtensa BD descriptum ad quadratum à subtensa BC sit, sicut unum ad duo. Quantarum igitur partium quadratum à BC est 2, tantarum quadratum à BD est 1, & à DC quoque 1. Ergo trianguli BDC quadrata à lateribus BD, DC æqualia sunt quadrato à latere BC.

Rectangulum est igitur triangulum BDC, angulum ad D habens rectum. Consequenter BC dimetiens est ipsius in quo triangulum inscribitur circuli. Quare ad compositionem, exponatur circulus cujus A centrum, & ipsius circumferentia secetur quadrifariam in punctis B, D, C, H, & centro H intervallo HB vel HC describatur circulus alter, sit igitur lunula DBEC à duobus circulis exiftentibus in ratione dupla. Quadratum enim à latere tetragoni inscripti circulo descriptum, duplum est quadrati à semidiametro descripti.

pti. Sed & circumferentia BDC dupla est ad circumferentiam BEC. Rectus enim est angulus BHC, cujus amplitudinem definivit circumferentia BEC, quadrans ideo totius circumferentiæ sui circuli, & similis circumferentiæ DGC. Dico itaque lunulæ DBEC rectilineum exhiberi æquale. Subtendantur enim BC, BD, CD, fit triangulum rectangulum BDC. Et quoniam similes sunt circumferentiæ BFD, DGC, BEC, latera BD, DC non secabunt circumferentiam BEC. Circuli autem, circulorumve similes sectores, similiaque segmenta sunt ut à diametris quadrata. Segmentum igitur EBC duplum est ad segmentum FBD seu GDC, & illud hæc ambo adæquat. Et vero triangulum BDC aufert à lunula segmenta FBD, GDC, adsumit vero segmentum EBC ea adæquans. Lunulæ itaque DBEC exhibetur æquale rectilineum, triangulum videlicet rectangulum DBC. Quod facere oportebat.

Non dissimili methodo quadrabit Analysta lunulam conflatam ex circumferentiis duorum circulorum existentium in ratione tripla & quadrupla aliterve multipla, edoctus progressionem subtensarum. Deinde opus retexenti licebit per synthesin (uti jam in ratione tripla & quadrupla edo exemplum,) suum inventum ordinare.

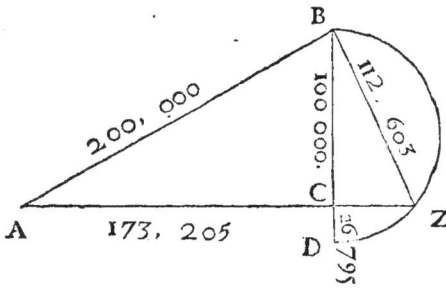

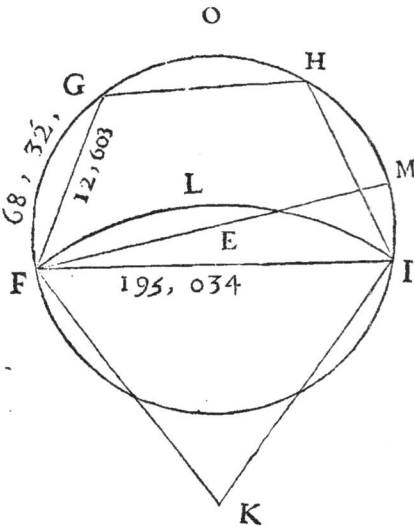

PROPOSITIO III.

In circulo duas circumferentias sumere existentes in ratione tripla, in qua etiam se habeant rectarum, quæ ipsis circumferentiis subtenduntur, quadrata.

Exponatur triangulum rectangulum A B C, habens angulum ad C rectum, angulum vero ad A trientem recti. Est igitur quadratum ex BC ad quadratum ex AC, ut unum ad tria. Producatur autem B C in D, posita C D æquali excessui quo A B hypotenusa trianguli præstat AC basi, & sumatur media proportionalis inter BC, BD, & sit BZ. Sumpto denique quovis centro & intervallo æquante B C perpendiculum expositi trianguli, describatur circulus, in cujus circumferentia inscribantur rectæ F G, G H, H I ipsi BZ æquales, & subtendatur F I. Est igitur circumferentia F I ad circumferentiam F G tripla. Dico similiter quadratum ex subtensa F I ad quadratum ex F G esse quoque triplum.

Agatur enim diameter FM.

Quoniam circumferentia F G H I tripla est ad circumferentiam F G, ideo est F G ad F I, sicut quadratum ex FM ad quadratum triplum ex FM, minus quadrato quadruplo ex F G. Id enim expositum est in Analyticis angularium sectionum Zetetico Theorematis quarti. Et ideo cum sit F G constructa ipsi BZ æqualis, F M vero dupla ipsius B C: est B Z ad FI,

sicut

ſicut quadratum ex B C ad quadratum triplum ex BC, minus quadrato ex BZ. Et cum quadratum ex BZ æquale ſit ei quod ſit ſub BD , BC : eſt BZ ad FI, ſicut BC ad BC triplum, minus BD. Ipſa porro BD valet BC ter, minus AC. Compoſita enim eſt BD ex BC, CD. Ipſaq; CD conſtructa eſt æqualis exceſſui quo AB, id eſt dupla BC, præſtat ipſi AC. Ergo eſt BZ ad FI, ſicut BC ad AC. Sed quadratum ex BC ad quadratum ex A C eſt, ut unum ad tria. In circulo igitur ſub L centro deſcripto, ſumptæ ſunt duæ circumferentiæ F G, FI quarum hæc ad illam eſt tripla, ſicut etiam triplum eſt quadratum FI ad quadratum FG. Quod erat faciendum.

PROPOSITIO IV.

Ex circumferentiis duorum circulorum exiſtentium in ratione tripla lunulam deſcribere, cui rectilineum exhibeatur æquale.

Exponatur circulus quilibet ſub L centro deſcriptus in quo ſumatur circumferentia FI, cui quæ ſubtenditur ad ſubtenſam ejuſdem circumferentiæ trienti ſit quadratica poteſtate, ut tria ad unum. Deinde per puncta FI, intervallo KI vel FK ſumpto æquali latere trigoni eidem circulo F I inſcripti deſcribatur circulus alter F L I ſub K centro. Secetur autem circumferentia F I trifariam in punctis G, H, & ſubtendantur trientes illi FG, GH, HI, ac denique F I. Dico factum eſſe quod oportuit. Deſcriptam enim eſſe lunulam GFLIH conflatam ex circumferentiis FGHI, FLI ad duos circulos in ratione tripla exiſtentes, pertinentibus, ita ut ei rectilineum exhibeatur æquale. Ipſi namque lunulæ GFLIH æquale eſſe rectilineum quadrilaterum FGHI.

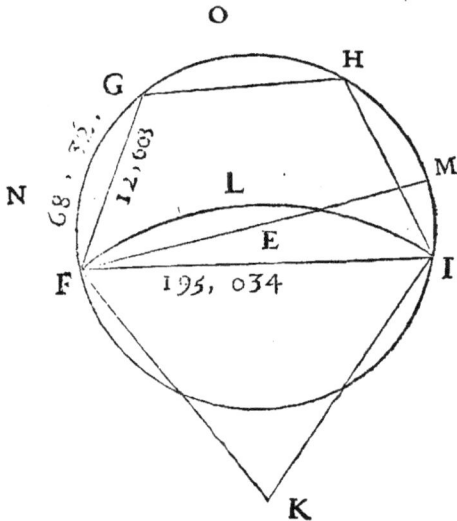

Quoniam enim circulo FGHI inſcripta F I ad inſcriptam F G eſt quadratica poteſtate, ut tria ad unum, itaque longitudine eſt ut latus trigoni eidem circulo inſcripti ad ſemidiametrum. Qua in ratione conſtituta eſt ſemidiameter circuli F L I ad ſemidiametrum circuli FGHI. Igitur circulus FLI ad circulum FGHI triplam habet rationem. Et ſegmentum LFI ſimile ſit ſegmento FGN, valetque triplum ſegmenti F G N. Atque adeo ipſa ſegmenta tria inter ſe æqualia FGN, GHO, HIM. Neque vero HI recta, nedum recta G H vel F G ſecabit circumferentiam FLI, propter ſimilitudinem circumferentiarum FNG, FLI, ex jam demonſtratis. A lunula igitur GFLIH auferantur ſegmenta F G N, GHO, HIM; addatur vero ſegmentum LFI. Tantundem ergo lunulæ GFLIH ſupplet ſegmentum FIL, quantum eidem lunulæ adimunt ſegmenta FGN, GHO, HIM. Rectilineum itaque quadrilaterum FGHI lunulæ LFGHI circulorum à circumferentiis duorum circulorum exiſtentium in ratione tripla deſcriptæ, effectum eſt æquale, ſicut oportebat.

PROPOSITIO V.

In circulo duas circumferentias ſumere exiſtentes in ratione quadrupla, in qua etiam ſe habeant rectarum, quæ ipſis circumferentiis ſubtenduntur, quadrata.

Expo-

Exponatur rursus triangulum rectangulum ACB, habens angulum ad C rectum; angulum vero ad A trientem recti. Et ex AC abscindatur CD ipsi BC aequalis, & jungatur BD. Ad datam vero EG compositam ex tripla AC, ut adgregatum extremarum in serie trium linearum rectarum continue proportionalium, & datam quoque HF ipsi BD aequalem ut mediam trium illarum, inveniantur extremae EF, FG. Et rursus inter ipsas EF, FG inveniantur duae mediae continue proportionales LK, KF. Cum autem quadratum compositae ex LK, KF auferetur à quadrato duplae AC, relinquat quadratum ex MN. Et centro O, intervallo OP sumpto aequali ipsi AC describatur circulus, cui inscribantur PQ, QR, RS, ST ipsi MN aequales. Est igitur circumferentia PT ad circumferentiam PQ quadrupla. Subtendatur autem PT. Dico quadratum ex subtensa PT esse quoque quadruplum quadrati ex subtensa PQ, id est, longitudinem PT ad longitudinem PQ esse duplam.

Agatur enim diameter POX, & subtendatur QX. Est igitur QX aequalis compositae ex LK, KF & quoniam circumferentia PQRST est quadrupla ad circumferentiam PQ: ideo est subtensa PQ ad subtensam PT, sicut cubus ex PX ad cubum octuplum ex QX, minus solido quadruplo sub QX & quadrato ex PX, vel sicut cubus ex PO ad cubum ex QX, minus solido duplo sub QX & quadrato ex PO, per ea quae exposita sunt in Analyticis angularium sectionum Zetetico Theorematis quarti. Proposita autem quavis serie quatuor continue proportionalium, cubus compositae è mediis aequat solidum sub composita ex extremis & rectangulo quod sub iisdem fit vel mediis, plus triplo solido sub eadem composita è mediis & praedicto rectangulo. Itaque cum QX componatur ex duabus mediis continue proportionalibus inter EF, FG, sub quibus quod fit rectangulum aequale est quadrato ex HF, id est duplo quadrato ex BC; sextuplum autem quadratum ex BC valet duplum quadratum ex AC. Cubus ex QX, multatus solido duplo sub QX & quadrato ex PO,

id

id eſt AC, æquat ſolidum ſub duplo quadrato ex BC & compoſita ex EF, FG, id eſt tripla AC. Quare PQ ad PT eſt, ſicut cubus ex AC ad ſolidum ſub duplo quadrato ex
AC & AC: & poſtremis binis analogiæ terminis ad AC adplicatis, eſt PQ ad PT,
ſicut AC quadratum ad ſextuplum quadratum ex BC, id eſt, ad duplum ex AC quadratum, atque adeo ut unum ad duo. In circulo igitur ſub O centro deſcripto, ſumptæ ſunt
duæ circumferentiæ P Q, P T quarum hæc ad illam eſt quadrupla, ſicut etiam quadratum ſubtenſæ P T ad quadratum ſubtenſæ PQ. Quod erat faciendum.

PROPOSITIO VI.

Ex circumferentiis duorum circulorum exiſtentium in ratione quadrupla lunulam deſcribere, cui rectilineum exhibeatur æquale.

Exponatur circulus quilibet ſub
O centro deſcriptus, in quo ſumatur circumferentia P T cui quæ
ſubtenditur ad ſubtenſam ejuſdem
circumferentiæ quadranti ſit quadratica poteſtate, ut quatuor ad
unum. Deinde per puncta P T
intervallo V P vel V T æquante diametrum circuli jam deſcripti, deſcribatur circulus alter
ſub V centro. Secetur autem circumferentia P T quadrifariam in
punctis Q, R, S, & ſubtendantur
quadrantes illi PQ, QR, RS, ST,
ac denique PT. Dico factum eſſe
quod oportuit. Deſcriptam enim
eſſe lunulam QPTSR conflatam
ex circumferentiis P Q R S T, PT
ad duos circulos in ratione quadrupla exiſtentes pertinentibus, ita
ut ei rectilineum exhibeatur æquale. ipſi namque lunulæ R P T æ-
quale eſſe rectilineum quinque-la-
terum PQRST.

Quoniam enim circulo P R T
inſcripta PT ad inſcriptam PQ eſt

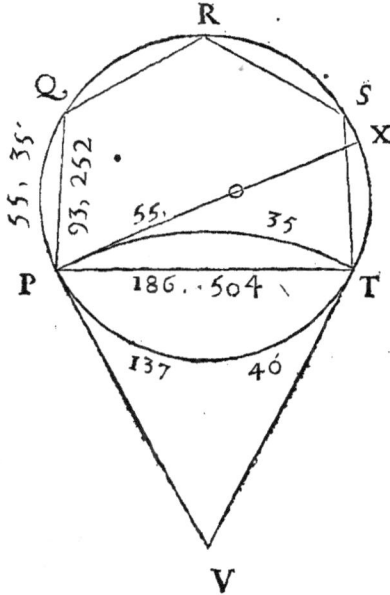

quadratica poteſtate, ut quatuor ad unum, & conſequenter longitudine ut duo ad u-
num. Qua in ratione conſtituta eſt ſemidiameter circuli P T ad ſemidiametrum circuli PRT. Igitur circulus P T ad circulum PRT quadruplam habet rationem. Et ſegmentum P T ſimile ſit ſegmento P Q, valetque quadruplum ſegmenti P Q, atque adeo
ipſa ſegmenta quatuor inter ſe æqualia PQ, QR, RS, ST. A lunula igitur QPTSR auferantur ſegmenta PQ, QR, RS, ST. Addatur vero ſegmentum PT. Tantundem ergo
lunulæ Q P T S R ſupplet ſegmentum P T, quantum eidem lunulæ adimunt ſegmenta
PQ, QR, RS, ST.

Rectilineum itaque quinque laterum P Q R S T lunulæ Q P T S R à circumferentiis
duorum circulorum exiſtentium in ratione quadrupla deſcriptæ, effectum eſt æquale, ſicut oportebat.

CAPVT XII.

De.Miſtilineis ſive angulis ſive figuris.

QVæ de Miſtilineis ſive angulis ſive figuris hactenus occurrerunt πχνι-
κώτερα fere ſunt hæc.

PROPOSITIO I.

Circumferentia sub qua & base comprehenditur segmentum circuli, dupla est amplitudo anguli sectionis, continuati angulo corniculari.

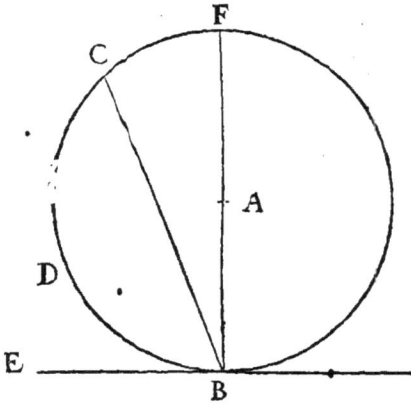

Angulus qui fit à linea recta circulum tangente & ipsa circumferentia, solet ab interpretibus dici κιεϱⲧοϛϑης, sive cornicularis.

Circuli igitur sub A centro descripti, sit segmentum quodcunque BDC, comprehensum à recta BC quæ basis est segmenti, & circumferentia BDC, tangat autem circulum recta BE. Dico circumferentiam BDC duplam esse amplitudinem anguli EBC, compositi ex sectionis angulo DBC, & corniculari DBE. Agatur enim diameter BAF, angulus igitur rectus est EBF. recti autem anguli amplitudo dupla est semicircumferentia circuli. Itaque dupla amplitudo anguli EBF est circumferentia BDCF. à quo auferatur CF, dupla amplitudo anguli CBF. residua igitur CDB dupla est amplitudo anguli EBC. Quod erat ostendendum.

PROPOSITIO II.

Curvum quo differunt in eodem circulo anguli dissimilium sectionum, ejusdem circuli circumferentia est.

Anguli enim propositarum dissimilium sectionum circuli, sunto D, B; illa major, hæc minor; angulus vero cornicularis F. Est igitur ex antecedente propositione F plus D circumferentia, & rursus F plus B circumferentia, & harum differentia est D minus B, & vero differentia duarum circumferentiarum, circumferentia est. Quare differentia angulorum D, B, circumferentia est. Quod erat ostendendum.

PROPOSITIO III.

Angulo dato, quem faciunt duæ circumferentiæ duorum sese secantium æqualium circulorum, una convexa, altera concava, angulum rectilineum exhibere æqualem.

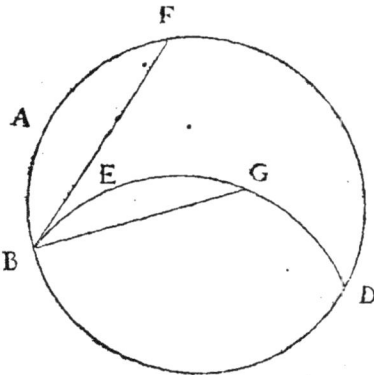

Duo circuli ABD, BED æquali intervallo descripti, sese mutuo intersecent in punctis B, D. unde fiat lunula ABED. Oportet angulo ABED lunari, angulum rectilineum exhibere æqualem. Circulum BED tangat in B recta B.F, secans circulum ABD tum in B, tum in F; circumferentiæ autem B F sumatur in circulo secundo BED, circumferentia B G æqualis, & subtendatur B G. Quoniam igitur æquales sunt sectiones ABF, EBG; quantum ab angulo lunari ABED aufert angulus sectionis ABF; tantum restituit angulus sectionis

nis E BG. Angulo itaque A BED lunari exhibitus eſt æqualis angulus rectilineus FBG.
Quod erat faciendum.

PROPOSITIO IV.

A duobus æqualibus circulis lunulam deſcribere, cujus angulus dato
angulo exiſtat æqualis.

Sit datus angulus A. Oportet deſcribere lunulam, cujus
angulus dato A angulo exiſtat
æqualis.

In circulo ſub B centro deſcripto, ſumatur circumferentia CED æqualis amplitudini
duplæ anguli A dati, & reſidua
DFC ſecetur bifariam in F, &
per puncta FC ducatur circulus deſcripto jam circulo æ-
qualis. Dico factum eſſe quod
oportuit. Lunulam enim eſſe
deſcriptam, cujus angulus
EFC ſit dato A angulo æqualis. Recta enim FG tangat circulum ſecundum in F, ſecans
primum tum in F, tum in G,
& ſubtendatur F C. Circumferentia igitur FC ſeu FD cir-
cumferentiæ GC eſt æqualis, utravis enim definit amplitudinem duplam anguli rectili-
nei GFC. Quare circumferentia GDF eſt circumferentiæ CED æqualis. Ipſa autem
GEF eſt amplitudo dupla anguli ſectionis EFG, continuari angulo corniculari ejuſdem
circuli, vel æqualis. Angulus vero ſectionis EFG continuatus angulo corniculari GFC, eſt
ipſe angulus lunaris. Lunatis igitur anguli EFC amplitudo dupla æqualis eſt circumferentiæ GDF, id eſt CED; ſimpla dimidiæ CED, id eſt angulo A dato.

Itaque factum eſt quod oportuit.

PROPOSITIO V.

Anguli lunulæ à duobus circulis æqualibus deſcriptæ, definire amplitudinem.

Duo æquales circuli unus ABCD,
alter BED deſcribant lunulam
ABED. Oportet anguli lunaris ABED
definire amplitudinem.

Circulum BED tangat recta in B,
ſecans primum circulum tum in B,
tum in F. Dico circumferentiam FAB
æqualem eſſe duplæ amplitudini anguli lunaris ABED, Angulus enim lunaris componitur angulo ſectionis
ABF, & angulo corniculari FBED;
qui quidem angulus cornicularis
FBED æqualis eſt angulo corniculari
quem efficeret tangens ipſum circulum ABCD: cum ſint circuli ABCD,
BED æquales. Sed anguli ſectionis
FBA, continuati angulo corniculari

ejuſdem circuli BCD ſeu ei æqualis BED duplæ amplitudini, æqualis eſt circumferentia FAB. Eadem igitur æqualis quoque eſt duplæ amplitudini anguli lunaris A B E D. Secta autem eſto bifariam FAB circumferentia in A. Anguli igitur lunaris ABED definita eſt amplitudo, videlicet circumferentia BA. Quod faciendum erat.

PROPOSITIO VI.

Triangula miſtilinea, lunulis quas æquales circuli deſcribunt, exhibere æqualia.

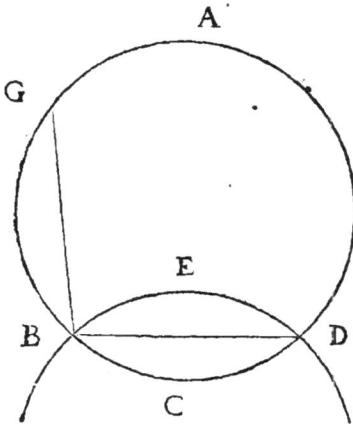

Duo æquales circuli unus ABCD, alter B E D deſcribant lunulam ABED. Oportet lunulæ ABED exhibere triangulum miſtilineum æquale. Subtendatur BD, erunt igitur circumferentiæ BED, BCD æquales. eſt autem B D minor diametro, ſi enim eſſet communis diameter duorum æqualium circulorum concurrent illi, non etiam lunulam deſcriberent. Quare ſecatur circulus quilibet inæqualiter. Sit autem ſuperior circulus A B C D, à quo dempta lunula relinquatur figura κεϱατοίδὴς EBCD. Eſt igitur circumferentia DAB major circumferentia BCD, ſeu BED. Quare à circumferentia BAD auferatur circumferentia BG circumferentiæ BCD ſeu BED æqualis, & manifeſtum eſt triangulum miſtilineum GBD; crura habens æqualia BG, BD, ipſaſque rectas lineas; baſin vero GD circumferentiam, lunulæ ABED eſſe æquale. Tantum enim detrahit lunulæ ſectio B G, quantum eidem addit ſectio B D: cum ſint BD, BG ſectiones ſimiles & æquales.

PROPOSITIO VII.

Si ab unaquaque extremitatum diametri, ſumantur in eandem partem circuli duæ circumferentiæ æquales; ab altera autem earundem extremitatum, inſcribantur lineæ rectæ ad terminos ſumptarum æqualium circumferentiarum: ſpatium circuli quod interjacet inter diametrum & proximam inſcriptam, adjunctum ſectioni circuli, quam facit altera inſcriptarum, æquale eſt duobus ſectoribus qui ſub æqualibus ſumptis circumferentiis comprehenduntur.

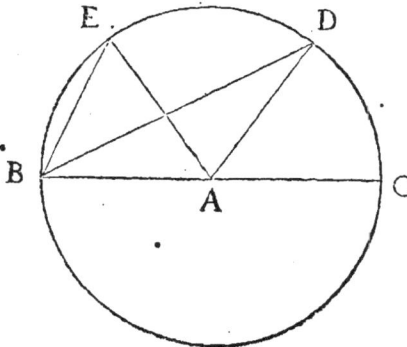

Sit circulus ſub A centro, dimetiente quacunque BC deſcriptus, & in eandé partem circuli à dimetiente BC bifariam ſecti ſumantur circumferentiæ CD, BE æquales, & ſubtendantur BD, BE, agantur quoque ſemidiametri A D, A E. Dico ſpatium comprehenſum à rectis B D, B C & circumferentia DC, æquari ſectoribus BAE, CAD. Triangula enim rectilinea B A E, D A C æqualium ſunt laterum & angulorum. Quoniam autem in angulo rectilineo BDC recta DA ſecat bifariam baſin BC, ideo ſecat quoque bifariam ipſum triangulum

lum BDC. Quare triangulum BAD æquale eft triangulo DAC, feu BAE. Spacium itaque miftilineum illud DBC, æquale eft fectori DAC & triangulo BAE. Utrobique addatur fectio BE. Spacium igitur miftilineum illud DBC additum fectioni BE, æquale eft fectoribus BAE, CAD. Quod erat oftendendum.

PROPOSITIO VIII.

Si ab unaquaque extremitatum diametri, fumantur in eandem partem circuli circumferentiæ æquales; ab altera autem earundem extremitatum, infcribantur lineæ rectæ ad terminos fumptarum æqualium circumferentiarum: fpacium circuli quod inter rectas infcriptas interjacet, æquale eft fectori ab eadem circumferentia, qua fpacium ipfum, comprehenfo.

Repetatur antecedens diagramma. Dico fpacium circuli E B D comprehenfum à rectis EB, BD & circumferentia ED, effe æquale fectori EAD. A femicirculo enim BEC auferatur fpacium B D C comprehenfum à rectis B D, B C & circumferentia D C, ipfa etiam dematur fectio BE: fupereft itaque fpacium EBD comprehenfum à rectis EB, BD & circumferentia E D. Ab eodem autem femicirculo auferantur fectores CAD, BAE qui quidem prædicto miftilineo B D C fpacio, una cum fectione BE funt æquales. Supereft igitur fector EAD. Ergo fectori EAD æquale eft fpacium EBD comprehenfum à rectis EB, BD & circumferentia ED. Quod erat oftendendum.

PROPOSITIO IX.

Cum ab eodem puncto circumferentiæ infcribuntur circulo tres lineæ rectæ, quarum media latus eft tetragoni, fecans bifariam angulum ab infcriptis extremis factum. Itaque defcripta funt duo triangularia fpacia, quorum bafes funt circumferentiæ æquales, latus autem infcripti tetragoni crus utrique commune. Dimidiam differentiam duorum illorum fpaciorum triangularium, figuræ tum miftilineæ, tum rectilineæ, adæquare.

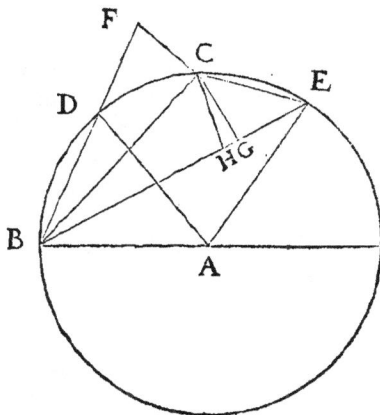

Sub A centro, intervallo quocunque AB defcribatur circulus, in quo fumatur B C circumferentia tetragoni, & à puncto C fumantur utrinque circumferentiæ æquales CD, CE circumferentia tetragoni minores, & fubtendantur BD, BE. Sunt itaque defcripta duo fpacia triangularia DBC, CBE, quorum bafes DC, CE funt circumferentiæ æquales. latus autem tetragoni BC crus eft eis triangulis miftilineis commune. Itaque oportet dimidiam differentiam duorum illorum fpaciorum triangularium, figuræ tum miftilineæ tum rectilineæ adæquare.

Sub centro B, intervallo BC defcribatur circulus, cujus circumferentiam abfcindant BD, BE in F, G. Dico in primis differentiam dimidiam inter fpacium D B C & fpacium C B E, æquari triangulo miftilineo C G E, feu C D F. Defcriptus enim circulus fub B centro, intervallo B C duplus fit ad circulum fub A centro, intervallo A B defcriptum. Itaque fector F B G ad illum pertinens circulum, æqualis eft fectori D A E ad hunc pertinenti; qui quidem fector D A E æqualis oftenfus eft fpacio miftilineo D B E. Quare fi ab his æqualibus commune utrinque auferatur fpacium miftilineum B D C G, relinquetur triangulum miftilineum C D F triangulo miftilineo C G E æquale. Eft autem FBC fector dimidius totius fectoris FBG, id eft fpacii mixtilinei DBE

inæqua

inæqualiter ſecti à recta BC, & eſt DBC minus ſegmentum, CBE majus. Atque huic majori ſegmento cum aufertur triangulum miſtilineum GCE, remanet dimidium totius ſpacii, ſicut cum illi minori adjicitur triangulum CFD, triangulo GCE æquale. Cum autem ſecatur magnitudo quæpiam, dimidia differentia ſegmentorum, adjuncta dimidiæ magnitudini, facit majus ſegmentum, ablata minus. Dimidia igitur differentia inter ſpacium DBC & ſpacium CBE, eſt triangulum miſtilineum GCE ſeu CFD. Quod primo loco fuit oſtendendum.

Secundo cadat in BE perpendiculariter CH, & ſubtendatur CE. Dico rectilineum ac rectangulum triangulum CHE, æquari miſtilineo GCE. Quoniam enim circulus FCG eſt duplus circuli DCE, ideo cum ſecabuntur ſimiliter circuli illi : ſegmenta illius erunt ſegmentorum hujus dupla. Itaque totum ſegmentum CE, quod deſcribitur in minore duorum illorum circulorum, æquale eſt dimidio ſimili ſegmento deſcripto in majore, nempe ſpacio HCG, cum dupla circumferentia CG ſimilis ſit circumferentiæ CE. Quantum igitur triangulo mixtilineo GCE detrahit ſegmentum CE, tantundem reſtituit dimidium ſimile ſegmentum HCG. atque adeo rectilineum triangulum CHE, æquale ſit mixtilineo GCE. Quod ſecundo loco fuit oſtendendum.

Sic igitur dimidia differentia inter ſpacium DBC & ſpacium CBE, adæquata eſt tum figuræ mixtilineæ nempe DCF ſeu GCE, tum rectilineæ HCE, ut erat faciendum.

CAPVT XIII.

Angulus cornicularis.

COepit agitari quæſtio à ſagacibus quibuſdam Geometris, an diverticulum quod facit circulus à linea recta vel circulari, quæ ipſum tangit, ſit angulus nec-ne. Circulus enim cenſetur figura plana, infinitorum laterum & angulorum; linea autem recta rectam contingens quantulæcunque ſit longitudinis, coincidit in eandem lineam rectam, nec angulum facit. Itaque cum propoſuit Euclides inter lineam rectam quæ circulum tangit & ipſam circumferentiam, non cadere alteram lineam rectam εἰς τὸ μεταξὺ τόπον τῆς εὐθείας καὶ τῆς περιφερείας, οὐ inquit ἑτέρα εὐθεῖα παρεμπεσεῖται, non etiam γωνίαν περιεχομένην ὑπό τε εὐθείας καὶ κύκλου περιφερείας οὐ τέμνει ἑτέρα εὐθεῖα. Sic Apollonius Pergæus cum idipſum quod in circulo Euclides ineſſe in coni ſectione demonſtravit, uſus eſt voce τόπου non γωνίας, nec inde elicuit Poriſma quale in propoſitione Euclidis legitur de angulo ſemicirculi his verbis: καὶ ἡ μὲν τοῦ ἡμυκυκλίου γωνία ἁπάσης ὀξείας γωνίας εὐθυγράμμου μείζων ἐστι, ἡ δὲ λοιπὴ ἐλάττων. Ita ut non temere quis ſuſpicetur ea eſſe adulterina, ne ſibi non ſatis conſtet Euclides, & alioqui Geometrica multa corruant fundamenta.

1. Anguli ex ipſa Euclidis partitione, recti ſunt aut obliqui. Obliqui vero aut ſunt acuti vel obtuſi. Cum itaque angulus ſemicirculi non ſit obtuſus neque acutus, videtur eſſe rectus ; is vero qui exiſtimatur reliquus è recto κερατοειδὴς ſolet vocari, angulus imaginarius, γωνία εἰκονική.

2. Angulos circumferentia definit. Nulla circumferentia definit diverticulum κερατοειδές. Diverticulum igitur illud non eſt angulus.

3. Secto diſſimiliter circulo, anguli ſectionum diſſimilium differunt per circumferentiam; quæ autem magnitudo metitur totam & ablatam, eadem metitur & reliquam. Propoſitis igitur ſectionibus diſſimilibus, metiatur magnitudo quæpiam angulum majoris, metietur & angulum minoris. Differentiam igitur majoris & minoris metietur, id eſt circumferentiam. Ergo anguli ſectionum circumferentiæ ſunt, & cum iidem non ſint majores neque minores dimidio circumferentiæ, ſub qua & baſe comprehenduntur ſectiones, ei dimidio cenſendi ſunt æquales.

4 An circulus quænam figura plana est anomala? an non Aristoteli prima figura planarum est & perfectissima, ut sphæra solidarum. Regularis autem est in planis figuris, ut similitudo earum æqualitatem angulorum arguat & æqualitas similitudinem. Itaque in circulis inæqualibus, anguli similium sectionum videntur æquales. Si angulus semicirculi in majore circulo idem est qui in minore, angulus κερατοίδης angulo κερατοίδει non exhibetur minor. Cum itaque decrementum non suscipiat, magnitudo non est, neque enim datur magnitudo ἐλαχίση aliter quam intellectu.

5 Anguli κερατοίδης siquidem is incrementum suscipit, duplus est angulus qui fit in contactu duorum æqualium circulorum: cur ejusdem non dabitur triplus, quadruplus, aliterve multiplus?

6 Circulus circulum æqualem in lunari spacio potest secare ad angulum rectum: an igitur angulus exterior qui fit ex concavis circumferentiis deficiet à recto, per angulum contingentiæ ipsorum circulorum?

In sphæra maximus circulus maximum circulum per polos ductum ad angulos rectos utrinque secat. Qualis autem est circulus in planis, talis est sphæra in solidis, inquit Aristoteles.

Obtinuit tamen Procli & aliorum interpretum sententia adferentium angulum κερατοίδει angulum esse, ipsumque minorem quovis acuto. Lineæ enim circulari à suo ortu inesse curvaturam. Itaque transiri per majus & minus & non transiri per æquale, cum immota base trianguli rectanguli circumducetur hypotenusa donec coincidat cum base.

CAPVT XIV.

Æqualitas lineæ rectæ & circumferentiæ, secundum Archimedem comprobata.

TRadit Eutocius à nemine unquam dubitatum fuisse εἶναί τινά τῇ φύσει εὐθεῖαν ἴσην τῇ περιφερείᾳ τοῦ κύκλου. Æqualitatem autem illam ita demonstravit Archimedes.

PROPOSITIO I.

Datis duabus inæqualibus lineis, una recta, altera circulari, invenire lineam rectam minorem majore datarum, & majorem minore.

Excessus enim datarum linearum rectæ & circularis, esto Z. Recta vero ipsa G. Aut igitur recta G major est circulari, aut minor. Sit primum major. Oportet igitur invenire lineam rectam, quæ sit minor quam G, sed major quam G minus Z.

Sumatur quæcunque longitudo major ipsa G, & sit H: & fiat ut H ad G, ita H minus Z ad A. Dico inprimis longitudinem A esse minorem quam G. Quoniam enim ex hypothesi est, ut H ad G, ita H minus Z ad A: ideo subducendo erit ut H ad G, ita Z ad G minus A. Cum igitur A possit ex G auferri, est A minor quam G. Secundo dico A esse majorem quam G minus Z. Quoniam enim H est major quam G: ideo erit ut H ad G, ita Z ad minorem quam Z, veluti, ad F; & subducendo erit ut H ad G, ita H minus Z ad G minus F. Itaque G minus F æquabitur A. Est autem G minus F major quam G minus Z. Ab eadem enim G longitudine minor illic quam hic aufertur longitudo. Quare A est major quam G minus Z.

Propositis itaque duabus inæqualibus lineis; una recta, nempe G; altera circulari, eaque minore, nempe G minus Z: inventa est A linea recta; minor quam G: sed major quam G minus Z. Quod erat faciendum in prima figura.

Sed esto G recta minor circulari. Oportet igitur invenire lineam rectam, quæ sit major quam G, sed minor quam G plus Z. Sumatur rursus quæcunque longitudo major quam G, & fit H : & fiat ut H ad G, ita H plus Z ad E. Dico inprimis longitudinem E majorem effe quam G. Quoniam enim eft, ut H ad G, ita H plus Z ad E. Ideo fubducendo erit ut H ad G, ita Z ad E minus G. Cum igitur G auferatur ex E, præftat E ipfi G. Secundo dico E effe minorem quam G plus Z. Quoniam enim H eft major quam G: ideo eft ut H ad G, ita Z ad minorem quam Z, veluti ad F. Et per additionem ut H ad G, ita H plus Z ad G plus F. Itaque G plus F æquabitur E. Eft autem G plus F minor quam G plus Z. Eidem enim longitudini G minor illic quam hic additur longitudo. Quare E minor eft quam G plus Z.

Propofitis itaque duabus lineis, una recta nempe G, altera circulari eaque majore nempe G plus Z: inventa eft E linea recta, major quam G, fed minor quam G plus Z. Quod erat faciendum in fecunda ἡλιϰ. Atque adeo conftat Problema.

SCHOLIVM.

Eadem argumentatione propofitis duobus angulis uno rectilineo, altero miftilineo, poterit inveniri rectilineus minor dato rectilineo, fed major dato miftilineo. Quod tamen negabunt Euclidei, neque enim dabitur angulus rectilineus minor recto rectilineo idemque major angulo femicirculi.

PROPOSITIO II.

Circulo dato, & linea recta in eo infcripta, quæ diametro minor exiftat, ipfaque extra circulum continuata, educere lineam è centro ita fecantem circulum & continuatam infcriptam, ut pars eductæ è centro interjacens inter circumferentiam & infcriptam, fe habeat ad jungentem infcriptæ & eductæ terminos in circumferentia notatos viciniores, ficut dimidia infcripta ad minorem ea quæ ex centro infcriptam illam bifariam fecat.

Sit datus fub A centro defcriptus circulus, cui infcripta fit BC minor diametro, fecta bifariam ab ea quæ ex centro in D. Eadem BC producta efto extra circulum. Dico poffe educi talem AFE; fecantem BC productam in E; circumferentiam vero in F: ut FE ad CF fe habeat, ut DC ad quamcunque minorem ipfa AD, utpote DZ. Ipfi enim BC agatur diameter parallela G A H, quam tangens circulum in C fecet in I. Sunt igitur fimilia triangula A D C, A I C. Quare D C ad A D eft, ficut A C ad C I. D C vero ad D Z,

eft ficut AC ad minorem quam CI. Sit illa X. Poteft igitur è puncto C educi recta, fecans circumferentiam in F, parallelam vero GI in K: ita ut FK fit æqualis ipfi X, cum fit X minor quam CI. Educatur igitur & jungatur AF, & continuetur ad BC in E. Ergo eft ut D C ad D Z, fic A F ad FK. Sed cum fint parallelæ B E, G I, fimilia triangula fint A K F, G F E. Quare eft, ut A F ad F K, ita FE ad CF. Eft igitur FF ad CF, ficut C D ad D Z. Et conftat propofitum.

SCHOLIVM.

Quod fumit Lemma Archimedes poffe à puncto C educi rectam, quæ fecat circumferentiam in F: rectam vero AI in K, ita ut FK fit æqualis cuicumque rectæ X; modo ea
fit

fit minor quam CI: verum eft καὶ'
αἴσθησιν. Neque enim X tam proxima ipfi C I defignabitur,
quin educetur FK ipfi æqualis, &
tamen different C K, F K. Secabit enim C K circulum in F, cum
fit CK alia à tangente CI; & minor ipfa C I; major vero recta
C H. Sectio autem contingit in
duobus punctis. Unde linea erit
infcripta CF. Itaque κατὰ φύσιν,
verum eft aliquam effe lineam,
quæ erit minor ipfa CI, & major
ipfa FK, nempe ipfam CK: cum
imaginabimur CK omnium poft
CI maximam.

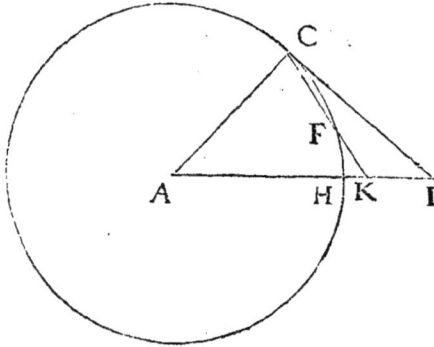

PROPOSITIO III.

Circulo dato, & linea recta in eo infcripta, quæ diametro minor exiftat, & alia infuper quæ circulum tangat in infcriptæ termino, educere lineam è centro ita fecantem circulum & ipfam tangentem, ut pars eductæ è centro interjacens inter circumferentiam & infcriptam fe habeat ad partem tangentis quæ eft inter contactum & ipfam eductam, ficut dimidia infcripta ad majorem ea quæ ex centro infcriptam illam bifariam fecat.

Sit datus fub A centro defcriptus circulus, cui infcripta fit BC minor diametro, fecta bifariam ab ea quæ excentro in D. Sed & tangat circulum recta LC. Dico poffe educi talem AMNO; fecantem BC in M; circumferentiam in N; tangentem vero LC in O: ut MN ad OC, fe ha-

beat ut D C ad quamcunque majorem ipfa D A, utpote D S. Ipfi enim B C agatur diameter parallela G A H, quam tangens L C fecet in L. Sunt igitur fimilia triangula ADC, ALC. Quare DC ad AD eft, ficut A C ad C L. D C vero ad D S eft, ficut A C ad majorem quä CL. Sit illa C K, & per tria puncta K A L defcribatur circulus, ad cujus cir-

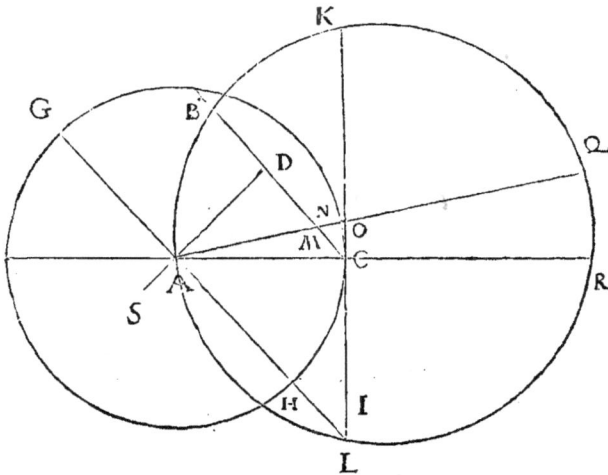

cumferentiam producatur AC in R, & eidem circulo infcribatur AMNOQ: ita ut OQ fit ipfi CR æqualis. (Id enim fieri poteft) quoniam CK conftructa eft major quam CL. Dico effe MN ad OC. ficut AC ad CK, feu DC ad DS. Eft enim OA ad MA, ficut OL ad CL: cum fint BC, GL parallelæ. Itaque quod fit fub OA, CL, æquale eft ei quod fit fub MA, OL. Sed & quod fit fub KO, OL, æquale eft ei quod fit fub AO, OQ. Eft autem id quod fit fub KO, OL ad id quod fit fub AM, OL, ficut KO ad AM. Et ut id quod
Bbb 2   fit

fit fub AO, OQ ad id quod fit fub AO, CL, ficut OQ id eſt CR ad CL. Quare eſt KO ad AM, ficut CR ad CL. Sed CR ad CL eſt, ficut CK ad CA. Quare eſt KO ad AM, ficut CK ad CA. Et convertendo eſt AM ad KO, ficut CA ad CK, & ſubducendo eſt CA minus AM ad CK minus KO vel OC; ſeu aliter eſt MN ad OC, ficut AC ad CK, id eſt ficut DC ad DS. Et conſtat propoſitum.

PROPOSITIO IV.

Invenire lineam rectam, circumferentiæ dati circuli æqualem.

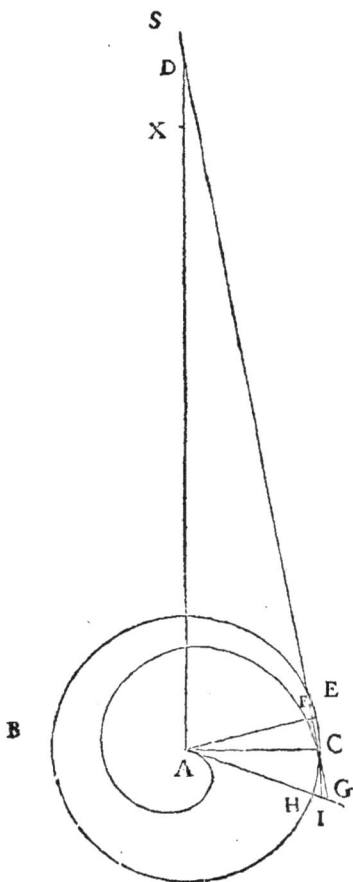

Sit datus circulus cujus A centrum, diameter BAC. Oportet facere quod propoſitum eſt. Deſcribatur helix cujus principium A, principium vero converſionis AC. Cadat autem in AC perpendiculariter recta DA, quam alia recta tangens helicem adC intercipiat in D. Dico DA toti circumferentiæ dati circuli BC eſſe æqualem.

Si enim non fit æqualis, erit igitur major aut minor. Primum ſi fieri poſſit eſto DA major circumferentia dati circuli BC. Itaque ex propoſitione prima ſumatur recta minor quidem ipſa DA; ſed major ipſa circumferentia circuli BC; & ſit illa XA. Helicen autem tangens recta CD, intercipiat circumferentiam in E. Et è centro acta AF ſecet inſcriptam EC bifariam in F. Eſt igitur ficut CA ad AD, ita CF ad FA. Sed ficut CA ad XA, ita erit CF ad minorem quam AF, ut pote FZ. Itaque ex propoſitione ſecunda continuetur EC, & educatur AHG ita ſecans circumferentiam quidem in H; continuatam vero EC in G; ut HG ad CH, ſe habeat ficut CF ad FZ, hoc eſt ficut AC ad AX. Converſim igitur & permutatim erit AC ſeu AH ad HG, ficut AX ad rectam CH. Hoc autem eſt abſurdum. Ipſa enim AG intercipiat helicen in I. Ex proprietate igitur helicis, eſt AH ad HI, ficut circumferentia tota circuli ad circumferentiam CH; & conſequenter cum tota circumferentia cedat

rectæ AX, erit AH ad HI, ficut AX ad majorem circumferentiam CH; & cum HG præſtet ipſi HI (tangit enim helicen recta CG non etiam ſecat) multo magis erit AH ad HG, ficut AX ad majorem longitudinem circumferentia CH, nedum recta CH, quæ minor eſt quam curva CH. Non eſt igitur DA minor circumferentia circuli.

Sed ſi fieri poſſit, eſto DA minor circumferentia dati circuli EBC. Itaque ex eadem propoſitione prima ſumatur recta minor quidem circumferentia circuli EBC; ſed major ipſa AD, & ſit AS. Erit igitur AC ad AS, ficut CF ad majorem quam FA, ut pote FR. Itaque tangat quæpiam recta circulum ad C, & ex propoſitione tertia educatur AKLM;

ita

ita secans E C in K; circumferentiam in L; tangentem vero in M,
ut sit KL ad MC, sicut CF ad FR,
hoc est, sicut AC seu AL ad A S.
Conversim igitur & permutatim
erit A L ad K L, sicut A S ad M C.
Hoc autem est absurdum. Ipsa e-
nim ALM intercipiat helicen in H.
Ex proprietate igitur helicis est A L
ad H L, sicut circumferentia tota ad
circumferentiam L C, & per consequens, cum tota circumferentia præstet ipsi A S; erit A L ad H L, sicut
AS ad minorem circumferentia
L C. Et cum KL cedat ipsi HL (tangit enim helicen recta CK, non etiá
secat.) Erit AL ad KL, sicut AS ad
minorem circumferentia L C, nedum recta M C, quæ ipsa L C circumferentia est major. Non est
igitur D A minor circumferentia
circuli. Itaque est eidem æqualis.
Circumferentiæ igitur dati circuli
E B C inventa est recta DA æqualis.
Quod faciendum erat.

SCHOLIVM.

Sic dixerit aliquis angulo semicirculi æqualem esse rectum. Si e-
nim non sit æqualis, aut erit major,
aut minor. Sit primum major, &
sumatur angulus rectilineus; minor
quidem recto; sed major angulo semicirculi. Et statim deprehendet, id
fieri non posse. esse enim adsumpto
quoque rectilineo majorem angulum semicirculi, demonstrabit. Sit
autem minor, & sumatur angulus rectilineus; major quidem recto; sed minor angulo semicirculi. Et statim quoque deprehendet, id fieri non posse. esse enim adsumpto quocunque obtuso minorem angulum semicirculi, demonstrabit. Itaque concludet tandem secundum propositum adversus Euclidem, Euclideorumve sententiam.

CAPVT XV.

Geometrica κύκλȣ μέτρησις, bene proxima veræ.

QUæ sit analogia circumferentiæ circuli ad diametrum, adhuc nesci-
tur. Neque enim inventio lineæ rectæ circulo æqualis, sive Archime-
dea, sive Nicomedea, est ἔντηχνȣ⊙·. Arguit itaque Archimedes analogiam
circumferentiæ circuli proximam veræ, ex collatione polygonorum in-
scriptorum circulo cum similibus polygonis circumscriptis. Polygona inscripta minora sunt circulo, circumscripta majora. Area circuli media
est inter aream polygoni inscripti & polygoni similis circumscripti. Diameter autem ducta in perimetrum circuli, facit aream ipsius quadruplam.
Sic conclusit Archimedes circumferentiam minorem esse tripla sesquise-

ptima diametri, fed majorem tripla decupartiente feptuagefimas primas diametri, id eft,pofita diametro partium feptem, circumferentiam minorem effe partibus viginti duabus. Sed pofita eadem diametro partium 71, circumferentiam majorem effe partibus 223. Sed nos egreffi longe fines Archimedeos,etfi fua infequuti veftigia:pofita diametro particularum 100, 000, deprehendimus certo in Analyticis angularium fectionum ; circumferentiam majorem effe 314,159 $\frac{26,535}{100,000}$; fed minorem 314,159 $\frac{26,537}{100,000}$. Itaque duo Theoremata inde elicuimus, & totidem Problemata, ad Mechanicen bene adcommoda, qualia hic fubjicimus.

PROPOSITIO I.

Si fecetur linea recta per extremam & mediam rationem : erit proxime ut minus fegmentum ad totam, ita diameter circuli ad dextantem circumferentiæ.

Lineæ rectæ fectæ ἄκρον καὶ μέσον λόγον, minus fegmentum fit 100,000. Tota fit paulo major 261,803. Conftituta autem diametro 100,000. Fit circumferentia tota 314,160. Uncia vero 26,180. Dextans 261,800. Quare bene proxima veræ eft analogia.

PROPOSITIO II.

Si fecetur linea recta per extremam & mediam rationem: erit proxime ut tota continuata minore fegmento ad totam duplam, ita quæ poteft quadrato fefquialterum femidiametri ad latus quadrati circulo æqualis.

Linea recta fecta ἄκρον καὶ μέσον λόγον, fit 100,000. Minus fegmentum fit paulo minus 38,197. Conftituta autem femidiametro circuli 100,000, quæ poteft quadrato fefquialterum femidiametri, paulo major eft 122,474.& eft ut 138,197 ad 100,000,ita 122, 474 ad 177,245, cujus quadratum eft 31,416,000,000 proxime. Tanta autem fere eft area circuli femidiametrum habentis 100,000. Quare bene proxima veræ eft analogia.

PROPOSITIO III.

Quadranti circumferentiæ dati circuli invenire proxime lineam rectam æqualem.

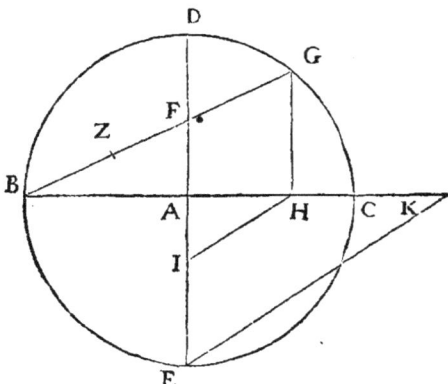

Sit datus circulus fub A centro defcriptus BDCE. Oportet quadranti circumferentiæ dati circuli BDCE, invenire lineam rectam proxime æqualem.

Datus BDCE circulus fecetur quadrifariam à duabus diametris BC, DE, fefe perpendiculariter interfecantibus in A, ipfaque DA fecetur bifariam in F, & per punctum F infcribatur BG, & in BC cadat perpendicularis GH. Abs BF autem auferatur ZF ipfi FA æqualis, unde fit BZ latus decagoni, cui ponatur in EA femidiametro æqualis EI: & fiat ut AI ad AE, ita AH ad AK, juncta videlicet HI, & acta EK ipfi HI parallela. Dico rectam AK effe æqualem circumferentiæ DGC.

Quoniam enim IE pofita eft æqualis ipfi BZ, ideo fecatur AE per mediam & extremam rationem in I, & eft AI minus fegmentum, IE majus. Itaque ex propofitione prima, ficut eft AI ad AE, ita erit diameter ad dextantem circumferentiæ, ita femidiameter

ad

ad quincuncem, & ita dimidia femidiameter ad duas uncias cum femiffe, ac denique ita dimidia femidiameter aucta quinta parte ad tres uncias quadrantemve circumferentiae. At vero AH eft dimidia femidiameter aucta quinta parte, eft enim ut B A ad AF, ita BG ad GC five longitudine, five poteftate. Sed quadratum ex BG ad quadratum ex GC eft, ut BH ad HC. Ergo quadratum ex B A ad quadratum ex A F eft, ut B H ad H C. Et per fynerefin eft quadratum ex B F ad quadratum ex B A, ut B C ad B H. Qualium autem BA 10, talium FA 5, BF √ 125, BC 20. Et quoniam eft ut 125 ad 100, ita 20 ad 16, talium etiam BH eft 16, atque ideo AH 6. Eft igitur AH aequalis dimidiae BA auctae quinta parte. Quare cum fit ut A I ad A E, ita A H ad A K: erit A K aequalis quadranti circumferentiae circuli. Quadranti igitur circumferentiae dati circuli, inventa eft recta AK proxime aequalis. Quod faciendum erat.

PROPOSITIO IV.

Invenire quadratum circulo proxime aequale.

Sub A centro defcribatur circulus fectus quadrifariam à duabus diametris BC, DE, fefe perpendiculariter interfecantibus in A, & in AD ponatur AF aequalis dimidiae C E, & per F infcribatur BG. Secetur autem A C per extremam & mediam rationem in H, & fit AH minus fegmentum, HC majus. Et fiat ut BH ad BF, ita BC ad BI, juncta videlicet FH, & acta CI ipfi HF parallela. Dico B I effe latus quadrati circulo B E C D proxime aequalis.

Eft enim B H ad B C, ficut tota continuata minore fegmento ad totam duplam. Itaque ut B H ad B C, fic quae poteft quadrato fefquialterum femidiametri ad latus quadrati

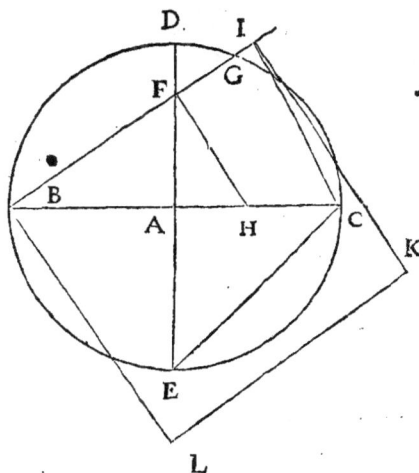

circulo aequalis proxime. Sed BF poteft quadrato fefquialterum femidiametri. Pofita eft enim FA aequalis dimidiae C E. Quoniam igitur eft ut B H ad B C, ita B F ad B I: erit BI latus quadrati circulo D B E C aequalis proxime. Defcribatur itaque ipfum quadratum B I K L.

Inventum eft igitur B I K L quadratum, circulo B D C E proxime aequale. Quod erat faciendum.

CAPVT XVI.

De altera methodo quadrandi circulum per angulum angulo, qui fit à tangente helicem, & diametro circuli, propemodum aequalem.

ETfi non defcribantur volutae, neque tangantur καῖ ἐπιϛημονικὸν λόγον, attamen quanti fint anguli in volutarum contactu, quantaeve rectae, quae iis angulis fubtenduntur, ratiocinamur ἐπιϛημονικῶς, & μηχανικὴν juvat τεχνικὴ, τεχνικὴν μηχανικὴ, ut hoc capite placet exemplificari, & quadrandi circulum tam proxime quam placuerit vero, methodum bene paratam, neque δυσμήχανον exhibere, qua haud fcio an alia poffit proponi generalior & artificiofior.

PROPOSITIO I.

Si defcribatur helix , cujus principium fit in una extremitate diametri alicujus circuli; quadrans vero principii converfionis fit ipfa diameter ; fefe autem mutuo fecent duæ lineæ rectæ. Vna circulum contingens in principio helicis. Altera contingens helicem in quadrante principii converfionis. Itaque duæ illæ lineæ rectæ una cum diametro circuli triangulum rectangulum defcribant, cujus bafis fit ipfa diameter. Erit altitudo trianguli . femi-perimetro dati circuli æqualis, ipfum vero triangulum circulo æquale.

Sit circulus A B C D, cujus diameter B D , & defcribatur helix, cujus principium B, quarta vero pars principii converfionis fit BD. Sefe autem mutuo fecent duæ lineæ rectæ in E. Una circulum contingens in B, altera contingens helicem in D. Itaque duæ illæ lineæ rectæ BE, DE una cum diametro BD triangulum EBD rectangulum conftituant, cujus bafis fit B D. Dico altitudinem EB circumferentiæ B A D, id eft femiperimetro dati circuli A B C D effe æqualem , atque adeo ipfum triangulum E B D dato circulo A B C D effe æquale.

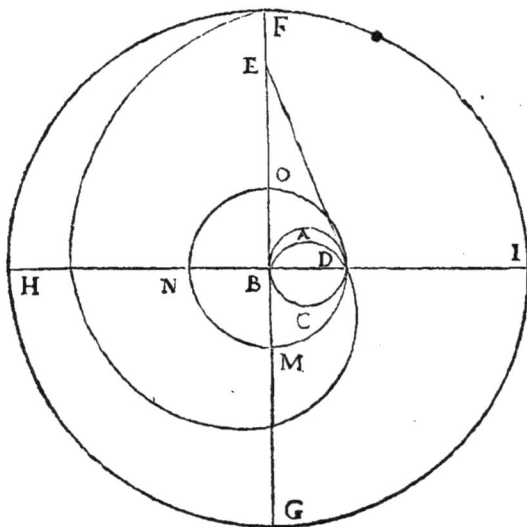

Centro enim B, intervallo B F quadruplo ad B D, defcribatur circulus F H G I quadrifectus à duabus diametris H BDI, FEBG. Itaque BF fit principium revolutionis helicis, cujus continuetur in prima revolutione defcriptio. Sed & centro B intervallo BD defcribatur circulus tertius D M N O.

Per ea igitur quæ demonftrata funt ab Archimede XXI propofitione περὶ ἑλίκων , recta BE quadranti totius circumferentiæ D M N O eft æqualis. Quadrans autem totius circumferentiæ circuli DMNO eft equalis femiperimetro circuli BAD. Perimetri enim circulorum funt , ut ipforum diametri. Diameter vero circuli D M N O eft dupla ad diametrum circuli A B C D. Itaq; BE eft æqualis femiperimetro circuli ABCD. Quod erat primo loco oftendendum.

Triangulum porro rectangulum cujus altitudo eft quadrupla ipfius BE, immutata bafe BD, effet æquale circulo DMNO, ex propofitione prima περὶ μετρήσεως κύκλȣ. Triangulum igitur rectangulum EBD, erit æquale quadranti circuli D M N O. Sed quadranti circuli D M N O æqualis eft circulus A B C D. Circuli enim fimiles funt iis, quæ à dimetientibus illorum defcribuntur, quadratis. Triangulum igitur rectangulum EBD circulo A B C D eft æquale. Quod erat fecundo loco oftendendum.

PROPOSITIO II.

Si defcribatur helix cujus principium fit in una extremitate diametri alicujus circuli, quadrans vero principii converfionis fit ipfa diameter, incidant autem in helicem duæ rectæ quæ faciant angulos cum diametro æ-
quales, & ab extremitate diametri ad punctum incidentiæ educantur duæ
aliæ lineæ rectæ, à quibus qui fit angulus fecetur bifariam à tertia quapiam
recta. Tertia illa in ea anguli bipartitione helicem fere continget, tanto-
que propius cum contingente concurret, quo incidentium anguli cum diametro facti erunt acutiores.

Sit circulus A B C D, cujus diameter B D, & defcribatur helix B G H Z,
cujus principium converfionis intelligatur recta contingens circulum ad
B, quadrupla ad ipfam B D diametrum. Itaque fit B D quadrans principii converfionis. Sumantur autem
D E, D F circumferentiæ æquales, &
agantur B E, B F incidentes in helicen ad puncta G, H, & connectantur D G, H D fecantes circumferentiam in I, K Ipfaque circumferentia
I K fecetur bifariam in L, & jungatur
D L. In helicen igitur incidentes
D G, D F, faciunt cum diametro B D
angulos æquales. Angulum autem
ab eductis D G, H D fecat bifariam
recta D L. Dico rectam D L helicen
fere contingere in ipfo D puncto.

Helicen enim vere contingat recta D M, intercipiens in M eam quæ
circulum ad B contingit. Eft igitur
B M femiperimetro circuli A B C æ-
qualis. Qualium itaque D B eft 200,
000, talium B M eft 314, 159 proxime. Angulus igitur B D M fit partium LVII. xxx'I. ví. Ipfa autem
D M circuli A B D circumferentiam
intercipiat in N. Erit circumferentia B N partium cxv. íi. xií'. Sed &
helix contingentem B M intercipiat
primum in O. Itaque B O fit femis
principii converfionis, & jungatur
D O fecans circumferentiam in P.
Quoniam B O dupla eft B D, fit angulus B D O partium LXIII. xx'v.
LIIIí'. Itaque circumferentia P B
partium eft cxxvi. L'I. xLvIIí'. Refidua vero è tota perimetro B N D P
fit partium ccxxxIII. vIII'. xií'. Et

fi refidua illa fecetur bifariam in R, fit B R feu R P partium cxvi. xxxIIIí. ví'. excedens
B N duntaxat per partem I. xxx'I. LIIIí'. etiamfi angulus ex incidente B O & diametro
fit rectus. Itaque fit B O maxima incidentium in hypothefi duarum quæ cum diametro
faciant angulos æquales. Duæ autem illæ incidentes quæ in expofita conftructione fum-

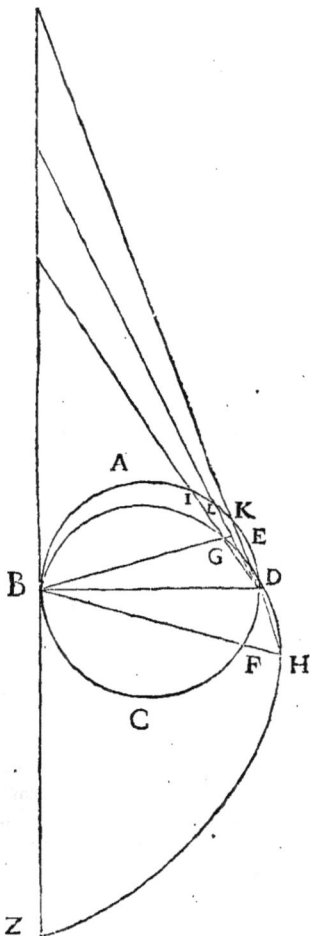

ptæ funt B G , B H, faciant cùm diametro angulos bene acutos. Sint fane D E , D F peripheriæ fingulæ partium 1 x, ad peripheriam decagoni fubquadruplæ. Eſt 1 x ad cl xxx, ut 1 ad 20. Qualium itaque B D eſt 20 , talium incidens BG eſt 19, B H vero 21. Et anguli DBG, D B H fiunt finguli partium 1 v cum femiſſe. In triangulo itaque G D B, cum data fit ratio crurum G B, B D, una cum angulo verticis D B G : dabitur angulus G D B. Æque in triangulo B H D, cum data fit ratio crurum B H, B D , una cum angulo verticis H B D : dabitur angulus B D H, qui cum angulo BD K duorum rectorum eſt. Cum autem refecabitur ab angulo K D B angulus G D B,remanebit angulus I D K, atque adeo dimidius angulus I D L, feu L D K. Inſtituatur igitur calculus. Fit angulus G D B partium liv. xxxvíi. xlv". angulus B D H partium c x i x. xxxiv'. líʼ. K D I partium v, xlvíi. xxiiií'. peripheria BL, cxv.íi. liv". beſſe duntaxat fcrupuli major circumferentia B R. D L igitur fere concurrit cum D R , & tanto propius concurret quanto circumferentiæ D E, D F adfumentur breviores. Quo pertinet propofitum.

PROPOSITIO III.

Invenire quadratum dato circulo tam proxime quam placuerit,æquale.

Sit datus circulus A B C D. Oportet dato A B C D circulo invenire quadratum tam proxime quam placuerit, æquale. Sit dati circuli diameter B D , & abs femicirculo B D abfcindatur circumferentia D E , datam habens ad femiperimetrum DEB rationem. Sit data ratio ut unum ad viginti, quanta erit fi peripheria D E fumpta fit æqualis quadranti peripheriæ,quam abfumit latus decagoni circulo infcripti. Abfcindatur ab DB recta D F, æqualis vigefimæ parti ipfius DB. Eadem D B producatur in G , pofita D G æquali ipfi FD. Eſt igitur D B ad BF, ficut femiperimeter BED ad peripheriam B E, quam rationem obtinebit B D diameter ad rectam minorem fubtenfa B E. Abs BE igitur abfcindatur BI ipfi B F æqualis. B H vero producatur in K, ita ut B G , B K fint æquales. Et connectantur D I, K D, fecantes femicircumferentiam B A D in punctis L, M, & fecetur LM bifariam in N. Circulum autem tangat recta in B, quam acta DN intercipiat in O. Dico rectam B O eſſe femiperimetro B A D proxime æqualem, atque adeo triangulum B O D dato circulo A B C D propemodum æquale. Excedere enim circulum tam pauxilla differentia, ut ejus exceſſus vix habenda fit ratio.

Recta enim tangat helicen in D puncto, & intercipiat contingentem BO in P. Ex his igitur quæ fuperiore propofitione demonſtrata funt, punctum P concurret fere cum

O pun-

O puncto. Erit autem O aliquanto elatius, sed ea differentia
erit admodum exigua. Et si utravis D H, D E foret quadragesima
pars, aut octogesima, aut pro arbitrio minutula semiperimetri,
F D vero vel D G tantula semidiametri, tanto propius punctum P
ad O punctum accedet. Sane si
per puncta I D K describatur circulus, quem recta tangat in D
puncto intercipiens BO in Q, erit
BQ minor ipsa B P nedum minor
ipsa B O, ita ut B P inter B Q &
BO consistat, ut numeris quoque
potest demonstrari. Triangulum
igitur O D B seu Q D B, fiet triangulo PDB hoc est areæ circuli tam
prope æquale quam placuerit.
Triangulo autem rectilineo BDO
æquale quadratum constituatur
R S T V. Circulo igitur A B C D
quadratum R S T V inventum est
tam proxime quam placuit æquale. Quod erat faciendum.

CAPVT XVII.

Progressio Geometrica.

PRogressionis Geometri-
cæ doctrina uno fere ab-
solvitur Theoremate, didu-
ctis videlicet ex eo quatuor
δεδομένοις.

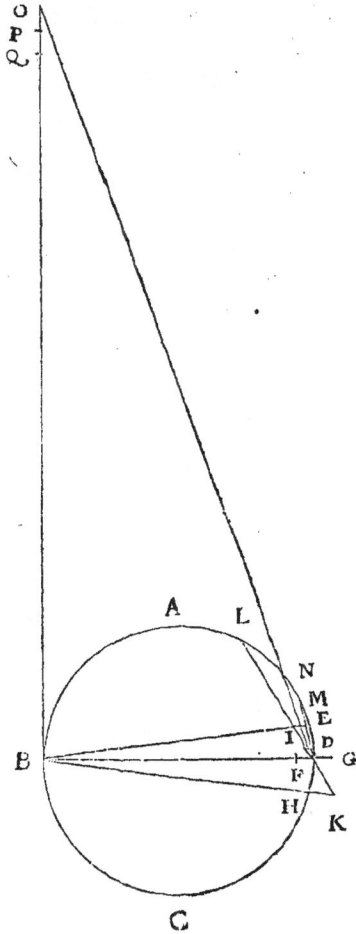

THEOREMA.

Si fuerint magnitudines continue proportionales: erit ut terminus rationis major ad terminum rationis minorem, ita differentia compositæ ex
omnibus & minimæ ad differentiam compositæ ex omnibus & maximæ.

Sint magnitudines continue proportionales, quarum maxima sit D, minima X, &
composita ex omnibus F, & sit ratio majoris ad minorem sicut D ad B. Dico esse ut D
ad B, ita F minus X ad F minus D.

Δεδόμενον I.

Itaque datis D, B, X, *dabitur* F. *Enimvero* $\frac{B\,quad. - B\,in\,X}{D - B}$ *æquabitur* F.

II.

Contra datis D, B, F, *dabitur* X. *Enimvero* $\frac{B\,in\,F + D\,quad. - D\,in\,F}{B}$ *æquabitur* X.

III.

Et datis D, F, X, *dabitur* B. *Enimvero* $\frac{D\,in\,F - D\,quad.}{F - X}$ *æquabitur* B.

IV.

Et datis B, F, X, *dabitur* D. *Enimvero* D *in* F — D *quad. æquabitur* B *in*
F — B *in* X.

Ut hæc in Analyticis abunde demonstrata, & exemplificata sunt.

At

At vero cum magnitudines funt continue proportionales in infinitum, abibit X in nihilum. Et evanefcere afferent Mechanici, cum minima quantitas fubfit tantum intellectu.

. *Itaque erit fecundum eos. Vt differentia terminorum rationis ad terminum rationis majorem, ita maxima ad compofitam ex omnibus. Cum alioquin effet, Vt differentia terminorum rationis ad terminum rationis minorem, ita minima ad crementum. Et ut differentia terminorum rationis ad terminum rationis majorem, ita maxima ad compofitam ex omnibus plus cremento.*

Sint magnitudines proportionales in continua ratione fubquadrupla εἰς ἄπειρον, & fit maxima omnium 3. Compofita ex omnibus fiet 4. Neque enim magnitudinibus illis in continua ratione fubquadrupla exiftentibus quarum maxima eft 3, tantula poteft addi, quin compofita fit major 4. Eoque pertinet quadratio Paraboles Archimedæa.

Sed vix adfentientur Platonici, cum ipfa omnis Geometria fit intellectu.

CAPVT XVIII.

Polygonorum circulo ordinate infcriptorum ad circulum ratio.

QUadravit parabolen Archimedes infcriptione continua triangulorum exiftentium ἐν λόγῳ ῥητῷ, Quoniam enim triangulo maximo parabolæ infcripto, fuperinfcripfit triangula in continua ratione ad maximum illud conftanter fubquadrupla in infinitum: Ideo conclufit parabolen effe maximi illius trianguli fefquitertiam. At ita circulum quadrare nefcivit Antiphon, quoniam circulo infcripta continue triangula exiftunt ἐν λόγῳ ἀῤῥήτῳ, & vago. An igitur circulus non poterit quadrari? Si enim figura compofita ex triangulis in ratione fubquadrupla ad datum maximum triangulum conftitutis in infinitum, fit ad idem fefquitertia, infinitorum aliqua fcientia eft. Et figura quoque plana poterit componi ex triangulis circulo in infinitum continue infcriptis ἐν λόγῳ, licet ἀῤῥήτῳ, & vago. Et compofita illa ad maximum triangulum infcriptum aliquam habebit rationem. Valebunt autem Euclidæi adferentes angulum majorem acuto & minorem obtufo non effe rectum. Circa hæc, ut liceat liberius Philofophari de incerta illa & inconftanti polygoni cujufvis ordinate infcripti ad polygonum infinitorum laterum, feu, fi placet, circulum, ita propono.

PROPOSITIO I.

Si eidem circulo infcribantur duo ordinata polygona, numerus autem laterum vel angulorum primi, fit fubduplus ad numerum laterum vel angulorum fecundi: erit polygonum primum ad fecundum, ficut apotome lateris primi ad diametrum.

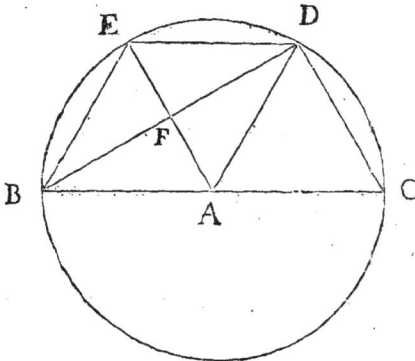

Apotomen lateris voco fubtenfam peripheriæ, quam relinquit è femicirculo ea cui latus fubtenditur.

In circulo igitur cujus A centrum, diameter B C, infcribatur polygonum quodcunque ordinatum, cujus latus fit B D. Secta vero circumferentia B D bifariam in E, fubtendatur B E. Itaque infcribatur aliud polygonum ordinatum cujus latus fit B E. Numerus igitur laterum vel angulorum polygoni primi, erit fubduplus ad numerum laterum vel angulorum fecundi. Connectatur autem D C. Dico polygonum primum cujus latus B D ad polygonum
fecun-

secundum cujus latus BE vel ED esse, ut DC ad BC. Iungantur enim DA, ED. Constat igitur polygonum primum tot triangulis BAD, quot existunt latera vel anguli polygoni primi. Polygonum autem secundum constat tot idem trapeziis BEDA. Polygonum igitur primum ad polygonum secundum se habet, ut triangulum BAD ad trapezium BEDA. Quod quidem trapezium BEDA dividitur in duo triangula BAD, BED, quorum basis communis est BD. Triangula autem quorum eadem est basis sunt ut altitudines. Agatur itaque semidiameter AE, secans BD in F. Quoniam igitur circumferentia BD secta est bifariam in E, acta AE secat BD ad rectos angulos. Itaque AF est altitudo trianguli BDA, & FE altitudo trianguli BED. Quare triangulum BAD ad triangulum BED est, ut AF ad EF, & componendo triangulum BAD ad triangula BAD, BED simul juncta, id est trapezium BEDA, sicut AF ad AE. Qua adeo in ratione erit etiam polygonum primum ad polygonum secundum. Sed AF ad AE seu AB est, ut DC ad BC. Est enim angulus BDC rectus sicut BFA. & ideo sunt parallelæ AF, DC. Est igitur polygonum primum, cujus latus BD, ad polygonum secundum, cujus latus BE vel ED, sicut DC ad BC. Quod erat ostendendum.

PROPOSITIO II.

Si eidem circulo inscribantur polygona ordinata in infinitum, & numerus laterum primi sit ad numerum laterum secundi subduplus, ad numerum vero laterum tertii subquadruplus, quarti suboctuplus, quinti subsexdecuplus, & ea deinceps continua ratione subdupla.

Erit polygonum primum ad tertium, sicut planum sub apotomis laterum polygoni primi & secundi ad quadratum à diametro.

Ad quartum vero, sicut solidum sub apotomis laterum primi secundi & tertii polygoni ad cubum à diametro.

Ad quintum, sicut plano-planum sub apotomis laterum primi secundi tertii & quarti ad quadrato-quadratum à diametro.

Ad sextum, sicut plano-solidum sub apotomis laterum primi secundi tertii quarti & quinti polygoni ad quadrato-cubum à diametro.

Ad septimum, sicut solido-solidum sub apotomis laterum primi secundi tertii quarti quinti & sexti polygoni ad cubo-cubum à diametro. Et eo in infinitum continuo progressu.

Sit enim apotome lateris polygoni primi B, secundi C, tertii D, quarti F, quinti G, sexti H. Et sit diameter circuli Z. Ex antecedente igitur propositione polygonum primum ad polygonum secundum erit, ut B ad Z. Itaque quod fit ex B in polygonum secundum, erit æquale ei quod fit ex Z in polygonum primum; polygonum vero secundum ad tertium erit, ut C ad Z. Et per consequens, quod fit sub polygono secundo & B, id est quod fit sub primo & Z ad id quod fit sub polygono tertio & B, sicut C ad Z. Quare quod fit sub polygono primo & Z quadrato, æquale est ei quod fit sub polygono tertio & plano B in C. Est igitur polygonum primum ad polygonum tertium, sicut planum B in C ad Z quadratum. Et quod fit sub tertio & plano B in C, æquale erit ei quod fit sub primo & Z quadrato. Rursus ex eadem antecedente propositione est, ut polygonum tertium ad polygonum quartum, sicut D ad Z. Et per consequens. Quod fit sub tertio & plano B in C, id est quod fit sub primo & Z quadrato ad id quod fit sub quarto & plano B in C, est sicut D ad Z. Quare quod fit sub primo & Z cubo, æquale erit ei quod fit sub quarto & solido B in C in D. Est igitur polygonum primum ad quartum, sicut B in C in D ad Z cubum. Eademque demonstrationis methodo erit ad quintum, sicut B in C in D in F ad Z quadrato-quadratum. Ad sextum, sicut B in C in D in F in G ad Z quadrato-cubum. Ad septimum, sicut B in C in D in F in G in H ad Z cubo-cubum. Et eo constanti in infinitum progressu.

COROLLARIVM.

Itaque quadratum circulo infcriptum erit ad circulum, ficut latus illius quadrati ad poteftatem diametri altiffimam adplicatam ad id quod fit continue fub apotomis laterum octogoni, hexdecagoni, polygoni triginta duorum laterum , fexaginta quatuor, centum viginti octo , ducentorum quinquaginta fex , & reliquorum omnium in ea ratione angulorum laterumve fubdupla.

Sit enim quadratum circulo infcriptum polygonum primum , octogonum erit fecundum, hexdecagonum tertium, polygonum triginta duorum laterum quartum, & eo continuo ordine. Itaque erit, ut quadratum circulo infcriptum ad polygonum extremum feu infinitorum laterum , ficut quod fit fub apotomis laterum tetragoni , octogoni, hexdecagoni , & reliquorum omnium in ea ratione fubdupla in infinitum, ad poteftatem diametri altiffimam. Et per adplicationem communem, ficut apotomes lateris quadrati ad poteftatem diametri altiffimam adplicatam ad id quod fit fub apotomis laterum octogoni, hexdecagoni, & reliquorum omnium in ea ratione fubdupla in infinitum. Eft autem apotome lateris quadrati circulo infcripti ipfi lateri æqualis, & polygonum infinitorum laterum circulus ipfe.

Sit circuli diameter 2. Latus quadrati ei circulo infcripti fit $\sqrt{2}$, quadratum ipfum 2. Apotome lateris octogoni $\sqrt{2+\sqrt{2}}$. Apotome lateris hexdecagoni $\sqrt{2+\sqrt{2+\sqrt{2}}}$. Apotome lateris polygoni triginta duorum laterum $\sqrt{2+\sqrt{2+\sqrt{2+\sqrt{2}}}}$. Apotome lateris polygoni fexaginta quatuor laterum $\sqrt{2+\sqrt{2+\sqrt{2+\sqrt{2+\sqrt{2}}}}}$. Et eo continuo progreffu.

Sit autem diameter 1. Circulus 1 N. Erit $\frac{1}{2}$ ad 1 N, ficut $\sqrt{\frac{1}{2}}$ ad unitatem adplicatam ad id quod fit ex $\sqrt{\frac{1}{2}+\sqrt{\frac{1}{2}}}$, in $\sqrt{\frac{1}{2}+\sqrt{\frac{1}{2}+\sqrt{\frac{1}{2}}}}$, in $\sqrt{\frac{1}{2}+\sqrt{\frac{1}{2}+\sqrt{\frac{1}{2}+\sqrt{\frac{1}{2}}}}}$, in $\sqrt{\frac{1}{2}+\sqrt{\frac{1}{2}+\sqrt{\frac{1}{2}+\sqrt{\frac{1}{2}+\sqrt{\frac{1}{2}}}}}}$.

Sit diameter X. Circulus A planum. Erit X quadratum $\frac{1}{2}$ ad A planum, ficut L. X quadrati $\frac{1}{2}$ ad X poteftatum maximam adplicatam ei quod fit ex radice binomia X quadrati $\frac{1}{2}$, + radice X quadrato-quadrati $\frac{1}{2}$, in radicem binomiam X quadrati $\frac{1}{2}$, plus radice binomiæ X quadrato-quadrati $\frac{1}{2}$, + radice X quadrato- quadrato- quadrato- quadrati $\frac{1}{2}$, in radicem binomiæ X quadrati $\frac{1}{2}$, plus radice binomiæ X quadrato-quadrati $\frac{1}{2}$, + radice binomiæ X quadrato-quadrato-quadrato-quadrati $\frac{1}{2}$, + radice X quadrato- quadrato-quadrato-quadrato-quadrato-quadrato-quadrati $\frac{1}{2}$, in radicem &c. in infinitum obfervata uniformi methodo.

CAPVT XIX.

Πρόχειρον, feu ad ufum Mathematici Canonis methodica.

AT vos, ô nobiles fiderum obfervatores , miffa facta matæotechnia ad veram Cyclometriam revoco, hoc eft, ad legitimum Mathematici Canonis ufum. Ut enim vulgo peccatur in ejus fabrica, fic etiam in ufu. Itaque dum renovatur meus ad Canonem infpectionum liber, Analyticæ meæ methodi, qua foleo expedire me à triangulis planis ac fphæricis, ultro copiam facio ad excitandum veftra ftudia per aliquod laborum, quos fuftinetis in abacis Aftronomicis, fublevamen. Neque vero obruent vos multitudine præcepta. Tum enim negocium viginti & uno δεδομένοις fere abfolvo.

Δεδό-

ΔεδόμℲνον I.

·TRIANGVLI PLANI RECTANGVLI
Datis angulis, dantur latera in partibus Canonis.

Enimvero,

Ex canonica serie prima:
Perpendiculum fiet simile sinui anguli acuti. Basis, sinui reliqui è recto. Hypotenusa, sinui toto.

Vel,

Ex serie secunda:
Perpendiculum fiet simile prosinui anguli acuti. Basis, sinui toto. Hypotenusa, transsinuosæ anguli acuti.

Vel denique,

Ex serie tertia:
Perpendiculum fiet simile sinui toto. Basis, prosinui anguli reliqui. Hypotenusa, transsinuosæ ejusdem.

Vel etiam,

Mixtim ex Canonis serie trina:
Perpendiculum fiet simile differentiæ inter transsinuosam anguli acuti & sinum reliqui è recto. Basis, sinui acuti. Hypotenusa, prosinui ejusdem.

Vel,

Perpendiculum fiet simile differentiæ inter sinum anguli acuti & transsinuosam reliqui è recto. Basis, sinui reliqui è recto. Hypotenusa, prosinui ejusdem.

Vel denique,

Perpendiculum fiet simile transsinuosæ anguli acuti. Basis, transsinuosæ reliqui è recto. Hypotenusa, adgregato prosinus acuti & prosinus reliqui è recto.

ΔεδόμℲνον II.

Trianguli plani rectanguli.

Data hypotenusa ac perpendiculo vel base, dantur anguli,

Enimvero erit,

Vt hypotenusa ad sinum totum, ita perpendiculum ad sinum anguli acuti. Et ita basis ad sinum reliqui è recto.

Aliter erit,

Vt basis ad sinum totum, ita hypotenusa ad transsinuosam anguli acuti.

Vel,

Vt perpendiculum ad sinum totum, ita hypotenusa ad transsinuosam anguli reliqui è recto.

III.

Trianguli plani rectanguli.

Datis perpendiculo & base, dantur anguli.

Enimvero erit,

Vt basis ad perpendiculum, ita sinus totus ad prosinum anguli acuti.

Vel,

Vt perpendiculum ad basin, ita sinus totus ad prosinum anguli reliqui è recto.

TRIAN-

IV.

TRIANGVLI CVIVSCVNQVE PLANI

Datis angulis, dantur latera in partibus Canonis.

Enimvero,

Latera sunt similia sinibus, quibus ea subtenduntur.

Aliter,

Latera trianguli sunt similia compositis ex prosinibus pertinentibus ad complementa semissium, quibus ea adjacent, angulorum.

Aliter,

Basis trianguli fit similis compositæ ex prosinibus semissium, qui ad eam existunt, angulorum. Crus vero unamquodque simile excessui, quo prosinus pertinens ad complementum dimidii anguli ad verticem, superat prosinum ipsius anguli ad basin, cui crus idem adjacet, dimidii.

Aliter,

Crura sunt similia transsinuosis pertinentibus ad complementa angulorum ad basin, quibus ea adjacent. Basis autem similis differentiæ vel aggregato prosinuum ad eadem pertinentium complementa ; aggregato videlicet cum uterque angulorum ad basin proponitur acutus; differentia cum alter eorum obtusus.

V.

Trianguli cujuscunque plani

Datis lateribus, dantur anguli.

Enimvero erit,

Vt duplum rectangulum sub cruribus ad differentiam inter quadrata crurum simul juncta & quadratum basis, ita sinus totus ad sinum complementi anguli ad verticem.

Et si quidem quadratum basis cedat quadratis crurum simul junctis , erit angulus qui ad verticem existit acutus, si præstet, obtusus. Sed si æquale fuerit, rectus.

Lemmatia duo.

I.

Dato angulo, qui ad verticem existit, datur summa angulorum ad basin.

Ea enim æqualis est angulo exteriori ad verticem.

II.

Data summa angulorum ad basin, & differentia eorundem, dantur anguli ad basin singuli.

Enimvero dimidia differentia duarum magnitudinum adjecta dimidiæ summæ earundem, efficit magnitudinem majorem, ablata minorem.

VI.

Trianguli cujuscunque plani

Datis cruribus ac verticis angulo, dantur anguli ad basin.

Enimvero erit,

Vt aggregatum crurum ad differentiam eorundem, ita prosinus dimidiæ summæ angulorum ad basin ad prosinum dimidiæ differentiæ.

Aliter,

Aliter,

Datis cruribus & verticis angulo, dantur anguli ad basin.

Enimvero erit,

Vt crus primum ad crus\secundum, ita transsinuosa complementi anguli verticis ad aliam rectam, cujus effecta analoga & prosinus complementi anguli verticis adgregatum vel differentia, erit prosinus complementi anguli à crure primo subtensi.

Adgregatum videlicet, cum angulus qui ad verticem existit proponitur obtusus; differentia, cum acutus.

Et hoc quidem casu, si prosinm complementi anguli verticis minor fuerit facta analoga: angulus cui crus primum subtenditur erit acutus; & si major, obtusus; sed si aqualis, rectus.

VII.

Trianguli cujuscunque plani

Datis cruribus, & uno ex angulis ad basin, datur angulus alter ad basin.

Enimvero dato angulo crus quod subtendetur intelligitor primum, eritque

Vt crus primum ad crus secundum, ita sinus anguli dati ad sinum anguli alterius ad basin quæsiti.

Vel erit,

Vt crus secundum ad crus primum, ita transsinuosa complementi anguli dati ad transsinuosam complementi anguli quæsiti.

Cum autem is qui datur angulus fuerit acutus, ac crus primum quod ei subtenditur cedat secundo: erit adfectio anguli de quo quæritur anceps, si quidem crus secundum ad primum minorem habuerit rationem ea quam habet sinus totus ad sinum anguli dati. Itaque constituetur eo casu pro libito sive acutus quem exhibet Canon, sive is, quem acutus idem relinquit è duobus rectis. Vter autem adsumendus sit non licebit definire per ea quæ proponuntur.

VIII.

TRIANGVLI SPHÆRICI RECTANGVLI

Dato latere, quod angulo recto opponitur, ac uno ex obliquis angulo, dantur latera reliqua, ac angulus reliquus.

Enimvero erit,

1 *Vt sinus totus ad sinum lateris dati, ita sinus anguli dati ad sinum lateris angulo dato oppositi.*

Et,

2 *Vt sinus totus ad prosinum lateris dati, ita sinus complementi anguli dati ad prosinum lateris reliqui.*

Ac denique,

3 *Vt sinus totus ad sinum complementi lateris dati, ita prosinus anguli dati ad prosinum complementi anguli reliqui.*

Aliter erit,

1. *Vt sinus totus ad transsinuosam complementi lateris dati, ita transsinuosa complementi anguli dati ad transsinuosam complementi lateris angulo dato oppositi.*

Et

Et,

2 *Vt finus* totus *ad profinum complementi lateris dati, ita tranffinuofa anguli dati ad profinum complementi lateris reliqui.*

Ac denique,

3 *Vt finus* totus *ad tranffinuofam lateris dati, ita profinus complementi anguli dati ad profinum anguli reliqui.*

IX.

Trianguli fphærici rectanguli.

Datis duobus lateribus, è quibus unum angulo recto opponatur, datur latus reliquum, ac reliqui anguli.

Enimvero erit, ·

1 *Vt finus* totus *ad finum complementi lateris angulo recto oppofiti, ita tranf. finuofa alterius lateris dati ad finum complementi lateris reliqui.*

Et,

2 *Vt finus* totus *ad tranffinuofam complementi lateris angulo recto oppofiti, ita finus alterius lateris dati ad finum anguli cui latus illud alterum opponitur.*

Ac denique,

3 *Vt finus* totus *ad profinum complementi lateris angulo recto oppofiti, ita profinus alterius lateris dati ad finum complementi anguli reliqui.*

ALITER

Erit,

1 *Vt finus* totus *ad tranffinuofam lateris angulo recto oppofiti, ita finus complementi alterius lateris dati ad tranffinuofam lateris reliqui.*

Et,

2 *Vt finus* totus *ad finum lateris angulo recto oppofiti, ita tranffinuofa complementi alterius lateris dati ad tranffinuofam complementi anguli cui latus illud alterum opponitur.*

. Ac denique,

3 *Vt finus* totus *ad profinum lateris angulo recto oppofiti, ita profinus complementi alterius lateris dati ad tranffinuofam anguli reliqui.*

X.

Trianguli fphærici rectanguli

Datis duobus lateribus, circa angulum rectum confiftentibus, datur latus reliquum, ac anguli reliqui.

Enimvero erit,

1 *Vt finus* totus *ad finum complementi lateris primi dati, ita finus complementi lateris fecundi dati ad finum complementi lateris tertii.*

Et,

2 *Vt finus* totus *ad profinum complementi lateris primi dati, ita finus lateris fecundi dati ad profinum complementi anguli cui datum latus primum opponitur.*

Ac denique,

3 *Vt finus* totus *ad finum lateris primi dati, ita profinus complementi lateris fecundi dati ad profinum complementi anguli cui datum latus fecundum opponitur.*

ALITER

Erit,

1 *Vt finus* totus *ad tranffinuofam lateris primi dati, ita transfinuofa lateris fecundi dati ad tranffinuofam lateris tertii.*

Et,

Et,

2 *Vt sinus totus ad prosinum lateris primi dati, ita transsinuosa complementi lateris secundi dati ad prosinum anguli cui latus primum opponitur.*

Ac denique,

3 *Vt sinus totus ad transsinuosam complementi lateris primi dati, ita prosinus lateris secundi dati ad prosinum anguli cui latus secundum opponitur.*

XI.

Trianguli sphærici rectanguli

Dato uno è lateribus, quæ circa rectum angulum consistunt, ac angulo cui latus idem opponitur, dantur reliqua latera, ac angulus reliquus.

Enimvero erit,

1 *Vt sinus totus ad prosinum lateris dati, ita prosinus complementi anguli dati ad sinum lateris alterius circa rectum angulum consistentis.*

Et,

2 *Vt sinus totus ad sinum lateris dati, ita transsinuosa complementi anguli dati ad sinum lateris angulo recto oppositi.*

Denique,

3 *Vt sinus totus ad transsinuosam lateris dati, ita sinus complementi anguli dati ad sinum anguli reliqui.*

A L I T E R.

Erit,

1 *Vt sinus totus ad prosinum complementi lateris dati, ita prosinus anguli dati ad transsinuosam complementi lateris alterius circa rectum angulum consistentis.*

Et,

2 *Vt sinus totus ad transsinuosam complementi lateris dati, ita sinus anguli dati ad transsinuosam complementi lateris angulo recto oppositi.*

Denique,

3 *Vt sinus totus ad sinum complementi lateris dati, ita transsinuosa anguli dati ad transsinuosam complementi anguli reliqui.*

XII.

Trianguli sphærici rectanguli

Dato uno è lateribus, quæ circa angulum rectum consistunt, & angulo cui latus alterum circa eundem rectum consistens opponitur, dantur latera reliqua, ac angulus reliquus.

Enimvero erit,

1 *Vt sinus totus ad prosinum complementi lateris dati, ita sinus complementi anguli dati ad prosinum complementi lateris angulo recto oppositi.*

Et,

2 *Vt sinus totus ad sinum lateris dati, ita prosinus anguli dati ad prosinum lateris alterius circa rectum consistentis.*

Ac denique,

3 *Vt sinus totus ad sinum complementi lateris dati, ita sinus anguli dati ad sinum complementi anguli reliqui.*

A L I T E R.

Erit,

1 *Vt sinus totus ad prosinum lateris dati, ita transsinuosa anguli dati ad prosinum lateris angulo recto oppositi.*

Et,

Et,

2   *Vt sinus* totus *ad transinuosam complementi lateris dati, ita prosinus complementi anguli dati ad prosinum complementi lateris alterius circa rectum consistentis.*

Ac denique,

3   *Vt sinus* totus *ad transinuosam lateris dati, ita transinuosa complementi anguli dati ad transinuosam anguli reliqui.*

XIII.

Trianguli sphærici rectanguli

Datis angulis, dantur latera.

Enimvero erit,

1   *Vt sinus* totus *ad prosinum complementi anguli primi obliqui dati, ita prosinus complementi anguli secundi obliqui dati ad sinum complementi lateris angulo recto oppositi.*

Et,

2   *Vt sinus* totus *ad transinuosam complementi anguli primi, ita sinus complementi anguli secundi ad sinum complementi lateris angulo secundo oppositi.*

Ac denique,

3   *Vt sinus* totus *ad sinum complementi anguli primi, ita transinuosa complementi anguli secundi ad sinum complementi lateris angulo primo oppositi.*

ALITER.

Erit,

1   *Vt sinus* totus *ad prosinum anguli primi, ita prosinus anguli secundi ad transinuosam lateris angulo recto oppositi.*

Et,

2   *Vt sinus* totus *ad sinum anguli primi, ita transinuosa anguli secundi ad transinuosam lateris angulo secundo oppositi.*

Ac denique,

3   *Vt sinus* totus *ad transinuosam anguli primi, ita sinus anguli secundi ad transinuosam lateris angulo primo oppositi.*

XIV.

Προθηκίδιον.

Data duorum maximorum in sphæra circulorum inclinatione, quorum unus secatur à tertio per alterius polos, arguitur quanta sit maxima differentia suarum à nodo longitudinum.

Et contra. Ex maxima differentia longitudinum à nodo, arguitur quanta sit circulorum inclinatio.

Enimvero est,

Vt sinus totus *plus sinu complementi inclinationis ad sinum* totum *minus sinu complementi inclinationis, ita sinus* totus *ad sinum differentiæ maximæ.*

Et,

Vt sinus totus *plus sinu maximæ differentiæ ad sinum* totum *minus sinu maximæ differentiæ, ita sinus* totus *ad sinum complementi inclinationis.*

Est autem limes velocitatis in nodo, Mediocritatis in puncto maximæ differentiæ, Tarditatis in æquidistantia à nodo.

XV.

TRIANGVLI CVIVSLIBET SPHÆRICI

Datis tribus lateribus, dantur anguli.

Enimvero latus quærendo angulo oppositum, esto primum. Duo igitur rectan-
gula sigillatim adplicabuntur ad sinum totum; unum quod sit sub sinibus qui per-
tinent ad complementa laterum secundi & tertii; alterum sub sinibus ipsorummet
laterum secundi & tertii.

> Et erit,

Vt exiens è secunda adplicatione latitudo ad adgregatum vel differentiam la-
titudinis ex prima adplicatione oriunda & sinus complementi lateris primi, ita
sinus totus *ad sinum complementi anguli quæsiti.*

Sumetur autem adgregatum; cum latus illud primum fuerit minus quadrante
circuli; latera vero secundum & tertium fuerint adfectionis inter se diversæ. Vel
cum latus idem primum fuerit majus quadrante; reliqua vero adfectionis ejusdem.

Ac Primo quidem exposito casu angulus qui quæritur erit acutus; Secundo ve-
ro, obtusus.

Contra sumetur differentia; cum latus primum fuerit minus quadrante; reliqua
vero ejusdem adfectionis, qui Tertius est casus. Vel cum latus idem fuerit majus
quadrante; reliqua vero diversæ adfectionis, qui sit casus ordine Quartus.

Ac Tertio quidem casu; cum exiens è prima adplicatione latitudo erit minor sinu
complementi lateris primi, erit angulus qui quæritur acutus; & cum major, obtu-
sus. Contra Quarto casu; cum exiens è prima adplicatione latitudo fuerit minor
eo sinu, erit angulus qui quæritur obtusus; & cum major acutus. Quod si nulla sit
differentia, argumentum erit angulum qui quæritur esse rectum.

Quando vero latus illud primum erit quadrans circuli, fiet compendiose
Vt sinus totus *ad prosinum pertinentem ad complementum lateris secundi, ita*
prosinus pertinens ad complementum tertii ad sinum complementi anguli quæsiti.

Et cum latera secundum & tertium fuerint adfectionis ejusdem, erit is obtusus;
cum diversæ, acutus.

At cum latera secundum & tertium proponentur inter se æqualia, erit
Vt sinus totus *ad sinum lateris secundi vel tertii, ita transsinuosa pertinens ad*
complementum dimidii lateris primi ad transsinuosam pertinentem ad complemen-
tum dimidii anguli quæsiti.

XVI.

Trianguli cujuslibet sphærici

Datis tribus angulis, dantur latera.

Enimvero angulus cui latus quærendum opponitur, primus è datis esto. Duo igi-
tur rectangula sigillatim adplicabuntur ad sinum totum; unum quod sit sub sini-
bus qui pertinent ad complementa angulorum secundi & tertii; alterum sub sini-
bus qui pertinent ad angulos ipsos secundum & tertium.

> Et erit,

Vt exiens è secunda adplicatione latitudo ad adgregatum vel differentiam la-

titudinis ex prima adplicatione oriundæ & sinus complementi anguli primi, ita si-
nus totus ad sinum complementi lateris quæsiti.

Sumetur autem adgregatum; cum angulus ille primus fuerit obtusus; reliqui vero adfectionis inter se diversæ. Vel cum angulus idem primus fuerit acutus; reliqui
vero ejusdem adfectionis.

Ac Primo quidem casu latus quæsitum erit majus quadrante; Secundo minus.

Contra sumetur differentia; cum angulus ille primus fuerit obtusus; reliqui vero
ejusdem adfectionis, qui Tertius erit casus. Vel cum angulus idem primus fuerit
acutus; reliqui vero adfectionis diversæ, qui fit casus ordine Quartus.

Ac Tertio quidem casu; cum exiens è prima adplicatione latitudo cedet sinui
complementi anguli primi, latus quæsitum erit majus quadrante; & cum præstabit, minus. Contra Quarto casu; cum exiens è prima adplicatione latitudo cedet ei
sinui, latus quæsitum erit minus quadrante; & cum præstabit, majus. Quod si nulla sit differentia, argumentum erit latus de quo quæritur esse quadranti æquale.

Quando vero angulus ille primus fuerit rectus, fiet compendiose
Vt sinus totus ad prosinum complementi anguli secundi, ita prosinus complementi tertii ad sinum complementi lateris quæsiti.

Et cum anguli illi secundus & tertius fuerint adfectionis diversæ, erit latus
quæsitum majus quadrante; & cum ejusdem, minus.

At cum angulus secundus & tertius proponentur æquales, erit
Vt sinus totus ad sinum anguli secundi vel tertii, ita transsinuosa dimidii anguli primi ad transsinuosam dimidii lateris quæsiti.

XVII.

Trianguli cujuslibet sphærici

Datis lateribus duobus, & angulo quem ea comprehendunt, dantur anguli reliqui.

Enimvero latus quærendo angulo oppositum, esto è datis primum. Duo igitur
rectangula sigillatim adplicabuntur ad sinum totum; unum quod fit sub sinu complementi anguli dati & prosinu complementi lateris dati secundi; alterum sub sinu
ipsius anguli dati & transsinuosa complementi lateris dati secundi.
   Et erit,
Et exiens è secunda adplicatione latitudo ad adgregatum vel differentiam latitudinis ex prima adplicatione oriundæ & prosinus complementi lateris primi, ita
sinus totus ad prosinum complementi anguli quæsiti.

Sumetur autem adgregatum; cum latus illud primum fuerit minus quadrante;
latus vero secundum & angulus datus fuerint adfectionis inter se diversæ. Vel cum
latus idem primum fuerit majus quadrante; latus vero secundum datum & angulus datus fuerint ejusdem adfectionis.

Ac Primo quidem casu angulus de quo quæritur erit acutus; Secundo obtusus.

Contra sumetur differentia; cum latus illud primum fuerit minus quadrante;
latus vero secundum & datus angulus fuerint ejusdem adfectionis, qui Tertius erit
casus. Vel cum latus primum fuerit majus quadrante; latus vero secundum & datus angulus fuerint ejusdem adfectionis, qui fit casus ordine Quartus.

Ac Tertio quidem casu; cum exiens è prima adplicatione latitudo fuerit minor
prosinu complementi lateris primi, erit angulus qui quæritur acutus; & cum major,
obtusus.   Con-

Contra in Quarto casu; cum exiens è prima adplicatione latitudo fuerit minor prosinu complementi lateris primi, erit angulus qui quæritur obtusus; & cum major, acutus. Quod si nulla sit differentia, argumentum erit angulum qui quæritur esse rectum.

Quando vero latus primum quadrans erit circuli, fiet compendiose Vt sinus totus ad sinum complementi lateris secundi, ita prosinus complementi anguli dati ad prosinum complementi anguli quæsiti.

Et cum latus illud secundum & angulus datus fuerint ejusdem adfectionis, angulus qui quæritur erit obtusus; & cum diversa, acutus.

At cum data latera primum & secundum proponentur inter se æqualia, erit Vt sinus totus ad transsinuosam lateris primi vel secundi, ita prosinus complemento dimidii anguli dati congruus ad prosinum anguli cui primum secundum-ve latus opponitur; obtusi, si majus quadrante; acuti, si minus.

XVIII.

Trianguli cujuslibet sphærici

Datis duobus angulis, & latere quod adjacet, dantur latera reliqua.

Enimvero anguli cui latus quærendum opponitur, è datis primus esto. Duo igitur rectangula sigillatim adplicabuntur ad sinum totum; unum quod fit sub sinu complementi lateris dati & prosinu complementi dati anguli secundi; alterum sub sinu ipsius lateris dati & transsinuosa complementi ejusdem anguli secundi.

Et erit,

Vt exiens è prima adplicatione latitudo ad adgregatum vel differentiam latitudinis ex prima adplicatione oriunda & prosinu complementi anguli primi, ita sinus totus ad prosinum complemcnti lateris quæsiti.

Sumetur autem adgregatum; cum angulus primus fuerit obtusus; alter vero datus angulus & datum latus fuerint adfectionis inter se diversa. Vel cum is angulus primus fuerit acutus; alter vero datus angulus & datum latus fuerint ejusdem adfectionis.

Ac Primo quidem exposito casu latus quæsitum erit majus quadrante; Secundo minus.

Contra sumetur differentia; cum is angulus primus fuerit obtusus; alter vero datus angulus & datum latus fuerint ejusdem adfectionis; qui Tertius erit casus. Vel cum is angulus primus fuerit acutus; alter vero datus angulus & datum latus fuerint adfectionis diversæ, qui casus sit ordine Quartus.

Ac Tertio quidem casu; cum exiens è prima adplicatione latitudo cedet prosinui complementi anguli primi, latus quæsitum erit majus quadrante; & cum præstabit, minus.

Contra Quarto casu; cum exiens è prima adplicatione latitudo cedet prosinui complementi anguli primi, latus quæsitum erit minus quadrante; & cum præstabit, majus. Quod si nulla sit differentia, argumentum erit latus de quo quæritur esse quadranti circuli æquale.

Quando vero angulus primus fuerit rectus, fiet compendiose Vt sinus totus ad sinum complementi anguli secundi, ita prosinus complementi lateris dati ad prosinum complementi lateris quæsiti.

Et

Et si angulus secundus & latus datum fuerint diversæ adfectionis, erit latus quæsitum majus quadrante; & si ejusdem, minus.

At cum dati anguli primus & secundus proponentur æquales, erit

Vt sinus totus ad transsinuosam anguli primi vel secundi, ita prosinus dimidii lateris dati ad prosinum lateris angulo primo vel secundo oppositi; si acuto, minoris quadrante; & si obtuso, majoris.

XIX.

Trianguli cujuslibet sphærici

Datis lateribus duobus, & angulo quem ea comprehendunt, datur latus reliquum.

Enimvero duo rectangula sigillatim adplicabuntur ad sinum totum; unum quod sit sub prosinibus qui pertinent ad complementa datorum laterum; alterum sub eorundem complementorum transsinuosis.

Et erit,

Vt exiens è secunda adplicatione latitudo ad adgregatum vel differentiam latitudinis ex prima adplicatione oriundæ & sinus complementi anguli dati, ita sinus totus ad sinum complementi lateris quæsiti.

Sumetur autem adgregatum; cum datus angulus fuerit acutus; data vero latera ejusdem inter se adfectionis. Vel cum datus angulus fuerit obtusus; data vero latera adfectionis diversæ.

Ac Primo quidem exposito casu latus quæsitum erit minus quadrante; Secundo majus.

Contra sumetur differentia; cum datus angulus fuerit acutus; data vero latera fuerint diversa adfectionis, qui Tertius erit casus: Vel cum datus angulus fuerit obtusus; data vero latera adfectionis ejusdem, qui sit casus ordine Quartus.

Ac Tertio quidem casu; cum exiens è prima adplicatione latitudo cedet sinui complementi anguli dati, latus quæsitum erit minus quadrante; & cum præstabit, majus.

Contra Quarto casu; cum exiens è prima adplicatione latitudo cedet sinui complementi anguli dati, latus quæsitum erit majus quadrante; & cum præstabit, minus. Quod si nulla sit differentia, argumentum erit latus de quo quæritur esse quadranti circuli æquale.

Quando vero datus angulus fuerit rectus, fit compendiose

Vt sinus totus ad sinum complementi unius datorum laterum, ita sinus complementi alterius ad sinum complementi lateris quæsiti.

Et si data latera fuerint ejusdem adfectionis, latus quæsitum erit minus quadrante; & si diversæ, majus.

At cum latera data proponentur æqualia, erit

Vt sinus totus ad sinum lateris dati, ita sinus dimidii anguli dati ad sinum dimidii lateris quæsiti.

XX.

Trianguli cujuslibet sphærici

Datis angulis duobus, & latere quod iis adjacet, datur angulus reliquus.

Enim.

Enimvero duo rectangula sigillatim adplicabuntur ad sinum totum ; *unum quod sit sub prosinibus qui pertinent ad complementa datorum angulorum; alterum sub eorundem complementorum transsinuosis.*

Et erit,

Vt exiens è secunda adplicatione latitudo ad adgregatum vel differentiam latitudinis ex prima adplicatione oriunda & sinus complementi lateris dati ,ita sinus totus *ad sinum complementi anguli quæsiti.*

Sumetur autem adgregatum; cum latus datum fuerit majus quadrante ; anguli vero dati ejusdem adfectionis. Vel cum datum latus fuerit minus quadrante; anguli vero dati adfectionis diversæ.

Ac Primo quidem exposito casu angulus qui quæritur erit obtusus; Secundo acutus.

Contra sumetur differentia; cum datum latus fuerit majus quadrante; dati vero anguli diversa adfectionis, qui Tertius erit casus. Vel cum latus datum fuerit minus quadrante; dati vero anguli adfectionis ejusdem, qui sit casus ordine Quartus.

Ac Tertio casu; cum exiens è prima adplicatione latitudo erit minor sinu complementi lateris dati, erit quæsitus angulus obtusus; & cum major, acutus.

Contra in Quarto casu; cum exiens è prima adplicatione latitudo minor erit sinu complementi lateris dati, angulus quæsitus erit acutus ; & cum major, obtusus. Quod si nulla sit differentia, argumentum erit angulum de quo quæritur esse rectum.

Quando vero latus datum fuerit quadranti circuli æquale, fiet compendiose Vt sinus totus *ad sinum complementi unius datorum angulorum, ita sinus complementi alterius ad sinum complementi quæsiti.*

Et si anguli dati fuerint ejusdem adfectionis, angulus quæsitus erit obtusus ; & si diversa, acutus.

At cum anguli dati proponentur æquales, erit Vt sinus totus *ad sinum anguli dati, ita sinus complemento dimidii lateris dati congruus ad sinum complemento dimidii anguli quæsiti congruum.*

XXI.

Trianguli cujuslibet sphærici.

Datis duobus lateribus,& angulo cui unum ex illis lateribus opponitur, datur angulus cui alterum datorum laterum opponitur.
Vel,
Datis duobus angulis, & latere quod alteri datorum angulorum opponitur, datur latus reliquo oppositum.
Enimvero,
Sinus laterum sunt similes sinibus angulorum quibus latera opponuntur. Erit autem adfectio in prima hypothesi plerumque anceps.

Σωτήριον.

Quæ per factionem sub sinibus peripheriarum & adplicationem ad sinum totum exurgunt, eadem opere additionis vel subductionis præsto sunt.
Enimvero,
Cum duæ peripheriæ angulum acutum componunt, est Vt sinus totus *ad sinum duplum primæ, ita sinus secundæ ad sinum complementi differentia, minus sinu complementi composita.*

Eee   2. Et

2   *Et cum componunt obtusum, utraque vero componentium quadrante minor existit, est*

Vt sinus totus ad sinum duplum prima, ita sinus secunda ad sinum complementi differentia, plus sinu complementi composita.

3   *Aut si prima componentium major est quadrante, secunda minor: est*

Vt sinus totus ad sinum duplum prima, ita sinus secunda ad sinum complementi composita , minus sinu complementi differentia.

A L I V D.

Generaliter invertuntur & varie concipiuntur, ac etiam sæpenumero compendiose absolvuntur triangulorum tam planorum quam sphæricorum Analogiæ.

Enimvero,

In comparatione simplicis peripheria, est

1   *Vt sinus peripheria ad sinum totum, ita sinus totus ad transinuosam complementi.*

Et,

2   *Vt sinus complementi peripheria ad sinum totum, ita sinus totus ad transinuosam peripheria.*

Et,

3   *Vt prosinus peripheria ad sinum totum, ita sinus totus ad prosinum complementi.*

Et cum proponuntur duæ peripheria

4   *Vt sinus peripheria prima ad sinum peripheria secunda, ita transinuosa complementi secunda ad transinuosam complementi prima.*

Et,

5   *Vt sinus complementi prima ad sinum complementi secunda, ita transinuosa secunda ad transinuosam prima.*

Et,

6   *Vt prosinus peripheria prima ad prosinum peripheria secunda, ita prosinus complementi secunda ad prosinum complementi prima.*

Rursus est ,

7   *Vt rectangulum sub sinu peripheria prima & sinu complementi secunda ad rectangulum sub sinu peripheria secunda & sinu complementi prima, ita prosinus prima ad prosinum secunda.*

Et,

8   *Vt rectangulum sub prosinu peripheria prima & sinu secunda ad rectangulum sub prosinu secunda & sinu prima, ita transinuosa prima ad transinuosam secunda.*

Et,

9   *Vt rectangulum sub sinu prima & transinuosa ejusdem ad rectangulum sub sinu secunda & transinuosa ejusdem, ita prosinus prima ad prosinum secunda.*

Et,

10   *Vt rectangulum sub sinibus duarum ad rectangulum sub sinibus complementorum earundem, ita prosinus unius ad prosinum complementi alterius.*

Et,

11   *Vt rectangulum sub sinibus duarum ad rectangulum sub prosinibus earundem , ita sinus complementi unius ad transinuosam alterius.*

Et,

12   *Vt rectangulum sub transinuosa complementi prima & sinu secunda ad rectangulum sub prosinu complementi prima & differentia inter totum & sinum complementi secunda, ita transinuosa prima ad prosinum complementi dimidia secunda.*

Et cum proponuntur tres peripheria, est

13   *Vt rectangulum quod fit sub sinu toto & transinuosa prima ad id quod fit sub transinuosa secunda & transinuosa tertia , ita quod fit sub sinu complementi secunda & sinu complementi tertia ad id quod fit sub sinu toto & sinu complementi prima.*

Et,

14   *Vt rectangulum quod fit sub sinu toto & transinuosa prima ad id quod fit sub prosinu secunda & prosinu tertia, ita quod fit sub prosinu complementi secunda & prosinu complementi tertia ad id quod fit sub sinu toto & sinu complementi prima.*

Et,

15   *Vt rectangulum quod fit sub sinu toto & transinuosa prima ad id quod fit sub sinu secunda & trans-*

& transinuosæ tertiæ, ita quod fit sub transinuosa complementi secundæ & sinu complementi tertiæ ad id quod fit sub sinu toto *& sinu complementi primæ.*

Et,

16 *Vt rectangulum quod fit sub sinu* toto *& prosinu primæ ad id quod fit sub sinu secundæ & prosinu tertiæ, ita quod fit sub transinuosa complementi secundæ & prosinu complementi tertiæ ad id quod fit sub sinu* toto *& prosinu complementi primæ.*

DATI SEXTI.

Παραπομπή I.

Peripherias intelligo tripleuro sphærico constituendo idoneas. Itaque ne semicirculum excedunto.

Data peripheria composita è duabus peripheriis, quarum transsinuosæ datam habeant rationem, dantur singulæ.

1 *Enimvero si composita minor est circuli quadrante,*
Erit,

Vt transinuosa componentium prima ad transinuosam secundæ, ita transinuosa complementi compositæ ad prosinum secundæ, plus prosinu complementi compositæ.

2 *Et si composita major est quadrante circuli, utraque vero componentium minor quadrante,*
Erit,

Vt transinuosa primæ ad transinuosam secundæ, ita transinuosa complementi compositæ ad prosinum secundæ minus prosinu complementi compositæ.

3 *Et si denique componentium peripheriarum prima sit minor quadrante, secunda major,*
Erit,

Vt transinuosa primæ ad transinuosam secundæ, ita transinuosa complementi compositæ ad prosinum complementi compositæ minus prosinu secundæ.

Et,

Vt transinuosa secundæ ad transinuosam primæ, ita transinuosa complementi compositæ ad prosinum complementi compositæ plus prosinu secundæ.

II.

Data differentia duarum peripheriarum, quarum transsinuosæ datam habeant rationem, dantur singulæ.

1 *Enimvero si differentia sit major circuli quadrante,*
Erit,

Vt transinuosa differentium prima ad transinuosam secundæ, ita transinuosa complementi differentiæ ad prosinum complementi differentiæ plus prosinu secundæ.

2 *Et si differentia sit minor quadrante, differentes autem peripheria diversæ sint speciei,*
Erit,

Vt transinuosa primæ ad transinuosam secundæ, ita transinuosa complementi differentiæ ad prosinum secundæ minus prosinu complementi differentiæ.

3 *Et si denique differentia sit minor quadrante, utraque vero differentium vel minor quadrante, vel utraque major. Prima autem intelligatur ea ad quam pertinet transinuosa major,*
Erit,

Vt transinuosa primæ ad transinuosam secundæ, ita transinuosa complementi differentiæ ad prosinum secundæ minus prosinu complementi differentiæ.

Et,

Vt transinuosa secundæ ad transinuosam primæ, ita transinuosa complementi differentiæ ad prosinum primæ minus prosinu complementi differentiæ.

III.

ALITER.

Data summa vel differentia duarum peripheriarum, quarum transsinuosæ datam habeant rationem, dantur singulæ.

1 *Enimvero si utraque peripheria proponatur minor quadrante vel utraque major.*

Erit,

Erit,

Vt adgregatum similium transinuosarum ad differentiam earundem , ita prosinus complementi dimidiæ summæ peripheriarum ad prosinu dimidiæ differentiæ , Et ita prosinus complementi dimidia differentiæ ad prosinum dimidiæ summæ.

2   *Quod si una è peripheriis proponitur minor quadrante, altera major,*
     Erit,

Vt adgregatum similium transinuosarum ad differentiam earundem , ita prosinu dimidiæ differentiæ peripheriarum ad prosinum complementi dimidiæ summæ, Et ita prosinus dimidiæ summæ ad prosinum complementi dimidia differentiæ.

IV.

Data peripheria composita è duabus peripheriis, quarum sinus datam habeant rationem, dantur singulæ.

1   *Enimvero si composita minor est circuli quadrante,*
     Erit,

Vt sinus componentium primæ ad sinum secundæ , ita transinuosa complementi compositæ ad prosinum complementi primæ minus prosinu complementi compositæ.

2   *Et si composita major est quadrante, utraque vero componentium minor quadrante ,*
     Erit,

Vt sinus primæ ad sinum secundæ, ita transinuosa complementi compositæ ad prosinum complementi compositæ plus prosinu complementi primæ.

3   *Et si denique componentium peripheriarum prima sit minor quadrante, secunda major,*
     Erit,

Vt sinus primæ ad sinum secundæ , ita transinuosa complementi compositæ ad prosinum complementi compositæ minus prosinu complementi primæ.

     Et,

Vt sinus secundæ ad sinum primæ , ita transinuosa complementi compositæ ad prosinum complementi compositæ plus prosinu secundæ.

V.

Data differentia duarum peripheriarum, quarum sinus datam habeant rationem, dantur singulæ.

1   *Enimvero si differentia sit major quadrante circuli,*
     Erit,

Vt sinus componentium primæ ad sinum secundæ , ita transinuosa complementi differentiæ ad prosinum complementi primæ minus prosinu complementi differentiæ.

Cum autem prima sumetur major quadrante, secunda sumetur minor, & contra.

2   *Et si differentia sit minor quadrante circuli, differentes autem peripheria diversæ sint speciei,*
     Erit,

Vt sinus primæ ad sinum secundæ, ita transinuosa complementi differentiæ ad prosinum complementi differentiæ, plus prosinu complementi primæ.

Et cum prima sumetur major quadrante, altera sumetur minor, & contra.

3   *Et si denique differentia sit minor quadrante, utraque vero differentium vel quadrante minor vel utraque quadrante major, ac prima quidem intelligatur ea cui debetur sinus major, secunda cui minor,*
     Erit,

Vt sinus primæ ad sinum secundæ, ita transinuosa complementi differentiæ ad prosinum complementi differentiæ minus prosinu complementi primæ.

     Et,

Vt sinus secundæ ad sinum primæ , ita transinuosa complementi differentiæ ad prosinum complementi differentiæ plus prosinu complementi primæ.

Cum autem sumetur prima minor quadrante , sumetur quoque secunda minor quadrante. Et contra cum sumetur prima major quadrante , sumetur quoque secunda major quadrante. Itaque omni casu ἀμφίβολον est Problema.

VI.

ALITER.

Data fumma vel differentia duarum peripheriarum, quarum finus datam habeant rationem, dantur fingulares peripheriæ.

1. *Enimvero fi utraque peripheria proponitur minor quadrante, vel utraque major,*
   Erit,

Vt agregatum fimilium finuum ad differentiam eorundem, ita profinus dimidiæ fummæ peripheriarum ad profinum dimidia differentiæ earundem, Vel ita profinus complementi dimidiæ differentiæ peripheriarum ad profinum complementi dimidiæ fumma.

2. *Quod fi una è peripheriis proponatur minor quadrante, altera major,*
   Erit,

Vt agregatum finuum ad differentiam eorundem, ita profinus dimidiæ differentiæ peripheriarum ad profinum dimidiæ fummæ, Vel ita profinus complementi dimidiæ fumma ad profinum complementi dimidiæ differentia.

DATI SEPTIMI.

Παραπομπή.

Data fumma vel differentia duarum peripheriarum, quarum profinus datam habeant rationem, dantur fingulæ.

1. *Enimvero fi utraque peripheria proponatur minor quadrante, vel utraque major,*
   Erit,

Vt agregatum fimilium profinuum ad differentiam eorundem, ita finus fummæ peripheriarum ad finum differentiæ, Vel ita tranfinuofa complementi differentiæ ad tranfinuofam complementi fummæ.

2. *Quod fi una è peripheriis proponatur minor quadrante, altera major,*
   Erit,

Vt agregatum fimilium profinuum ad differentiam eorundem, ita finus differentiæ peripheriarum ad finum adgregati, Vel ita tranfinuofa complementi fumma ad tranfinuofam complementi differentia.

Τέλος Προχείρου.

ΕΙΣ ΠΡΟΧΕΙΡΟΝ ΣΧΟΛΙΑ.

I.

Canonis Mathematici Hypotypofis.

EX angulis latera, vel ex lateribus angulos & mixtim in triangulis tam planis quam fphæricis adfequi, fumma gloria Mathematici eft. Sic enim cælum & terras & maria felici & admirando calculo menfurat. Itaque ad eum finem paratur Canon Mathematicus, quo exhibentur latera trianguli plani rectanguli, æftimata in numeris ferie trina in habitudine anguli acuti ad rectum quacunque. Deinde docet ars obliquangulorum ad rectangula, & fphæricorum ad plana, reductionem.

Latera trianguli plani rectanguli vocantur, Hypotenufa, Perpendiculum, Bafis.

Hypotenufa dicitur latus fubtenfum angulo recto, reliquis famofiori.

Perpendiculum unum è lateribus circa rectum. Bafis alterum.

E duobus angulis acutis trianguli plani rectanguli, unus acuti nomen retinet, alter dicitur reliquus è recto. Is autem angulus acutus intelligitur, cui latus perpendiculi voce defignatum fubtenditur, Reliquus è recto, cui bafis. Et vice verfa, latus ei angulo qui acuti voce primus exauditur fubtenfum, Perpendiculum denominatur. Latus fubtenfum reliquo è recto, Bafis.

Angulus rectus datur ex fe & conftituitur partium xc, qualium tota circumferentia circuli, quæ quatuor æftimatur rectorum, adfumitur III^{c}LX: unaquæque pars rurfus fubdividitur in LX fcrupula.

Anguli

Anguli acuti vel fui exterioris amplitudo eſt peripheria.

Differentia autem inter eam & amplitudinem anguli recti, dicitur complementum, ſeu reſidua.

· Semidiameter canonica circuli datur ex ſe, & conſtituitur particularum 100,000. Latera trianguli reliqua in unaquaque ſerie taxantur in iiſdem, per quæcunque ſcrupula quadrantis circuli congruenter.

Itaque abſolvitur totus Mathematicus Canon ter ſimilibus planis triangulis rectangulis 2700, quot videlicet ſcrupulis conſtat dimidius angulus rectus.

A quo ſyſtemate deinceps convertuntur triangula, qui enim angulus dicebatur is, quem acutus relinquebat è recto, exinde nomen Acuti adſumit; alter ipſe nomen Reliqui è recto. Atque ideo Baſis in Perpendiculum tranſit, & viceverſa Perpendiculum in Baſin, ut ſola opus ſit vocum permutatione.

Quæ ut oculis Geometrice ſubjiciantur

Exponatur circulus cujus E centrum, quadrifectus à duabus diametris F E G, H E I, & in quadrante circuli H G ſumatur quæcunque peripheria G M, & cadant in ſemidiametros E G, E H perpendicula M K, M L. Sed & tangat circulum ad M recta M N, quam

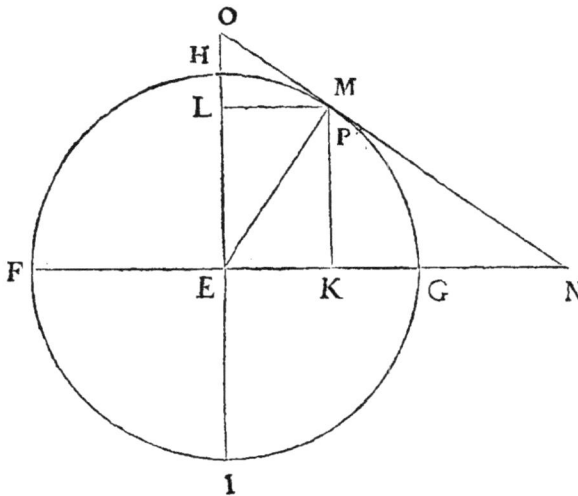

continuatæ ſemidiametri E G, F H ſecent in N, O. Tria igitur in conſpicuo ſunt triangula plana rectangula ſimilia, Primum E K M ſeu M L E, Secundum E M N, Tertium O M E, latus unum E M, commune habentia, quod quidem primi ſit Hypotenuſa, ſecundi Baſis, tertii Perpendiculum, quando videlicet angulus M E K, cujus amplitudinem peripheria G M definit, acuti nomine exauditur. Idemque latus commune E M conſtituitur ſemidiameter circuli. Canon igitur Mathematicus adſumit latus E M particularum 100,000. ſectaque G H biſariam in P, promovet P punctum per quæcunque peripheriæ G H ſegmenta, id eſt ex inſtituta partitione, per ſexageſima quæcunque partium quadragenarum quinarum ſcrupula, quæ ſunt loca 2700. Et totidem exhibita terna ſimilia triangula rectangula.

Punctum M mobile conſiſtit in P, quoniam ab eo ſigno idem eſt progreſſus verſus H, qui regreſſus verſus G. Itaque M H convertitur in quandam M G & vice verſa, ut invertenda quoque ſit ſola denominatio laterum vel angulorum.

Porro expoſitis tribus ſimilibus triangulis rectangulis E K M, E M N, O M E, alia quoque in expoſito ſchemate cernuntur triangula tria ſimilia M K N, O L M, O E N. Vt evidens ſit ex ipſa conſtructione.

I I.

Linearum rectarum ad circumferentias relatarum notatio. Et de Canonibus Sinuum, Facundo, & Facundiſſimo ſeu Hypotenuſarum.

L Inearum rectarum ad circumferentias relatarum, duæ apud Geometras reperiuntur ſpecies, inſcriptæ & circumſcriptæ. Inſcriptæ pertinent ad circumferentias ab iis ſubtenſas, tenfas, Circumfcriptæ ad peripherias ab eductis è centro ad earum extrema interceptas. Sive autem infcriptas five circumfcriptas, cadens ad angulos rectos femidiameter bifariam fecat, cum videlicet circumfcriptio fit ordinati polygoni.

Itaque in adcommodatione trianguli plani ad circulum ferie primâ, Perpendiculum fit femiffis infcripta duplo peripheriæ, ejus videlicet quæ anguli acuti vel fui exterioris amplitudinem definit. Bafis femiffis infcriptæ duplo reliqui è recto, feu complementi. Hypotenufa femidiameter.

In ferie fecunda, Perpendiculum fit femiffis circumfcripta duplo peripheriæ. Bafis femidiameter. Hypotenufa educta è centro ad metam femiffis circumfcriptæ duplo peripheriæ.

In ferie tertia, Perpendiculum fit femidiameter. Bafis femiffis circumfcriptæ duplo complementi. Hypotenufa educta è centro ad metam femiffis circumfcriptæ duplo complementi.

Quoniam vero triangulum ipfum non omne defcribitur intra vel circa circulum; ideo ne vocum catachrefis quempiam deludat, dicitur rudiufcule triangulum circulo adcommodari.

Cæterum latera unius feriei à lateribus alterius, five proprie five per fynecdochen diftinguuntur, ex ipfa adcommodationis per infcriptionem aut circumfcriptionem, varietate.

Arabes autem femiffes infcriptas duplo, numeris præfertim æftimatas, vocaverunt allegorice S I N V S, atque ideo ipfam femidiametrum, quæ maxima eft femiffium infcriptarum, S I N V M T O T V M. Et de iis fua methodo Canones exaraverunt qui circumferuntur, fupputante præfertim Regiomontano bene jufte & accurate, in iis etiam particulis qualium femidiameter adfumitur 10,000,000.

Ex Canonibus deinde Sinuum derivaverunt recentiores Canonem femiffium circumfcriptarum, quem dixere Fæcundum; & Canonem eductarum è centro, quem dixere Fæcundiffimum & Beneficum, Hypotenufis addictum. Atque adeo femiffes circumfcriptas, numeris præfertim æftimatas, vocaverunt Fæcundos Sinus numerofve videlicet; quanquam nihil vetat Fæcundi nomen fubftantivè accipi. Hypotenufas autem Beneficas, vel etiam fimpliciter Hypotenufas: quoniam Hypotenufa in prima ferie Sinus T O T V S nomen retinet. Itaque ne novitate verborum res adumbretur, & alioqui fua artificibus eo nomine debita præripiatur gloria, præpofita in Canone Mathematico Canonicis numeris infcriptio, candide admonet primam feriem effe Canonem Sinum. In Secunda vero, partem Canonis fæcundi, partem Canonis fæcundiffimi, contineri. In tertia, reliquam.

Sane præter infcriptas & circumfcriptas, circulum etiam adficiunt aliæ lineæ rectæ, velut Incidentes, Tangentes, & Secantes. Verum illæ voces fubftantivæ funt, non peripheriarum relativæ. Ac fecare quidem circulum linea recta tunc intelligitur, cum in duobus punctis fecat. Itaque non loquuntur bene Geometrice, qui eductas è centro ad metas circumfcriptarum vocant fecantes improprie, cum fecantes, & tangentes ad certos angulos vel peripherias referunt. Immo vero artem confundunt, cum his vocibus neceffe habeat uti Geometra abs relatione.

Quare fi quibus arrideat Arabum metaphora, quæ quidem aut omnino retinenda videtur, aut omnino explodenda; ut femiffes infcriptas, Arabes vocant Sinus; fic femiffes circumfcriptæ, vocentur Profinus Amfinuf-ve; & eductæ è centro, Tranffinufæ. Sin allegoria difpliceat, Geometrica fane infcriptarum & circumfcriptarum nomina retineantur. Et cum eductæ è centro ad metas circumfcriptarum, non habeant hactenus nomen certum neque elegans, vocentur fane Profemidiametri, quafi protenfæ femidiametri, fe habentes ad fuas circumfcriptas, ficut femidiametri ad infcriptas.

III.

Ad triangulorum planorum πραγματείαν.

Canonis ufum in triangulis planis rectangulis, docet ipfa conftructio. Quæ autem triangula plana proponuntur obliquangula, aut demum indeterminatæ fpeciei, refolvuntur in certa rectangula, educta ab angulorum aliquo ad latus quod ei fubtenditur perpendipendiculari; ea cautione, ut ex datis terminis salvi superfint ac illibati, qui sufficiant ad adsequendum rectangula.

IV.

Ad τριπλΔρῶν sphæricorum πραγματείαν.

1　TRipleurum sphæricum constituunt, tres maximi circuli in sphæra descripti.

2　Circuli appellatione jam non exauditur plana figura. Semicirculus, Quadrans circuli, Segmenta circulorum, sunt peripheriæ ἀπολαμβανόμῃαι.

3　Anguli, quem bini quique maximi circuli, in mutua eorum sectione efficiunt, æstimantur in circumferentia maximi circuli, sub puncto sectionis tanquam polo descripti, quanta ab illis duobus maximis circulis intercipitur.

4　Sectores circulorum, quorum sunt segmenta latera tripleuri sphærici, angulum solidum constituunt in centro sphæræ.

5　Itaque duo latera quomodo-cunque sumpta, sunt majora reliquo.

6　Tria autem latera simul juncta, sunt minora circulo.

7　Et majus latus majori angulo opponitur.

8　Si peripheria est semicirculus, sectores angulum non constituunt in centro sphæræ, verùm coincidunt in eandem lineam rectam. Itaque quodlibet latus sphærici trianguli, minus est semicirculo.

9　Producto autem uno latere, angulus exterior minor est duobus angulis reliquis, simul sumptis.

10　Si sub apicibus singulis propositi tripleuri sphærici, describantur maximi circuli: tripleurum ita descriptum, tripleuri primum propositi, lateribus & angulis est reciprocum.

11　In triangulis sphæricis quorum tres anguli, aut etiam anguli duo proponuntur recti, factione res non indiget. Enimvero latera tripleuri sphærici, amplitudinibus eorum quibus opponuntur angulorum, eo casu sunt æqualia. Et contra, angulorum amplitudines sunt lateribus, quæ ipsis opponuntur, æquales. Et si dati duo anguli fuerint recti, & data quæ iis opponuntur latera, non licebit tertium latus angulum-ve definire, per ea, quæ proponuntur.

12　Itaque circa ea triangula, quorum angulus unus est rectus, diriguntur artis præcepta. Et si quidem in iis rectangulis proponatur angulus aliquis obtusus aliquod-ve latus majus quadrante, invertitur triangulum κατ' ἀνασπλήρωσιν. Et cum idem triangulum quatuor modis variari possit, ad quod cujuscunque sit modi pertineant eædem sinuosæ lineæ rectæ, eligitur adsequenda ea species, quæ angulos, qui acuti sunt, exhibet, & latera quadrante minora. Ea enim adsequuta, de specie proposita licet judicium facere & ratiocinati.

13　Sphærica tripleura rectangula πεχνικῶς ita reducuntur ad plana.

Sit triangulum sphæricum A B C, cujus angulus ad C rectus existat, qui vero ad A acutus. Et ex E centro sphæræ agantur semidiametri E A, E B, E C, & ad A E in plano A E B perpendicularis demittatur B G; excitetur vero in plano A E C ipsa G K perpendicularis ad A E. Dico in primis angulum K G B, esse angulo sphærico B A C æqualem.

Quoniam enim planorum A E C, A E B, sectio communis est E A, cui ducuntur πρὸς ὀρθὰς in plano quidem AEB recta B G; & in plano A E C recta K G: ideo angulus acutus B G K est inclinatio planorum A E C, A E B. At inclinantur eadem plana A E C, A E B, circulive, per angulum sphæricum B A C. Est igitur angulus K G B angulo sphærico B A C æqualis. Quod primo loco fuit ostendendum.

Secundo dico angulos G K B, E K B esse rectos.

Quoniam enim recta linea A G, duabus rectis G K, G B sese mutuo secantibus in G signo, ad rectos

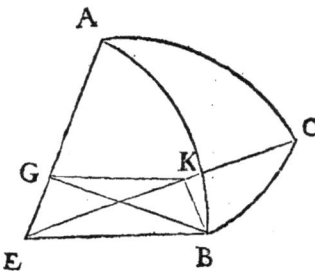

ctos

&tos angulos infiftit: ideo plano G K B per ipfas
du&o, ad angulos rectos erit. Per ipfam autem
lineam A G tranfit planum A E C. Quare planum
G K ß, erit ad planum A E C rectum. Ad planum
autem A E C, rectum eft quoque planum B E C:
circuli enim A C, C B fefe mutuo normaliter fecant ex hypothefi, quia angulus A C B proponitur rectus. Et horum planorum G K B, B E C,
eidem plano A E C rectorum, communis fectio
eft recta K B. Itaque eidem plano A E C ad rectos angulos ipfa B K infiftit, & ideo ad omnes
rectas lineas quæ ipfam contingunt & in fubjecto

funt plano A E C quales G K, E B, rectos angulos efficit. Sunt igitur anguli G K B, E K B
recti. Quod fecundo loco fuit oftendendum.

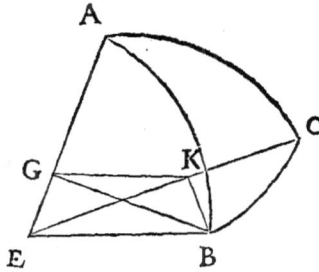

14 Cum triangulum fphæricum proponitur obliquangulum aut incertæ adhuc fpeciei fed ex datis adfequendæ, in duo rectangula quemadmodum & planum refolvitur.
Aut etiam ipfummet obliquangulum fphæricum ad planum reducitur. Verum methodus
illa videtur hac expeditior.

Refolvitur triangulum obliquangulum in duo rectangula, demiffa ab aliquo angulorum ad latus quod ei opponitur peripheria orthogonia. Itaque circulus maximus, cujus
peripheria illa eft fegmentum, educendus eft per polos circuli, à quo abfumitur latus angulo parodico oppofitum.

Curandum autem eft ea eductione, ut ex datis terminis falvi fuperfint ac illibati, qui
fufficiant ad adfequendum rectangula.

15 Si uterque angulorum ad bafin trianguli fphærici fuerint ejufdem adfectionis, peripheria ab angulo verticis ad bafin demiffa, cadit intra triangulum; fed fi diverfæ,
extra.

16 Si crura trianguli fphærici fuerint majora quadrante circuli; bafis vero quadrans
aut quadrante major: anguli omnes erunt obtufi.

17 Si trianguli fphærici tres anguli fuerint acuti, latera quoque minora erunt quadrante circuli.

18 Sit triangulum fphæricum A B D, & in peripheriam B D cadat fegmentum ortho-
gonii A C.

Primum dico effe tranffinuofam anguli B A C ad tranffinuofam anguli D A C, ficut
profinum peripheriæ A B ad profinum peripheriæ A D.

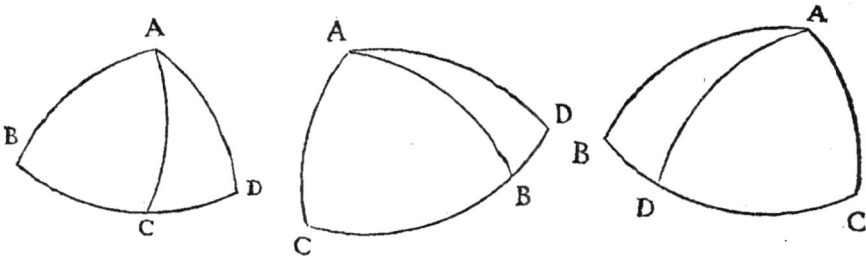

Secundo dico effe tranffinuofam peripheriæ C B ad tranffinuofam peripheriæ C D,
ficut tranffinuofam peripheriæ A B ad tranffinuofam peripheriæ A D.

Tertio dico effe finum C D ad finum C B, ficut profinum anguli B ad profinum anguli D.

Denique & quarto dico effe finum anguli B A C ad finum anguli D A C, ficut tranffinuofam anguli D ad tranffinuofam anguli B.

V.

Triangulorum aliquæ constitutiones, ad comprobandum exemplis præcepta.

1 CANONICVM TRIANGVLVM PLANVM RECTANGVLVM,
obliquitatis sphæræ, quanta deprehensa est ab Hipparcho, Eratosthene,
& Ptolemæo.

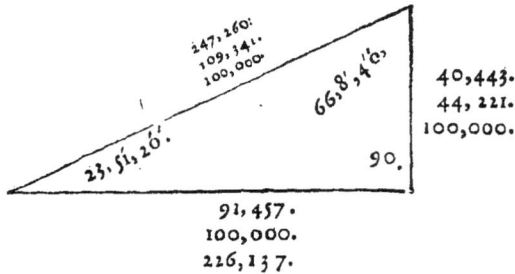

247,260.
109,341.
100,000.

66,8,40.

40,443.
44,221.
100,000.

23,51,20.

90.

91,457.
100,000.
226,137.

2 CANONICVM TRIANGVLVM PLANVM RECTANGVLVM,
elevationis poli supra horizontem Parisiensem.

Parisiis, observante me die æquinoctii umbra meridiana, deprehensa est gnomonis sesquiseptima.

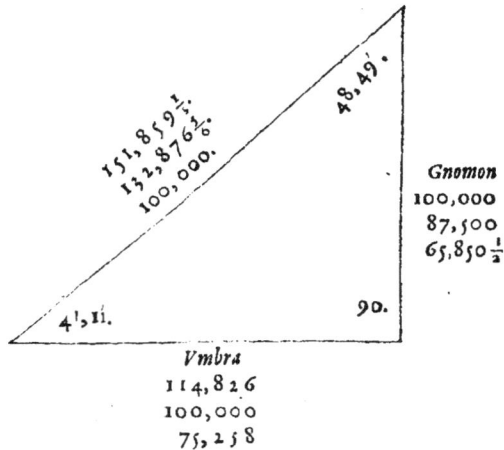

151,859½.
132,876⅙.
100,000.

48,49.

Gnomon
100,000
87,500
65,850½

4,11.

90.

Vmbra
114,826
100,000
75,258

3 TRIANGVLI PLANI CATASCEVE, AD PROSTAPHÆRESES
Lunæ plena vel novæ.

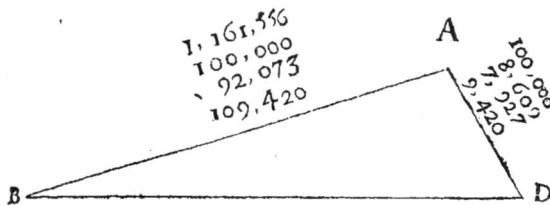

1,161,556
100,000
92,073
109,420

A

100,000
8,600
7,927
9,420

B

D

Anguli

Anguli.

A	B	D
Anomalia μέσν à limite velocitatis.	Prosthaphæresis.	Anomalia φαινομ ζνη à limite tarditatis.

Ratio A B ad A D conftituitur, ut finus totus ad finum partium IV, LVI cum triente, quanta deprehenditur maxima profthaphærefis ἐν σιωοκαῖς καὶ πανσελήνοις ex obfervatis.

I. TRIPLEVRVM SPHÆRICVM RECTANGVLVM

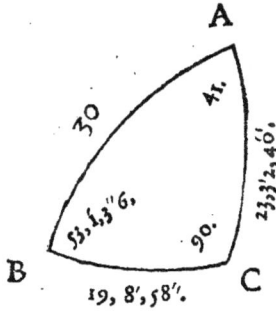

II. IDEM INVERSVM κατ᾽ ἀναπλήρωσιν.

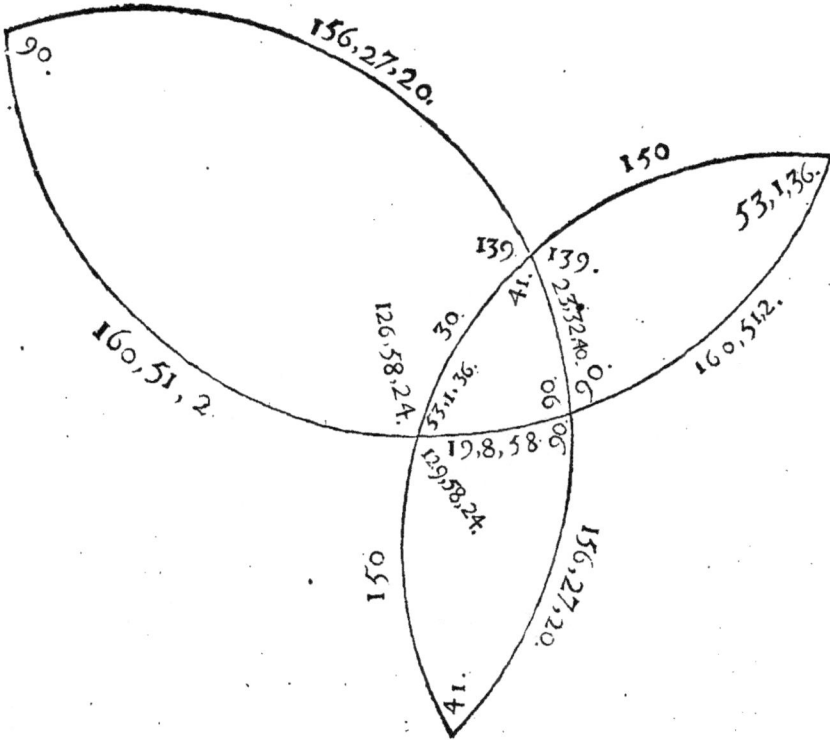

III. IDEM

III. IDEM INVERSVM PER ENALLAGEN ἀλλοιογωνικήν.

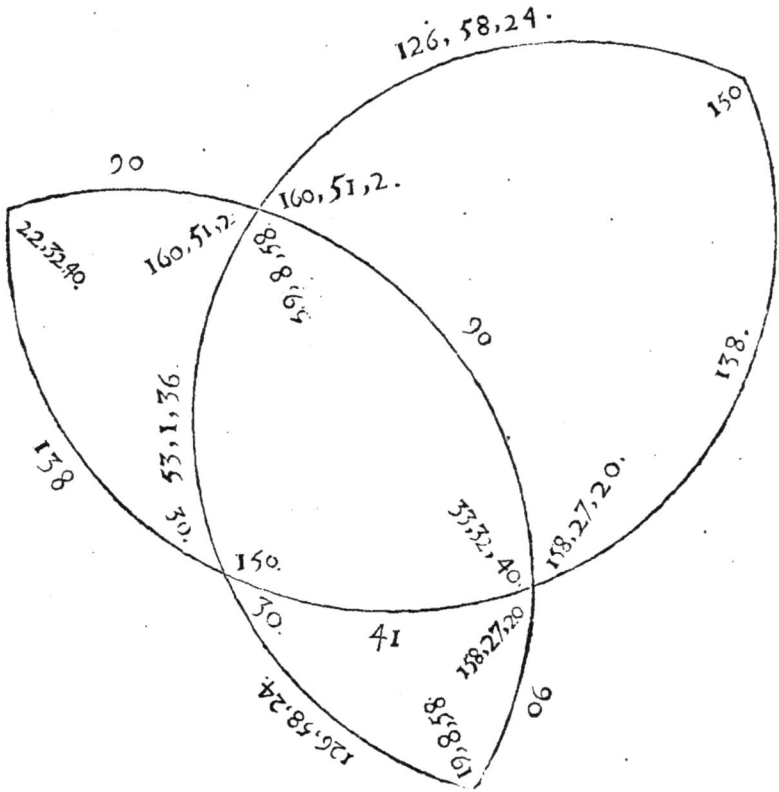

126, 58, 24.

150

90

160, 51, 2.

22, 32, 40.

160, 51, 2.

85, 8, 69.

90

138.

53, 1, 36.

158

30.

150.

33, 32, 40.

158, 27, 20.

30.

41

158, 27, 20.

126, 58, 24.

193, 8, 58.

90

IV. NVMERI CANONICI.

	P. $'$ $''$	Sinus	Sinus complementi.	Prosinus.	Transsinuosa.	Prosinus complementi.	Transsinuosa complementi.	P. $'$ $''$	
C B	XIX. VIII. LVIII.	32,803	94,467	34,715	105,858	287,980	304,850	LXX. LI. II.	
A C	XXIII. XXXII. XL.	39,946	91,675	43,573	109,080	229,499	250,339	LXVI. XXVII. XX.	
A B	XXX.	50,000	86,602	57,735	115,470	173,205	200,000	L X.	
	XXXVI. LVIII. XXIV	60,145	79,892	75,282	115,170	132,833	166,266	LII. II. XXXVI.	B
A	XLI.	65,606	75,471	86,929	132,501	115,037	151,425	XLIX.	
C	XC.	100,000							
		Sinus complementi.	Sinus	Prosinus complementi.	Transsinuosa complementi.	Prosinus.	Transsinuosa.		

I. TRIPLEVRVM SPHÆRICVM OBLIQVANGVLVM.

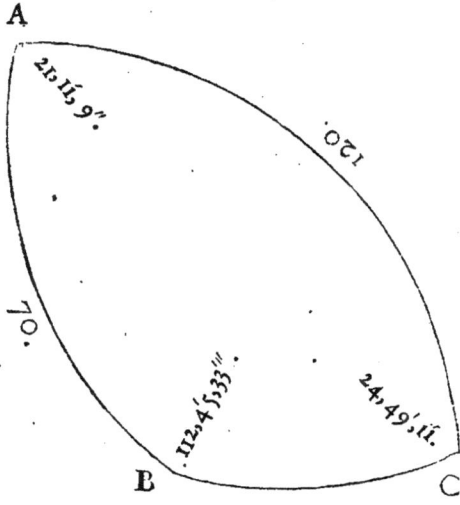

II. IDEM INVERSVM κατ' ἀναπλήρωσιν.

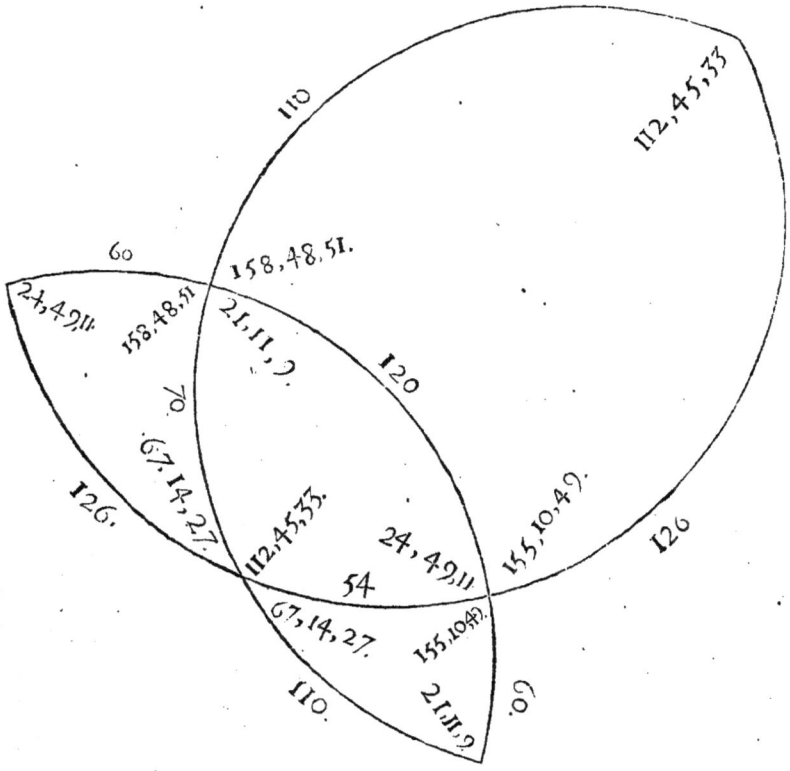

Fff 3

IV. IDEM

III. IDEM INVERSVM PER ENALLAGEN πλευρογωνικὴν.

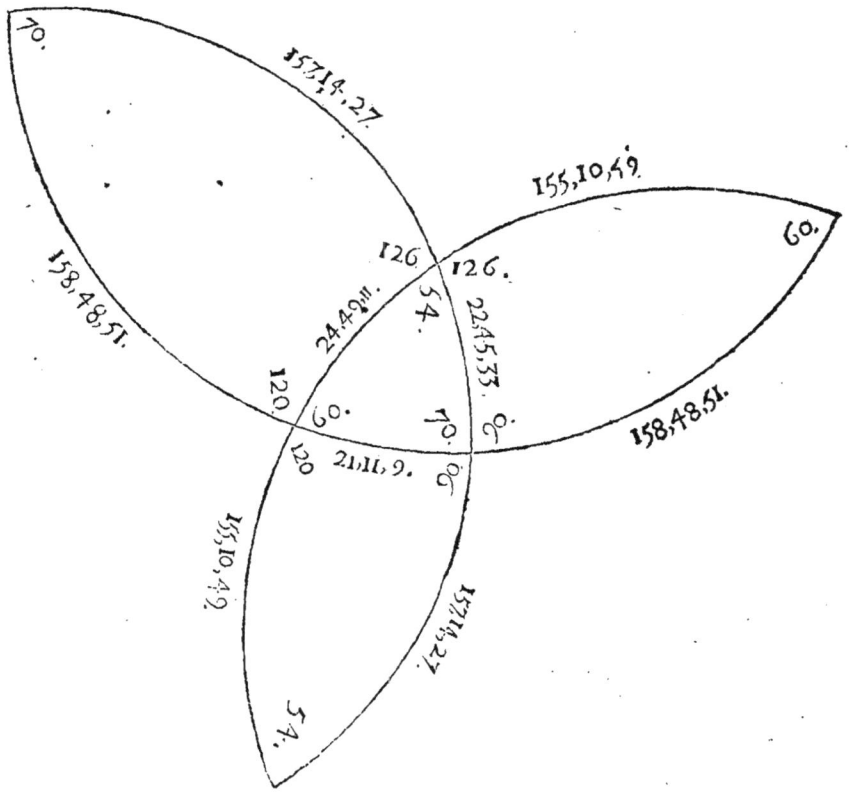

IV. NVMERI CANONICI.

	P. ′ ″		Sinus	Sinus comple-menti.		Profinus.	Transfi-nuofa.		Profinus comple-menti.	Transfi-nuofa com-plementi.	P. ′ ″		
	xx.		34,201	93,969		36,397	106,418		274,748	291,379	LXX.		A B
A	xxi. xi. ix.		36,139	93,241		38,758	107,247		258,006	276,707	LXVIII. XLVIII. LI.		
B	xxii. xlv. xxxiii.		38,686	92,214		41,952	108,443		238,337	258,493	LXVII. XIV. XXVII.		
D	xxiv. xlix. xi.		41,977	90,763		46,148	110,177		216,223	238,229	LXV. X. XLIX.		
	xxx.		50,000	86,602		57,735	115,470		173,205	200,000	LX.		A D
	xxxvi.		58,779	80,902		72,654	123,607		137,638	170,130	LIV.		B D
			Sinus cô-plementi.	Sinus		Profinus comple-menti.	Transfi-nuofa com-plementi.		Profinus.	Transfi-nuofa.			

I. ALIVD.

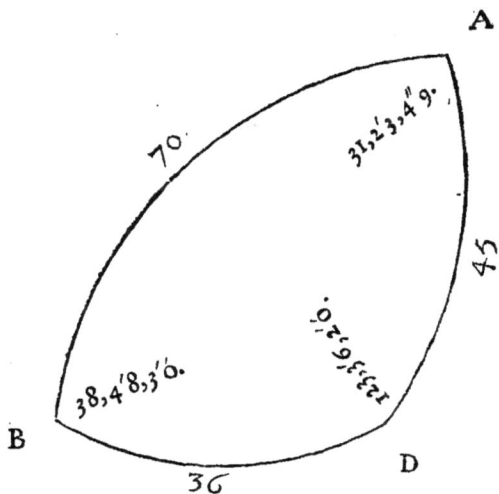

II. IDEM INVERSVM καὶ' ἀναπλήρωσιν.

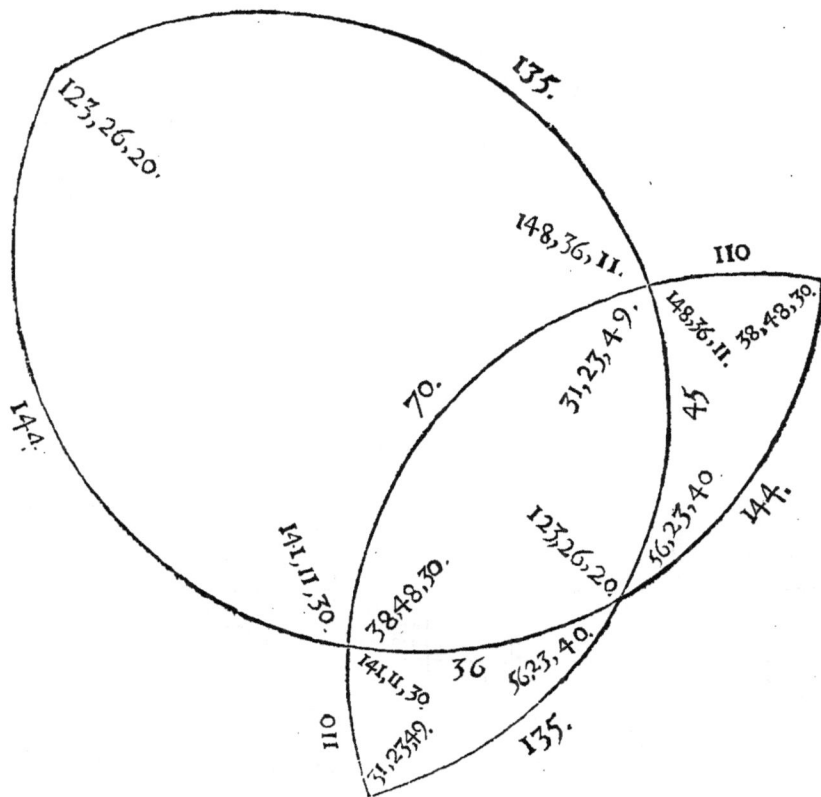

III. IDEM

III. IDEM INVERSVM PER ENALLAGEN πλδρογωνικ̓ν.

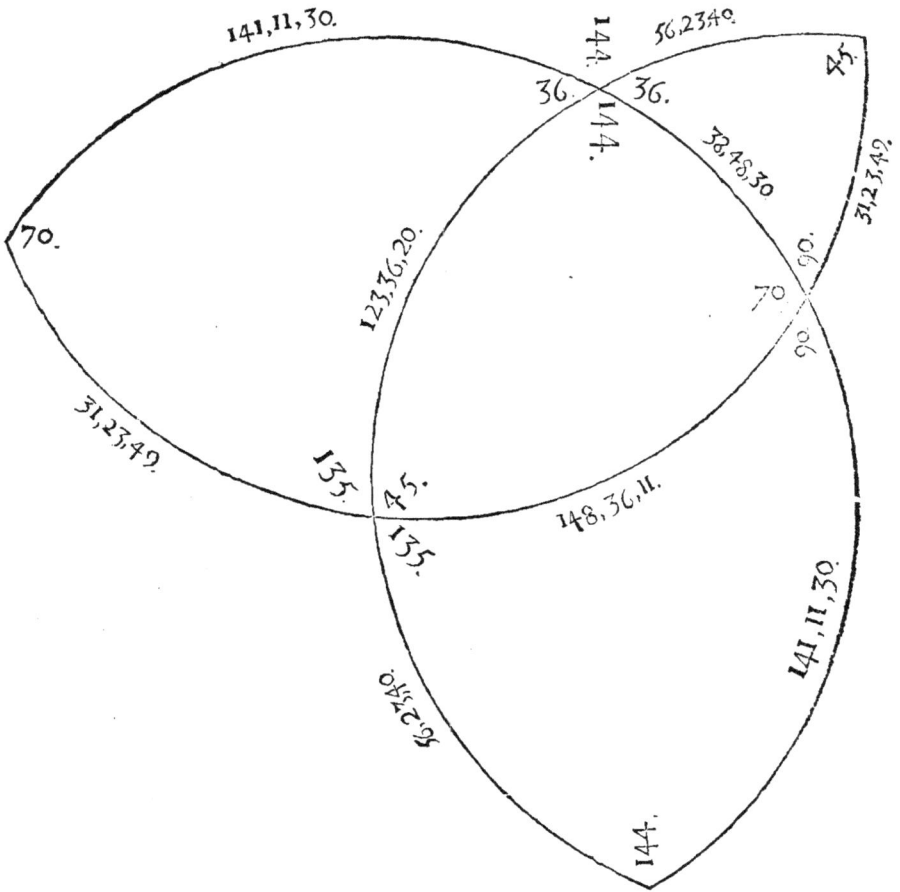

141,11,30.   144.   56,23,40.   45.

36.   144.   36.

38,48,30.

70.   123,36,20.   90.   70.   31,23,49.   90.

31,23,49.   135.   45.   135.   148,36,11.   141,11,30.

56,23,40.   144.

IV. NVMERI CANONICI.

P. ' "		Sinus	Sinus complementi.	Profinus.	Tranffinuofa.	Profinus complementi.	Tranffinuofa complementi.	P. ' "	
	xx.	34,202	93,969	36,197	106,418	274,748	292,379	LXX.	A B
A	XXXI.XXIII.XLIX.	52,097	85,358	61,032	117,153	163,848	191,953	LVIII.XXXV.XI.	
	XXXIII.XXXVI.XX.	55,347	83,287	66,454	120,067	150,480	180,678	LVI.XXIII.XL.	D
B D	XXXVI.	58,779	80,902	72,654	123,607	137,638	170,130	LIII.	
B	XXXVIII.XLVIII.XXX.	62,672	77,923	80,430	128,333	124,330	159,514	LI.XI.XXX.	
A D	XLV.	70,711	70,710	100,000	141,421	100,000	141,421	XLV.	
	Sinus cōplementi.	Sinus.	Profinus complementi.	Tranffinuofa complementi.	Profinus.	Tranffinuofa.			

VI.

Canonicæ analogiæ triangulorum sphæricorum in notis.

Anonicas sphæricorum triangulorum analogias recenseo, ac ne earum mole obruantur studiosi potius quam juventur, eas in notis ad paratiorem usum exhibeo. Notarum autem radiatione designantur erum vel angulorum complementa.

I.

Canonica analogia trianguli rectanguli.

AD OPUS PER MULTIPLICATIONEM.

DECADIS PRIMÆ.

	PENTAS PRIMA.				PENTAS SECVNDA.			
	Totus.	Sinus.	Sinus.	Sinus.		Totus.	Prosin⁹.	Prosin⁹.	Sinus.

	Totus.	Sinus.	Sinus.	Sinus.		Totus.	Profin⁹.	Profin⁹.	Sinus.	
I	C	AB	A	CB	VI	C	AC	B̶	CB	III
II	C̶	AB̶	B	AC	VII	C	CB	A̶	AC	IV
III	C	E̶B̶	A̶E̶	A̶B̶	VIII	C	B̶	A̶	A̶B̶	II
IV	C	A̶E̶	A	B̶	IX	C	A̶B̶	CB	B̶	V
V	C	E̶B̶	B	A̶	X	C	A̶B̶	AC	A̶	I

DECADIS II.

	PENTAS PRIMA.			
	Totus.	Sinus.	Trāss.ª	Transs.ª
III	C	A̶E̶	AB	CB
IV	C	A	B	AC
II	C	B	A̶E̶	A̶B̶
V	C	E̶B̶	A	B̶
I	C	AB	E̶B̶	A̶

HYPODECADIS PRIMÆ.

	PENTAS PRIMA.				PENTAS SECVNDA.			
	Totus.	Trāss.ª	Trāss.ª	Trāss.ª		Totus.	Prosin⁹.	Prosin⁹.	Trāss.ª

	Totus.	Trāss.ª	Trāss.ª	Trāss.ª		Totus.	Profin⁹.	Profin⁹.	Trāss.ª	
I	C	A̶B̶	A̶	E̶B̶	VI	C	A̶E̶	B	E̶B̶	III
II	C	A̶B̶	B̶	A̶E̶	VII	C	E̶B̶	A	A̶E̶	IV
III	C	CB	AC	AB	VIII	C	B	A	AB	II
IV	C	AC	A̶	B	IX	C	AB	E̶B̶	B	V
V	C	CB	B̶	A	X	C	AB	A̶E̶	A	I

HYPODECADIS II.

	PENTAS PRIMA.			
	Totus.	Trāss.ª	Sinus.	Sinus.
III	C	AC	A̶B̶	E̶B̶
IV	C	A̶	B̶	A̶E̶
II	C	B̶	AC	AB
V	C	CB	A̶	B
I	C	A̶B̶	CB	A

Ggg   DE

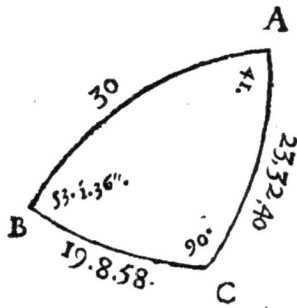

A

30　41.

23.32.40

53.1.36".

B

19.8.58

90.

C

DECADIS II.

PENTAS SECVNDA.

	Totus.	Sinus.	Prosin⁹.	Prosin⁹.
VII	C	AC	A	CB
X	C	A	AB	AC
IX	C	B'	CB'	AB'
VI	C	CB	AC	B'
VIII	C	AB'	B	A

DECADIS TERTIÆ.

PENTAS PRIMA.

	Totus.	Sinus.	Trãss^a.	Transs^a.
V	C	B	A	CB
III	C	CB'	AB	AC
I	C	A	CB'	AB'
II	C	AB	AC	B
IV	C	AC	B	A

PENTAS SECVNDA.

	Totus.	Sinus.	Prosin⁹.	Prosin⁹.
IX	C	B'	AB	CB
VI	C	CB	B	AC
X	C	A	AC	AB'
VIII	C	AB'	A	B'
VII	C	AC	CB'	A

HYPODECADIS II.

PENTAS SECVNDA.

	Totus.	Trãss^a.	Prosin⁹.	Prosin⁹.
VII	C	AC	A	CB'
X	C	A	AB'	AC
IX	C	B	CB	AB
VI	C	CB'	AC	B
VIII	C	AB	B'	A

HYPODECADIS TERTIÆ.

PENTAS PRIMA.

	Totus.	Transs^a.	Sinus.	Sinus.
V	C	B'	A	CB'
III	C	CB	AB'	AC
I	C	A	CB	AB
II	C	AB'	AC	B'
IV	C	AC	B'	A

PENTAS SECVNDA.

	Totus.	Trãss^a.	Prosin⁹.	Prosin⁹.
X	C	B	AB'	CB'
VI	C	CB'	B'	AC
X	C	A	AC	AB
VIII	C	AB	A	B
VII	C	AC	CB	A

AD

AD OPUS PER DIVISIONEM.

	Transs.ª. Sinus.	Totus. Sinus.		Profins.Profins.	Totus. Sinus.		Transsª. Trass.ª.	Totus. Transs.ª.
I	Æ.B' A	C CB	VI	Æ.E .B'	C CB	III	Æ.E Æ.B'	C E.B'
II	Æ.B' B	C AC	VII	E.B' Æ	C AC	IV	A B'	C Æ.E
III	AC E.B'	C Æ.B'	VIII	B Æ	C Æ.B'	II	B AC	C AB
IV	AC A	C B'	IX	AB CB	C B'	V	.E.B' Æ	C B
V	CB B	C Æ	X	AB AC	C Æ	I	Æ.B' .E.B'	C Æ

	Sinus. Transs.ª	Totus. Transs.ª		Profins.Profins.	Totus. Transs.ª		Sinus. Sinus.	Totus. Sinus.
I	AB Æ	C E.B'	VI	AC B	C .E.B'	III	Æ.E Æ.B'	C .E.B'
II	AB .B'	C Æ.E	VII	CB A	C Æ.E	IV	A B'	C Æ.E
III	Æ.E CB	C AB	VIII	B' A	C AB	II	B AC	C AB
IV	Æ.E Æ	C B	IX	Æ.B' .E.B'	C B	V	.E.B' Æ	C B
V	E.B' .B'	C A	X	Æ.B' Æ.E	C A	I	AB CB	C A

Aliter, AD OPUS PER DIVISIONEM.

	Transs.ª. Sinus.	Totus. Sinus.		Profins.Profins.	Totus. Sinus.		Sinus. Sinus.	Totus. Transs.ª.
I	Æ AB	C CB	VI	B AC	C CB	III	Æ.B' Æ.E	C CB
II	.B' AB	C AC	VII	A CB	C AC	IV	.B' A	C AC
III	CB Æ.E	C Æ.B'	VIII	A .B'	C Æ.B'	II	AC B	C Æ.B'
IV	Æ Æ.E	C B'	IX	.E.B' Æ.B'	C B'	V	Æ .E.B'	C .B'
V	.B' E.B'	C Æ	X	Æ.E Æ.B'	C Æ	I	CB AB	C Æ

	Sinus. Transs.ª.	Totus. Transs.ª.		Profins.Profins.	Totus. Transs.ª.		Transs.ª.Trass.ª.	Totus. Sinus.
I	A Æ.B'	C E.B'	VI	.B' Æ.E	C .E.B'	III	AB AC	C .E.B'
II	B Æ.B'	C Æ.E	VII	Æ .E.B'	C Æ.E	IV	B Æ	C Æ.E
III	E.B' AC	C AB	VIII	Æ B	C AB	II	Æ.E .B'	C AB
IV	A AC	C B	IX	CB AB	C B	V	A CB	C B
V	B CB	C A	X	AC AB	C A	I	E.B' Æ.B'	C A

AD OPUS PER DIVISIONEM.

	Transs. Prosin.		Totus. Prosin.			Transs. Trass.		Totus. Transs.			Transs. Prosin.		Totus. Prosin.
VII	A C	A'	C	E·B'	V	B'	A	C	C B	IX	B	A B	C	C B
X	A'	A·B'	C	A·E	III	C B	A B	C	A C	VI	E·B'	B	C	A C
IX	B'	C B	C	A B	I	A'	E·B'	C	A·B'	X	A	A·E	C	A·B'
VI	C B	A C	C	B	II	A·B'	A·E	C	B'	VIII	A B	A	C	B'
VIII	A·B'	B'	C	A	IV	A C	B	C	A'	VII	A·E	E·B'	C	A'

	Sinus. Prosinus.		Totus. Prosin.			Sinus.	Sinus.	Totus. Sinus.			Sinus. Prosin.		Totus. Prosin.
VII	A C	A'	C	E·B'	V	B	A'	C	E·B'	IX	B'	A·B'	C	E·B'
X	A'	A·B'	C	A·E	III	E·B'	A·B'	C	A·E	VI	C B	B'	C	A·E
IX	B'	C B	C	A B	I	A	C B	C	A B	X	A'	A C	C	A B
VI	C B	A C	C	B	II	A B	A·E	C	B	VIII	A·B'	A'	C	B
VIII	A·B'	B'	C	A	IV	A·E	B'	C	A	VII	A C	C B	C	A

Aliter, AD OPUS PER DIVISIONEM.

	Prosinus. Sinus.		Totus. Prosin.			Sinus.	Sinus.	Totus. Transs.			Prosinus. Sinus.		Totus. Prosin.
VII	A'	A C	C	C B	V	A'	B	C	C B	IX	A·B'	B'	C	C B
X	A·B'	A'	C	A C	III	A·B'	E·B'	C	A C	VI	B'	C B	C	A C
IX	C B	B'	C	A·B'	I	C B	A	C	A·B'	X	A C	A'	C	A·B'
VI	A C	C B	C	B'	II	A C	A B	C	B'	VIII	A'	A·B'	C	B'
VIII	B'	A·B'	C	A'	IV	B'	A·E	C	A'	VII	C B	A C	C	A'

	Prosin. Trass.		Totus. Prosin.			Trass. Transs.		Totus. Sinus.			Prosin. Trass.		Totus. Prosin.
VII	A	A·E	C	E·B'	V	A	B'	C	E·B'	IX	A B	B	C	E·B'
X	A B	A	C	A·E	III	A B	C B	C	A·E	VI	B	E·B'	C	A·E
IX	E·B'	B	C	A B	I	E·B'	A'	C	A B	X	A·E	A	C	A B
VI	A·E	E·B'	C	B	II	A·E	A·B'	C	B	VIII	A	A B	C	B
VIII	B	A B	C	A	IV	B	A C	C	A	VII	E·B'	A·E	C	

II.

Canonica analogia sphærici trianguli obliquanguli.

Vt ex lateribus, anguli.

	Sinus. Sinum.	TOTVS. Sinum. Sinus. Sinum.	TOTVS.	Sinus.
I	AD in AB	C in B'D' AD' in A'B'	C	A'
II	AB in BD	C in A'D' A'B' in B'D'	C	B'
III	BD in AD	C in A'B' B'D' in A'D'	C	D'

Vt ex angulis latera.

		TOTVS. Sinus.	TOTVS.	Sinus.
IV	B in D	C in A' B' in D'	C	B'D'
V	D in A	C in B' D' in A'	C	A'D'
VI	A in B	C in D' A' in B'	C	A'B'

Vt ex cruribus & angulo verticis, anguli ad basin.

	Sinus. Transsinuosâ.	TOTVS. Prosinum. Sinus. Prosinum.	TOTVS.	Prosinus.
I	A' in A'D'	C in A'B' A' in A'D'	C	D'
II	A' in A'B'	C in A'D' A' in A'B'	C	B'
III	B' in A'B'	C in B'D' B' in A'B'	C	A'
IV	B' in B'D'	C in A'B' B' in B'D'	C	D'
V	D' in B'D'	C in A'D' D' in B'D'	C	B'
VI	D' in A'D'	C in B'D' D' in A'D'	C	A'

Vt

Vt ex angulis ad basin & base, crura.

	Sinus. Transsinuosa.	Totvs. Profinum. / Sinus. Profinum.	Totvs.	Profinus.
VII	B'D' in B'	$\dfrac{\text{C in D'}}{\text{+ue } \text{B'D' in B'}}$	C	A'B'
VIII	B'D' in D'	$\dfrac{\text{C in B'}}{\text{+ue } \text{B'D' in D'}}$	C	A'D'
IX	A'D' in D'	$\dfrac{\text{C in A'}}{\text{+ue } \text{A'D' in D'}}$	C	B'D'
X	A'D' in A'	$\dfrac{\text{C in D'}}{\text{+ue } \text{A'D' in A'}}$	C	A'B'
XI	A'B' in A'	$\dfrac{\text{C in B'}}{\text{+ue } \text{A'B' in A'}}$	C	A'D'
XII	A'B' in B'	$\dfrac{\text{C in A'}}{\text{+ue } \text{A'B' in B'}}$	C	B'D'

Vt ex cruribus & angulo verticis, basis.

	Transsin. Transsin.	Totvs. Sinum. / Profinus. Profinum.	Totvs.	Sinus.
I	A'B' in A'D'	$\dfrac{\text{C in A'}}{\text{+ue } \text{A'B' in A'D'}}$	C	B'D'
II	B'D' in A'B'	$\dfrac{\text{C in B'}}{\text{+ue } \text{B'D' in A'B'}}$	C	A'D'
III	A'D' in B'D'	$\dfrac{\text{C in D'}}{\text{+ue } \text{A'D' in B'D'}}$	C	A'B'

Vt ex angulis ad basin & base, angulus verticis.

		Totvs.	Totvs.	
IV	D' in B'	$\dfrac{\text{C in B'D'}}{\text{+ue } \text{D' in B'}}$	C	A'
V	A' in D'	$\dfrac{\text{C in A'D'}}{\text{+ue } \text{A' in D'}}$	C	B'
VI	B' in A'	$\dfrac{\text{C in A'B'}}{\text{+ue } \text{B' in A'}}$	C	D'

Vt ex angulis ad basin & crure, crus alterum.

Vel ex cruribus & vno angulorum ad basin, angulus alter ad basin.

Sinus.	Sinus.	Sinus.	Sinus.	Sinus.	Sinus.
A	BD	B	AD	D	AB

C A-

CAPVT XX.

Annus Gregorianus. Decem dies exemptiles. Sedes Æquinoctij verni. Επακ]αὶ ἡμέραι.

ANnum quo utimur, ad curſum Solis feliciſſimè direxiſſe mihi videtur Gregorius decimus tertius. Annum definiverat Julius Cæſar dierum 365 ¼: itaque edixerat, ut peracto quadriennii Ægyptiaci circuitu, qui dierum eſt quater 365, dies unus intercalaretur. quod quidem Biſſextum vocarunt. Faſtos correxit Gregorius, & conſtituit annum dierum 365 $\frac{97}{400}$. Itaque quoniam quadringenti anni Gregoriani à totidem Iulianis deficiunt triduo, vetuit Gregorius ne in quadringentorum annorum circuitu, alioqui juxta Cæſaris edictum peragendo, centeſimus annus, ducenteſimus, ac trecenteſimus diem adſciſceret intercalarem. Sanè Tropicus annus, quem ex anno Thebitij vel Copernici ſidereo & Æquinoctiorum præceſſione componit Reinholdus, dierum eſt 365 $\frac{243,144}{1000,000}$, aliter dierum 365, horarum 5, ſcrupulorum primorum 49, ſecundorum 16. At $\frac{97}{400}$ diei, ſunt $\frac{21,425}{10,000}$ ſeu horæ 5, ſcrupula prima 49, ſecunda 12. Peritiorum igitur in arte calculo conſentit adprimè calculus Gregorianus. Turbanda verò nimium non fuit ſolita Biſſextorum œconomia, utpote ſi perimendum fuiſſet primo Tetracoſieteridis triente Biſſextum primum, ſecundo ſecundum, ac tertio denique tertium. Itaque ſcrupuloſæ magis quam utili pſephophoriæ elegans ac expedita, & ad vulgi ſenſum per annorum centurias accommodata, inſenſili errore antepoſita eſt.

Die dominico poſt decimam quartam Lunam primi menſis, celebrandum eſſe Paſcha, ſanxerunt patres Niceni, circa annum Chriſti 326. Quo ſeculo vigeſimus primus dies Martij ſedes erat Æquinoctij verni. Primam autem Lunam vocabant primum diem ab antecedente ſynodo, ſeu Φάσιν, Neomeniamve Politicam. Itaque epochas Neomeniarum primi menſis ita concluſerunt; ut limes citimæ, dies eſſet Martij octavus; remotiſſimæ, dies Aprilis quintus. Si itaque in octavum diem Martij cadebat Neomenia, primaue Luna ſeu Φάσις, die Dominico qui 21 diem Martij proximè ſequebatur, Paſcha celebrabant; & ſi cadebat in quintum Aprilis, Dominico qui proximè ſequebatur decimum octavum Aprilis. Eodem ſervato in ſitibus intermediis, præcepto. At noſtro ſæculo ante adhibitam correctionem non jam vigeſimo primo die Martij, ſed undecimo menſis ejuſdem adparebat Sol vernus Æquinoctialis. Intervallo enim temporis elapſi à Nicenâ ſynodo ad initium Tetracoſieteridis Gregorianæ, defecerant anni Juliani à Tropicis, per dies decem. Ne itaque Decreta de termino Paſchali forent immutanda, ac ritus & ordo ordinandi ſolennia, cui jam adſueverat Romana Eccleſia, juſſit Gregorius ab anno Chriſti 1582 eximi decem dies, ut Æquinoctium vernum in ſuam priſtinam ſedem, id eſt, vigeſimum primum diem Martij piâ patrum Nicenorum memoriâ, reſtitueret. Quidam autem cenſuerunt id factum male, quoniam non ideo vigeſimus primus dies Martij conſtans erit Æquinoctij Epocha. Itaque magis erat ut Æquinoctij medij ſedes præfigeretur, non veri. Ego verò an, & quæ ſit differentia medij Æquinoctij & veri, hactenus non didici. Nullam

lam

Iam agnovere Ariftarchus Samius, Hipparchus, Eratofthenes, ac Ptolemæus. Probabili fanè conjectura à Phyficis motuum legibus ductâ, incrementum ac decrementum obliquitatis fphæræ, & fecundùm illud anomaliam anni Tropici, arguit Copernicus. At eam conjecturam pro veritate non accepero. Decrevit ajunt obliquitas Sphæræ ab Hipparcho & Ptolemæo adnotata, decrevit annus Tropicus, quem iidem obfervarunt. Efto. Ecquis donec incrementum perceperit de anomaliæ periodo ratiocinabitur fecurè? Hactenus incrementum percepit nemo. Sed & quod deprehenditur decrementum tam exiguum eft, ut τηρήσεως fallaciæ tam æquè caufa phænomeni adfignanda fit, quàm motui alicujus novæ jam inducendæ fphæræ.

Annus Lunæ ad annum Solis dirigitur per ἐπακτὰς ἡμέρας. Etenim menfis Lunæ politicus, æftimatur dierum 30 & 29, ferie alternâ. Itaque annus Lunaris, qui talium menfium conftituitur duodecim, eft dierum 354. Ergo ἡμέραι ἕνδεκα funt ἐπαγόμεναι anno Lunæ, ut is Solari adæquetur. Quanquam enim ab Aftronomis fynodicus menfis Lunæ taxetur dierum $29\frac{530,192}{1000,000}$, atque adeo annus Lunaris conftet $354\frac{367,105}{1000,000}$, æqualis videlicet feu medius, quandoquidem calculi adparentiarum moleftiam non fubit vulgaris computator, politicus tamen ifte calculus in Aftronomicum tandem recidit. Annis enim 19 Julianis debentur dies $6,939\frac{1}{4}$, & annis 19 Tropicis feu Gregorianis dies $6,939\frac{142}{400}$. Menfes verò fynodici 235 explentur diebus $6,939\frac{689,197}{1000,000}$, id eft $6,939\frac{11}{7}\frac{1}{4}$ ἔγγιστα. At inter $\frac{11}{7}\frac{1}{4}$ & $\frac{1}{4}$ vel $\frac{142}{400}$ pauxilla differentia eft. Ergo errorem, qui ex Biffextilium annorum cum Ægyptiacis feu communibus commixtione irrepit, emendat tandem Enneadecaeteris, ac fuâ quâque periodo eandem fere ætatem Lunæ reftituit. Πορεία igitur fit Luna ad conftitutum anni diem an decima quarta, an junior, feniorve; cyclus Epactarum ex data radice arguit ἐνταχνῶς, per totam Enneadecaeteridis five Julianæ five Gregorianæ periodum, ut pote

Sit anno Chrifti 1598. Dies Marti vigefimus primus decima quarta Luna, idem igitur ftatus Æquinoctij dies erit anno 1599 vigefima quinta Luna. Anno 1600 fexta. Anno 1601 decima feptima, & eo continuò donec fingulares anni Enneadecaeteridis expleantur, per vndenarium numerum progreffu, abjecto tricenario, cum ad eum adfcenditur, numero, id eft, menfe politico pleno.

Addit tamen ætati Lunæ Enneadecaeteris Juliana $\frac{60,803}{1000,000}$ diei unius, id eft $\frac{-9}{148}$ ἔγγιστα. Quo fpaciolo fuas Epochas Novilunia in antecedentia promovebunt. Contra adimit Enneadecaeteris Gregoriana $\frac{81,697}{1000,000}$ diei vnius, id eft $\frac{-3}{37}$ ἔγγιστα. Quo fpaciolo fuas Epochas Novilunia in confequentia promovebunt. Quanquam verò illa Lunæ προέμπτωσις, vel hæc μετέμπτωσις, in una vel altera Enneadecaeteride neglecta, errorem non inducit fenfilem, ejus tamen παραλλάξεως habenda tandem aliqua ratio eft. Annis enim 2812 Julianis, quæ funt Enneadecaeterides 148, προέμπτωσις numerabitur dierum novem. Itaque poft exactos annos 304 Julianos, erunt fyzygiæ die uno citiores. Contra annis totidem 2812 Gregorianis, μετέμπτωσις numerabitur dierum duodecim, vel in annis 703, quæ funt Enneadecaeterides 37, tridui. Itaque poft exactos annos 228 Gregorianos, erunt fyzygiæ die vno tardiores.

Non igitur abs re fublatus eft de Kalendario aureus, qui fallax eft ad
arguen-

arguendum Neomenias, nisi suo situ sæpe moveatur numerus, & accersitus in ejus locum Epactarum cyclus, quarum characteres tam constanter suas sedes retinent, quàm ipsi dierum quibus adscribuntur, numeri.

Omnis in iis ordinandis & adæquandis labor. Neque enim paucæ in Lilianum παραλίων ψῆφον irrepserunt mendæ. Sed de iis tollendis ad Ecclesiasticos referam commodiore loco, ac ipsis detegam periodum, quæ summo ipsorum adplausu mirum Solis & Lunæ consensum prodat εἰς ἰσεϙ διμήνια. Sed

Eheu, quis unctum chrismate mystico
Necare regem, sacrilegâ manu ;
Ausus cucullatus sodalis
In numerum colitur Deorum!

Pij haud vacillent, ECCE MALVS BONIS.
Tremant procaces, ECCE BONVS MALIS
Non compater nomen sodali
Omen at imposuit nefando.

FINIS

FRANCISCI VIETÆ

Mvnimen

ADVERSVS NOVA

CYCLOMETRICA,

Seu,

ΑΝΤΙΠΕΛΕΚΥΣ.

FRANCISCI VIETÆ
MVNIMEN
ADVERSVS NOVA CYCLOMETRICA;

Seu;

ΑΝΤΙΠΕΛΕΚΥΣ.

.USERVNT illi operam infeliciter, qui fuis, quas Securiclas vocant, figuris conati funt circulum triginta fex fegmentis hexagoni adæquare. Quid enim certi ex magnitudinibus plane incertis poterant refolvendo confequi? Æqualia æqualibus addant vel fubtrahant, per æqualia dividant aut multiplicent, invertant; permutent, ac denique per quofcunque proportionum gradus deprimant, vel attollant, hilum fua Zetefi non proficient. fed in vicium, quod Logici appellant αἴτημα τῦ αἰτήματ©, Diophantæi ἀνοίντζα, incident, aut demum falfo feipfos deludent calculo, ut præfenfiffent, fi qua lux eis adfulfiffet veræ analyticæ doctrinæ. Sunt autem imbelles, qui μονογόμας iftas bipennes reformidant, & jam ab iis fauciatum deflent Archimedem. Sed vivit Archimedes. Neque enim eum offendunt ψdδοθεαφήμαζα πεὶ τὶ ἀληθὲς, ψdδοψηφοφοείαι, Anapodixes, verba magnifica. Quo tamen undique fint tutiores,

Nubigeros clypeos, intactaque cædibus arma,

fed δυαπελεκηζα, quibus primum fefe muniant; profero; fubminiftraturus πολεμικά, fi forte hoftium ferocior audacia eft.

PROPOSITIO I.

AMBITVS dodecagoni circulo infcripti, minorem habet rationem ad diametrum, tripla fequioctava.

Centro A intervallo quocunque A B defcribatur circulus B C D, in quo fumatur B C circumferentia hexagoni, quæ fecetur bifariam in D, & fubtendatur D B. Eft igitur D B latus dodecagoni, quo duodecuplato in E, erit D E æqualis ambitui dodecagoni circulo BD C infcripti. Agatur autem diameter D F. Dico D E ad D F, rationem habere minorem tripla fefquioctava.

Jungantur enim B C, B A, ipfamque B C diameter D F fecet in G. Ergo bifariam & ad angulos rectos fecabit. Triangulo autem D B G conftruatur fimile triangulum D E H.

Quoniam recta B C fubtenditur circumferentiæ hexagoni, ideo B A feu D A ipfi B C eft æqualis. Quare conftituta A C feu B C partium octo, fit B G earundem quatuor. Quadratum vero abs A G eft 48, & ideo A G fit major $6\frac{12}{13}$. Ipfa autem D G minor $1\frac{5}{13}$. Et cum conftituta fit D E duodecupla ipfius D B, erit quoque E H duodecupla ipfius ipſius B G, & D.H duodecupla ipſius D G. Quare erit E H earundem partium 48. D H vero minor 13. Immo minor 12 $\frac{12}{13}$. Quadratum autem à latere 48, eſt 2304; abs 13 ve-

10, 169. Quæ duo quadrata conficiunt 2473, non etiam 2500, quadratum à latere 50. Quare recta D E, cujus quadratum æquale eſt quadratis E H, D H, minor eſt 50. At vero ratio 50 ad 16, eſt tripla ſeſquioctava accurate. Ratio igitur D E ad D F, minor eſt tripla ſeſquioctava. Quod erat oſtendendum.

    Omnino Arithmetica tam ſcientia eſt quam Geometria. Magnitudines rationales rationalibus numeris, irrationales irrationalibus commode deſignantur. Qui per numeros magnitudines metitur, ſi ſuo calculo alias is deprehendit, quam re ipſa ſint, non arti ſed artificis culpa eſt.

    Immo vero, ait Proclus, eſt ἀριθμητικὴ ἀκριβεστέρα γεωμετρίας. Accurate ſupputanti conſtitutæ diametro partis unius, ambitus dodecagoni inſcripti ſit latus binomia 72 − √ 3888. Qui contra pronunciaverit, errat vel in menſuris Geometra, vel in numeris Epilogiſta.

    Ambitu autem circuli ad diametrum majorem eſſe tripla ſeſquioctava, ſicuti minorem tripla ſeſquiſeptima non dubitavit hactenus Mathematicorum ſchola. Id enim vere demonſtravit Archimedes. Non igitur è falſo Epilogiſmo inducendum fuit ἀπόρημα ὀφθαλμοφανὲς. Lineam rectam eſſe circulari iiſdem terminis contenta majorem, contrarium ſumente Archimede ἐκ τῆς κοινῆς ἐννοίας, & ipſum etiam demonſtrante Eutocio, ac generaliter definiente πασῶν τ̃ ταῦτα πέρατα ἐχκσῶν γραμμῶν ἐλαχίστην εἶναι τὴν δ̃ἰθεῖαν.

Propositio II.

Semidiametri circuli à quadrataria diviſæ pars à centro ad quadratariam, major eſt media proportionali inter ſemidiametrum & duas quintas ſemidiametri.

Sit quadrans circuli A B C, quadrataria B D; ſumatur A E æqualis duabus quintis ſemidiametri A B vel A C; media vero proportionalis inter A E, A C, ſit A F. Dico A D majorem eſſe quam A F.

Ex iis enim, quæ de quadrataria à Pappo demonſtrata ſunt, ſemidiameter A B ſeu A C, me-

A C, media eſt proportionalis inter circumferentiam B C & A D. Sit A B partium 7. Circumferentia B C, quæ quadrans eſt perimetri, erit minor 11. Nam diametro exiſtente 14, perimeter minor eſt 44. Sit autem A B 35. Circumferentia B C minor erit 55. Quod vero fit ſub A D, B C, æquale eſt quadrato ex A B. Quare erit A D major $22\frac{3}{11}$. Qualium autem A B, id eſt A C, valet 35, talium eſt A E 14; A F vero minor $22\frac{2}{11}$. Erit igitur A D major quam A F. Quod erat oſtendendum.

Itaque ſi ex diametro A B *abſcindatur rectâ* A G *ipſi* A F *æqualî, & compleatur parallelogrammum* G H D A, *ipſum erit* ἐτερόμηκες, *non quadratum. Et cum complebitur quadratum* B C, *actâ diagonia* B K *non tranſibit per* H, *ſed per aliquod* I *punctum remotius à* D *puncto. Quod ad vitandum Pſeudographema præſtabat adnotaſſe.*

PROPOSITIO III.

Quadratum ab ambitu circuli, minus eſt decuplo quadrati à diametro.

Sit enim diameter 7. Diametri quadratum erit 49. Ipſius vero decuplum 490. At ambitus circuli minor erit 22, & proinde quadratum ab ambitu minus 484.

Fuit autem hæc Arabum in quadrando circulo jamdiu exploſa ſententia, Quadratum ab ambitu circuli *eſſe* decuplum quadrati à diametro. *Neque vero ferendus eſt, qui adverſus demonſtrantem Archimedem* αντιπαλικῶς Anapodicta *propoſuerit.*

PROPOSITIO IV.

Circulus ad hexagonum ei inſcriptum rationem habet majorem, quam ſex ad quinque.

Circulo, cujus A centrum, inſcribatur hexagonum B C D E F G. ¡Dico circulum cujus A centrum ad hexagonum BCDEFG rationem habere majorem, quam ſex ad quinque. Iunctis enim A B, A C, B C, cadat in B C perpendicularis A Z.

Quoniam igitur in triangulo A B C crura A B, A C æqualia ſunt, baſis ſecta eſt bifariam in Z & ſunt æquales B Z, Z C. Triangulum autem æquilaterum eſt A B C. Crura enim ambo ſunt ſemidiametri. Sed & baſis, cum ſit latus hexagoni, ſemidiametro eſt æqualis. Conſtituta igitur ſemidiametro B A ſeu A C 30, fit B Z ſeu Z C 15, A Z vero fit minor 26, cujus quadratum eſt 676. Differentia vero quadratorum A B, B Z eſt duntaxat 675. Quod fit porro ſub B Z, A Z rectangulum, triangulo B A C eſt æquale. Ducatur itaque 15 in 26, fiunt 390. Qualium igitur quadratum A B erit 900, talium triangulum A B C erit minus 390, vel (omnibus diviſis per 30) exiſtente quadrato A B 30, triangulum A B C erit minus 13. Iungantur A D, A E, A F, A G. Conſtat igitur hexagonum B C D E F G triangulis ſex æqualibus ipſi B A C. Quare qualium quadratum A B erit 30, talium hexagonum erit minus 78. Vel qualium quadratum A B erit quinque, talium hexagonum erit minus partibus tredecim.

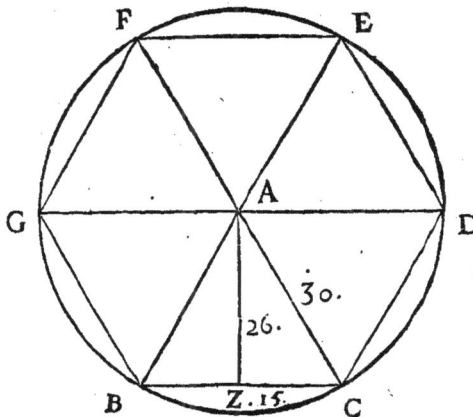

At vero, eft ut perimeter circuli ad diametrum, ita quod fit fub perimetro circuli & quadrante diametri ad id quod fit fub diametro & quadrante diametri. Sed id quod fit fub perimetro circuli & quadrante diametri, eft æquale circulo. Quod autem fit fub diametro & quadrante diametri, ipfum eft quadratum à femidiametro. Ergo eft ut perimeter ad diametrum, ita circulus ad quadratum è femidiametro. Qualium autem diameter eft 1, talium perimeter major eft $3\frac{10}{71}$, & tanto manifeftius major $3\frac{10}{80}$ feu $3\frac{1}{8}$. Qualium igitur quadratum femidiametri A B erit quinque, ut ante, talium circulus erit major $15\frac{5}{8}$. Hexagonum autem in iifdem partibus fuit minus 13. Quare circulus ad hexagonum ei infcriptum majorem habebit rationem quam $15\frac{5}{8}$ ad 13, id eft, quam 125 ad 104, feu 6 ad $4\frac{114}{125}$, & tanto evidentiùs majorem, quam fex ad quinque. Quod erat oftendendum.

Non igitur κατὰ τὸ πράγμα circulum quadrant, qui eum hexagono & quintæ parti hexagoni ftatuunt æqualem, cum fit major fecundum limites ab Archimede ἐκ τῶ ἰδίων δογχῶν præftitutos. Scholæ autem noftræ Platonicæ funt, ô profeffores candidi. Quare ne principiis Geometricis obluctamini. Et vero ut circulum truncarunt πελεκηται, fic in damni accepti compenfationem caudæ fuæ hirundineæ acutiorem verfus partem jam decurtentor.

PROPOSITIO V.

Triginta fex hexagoni fegmenta majora funt circulo.

Quoniam enim circulus ad hexagonum ei infcriptum majorem habet rationem, quam fex ad quinque, feu as ad dextantem, ideo differentia inter circulum & hexagonum erit major fextante circuli. Sed differt circulus ab hexagono per fex fegmenta hexagoni. Sex igitur fegmenta hexagoni fuperant fextantem circuli, atque adeo triginta fex fegmenta erunt affe circulove majora. Quod erat oftendendum.

PROPOSITIO VI.

Omne fegmentum circuli majus eft fextante fectoris fimilis, fimiliterque defcripti in eo circulo, cujus femidiameter bafi fegmenti propofiti eft æqualis.

In defcripto fub A centro, circulo B D C, fubtendatur quævis circumferentia BD; tangat autem circulum recta B E, & centro B intervallo B D defcribatur circulus alter D E F.

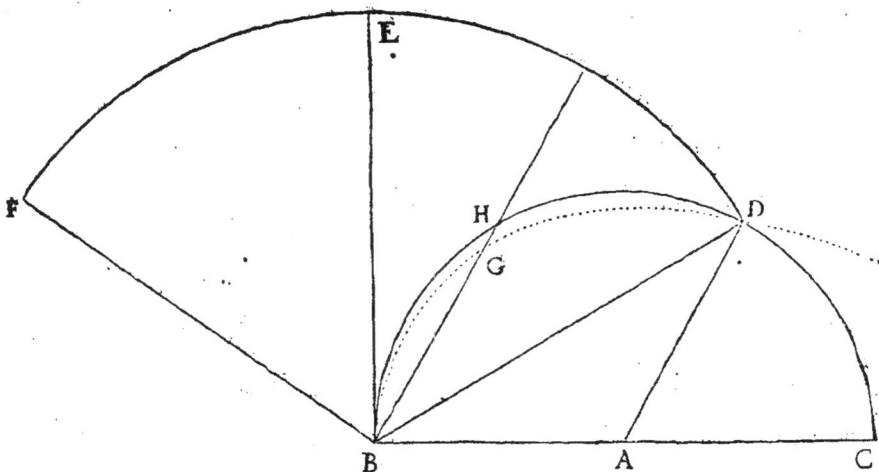

Circumferentia igitur E D fimilis erit femiffi circumferentiæ B D. Itaque fumatur D F circumferentia ipfius DE dupla, & jungantur BF, AD. Similes igitur erunt fectores BAD, FBD. Dico fegmentum circuli B D C contentum recta B D & circumferentia, cui ea fubtenditur, effe majus fextante fectoris F B D.

Defcri-

Deſcribatur enim linea ſpiralis, cujus principium B, tranſitus per D, exiſtente BD tanta parte principii converſionis BEZ, quanta pars eſt angulus E B D quatuor rectorum. Sectoris igitur E B D tertia pars eſt ſpatium contentum recta B D & ſpirali. Id enim poſt Archimedem Pappus demonſtravit propoſitione XXII. libri IV. Mathematicarum collectionum. Sectoris vero FBD ſpacium idem erit pars conſequenter ſextupla. duplus enim conſtructus eſt ſector F B D ad ſectorem EBD. Neque vero ſpiralis concurret cum circulari. Id enim eſſet abſurdum. Sed neque ſpiralis in progreſſu egredietur circulum priuſquam ad D punctum pervenerit. Secetur enim angulus E B D utcunque à recta BG H, intercipiente ſpiralem in G, circumferentiam in H. Recta igitur BD ad rectam BG erit, ut angulus EBD ad angulum EBG; id eſt, ut circumferentia BD ad circumferentiam BH, ex conditionibus helicôn. At major eſt ratio circumferentiæ BD ad circumferentiam BH, quam ſubtenſæ BD ad ſubtenſam BH. Majores enim circumferentiæ ad minores majorem habent rationem, quam rectæ ad rectas, quæ iiſdem circumferentiis ſubtenduntur. Quare recta BH rectam BG excedet. Idemque in quibuſlibet rectis, angulum EBD ſecantibus, accidet. Itaque tranſibit ſpiralis ſub circumferentia B D, & aliquod ſpacium inter ſe & circumferentiam relinquet. Quo quidem ſpacio ſegmentum circuli contentum recta B D & circumferentia, excedit ſpacium, quod ab eadem recta & ſpirali comprehenditur, & ſextanti ſectoris F B D oſtenſum eſt æquale. Segmentum igitur illud erit majus ſextante ſectoris FBD. Quod erat demonſtrandum.

·COROLLARIVM.·

Atque hinc quoque manifeſtum eſt, triginta ſex ſegmenta hexagoni eſſe circulo majora.

Quando enim eveniet B D eſſe ſegmentum hexagoni, ſectores F B D, B A D erunt æquales, quoniam ſuorum circulorum ſemidiametri B D, A D erunt æquales. Sex igitur ſegmenta hexagoni erunt ſectore B A D majora, atque adeo triginta ſex ſegmenta majora ſex ſectoribus, id eſt, toto circulo.

Potuit non minus generale Theorema, per parabolas, aut potius ea, quibus parabola quadrantur, Geometrica media demonſtrandum ita proponi, Omne ſegmentum circuli majus eſt ſeſquitertio trianguli iſoſcelis ipſi ſegmento immota baſe inſcripti. Secundum quod ſtatim adparebit majorem eſſe rationem triginta ſex ſegmentorum hexagoni ad circulum, quam 48 ad 47. Immo etiam accuratius ſupputanti ſola triginta quatuor ſegmenta, & ſpacium paulo majus beſſe ſegmenti, ſed minus dodrante, deprehendentur complere circulum. Licet autem hyperochen ſegmenti ſupra trientem unciæ circuli ita oculis exhibere.

PROPOSITIO VII.

In dato circulo à ſegmento hexagoni trigeſimam ſextam partem ipſius circuli abſcindere.

Sit datus circulus, cujus A centrum, diameter B C, ſegmentum hexagoni B D. Oportet in dato circulo BDC à ſegmento hexagoni B D contento recta B D & circumferentia cui ſubtenditur, trigeſimam ſextam partem ipſius circuli B D C abſcindere.

Tangat circulum recta B E, & deſcribatur linea ſpiralis, cujus principium B, tranſitus per D, exiſtente BD tanta parte principii converſionis BEZ, quanta pars angulus EBD eſt quatuor rectorum, & centro B intervallo B D deſcribatur circulus D E. Sectoris igitur EBD tertia pars eſt ſpatium contentum recta BD & ſpirali. Eſt autem BD æqualis ſemidiametro B A. eſt enim BD latus hexagoni ex hypotheſi, & angulus EBD eſt triens recti, cum ſit B D circumferentia amplitudo beſſis recti. Sector igitur EBD eſt uncia circuli, & ſpatium conſequenter ſpirale BD triens unciæ, id eſt, trigeſima ſexta pars circuli. Tranſibit autem ſpiralis per ſegmentum, non etiam concurret cum circulari, vel circularem

rem abfcindet in progreffu abs B antequam ad punctum D pervenerit, ut eft demonftra-

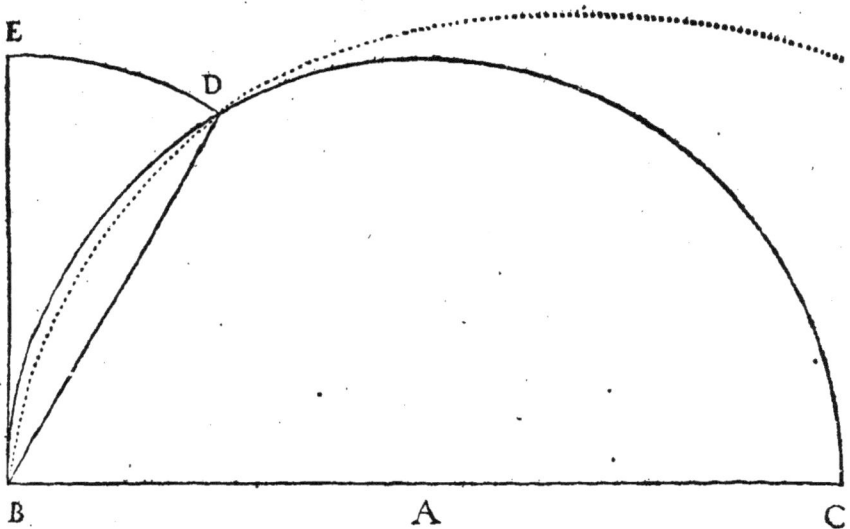

tum. In dato igitur circulo B D C abfciffa eft à fegmento hexagoni BD trigefima fexta pars ipfius circuli. Quod facere oportebat.

Atque hoc fcuto tandem feptemplici mollis & hebetis fecuriclæ acies fatis obtufa efto.

Quod fi qui ipfius πελεκεωμαχίας hypotypofin defiderent, in his ne vacent, brevibus paginis eam confpiciunto.

ANALYSIS CIRCULI
fecundum Πελεκητάς.

I.
Circulus conftat fex fcalpris hexagoni.

II.
Scalprum hexagoni conftat fegmento hexagoni & triangulo hexagoni, feu majore.

III.
Triangulum hexagoni feu majus conftat fegmento hexagoni & fecuricla.

IV.
Securicla conftat duobus fegmentis hexagoni & complemento fecuricla.

V.
Complementum fecuricla conftat fegmento hexagoni & refiduo fegmenti.

VI.
Rurfus complementum fecuricla conftat triangulo minore & refiduo trianguli minoris. Eft autem triangulum minus quinta pars trianguli hexagoni, feu majoris.

LEM-

LEMMATA DVO VERA,

Primum.

Decem minora triangula æqualia funt fex fegmentis hexagoni & duobus complementis fecuriclæ.

Quorum enim triangulum hexagoni conftat fegmento & fecuricla, fecuricla vero duobus fegmentis & complemento : ideo duo triangula hexagoni conftant fex fegmentis & duobus complementis. Sed duo triangula hexagoni feu majora æqualia funt decem minoribus. Ergo decem minora triangula æqualia erunt fex fegmentis & duobus complementis. Quod erat oftendendum.

Secundum.

Quadraginta minora triangula æqualia funt circulo & duobus complementis fecuriclæ.

Quoniam enim circulus æquatur fex fcalpris hexagoni, fex autem fcalpra æqualia fint fex triangulis hexagoni & fex fegmentis, fex porro triangula hexagoni valeant triginta triangula minora : ideo circulus æquatur triginta triangulis minoribus & fex fegmentis. Utrobique addantur duo complementa fecuriclæ. Circulus igitur una cum duobus complementis fecuriclæ æquabitur triginta triangulis minoribus & fex fegmentis & duobus complementis. Sed fex fegmenta & duo complementa valent decem minora triangula per antecedens Lemma : Ergo quadraginta minora triangula æquantur fex fegmentis hexagoni & duobus complementis fecuriclæ. Quod erat oftendendum.

ΨΕΤΔΑΡΙΟΝ.

Dico triangulum minus æquari fuo refiduo.

Ω'ς Απόδιξις.

Quoniam enim circulus cum duobus complementis fecuriclæ (quæ quidem valent duo triangula minora, & duo refidua minoris trianguli) æquantur triginta fex minoribus triangulis & infuper quatuor. Utrinque auferantur duo triangula minora. Illic cum auferentur de duobus complementis, relinquent duo refidua trianguli. Hic cum auferentur è quatuor triangulis, relinquent duo triangula. Ergo duo refidua æquantur duobus triangulis.

Elenchus ἀουλογισίας.

Ab æqualibus totis non ab æqualium parte auferenda æqualia funt, ut quæ relinquuntur maneant æqualia. Auferre ex æqualium parte eft adfumere reliquum è toto reliquo effe æquale, ut hic circulum æquari triginta fex minoribus triangulis. Illud vero pernegatur, & eft falfiffimum. Sibi demonftranda concedere, eft velle videri demonftrative errare.

AD ΨΕΤΔΑΡΙΟΝ ALIVD, LEMMATA DVO VERA,

Primum.

Viginti quatuor quartæ trianguli hexagoni & fex fegmenta funt æqualia viginti quatuor fegmentis & fex complementis fecuriclæ.

Quoniam enim triangulum hexagoni conftat tribus fegmentis & complemento fecuriclæ, circulus autem componatur ex fex triangulis & fex fegmentis : ideo viginti quatuor fegmenta cum fex complementis circulum adæquant. Et quia quatuor quartæ integrum componunt, æquabunt quoque circulum viginti quatuor quartæ trianguli hexagoni una cum fex fegmentis. Quæ autem uni æquantur æqualia funt inter fe. Quare viginti quatuor quartæ trianguli hexagoni & fex fegmenta æqualia funt viginti quatuor fegmentis & fex complementis fecuriclæ. Quod erat oftendendum.

Secundum.

Si fuerint tres magnitudines inæquales, quarum media fumpta vicefies & quater, & addita minimæ fexies fumptæ, eandem magnitudinem componat quam minima fumpta vicefies & quater, & addita maximæ fexies fumptæ : differentia inter quadruplum mediæ & triplum minimæ erit maximæ æqualis.

Sit enim minima B, media D, maxima A. Ergo ex hypothefi B 6, plus D 24. æquabitur A 6 plus B 24. Utrinque auferatur B 24. Igitur D 24 minus B 18 æquabitur A 6. Et omnibus per fex divifis, D 4 minus B 3 æquabitur A. Quod ipfum eft quod enunciatur.

ΑΝΑΠΟΔΕΙΚΤΟΝ ΘΕΩΡΗΜΑ.

Sunt tres inæquales figuræ planæ & inter fe commenfurabiles ; minima, fegmentum hexagoni; media, quadrans trianguli hexagoni; maxima, complementum feculiclæ hexagoni.

Potuit inæqualitas, & inæqualitatis gradus demonftrari; at fymmettiam afymmetriamve nemo demonftraverit, quin triangulum hexagoni aliud. ve rectilineum circulo primum comparaverit. Ea vero comparatio adhuc nefcitur, εἴγε ὀπίςητός ἐςι, κ̀ ἐν θεῶν γέναςι κᾶται.

ΨΕΥΔΟΠΟΡΙΣΜΑ.

Itaque qualium quadrans trianguli hexagoni erit partium quinque, talium fegmentum effe quatuor necesse eft.

Ὡ'ς ἀπόδεξις.

Sit enim fegmentum hexagoni B, quadrans trianguli hexagoni D, complementum feculiclæ Z. Quoniam igitur tres funt inæquales magnitudines, atque harum B minima, D media, Z maxima, & fe habent inter fe ut numerus ad numerum. Efto D partium quinque, talium B erit trium aut quatuor, & nihil præterea. Sit autem, fed fi fieri poffit, partium trium ; ex primo igitur & fecundo Lemmate erit Z undecim. Itaque complementum conftabit duobus fegmentis & dodrante fegmenti. Senfus autem repugnat. Quare eft B quatuor.

Elenchus ἀσυλλογιςίας.

Pofita D magnitudine partium quinque, poteft oftendi B major effe partibus tribus. An vero ideo B erit quatuor, conceffo etiam eo, quod nefcitur, habere fe B ad D, ut numerum ad numerum ? Omnino ea conclufio afyllogiftica eft. Quid enim fi B ftatuatur quatuor partium cum aliqua rationali fractiuncula. An quatuor cum femiffe fe non habere ad quiuque, ut numerum ad numerum, hoc eft, ut 9 ad 10, alius quam ἀλογιςικὸς ἢ ἀγεωμετηςτός negaverit ? Sanè pofita D partium 11, fit B paulo major 9 ; Z vero paulo minor 17, fecundum limites Archimedæos. Ex his autem duobus ψεύδαρείοις dimanarunt reliqua πελεκητῶν κατὰ τὸ ἐμβαδὸν τᾶ κύκλα κ̀ τὰς τ̂ ςερεῶν ὀπιφανείας σφάλμαζα.

Πέρας τᾶ Αντιπελέκεως.

SECVNDÆ ΠΕΛΕΚΥΟΜΑΧΙΑΣ
hypotyposis, ἐκ τῆ προσθηκιδίε.

IN circulo cujus A centrum sumatur circūferentia hexagoni BCD, & conneċtantur AB, AD, BD. Ex AB autem abscindatur recta, cujus quadratum ad quadratum AB se habeat, ut unum ad quinque. Sit illa BE, & per E agatur ipsi AD parallela, secans BD in F.

Itaque triangulum BEF triangulo BAD fiat æquiangulum, & ejusdem subquintuplum.

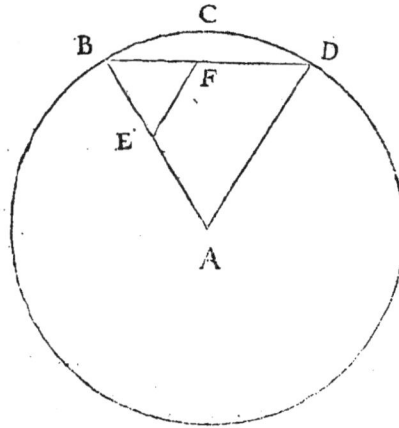

LEMMA I. VERVM.

Triginta septem triangula BEF majora sunt circulo BCD.

In adnotatis enim ad Mathematicum Canonem ostensus est circulus ad quadratum semidiametri se habere proxime, ut 31,415,926,536 ad 10,000,000,000. Posito autem latere AB, id est, semidiametro, particularum 100,000, trianguli ABD æquilateri altitudo est 86,602 $\frac{541,038}{100,000}$.

Itaque.

Triangulum ABD fit	4,330,127,019
Triangulum BEF.	866,025,404
Triginta septem triangula BEF,	32,042,939,948
Excedentia circulum	31,415,926,536
Per particulas	627,013,412

LEMMA II. VERVM.

Circulus BCD non est major triginta sex segmentis BCDF.

Quinimo circulus BCD longe minor est triginta sex segmentis BCDF. Sector enim BAD sexta pars est totius circuli

Itaque

Qualium circulus est	31,415,926,536
Talium sector BAD est	5,235,987,756
Auferatur triangulum ABD earundem	4,330,127,019
Relinquitur segmentum hexagoni spaciumve mixtilineum BCDF.	905,860,737
Ter duodena autem talia segmenta sunt	32,610,986,532
Excedentia circulum per particulas	1,195,059,996

d
result

d
result

Iii 2
result

Iii 2   ΨΕΥΔΟ-

ΨΕΥΔΟΠΟΡΙΣΜΑ.

Ergo triginta septem triangula B E F sunt majora triginta sex segmentis B C D F.

Elenchus ἀσυλλογισίας·

In Grammaticis, dare navibus Austros, & dare naves Austris, sunt æque significantia.

Sed in Geometricis, aliud est adsumpsisse circulum B C D non esse majorem triginta sex segmentis B C D F, aliud circulo B C D non esse majora triginta sex segmenta BCDF. Illa adsumptiuncula vera est, hæc falsa.

Cum igitur ita arguo
Triginta septem triangula majora sunt circulo.
Sed triginta sex segmenta non sunt majora circulo.
Ergo triginta septem triangula majora sunt triginta sex segmentis.
Syllogistice concludo, sed falso, quia falsum adsumo.

Pecco autem in leges Logicas cum in hanc formulam syllogismum instituo.
Circulus minor est triginta septem triangulis.
Circulus non est major triginta sex segmentis.
Ergo triginta septem triangula sunt majora triginta sex segmentis.

Est autem ὀφθαλμικὸν σφάλμα, non διανοητικόν. Cum enim initio vere proposuissent Cyclometræ circulum non esse majorem triginta sex segmentis hexagoni, legerunt ex postfacto non esse minorem, atque inde suum elicuerunt falsum Corollarium.

F I N I S

FRANCISCI VIETÆ

RELATIO KALENDARII

VERE GREGORIANI,

Ad Ecclesiasticos Doctores.

Exhibita Pontifici Maximo
CLEMENTI VIII.

ANNO CHRISTI cIɔ Iɔ c *IVBILÆO.*

Οἱ πρόσθεν, μήνης κ̀ Ἡλίοιο κελεύθους
  Οὐκ ἀκριβῶς χρονικαῖς δῶκαν Ἐφημερίσι·
Ταῖς ἄρα κἂν ἀχλὺς πολλὴ κ̀ σύγχυσις ἄφνω
  Ἔμπεσεν, ὡς μεγάλαις πάντοθεν ἀμπλακιῶν,
Εἰ μὴ Γρηγόρειος, μεγάλων φάος Ἀρχιερήων
  Καὶ Χριστοῦ ποίμνης μηλονομεὺς ὕπατος,
Ἐλλογίμους ἄνδρας, κ̀ τοῖσι μαθήμασι λαμπρούς
  Ἰητροὺς πάσης δίζετο συγχύσεως,
Σὺν τοῖς πολλὰ καμὼν ἱεραῖς φρεσὶ, τῶν προπάροιθε
  Πάντ᾽ ὤρθωσε χρόνων σφάλματ᾽ ἐπιστάμενος.
Οὐδ᾽ ἄρα πᾶσιν ὁμῶς θεῖος πόνος ἥνδανε θυμῷ,
  Οὐδ᾽ ἀπέην τούτου μῶμος ἐλεγχόμενος.
Καὶ τις ἄκαιρα φρονῶν, τάχ᾽ ἀϊδρείῃσι νόοιο
  Τήνγ᾽ ὤρθωσιν ἔφη οὐκ ἀκριβῆ πέλεθειν,
Νῦν δὲ σαφῶς δείξει σύνγ᾽ ἀκριβέεσσι λογισμοῖς
  Οὐιέτης, δριμὺς κ̀ φύσιν αἰζήιος,
Ὡς οὐδὲν μωμητὸν Ἐφημερὶς Ἀρχιερῆος
  Οὐδὲ ψευδαλέον κάλλιπεν ἐσσομένοις.
Νῦν οἱ παιδείης πλείστη χάρις· ὡς ἄρ᾽ ἀμούσων
  Ἴδμονι σὺν τέχνῃ σβέσεν ἀγνοείην.
Καὶ πάλι Γρηγορίου πυθία πολλοῖς ἠρέμα κλιθεῖς
  Σβεννύμενον μελέτης αὖθις ἔγειρε κλέος.

FRANCISCI VIETÆ
RELATIO KALENDARII VERE GREGORIANI.

Ad Ecclesiasticos Doctores.

D E Gregoriana Fastorum correctione rogatus aliquando meam sententiam dicere, respondi & responsum meum ad finem libri octavi variorum de rebus Mathematicis responsorum capite vicesimo adposui. Totum autem illud caput, & ea quæ nunc tradere est animus, ad vos refero, summi Doctores, & ab ea qua excellitis æquanimitate ἐσχρλιχὸν vestrum exposco, & si licet, expecto. Non vobis placent ampullæ verborum & nugæ, & egomet ab ampullatis & nugatoribus mihi obstrepi pertimesco. Itaque singularibus propositionibus, ac veluti apodicticis, rem ago. At vox etiamnum faucibus hæsisset, nisi in Regicidam exclamassem. Quæ enim impietas Mathematico diagrammate nequibat, fatidico anagrammate fuit ostendenda, si qui forte sint adhuc rerum ignari, qui tantum facinus non execrentur. Una rubrica propositiones includo, De fabrica & usu Kalendarii vulgaris. sic enim Kalendarium novum, quod Lilii nomine circumfertur, adpello. Altera, De Symbolis quibus illud non esse Gregorianum arguitur.

Tertia, De fabrica & usu Kalendarii vere Gregoriani.

RUBRICA I.
De fabrica & usu Kalendarii vulgaris.

PROPOSITIO I.
Kalendarium vulgare construere.

Kalendarii vulgaris fabrica his consistit præceptis.

1 Primus mensis Lunæ à septimo die Januarij initium ducito.

2 Is constituitor cavus, secundus plenus, & eo deinceps alterno ordine.

3 Singulis & similibus mensium diebus; singuli & similes adponantur in cyclum characteres viginti novem. Luxetur autem tricesimus quisq; dies mensis constituti pleni.

4 Characteres sunto   E D C B A u r ſ r q
               p n m l k i h g f e
               d c b a P N M H G F.

5 Continuetur characterum ordo successive ad ultimum diem mensis Decembris, & inversim à septimo Januarij ad primum, luxato quoque die sexto.

6 Sed & dies luxati tricesimum suscipiant characterem ipsumque duplicem, Omalum & Anomalum. Omalus esto F, Anomalus Φ, & Omalus quidem societur ipsi E, Anomalus ipsi G.

7 Quin & Anomalus quidem u societur ipsi A, majusculo in ultimo die Decembris.

8 Characteres mensi Januario adpositi, & à tricesimo primo ejusdem mensis ad primum naturali numerorum ordine numerati, vocentur Epactæ.
Itaque similitudo characterum; Epactarumve Neomenias anni arguat.

9 Ac Epacta quidem vicesima quinta, cum sit duplex F & Φ, Neomeniam ὁμαλῶς arguito cum erit aureus numerus xi vel minor, ἀνομαλῶς cum xii vel major.

10 Et anomalæ decimæ (ut pote u circumducto) locus esto eo speciali casu, quo aureus numerus erit xix.

CON-

CONSPECTUS KALENDARII VULGARIS.

	Ianuarius.			Februarius.			Martius.			Aprilis.			Maius.			Iunius.			Iulius.			Augustus.			September.			October.			November.			Decemb
1	1	P	*	32	N	XXIX	60	P	*	91	N	XXIX	121	M	XXVIII	152	H	XXVII	182	G	XXVI	213	E XXIV F XXV	244	D	XXIII	274	C	XXII	305	B	XXI	335	A
2	2	N	XXIX	33	M	XXVIII	61	N	XXIX	92	M	XXVIII	122	H	XXVII	153	G XXVI Φ 25	183	F XXV Φ 25	214	D	XXIII	245	C	XXII	275	B	XXI	306	A	XX	336	u
3	3	M	XXVIII	34	H	XXVII	62	M	XXVII	93	H	XXVII	123	G	XXVI	154	E XXIV F XXV	184	E	XXIV	215	C	XXII	246	B	XXI	276	A	XX	307	u	XIX	337	f
4	4	H	XXVII	35	G XXVI Φ 25	63	H	XXVII	94	G XXVI Φ 25	124	F XXV Φ 25	155	D	XXIII	185	D	XXIII	216	B	XXI	247	A	XX	277	u	XIX	308	f	XVIII	338	f
5	5	G	XXVI	36	E XXIV F XXV	64	G	XXVI	95	E XXIV F XXV	125	E XXIV F XXV	156	C	XXII	186	C	XXII	217	A	XX	248	u	XIX	278	f	XVIII	309	f	XVII	339	u
6	6	F XXV Φ 25	37	D	XXIII	65	F XXV Φ 25	96	D	XXIII	126	D	XXIII	157	B	XXI	187	B	XXI	218	u	XIX	249	f	XVIII	279	f	XVII	310	q	XVI	340	q
7	7	E	XXIV	38	C	XXIII	66	E	XXIV	97	C	XXII	127	C	XXII	158	A	XX	188	A	XX	219	f	XVIII	250	f	XVII	280	t	XVI	341	p
8	8	D	XXIII	39	B	XXI	67	D	XXIII	98	B	XXI	128	B	XXI	159	u	XIX	189	u	XIX	220	f	XVII	251	t	XVI	281	q	XV	341	o
9	9	C	XXII	40	A	XX	68	C	XXII	99	A	XX	129	A	XX	160	t	XVIII	190	t	XVIII	221	t	XVI	252	q	XV	282	p	XIV	341	m
10	10	B	XXI	41	u	XIX	69	B	XXI	100	u	XIX	130	u	XIX	161	f	XVII	191	f	XVII	222	q	XV	253	p	XIV	283	n	XIII	314	m	XII
11	11	A	XX	42	t	XVIII	70	A	XX	101	t	XVIII	131	t	XVIII	162	t	XVI	192	t	XVI	223	p	XIV	254	n	XIII	284	m	XII	315	l	XI
12	12	u	XIX	43	f	XVII	71	u	XIX	102	f	XVII	132	f	XVII	163	q	XV	193	q	XV	224	n	XIII	255	m	XII	285	l	XI	316	k	x
13	13	t	XVIII	44	t	XVI	72	t	XVIII	103	t	XVI	133	t	XVI	164	p	XIV	194	p	XIV	225	m	XII	256	l	XI	286	k	x	317	i	IX	347	h
14	14	f	XVII	45	q	XV	73	f	XVII	104	q	XV	134	q	XV	165	n	XIII	195	n	XIII	226	l	XI	257	k	x	287	i	IX	318	h	VIII	348	g
15	15	t	XVI	46	p	XIV	74	t	XVI	105	p	XIV	135	p	XIV	166	m	XII	196	m	XII	227	k	x	258	i	IX	288	h	VIII	319	g	VII	349	f
16	16	q	XV	47	n	XIII	75	q	XV	106	n	XIII	136	n	XIII	167	l	XI	197	l	XI	228	i	IX	259	h	VIII	289	g	VII	320	t	VI	350	e
17	17	p	XIV	48	m	XII	76	p	XIV	107	m	XII	137	m	XII	168	k	x	198	k	x	229	h	VIII	260	g	VII	290	f	VI	321	e	V	351	d
18	18	n	XIII	49	l	XI	77	n	XIII	108	l	XI	138	l	XI	169	i	IX	199	i	IX	230	g	VII	261	f	VI	291	e	V	322	d	IV	352	c
19	19	m	XII	50	k	x	78	m	XII	109	k	x	139	k	x	170	h	VIII	200	h	VIII	231	f	VI	262	e	V	292	d	IV	323	c	III	353	b
20	20	l	XI	51	i	IX	79	l	XI	110	i	IX	140	i	IX	171	g	VII	201	g	VII	232	e	V	263	d	IV	293	c	III	324	b	II	354	a
21	21	k	x	52	h	VIII	80	k	x	111	h	VIII	141	h	VIII	172	f	VI	202	f	VI	233	d	IV	264	c	III	294	b	II	325	a	I	355	P
22	22	i	IX	53	g	VII	81	i	IX	112	g	VII	142	g	VII	173	e	V	203	e	V	234	c	III	265	b	II	295	a	I	326	P	*	356	N
23	23	h	VIII	54	f	VI	82	h	VIII	113	f	VI	143	f	VI	174	d	IV	204	d	IV	235	b	II	266	a	I	296	P	*	327	N	XXIX	357	M
24	24	g	VII	55	e	V	83	g	VII	114	e	V	144	e	V	175	c	III	205	c	III	236	a	I	267	P	*	297	N	XXIX	328	M XXVII	358	H
25	25	f	VI	56	d	IV	84	f	VI	115	d	IV	145	d	IV	176	b	II	206	b	II	237	P	*	268	N	XXIX	298	M XXVIII	329	G XXVI Φ 25	359	G
26	26	e	V	57	c	III	85	e	V	116	c	III	146	c	III	177	a	I	207	a	I	238	N	XXIX	269	M XXVII	299	H XXVII	330	G XXVI Φ 25	360	F XVII
27	27	d	IV	58	b	II	86	d	IV	117	b	II	147	b	II	178	P	*	208	P	*	239	M XXVII	270	H XXVII	300	G	XXVI	331	E XXIV F XXV	361	E
28	28	c	III	59	a	I	87	c	III	118	a	I	148	a	I	179	N	XXIX	209	N	XXIX	240	H XXVII	271	G XXVI Φ 25	301	F XXV Φ 25	332	D	XXIII	362	D
29	29	b	II				88	b	II	119	P	*	149	P	*	180	M XXVII	210	M XXVII	241	G	XXVI	272	E XXIV F XXV	302	E	XXIV	333	C	XXII	363	C
30	30	a	I				89	a	I	110	N	XXIX	150	N	XXIX	181	H	XXVI	211	H XXVII	242	F XXV Φ 25	273	D	XXIII	303	D	XXIII	334	B	XXI	364	B
31	31	P	*				90	P	*				151	M XXVIII				212	G XXVI Φ 25	243	E	XXIV				304	C	XXII				365	A

PROPOSITIO II.

Cyclum Neomeniarum anni vulgariter exhibere.

Cum Neomenias Neomeniis correspondentes in eodem anno similitudo characteris arguat, erit ideo cyclus Neomeniarum anni hujusmodi.

Numerus characteris.	Character Neom. an.	Cyclus vulgaris Neomeniarum anni.												Character Neomeniæ.	Character Neomeniæ.
		Ianu.	Febr.	Mart.	April.	Maj⁹.	Iuni⁹.	Iuli⁹.	Augu.	Augu.	Sept.	Octo.	Nové.	Decé.		
XXIV	E	7	5	7	5	5	3	3	Aug. 1	31	29	29	17	17	e	f
XXIII	D	8	6	8	6	6	4	4	2	Sept. 1	30	30	18	18	d	e
XXII	C	9	7	9	7	7	5	5	3	2	Oct. 1	31	19	29	c	d
IXI	B	10	8	10	8	8	6	6	4	3	2	Nov. 1	30	30	b	c
IX	A	11	9	11	9	9	7	7	5	4	3	2	Dec. 1	31	a	b
XIX	u	12	10	12	10	10	8	8	6	5	4	3	2	Et cum aureus numerus anni est minor	P	a
XVIII	t	13	11	13	11	11	9	9	7	6	5	4	3		N	P
XVII	s	14	12	14	12	12	10	10	8	7	6	5	4	Rursus 31 cum aureus numerus est 19 & fit ad annu sequétem.	M	N
XVI	r	15	13	15	13	13	11	11	9	8	7	6	5		H	M
XV	q	16	14	16	14	14	12	12	10	9	8	7	6	19 fit ad an. num sequé-tem.	G	H
XIV	p	17	15	17	15	15	13	13	11	10	9	8	7		F	G
XIII	n	18	16	18	16	16	14	14	12	11	10	9	8		E	F
XII	m	19	17	19	17	17	15	15	13	12	11	10	9		D	E
II	l	20	18	20	18	18	16	16	14	13	12	11	10		C	D
X	k	21	19	21	19	19	17	17	15	14	13	12	11		B	C
IX	i	22	20	22	20	20	18	18	16	15	14	13	12		A	B
VIII	h	23	21	23	21	21	19	19	17	16	15	14	13		u	A
VII	g	24	22	24	22	22	20	20	18	17	16	15	14		t	u
VI	f	25	23	25	23	23	21	21	19	18	17	16	15		s	t
V	e	26	24	26	24	24	22	22	20	19	18	17	16		r	s
IV	d	27	25	27	25	25	23	23	21	20	19	18	17		q	r
III	c	28	26	28	26	26	24	24	22	21	20	19	18		p	q
II	b	29	27	29	27	27	25	25	23	22	21	20	19		n	P
I	a	30	28	30	28	28	26	26	24	23	22	21	20		m	n
*	P	Ian. 1	31	Mart. 1	31	29	29	27	27	25	24	23	21	21	l	m
XXIX	N	2	Febr. 1	2	Apr. 1	30	30	28	28	26	25	24	23	22	k	l
XXVIII	M	3	2	3	2	Maji. 1	31	29	29	27	26	25	24	23	i	k
XXVII	H	4	3	4	3	2	Iun. 1	30	30	28	27	26	25	24	h	i
XXVI	G	5	4	5	4	3	2	Iul. 1	31	29	28	27	26	25	g	h
XXV	F	6	5	6	5	4	3	2	30	30	29	28	27	26	f	g

Cum F est character Neomeniarum anni sumuntur alternationes mensium ex E vel G. Ex E cum aureus numerus anni est XI vel minor. Ex G cum aureus numerus anni est XII vel major.

PROPOSITIO III.

Cyclum Epactarum ad aurei numeri normam vulgariter dirigere.

Cyclus Epactarum ad aurei numeri normam directus is est, qui per undenarii numeri crementum progreditur abjecto tricenario, cum ad eum ascenditur numero. Itaque is est ejusmodi.

Kkk

P

P	l	C	c	P	F	f	ſ	M	i	A
*	XI	XXII	III	XIV	XXV	VI Φ 25	XVII	XXVIII	IX	XX
	a	m	D	d	q	G	g	t	N	k
	I	XII	XXIII	IV	XV	XXVI	VII	XVIII	XXIX	x
	B	b	n	E	e	r	H	h	u	P
	XXI	II	XIII	XXIV	V	XVI	XXVII	VIII	XIX	*

PROPOSITIO IV.

Cyclum Neomeniarum Paschalium ad aurei numeri normam vulgariter directum exhibere.

Exponatur cyclus Epactarum ad aurei numeri normam directus & expendantur dies mensis Paschalis quos sibi vendicant Epactæ & adnotentur. Cyclus igitur Neomeniarum Paschalium ad aurei numeri normam directus erit, qualis sequitur.

P	L	C	c	p	F	f	ſ	M	i	A
31 Martij	20 Martij	9 Martij	21 Martij	17 Martij	.·.	25 Martij	14 Martij	2 Martij	22 Aprilis	11 Martij
	a	m	D	d	q	G	g	t	n	k
	10 Martij	19 Martij	8 Martij	27 Martij	16 Martij	4 Aprilis	24 Martij	13 Martij	1 Aprilis	21 Martij
	B	b	n	E	e	r	H	h	u	P
	10 Martij	19 Martij	18 Martij	5 Aprilis	26 Martij	16 Martij	3 Aprilis	23 Martij	12 Martij	31 Martij

Luxatur autem F, & transit in E. Cum aureus numerus est xı vel minor. In G cum xıı vel major.

Conspectus Neomeniarum Paschalium in Enneadecaeteride, secundùm Kalendarium vulgare.

I	II	Epact	III	IV	V	VI	VII	VIII	IX	X	XI	XII	XIII	XIV	XV	XVI	XVII	XVIII	XIX
23	12	P *	31	20	9	28	17	5	25	14	2	22	11	30	19	8	27	16	4
24	13	N XXIX	1	21	10	29	18	5	26	15	3	23	12	31	20	9	28	17	5
25	14	M XXVIII	2	22	11	30	19	8	27	16	4	24	13	1	21	10	29	18	5
26	15	H XXVII	3	23	12	1	21	10	29	18	5	25	14	2	22	11	30	19	8
27	16	G XXVI	4	24	13	1	21	10	29	18	5	26	15	3	13	12	31	20	9
28	17	F XXV	5	25	14	2	22	11	30	19	8	27	16	4	24	13	1	21	10
29	18	E XXIV	6	25	15	3	23	12	31	20	9	28	17	5	25	14	2	22	11
30	19	D XXIII	8	27	16	4	24	13	1	21	10	29	18	5	16	15	3	23	12
31	20	C XXII	9	28	17	5	25	14	2	22	11	30	19	8	27	16	4	24	13
1	21	B XXI	10	29	18	5	26	15	3	23	12	31	20	9	28	17	4	24	14
2	22	A XX	11	30	19	8	27	16	4	24	13	1	21	10	29	18	5	26	15
3	23	u XIX	12	31	20	9	28	17	5	25	14	2	22	11	30	19	8	27	16
4	14	t XVIII	13	1	21	10	29	18	5	25	14	2	22	11	30	19	8	27	17
5	25	ſ XVII	14	2	22	11	30	19	8	27	16	4	24	13	1	21	10	29	18
6	26	XVI	15	3	23	12	31	20	9	28	17	5	25	14	2	22	11	30	19
8	27	q XV	16	4	24	13	1	21	10	29	18	5	26	15	3	23	12	31	20
9	28	P XIV	17	5	25	14	2	22	11	30	19	8	27	16	4	24	13	1	21
10	29	n XIII	18	5	26	15	3	23	12	31	20	9	28	17	4	25	14	2	22
11	30	m XII	19	8	27	16	4	24	13	1	21	10	29	18	5	26	15	3	23
12	31	l XII	20	9	28	17	5	25	14	2	22	11	30	19	8	27	16	4	24
13	1	k X	21	10	29	18	5	26	15	3	23	12	31	20	9	28	17	4	25
14	2	i IX	22	11	30	19	8	27	16	4	24	13	1	21	10	29	18	5	26
15	3	h VIII	23	12	31	20	9	28	17	5	25	14	2	22	11	30	19	8	27
16	4	g VII	24	13	1	21	10	29	18	5	26	15	3	23	12	31	20	9	28
17	5	f VI	25	14	2	22	11	30	19	8	27	16	4	24	13	1	21	10	19
18	6	e V	26	15	3	23	12	31	20	9	28	17	5	25	14	2	22	11	30
19	8	d IV	27	16	4	24	13	1	21	10	19	18	5	26	15	3	23	12	31
20	9	c III	28	17	5	25	14	2	22	11	30	19	8	27	16	4	24	13	1
21	10	b II	29	18	5	26	15	3	23	12	31	20	9	28	17	4	25	14	2
22	11	a I	30	19	8	27	16	4	24	13	1	21	10	29	18	5	26	15	3

F transit

F tranſit in E cum aureus numerus eſt xi vel minor. In G cum aureus numerus eſt xii
vel major.

PROPOSITIO V.

Proemptoſin Lunæ in annorum Iulianorum centuriis expendere.

Proemptoſis Lunæ dicitur cum anticipant ſuas primum ſtatas Epochas Neomeniæ,
Metemptoſis cum eas tranſgrediuntur. Cyclo autem decemnovali anticipant Neome-
niæ per $\frac{3.8}{6.2.5}$ unius diei. Itaque cyclis decemnovalibus 625, id eſt ♃ annis 11875 Julianis,
anticipatio eſt dierum 38. Eſt autem ut 11875 ad 38, ita 1000 ad 32. Quare expectato
ſimilis aurei numeri ad ſimilem aureum numerum reditu, annis 10000 Julianis anticipatio eſt dierum 32, ſeu annis 2500 dierum 8. vel annis 312$\frac{1}{2}$ diei unius. Et vero cyclus
decemnovalis dierum eſt 6939$\frac{3}{4}$. Non igitur diebus 6939$\frac{3}{4}$ reſtituuntur menſes Lunæ
235, ut deprehenderat Meton, ſed 6939$\frac{1723}{2500}$. Itaque diebus 17,349,223 abſolvuntur
menſes 587,500. Qui calculus Hipparchi calculo conſentit probe. Obſervaverat enim
Hipparchus, referente Ptolemæo, annis Ægyptiis 345, diebus 82, hora una menſes abſolvi 4,267, id eſt, diebus 3;199,369 menſes 102,808.

PROPOSITIO VI.

Dies quos exemerit Gregoriana correctio ad ſuccedentia ſecula numerare.

Annorum centuriis ab Era Chriſti abjice 15 centurias, & quotus in reſiduo erit quaternarius centuriarum numerus tot ſume ternos dies; & ſi diviſione inſtituta ſuperſunt
centuriæ duæ, ſume unum, & ſi tres, ſume duos, ſumptos collige adſcito denario, & ſummam habebis dierum quos exemerit Gregoriana correctio.

PROPOSITIO VII.

Metemptoſin Lunæ in annorum Gregorianorum centuriis expendere.

A ſumma dierum quos exemerit Gregoriana correctio auferantur dies proemptoſeos;
reſidui igitur erunt dies metemptoſeos Lunæ.

PROPOSITIO VIII.

Aurei numeri radicem conſtituere.

Anno ab Era Chriſti Dionyſiana primo fuit aureus numerus 2.

PROPOSITIO IX.

Aureum anni propoſiti numerum invenire.

A dato anno ab Era Chriſti abjice circulationes annorum 19, qui ſupererit numerus
auctus unitate erit aureus numerus anni propoſiti, ſi in conſequentia inſtituatur numeratio. At ſi in antecedentia; qui ſupererit numerus demptus ex 21 relinquet aureum numerum.

PROPOSITIO X.

Epactarum radices vulgariter præfigere.

Periodus annorum 25,000 Iulianorum, qua antevertunt ſuas Epochas Neomeniæ
diebus octo, initium ſeptingentis annis ante Chriſtum ſumito, deſitura anno Chriſti
1800. Character Neomeniæ Epactæve anno Chriſti 500 eſto P, ſeu o ſub aureo nu-

mero

mero III. Itaque anno 800 præfigitor a feu 1, anno 1100 b feu 2, 1400 c feu 3, 1800 d feu 4, fub eodem videlicet numero III nequedum inita anni correctione. Quoniam vero cum abs charactere c feu 3 dementur decem characteres, mutuato characterum cyclo, fupererit D feu 23, ideo poft ablatos ad anni correctionem dies decem, anno Chrifti 1500 & deinceps ad annum 1700, character Neomeniæ Epactæve radicalis efto D feu 23 fub aureo numero III.

PROPOSITIO XI.

Dies proemptofeos Lunæ ad fuccedentia fecula fupputare.

A propofito annorum ab Era Chrifti numero abjice 1800 & diem unum ferva, quotus in refiduo erit 2500, tot fume dies octonos; & quoties deinceps ea divifione inftituta in refiduo erit 300, tot fume dies fingulos, fumptos cum eo quem adfervafti in unam fummam conjice, & voca dies proemptofeos feu anticipationis Lunæ. Si non potes abjicere 1800 nullam numera proemptofin.

PROPOSITIO XII.

Dies metemptofeos Lunæ ad fuccedentia fecula fupputare.

Ad datas annorum ab Era Chrifti centurias dies numera quos exemit Gregoriana correctio, abjecto denario. Et à fumma dierum aufer dies proemptofeos. Refidui erunt dies metemptofeos Lunæ.

PROPOSITIO XIII.

Epactas ad fuccedentia fecula vulgariter adæquare.

Ad datas annorum Gregorianorum centurias numera dies metemptofeos Lunæ, & fummam abjectis circulationibus dierum 30 aufer ab Epacta 23, ut prodeat Epacta vera feculi propofiti, fubjacens aureo numero III.

COROLLARIVM.

ITAQUE, Clavius in Apologeticis,

,, *Quoniam in quolibet fpacio annorum* 10, 000 *mutatio fit tredecim litera-*
,, *rum, ita ut in tricefimo fpacio fiat mutatio omnium* 30 *literarum, efficitur ut*
,, *tranfactis* 30 *fpaciis* 10, 000 *annorum, hoc eft, elapfis annis* 300, 000 *rever-*
,, *antur omnino eædem literæ quæ prius eodemque ordine. Quare tabula æquatio-*
,, *nis Epactarum continetur cyclo* 300, 000 *quod non paucis incredibile prorfus*
,, *videri poffit.*

Annis 10, 000 Iulianis adimit Gregoriana correctio dies 75, à quibus dum proemptofis aufertur dierum 32, relinquitur metemptofis dierum 43, quibus expectatis, eo annorum intervallo ad fuas fedes reftituuntur Neomeniæ.
Abs 43 abjecta circulatione, fupererunt 13. Sit radix Epactæ 23 feu D, aufer 13 à 23, fupererunt decem feu Epacta k. Fit igitur tredecim characterum mutatio. At annis 300, 000 metemptofis erit dierum 1290, & abjectis circulationibus dierum 30, nihil fupererit. Quare eo intervallo relinquetur ipfa Epacta 23 feu D.
Secundum quæ hic proferuntur

Ad

Ad æquationes Epactarum abaci.

Anni à Christo.	Dies metemptoseos Lunæ.	Anni à Christo.	Dies metemptoseos Lunæ.	Anni à Christo.	Dies metemptoseos Lunæ.	Anni à Christo.	Dies metemptoseos Lunæ.	Annorum centuriæ denæ.	Adde
1600	0	4100	11	6600	22	9100	33	10000	43
1700	1	4200	11	6700	23	9200	33	20000	86
1800	1	4300	12	6800	22	9300	33	30000	129
1900	2	4400	· 12	6900	23	9400	34	40000	172
2000	2	4500	13	7000	24	9500	35	50000	215
2100	2	4600	13	7100	24	9600	34	60000	258
2200	3	4700	14	7200	24	9700	35	70000	301
2300	4	4800	14	7300	25	9800	36	80000	344
2400	3	4900	14	7400	25	9900	36	90000	387
2500	4	5000	15	7500	26	10000	36	100000	430
2600	5	5100	16	7600	26	10100	37	Annorum	
2700	5	5200	15	7700	26	10200	37	centuriæ	
2800	5	5300	16	7800	27	10300	38	millenæ. Adde,	
2900	6	5400	17	7900	28	10400	38	100000	430
3000	6	5500	17	8000	27	10500	38	200000	860
3100	7	5600	17	8100	28	10600	39	300000	1290
3200	7	5700	18	8200	29	10700	40	&c.	
3300	7	5800	18	8300	29	10800	39		
3400	8	5900	19	8400	29	10900	40		
3500	9	6000	19	8500	30	11000	41		
3600	8	6100	19	8600	30	11100	41		
3700	9	6200	20	8700	31	11200	41		
3800	9	6300	21	8800	31	11300	42		
3900	10	6400	20	8900	31	11400	42		
4000	10	6500	21	9000	32	11500	43		
41	11	6600	22	9100	33	11600	43		

Quæritur Epacta seculo 4,900. Metemptosis Lunæ datur ex abaco dierum 14, qui ablati ex 23, relinquunt 9 seu j Epactam seculi propositi sub aureo numero III.

Quæritur Epacta seculo 109,500. Annis 100,000 debetur metemptosis dierum 430, & annis 9,500 metemptosis dierum 35, summa 465 id est 15, abjectis circulationibus triginta dierum. Quare abjectis 15 abs 23, erit seculo 109,500 Epacta 8 seu h sub aureo numero III.

Quæritur Epacta seculo ab Era Christi 218,000. Et annis quidem 200,000 debetur metemptosis dierum 860, annis vero 10,000 dierum 43, annis denique 8000 dierum 27. Summa 930. abjectis circulationibus 30 dierum, nihil superest. Quare Epacta relinquetur 23 sub aureo numero III.

RUBRICA II.

De Symbolis quibus vulgare Kalendarium non esse Gregorianum arguitur.

PROPOSITIO I.

SI fuerit annus Bissexti, qui menses Lunæ à sexto Februarij vel ulteriore ad diem usque intercalationis incipient, constituentur illi in exposito vulgari Kalendario dierum unius & triginta.

Nam

Nam fextus dies Februarij habet Epactam C, qualem etiam Martij nonus. Efto itaque fextus Februarij primus dies menfis Lunæ, & Martij nonus primus dies menfis fequentis. Ergo menfis à fexto Februarij incipiens, erit in anno communi dierum xxx. Quare cum adjicietur Biffextus, menfis ille Lunaris erit dierum ûnius & 30. Idem licet arguere de feptimo Februarij die & confequentibus ad diem ufque intercalationis.

Κεςλικὸν I.

At menfes Politici dierum funt 30 vel 29, ac præfertim 30 & 29 alternis. Cùm autem ftatuuntur dierum 28 vel 31, funt prodigiofi & ἄταχτοί.

Quare hæc efto ad expofitum vulgare Kalendarium nota prima.

PROPOSITIO II.

Eft Neomenia anni aliqua, quâ datâ non dabitur in expofito Kalendario Neomenia Pafchalis.

Aureus numerus anni efto 19, & detur ultimus Decembris Neomenia. Quæro Neomeniam Pafchalem. Ultimus dies Decembris duplicem mihi exhibet characterem, omalum A, & anomalum u circumductum. Omalus arguit Neomeniam Pafchalem die xi Martij. Anomalus die xii. Cur vero hunc potius quam illum elegero, non docent artis præcepta.

Κεςλικὸν II.

In arte bene inftitutâ ἀντιςροφῶν eadem eft lex & δύναμις ὶ ὄπιςήμη. Πάχι ὶ ποιεῖ ὶ ἐναντία παρ' ἀλλήλων, ut loquitur Ariftoteles. Itaque datâ Neomeniâ Pafchali, danda eft ex fimilitudine characteris Neomenia non Pafchalis, & contra. Nihil igitur nifi ἀτεχνίαν prodit & ἀταξίαν duplex uni diei adfcriptus character.

Quare hæc efto ad expofitum Kalendarium nota fecunda.

PROPOSITIO III.

Sunt Neomeniæ Pafchales aliquæ, quibus datis non ideo dabuntur Neomeniæ anni reliquæ.

Sit data Neomenia Pafchalis Aprilis quartus, aureus autem numerus xii, vel major. Quæro Neomenias anni reliquas. Quartus Aprilis duplicem mihi exhibet characterem, nempe G regularem, & Φ adventitium. G regularis arguet Neomeniam tertio Maji, adventitius quarto. Cur vero hunc potius quam illum elegero, non docent artis præcepta.

Rurfus, fit data Neomenia Pafchalis Aprilis quintus, aureus autem numerus xi vel minor. Quæro Neomenias anni reliquas. Quintus Aprilis duplicem mihi exhibet characterem, nempe E & F. Arguit E Neomeniam Maji quinto, F quarto. Cur vero E potius quam F elegero, non docent artis præcepta.

Κεςλικὸν III.

At quæ ἀμφιβολία quod ve ἐναντιοφανὲς, is dies eft Neomenia & non Neomenia.

Quare hæc efto ad expofitum Kalendarium tertia nota.

PROPOSITIO IV.

Directò per expofitam methodum ad aurei numeri normam Neomeniarum Pafchalium cyclo, æquali ac uniformi non incedunt illæ progreffu.

Sit

Sit aureus anni numerus I. Neomenia vero Paschalis, vicesimus quartus Martij. Cum igitur aureus numerus erit VIII, cadet in quintum Aprilis Paschalis Neomenia, & cyclo Epactarum ad aurei numeri normam directo.

Esto rursum aureus anni numerus I. Neomenia vero Paschalis, vicesimus secundus Martij. Cum igitur aureus numerus erit VIII, cadet in quartum Aprilis Neomenia, ex eodem cyclo.

Eodem igitur annorum intervallo, ut pote 608 Iulianorum, quæ pertinebat Neomenia ad aureum numerum I, promovebitur in antecedentia duobus diebus. Quæ vero ad aureum numerum VIII, promovebitur iniqua dispensatione die duntaxat uno.

Aliud. Sit aureus anni numerus I. Neomenia verò Paschalis, decimus Martij. Cùm igitur aureus anni numerus erit XV, cadet in quartum Aprilis Paschalis Neomenia, ex Cyclo Epactarum ad aurei numeri normam directo.

Esto rursum aureus anni numerus I. Neomenia verò Paschalis, octavus Martij. Cùm igitur aureus numerus anni erit XV, cadet in tertium Aprilis Paschalis Neomenia, ex eodem Cyclo.

Eodem igitur annorum intervallo, utpote 608 Iulianorum, quæ pertinebat Neomenia ad aureum numerum I, promovebitur in antecedentia duobus diebus. Quæ verò ad aureum numerum VIII, promovebitur iniquâ dispensatione die duntaxat uno.

Κεφάλαιον IV.

Dies parodicos Neomeniarum Paschalium διχοτομεῖν, id verò est earum statum ac œconomiam subvertere. At diffindendus erat aliquis dies ad justam mensium Politicorum dierum 30 & 29 alternationem. Ita res est, sed diffindatur ergo qui re ipsa diffindi debuit, nec incommoda fictio veritati præpolleat. Is est exotericus sumendus proximè extrà limites Paschales, quem in excessum defectumve suppleant limitanei. Parodicorum non est supplere, cum inter eos non sit aliquod interstitium, in quod ipsi prorumpant.

Quare hæc esto ad expositum Kalendarium quarta nota.

PROPOSITIO V.

Cùm aureus numerus anni fuerit IX, X, XI, Epactam vicesimam quintam devolvi, sive ὁμαλῶς in vicesimam quartam, sive ἀνομαλῶς in vicesimam sextam, leges cycli decemnovalis admittunt.

Lex cycli decemnovalis est, ne idem Epactæ character in eodem cyclo decemnovali concurrat. Periodo enim annorum decem & novem Iulianorum non pauciorum Neomenias ad suas sedes redire primus deprehendisse perhibetur Atheniensis Meton, cujus ideo cyclum nullo non dignū elogio aureum dixere antecessores. Et verò si in cyclo Epactarum ad aurei numeri normam directo, numerentur in consequentia XII characteres à charactere F inclusivè, incidetur in characterem G. Subjaceat ergo Epacta F aureo numero I, consequens subjacebit Epacta G aureo numero XII. Ratio itaque suadet ut in characterem E non G devolvatur character F sub aureo numero I, atque adeo sub aureis numeris I, II, III, IV, V, VI, VII, VIII. Sed cùm aureus numerus ad quem spectat F, erit IX vel major, devolutionem ad E non cogit ea exposita ratio cycli decemnovalis. Æquè, si in cyclo Epactarum ad aurei numeri normam directo numerentur in antecedentia XII characteres à charactere F inclusivè, incidetur in characterem E. Subjaceat ergo Epacta F aureo numero XII, consequenter subjacebit Epacta E aureo numero I. Ratio itaque suadet ut in characterem G non etiam E fiat devolutio Epactæ F sub aureo numero XII, atq; adeo sub aureis numeris XIII, XIV, XV, XVI, XVII, XVIII, XIX. Sed cùm aureus numerus ad quem spectat F erit XI vel minor, devolutionem ad G non cogit ea exposita ratio cycli decemnovalis. Itaque sub aureis numeris existentibus inter XI & VIII, (ut sunt IX, X, XI) liberæ characteris F ad G vel E devolutioni non obstat exposita lex cycli decemnovalis. Quod erat ostendendum.

Κεφάλαιον V.

Quod igitur F devolvi jubetur in E, cùm aureus numerus est xi, x vel ix, alia debuit obtendi ratio quam lex cycli decemnovalis. Elenchus hic est αναιλιολογίας, non causæ pro causa. Inclinat sanè mensis verus versus plenum aliquanto magis quàm versus cavum. Est enim mensis verus dierum 29 horarum 12 cum dodrante fere. Itaque excessus pleni supra verum ad defectum cavi à vero est fere, ut 11 ¼ ad 12 ¾. Sed ea ratio vix major est, ratione novem ad decem. Ergo periodi novem & decem annorum ita potiùs erat ineunda distributio, ut decem primis annis cycli transiret F in E, reliquis novem in G, ut aliqua servaretur analogia atque partitionis causa.

Quare hæc esto ad expositum Kalendarium nota quinta.

PROPOSITIO VI.

Aut in exposito Kalendario perperam Epactæ ordinatæ sunt, aut diffident inter se, atque adeo semetipsas destruunt Neomeniarum Paschalium Epochæ.

Primùm enim non diffideant, atque adeo semetipsas non destruant Neomeniarum Paschalium Epochæ. Dico Epactas in exposito Kalendario perperam ordinari. Quoniam enim in exposito Kalendario benè constitutæ sunt Neomeniæ Paschales, & ideo sub aureo numero 111 vicesimus octavus Martij seculo 1500 ante correctionem fuit Neomenia. Post correctionem verò eodem seculo octavus Martij Neomenia. Eundem igitur characterem possidere debuit sextus Aprilis, quem octavus Martij. Nam sextus Aprilis post correctionem is ipse est, qui numerabatur vicesimus octavus ante correctionem & erat Neomenia. Ille dies est 97 anni à Ianuario inchoati, hic dies 87; fuerunt autem ablati dies decem. Itaque ea ablatione dies 87 incidet in diem 97. Sed sextus Aprilis characterem C possidet, octavus vero Martij characterem D. Malè igitur Epactæ ordinatæ sunt, cum utriusque debuit esse idem character: quandoquidem uterque erat eodem anno Neomenia.

Contra sint bene ordinatæ Epactæ, atque adeo character C bene adsignatus Aprilis septimo, D vero Martij octavo, C nono. Dico Neomeniarum Paschalium Epochas inter se non constare. Quoniam enim anno 1500 ante correctionem Neomenia Paschalis constituta est ad 28 Martij, qui adhibita correctione incidit in sextum Aprilis, cujus character est C, quem etiam possidet nonus Martij. Ego nonus Martij anno 1500 post correctionem erat Neomenia. Sed constituta est Neomenia ad octavum Martij. Diffident igitur inter se atque adeo semetipsas destruunt Neomeniarum Paschalium Epochæ. Quod erat ostendendum.

Κεφάλαιον VI.

Quare hæc esto ad expositum Kalendarium nota sexta.

PROPOSITIO VII.

Quanquam Epactas adæquandi ratio ab interventu vel omissione Bissexti pendeat & æstimetur, in exposito tamen Kalendario Neomeniæ Ianuarij & Februarij, quæ Bissexti sedem antecedunt, eo symptomate ante paroxismum adficiuntur.

Seculo 1900 numerabitur Epacta xxi, quæ alioqui retineretur seculo 2000, si annus 2000 careret Bissexto. Sed quia is annus diem adsciscit intercalarem, cujus sedes est post sextum Kalendas Martij, Epacta una die retrocedet & ipsa erit xx; non tantum ad symbolum Neomeniarum, quæ Bissextum Kalendas Martij subsequuntur; sed etiam Neomeniarum Ianuarij & Februarij: quoniam auctoribus vulgaris Kalendarij placuit annum

annum à Ianuario aufpicati, & toto anni ita aufpicati curriculo, eodem charactere Neomenias defignare. Et feculo 1800 numerabitur Epacta xxi, quæ alioquin decederet uno
die, fi annus 1800 diem adfcifceret intercalarem. Sed quia ex Gregorij conftitutione
eo anno Biffextum ad Kalendas Martij omittitur, ideo retinetur Epacta x x i; tam ad
fuccedentes luxato loco; quàm antecedentes ejufdem anni Neomenias. Idem in centuriis quibufcumque licebit deinceps exemplificari.

Κεφλικὸν V I I.

Quæ verò microcofmia hæc, Phyfici, me à cafu ante cafum adfici:
Quare hæc esto ad expofitum vulgare Kalendarium feptima nota:

P R O P O S I T I O   VIII.

Expofita Epactas adæquandi methodus duabus nititur hypothefibus;
quarum alterâ ftatuitur Luna συνοδικὴ, alterâ διχότμ☉ uno eodemque momento.

Una hypothefi, annis 312 $\frac{1}{2}$ Iulianis antevertunt fuas Epochas Neomeniæ, die uno. Altera, reftituuntur ad eafdem Epochas, annis 300,000 Gregorianis. Si prima Hypothefis
vera eft, ut fanè ab eâ non longè recedunt Aftronomi, complentur menfes Lunæ Synodici 235, annis decemnovem Iulianis, minus $\frac{38}{625}$ unius diei. Itaque menfis dierum eft
29 $\frac{4906}{10000}$ proximè, & menfes 4; abfument dies 1270, minus aliquot dierum fcrupulis.
Sed menfes 44 abfumunt dies 1299, & aliquot infuper dierum fcrupula. A die igitur,
quo nova ftatuetur Luna, numerentur in antecedentia dies 1290, & Luna tunc erit novem & decem dierum proximè, vel numerentur dies 1290 in confequentia, eaque erit
dierum fere 20. atque adeo hic vel illic διχότμ☉.

Eadem ftante hypothefi, annis 300,000 Iulianis antevertent fuas Epochas Neomeniæ, diebus 960. Deficiunt autem anni 300,000 Gregoriani à totidem Iulianis, diebus 2250, à quibus cum auferentur 960, relinquuntur dies 1290. Vincet igitur proemptofin metemptofis, diebus 1290. Et ideo exactis annis tantum Gregorianis 300,000
& præterea diebus 1190. erit per eam hypothefin nova Luna. Sed exactis tantum annis
Gregorianis 300,000, erit διχότμ☉, utpote dierum novem. At fecunda hypothefis
eâ periodo ftatuit nouam. Repugnantes igitur funt inter fe hypothefes illæ, cum eodem momento hæc ftatuit Lunam συνοδικὴν, illa διχότομον. Quod erat oftendendum.

Κεφλικὸν V I I I.

Magnarum periodorum falfitas veritas-ve, nifi poft exacta multa fecula, poteft argui. Nam magis Hebræos convincam falfi, cùm menfem conftituunt dierum 29, horarum 12, fcrupulorum 44, fecundorum 3, tertiorum
20, quàm Hipparchum, Ptolemæum & Copernicum, qui menfem adfu-
munt, novem fcrupulis tertiis Hebraico, minorem. At in hypothefium re-
pugnantia ecquis falfitatem non concludet?

Quare hæc esto ad expofitum Kalendarium octava nota.

Sanè in annis Gregorianis 300,001 ferè fit abfoluta apocaftafis. Sit igitur feculo 1600, fub aureo numero iii, octavus Martij Neomenia, exactis
inde annis 300,001, erit octavus Martij, fub aureo numero xiii, Neomenia;
& fub aureo numero iii, vicefimus octavus Martij Neomenia. At circa A-
prilis quintum vel Martij octavum, Luna erit διχότμ☉.

P R O P O S I T I O   IX.

Medias Solis & Lunæ Syzygias, ex abacis Aftronomicis, per annorum
Gregorianorum centurias, ad urbis Romæ meridianum, fupputare.

Proponuntur duo abaci unus radicum, alter proftaphæreféon. Ut fciatur eligenda
radix, datum in centuriis annorum ab Erâ Chrifti numerum, divide per 4 centurias, &

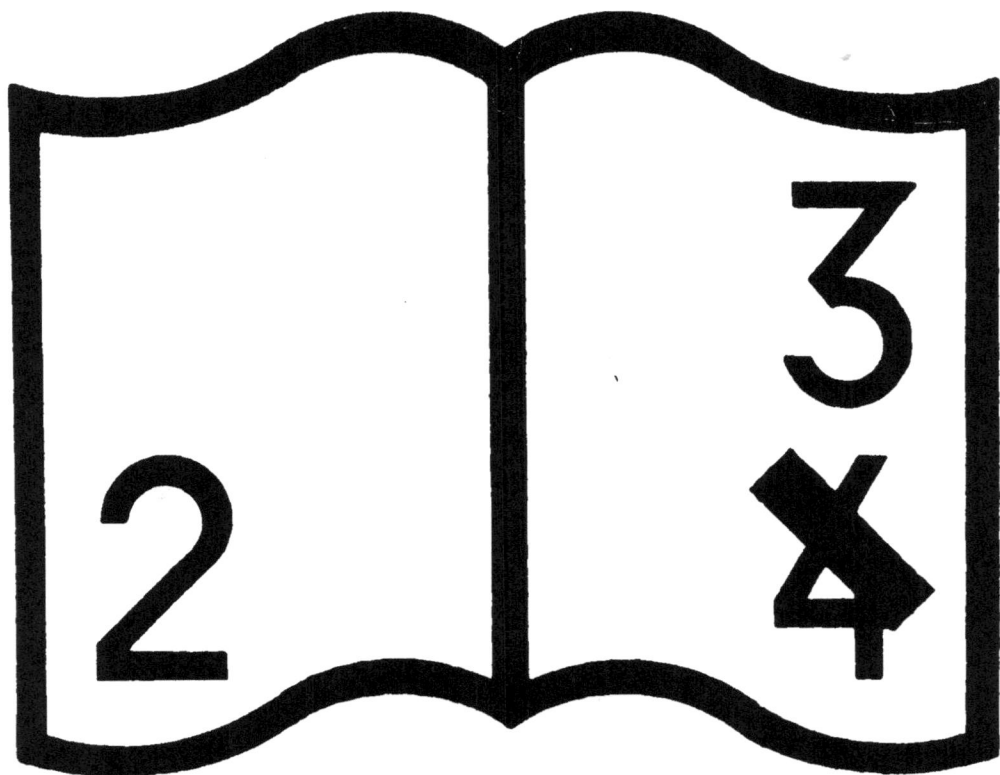

Pagination incorrecte — date incorrecte

NF Z 43-120-12

ſi diviſione inſtituta nihil ſupereſt, ſume radicem anni 1600. Sin remanet centuria una, ſume radicem anni 1700, ſi duæ, radicem 1800, ſi denique tres, radicem anni 1900. Electa radice, tu Eræ datæ & adſumptæ expende intervallum. Et in abaco ſecundo quære tempus ei debitum intervallo, abjecto ſi opus eſt menſe Synodico, & tandem aufer tempus illud è congrua radice, mutuato contra ſi opus eſt menſe Synodico, ne extra limites evageris Paſchales. Notatur autem & aureus numerus anni radicis, & quot unitates ei addendas poſtulat intervallum à radice.

Menſis Synodicus dierum eſt 29, hor. 12, ſcrup. 44.

Abacus primus.

Symbolum radicis.	Anni à Chriſto Gregoriani.	Radices Syzygiarum Paſchalium.			Aureus. numerus
		Dies Martij.	Horæ.	Scrupula.	
✳	1600	14	20	31	V
I	1700	20	4	45	X
2	1800	25	12	58	XV
3	1900	30	21	12	I

Abacus ſecundus.

Tempus ablativum congruæ radici.

Anni Gregoriani.	Dies.	Horæ.	Scrupula.	Unitates additivæ. aureo numero.
400	9	3	50	I
800	18	7	40	II
1200	27	11	30	III
1600	7	2	36	IV
2000	16	6	25	V
2400	25	10	15	VI
2800	5	1	22	VII
3200	14	5	12	VIII
3600	23	9	2	IX
4000	3	9	7	X
6000	19	6	32	XV
8000	6	0	14	I
10,000	22	6	39	VI
20,000	15	0	34	XII
30,000	7	18	29	XVIII
40,000	0	12	25	V
50,000	22	19	4	XI
60,000	5	12	59	XVIII
70,000	8	6	54	IV
80,000	1	0	59	X
90,000	23	7	19	XVI
100,000	19	1	24	III
200,000	2	14	4	VI
300,000	18	15	28	IX

Exemplum I.

Quæro mediam Syzygiam anno 109, 500. Cum centurias 1095 divido per 4, superſunt centuriæ 3. Quare eligo radicem anni 1900. Ea eſt dies Martij 30, hora 21, ſcr. 12. Proemptoſis annorum 100, 000 numeratur dierum, horarum, & horariorum ſcrupulorum 16, 1, 24. Annorum vero 4000 adnotatur 3., 0, 7. Annorum denique 3, 600 eſt 23, 9, 2. Summa 42, 10, 33, & abjecto menſe Synodico fit 12, 21, 49. Quos cum aufero abs 30, 21, 12, relinquitur dies Martij 17, 23.23. In quem menſem incidit media ſyzygia Paſchalis & erit aureus anni numerus IV.

Exemplum II.

Quæro mediam ſyzygiã anni 218, 000. Eligenda erit radix anni 1600, quæ eſt 14, 20, 31, & operatione inſtituta incidet media ſyzygia in idem Martij 20, 14, 54, & erit aureus anni numerus XIV.

PRO-

PROPOSITIO X.

Si durent ſecula,ͅͅνꜳμλυίας ἐν πανσελωοῖς collocabit tandem vulgaris computator.

Adverſus Patrum decreta, fruſtratâ eâ, quam de ſuis Soſigenibus conceperat Gregorius, expeƀatione.

Quæro à vulgari computatore Neomeniam Paſchalem anno ab Erâ Chriſti 109,500.
Is igitur numerabit Epaƀam 8 ſub aureo numero 111. Et ideo viceſimum tertium Martij fore Neomeniam eo ſeculo, ſub aureo numero 111 pronunciabit: atque adeo ſub aureo numero 1v, qui ad annum propoſitum pertinet, Neomeniam Paſchalem incidere in
duodecimum Martij ; quanquam media ſyzygia contingat ſecundum Aſtronomos media noƀe, quam ſequitur decimus octavus. Sed illud eſt Neomenias ἐν διχοτομίαις tantum non etiam πανσελωοῖς collocare.
Quæro igitur ab eodem Neomeniam Paſchalem ſeculo ab Era Chriſti 218, 000. Is
igitur numerabit Epaƀam 23. Et ideo octavum Martij Neomeniam, ſub aureo numero
111 pronunciabit, atque adeo ſub aureo numero x1v, qui ad annum propoſitum pertinet, Neomeniam Paſchalem incidere in quintum Aprilis. At concedet Hipparchus,
concedent Hebræi, & alii veri computiſtæ metemptoſin promotionem ve eſſe dierum
930 proximè. Itaque poſt intervallum annorum Gregorianorum 218, 000 & dierum
præterea 930 fieri apocataſtaſin Lunæ, ſed ipſo intervallo 218, 000 annorum Gregorianorum, eam contingere id vero pernegabunt. Neque enim numerus dierum 930 menſium reſtitutioni eſt idoneus. Eo intervallo complentur menſes 31 & præterea dimidius menſis. Erit igitur ſeculo 218, 000 quintus Aprilis plenilunium, & ita ſe habere
abaci Aſtronomici comprobabunt. Anno enim 218, 000 ſyzygia media Romæ erit die
Martij 20, hora ſecunda pomeridiana, ſcrupulis 54. Quare Neomenia Paſchalis quæ
ſerior eſt ipſa media ſyzygia accidet die viceſimo primo vel viceſimo ſecundo, die vero
quinto Martij erit decima quarta. Ergo Neomeniam in πανσελήνω collocavit vulgaris
computator. Quod erat oſtendendum.

Κεϕάλκϗὸν IX.

Ecquis verò novilunia in pleniluniis collocare, illud propriè ex diametro errare non adpellet ? Ecquis veſtrûm, Doƀores me vel eo nomine χϟ-
μαϊζοντα, & γνώμην εἰς βελλὼ εἰσϕέροντα in conſeſſu veſtro non ferat?

*Quare hæc eſto ad expoſitum Kalendarium nona, & correƀione omnino in-
digens (etiamſi tolerarentur reliqua) nota.*

Κεϕάλκϗὸν generale.

Quare Kalendarium vulgare non eſt Gregorianum, immo neque cen-
ſendum eſt Lilianum, quanquam Lilij nomine vulgò circumfertur.

Sic enim Pontifex.

„ *Allatus eſt nobis liber à dileƀo filio Antonio Lilio artium ac medicinæ do-*
„ *ƀore, quem quondam Aloiſius ejus Germanus frater conſcripſerat, in quo per*
„ *novum quendam Epaƀarum cyclum ab eo excogitatum, & ad certam ipſius au-*
„ *rei numeri normam direƀum, atque ad quamcunque anni Solaris magnitudi-*
„ *nem accommodatum, omnia quæ in Kalendario collapſa ſunt, conſtanti ratione,*
„ *& ſeculis omnibus duratura, ſic reſtitui poſſe oſtendit, ut Kalendarium ipſum*
„ *nulli unquam mutationi in poſterum expoſitum eſſe videatur. Novam hanc*
„ *reſtituendi Kalendarii rationem exiguo volumine comprehenſam ad Chriſtia-*
„ *nos Principes, celebrioreſque univerſitates paucos ante annos miſimus, ut res,*

,, quæ omnium communis eſt, communi etiam omnium conſilio perficeretur. Illi
,, cum, quæ maximè optabamus, concordes reſpondiſſent, eorum nos omnium con-
,, ſenſione adducti, viros ad Kalendarij emendationem adhibuimus in almâ ur-
,, be harum rerum peritiſſimos, quos longè ante ex primariis Chriſtiani orbis
,, nationibus delegeramus. Ii cum multum temporis, & diligentiæ ad eam lucu-
,, brationem adhibuiſſent, & cyclos tam veterum, quàm recentiorum undique
,, conquiſitos, ac diligentiſſimè perpenſos inter ſe contuliſſent, ſuo & doctorum ho-
,, minum qui de ea re ſcripſerunt, judicio hunc præ cæteris elegerunt Epactarum
,, cyclum, cui nonnulla etiam adjecerunt, quæ ex accurata circumſpectione viſa
,, ſunt ad Kalendarii perfectionem maximè pertinere.

At Lilium exclamantem ſubaudio

Πολλῶν ἰατρῶν εἴσοδ⊙ μ᾽ ἀπώλεσεν.

Planè, cum fucatum Kalendarium pro vero adripimus, ipſimet ſumus
in cauſa, cur ab omnibus gentibus, quæ Romano ſolebant uti, idem ſummo
mo omnium voto reſtitutum feliciſſimis Gregorij XIII auſpiciis non recipiatur. Quare excitandus eſt Lilii genius, & quæ ſui correctores perpe-
peram correxere, ea ſupplenda, & ſuo nitori, quandoquidem hæc nobis
otia facis, auguſtiſſime Galliarum & Navarræ Rex Henrice, reſtituenda.

Neque verò ſequar eorum veſtigia, qui jam ante me eam curam ſuſce-
piſſe videri volunt. Infelicibus enim cenſoribus infeliciores chirurgos ſeſe prodiderunt, non cenſenda cenſuêre, non probanda probavêre. Itaque
quæ à nobis adnotata ſunt de Kalendatii vulgaris ἀταξία, καὶ ἀτεχνία, καὶ
ψ∂οψηφοφορία, eadem omnino eandem adverſus nova, quæ tanquam
caſtigata propoſuerunt, Kalendaria vim obtinent, immò etiam majorem.
Ego à Gregorii mente quantum ex ſuo diplomate eam colligere potero,
non diſcedam, ea ipſa quæ à ſuis Soſigenibus expectarat, præſtaturus, volente Deo.

RUBRICA III.

De fabricâ, & uſu Kalendarii verè Gregoriani.

Primâ parte Rubricæ proponitur ſimplex fabrica, & uſus ratio.
Alterâ expenditur Kalendarii dignitas & præſtantia.

PROPOSITIO I.

Kalendarium Gregorianum conſtruere.

1 Primus menſis Lunæ ab octavo die Martij technicum initium ducito.
2 Is conſtituitor plenus, ſecundus cavus, & eo deinceps alterno ordine.
3 Singulis & ſimilibus menſium diebus ſinguli & ſimiles adponantur in cyclum characteres viginti novem. Luxetur autem tricesimus quiſque dies menſis conſtituti pleni.
4 Characteres ſunto, ſi placet,

N	M	H	G	F	E	D	C	B	A
u	t	ſ	r	q	p	n	m	l	k
i	h	g	f	e	d	c	b	a	

5 Con-

5 Continuetur characterum ordo ad anni technici finem, id eſt Martij ſeptimum. Itaque ad undecim dies ἐπαγομῴνες repetantur è cyclo literæ undecim majuſculæ, atque adeo per totum Kalendarium characterum ſimilitudo Neomenias anni, uti mutuo ſibi correſpondent, arguat.

6 Triceſimus dies menſis cujuſlibet conſtituti pleni eſto Neomenia nulla. Itaque characterem ἐξώτερον ſuſcipito, qualis γγ Æolicum digamma.

7 Character ἐξώτερ⊙, in quem alioqui caderet Neomenia, devolvitor in N vel a. In N quidem, cum aureus numerus erit x vel minor; in a verò, cum aureus numerus erit xi vel major.

8 Characteres, ſi placet, numero deſignentur, ac vocentur Epactæ. Technicæ quidem, cum a numerabitur prima, b ſecunda, c tertia, ac eo deinceps ordine.

9 Kalendarium ita conſtructum perpetuo Epitheto perpetuum dicitor.

KALENDARIVM GREGORIANVM PERPETVVM.

Ianuarius.			Februarius.			Martius.			Aprilis.			Maius.			Iunius.			Iulius.			Augustus.			September.			October.			November.			December.		
300	F	XXV	331	E	XXIV	359	F	XXV	25	e	V	55	e	V	86	c	III	116	c	III	147	a	I	178	N	XXIX	208	N	XXIX	239	H	XXVI	269	H	XXVII
301	E	XXIV	332	D	XXIII	360	E	XXIV	26	d	IV	56	d	IV	87	b	II	117	b	II	148	⁊⁊	·	179	M	XXVIII	209	M	XXVIII	240	G	XXXI	270	G	XXV
302	D	XXIII	333	C	XXII	361	D	XXIII	27	c	III	57	c	III	88	a	I	118	a	I	149	N	XXIX	180	H	XXVII	210	H	XXVII	241	F	XXV	271	F	XXV
303	C	XXII	334	B	XXI	362	C	XXII	28	b	II	58	b	II	89	⁊⁊	*	119	N	XXIX	150	M	XXVIII	181	G	XXVI	211	G	XXVI	242	E	XXIV	272	E	XXIV
304	B	XXI	335	A	XX	363	B	XXI	29	a	I	59	a	I	90	N	XXIX	120	M	XXVIII	151	H	XXVII	182	F	XXV	212	F	XXV	243	D	XXIII	273	D	XXIII
305	A	XX	336	u	IX	354	A	XX	30	⁊⁊	*	60	N	XXIX	91	M	XXVIII	121	H	XXVII	152	G	XXVI	183	E	XXIV	213	E	XXIV	244	C	XXII	274	C	XXII
306	u	XIX	357	t	XVIII	365	u	XIX	31	N	XXIX	61	M	XXVIII	92	H	XXVII	122	G	XXVI	153	F	XXV	184	D	XXIII	214	D	XXIII	245	B	XXI	275	B	XXI
307	t	XVIII	358	f	XVII	1	t	XVIII	32	M	XXVIII	62	H	XXVII	93	G	XXVI	123	F	XXV	154	E	XXIV	185	C	XXII	215	C	XXII	246	A	XX	276	A	XX
308	f	XVII	359	r	XVI	2	M	XXVII	11	H	XXVI	63	G	XXV	94	F	XXV	124	E	XXIV	155	D	XXIII	186	B	XXI	216	B	XXI	247	u	XIX	277	u	XIX
309	r	XVI	340	q	XV	5	H	XXVI	14	G	XXV	54	F	XXV	95	E	XXIV	125	D	XXIII	116	C	XXII	187	A	XX	217	A	XX	248	t	XVIII	278	t	XVIII
310	q	XV	341	p	XIV	4	G	XXV	15	F	XXV	65	E	XXIV	96	D	XXIII	126	C	XXII	157	B	XXI	188	u	XIX	218	u	XIX	249	f	XVII	279	f	XVII
311	p	XIV	342	n	XIII	6	E	XXIV	16	E	XXIV	66	D	XXIII	97	C	XXII	127	B	XXI	158	A	XX	189	t	XVIII	219	t	XVIII	250	r	XVI	280	r	XVI
312	n	XIII	343	m	XII	6	E	XXIV	17	D	XXIII	57	C	XXII	98	B	XXI	128	A	XX	159	u	XIX	190	f	XVII	220	f	XVII	251	q	XV	281	q	XV
313	m	XII	344	l	XI	7	D	XXIII	18	C	XXII	58	B	XXI	99	A	XX	129	u	XIX	160	t	XVIII	191	r	XVI	221	r	XVI	252	p	XIV	282	p	XIV
314	l	XI	345	k	X	8	C	XXII	19	B	XXI	59	A	XX	100	u	XIX	130	t	XVIII	161	f	XVII	192	q	XV	222	q	XV	253	n	XIII	283	n	XIII
315	k	X	346	i	IX	9	B	XXI	40	A	XX	70	u	XIX	101	t	XVIII	131	f	XVII	162	r	XVI	193	p	XIV	223	p	XIV	254	m	XII	284	m	XII
316	i	IX	347	h	VIII	10	A	XX	41	u	XIX	71	t	XVIII	101	f	XVII	132	r	XVI	163	q	XV	194	n	XIII	224	n	XIII	255	l	XI	285	l	XI
317	h	VIII	348	g	VII	11	u	XIX	41	t	XVIII	71	f	XVII	103	r	XVI	133	q	XV	164	p	XIV	195	m	XII	225	m	XII	256	k	X	286	k	X
318	g	VII	349	f	VI	11	t	XVIII	43	f	XVII	74	r	XVI	104	q	XV	134	p	XIV	165	n	XIII	196	l	XI	226	l	XI	257	i	IX	287	i	IX
319	f	VI	350	e	V	13	f	XVII	44	r	XVI	74	q	XV	105	p	XIV	135	n	XIII	166	m	XII	197	k	X	217	k	X	258	h	VIII	288	h	VIII
320	e	V	351	d	IV	14	r	XVI	45	q	XV	75	p	XIV	106	n	XIII	136	m	XII	167	l	XI	198	i	IX	228	i	IX	259	g	VII	289	g	VII
321	d	IV	352	c	III	15	q	XV	46	p	XIV	76	n	XIII	107	m	XII	137	l	XI	168	k	X	199	h	VIII	229	h	VIII	260	f	VI	290	f	VI
322	c	III	353	b	II	16	p	XIV	47	n	XIII	77	m	XII	108	l	XI	138	k	X	169	i	IX	100	g	VII	230	g	VII	261	e	V	291	e	V
323	b	II	354	a	I	17	n	XIII	48	m	XII	78	l	XI	109	k	X	139	i	IX	170	h	VIII	101	f	VI	231	f	VI	262	d	IV	292	d	IV
324	a	I	355	N	XXIX	18	m	XII	1	l	XI	79	k	X	110	i	IX	140	h	VII	171	g	VII	103	e	V	232	e	V	263	c	III	293	c	III
325	⁊⁊	*	356	M	XXVIII	19	l	XI	10	k	X	80	i	IX	111	h	VIII	141	g	VII	172	f	VI	104	d	IV	233	d	IV	264	b	II	294	b	II
326	N	XXIX	357	H	XXVII	10	k	X	11	i	IX	81	h	VIII	111	g	VII	142	f	VI	173	e	V	105	c	III	234	c	III	265	a	I	295	a	I
327	M	XXVIII	358	G	XXVI	11	i	IX	11	h	VIII	81	g	VII	113	f	VI	143	e	V	174	d	IV	105	c	III	235	b	II	266	⁊⁊	*	296	N	XXIX
328	H	XXVII				11	h	VIII	13	g	VII	83	f	VI	114	e	V	144	d	IV	175	c	III	106	a	I	236	a	I	267	N	XXIX	297	M	XXVIII
329	G	XXVI				13	g	VII	14	f	VI	84	e	V	115	d	IV	145	c	III	176	b	II	107	⁊⁊	*	237	N	XXIX	268	M	XXVIII	298	H	XXVII
330	F	XXV				14	f	VI				85	d	IV				146	b	II	177	a	I				238	M	XXVIII				299	G	XXVI

PROPOSITIO II.

Periodos Lunæ conſtituere.

Prima periodus Lunæ annorum 19 Iulianorum eſto. Magna annorum Iulianorum centuriis 34 concluditor.

PROPOSITIO III.

Cyclum Epactarum ad primæ periodi normam, dirigere.

Cyclus Epactarum ad primæ Lunaris periodi normam directus eſto hujuſmodi.

Οργανικῶς.

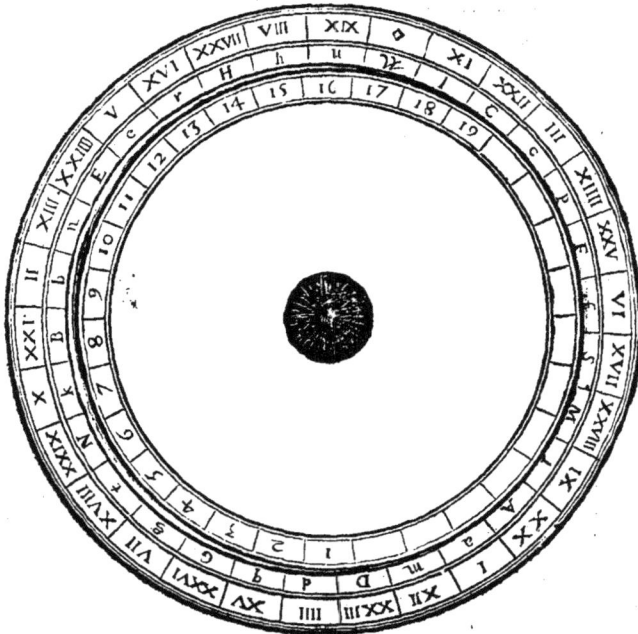

Immoto Epactarum cyclo movetur cyclus aurei numeri.

Πινα-

Πινακικῶς·

Ordo ac ſucceſſio characterum in Enneadecaeteride ad metatheſes quaſcunque.

Characteres Neomeniarum.

Anni ſingulares Enneadeteridis.	I	II	III	IV	V	VI	VII	VIII	IX	X	XI	XII	XIII	XIV	XV	XVI	XVII	XVIII	XIX
N xxix	k	B	b	n	E	e	r	H	h	u	γγ	l	C	c	p	F	f	ſ	M
M xxviii	i	A	a	m	D	d	q	G	g	t	N	k	B	b	n	E	e	r	H
H xxvii	h	u	γγ	l	C	c	p	F	f	ſ	M	i	A	a	m	D	d	q	G
G xxvi	g	t	N	k	B	b	n	E	e	r	H	h	u	γγ	l	C	c	p	F
F xxv	f	ſ	M	i	A	a	m	D	d	q	G	g	t	N	k	B	b	n	E
E xxiv	e	r	H	h	u	γγ	l	C	c	p	F	f	ſ	M	i	A	a	m	D
D xxiii	d	q	G	g	t	N	k	B	b	n	E	e	r	H	h	u	γγ	l	C
C xxii	c	p	F	f	ſ	M	i	A	a	m	D	d	q	G	g	t	N	k	B
B xxi	b	n	E	e	r	H	h	u	γγ	l	C	c	p	F	f	ſ	M	i	A
A xx	a	m	D	d	q	G	g	t	N	k	B	b	n	E	e	r	H	h	u
u xix	γγ	l	C	c	p	F	f	ſ	M	i	A	a	m	D	d	q	G	g	t
t xviii	N	k	B	b	n	E	e	r	H	h	u	γγ	l	C	c	p	F	f	ſ
ſ xvii	M	i	A	a	m	D	d	q	G	g	t	N	k	B	b	n	E	e	r
r xvi	H	h	u	γγ	l	C	c	p	F	f	ſ	M	i	A	a	m	D	d	q
q xv	G	g	t	N	k	B	b	n	E	e	r	H	h	u	γγ	l	C	c	p
p xiv	F	f	ſ	M	i	A	a	m	D	d	q	G	g	t	N	k	B	b	n
n xiii	E	e	r	H	h	u	γγ	l	C	c	p	F	f	ſ	M	i	A	a	m
m xii	D	d	q	G	g	t	N	k	B	b	n	E	e	r	H	h	u	γγ	l
l xi	C	c	p	F	f	ſ	M	i	A	a	m	D	d	q	G	g	t	N	k
k x	B	b	n	E	e	r	H	h	u	γγ	l	C	c	p	F	f	ſ	M	i
i ix	A	a	m	D	d	q	G	g	t	N	k	B	b	n	E	e	r	H	h
h viii	u	γγ	l	C	c	p	F	f	ſ	M	i	A	a	m	D	d	q	G	g
g vii	t	N	k	B	b	n	E	e	r	H	h	u	γγ	l	C	c	p	F	f
f vi	ſ	M	i	A	a	m	D	d	q	G	g	t	N	k	B	b	n	E	e
e v	r	H	h	u	γγ	l	C	c	p	F	f	ſ	M	i	A	a	m	D	d
d iv	q	G	g	t	N	k	B	b	n	E	e	r	H	h	u	γγ	l	C	c
c iii	p	F	f	ſ	M	i	A	a	m	D	d	q	G	g	t	N	k	B	b
b ii	n	E	e	r	H	h	u	γγ	l	C	c	p	F	f	ſ	M	i	A	a
a i	m	D	d	q	G	g	t	N	k	B	b	n	E	e	r	H	h	u	γγ
Anni ſingulares in Enneadecaeteride.	I	II	III	IV	V	VI	VII	VIII	IX	X	XI	XII	XIII	XIV	XV	XVI	XVII	XVIII	XIX

Valet, ut data anni unius Epacta, dentur Epactæ periodi reliquæ. *Sit aureus numerus* 1, *Epacta* c. Ergo cum aureus numerus erit 11, dabitur Epacta c. cum 111, p. & eo conſequenter ordine.

PROPOSITIO IV.

Cyclum Neomeniarum Paſchalium ad aurei numeri normam dirigere.

Citima Neomenia eſto Martij octavus, remotiſſima Aprilis quintus. Cyclus igitur Epactarum ad aurei numeri normam directus, cum ad Neomenias Paſchales aptabitur, erit hujuſmodi:

Opſcuri-

Ὀργανικῶς.

Immoto Epactarum cyclo movetur cyclus aurei numeri.

Πινακικῶς.

Conspectus Neomeniarum Paschalium in Enneadecaeteride uniformi incedentium progressu.

Aureus numerus				III	IV	V	VI	VII	VIII	IX	X	XI	XII	XIII	XIV	XV	XVI	XVII	XVIII	XIX
I	II																			
23	12	f	VI	31	10	9	18	17	5	15	14	2	22	11	30	19	8	27	16	4
24	13	e	V	1	11	10	19	18	8	16	15	3	23	12	31	20	9	28	17	5†
25	14	d	IV	2	12	11	30	19	8†	27	16	4	24	13	1	21	10	29	18	6
16	15	c	III	3	23	12	31	20	9	28	17	5	25	14	2	21	11	30	19	8
17	16	b	II	4	14	13	1	21	10	29	18	6	26	15	3	23	12	31	20	9
18	17	a	I	5	25	14	2	22	11	30	19	8	27	16	4	24	13	1	21	10
19	18	γγ	*	8	26	15	3	23	12	31	20	9	28	17	5	25	14	2	22	11
30	19	N	XXIX	8†	27	16	4	14	13	1	22	11	30	18	17	5†	26	15	23	12
31	20	M	XXVIII	9	28	17	5	25	14	2	22	11	30	19	8	27	16	4	24	13
1	21	H	XXVII	10	29	18	8	26	15	3	23	12	31	20	9	28	17	5	25	14
2	22	G	XXVI	11	30	19	8†	27	16	4	24	13	1	21	10	29	18	5†	26	15
3	23	F	XXV	12	31	20	9	28	17	5	25	14	2	22	11	30	19	8	27	16
4	14	E	XXIV	13	1	21	10	29	18	8	26	15	3	23	12	31	20	9	28	17
5	25	D	XXIII	14	2	22	11	30	19	8†	27	16	4	24	13	1	21	10	29	18
8	26	C	XXII	15	3	23	12	31	20	9	28	17	5	25	14	2	22	11	30	19
8†	27	B	XXI	16	4	24	15	1	21	10	29	18	5†	26	15	3	23	12	31	20
9	18	A	XX	17	5	25	14	2	22	11	30	19	8	27	16	4	24	13	1	21
10	29	u	XIX	18	8	26	15	3	23	12	31	20	9	28	17	5	25	14	2	22
11	30	t	XVIII	19	8†	27	16	4	24	13	1	21	10	29	18	5†	26	15	3	23
12	31	f	XVII	20	9	28	17	5	25	14	2	22	11	30	19	8	27	16	4	24
13	2	x	XVI	21	10	29	18	8	26	15	3	23	12	31	20	9	28	17	5†	25
14	2	q	XV	22	11	30	19	8†	27	16	4	24	13	1	21	10	29	18	6	26
15	3	p	XIV	23	12	31	20	9	28	17	5	25	14	2	22	11	30	19	8	27
16	4	n	XIII	24	13	1	21	10	29	18	6	26	15	3	23	12	31	20	9	28
17	5	m	XII	25	14	2	22	11	30	19	8†	27	16	4	24	13	1	21	10	29
18	8	l	XI	26	15	3	23	12	31	20	9	28	17	5	25	14	2	22	11	30
19	8†	k	X	27	16	4	24	13	1	21	10	29	18	5†	26	15	3	23	12	31
20	9	i	IX	28	17	5	25	14	2	22	11	30	19	8	27	16	4	24	13	1
21	10	h	VIII	29	18	8	26	15	3	23	12	31	20	9	28	17	5	25	14	2
22	11	g	VII	30	19	8†	27	16	4	24	13	1	21	10	29	18	5†	26	15	3
Aureus numerus																				
I	II			III	IV	V	VI	VII	VIII	IX	X	XI	XII	XIII	XIV	XV	XVI	XVII	XVIII	XIX

Minio autem, ut ante, distincti sunt dies Aprilis à diebus Martii, ne vox Martij & Aprilis sæpe repetita obrueret inspectorem potius quàm delectaret.

PROPOSITIO V.

Cyclum Neomeniarum anni exhibere.

Cum similitudo characterum similes mensium Lunæ dies in Kalendario arguat, cyclus Neomeniarum anni ita se habebit.

Cyclus vulgaris Neomeniarum anni.

Numerus Characteris.	Character Neomeniæ anni.	Mart.	April.	Maj.	Iuni.	Iuli.	Augu.	Sept.	Octo.	Octo.	Nové.	Decé.	Ian.	Febr.	Char. anni seq. cujus aureus numerus est unitate major.	Char. anni seq. cujus aureus numerus est unitate minor.
XXIX	N	8	7	6	5	4	3	1	1	30	29	28	27	25	k	l
XXVIII	M	9	8	7	6	5	4	2	2	31	30	29	28	26	i	k
XXVII	H	10	9	8	7	6	5	3	3	Nov. 1	Dec. 1	30	29	27	h	i
XXVI	G	11	10	9	8	7	6	4	4	1	1	31	30	18	g	h
XXV	F	12	11	10	9	8	7	5	5	2	2	Ian. 1	31	Mart. 1	f	g
XXIV	E	13	12	11	10	9	8	6	6	3	3	2	Febr. 1	2	e	f
XXIII	D	14	13	12	11	10	9	7	7	5	5	3	2	3	d	e
XXII	C	15	14	13	12	11	10	8	8	6	6	4	3	4	c	d
XXI	B	16	15	14	13	12	11	9	9	7	7	5	4	5	b	c
XX	A	17	16	15	14	13	12	10	10	8	8	6	5	6	a	b
XIX	u	18	17	16	15	14	13	11	11	9	9	7	6	7	yy	a
XVIII	t	19	18	17	16	15	14	12	12	10	10	8	7		N	yy
XVII	f	20	19	18	17	16	15	13	13	11	11	9	8		M	N
XVI	r	21	20	19	18	17	16	14	14	12	12	10	9		H	M
XV	q	22	21	20	19	18	17	15	15	13	13	11	10		G	H
XIV	p	23	22	21	20	19	18	16	16	14	14	12	11		F	G
XIII	n	24	23	22	21	20	19	17	17	15	15	13	12		E	F
XII	m	25	24	23	22	21	20	18	18	16	16	14	13		D	E
XI	l	26	25	24	23	22	21	19	19	17	17	15	14		C	D
X	k	27	26	25	24	23	22	20	20	18	18	16	15		B	C
IX	i	28	27	26	25	24	23	21	21	19	19	17	16		A	B
VIII	h	29	28	27	26	25	24	22	22	20	20	18	17		u	A
VII	g	30	29	28	27	26	25	23	23	21	21	19	18		t	u
VI	f	31	30	29	28	27	26	24	24	22	22	20	19		f	t
V	e	Apr. 1	Maji.1	30	29	28	27	25	25	23	23	21	20		r	f
IV	d	2	2	31	30	29	28	26	26	24	24	22	21		q	r
III	c	3	3	Iun. 1	Iul. 1	30	29	27	27	25	25	23	22		p	q
II	b	4	4	2	2	31	30	28	28	26	26	24	23		n	p
I	a	5	5	3	3	Aug. 1	31	29	29	27	27	25	24		m	n
*	yy	6		4		2		30	30	28	28	26			l	m

Sit octavus Martij, Neomenia. Erit eodem anno 7 Aprilis, Neomenia. 6 Maji. 5 Iunij, & eo continuo, quem eadem proscelis indicat, ordine, & inversim.

PROPOSITIO VI.

Cyclum Epactarum ad magnæ Lunaris periodi normam dirigere.

Magna Lunæ periodus restituit Neomenias aureo numero unitate diminuto. Nam cum ab annis 3400 abjiciuntur cycli decemnovales, supersunt anni 16. Aureo autem alicui numero 16 unitates addere, ipsum est unitate minuere. Quare præficiatur periodo, quæ agitur, numerus aureus 1. Antecedenti igitur præficiebatur aureus numerus 2. Succedenti præficietur 19. Ergo magna Lunari periodo absumuntur characteres Epactarum undecim sub constante aureo radicis numero. Ac proinde ternis annorum centuriis, quarum singulæ constant diebus 36,525, absumuntur consentaneè κατ' ἐπίβαλλον ὁλοχερῆ character unus, ac tandem quatuor centuriis postremus. Itaque cyclus Epactarum ad magnæ Lunaris periodi normam directus, cum ea definita sit annorum Iulianorum 3400, id est, dierum 1, 241, 850, se habebit hujusmodi.

Oppa-

Ὀργανικῶς.

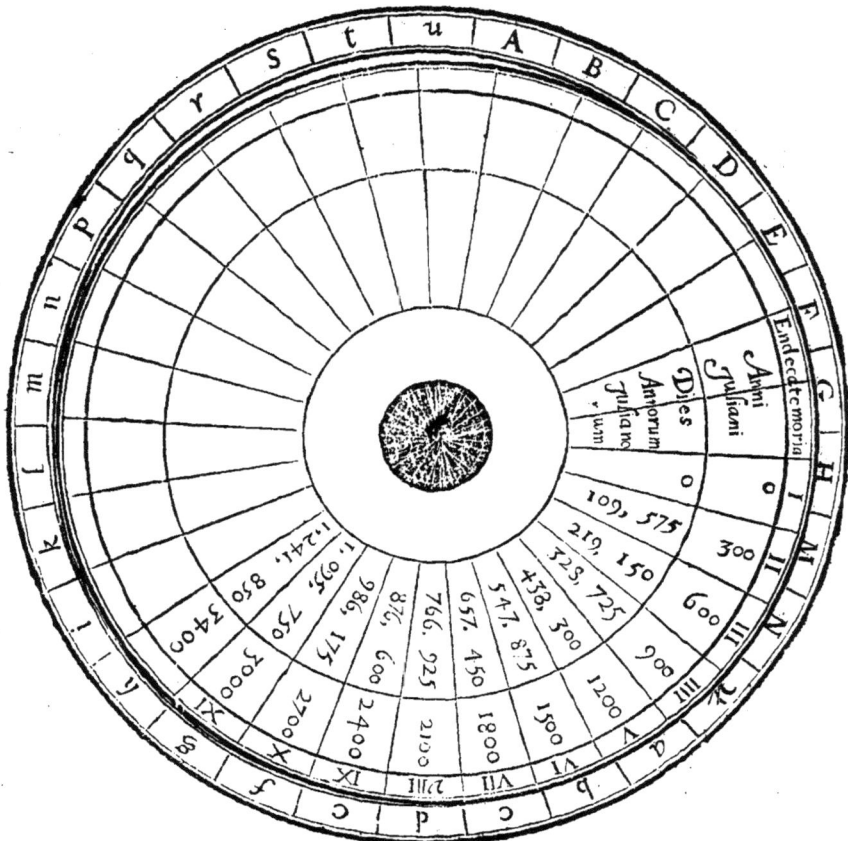

Πιναρικῶς.

CHARACTERES EPACTARUM

Endecatemoria.	Anni Juliani.	Dies annorum Julianorum.										
I	0	0	m n p	q r s	t u A	B C D	E F G	H M N	γγ a b	c d e	f g h	i k l
II	300	109,575	u p q	r s t	n A B	C D E	F G H	M N γγ	a b c	d e f	g h i	k l m
III	600	219,150	p q r	s t u	A B C	D E F	G H M	N γγ a	b c d	e f g	h i k	l m n
IV	900	318,725	q r s	t u A	B C D	E F G	H M N	γγ a b	c d e	f g h	i k l	m n p
V	1200	438,300	r s t	u A B	C D E	F G H	M N γγ	a b c	d e f	g h i	k l m	n p q
VI	1500	547,875	s t u	A B C	D E F	G H M	N γγ a	b c d	e f g	h i k	l m n	p q r
VII	1800	657,450	t u A	B C D	E F G	H M N	γγ a b	c d e	f g h	i k l	m n p	q r s
VIII	2100	766,925	u A B	C D E	F G H	M N γγ	a b c	d e f	g h i	k l m	n p q	r s t
IX	2400	876,600	A B C	D E F	G H M	N γγ a	b c d	e f g	h i k	l m n	p q r	s t u
X	2700	986,175	B C D	E F G	H M N	γγ a b	c d e	f g h	i k l	m n p	q r s	t u A
XI	3000	1,095,750	C D E	F G H	M N γγ	a b c	d e f	g h i	k l m	n p q	r s t	u A B
	3400	1,241,850										

Valet, ut datâ Epacta ad parodum aliquam magnæ periodi, dentur Epactæ ad parodos ejusdem periodi reliquas, sub immutabili aureo radicis numero.

Diſtinguntur autem parodi per periodi Endecatemoria, conſtituta videlicet annorum 300 ſingula; excepto poſtremo embolimæo, cui tribuuntur anni quadringenti reliqui.

PROPOSITIO VII.

Radicem Æquinoctii verni Julianam conſtituere.

Anno o ab Erâ Chriſti dies viceſimus tertius Martij Iulianus Æquinoctij verni ſedes eſto.

PROPOSITIO V.III.

Invenire dies exemptiles ſeculi Juliani propoſiti.

Dies exemptiles ſunt ij, quibus propoſitæ annorum Iulianorum centuriæ totidem Gregorianas ab eodem initas principio, excedunt. Sunt enim rejiculi ex Gregorianâ conſtitutione, ἀποϐληϊοὶ καὶ ἐξαιρεσιμοὶ. Et verò directio Gregoriana anno ante Chriſtum vel poſt Chriſtum 100 Iuliano, & deinceps anno 200 & anno 300 Biſſextum omittit, anno verò 400 retinet. Adſumatur igitur Era Chriſti, & oporteat facere quod propoſitum eſt.

Quotus erit in propoſitis annorum ante vel poſt Chriſtum centuriis quaternarius centuriatum numerus, tot ſume ternos dies, & quot diviſione inſtitutâ ſupererunt centuriæ, tot ſume dies ſingulos, ſumptos collige, & conflabis ſummam dierum exemptilium ſeculi propoſiti.

Propoſitus annus conſiſtat in primo Endecatemorio magnæ periodi, & ſit Epacta m *ſub aureo numero* I. *In Endecatemorio ſuccedente erit* n, *in tertio* p, *& eo continuo ordine ſub aureo radicis numero* I.

Sic annis ab Erâ Chriſti Iulianis 48,700 *dies exemptiles numerantur* 366. *Periodo verò annorum* 194,800 *dies* 1,461 *ſeu anni quatuor Iuliani.*

Et annis 109,500 *dies numerantur exemptiles* 822, *ſeu anni duo communes Ægyptiive & dies* 92.

Et annis 218,000 *dies numerantur exemptiles* 1,635, *ſeu anni quatuor Iuliani & dies* 174.

Annis denique 165,580,000 *dies exemptiles inveniuntur* 1,241,850, *ſeu anni Iuliani* 3,400.

PROPOSITIO IX.

In Kalendario Juliano Epochas Æquinoctii verni ad Juliana quæcunque ſecula, ſubnotare.

Inveni dies exemptiles propoſiti ab Erâ Chriſti Juliani ſeculi, quos à 23 Martij numera excluſivè in conſequentia dierum Kalendarij, ſi de antecedentibus ſeculis, vel in antecedentia ſi de conſequentibus quæritur, & is, in quem deſinet numeratio, ſedes erit Æquinoctii verni Iuliani quæſita.

Secundum quæ hic proferuntur

IN KALENDARIO JULIANO ADNOTATÆ
ad aliquot annorum Julianorum Centurias Æquinoctii verni Epochæ.

Anni Iuliani ante Christum.	Dies mēsis. Ianuarij.	Dies anni technici.	Anni Iuliani post Christum.
	30	329	
	31	330	6,700 6,800
	Februarij.		
	1	331	6,600
	2	332	6,500
	3	333	6,300 6,400
	4	334	6,200
	5	335	6,100
	6	336	5,900 6,000
	7	337	5,800
	8	338	5,700
	9	339	5,500 5,600
	10	340	5,400
	11	341	5,300
	12	342	5,100 5,200
	13	343	5,000
	14	344	4,900
	15	345	4,700 4,800
	16	346	4,600
	17	347	4,500
	18	348	4,300 4,400
	19	349	4,200
	20	350	4,100
	21	351	3,900 4,000
	22	352	3,800
	23	353	3,700
	24	354	3,500 3,600
	25	355	3,400
	26	356	3,300
	27	357	3,100 3,200
	28	358	3,000
	Martij.		
	1	359	2,900
	2	360	2,700 2,800
	3	361	2,600
	4	362	2,500
	5	363	2,300 2,400
	6	364	2,200
	7	365	2,100
	8	1	1,900 2,000
	9	2	1,800
	10	3	1,700
	11	4	1,500 1,600
	12	5	1,400
	13	6	1,300
	14	7	1,100 1,200
	15	8	1,000
	16	9	900

Anni Iuliani ante Christum.	Dies mensis.	Dies anni technici.	Anni Iuliani post Christum.
	Martij.		700 800
	17	10	
	18	11	600
	19	12	500
	20	13	300 400
	21	14	200
	22	15	100
0 100	23	16	0
200	24	17	
300	25	18	
400 500	26	19	
600	27	20	
700	28	21	
800 900	29	22	
1,000	30	23	
1,100	31	24	
	Aprilis.		
1,200 1,300	1	25	
1,400	2	26	
1,500	3	27	
1,600 1,700	4	28	
1,800	5	29	
1,900	6	30	
2,000 2,100	7	31	
2,200	8	32	
2,300	9	33	
2,400 2,500	10	34	
2,600	11	35	
2,700	12	36	
2,800 2,900	13	37	
3,000	14	38	
3,100	15	39	
3,200 3,300	16	40	
3,400	17	41	
3,500	18	42	
3,600 3,700	19	43	
3,800	20	44	
3,900	21	45	
4,000 4,100	22	46	
4,200	23	47	
4,300	24	48	
4,400 4,500	25	49	
4,600	26	50	
4,700	27	51	
4,800 4,900	28	52	
5,000	29	53	
5,100	30	54	
	Maij.		
5,200 5,300 &c.	1	55	

In intervallo autem annorum Iulianorum 194,800 circumducetur quater Kalendarium. Et erit circumductionis is schematismus.

KALENDARIUM JULIANUM.

Dies Martij.				Dies Februarij. 24 Sedes Bissexti.		129,300 129,100 129,200	
20	300	400	49,000	97,700		126,300 126,400	
21	200		48,900	97,500 97,600		126,200	
22	100		48,700 48,800	97,400		126,100	
23	0		48,600	97,300		125,900 126,000	194,700 194,800
24		48,500	97,100 97,200	125,800		194,600	
25		48,300 48,400	97,000	125,700		194,500	
26		48,200	96,900	125,500 126,000		194,300 694,400	
27		48,100	96,700 96,800	125,400		194,200	

Quæro Epocham Æquinoctij verni Iulianam seculo 109,500. Dies numerantur exemptiles 92 supra annos duos communes, quos dies dum numero à die 16 anni technici, id est 23 Martij; incido in diem 289, id est 21 Decembris, sedem ideo Æquinoctij verni eo seculo apud Iulianos.

Quæro de seculo 218,000. Dies numerantur exemptiles 174 supra annos 4 Iulianos, quos dum numero à die 16 anni technici, incido in diem 207, Epocham ideo Æquinoctij verni Iulianam.

PROPOSITIO X.

In quem diem Gregorianum cadat dies Julianus, vel contra explorare.

Parentur duo Kalendaria rotatilia & homocentra. Vnum, in quo intelligatur moveri Æquinoctium, & ideo Julianum. Alterum, in quo retineri ad 21 Martij, & ideo Gregorianum. Et in Juliano adnotetur Epocha Æquinoctij verni, quæ tempori proposito congruit. Quando igitur illa committetur cum die 21 Martij Gregoriano, accidet eâ commissurâ, ut dies in utroque Kalendario iidem, sed aliter à Julianis aliter à Gregorianis numerati, mutuo sibi correspondeant reliqui. Aptentur itaque Kalendaria hujusmodi. Et omnino Problemati satisfiet.

PROPOSITIO XI.

Cyclum Epactarum in Kalendario Juliano ordinare.

Ex eâ, quæ exposita est, Kalendariorum epharmoge suum quisque dies Julianus à Gregoriano cyclo characterem numerumve Epactæ, prout è regione occurret, suscipito.

PROPOSITIO XII.

Radicem Neomeniæ Julianam constituere.

Anno 0 ab Erâ Christi Neomenia ad 25 diem Martij Julianum consistito.

PROPOSITIO XIII.

Magnæ Lunaris periodi initium præfigere.

Annus 0 ab Erâ Christi esto annus 0 magnæ Lunaris periodi.

PROPOSITIO XIV.

Unicuique magnæ periodo Lunæ aureum numerum constantem præficere.

Magna quæque Lunæ periodus, aureum numerum anni à quo incipit, retineto. Itaque aureus numerus 1 magnæ post Christum primæ periodo præficitor, quoniam ea incipit

cipit anno o ab Erà Chrifti, id eft, anno ante Chriftum primo 1. Et fuccedenti fecundæ præficitor aureus numerus 19, quoniam incipiet anno Chrifti 3, 400. Tertiæ 18, &
eo continuo unitatis decremento. Contra prima ante Chriftum periodus, quæ incepit
anno ante Chriftum 3, 400, aureum numerum 2 adferito.

Tertia, quæ incepit anno, ut Hebræi vocant Tohu 6, 800, aureum numerum 3.

COROLLARIVM.

Itaque poft abfolutas periodos magnas Lunæ denas novenas, annorum videlicet Iulianorum 64, 600, redibit idem aureus numerus.

PROPOSITIO XV.

Julianas Neomeniarum conftantes Epochas unicuique Endecatemorio magnæ Lunaris periodi, fub aureo anni 1, à quo ea initium ducit, numero, adfignare.

Primi Endecatemorij Neomenia ex jam conftituta radice ad 25 Martij alligator. ex-
pleto Endecatemorio, die uno recedito. Itaque Neomenia fecundi Endecatemorij ad
diem 24 reponitor. Tertij ad 23, & eo continuo ad poftremum Endecatemorium re-
greffu, ex jam conftituto Epactarum ad magnæ periodi normam dirigendo cyclo.

Secundum quæ

CON-

CONSTANTES NEOMENIARVM IVLIANARVM

Epochæ ad quæcunque secula præterita vel futura
se habebunt, ut in Tabella.

Anni ante Christum Iuliani							Anni post Christum Iuliani																	
aureo numero IL.	Sub aureo numero IL.	Endeca-temoria.	Dies Martii.	Dies anni technici.	Sub aureo numero I.	Sub aureo numero XIX.	XVIII.	XVII.	XVI.	XV.	XIV.	XIII.	XII.	XI.	X.	IX.	VIII.	VII.	VI.	V.	IV.	III.	II.	I.
	2400	I	25	18	0	3400	6800	10,100	13,600	17,000	20,400	23,800	27,100	30,600	34,000	37,400	40,800	44,100	47,600	51,000	54,400	57,800	61,200	64,600
	2100	II	24	17	300	1700	7100	10,500	13,900	17,300	20,700	24,100	27,500	30,900	34,300	37,700	41,100	44,500	47,900	51,300	54,700	58,100	61,500	&c.
	1800	III	23	16	600	4000	7400	10,800	14,100	17,600	21,000	24,400	27,800	31,100	34,600	38,000	41,400	44,800	48,100	51,600	55,000	58,400	61,800	
	1500	IV	22	15	900	4300	7700	11,100	14,500	17,900	21,300	24,700	28,100	31,800	34,900	38,100	41,700	45,100	48,500	51,900	55,100	58,700	62,100	
900	1200	V	21	14	1100	4600	8000	11,400	14,800	18,100	21,600	25,000	28,400	31,800	35,100	38,600	42,000	45,400	48,800	52,200	55,600	59,000	62,400	
900	900	VI	20	13	1500	4900	8300	11,700	15,100	18,500	21,900	25,300	28,700	32,100	35,500	38,900	42,300	45,700	49,100	52,500	55,900	59,300	62,700	
600	600	VII	19	12	1800	5100	8600	12,000	15,400	18,800	22,100	25,600	29,000	32,400	35,800	39,100	42,600	46,000	49,400	52,800	56,100	59,600	63,000	
700	300	VIII	18	11	2100	5500	8900	12,300	15,700	19,100	22,500	25,900	29,300	32,700	36,100	39,500	42,900	46,300	49,700	53,100	56,500	59,900	63,000	
800	000	IX	17	10	2400	5800	9200	12,600	16,000	19,400	22,800	26,200	29,600	33,000	36,400	39,800	43,100	46,600	50,000	53,400	56,800	59,200	63,000	
800	700	X	16	9	2700	6100	9500	12,900	16,300	19,700	23,100	26,500	29,900	33,600	36,700	40,400	43,500	46,900	50,300	53,700	57,100	60,500	64,100	
800	400	XI	15	8	3000	6400	9800	13,200	16,600	10,000	23,400	26,800	30,200	31,600	37,000	40,400	43,800	47,100	50,600	54,000	57,400	60,800	64,500	
900	0				3400	6800	10,100	13,600	17,000	10,400	23,800	27,100	30,600	14,000	37,400	40,800	44,100	47,600	51,000	54,400	57,800	61,200	64,800	

Ad circumducendum magnas periodos
    Lunæ denas novenas,
      abacus.

6 4, 6 0 0	I
1 2 9, 2 0 0	I I
1 9 3, 8 0 0	I I I
2 5 8, 4 0 0	I V
3 2 3, 0 0 0	V
3 8 7, 6 0 0	V I
5 0 2, 2 0 0	V I I
5 1 6, 8 0 0	V I I I
5 8 1, 4 0 0	I X
6 4 6, 0 0 0	X

Quæritur Epocha Iuliana periodica Neomenia seculo ante Christum 1200. *Datur ab anno* 1300 *ad annum* 100 *Martij* 18 *ex tabella, sub aureo numero ij.*

    Quæro de seculo 1600 *post Christum. Datur* 20 *Martij ab anno* 1500 *ad* 1800 *ex tabella, sub aureo numero j.*

    Quæro de seculo 109,500. *Circumducta magna periodo dena novena, supererit annus* 44,900. *Quo seculo Epocha Neomenia Iuliana datur Martij* 23, *sub aureo numero vij.*

    Quæro de seculo 218,000. *Circumductis tribus periodis denis novenis, supererit annus à Christo* 24,200. *Quo seculo Epocha Neomenia Iuliana datur* 24 *Martij ex tabella, sub aureo numero xiij.*

    Quæro denique de seculo 145,576,800. *Circumductis* 2563 *magnis periodis, supererit annus à Christo* 7,000. *Quo seculo Epocha Neomenia Iuliana datur* 24 *Martij ex tabella, sub aureo numero xvij.*

PROPOSITIO XVI.

  Ad datum tempus, manente anni Iuliana ordinatione, Epactam invenire; atque adeo Neomeniam Paschalem, & Neomenias anni reliquas.

    Ad datum tempus inveni Epocham Iulianam tum Æquinoctii verni tum periodicæ Neomeniæ. Quibus in Kalendario Iuliano adnotatis ordinentur Epactæ. Quem igitur characterem nanciscetur Epocha periodicæ Neomeniæ, is erit Epacta quæsita sub aureo anni, à quo initium ducit periodus, numero.

    Sanè cùm Epocham citimæ Neomeniæ Epochas periodicæ antevertet, in anni antecedentis characteres fiet eruptio. Itaque diminuendus erit eo casu aureus numerus unitate.

    Cyclorum porrò ad ordinandum Epactas, rotatilium peripheriæ vix divisionem recipiunt in dies tercentum sexaginta quinque, nisi admodum figura sit immensa. Sed quod organum angustia chartæ denegat, commode supplet Epilogismus.

FOR.

FORMULA EPILOGISMI.

Adnotatur autem ad præclariorem conspectum non ipsa Æquinoctij verni Juliana Epocha, sed Epocha citimæ Neomeniæ, dies-ve primus anni solennium, diem Æquinoctij verni diebus tredecim perpetuò antevertens.

Anno ante Christum Iuliano	Qualis cycli annui Epocha Iuliana citimæ Neomeniæ dies est	Talis, Epocha Iuliana periodicæ Neomeniæ dies est	Itáque distantia periodica à citima dierum est	At in recta E-pactarú ordinatione, citima Neomenia caput est anni solennium seu dies anni technici.	Ergo cadet periodica Neomenia in diem anni technici. Cuius ideo character dabit Epactam, & est
		Sub aureo numero 111.	in antecedentia.		Sub aureo numero 11.
4,400	36	10	26	I	340 q
4,300	35	10	25		341 P
4,200	34	10	24		341 n
4,100	33	9	24		341 n
4,000	33	9	24		342 n
3,900	32	9	23		343 m
3,800	31	8	23		343 m
3,700	30	8	22		344 I
3,600	30	8	22		344 l
3,500	29	8	21		345 k
		Sub aureo numero 11.			Sub aureo numero 1.
3,400	18	18	10		356 M
3,300	17	18	9		357 H
3,200	27	18	9		357 H
3,100	26	17	9		357 H
3,000	25	17	8		358 G
2,900	24	17	8		359 F
2,800	24	16	8		358 G
2,700	23	16	7		359 F
2,600	22	16	6		360 E
2,500	21	15	6		360 E
2,400	21	15	6		360 E
2,300	20	15	5		361 D
2,200	19	14	5		361 D
2,100	18	14	4		362 C
2,000	18	14	4		362 C
1,900	17	13	4		362 C
1,800	16	13	3		363 B
1,700	15	13	2		364 A
1,600	15	12	3		364 B
1,500	14	12	2		464 A
1,400	13	12	1		365 u
1,300	12	11	1		365 u
1,200	12	11	1		366 u
1,100	11	11	in consequétia.		Sub aureo numero 11.
			0		1 N
1,000	10	10	0		1 N
900	9	10	1		2 M
800	9	10	1		2 M
700	8	9	1		2 M
600	7	9	2		3 H
500	6	9	3		4 G
400	6	8	2		3 H
300	5	8	3		4 G
200	4	8	4		5 F
100	3	8	5		6 E

Anno poſt Chriſtum Iuliano.		Sub aureo numero 1.			Sub aureo numero 1.	
q 0	3	q 18	q 15		q 16	P
100	2	18	16		17	n
200	1	18	17		18	m
300	365	17	17		18	m
400	365	17	17		18	m
500	364	17	18		19	l
600	363	16	18		19	l
700	362	16	19		20	k
800	362	16	19		20	k
900	361	15	19		20	k
1,000	360	15	20		21	i
1,100	359	15	21		22	h
1,200	359	14	20		21	i
1,300	358	14	21		22	h
1,400	357	14	22		23	g
1,500	356	13	22		23	g
1,600	356	13	22		23	g
1,700	355	13	23		24	f
1,800	354	12	23		25	f
1,900	353	12	24		25	e
2,000	353	12	24		25	e
2,100	352	11	24		25	e
2,200	351	11	25		26	d
2,300	350	11	26		27	c
2,400	350	10	25		26	d
2,500	349	10	26		27	c
2,600	348	10	27		28	b
2,700	347	9	27		28	b
2,800	347	9	27		28	b
2,900	346	9	28		29	a
3,000	345	8	28		29	a
3,100	344	8	29		30	γγ
3,200	344	8	29		30	γγ
3,300	343	8	30		31	N
		Sub aureo numero xix.			Sub aureo numero xix.	
q 3,400	342	18	41		41	t
3,500	341	18	42		43	f
3,600	341	18	42		43	f
3,700	340	17	42		43	f
3,800	339	17	43		44	r
3,900	338	17	44		45	q
4,000	338	16	43		44	r
4,100	337	16	44		45	q
4,200	336	16	45		46	P
4,300	335	15	45		46	P
4,400	335	15	45		46	P
4,500	334	15	46		47	n
4,600	333	14	46		47	n
4,700	332	14	47		48	m
4,800	332	14	47		48	m
4,900	331	13	49		48	m
5,000	330	13	48		49	l
5,100	329	13	49		50	k
5,200	329	12	48		49	l
5,300	328	12	49		50	k
5,400	327	12	50		51	i
5,500	326	11	50		51	i
5,600	316	11	50		51	i
5,700	325	11	51		52	h
5,800	324	10	51		52	h
5,900	323	10	52		53	g
6,000	323	10	52		53	g
6,100	322	9	52		53	g
6,200	321	9	53		54	f
6,300	320	9	54		55	e
6,400	320	8	53		54	f
6,500	319	8	54		55	e
6,600	318	8	55		56	d
6,700	317	8	56		57	c
6,800 &c.	317					

Quæro Epactam seculi Iuliani 109,500. Dies anni technici 276 fuit Epocha Iuliana citima Neomenia. Epocha vero excurrentis periodica dies 16, sub aureo numero VII. Hac igitur ab illa distat in consequentia diebus 105. Quare dies 106 in Kalendario dabit Epactam , & est n, sub ipso aureo numero VII.

Quæro Epactam seculi 218,000. Dies anni technici 194 fuit Epocha Iuliana citima Neomenia. Epocha vero excurrentis periodica 17, sub aureo numero XIII. Hac ab illa distat in consequentia diebus 188. Quare dies 189 in Kalendario Gregoriano dabit Epactam, & est t, sub ipso aureo numero XIII.

Data autem Epacta, dabitur Paschalis Neomenia *ex situ Epactæ in mense anni technici primo*, atque adeo Neomeniæ anni reliquæ, *ex characterum similitudine.*

Pascha primum celebrarunt patres nostri anno à condito mundi secundum Hebræos 2448. Itaque secundum eosdem is erat annus ante Christum 1312. Quæro diem Iulianum Paschalis Neomeniæ.

Quoniam eo seculo dies duodecimus anni technici fuit Epocha citima Neomeniæ apud Iulianos, is notetur in Kalendario Iuliano , & committatur cum die citima Gregorianorum, id est, anni technici primo. Dies igitur undecimus, qui eodem seculo exstit Epocha Neomeniæ Iuliana sub aureo numero 11, in eodem Kalendario Iuliano adnotatus concurret cum die 365 Gregorianorum, cujus character est u. Quare sub aureo numero 1 Epacta erit u, non etiam sub aureo numero 11, quoniam Epocham citimæ Epocha periodica excurrentis Neomenia antevertit. Characterem autem u possidet in primo Epactarum Gregorianarum Cyclo dies Martij 18, cui ἐν ἐφαρμογῇ respondebit apud Iulianos 19. Ergo vicesimus nonus secundum Iulianos fuit Paschalis Neomeniæ, sub aureo numero 1. Immo etiam secundum Hebræos, qui quidem anno Iuliano ad suas Tekuphas, Gregoriano ad sua Moladoth proxime utuntur.

PROPOSITIO XVII.

Ad datum tempus Gregorianum Epactam invenire; atque adeo Neomeniam Paschalem, & Neomenias anni reliquas.

Ad datum tempus Gregorianum inveni Epactam ac si proponeretur tempus Iulianum. Vix inter annorum Iulianas ac Gregorianas centurias, ea erit discrepantia, ut Epactam immutet.

At si durent secula , itaque dies exemptiles metam anni transcendant,quot anni numerabuntur exemptiles , tot unitatibus diminuendus erit aureus numerus, cui subest apud Iulianos Epacta. Enimvero proponantur anni à Christo Iuliani 48,700.Dies exemptiles ad anni metam adscendunt. Itaque qui Iulianis erit aureus numerus 1, is erit Gregorianis 2.

An autem & quatenus alioqui dies vel anni exemptiles Epactam immutent, dignoscetur ex Epactarum cyclo ad magnæ Lunaris periodi normam directo , & temporis adsumpti Iuliani , & propositi Gregoriani collatione. Cum enim in Epactarum cyclo , ut is ad magnæ periodi normam dirigatur, aptabitur ad tempus adsumptum Epacta inventa, quæ tempori vero occurret, ea erit de qua quæritur.

Ne vero transcendant dies exeresimi magnam periodum Lunæ , quoniam anni Gregoriani 165, 580, 000 deficiunt à totidem Iulianis per annos Iulianos 3,400. Est autem numerus 165,580,000 multiplex 3,400. Itaque intervallo annorum Gregorianorum 165,580,000 redeunt ad statas Epochas Neomeniæ, adaucto unitatibus sexdecim, vel quod idem est, diminuto tribus unitatibus aureo numero , circumducatur sane ea longissima periodus, retentis unitatibus tribus pro quaque circumductione ablativis aureo numero. Sic igitur in infinitum invenietur Epacta ad propositum pertinens Gregorianum seculum. Quod faciendum erat.

Proponantur longa secula. Itaque quæratur Epacta anni à Christo Gregoriani 109,500. Et seculo Iuliano 109,500 jam inventa est Epacta n , sub aureo numero VII. Differunt autem ea secula annis quidem duobus. Sed ea differentia tanti non est, ut Epactam immutet. Neque enim ante annos tercentum , immutatur character in Epactarum cyclo , ad magnæ periodi normam directo. At aureum numerum immutat. Qui enim à Iulianis numerabitur annus à Christo 109,500, is erit 109, 502 secundum Gregorianos. Ergo seculo 109,500 Gregoriano Epacta quidem erit n , sed sub aureo numero IX.

Sub aureo autem numero IV, *qui ad annum* 109,500 *pertinet, erit Epacta* t, *ex cyclo Epactarum ad aurei numeri normam directo, atque adeo* 19 *Martij Pafchalis Neomenia.*

Quæratur rurfus Epacta anni Gregoriani 218,000. *Et feculo* 218,000 *Iuliano jam inventa eft Epacta* t, *fub aureo numero* XIII. *Differunt autem fecula annis quidem quatuor. Sed ea differentia quoque tanti non eft, ut Epactam immutet. At aureum numerum immutat. Qui enim à Iulianis numerabitur annus à Chrifto* 218, 000, *is erit* 218,004 *fecundùm Gregorianos. Ergo feculo* 218, 000 *Gregoriano Epacta quidem erit* t, *fed fub aureo numero* XVII. *Sub aureo autem numero* XIV, *qui ad annum* 218,000 *pertinet, Epacta erit* q, *atque adeo* 22 *Martii Pafchalis Neomenia.*

Proponantur fanè longiora fecula, ut pote, Quæratur Epacta anni Gregoriani 19, 480,000. *Seculum illud efto Iulianum. Ergo circumductis magnis Lunæ periodis denis novenis* 301, *fupererunt anni* 35, 400. *Erit itaque* 21 *Martij Epocha Neomenia Iuliana, fub aureo numero* x. *Dies autem exemptiles colliguntur* 146,098, *feu anni Gregoriani* 400 & *infuper dies unus. Quare* 22 *Martij, cujus character* q, *erit Epocha Gregoriana, fub aureo numero* XI. *Qui enim numerabitur à Iulianis annus* 19, 480,000, *is erit Gregorianis* 19, 480, 400. *Itaque addendæ funt* 400 *unitates aureo numero Iuliano* x, *id eft unitas una, poft circumductos cyclos decennovales. At quæritur Epacta feculi Gregoriani* 19, 480,000 *non etiam feculi* 19, 480,400. *Mittatur ergo Epacta* q *in cyclum magnæ periodi, fub Endecatemorio quinto, ad quod videlicet pertinet annus* 35, 400, *id eft, fubducta decies magna periodo, annus* 1400 *incidet annus* 35,000, *id eft, poft eandem fubductionem, annus* 1000 *in* t *characterem Endecatemorij quarti. Erit igitur* t *emendata Epacta, fub aureo numero* XI, *feculo Gregoriano* 19,480,000. *At fub aureo numero* IV, *qui ad propofitum annum* 19,480,000 *pertinet, erit Epacta* N; *atque adeo octavus Martij Pafchalis Neomenia.*

PARS ALTERA RUBRICÆ,

feu

De Kalendarii verè Gregoriani dignitate & præftantiâ.

PROPOSITIO XVIII.

IN Kalendario Gregoriano limites Neomeniarum Pafchalium ritè funt conftituti.

Fixus eft Æquinoctij dies ad vicefimum primum diem Martij, & deinceps figendus decernitur novâ inftituendâ intercalatione, fi fortè fuccedentia fecula adfumptam anni Solaris magnitudinem à juftâ defcifcere comprobent. Quare citima Neomenia Pafchalis femper hærebit octavo Martij, remotiffima Aprilis quinto. Sunt hi limites à patribus Nicænis præftituti, quos egredi nefas eft. Salva enim oportet & illibata manere eorum decreta.

PROPOSITIO XIX.

In Kalendario Gregoriano conftitutum eft anni Lunaris principium, quale folemnium ratio, ac menfis Pafchalis dignitas expofcit.

Non temerè immutanda funt, quæ femper certam interpretationem habuerunt. Præcepit Hebræis Deus, ut menfem primum vocarent eum, cujus decima quarta dies Æquinoctium vernum proximè confequeretur, & eâ phafe Domini celebrarent. Pafcha illi σκιώδες etiamnum eâ die inducunt. At nos Pafcha αὐθενλικὸν non in ipfa quidem decima quarta, fed die dominica proxime fequente celebramus. Ergo menfibus Cæfares nomina imponant. Anni caput pro arbitrio conftituant. At ἱερομ̈ωίαι politiam defiderant cæleftem. Itaque primus menfis anni folemnes Neomeniarum Pafchalium parados ,, contineto, atque adeo citima Pafchalis Neomenia primus dies ejufdem efto. Eufe-
,, bius, Αὐτὴ τοίνυν καὶ ἡμῖν καθὰ τὴν τῆ Θεῶ ἀγίαν Ἐκκλησίαν ἀρχὴ ἔτες ἔςω παντὸς. Καθ' ὃν
,, ἦ, τὸ ἀγίον Πάσχα δι' εἰσιοντες εἰς κυςιακὴν ἐμπίπον τὴν ιδ τῆς σελήνης τὸν δὲ τῆ μῆνΘ· καὶ
,, Ἰεδαϊκῶς ἀλλ' Ἀποςολικῶς ἐκπληρῶμδυ καθὰ Φυσικλω, καὶ θεοπαρἀδοτον μέθοδον.

PROPOSITIO XX.

In Kalendario Gregoriano data Neomenia Paschali, reliquæ anni Neomeniæ arguuntur certò, & contra.

Sit data Neomenia Paschalis octavus Martij, oportet Neomenias reliquas anni certo arguere. Quoniam singulis & similibus mensium diebus, singuli & similes adpositi sunt characteres viginti novem, octavus autem Martij charactere N insignitur, quem etiam adsciscunt dies septimus Aprilis, sextus Maji, quintus Iunij, sextus Julij, tertius Augusti, primus Septembris, primus Octobris, tricesimus Octobris, vicesimus nonus Novembris, vicesimus octavus Decembris, vicesimus septimus Ianuarij, ac denique vicesimus quintus Februarij. Ideo duodecim illi dies erunt eo anno à citima Paschali Neomenia πχνικῶς incepto Neomeniæ. At generaliter in reliquis quibuscunque Paschalibus Neomeniis accidet, ut similitudo characteris, mensium Lunarium initia quæque, invicem sibi correspondentia, arguat.

Contra ex lege ἀντιστροφᾶν. Quemadmodum data Neomenia Paschali, dantur ex similitudine characteris Neomeniæ anni reliquæ, sic data Paschali, dabitur nec non Paschalis eo ipso symbolo.

Quid igitur, si proponatur tricesimus dies mensis alicujus constituti pleni Neomenia. Et quoniam tricesimus dies mensis primi non est Paschalis Neomenia (limites enim egreditur Paschales) ideo neque ei correspondentes in Kalendario technico constitutæ sunt Neomeniæ, atque adeo tricesimus quisque dies constituti pleni habitus est ὑπεράριθμ⊙, ἀνάρμος⊙, ἀμφίκρεμὴς, ἄναρρ⊙, Neomeniaque nulla, ut undique reciproca essent & conformia artis bene institutæ præcepta.

Quod si quis contendat petulantiùs, id absurdius esse, quàm uti duplice charactere vel discolori, adsumat sanè characterem tricesimum, Omalum P, Anomalum Π. Ac omalum quidem societ ipsi N. Anomalum ipsi a, ut ad alternationes mensium locus sit ipsi N, cum aureus numerus erit X vel minor; ipsi verò a, cùm xi vel major.

PROPOSITIO XXI.

In Kalendario Gregoriano libera relinquitur Epactarum per numeros ordinatos nomenclatura.

Cùm è characteribus Neomeniarum, is qui collocatur diei Aprilis quinto, numeratur primus, quarto secundus, & eo deinceps ordine, Epactæ vocentur technicæ. Et cum is qui collocatur tricesimo Martij numeratur primus, qui vicesimo nono secundus & eo deinceps ordine, vocentur vulgares. Et cum is qui diei Æquinoctij seu vicesimo primo Martij numeratur primus, & qui vicesimo secundus, & qui vicesimo secundo vicesimus nonus, & eo deinceps in antecedentia & consequentia ordine, vocentur Paschales.

,, Ἐπακταὶ ἡμέραι, inquit Budæus, intercalati dies appellantur. Lingua vernacula Epactam appel-
,, lat rationem vulgarem, qua colligitur cursus Lunaris ab imperitis, quam Isidorus libro vi Etymo-
,, logiarum docent. Sunt autem undeni dies in singulos annos adnumerandi usque ad tricesimum,
,, quos Epactas adpellant.

Isidorus libro vi Etymologicon.

,, Epactas Graci vocant, Latini adjectiones annuas Lunares, quæ per undenarium numerum usque
,, ad tricenarium in se resolvuntur, quas ideo Ægyptii adjiciunt, ut Lunaris dimensio ratione Solis
,, adæquetur. Luna enim juxta cursum suum viginti novem semis dies lucere dignoscitur. Et fiunt in
,, annum Lunarem dies 354. Remanent ad cursum Solis dies undecim, quos Ægyptii adjiciunt, unde
,, & adjectiones vocantur. Absque his non invenies Lunam quota sit in quolibet anno & mense & die.
,, Ista Epacta semper undecim Kalendis reperiuntur in eadem Luna, quæ fuerit eo die. Continentur au-
,, tem circulo decemnovali. Sed cum ad 29 Epactas pertinent, qui est circulus decemnovalis, jam sequen-
,, ti anno addes super 29 undecim, ut decem annumeres detractis triginta. Sed inde reverteris, ut de-
,, cem pronuncies.

Refert vir fide dignus habere se ψῆφον Πασχαλίων in antiquissimis membranis Græcè
scri-

ſcriptum., in quo anni caput eſt September; itaque Epactæ technicæ quotam Lunæ ad illud initium arguunt.

Nicopolitani & Alexándrini ſuos habebant Auguſtales Sacerdotes indices anni, ſeu, ut Theodoretus loquitur, τῦ ἐνιαυτῦ ἄρχοντας. Maximus Monachus , ἡ ποϱεία τῆς Σελἠνης, inquit, ἐν τῇ τϱιακάδι Μαρτίκ μηνὸς τὰς τῦ ὅλκ κείνκ ἔτκς κϱατῦσας τῆς Σελἠνης Ἐπακτὰς ἀποδείκνυσι. Notat ille vulgares, & eas Lilius adpoſuit.

De Paſchalibus vulgaris eſt verſiculus.

Qua tenet undenas Aprileis Luna Kalendas, Epacta numerum monſtrat per quemlibet annum.

Dies Martij.	Character Neomeniæ.	Epacta τεχνικὴ.	Vulgaris.	Paſchalis.
8	.N	29	23	14
9	M	28	22	13
10	H	27	21	12
11	G	26	20	11
12	F	25	19	10
13	E	24	18	9
14	D	23	17	8
15	C	22	16	7
16	B	21	15	6
17	A	20	14	5
18	u	19	13	4
19	t	18	12	3
20	ſ	17	11	2
21	r	16	10	1
22	q	15	9	0
23	p	14	8	29
24	n	13	7	28
25	m	12	6	27
26	l	11	5	26
27	k	10	4	25
28	i	9	3	24
29	h	8	2	23
30	g	7	1	22
31 Dies Aprilis.	f	6	0	21
1	e	5	29	20
2	d	4	28	19
3	c	3	27	18
4	b	2	26	17
5	a	1	25	16
6	γγ	0	24	15

Aufer à technicis unitates ſex, habes vulgares. Adde vulgaribus ſex, habes technicas. Technicis aufer vel adde 15, habes quotam Lunæ ad diem Æquinoctii, Epactaſve Paſchales.

PROPOSITIO XXII.

Prima Lunæ periodus bene proxima eſt veræ.

Prima Lunæ periodus eſt decem & novem annorum, quibus utimur; ſive Iulianorum ſive Gregorianorum. Eâ reſtituuntur ad eaſdem ferè Epochas Neomeniæ, poſt abſolutos menſes 235. Mahezor Hebræi, Græci Enneadecaeterida, Romani cyclum decemnovalem appellant, & numerum à radice periodi, aureum. Eam in annis Iulianis primus inveniſſe perhibetur Meton. At Iuliana ſerior aliquando periodo vera eſt. Contra Gregoriana citior. Media inter utramque veræ bene proxima. Menſes enim 235 complentur ex obſervatis diebus $6,939 \frac{18,983}{41,053}$, ſeu $6,939 \frac{27,568}{40,000}$. At anni 19 Iuliani valent dies $6,939 \frac{300}{400}$. Gregoriani $6,939 \frac{243}{400}$.

PROPOSITIO XXIII. ·

Vt anni Iuliani, Gregoriani-ve novem & decem, ad totidem annos communes; ita 235 menſes Lunæ Synodici, quales medio motu ab Aſtronomis ſolent taxari proximè, ad 235 menſes Politicos, quorum 228 plehi & cavi alternè, è ſeptem verò reliquis ſex ſunt pleni, & unus cavus.

Nam 235 menſes Lunæ Synodici, quales medio motu ab Aſtronomis ſolent taxari, complentur proxime annis 19, ſive Iulianis, ſive Gregorianis. Menſes autem Politici 228 cavi & pleni, alternis conſtant diebus 6,726, ſex pleni diebus 180, cavus unus diebus 29, ſumma dierum 6,935, qui debentur annis communibus decem & novem.

PROPOSITIO XXIV.

Propoſitis in cyclum charaᶜteribus triginta, undenarium quemque ſumere, & ea ſerie ipſos ordinare.

Proponantur in cyclum charaᶜteres triginta, & ſunto,

a	b	c	d	e	f	g	h	i	k
I	II	III	IV	V	VI	VII	VIII	IX	X
l	m	n	p	q	r	ſ	t	u	A
XI	XII	XIII	XIV	XV	XVI	XVII	XVIII	XIX	XX
B	C	D	E	F	G	H	M	N	P
XXI	XXII	XXIII	XXIV	XXV	XXVI	XXVII	XXVIII	XXIX	XXX

Oportet undenarium quemque ſumere, & eâ ſerie eos ordinare. Numerentur naturali ordine ac progreſſu, & ab eorum aliquo conſtituatur cyclus, qui per undenarium numerum progrediatur, abjecᵗo tricenario, cùm ad eum adſcenditur, numero. Erunt igitur in eo quoque cyclo gnomones triginta. Suum vero unuſquiſqne charaᶜterem recipiat, videlicet.

l	C	c	p	F	f	ſ	M	i	A
XI	XXII	III	XIV	XXV	VI	XVII	XXVIII	IX	XX
a	m	D	d	q	G	g	t	N	k
I	XII	XXIII	IV	XV	XXVI	VII	XVIII	XXIX	X
B	b	n	E	e	r	H	h	u	P
XXI	II	XIII	XXIV	V	XVI	XXVII	VIII	XIX	XXX

Ergo faᶜtum erit quod oportebat.

PROPOSITIO XXV.

In Kalendario Gregoriano, ita ordinatus eſt curſus Lunæ, ut circulationibus Kalendarij decem & novem compleat Luna menſes Politicos 235, qui Aſtronomicis bene conſentiunt.

Expónantur enim è Kalendario Gregoriano triginta charaĉteres, quos adſciſcunt triginta dies, cujuſlibet menſis conſtituti pleni. Iidem ordine retrogrado numerati ordinentur undeni, itaque charaĉterem l charaĉter C diebus undecim antevertat, & ea continua ſerie. Adſumatur autem quilibet ipſorum, utpote l, in quo Luna conſiſtat nova, & à punĉto l cyclum anni ita percurrat Luna, ut deſinat ſua circuitio in charaĉterem C, & à charaĉterem C in charaĉterem c, qui ordo continuabitur decies octies, cyclo vero decimo nono redibit Luna ad ipſum charaĉterem l, ex propoſito Epaĉtarum cyclo, ad autei numeri normam direĉto. Dico igitur ea ſua circulatione abſumi annos Lunares decem & novem, & præterea menſes Politicos plenos ſex & unum cavum. Quoniam menſes Politici pleni dierum ſunt 30, & cavi dierum 29; annus autem Lunaris ſex plenis & ſex cavis παραλλάξ: & ideo diebus 354. Cyclus porrò anni communis eſt dierum 365, quot conſtat Kalendarium. Statuatur N dies anni primus, M ſecundus, ac denique γγ triceſimus. Cum igitur abs l Luna pervenerit ad C per ipſum N, abſumentur dies 354. Nam ab l ad finem anni numerantur dies 346, quibus adduntur dies octo. Quare is eſto annus Lunaris primus. A punĉto C ad punĉtum c abſumentur dies 384. Nam à punĉto C ad finem anni numerantur dies 357, quibus adduntur 27. Quare is eſto annus Lunaris ſecundus & præterea menſis plenus, ac denique ea numeratio continuetur.

Index (margo): N 1, M 2, H 3, G 4, F 5, E 6, D 7, C 8, B 9, A 10, u 11, t 12, ſ 13, r 14, q 15, p 16, m 17, n 18, l 19, k 20, i 21, h 22, g 23, f 24, e 25, d 26, c 27, b 28, a 29, γγ 30.

l	C	c	p	F	f	ſ	M	i	A
19	8	27	16	5	24	13	2	21	10
346'	357'	338'	349'	360'	341'	352'	363'	344'	355'
354	384	354	354	384	354	354	384	354	384
Primus annus Lunæ.	Secundus plus mense pleno primo.	Tertius annus.	Quartus.	Quintus plus mense pleno secundo.	Sextus annus.	Septimus.	Octavus plus mense pleno tertio.	Nonus.	Decimus plus mense pleno quarto.

A	a	m	D	d	q	G	g	t	N	l
10	29	18	7	26	15	4	23	12	1	19
355'	336'	347'	358'	339'	350'	361'	342'	353'	364'	
384	354	354	384	354	354	384	354	354	383	
Decimus plus mense pleno quarto.	Vndecimus.	Duodecimus.	Decimus tertius plus mense pleno quinto.	Decimus quartus.	Decimus quintus.	Decimus sextus plus mense pleno sexto.	Decimus septimus.	Decimus octavus.	Decimus nonus plus mense cavo.	

Tandem igitur redibit Luna ad punĉtum l, poſt abſolutos annos & menſes expoſitos. Decem autem & novem anni Lunares, Politico calculo, conſtant menſibus 228 plenis & cavis alternè, quibus cùm adduntur ſex menſes pleni & unus cavus, ſumma menſium fit 235. qui totidem Aſtronomicis, in annorum 19 Iulianorum Gregorianorumve intervallo, bene conſentiunt. Neque verò aliter eveniſſet, ſi ab alio quàm l punĉto, inſtituta fuiſſet numeratio. In Kalendario igitur Gregoriano, ita ordinatus eſt curſus Lunæ, ut circulationibus Kalendarii decem & novem Luna compleat menſes Politicos 235, qui totidem Aſtronomicis bene conſentiunt. Quod erat oſtendendum.

PROPOSITIO XXVI.

In Kalendario Gregoriano Neomeniæ Paschales æquali incedunt ac uniformi progreſſu.

Cum dies menſis Lunæ, qui primus ordinatur in Kalendario Gregoriano, ſint dies Neomeniarum Paſchalium parodici, excepto trigeſimo, qui quidem exoticus eſt ac penſilis, directi ſunt illi viginti novem ad aurei numeri normam in tabella, una cum exotico ſeu penſili cujus character adſignatur $\gamma\gamma$. Itaque ſit data Neomenia octavus Martij, ſub aureo numero 1. Et oporteat reliquas Neomenias ſub reliquis aureis numeris invenire. Quoniam igitur ad octavum Martij pertinet character N, cui ſuccedit in cyclo directo character k, proponitur autem aureus numerus anni 11: ergo ſub aureo numero 11 erit k Neomenia, id eſt, 27 Martij. Et ſub aureo numero 111, B Neomenia, id eſt, 16 Martij, & eo continuo, donec periodus Metonica cycluſve decemnovalis compleatur, ordine. Sextus autem Aprilis in ea numeratione eſſet Neomenia, ſub aureo numero xii. At is eſt exoticus ac penſilis. Eum itaque ſupplent in exceſſum defectumve parodici limitanei extremique, intra quos ipſe conſiſtit medius in Kalendario, Octavus videlicet Martij, & Quintus Aprilis, ille deficiens, hic excedens. Ac Octavus quidem Martij præſtat illud officium omnino, cum cadit character exoterici ſub aureo numero x, vel minore; Quintus verò Aprilis, cum cadit ſub aureo xii, vel majore. Nam ſi caderet character exoterici ſub aureo numero x, vel minore, & ipſum ſuppleret Aprilis quintus. Quoniam dum $\gamma\gamma$ conſtituitur primus, in cyclo, ad decemnovalem directo, ſit a duodecimus; & dum $\gamma\gamma$ ſeptimus, ſit a decimus nonus: ideo concurrerent duo a in cyclo eodem decemnovali. Et contrà, ſi caderet exotericus ſub aureo numero xii, vel majore, & ipſum ſuppleret Martij octavus. Quoniam dum $\gamma\gamma$ conſtituitur duodecimus in cyclo, ad decemnovalem directo, ſit N primus. Et cum $\gamma\gamma$ decimus nonus, ſit N ſeptimus: ideo concurrerent duo N. Qui concurſus ſive hic, ſive illic eſſet abſurdus. Neque enim ante tranſactam Enneadecaeterida reſtituuntur Neomeniæ ad eoſdem dies. Sed & quoniam menſis Lunæ proximior vero, major eſt diebus 29, & horæ ſemiſſe, per dodrantem horæ, itaque magis renovatur Luna quàm vergat in ſenium, quæ in diem exotericum incidit. Ideo non ſolùm ſupplet exoterici officium octavus Martij ſub aureo numero vii, immo etiam ſub aureo numero x, & deinceps minore. Quintus verò Aprilis ſub aureo numero xi & majore, ut ſervetur analogia x ad ix, in qua ferè eſt exceſſus menſis veri ſuper Politicum cavum ad defectum ejuſdem veri à pleno. Illo igitur limitaneorum ſupplemento, congrua ſub aureo numero xii in propoſita hypotheſi exhibetur Neomenia quintus Aprilis, cum notâ exceſſus. Quod ſi data ſit Neomenia Martij 16, unde ſextus Aprilis foret Neomenia, ſub aureo numero x, exhibebitur octavus Martij cum notâ deficientiæ, utravis $\pi\lambda\acute{e}ov$ parodicis Neomeniis, nullam inde vim ſtationemve, patientibus. Quod obſervandum erat.

PROPOSITIO XXVII.

In Kalendario Gregoriano, cum fuerit aureus anni numerus 19, cadat autem Neomenia in diem anni 336 vel 337, ei ſuccedens Neomenia non erit prodigioſa, neque ideo ad eam dijudicandum, machina ſuperinducetur.

Patet undique Kalendarij $\gamma\eta\sigma\iota\varsigma$ $\dot{\alpha}\tau\alpha\xi\acute{\iota}\alpha$, ubi in vulgaribus reliquis redarguitur $\dot{\alpha}\tau\alpha$-$\xi\iota\alpha$. Exponatur Kalendarium vulgare cum Epactarum cyclo, ducto anni à Kalendis ſive Martij ſive Ianuarij initio, & ſit aureus numerus anni 19. Epactaque xix. Si igitur ducatur initium anni à Kalendis Martij, erit 29 Ianuarij Neomenia, nulla autem erit Epacta 19, in Februario menſe, non accedente biſſexto. Non accedat biſſextum. Ergo ſequentem Neomeniam arguet, anni ſequentis Epacta 1. Epactam verò 1 non offendet computator, ante diem Martij penultimum, quem ideo ſtatuet Neomeniam. A penultimo autem Ianuarij ad penultimum Martij numerantur dies 59. Prodigioſum ſanè ad menſem

ſem

sem unum intervallum, atque ideo prodigiosa, quæ proximè penultimum Ianuarij sub-
sequitur, Neomenia.

Et si ducatur initium à Kalendis Ianuarij, erit secundus Decembris Neomenia. Nulla
autem erit alia Epacta xix in toto mense Decembri, nisi societur quædam discolor cum
Epacta xx ad Decembris finem, ut ei locus sit, eo speciali casu. Sed illud est machinam
superinducere. Et si prima ad primum anni diem pertinens Epacta, non numeraretur
xxx sed xxix, in idem incideretur atopema, cum numeraretur Epacta xviii.

At in Kalendario Gregoriano, similis error non potest argui. Sit enim rursus aureus
numerus anni 19, & character Neomeniæ u, seu Epacta xix, sequens igitur Neomenia
incidet ὁμαλῶς in Martij septimum. Sit autem character Neomeniæ t, seu Epacta xviii.
Ergo sequentis anni character ad Neomenias erit γγ, seu Epacta nulla. Itaque quoniam aureus numerus illius anni erit 1, devolvetur γγ in characterem N. Atque ideo
octavus Martij constans erit & regularis Neomenia, nullâ superinductâ machina. Quod
observandum erat.

Sanè cum fuerit anni numerus aureus x, vel minor, Epacta verò u seu xix, quoniam
anno sequente communi Epacta erit γγ seu nulla & ideo devolvenda in N, censebitur
eo casu tam anni dies ultimus antecedentis quàm primus succedentis particeps ejusdem
Neomeniæ, ut ab octavo die Martij solita instituatur Plenilunii Paschalis numeratio.
Alioquin adsignandus fuerat character a diei septimo Martij, & ab ipso subeunda Epactarum mutatio, non etiam primâ Paschali Neomeniâ. Sed cùm antecedens annus ad-
sciscerèt Bissextum, incideretur in vitium mensis prodigiosi. A sexto enim Februarij ad
Martij octavum, numerantur in anno communi dies xxx, in Bissextili xxxi. At in hypothesi Gregorianâ dies iste ὑπερβαίνων tum in finem antecedentis anni, tum initium
succedentis diffinditur.

Itaque, quanquam is casus sit ἐκ παραλόγου, neuter tamen mensium illorum potest
dici ἁπλῶς dierum unius & triginta.

PROPOSITIO XXVIII.

In Kalendario Gregoriano, menses Lunæ, quorum dies Februarij erunt
initia, Politicorum plenorum limites non egredientur, accedente Bissexto.

Sit enim vicesimus septimus Ianuarij anno communi Neomenia, sequens erit ad 25
Februarij. Itaque is mensis erit Politicus cavus. Accedat autem Bissextum,

,, Bissextum sextæ Martis tenuere Kalendæ.

Itaque accedente Bissexto, mensis Politicus erit plenus, idemque accidet, in quemcun-
que diem à vicesimo septimo Ianuarij ad ipsum diem Bissexti, cadat Neomenia.

Sanè à vulgari calculo non recedere, & à vero quàm minimùm aberrare suavissimum
est. Itaque à Kalendis Ianuarij vellem posse duci initium anni, quoniam ita fert compu-
tus vulgi. Sed dum eo scopo intendo, deludor versus limites Paschales. Obstat omnino dignitas & ordo solennium. *Vt Numa nec Ianum nec avitas præterit umbras*, sic δὲ χερεῦς
antiquos Ecclesiæ ritus & sacros παραλλίων Canonas ne prætereunto. Fasti Pompilia-
ni, Fastis Gregorianis prorsus cedunto.

Dies sextus ante Kalendas Martij possidet Epactam u, seu primam, quintus Epactam N, seu xxix. Qui itaque intercalatur medius, is consentaneo ordine characterem
ὑπεράρισθμον sibi vendicabit Æolicum Digamma, id est, Epactam nullam, ut nullus anni
dies ἐμβολιμῦ obventu de sua Epactali possessione deturbetur. Omnino in bene instituta Kalendarij ordinatione, indicem citimæ Neomeniæ Epactam oportet esse xxix, remo-
tissimæ 1, & quam possidet dies Æquinoctij verni xvi. Ac denique Epactam diei, post
quem fit intercalatio Iuliana, 1 ut Epacta δισεντάκτ̄ȣ, quo verbo Græci juris auctorum
Glossarij Bissextum interpretantur, sit nulla. Itaque quibus perplacuerit initium cycli,
sive decemnovalis sive Epactarum, duci à Kalendis Ianuarij, iis retinendum est Æquinoctium pridie Idus Martij, & sedes δισεντάκτȣ ad xiii Kalendas Ianuarij præfigenda. Atque adeo non decem dies, sed tres duntaxat eximendi.

At cur recepto jam à tot seculis Kalendario Romano vis fiet! Novus annus, Pascha,
Ἀρχαιωνίσιμος ἑβδομας Paschalis. Familiam reliquarum Neomenia ducat, à qua pendent
& legem accipiunt reliquæ.

PROPOSITIO XXIX.

In Kalendario Gregoriano, menſis, quem Hebræi Niſan dixere, ſemper exiſtit plenus.

A Sole & Luna, & cæteris Planetis,&,ut adnotat Dio, ab earum ſeptem ſtellarum harmonia Ἀριϛοταρῶν, non à Diis gentium, impoſita ſunt diebus ſeptimanæ nomina. Quoniam tamen ipſi Planetæ à Diis gentium, vel Dii gentium ab ipſis planetis denominabantur, ideò maluit uti Hebræorum phraſi Eccleſia ad deſignandum dies ſeptimanæ, quàm Ethnicæ εἰδωλομανίας non obliviſci. Cur verò etiamnum ſuperſtitioſa, quæ Gentes indidere menſibus anni, nomina retinemus?

Annum Lunarem Politicum, diebus 354 conſtantem, diſtribuere Hebræi in menſes duodecim, quorum ſequitur ordo & nomenclatura.

I	Niſan	VII	Tiſri
II	Iiar	VIII	Marheſuan
III	Sivan	IX	Kiſleu
IV	Tamus	X	Tebeth
V	Ab	XI	Sehebat
VI	Elul	XII	Adar.

Eſt etiam decimus tertius menſis Veadar, qui ſepties in cyclo decemnovali intercalatur.

Epacta anni in menſe Neomeniarum Paſchalium parodico primum diem menſis Niſan arguit. Prima igitur Epacta ſeu a ſit Epacta anni. Et incidere primum diem menſis Niſan in quintum Aprilis ea ſtatim arguet. Primum vero diem menſis Iiar in quintum Maji; fiet itaque menſis Niſan dierum 30. Æquè, N, Epacta xxix ſeu poſtrema, ſit Epacta anni, & incidere primum diem menſis Niſan in octavum Martij, ea ſtatim arguet; primum verò diem menſis Iiar in Aprilis ſeptimum. Rurſus itaque fit menſis Niſan dierum 30. Quod in reliquis quoque Epactis intermediis continget. At in Kalendario vulgari, idem menſis Niſan ſemper evenit cavus. Dixit autem Dominus ad Moyſem & Aaron, in terrâ Ægypti, *Menſis iſte vobis principium menſium primæ erit in menſibus anni.* Primum verò menſem conſtitui plenum, non apud Hebræos tantum, ſed alios quoſcunque computatores fuit hactenus in more poſitum, à quo, ut nos populariter gereremus, non erat recedendum. *Odi profanum vulgus, & arceo.*

PROPOSITIO XXX.

In Kalendario Gregoriano, annus, receptum vulgò & uſitatum intercalandi morem, ſancta piorum meditatione, retinet.

Receptus vulgò & uſitatus intercalandi mos eſt, ut ad finem anni rejiciatur intercalatio.

Sic Ægyptij, quorum annus eſt dierum 365, rejiciunt quinque dies intercalares, poſt abſolutos menſes duodenos, qui ſinguli conſtituuntur tricenûm dierum.

Sic Romani rejiciunt diem Biſſexti ad Terminalia.

Quoniam itaque annum, quo utimur, non ad curſum Solis tantùm, ſed etiam Lunæ dirigi, Gregorio placuit; Solis autem ratio intercalationem diei unius exigit, Luna dierum undecim; meritò anni Politici tam Solis, quam Lunæ, commune adſumptum eſt ad octavum Martij initium, & ſive diei intercalandi Solis cauſa, ſive Lunarium undecim, rejecta eſt ſedes in anni illius πχνικῶς incepti finem. Fuit ea Nicænorum patrum, ac Gregorij felicitas & prudentia, in conſtituendo & retinendo ad diem 21 Martij Æquinoctio verno, & præfigendis limitibus primæ Neomeniæ Paſchalis ad octavum diem Martij; etſi à Computiſtis hactenus non animadverſa, nec adnotata. De eâ enim moniti tenuiſſent initium bonum, id eſt avitum, & Gregorianum.

Ego illud tanti facio, ut etiamſi à ſexto ante Kalendas Martij amoviſſent diem intercalarem; & ad ſextum Kalendas Ianuarij repoſuiſſent anni correctores; ſatis δ᾽ τάκτως καὶ ἀπλῶς ad vulgi captum conſtitiſſent in Kalendario omnia, conquererer tamen apud vos Doctores tanquam de adumbrato, quod maxime obnunciandum erat, inſigni myſterio aut non adſequuta Patrum & Gregorij mente. Summam enim rationem poſt juris auctores dixero, quæ pro religioſis Paſchalium ſolennibus facit.

Magna dies eſt Nativitas Chriſti; itaq; à Kalendis Ianuariis annum vulgò auſpicamur.

Quod

Quod etiam regiâ conſtitutione Caroli noni ſancitum eſt, anno 1564. At idem de rejectione Biſſexti in Decembrem nihil cavit. Ianuarius eſto janua anni, ac menſis primus ordine. Sed menſis Neomeniarum Paſchalium maneto (quia præcepit Moſes) primus dignitate. Annum Hebræi à Tiſri incipiunt, id eſt, à Neomenia ante Æquinoctium autumni, quoniam creatum fuiſſe mundum eo tempore prædicant, quanquam ex Moyſis edicto primus ac præcipuus ſit Niſan, ad Paſcha & reliqua feſta legalia. Februarius menſis,

Qui ſequitur Ianum, veteris fuit ultimus anni,
Tu quoque ſacrorum, Termine, finis eras.

PROPOSITIO XXXI.

Magna periodus Lunæ, ſynodicos menſes feliciter & accuratè reſtituit. Vocetur itaque Gregoriana.

Aperui vobis Lunæ periodum novam, ſummi Doctores, & eò magis novam, quoniam de eâ, Clavi, non meminiſti in Apologeticis tuis. Eam Gregorianam fas mihi ſit appellare, quoniam dum ex Gregorij mente Kalendarium emendare ſtudeo, ea mihi occurrit. Quam ſi non adgnoverit Lilius, interfuiſſe in ſuâ reſtitutione adſeram minùs peritiæ, ſed plus divinitatis ; ac diviniorem Gregorium, qui divino adflatus numine eam reſtitutionem amplectendam eſſe, & mox Aſtronomicis ſtabiliendam apodixibus præſenſerit. Eſt enim illa glorioſius initæ correctionis fundamentum.

Annis novem & decem Julianis reſtituuntur ad ſuas ſedes Neomeniæ proximè. Quæ fuit periodus Metonis.

Annis 3400 Julianis reſtituuntur Neomeniæ ad ſuas ſedes accuratè. Quæ eſto periodus Gregoriana.

Complentur autem dies 1,241,850.

Menſes ſynodici 42,053.

Enneadecaeterides 179, minùs anno Juliano uno.

Itaque menſis eſt dierum $29 \frac{21,513}{42,053}$.

Aliter, ſecundùm Hebræos dierum 29, horarum 12, helakin 793. Secundum Hipparchum, & Ptolemæùm dierum 29, ſcrupulorum primorum 31, ſecundorum 50, tertiorum 8.

Aliter dierum 29, horarum 12, ſcrupulorum primorum 44, ſecundorum 3, tertiorum 11.

Et ſecundùm eos, qui jamdudum iſtam per execontadas calculandi rationem è ſcholis ablegandam cenſuerunt, dierum 29 $\frac{530,593,348}{1000,000,000}$. Sic autem periodus Gregoriana Metonicæ in calculo Politico conciliatur. Anticipat periodus Gregoriana Metonicas 179, aureo numero uno. utpote ſeculo Chriſti 500, ſub aureo numero III, triceſimus primus Martij erat Neomenia. Ergo ſeculo annorum Iulianorum 3900, erit quoque triceſimus primus Martij Neomenia, ſed ſub aureo numero II. At ſub aureo numero III, erit anticipatio characterum undecim, & ideo à charactere f deveniet Neomenia ad characterem s, qui in cyclo ad decemnovalem directo ipſi f proximè ſuccedit.

Ut verò abjiciantur menſes intervallo dierum dato, & ſciatur acceſſus receſſuſve Neomeniæ à datâ Epochâ, non infeliciter abacus Politicus is conſtruetur.

Dies.	Menses.
1,241,850	42,053
946,544	32,053
651,238	22,053
355,932	12,053
60,626	2,053
31,095	1,053
1,565	53
1,269	43
974	33
679	23
383	13
88	3
59	2
29	1

At annis Gregorianis 165,580,000 complebuntur menses synodici 2,047,939,047. Est enim ut $365\frac{100}{400}$ ad $365\frac{97}{400}$, ita 146,100 ad 146,097, & ita 48,700 ad 48,699. Ducantur autem 48,699 in dies $365\frac{100}{400}$, efficis summam dierum, quibus constant anni Juliani 48,699. Sed hæc summa dierum illi æquatur, ob expositam analogiam. Anni igitur Gregoriani 48,700 valebunt 48,699 Iulianos. Ducantur ergo 3,400 in 48,699, efficies annos Iulianos, quibus debentur menses 42,053, multiplices per 48,699. Ducantur quoque 3,400 in 48,700, efficies annos Gregorianos ejusdem valoris, cujus effecti Iuliani. Itaque debebuntur quoque illis Iulianis menses 42,053, multiplices per 48,699. Sunt autem 2,047,939,047. Et constat propositum. ¶ Annis verò 9,129 Tropicis, debentur ferè menses 112, 910; & annis 1,000,000, menses 12,368, 277. ¶ Sed & quoniam diebus 1, 241,850, absolvuntur menses synodici 42,053; Politici verò menses pleni absolvuntur duntaxat 41,395, qui videlicet ducti in 30, efficiunt dies 1,241,850. ideo dies veri ad dies Epactales, quorum circuitus est characterum triginta, se habebunt ut 41,395 ad 42,053. Et ita faciendum erit, si quando dies mensium verorum ad dies plenorum Politicorum velimus revocare.

Sanè, eadem annorum 3,400 periodo, restitui obliquitatem Solis,& bis Æquinoctia, statuerunt Coperniciani. Itaque sive stet, sive accedat recedatve Æquinoctium, mirus hic apparet consensus Solis & Lunæ εἰς ἱερὰ ᾗ ᾿ημιλύνα. Hinc etiam salva omnino per annorum centurias rejecti Bissexti omissio, & per eas instituta Epactarum adæquatio.

PROPOSITIO XXXII.

Ad datum tempus, manente anni Juliani forma, ex data media Solis & Lunæ syzygia aliqua, extra limites constitutos Paschales, invenire scrupuloso calculo mediam syzygiam, quæ in eodem anno technico intra limites consistat.

Dies.	Horæ.	Scrupula.	Numerus mensium.
29	12	44	I
59	1	28	II
88	14	22	III
118	2	56	IV
147	15	40	V
177	4	24	VI
206	17	8	VII
236	5	52	VIII
265	18	26	IX
295	7	21	X
324	20	5	XI
354	8	49	XII
383	21	33	XIII

Oporteat facere quod propositum est. Paretur mensium Lunarium abacus, ex jam exposita taxatione, & esto

Et expendatur intervallum, à data Epocha syzygiæ non Paschalis ad diem citimæ Paschalis, idcirco adnotandum. Itaque ab eo intervallo tot menses periodicos aufer, quot auferri posse abacus indicabit. Desinet igitur numeratio in diem mensis constituti primi seu Paschalis. Vt ecce,

Quæro mediam syzygiam intra limites constitutos Paschales ipso anno Eræ Dionysiacæ Christi in meridiano Romæ.

Et

Et verò adnotat Reinholdus in suis Canonibus Prutenicis initio annorum Christi ætatem Lunæ fuisse 17, horar. 5, scrup. 37 ½, in Meridiano Regij-montis Borussiæ. Est autem eo occidentalior Meridianus Roma, per horæ fere dodrantem. Itaque dies Ianuarij 13, horâ sextâ à mediâ nocte scrupulis 29, fuit media syzygia Roma. Ea epocha incidit in diem 312 anni technici, cui dierum numero accedunt proximè in abaco dies, quos decem menses synodici absumunt. Itaque decem menses synodicos demo abs 312,6,29. Et supersunt dies 16, hora 23, scrup. 8. Et sextus decimus dies anni technici est vicesimus tertius Martij. Ergo anno ab Era Christi 0 in ipsa fere media nocte, quam sequebatur Martij vicesimus quartus, fuit Roma media Solis & Lunæ Paschalis syzygia. Est autem intra limites constitutos Paschales.

PROPOSITIO XXXIII.

Proemptofin Lunæ, in dato annorum intervallo, ad succedentia secula supputare.

Epacta, proemptofis, anticipativeve syzygiarum, incrementum ætatis Lunæ, sunt synonyma. Et verò ut periodus annorum Iulianorum 3,400 ad menses 42,053, ita periodus una annorum 19, æqualium quoque Iulianorum, ad menses 235 & insuper $\frac{7}{3,400}$ unius mensis. Ergo periodis viginti, talium annorum 19, id est, annis Iulianis 380, absolvuntur menses 4700. & proemptofis erit pars $\frac{7}{170}$ unius mensis, id est, dies unus, horæ 5, & scrupula 11.

Quo pertinet sequens abacus.

Anni Iuliani	Anticipatio syzygiarum.		
	Dies	Hor.	Scrup.
380	1	5	11
760	2	10	22
1,140	3	15	33
1,520	4	20	44
1,900	6	1	55
2,280	7	7	6
3,660	8	12	17
3,040	9	17	28
3,420	10	22	39

Idem abacus arguit proemptofin in annis viginti, esse dierum 10 22 39. circumductâ videlicet magnâ periodo 3,400. Quare per vicenos annos progrediens, incrementi ætatis Lunæ tabella, ita prorsus se habebit.

Anni Iuliani viceni.	Anticipatio syzygiarum.		
	Dies.	Horæ.	Scrup.
0	0	0	0
20	10	22	39
40	21	11	18
60	3	7	13
80	14	5	32
100	25	4	31
120	6	14	25
140	17	13	4
160	18	11	43
180	9	20	39
200	20	20	17
220	2	6	12
240	13	4	51
260	14	3	30
280	5	13	25
300	16	12	4
320	27	10	42
340	8	19	37
360	19	19	16
380	1	5	11

At qualium dierum 29 $\frac{21,313}{42,053}$ seu aliter 29 $\frac{530,592,348}{1000,000,000}$ est mensis unus, talium menses duodecim sunt dierum 354 $\frac{367,108,176}{1000,000,000}$. Itaque in anno communi proemptofis est dierum 10 & præterea $\frac{632,891,824}{1000,000,000}$. Id est, dierum 10, horarum 15, scrupulorum 11, 22''. In annis denique quaternis Iulianis, dies 14, horæ 0, scrup. 1. In annis igitur Iulianis quaternis & deinceps singulis, accedent ætati Lunæ dies, quos indicabit sequens tabella.

Anni Iuliani quaterni. 0	Anticipatio syzygiarum		
	Dies. 0	Horæ. 0	Scrup. 0
4	14	0	1
8	28	0	2
12	11	11	10
16	25	11	21
20	10	22	39

Anni comunes singuli. 0	Anticipatio syzygiarum.		
	Dies. 0	Horæ. 0	Scrup. 0
1	10	15	11
2	21	6	23
3	2	8	50
Annus Bissexti 4	14	0	1

Cum autem Iuliani magnam conftitutam periodum annorum 3400 excedent, circumducetur ea femel vel pluries, ut exiget propofitum intervallum. Quo pertinet abacus, qui fequitur.

Ad circumductiones magnarum periodorum Lunæ, abacus.

3,400	I	37,400	XI
6,800	II	40,800	XII
10,200	III	44,200	XIII
13,600	IV	47,600	XIV
17,000	V	51,000	XV
20,400	VI	54,400	XVI
23,800	VII	57,800	XVII
27,200	VIII	61,200	XVIII
30,600	IX	64,600	XIX
34,000	X		

Quæritur incrementum ætatis Lunæ, intervallo annorum Iulianorum 300,000. Abjectis magnis periodis 88, fupererunt anni 800. Annorum 760 intervallo congruit proëmptofis dierum.

	2	10	22.
Annorum verò 40 dierum	21	21	18.
Intervallo igitur annorum 800			

id eft, 300 000, accedent ætati Lunæ.

Dies.	Horæ.	Scrup.
24	7	40

PROPOSITIO XXXIV.

Anni Juliani manente forma, medias Solis & Lunæ fyzygias, quæ confiftunt intra limites conftitutos Pafchales, ad fuccedentia quæque fecula vel præterita, fupputare.

Id verò jam non efit negotiofum ex inventâ Epochâ ad annum o ab Erâ Chrifti, & adnotatâ ad quæcunque fecula proëmptofi. Itaque per vicenos quofque decemnovales cyclos magnæ periodi, vel per fingulos centenos licet fyzygias ordinare; & ad fecula præterita & futura aptare. Ut in Tabellâ.

Ante

Ante Christum.	Ante Christum. Aureus numerus 11.	Post Christum. Aureus numerus 1.	Epochæ syzygiarum, in mense constituto Paschali, per singulos vicenos cyclos decemnovales Iulianos. Dies Martij.	Horæ.	Scrup.	Post Christum. Aureus numerus 19.
	3400	0	23	23	8	3400
&c.	3020	380	22	17	56	3780
	2640	780	21	11	45	4160
	2260	1140	20	7	34	4540
5280	1880	1520	19	2	23	4920
4900	1500	1900	17	21	12	5300
4820	1200	2280	16	16	1	5780
4140	740	2660	15	10	50	6060
3760	360	3040	14	5	39	6440
3380	Post Christū. 20	3420	13	0	28	6810

At centum annis Iulianis in consequentia, proëmptosis fit dierum 25, horarum 4, scrupulorum 36,51' proximè : atque adeo metemptosis in eodem, dierum 4, horarum 8, scrup. 13',12". Itaque sic se habebunt Epochæ syzygiarum in mense constituto Paschali, per centesimos annos Julianos quoscunque.

Anni ante Christum.	Anni ante Christum.	Anni à Christo Iuliani.	Anni à Christo Iuliani.	Syzygiæ mediæ in urbe Roma. Dies,	Horæ,	Scrup.	Aureus numerus anni.
	3400	0	3400	Martij 23	23	8	I
	3300	100	3500	28	7	21	VI
	3200	200	3600	Aprilis 1	15	34	XI
	3100	300	3700	Martij 7	11	3	XVI
	3000	400	3800	11	19	17	II
	2900	500	3900	16	3	31	VII
	2800	600	4000	20	11	44	XII
	2700	700	4100	24	19	58	XVII
	2600	800	4200	29	4	11	III
	2500	900	4300	Aprilis 2	12	25	VIII
	2400	1000	4400	Martij 8	7	54	XIII
	2300	1100	4500	12	16	8	XVIII
	2200	1200	4600	17	0	21	IV
&c.	2100	1300	4700	21	8	35	IX
	2000	1400	4800	25	16	48	XIV
5300	1900	1500	4900	30	1	2	XIX
5200	1800	1600	5000	Aprilis 3	9	15	V
5100	1700	1700	5100	Martij 9	4	45	X
5000	1600	1800	5200	13	11	58	XV
4900	1500	1900	5300	17	21	12	X
4800	1400	2000	5400	22	5	26	VI
4700	1300	2100	5500	25	13	39	XI
4600	1200	2200	5600	30	21	53	XVI
4500	1100	2300	5700	Aprilis 4	6	6	II
4400	1000	2400	5800	Martij 10	1	36	VII
4300	900	2500	5900	14	9	49	XII
4200	800	2600	6000	18	18	3	XVII
4100	700	2700	6100	23	2	16	III
4000	600	2800	6200	27	10	30	VIII
3900	500	2900	6300	31	18	34	XIII
3800	400	3000	6400	Aprilis 5	2	57	XVIII
3700	300	3100	6500	Martij 10	11	16	IV
3600	200	3200	6600	15	6	40	IX
3500	100	3300	6700	19	14	53	XIV
3400	0	3400	6800	23	23	8	XIX

Si proposita annorum ab Erâ Christi centuria in consequentia succedentia-ve excedat tricesimam quartam, circumducetur.

PROPOSITIO XXXV.

Proëmptoses Lunæ, in dato annorum Gregorianorum intervallo, supputare.

Maxima apocastaseos Lunæ periodus, adnotata est annorum Gregorianorum 165, 580,000.

Deficit ea ab annis totidem Julianis, per magnam unam Lunæ periodum, annorum Julianorum 3,400.

Quæq; periodus annorum Gregorianorum 4,870,000 deficit per annos 100 Iulianos.

Quæque periodus annorum 194,800 per annos quattuor Iulianos.

Quæque tetracosieteris per dies tres.

Quæque centuria tetracosieteridos præter ultimam per diem unum.

Ex hypothesi Correctionis Gregorianæ. Oporteat autem facere quod propositum est.

Sumantur proëmptoses Lunæ, ac si intervallum esset annorum Iulianorum. Deinde expendantur dies & anni exemptiles ex Gregoriana correctione. Et pro eorum numero emendentur proëmptoses Iulianæ, ablatione τȣ ὑπιβάλλοντ۞.

Proëmptoses igitur sic adsequeris Gregorianas.

Formula Epilogismi.

Prostaphæreses aurei numeri.	Anni Gregoriani.	Proëmptosis annis totidem Iulianis congrua.			Dies exemptiles.	Proëmptosis diebus exemptilibus congrua.			Proëmptosis emendata.		
		Dies.	Horæ.	Scrup.		Dies.	Horæ.	Scrup.	Dies.	Horæ.	Scrup.
	Per centesimos annos tetracosieteridis.										
V	100	25	4	31	1	1			24	4	31
X	200	20	20	17	2	2			18	20	17
XV	300	16	0	4	3	3			13	12	4
I	400	12	3	50	3	3			9	3	50
	Per singulas tetracosieteridas.										
I	400	12	3	50	3	3			9	3	50
II	800	24	7	40	6	6			18	7	40
III	1200	6	22	46	9	9			27	11	30
IV	1600	19	2	36	12	12			7	2	36
V	2000	1	17	42	15	15			16	6	26
VI	2400	13	21	31	18	18			25	10	15
VII	2800	26	1	21	21	21			5	1	21
VIII	3200	8	16	27	24	24			14	5	11
IX	3600	20	20	17	27	27			23	9	1
X	4000	3	11	23	30	0	11	16	3	0	7
	Per tetracosieteridas denas.										
X	4,000	3	11	23	30	0	11	16	3	0	7
I	8,000	6	22	46	60	0	22	32	6	0	14
XI	12,000	10	10	9	90	1	9	48	9	0	21
II	16,000	13	21	31	120	1	21	4	12	0	27
XII	20,000	17	8	54	150	2	8	20	15	0	34
III	24,000	20	20	17	180	2	19	36	18	0	41
XIII	28,000	24	7	40	210	3	6	59	21	0	48
IV	32,000	27	19	3	240	3	18	8	24	0	55
XIV	36,000	1	17	42	270	4	5	24	27	1	2
V	40,000	5	5	4	300	4	16	39	0	12	25
XV	44,000	8	16	27	330	5	3	15	3	12	32
VI	48,000	12	3	50	360	5	15	11	6	12	39
	Per periodos copulæ anni Gregoriani & Iuliani singulas excrescentes.										
VIII	48,800	6	22	46	366	11	15	11	24	20	19
XVI	97,600	13	21	31	732	23	6	22	20	3	53
V	146,400	20	20	17	1098	5	8	50	15	11	27
XIII	195,200	27	19	3	1464	17	0	1	10	19	2

Proftaphæreſes aurei numeri.	Anni Gregoriani.	Proemptoſis annis totidem Iulianis congrua.			Anni exemptiles Iuliani.	Proemptoſis annis Iulianis exemptilibus congrua.			Proemptoſis emendata.		
		Dies.	Horæ.	Scrup.		Dies.	Horæ.	Scrup.	Dies.	Horæ.	Scrup.
	Per periodos copulæ anni Iuliani & Gregoriani quaternas.										
XII	194,800	15	15	13	4	14	0	.1	1	15	12
V	389,600	1	17	42	8	28	0	3	3	6	23
XVII	584,400	17	8	54	12	12	11	20	4	21	34
X	779,200	3	11	23	16	26	11	22	6	12	45
III	974,000	19	2	36	20	10	22	39	8	3	57
	Per periodos copulæ vicenas.										
III	974,000	19	2	36	20	10	22	39	8	3	57
VI	1,948,000	8	16	27	40	21	21	18	16	7	53
IX	2,922,000	27	19	3	60	3	7	13	24	11	50
XII	3,896,000	17	8	54	80	14	5	52	3	3	22
XV	4,870,000	6	22	46	100	25	4	31	11	6	59
XVIII	5,844,000	26	1	21	120	6	14	25	19	10	56
II	6,818,000	15	15	13	140	17	13	14	25	14	43
V	7,792,000	5	5	4	160	28	11	43	6	6	5
VIII	8,766,000	24	7	40	180	9	21	39	14	10	1
XI	9,740,000	13	21	31	200	20	20	27	22	13	58
XIV	10,714,000	3	11	23	220	2	6	12	1	5	11
XVII	11,688,000	22	13	49	240	13	4	51	9	8	58
I	12,662,000	12	3	50	260	24	3	30	17	13	4
IV	13,636,000	1	17	42	280	5	13	25	25	17	1
VII	14,610,000	20	20	17	300	16	12	4	4	8	13
X	15,584,000	10	10	9	320	27	10	42	12	12	11
XIII	16,558,000	0	0	0	340	8	20	37	20	16	7
XVI	17,532,000	19	2	36	360	19	19	16	28	20	4
XIX	18,506,000	8	16	29	380	1	15	11	7	11	16
	Per periodos copulæ tercentenas octogenas.										
XIX	18,506,000	8	16	27	380	1	5	11	7	11	16
XIX	37,012,000	17	8	54	760	2	10	22	15	22	32
XIX	55,518,000	26	1	21	1140	3	15	33	2	9	48
XIX	74,224,000	5	5	4	1520	4	20	44	0	8	20
XIX	92,530,000	13	21	31	1900	6	1	55	7	19	36
XIX	111,036,000	22	13	59	2280	7	7	6	15	6	53
XIX	129,542,000	1	17	42	7660	8	12	17	22	18	9
XIX	148,048,000	10	10	9	3040	9	17	28	0	16	41
XIX	166,554,000	19	2	36	3420	10	22	39	8	3	57
XVI	165,580,000	0	0	0	3400	0	0	0	0	0	0

PROPOSITIO XXXVI.

Medias Solis & Lunæ fyzygias Pafchales Gregorianas, ad fuccedentia quæque fecula vel præterita, fupputare.

Quanta fides Canonibus Prutenicis adhibenda fit, viderint fyderum obfervatores. Sed fi omni authoritate niterentur ac præjudicio, dejicerent de fuâ fede Æquinoctium vernum Kalendarij Gregoriani Poliorcetæ, atque adeo ipfum Kalendarium funditùs everterent. Neque enim debuerant eximi dies decem, ut Epocha Æquinoctij verni ad diem x x i Martij retineretur, fecundùm Prutenicos Epilogiftas. Enimverò ad Eram Chrifti diftabat medius Sol à medio Æquinoctio $\varepsilon i s \, \dot\varepsilon \pi o \mu \dot\nu \varkappa \alpha$, per partes 278 $\frac{173}{1000}$, & $\varepsilon i s \, \pi \varrho o \eta \gamma \varepsilon \mu \dot\nu \varkappa \alpha$ per partes 81 $\frac{623}{1000}$. quibus debentur dies 82 $\frac{814}{1000}$. Ut enim partes circuli ad dies anni Gregoriani, id eft, ut 360 ad 365 $\frac{97}{400}$, ita 10,000,000 ad 10,145,625. Ergo anno ab Erâ Chrifti primo medius Sol medium tenebat Æquinoctium Romæ, die 24 Martij, horâ feptimâ poftmeridiana. Et cum anni 400 Tropici feu Gregoriani deficiant à totidem Iulianis, triduo: anno igitur 401 Iuliano, die Martij 21, horâ feptimâ poftmeridianâ, medius Sol medium tenebat Æquinoctium. Anno verò 400, die Martij 21, horâ unâ poftmeridianâ.

Anni 1200 Tropici Gregoriani deficiunt à totidem Iulianis, per dies novem. Quare ut retineretur medium Æquinoctium, feculo Chrifti 1600, ad diem 21 Martij, erant eximendi duntaxat dies novem. Ideo autem feculo Chrifti 1600, retinendum erat Æquinoctium vernum ad diem x x i Martij, quoniam anno 1654 anomalia Æquinoctiorum confiftet in limite tarditatis, ficut annis 63 ante Chriftum. Reftitui enim anomaliam annis 1717 Ægyptiis ftatuerunt Coperniciani, & medium Æquinoctium tardiùs citiufve vero poffe contingere, per diem unum & diei quintantem. Trepidare enim Eclipticam hinc inde per fcrupula 71 $\frac{3}{8}$. Medium itaque Æquinoctium aliquando in vicefimum diem, aliquando in vicefimum fecundum prolabetur. Quos inter limites media confiftens Epocha, dies erit vicefimus primus. Sed & apparens Sol à medio Sole poteft differre per biduum & horas decem. Sit enim Ecliptica ad Æquatorem maximè obliquâ & apogæon Solis adparens in Cancro. Medius Sol adparentem Solem antecedet, per biduum & horas decem. Contrà, cum apogæon Solis adparens erit in Capricorno. Ergo poterit apparere Sol in vero Æquinoctio, die 24 Martij, & die 18, inter quas rurfum Epochas media erit dies Martij 21. At ablatione 10 dierum, non fit dies 21 Martij media Epocha, fed dies 22. Sed cur aliter definientes Gregorij Sofigenas increpavero. Non defunt enim, qui Copernici chronologiam improbent, non defunt qui obfervent. An reftituendus fit ille dies, fuccedentia fecula comprobabunt. Sed currente feculo, five fciens five errans eum exemerit Lilius, adficiar ultrò Lilianâ, five prudentiâ, five felicitate.

Anno igitur ducentefimo ab Erâ Chrifti exeunte, incipit Gregoriana correctio.

Trecentefimo ablatus fuit dies unus, & erat annus Tetracofieteridis tertius.

Quadringentefimo retentum fuit Biffextum.

Ita placuit falvas fieri à patribus, uti Pafchales acceptas Neomenias.

Fictiones civiles legis Corneliæ, vel jura poftliminij, in res facras ita induci, fortè fubfannabunt irrifores. Sed quod nolent pietati, concedant fanè calculi commoditati. Ergo emendatæ ita fe habebunt Pafchalium fyzygiarum, ad multa fecula præterita & futura, Epochæ.

Anni Gregoriani Pa- ante Christum.	Epochæ Syzygiarum Pa- schalium Gregorianæ.			Aureus numerus.
1600	Martij 29	1	42	XVI
1500	Aprilis 3	9	56	II
1400	Martij 10	5	26	VII
1300	14	13	39	XII
1200	19	21	53	XVII
1100	25	6	6	III
1000	30	14	20	VIII
900	Aprilis 4	22	33	XIII
800	Martij 10	18	3	XVIII
700	16	2	16	IV
600	21	10	30	IX
500	26	18	14	XIV
400	31	2	57	XIX
300	Aprilis 5	11	10	V
200	Martij 12	6	40	X
100	17	14	53	XV
Poſt Chriſtum.				
0	21	23	8	I
100	27	2	21	VI
200	Aprilis 1	15	34	XI
300	Martij 8	11	4	XVI
400	12	19	17	II
500	18	3	31	VII
600	23	11	44	XII
700	28	19	58	XVII
800	Aprilis 2	4	11	III
900	Martij 8	23	41	VIII
1000	14	7	54	XIII
1100	19	16	8	XVIII
1200	24	0	21	IV
1300	29	8	35	IX
1400	Aprilis 3	16	48	XIV
1500	Martij 10	12	18	XIX
1600	14	10	31	V
1700	20	4	45	X
1800	25	12	58	XV
1900	30	21	12	I
2000	Aprilis 4	5	26	VI
2100	Martij 11	0	36	XI
2200	16	9	9	XVI
2300	21	17	22	II
2400	26	1	36	VII
2500	31	9	49	XII
2600	Aprilis 5	18	3	XVII
2700	Martij 11	13	32	III
2800	16	21	46	VIII
2900	22	5	19	XIII
3000	27	14	13	XVIII
3100	Aprilis 1	22	26	IV
3200	Martij 7	17	56	IX
3300	13	2	9	XIV
3400	18	10	23	XIX
3500	23	18	37	V
3600	18	2	50	X

Anni Gregoriani poſt Christum.	Epochæ Syzygiarum Pa- schalium Gregorianæ.			Aureus numerus.
3600	Martij 28	2	50	X
3700	Aprilis 2	11	4	XV
3800	Martij 9	6	33	I
3900	14	14	47	VI
4000	18	23	0	XI
4100	24	7	14	XVI
4200	29	15	27	II
4300	Aprilis 3	23	41	VII
4400	Martij 9	19	10	XII
4500	15	3	24	XVII
4600	20	11	37	III
4700	25	19	51	VIII
4800	30	4	4	XIII
4900	Aprilis 4	12	18	XVIII
5000	Martij 11	7	47	IV
5100	16	16	1	IX
5200	21	0	14	XIV
5300	26	8	28	XIX
5400	Martij 31	16	41	V
5500	Martij 7	21	11	X
5600	Martij 11	20	25	XV
5700	17	4	38	I
5800	22	12	52	VI
5900	27	11	5	XI
6000	Aprilis 1	5	19	XVI
6100	Martij 8	0	48	II
6200	13	9	2	VII
6300	18	17	15	XII
6400	23	1	29	XVII
6500	28	0	42	III
6600	Aprilis 2	17	56	VIII
6700	Martij 9	13	25	XIII
6800	13	21	39	XVIII
6900	19	5	52	IV
7000	24	13	6	IX
7100	29	22	19	XIV
7200	Aprilis 3	6	33	XIX
7300	Martij 10	1	42	V
7400	15	10	15	X
7500	20	18	29	XV
7600	25	2	43	I
7700	30	10	56	VI
7800	Aprilis 4	18	9	XI
7900	Martij 11	14	38	XVI
8000	15	22	54	II
8100	21	6	27	VII
8200	26	15	21	XII
8300	31	23	34	XVII
8400	Aprilis 5	7	48	III
8500	Martij 11	3	17	VIII
8600	17	11	31	XIII
8700	22	19	45	XVIII
8800	27	3	58	IV

A centuriâ Biſſextili ad centuriam non Biſſextilem progreſſus Neomeniarum, eſt dierum 5, horarum 8, ſcrup. 13, ſecundorum 12.

A primâ non Biſſextili ad ſecundum non Biſſextilem, idem progreſſus.

A ſecundâ rurſus ad tertiam, idem.

At à tertiâ non Biſſextili ad quartam Biſſextilem progreſſus, eſt dierum 4, horarum 8, ſcrup. 13 , ſecundorum 12. Progreſſus autem aurei numeri per ſingulas centurias , eſt unitatum quinque.

Quâ arte poteſt Epocharum ſubjecta tabella protendi ad quot libuerit ſecula. Quod ſi qua centuria proponatur à Chriſto, cujus non data ſit Epocha (ante Chriſtum enim ad primum uſque Paſcha protenſæ ſunt Epochæ) expendetur in centuriis pariter paribus intervallum ab Erâ cognitæ Epochæ, & ſecundùm illud ſumetur proëmptoſis con-

grua, & ejus fubductione vel metemptofeos additione emendabitur radix. Datâ videlicet proëmptofi datur metemptofis. Eft enim differentia inter proëmptofin & menfem fynodicum, qui dierum eft 29, horarum 12, fcrup. 44.

Quæro mediam fyzygiam Pafchalem, anno 109,500. Intervallo annorum 10, 800 debetur
proëmptofis dierum 22, 1, 39', feu metemptofis dierum 7, 11, 5'. Differentia Eræ propofitæ & illius
intervalli eft 1500, cujus anni media fyzygia in Epocharum tabellâ conftituta eft ad Martij diem 10,
12, 18'. Quare dies Martij 17,23,23' erit media Pafchalis fyzygia anno 109,500, ut ante.

Quæro rurfus mediam fyzygiam Pafchalem, anno Chrifti 218,000. Intervallo annorum 214,
800 debetur proëmptofis dierum 16, 15, 46', feu metemptofis dierum 12, 20, 58'. Differentia Eræ
propofita & illius intervalli eft 3200, cujus anni à Chrifto media fyzygia conftituta eft ad diem Martij 7, 17, 5'6. Quare dies Martij 20,14,54 erit media fyzygia, anno 218,000, ut ante.

Quæro denique mediam fyzygiam, anno Chrifti 165,580, 200. Intervallo annorum 165,580,
200 nulla debetur proëmptofis. Differentia illius intervalli & Eræ propofitæ eft 200, cujus anni à
Chrifto conftituta eft media fyzygia ad diem Aprilis 1, 15, 34. Anno igitur 165,580, 200 die primo
Aprilis hora ferè 4 poftmeridiana continget Roma media Pafchalis fyzygia. Erit autem aureus anni
numerus VIII.

PROPOSITIO XXXVII.

Annus Gregorianus anno fydereo eft bene commenfurabilis.

Annus fydereus ex fententiâ Thebites & Copernici bene præfinitur dierum $365\frac{77}{300}$.

Itaque ut anni 1200 Gregoriani deficiunt à totidem Iulianis diebus novem: fic totidem fyderei fuperant totidem Iulianos diebus octo.

Defectus Gregorianorum à Iulianis eft fefquioctavus ad exceffum fydereorum fupra
Iulianos.

Ut 438,308 ad 438,291, ita anni Gregoriani feu tropici ad fydereos.

Porrò anno 500 ante Chriftum, proximè caput fixarum punctum erat Æquinoctij
verni. Unde per totum Kalendarium Iulianum licet Epochas ingreffus Solis in caput
fixarum ad quafcunque annorum Iulianorum centurias adnotare, ut in tabellâ.

Adnotatæ in Kalendario Iuliano ingreffus Solis
in caput fixarum, Epochæ.

		Dies Februatij.				Anni poft Chriftum.			
4800	4700	15	600	500	25				
	4600	16		400	26				
4500	4400	27	300	200	27				
	4300	28		100	28				
		Dies Martij.		Anni o ante Chriftum.					
4200	4100	1			29		0	100	
	4000	2			30		200		
3900	3800	3			31 Aprilis.		300	400	
	3700	4			1		500		
3600	3500	5			2		600	700	
	3400	6			3		800		
3300	3200	7			4		900	1000	
	3100	8			5		1100		
3000	2900	9			6		1200	1300	
	2800	10			7		1400		
2700	2600	11			8		1500	1600	
	2500	12			9		1700		
2400	2300	13			10		1800	1900	
	2200	14			11		2000		
2100	2000	15			12		2100	2200	
	1900	16			13		2300		
1800	1700	17			14		2400	2500	
	1600	18			15		2600		
1500	1400	19			16		2700	2800	
	1300	20			17		2900		
1200	1100	21			18		3000	3100	
	1000	22			19		3200		
900	800	23			20		3300	&c.	
	700	24							

Quæris quo die Iulia-
norum anni ante Chri-
ftum 3400, Sol cum
capite fixarum congre-
diebatur? Infpice tabel-
lam, & deprehendes eum
diem fuiße apud Iulia-
nos eo feculo Martij fex-
tum.

Quæris de feculo poft
Chriftum 1600? Argues
ingredi Solem in caput fixarum Aprilis octavo,
id eft, Gregorianis deci-
mo octavo.

Ergo feculo 1600 in-
greffus ille ferior erit in-
greffu Solis in verni Æ-
quinoctij punctum, die-
bus 28.

PROPOSITIO XXXVIII.

Radix Neomeniæ Juliana, bene conſtituta eſt ad xxv Martij, anno o
ab Erâ Chriſti.

Inſigne tempus, à quo magna periodus Gregoriana initium ducat, eſt Era Chriſti.
Paſcha enim noſtrum immolatus eſt Chriſtus. Ad Eram autem Chriſti adnotata eſt in
Meridiano urbis Romæ media ſyzygia in ipſa media noĉte, quam ſequebatur dies Martij viceſimus quartus. A media noĉte diem auſpicamur Chriſtiani. Itaque media ſyzygia Paſchalis eo ſeculo diei Iulianorum viceſimo quarto videtur adſcribenda, ſub aureo
numero 1, qui ad annum o Chriſti pertinet, unitate deinceps augenda per ſingulas ternas centurias magnæ periodi. Quanquam enim ea radix poſſet fortaſſis ad aliquas in-
termedias parodos magnæ periodi, ſub alio aureo numero, magis congruere, tamen præſtantia Eræ alleĉtus ἀκριϐέιαν illam felicitati calculi non antepoſuero. At Neomeniam
primam-ve Lunam à mediâ ſynodo ſejungo, & eâ poſteriorem per diei integri ſpacium
ſtatuo. Quartam enim decimam numeramus à conſtituto die Neomeniæ incluſivè. Et
citimam Neomeniam Paſchalem octavo Martij, remotiſſimam Aprilis quinto, ideo col-
locaſſe videntur Patres Nicæni: quoniam dies Æquinoĉtij ad viceſimum primum Martij adfixus, medius eſt inter extremas Paſchales ſyzygias, id eſt, ſeptimum Martij & A-
prilis quintum.

Sed & Hebræi transferunt ſuas Neomenias in diem ſequentem, ſi quando media ſynodus poſt horam cadat Meridianam. Quâvis autem ſedulitate adplices Kalendario aureum numerum, Epaĉtarum-ve cyclum ad arguendas in cyclo decemnovali Neomenias, non efficies, ut cum Politico calculo mediis ſyzygiis omnino conſentiant. Quin
aliquando per diei dodrantem vel etiam diem integrum diſſentiunt. Eſto igitur viceſimus quartus Martij (quandoquidem ad ejus diei motum, adnotata eſt benè accuratè in
Meridiano Romæ media ſynodus, anno ante Chriſtum primo) Politicæ Neomeniæ
Epocha. Ut aureus radicalis numerus eſt 1 ſeculo Chriſti, ſic deinceps erit xix ſeculo
3400, & xviii ſeculo 6800, & xvii ſeculo 10200. Et eo continuo progreſſu. Igitur
ex Epaĉtarum cyclo ad aurei numeri normam direĉto, ſub aureo numero, qui quartum
à radicali locum incluſivè obtinebit, erit viceſimus primus Martij Paſchalis Neomenia.
Atque adeo tertius Aprilis quarta decima Paſchalis. Eſto autem quattus Aprilis dies
Domini. Quarto igitur Aprilis celebrabitur Paſcha. At accurato calculo media ſyzygia cadit in 21 Martij horâ 14, & die duntaxat Aprilis quinto horâ 8 antemeridianâ erit
plenilunium medium. Ergo ante plenilunium medium in ipſa quartâ decimâ Lunâ cum
Judæis Paſcha celebrabitur. Id autem abhorrent Chriſtiani. Non eſt igitur præfigenda
eadem mediæ ſynodi & Neomeniæ Politicæ Epocha. Ergo ab Erâ Chriſti magna periodus Gregoriana initium ducito, & ad illud Epaĉta ꝳ ſeu x 11, quam poſſidet Martij
viceſimus quintus, radix Neomeniarum Paſchalium, atque adeo Epaĉtarum eſto.

PROPOSITIO XXXIX.

Adæquandi Epaĉtas, ex Gregoriana Lunæ magna periodo, methodus,
expedita & uſui Politico bene idonea eſt.

Cyclis enim omnino innittitur Epilogiſmus Gregorianus, & rotatili ſtatim obvius fit
tabellâ.

Sanè ſecundum magnam, quam propoſui, Lunæ periodum, menſis dierum eſt
19 $\frac{510,512,348}{100,000,000}$. Quod ſi periodo annorum 2500 Iulianorum anticipent menſes, diebus
octo, ut ſtatuere vulgares computatores, ergo ἀναλόγως annis 19 Iulianis anticipatio eſt
$\frac{152}{2500}$ unius diei. Itaque menſes 235 complentur diebus 6939 $\frac{6803}{10000}$, atque adeo menſis
dierum eſt 29 $\frac{530,692,340,425}{100,000,000,000}$. Utra igitur hypotheſis magis eligenda ſit, non licet in tam
exigua inter eas differentia certò definire. Sed ſi, vulgari adſumpto firmamento, Epa-
ĉtæ Gregorianæ expeditiùs adæquentur, vulgare adſumitor; ſin minùs, ipſum quod præ-
poſui vulgari. Quâ de re ut judicent computiſtæ, ſequentia hæc ex rubricâ primâ repe-
to, & ad Kalendarium verè Gregorianum apto præcepta.

PROBLEMATION.

Manente vulgarium computatorum firmamento, quo annorum 2500 Iuliano-rum periodo anticipant Neomeniæ, diebus octo, ad constitutam ab ipsis radicem, Epactas adæquare.

I.

Seculo 1500 post correctionem & deinceps seculo 1600, Neomenia Paschalis Gre-goriana constituitur ad 8 Martij, sub aureo numero III. Itaque Epacta esto N seu XXIX.

II.

Periodus annorum 2500, à seculo ante Christum 700 initium ducito, seculo post Christum 1800 renovator.

III.

Itaque à proposito annorum Christi in centuriis numero abjice 1500, & quotus in re-siduo erit 400, tot sume ternos dies; & si divisione instituta supersunt centuriæ duæ, su-me diem unum, & si tres, sume duos. Sumptos collige & voca dies additivos.

IV.

Deinde à proposito annorum ab Erâ Christi in centuriis numero, abjice 1800, & diem unum serva, & quotus in residuo erit 2500, tot sume dies octonos; & quotus de-inceps divisione instituta in residuo erit 300, tot sume dies singulos. Sumptos collige cum eo quem adservasti & voca dies ablativos. Si non potes abjicere 1800, nullum nu-mera diem ablativum.

V.

Denique excessum dierum additivorum supra dies ablativos sume, & eum numera ab octavo Martij exclusivè; & is in quem desinet numeratio, dabit Epactam, sub aureo nu-mero III.

VI.

Ad Corollarium propositionis XIV, sub Rubricâ 1, subjectus est abacus, qui primâ statim inspectione dat illum excessum.

VII.

Si secula durent, itaque excessus ad periodos dierum annuas Julianas adscendit, eæ circumducuntur divisione per quadrimas, seu dierum 1461, primùm, deinde per annuas communes, seu dierum 365, institutâ. Radix autem aurei numeri, quæ constituta est III, tot unitatibus, quot erunt periodi annuæ, crementum suscipito.

VIII.

Quot autem erunt periodi annorum 2500, tot octonis diebus; & quot deinceps an-norum 300, tot diebus singulis excessus minuitor.

Anni à Christo.	Dies accessionis.	Dies recessionis.	Excessus.	Quotus dies anni technici.	Character diei & est Epacta sub aureo numero III.
1500	0	0	0	1	N
1600	0	0	0	1	N
1700	1	0	1	2	M
1800	2	1	1	2	M
1900	3	1	2	3	H
2000	3	1	2	3	H
2100	4	2	2	3	H
2200	5	2	3	4	G
2300	6	2	3	5	F
2400	6	3	3	4	G
2500	7	3	4	5	F
2600	8	3	5	6	E
2700	9	4	5	6	E
2800	9	4	6	6	E
2900	10	4	6	7	D
3000	11	5	6	7	D
3100	12	5	7	7	C
3200	12	5	7	8	C
3300	13	6	7	8	C
3400	14	6	8	9	B
3500	15	6	9	10	A
3600	15	7	8	9	B
3700	16	7	9	10	A
3800	17	7	10	11	u
3900	18	8	10	11	u
4000	18	8	10	11	u
4100	19	8	11	12	t
4200	20	8	11	13	s
4300	21	9	11	13	s
4400	21	9	12	13	s
4500	22	9	13	14	r
4600	23	10	13	14	r
4700	24	10	14	15	q
4800	24	10	14	15	q
4900	25	11	14	15	q

Ad circumducendum annuas periodos, abaci.

Dies.	Periodi annuæ.	Vnitates adjiciendæ aureo numero.	Dies.	Periodi annuæ.	Vnitates addendæ aureo numero.	Dies.	Periodi annuæ.	Dies minuendi ab excessu.	Vnitates addendæ aureo numeto.
365	1	I	14 610	40	II	109 575	300	1	XV
730	2	II	29 220	80	IV	219 150	600	2	XI
1095	3	III	43 830	120	VI	328 725	900	3	VII
1461	4	IV	58 440	160	VIII	439 300	1200	4	III
			73 050	200	X	547 875	1500	5	XVIII
			87 660	240	XII	657 450	1800	6	XIV
1461	4	IV	102 270	280	XIV	767 025	2100	7	X
2921	8	VIII	116 880	320	XVI	913 125	2400	8	VI
4383	12	XII	131 490	360	XVIII				
5848	16	XVI	146 100	400	I				
7305	20	X							
8766	24	V							
10 277	28	IX							
11 688	32	XIII							
13 149	36	XVII							
14 610	40	II							

Quæro Epactam Gregorianam, seculo Christi futuro 109,500.

Annus 109,500 colligitur ex abaco excessus esse dierum 465, circumduco 365, supersunt dies 100. Ergo 101 dies anni technici dabit Epactam, sub aureo numero IV. Itaque erit illa τ, & consequenter Neomenia Paschalis dies 19 Martij.

Quæro rursus Epactam Gregorianam, seculo Christi futuro 218,000. Annus 218,000 colligitur ex abaco excessus dierum 930, circumduco bis 365, supersunt dies 200. Ergo 201 dies anni technici dabit Epactam, sub aureo numero V. Itaque erit illa ſ, & consequenter Neomenia Paschalis dies 31 Martij, sub aureo numero V, & sub aureo numero XIV ad propositum annum pertinente, dies 22 Martij.

Quæro denique Epactam Gregorianam, seculo Christi futuro 165,580,200. Annus 165,580,200 colli-

colli-

colligitur ex abaco exceſſus dierum 711,982. *Annis enim* 165,579,000 *debetur exceſſus dierum* 711,951. *Annis verò* 10,200 *dies* 37. *Abjicio* 1,949 *annuas periodos, ſuperſunt dies* 116, *correcti verò* 110, *ob centurias* 19, *quæ adimunt dies ſex. Ergo dies* 111 *anni technici dabit Epactam, ſub aureo numero* XIV. *Cum enim ex annis* 1,949 *circumduco cyclos decemnovales, ſuperſunt* XI, *addituri aureo numero radicali* III. *Erit igitur, ſub aureo numero* XIV, *Epacta* h, *& conſequenter Neomenia Paſchalis Martij* 29. *Sed, ſub aureo numero* VIII, *ad propoſitum annum pertinente, dies Aprilis quartus.*

PROPOSITIO XL.

Decima quinta Paſchalis Gregoriana, medio plenilunio Aſtronomico bene proximè ſuccedit, aut demum illud non antevertet.

Quintâ decimâ Lunâ, à die poſſidente Epactam, in menſe conſtituto Paſchali, numeratâ incluſivè, Paſcha celebramus Chriſtiani, ſi dies is eſt dominicus, ſin minùs die proximo Dominico. Curandum fuit itaque, ne, quam conſtituimus quintam decimam, cùm quartâ decimâ Judaïcâ, concurreret. Ea de cauſa, adſumpta eſt ad radicem dies primus, à mediâ ſyzygiâ; neque conſilium fallet eventus, *ut exemplis licet comprobare.*

Primum eſto. Seculo 109,500, *adnotata eſt Politico calculo Gregoriana Epacta* g *ſeu* VII, *ſub aureo numero* III. *Itaque* 30 *Martij erit prima Luna, & conſequenter ſub aureo numero* IV, *ad propoſitum annum pertinente Martij* 19. *Atque adeo ſecundus Aprilis quinta decima.*

Eo ipſo anno 109,500, *adnotata eſt Aſtronomico calculo media ſyzygia, die Martij hora & ſcrupulos* 17,2''3,23'''. *cui tempori cum addidero dimidium menſem ſynodicum, ſeu dies* 14, *horas* 18,22', *incido in diem medij plenilunij, videlicet primi Aprilis horam* 17, 45', *id eſt, in diem ſecundum ferè.*

Alterum. Seculo 218,000, *adnotata eſt Politico calculo Gregoriana Epacta* f *ſeu* VI, *ſub aureo numero* V. *Itaque* 31 *Martij erit prima Luna, & conſequenter ſub aureo numero* XIV, *ad propoſitum annum pertinente* 22 *Martij. Atque adeo quintus Aprilis decima quinta.*

Eo ipſo anno 218,000, *adnotata eſt Aſtronomico calculo media ſyzygia, die Martij* 20, *horâ* 14, 54', *cui tempori cum addidero dimidium menſem ſynodicum, incido in diem plenilunij medij, videlicet quarti Aprilis hor.* 8, 37'. *cui diei proximè ſuccedit quintus.*

Tertium. Seculo 105,580,200, *adnotata eſt Politico calculo Gregoriana Epacta* s *ſeu* XVII, *ſub aureo numero* I. *Ideo* 20 *Martij erit prima Luna, & conſequenter ſub aureo numero* VIII, *ad propoſitum annum pertinente* 2 *Aprilis Neomenia. Atque adeo* 16 *Aprilis decima quinta.*

Eo ipſo anno, adnotata eſt Aſtronomico calculo media ſyzygia, die Aprilis 1, *hora* 15,34', *cui tempori cum addidero dimidium menſem ſynodicum, incido in diem medij plenilunij, videlicet* 16 *Aprilis hor.* 9, *ſcr.* 56 *antemeridiana.*

PROPOSITIO XLI.

Maneat anni Juliani forma, quæratur autem Neomenia Paſchalis, vix abs Epacta Gregoriana eam inveniet vulgaris computator.

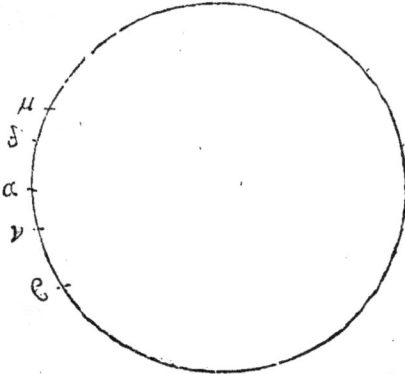

Eſto enim cyclus anni α ϵ γ δ communis, & ideo dierum 365, & à quocunque α puncto ſumatur ejus initium. Itaque primus menſis Lunæ finiat in ϵ, duodecimus in δ, peripheria verò δ α ſit undecim dierum intercalarium anno Lunæ, ut is Solari adæquetur. Proponatur autem aliquod tempus, non immutatâ anni Juliani formâ, ad quod oporteat invenire Neomeniam Paſchalem.

Quoniam anni menſem primum peripheria α ϵ conſtanter deſignat, in eo conſiſtet anni Epacta, quam per ſingulas centurias invenire deinceps non erit operoſum, fixâ ſemel radice, propter

pter animadverſam abſolutam apocaſtaſin Lunæ in annis Iulianis 3,400. Deſignari verò eam Epactam in menſe, in quo dies Æquinoctij verni verſabitur fere medius, erit abſonum : cum annis quorum periodis Luna ſeſe alligat, vagetur Æquinoctium. Sit igitur Epacta in peripheria αϛ ad quodcunque ε punctum, diemve. Dies igitur Neomeniæ Paſchalis erit is, qui menſe, intra quem dies Æquinoctij verni conſiſtit ferè medius, charaĉterem eundem ſuſcipiet quàm dies ε. At proponatur tempus hujuſmodi, ut dies Æquinoctij verni conſiſtat intra menſem μδαν, conſtitutâ peripheriâ αν æquali ipſi δα, & ideo dierum 11; peripheria verò δμ dierum 8. Quoniam δα continet dies intercalares, ideo charaĉteres eoſdem ſuſcipiet, quos & peripheria αν. Itaque menſis μδαν charaĉterum erit tantum 29. Et eapropter poterit accidere, ut charaĉter, quem ſuſcipit dies ε, in menſe μδαν, non inveniatur. Etſi inveniatur, poterit accidere, ut non inveniatur in peripheriâ δμ, ſed in δν. Quod ſi in δν, erit anceps, cum eoſdem ſuſcipiat charaĉteres peripheria δα, quos αν. Itaque erit in ambiguo, qui dies ſtatuendus erit Neomenia, an is quem charaĉter ε in peripheriâ αδ arguet, an is quem idem charaĉter arguet in peripheriâ δα. Quare manente anni Iuliani formâ, anxius erit & minùs Politicus ad Neomenias arguendum Paſchales, niſi Gregorianæ Epactæ auxilio, calculus. Cum itaque ad eam recurrendum ſit, recta autem præſtent obliquis, valeant anni Iuliani. Et Gregorianos deinceps quæque gentes amplectimini.

Προλεπτικόν.

At verò objecerit quiſpiam. Cyclus Neomeniarum Gregorianarum interdum ſtationes patitur & repedationes, quibus leges mediorum motuum repugnant.

Sit enim cyclus Enneadecaeteridis αβγψω, & à puncto α motus quidem in conſequentia ſit verſus βγ, in antecedentia verò verſus ωψ, & intelligatur α Neomenia. Ut igitur in cyclis decemnovalibus Iulianis ſemper anticipabunt Neomeniæ ſuam Epocham α, occupaturæ aliquando puncta ω, ψ, & eo uniformi εἰς σϱϙηγουμϕίαν deinceps inceſſuræ progreſſu. Sic quoniam in cyclis decemnovalibus Gregorianis Neomeniæ contrà à ſuâ α Epochâ anticipantur, promoturæ in puncta β,γ, è re videbatur ut ea promotio eſſet uniformis, neque punctum β pateretur σϱϙιγμόν ac repedationem verſus α, quod tamen contingit interdum, ob rejectam biſſexti ad centeſimos annos omiſſionem. Quæ ideo Politia, cum eâ Aſtronomicæ leges violentur, vel non fuit retinenda, aut ſi ſalvanda erat, alia methodus Epilogiſmi Lunaris excogitanda. Sanè annis 2900 Gregorianis abſolvuntur menſes 35,858 minus $\frac{1}{810}$ menſis unius. Itaq; ſi apocataſtaſis ſtatueretur annorum 2,900 Gregorianorum, & poſt tales viginti ſeptem periodos exactas auferretur triceſima pars menſis unius, id eſt, unus charaĉter, calculus ille Politicus non longè deſciſceret à vero. Et poſſet cyclus Neomeniarum ſtatui conſtanter ἀπολϕάλικόϛ, facta charaĉterum 12, quorum fiet mutatio à periodo in periodum, in 29 partes congrua diſtributione. Periodus enim una aureo numero antecedentis addet unitates 12. Cum autem duo aurei numeri duodecim unitatibus differunt, tot quoque charaĉteribus different charaĉteres, qui iiſdem addicuntur. Quo pertinent ſequentia Problematia.

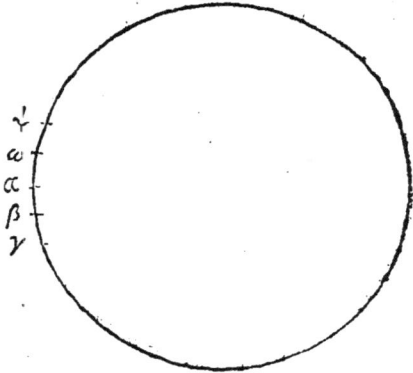

PROBLEMATION I.

Tabellam Neomeniarum Paſchalium ἀπολϕάλικὼ condere.

Fiat, ut 19 ad 12, ita exceſſus centuriarum anni ſupra 15 ad dies additivos octavo Martij, ut prodeant Epochæ Neomeniarum ἀπολϕάλικόϛ, à centuria 15 ad centuriam 44, ab Erâ Chriſti. Si fragmentum majus eſt $\frac{14}{29}$, ſume pro eodem unum integrum.

Tabella Neomeniarum Paschalium ἐπιλογιστικὴ.

Anni à Christo Gregoriani	Dies Martij.
1500	8
1600	8
1700	9
1800	9
1900	10
2000	10
2100	10
2200	11
2300	11
2400	12
2500	12
2600	13
2700	13
2800	13
2900	14
3000	14
3100	15
3200	15
3300	15
3400	16
3500	16
3600	17
3700	17
3800	18
3900	18
4000	18
4100	19
4200	19
4300	20
4400	20

PROBLEMATION II.

Ad datas annorum ab Erâ Christi centurias, dies Neomeniarum Paschalium adæquare.

A proposito annorum ab Erâ Christi in centuriis numero, abjice primum centurias 15, deinde abjice circulationes centuriarum 78,300, & totidem unitates serva. Abjice post circulationes centuriarum 29, & sume in tabella Epocham congruentem, cui servatas unitates adde.

Ad abjiciendum circulationes annorum 783, abacus.

78	300	1
156	600	2
234	900	3
313	200	4
391	500	5
459	800	6
548	100	7
616	400	8
704	700	9
783	000	10
2	900	1
5	800	2
8	700	3
11	600	4
14	500	5
17	400	6
20	300	7
23	100	8
26	100	9
29	000	10
31	900	11
34	800	12
37	700	13
40	600	14
43	500	15
46	400	16
49	300	17
52	200	18
55	100	19
58	000	20
60	900	21
63	800	22
66	700	23
69	600	24
72	500	25
75	400	26
78	300	27

PROBLEMATION III.

Aureum numerum, cui subjacet Paschalis Neomenia adæquata, invenire.

A proposito annorum ab Erâ Christi in centuriis numero, abjice primùm 1500, deinde à residuo abjice circulationes annorum 78,300, & totidem unitates serva. Abjice post circulationes annorum 2900, & totidem unitates duodenas cum iis quas adservasti, adde aureo numero 111, ut prodeat is cui Neomenia Paschalis subjacet adæquata.

Quæro Neomeniam Paschalem, seculo ab Erâ Christi 218,000, differentia inter 218,000 & 1,500, est 216,500, hinc abjicio duas periodos annorum 78,300, & 20 periodos annorum 2900, supersunt anni 3400, quibus congruit ad Epocham æquabilem Neomeniæ dies Martij 16. Sed ob duas periodos annorum 2900, adjiciendi sunt dies duo. Quare Epocha Neomeniæ æquata erit Martij decimus octavus. Sic autem æquabitur aureus numerus. Majores duæ periodi addunt aureo numero 111 duas unitates, & viginti minores periodi addent 240. Aureus igitur numerus erit 245. Id est, abjectis XIX annorum circulationibus, erit aureus numerus XVII. Paschalis igitur Neomenia, sub aureo numero XVII, incidet eo anno in Martij decimum octavum. Sed sub aureo numero XIV, ad propositum annum pertinente in 21 Mensis ejusdem.

Sed

Sed tanti non fuit apud me ea, in quam digreſſus ſum, prolepſis: ut ideo à pri-
mum tradito, bene familiari & undique ſibi conſentienti & juſto calculo,diſce-
derem. Directus eſt annus communis ad curſum Solis, & fuit uniformis progreſ-
ſus. Directus eſt curſus Solis ad curſum Lunæ, & fuit uniformis progreſſus. Sed
non novum eſt, in concurſu duorum æqualium motuum eos ſeſe mutuò collidere, &
contra niti.

E P I L O G U S.

Ergo Kalendario verè Gregoriano cedant Hebræorum, Syrorum, Arabum, Perſarum & omnia omnium gentium Kalendaria. Dum ea dirigunt
ad curſum Solis computatores, deluduntur in curſu Lunæ, & contrà. At
ſive Solem ſive Lunam politiæ Gregorianæ ſubmiſiſſe videtur Creator
Cæli & Terræ. Expendite vos, & miramini quibus ſuſpecta eſt Romani
Pontificis αρχιεραλικὴ ϖροεδρία. Non veſtri abaci, ô Aſtronomi, vel cum
ipſis ad quarta, quinta, ſextave ſcrupula leptolegematis exactiores. Politicos menſes polit Metonica Enneadecaeteris, Enneadecaeterides Meto-
nicàs perficit Gregoriana Trichiliatetracoſieteris. Et dum annum Julianum tropica periodus emendat, ut meſſium feriæ æſtati, & vindemiarum
autumno competant, non ideo interruptæ nos fallunt apocataſtaſes Lunæ ad ſtata ſolemnium tempora. Suggerit acceſſum receſſus, & acceſſus
receſſum, & æquatio æquationem à ſemetipſa repetit, miro volubili nexu,
nec ante deſinenda, quàm deſierit mundus, circuitione.

Vobis autem ne deſim, ô Computiſtæ vulgares, idem Kalendarium verè Gregorianum excudendum curavi, eo ipſo, cui jam eſtis adſuefacti, ſtylo.

Κλήμθη μεγίϛῳ Αρχιερᾶ.

Καὶ κλέ⊙ ἡ φήμη ὃ μεῖον ἔνδμε Σεβάϛῳ
Ιχλίχ, ὅτθ᾿ ἱερὰς ἦνεσ᾿ Εφημερίδας
Καὶ ταύ|ας τὸ ϖλέον κυρώσαι⟩ο. τῶν Ἱερήων
Καίπερ ἀκυρώσας ϛφάλμα|᾿ ὀπισ᾿ωφανῆ,
Καὶ συ, νομευὶς ἱερὲ, Χρίϛχ ἴσον κλέ⊙ ἔξ|ς
Κυρώσας χρονικὴν Γρηγορίοιο βίβλον.
Η῾νγ᾿ ἀμαθῶν ὄχλ⊙ διεσύρατο. νῶνδ᾿ ἀκέραια·
Μικρ᾿ ἀλλαξαμένη δεῖξατο ἥδε ϛελίς.

F I N I S.

KALENDARIVM

GREGORIANVM

PERPETUUM.

GREGORIVS EPISCOPVS, SERVVS
SERVORUM DEI, AD PERPETUAM
REI MEMORIAM.

INTER graviſſimas paſtoralis officij noſtri curas, ea poſtrema non eſt, ut quæ à ſacro Tridentino Concilio Sedi Apoſtolicæ reſervata ſunt, illa ad finem optatum, Deo adiutore, perducantur. Sanè ejuſdem Concilij Patres, cum ad reliquam cogitationem, Breviarij quoque curam adjungerent, tempore tamen excluſi rem totam ex ipſius Concilij decreto ad auctoritatem & judicium Romani Pontificis retulerunt. Duo autem Breviario præcipuè continentur, quorum unum preces, laudeſque divinas feſtis, profeſtiſque diebus perſolvendas complectitur, alterum pertinet ad annuos Paſchæ, feſtorumque ex eo pendentium recurſus, Solis & Lunæ motu metiendos. Atque illud quidem felicis recordationis Pius V. prædeceſſor noſter abſolvendum curavit, atque edidit: hoc vero, quod nimirum exigit legitimam Kalendarij reſtitutionem, jamdiu à Romanis Pontificibus prædeceſſoribus noſtris, & ſæpius tentatum eſt, verùm abſolvi, & ad exitum perduci ad hoc uſque tempus non potuit, quòd rationes emendandi Kalendarij, quæ à cæleſtium motuum peritis proponebantur, propter magnas, & ferè inextricabiles difficultates, quas hujuſmodi emendatio ſemper habuit, neque perennes erant, neque antiquos Eccleſiaſticos ritus incolumes (quod in primis hac in re curandum erat) ſervabant. Dum itaque nos quoque credita nobis, licet indignis à Deo diſpenſatione freti, in hac cogitatione curaque verſaremur, allatus eſt nobis liber à dilecto filio Antonio Lilio artium & medicinæ doctore, quem quondam Aloyſius ejus germanus frater conſcripſerat, in quo per novum quendam Epactarum cyclum ab eo excogitatum, & ad certam ipſius aurei numeri normam directum, atque ad quamcunque anni Solaris magnitudinem accommodatum, omnia quæ in Kalendario collapſa ſunt, conſtanti ratione, & ſæculis omnibus duratura, ſic reſtitui poſſe oſtendit, ut Kalendarium ipſum nulli unquam mutationi in poſterum expoſitum eſſe videatur. Novam hanc reſtituendi Kalendarij rationem exiguo volumine comprehenſam ad Chriſtianos Principes, celebrioreſque univerſitates paucos ante annos miſimus, ut res, quæ omnium communis eſt, communi etiam omnium conſilio perficeretur. Illi cum, quæ maximè optabamus, concordes reſpondiſſent, eorum nos omnium conſenſione adducti, viros ad Kalendarij emendationem adhibuimus in alma urbe harum rerum peritiſſimos, quos longè ante ex primariis Chriſtiani orbis nationibus delegeramus. Ii cum multum temporis, & diligentiæ ad eam lucubrationem adhibuiſſent, & cyclos tam veterum, quàm recentiorum undique conquiſitos, ac diligentiſſimè perpenſos inter ſe

contu-

contuliſſent, ſuo & doctorum hominum qui de ea re ſcripſerunt judicio, hunc præ cæteris elegerunt Epactarum cyclum, cui nonnulla etiam adjecerunt, quæ ex accurata circumſpectione viſa ſunt ad Kalendarij perfectionem maximè pertinere.

Conſiderantes igitur nos, ad rectam Paſchalis feſti celebrationem juxta ſanctorum Patrum, ac veterum Romanorum Pontificum, præſertim Pij & Victoris primorum, nec non magni illius œcumenici Concilij Nicæni, & aliorum ſanctiones, tria neceſſariò conjungenda, & ſtatuenda eſſe, primùm certam Verni æquinoctij ſedem, deinde rectam poſitionem xiv. Lunæ primi menſis, quæ vel in ipſum æquinoctij diem incidit, vel ei proximè ſuccedit, poſtremò primum quemque diem Dominicum, qui eandem xiv. Lunam ſequitur: curavimus non ſolùm æquinoctium Vernum in priſtinam ſedem, à qua jam à Concilio Nicæno decem circiter diebus receſſit, reſtituendum, & xiv. Paſchalem ſuo in loco, à quo quatuor, & eo amplius dies hoc tempore diſtat, reponendam, ſed viam quoque tradendam & rationem, qua cavetur, ut in poſterum æquinoctium, & xiv. Luna à propriis ſedibus nunquam dimoveantur. Quò igitur Vernum æquinoctium, quod à Patribus Concilij Nicæni ad xii. Kalend. Aprilis fuit conſtitutum, ad eandem ſedem reſtituatur; Præcipimus & mandamus, ut de menſe Octobri anni 1582. decem dies incluſivè à tertia Nonarum uſque ad pridie Idus eximantur, & dies, qui feſtum S. Franciſci iv. Nonas celebrari ſolitum ſequitur, dicatur Idus Octobris, atq; in eo celebretur feſtum Sanctorum Dionyſij, Ruſtici, & Eleutherij martyrum, cum commemoratione ſancti Marci Papæ & confeſſoris, & Sanctorum Sergij, Bacchi, Marcelli & Apuleii martyrum. Septimodecimo verò Kalend. Novembris, qui dies proximè ſequitur, celebretur feſtum S. Calliſti Papæ & martyris. Deinde xvi. Kalend. Novemb. fiat officium & Miſſa de Dominica xviii. poſt Pentecoſten, mutatâ litterâ Dominicali G in C. Quintodecimo denique Kalend. Novemb. dies feſtus agatur ſancti Lucæ Euangeliſtæ, à quo reliqui deinceps agantur feſti dies, prout ſunt in Kalendario deſcripti.

Ne verò ex hac noſtrâ decem dierum ſubtractione alicui, quod ad annuas vel menſtruas præſtationes pertinet, præjudicium fiat, partes Judicum erunt in controverſiis, quæ ſuper hoc exortæ fuerint, dictæ ſubtractionis rationem habere, addendo alios x. dies in fine cujuſlibet præſtationis.

Deinde ne in poſterum à xii. Kalend. April. æquinoctium recedat, ſtatuimus Biſſextum quarto quoque anno (uti mos eſt) continuari debere, præterquam in centeſimis annis: qui quamvis Biſſextiles antea ſemper fuerint, qualem etiam eſſe volumus annum 1600. poſt eum tamen, qui deinceps conſequentur centeſimi, non omnes Biſſextiles ſint, ſed in quadringentis quibuſque annis primi quique tres centeſimi ſine Biſſexto tranſigantur, quartus verò quiſque centeſimus Biſſextilis ſit, ita ut annus 1700. 1800. 1900. Biſſextiles non ſint. Anno verò 2000. more conſueto dies Biſſextus intercaletur, Februario dies 29. continente: idemque ordo intermittendi, intercalandique Biſſextum diem in quadringentis quibuſque annis perpetuò conſervetur.

Quò item xiv. Paſchalis rectè inveniatur, itemque dies Lunæ juxta antiquum Eccleſiæ morem ex Martyrologio ſingulis diebus ediſcendi fideli populo verè proponantur, ſtatuimus, ut amoto aureo numero de Kalendario.

lendario, in ejus locum fubftituatur cyclus Epactarum, qui ad certam (uti diximus) aurei numeri normam directus efficit, ut Novilunium, & xiv. Pafchalis vera loca femper retineant. Idque manifefte apparet ex noftri explicatione Kalendarij, in quo defcriptæ funt etiam tabulæ Pafchales fecundùm prifcum Ecclefiæ ritum, quo certiùs & facilius facrofanctum Pafcha inveniri poffit.

Poftremò quoniam partim ob decem dies de menfe Octobri anni 1582. (qui correctionis annus recte dici debet)exemptos,partim ob ternos etiam dies quolibet quadringentorum annorum fpatio minimè intercalandos, interrumpatur neceffe eft cyclus literarum Dominicalium 28. annorum ad hanc ufque diem ufitatus in Ecclefia Romana, Volumus in ejus locum fubftitui eundem cyclum 28. annorum ab eodem Lilio, tum ad dictam intercalandi Biffexti in centefimis annis rationem, tum ad quamcunque anni Solaris magnitudinem accommodatum, ex quo litera Dominicalis beneficio cycli Solaris æquè facilè, ac priùs, ut in proprio canone explicatur, reperiri poteft in perpetuum.

Nos igitur ut quod proprium Pont. Max. effe folet, exequamur, Kalendarium immenfa Dei erga Ecclefiam fuam benignitate jam correctum atque abfolutum hoc noftro decreto probamus, & Romæ unà cum Martyrologio imprimi, impreffumque divulgari juffimus. Ut verò utrumque ubique terrarum incorruptum, ac mendis & erroribus purgatum fervetur, omnibus in noftro & fanctæ Romanæ Ecclefiæ dominio mediatè vel immediatè fubjecto commotantibus imprefforibus fub amiffionis librorum, ac centum ducatorum auri Cameræ Apoftolicæ ipfo facto applicandorum: aliis verò in quacunque orbis parte confiftentibus fub excommunicationis latæ fententiæ, ac aliis arbitrij noftri pœnis, ne fine noftra licentia Kalendarium, aut Martyrologium fimul vel feparatim imprimere, vel proponere, aut recipere ullo modo audeant vel præfumant, prohibemus.

Tollimus autem, & abolemus omnino vetus Kalendarium, volumufque, ut omnes Patriarchæ, Primates, Archiepifcopi, Epifcopi, Abbates, & cæteri Ecclefiarum præfides, novum Kalendarium (ad quod etiam accommodata eft ratio Martyrologij (pro divinis officiis recitandis, & feftis celebrandis in fuas quifque Ecclefias, Monafteria, Conventus, ordines, militias, & diœcefes introducant, & eo folo utantur tam ipfi, quàm cæteri omnes Prefbyteri, & clerici fæculares, & regulares utriufque fexus, necnon milites, & omnes Chrifti fideles: cujus ufus incipiet poft decem illos dies ex menfe Octobri anni 1582. exemptos. Iis verò, qui adeò longinquas incolunt regiones, ut ante præfcriptum à nobis tempus harum literarum notitiam habere non poffint; liceat, eodem tamen Octobri menfe infequentis anni 1583, vel alterius, cùm primùm fcilicet ad eos hæ noftræ literæ pervenerint, modò à nobis paulo ante tradito ejufmodi mutationem facere, ut copiofius in noftro Kalend. anni correctionis explicabitur.

Pro data autem nobis à Domino auctoritate hortamur, & rogamus chariffimum in Chrifto filium noftrum Rodulphum Romanorum Regem Illuftrem in Imperatorem electum, cæterofque Reges, Principes, ac Refpublicas, iifdemque mandamus, ut quo ftudio illi à nobis contenderunt, ut hoc tam præclarum opus perficeremus; eodem, immò etiam majore, ad confervandam in celebrandis feftivitatibus inter Chriftianas nationes concordiam, noftrum hoc Kalendarium & ipfi fufcipiant, & à cunctis fibi

fubſubjectis populis religioſe ſuſcipiendum, inviolateque obſervandum curent.

Verùm quia difficile foret præſentes literas ad univerſa Chriſtiani orbis loca deferri, illas ad Baſilicæ Principis Apoſtolorum, & Cancellariæ
Apoſtolicæ valvas, & in acie Campi Floræ publicari & affigi, & earundem
literarum exemplis, etiam impreſſis, & voluminibus Kalendarij, & Martyrologij inſertis & præpoſitis, ſive manu tabellionis publici ſubſcriptis,
necnon ſigillo perſonæ in dignitate Eccleſiaſtica conſtitutæ obſignatis,
eandem prorſus indubitatam fidem ubique gentium & locorum haberi
præcipimus, quæ originalibus literis exhibitis omnino haberetur. Nulli
ergo omnino hominum liceat hanc paginam noſtrorum præceptorum,
mandatorum, ſtatutorum, voluntatis, probationis, prohibitionis, ſublationis, abolitionis, hortationis & rogationis infringere, vel ei auſu temerario contraire. Si quis autem hoc attentare præſumpſerit, indignationem omnipotentis Dei, ac beatorum Petri & Pauli Apoſtolorum ejus ſe
noverit incurſurum.

Datum Tuſculi Anno Incarnationis Dominicæ M. D. L X X X II. Sexto Kalend. Martij. Pontificatus noſtri Anno Decimo.

Cæ. Glorierius.

A. de Alexiis.

Anno à Nativitate Domini noſtri Jeſu Chriſti milleſimo quingenteſimo octuageſimo ſecundo
Indictione decima, Die verò Iovis prima menſis Martij, Pontificatus verò Sanctiſſimi in Chri
ſto patris, & D. N. Gregorij divinâ providentiâ Papæ XIII. anno ejus decimo: Retroſcriptæ literæ Apoſtolicæ publicatæ, & affixæ fuerunt in Valvis Principis Apoſtolorum de Urbe, & Cancellariæ Apoſtolicæ, ac in acie Campi Floræ, ut moris eſt, per me Scipionem de Octavianis Apo
ſtolicum Cur.

Franciſcus Baron Magiſter Curſorum.

CANO-

CANONES
IN KALENDARIVM
GREGORIANVM
PERPETUUM.

CANON I.

DE CYCLO DECENNOVENNALI AUREI NUMERI.

Yclus decennovennalis aurei numeri est revolutio numeri 19. annorum ab 1. usque ad 19. quâ revolutione peractâ, iterum ad unitatem reditur. Verbi gratiâ. Anno 1577. Numerus cycli decennovennalis, qui dicitur aureus, est 1. Anno sequenti 1578. est 2. & ita deinceps in sequentibus annis, uno semper amplius, usque ad 19. qui aureus numerus cadet in annum 1595. post quem iterum ad unitatem redeundum est, ita ut anno 1596. aureus numerus sit rursus 1. & anno 1597. sit 2. &c. Continet autem hic cyclus aurei numeri annos 19. quia post 19. annos Solares elapsos revertuntur Novilunia ad eosdem dies mensium, licet non omnino præcise, sed aliquâ diei particulâ citius, ut à computistis, & in libro novæ rationis restituendi Kalendarij Romani ostenditur. Hoc cyclo decennovennali aurei numeri per dies Kalendarij distributo, Ecclesia Romana ad hanc usque diem usa est, tum ad conjunctiones Solis ac Lunæ inquirendas, tum verò maximè ad inveniendum diem festum Paschæ, & ad indaganda alia festa mobilia: propterea quòd veteres putabant Novilunia, transacto spatio 19. annorum Solarium, ad eundem prorsus diem, eandemque horam redire: quod verum non est, cum Novilunia, paulò citiùs quàm spatium 19. annorum Solarium compleatur, ad eandemq; sedem redeant, ut dictum est: Hinc factum est, ut Novilunia hoc tempore plus quàm quatuor dies distent ab aureo numero in veteri Kalendario Romano, & secundùm illius normam Pascha sæpenumero post x x 1. Lunam, contra Majorum instituta, celebretur: adeò ut cyclus hic aurei numeri inutilis omnino jam sit inventus ad Novilunia, festaque mobilia indicanda, idemque magis ac magis in dies futurus sit inutilis; tum propter decem dies ex mense Octobri anni 1582. auferendos; tum etiam propter tres Bissextos omittendos, quibusque quadringentis annis, nisi in 30. ordines redigatur; hoc est, nisi 30. Kalendaria construantur, ut ex illis seligatur semper illud, quod certo cuidam tempori congruit: quæ res quantas perturbationes, quantosque sumptus personis præsertim Ecclesiasticis esset allatura, nemo non videt. Hoc incommodum ut vitetur, substitutus est in locum aurei numeri in Kalendario, cyclus Epactarum constans ex 30. numeris Epactalibus: qui quidem nihil aliud est, quàm cyclus decennovennalis aurei numeri æquatus, ita ut sit instar aurei numeri in 30. Kalendaria, de quibus dictum est, distributi, ut in libro novæ rationis restituendi Kalendarij Romani declaratur. Aureo numero utemur in posterum, non quidem ad Novilunia & festa mobilia inquirenda, ut ad hanc usque diem factum est ab Ecclesiâ, sed solùm ad investigandam Epactam cujuslibet anni, ex quâ & Novilunia, festa mobilia, deinde reperiantur, ut in sequenti canone docebimus: ita ut etiam nunc necessarium omnino sit aureum numerum quovis anno indagare, licet is de Kalendario sit submotus, locumque ampliùs non habeat ad Novilunia festaque mobilia invenienda.

Igitur ut aureus numerus quolibet anno proposito inveniatur, composita est sequens

tabella

tabella aureorum numerorum, cujus ufus incipit ab anno correctionis 1582. inclufivè, duratque in perpetuum.

Ex ea enim aureus numerus cujuflibet anni poft annum 1582. reperietur hoc modo.

Tabella cycli aurei numeri initium fumens ab anno correctionis 1582.

VI. VII. VIII. IX. X. XI. XII. XIII. XIV. XV. XVI. XVII. XVIII. XIX. I. II. III. IV. V.

Anno 1582. tribuatur primus numerus tabellæ, qui eft VI. fecundus autem, qui eft VII. fequenti anno 1583. & ita deinceps in infinitum, donec ad annum, cujus aureum numerum quæris, perveniatur, redeundo ad principium tabellæ, quotiefcunque eam percurreris. Nam numerus, in quem annus propofitus cadit, dabit aureum numerum quæfitum.

Sed quoniam valde laboriofum eft, ac moleftum tot annos in dictâ tabellâ enumerare, eamque toties repetere, donec ad annum, cujus aureus numerus quæritur perveniatur, præfertim verò fi annus propofitus procul ab anno 1582. abfit, conftruximus hanc aliam tabulam, ex qua fine magno labore aureus numerus cujufcunque anni tam ante, quàm poft annum 1582. invenietur, hac arte.

Quæratur annus propofitus in tabulâ, fub annis Domini: qui fi defcriptus in ea fuerit, aureus numerus ad dextram ipfius collocatus, additâ priùs unitate, ut in vertice tabulæ præcipitur, erit is, qui quæritur. Si verò annus propofitus, in tabula non continetur, accipiatur annus in tabulâ contentus proximè minor, unâ cum aureo numero refpondente, deinde fumantur in eadem tabula anni qui fuperfunt, unâ cum aureo numero refpondente, qui priori aureo numero invento addatur, rejicianturque à compofito numero 19. fi rejici poffunt. Et tandem unitas adjiciatur. Componetur enim hac ratione aureus numerus propofiti anni. Quòd fi neque anni, qui fuperfuerunt, in tabulâ reperiantur, accipiendus erit rurfum annus proximè minor, unâ cum ejus aureo numero, qui priori aureo numero invento adjiciendus eft, & à compofito numero rejicienda 19. fi rejici poffunt. Idemque faciendum erit cum reliquis annis, qui fuperfunt, donec omnes in tabula inveneris: & tandem ultimo aureo numero ex aureis numeris in tabula repertis confecto (rejectis priùs 19. fi rejici poffunt, ut dictum eft) addenda unitas. Conficietur enim hoc modo aureus numerus anni propofiti. Quòd fi poft additionem unitatis numerus

Tabula ad aureum numerum cujuflibet anni inveniendum.

Anni Domini	Aureus numerus Adde	Anni Domini	Aureus numerus Adde
	1		1
1	1	300	15
2	2	400	1
3	3	500	6
4	4	600	11
5	5	700	16
6	6	800	2
7	7	900	7
8	8	1000	12
9	9	2000	5
10	10	3000	17
20	1	4000	10
30	11	5000	3
40	2	6000	15
50	12	7000	8
60	3	8000	1
70	13	9000	13
80	4	10000	6
90	14	20000	12
100	5	30000	18
200	10	40000	5

rus

rus compositus fuerit 19. ita ut detractis 19. nihil remaneat, erit aureus numerus 19.

Exemplis res fiet illustrior. Sit inveniendus aureus numerus anni 700. Quoniam hic annus in tabula reperitur, eique respondet aureus numerus 16. si huic aureo numero adjiciatur 1. erit anno 700. aureus numerus 17. Rursus inveniendus proponatur aureus numerus anni 1583. Quoniam hic annus in tabula non existit, sumendus est annus 1000. in tabula proximè minor, ejusque aureus numerus 11. Deinde accipiendi in tabula anni residui 583. qui quoniam in ea non continentur, capiendus iterum est annus 500. in tabula proximè minor, ejusque aureus numerus 6. quo ad priorem aureum numerum 11. inventum adjecto, conficietur numerus 18. Post hæc anni 83. qui supersunt, sumendi sunt in tabula, sed quoniam non reperiuntur, accipiendus est annus 80. in tabula proxime minor, ejusque aureus numerus 4. quo apposito ad aureum numerum 18. prius compositum, efficietur numerus 22. à quo si detrahantur 19. remanebunt 3. Postremò, remanentes anni 3. sumendi sunt in tabula, & aureus numerus 3. illis respondens: quo adjecto ad aureum numerum 3. proximè relictum, componetur numerus 6. cui tandem si addatur 1. ut in vertice tabulæ præcipitur, erit anno 1583. aureus numerus 7. Sit denique quærendus aureus numerus anni 1595. Accipio primum aureum numerum 11. respondentem anno 1000. eumque addo aureo numero 6. qui anno 500. respondet, conficioque numerum 18. Deinde aureum numerum 14. respondentem anno 90. addo illi aureo numero 18. invento, procreoque numerum 32. à quo detractis 19. remanet numerus 13. cui adjungo aureum numerum 5. respondentem anno 5. efficioque numerum 18. Huic tandem si addam 1. habebo 19. pro aureo numero anni 1595.

Additur autem semper ultimo numero unitas, quia Christus anno secundo hujus cycli aurei numeri natus est, fuitque anno Domini primo aureus numerus 1. & anno secundo aureus numerus 3. &c.

Compositio quoque hujus tabulæ perfacilis est. Primis enim 10. annis respondent primi decem aurei numeri. Deinde quia à 10. anno progreditur tabula per annos decimos, respondetque anno 10. aureus numerus 10. ita ut singulis 10. annis aureus numerus 10. unitatibus augeatur, duplicandus erit aureus numerus 10. respondens 10. anno, & à producto numero 20. rejicienda 19. ut habeatur aureus numerus 1. respondens anno 20. Cui aureo numero 1. iterum adjiciendus est aureus numerus 10. decimi anni ut componatur aureus numerus 11 pro anno 30. atque hoc modo pro sequentibus decimis annis usque ad 100. addendus semper est aureus numerus 10. præcedenti aureo numero, & rejicienda 9. si rejici possunt, ut habeatur sequens aureus numerus. Post hæc, quia in tabula post annum 100. fit progressio per annos centesimos, respondetque anno 100. aureus numerus 5. duplicandus erit aureus numerus 5. ut componatur numerus 10. pro anno 200. quandoquidem singulis annis 100. aureus numerus augetur 5. unitatibus. Aureo numero verò 10. iterum addendus erit aureus numerus 5. centesimi anni, ut gignatur aureus numerus 15. pro anno 300. atque ita pro sequentibus annis centesimis usque ad 1000. addendus semper est aureus numerus 5. præcedenti aureo numero, & rejicienda 19. quando possunt rejici, ut exurgat sequens aureus numerus. Hac arte tabulam extendere poteris ad quotcunque annos, si observes, per quos annos tabula progrediatur, & qui aureus numerus respondeat illi anno, à quo progressio incipit. Ita vides ab anno 1000. usque ad annum 10000. præcedenti aureo numero semper adjectum esse aureum numerum 1. & abjecta esse 19. quando rejici potuerunt: quia progressio annorum incipit tunc ab anno 1000. proceditque per annos millesimos usque ad annum 10000. & præterea anno 1000. respondet aureus numerus 11. &c.

Porrò sine hac tabula facillimo quoque negotio per præcepta Arithmetices aureus numerus cujuslibet anni reperietur hoc modo. Anno Domini proposito addatur 1. & numerus compositus per 19. dividatur, Numerus enim, qui ex divisione relinquitur, (nulla habita ratione quotientis numeri: hic enim solùm ostendit, quot revolutiones aurei numeri à Christo usque ad annum propositum peractæ sint) erit aureus numerus anni propositi. Et si ex divisione nihil remanet, erit aureus numerus 19. Ut si quæratur aureus numerus anni 1584. addo 1. & compositum numerum 1585. divido per 19. invenioque ex divisione relinqui 8. Erit ergo anno 1584. aureus numerus 8. Rursus si anno 1595. quærendus fit aureus numerus, additâ unitate, fit numerus 1596. quo divifo per 19. nihil fupereft. Erit igitur tunc aureus numerus 19. Item fi anno 1600. addatur 1. fiet numerus 1601. quo divifo per 19. relinquetur 5. pro aureo numero anni 1600. Atque ita de cæteris.

CANON II.

DE EPACTIS ET NOVILUNIIS.

EPacta nihil aliud eft, quàm numerus dierum, quibus annus Solaris communis dierum 365. annum communem Lunarem dierum 354. fuperat: ita ut Epacta primi anni fit 11. cum hoc numero annus Solaris communis Lunarem annum communem excedat, atque adeo fequenti anno Novilunia contingant 11. diebus priùs, quàm anno primo. Ex quo fit, Epactam fecundi anni effe 22, cum eo anno rurfus annus Solaris Lunarem annum fuperet 11. diebus, qui additi ad 11. dies primi anni efficiunt 22. ac proinde, finito hoc anno, Novilunia contingere 22. diebus priùs quàm primo anno: Epactam autem tertij anni effe 3. quia fi rurfus 11. dies ad 22. adjiciantur, efficietur numerus 33. à quo fi rejiciantur 30. dies, qui unam Lunationem Embolifmalem conftituunt, relinquentur 3. atque ita deinceps. Progrediuntur enim Epactæ omnes per continuum augmentum 11. dierum, abjectis tamen 30. quando rejici poffunt. Solùm quando perventum erit ad ultimam Epactam aureo numero 19. refpondentem, quæ eft 29. adduntur 12. ut abjectis 30. ex compofito numero 41. habeatur rurfus Epacta 11. ut in principio. Quod ideo fit, ut ultima Lunatio Embolifmica, currente aureo numero 19. fit tantum 29. dierum. Si enim 30. dies contineret, ut aliæ fex Lunationes Embolifmicæ, non redirent Novilunia poft 19. annos Solares ad eofdem dies, fed verfus calcem menfium prolaberentur, contingeretque uno die tardiùs, quàm ante 19. annos. De quâ re plura invenies in libro novæ rationis reftituendi Kalendarij Romani. Sunt autem 19. Epactæ, quot & aurei numeri, refpondebantque ipfis aureis numeris ante Kalendarij correctionem eo modo, quo in hac tabellâ difpofitæ funt.

Tabella Epactarum refpondentium aureis numeris, ante Kalendarij correctionem.

Aurei numeri	1.	2.	3.	4.	5.	6.	7.	8.
Epactæ.	XI.	XXII.	III.	XIV.	XXV.	VI.	XVII.	XXVIII

9.	10.	11.	12.	13.	14.	15.	16	17.	18.	19.
IX.	XX.	I.	XII.	XXIII.	IV.	XV.	XXVI.	VII.	XVIII.	XXIX.

Quia verò cyclus decennovennalis aurei numeri imperfectus eft, cum Noviluniâ poft 19. annos Solares non præcife ad eadem loca redeant, ut dictum eft, imperfectus etiam erit hic cyclus 19. Epactarum. Quamobrem cum ita emendavimus, ut in pofterum loco aurei numeri, & dictarum 19. Epactarum utamur 30. numeris Epactalibus ab 1. ufque ad 30. ordine progredientibus, quamvis ultima Epacta, five quæ ordine eft trigefima, notata numero non fit, fed figno hoc * propterea quod nulla Epacta effe poffit 30. Variis autem temporibus ex his 30. Epactis refpondent decem & novem aureis numeris variæ decem & novem Epactæ, prout Solaris anni, ac Lunaris æquatio expofcit: quæ quidem decem & novem Epactæ progrediuntur, ut olim per eundem numerum 11. addunturque femper 12. illi Epactæ, quæ refpondet aureo numero 19. ut habeatur fequens Epacta refpondens aureo numero 1. ob rationem paulò ante dictam. Id quod fequentes tres tabellæ perfpicuum faciunt: quarum prima continet aureos numeros, & Epactas inter fe refpondentes ab anno correctionis 1582. poft detractionem x. dierum, ufque ad annum 700. exclufivè, quo anno fecunda tabella affumenda eft, & tertia anno 900. atque ita deinceps alia atque alia, ut infra docebimus. Quæ quidem omnia uberiùs in libro novæ rationis reftituendi Kalendarij Romani explicantur. Quàmvis autem vulgares Epactæ mutentur à die primo Martij, re ipfa tamen mutandæ funt, unâ cum aureo numero, in cujus locum hæ noftræ Epactæ fuccedunt, à die octavo, quo contingit

tingit citimum Novilunium Paschale anni, post undecim dies à sede Bissexti, intercalares anno Lunæ, ut is anno Solis adæquetur.

Tabella Epactarum respondentium aureis numeris ab Idibus Octobris anni correctionis
1582. detractis prius x. diebus, usque ad annum 1700. exclusivè.

Aurei numeri	6.	7.	8.	9.	10.	11.	12.	13.	14.	15.	16.	17.	18.	19.	1.	2.	3.	4.	5.
Epactæ.	11.	XIII.	XXIV.	V.	XVI.	XXVII.	VIII.	XIX.	*	XI.	XXII.	III.	XIV.	XXV.	VII.	XVIII.	XXIX.	X.	XXI.

Tabella Epactarum respondentium aureis numeris ab anno 1700. inclusive usque ad annum 1900. exclusive.

Aurei numeri	10.	11.	12.	13.	14.	15.	16.	17.	18.	19.	1.	2.	3.	4.	5.	6.	7.	8.	9.
Epactæ.	XV.	XXVI.	VII.	VVIII.	XXIX.	X.	XXI.	II.	XIII.	XXIV.	VI.	XVII.	XXVIII.	IX.	XX.	I.	XII.	XXIII.	IV.

Tabella Epactarum respondentium aureis numeris ab anno 1900. inclusive usque
ad annum 2200. exclusive.

Aurei numeri	1.	2.	3.	4.	5.	6.	7.	8.	9.	10.	11.	12.	13.	14.	15.	16.	17.	18.	19.
Epactæ.	V.	XVI.	XXIV.	VIII.	XIX.	*	XI.	XXII.	III.	XIV.	XXV.	VI.	XVII.	XXVIII.	IX.	XX.	XII.	XXIII.	

Quælibet-autem tabella ab eo aureo numero initium sumit, qui illo anno currit à
quo usus tabellæ incipit: & licèt in his tabellis diversæ semper Epactæ aureis numeris
respondeant, aliquando tamen continget, ut eisdem aureis numeris eædem Epactæ respondeant, quæ olim ante correctionem Kalendarij.

Itaque si Epacta quocunque anno proposito invenienda sit, quærendus est aureus
numerus illius anni in superiori ordine illius tabellæ quæ illi tempori, in quo propositus
annus continetur, congruit. Mox enim sub aureo numero in inferiori ordine tabellæ
reperitur Epacta anni propositi vel certè hoc signum * Ubi ergo Epacta illa in Kalendario inventa fuerit, eo die Novilunium fiet. Invenietur autem aureus numerus vel ex
antecedente canone, vel ex tabella Epactarum proposito tempori congruente, tribuendo primum aureum numerum illius tabellæ illi anno, à quo usus tabellæ incipit, & secundum aureum numerum sequenti anno, &c. Eodem modo reperietur Epacta sine
aureo numero, si prima Epacta tabellæ tribuatur illi anno, à quo ejus usus incipit, & secunda Epacta sequenti anno, &c. Ubi autem signum * inventum fuerit, sumetur Epacta proximè sequens vel proximè antecedens secundum aurei numeri currentis conditionem.

Exemplum. Anno correctionis 1582. aureus numerus est 6. nempe primus primæ tabellæ, cujus usus incipit ab Idibus Octobris anni correctionis 1582. detractis priùs x. diebus. Erit ergo tunc Epacta 11. quæ sub aureo numero 6. collocatur fietque Novilunium
die 27. Octobr. & 26. Novembr. & 25. Decemb. Item anno 1583. jam correcto: aureus
numerus est 7. cui in eâdem tabellâ supposita est Epacta XIII. quæ toto anno in Kalendario Novilunia indicabit, ut in Martij die 24. Aprili 13. &c. deinque die Ianuarij 15.
Februarij 12. Rursus anno 1710. aureus numerus est 1. sub quo in ordine Epactarum secundæ tabellæ, quæ anno proposito congruit, collocatur Epacta VI. quæ in Kalendario
toto anno Novilunia demonstrabit: nimirùm in Martio die 31. In Aprili die 29. &c. ac
denique in Ianuario die 30. Februario 19. Postremò, anno 1905 aureus numerus est 6.
sub quo in ordine Epactarum tertiæ tabellæ, quæ proposito anno congruit, reperitur signum * itaque sumetur Epacta sequens XXIX. Ubicunque ergo anno 1905. in Kalendario Epacta XXIX. reperitur, ibi Novilunium fit: ut in Martio die 8. in Aprili die 7. in
Majo die 6. &c. Quotiescunque enim signum * respondet aureo numero 10. vel minori, adsumenda est in Kalendario Epacta 1. Quando verò idem signum * respondet aureo numero 11. vel majori, adsumenda est Epacta XXIX. Quod ideo fit, ut anni Lunares
perfectiùs Solaribus annis respondeant: & Lunationes ita sibi mutuò succedant, ut alternatim sex contineant dies 30. & sex aliæ dies tantùm 29. complectantur. Id quod abundè in libro novæ rationis restituendi Kalendarij Romani explicatum est.

Quòd

Quòd ſi quando Epactæ per dies Kalendarij diſtributæ indicent Novilunia paulò ſeriùs, quàm res poſtulet, mirandum non eſt, cum maturo conſilio ita ſint diſpoſitæ. Cum
enim nullus cyclus Lunaris ad unguem calculo Aſtronomico reſpondere poſſit, ſed modò citiùs, modò tardiùs Novilunia indicet, data eſt diligenter opera in diſtribuendo
cyclo hoc 30. Epactarum in Kalendario, ut potiùs Novilunia ſeriùs aliquando per Epactas demonſtrentur quàm ut aliquando ſedes ſuas antevertant, ne cum Quartadecima-
nis hæreticis ſacroſanctum Paſcha, vel in xiv. Luna, vel ante celebretur: adeo ut propter celebrationem Paſchæ major ſit habita ratio xiv. Lunæ, vel Plenilunij, quàm No-
vilunij. Neque magni refert ſi aliquando, quod rarò tamen accidit, propter hanc No-
vilunij poſtpoſitionem, contingat Paſcha celebrari poſt diem xxi. Lunæ. Minus enim
hoc peccatum eſt, quàm ſi ante diem xiv. Lunæ celebretur, vel in ultimo menſe, quod
eſſet abſurdiſſimum. Sed de his plura in libro novæ rationis reſtituendi Kalendarij Romani, ubi etiam hypotheſes, quæ in hac correctione Kalendarij aſſumptæ ſunt, in medium afferentur.

Verùm, ut videas unde præcedentes tres tabellæ ſint depromptæ, & quâ arte aliæ
conſtrui poſſint, addita eſt ſequens tabella cycli Epactarum perpetua, unà cum tabulâ
æquationis cycli Epactarum, ex quâ cujuſque anni Epacta reperietur in perpetuum.
Rationem conſtructionis tam tabellæ cycli Epactarum perpetuæ, quàm tabulæ æquationis cycli Epactarum, quoniam paucis explicari non poteſt, deſumunturque literæ alphabeti ex tabulâ cycli Epactarum expanſa, conſultò in librum novæ rationis reſtituendi Kalendarij Romani, ubi tabula illa expanſa continetur, rejicimus.

Tabella cycli Epactarum perpetua.

γγ	L	C	c	P	F	f	s	M	i	A	a	m	D
*	XI	XXII	III	XIV	XXV	VI	XVII	XXVIII	IX	XX	I	XII	XXIII

d	q	G	g	t	N	K	B	b	n	E	e	r	H	h	u
IV	XV	XXVI	VII	XVIII	XXIX	X	XXI	II	XIII	XXIV	V	XVI	XXVII	VIII	XIX

Tabula æquationis cycli Epactarum perpetui.

Anni Domini.		Anni Domini.	
N	1582.	B	3300.
N	1600. Biſſ.	C	3400.
		B	3500.
M	1700.	B	3600. Biſſ.
M	1800.		
II	1900.	B	3700.
II	2000. Biſſ.	A	3800.
		u	3900.
H	2100.	A	4000. Biſſ.
G	2200.		
F	2300.	u	4100.
G	2400. Biſſ.	t	4200.
		t	4300.
F	2500.	t	4400. Biſſ.
E	2600.		
E	2700.	s	4500.
E	2800. Biſſ.	s	4600.
		t	4700.
D	2900.	r	4800. Biſſ.
D	3000.		
C	3100.	r	4900.
C	3200. Biſſ.		

Utriuſque autem uſus hic eſt. Quæratur
in tabulâ æquationis annus propoſitus, vel
ſi is in tabulâ non invenitur, annus proximè
minor: noteturque literâ alphabeti ſive ma-
juſculâ, ſive minuſculâ, ad ſiniſtram ipſius
collocatâ, & aureus numerus inveſtigetur
anno propoſito congruens. Deinde in tabellâ cycli Epactarum perpetuâ ſimilis litera
notetur, & cellulæ, quæ ab illa litera incluſivè tertia eſt verſus ſiniſtram, aureus numerus 1. tribuatur, & ſequenti cellulæ ad dexte-
ram ſubſequens aureus numerus 2. & ita
deinceps, donec ad aureum numerum propoſiti anni perveniatur, redeundo ad principium tabellæ, ſi eam totam percurreris, com-
putatâ quoque literâ γγ ſub quâ ſignum *
collocatur pro unâ cellulâ. His enim rite
peractis, illicò in cellulâ, in quam aureus numerus propoſiti anni cadit, Epacta illius an-
ni reperietur. Diligenter tamen obſervandum eſt, ut quando aureus numerus anni propoſiti fuerit 10 vel minor, cecideritque in cellulam literæ γγ ubi eſt hoc ſignum * ſumatur Epacta xxix. Quando verò aureus numerus anni propoſiti fuerit 11. vel major,
ſumatur Epacta 1.

Exemplis planum id faciemus. Anno 1582. poſt correctionem reſpondet in tabulâ æ-
quationis litera N. majuſcula , eſtque aureus tunc numerus 6. Si igitur in tabellâ cycli
Epactarum perpetua tribuas cellulæ literæ g minuſc. quæ tertia eſt à cellulâ literæ N.
majuſc. aureum numerum 1. & ſequenti cellulæ ad dextram aureum numerum 2. & ita
deinceps, cadet aureus numerus 6. anni propoſiti 1582. in cellulam Epactæ 11. quæ in
Kalendario ab Idibus Octob. illius anni Novilunia monſtrabit. Rurſus anno 1583. jam
emendato aureus numerus eſt 7. eique in tabulâ æquationis reſpondet litera eadem N,
majuſc. Quoniam enim hic annus in tabulâ non reperitur , ſumendus eſt proximè minor , nempe 1582. cui litera N , majuſc. reſpondet. Tribuendo ergo in tabellâ Epactarum aureum numerum 1. cellulæ literæ g , minuſc. quæ tertia eſt à cellulâ literæ N, majuſc. & aureum numerum 2. ſequenti cellulæ ad dextram , & ſic deinceps , cadet aureus
numerus 7. propoſiti anni in cellulam Epactæ X111. quæ eo anno Novilunia oſtendet.
Item anno 1710. reſpondet litera M, majuſc. in tabulâ æquationis, eſtque rurſum aureus
numerus 1. Quare ſi aureum numerum 1. illius anni tribuas primæ cellulæ literæ f, minuſc. in tabellâ Epactarum, quæ tertia eſt à literâ M , majuſc. reperies VI. pro Epactâ illius anni. Rurſus anno 1912. reſpondet in tabulâ æquationis litera H, majuſc. & eſt aureus numerus 13. Quapropter ſi tribuatur in tabellâ Epactarum perpetua cellulæ literæ
e, minuſc. quæ tertia eſt à literâ H, majuſc. aureus numerus 1. & ſequenti cellulæ ad dextram aureus numerus 2. & ita deinceps, redeundo ad principium tabellæ, cadet aureus
numerus 13. propoſiti anni in ſecundam cellulam. Quare Epacta tunc erit X V I I. Adhuc anno 2000. reſpondet in tabulâ æquationis litera H , majuſc. eſtque aureus numerus 6. Tribuendo ergo aureum numerum 1. cellulæ literæ e , minuſc. in tabellâ Epactarum, quæ tertia eſt à cellulâ literæ H , majuſc. & aureum numerum 2. ſequenti cellulæ
ad dextram &c. cadet aureus numerus 6. propoſiti anni in cellulam literæ γγ, ſub quâ
ponitur ſignum * Quia verò aureus numerus 6. minor eſt quàm 11. accipienda eſt Epacta xx1x. pro anno 2000. Poſtremò, anno 1609. in tabellâ æquationis reſpondet litera
N, majuſc. eſtque aureus numerus 14. Quamobrem ſi in tabellâ Epactarum cellulæ literæ g, quæ tertia eſt à cellula literæ N, majuſc. detur aureus numerus 1. & ſequenti cellulæ ad dextram aureus numerus 2. &c. redeundo ad principium tabellæ, occurret aureus numerus 14. propoſiti anni eidem cellulæ literæ γγ, ſub qua ſignum * ponitur. Et
quoniam aureus numerus 14. major eſt, quàm 10. accipienda eſt Epacta 1. pro anno 1609.
Atque hoc modo Epactam cujuſlibet anni invenies in perpetuum.

Ex his facilè quivis tabellam componere poterit ſi velit, ſimilem tribus ſuperioribus,
in qua nimirum Epactæ contineantur certis quibuſdam annis inſervientes. Ut quoniam
uſus tertiæ tabellæ extenditur uſque ad annum 2200. excluſivè , ſi quis aliam tabellam
optet, cujus uſus incipiat anno 2200. quærenda erit, ut jam docuimus, Epacta anni 2200.
Si namque ordine diſponantur omnes 19. aurei numeri , initio facto ab aureo numero
anni 2200. & ſub aureo numero dicti anni collocetur Epacta ejuſdem anni inventa:
deinde reliquæ Epactæ ordine ſub aliis aureis numeris collocentur , quæ per continuam
additionem numeri 11. ad præcedentem Epactam conſtituantur, ita tamen , ut Epactæ
ſub aureo numero 19. poſitæ , ſi hic aureus numerus in tabella ultimus non fuerit, addantur 12. non autem 11. ut ſupra diximus, compoſita erit tabella Epactarum, cujus uſus
incipiet ab anno 2200. incluſivè , terminabiturque anno 2299. quandoquidem anno
2300. in tabula æquationis alia litera reſpondet, nempe F, ita ut tunc ſit alia tabula ex-
truenda. Verbi gratia: dicto anno 2200. reſpondet in tabula æquationis litera G, majuſc. eſtque aureus numerus 16. Si igitur tribuamus aureum numerum 1. cellulæ literæ d,
minuſc. in tabella perpetua Epactarum, quæ tertia eſt à cellula literæ G, & ſequenti cellulæ ad dextram aureum numerum 2. &c. incidet aureus numerus 16. dicti anni 2200.
in cellulam literæ u, ſub qua reperitur Epacta x1x. illius anni. Quocirca tabella Epactarum reſpondentium aureis numeris, initio ſumpto ab aureo numero 16. & ab Epacta
x1x. illius anni ſic ſtabit.

Tabella Epactarum respondentium aureis numeris ab anno 2200. inclusive usque ad annum 2300. exclusive.

Aurei numeri	16.	17.	18.	19.	1.	2.	3.	4.	5.	6.	7.	8.	9.	10.	11.	12.	13.	14.	15.
Epactæ.		XIX.	*	XI.	XII.	IV.	XV.	XXVI.	VII.	XVIII.	XXIX.	X.	XXI.	II.	XIII.	XXIV.	V.	XVI.	XXVII. VIII.

Sed eædem hæ Epactæ faciliùs ex tabella cycli Epactarum perpetuâ extrahi possunt. Cum enim aureus numerus 1. tribuatur cellulæ literæ G, majusc. & aureus numerus 2. sequenti cellulæ ad dextram, ubi est litera g. & aureus numerus 3. sequenti cellulæ ad dextram, ubi est litera t, aureus numerus verò 4. sequenti adhuc cellulæ ad dextram, in qua descripta est litera N, majusc. &c. ut dictum est, scribendæ erunt Epactæ sub aureis numeris hujus tabellæ temporariæ, quemadmodum in tabella illa cycli Epactarum perpetua aureis numeris respondent, ut in exemplo factum esse vides. Hinc facilè apparet, qua ratione superiores tres tabellæ Epactarum temporariæ sint compositæ. Generalior porrò via inveniendæ Epactæ cujuslibet anni ex rotâ mobili desumitur, cujus constructionem quoniam in lib. novæ rationis restituendi Kalendarij Romani tradita est, dedita operâ hic omittimus.

CANON III.

DE CYCLO SOLARI, SIVE LITERARUM DOMINICALIUM 28. ANNORUM.

CYclus Solaris, seu literarum Dominicalium, est revolutio numeri 28. annorum ab 1. usque ad 28. quâ revolutione peractâ, iterum ad unitatem reditur, initiumque sumit quilibet annus hujus cycli à Ianuario. Procreatur autem cyclus hic Solaris 28. annorum ex multiplicatione 7. per 4. propterea quod propter septem dies hebdomadæ, septem sunt literæ Dominicales, & quovis quarto anno unus dies intercalatur, ita ut tunc ordo ille septem literarum interrumpatur, recipianturque duæ literæ Dominicales. Hoc cyclo litera Dominicalis cujusque anni investigatur in perpetuum, ut ad finem sequentis canonis docebimus.

Ut igitur quolibet anno proposito numerus cycli Solaris reperiatur, composita est sequens tabella, cujus usus incipit ab anno correctionis 1582. duratque in perpetuum. Ex qua numerus cycli Solaris quocunque anno currens post annum 1582. investigabitur hoc modo.

---

23. 24. 25. 26. 27. 28. 1. 2. 3. 4. 5. 6. 7. 8. 9. 10. 11. 12. 13. 14. 15. 16. 17. 18. 19. 20. 21. 22.

Anno 1582. tribuatur primus numerus tabellæ, qui est 23. secundus autem, qui est 24. sequenti anno 1583. & ita deinceps in infinitum, donec ad annum, cujus numerum cycli Solaris quæris, perveniatur, redeundo ad principium tabellæ, quotiescunque eam percurreris. Nam cellula, in quam cadit annus propositus, numerum cycli Solaris quæsitum indicabit.

Sed quoniam valde laboriosum est ac molestum, tot annos in dicta tabella enumerare, eamque toties repetere, donec ad annum propositum perveniatur, præsertim verò si annus propositus procul ab anno 1582. absit, construximus hanc aliam tabulam, ex qua sine magno labore, cycli Solaris numerus quolibet anno tam ante, quàm post annum 1582. invenietur hac ratione.

Quæratur annus propositus in tabulâ sub annis Domini, qui si descriptus in eâ fuerit, numerus ad dextram ipsius collocatus (additis prius 9. ut in vertice tabulæ præcipitur: & rejectis 28. post hanc additionem si rejici possunt) erit numerus cycli Solaris, qui quæritur. Si verò annus propositus, in tabulâ non continetur, accipiatur annus in tabulâ contentus proximè minor, unâ cum numero cycli Solaris respondente. Deinde sumantur in eadem tabulâ anni qui supersunt, unâ cum numero cycli Solaris respondente, qui priori numero cycli Solaris invento addatur, rejicianturq; à composito numero 28.

si resi rejici possunt. Et tandem addantur 9. Numerus enim compositus, rejectis prius 28. si possunt rejici, erit numerus cycli Solaris quæsitus. Quòd si neque anni, qui superfuerunt, in tabulâ reperiantur, accipiendus erit rursum annus proximè minor, unà cum numero cycli Solaris respondente : qui priori numero cycli Solaris invento adjiciendus est, & à composito numero rejicienda 28. si rejici possunt. Idemque faciendum erit cum reliquis annis qui supersunt, donec omnes in tabulâ inveneris : & tandem ultimo numero cycli Solaris ex numeris cycli Solaris in tabulâ repertis confecto, addenda 9. & à summâ, quæ conflabitur, rejicienda 28. si rejici possunt. Conficietur enim hoc modo numerus cycli Solaris anni propositi. Quòd si post additionem 9. numerus compositus fuerit 28. ita ut post detractionem 28. nihil remaneat, erit numerus cycli Solaris 28.

Tabula ad numerum cycli Solaris cujuslibet anni inveniendum.

Anni Domini	Cyclus Solaris *Adde* 9	Anni Domini	Cyclus Solaris *Adde* 9
1	1	300	20
2	2	400	8
3	3	500	24
4	4	600	12
5	5	700	0
6	6	800	16
7	7	900	4
8	8	1000	20
9	9	2000	12
10	10	3000	4
20	20	4000	24
30	2	5000	16
40	12	6000	8
50	22	7000	0
60	4	8000	20
70	14	9000	12
80	24	10000	8
90	6	20000	4
100	16	30000	12
200	4	40000	16

Exemplis rem illustrabimus. Inveniendus sit numerus cycli Solaris anno 1 0 0 0. Quoniam hic annus in tabulâ reperitur, eique respondet numerus 20. si addantur 9. fiet numerus 29. à quo si rejiciantur 28. remanebit 1. pro numero cycli Solaris anno 1000. Rursus inquirendus proponatur numerus cycli Solaris anno 1582. Quoniam hic annus in tabulâ non invenitur, sumendus est annus 1000. in tabulâ proximè minor, ejusque numerus cycli Solaris 20. Deinde accipiendi in tabulâ anni residui 582. qui quoniam in eâ non continentur, sumendus iterum est annus 500. in tabulâ proximè minor, ejusque numerus cycli Solaris 24. quo ad priorem numerum cycli Solaris 20. inventum adjecto, conficietur numerus 44. à quo si detrahantur 28. remanebunt 16. Post hæc anni 82. qui supersunt, accipiendi in tabulâ: sed quia non reperiuntur, sumendus est annus 80. in tabulâ proximè minor, ejusque numerus cycli Solaris 24. quo adjecto ad numerum cycli Solaris 16. priùs compositum, efficietur numerus 40. à quo si subtrahantur 28. relinquentur 12. Tandem accipiendi sunt reliqui anni 2. in tabulâ, & numerus cycli Solaris 2. illis respondens: quo apposito ad numerum cycli Solaris 12. proximè relictum, componetur numerus 14. Ad quem postremò si addantur 9. ut in vertice tabulæ jubetur, fiet numerus cycli Solaris 23. anni 1582. Denique, investigandus sit numerus cycli Solaris anno 7075. Accipio primùm numerum cycli Solaris 0. è regione anni 7000. eumque addo numero cycli Solaris 14. è regione anni 70. reperto, efficioque numerum 14. Deinde huic numero 14. adjungo numerum cycli Solaris 5. anno 5. respondentem & procreo numerum 19. Cui tandem appono 6. efficioque numerum cycli Solaris 28. pro anno 7075.

Adduntur autem semper 9. ultimo numero, quia Christus anno decimo hujus cycli Solaris natus est, fuitque anno Domini primo numerus cycli Solaris 10. & anno secundo numerus cycli Solaris 11. &c.

Com-

Compositio quoque hujus tabulæ non differt à constructione tabulæ pro aureo numero inveniendo, nisi quòd hic rejicienda sunt 28. non autem 19. ut ibi. Quocirca facilè eam extendere poteris ad quotcunque annos volueris.

Cæterum sine hac tabulâ facili admodum negotio per præcepta Arithmetices numerus cycli Solaris quolibet anno proposito invenietur hoc modo. Anno Domini proposito addantur 9. & compositus numerus per 28. dividatur. Numerus enim, qui ex divisione relinquitur, (nulla habita ratione quotientis numeri: hic enim solùm indicat quot revolutiones cycli Solaris à Christo usque ad annum propositum peractæ sint) erit numerus cycli Solaris anni propositi. Et si ex divisione nihil remanet, erit numerus cycli Solaris 28. Ut si quæratur numerus cycli Solaris anno 1582. Addo 9. & compositum numerum 1591. divido per 28. invenioque ex divisione relinqui 23. Anno ergo 1582. numerus cycli Solaris erit 23. Rursus si desideretur numerus cycli Solaris anno 1587. Addo 9. & facio 1596. quem numerum partior per 28. reperioque nihil superesse. Anno igitur 1587. numerus cycli Solaris erit 28. Et sic de cæteris.

CANON IV.

DE LITERA DOMINICALI.

QUoniam tum propter decem dies ablatos ex mense Octobri anni 1582. tum etiam propter tres Bissextos quibusque quadringentis annis omittendos, ut in libro novæ rationis restituendi Kalendarij Romani, & in Bullâ correctionis anni à Gregorio XIII. Pont. Max. sancitum est, cyclus literarum Dominicalium quibusque 28. annis in seipsum rediens, & ad hanc usque diem ab Ecclesia Romana usitatus interrumpatur necesse est, proponimus sequentem tabellam literarum Dominicalium omnibus annis post Idus Octobris anni correctionis 1582. (detractis priùs x. diebus) usui futurum usque ad annum 1700. exclusivè.

Tabella literarum Dominicalium ab Idibus Octobris anni correctionis 1582. (detractis priùs x. diebus) usque ad annum 1700. exclusive.

cb	A	fed	c	Agf	e	cbA	g	edc	b	gfc	d	bAg	f	d
	g		b		d		f		A		c		e	

Usus hujus tabellæ hic est. Anno correctionis 1582. post Idus Octobris (detractis priùs x. diebus) tribuatur litera c, primæ cellulæ: & sequenti anno 1583. litera b, secundæ: & anno 1584. dentur literæ A, g, tertiæ cellulæ, & sic deinceps aliis annis ordine aliæ cellulæ tribuantur, donec ad annum propositum perventum sit, redeundo ad principium tabellæ, quotiescunque eam percurreris. Nam cellula in quam annus propositus cadit, dummodo minor sit, quàm annus 1700. dabit literam Dominicalem propositi anni. Quæ si unica occurrerit, annus erit communis, si verò duplex, Bissextilis: & tunc superior litera Dominicam diem ostendet in Kalendario à principio anni usque ad festum S. Mathiæ Apostoli, inferior autem ab hoc festo usque in finem anni. Exempli gratia. Sit invenienda litera Dominicalis anno 1587. Numera ab anno 1582. quem tribue primæ literæ c, usque ad annum 1587. tribuendo singulis cellulis singulos annos (computando geminas literas quascunque, superiorem & inferiorem, pro una cellula) cadetque annus 1587. in literam d, quæ sextum locum in tabella occupat. Est ergo toto eo anno litera Dominicalis d, annusque communis est, cum litera simplex occurrat. Rursus sit investiganda litera Dominicalis anno 1616. Numera ab anno 1582. ut dictum est, usq; ad annum 1616. redeundo ad principium tabellæ, postquam eam percurreris, perveniesque ad duas hasce literas c, b, septimo loco positas. Est ergo annus ille Bissextilis, cum duplex litera occurrat, superiorque litera c, Dominicam diem indicabit à principio anni illius usque ad festum S. Mathiæ, inferior autem b, in reliqua parte anni.

Verùm ut in annis, qui parum ab anno 1700. distant, facilior reddatur numeratio, &

ne.fæpiùs ad principium tabellæ cogaris redire, componenda erit tabella quædam annorum hac arte. Ad annum 1582. à quo ufus tabellæ literarum Dominicalium incipit, addantur 28. & iterum 28. ad numerum compofitum, & fic deinceps, ita tamen, ut ultimus annus minor fit anno 1700. ad quem ufus tabellæ literarum Dominicalium non perveniet.

Itaque fi annus, cujus litera Dominicalis quæritur, in hac tabella annorum continetur, erit prima litera tabellæ literarum Dominicalium Dominicalis eo anno. Si verò non continetur, fumendus eft in tabella annorum annus proximè minor, & ab eo numerandum in fupradicta tabella literarum Dominicalium, initio facto à prima cellula, ufque ad annum propofitum. Pervenietur

enim hac numeratione ad literam Dominicalem, ita ut nunquam ad principium tabellæ redeundum fit. Vt fi annus propofitus fit 1638. qui in hac tabella reperitur, erit eo anno litera Dominicalis c, quæ prima eft in tabella literarum Dominicalium. Si autem annus propofitus fit 1647. qui in hac tabella non continetur, numerandum erit in tabella literarum Dominicalium ab anno 1638. proximè minori ufque ad datum annum 1647. tribuendo nimirum annum 1638. primæ cellulæ, & fequentem annum 1639. fecundæ cellulæ, &c. Cadet enim hoc modo annus propofitus 1647. in decimam cellulam literæ f, quæ tertia eft poft Biffextum, & Dominicalis eo anno.

Finito autem anno 1699. in cujus fine ufus fuperioris tabellæ literarum Dominicalium terminatur, affumenda eft fequens tabella literarum Dominicalium, cujus ufus ab anno 1700. incipit, eftq; perpetua, fi adjuncta tabula æquationis adhibeatur, hoc modo.

Tabella literarum Dominicalium ab anno 1700 inclufive perpetua , fi quibufque 400. annis tres Biffexti omittantur.

I		II		III													
d b A g	f	dcb	A	fed	c	A g f	e	cb A	g	e d c	b	gfe
c	e		g		b		d		f		A	

Inventurus literam Dominicalem cujuflibet anni, qui non minor fit anno 1700. vide in tabulâ æquationis, qui numerus ex antiquis Romanorum notis ad finiftram anni propofiti, vel (fi is in tabula defcriptus non eft) anni proximè minoris reperitur, eumque in tabella literarum Dominicalium perpetua nota. Si enim cellulæ hujus numeri antiqui Romani tribuas annum in tabulâ æquationis acceptum, fequentem verò annum fequenti cellulæ, & ita deinceps, donec ad annum propofitum perveneris redeundo ad principium tabellæ fi opus fuerit, incides in cellulam literæ Dominicalis, quam

quæris. Quæ fi fuerit fimplex, annus propofitus communis erit, fi verò duplex, Biffextilis: exceptis annis illis centefimis, in quibus dies intercalaris omittitur, quales funt omnes illi & foli, qui in æquationis tabula expreffi funt. In his enim quoniam communes funt, ex duabus literis inventis inferior duntaxat affumenda eft, relicta fuperiore , quia

Tabula æquationis fupradictæ tabellæ literarum Dominicalium ab anno 1700. perpetuæ.

	An. Domini.		An. Domini.		An. Domini.
I	1700	I	2900	I	4100
II	1800	II	3000	II	4200
III	1900	III	3100	III	4300
I	2100	I	3300	I	4500
II	2200	II	3400	II	4600
III	2300	III	3500	III	4700
I	2500	I	3700	I	4900
II	2600	II	3800	II	5000
III	2700	III	3900	III	5100

hæc

hæc in anno præcedenti ufum habuit. In aliis centefimis Biffextilibus, cujufmodi funt omnes illi, qui in tabula æquationis notati non funt, utraque litera inventa eft accipienda, quemadmodum in aliis annis Biffextilibus.

Exemplum. Anno 1710. refpondet in tabulâ æquationis hic numerus antiquus I. quia cum dictus annus in tabula non contineatur, accipiendus eft annus 1700. proximè minor, cui refpondet numerus I. Igitur fi ab anno 1700. in tabula invento fiat numeratio in tabella literarum Dominicalium perpetua per cellulas: ufque ad annum propofitum 1710, initio facto à prima cellula, fupra quam nimirum ponitur idem numerus antiquus I. qui in æquationis tabula repertus eft, reperietur litera Dominicalis e, fecunda poft Biffextum, eritque annus 1710. communis, & fecundus poft Biffextum. Rurfus anno 1912. refpondet in tabula æquationis numerus antiquus III. Numerando igitur ab anno 1900. in tabula reperto, in tabula literarum Dominicalium per cellulas, initio fumpto à nona cellula, fupra quam nimirum pofitus eft antiquus numerus III. ufque ad annum 1912. inveniemus duas literas Dominicales g, f, eritque annus ille Biffextilis. Præterea anno 1800. in tabula æquationis refpondet antiquus numerus II. cui in tabella literarum Dominicalium refpondent duæ literæ f, e, quarum inferior e, folùm illi anno deferviet, quoniam annus eft communis, & fuperior litera f fuit Dominicalis anno præcedente 1799. Poftremò, anno 3600. refpondet in tabula æquationis numerus antiquus III. prope annum 3500. proximè minorem. Si igitur ab anno 3500. in tabella literarum Dominicalium numerentur cellulæ, fumpto initio à nona cellula hujus numeri III. invenientur duæ hæ literæ b, A, quarum utraque accipienda eft, quia annus ille centefimus Biffextilis eft, cum in tabula æquationis non contineatur.

Hîc autem utendum erit quoque artificio fupra defcripto, ut numeratio facilior reddatur. Nempe conftruenda erit tabella annorum, quæ per continuam additionem 28. ad annum in tabula æquationis inventum, progrediatur. Ut in proximo exemplo ad annum 3500. deinde ad compofitum numerum 3528. &c. ita tamen, ut ultimus numerus compofitus minor fit quàm 3700. Hoc enim anno alius numerus antiquus accipiendus erit in tabula literarum Dominicalium, ut ex tabula æquationis conftat. Hac tabella annorum compofita, ftatim fciemus à quo anno inchoanda fit numeratio in tabella literarum Dominicalium. Hac ratione, ut in proximo exemplo perfiftamus, fub numero antiquo III. numerationem aufpicabimur ab anno 3584. qui proximè minor eft in tabella annorum quàm propofitus annus 3600. qui cadet in cellulam duarum literarum b, A, ut priùs.

3500
3528
3556
3584
3612
3640
3668
3696

Facillima porrò eft conftructio tabulæ æquationis. Progreditur enim per omnes annos centefimos, qui Biffextiles non funt, omiffis centefimis Biffextilibus, quia in illis ordo literarum Dominicalium interrumpitur, in his verò non. Itaque poft ternos quofque centefimos unus annus centefimus relinquitur in tabula, cum ille fit Biffextilis. Deinde, ut vides numeri antiqui I. II. III. ordine repetuntur.

Ex his non difficile erit cuilibet ex noftra tabella perpetua decerpere tabellam particularem fuo tempori defervientem. Si enim tabella 28. literarum Dominicalium componatur, principio fumpto à cellula illius numeri antiqui, qui in tabula æquationis cuilibet anno centefimo refpondet, confecta erit tabella deferviens ab eo anno centefimo ufque ad annum centefimum qui in tabula æquationis fequitur exclufivè: ita tamen, ut ex primis duabus literis anno illi centefimo, à quo ufus tabellæ incipit, refpondentibus, inferior affumatur, relicta fuperiori, Hac arte conftructa eft fequens tabella, cujus ufus incipit ab anno 1800. duratque ufque ad finem anni 1899. hac lege, ut anno 1800. litera Dominicalis fit e, inferior primarum duarum f, e. Sequenti deinde anno 1801. litera Dominicalis fit d, &c.

Tabella literarum Dominicalium ab anno 1800. ufque ad annum 1900. exclufive.

f	dcb	A	fed	c	Agf	e	cb	A	g	edc	b	gfe	d	b	Ag
e		g		b		d			f		A		c		

Expeditè quoque eandem literam Dominicalem cujufque anni perpetuò inveniemus tam ante correctionis annum quàm poſt, ex antiquo cyclo Solari, ſeu literarum Dominicalium 28. annorum, quo ad hanc uſque diem Eccleſia uſa eſt. Hic autem, unà cum tabula æquationîs, quæ per omnes annos centeſimos progreditur, ita ut quartus quiſque centeſimus ſit Biſſextilis, & tunc idem numerus antiquus repetatur, ita ſe habet.

Cyclus Solaris, ſeu literarum Dominicalium antiquus 28. annorum perpetuus.

V		VII		II		IV		VI		I		III	
g f	e d c	b A	g f e	d c	b A g	f e	d c b	A g	f e d	c b	A g f	e d	c b A

Tabula æquationis Cycli Solaris antiqui.

	An. Domini.
V	1
V	1582
Detractis x. diebus.	
I	1582
I	1600 Biſſ.
II	1700
III	1800
IV	1900
IV	2000 Biſſ.
V	2100
VI	2200
VII	2300
VII	2400 Biſſ.
I	2500
II	2600
III	2700
III	2800 Biſſ.
IV	2900
V	3000
VI	3100
VI	3200 Biſſ.
VII	3300
I	3400
II	3500
II	3600 Biſſ.
III	3700
IV	3800
V	3900
V	4000 Biſſ.
VI	4100
VII	4200
I	4300
I	4400 Biſſ.
II	4500
III	4600
IV	4700
IV	4800 Biſſ.
V	4900
VI	5000
VII	5100
VII	5200 Biſſ.
I	5300

Inventurus ergo literam Dominicalem quocunque anno dato, vide in tabulâ æquationis, qui numerus antiquus ad ſiniſtram anni propoſiti, vel (ſi is in tabulâ non eſt deſcriptus) anni proximè minoris reperitur, eumque in cyclo Solari nota. Ab hoc enim incluſivè ſi numeres tot cellulas literarum Dominicalium, dextrorſum procedendo, & iterum ſi opus fuerit, à principio cycli incipiendo, quot unitates in numero cycli Solaris currente (quem ex canone 3, invenies) continentur, incides in cellulam literæ Dominicalis, quam quæris. Quæ ſi fuerit ſimplex, annus propoſitus communis erit; ſi verò duplex, Biſſextilis, exceptis illis annis centeſimis, in quibus intercalaris dies omittitur, cujuſmodi ſunt omnes illi, ac ſoli, quibus in tabulâ æquationis ſyllaba [Biſſ.] appoſita non eſt. In his enim, quoniam communes ſunt, inferior litera ex duabus inventis aſſumenda eſt, relictâ ſuperiori, quoniam hæc in præcedenti anno fuit Dominicalis. In centeſimis aliis Biſſextilibus, quales ſunt omnes illi, quibus ſyllaba [Biſſ.] adjuncta eſt, utraque litera eſt accipienda, quemadmodum in aliis annis Biſſextilibus.

Exemplum. Anno 1699. reſpondet in tabulâ æquationis numerus antiquus I. propè numerum 1600. proximè minorem. Cùm ergo anno 1699, numerus cycli Solaris ſit 28. numerandæ erunt 28. cellulæ literarum Dominicalium, initio facto ab eâ ſupra quam numerus hic I. poſitus eſt, uſque ad d, quæ erit litera Dominicalis eo anno, tertia poſt Biſſextum. Rurſus anno 1700. reſpondet in æquationis tabulâ numerus antiquus II. eſtque numerus cycli Solaris 1. In prima ergo cellula literarum Dominicalium ſub numero antiquo II. ex duabus literis d, c, inferior erit litera Dominicalis illius anni: quia communis eſt, & ſuperior litera d fuit Dominicalis in præcedenti anno 1699. ut in proximo exemplo patuit. Poſtremò, anno 2000 reſpondet in tabula æquationis numerus antiquus IV. numerus autem cycli Solaris tunc eſt 21. Quare ſi numerentur 21. cellulæ literarum Dominicalium, initio facto à cellula hujus numeri antiqui IV. invenientur duæ hæ literæ b, A, quæ ambæ Dominicales erunt eo anno, cùm Biſſextilis ſit. Porrò via hæc multò facilior eſt in libro novæ rationis reſtituendi Kalendarij Romani per tabulam ſeptem cyclorum literarum Dominicalium expanſam, ubi etiam commodiſſima ratio traditur beneficio rotæ mobilis.

CANON V.

DE INDICTIONE.

INdictio est revolutio 15. annorum ab 1. usque ad 15. qua revolutione peracta, iterum reditur ad unitatem, initiumque sumit quilibet annus hujus cycli à Januario in bullis Pontificiis. Et quoniam Indictionis frequens usus est in Diplomatibus & scripturis publicis, facilè annum Indictionis currentem quolibet anno proposito inveniemus ex sequenti tabella, cujus usus perpetuus est, initium tamen sumit ab anno correctionis 1582.

Tabella Indictionis ab anno correctionis 1582.

10. 11. 12. 13. 14. 15. 1. 2. 3. 4. 5. 6. 7. 8. 9.

Nam si anno 1582. tribuas primum numerum, qui est 10. & sequenti anno 1583. secundum numerum, qui est 11. & sic deinceps usque ad annum propositum, redeundo ad principium tabellæ, quotiescunque eam percurreris, cadet annus propositus in Indictionem, quæ quæritur.

Quoniam verò molestum est ac laboriosum, tot annos in dicta tabella percensere, redeundo sæpius ad ejus principium, quousque anni propositi Indictio reperiatur, præsertim si annus propositus longè ab anno 1582. absit, confecimus hanc aliam tabulam, ex qua sine magno labore Indictio cujusvis anni tam ante annum 1582. quàm post, invenietur hoc modo.

Tabula ad Indictionem cujuslibet anni inveniendam.

Anni Domini	Indictio Adde 3	Anni Domini	Indictio Adde 3
1	1	80	5
2	2	90	0
3	3	100	10
4	4	200	5
5	5	300	0
6	6	400	10
7	7	500	5
8	8	600	0
9	9	700	10
10	10	800	5
20	5	900	0
30	0	1000	10
40	10	2000	5
50	5	3000	0
60	0	4000	10
70	10	5000	5

Quære annum propositum in adscripta tabula, vel proximè minorem, si is in tabulâ non reperitur: deinde residuos annos, unà cum Indictionibus ad dextram annorum collocabis. Si enim has omnes Indictiones in unam summam collegeris eo ordine, ut in canone tam aurei numeri, quàm cyclí Solaris docuimus, & tandem addideris 3. rejectis tamen semper 15. quoties possunt rejici, habebis Indictionem anni propositi. Quod si ultima summa post additionem 3. fuerit 15. ita ut abjectis 15. nihil relinquatur, erit Indictio 15. Id quod uno aut altero exemplo faciemus perspicuum. Anno 2000. respondet in tabulâ Indictio 5. cui si addatur 3. fiet Indictio 8. anni 2000. Item, ut anno 1582. reperiatur Indictio, accipiendus est annus 1000. proximè minor, unà cum Indictione 10. Deinde ex reliquis annis 582. annus 500. proximè minor, unà cum Indictione 5. quâ ad priorem 10. adjectâ, efficietur numerus 15. à quo si abjiciantur 15. nihil superest. Post hæc ex residuis annis 82. sumendus est in tabulâ annus 80. proximè minor, una cum Indictione 5. quæ addita Indictiodictioni o. quæ proximè relicta fuerat, faciet numerum 5. cui si adjungatur Indictio 2. respondens residuis 2. annis, fiet numerus 7. Huic tandem si addantur 3. componetur Indictio 10. pro anno 1582. Postremò, Indictio anni 3040. ita invenietur. Indictio o. respondens anno 3000, proximè minori addatur Indictioni 10. quæ residuis annis 40. respondet, habebiturque numerus 10. Cui si addantur 3. fiet Indictio 13. anni 3040.

Adduntur autem semper 3. ultimo numero, quia Christus natus est anno quarto cycli Indictionis, fuitque anno Domini primo Indictio 4. & anno secundo Indictio 5. &c.

Compositio quoque hujus tabulæ eadem est, quæ tabulæ ad aureum numerum, & numerum cycli Solaris inveniendum: nisi quod hìc rejicienda sunt semper 15. si fieri potest, non autem 19. vel 18. ut ibi.

Verùm absque hac tabulâ perfacilis quoque est inventio Indictionis cujuslibet anni per præcepta Arithmetices hoc pacto. Anno Domini proposito addantur 3. & compositus numerus per 15. dividatur. Numerus enim ex divisione relictus (nulla habita ratione quotientis numeri, cum hìc solùm demonstret, quot revolutiones cycli Indictionis à Christo usque ad annum datum transierint) erit Indictio quæsita. Ut anno 1582. addo 3. fiuntque 1585. quæ partior per 15. remanentque ex divisione 10. pro Indictione anni 1582. Item anno 1587. addo 3. efficiturque numerus 1590. quem divido per 15. nihilque superest. Est ergo tunc Indictio 15.

CANON VI.

DE FESTIS MOBILIBUS.

QUoniam ex decreto sacri Concilij Nicæni Pascha, ex quo reliqua festa mobilia pendent, celebrari debet die Dominico, qui proximè succedit XIV. Lunæ primi mensis, (is verò apud Hebræos vocatur primus mensis, cujus XIV. Luna vel cadit in diem Verni æquinoctij, quod die XXI. mensis Martij contingit, vel propiùs ipsum sequitur) efficitur, ut si Epacta cujusvis anni inveniatur ex canone 2. & ab eâ in Kalendario notata inter diem octavum Martij inclusivè & quintum Aprilis inclusivè (hujus enim Epactæ XIV. Luna cadit vel in diem æquinoctij Verni, id est, in diem XXI. Martij, vel eum propiùs sequitur) numerentur inclusivè deorsum versus dies quatuordecim, proximus dies Dominicus diem hunc XIV. sequens (ne cum Iudæis conveniamus, si forte dies XIV. Lunæ caderet in diem Dominicum) sit dies Paschæ.

Exemplum. Anno 1583. jam emendato Epacta est XIII. & litera Dominicalis b. Quæro igitur hanc Epactam XIII. in Kalendario inter octavum diem Martij, & quintum Aprilis inclusivè, invenioque eam è regione diei 24. Martij, à quâ inclusivè deorsum versus numero XIV. dies, ut habeam XIV. Lunam, quam video cadere in diem 6. Aprilis, post quem diem prima litera Dominicalis b reperitur è regione diei 10. ejusdem Aprilis. Pascha ergo anno 1583. celebrandum erit die 10. Aprilis. Rursus anno 1585. Epacta est V. & litera Dominicalis f. Et quoniam invenio Epactam V. inter diem 8. Martij & 5. Aprilis inclusivè positam esse è regione diei 1. Aprilis, à quo inclusivè si deorsum versus numerem 14. dies, invenio XIV. Lunam die 14. Aprilis, quæ est Dominica, cum è regione illius sit litera Dominicalis f. Ne igitur cum Judæis conveniamus, qui Pascha celebrant die XIV. Lunæ, sumenda est litera Dominicalis f, quæ sequitur XIV. Lunam, nempe ea quæ è regione diei 21. Aprilis collocatur: atque adeo Pascha eo anno celebrandum erit die 21. Aprilis. Item anno 1592. Epacta est XXII. & duplex litera Dominicalis e, d, cum annus ille sit Bissextilis. Si igitur ab Epacta XXII. quæ è regione diei 15. Martij ponitur inter diem 8. Martij & 5 Aprilis inclusivè, numerentur inclusivè dies 14. cadet XIV. Luna in diem 28. Martij. Et quia tunc currit posterior litera Dominicalis, nempe d, quæ post diem 28. Martij, id est, post XIV. Lunam collocata est è regione diei 29. Martij, celebrabitur eo anno Pascha die 29. Martij.

Invento autem die Paschæ, facilè alia festa mobilia invenientur. Si enim ante diem Paschæ numerentur sex Dominicæ in Kalendario, habebitur prima Dominica Quadragesimæ, & proximè præcedens feria quarta erit prima dies Quadragesimæ, hoc est, dies Cinerum: quam proximè præcedit Dominica Quinquagesimæ, & ante hanc celebrabitur Dominica Sexagesimæ, quam Dominica Septuagesimæ præcedit. Si verò post Dominicam Paschæ in Kalendario numerentur quinque Dominicæ, sequentur quintam

Domi-

Dominicam ſtatim Rogationes, & proximè ſequens feria quinta erit Aſcenſio Domini. Septima autem Dominica poſt Paſcha erit diès Pentecoſtes, cui ſtatim ſuccedit Dominica Trinitatis, & feria quinta proxima celebrabitur feſtum Corporis Domini. Hac ratione anno 1592. cum Paſcha celebretur die 29. Martij, celebrabitur prima Dominica Quadrageſimæ die 16. Februarij, currente tunc litera Dominicali e. Diesautem Cinerum erit 12. Februarij, & Dominica Septuageſimæ cadet in diem 26. Ianuarij. Rogationes autem erunt die 4. Maji, & Aſcenſio Domini die 7. Maji, Dominica verò Pentecoſtes die 17. Maiij, & feſtum Trinitatis die 24. Maji. Feſtum denique Corporis Domini die 28. Maji celebrabitur. Numerus verò Dominicarum inter Pentecoſten & Adventum hac ratione invenitur.Supputentur ante Nativitatem Domini quatuor Dominicæ. Quatta enim Dominica ante Domini Nativitatem eſt prima Dominica Adventus. Quapropter ſi numerentur omnes Dominicæ poſt Pentecoſten uſque ad primam Dominicam Adventus Domini excluſivè,habebitur numerus Dominicarum inter Pentecoſten &Adventum Domini:quem tamen numerum breviùs docebimus inveſtigare paulò infra.

Cæterùm ut faciliùs omnia feſta mobilia inveniantur, compoſitæ ſunt duæ ſequentes tabulæ Paſchales,una antiqua, & nova altera. Ex antiquâ, ita feſta mobilia reperientur. In latere ſiniſtro tabulæ accipiatur Epacta currens, & in lineâ literarum Dominicalium ſumatur litera Dominicalis currens, infra tamen Epactam currentem, ita ut ſi litera Dominicalis currens reperiatur è regione Epactæ currentis, aſſumenda ſit eadem litera Dominicalis proximè inferior : nam è regione hujus literæ Dominicalis omnia feſta mobilia continentur. Ut in eiſdem exemplis: Anno 1583. Epacta eſt XIII. & litera Dominicalis b. Si igitur in tabulâ antiquâ ſumatur litera Dominicalis b, quæ primo infra Epactam XIII. occurrit, reperietur è regione hujus literæ Dominica Septuageſimæ die 6. Februarij, dies Cinerum 23. Februarij, dies Paſchæ 10. Aprilis, Aſcenſio Domini 19. Maji, dies Pentecoſtes 29. Maji, & feſtum Corporis Domini 9. Junij. Dominicæ autem inter Pentecoſten & Adventum tunc erunt 25.& Adventus celebrabitur die 27. Novembris, & ſic de cæteris. Item anno 1585. Epacta eſt v. & litera Dominicalis f, quæ in tabula reperitur è regione Epactæ v. Quare ſumenda eſt alia litera f, quæ proximè infra Epactam invenitur, è regione cujus invenies Septuageſimam die 17. Februarij, diem Cinerum 6. Martij, & Paſcha die 21. Aprilis, &c.

Notandum autem eſt, quòd quemadmodum in anno communi, cadente litera Dominicali è regione Epactæ in tabula antiqua, ſumitur eadem litera proxima infra Epactam, ut diximus: ita quoque in anno Biſſextili, ſi alterutra duarum literarum Dominicalium tunc currentium è regione Epactæ reperiatur, aſſumendæ ſunt aliæ duæ ſimiles literæ proximè inferiores, ut feſta mobilia inveniantur.

Ex tabulâ verò Paſchali novâ ita eadem feſta mobilia reperientur. In cellulâ literæ Dominicalis currentis quæratur Epacta currens. Nam è directo omnia feſta mobilia deprehendentur. Ut anno 1585. in cellulâ literæ Dominicalis f, tunc currentis, è regione Epactæ VI. quæ eodem anno currit,habetur Septuageſima die 17.Februarij,dies Cinerum 6. Martij, & Paſcha die 21. Aprilis, &c.

Sed ſive antiquâ, ſive novâ tabulâ Paſchali utamur, invenienda ſunt omnia feſta mobilia in annis Biſſextilibus per literam Dominicalem poſteriorem, quæ nimirum currit poſt feſtum S. Mathiæ Apoſtoli, ne ſcilicet ambigamus, utra duarum literarum pro hoc, aut illo feſto indagando accipienda ſit; ita tamen, ut Septuageſimæ, & diei Cinerum inventæ in Januario, aut Februario addatur unus dies. Quod ideo fit quia ante diem S. Mathiæ currit prior litera Dominicalis, quæ in Kalendario priorem ſemper ſequitur. Poſt feſtum autem S. Mathiæ in Februario licèt poſterior litera currat, additur tamen tunc dies intercalaris, ita ut dies 24. Februarij dicatur 25. & dies 25. dicatur 26. &c. Quòd ſi dies Cinerum cadat in Martium, nihil addendum eſt, quia tunc & litera poſterior currit,& dies menſis propriis numeris reſpondent, cum dies intercalaris Februario ſit additus. Exempli gratiâ, Anno 2096. Biſſextili, Epacta erit XI. & literæ Dominicales A, g. Si igitur per poſteriorem literam, quæ eſt g, feſta mobilia inveſtigentur, reperietur Septuageſima die 11. Feb. & dies Cinerum 28. Feb. Si autem addatur unus dies,cadet Septuageſima in diem 12.Feb. quæ eſt Dominica, & dies Cinerum in diem 29. Feb. quæ eſt feria quarta. Paſcha autem, & reliqua feſta in eos dies cadent, qui in tabulâ expreſſi ſunt.

Item

Item anno 4088. Bissextili, Epacta erit 1. & literæ Dominicales d, c. Si igitur per literam c, quæ posterior est, inquirantur festa mobilia, invenietur Septuagesima die 21. Februarij: & si addatur unus dies, cadet in diem 22. Februarij, quæ est Dominica. Dies autem Cinerum cadet in diem 10. Martij: quare nihil additur, &c.

Adventus Domini celebratur semper die Dominico, qui propinquior est festo S. Andreæ Apostoli, nempe à die 27. Novembris inclusivè, usque ad diem 3. Decembris inclusivè: ita ut litera Dominicalis currens quæ reperitur in Kalendario à die 27. Novembris inclusivè, usque ad diem 3. Decembris inclusivè, indicet Dominicam Adventus. Ut verbi gratiâ, si litera Dominicalis est g, Dominica Adventus cadet in diem secundum Decembris, quia ibi est litera g in Kalendario, &c.

Numerus quoque Dominicarum inter Pentecosten & Adventum Domini ita brevissime investigabitur. Vide quot Dominicæ sint post Pascha usque ad festum S. Georgij inclusivè, quod cadit in diem 23. Aprilis. Nam tot Dominicæ addendæ sunt ad 24. ut habeatur numerus Dominicarum inter Pentecosten & Adventum Domini. Ut, quoniam quando Pascha celebratur die 26. Martij, sequuntur quatuor Dominicæ usque ad festum S. Georgij inclusivè, quod etiam tunc cadit in diem Dominicum, erunt 28. Dominicæ inter Pentecosten & Adventum Domini. Item quia quando Pascha cadit in diem 3. Aprilis, sequuntur duæ Dominicæ usque ad festum S. Georgij inclusivè, erunt 26. Dominicæ inter Pentecosten & Adventum Domini. Quòd si nulla Dominica sequatur diem Paschæ usque ad dictum festum inclusivè, vel ipse dies Paschæ cadat in illud festum, erunt 24. Dominicæ: si denique Pascha celebretur post idem festum, erunt tantùm 23. Dominicæ inter Pentecosten & Adventum Domini.

Ex his omnibus facilè intelligi potest, quâ ratione utraq; tabula Paschalis composita sit.

Ad finem tandem tabularum Paschalium apposita est tabula temporaria multorum annorum, è regione quorum omnia festa mobilia dicto citiùs inveniuntur: quæ quidem tabula ex tabulis Paschalibus excerpta est, ex quibus infinitæ aliæ erui possunt pro quibuscunque annis.

Tabula Paschalis antiqua reformata.

Cyclus Epactarum.	Literæ Dominicales.	Domin. Septuagesimæ.	Dies Cinerum.	Dies Paschæ.	Dies Ascensionis.	Dies Pentecostes.	Corpus Christi.	Domini ca post Pent.	Prima Dominica Adv.
XXIX	'	Ianu.	Feb.	Mart.	April.	Maii	Maii		
XXVIII	d	18	4	22	30	10	21	28	29. Nov.
XXVII	e	19	5	23	1. Maii.	11	22	28	30
XXVI	f	20	6	24	2	12	23	28	1. Dec.
XXV	g	21	7	25	3	13	24	28	2
XXIV	A	22	8	26	4	14	25	28	3
XXIII	b	23	9	27	5	15	26	27	27. Nov.
XXII	c	24	10	28	6	16	27	27	28
XXI	d	25	11	29	7	17	28	27	29
XX	e	26	12	30	8	18	29	27	30
XIX	f	27	13	31	9	19	30	27	1. Dec.
XVIII	g	28	14	1. April.	10	20	31	27	2
XVII	A	29	15	2	11	21	1. Iunii.	27	3
XVI	b	30	16	3	12	22	2	26	27. Nov.
XV	c	31	17	4	13	23	3	26	28
XIV	d	1. Feb.	18	5	14	24	4	26	29
XIII	e	2	19	6	15	25	5	26	30
XII	f	3	20	7	16	26	6	26	1. Dec.
XI	g	4	21	8	17	27	7	26	2
X	A	5	22	9	18	28	8	26	3
IX	b	6	23	10	19	29	9	25	27
VIII	c	7	24	11	20	30	10	25	28
VII	d	8	25	12	21	31	11	25	29
VI	e	9	26	13	22	1. Iunii.	12	25	30
V	f	10	27	14	23	2	13	25	1. Dec.
IV	g	11	28	15	24	3	14	25	2
III	A	12	1. Mart.	16	25	4	15	25	3
II	b	13	2	17	26	5	16	24	27. Nov.
I	c	14	3	18	27	6	17	24	28
	d	15	4	19	28	7	18	24	29
	e	16	5	20	29	8	19	24	30
	f	17	6	21	30	9	20	24	1. Dec.
	g	18	7	22	31	10	21	24	2
	A	19	8	23	1. Iunij.	11	22	23	3
	b	20	9	24	2	12	23	23	27. Nov.
	c	21	10	25	3	13	24	23	28

Literæ

Literæ Domini-cales.	Cyclus Epactarum.	Septuagesima.		Dies Cinerum.		Pascha.		Ascensio.		Pentecostes		Corpus Christi		Dominica inter Pent. & Advent.	Prima Domi-nica Advent.	
D	29.	18.	Ian.	4.	Feb.	22.	Mart.	30.	April.	10.	Maii	21.	Maii	28	29.	Nov.
	28. 27. 26. 25. 24. 23. 22.	25.	Ian.	11.	Feb.	29.	Mart.	7.	Maii	17.	Maii	28.	Maii	27	29	
	21. 20. 19. 18. 17. 16. 15.	1.	Feb.	18.	Feb.	5.	April.	14.	Maii	24.	Maii	4.	Iunii	25	29	
	14. 13. 12. 11. 10. 9. 8.	8.	Feb.	25.	Feb.	12.	April.	21.	Maii	31.	Maii	11.	Iunii	25	29	
	7. 6. 5. 4. 3. 2. 1.	15.	Feb.	4.	Mart.	19.	April.	28.	Maii	7.	Iunii	18.	Iunii	24	29	
E	29. 28.	19.	Ian.	5.	Feb.	23.	Mart.	1.	Maii	11.	Maii	22.	Maii	28	30	Nov.
	27. 26. 25. 24. 23. 22. 21.	26.	Ian.	12.	Feb.	30.	Mart.	8.	Maii	18.	Maii	29.	Maii	27	30	
	20. 19. 18. 17. 16. 15. 14.	2.	Feb.	19.	Feb.	6.	April.	15.	Maii	25.	Maii	5.	Iunii	25	30	
	13. 12. 11. 10. 9. 8. 7.	9.	Feb.	26.	Feb.	13.	April.	22.	Maii	1.	Iunii	12.	Iunii	25	30	
	6. 5. 4. 3. 2. 1.	16.	Feb.	5.	Mart.	20.	April.	29.	Maii	8.	Iunii	19.	Iunii	24	30	
F	29. 28. 27.	20.	Ian.	6.	Feb.	24.	Mart.	2.	Maii	12.	Maii	23.	Maii	28	1.	Decemb.
	26. 25. 24. 23. 22. 21. 20.	27.	Ian.	13.	Feb.	31.	Mart.	9.	Maii	19.	Maii	30.	Maii	27	1	
	19. 18. 17. 16. 15. 14. 13.	3.	Feb.	20.	Feb.	7.	April.	16.	Maii	26.	Maii	6.	Iunii	26	1	
	12. 11. 10. 9. 8. 7. 6.	10.	Feb.	27.	Feb.	14.	April.	23.	Maii	2.	Iunii	13.	Iunii	25	1	
	5. 4. 3. 2. 1.	17.	Feb.	6.	Mart.	21.	April.	30.	Maii	9.	Iunii	20.	Iunii	24	1	
G	29. 28. 27. 26.	21.	Ian.	7.	Feb.	25.	Mart.	3.	Maii	13.	Maii	24.	Maii	28	2.	Decemb.
	25. 24. 23. 22. 21. 20. 19.	28.	Ian.	14.	Feb.	1.	April.	10.	Maii	20.	Maii	31.	Maii	27	2	
	18. 17. 16. 15. 14. 13. 12.	4.	Feb.	21.	Feb.	8.	April.	17.	Maii	27.	Maii	7.	Iunii	26	2	
	11. 10. 9. 8. 7. 6. 5.	11.	Feb.	28.	Feb.	15.	April.	24.	Maii	3.	Iunii	14.	Iunii	25	2	
	4. 3. 2. 1.	18.	Feb.	7.	Mart.	22.	April.	31.	Maii	10.	Iunii	21.	Iunii	24	2	
A	29. 28. 27. 26. 25.	22.	Ian.	8.	Feb.	26.	Mart.	4.	Maii	14.	Maii	25.	Maii	28	3.	Decemb.
	24. 23. 22. 21. 20. 19. 18.	29.	Ian.	15.	Feb.	2.	April.	11.	Maii	21.	Maii	1.	Iunii	27	3	
	17. 16. 15. 14. 13. 12. 11.	5.	Feb.	22.	Feb.	9.	April.	18.	Maii	28.	Maii	8.	Iunii	26	3	
	10. 9. 8. 7. 6. 5. 4.	12.	Feb.	1.	Mart.	16.	April.	25.	Maii	4.	Iunii	15.	Iunii	25	3	
	3. 2. 1.	19.	Feb.	8.	Mart.	23.	April.	1.	Iunii	11.	Iunii	22.	Iunii	24	3	
B	29. 28. 27. 26. 25. 24.	23.	Ian.	9.	Feb.	27.	Mart.	5.	Maii	15.	Maii	26.	Maii	27	27	Nov.
	23. 22. 21. 20. 19. 18. 17.	30.	Ian.	16.	Feb.	3.	April.	12.	Maii	22.	Maii	2.	Iunii	26	27	
	16. 15. 14. 13. 12. 11. 10.	6.	Feb.	23.	Feb.	10.	April.	19.	Maii	29.	Maii	9.	Iunii	25	27	
	9. 8. 7. 6. 5. 4. 3.	13.	Feb.	2.	Mart.	17.	April.	26.	Maii	5.	Iunii	16.	Iunii	24	27	
	2. 1.	20.	Feb.	9.	Mart.	24.	April.	2.	Iunii	12.	Iunii	23.	Iunii	23	27	
C	29. 28. 27. 26. 25. 24. 23.	24.	Ian.	10.	Feb.	28.	Mart.	6.	Maii	16.	Maii	27.	Maii	27	28.	Nov.
	22. 21. 20. 19. 18. 17. 16.	31.	Ian.	17.	Feb.	4.	April.	13.	Maii	23.	Maii	3.	Iunii	26	28	
	15. 14. 13. 12. 11. 10. 9.	7.	Feb.	24.	Feb.	11.	April.	20.	Maii	30.	Maii	10.	Iunii	25	28	
	8. 7. 6. 5. 4. 3. 2.	14.	Feb.	3.	Mart.	18.	April.	27.	Maii	6.	Iunii	17.	Iunii	24	28	
	1.	21.	Feb.	10.	Mart.	25.	April.	3.	Iunii	13.	Iunii	24.	Iunii	23	18	

TABEL-

TABELLA TEMPORARIA FESTORUM MOBILIUM.

Anni Domini	Literæ Dominicales	Aureus numerus	Epactæ	Septuagesima	Dies Cinerum	Pascha	Ascensio	Pentecostes	Corpus Christi	Dominica post Pent.	Prima Dominica Adventus
1582	c	6	II			10. April	19. Maii	19. Maii	9. Iunii	23	18. Nov
1583	b	7	XIII	6. Feb	23. Feb	1. April	10. Maii	20. Maii	31. Maii	27	27. Nov
1584	A g	8	XXIV	29. Ian	17. Feb	6. Mart	30. Maii	9. Iunii	20. Iunii	14	2. Dec
1585	f	9	V	17. Feb	6. Mart	21. April	30. Maii	9. Iunii	20. Iunii	18	1. Dec
1586	e	10	XVI	2. Feb	19. Feb	6. April	15. Maii	25. Maii	5. Iunii	26	30. Nov
1587	d	11	XXVII	25. Ian	11. Feb	29. Mart	7. Maii	17. Maii	28. Maii	27	29. Nov
1588	c b	12	VIII	14. Ian	2. Feb	17. April	26. Maii	5. Iunii	16. Iunii	24	27. Nov
1589	A	13	XIX	29. Ian	15. Feb	2. April	11. Maii	21. Maii	1. Iunii	24	3. Dec
1590	g	14	I	18. Feb	7. Mart	22. April	31. Maii	10. Iunii	21. Iunii	24	2. Dec
1591	f	15	XI	10. Feb	27. Feb	14. April	23. Maii	2. Iunii	13. Iunii	25	1. Dec
1592	e d	16	XXII	26. Ian	12. Feb	29. Mart	7. Maii	17. Maii	28. Maii	27	29. Nov
1593	c	17	III	14. Feb	3. Mart	18. April	27. Maii	6. Iunii	17. Iunii	24	28. Nov
1594	b	18	XIV	6. Feb	23. Feb	10. April	19. Maii	29. Maii	9. Iunii	25	27. Nov
1595	A	19	XXV	22. Ian	8. Feb	26. Mart	4. Maii	14. Maii	25. Maii	28	3. Dec
1596	g f	1	VII	11. Feb	28. Feb	14. April	23. Maii	2. Iunii	13. Iunii	25	1. Dec
1597	e	2	XVIII	2. Feb	19. Feb	6. April	15. Maii	25. Maii	5. Iunii	26	30. Nov
1598	d	3	XXIX	18. Ian	4. Feb	22. Mart	30. April	10. Maii	21. Maii	28	29. Nov
1599	c	4	X	7. Feb	24. Feb	11. April	20. Maii	30. Maii	10. Iunii	25	28. Nov
1600	b A	5	XXI	30. Ian	16. Feb	2. April	11. Maii	21. Maii	1. Iunii	27	3. Dec
1601	g	6	II	18. Feb	7. Mart	22. April	31. Maii	10. Iunii	21. Iunii	24	2. Dec
1602	f	7	XIII	3. Feb	20. Feb	7. April	16. Maii	26. Maii	6. Iunii	26	1. Dec
1603	e	8	XXIV	26. Ian	12. Feb	30. Mart	8. Maii	18. Maii	29. Maii	27	30. Nov
1604	d c	9	V	15. Feb	3. Mart	18. April	27. Maii	6. Iunii	17. Iunii	24	28. Nov
1605	b A	10	XVI	6. Feb	23. Feb	10. April	19. Maii	29. Maii	9. Iunii	25	27. Nov
1607	g	11	VIII	11. Feb	28. Feb	15. April	24. Maii	3. Iunii	14. Iunii	26	2. Dec
1608	f e	13	XIX	3. Feb	20. Feb	6. April	15. Maii	25. Maii	5. Iunii	26	30. Nov
1609	d	14	I	15. Feb	4. Mart	19. April	28. Maii	7. Iunii	18. Iunii	24	29. Nov
1610	c	15	XII	7. Feb	24. Feb	11. April	20. Maii	30. Maii	10. Iunii	25	28. Nov
1611	b	16	XXII	30. Ian	16. Feb	3. April	12. Maii	22. Maii	2. Iunii	27	27. Nov
1612	A g	17	III	19. Feb	7. Mart	22. April	31. Maii	10. Iunii	21. Iunii	24	2. Dec
1613	f	18	XIV	3. Feb	20. Feb	7. April	16. Maii	26. Maii	6. Iunii	26	1. Dec
1614	e	19	XXV	26. Ian	12. Feb	30. Mart	8. Maii	18. Maii	29. Maii	27	30. Nov

Cyclus Epactarum.	Literæ Dominicales.	Dies menfis.		JANUARIUS.
XXV	A	Kal.	1	Circumcifio Domini. duplex.
XXIV	b	IV	2	Oct. S. Steph. dup. cum comm. Octav. S. Joan. & S.S. Innoc.
XXIII	c	III	3	Oct.S.Joannis. dup.cum comm. Oct. SS. Innoc.
XXII	d	Prid.	4	Oct. SS. Innocentium. dupl.
XXI	e	Non.	5	Vigilia.
XX	f	VIII	6	Epiphaniæ Domini. dup.
XIX	g	VII	7	De octava Epiphaniæ.
XVIII	A	VI	8	De octava.
XVII	b	V	9	De octava.
XVI	c	IV	10	De octava.
XV	d	III	11	De octava. & comm. S. Hyginij Papæ & martyris.
XIV	e	Prid.	12	De octava.
XIII	f	Idib.	13	Octava Epiphaniæ. dupl.
XII	g	XIX	14	Hilarij Epifc.& conf. femid.cum com. S. Felicis presb. & mar.
XI	A	XVIII	15	Pauli primi Eremitæ. femid. cum com: S. Mauri Abbatis.
X	b	XVII	16	Marcelli Papæ, & mart. femid.
IX	c	XVI	17	Antonij.Abbatis. dupl.
VIII	d	XV	18	Cath. S. Petri Romæ. dupl. & com. S. Priscæ virg. & mar.
VII	e	XIV	19	Marii, Marthæ, Audifacis, & Abachum mart.
VI	f	XIII	20	Fabiani & Sebaft. mart.dup.
V	g	XII	21	Agnetis virg. & mart. dup.
IV	A	XI	22	Vincentij & Anaft. mar. femid.
III	b	X	23	Emerentianæ virg. & mart.
II	c	IX	24	Timothei epifcopi & mart.
I	d	VIII	25	Converfio S. Pauli Apoft. dup.
*	e	VII	26	Polycarpi epifcopi, & mar.
XXIX	f	VI	27	Joánis Chryfoft.epif.& cóf. dup.
XXVIII	g	V	28	Agnetis fecundò.
XXVII	A	IV	29	
XXVI	b	III	30	
XXV	c	Prid.	31	

Cyclus

Cyclus E- pactarum.	Literæ Domini- cales.	.	Dies mensis.	FEBRUARIUS.
XXIV	d	Kal.	1	Ignatij episcopi & mart. semid.
XXIII	e	IV	2	Purificatio B. Mariæ. duplex.
XXII	f	III	3	Blasii episcopi & mart.
XXI	g	Prid.	4	
XX	A	Non.	5	Agathæ virg. & mart. semid.
XIX	b	VIII	6	Dorotheæ virg. & mart.
XVIII	c	VII	7	
XVII	d	VI	8	
XVI	e	V	9	Apolloniæ virg. & mart.
XV	f	IV	10	
XIV	g	III	11	
XIII	A	Prid.	12	
XII	b	Idib.	13	
XI	c	XVI	14	Valentini presb. & mart.
X	d	XV	15	Fauſtini & Iovitæ mart.
IX	e	XIV	16	
VIII	f	XIII	17	
VII	g	XII	18	Simeonis episcopi & mart.
VI	A	XI	19	
V	b	X	20	
IV	c	IX	21	
III	d	VIII	22	Cath. S. Petri Antioch. dup. Vigilia.
II	e	VII	23	
I	f	VI	24	Mathiæ Apoſt. dup.
XXIX	g	V	25	
XXVIII	A	IV	26	
XXVII	b	III	27	
XXVI	c	Prid.	28	

In anno Biſſextili Februarius eſt dierum 29. & feſtum S. Mathiæ celebratur 25. Februarij, & bis dicitur, ſexto Kalendas, id eſt, die 24. & die 25. & litera Dominicalis, quæ aſſumpta fuit in menſe Ianuario, mutatur in præcedentem : Vt ſi in Ianuario
litera Dominicalis fuit A, mutetur in præcedentem, quæ eſt g, & cæt.

Cyclus

Cyclus E- pactarum.	Literę Do- minicales.		Dies menfis.	· MARTIUS.
XXV	d	Kal.	1	
XXIV	e	VI	2	
XXIII‡	f	V	3	
XXII	g	IV	4	
XXI	A	III	5	
XX'	b	Prid.	6	
XIX	c	Non.	7	S. Thomæ de Aquino confeff. dupl. & com. S. S. Perpetuæ & Felicitatis martyr.
Initium Cycli Epact. XXIX	d	VIII	8	
XXVIII	e	VII	9	Quadraginta mart. femid.
XXVII	f	VI	10	
XXVI	g	V	11	
XXV	A	IV	12	Gregorij Papæ & confeff. & Ec- clefiæ Doctoris duplex.
XXIV	b	II	13	
XXIII	c	Prid.	14	
XXII	d	Idib.	15	
XXI	e	XVII	16	
XX	f	XVI	17	
XI‡	g	XV	18	
XVIII	A	XIV	19	
XVI‡	b	XIII	20	Joseph. confeff. duplex.
XVI	c	XII	21	
XV	d	XI	22	Benedicti Abbatis. duplex.
XIV	e	X	23	
XIII	f	IX	24	
XII	g	VIII	25	Annunciatio B. Mariæ duplex.
XI	A	VII	26	
X	b	VI	27	
IX	c	V	28	
VIII	d	IV	29	
VII	e	III	30	
VI	f	Prid.	31	

Cyclus

Cyclus Epactarum.	Literæ Dominicales.	Dies mensis.		APRILIS.
v	g	Kal.	1	
IV	A	IV	2	
III	b	III	3	
II	c	Prid.	4	
I	d	Non.	5	
*	e	VIII	6	
XXIX	f	VII	7	
XXVIII	g	VI	8	
XXVII	A	V	9	
XXVI	b	IV	10	
XXV	c	III	11	Leonis Papæ & conf. duplex.
XXIV	d	Prid.	12	
XXIII	e	Idib.	13	
XXII	f	XVIII	14	Tiburtij, Valentiniani,& Maxim. martyrum.
XXI	g	XVII	15	
XX	A	XVI	16	
XIX	b	XV	17	Aniceti Papæ & mart.
XVIII	c	XIV	18	
XVII	d	XIII	19	
XVI	e	XII	20	
XV	f	XI	21	
XIV	g	X	22	Sotheris & Caij Pontificum , & martyrum. femid.
XIII	A	IX	23	Georgij martyris. semidup.
XII	b	VIII	24	
XI	c	VII	25	Marci Euangelistæ. dup.
X	d	VI	26	Cleti, & Marcellini Pont. & martyrum. femidup.
IX	e	V	27	
VIII	f	IV	28	Vitalis martyris,
VII	g	III	29	
VI	A	Prid.	30	

Vvv   Cyclus

Cyclus Epactarum.	Literæ Dominicales.		Dies menſis.	MAIUS.
v	b	Kal.	1	Philippi & Jacobi Apoſtol. duplex.
IV	c	VI	2	Athanaſij epiſcopi & conſ. dup.
III	d	V	3	Inventio S. Crucis. duplex. & cõm. SS. Alexandri, Eventij, & Theoduli, mart. ac Iuvenalis epiſcopi & conf.
II	e	IV	4	Monicæ viduæ.
I	f	III	5	
XXIX	g	Prid.	6	Joannis ante portã Latinam. dup.
XXVIII	A	Non.	7	
XXVII	b	VIII	8	Apparitio S. Michaelis. duplex.
XXVI	c	VII	9	Gregorij Theologi epiſcopi & confeſ. duplex.
XXV	d	VI	10	Gordiani & Epimachi mart.
XXIV	e	V	11	
XXIII	f	IV	12	Nerei Archillei, & Pancratij martyrum.
XXII	g	III	13	
XXI	A	Prid.	14	Bonifacij martyris.
XX	b	Idib.	15	
XIX	c	XVII	16	
XVIII	d	XVI	17	
XVII	e	XV	18	
XVI	f	XIV	19	Potentianæ virginis.
XV	g	XIII	20	
XIV	A	XII	21	
XIII	b	XI	22	
XII	e	X	23	
XI	d	IX	24	
X	e	VIII	25	Urbani Papæ & martyris.
IX	f	VII	26	Eleutherij Papæ & martyris.
VIII	g	VI	27	Joannis Papæ & martyris.
VII	A	V	28	
VI	b	IV	29	
V	c	III	30	Felicis Papæ & martyris.
IV	d	Prid.	31	Petronellæ virginis.

Cyclus

Cyclus Epactarum.	Literæ Dominicales.		Dies mensis.	JUNIUS.
III	e	Kal.	1	
II	f	IV	2	Marcellini, Petri, & Erasmi martyrum.
I	g	III	3	
✶	A	Prid.	4	
XXIX	b	Non.	5	
XXVIII	c	VIII	6	
XXVII	d	VII	7	
XXVI	e	VI	8	
XXV	f	V	9	Primi & Feliciani martyrum.
XXIV	g	IV	10	
XXIII	A	III	11	Barnabæ Apostoli. duplex.
XXII	b	Prid.	12	Basilidis, Cyrini, Naboris, & Nazarij martyrum.
XXI	c	Idib.	13	
XX	d	XVIII	14	Basilij magni epis. & cōs. duplex.
XIX	e	XVII	15	Viti, Modesti, & Crescētiæ mart.
XVIII	f	XVI	16	
XVII	g	XV	17	
XVI	A	XIV	18	Marci & Marcelliani mart.
XV	b	XIII	19	Gervasij & Protasij mart.
XIV	c	XII	20	Silverij Papæ & martyris.
XIII	d	XI	21	
XII	e	X	22	Paulini episcopi & confes.
XI	f	IX	23	Vigilia.
X	g	VIII	24	Nativitas S. Joan. Baptistæ. dup.
IX	A	VII	25	De octa. Nativ. S. Joan. Baptistæ.
VIII	b	VI	26	Joannis & Pauli mart. semidup. cū com. octa. Nativit. S. Joan.
VII	c	V	27	De oct. Nativit. S. Joan.
VI	d	IV	28	Leonis Papæ & confes. semid. & comm. octav. & vigiliæ.
V	e	III	29	Petri & Pauli Apost. dupl.
IV	f	Prid.	30	Cōmem. S. Pauli Apostoli. dup. & comm. oct. S. Joan.

Cyclus Epactarum.	Literæ Dominicales.		Dies mensis.	JULIUS.
III	g	Kal.	1	Oct. Joan. Baptiſtæ. dup. & comme. Octav. Apoſtolorum.
II	A	VI	2	Viſitatio B. Mariæ. dup. cum comme. Octav. Apoſtolorum.
I	b	v	3	De octava Apoſtolorum.
XXIX	c	IV	4	De octava.
XXVIII	d	III	5	De octava.
XXVII	e	Prid.	6	Oct. Apoſt. Petri & Pauli. dupl.
XXVI	f	Non.	7	
XXV	g	VIII	8	
XXIV	A	VII	9	
XXIII	b	VI	10	Septem fratrum mar. & SS. Ruffinæ ac Secundæ mart. ſemid.
XXII	c	v	11	Pij Papæ & mart.
XXI	d	IV	12	Naboris & Felicis mart.
XX	e	III	13	Anacleti Papæ & mart. ſemid.
XIX	f	Prid.	14	Bonaventuræ epiſ. & conf. ſemid.
XVIII	g	Idib.	15	
XVII	A	XVII	16	
XVI	b	XVI	17	Alexii confeſſ.
XV	c	XV	18	Symphoroſę cum ſeptē filiis mart.
XIV	d	XIV	19	
XIII	e	XIII	20	Margaritæ virginis & martyris.
XII	f	XII	21	Praxedis virginis.
XI	g	XI	22	Mariæ Magdalenæ. duplex.
X	A	X	23	Apollinaris epiſc. & mart. ſemid.
IX	b	IX	24	Virg. & cō. S. Chriſtinæ. virg. & m.
VIII	c	VIII	25	Iacobi Apoſt. dup. & cō. S. Chriſtophori mart. in Laud. tantùm.
VII	d	VII	26	
VI	e	VI	27	Pantaleonis mart.
V	f	v	28	Nazarij, Celſi, & Vict. Papę mart. & Innocētij Papę & conf. ſemid.
IV	g	IV	29	Marthæ virg. ſemid. & com. SS. Felicis Papæ, Simplicij, Fauſtini, & Beatricis mart.
III	A	III	30	Abdon, & Sennen. mart.
II	b	Prid.	31	

Cyclus

Cyclus Epactarum.	Literæ Dominicales.		Dies mensis.	AUGUSTUS.
I	c	Kal.	1	Petri ad Vincula. dup. & com. SS. Machabæorum mart.
*	d	IV	2	Stephani Papæ & martyris.
XXIX	e	III	3	Inventio S. Steph. proto. femid.
XXVIII	f	Prid.	4	Dominici confefforis duplex.
XXVII	g	Non.	5	Dedic. S. Mar. ad Nives. dup.
XXVI	A	VIII	6	Transfig. Dñi. dupl. & cõm.SS. Xifti Papæ.Felicis,&Agap.mart.
XXV	b	VII	7	Donati epifcopi & mart.
XXIV	c	VI	8	Cyr.Largi,&Smarag.mart.femid.
XXIII	d	V	9	Vigilia &comm.S.Romani mart.
XXII	e	IV	10	Laurentij mart. duplex.
XXI	f	III	11	De octa. S.Laur. cum comm. SS. Tiburtij, & Sufannæ mart.
XX	g	Prid.	12	De oct. & comm. S. Claræ virg.
XIX	A	Idib.	13	De octa.& com. SS.Hippolyti & Caffiani mart.
XVIII	b	XIX	14	De oct. cum com. Vigiliæ, & S. Eufebij confeff.
XVII	c	XVIII	15	Affumptio B. Mariæ virg. dup.
XVI	d	XVII	16	De oct. Affump. B. Mar. cũ com. oct S. Laurent.
XV	e	XVI	17	Oct.S.Laur. dup.& cõ. oct. Affũ.
XIV	f	XV	18	De oct. & comm. S.Agapeti mar.
XIII	g	XIV	19	De octava.
XII	A	XIII	20	Bernar.abb. dup.cũ cõ. oct. Affũ.
XI	b	XII	21	De octava.
X	c	XI	22	Oct.Affump.B.Mar. du. cũ com. SS.Timot.Hipp.& Symph.mar.
IX	d	X	23	Vigilia.
VIII	e	IX	24	Barth.Ap. du. Ro.celebr.die 25.
VII	f	VIII	25	Ludovici Regis Franciæ confef.
VI	g	VII	26	Zepherini Papæ & mart.
V	A	VI	27	Aug.epif.conf.& Eccl.doct. dup. & com. S.Hemetis mar.
IV	b	V	28	
III	c	IV	29	Decol.S.Joan.Bap dup. & com. S. Sabinæ mart.
II	d	III	30	Felicis & Adaucti mart.
I	e	Prid.	31	Vvv 3 Cyclus

Cyclus Epactarum.	Literæ Dominicales.		Dies mensis.	SEPTEMBER.
XXIX	f	Kal.	1	Ægidij Abb. & com. SS. martyrum XII. fratrum.
XXVIII	g	IV	2	
XXVII	A	III	3	
XXVI	b	Prid.	4	
XXV	c	Non.	5	
XXIV	d	VIII	6	
XXIII	e	VII	7	
XXII	f	VI	8	Nativit. B. Mariæ. dup. & comm. S. Adriani mart. in Laudibus mart.
XXI	g	V	9	De oct. S. Mar. & com. S. Georg. mart.
XX	A	IV	10	De octava.
XIX	b	III	11	De oct. & commem. SS. Proti, & Hyacinthi mart.
XVIII	c	Prid.	12	De octava.
XVII	d	Idib.	13	De octava.
XVI	e	XVIII	14	Exaltatio S. Crucis. duplex cum comm. octavæ Nati. S. Mariæ
XV	f	XVII	15	Oct. Nativit. B. Mariæ. dup. cum. comm. S. Nicomedis mart.
XIV	g	XVI	16	Cornelij & Cypria. Pont. & mar. semid. cum com. SS. Euphemiæ, Luciæ, & Gemin. mart.
XIII	A	XV	17	
XII	b	XIV	18	
XI	c	XIII	19	
X	d	XII	20	Vig. & cō. S. Eustachij, & soc. mar.
IX	e	XI	21	Matthæi Apostoli. duplex.
VIII	f	X	22	Mauritij & sociorum mart.
VII	g	IX	23	Lini Papæ & mart. semidup. cum comm. S. Theclæ virg. & mar.
VI	A	VIII	24	
V	b	VII	25	
IV	c	VI	26	Cypriani, & Justinæ mart.
III	d	V	27	Cosmæ & Damiani mart. semid.
II	e	IV	28	
I	f	III	29	Dedic. S. Michaelis Archāg. dup.
*	g	Prid.	30	Hieronymi presb. conf. & Ecclesiæ Doctoris. dup.

Cyclus

Cyclus E-pactarum.	Literæ Dominicales.		Dies mensis.	OCTOBER.
XXIX	A	Kal.	1	Remigij epifc. & confeff.
XXVIII	b	VI	2	
XXVII	c	V	3	
XXVI	d	IV	4	Francifci confef. duplex.
XXV	e	iii	5	
XXIV	f	Prid.	6	
XXIII	g	Non.	7	Marci Papæ & confef. cum com. SS. Sergij, Bacchi, Marcelli, & Apuleij martyrum.
XXII	A	viii	8	
XXI	b	VII	9	Dionyfij, Ruftici, & Eleutherij mart. femid.
XX	c	VI	10	
XIX	d	V	11	
XVIII	e	IV	12	
XVII	f	iii	13	
XVI	g	Prid.	14	Callifti Papæ & mart. femid.
XV	A	Idib.	15	
XIV	b	XVII	16	
XIII	c	XVI	17	
XII	d	XV	18	Lucæ Euangeliftæ. duplex.
XI	e	XIV	19	
X	f	XIII	20	
IX	g	XII	21	Hilarionis Abbatis. & com. SS. Urfulæ & foc. virg. & mart.
VIII	A	XI	22	
VII	b	X	23	
VI	c	IX	24	
V	d	viii	25	Chryfanthi & Dariæ mart.
IV	e	VII	26	Evarifti Papæ & mart.
III	f	vi	27	Vigilia.
II	g	V	28	Simonis & Judæ Apoftolorum. duplex.
I	A	IV	29	
XXIX	b	iii	30	
XXVIII	c	Prid.	31	Vigilia.

Cyclus

Cyclus E-pactarum.	Literæ Dominicales.		Dies mensis.	NOVEMBER.
XXVII	d	Kal.	1	Feſtum omnium Sanctorũ. dup.
XXVI	e	IV	2	Comm. omnium defunctorum. dup. & de Oct. omniũ Sanctorũ.
XXV	f	III	3	De octava.
XXIV	g	Prid.	4	De octava. cum comm. SS. Vitalis & Agricolæ mart.
XXIII	A	Non.	5	De octava.
XXII	b	VIII	6	De octava.
XXI	c	VII	7	De octava.
XX	d	VI	8	Octava omn. SS. duplex & com. SS. quatuor Coron. mar.
XIX	e	V	9	Dedicat. Baſilicæ Salvatoris dup. cũ com. S. Theod. mart.
XVIII	f	IV	10	Tryphonis, Reſpicij, & Nymphæ mart.
XVII	g	III	11	Martini epiſ. & conf. dup. & com. S. Mennæ mart.
XVI	A	Prid.	12	Martini Papæ & mart. ſemid.
XV	b	Idib.	13	
XIV	c	XVIII	14	
XIII	d	XVII	15	
XII	e	XVI	16	
XI	f	XV	17	Greg. Thaumaturgi epiſ. & conf.
X	g	XIV	18	Dedic. Baſilic. Petri & Pauli dup.
IX	A	XIII	19	Pontiani Papæ & mart.
VIII	b	XII	20	
VII	c	XI	21	
VI	d	X	22	Cæciliæ virginis & mart. ſemid.
V	e	IX	23	Clementis Papæ & mar. ſemidup. cum comm. S. Felicitatis mart.
IV	f	VIII	24	Chryſogoni mart.
III	g	VII	25	Catherinæ virginis & mart. dup.
II	A	VI	26	Petri Alexandrini epiſ. & mart.
I	b	V	27	
✳	c	IV	28	
XXIX	d	III	29	Vigilia & com. S. Saturnini mar.
XXVIII	e	Prid.	30	Andreæ Apoſtoli duplex.

Cyclus

Cyclus Epactarum.	Literæ Dominicales.		Dies mensis.	DECEMBER.
XXVII	f	Kal.	1	
XXVI	g	iv	2	Bibianæ virg. & mart. comm.
XXV	A	iii	3	
XXIV	b	Prid.	4	Barbaræ virg. & mart. comm.
XXIII	c	Non.	5	Sabbæ Abbatis. comm.
XXII	d	viii	6	Nicolai Epifc. & confef. femid.
XXI	e	vii	7	Ambrofij Epifcopi & confef. & Ecclefiæ Doctor. dupl.
XX	f	vi	8	Conceptio B. Mariæ dup.
XIX	g	v	9	
XVIII	A	iv	10	Melchiadis Papæ & mart. comm,
XVII	b	iii	11	Damafi Papæ & conf. femid.
XVI	c	Prid.	12	
XV	d	Idib.	13	Luciæ vir. & mart. duplex.
XIV	e	xix	14	
XIII	f	xviii	15	
XII	g	xvii	16	
XI	A	xvi	17	
X	b	xv	18	
IX	c	xiv	19	
VIII	d	xiii	20	Vigilia.
VII	e	xii	21	Thomæ Apoftoli. dup.
VI	f	xi	22	
V	g	x	23	
IV	A	ix	24	Vigilia.
III	b	viii	25	Nativitas Domini Noftri Iefu Chrifti. dup.
II	c	vii	26	Stephani protomart. dup. & comm. Octavæ Nativit.
I	d	vi	27	Joannis Apoftoli & Euang. dup. & comm. Octav.
XXIX	e	v	28	SS. Innocentium Martyrum. dup. & comm. Octav.
XXVIII	f	iv	29	Thomæ Catuar. Epifcopi & mar. femid. & comm. Octav.
XXVII	g	iii	30	De Dominica infra Oct. Nat. vel de oct. cum com. aliarum oct.
XXVI	A	Prid.	31	Silv. Pap. & Cof. dup. & co. Oct.

FINIS.

FRAN-

FRANCISCI VIETÆ

Adverſus

CHRISTOPHORVM CLAVIVM.

Expoſtulatio.

Εἰς Κλάβιον.

Πάντας μὲν τελέως ὤνησε σὺ ἰδμονὶ τέχνῃ
  Οὑιέτης χρονικῶν δείξας ὁδὺς τελετῶν.
Καὶ νῦν, καὶ μῆτιν καλὰ σώζων Ἀρχιερῆς ·
  Τῷ πάνυ, ἐν σκολιῷ πράγμαλι διθυποροῶν.
Ἐνθὲν ὀφλομένην χάριν αὐτῷ πᾶς ὑς ἔνεμε.
  Αὐτὰρ ἑνὸς Κλαβίυ ὁ Φθόνος εἷλε Φρένας,
Ὅς γε κακηγορέῳ μάλα μὶν, ἢ ἀκριτα Φλύζῳν
  Ηλασεν, ἀλλοτρίας εἰς κλέος διστυχίης,
Καὶ σὺ ἐπεςβολίῃσι βέλη μὴ καίρια βάλλεν
  Εἰς σκόπον, ὃ γε τυχεῖν, εἶχεν ἀπθροκάλως.
Οὐ Φθόνος εἷλε μόνος. σὺ γὰρ πολὺς ἔρπεπι τύφος;
  Αγνοίας προχέων ἀχλὺν ἀπθρεπίλυ,
Σὺν τῷ ὄχλυς ἀμαθὲς προδάγε αἰμμώλια βάζων,
  Πολλὰ ὑπὲρ δύναμιν ῥεῖα τελεῖν πίπω.
Καὶ πάλι Θρησκεέης Φθείρῃ νέα, ἠδὲ παλαιὰ
  Δόγμαλα, ἢ γνώμας ἐρθοτόμων κανόνων.
Ἀλλ' ἀγαθὲ τρέπε νῦν ποτε πρὸς νήφοντα λογισμὸν.
  Οὐ Φθόνος, ὃ τύφος πρὸς κλέος αὖδρας ἄγι.

FRANCISCI VIETÆ

Adversus

CHRISTOPHORVM CLAVIVM.

Explicatio.

Ccvsavi jamdudum Chriſtophorum Clavium de corrupto Kalendario Romano. Quàm enim divinum & auguſtum eſt Gregorianum de anni reſtitutione diploma, tam profana & infelix eſt Gregoriani diplomatis Claviana executio, defenſioque. Soſigene uſus erat Gregorius Aloyſio Lilio, cujus fato prærepti adverſaria, cum non intelligeret Clavius, depravavit miſerè, & in contemptæ religionis crimen incidere maluit, quocunque periculo ſubverſurus omnia, quàm rerum imperitus videri. De ipſius in Mathematicis rebus & Theologicis peritiâ, vel imperitiâ nihil ad me attinet pronunciare. Pronunciabo, neque perperam, ſi neceſſe habuero. Sed, qualiſcumque ſit Mathematicus, falſam periodum Lunarem induxit ad Epactarum æquationem, ſynodos in panſelenis aliquando collocaturus, & panſelenos in ſynodis, Quod, ſi quo modo eſt, errare eſt abs parœmia τὸ παρ᾽ πᾶν τῆς ὁδᾶ, cum panſeleni mediæ mediis ſynodis opponantur ex diametro ὄ ψ ὰ δωνύμως. Et, qualiſcumque ſit Theologus, profanum anni ad ſolennia principium adſumpſit, ex quo ſequuta eſt abſurda Epactarum ordinatio, & iniqua & prodigioſa menſium partitio, Neomenia Paſchali ab aliis legem accipiente, αἴω πο῭μῶν ἱερῶν, cum vera Theologia, à verbo Dei & beatis Patribus accepta, non etiam, ut Adiaphoriſtæ cenſent, Hebræa & ſuperſtitioſa eo ipſomet adſertore doceat menſium primum eſſe Niſan dignitate, & ab eo renovanda anni ſolennia, ac idipſum Ethnicæ religionis cultores in ſuis peragendis ſacrorum ritibus ſuboluiſſe, non ſine magno veræ religionis noſtræ myſterio, quod nefas fuit contempſiſſe. Ergo falſæ periodo Lunari Clavianæ, veram ac verè Lilianam, ac Gregorianam oppoſui, & profano anni adſumpto principio, principium à patribus Nicenis ex lege Dei præfinitum, ex quo ſequuta eſt conſentanea Epactârum ordinatio, ac recta & æqua menſium partitio, Neomeniâ Paſchali cyclum inchoante, & ab eâ reliquis anni Neomeniis legem, ut decebat ſecundum divina patrum decreta, accipientibus, prolato eâ de re libello, & auctoritate regiâ ſummo Pontifici exhibito, ſub titulo Relationis Kalendarij verè Gregoriani ad Eccleſiaſticos Doctores, quorum judicio & cenſuræ me meumque ſcriptum ſubmiſi. Non autem erat æquum indictâ cauſa reum condemnari. Itaque libelli mei copia facta Clavio jam à biennio eſt. Quæ igitur tandem Clavij partes erant, æqui judices? Suumne errorem ultrò

agno-

agnoſcere & confiteri, in cauſa præſertim publicâ, in quâ de myſteriis noſtræ Religionis agitur, & Reipublicæ Chriſtianæ concordiâ , & divinâ ſu-
premi Pontificis auctoritate? Id quidem ab homine Theologo è ſocietate
Jeſu, ὡς ἱερῷ τlω τέχνην κỳ Ĝ ἤỹ, ſperandum maximè videbatur. Sed, quocunque res evadat, vix eò adducimur, ut condemnemus noſtra, probe-
mus autem aliena. Rapimur omnes φιλαυλία, quantamcumque ſimule-
mus ſanctitatem, &, quâ poſſumus arte, veritati vim facimus, ne vinci ullo
modo videamur. Etiam ſapientibus cupido gloriæ noviſſima exuitur. Τlω
κενοδοξίαν ὡς τελдύỹον χιτῶνα ἡ ψυχὴ πέφυκεν ἀπολύᾶθ. At pertinuiſſe ad
Clavium in eo, in quo conſtitutus eſt, reatu recriminatione uti, id verò
nemo jure dixerit. Ait enim lex, ait Canon, *Neganda eſt accuſatis licentia
criminandi, priuſquam ſe crimine, quo premuntur, exuerint, ſecundum ſcita
veterum juris auctorum.* Sed neque potuit is doctor in re propriâ licentiam
ſibi tribuere ſententiæ. Vetat enim Rubrica, *Ne quis in ſuâ cauſâ judicet,
vel ius ſibi dicat.* Nulla tamen divini & humani juris habitâ ratione Clavius calumniatur, ut meo nomini & famæ apud ſummum Pontificem de-
trahat pro eâ, qua apud eum valet, gratiâ. Pluribus autem, quas ad plures conſcribit, literis, ſignificat ſe meum libellum planè refutaſſe in libro
novæ reſtitutionis Kalendarij, aliquando, ſi Deo placuerit, in lucem emit-
tendo. Quæ iſta contumelia eſt, Clavi, quæ inſolens & vana jactantia! An
ideò ſi conatus es, ut pro tuo jure potes, meum libellum refutare, tu refu-
taſti? Prodeat conatus ille tuus, & ego, volente Deo, eum infringam cras
atque hodie. Non is eſt ordo judiciorum & proceſſus. Te falſum Mathematicum, ſi quidem Mathematicus es, demonſtravi, & falſum Theo-
logum, ſi quidem Theologus. Itaque quando te reum peragere conſilium
eſt, dicenda tibi cauſa eſt juxta formam Conſtitutionum, non loquen-
dum ex plauſtro. Et ſi τεκμηρίοις meis te convinci neges, paralogiſmata
mearum demonſtrationum coram judicibus, in quos conſenſum eſt, de-
tegenda & indicanda, priuſquam eorum judicio abſolvaris. Ante verò
abſolutionem nullius ſunt momenti αὐλικατηγορίαι, & ἀλαζονείαι tuæ. Et
quæ te de libro novæ reſtitutionis Kalendarij nova ſollicitudo tenet, cum
ſit is jam à me editus, qui vel à die diplomatis locum, ut par erat, & vim
obtinet? Tua, quam meditaris, editio intempeſtiva eſt, & aſpernanda deinceps, ut falſa & plagiaria. Falſitatem vel repetita dies arguet. Plagium
meus liber, mea, inquam, relatio Kalendarij verè Gregoriani firmamen-
tis Theologicis, Politicis, & Aſtronomicis undique muniti. Δὶς κỳ τρὶς Ĝ
καλά. Sed cum alienum jus præripere tibi ſit animus & conſilium, non
tuum eſt, Clavi, αὖϑις ὀριζήλως εἰρημένα μυϑολογεύϗν. Odium autem Ponti-
ficium, quod, ut in me concites, mala arte eniteris, cave ſis ne in te potiùs
ſentias exacerbari. Οἱ αὐτ μ̀ κακὰ τόυχά αἰηρ, ἄλλω κακὰ τόυχων, Ἡδὲ κακὴ βꝗ-
λὴ τῷ βꝗλúᾳμμ κακίϙη. Quid enim ſi Proteſtantes veram anni rationem,
quam ſyncerè ex Gregorij mente retuli, amplectantur, eamque à ſe, non
à ſummo Pontifice agnoſcant, cui tam obſtinatè falſam, tuam & profa-
nam, & præterea abſurdam & prodigioſam tribuis, itaque auctoritatem
defugiat, imò verò te falſum procuratorem & defenſorem is aliquando
redarguat? Annum correxerat Julius Cæſar, idemque magnus Pontifex.
Cum autem Julianam anni ordinationem ſacerdotes exequerentur malè,
errorem ſuſtulit Auguſtus Cæſar, idemque magnus Pontifex. Quo nomine non minor ei, quam Julio deceſſori, gloria tributa eſt. Magna ma-

gni Gregorij circa anni reſtitutionem gloria. Sed non minor magni Clementis, cum te malè feriatum computatorem, tuaſque falſas periodos & hypotheſes in conſtituendo anni principio legi divinæ repugnantes rejecerit, & legitimam diplomatis Gregoriani exequutionem brevi Apoſtolico edixerit. Et ſi, ne id obtingat, os Pontifici ad tempus præſens oblinas, rebus ſerenis tenebras obducens, ϰ̀ βαδίζων, ὡς ὄν◌, εἰς ἄχυρα τεχνημάτων, at te unum exlegem, ut ad tuas calumnias redeam, nemo feret. Tu, niſi monitus reſipiſcas, crimina, quorum reus es, neceſſe habes diluere, & interea Conſtitutionibus civilibus parere. Sed vos obteſtor, Venerandi Patres & Antiſtites è ſocietate Jeſu, Veſtra in veſtrum collegam auctoritate de eo inquirite, cauſaque cognita, ἢ χαμόθεν, ἢ προβήματ◌, omnino pertinaciæ ſuæ & livori obſiſtite, ne cum ſuis falſis, & infelicibus Apologeticis de Apoſtolica ſede quàm malè meritis, is ſolus in cauſa ſit in veſtri collegij contumeliam & opprobrium, cur ab omnibus gentibus, quæ Romano Kalendario ſolebant uti, idem feliciſſimis Gregorij decimi tertij auſpiciis reſtitutum non recipiatur. Sit ſanè ϰενόδοξ◌ ἐν ταῖς ἀδιαφόροις. Sed eſto ὀρθόδοξ◌ ἐν ταῖς ἱεραῖς ϰ̀ ὁσίαις. Diffidium in anni ratione quantas turbas ciet, & moleſtias in rerum commerciis per celebriores nundinas, & nobiliora quæque Emporia! At fovet præterea diſſenſionem animorum in controverſis, quæ ad religionem ſpectant, capitibus. Dematur autem fucus omnis, & cedat nudæ veritatis vi faſtus & livor, Epactarum æquationi & ordinationi falſæ & profanæ & præterea abſurdæ & prodigioſæ ſubſtituatur juſta, pia, & ab omnibus abſurditatibus & prodigiis libera, ac denique, ut ex verbis diplomatis, & ſyncera eorumdem interpretatione conſtat, verè Liliana ac Gregoriana, Nullus adparebit in orbe Aſtronomus, nullus in verba peritorum in arte jurans, qui admirandam Gregorianam anni reſtitutionem non admirabitur, & ſi forte à ſanctâ Romanâ Eccleſiâ deviùs, eidem ſtatim ſeſe inſinuare non ſtudeat ἀμφασίῃ ϰραδίω ἀμφιχυθεὶς μεγάλῃ. Hoc ipſum eſt, quod omnes pij habent in votis, Venerandi Patres, & Antiſtites. Tanto Reipublicæ Chriſtianæ bono qui obfuerint ope, conſilio, dolo malo, ſacri & inteſtabiles ſunto, & à felici piorum conſeſſu extorres arceantor.

F I N I S.

FRANCISCI à SCHOOTEN

NOTÆ

In Isagogen.

Nte omnia, Benigne Lector, te monitum velim, Scholium primum D. de Beaugrand in Isagogen à me consultò prætermissum fuisse, cum ad propositum Vietæ argumentum non modò nihil facere, verùm etiam in præstantem adeò Virum iniquum esse videretur. Quod enim Veterum Analysin quorundam Theorematum ac Problematum exemplis repræsentare conatur, id quidem hujus loci non est. Quod verò eandem universalem asserit, & Vietæ præferendam censet, quia illa nullis terminis coërcetur sicut Logistice speciosa, quam ait usum tantùm habere, ubi de quantitatum æqualitate seu proportione inquiritur, hoc ego minùs ex vero, nec appositè dici puto: quandoquidem id omne, quod sub contemplationem Matheseos cadit, quantitatis nomine semper gaudet, illudque demum per æqualitatem aut proportionem elucescit. Ita ut hoc ipso nomine Vietæa Analysis habenda sit quàm maximè universalis, atque alteri vagæ præferenda: cum ea non tam ars dicenda sit, quæ certis præceptis & legibus continetur, quàm naturalis quædam ingenij industria aut facultas, usu & exercitatione confirmata.

Deinde notandum, Scholia in 10 & 11 Symbolum paululùm à me mutata esse; quæ supersunt autem, ultimo excepto, subjeci ut sunt; & à textu Vietæ vel inde dignoscentur, quòd alio charactere sunt expressa.

Quod autem spectat ad ultimum Scholium in posteriora verba ejusdem Isagoges, illud ipsum non minùs quàm primum omittendum duxi: cum mentem Vietæ prorsùs pervertat, quæ est, beneficio Analyseos speciosæ NVLLVM NON PROBLEMA SOLVERE. Hoc verò frustra polliceri Vietam suâ Analysi inquit Scholiastes. Et quidem in rei demonstrationem affert Problema 4^{tum} Scholij primi, in quod nihil prorsùs posse artem Vietæ asseverat, ponens id ipsum cum Getaldo inter Problemata, quæ ille sub Algebram non cadere existimavit, & proptereà more Veterum resolvit. Verùm enimverò licèt Getaldo, (viro alioquin de rebus Mathematicis optimè merito) non constiterit modus hoc Problema Vietæ viâ resolvendi, non ideo tamen censendum est in hoc nihil prorsùs posse Analysin speciosam; quemadmodum etiam nec in omnia alia similia Problemata, in quibus inter data unicus duntaxat angulus reperitur. Aliter enim si rem habere ostendit vir doctissimus Petrus Herigonius in Cursu suo Mathematico Cap.12. Algebræ, quæst. 12: siquidem istic loci id perfacili arte Vietâ dissolvit. Vbi etiam rectè declarat, majores difficultates Algebræ, non in angulis, sed in inventione æquationum, quæ in scalarium serie minùs adscendant, consistere. Quod etiam brevi, Deo favente, in Apollonij locis planis à me restitutis, plura exempla edocebunt.

Addit porrò Scholiastes idem intelligendum esse de Theorematibus, in quibus anguli inter se comparantur. Quale vult esse Theorema 4^{tum}, utpote cujus nec veritas nec demonstratio ullatenus Analysi speciosâ Vieta investigari possit. Ejus verò contrarium Herigonius quoque Prop^{ne} 35. Capitis 5^{ti} suæ Algebræ demonstrat; illudque leve negotium esse ostendit. Ita ut dicta Problemata, ad quæ velut ad lapidem Lydium, Scholiastes artem Analyticam Vietæ explorare suscepit, facillimè quidem per eandem resolvi atque componi queant.

Cæterùm quid illa tandem possit, resolvereque recuset, suis ad hoc Paradigmatis subnexis exponere conatur: unde demum concludit speciosam istam Analysin, triplicem Zeterices, Poristices, & Exegetices formam indutam, speciosum quoque solummodò sibi vendicare Problema OMNE IN QVO DE QVANTITATVM ÆQVALITATE VEL PROPORTIONE INQVIRITVR, PROBLEMA VICVNQVE SOLVERE. In quo si tollas vocem utcunque, quam nescio quâ ratione motus apposuerit, non video quid universaliùs Problema exiquiras: cum universa

versa Mathesis non nisi doctrina quantitatis sit dicenda: adeò ut omne id, quicquid ibidem solvendum proponitur (ut supra dictum fuit) non nisi in quantitatum aqualitate vel proportione aliquâ explicanda, consistat. Quod etiam summi ingenij Vir Renatus des Cartes, in dissertatione de methodo rectè regenda rationis, scribit se circa Mathematicas Scientias in genere animadvertisse, nimirum, etiamsi illa circa diversa objecta versentur, in hoc tamen convenire omnes, quòd nihil aliud examinent quàm relationes sive proportiones quasdam, qua in iis reperiuntur.

In Notas Priores.

Qua hic majoris illustrationis ergo interserenda existimavit Vir doctissimus P. Marinus Mercennus, sunt qua sequuntur.

Pag. 17. Sit latus unum A, alterum B. Dico A quad., + A in B 2, + B quad., æquari A + B quadrato. Ex opere multiplicationis A + B per A + B.

Ibidem. Sit latus unum A, alterum B. Dico A cubum, + A quadr. in B 3, + A in B quad. 3, + B cubo, æquari A + B cubo. Ex opere multiplicationis A quad., + A in B 2, + B quad., per A + B.

Rursus circa finem. Sit latus unum A, alterum B. Dico A quadr.-quadr., + A cubo in B 4, + A quadr. in B quadr. 6. + A in B cubum 4, + B quadr.-quad., æquari A + B quad.-quadrato. Ex opere multiplicationis A cubi, + A quad. in B 3, + A in B quad. 3, + B cubo, per A + B.

Pag. 18. Sit latus unum A, alterum B. Dico A quadrato-cubum, + A quad.-quadrato in B 5, + A cubo in B quadratum 10, + A quadrato in B cubum 10, + A in B quadr. quadratum 5, + B quadrato-cubo, æquari A + B quadrato-cubo. Ex opere multiplicationis A quadrato-quadrati, + A cubo in B 4, + A quad. in B quadratum 6, + A in B cubum 4, + B quad.-quadrato, per A + B.

Ibidem. Sit latus unum A, alterum B. Dico A cubo-cubum, + A quad.-cubo in B 6, + A quadr.-quad. in B quadr. 15, + A cubo in B cubum 20, + A quadr. in B quadr.-quad. 15, + A in B quad. cubum 6, + B cubo-cubo, æquari A + B cubo-cubo. Ex opere multiplicationis A quad.-cubi, + A quad.-quad. in B 5, + A cubo in B quad. 10, + A quad. in B cubum 10, + A in B quad.-quad. 5, + B quad.-cubo, per A + B.

Pag. 19. Et proportionalia sex plano-solida,

    A quadrato-cubus.
    A quadrato-quadratum in B.
    A cubus in B quadratum.
    A quadratum in B cubum.
    A in B quadrato-quadratum.
    B quadrato-cubus.

Et proportionalia denique continuè septem solido-solida,

    A cubo-cubus.
    A quadrato-cubus in B.
    A quadrato-quadratum in B quadratum.
    A cubus in B cubum.
    A quadratum in B quadrato-quadratum.
    A in B quadrato-cubum.
    B cubo-cubus.

Et sic deinceps.

Pag. 24. Sit latus unum A, alterum B, coëfficiens sublateralis longitudo D. Dico A quad., + A in B 2, + B quadr., + D in A, + D in B, æquari A + B quadrato, + D in A + B. Ex opere multiplicationis A + B per A + B + D.

Aliud Theorema.

Si ab eâdem binomiâ radice componantur duo quadrata, unum purum, alterum adfirmatè adfectum: singularia plana, quæ compositio adfecta addit compositioni puræ, sunt

Planum à latere primo in coëfficientem longitudinem.

Planum à latere secundo in eandem ipsam coëfficientem longitudinem. Ex collatione utriusque suppositionis.

Pag. 25. initio geneseos cubi adfecti adfirmatè sub quadrato.

Paulò autem post. Sit latus unum A, alterum B, coëfficiens subquadratica longitudo D. Dico A cubum, + A quadr. in B 3, + A in B quad. 3, + B cubo, + A quad. in D, + A in B in D 2, + B quad. in D, æquari A + B cubo, + D in A + B quadratum. Ex opere multiplicationis A quad., + A in B 2, + B quad., per A + B + D.

Aliud THEOREMA.

Si ab eâdem binomiâ radice componantur duo cubi, unus purus, alter adfirmatè adfectus, sub ipsius radicis quadrato & adscitâ coëfficiente longitudine : singularia solida, quæ compositio adfecta addit compositioni puræ, sunt

Solidum à quadrato lateris primi in coëfficientem longitudinem.

Solidum à latere secundo in duplum planum, quod fit à latere primo in coëfficientem longitudinem.

Solidum à quadrato lateris secundi in coëfficientem longitudinem. Ex collatione utriusque suppositionis.

Deinde geneseos quadrato-quadrati adfecti adfirmatè sub latere.

Denique. Sit latus unum A, alterum B, coëfficiens sublaterale solidum D. Dico A quad.-quad., + A cubo in B 4, + A quad in B quad. 6. + A in B cubum 4, + B quad-. quad., + A in D solid., + B in D solidum, æquari A + B quadr.-quadr., + D solid. in A + B. Ex opere multiplicationis A cubi, + A quadr, in B 3, + A in B quadr. 3, + B cubo, + D solido, per A + B.

Pag. 26. post Theorema. geneseos plano-plani adfecti cubo adfirmatè.

Ibidem. Sit latus unum A, alterum B, coëfficiens longitudo D. Dico A quad.-quad., + A cubo in B 4, + A quad. in B quadr. 6, + A in B cubum 4, + B quad.-quad., + A cubo in D, + A quad. in B in D 3, + A in B quad. in D 3, + B cubo in D, æquari A + B quad.-quad., + D in A + B cubum. Ex opere multiplicationis A cubi, + A quadr. in B 3, + A in B quad. 3, + B cubo, per A + B + D.

Aliud THEOREMA.

Si ab eâdem binomiâ radice componantur duo quadrato-quadrata, unum purè, alterum adfectum adjunctione plano-plani sub ipsius radicis cubo & adscitâ coëfficiente longitudine. Singularia plano-plana quæ compositio adfecta addit compositioni puræ, sunt

Plano-planum à lateris primi cubo in coëfficientem longitudinem.

Plano-planum à quadrato lateris primi in triplum planum, quod fit ex latere secundo in coëfficientem longitudinem.

Plano-planum à latere primo in triplum solidum, quod fit ex quadrato lateris secundi in coëfficientem longitudinem.

Plano-planum à cubo lateris secundi in coëfficientem longitudinem. Ex collatione utriusque suppositionis.

Purum.		Adfectum.
A quadrato-quadratum.		A quadrato-quadratum.
A cubus in B 4.		A cubus in B 4.
A quadratum in B quadratum 6.		A quadratum in B quadratum 6.
A in B cubum 4.		A in B cubum 4.
B quadrato-quadratum.		B quadrato-quadratum.
	I	A cubus in D.
	II	A quadratum in B in D 3.
	III	A in B quadratum in D 3.
	IV	B cubus in D.

Ex opere multiplicationis A cubi, + A quadr. in B 3, + A in B quadr. 3, + B cubo, per A + B + D.

Apposuimus denique in eundem finem pag. 40 & 41, duas figuras è regione sibi respondentes. Quæ

autem

autem præterea in Notas priores commentus est Scholiastes I. de Beaugrand, ipsa characteris, quo expressa sunt, differentiâ, facilè dignoscentur.

IN LIBROS ZETETICORVM.

Q Væ *in libris Zeteticorum, tanquam commissa aut omissa deprehendimus, atque ad Autoris mentem immutanda visa nobis sunt, ea benignus Lector sic accipiat.*

Pag. 43. *lin.* 27. *ubi habebatur ita* D ad A $=$ B *posuimus:* ita D $=$ B ad A. *Sicut etiam paulò inferiùs lin.* 33. *pro ita* D ad E $=$ B *scripsimus:* ita D $=$ B ad E : *siquidem sic melius cum Canone consentiunt. Addidimus porrò perspicuitatis causa in Canone hæc duo verba* Lateri *deficienti. Notandum præterea, ne hoc opus in nimiam molem excresceret, sed paucioribus paginis comprehenderetur, nos hunc numerum* $\frac{\frac{S \, in \, B}{R \, in \, D}}{\frac{S}{R}}$ *ita denotasse:* $\frac{S \, in \, B}{S} = \frac{R \, in \, D}{R}$, *quemadmodum videre licet pag.* 44. *lin.* 2.

Sic etiam pag. 64. L. V. $\sqrt{}$ $\sideset{}{}{\frac{B \, quad.}{+D \, quad.}}$ *hoc pacto notavimus:* $\sqrt{}$ B quad. $+$ D quad. . *Vt & pag.* 74. *lin. penult. in locum* $^{B \, in}\sideset{}{}{\frac{B \, cubum}{D \, cubo \, bis}}_{B \, cubo}^{+ \, D \, cubo}$ *substituimus:* $\frac{B \, in \, B \, cubum - D \, cubo \, 2}{B \, cubo + D \, cubo}$. *Quod similiter plurimis aliis locis factum quoque fuit.*

Pag. 44. *lin.* 30. *hæc verba addidimus à latere* excedente.

Pag 45. *lin.* 20. *pro* Itaque restituto defectu vel amputato excessu, fit latus justum *majoris perspicuitatis ergo scribi curavimus :* Itaque restituto defectu lateri deficienti, vel amputato excessu à latere excedente, fit latus justum. *Lineâ autem sequenti loco* E 100 *scribatur* E 150, *ponendo nempe* S *esse* 5 *cæteris invariatis. Quod si autem cum Autore ponamus* S *valere* 3, *tunc quidem* A *fiet* 30, *non* 20; *at verò* E 90, *non etiam* 100.

Pag. 46. *lin.* 14. *pro* Datum igitur latus ita secare est, ut præfinitæ unciæ unius segmenti ad præfinitas uncias alterius, æquent summam præscriptam *posuimus:* Datum igitur latus ita secatur, ut præfinitæ unciæ unius segmenti cum præfinitis unciis alterius, æquent summam præscriptam. *Sciendum porrò est duos Canones ejusdem Zetetici paulò aliter à me propositos fuisse quàm ab Autore, nempe in permutatâ proportione , siquidem sic analogismis, ex quibus deprompti sunt, meliùs conveniunt.*

Pag. 48. *lin.* 17. *pro his verbis* ut ea minor sit D *substituimus:* ut ea major sit D.

Pag. 52. *lin.* 17. *pro* faciet differentiam quadratorum ductam in se *hæc legenda voluimus:* faciet quadratum differentiæ quadratorum.

Pag. 56. *lin.* 9. *prior editio hæc habet :* Differentiæ quadratum $\sqrt{C. \frac{10}{8}}$, aliter $\sqrt{C. \frac{100}{3}}$. Atque adeò ipsa differentia $\sqrt{CC. \frac{100}{3}}$; latus itaque minus est $\sqrt{C. \frac{10}{8}} - \sqrt{CC. \frac{100}{192}}$. latus majus $\sqrt{C. \frac{10}{8}} + \sqrt{CC. \frac{100}{192}}$. *pro quibus scribenda existimavimus :* Differentiæ quadratum $\sqrt{\frac{10}{C. 39}}$, aliter $\sqrt{C. \frac{100}{3}}$. Atque adeò ipsa differentia $\sqrt{QC. \frac{100}{3}}$; latus itaque minus est $\sqrt{C. \frac{10}{8}} - \sqrt{QC. \frac{100}{192}}$, latus majus $\sqrt{C. \frac{10}{8}} + \sqrt{QC. \frac{100}{192}}$. *Ibidem verò lin.* 25. *in locum:* Ut quadratum differentiæ laterum, *subrogetur:* Ut quadratum simile differentiæ laterum. *Videtur autem in priori impressione vox* dimidiæ *pro* simile *irrepsisse. Linea porrò* 28 *prior editio* Rectang.――― ut 1 ad 2 : erit ut S ad R , ita 10 ad 8. *legendum autem censuimus :* Rectang.――― ut 2 ad 1 : erit ut S $+$ R 2 ad R, ita 20 ad 8.

Pag. 59. *lin.* 28. Unde extremæ sunt $\sqrt{}$ 25. *ego sic scribendum duxi:* Unde extremæ sunt 1 & 4.

Pag. 61. *lin.* 39. Dato autem rectangulo sub lateribus & differentiâ , dantur latera, *legendum putavi :* Dato autem rectangulo sub lateribus & adgregato laterum, dantur latera. *Inferiùs verò lineâ ultimâ pro* Cubus adgregati extremarum, *ponendum censui:* Cubus adgregati mediarum.

Pag. 63. *lin.* 30. *prior impressio :* Quibus etiam quadratis æquabantur latera circa rectum , *ego autem legendum volui :* Quibus etiam quadratis æquabantur quadrata laterum circa rectum.

Pag. 67. *lin.* 18. *prior impressio :* si quidem latitudine sit major , *ego legendum putavi :* si quidem latitudine sit minor. *Et paulo post lin.* 23. Unde sit D differentia *ponendum duxi:* Unde cum sit D differentia. *Subinde verò , initio Theorematis , adjeci hæc verba :* In triangulo rectangulo.

Pag. 68. *lin.* 22. *prior impressio :* Differentiæ autem lateris circa rectum reliqui ab hypotenusa, *legendum autem censui :* Quadratum autem differentiæ lateris circa rectum reliqui ab hypotenusa. *Ibidem lin.* 27. *pro* & orietur $\frac{1}{8}$ *posui:* & orietur $-\frac{1}{8}$ perpendiculum. *Rursus*

sus lin. 44. *pro* idemque minus *scripsi*: idemque majus. *Linea autem sequenti in locum* vel majus adgregato *substitui*: vel minus adgregato.

Pag. 69. *lin.* 28. *pro* idemque majus differentiâ B plani & D plani *posuimus*: idemque majus differentiâ $\sqrt{}$ B plani & $\sqrt{}$ D plani.

Pag. 72. *lin.* 41. *pro* relinquit B quadratum *scripsimus*: componit B quadratum.

Pag. 73. *Perpendiculo tertij trianguli ordinis prioris apponatur hic numerus* B in D q. 3. + B cubo 4. *sicut etiam perpendiculo tertij trianguli posterioris numerus hic* B q. in D 3. + D cubo 4.

Pag. 75. *lin.* 13. *vetus impressio* Secundi D in $\langle$ $\frac{\text{B cubum bis.}}{\text{D cubo}}$ *ego autem legendum duxi*: secundi $\frac{\text{D in } \overline{\text{B cubum 2} + \text{D cubo}}}{\text{B cubo} - \text{D cubo}}$. *Ibidem lin.* 26. *pro* Secundi $\frac{\text{D quad. in A}}{\text{B quad.}}$ *posui*: Secundi $\frac{\text{D quadr. in A}}{\text{B quad.}}$ — B.

Pag. 77. *lin.* 25. *hæc inseri voluimus*: Adgregatum primi & tertij est 97, quadratum videlicet à 10, multatum 3.

Pag. 78. *lin.* 9. *addidimus*: quod est quadruplum rectangulum sub lateribus. *Ibid. lin.* 35. *addidimus quoque*: adjunctum 192.

Pag. 80. *lin.* 21. *vetus impressio* adjectis 1089 facit 6989, *ego autem posui*: adjectis 1989 facit 6889.

Pag. 81. *lin.* 5. *vetus impressio* Contra quoniam A quad. — G plano, est majus quàm B in A + G plano, *delendum censui*: + G plano. *Ibid. lin.* 10. *pro* Ergo S in E 2 — E quad., minus erit quàm G planum *ego posui*: Ergo S in E 2 — E quadr., majus erit quàm G planum. *Et in locum* Unde adsumetur F minor quàm S + $\sqrt{}$ s quad. + G plano, *scribendum duxi*: Unde adsumetur F minor quàm S + $\sqrt{}$ s quad. — G plano. *& deinceps pro* Contra R in E 2 — E quad., majus erit quàm G planum *substitui*: Contra R in E 2 — E quadr., minus erit quàm G planum. *Et rursus pro* Unde adsumetur F major quàm R + $\sqrt{}$ R quadr. + G plano, *legendum censui*: Unde adsumetur F major quàm R + $\sqrt{}$ R quad. — G plano.

Ibidem linea 13. *pro* major verò $\sqrt{}$ $\frac{5}{4} + \frac{5}{2}$ *posui*: major verò $\sqrt{}$ $\frac{265}{8} + \frac{5}{2}$. *Linea verò* 14 *post* At 12 est minor quàm $\sqrt{}$ 76 + 4, *omittenda duxi hæc verba*: nam valor quadrati à 12 est $\sqrt{}$ 64 + 4. *Deinceps autem in locum* Et 11 est major quàm $\sqrt{}$ $\frac{289}{8} + \frac{5}{2}$ *subrogavi*: Et 11 est major quàm $\sqrt{}$ $\frac{265}{4} + \frac{5}{2}$. *Rursus pro* Sumatur ergo S 12. R 11. eligenda erit F minor quàm 12 + $\sqrt{}$ 84, sed major quàm 11 + $\sqrt{}$ 61. *sic posui*: Sumatur ergo S 13. R 10. eligenda erit F minor quàm 13 + $\sqrt{}$ 109, sed major quàm 10 + $\sqrt{}$ 40. *Ac denique pro* At 21 est minor quàm 12 + $\sqrt{}$ 84, nam valor quadrati 21, est 12 + $\sqrt{}$ 81. Et 19 est major quàm 11 + 161, nam valor quadrati à 19 est 11 + $\sqrt{}$ 64. *ita scripsi*: At 23 est minor quàm 13 + $\sqrt{}$ 109. Et 17 est major quàm 10 + $\sqrt{}$ 40. *De his aliisque penes Lectorem judicium esto.*

IN TRACTATVS DE ÆQVATIONVM RECOGNITIONE ET EMENDATIONE.

PRæter ea quæ hìc adnotavit *Andersonus*, animadvertimus porrò hæc quæ *sequuntur*.

Pag. 101. *lin.* 33. *pro* Capite *posuimus*: Theoremate.

Pag. 102. *lin.* 32. *pro* $\frac{\text{Z plano-plano}}{\text{Z plano} + \text{B quad.}}$ *scripsimus*: $\frac{\text{Z plano-plano-plano}}{\text{Z plano} + \text{B quadr.}}$.

Pag. 104. *lin.* 36. *pro* S. quad. — B quad. *legendum duximus*: B. quad. — S quad.

Pag. 108. *lin.* 16. *& 17. hæc verba inseruimus*: A potestatem + B coëfficiente in A gradum, æquari B coëfficienti in E gradum — E potestate, & per Antithesin. *A paginâ porrò* 108 *usque ad pag.* 127. *nos in locum* Propositionis *ubique* Theorema *substituimus, ut cæteris consentiant.*

Pag. 109. *lin.* 23. *pro* duabus *posuimus*: quatuor.

Pag. 123. *lin.* 8 *& 9. hæc interserenda duxi*: & quum postremo plano addetur E planum, fiet quadratum, nempe G quadratum. *Ibid. lin.* 13. *pro* adscito verò secundo 4 *ego ponendum censui*: adscito verò postremo, facit 4. *Rursus ibidem lin.* 35 *& 36. in locum* ex tribus primis *subrogavi*: ex tribus postremis; *lineâ verò* 37. *pro* ex tribus postremis *posui*: ex tribus primis. *Denique lin. ultim. pro* & fit A minus latus & majus *legendum volui*: & fit A minus latus. & E majus.

Pag. 125. *lin.* 42. *& 43. pro* quadrato *posuimus*: quadrato-cubo. *Ibidem verò lineâ antepenultimâ similiter pro* quadrato *legendum voluimus*: quadrato-cubo.

Pag. 131. *lin.* 10. *pro* Z plano *statui*: Z solido.

Pag. 132. *lineâ primâ in locum* 30 Q *supposui*: 30 N.

Pag. 133. *lin.* 30. *hæc verba interposuimus:* qualis quæ adficietur adfirmatè. *Ibid. lin.* 37. *pro* — D plano *scripsimus:* + D plano.

Pag. 136. *lin.* 9. *in locum* — B in E quadr. + A cubo *substituimus:* & E cubus + B in E quad. *Ibidem linea penultima, addidimus hæc verba:* Oportet rursus anastrophen facere.

Pag. 138. *lin.* 26. *pro* $\sqrt{}$ 24 — 4 *posuimus:* $\sqrt{}$ 24 + 4.

Pag. 139. *lin.* 7. *pro* $\frac{\text{D solido in A}}{D}$ *legendum duximus:* $\frac{\text{B solido in A}}{D}$. *Ibidem lin.* 9. *addita est vox:* ducantur. *Linea autem* 28. *pro* Omnia per D cubum in H plano-planum *scripsimus:* Omnia per D cubum in H plano-plano-planum ducantur.

Pag. 144. *linea, quæ præcedit antepenultimam, pro* + G quadr. in A quad. 2. *posui:* + G plano in A quad. 2.

Pag. 145. *lin.* 25. *pro* + B plano *ponendum censui:* — G plano.

Pag. 146. *lin.* 17. *pro* + D quad. $\frac{1}{2}$. *legendum duxi:* — D quad. $\frac{1}{2}$. *Sic etiam lin.* 24. *ubi in locum* — D quad. *posui:* — D quad $\frac{1}{2}$.

Pag. 147. *lin.* 6. *pro* G planum 2 in A *posuimus:* G planum 2 in A quad. *Ibid. lin.* 9. *pro* — G plano 4. *scripsimus:* — G plano. *Item lin.* 25. *in locum* + Z plano-plano *substituimus:* + Z plano-plano 4.

Pag. 148. *lin.* 9. *pro* + 64 N *legendum existimavimus:* + 6400 N; *linea autem* 22. *pro* E quadrati-cubus *legendum esse:* E plani-cubus; *At verò linea* 26. *pro* + 144 Q *scribendum esse:* + 114 Q.

Pag. 150. *lin.* 5. *pro* planum *scripsi:* quadratum; *linea autem sequenti pro* quadrato *posui:* plano. *Ibid. lin.* 17. *in locum* plani sub radice solidâ, negati de quadrato *substitui:* quadrati inversè negati, radicem habentis solidam.

Pag. 151. *linea antepenultima pro* $\frac{-\text{ B plano in Z in E}}{D}$ *posuimus:* $\frac{+\text{ B plano in Z in E}}{D}$.

Pag. 152. *lin.* 29. *pro* — 3 N *scripsimus:* + 3 N. *Ibidem linea, quæ præcedit antepenultimam, pro* fit 1 N 2. *scripsimus:* fit 1 N $\sqrt{}$ 2. *A pagina porrò* 152. *usque ad pag.* 160. *ubique pro voce* Propositionis *posuimus:* Theorema, *quia eas sicut ceteras interpretandas duximus, tum quòd ipsa pari quoque nomine cum illis gaudere viderentur.*

Pag. 153. *lin.* 22. *pro* B in A *legendum putavi:* $\overline{B + D}$ in $\overline{A}$. *Ibid. lin.* 31. *pro* D in A *scribendum censui:* $\overline{D — B}$ in $\overline{A}$.

Pag. 154. *lin.* 14. *& pag.* 155. *lin.* 2. *pro* B plano *posui:* D plano.

Pag. 155. *lin.* 39. *pro* æquetur *scripsi:* æquabitur, *sicuti etiam pluribus aliis locis factum fuit; linea verò sequenti pro* — X cubo in $\sqrt{}$ X quad. 3. *posui:* — X cubo 2 in $\sqrt{}$ X quad. 3. *Addidimus præterea ibidem duas regulas sequentes:* Quoniam enim X quad. in A quad. 2 — A quad.-quad., æquatur X quad.-quad. 4 — X cubo 2 in $\sqrt{}$ X quadr. 3: ergo per antithesin, & ad X cubi 2 communem adplicationem.

Pag. 156. *lin.* 2. *& 3. pro* Quadrato-cubicam *posuimus:* Quadrato-cubica-cubicam.

Pag. 161. *lin.* 3 *& 4. in Appendice pro* & præterea segmentum B F: metiatur, & ducantur subtensæ B D, D M, M F *legendum duximus:* & præterea segmentum B G segmentum B F ter metietur, ducantur autem subtensæ B D, D M, M F. *Ibid. lin* 13. *pro* 7ᵐᵒ *posuimus:* 5ᵗᵒ.

IN TRACTATVM DE NVMEROSA POTESTATVM PVRARVM ATQVE ADFECTARVM RESOLVTIONE.

Q Væ in hoc tractatu, præter Getaldum, cujus opera in lucem prodiit, animadvertimus, atque immutanda censuimus, hæc ferè sunt.

Pag. 165. *lin.* 39. *pro* secundi *scripsimus:* latere secundo.

Pag. 167. *lin.* 16. *pro* plus solido sub triplo latere primo & quadrato secundi inveniundi *posuimus:* plus solido sub triplo quadrato primi & latere secundo inveniendo. *Ibid. lin.* 27. *pro* sub quadrato lateris primi & secundo *legendum duximus:* sub quadrato lateris secundi & primo. *Vt & lin.* 29. *pro* solidum verò sub &c *scribendum putavimus:* solidum verò triplum sub &c. *Rursus linea sequenti pro* solidum denique sub &c. *scripsimus:* solidum denique triplum sub &c.

Pag. 172. *lin.* 7. *pro* à quadrato-quadrato primi in decuquintuplum quadratum secundi *posuimus:* à quadrato-quadrato secundi in decuquintuplum quadratum primi.

Pag. 174. *lin.* 3. *post* ratione, *nos sequentia verba missa fecimus:* Sed quemadmodum hæ reductioductiones fiant, docebitur oportuniùs, speciali eâ de re, sive ad Arithmetica sive ad Geometrica, concepto tractatu. *Videtur enim Autor iis innuere tractatum de Emendatione Æquationum, qui post ipsius mortem Andersoni opera prodiit, ac idem existat atque ille, qui in hoc opere tractatum hunc proximè antecedit.*

Pag. 187. *lin.* 15. *pro* lateris secundi *posuimus:* lateris primi.

Pag. 190. *lin.* 13 *& * 19. *addidimus verbum:* puri.

Pag. 200. *lin.* 35. *pro* majus *posuimus:* minus.

Pag. 201. *lin.* 35. *pro* Coefficiens in duplum lateris primi *legendum duximus:* Planum expletionis à coefficiente in duplum lateris primi.

Pag. 210. *lin. antepenult. pro* Quadrato-quadrato *posuimus:* quadrato-cubo.

Pag. 218. *lin.* 14. *pro* 57 N *scripsimus:* 57 Q. *Ibidem lin.* 19. *pro* 5, 400 *legimus:* 540. *Lineâ denique penult. pro* minor *statuimus:* major.

Pag. 220. *linea quæ præcedit antepenultimam hæc verba addidimus:* ablatus è solido 27, 755; *tum antepenultima hoc verbum:* tribus.

Pag. 223. *lin. antepenult. interseruimus verbum:* Secunda; *linea autem penultima pro* majus *posuimus:* minus.

Pag. 227. *lin. antepen. in locum* dividatur *substituimus:* ducatur.

Pag. 228. *à linea* 39 *usque ad finem in priori editione hæc habebantur:* per ea quæ de isomeriâ in tractatum de Recognitione Æquationum rejecta sunt.

Quid verò si I N est explicabilis sub notâ asymmetriæ, Quæratur autem sub eâ specie exhiberi? & id per artem non denegabitur. Sed eam doctrinam meritò antecedit, sicut & Resolutionem Binomiarum potestatum, doctrina de Recognitione. Adde quod sua etiam asymmetris numeris congruit Logistice, ideò fusiùs, & convenientiore tradenda loco. Itaque hic esto

Explicitus de Numerosa Potestatum Resolutione Tractatus.

IN EFFECTIONVM GEOMETRICARVM CANONICAM RECENSIONEM.

PAg. 230. *lin.* 12. *hæc verba addidimus:* Illud enim est, Datis lateribus invenire planum, sive exhibere quadratum ipsi plano æquale.

Pag. 233. *lin.* 12. *pro* rectangulo sub extremis *posuimus:* mediæ quadrato.

Pag. 236. *lin.* 28. *pro* Quæ in serie datur prima *scripsimus:* media. *Ibid. lin.* 39. *pro* singulas reliquas B C *legendum duximus:* singularum reliquarum B C.

IN SVPPLEMENTVM GEOMETRIÆ.

PAg. 243. *lin.* 8. *post ea verba:* ita G A ad B C, *habebantur hæc in priori editione:* Ipsi autem G A addatur G H, auferatur autem A I, *quæ quidem velut supervacua à nobis omissa sunt. Ibid. lin.* 13. *hæc interseruimus:* inter partes interiores; *sicut etiam:* erunt continuè proportionales.

Pag. 245. *lin.* 27. *hæc verba,* excedit duos rectos angulus B A C *ita immutavimus:* excedunt duo recti angulum B A C.

Pag. 247. *lin.* 11. *pro* secunda *posuimus:* prima. *Ibid. lin.* 41. *in locum* adgregato *subrogavimus:* quadrato è tertiâ ad.

Pag. 248. *linea prima, pro* secundæ & tertiæ *posuimus:* è tribus; *quemadmodum etiam lin.* 3. *pro:* secundæ & primæ. *Ibid. lin.* 47. *pro* E A C, & tamen minor sit recto necesse est. Igitur uterque angulus *legendum duximus:* B A C vel B C A, & minor sit recto necesse est. Igitur uterque angulorum.

Pag. 249. *lin.* 32. *pro* quadratum ex B H *scripsimus:* quadrati ex A B. *Ibid. lin.* 39. *pro* sit bes *statuimus* sit triens.

Pag. 250. *lin.* 4. *pro* secundi *posuimus:* primi. *Ibid. lin.* 9. *post* anguli B A C *hæc interseruimus:* & major sit recto necesse est. *Eadem linea, pro* Ideo est exterior ipsorum qui sunt ad basin angulorum, & consequenter major recto *scripsimus:* Ideo est quilibet ipsorum B A C, B C A qui sunt ad basin angulorum consequenter major triente recti. *Ibid. lin.* 35 *in locum* qui sunt ad basin videlicet D C E vel D E C *supposuimus:* quem anguli ad basin

D C E vel D E C relinquunt è duobus rectis. *Denique linea* 49. *pro* quadratum ex BH *legendum censuimus:* quadrati ex A B.

Pag. 252. *linea* 50. *pro* I A in A B *bis posuimus:* I A in A B. *Scholium denique quod ibidem subjunximus, vir clarissimus D. Diodati Parisiis huc misit; quod ait sibi ex Italia ab autore missum fuisse, qui ut nomen suum exprimi minùs curaverit, neque nos pro merita laude illum celebrare possumus.*

A

Pag. 254. *hæc verba propositionis* 21 *illustranda duximus.*

Ideo est ut D B ad A B, ita quod sit sub D A, A B ad quadratum ex D C. *Nam cum*

ex hypothesi (ut dictum est) B D *sit ad* D A, *ut quadratum ex* A B *ad quadratum ex* D C: [a] *erit quoque per divisionem rationum contrariam* D B *ad* B A, *ut quadratum ex* A B *ad id quod sit sub* D A, A B *bis, plus quadrato ex* A D. *Vt autem* D B *ad* B A, [b] *ita sit assumpta communi altitudine* B A, *id quod sit sub* D B, B A *ad quadratum ex* B A. *Erit itaque ut id quod sit sub* D B, B A *ad quadratum ex* B A, *ita quadratum ex* A B *ad id quod sit bis sub* D A, A B, *plus eo quod ex* A D *quadrato.* [c] *Et ut una antecedentium ad unam consequentium, ita omnes antecedentes ad omnes consequentes. igitur ut id quod sit sub* D B, B A *ad quadratum ex* B A *sive* [b] *ut* D B *ad* B A, *ita id quod sit sub* D B, B A *plus quadrato ex* A B, *hoc est,* [d] *id quod sub* D A, A B *continetur ad quadratum ex* B A *unà cum eo, quod bis sub* D A, A B *continetur, plus quadrato ex* A D, *sive ad* [c] *quadratum ex* D C.

Et consequenter est D F ad A B seu D E, sicut D A ad D C. *Quoniam enim est ut* D F *ad* D C, *sicut id quod sit sub* D A, A B *ad quadratum ex* D C: [b] *erit quoque assumpta communi altitudine* D C, *ut id quod sit sub* D F, D C *ad quadratum ex* D C, *ita id quod sit sub* D A, A B *ad quadratum ex* D C. [f] *Æquale igitur hinc est id quod sit sub* D F, D C *ei quod sit sub* D A, A B; *& consequenter* D F *ad* A B *seu* D E, *sicut* D A *ad* D C.

Pag. 256. *lin.* 27. *pro* plus Z quadrato 2 in A *posuimus:* minus Z quadrato 2 in A. *Ibid. lin.* 31. *pro* tripla base illius trianguli & crure *scripsimus:* base illius trianguli & triente cruris.

IN PSEVDO-MESOLABVM
ET
ADIVNCTA CAPITVLA.

Pag. 263. *lin.* 26. *pro* ad subtensam duplo anguli dupli *legendum censui:* ad subtensam duplo complementi anguli sectionis.

Pag. 271. *lin.* 30. *pro* differentia extremarum *posui:* differentia mediarum; *linea autem sequenti hæc verba habebantur:* Et ita fiet, quæ supervacanea judicavi, ac idcirco omisi.

Pag. 272. *lin.* 5. *pro* Quare sit G H √ 13 *scripsi:* Quare sit dupla G H √ 13. *Ibid. lin.* 26. *hæc verba inter* B E, E C *interserui.*

Pag. 278. *lin. penult. addidi hæc verba:* vel æqualis.

Pag. 279. *lin.* 10. *pro* Eadem I E major est F K *posui:* minor est.

Pag. 281. *lin.* 30. *hæc duo verba* unde ipsa *interserui.*

Pag. 283. *lin. prima addidi:* Quod fieri non potest, cum ea &c. *usque ad Caput* XII.

IN THEOREMATA ΚΑΘΟΛΙΚΩΤΕΡΑ AD ANGVLARES SECTIONES.

Pag. 289. *lin.* 27. *omissum erat verbum:* cubo, *quod itaque ibidem interseruimus. Addidimus præterea eadem pagina tres regulas, quæ ultimam præcedunt:* Item ut Z q c. &c.

Pag. 293. *lin.* 12. *pro* hisce verbis in punctis Υ, α, β, γ, δ, ε, & ad angulos rectos *posuimus:* in punctis Υ, β, δ & ad angulos rectos, tum & ipsas G N, H M, I L in punctis α, γ, ε. *Ibidem linea antepenultima & penultima hæc interseruimus* differentiam ipsarum A C, C D.

Pag. 294. *linea prima ante verba:* Eodem modo *hæc delevimus:* differentiam ipsarum A C, C D. Quod erat demonstrandum.

Pag. 302. *lin.* 5. *pro* æquale quintæ parti *posuimus:* duplæ quintæ parti. *Ibidem lin.* 8. *pro* æquale erit circumferentiæ *posuimus:* æquale erit bis circumferentiæ. *Paulò autem pòst linea* 10 *pro* integræ circulationi *posuimus tantùm:* Circulationi.

Pag. 303. *lin.* 20. *pro* quinto *posuimus:* sexto.

IN RESPONSVM

AD

ADRIANI ROMANI PROBLEMA.

PAg.317. *lin.* 2. *interseruimus verbum* rectangula. *Ibidem linea* 14 & 15. *pro* minus tertia quindecies, plus prima *posuimus:* plus tertia quindecies, minus prima. *Eadem porro linea pro*
plus secunda vicies *scripsimus:* plus secunda sexies. *Linea denique* 42. *pro* minus tertia vicies
posuimus: minus tertia sedecies.

Pag. 318. *lin.* 28. *post* bases addidimus ac perpendicula. *Ibidem linea* 40. *pro* minus tertia
vicies *posuimus:* minus tertia sedecies. Denuò *initio linea* 41. *post* secunda adjunximus: novies.

Pag. 323. *lin.* 38. *addidimus verbum:* toto.

IN APOLLONIVM GALLVM.

HIc ferè *nihil occurrit advertendum, nisi quod pag.* 337. *lin.* 21. *pro* intus *posuerim:* extra; *pagina autem sequenti, linea quæ præcedit antepenultimam, in locum Ludovici legendum arbitror* Ludolphi *nimirum à* Collen, *qui Adri.* Romano *admodum familiaris fuit, atque harum artium vinculo
intimè conjunctus. Sicuti etiam ex ipsius autoris verbis conjicere licet, quandoquidem eum subtilem
admodum & peritum Logistam appellat, quem & sibi amicissimum cupit.*

In appendicula autem prima, seu pag. 340. *lin.* 5. *pro* majus *statuimus:* non minus.

Pag. 341. *lin.* 24. *pro* ambæ videlicet semidiametri *scripsimus:* utraque videlicet semidiameter. *Ibidem linea antepenultima pro* erit igitur trianguli A G C altitudo data C F æqualis
posuimus: erit igitur ipsa trianguli A G C altitudo ac datæ C F æqualis.

In appendicula vero secunda, seu pag. lin. 37. *pro* segmenti à normalibus ex signis B, C demissis intercepti *ponendum censuimus:* segmentorum à normalibus ex signis B, C, D demissis interceptorum.

IN OCTAVVM LIBRVM VARIORVM DE REBVS MATHEMATICIS RESPONSORVM.

PAg. 357. *lin.* 40. *pro* segmentum igitur X Z *posuimus:* segmentum igitur B X C Z quater.

Pag. 363. *lin.* 49. *omissa erat vox:* angulum, *quam præterea supplevimus.*

Pag. 364. *lin.* 27. *in locum verborum:* Et quoniam angulus B Z M duplus est anguli B A M,
subrogavimus hæc: Et quoniam anguli B Z M duplus est angulus B A M.

Pag. 365. *lin.* 15. *pro* secabit basin in Y *posuimus:* secabit A X in Y,

Pag. 367. *lin.* 2. *pro* est æqualis *scripsimus:* est igitur ipsi æqualis.

Pag. 368. *in fine lineæ* 41 addidimus *verbum:* duplam.

Pag. 369. *lin.* 9. *hæc* verba & maxime *interseruimus.* Ibid. *lin.* 22. *loco* primam *scripsimus:* secundam.

Pag. 370. *lin.* 35. *pro* ad minima *posuimus:* ad maximam.

Pag. 371. *lin.* 31. *in locum:* & maxima, *substituimus:* & composita ex omnibus.

Pag. 378. *in linea quæ præcedit antepenultimam post* Angularium Sectionum *adjecimus:* Zetetico Theorematis quarti.

Pag. 380. *lin.* 2. *hæc interseruimus:* angulum verò ad A trientem recti. *Ibid. lin.* 22. *pro*
ipsi M N *posuimus:* compositæ ex L K, K F. *Rursu linea* 38. *post* sectionum *addidimus:* Zetetico Theorematis quarti. *Ac denique linea* 46. *pro* Itaque cum M N id est Q X *scripsimus:*
Itaque cum Q X.

Pag. 381. *lin.* 3. *pro* & tripla A C *posuimus:* & A C; *linea vero sequenti pro* ad duplum ex A C
scripsimus: ad duplum ex A C quadratum.

Pag. 384. *lin.* 3. *interseruimus vocem* bifariam.

Pag. 385. *linea antepenultima hæc habebantur:* Spacio igitur illi D B E tantundem detrahit
triangulum mistilineum G C E, quantum addit C F D, & sunt æqualia illa triangula mi-
stilinea G C E, C F D. Est autem F B C sector dimidius totius sectoris F B G id est spa-
cij mixtilinei D B E. *in quibus cum videatur tautologia latere, ea sic immutavimus:* Quare si ab
his æqualibus commune utrinque auferatur spacium mistilineum B D C G, relinquetur
triangulum mistilineum C D F triangulo mistilineo C G E æquale.

Pag. 386. *lin.* 11. *supplevimus verbum:* dupla, *quod deerat in priori editione.*

Pag. 387. *lin.* 16. *pro* ductos *posuimus:* rectos. *Ibid. lin.* 39. *interseruimus vocem:* inæqualibus.

Pag. 389. *lin.* 2. *pro* Neque enim tam proxima recta ipsi C I designabitur X *posuimus:* Neque enim X tam proxima ipsi CI designabitur.

Pag. 391. *lin.* 47. *pro* inscriptis *posuimus:* circumscriptis.

Pag. 393. *lin.* 36 *post* æqualis dimidiæ C E, *hæc verba ut supervacanea pratermisimus:* Itaque quadratum ex F A est dimidium quadrati ex B A.

Pag. 396. *lin.* 5. *pro* subduplæ *scripsimus:* subquadruplæ. *Ibid. lin.* 39. *pro* æqualis peripheriæ, quam absumit latus enneagoni circulo inscripti, dimidiæ. *posuimus:* æqualis quadranti peripheriæ, quam absumit latus decagoni circulo inscripti. *Rursus linea* 43. *in locum:* semidiameter, *substituimus:* diameter.

Pag. 397. *lin.* 35. *in locum:* ita composita ex omnibus, *surrogavimus:* ita differentia composita ex omnibus & minimæ.

Pag. 401. *linea antepenultima & ultima, pro* ad sinum ponendum censui: ad prosinum.

Pag. 404. *lin.* 39. *pro* ita sinus complementi lateris *scripsi:* ita sinus lateris. *Ibid. lin.* 43. *pro* ad prosinum anguli *legendum duxi* ad prosinum complementi anguli.

Pag. 410. *lin.* 8. *& pag.* 411. *lin.* 31. *Hæc verba supplevimus:* Trianguli cujuslibet sphærici.

Pag. 433. *lin.* 6. *pro* ut peracto quadriennij Ægyptiaci, qui dierum est 365, circuitu, dies unus intercalaretur *scripsimus:* ut peracto quadriennij Ægyptiaci circuitu, qui dierum est quater 365, dies unus intercalaretur.

IN MVNIMEN ADVERSVS NOVA CYCLOMETRICA,
SEV
ΑΝΤΙΠΕΛΕΚΤΣ.

PAg. 440. *lin.* 22. *interseruimus vocem:* circulove.

Pag. 441. *lin.* 24. *pro* diametri *scripsimus:* semidiametri. *Ibid. lin. antepenult. pro* basis *posuimus:* bessis.

Pag. 444. *circa finem, hæc verba habebantur:* Constructio quadrilateri quod sit in circulo & Mechanica ratio inscribendi æquilatera Polygona quæcunque opportuniore emendabitur loco post propositam Pseudo-mesolabi ut Pseudo-mesolabi fabricam, *quæ tanquam supervacanea omisimus.*

Atque hæc quidem ferè sunt, qua inter imprimendum annotare nobis contigit, quorumque Lectorem advertere opera pretium duximus: quem rogo ut studium hoc nostrum qualecunque æquiboniq; consulat.

Errata quædam animadversa.

Pag. 3. *lin.* 47. Plano *lege* plano plano.

Pag. 4. *sub* 14. Quæst. 2 | 9. Zetetic. 4. *omissa est lin.* 44. 7. Quæst. 5 | 10. Zetetic. 4.

Pag. 13. *lin. antepenult.* in finitum *lege* infinitum.

Pag. 14, 15, 16. *corrigatur superinscriptio.*

Pag. 14. *lin. antepenult.* proportionalis *lege* proportionalia.

Pag. 23. *qua inter lineas* 12 *&* 41 *continentur, ut & pag.* 38. *inter lineas* 12 *&* 23, *& inter lin.* 36 *&* 46, *tum inter lin.* 49 *& lin.* 10. *pagina sequenti, sicuti etiam subsint inter lin.* 24 *&* lin. 28. *ae denique pag.* 40. *inter lin.* 38 *& lin.* 47, *alio charactère exprimenda fuissent, quandoquidem eorum sunt, quæ l. de Beaugrand adjunxit.*

Pag. 27. *omissum est signum negationis* —, *ante* A *in* B *quad.* 3.

Pag. 45. *lin.* 22. E 100 *lege* E 150.

Pag. 55. *lin.* 3. Et omnibus per 3 divisis *lege* Et omnibus per B 3 divisis.

Pag. 70. *lin.* 9. adjectum *lege* adjecto.

Pag. 75. *lin.* 13. $\dfrac{D \text{ in } B \text{ cubum } 2 \longrightarrow D \text{ cubo}}{B \text{ cubo } \longrightarrow D \text{ cubo}}$ *lege* $\dfrac{D \text{ in } B \text{ cubum } 2 + D \text{ cubo}}{B \text{ cubo } \longrightarrow D \text{ cubo}}$.

Pag. 81. *lin.* 3. D $\frac{2}{1}$ *lege* D $\frac{1}{2}$.

Pag. 108. *lin. penult.* Geometrica *lege* Geometria.

Pag. 111. *lin.* 3. Cap. XV. *lege* Cap. XVIII.

Pag. 338. *circa finem* Ludovici *lege* Ludolphi.

Pag. 341. *lin.* 24. uterque *lege* utraque.

Pag. 388. *lin.* 35. FF *lege* FE.

Pag. 431. *in Canonicis analogiis trianguli sphærici obliquanguli, ubi ex cruribus & angulo verticis invenitur angulus ad basin, error commissus est in Symbolis angulorum A, B, D, & peripheriarum B D, A D, A B qui quidem non est complementa, sed ut anguli ipsi & ipsa peripheria notanda sunt: quocirca negligatur ibidem earundem notarum ratio illa.*

FINIS.